中文版3ds max 2020/VRay效果图全能教程

主编　李平　覃小婷　闫永祥

本书全面介绍3ds max 2020/VRay中文版效果图的制作，主要针对零基础读者编写，是入门级读者快速并全面掌握3ds max 2020/VRay效果图制作的必备参考书。本书从3ds max 2020/VRay的基本操作入手，结合大量的可操作性实例，全面而深入地阐述了3ds max 2020/VRay的建模、灯光、材质、渲染在效果图制作中的运用。全书共18章，分别介绍了3ds max 2020的基本操作，场景模型编辑、灯光、摄影机和材质贴图，以及VRay渲染技术、Photoshop后期修饰的方法，符合零基础读者学习新知识的思维习惯。本书附带所有书中实例的实例文件、场景文件、贴图文件与多媒体教学视频，同时作者还提供了常用单体模型、效果图场景、经典贴图，以方便读者学习。

本书适合装修设计师、3d爱好者使用，也可供各类3d培训机构作为教材使用，还适合大、中专院校学生自学或作为教材使用。

图书在版编目（CIP）数据

中文版3ds max 2020/VRay效果图全能教程/李平，覃小婷，闫永祥主编. —北京：机械工业出版社，2020.5（2023.5重印）

ISBN 978-7-111-65301-1

Ⅰ.①中… Ⅱ.①李… ②覃… ③闫… Ⅲ.①三维动画软件—教材 Ⅳ.①TP391.414

中国版本图书馆CIP数据核字（2020）第059527号

机械工业出版社（北京市百万庄大街22号　邮政编码100037）
策划编辑：张秀恩　责任编辑：张秀恩
责任校对：张　征　封面设计：严娅萍
责任印制：刘　媛
涿州市般润文化传播有限公司印刷
2023年5月第1版第3次印刷
210mm×285mm・26.5印张・790千字
标准书号：ISBN 978-7-111-65301-1
定价：99.00元

电话服务	网络服务
客服电话：010-88361066	机　工　官　网：www.cmpbook.com
010-88379833	机　工　官　博：weibo.com/cmp1952
010-68326294	金　　书　　网：www.golden-book.com
封底无防伪标均为盗版	机工教育服务网：www.cmpedu.com

前　言

3ds max集三维建模、动画渲染为一体，是当前国内极为流行的效果图制作软件。随着该软件的不断升级换代，其功能日趋完善和强大。在建筑设计领域中，各种效果图制作是非常重要的内容，如室内装潢效果图、景观效果图、楼盘效果图等，3ds max和VRay结合使用，可以制作出不同类型和风格的效果图，不仅有较高的欣赏价值，对实际工程的施工也有着一定的直接指导性作用，因此被广泛应用。如今，学习3ds max 2020／VRay已成为艺术设计行业的核心课程。

本书根据使用3ds max 2020／VRay渲染效果图制作的特点，由专业效果图制作人员编写，循序渐进地讲解了使用3ds max 2020／VRay渲染效果图的知识点和效果图制作实例。全书共18章，分别介绍了3ds max 2020基础、三维建模、布尔运算与放样、场景模型编辑、常用修改器与材质编辑器、建立场景模型、VRay常用材质与灯光、效果图的制作、效果图的后期处理等内容。3ds max 2020／VRay的参数很多，学习时不能死记硬背，需要根据实际场景，分清各项参数所属的对话框、选项与卷展栏之间各项功能的使用技巧，推理记忆各项参数所在的卷展栏的位置，比较卷展栏所在的选项与对话框，这样就能快速识别各项参数的所在位置与特有功能。

3ds max的学习难度在于操作界面的命令选项较多，初学者在短期内很难将这些命令按钮都熟记下来，容易混淆不清因而本书介绍了作者在长期教学、实践过程中总结出的一套比较完整的3ds max／VRay的操作方法。在内容编写方面，力求通俗易懂，细致全面，突出重点。针对命令较多，本书对所有命令进行预先分类讲述，使读者在操作前，首先在头脑中建立一个完整、清晰的命令框架，后期操作时就有了明确的方向。

本书的操作案例由简单到复杂逐步介绍，所创建的模型力求具有代表性。每个章节均有操作难度标示、重点概念、章节导读，以及设计小贴士，每章后附有本章小结与课后练习题，达到了理论教学与实践操作紧密结合的目的。在案例讲解部分，深入浅出，图文并茂，实例操作步骤层次分明。设定丰富的空间场景，检查、调整合并模型的材质与贴图，并不断完善修饰，以便渲染出细腻真实的效果图。

本书中的“摄影机”为软件汉化译名，日常生活中称“摄像机”。

在3ds max 2020正式发布之际编写本书，希望能推动我国三维艺术设计行业的发展。本书全面且深入讲解3ds max 2020／VRay制作效果图的方法步骤，另附Photoshop进行后期渲染的基本技法，涵盖效果图制作全部内容，具有针对性和实用性，能让初学读者快速入门并提高，是一本完整的效果图制作教程。请在下面的网址下载本书配套资料，包括教学视频与模型素材资料。

教学视频和模型素材下载链接：https://pan.baidu.com/s/1PTfNcas0Ht7kqLV91XKVqQ

提取码：ggt6

注意区分英文大小写、本链接中的1为阿拉伯数字。

本书在编写过程中得到了广大同仁的帮助与支持，在此表示感谢。本书案例与编写人员主要由启帆设计软件培训工作室提供，欢迎广大读者扫描右侧二维码进行交流。

启帆设计软件培训工作室
微信公众号

本书由李平、覃小婷、闫永祥主编，参加编写的人员（以下排名顺序不分先后）有：万丹、汤留泉、张泽安、万财荣、杨小云、张达、朱钰文、刘嘉欣、史晓臻、刘沐尧、黄缘、陈爽、金露、黄溜、湛慧、朱涵梅、万阳、张慧娟、牟思杭、孙雪冰、湛冰、蒋艺、向雨琪、李翠枝、朱连升、周卫荣、陈晶晶、潘子怡。

编　者

本书配套资料使用说明

为辅助学习，本书提供相关配套资料的电子文件，可在前言中的网址下载相关内容，主要内容如下。

1）3D背景。其中包含大量建筑、风景图片，能用于效果图制作的户外贴图，模拟真实的场景效果。使用时，应预先在场景空间的门窗外制作1个面积较大的“矩形”或“弧形面”，其大小能完全遮盖门窗即可，将矩形或弧形面赋予一张“3D背景”图片，即能产生从室内观望到户外背景的效果。

2）PS装饰。其中包含大量室内外陈设、配饰、绿化图片，背景均处理为空白，能用于PhotoshopCS后期处理效果图，将其拖入效果图中，根据需要缩放，能为效果图增添真实、浓厚的氛围。

3）材质库。其中包含一个“材质库.mat文件”，使用“VRay渲染器”，在“材质库”中就可以打开并使用其中丰富的材质。

4）材质贴图。其中包含大量材质贴图文件，可以将其指定为“材质编辑器”中的任何“材质球”，并赋予场景空间中的模型，能获得真实的渲染效果，材质贴图应配合“UVW贴图”修改器使用。

5）光域网。其中包含常见的24种“光域网”文件与灯光照射形态小样图，创建灯光后，可以在创建面板的“选择光度学文件”按钮上，为灯光添加光域网，形成真实的灯具照射效果。

6）脚本文件。其中包含一个“材质通道转换.mse”，使用“MAXScript（X）”菜单栏中的“运行脚本”，就可以实现快速的材质通道转换。

7）第2～18章模型素材。包含本书各章全部案例的模型、贴图、光域网、材质、渲染图等文件，可以用于独立练习与分析操作，其中压缩文件还能单独复制至其他计算机上打开使用。此外还包含本书几个重要场景的高精度渲染效果图，可以用于Photoshop后期处理练习。

8）教学视频。其中包含本书全部操作视频文件，每段视频精练短小，讲解步骤清晰，能更直观地辅助学习3ds max 2020／VRay的操作方法。

目 录

第1章　3ds max 2020基础

操作难度： ★☆☆☆☆

章节导读： 3ds max是当今非常流行的三维图形图像制作软件，目前在我国制作装修效果图几乎全部使用这款软件，它的功能强大，制作效果逼真，受众面很广。本章主要介绍3ds max 2020的基础知识，包括简介、新增功能、安装、界面介绍、视口布局等内容，让读者熟悉3ds max 2020软件的基本操作，为后期深入学习打好基础。

1.1　中文版3ds max 2020简介

3ds max全称为3D Studio MAX。该软件早期名为3DS，是应用在dos操作系统下的三维软件，之后随着PC高速发展，Autodesk公司于1993年开始研发基于PC平台的三维软件（图1-1），终于在1996年，3D Studio MAX V1.0问世，图形化的操作界面，使应用更为方便。3D Studio MAX从V4.0开始简写成3ds max，随后历经多个版本，最新版本为3ds max 2020。3ds max 2020分为32bit与64bit两种版本，安装时应根据计算机操作系统类型来选择。

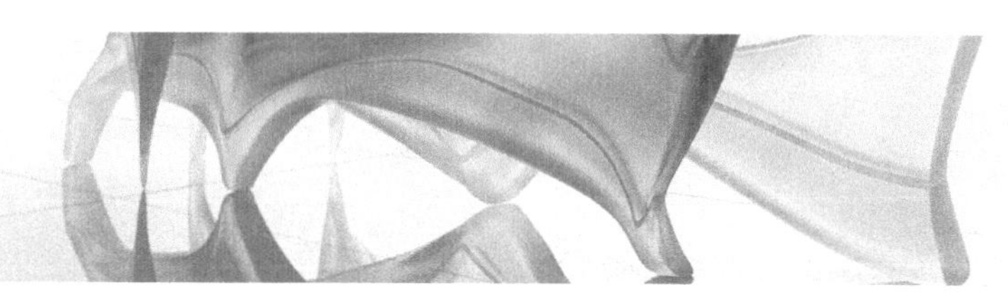

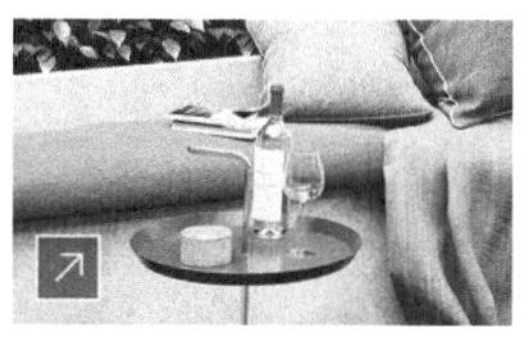

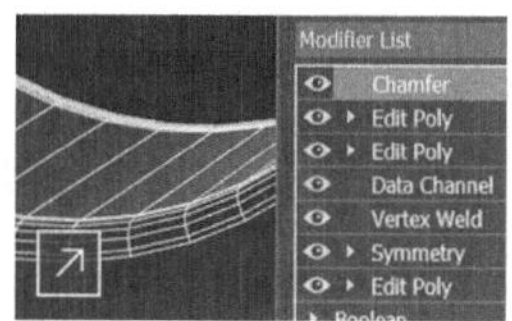

图1-1　3ds max 2020安装界面

3ds系列软件在三维动画领域拥有悠久的历史，在1990年以前，只有少数几种渲染与动画软件可以在PC上使用，这些软件或是功能极为有限，或是价格非常昂贵，或是二者兼而有之。作为一种突破性新产品，3D Studio的出现，打破了这一僵局。3D Studio为在PC上进行渲染与制作动画提供了价格合理、专业化、产品化的工作平台，并且使制作计算机效果图与动画成为一种全新的职业。

DOS版本的3D Studio诞生于20世纪80年代末，那时只要有一台386DX以上的计算机就可以圆一名设计师的梦。但是进入20世纪90年代后，PC与Windows 9x操作系统不断进步，使DOS 操作系统下的设计软件在颜色深度、内存、渲染与速度上存在严重不足。同时，基于工作站的大型三维设计软件，如Softimage、

Light wave、Wave front等在电影特技行业的成功使3D Studio的设计者决心迎头赶上。与前述软件不同，3D Studio从DOS向Windows转变要困难得多，而3D Studio MAX的开发则几乎从零开始。

后来随着Windows平台的普及以及其他三维软件开始向Windows平台发展，三维软件技术面临着重大的技术改革。在1993年，3D Studio软件所属公司果断放弃了在DOS操作系统下的3D Studio源代码，而开始使用全新的操作系统（Windows NT）、全新的编程语言（Visual C++）、全新的结构（面向对象）编写了3D Studio MAX。从此，PC上的三维动画软件问世了。

在3D Studio MAX 1.0版本问世后仅1年，开发者又重写代码，推出了3D Studio MAX 2.0。这次升级是1次质的飞跃，增加了上千处的改进，尤其是增加了NURBS建模、光线跟踪、材质毛发、镜头光斑等强大功能，使得该版本成为了1款非常稳定、健全的三维动画制作软件，从而占据了三维动画软件市场的主流地位。随后的几年里，3D Studio MAX先后升级到3.0、4.0、5.0等版本，且依然在不断地升级更新，直到现在的3ds max 2020，每个版本的升级都包含了许多革命性的技术更新（图1-2、图1-3）。

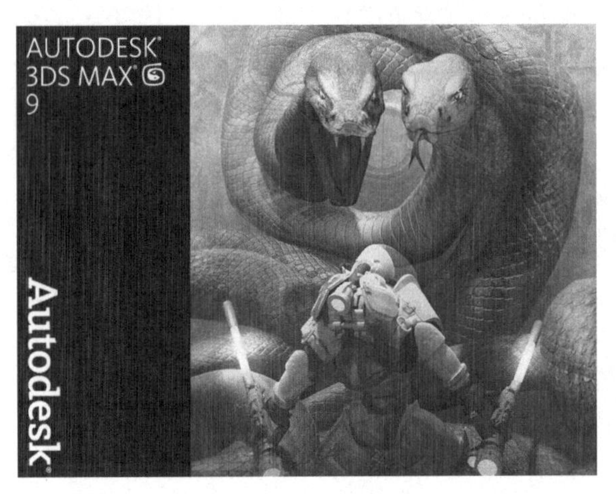

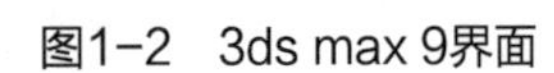
图1-2　3ds max 9界面

图1-3　3ds max 2020界面

1.2　新增与改进

Autodesk 3ds max 2020软件提供了一种用于运动图形、视觉效果、设计可视化与游戏开发的 3D 动画的全新方法。从用于自动生成群组的具有创新意义的新填充功能集到显著增强的粒子流工具集，再到现在支持Microsoft DirectX 11明暗器且性能得到了提升的视口，3ds max 2020融合了当今现代化工作流程所需的概念与技术。此外，借助新的跨 2D／3D 分割的透视匹配与矢量贴图工具，3ds max 2020 提供了可以帮助操作者拓展其创新能力的新工作方式。

1.2.1　改进了动画预览的效果

最新的3ds max 2020版本中创建动画预览功能得到了明显的改善，使本地驱动器的创建速度提高了3

设计小贴士

3ds max最初是用于三维空间模拟试验的软件，后来应用到影视动画上，能获得真实摄像机（摄影机）与后期处理难以达到的效果。在我国，装饰装修行业非常发达，3ds max则主要用于三维空间效果图制作，用于反映设计师的初步创意，三维空间效果图成为设计师与客户之间必备的交流媒介，几乎所有装饰装修设计师都要掌握这套软件。

倍，同时允许选择AVI编码器进行编译，允许捕获大小大于支持的视口尺寸，并将默认情况下启用100%输出分辨率。

1.2.2 搜索3ds max命令

使用搜索3ds max命令可以按名称搜索操作。当选择“帮助搜索3ds max命令”时，3ds max将显示1个包含搜索字段的小对话框（图1–4、图1–5）。当输入字符串时，该对话框显示包含指定文本的命令名称列表。从该列表中选择1个操作会应用相应的命令，前提是该命令对于场景的当前状态适用，然后对话框将会关闭（图1–6）。

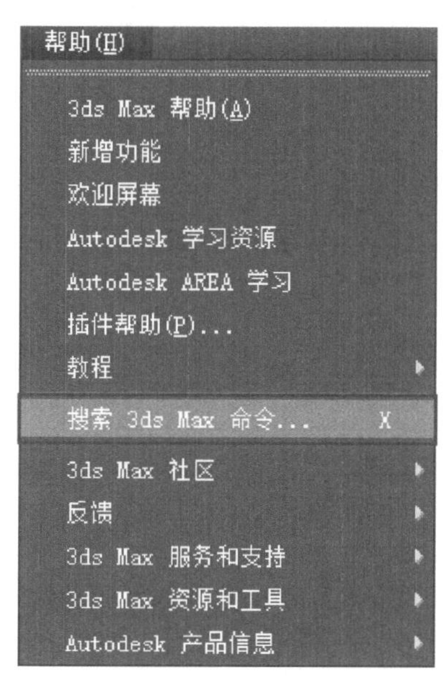

图1–4 帮助搜索菜单

图1–5 搜索对话框

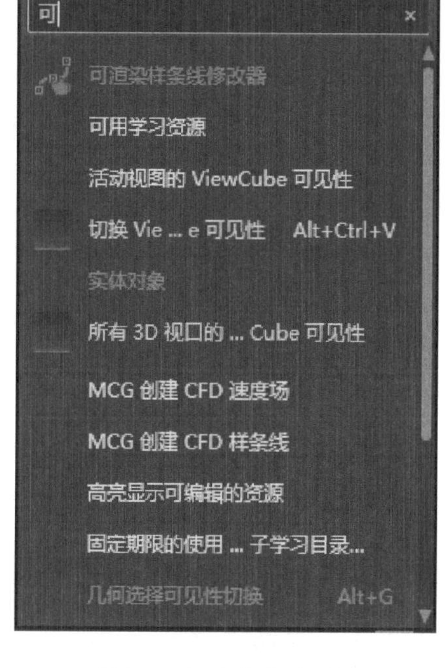

图1–6 场景命令对话框

1.2.3 增强型菜单

主菜单栏的增强版本在替代工作区中可用。新菜单已经重新组织，更易于使用，并且常用的命令更易于访问，图标也已添加。还可以重新排列新菜单，使常用命令更易于访问。

要访问设计标准菜单，请打开快速访问工具栏上的“工作区”下拉列表，然后选择“设计标准”菜单（图1–7）。

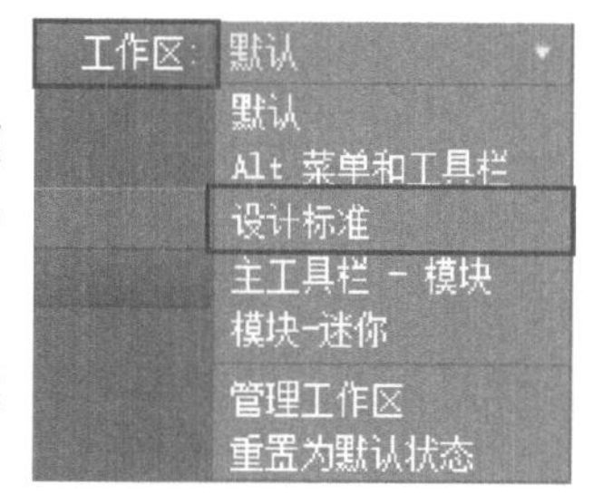

图1–7 工作区设计菜单

1.2.4 循环活动视口

现在，可以使用键盘上的〈Windows徽标 〉键与〈Shift〉键组合来循环活动视口。如果所有视口都是可见的，则按〈Windows徽标 + Shift〉键将会更改处于活动状态的视口。当视图区的1个视口最大化后，按〈Windows徽标 + Shift〉键将会显示可用的视口。反复按〈Windows徽标 + Shift〉键将会更改视口的焦点，松开这些按键时，所选择的视口将变为最大化视口（图1–8）。

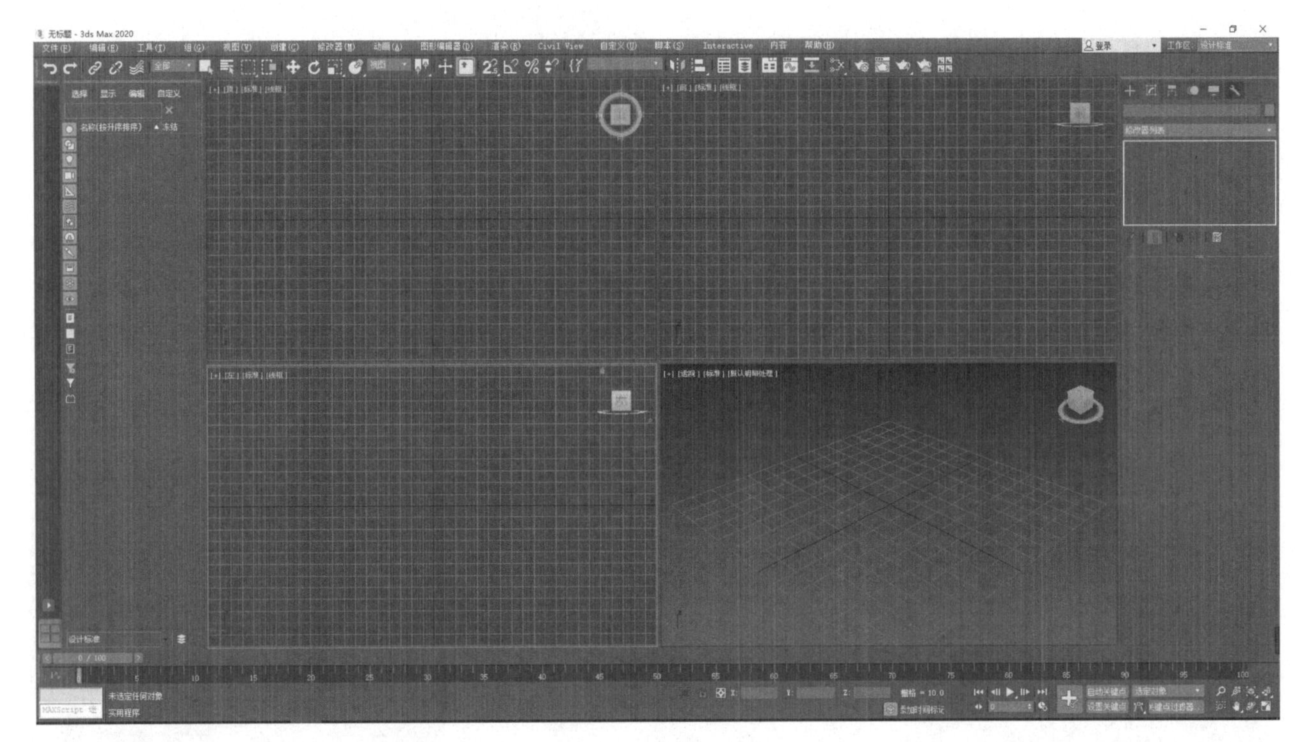

图1-8 建模活动视口

1.2.5 中断自动备份

当3ds max保存自动备份文件时，会在提示行中显示1条相关消息。如果场景很大，并且用户不希望此时立即花时间来保存该文件，可以按〈Esc〉键停止保存。如果建立的模型场景不是很复杂，则提示仅会短暂显示。

1.2.6 文件链接管理器

当链接到包含日光系统的Revit或FBX文件时，文件链接管理器会提示用户向场景中添加曝光控制。曝光控制是用于扫描线渲染器的对数曝光控制，或用于其他视觉渲染器的mr摄影曝光控制，主要包括mental ray、iray或Quicksilver渲染器。建议单击“是”按钮，否则，渲染效果将曝光过度。

1.2.7 填充

现在，使用3ds max 2020中新增的群组动画功能集，只需简单几个步骤即可将制作的静态模型变得栩栩如生。填充可以提供对物理真实的人物动画的高级控制，通过该功能，操作者可以快速轻松地在场景选定区域中生成移动或空闲的群组，以利用真实的人物活动丰富建筑演示或预先可视化电影或视频场景。“填充”附带了一组动画与角色，可用于常见的公共场合，如人行道、大厅、走廊、广场。而且操作者通过其群组合成工具，可以将人行道连接到人流图案中。

1.2.8 粒子流中的新特性

1）MassFX mParticles。使用模拟解算器MassFX系统全新的mParticles模块，创建复制现实效果的粒子模拟。为延伸现有的“粒子流”系统，mParticles 向操作者提供了多个操作符与测试，可以用它们模拟自然与人为的力，创建和破坏粒子之间的砌合，让粒子相互之间或与其他物体进行碰撞。由于mParticles具有为MassFX模拟优化的“出生”操作符、使初始设置更为简单的预设流以及两个易于使用的使粒子能够影响标准网格对象的修改器，因此操作者能轻松创建出美妙绝伦的模拟效果。同时，利用NVIDIA的多线程PhysX模拟引擎，mParticles可帮助美工人员提高工作效率。

2）高级数据操纵。使用新的高级数据操纵工具集创建自定义粒子流工具。现在，后期合成师与视觉效果编导可以创建自己的事件驱动数据操作符，并将结果保存为预设，或保存为“粒子视图”仓库中的标准操作。使用全新、通用、易于使用的“粒子流”高级视觉编辑器，操作者可以合并多达27个不同的子操作符，从而创建专用于特定目的、大量的“粒子流”工具集，以满足单个产品的特定要求。

3）“缓存磁盘”与“缓存选择性”。使用面向通用“粒子流”工具集的两个全新的“缓存”操作符可提高工作效率。全新的“缓存磁盘”操作符能提供在硬盘上预计算并存储“粒子流”模拟的功能，从而能让操作者更快速地进行循环访问。“缓存选择性”操作符能让操作者缓存特定类型的数据，使用该操作符，操作者可以选择粒子系统的大部分计算密集型属性，预先计算1次，然后通过后缓存操作符使用其他粒子系统属性，如图形、大小、方向、贴图、颜色等。

1.2.9 环境中的新功能

1）球形环境贴图。用于环境贴图的默认贴图模式当前为“球形贴图”。

2）加载预设不会更改贴图模式。当加载渲染预设时，环境贴图的贴图模式不会更改。在早期版本中，它将恢复为“屏幕”，而不管以前是什么设置。

3）曝光控制预览支持“mr”天光。用于曝光控制的预览缩略图现在可以正确显示“mr”天光。

1.2.10 材质编辑中的新增功能

现在，在“材质/贴图”浏览器中，右键单击材质或贴图时，可以将其复制到新创建的材质库中去（图1–9）。

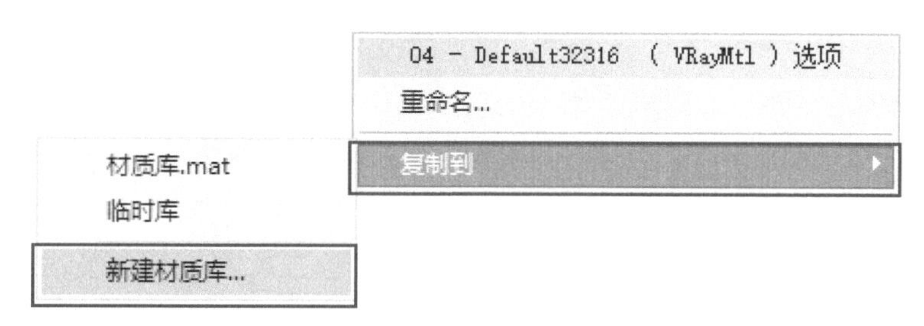

图 1–9 新建材质库

1.2.11 贴图中的新特性

1）矢量贴图。使用新的矢量贴图，操作者可以加载矢量图形作为纹理贴图，并按照动态分辨率对其进行渲染；无论将视图放大到什么程度，图形都将保持鲜明、清晰。通过包含动画页面过渡的PDF支持，操作者可以创建随着时间而变化的纹理，同时设计师可以通过对AutoCAD PAT填充图案文件的支持创建更加丰富与更具动态效果的CAD插图。此外，该功能还支持AI（Adobe Illustrator）、SVG、SVGZ等格式。

2）法线凹凸贴图。“法线凹凸”贴图能修复导致法线凹凸贴图在3ds max视口中与在其他渲染引擎中显示不同的错误。此外，现在使用“首选项”对话框中“常规”面板中的“法线凹凸”选项，可以优化其他程序创建的法线凹凸贴图，这些是以往版本所不具备的功能。

1.2.12 摄影机中的新特性

摄影机（摄像机）中的新特性即是增加了透视匹配，通过新的“透视匹配”功能，操作者可以将场景中的摄影机视图与照片或艺术背景的透视进行交互式匹配。使用该功能，操作者可以轻松地将1个CG元素放置到静止帧摄影背景的上下文中，使其适合打印与宣传合成物。

1.2.13 渲染中的新功能

1）mental ray渲染器。mental ray渲染器有一个新的易于控制的“统一采样”模式，而且渲染速度比3ds max早期版本使用的多过程过滤采样快得多。

新的“天光”选项可用于从一个或多个环境贴图，尤其是在高动态范围图像中能准确生成天光。

“字符串选项”卷展栏可用于在mental ray MI 文件中按照操作者自己的喜好输入选项。

如果mental ray渲染器遇到致命错误，3ds max 2020将继续运行，但要重新创建mental ray渲染，则需要重新启动3ds max 2020。

2）iray渲染器。iray渲染器现在支持多种在早期版本可能不会渲染的贴图。这些贴图包括“棋盘格”“颜色修正”“凹痕”“渐变”“渐变坡度”“大理石”“Perlin 大理石”“斑点”“Substance”“瓷砖”“波浪”“木材”“mental ray海洋明暗器”。

新的解算器方法选项可用于启用能提高室内场景精度的采样器以及能提高焦散照明质量的采样器。“置换”设置已移动到独立的卷展栏。使用“无限制”选项时，“渲染进度”对话框显示已执行的迭代的次数，进度条显示动画条纹，而不是绝对的百分比。

3）渲染模式同步。单击菜单栏“渲染”按钮，所弹出的菜单与“渲染设置”对话框中的“渲染”按钮的下拉菜单同步，即更改1个控件上的渲染模式会随之更改其他控件上的渲染模式。

1.2.14 视口的新功能

1）Nitrous 性能改进。在3ds max 2020中，复杂场景、CAD数据、变形网格的交互、播放性能有了显著提高，这要归功于新的自适应降级技术、纹理内存管理的改进、增添了并行修改器计算以及一些其他优化。Nitrous视口在多方面都有了更新，以提高速度。例如：改进了粒子流的播放性能；改进了场景包含大量实例化对象时的性能；改进了处理Auto CAD文件时的性能；改进了蒙皮对象的播放性能；改进了纹理管理；改进了线框显示中的背面消隐。Nitrous 视口现在完全支持自适应降级，包括“永不降级”对象属性。

2）支持Direct3D 11。它是利用Microsoft DirectX 11的强大功能，再加上3ds max 2020对DX 11明暗器新增的支持，操作者可以在更短的时间内创建并编辑高质量的资源与图像。此外，凭借 HLSL（高级明暗处理语言）支持，新的 API 在3ds max 2020中提供了DirectX 11功能。在Windows 7系统上，Nitrous视口现在可以使用Direct3D 11。WindowsXP的用户仍然可以使用Nitrous Direct3D 9驱动程序。在不具有图形加速的Windows7系统上，Nitrous软件驱动程序同样可用。“显示驱动程序选择”对话框已更新，以反映这些更改。

3）2D 平移/缩放。它能使操作者可以像平移、缩放二维图像一样操作“摄影机”“聚光灯”“透视”视口，而不影响实际的摄影机或灯光位置或“透视”视图的渲染帧。在匹配透视图、使用轮廓或蓝图构建场景以及放大密集网格进行选择时，此功能对线条的精确放置非常有帮助。此功能取代了早期版本中使用“锁定缩放/平移”复选框。

4）切换最大化视口。当视口最大化时，可以按〈Windows徽标＋Shift〉键切换至另一视口。

1.2.15 文件处理中的新功能

1）位图的自动 Gamma 校正。保存与加载图像文件时，新的“自动 Gamma”选项会检测文件类型并应用正确的Gamma设置。这样，操作者就无须为典型渲染工作流程手动设置Gamma。启用了Gamma校正时，3ds max 2020使用随它加载的位图文件一起保存的Gamma值，并随它所保存的位图文件一起保存该Gamma值。如果文件格式不支持Gamma值，则为8位图像格式使用Gamma 值2.2，对浮点与对数图像格式使用值1.0（无Gamma校正）。此外，状态集也已更新，以随所有文件一起正确保存Gamma。

2）状态集。可以记录对象修改器的状态更改，这对渲染过程控制与场景管理非常有帮助。操作者还可以通过右键单击菜单控制状态集，而且“状态集”用户界面可以停靠在视口中，增加了可访问性。在3ds max 2020与Adobe After Effects软件之间提供双向数据传输的媒体同步功能，现在支持文本对象。文本属性与动画属性现在可双向同步。状态集现在可保存文件与正确的Gamma值。

3）日志文件更新。日志文件现在包含列标题，条目包含添加条目的3dsmax.exe的进程与线程ID。同时运行的所有3dsmax.exe进程将写入同1个“max.log文件”。

1.2.16 自定义中的新特性

现在，操作者可以为菜单操作选择自定义图标。此选项位于菜单窗口的右键单击菜单中的“自定义用户界面”中的“菜单”面板上。

1.2.17 帮助的新特性

“帮助”进行了重新组织，使得查找信息更容易，而且与其他Autodesk Media或Entertainment产品中的帮助更加一致。此外，3ds max 2020还创建了1个帮助存档。存档中的主题描述了将来不太可能更改的特性。

1.3 安装方法

本节将对中文版3ds max 2020的安装进行明确介绍，其实3ds max 2020的安装与前期版本差不多，操作起来并不复杂，但是不能颠倒顺序。

1.3.1 安装步骤

1）解压下载的压缩包。打开解压文件夹找到“Setup.exe”文件，运行它开始安装3ds max 2020中文版（图1-10）。

名称	修改日期	类型	大小
3rdParty	2019/5/10 22:04	文件夹	
CER	2019/5/10 22:04	文件夹	
Content	2019/5/10 22:06	文件夹	
de-DE	2019/5/10 22:07	文件夹	
en-US	2019/5/10 22:07	文件夹	
eula	2019/5/10 22:07	文件夹	
fr-FR	2019/5/10 22:07	文件夹	
ja-JP	2019/5/10 22:07	文件夹	
ko-KR	2019/5/10 22:07	文件夹	
NLSDL	2019/5/10 22:07	文件夹	
pt-BR	2019/5/10 22:07	文件夹	
Setup	2019/5/10 22:07	文件夹	
SetupRes	2019/5/10 22:07	文件夹	
x64	2019/5/10 22:24	文件夹	
x86	2019/5/10 22:25	文件夹	
zh-CN	2019/5/10 22:25	文件夹	
autorun.inf	2002/2/23 9:35	安装信息	1 KB
dlm.ini	2019/3/9 0:30	配置设置	1 KB
Setup.exe	2019/2/12 17:03	应用程序	978 KB
setup.ini	2019/3/6 10:58	配置设置	42 KB

图1-10 解压运行Setup.exe文件

2）检查系统配置后，会进入安装界面。单击“安装”按钮进行安装（图1-11）。

3）单击“安装>许可协议”中的“我接受”单选按钮，单击“下一步”按钮（图1-12）。

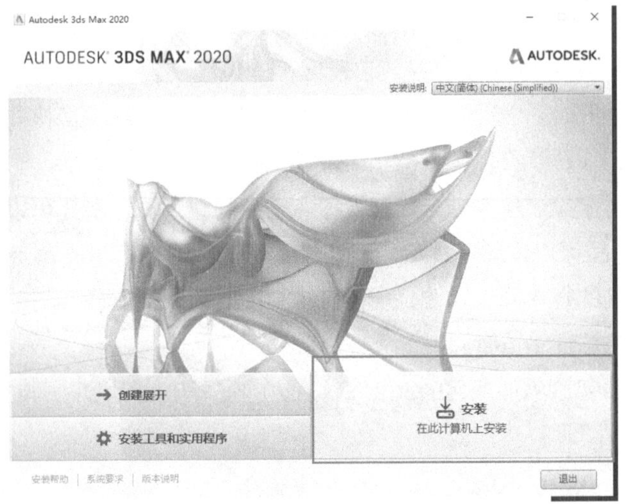

图1-11　安装3ds max 2020中文版

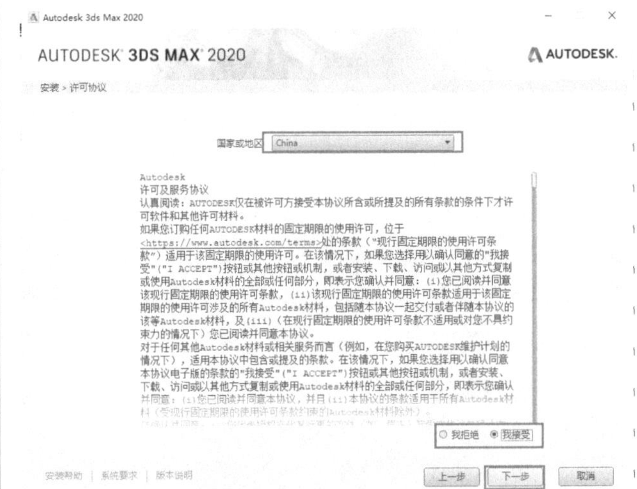

图1-12　安装>许可接受

4）配置安装界面。设置安装路径，单击“安装”按钮（图1-13）。

5）进入安装等待界面，等待一段时间就安装完成（图1-14）。

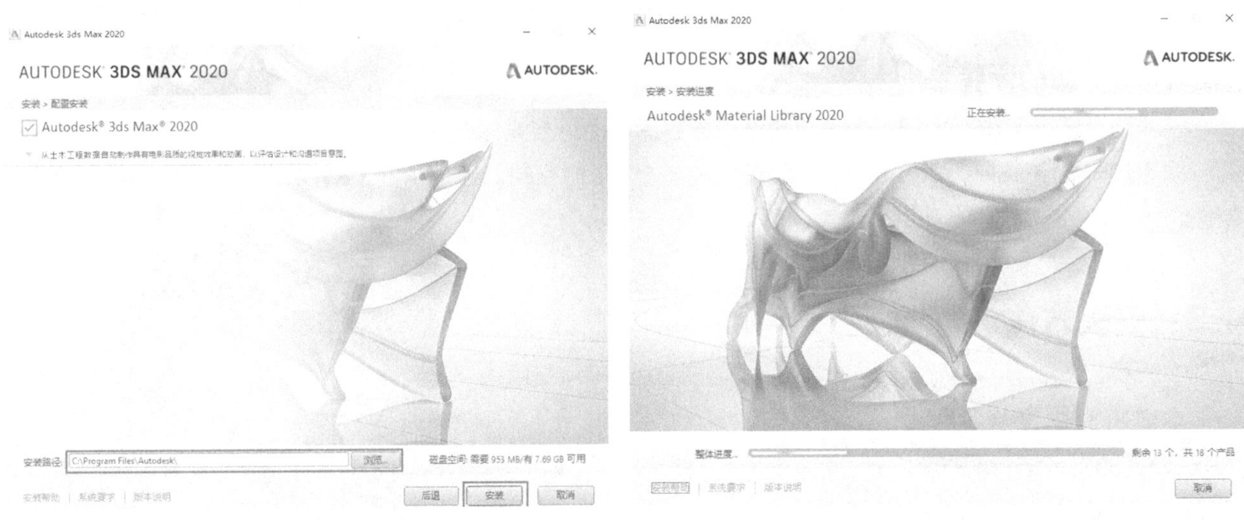

图1-13　配置安装路径

图1-14　安装进度

6）产品信息界面。选择许可类型为“单机”，输入序列号“*** - ********”与产品密钥“******”，单击“Next（下一步）”按钮（图1-15）。

1.3.2　语言转换

在计算机系统的开始菜单中找到3ds max 2020的“Languages”文件夹，单击“3ds Max 2020 - simplified Chinese”，就可以转换到简体中文版了（图1-16）。

1.3.3　激活方法

1）安装3ds max 2020后，打开3ds max 2020，单击右下角的“Activate（激活）”按钮（图1-17）。

Autodesk Licensing - Activation Options

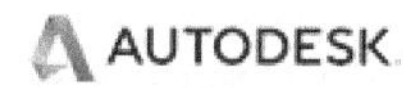

Enter Serial Number and Product Key

To activate Autodesk 3ds Max 2020, please enter the Serial Number and Product Key you received at the time of purchase in the fields below. This information can be found on the product package, in your "Autodesk Upgrade and Licensing Information" email, or a similar confirmation email from the point of purchase e.g. online store.

Serial Number:
Product Key:

图1-15　填写产品信息

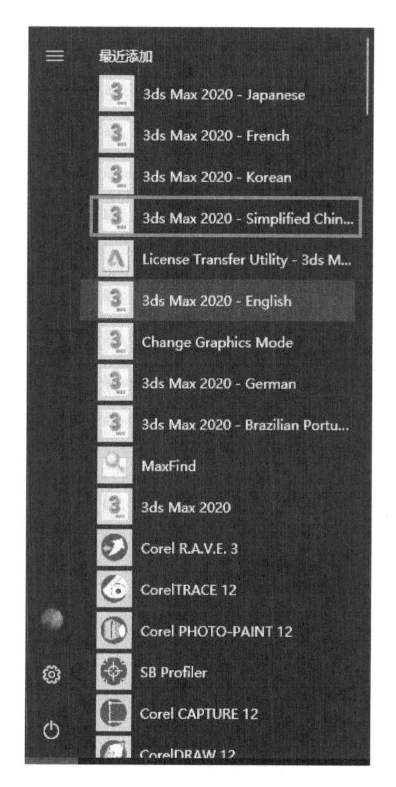

图1-16　转换语言

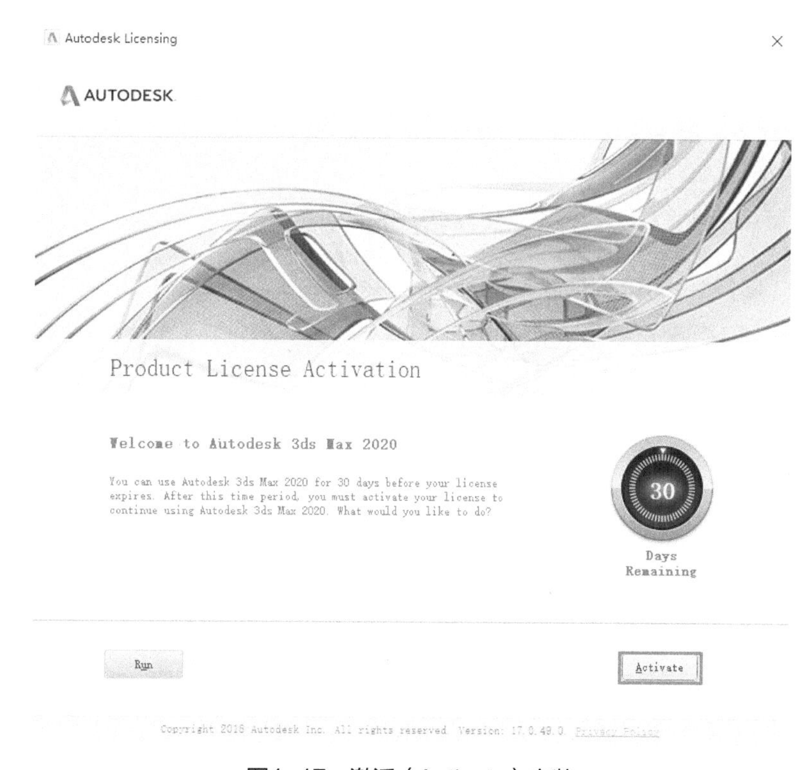

图1-17　激活（Activate）安装

2）在“激活选项”对话框中，有“立即连接并激活”与“我具有Autodesk提供的激活码”两种激活方式。一般建议选择前者，需要将该安装计算机连接互联网，根据互联网提示进一步输入激活信息。如果选择后者，则需要向经销商索要激活码，具体操作各有不同，可以由经销商提供激活方法。

3）用户还可以登录互联网，进入Autodesk中国官网www.autodesk.com.cn点击下载免费试用版。AUTODESK将提供最长30天的试用期（图1-18），查看系统要求，并在弹出的页面中选择下一步（图1-19），然后选择“企业或个人”或是“学生或教师”，拥有相关文件的学生或教师最长可以享受长达3年的教育版授权（图1-20），注册与登录账号并提交相关文件即可下载教育版（图1-21）。查阅相关帮助文档获得激活信息（图1-22）。

图1-18　下载试用版

图1-19　下载要求　　图1-20　选择对象　　图1-21　注册下载教育版

图1-22　查阅文档获得激活信息

4）完成激活后即可正式使用（图1-23）。

Autodesk Licensing - Activation Complete

AUTODESK

Thank You For Activating

Congratulations!
Autodesk 3ds Max 2020 has been successfully activated.

Under the terms of your activated license, one or more products are allowed to run on your computer. Uninstalling Autodesk 3ds Max 2020 does not remove the license.

A copy of your activation information has been saved to:
C:\ProgramData\Autodesk\AdskLicensingService\Log\3DSMAX2020en_USRegInfo.html

License Active

Finish

Copyright 2018 Autodesk, Inc. All rights reserved. Version: 31.0.0.0 - Privacy Policy

图1-23　激活完成

1.4　界面介绍

3ds max 2020的界面布局与3ds max 2010等以往版本的界面布局都是一样的，内容包括菜单栏简介、主工具栏简介、命令面板简介及卷展栏简介4个部分，操作界面比较复杂。

1.4.1　菜单栏简介

3ds max 2020操作界面的菜单栏主要提供了文件、编辑、工具、组、视图、创建、修改器、动画、图形编辑器、渲染、Civil View、自定义、脚本、内容、Arnold、帮助（H）共16个菜单命令（图1-24），菜单栏中常用的命令含义如下。

文件(F)　编辑(E)　工具(T)　组(G)　视图(V)　创建(C)　修改器(M)　动画(A)　图形编辑器(D)　渲染(R)　Civil View　自定义(U)　脚本(S)　内容　Arnold　帮助(H)

图1-24　菜单栏命令

1）文件菜单。文件菜单中包含了使用3ds max文件的各种命令，使用这些命令可以创建新场景，打开并保存场景文件，也可以导入对象或场景（图1–25）。

2）编辑菜单。编辑菜单包含从错误中恢复的命令，存放、取回的命令，以及几个常用的选择对象命令（图1–26）。

3）工具菜单。工具菜单主要包含场景对象的操作命令，如阵列、克隆、对齐等，以及管理操作命令（图1–27）。

4）组菜单。组菜单中包含成组、解组、打开组、关闭组、附加组、分离组、炸开组、集合命令，主要是对场景中的物体进行管理（图1–28）。

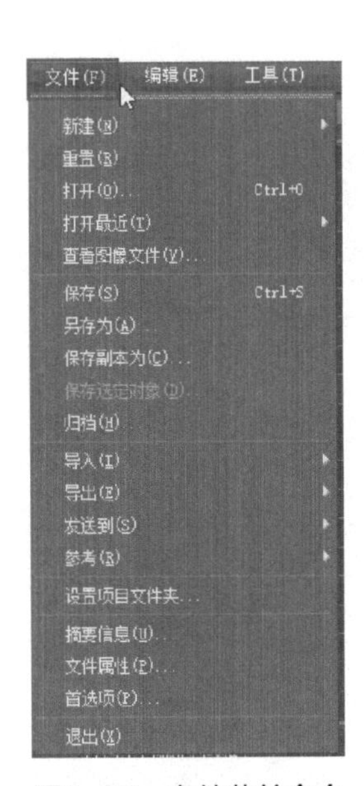

图1–25　文件菜单命令

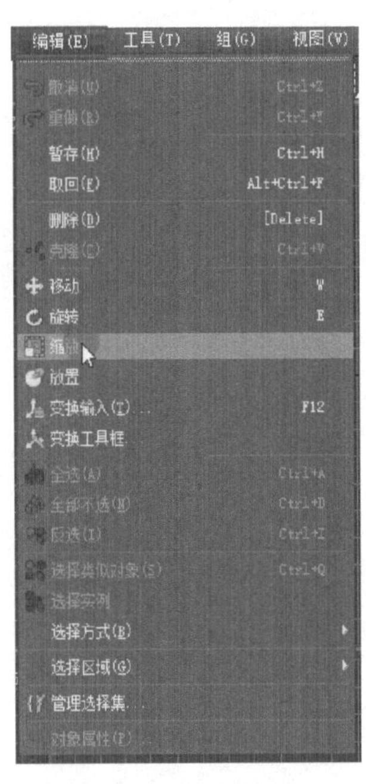

图1–26　编辑菜单命令

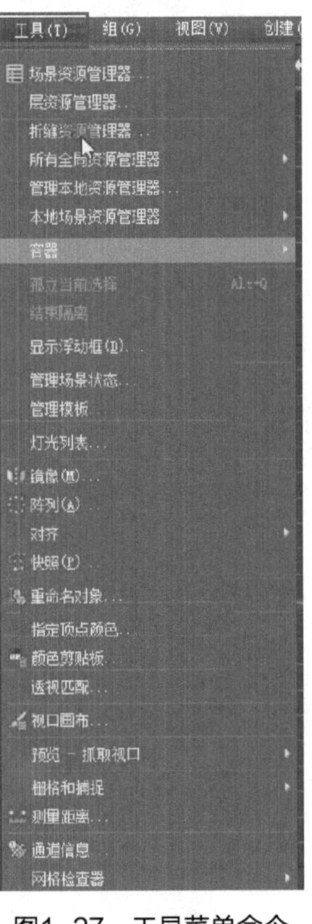

图1–27　工具菜单命令

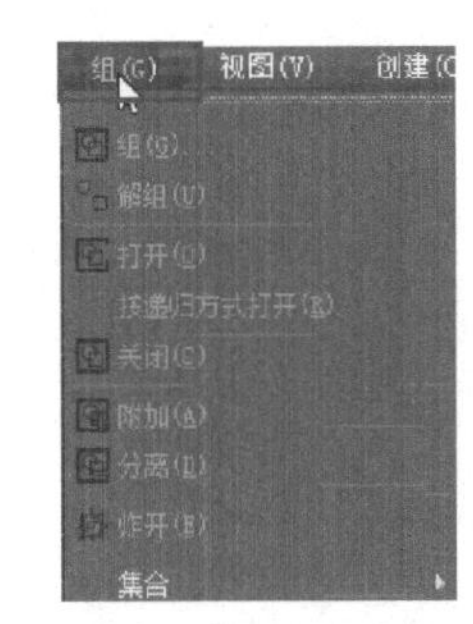

图1–28　组菜单命令

5）视图菜单。视图菜单主要用于调节各种视图界面，包括视口配置、视口背景颜色、设置活动视口等（图1–29）。

6）创建菜单。创建菜单主要包括各种对象的创建命令，3ds max 2020所提供的各种对象类型都可以在该菜单中找到（图1–30）。

7）修改器菜单。修改器菜单中主要包含3ds max 2020中的各种修改器，并对这些修改器进行了分类（图1–31）。

8）动画菜单。动画菜单中主要包含各种控制器、动画图层、骨骼，以及其他一些针对动画操作的命令（图1–32）。

9）渲染菜单。渲染菜单主要包含与渲染有关的各种命令，3ds max 2020中的环境、效果、高级照明、材质编辑器等都包含在该菜单中（图1–33）。

10）图形编辑器菜单。提供用于使用图形方式编辑对象和动画的命令，如轨迹视图–曲线编辑器、轨迹视图–摄影表、新建轨迹视图等命令（图1–34）。

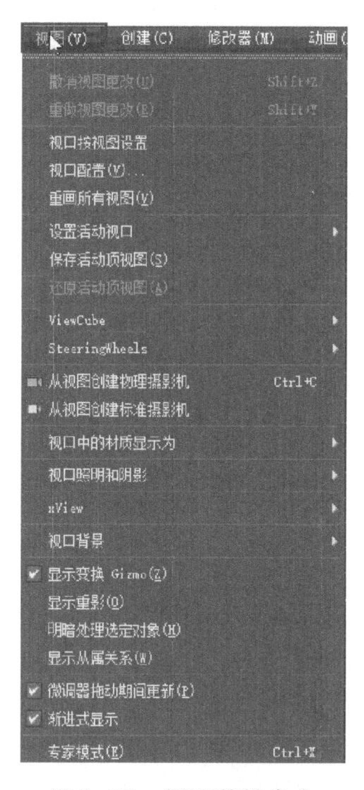

图1-29 视图菜单命令

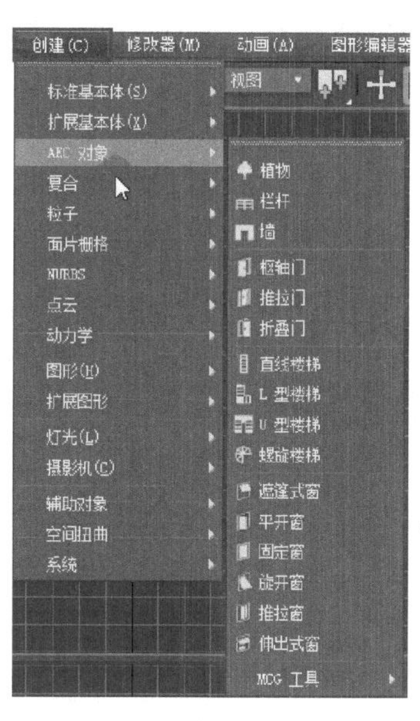

图1-30 创建菜单命令

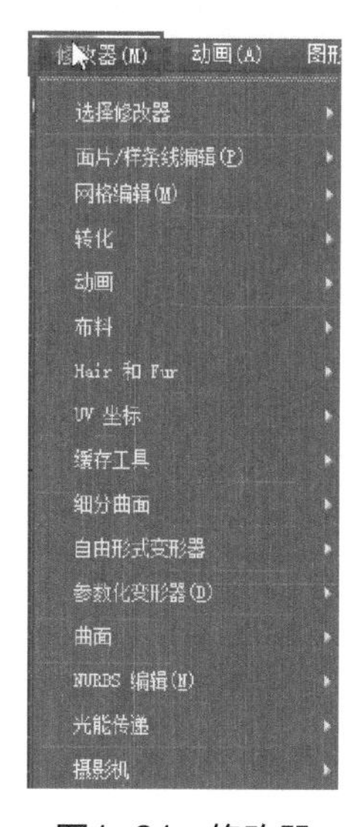

图1-31 修改器菜单命令

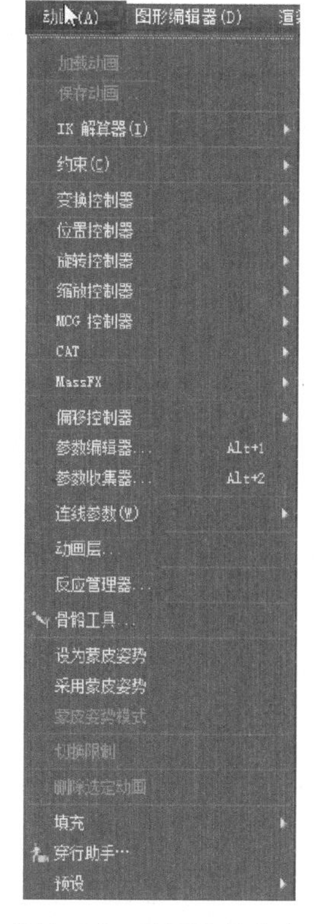

图1-32 动画菜单命令

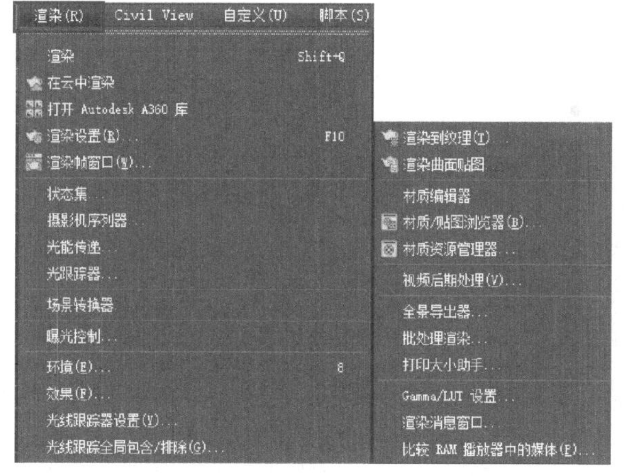

图1-33 渲染菜单命令

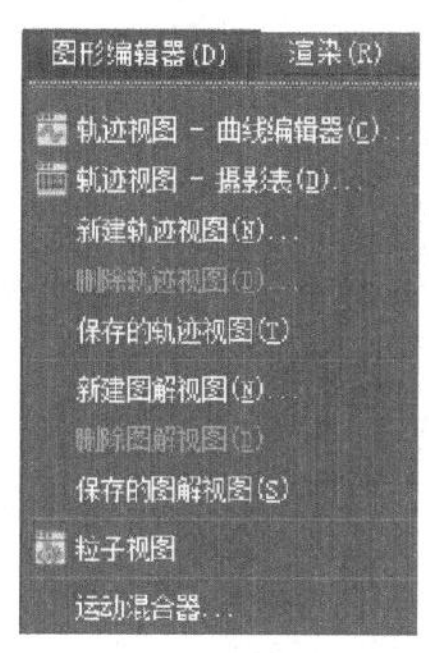

图1-34 图形编辑器菜单命令

1.4.2 主工具栏简介

主工具栏是整个3D制作时用得最多的工具栏，该工具栏包含一些常用的命令及相关的下拉列表选项。使用时，可以在工具栏中单击相应的按钮快速执行命令。单击主工具栏左端的两条竖线并拖动，可以使其脱离界面边缘而形成浮动工具窗口（图1-35）。如果主工具栏中的工具按钮含有多种命令类型，则单击该按钮不放，会弹出相应的下拉工具选项（图1-36）。

图1-35 主工具栏浮动工具窗口

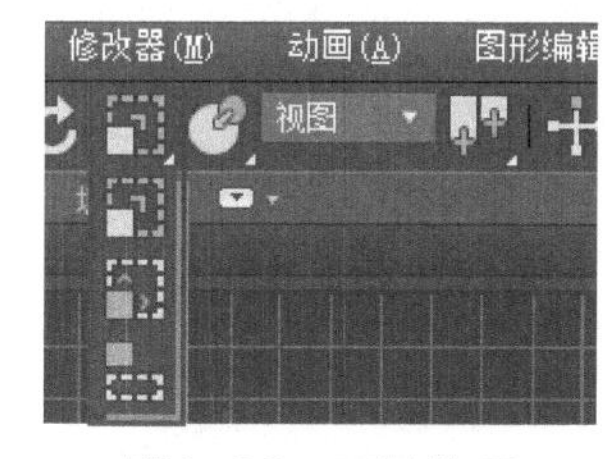

图1-36 工具选项

设计小贴士

图纸3ds max 2020的操作界面还是一如既往地复杂，但是复杂中带有条理，在初学阶段，应始终把握好先创建，再修改的原则，任何模型都是如此。在“创建面板”中，尽量使用“标准基本体”中的各种成品模型，这样操作速度会很快。不要随意采用二维线型来创建模型，待后期修改就会遇到很多麻烦。至于“层次命令”与“运动命令”，一般不会用到，可以暂时不用去熟悉。

1.4.3 命令面板简介

命令面板位于3ds max 2020操作界面的右侧，该面板包含创建、修改、层次、运动、显示、实用程序6个命令类型（图1-37），如层次命令面板（图1-38）、显示命令面板（图1-39）。命令面板中主要命令类型的含义如下。

1）创建命令。创建命令面板可以为场景创建对象，这些对象可以是几何体，也可以是灯光、摄影机或空间扭曲之类的对象。

2）修改命令。修改命令面板中的参数对更改对象十分有帮助，除此之外，在修改面板中还可以为选定的对象添加修改器。

3）层次命令。层次命令面板包括3类不同的控制项集合，通过面板顶部的3个按钮可以访问这些控制项。

4）运动命令。运动命令面板与层次命令面板类似，具有双重特性，该面板主要用于控制对象的一些运动属性。

5）显示命令。显示命令面板控制视口内对象的显示方式，还可以隐藏、冻结对象并修改所有的显示参数。

6）工具命令。工具命令面板中包含一些实用的工具程序，单击面板顶部的更多按钮可以打开显示其他实用工具列表的对话框。

1.4.4 卷展栏简介

在3ds max 2020中，大多数参数通常都会按类别分别排列在特定的卷展栏下，操作时可以展开或卷起这些卷展栏来查看相关的参数（图1-40）。进入显示命令面板，在面板中列出了6个卷展栏，此时这些卷展栏都处于卷起状态。光标放在这些卷展栏的题标上单击鼠标左键就会展开卷展栏，显示其中的相关参数（图1-41）。

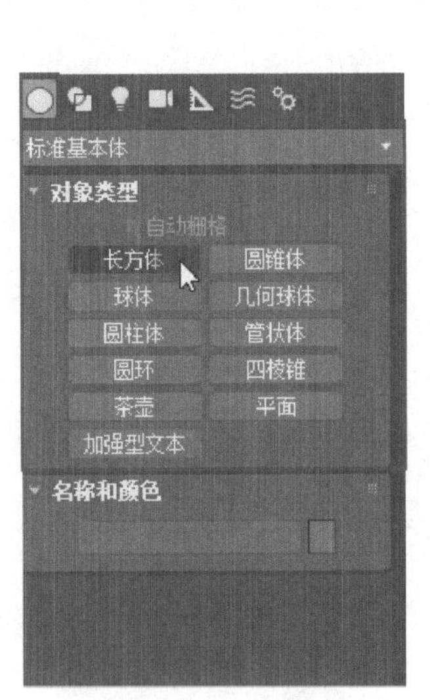

图1-37 命令面板

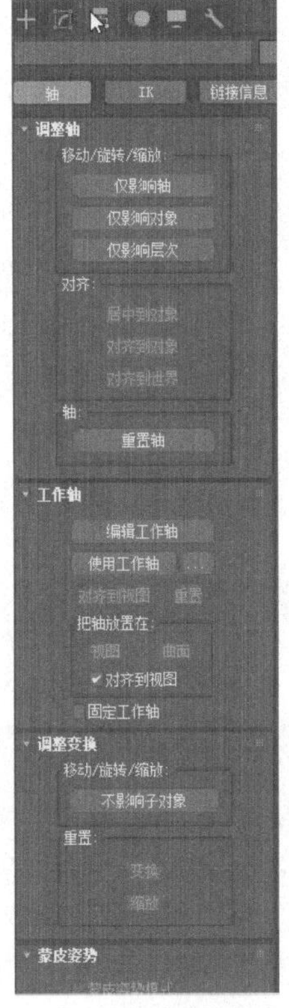

图1-38 层次命令面板

图1-39 显示命令面板

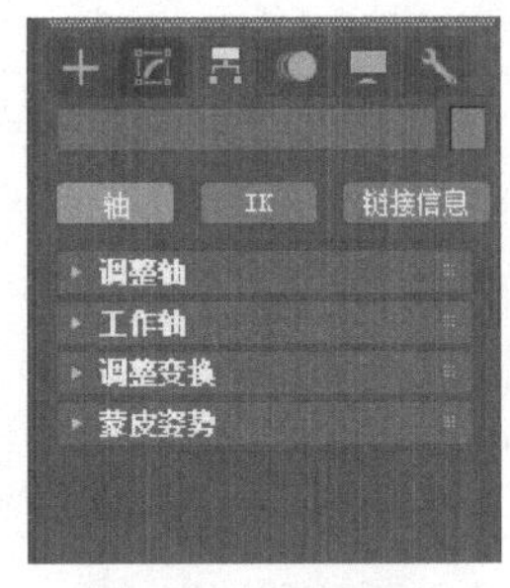

图1-40 卷展栏

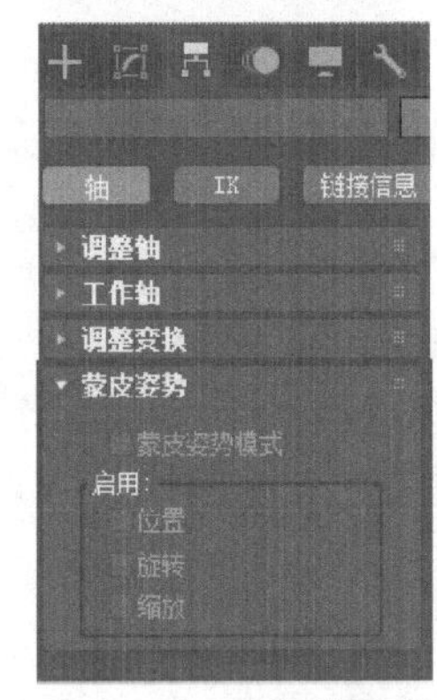

图1-41 展开卷展栏

1.5 视口布局

3ds max 2020的默认视口布局能够满足大多数用户的操作需要，但如果用户有特殊要求，也可通过自定义菜单来自定义视口布局。本节对视口布局、视口显示、视口显示类型，以及视口操作工具等的相关知识进行介绍。

1.5.1 视口的布局

光标放在视口左上角的视口“+”处单击鼠标右键，在弹出的菜单中选择“配置视口”命令（图1-42）。在开启的“视口配置”对话框中切换到“布局”选项卡。在“布局”选项卡中可以设置视口的布局方式，3ds max 2020提供了14种布局方式（图1-43）。

图1-42 视口视图

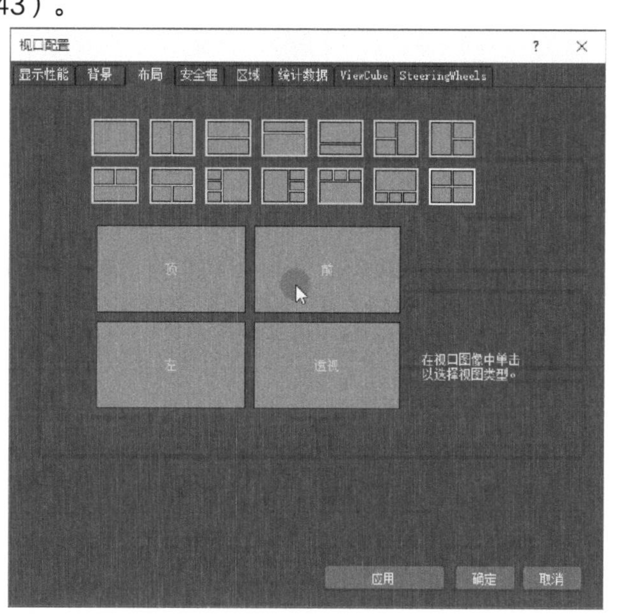

图1-43 视口布局类型

1.5.2 不同的视口显示类型

光标放在激活视口左上角的视口名称上单击鼠标右键，在弹出的菜单中可以选择不同的视口视图（图1-44）。旁边的按钮可以选择不同的视图显示方法（图1-45）。

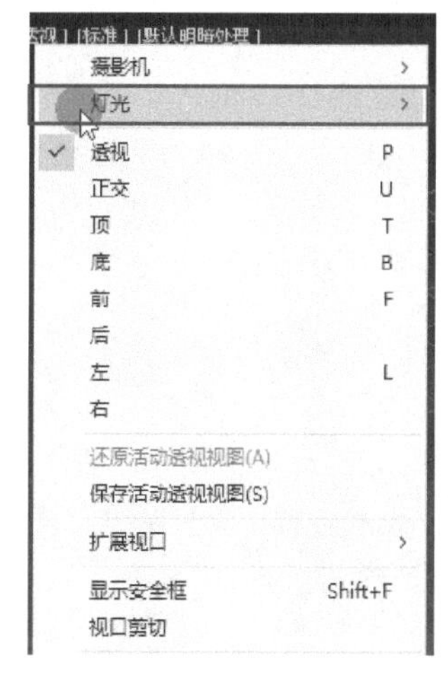

图1-44 视口视图

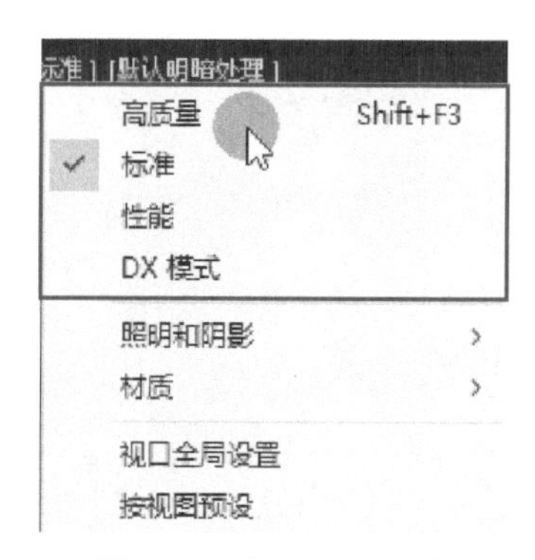

图1-45 视图显示方法

1.5.3 视口控件

在3ds max 2020操作界面的右下角有针对视口操作的“视口工具”按钮，主要功能有8种（图1-46），使用这些工具能更方便地进行观察与操作。凡是右下角带有黑色小三角符号的按钮，表示这个按钮是按钮组，还有其他按钮隐藏在里面，按下鼠标左键保持1s，即可显示全部按钮（图1-47）。视口控件中各个按钮的含义依次如下。

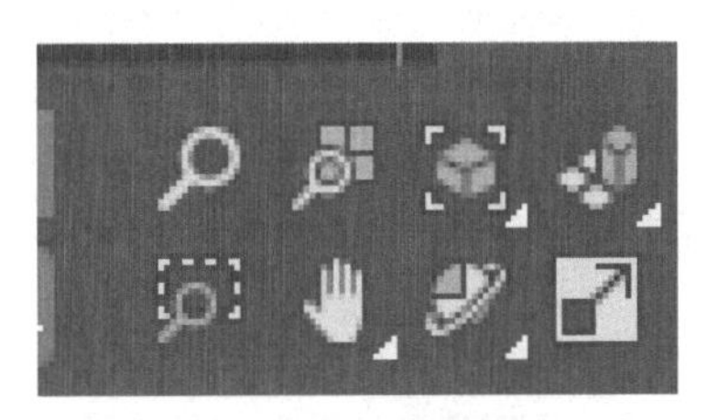

图1-46 视口工具功能

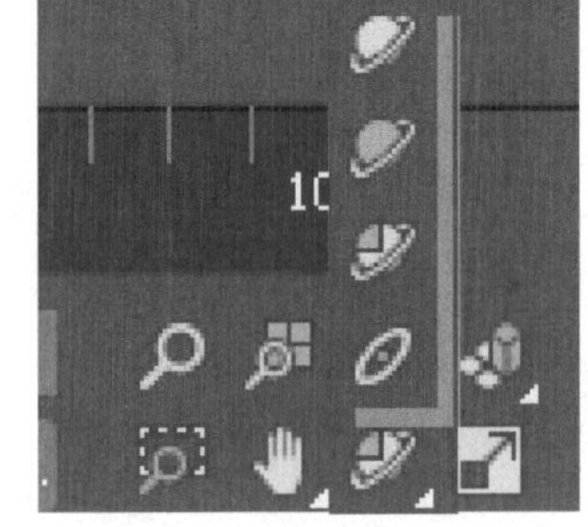

图1-47 视口工具隐藏按钮

1）缩放按钮。使用缩放工具可以对当前所选择的视口进行缩放控制。

2）缩放所有视图按钮。使用该工具可以将操作界面中所有的视口都进行缩放控制。

3）最大化显示按钮。使用该按钮可以将当前激活视口中的对象最大化显示出来。

4）所有视图最大化显示按钮。该按钮的功能与最大化显示按钮一样，只是它将视口中的对象都最大化显示。

5）视野按钮。该按钮可以控制视口中的视野大小，当活动视口为正交、透视或用户三向投影视图时，有可能显示为缩放区域按钮。

6）平移视图按钮。使用该按钮可以对视口进行平移操作。

7）弧形旋转按钮。使用该按钮可以对视口进行各个方向的旋转操作。

8）最大化视口切换按钮。使用该按钮可以在最大化视口与标准视口之间进行切换。

1.5.4 其他视口操作命令

在视口操作命令中，除了以上这些操作命令外还有一些其他视口的操作命令。“显示栅格”命令可以控制是否在视口中显示背景的栅格线，如在视口中显示栅格效果（图1-48），或在视口中不显示栅格效果（图1-49），或在视口中显示安全框（图1-50），快捷键为〈Shift＋F〉等。安全框显示是指显示一个由3种颜色线条围成的线框（图1-51），最外侧的线框是渲染的边界，中间的线框为图像安全框，内部的线框为字幕安全框，超出安全框外的对象将不显示在最终渲染图像中。

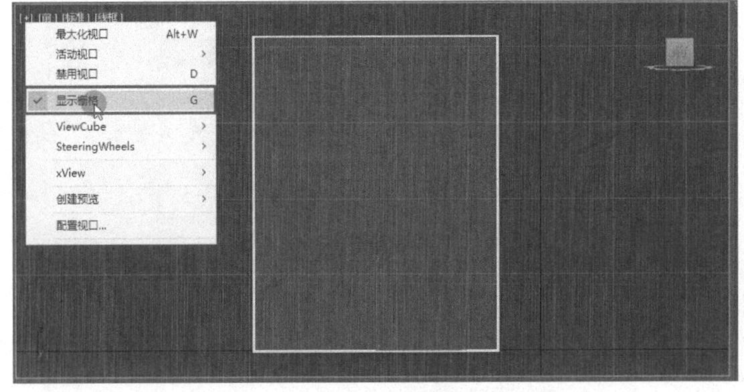

图1-48 视口显示栅格效果

图1-49 视口不显示栅格效果

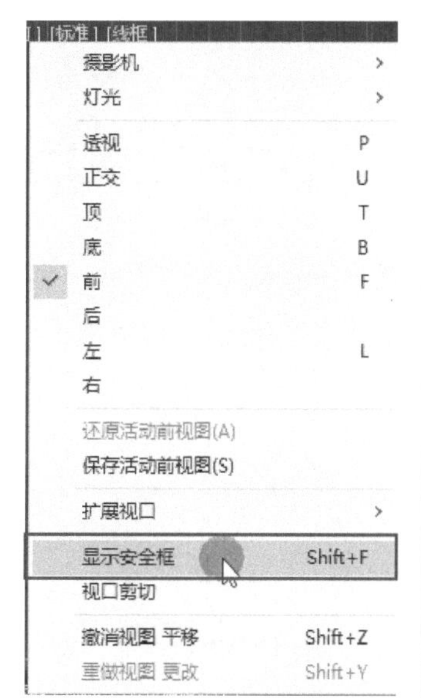

图1-50　视口显示安全框

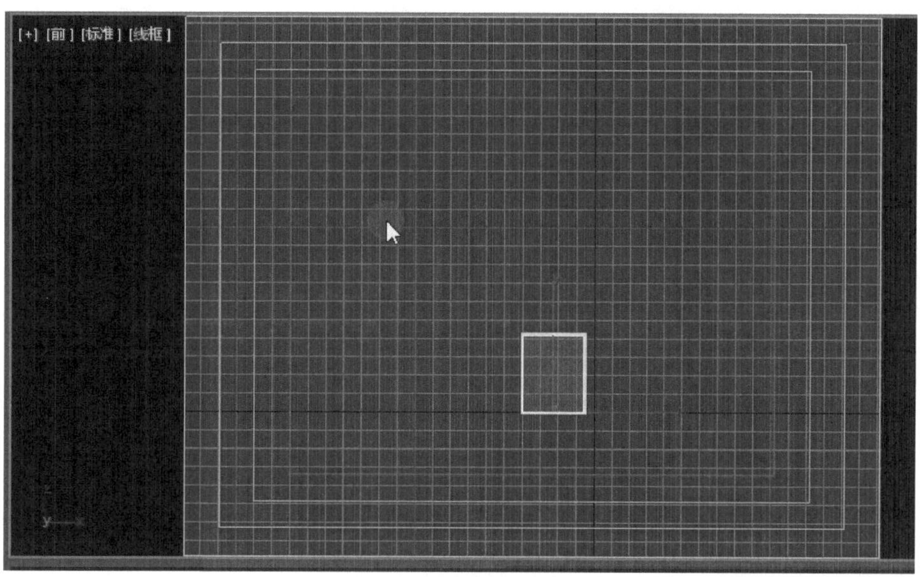

图1-51　安全框显示效果

本章小结

本章主要介绍了3ds max 2020中文版的简介、新增功能、界面介绍、安装、视口布局等内容，通过本章的学习，读者不仅能快速熟悉3ds max 2020软件的基本操作，也为后面的深入学习打好扎实的基础。

★课后练习题

1.3ds max 2020中文版软件的主要功能是什么，新增功能的优势有哪些?

2.正确掌握3ds max 2020中文版的安装、激活方法。

3.熟悉并了解界面布局中各个组成部分的功能作用。

4.观察并操作视口布局和视口控件。

第2章　基本三维建模

操作难度： ★★☆☆☆

章节导读： 基本三维建模是3ds max 2020中最简单、最基础的三维模型，是各种效果图建模的制作基础。基本三维建模虽然简单，但是也需要设置各种参数，控制尺寸大小，不能随意创建。在大多数复杂模型的创建初期，都是先用基本几何体组成雏形，再对其进行细致修改，基本几何体的创建可以在创建命令面板中的几何体类别下进行创建。

2.1　标准基本体

标准基本体都有自身特定的参数，本节将对这些基本体的参数进行介绍。在创建面板中几何体类别下的对象X类型卷展栏中，3ds max 2020提供了11种标准基本体（图2-1）。

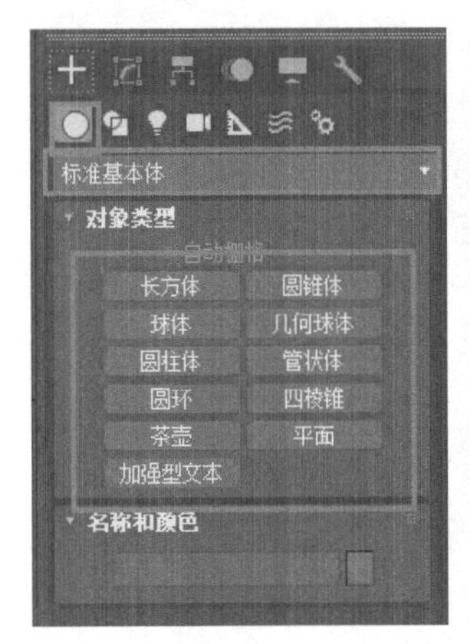

图2-1　创建几何体类别

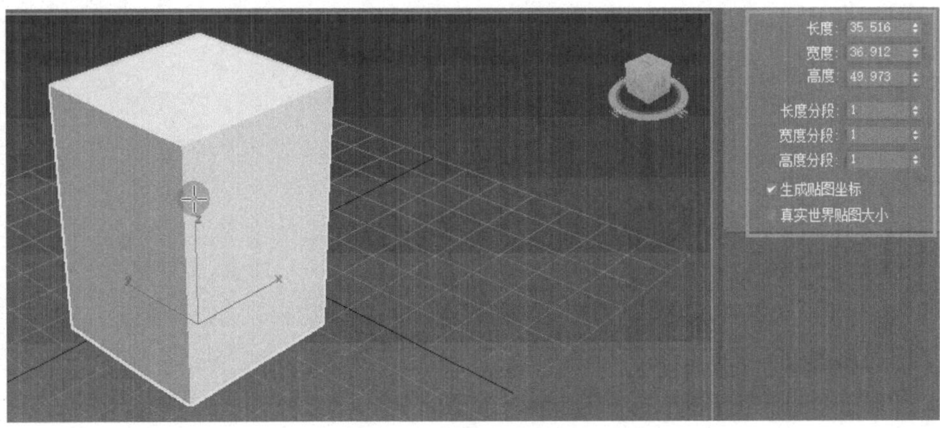

图2-2　长方体对象类型

1）使用频率最多的是长方体与圆柱体对象类型，它可以在场景中创建长方体或圆柱体对象。该对象包含长、宽、高、长度分段；半径、高度分段等参数（图2-2、图2-3）。

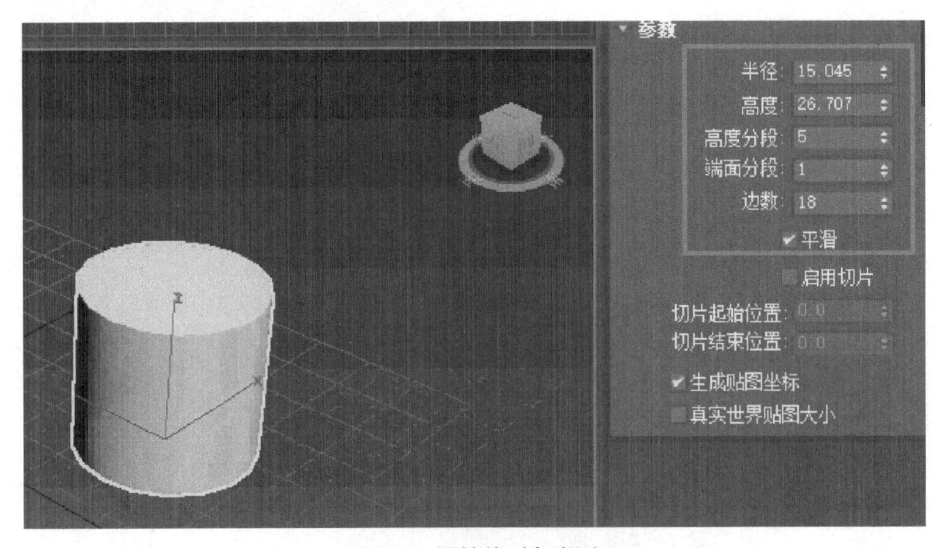

图2-3　圆柱体对象类型

2）球体与几何球体对象类型可以在场景中创建球体与几何球体（图2-4）。这两种类型都包含有半径、分段等参数。更改创建参数后的模型效果如图2-5所示。

图2-4　创建球体与几何球体

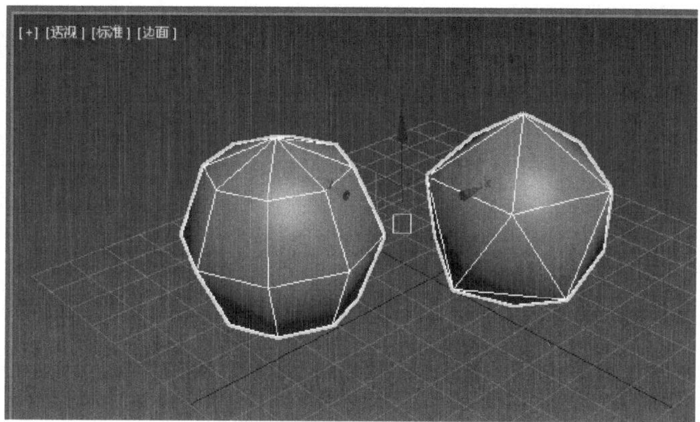

图2-5　创建参数后的模型效果

3）管状体对象类型可以在场景中创建管状体（图2-6）。该对象类型包含半径、高度及边数等参数，创建参数后的模型效果如图2-7所示。

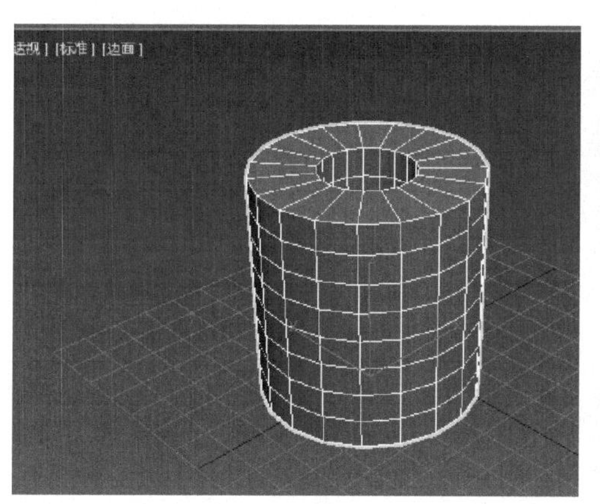

图2-6　创建管状体

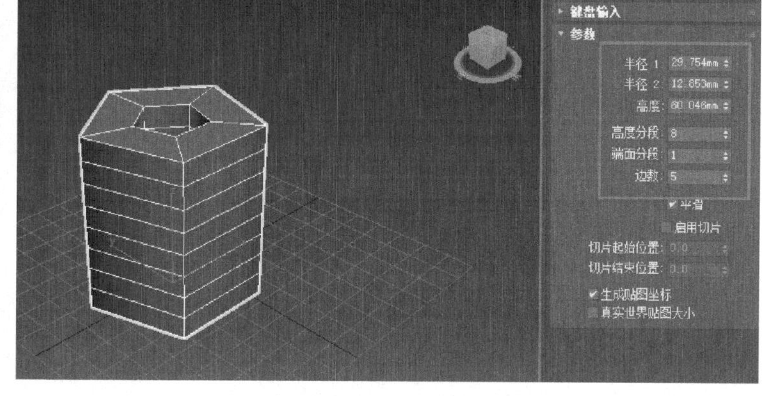

图2-7　创建参数后的模型效果

4）圆锥体对象类型可以在场景中创建圆锥体（图2-8）。该对象类型包含半径、高度、高度分段等参数，创建参数后的模型效果如图2-9所示。

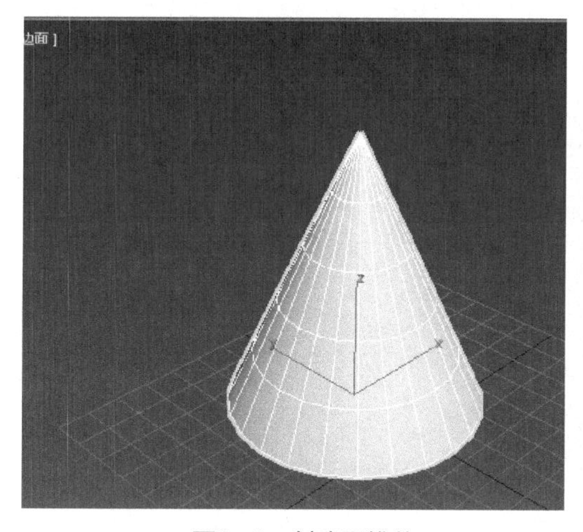

图2-8　创建圆锥体

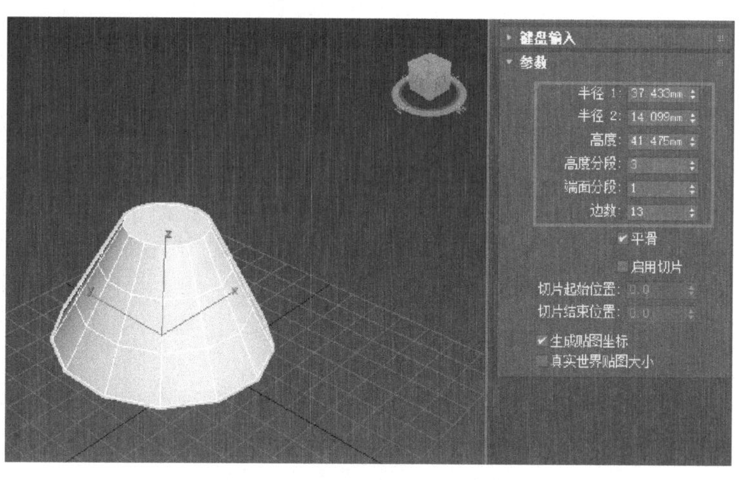

图2-9　创建参数后的模型效果

5）圆环对象类型可以在场景中创建圆环（图2-10）。该对象类型包含半径、旋转、扭曲等参数，创建参数后的模型效果如图2-11所示。

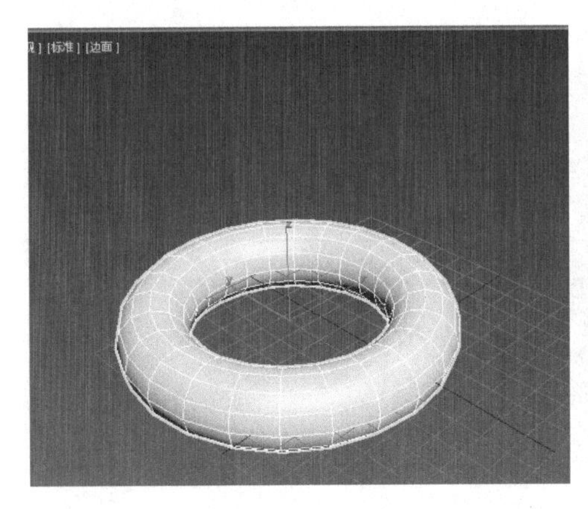

图2-10　创建圆环

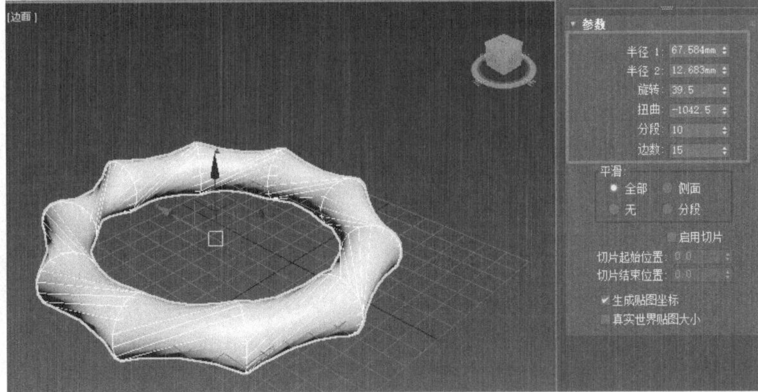

图2-11　创建参数后的模型效果

6）四棱锥对象类型可以在场景中创建四棱锥对象（图2-12）。

7）平面是没有厚度的平面实体（图2-13），不同的分段值决定平面在长、宽上的分段。

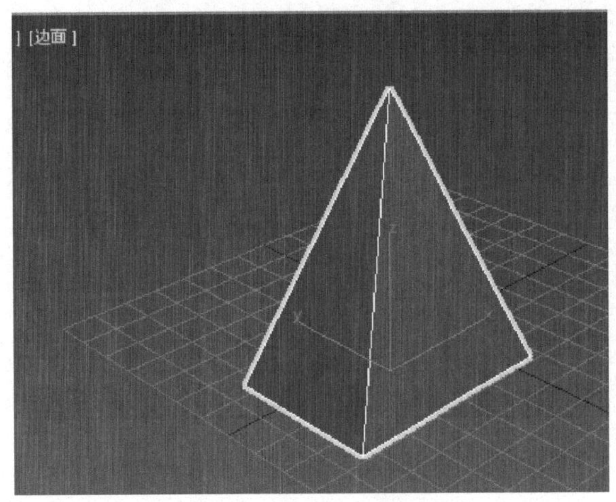

图2-12　创建四棱锥

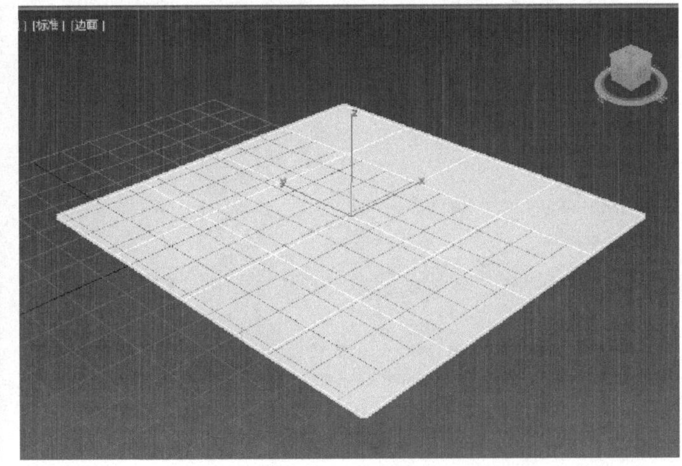

图2-13　平面实体

8）茶壶对象类型可以在场景中创建茶壶对象（图2-14）。该对象类型由半径与分段参数决定其大小与表面光滑程度，创建参数后的模型效果如图2-15所示。

图2-14　创建茶壶

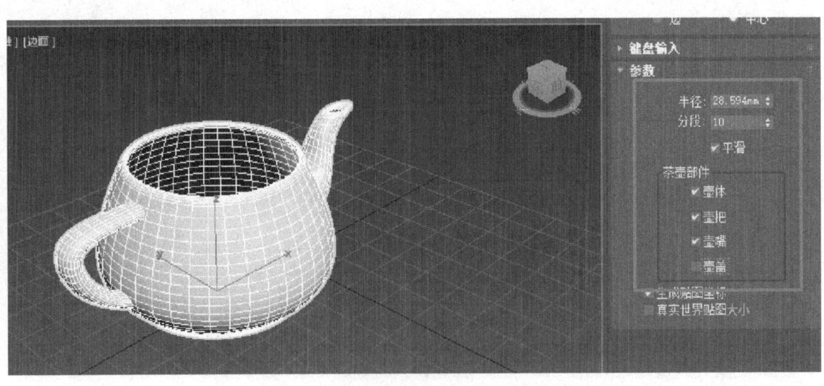

图2-15　创建参数后的模型效果

9）加强型文本对象类型可以在场景中创建文本对象（图2-16）。该对象类型由文本类型和挤出高度决定，创建参数后的模型效果如图2-17所示。

图2-16 创建文本

图2-17 创建参数后的模型效果

2.2 实例制作：书柜

本节将根据上节内容制作一个简单的实例书柜，具体操作步骤如下。

1）新建一个场景，进入菜单栏，在“自定义”菜单中单击“单位设置”（图2-18），将“公制”单位设为“毫米”，即mm，单击“系统单位设置”，将单位也设为“毫米”，即mm。这样在后续操作中就统一了输入数据单位，无须再次调整了（图2-19）。

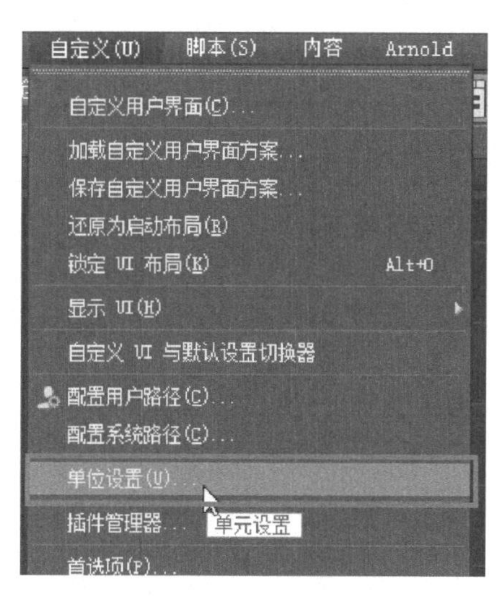

图2-18 自定义单位设置

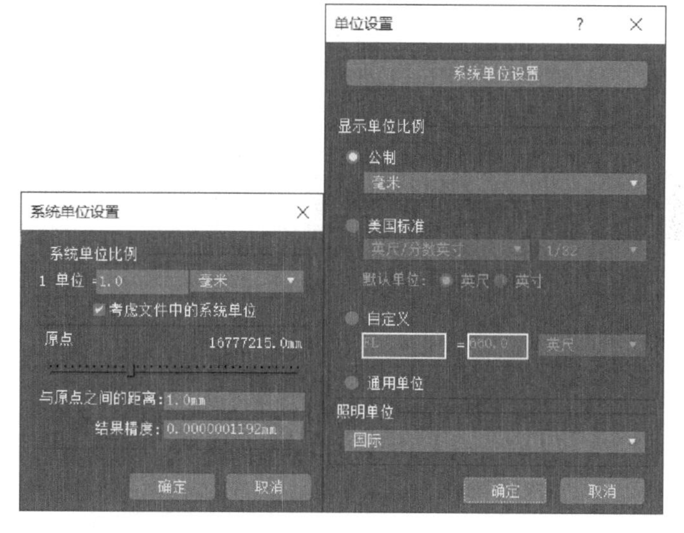

图2-19 系统单位设置

2）进入右侧创建命令面板，在“标准基本体”下选择“长方体”，在前视口中创建长方体（图2-20）。

3）修改该长方体的参数，将“长度”设置为2000.0mm，“宽度”设置为1500.0mm，“高度”设置为20.0mm（图2-21）。

4）单击“最大化视口切换”按钮，将前视口最大化，继续创建一个长方体（图2-22），将“长度”设置为2000.0mm，“宽度”设置为20.0mm，“高度”设置为400.0mm（图2-23）。

设计小贴士

标准基本体的运用简单快捷，是制作效果图的主要模型创建对象，在创建时应注意表面网格的数量不宜过多，够用即可。

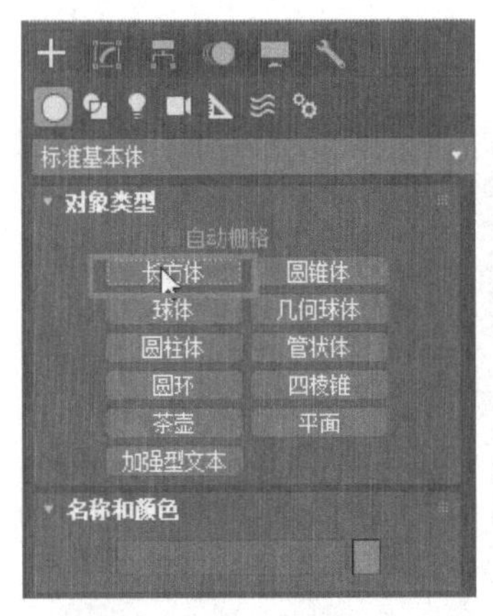

图2-20 创建长方体

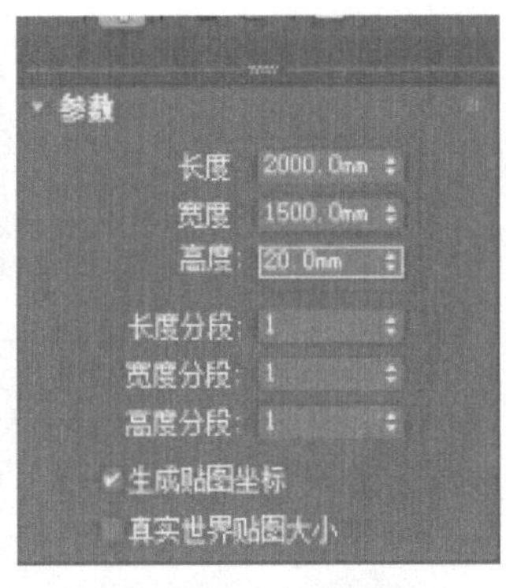

图2-21 设置参数

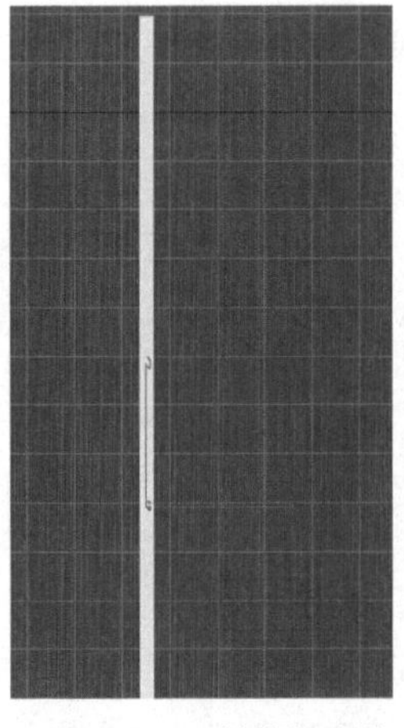

图2-22 创建长方体

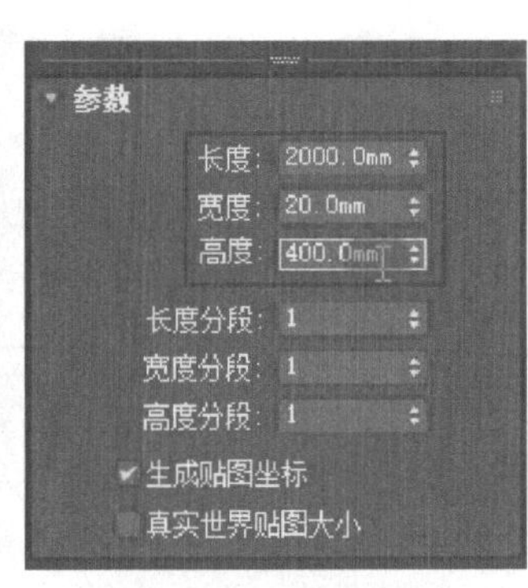

图2-23 设置参数

5）在工具栏中选择“捕捉”工具，并按住鼠标左键不放，在下拉工具中选择“2.5维”捕捉按钮（图2-24），光标在捕捉开关上面时单击鼠标右键，在弹出的“捕捉”对话框中取消勾选“栅格点”，然后勾选“顶点”（图2-25）。

6）使用“移动”工具，滑动鼠标滑轮将视口放大，将光标移至小长方体的左上角顶点处，并按住鼠标左键不放，将小长方体移动到大长方体的左上角顶面，放开鼠标让其重合（图2-26）。

图2-24 捕捉选择按钮

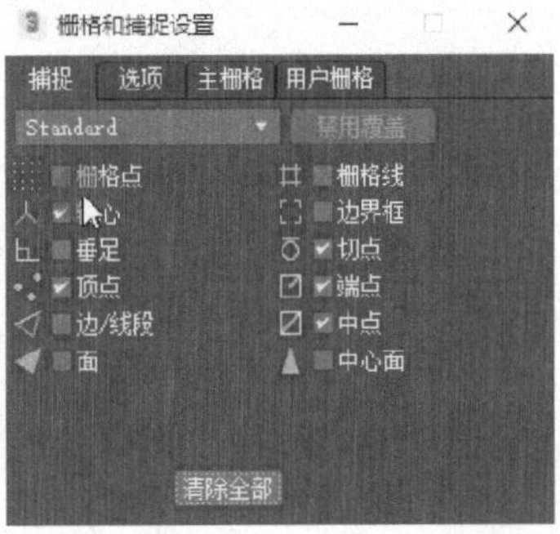

图2-25 “捕捉”对话框设置

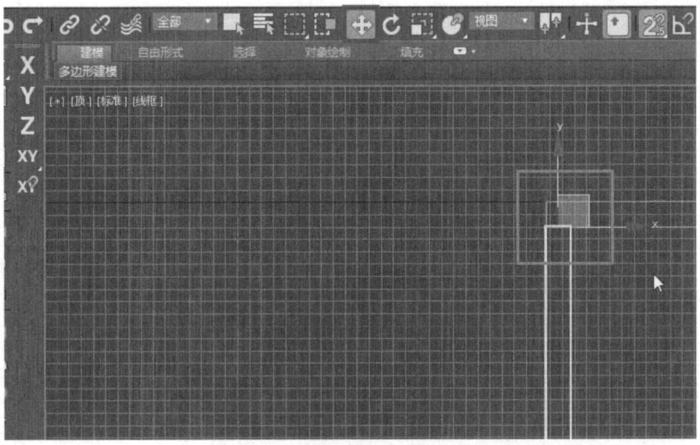

图2-26 移动重合

7）按住〈Windows徽标〉键，并同时按下〈Shift〉键来循环活动视口，将视口切换到顶视口（图2-27），放大视口，将两个长方体重合的部分移动出来，并将小长方体的左上角捕捉到大长方体的左下角顶点（图2-28）。

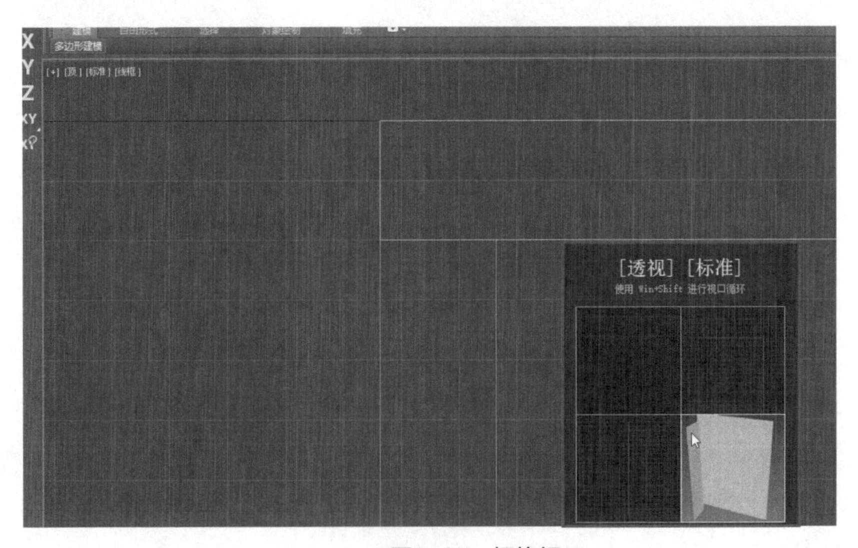

图2-27 切换视口

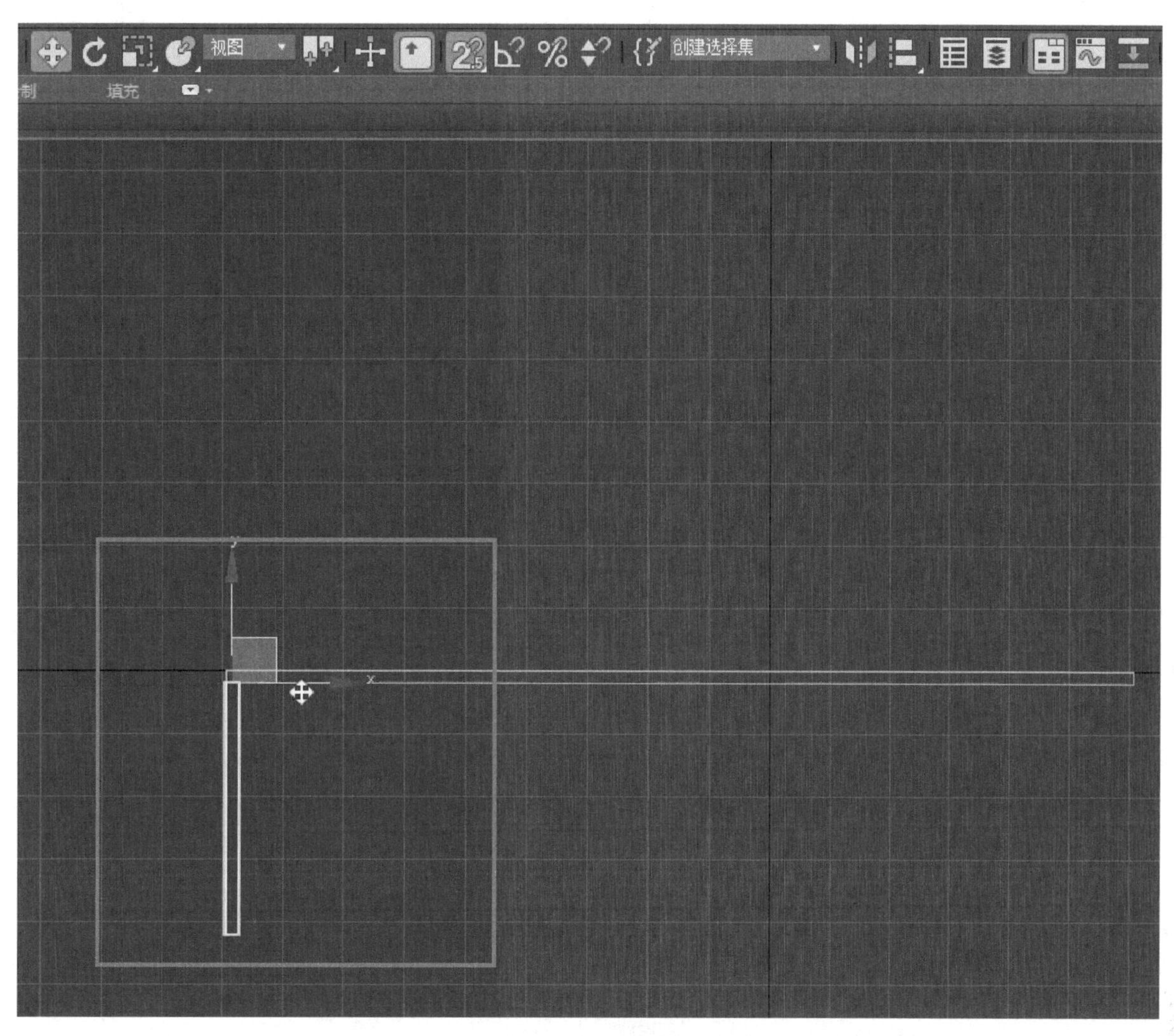

图2-28　移动对点

8）选中小长方体，同时按住〈Shift〉键，将其在“X”轴的正方向上移动一定距离（图2-29），在弹出的“克隆选项”对话框中选择“实例”对象，将“副本数”设置为4，单击“确定”按钮（图2-30）。

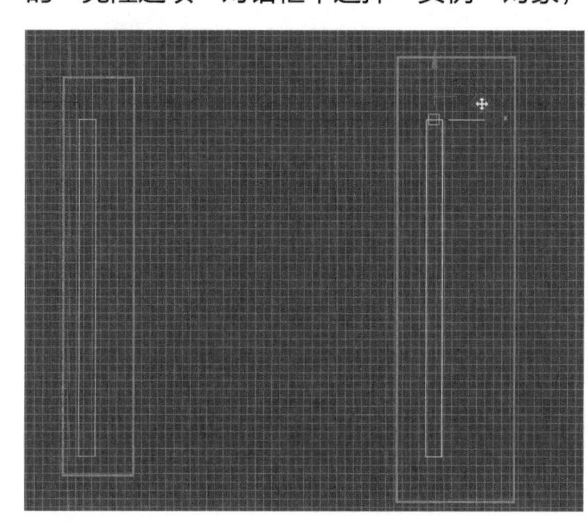

图2-29　横向移动

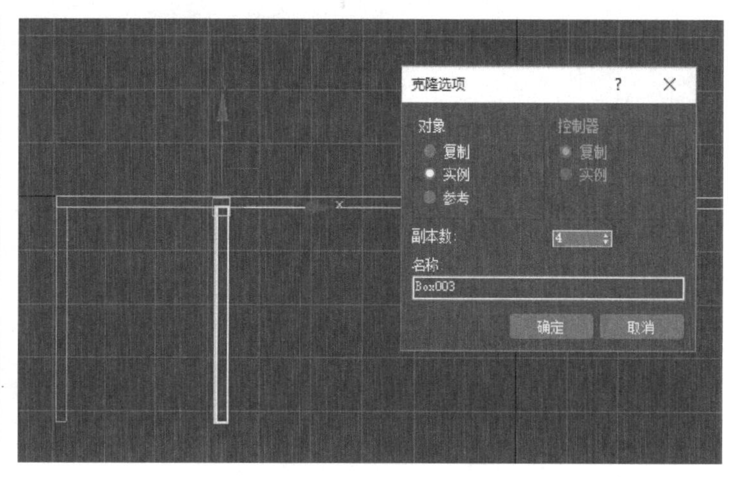

图2-30　克隆对象设置

9）将最右边的小长方体的左上角捕捉到大长方体的左下角，并将其余3个小长方体调整到等分的位置（图2-31）。

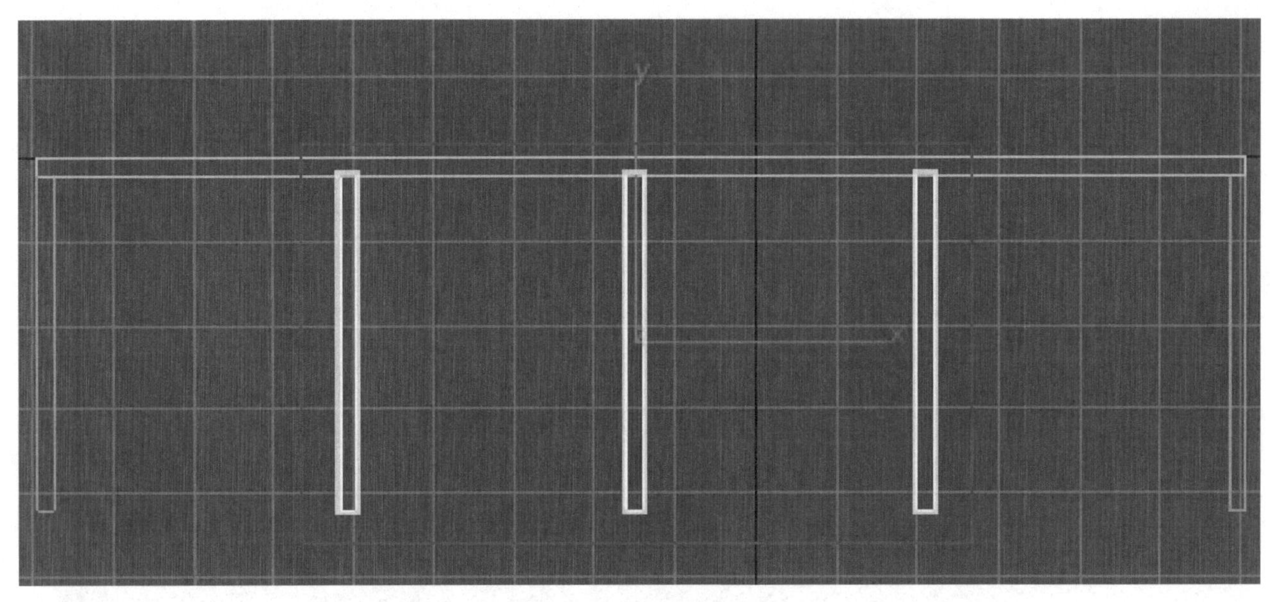

图2-31 对点调整位置

10）继续创建长方体，捕捉“大长方体的左上角”到“最右边小长方体的右下角”创建一个长方体，创建完成后将“高度”设置为20.0mm（图2-32）。

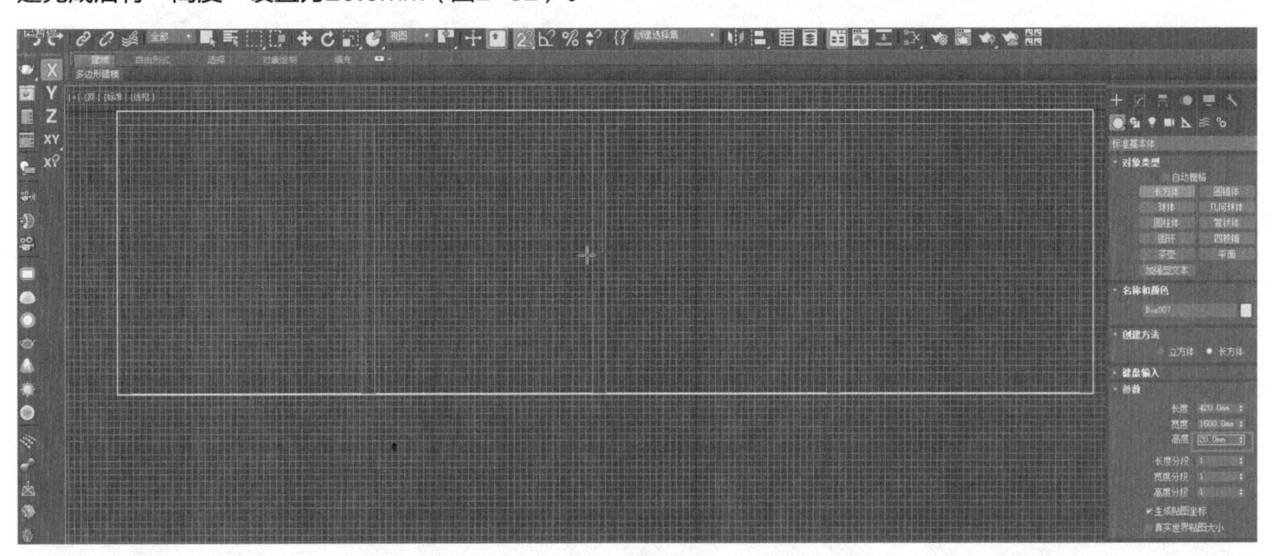

图2-32 创建长方体

11）按住〈Windows徽标〉键，并同时按下〈Shift〉键来循环活动视口，将视口切换到前视口，使用“移动”工具，将创建的长方体移动到最上面位置，并使用“捕捉”工具将其对齐至顶点（图2-33）。

12）按住〈Shift〉键，将该长方体在“Y”轴的负方向移动一定距离，并在弹出的“克隆选项”对话框中将“副本数”设置为5，单击“确定”按钮（图2-34）。

设计小贴士

将零散模型组合能方便管理，当一件模型制作完成后要注意随时组合。没有组合的模型构件很容易被误选，且误选后还不容易被发现。

很多初学者往往继续操作到一定阶段时，才发现某些前期制作好的模型莫名其妙地“消失”了，其实是在操作时不小心挪动了位置或删除了，这给后续操作带来很多麻烦。如果对零散的模型进行组合后，如果误删除，由于组合的体量较大，模型比较醒目，就能在第一时间内发现错误操作，及时更正，因此，要时刻注意保持组合，才能提高操作效率。

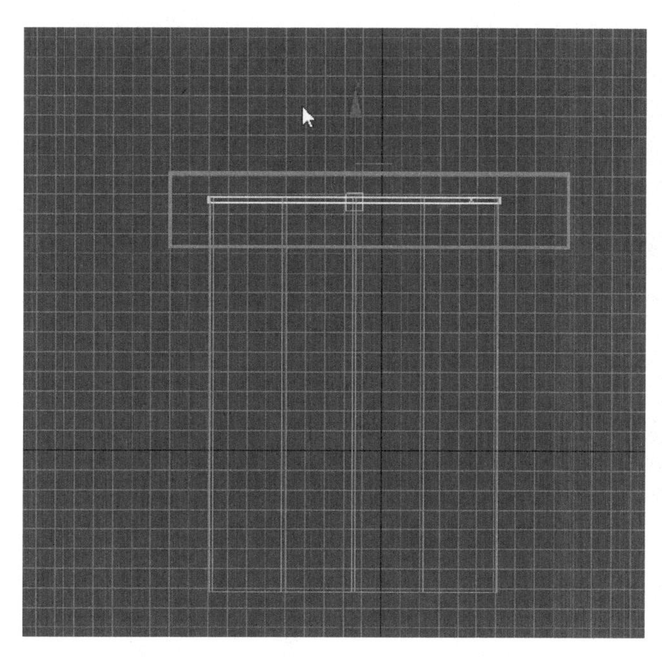

图2-33　移动对齐

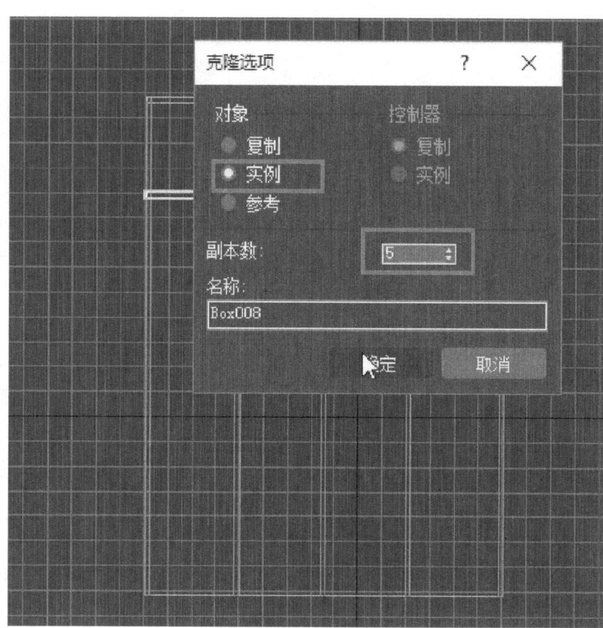

图2-34　移动克隆

13）将最下面的一个长方体的下面顶点使用“捕捉”工具对齐，按“S”键可以关闭“捕捉”功能，然后将其余的长方体在Y轴上移动到等分的位置（图2-35）。

14）将视口切换到透视口，框选所有的长方体模型，展开菜单栏中的“组”菜单，选择“组”（图2-36），在弹出的“组”对话框中，将“组名”设置为书柜（图2-37）。

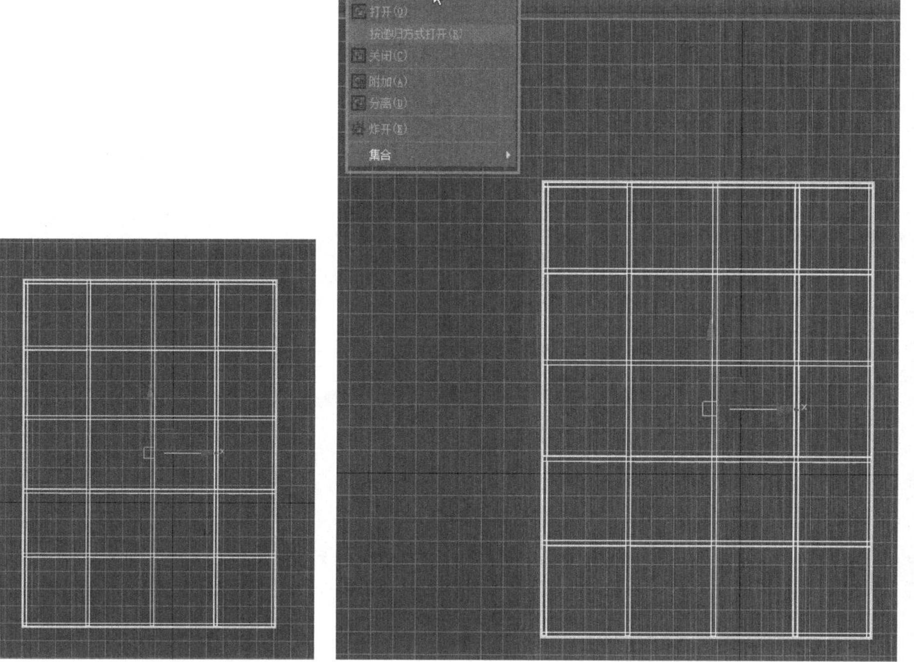

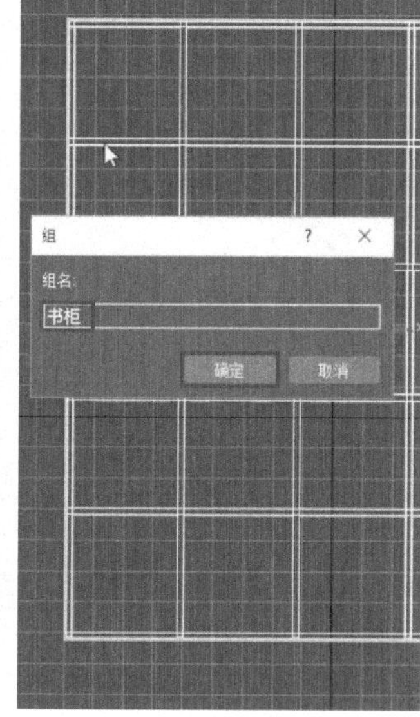

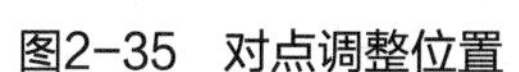

图2-35　对点调整位置　　图2-36　切换视口组合　　图2-37　成组命名

15）该书柜摆放饰品后的渲染效果如图2-38所示。关于V-ray材质与V-ray灯光操作方法将在本书其后章节里作详细介绍。

图2-38 摆放饰品后的渲染效果

2.3 扩展基本体

扩展基本体要比标准基本体具有更多的参数控制，能生成比基本几何体更为复杂的造型。3ds max 2020提供了13种扩展基本体类型，可以根据不同的设计需要来选择相应的对象类型进行创建（图2-39）。

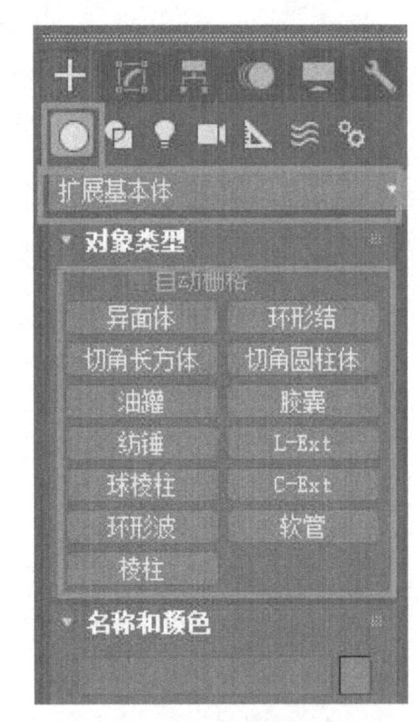

图2-39 扩展基本体类型

1）异面体对象类型是在场景中创建异面体的对象，默认状态下创建的异面体如图2-40所示。该对象自身包含有5种形态，并且可以通过修改P、Q参数值调整模型的形态，创建参数后的模型效果如图2-41所示。

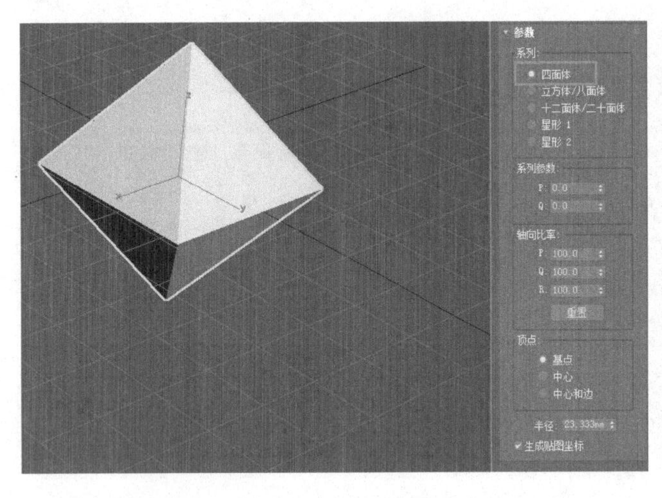

图2-40 创建异面体

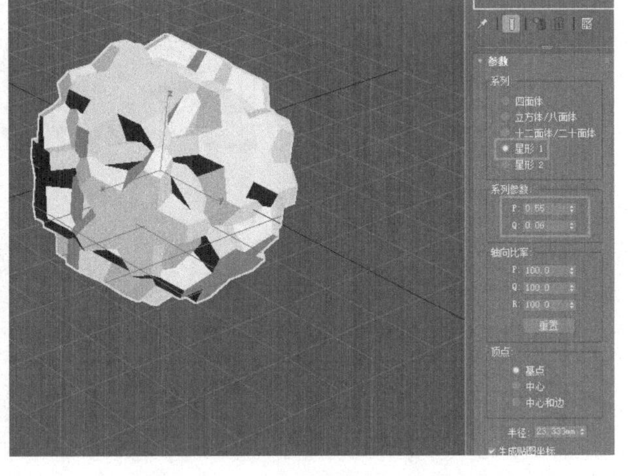

图2-41 创建参数后的模型效果

2）环形结对象类型是扩展基本体中较为复杂的工具，默认情况下的模型效果并无实际意义（图2-42），但是可以根据需要修改参数。修改参数后的模型效果如图2-43所示。

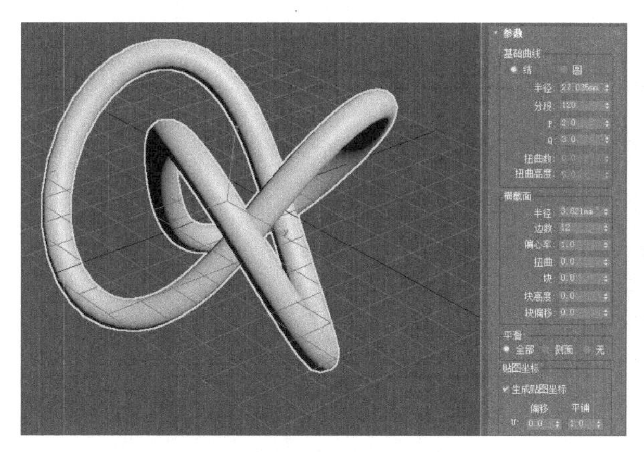

图2-42　创建环形结

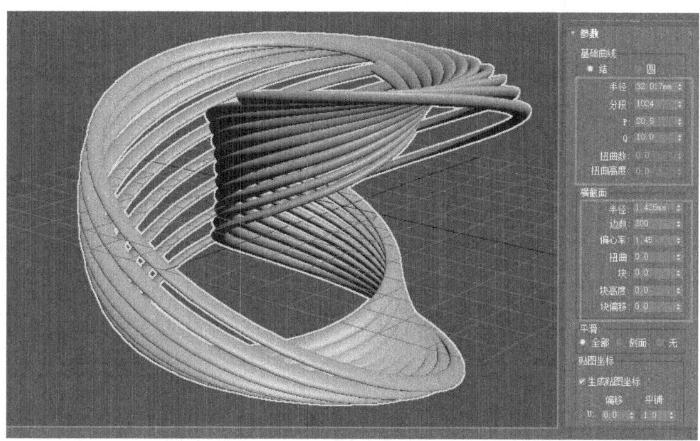

图2-43　创建参数后的模型效果

3）切角长方体对象类型可在场景中创建切角长方体（图2-44），该类型与长方体对象的区别在于前者能在边缘处产生倒角效果。

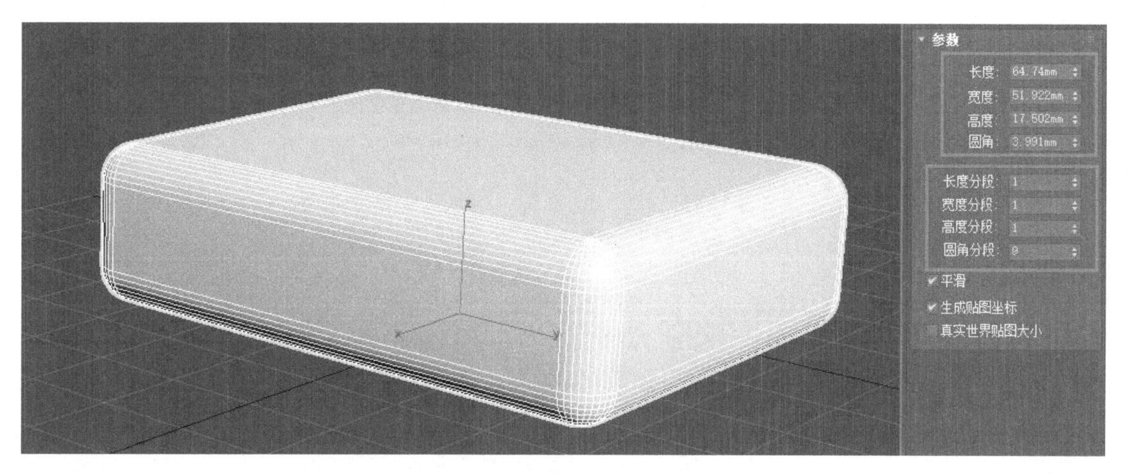

图2-44　创建切角长方体

4）切角圆柱体对象类型可在场景中创建圆角圆柱体（图2-45），“圆角”与“圆角分段”参数分别用来控制倒角的大小与分段数。

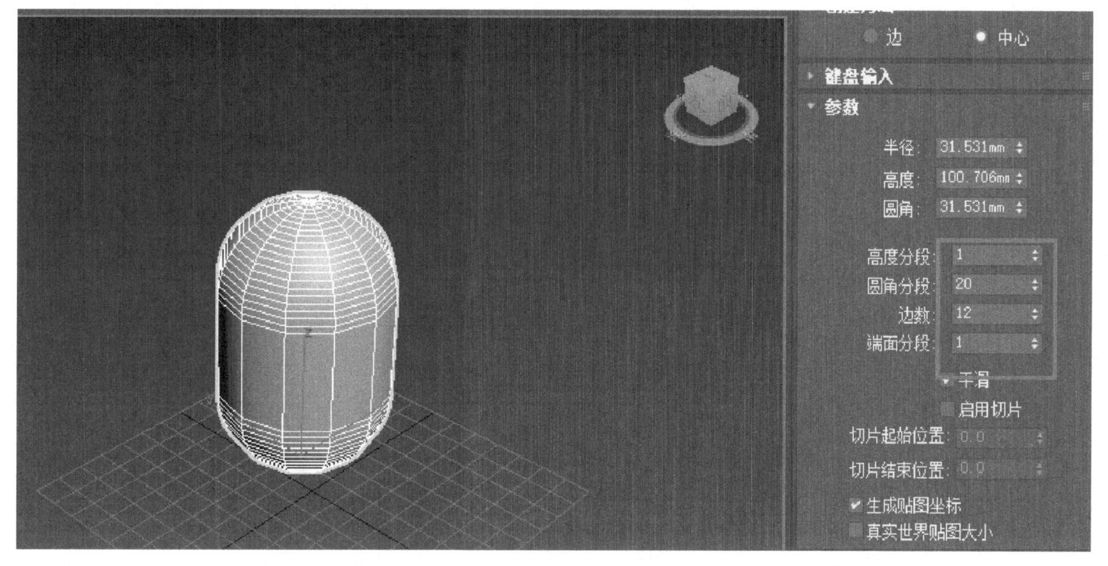

图2-45　创建圆角圆柱体

5）油罐对象类型可在场景中创建两端为凸面的圆柱体（图2-46），“半径”参数用来控制油罐的半径大小，该对象可勾选“启用切片”，启用切片后的效果很独特（图2-47）。

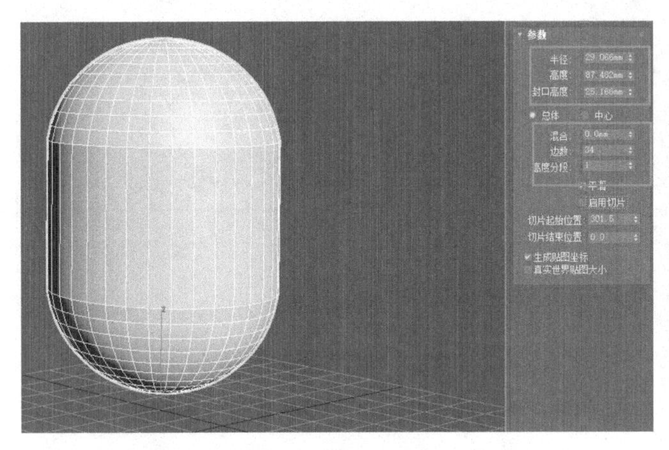

图2-46　创建凸面圆柱体

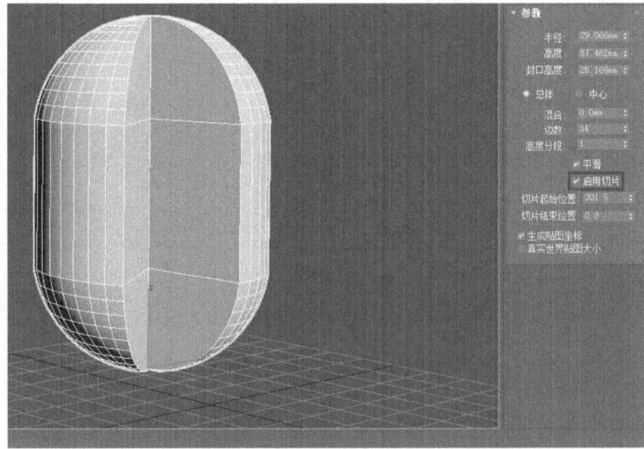

图2-47　启用切片后的效果

6）胶囊对象类型可创建出类似药用胶囊形状的对象（图2-48）。

7）纺锤对象类型可以创建出类似于陀螺形状的对象（图2-49）。

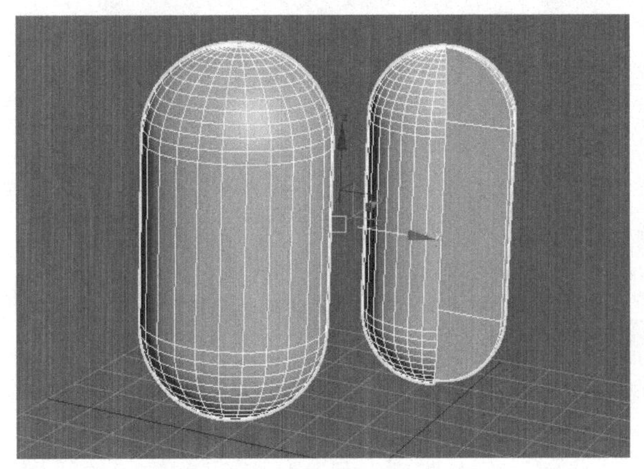

图2-48　创建类似胶囊形状

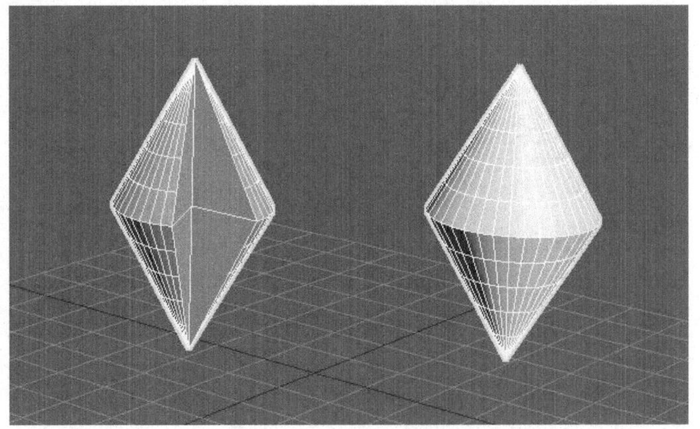

图2-49　创建纺锤陀螺形状

8）L-Ext对象类型可以创建类似L形状的墙体对象（图2-50）。

9）C-Ext对象类型可以创建类似C形状的墙体对象（图2-51）。

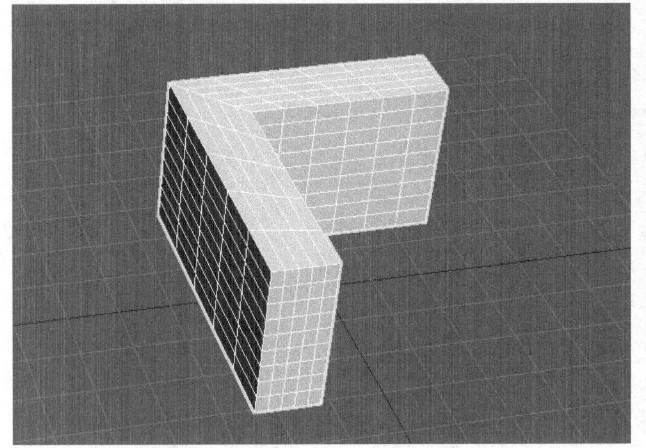

图2-50　创建类似L形状的墙体

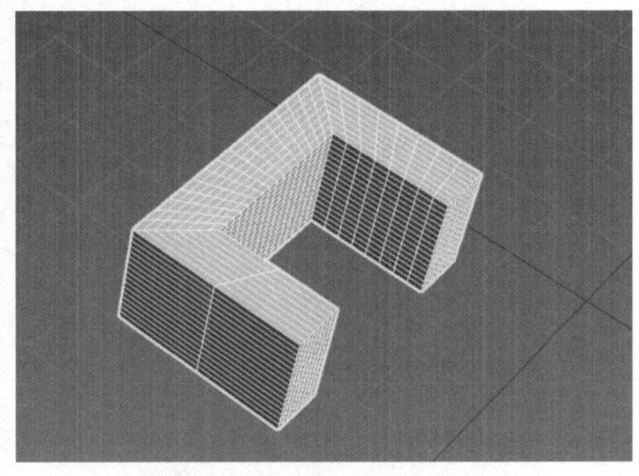

图2-51　创建类似C形状的墙体

10）球棱柱对象类型的圆角参数可以创建出带有圆角效果的多边形棱柱（图2-52）。

11）环形波对象类型可以创建一个内部有不规则波形的环形柱体（图2-53）。

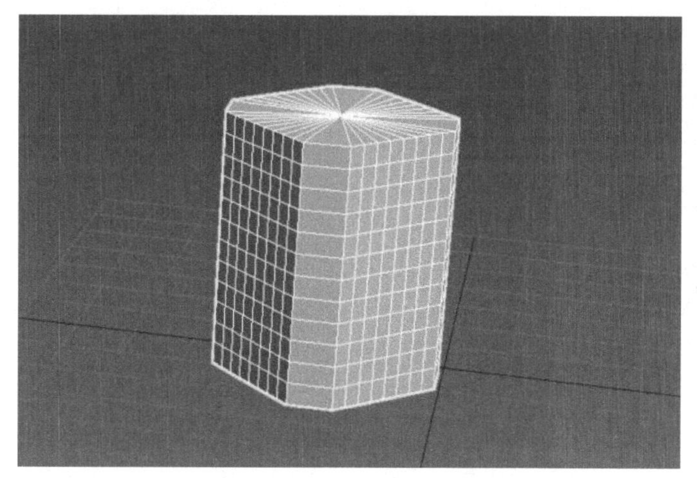

图2-52 创建球棱柱

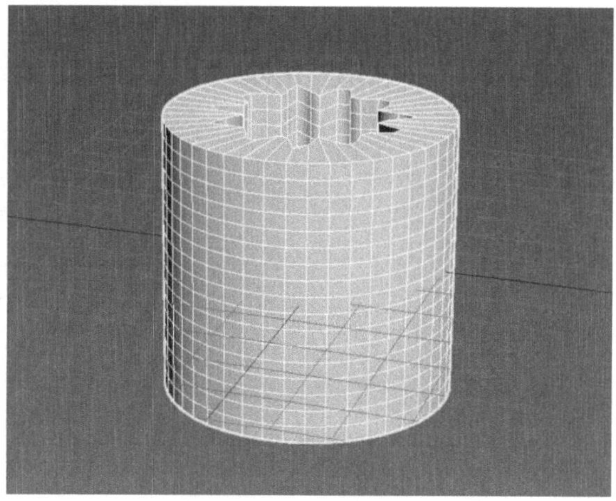

图2-53 创建环形波

12）软管对象类型可以创建出类似于弹簧的软管形态对象，但不具备弹簧的动力学属性（图2-54）。

13）棱柱对象类型可以创建出形态各异的棱柱（图2-55）。

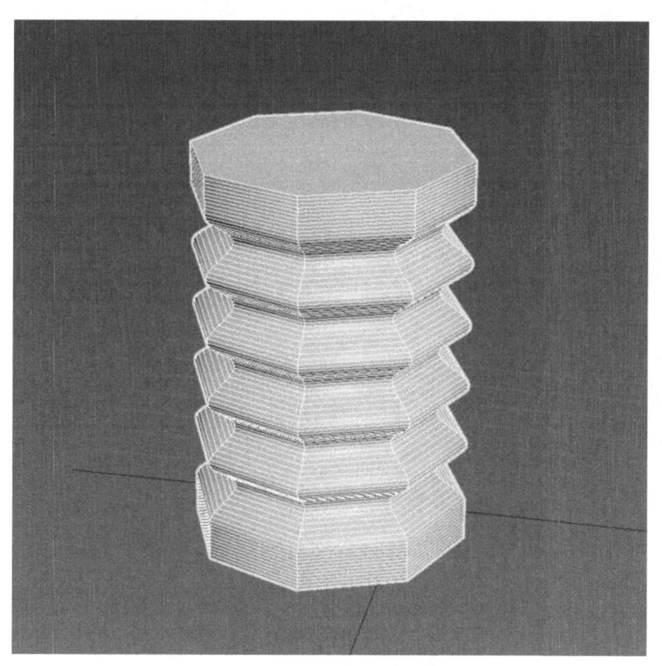

图2-54 创建类似弹簧的软管形态

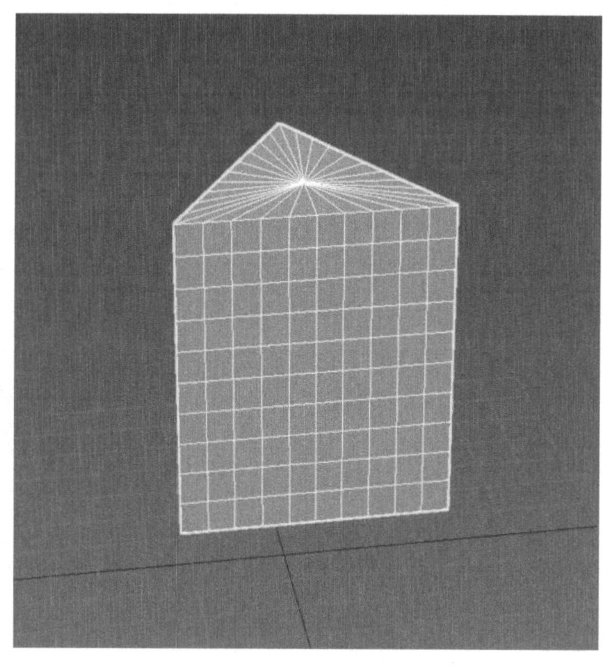

图2-55 创建棱柱

2.4 实例制作：沙发

本节示范利用切角长方体制作沙发，具体操作步骤如下。

1）新建一个场景，进入菜单栏，在“自定义”菜单中单击“单位设置”，将“公制”单位设为“毫米”，单击“系统单位设置”，将单位也设为“毫米”。

2）进入创建面板，打开创建面板的下拉菜单，选择“扩展基本体”（图2-56），再选择“扩展基本体”中的“切角长方体”，创建一个切角长方体（图2-57）。

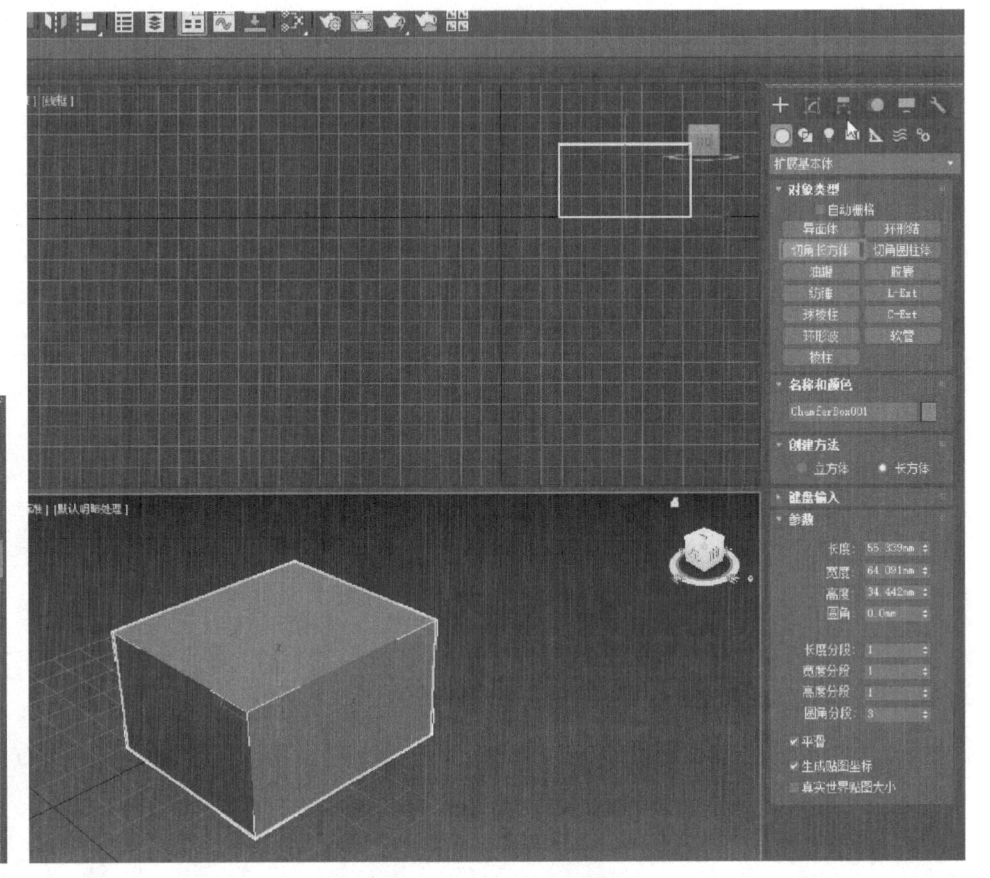

图2-56　扩展基本体　　　　图2-57　创建切角长方体

3）进入修改面板，调整创建模型的各项参数，将“长度”设置为500.0mm，“宽度”设置为1500.0mm，“高度”设置为170.0mm，“圆角”设置为25.0mm，接着将“长度分段”“宽度分段”“高度分段”都设置为1，将“圆角分段”设置为5（图2-58）。

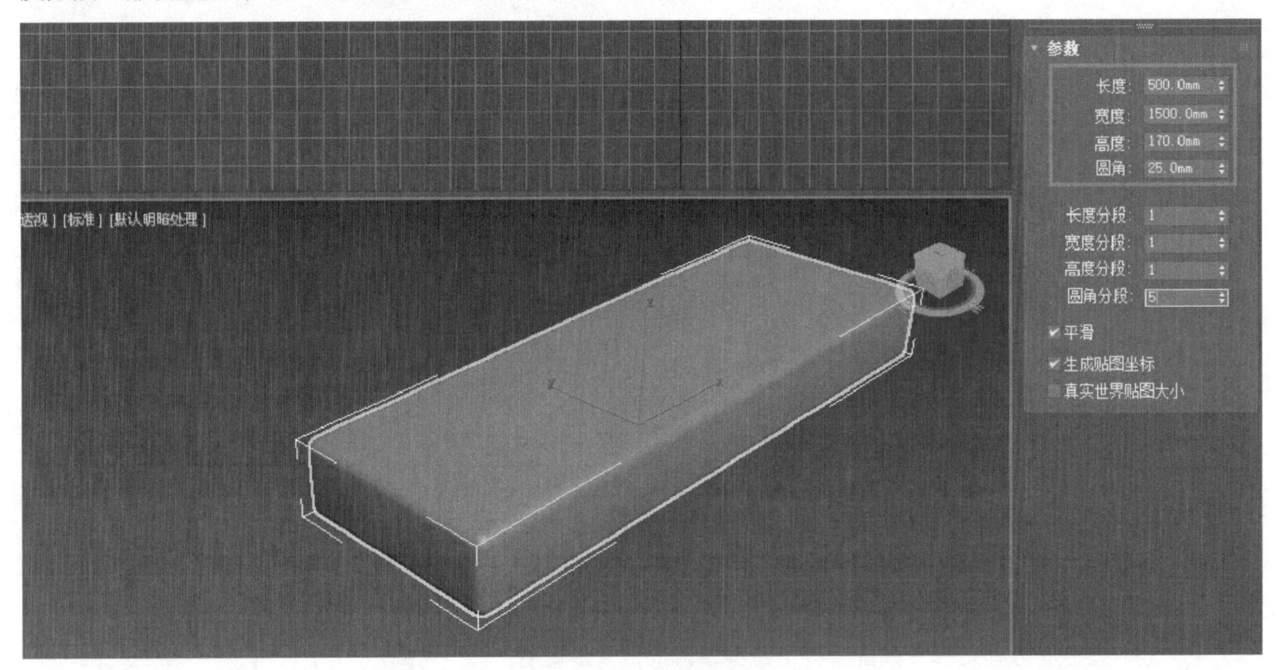

图2-58　调整参数

4）进入前视口，使用“移动”工具，同时按住〈Shift〉键将其向上移动复制1个（图2-59）。

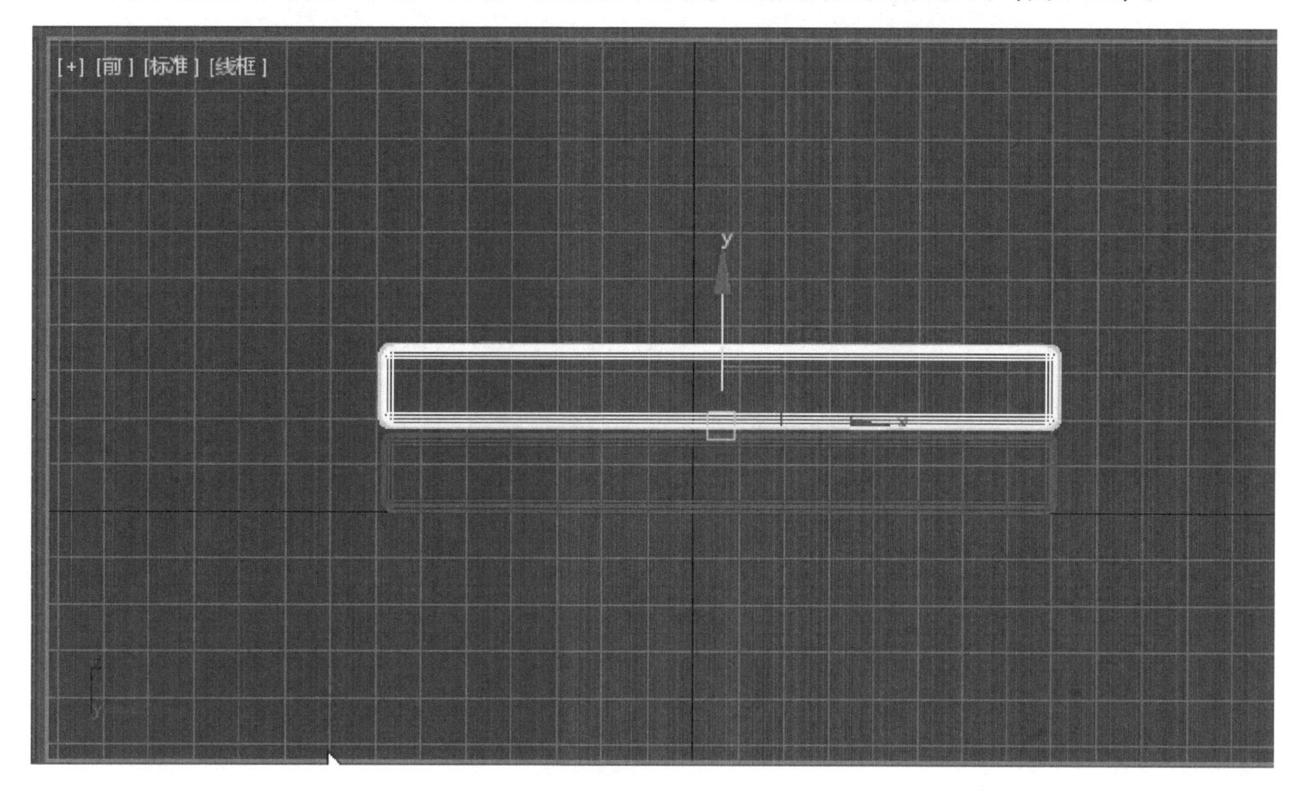

图2-59　移动复制

5）选择复制的切角长方体，在修改面板中调整其参数，将“长度”设置为500.0mm，“宽度”设置为500.0mm，“高度”设置为170.0mm，“圆角”设置为50.0mm（图2-60）。

图2-60　调整参数

6）进入前视口，使用“移动”工具，将其移动到与下面切角长方体左边缘对齐的位置，再将其向右复制2个（图2-61）。

7）在顶视图中创建1个切角长方体（图2-62），修改其参数，将“长度”设置为500.0mm，“宽度”设置为160.0mm，“高度”设置为440.0mm，“圆角”设置为25.0mm（图2-63）。

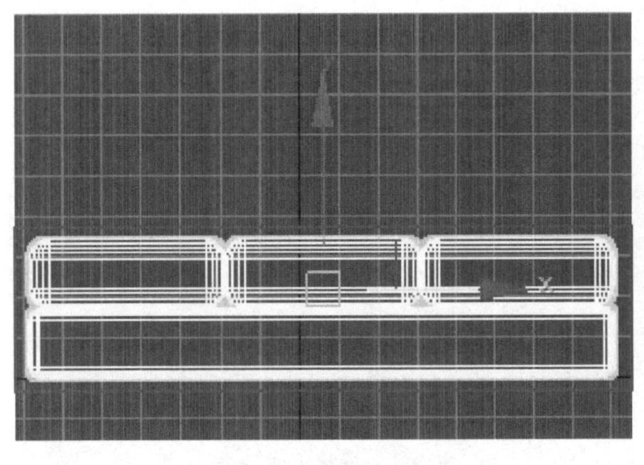

图2-61　移动对齐复制

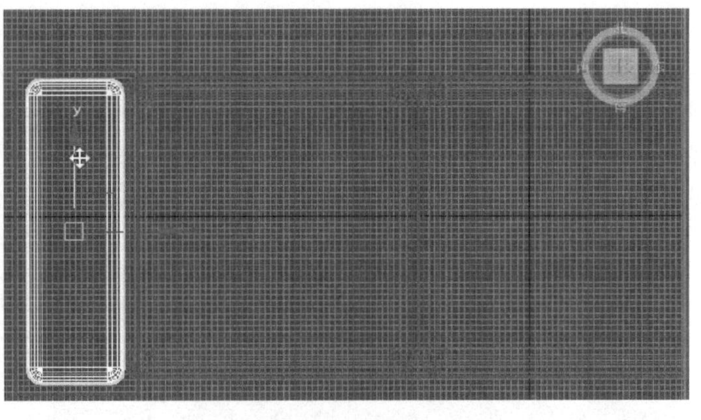

图2-62　创建切角长方体

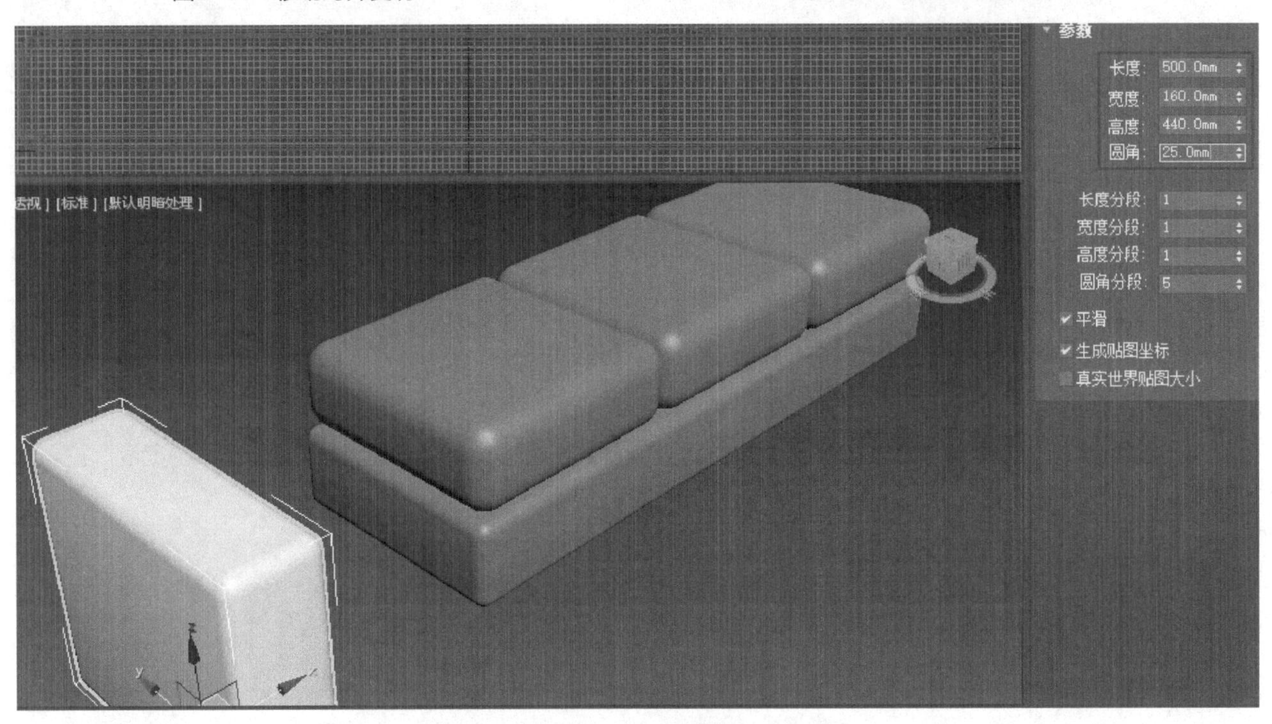

图2-63　调整参数

8）切角长方体设置完成后，在前视口中将其移动好位置，再将其复制1个到右边对称的位置并放好（图2-64）。

9）在顶视口再创建1个切角长方体（图2-65），进入修改面板修改其参数，将“长度”设置160.0mm，“宽度”设置1840.0mm，“高度”设置550.0mm，“圆角”设置25.0mm（图2-66）。

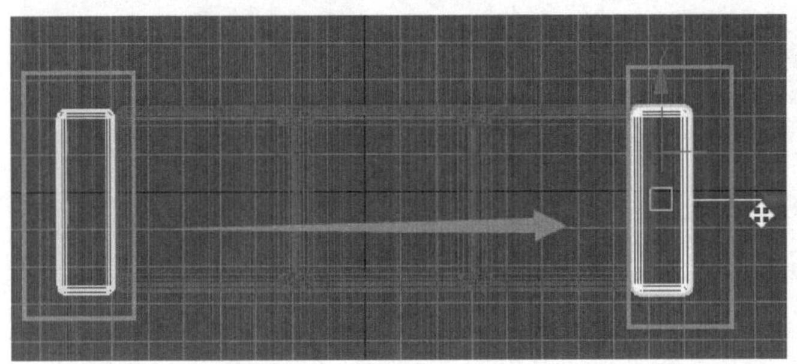

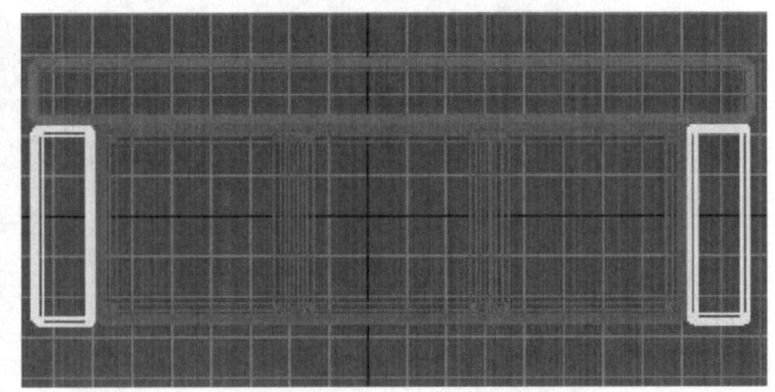

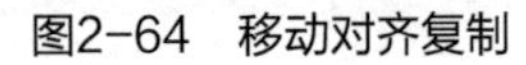

图2-64　移动对齐复制

图2-65　创建切角长方体

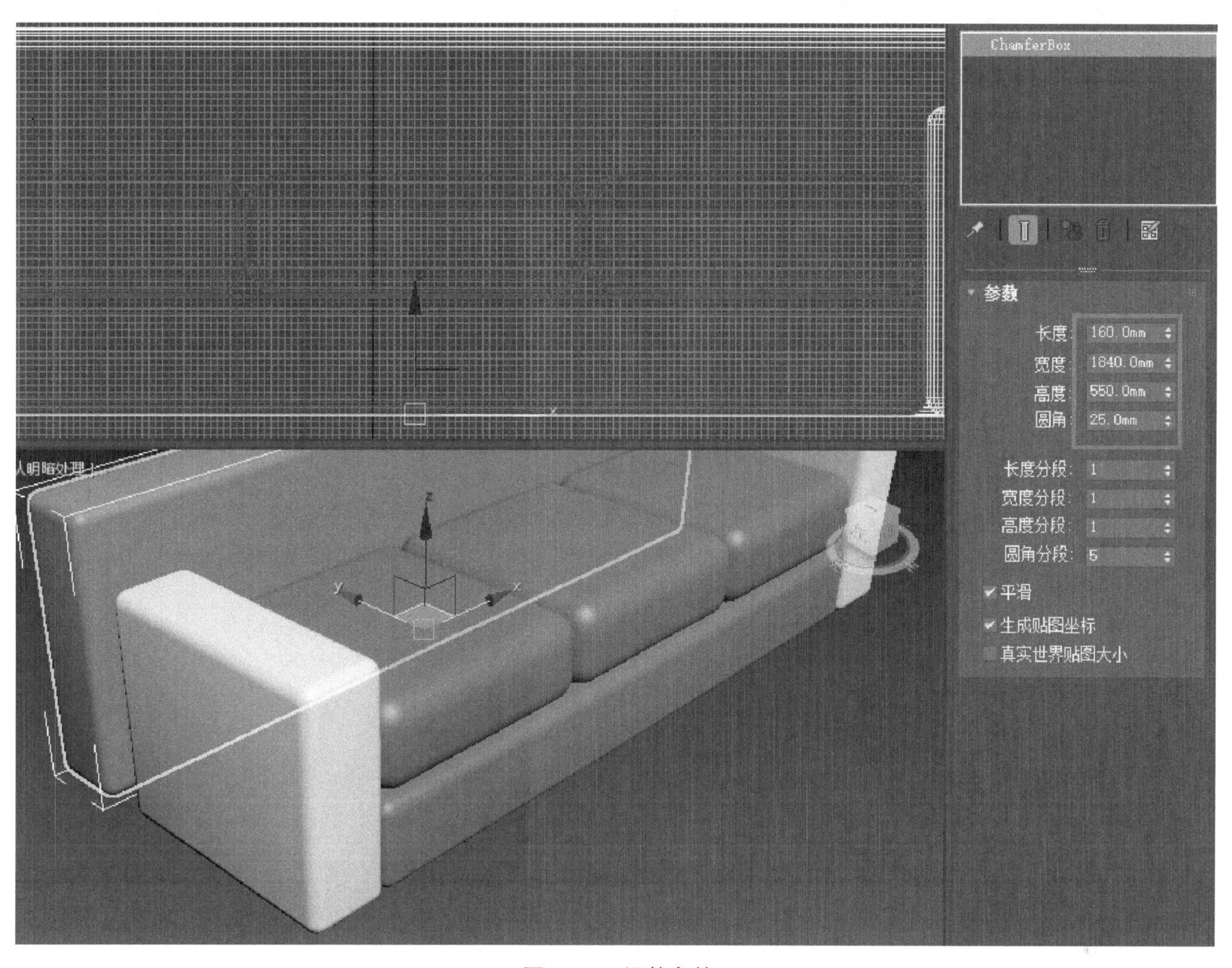

图2-66　调整参数

10）按住鼠标左键，拖动光标框选所有切角长方体，在修改命令面板右上角为对象选择同一颜色（图2-67）。

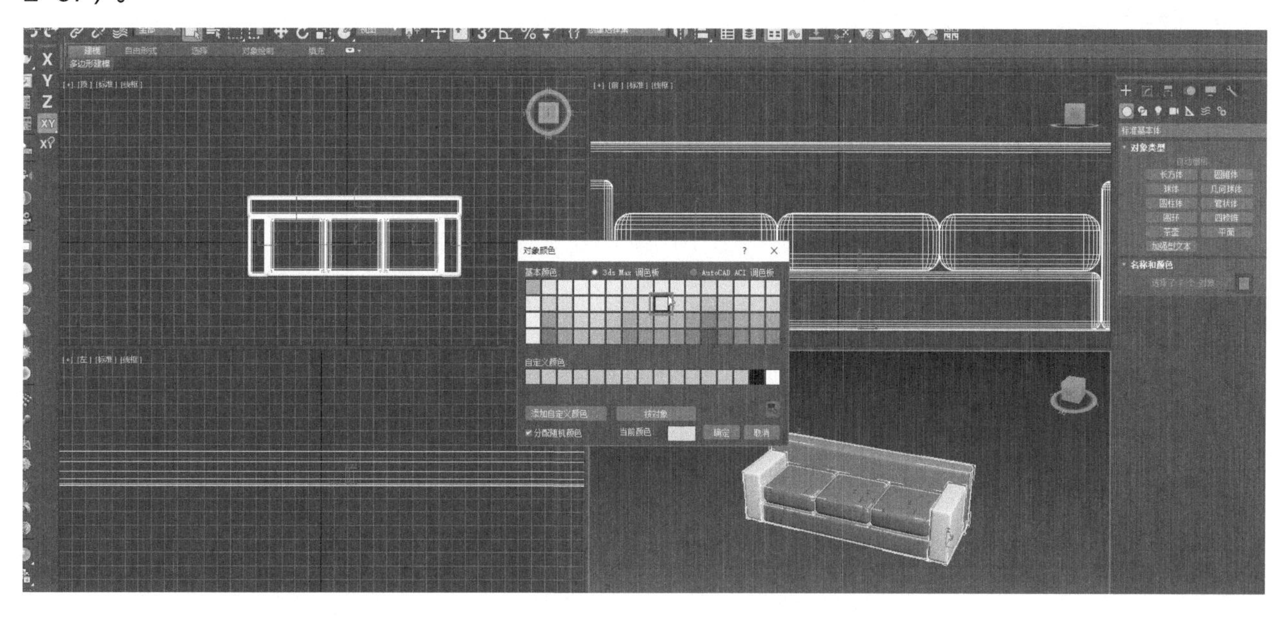

图2-67　框选填充颜色

11）最后在该空间中设置灯光，并给模型附上材质。渲染后的效果如图2-68所示。

图2-68　渲染后的效果图

本章小结

本章介绍了3ds max 2020中文版中三维建模的标准基本体和扩展基本体类型，通过本章的学习，读者可以创建一些基本形状的绘制和编辑。学习这些基本体的最终目的是为了能融会贯通地熟练运用这些工具，因此，要求读者能结合这些工具的功能，完成创意模型。

★课后练习题

1.基础三维建模的注意事项?

2.熟练创建标准基本体以及扩展基本体的几何造型。

3.结合基本体类型，创建书柜和沙发模型。

第3章　二维转三维建模

操作难度： ★★☆☆☆

章节导读： 二维转三维是3ds max 2020中重要的模型创建方法，先创建二维线条，对二维线条进行修改调节后，再运用修改器转换成三维模型，多适用弧形或曲面体模型，属于比较复杂的三维模型，其形体变化自由，后期可以任意修改，适用面非常广。

3.1　二维形体

3.1.1　标准二维图形

二维图形是由一条或多条曲线组成的对象。在3ds max 2020中，可以将二维图形转换为三维模型，二维图形可以在创建命令面板的“二维图形”类别下进行创建。在3ds max 2020中，所有二维图形都可以称为样条线，主要提供了12种标准的样条线（图3-1），下面就介绍主要的样条线。

1）线对象类型是最简单的二维图形，可以使用不同的拖动方法，创建不同形状的线，如直接在视口区单击两个点就能创建一条直线。如果在单击点的时候，还同时拖动鼠标，就能创建弧线，也可以先创建直线，再将直线修改成为弧线，最终可以形成曲直结合的自由线条（图3-2）。

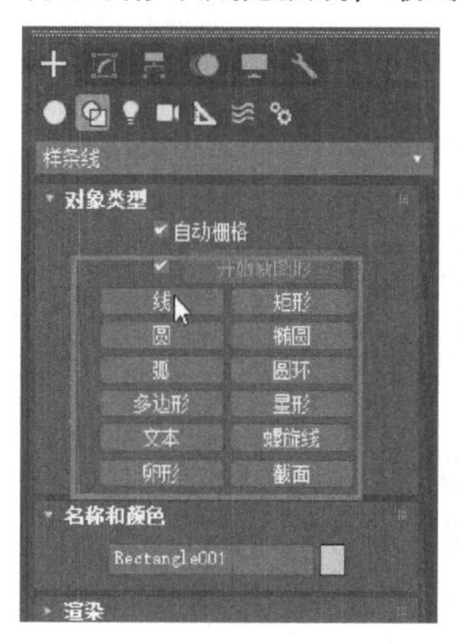

图3-1　二维图形

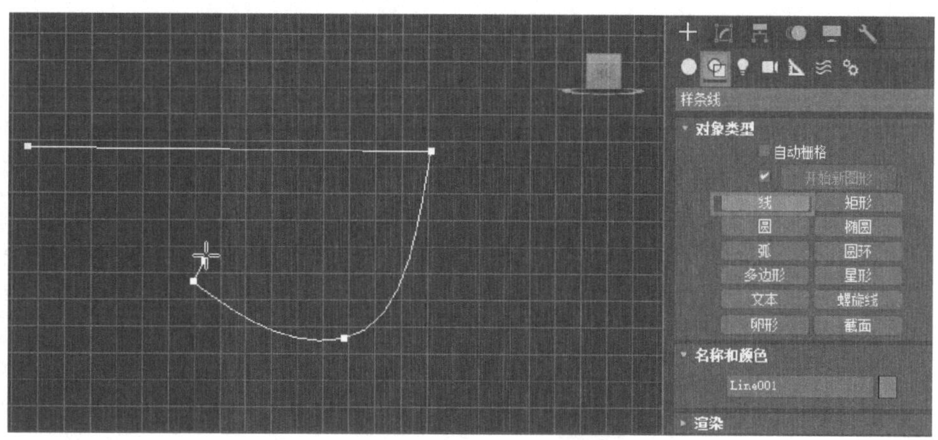

图3-2　曲直结合的自由线条

2）矩形对象类型由长、宽、角半径等参数控制其形态，不同参数值的形状不同（图3-3）。

3）圆对象类型由半径来控制，圆环对象类型可以创建标准的圆环图形，椭圆对象类型由长度与宽度参数来控制，也可利用轮廓创建出椭圆环，可以利用这3种类型来创建不同的效果（图3-4）。

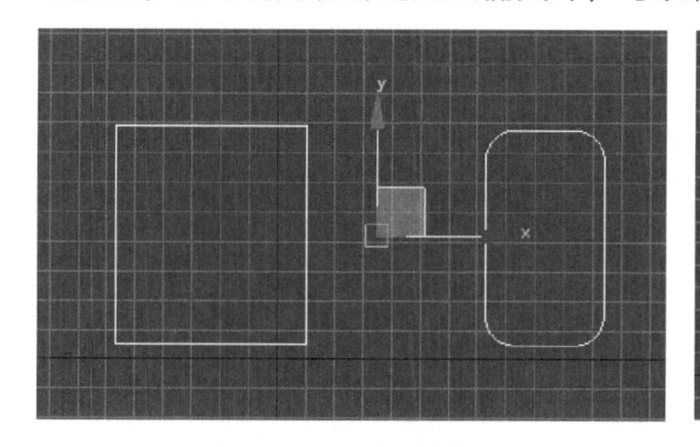

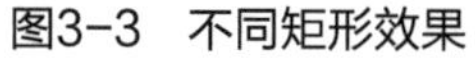
图3-3　不同矩形效果

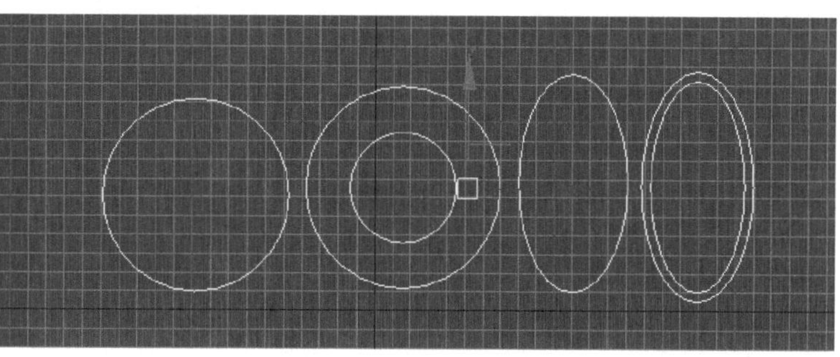

图3-4　圆环与椭圆效果

4）弧对象类型可以创建出圆弧与扇形，而使用螺旋线对象类型则可以创建平面或3维空间的螺旋状图形。弧与螺旋线的效果如图3-5所示。

5）多边形对象类型可以创建出任意边数或顶点的闭合几何多边形（图3-6）。

6）星形对象类型可以创建出任意角度的完整闭合星形，星形角的数量可以根据需要随意设置（图3-7）。

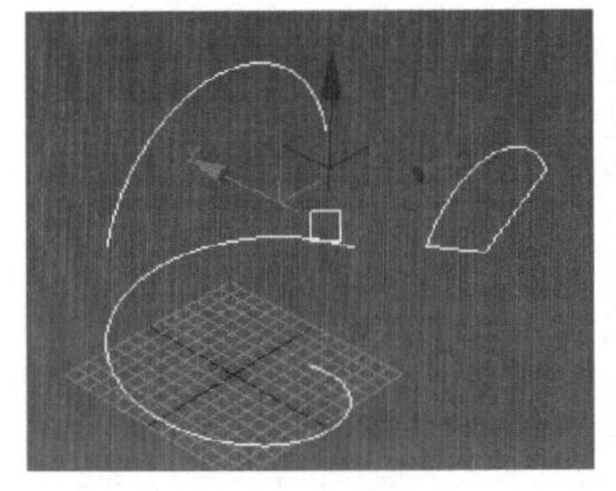

图3-5　弧与螺旋线的效果

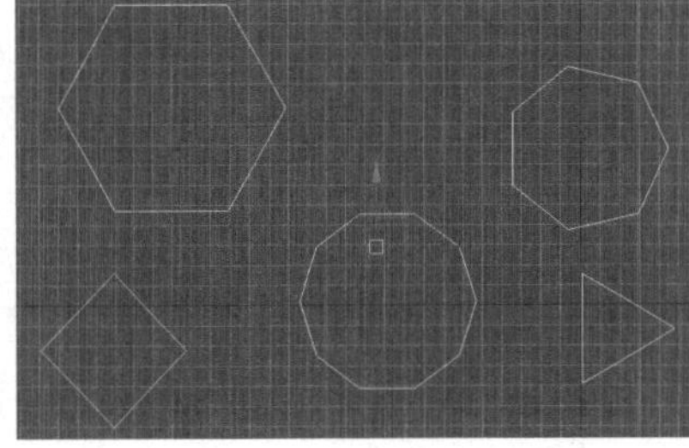

图3-6　几何多边形效果

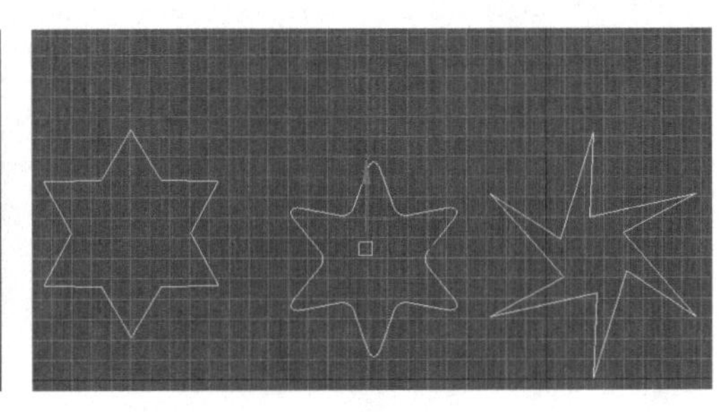

图3-7　星形效果

7）文本样条线对象类型是在场景中创建二维文字的工具，在创建面板的图形类别下选择“文本”类型，面板下面显示出“参数”卷展栏（图3-8）。在文本框中输入内容“3ds max 2020”，光标放在前视图中单击鼠标左键，即可在该视口中创建文本对象（图3-9）。文字的修改面板与Word中的面板相似，可以根据需要进行调节（图3-10）。

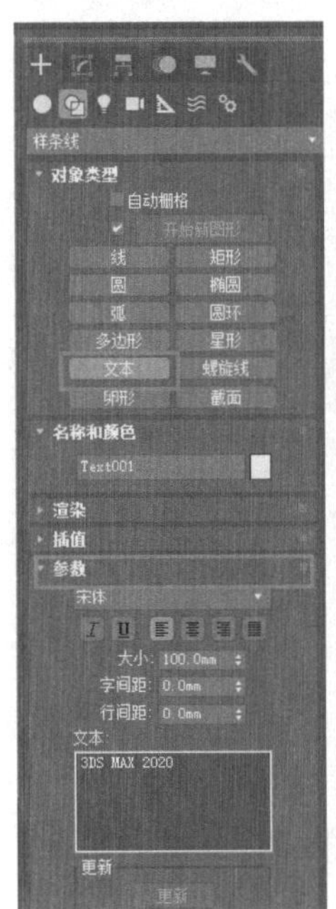

图3-8　创建二维文字

图3-9　文本对象

设计小贴士

采用二维图形创建模型是最传统的方式，它能创建出各种具有弧线形体的三维模型，而且可以随意变换形体结构，在效果图制作中应用较多，但是二维图形的创建速度较慢，因此，能用三维建模创建的模型一般不用二维图形创建。

在二维图形创建过程中，使用3ds max创建二维线条并不精确，如果对效果图中的模型精度要求比较高，应当采用其他矢量图软件预先绘制好，再导入到3ds max中来，转换格式一般为.eps或.dwg等，这两种格式能将精准的矢量线条带到3ds max的操作界面中来。但是要注意，一次不要导入过多、过复杂的图形，以免发生软件卡顿。如果希望将线条在3ds max中拉伸为三维实体模型，那么一定要保持线条首尾封闭，否则需要在3ds max中重新加工编辑。这样又会变得不精确，影响三维成型效果。

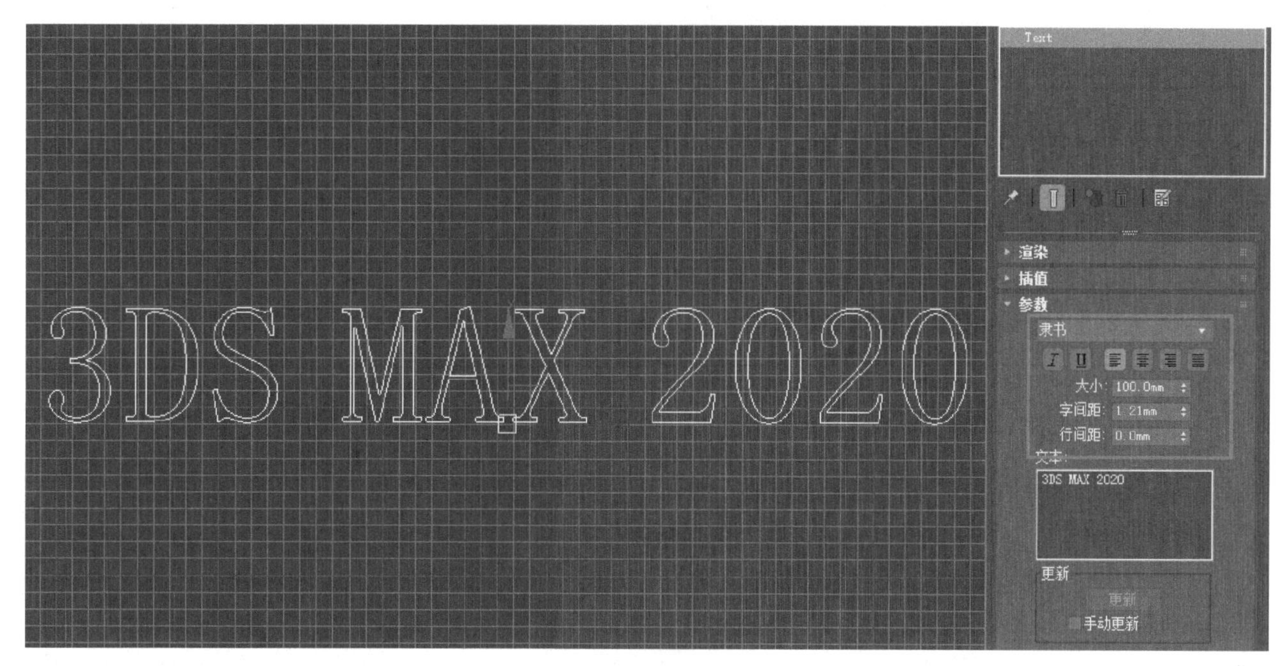

图3-10　调整文字

8）卵形对象类型，该对象类型是3ds max2020新增的对象，可以创建出类似鹅卵石形状的图形，也可创建环形的卵形，可以变化的余地较大，能用于创建不规则的模型（图3-11）。

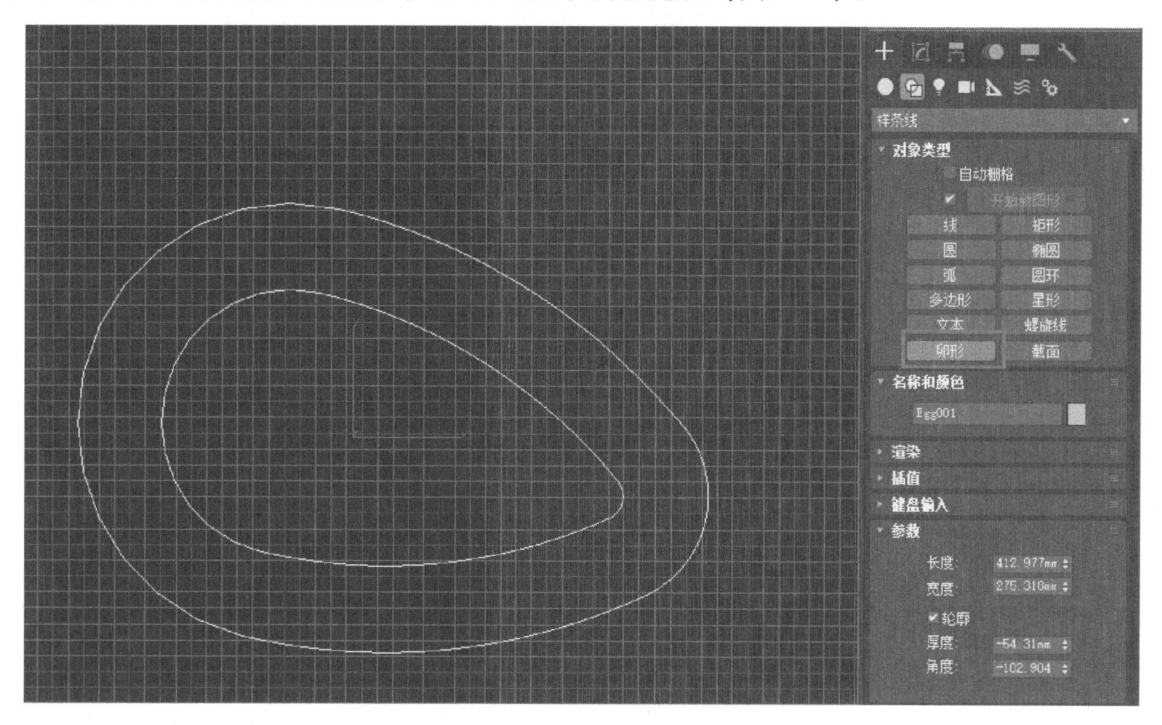

图3-11　环形卵形

3.1.2　从三维对象上获取二维图形

截面是基本二维图形中比较特殊的一种图形，该类型可以从三维对象上获取二维图形，其截面是指平面穿透过三维对象时所形成的截面边缘形态。这种方式能直接在三维模型上快速生成二维图形，并可将二维图形转化为三维模型。

1）选择本书配套资料中的“模型素材/第3章/灯.max”，并将其打开（图3-12）。

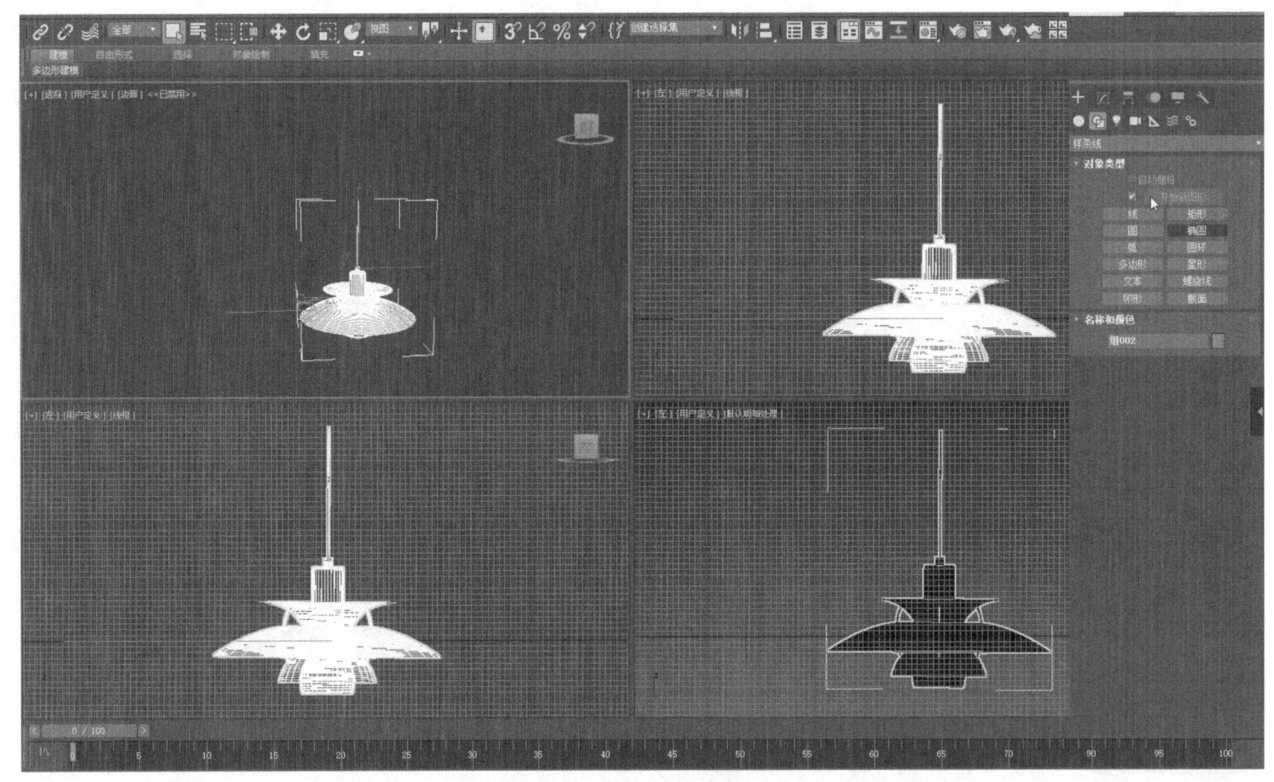

图3-12 “灯”模型

2）在图形创建面板中选择“样条线”，单击“截面”按钮，再在前视口中创建一个截面图形，并适当调节其位置，让其完全穿透“灯”体（图3-13）。

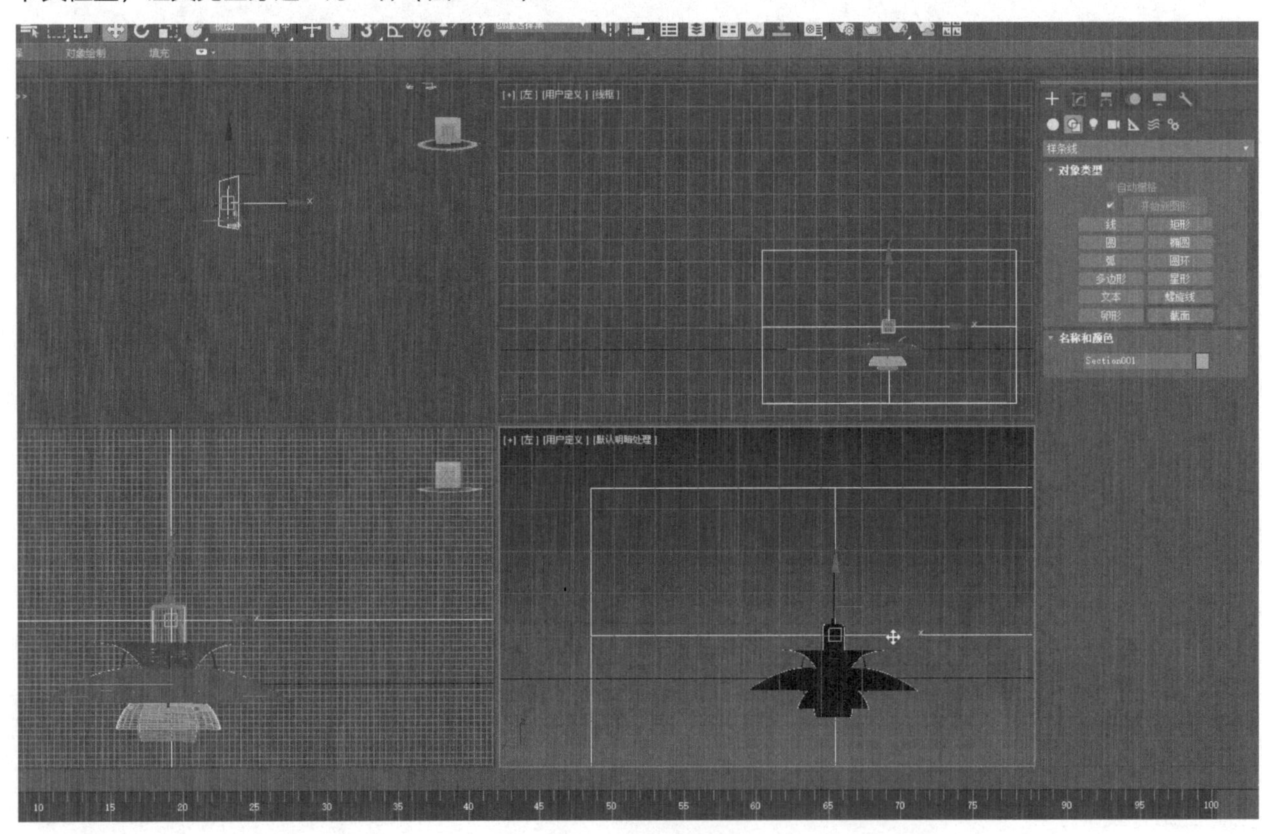

图3-13 截面图形

3）在图形的修改面板中单击“创建图形”按钮，在弹出“命名截面图形”对话框中输入图形的名称（图3-14）。

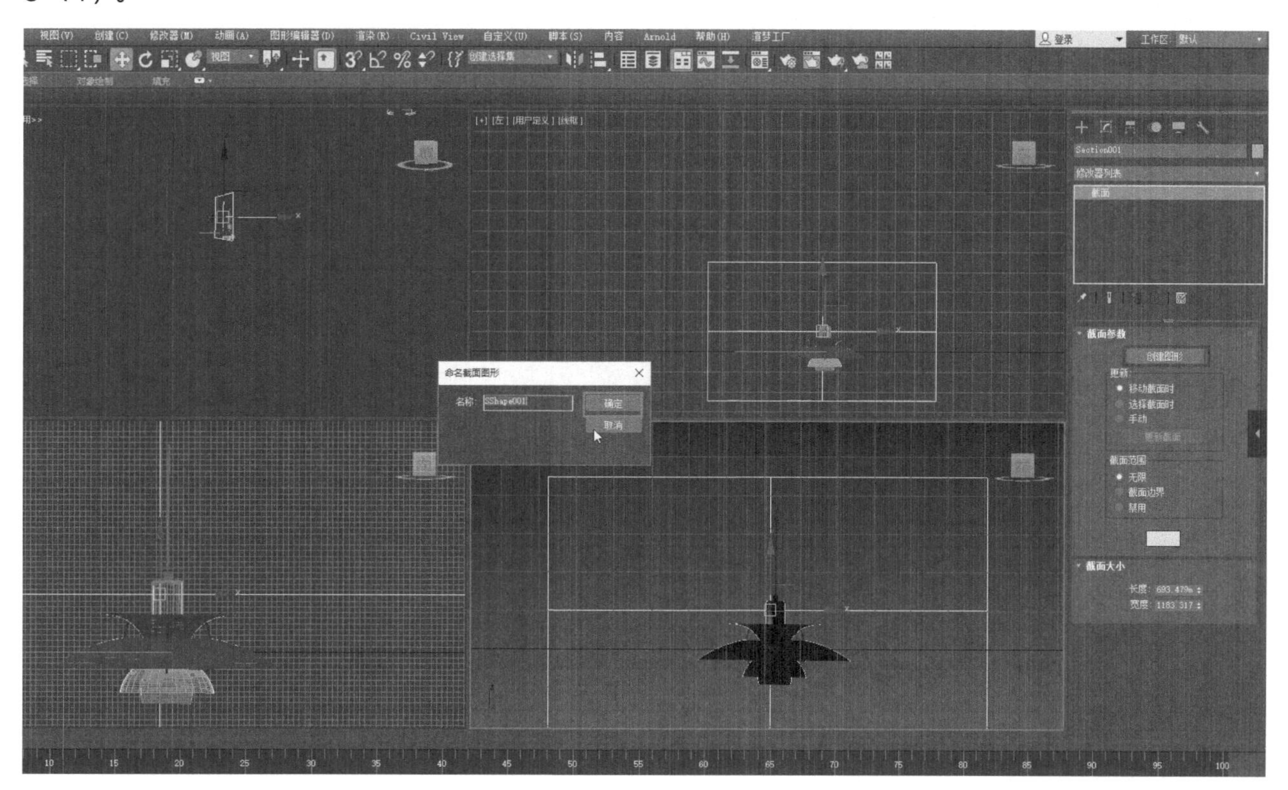

图3-14　命名图形

4）选择创建的截面并隐藏未选中对象，此时，在视口中可看到通过截面图形创建的截面形态（图3-15）。

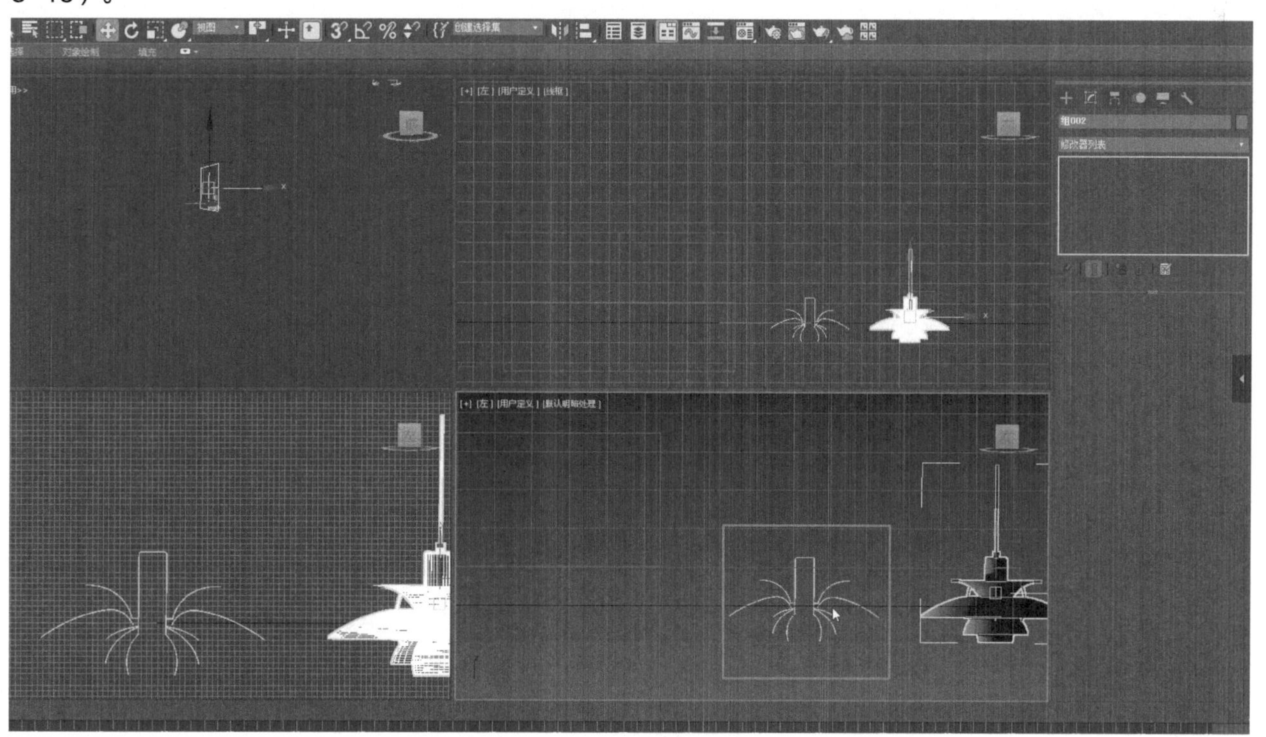

图3-15　截面形态

3.1.3 扩展二维图形

1）矩形封闭图形与圆环类似，只不过它是由两个同心矩形组成的，利用该类型可以在视口中创建矩形墙（图3−16）。

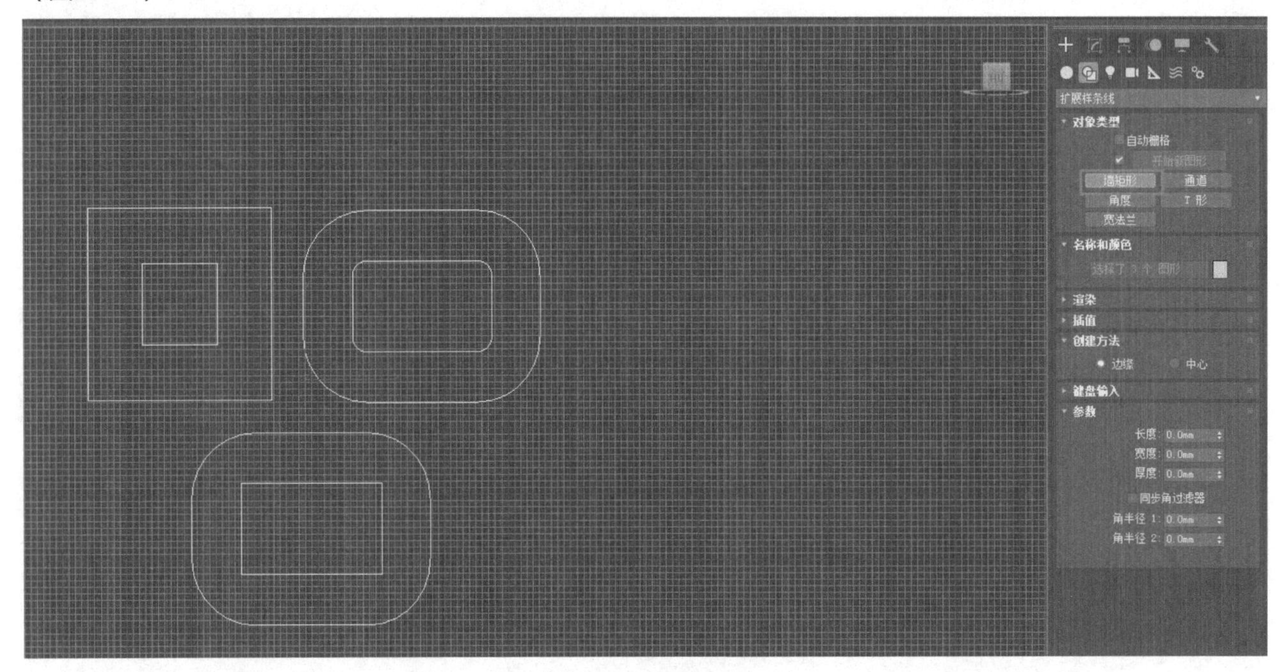

图3−16 创建矩形墙

2）通道对象类型可以创建C形的封闭图形，并可以控制模型的内部及外部转角的圆角效果（图3−17）。

图3−17 C形封闭图形

设计小贴士

对二维线型控制的方式很多，要熟练掌握需要一段时间强化训练。注意在控制线的角点时，不要随意更换视口，否则角点的位置容易混乱，可能无法使用修改器作进一步操作，也就无法生成三维模型。

3）角度对象类型可以创建一个L形的封闭图形，也可以控制内部及外部转角的圆角效果（图3-18）。

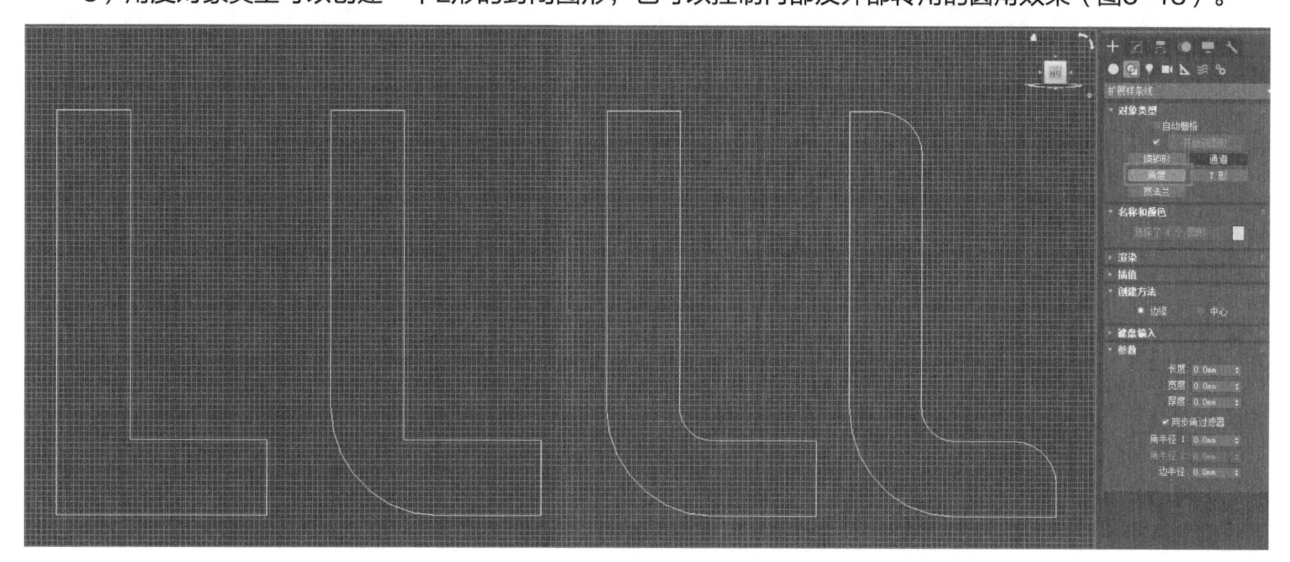

图3-18　L形封闭图形

4）T形对象类型可以创建一个T形的封闭图形，而宽法兰对象类型可创建一个工字形的封闭图形（图3-19）。创建二维形体后需要添加修改器，或经过放样等操作才能变成真正的三维模型，满足设计要求。

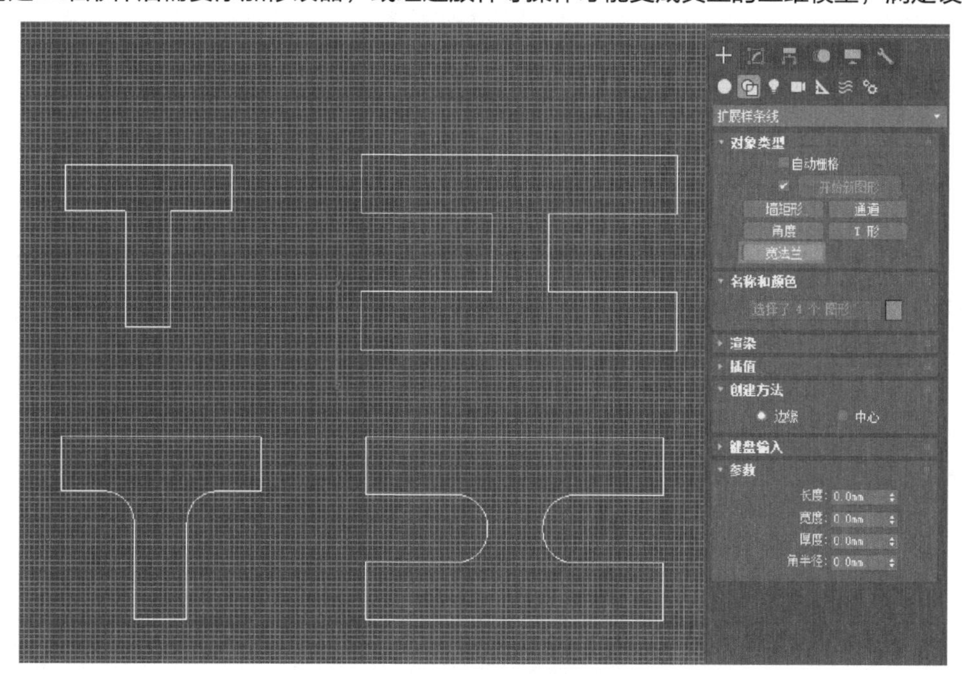

图3-19　T形、工字形封闭图形

3.2　线的控制与编辑样条线

3.2.1　线的控制

线的控制是通过利用修改器对已创建的线对象进行调节与变形，通过这些调节与变形就可以得到需要的设计图形，从而进一步生成三维形体。

1）进入创建面板单击“线”按钮，在顶视口中创建一条封闭的线（图3-20）。

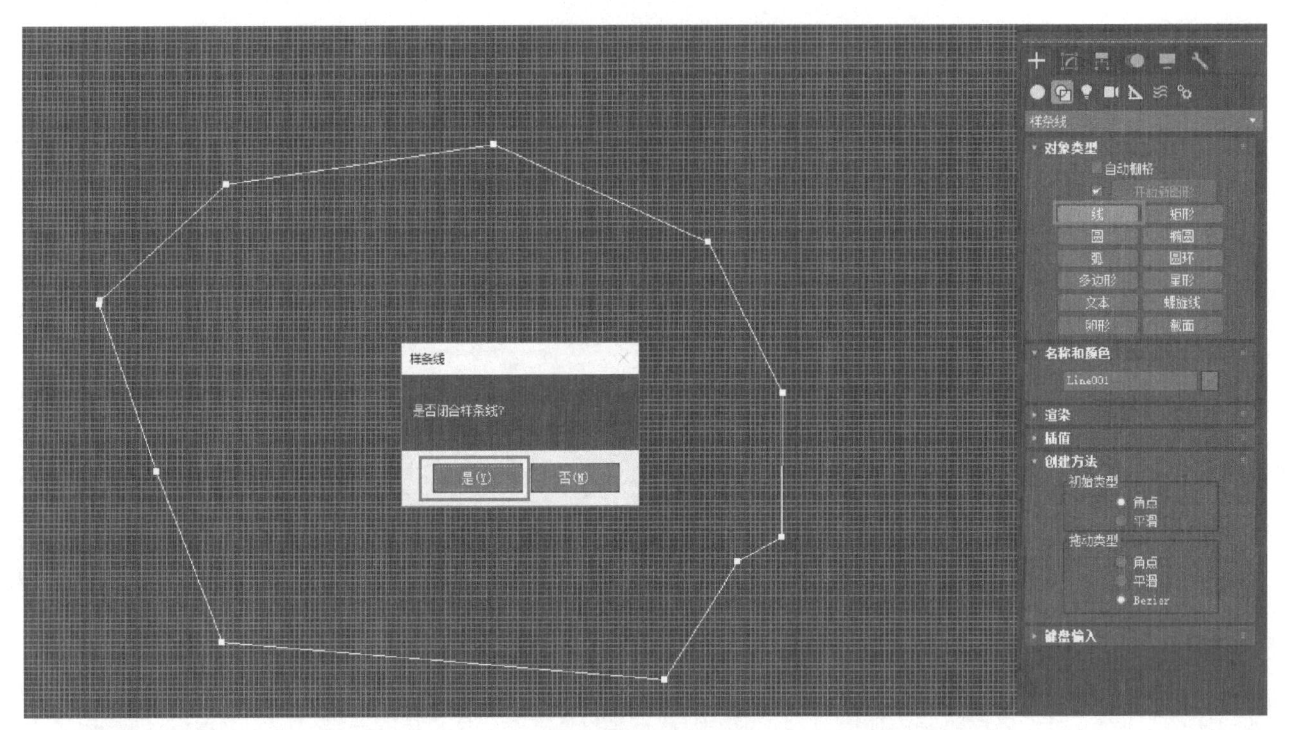

图3-20　封闭的线

2）进入修改面板，展开“Line”级别，选择“顶点”，使用“移动”工具调节样条线中的点（图3-21）。

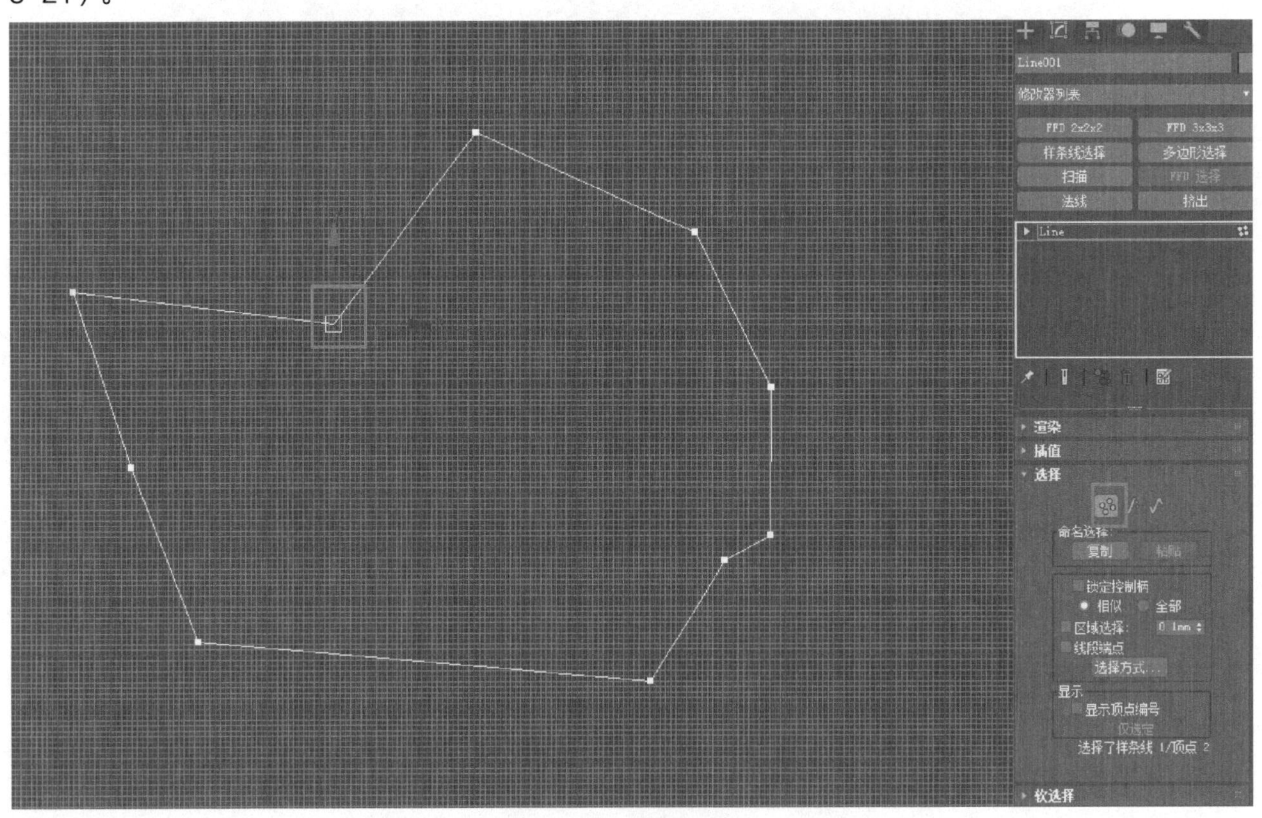

图3-21　调节样条线

3）进入“线段”级别可以对样条线中的线段进行调节（图3-22），进入“样条线”级别就可以对整个样条线进行调节。

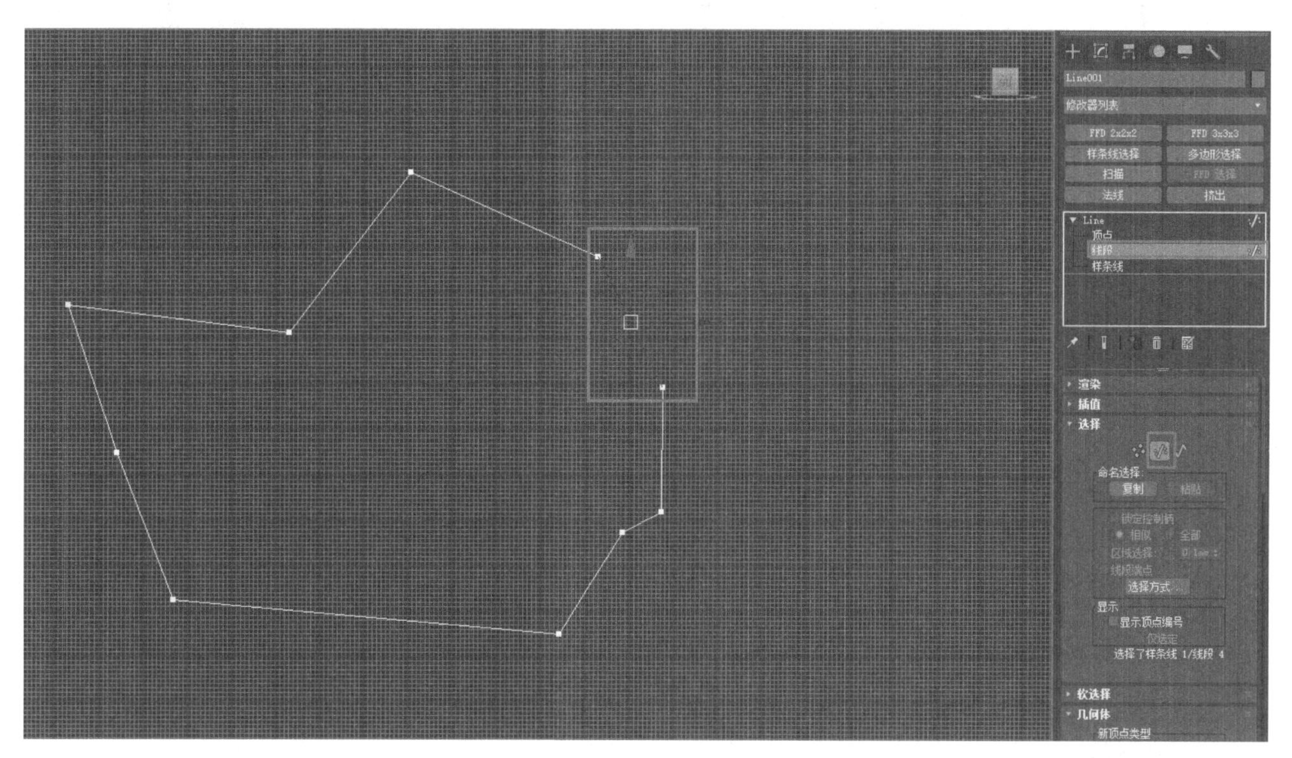

图3-22　线段调节

4）回到“顶点”级别，选择视图中的“顶点”，单击右键即能修改顶点的类型（图3-23）。

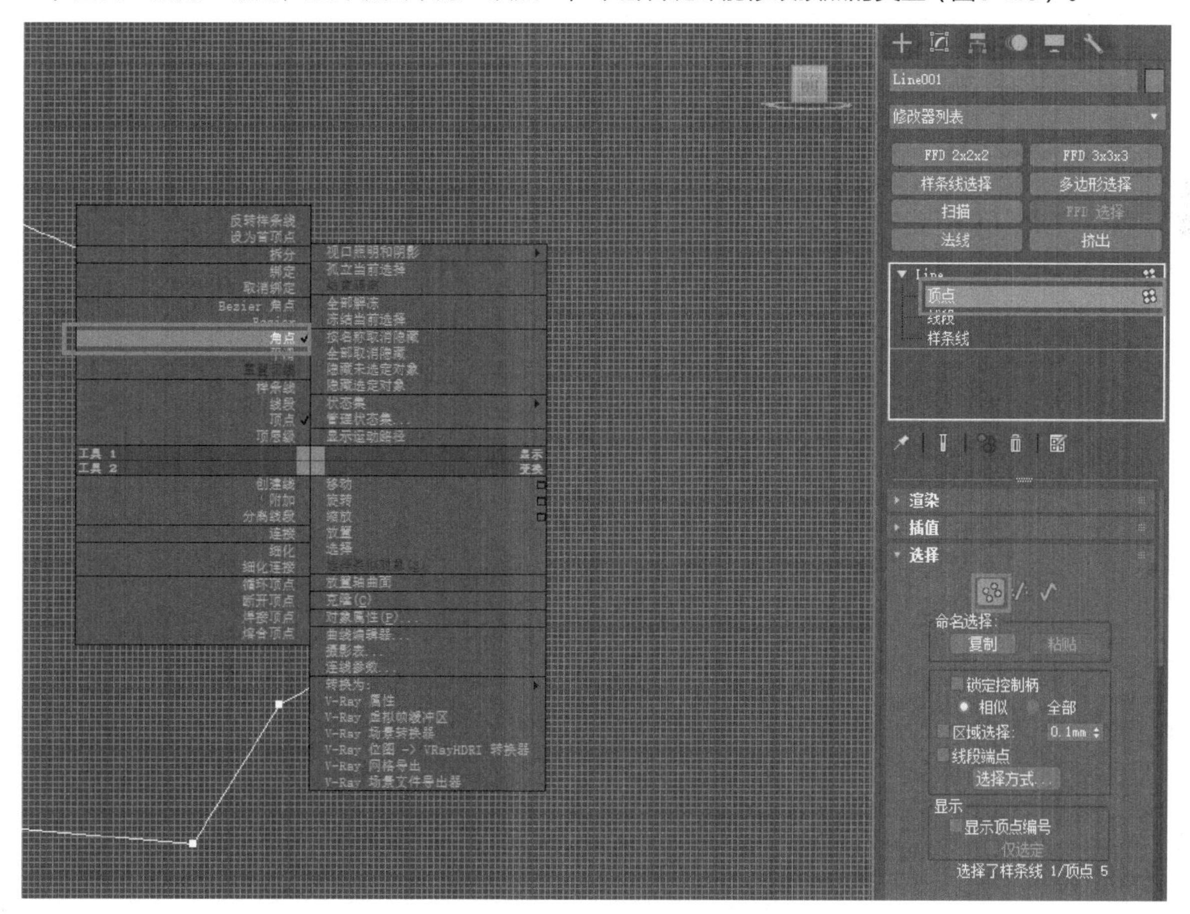

图3-23　修改顶点

5）如果单击右键，选择“平滑”命令，可以将该顶点转为平滑顶点（图3-24）。

6）再次单击右键，选择“Bezier”命令，就可以将该顶点转为“Bezier顶点”，还可以运用顶点两边的控制杆对该顶点进行调节（图3-25）。

7）单击右键，选择“Bezier角点”命令，可以将该顶点转为“Bezier角点”，也能通过调节控制杆对其进行调节，但是它与“Bezier”命令的区别是，“Bezier角点”命令顶点两端的控制杆是可以分开调节，互不干扰（图3-26）。

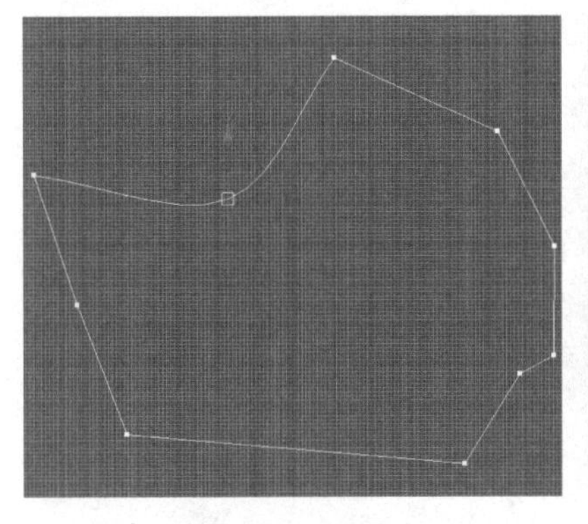
图3-24 平滑顶点

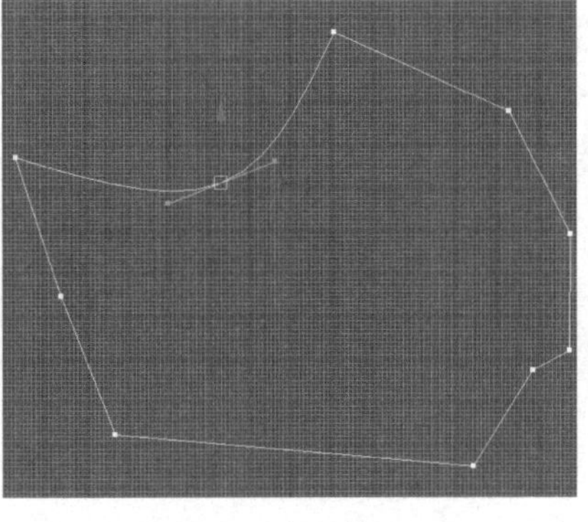
图3-25 顶点调节

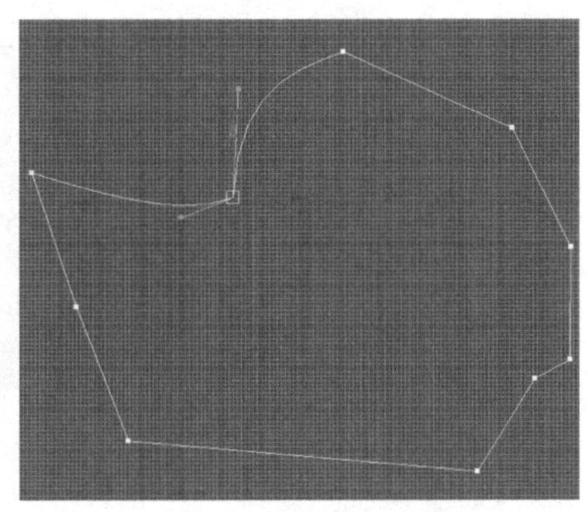
图3-26 顶点分开调节

3.2.2 编辑样条线

编辑样条线是对一些不可进行编辑的样条线进行编辑的工具，运用这个修改工具可以做出各种各样的样条线，编辑样条线的运用步骤如下。

1）进入创建面板，进入“样条线”级别，在顶视图创建一个矩形（图3-27）。

2）进入修改面板，只能调节其长、宽、角半径。单击菜单栏“修改器”中的“片面／样条线编辑”层级下的“编辑样条线”命令（图3-28）。

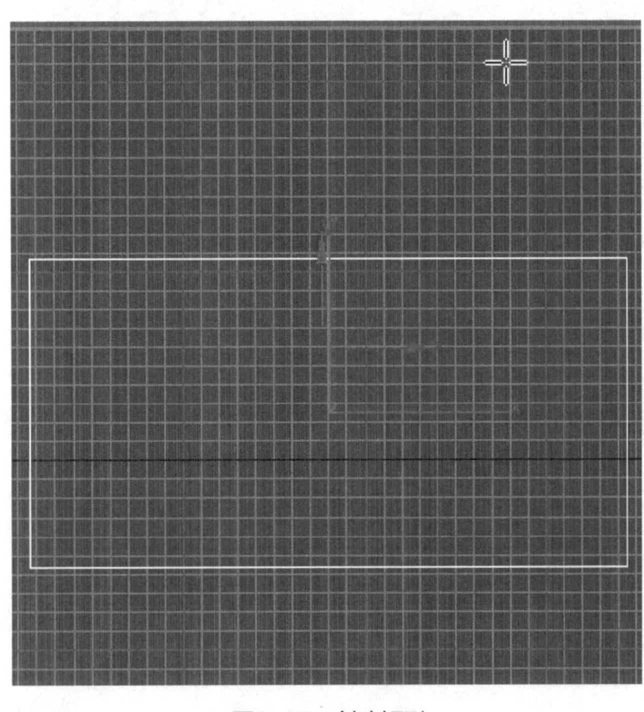
图3-27 创建矩形

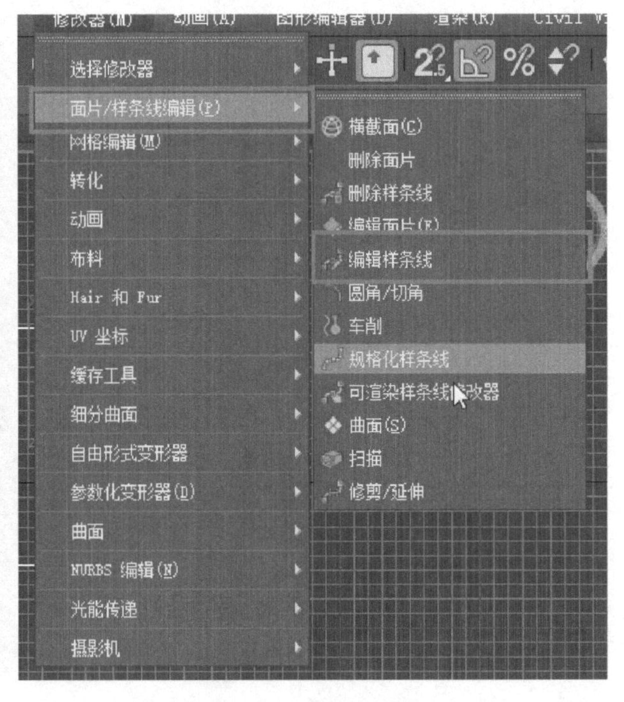

图3-28 编辑样条线

3）回到修改面板，展开“编辑样条线”，就可以对其顶点、线段、样条线进行调节了（图3-29）。

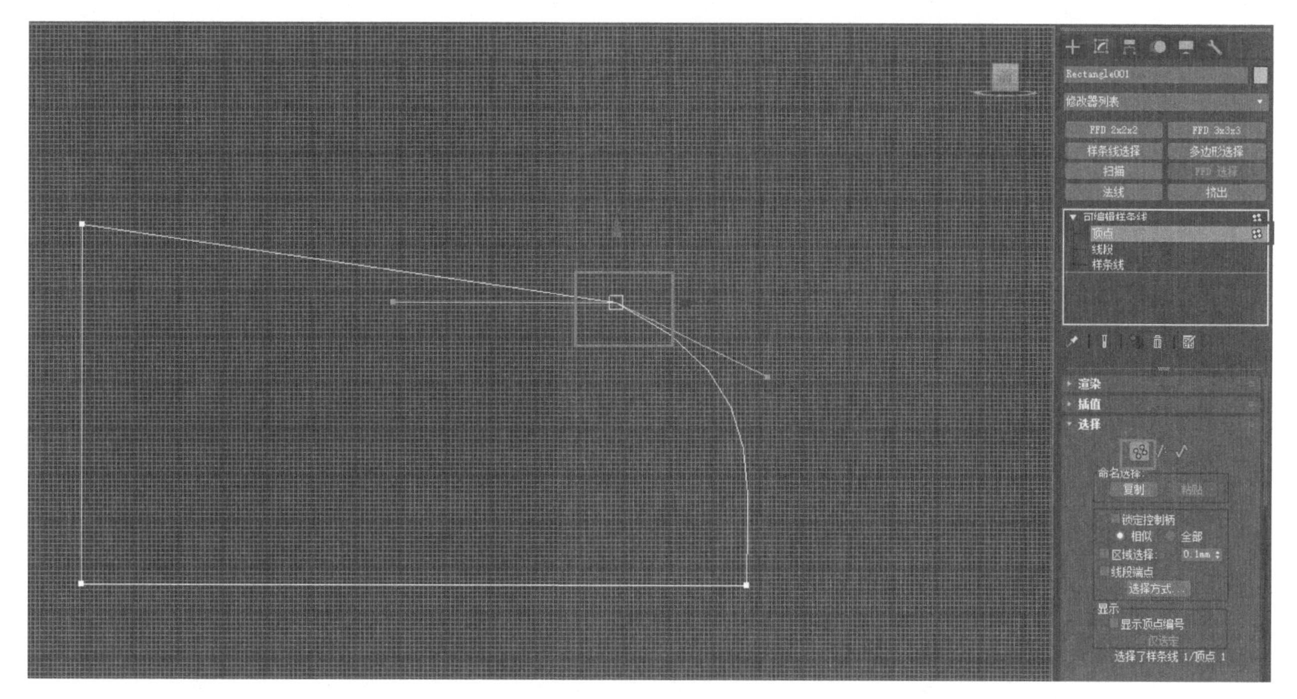

图3-29　调节线条

3.3　二维形体修改器

3.3.1 “挤出”修改器星形

“挤出”修改器是将没有高度的二维图形挤出至一定高度，让其成为三维图形。使用“挤出”修改器可以更方便地制作出三维几何体。

1）在场景顶视图中创建一个二维图形，如星形（图3-30）。

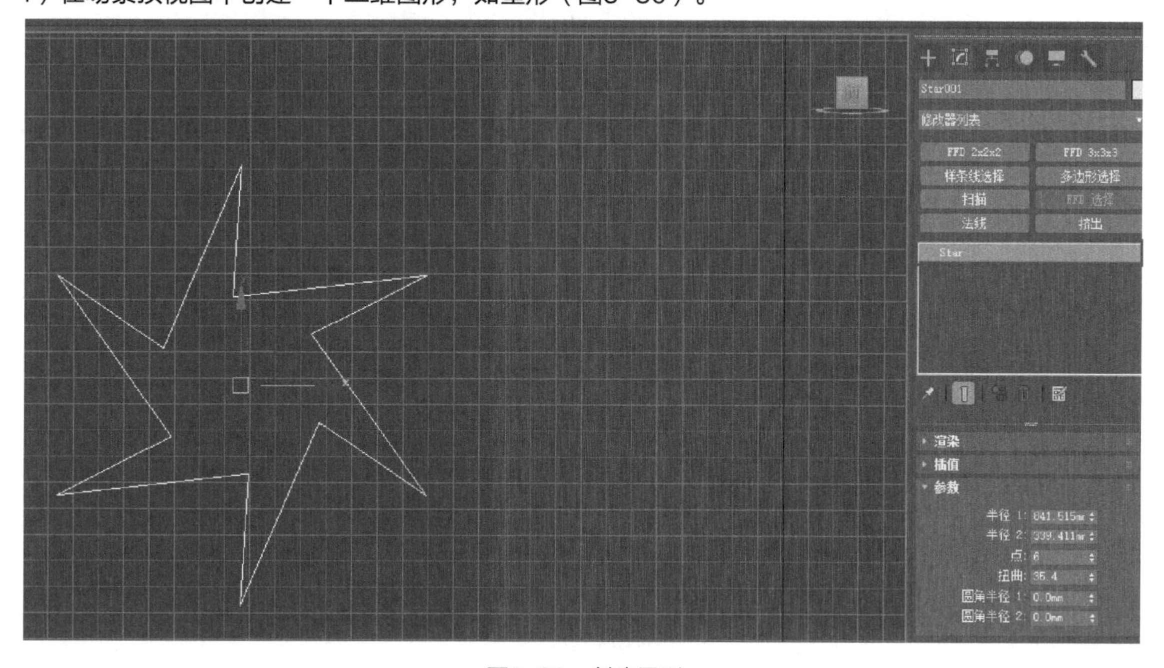

图3-30　创建星形

2）进入修改器命令面板，展开修改器列表，从列表中找到“挤出”修改器，并单击“挤出”命令（图3-31）。

3）在挤出修改器的“数量”后输入任意数值，如100.0mm，观察透视图中，二维图形经挤出后即形成三维六角星模型（图3-32）。

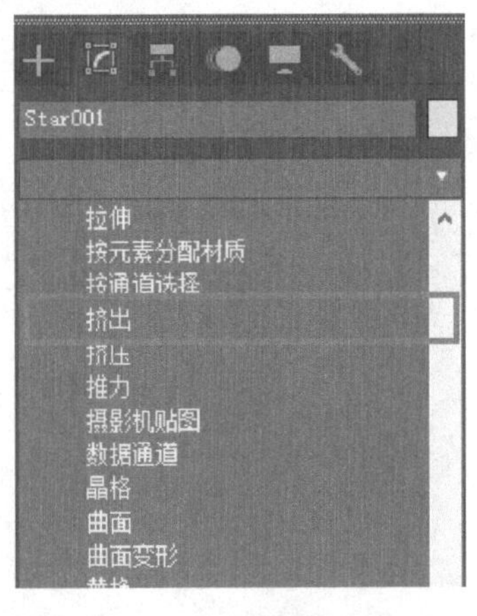

图3-31　修改器命令面板

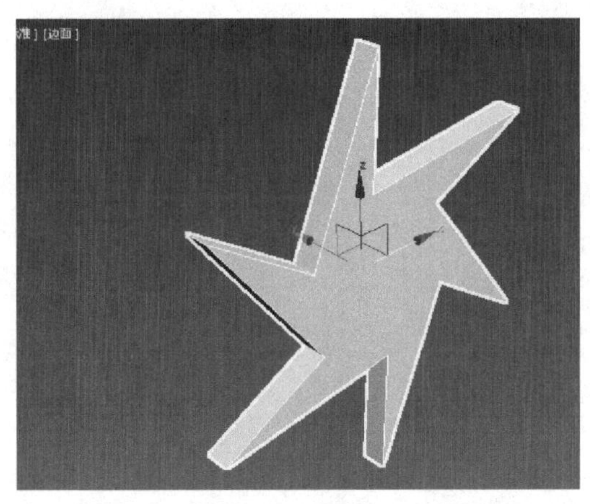
图3-32　挤出三维六角星模型

3.3.2 “车削”修改器高脚杯

“车削”修改器可将二维图形沿着某个轴旋转成三维图形，本节以高脚杯为例进行示范，具体步骤如下。

1）在创建面板中，选择“样条线”中的“线”（图3-33）。

2）在前视图中，创建高脚杯形状的基本轮廓线（图3-34）。

3）进入修改命令面板，对其顶点进行调节，将顶点进行移动与变形调节到设计形状（图3-35）。

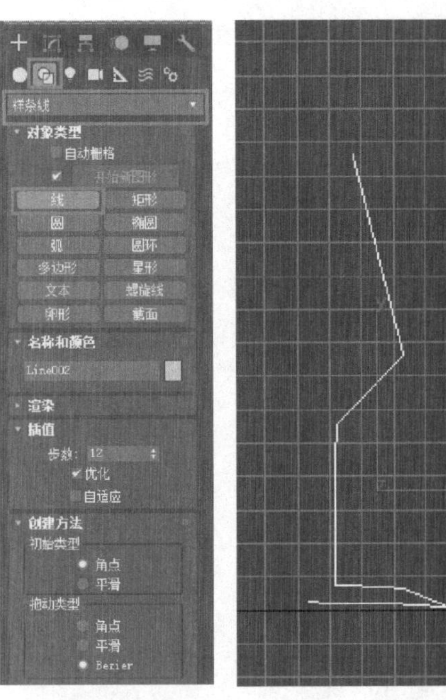
图3-33　选择线　图3-34　创建轮廓线

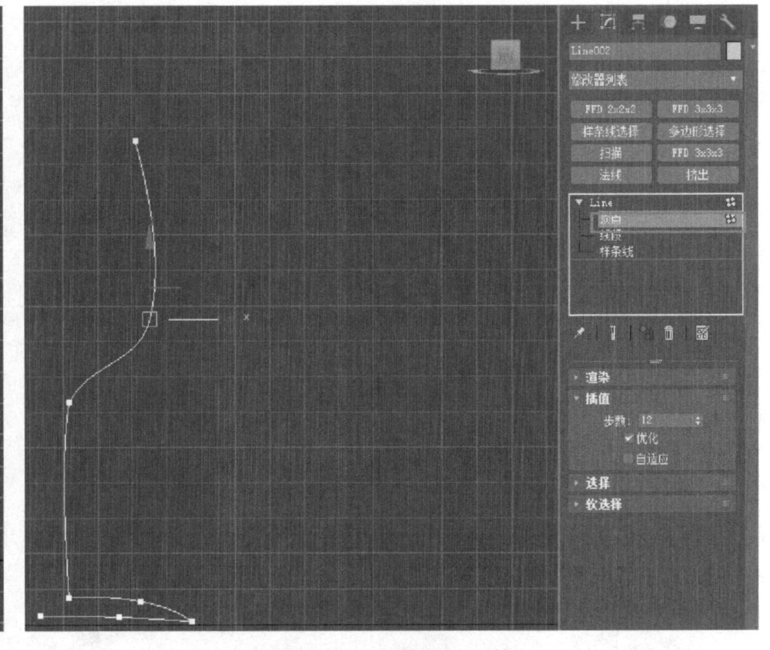
图3-35　调节设计形状

4）进入“样条线”级别，在“轮廓”后输入50（图3-36）。

5）再次进入“顶点”层级，将杯口的两个顶点移动至同一水平面上，并将其左侧（即杯口内侧）顶点转换为“Bezier角点”，调节控制杆将杯口变得平滑（图3-37）。

图3-36 样条线命令

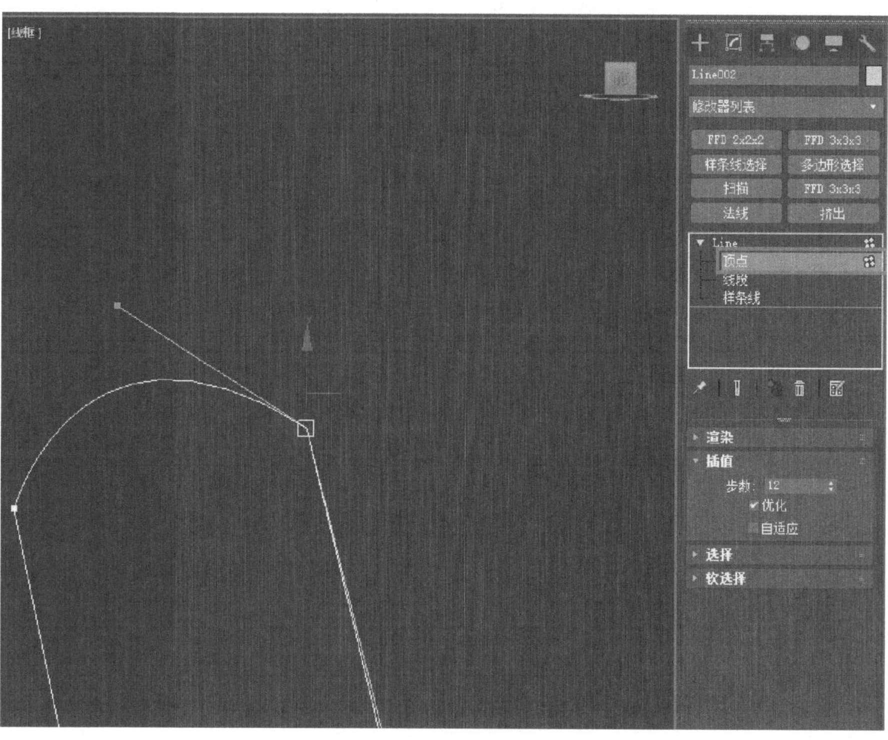

图3-37 平滑顶点

6）打开修改器列表，找到“车削”修改器单击选择（图3-38）。

7）进入修改器，打开“车削”层级，单击“轴”，使用“移动”工具，向左移动“轴”， 这时就生成了高脚杯的模型，并设置相应参数（图3-39）。

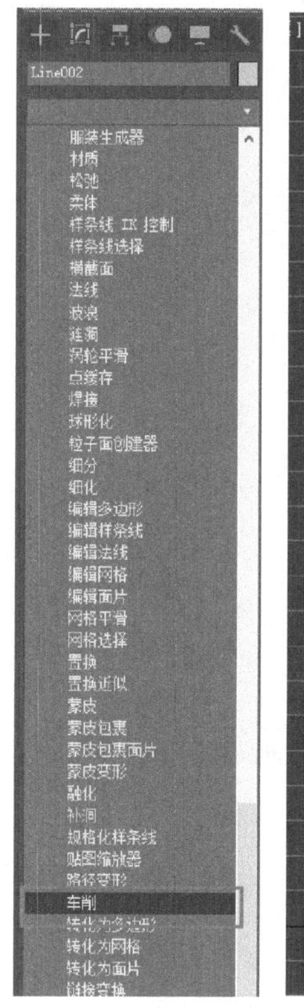

图3-38 修改器命令

图3-39 高脚杯模型

8）回到透视图观察效果，如果仍有不足，可继续调节形状，直至符合设计要求（图3-40）。高脚杯使用Vray渲染器渲染后的效果如图3-41所示。

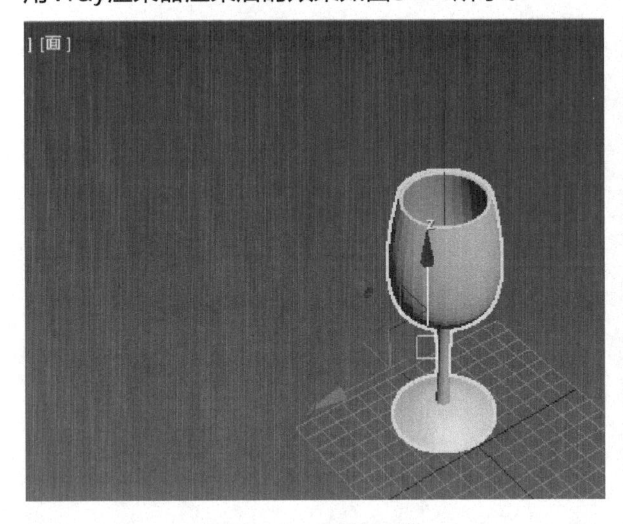

图3-40　调节形状

图3-41　渲染后的效果

3.4　实例制作：倒角文字

倒角是将物体尖锐的边缘倒平滑的修改器，本节以立体字为例做示范，步骤如下。

1）在前视口创建文字“3DS MAX 2020”，将文字“大小”设置为800.0mm（图3-42）。

图3-42　创建文字

设计小贴士

“车削”修改器的生成模型速度较快，但是要特别注意旋转轴的上、下角点必须在同一垂直位置，稍有偏差就无法获得完整的三维模型。虽然生成三维模型后还可以回到“Line”级别中进行修改，但是对于复杂的模型，反复操作会使计算机出错或停滞。

2）在修改器列表中为创建的文字添加一个“倒角”修改器（图3-43）。

3）将下面“级别1”中的“高度”设置为100.0mm，勾选“级别2”，在“高度”文本框中也输入相应数值（图3-44）。这时会看到文字前面出现了倒角效果（图3-45）。

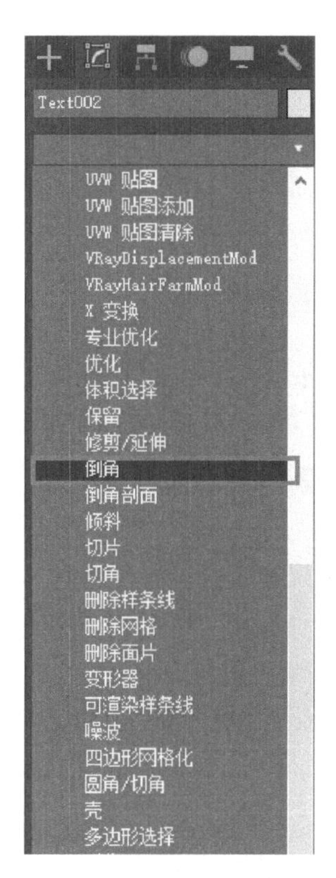

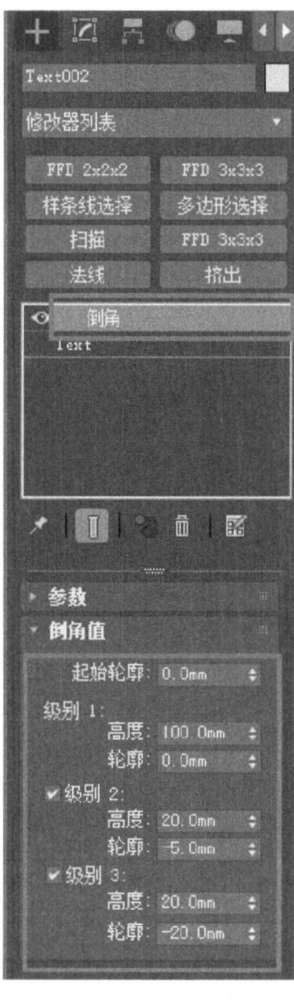

图3-43　修改器命令　　图3-44　设置数值　　图3-45　倒角效果

4）给文字模型添加灯光，赋予材质渲染后的效果显得非常真实（图3-46）。

图3-46　渲染后的效果

3.5 实例制作：花式栏杆

“可渲染样条线”修改器是能将不可渲染的二维样条线变为可渲染三维模型的工具，这节以栏杆为例示范，操作步骤如下。

1）先建立一个较大的平面（图3-47）。

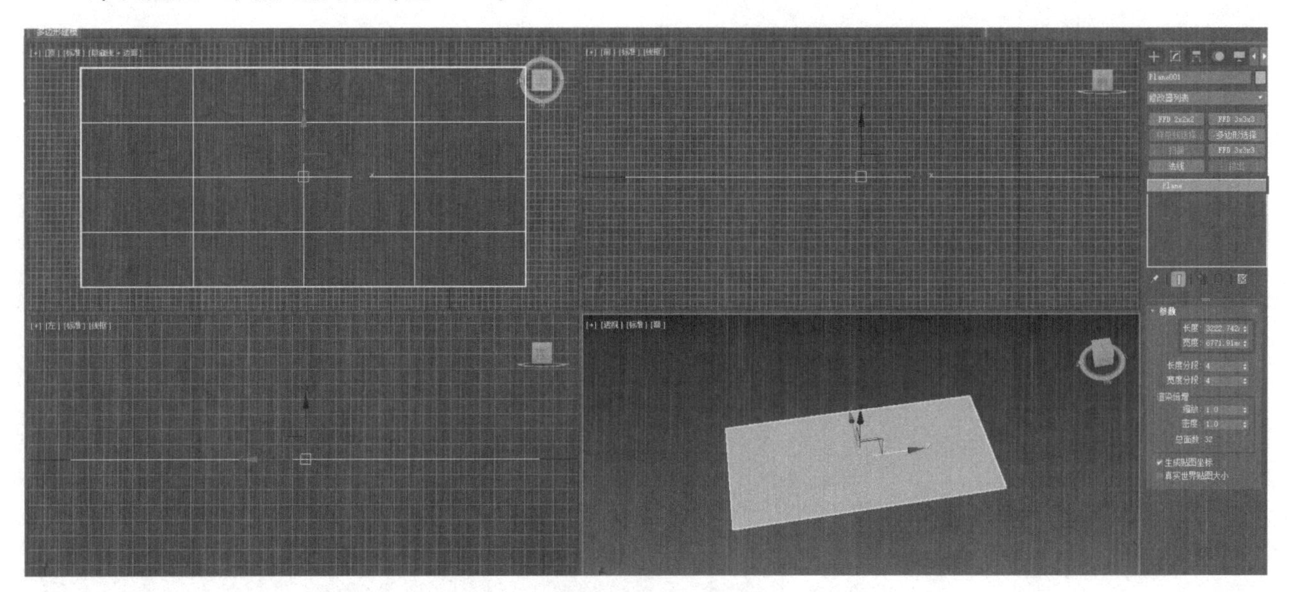

图3-47　建立平面

2）在顶视口中开启2.5维捕捉，捕捉平面的一条直线（图3-48）。

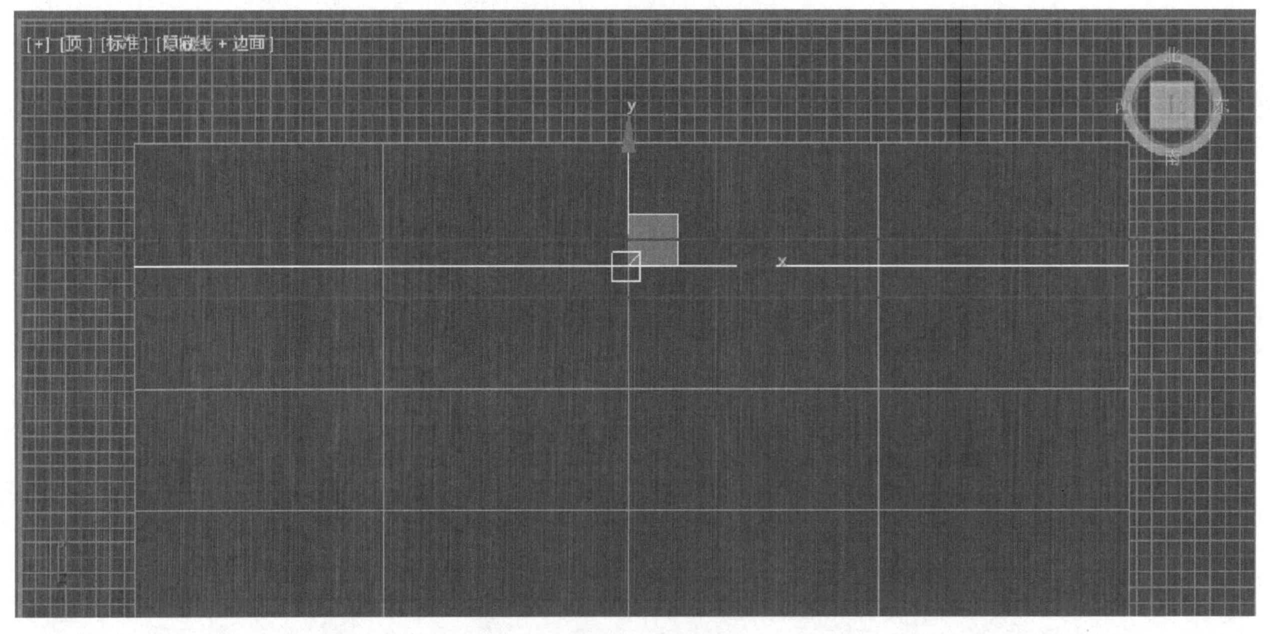

图3-48　捕捉直线

设计小贴士

现代装修效果图中少不了会用到文字，虽然可以使用Photoshop在后期作添加，但是效果不及真实的三维模型。一次输入文字的数量不宜超过20个字，对于长篇幅文段应当另起空白文件制作，并单独保存，待渲染之前再合并到场景中来，否则，计算机的运算负荷会很大，导致长期停滞不前。

3）给这两条线分别添加“可渲染样条线”修改器（图3-49）。

4）将水平线的“径向厚度”设置为100.0mm（图3-50），将垂直线的“径向厚度”设置为60.0mm（图3-51），同时勾选“在渲染中启用”“在视口中启用”。

5）在顶视口中创建一个圆环，更改其“半径1”为350.0mm，“半径2”为160.0mm，“径向厚度”为60.0mm，同时勾选“在渲染中启用”“在视口中启用”（图3-52）。

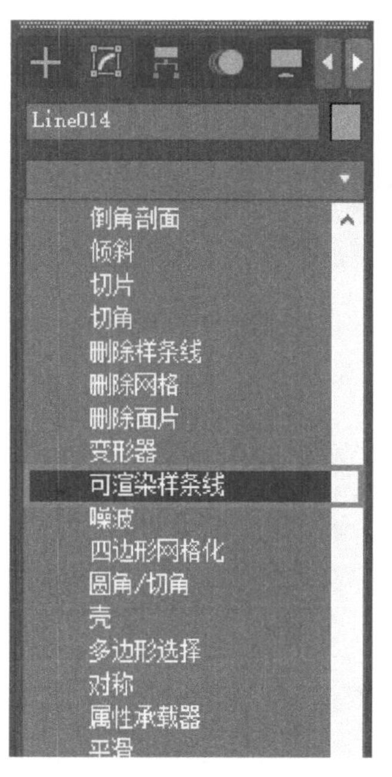

图3-49　修改器命令

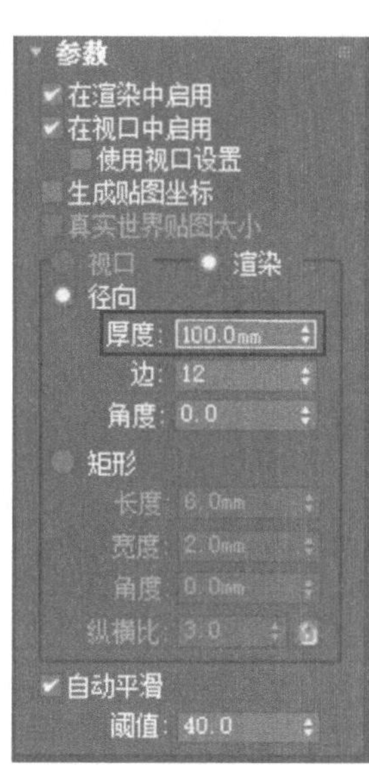

图3-50　水平线厚度渲染

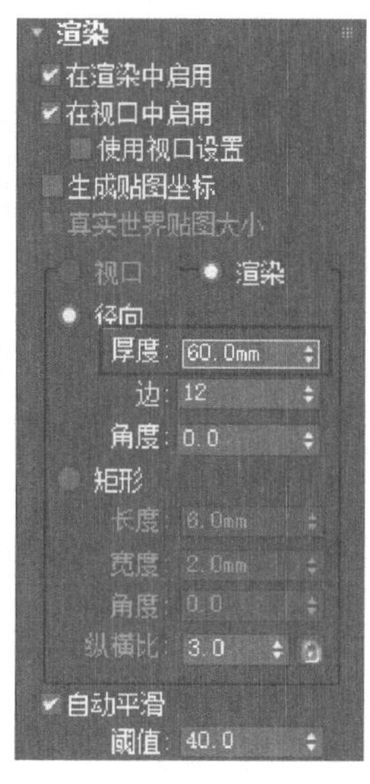

图3-51　垂直线厚度渲染

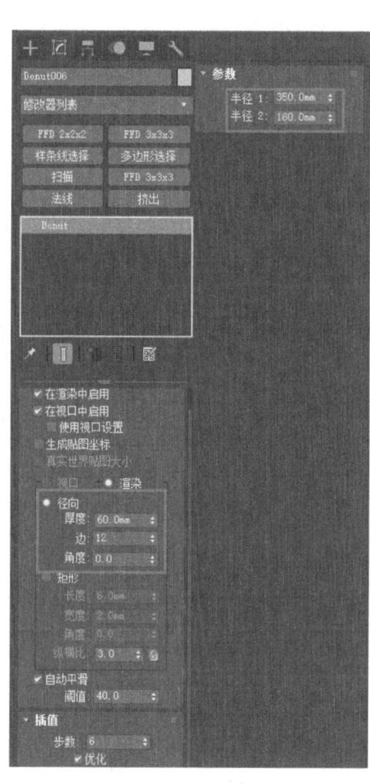

图3-52　设置圆环

6）在顶视口中选择垂直栏杆并按住〈Shift〉键，将其向右平行复制一个，并调整其长短（图3-53）。

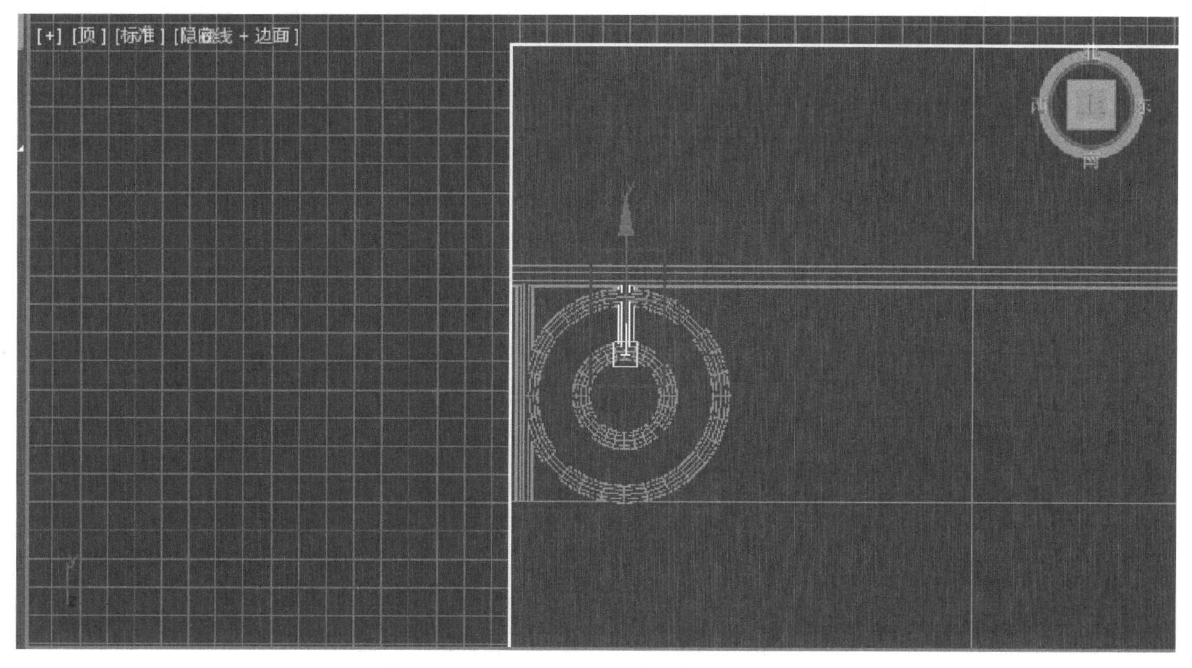

图3-53　平行复制

7）选中圆环及两条直线，按住〈Shift〉键复制，在弹出的“克隆选项”对话框中选择“实例”，“副本数”设置为8（图3-54）。

8）将最右边复制多出的圆环删除，并调整模型之间的距离、成组（图3-55）。

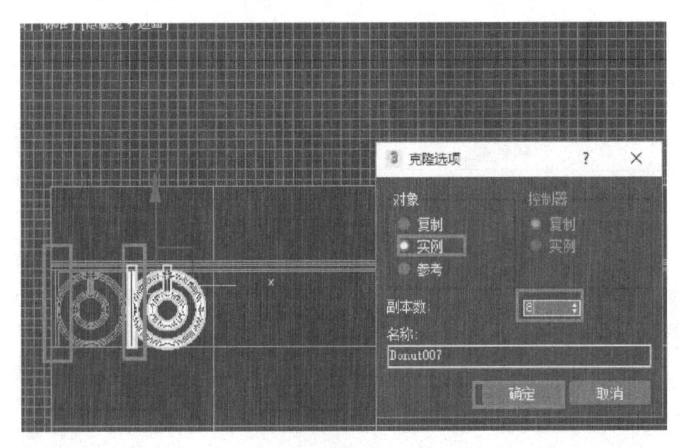

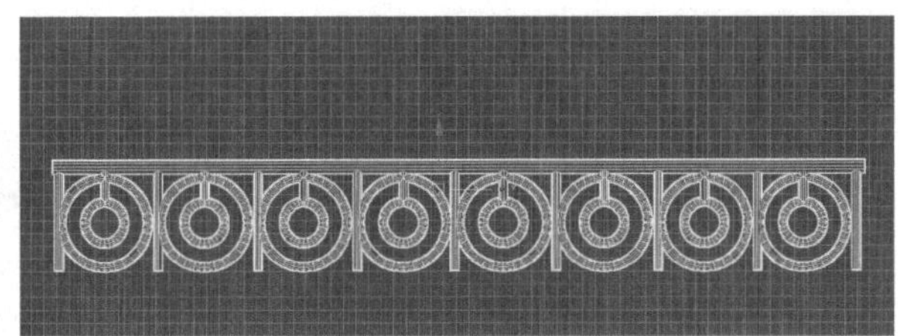

图3-54　克隆对象　　　　图3-55　调整模型

9）将该场景添加灯光材质后，经过渲染得到渲染后的效果（图3-56）。

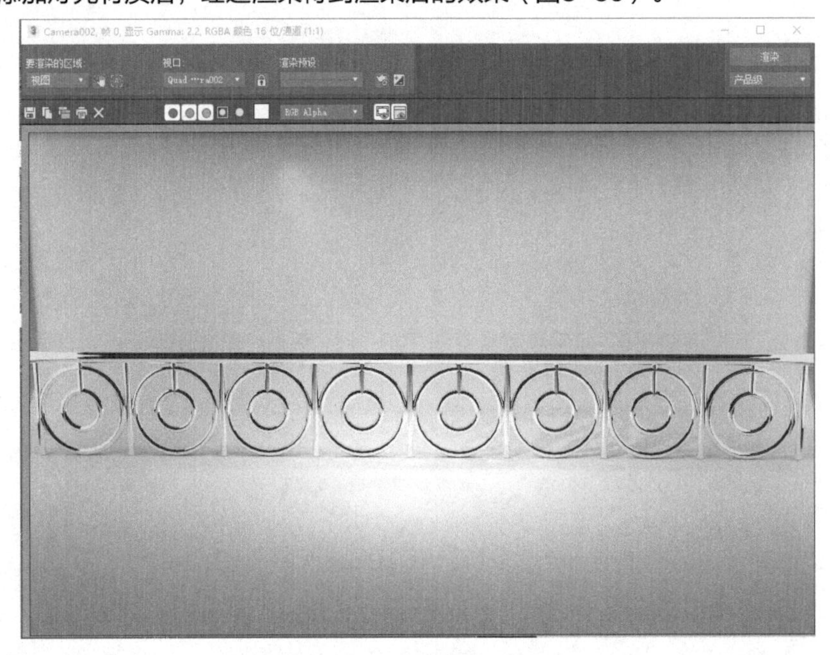

图3-56　渲染后的效果

本章小结

本章讲解了3ds max 2020中文版的二维转三维的模型创建和从三维对象上获取二维图形的方法，接着还学习了线条修改编辑模型，通过本章的学习内容，读者可以制作不同的图形创建模型。了解并掌握修改命令和控制模型技巧。

★课后练习题

1.什么是二维，三维?

2.强化训练二维转三维的修改器命令，练习图形创建。

3.结合书中内容，自主创建个人签名文字类三维模型和花式栏杆三维模型效果。

第4章　布尔运算与放样

操作难度： ★★★☆☆

章节导读： 布尔运算与放样是3ds max 2020中创建曲线体模型的基本方法，两者通常组合运用，能创建各种常用的曲线体模型。在制作装修效果图时会经常用到这两种工具，它们创建速度快，能制作常用的曲面体模型，且占用内存少，模型的性能较稳定。

4.1　布尔运算

布尔运算是使用率非常高的生成新对象的方法，其使用比较简单。在本章，应该重点掌握各种布尔运算类型之间的差别，特别要注意差集运算类型的拾取顺序，不同的拾取顺序会产生不同的效果。下面介绍常用的4种运算类型（图4-1）。

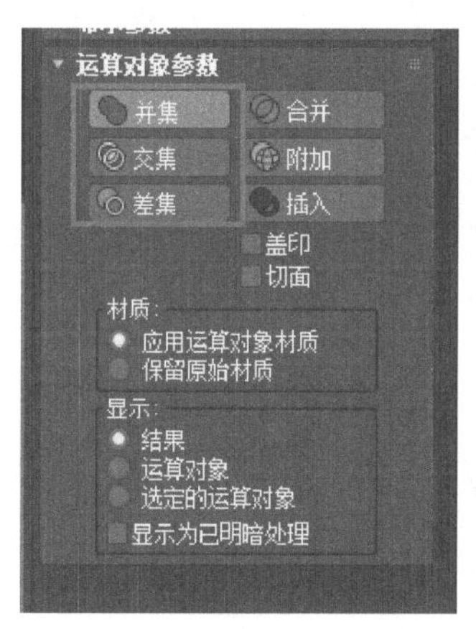

图4-1　运算对象参数

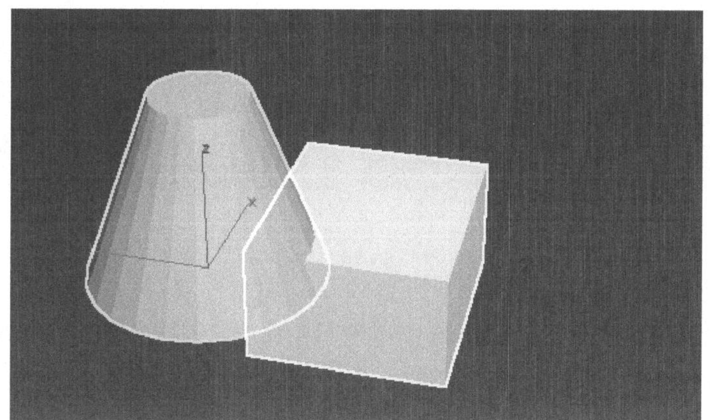

图4-2　相交形体

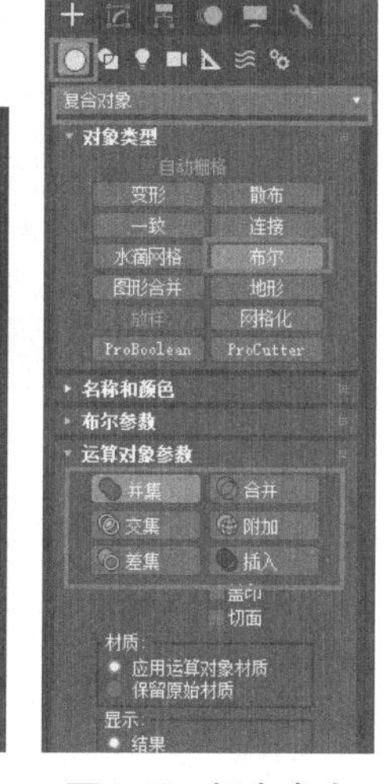

图4-3　复合命令

4.1.1　并集

并集可以将多个相互独立的对象合并为一个对象，并忽略两个对象之间相交的部分。在视口中分别创建相交在一起的立方体与球体，此时这两个对象为相互独立的对象（图4-2）。选择球体对象，在创建面板的下拉菜单中选择“复合对象”中的“布尔”（图4-3）；选择“操作”选项中的“并集”运算类型，拾取立方体对象。完成后两个对象就合并成一个对象（图4-4）。

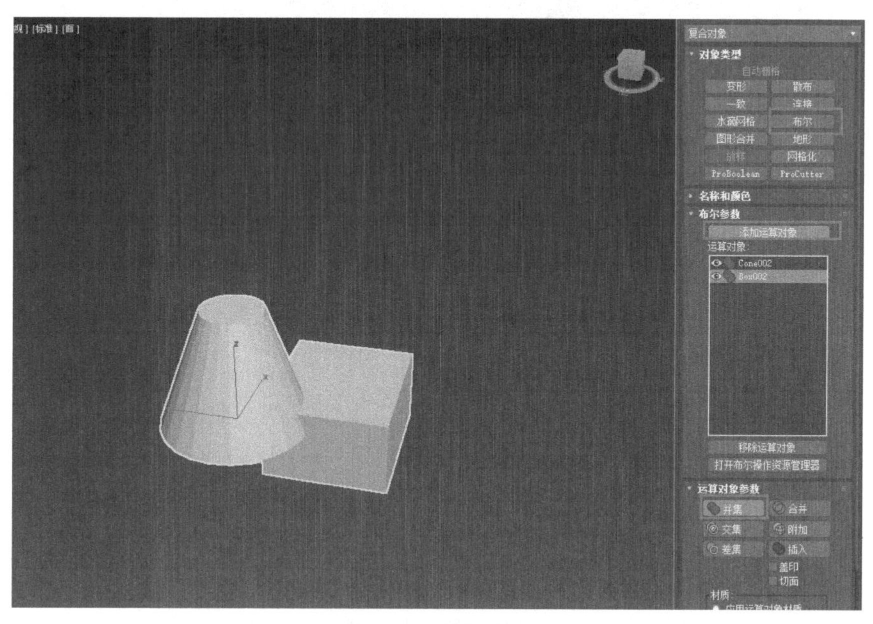

图4-4　并集图形

4.1.2 交集

交集用于两个连接在一起的对象，进行布尔运算能使两个对象的重合部分保留，而删除不重合的部分。还以前面的场景为例，选择圆锥体，再选择“交集”运算类型，然后拾取立方体（图4-5）。

4.1.3 差集

差集可以从一个对象上减去与另一个对象的重合部分，当两个物体交错放在一起，即能从圆锥体中减去立方体构造（图4-6）。

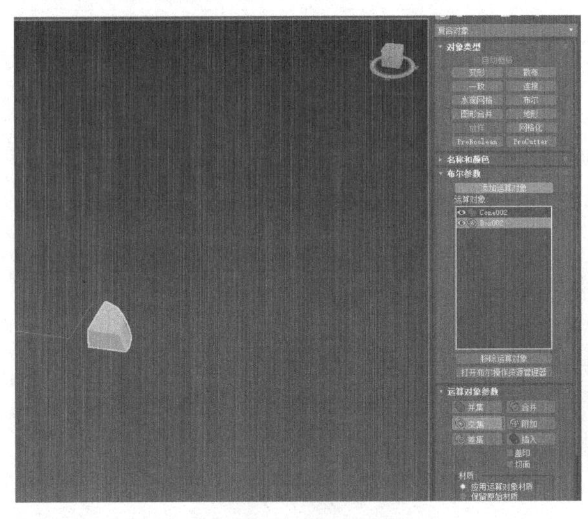

图4-5 交集图形

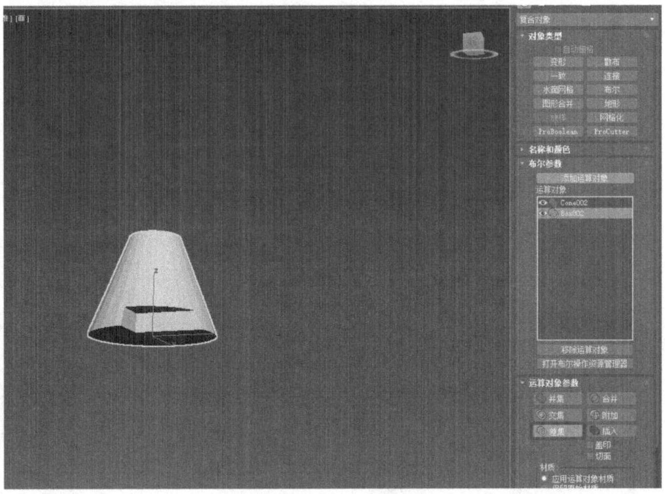

图4-6 差集图形

4.1.4 交集+切面

交集+切面是将两个对象的不重合部分删除，并将重合部分进行截面裁切（图4-7）。

以上4种是常用类型，此外还有其他3种运算类型是不常用的类型（图4-8），可以根据需要试用其效果，除此之外，还有选择材质、显示运算对象等功能（图4-9）。

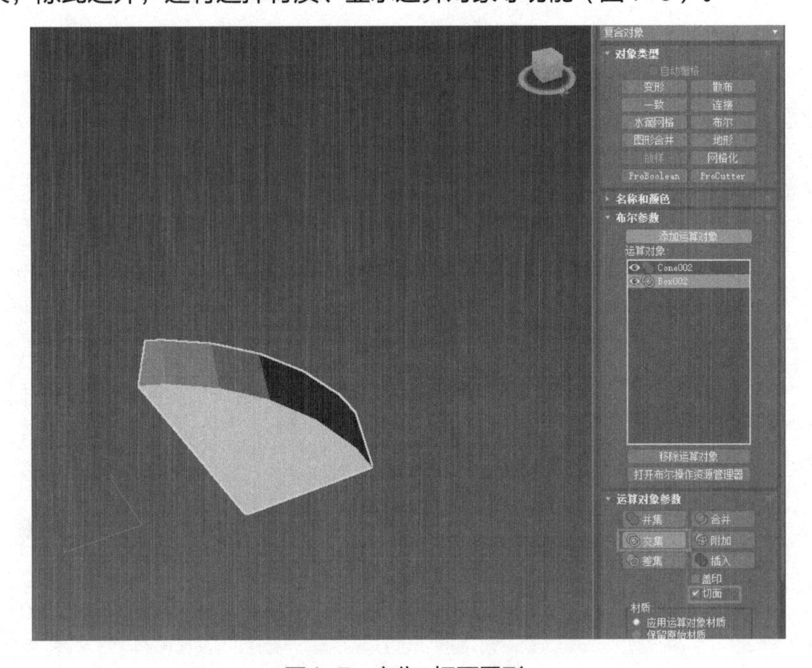

图4-7 交集+切面图形

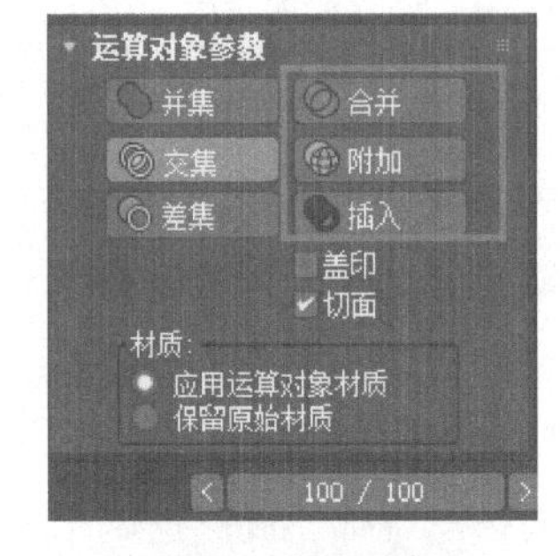

图4-8 运算类型

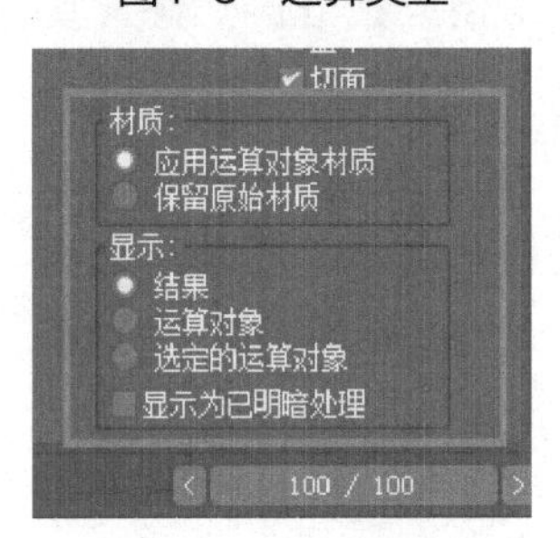

图4-9 显示功能

4.2 多次布尔运算

进行多次布尔运算的时候很容易出现错误，因此，需要预先将多个对象连接在一起，再进行一次布尔运算。

进行布尔运算时，如果连续拾取对象就会出现错误，如对场景中的多个物体进行集布尔运算，拾取全部物体（图4-10），全选差集时，就只剩下右下角一个八面体的一部分了（图4-11）。

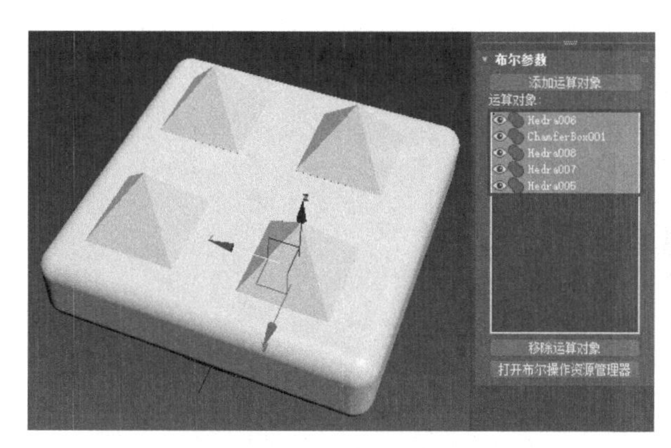

图4-10　布尔运算

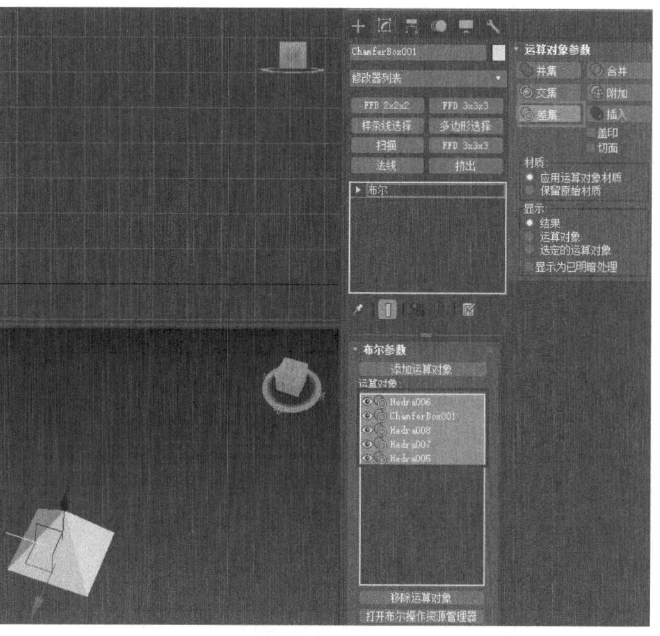

图4-11　差集运算

这时，要对场景中对场景中的4个八面体进行布尔运算，就应该预先将4个八面体连接在一起，再进行一次布尔运算。可以选择场景中的1个八面体，将其添加“编辑多边形”修改器，选择其中的“附加”按钮（图4-12），再依次单击场景中的另外3个八面体（图4-13），并再次单击“附加”按钮，这时4个八面体对象就成为一个整体了。最后选择长方体对4个八面体进行一次布尔运算（图4-14）。

图4-13　单击八面体

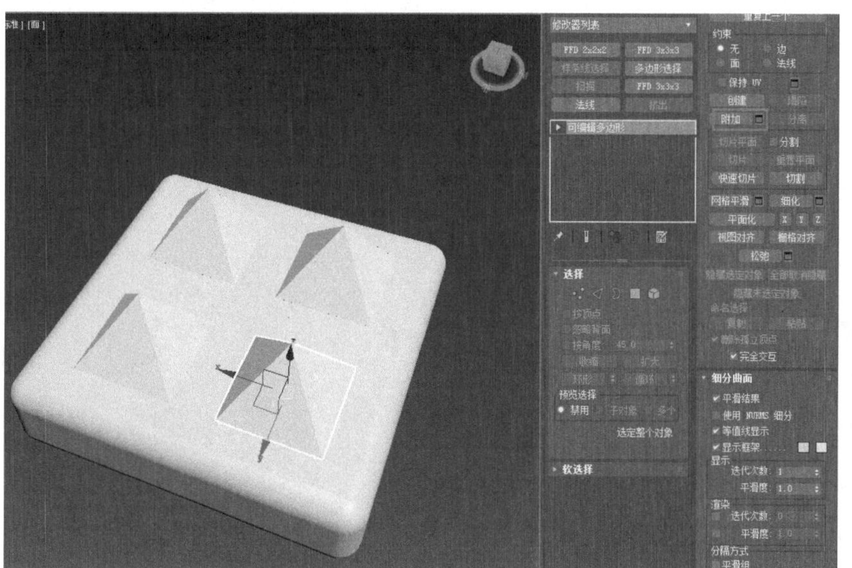

图4-12　编辑附加命令

图4-14　布尔运算

4.3 放样

放样模型的原理较为简单，但是要熟练掌握也并不容易，应该着重体会放样模型的操作方法。

4.3.1 基本放样操作

1）打开场景模型，在顶视口创建一个圆，半径为500.0mm。将其高度设置为900.0mm（图4-15）。

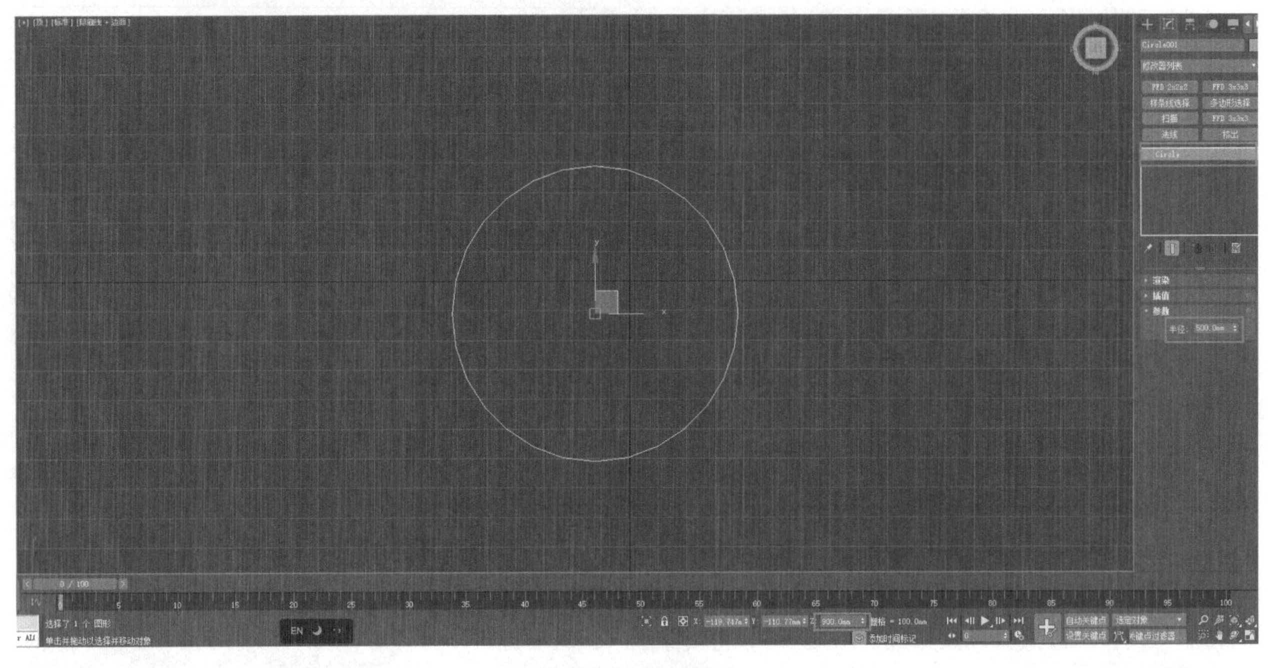

图4-15 创建圆形

2）创建一个星形，半径1为550.0mm，半径2为460.0mm，点20，圆角半径1为20.0mm，圆角半径2为50.0mm。将其高度设置为0。并用“对齐”工具，将其对齐于圆（图4-16）。

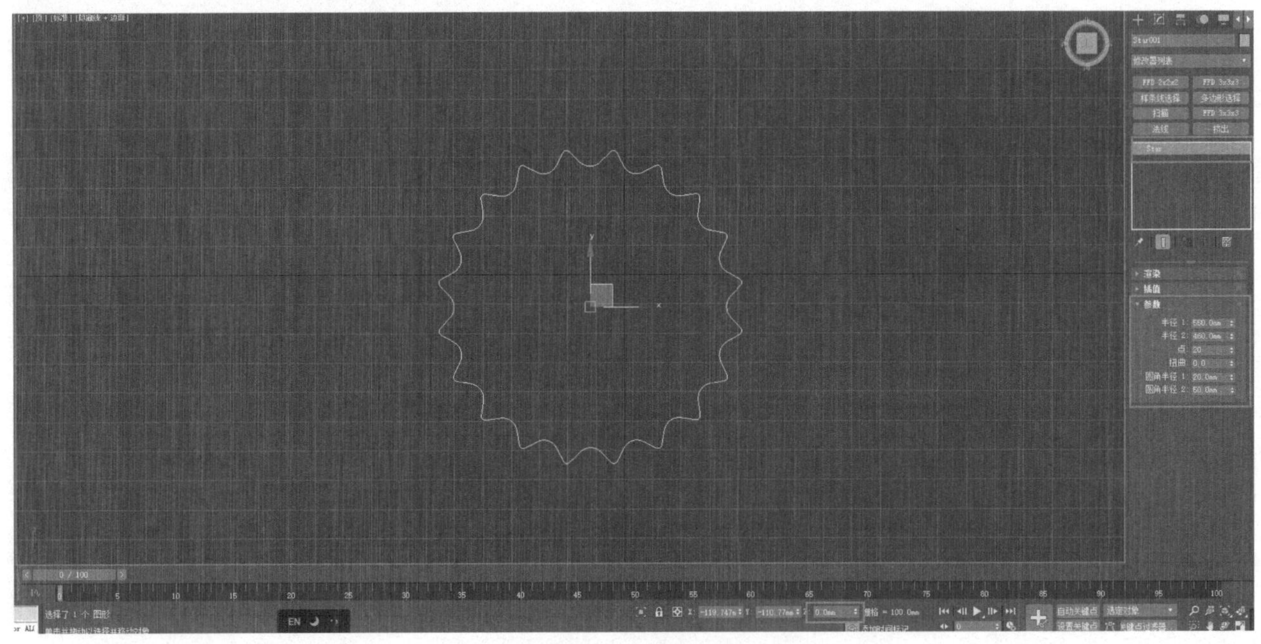

图4-16 创建星形

3）在前视图创建一条直线，作为放样路径（图4-17）。

4）选中直线，进入创建命令面板，选择“几何体”创建类型的“复合对象”，再进一步选择“放样”按钮（图4-18）。

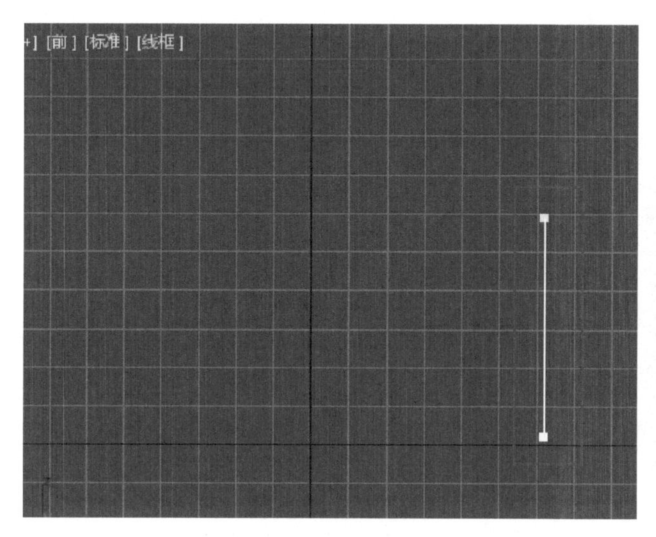

图4-17　创建直线

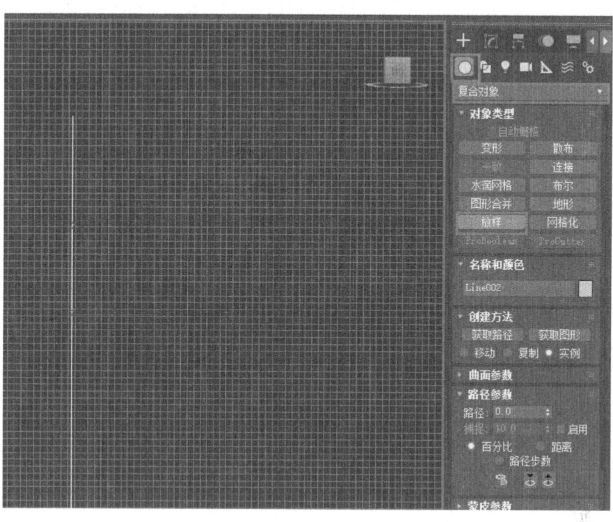

图4-18　复合放样

5）在修改面板中单击“获取图形”按钮，再单击前视口中的圆形。“路径参数”中的“路径”为0.0（图4-19）。

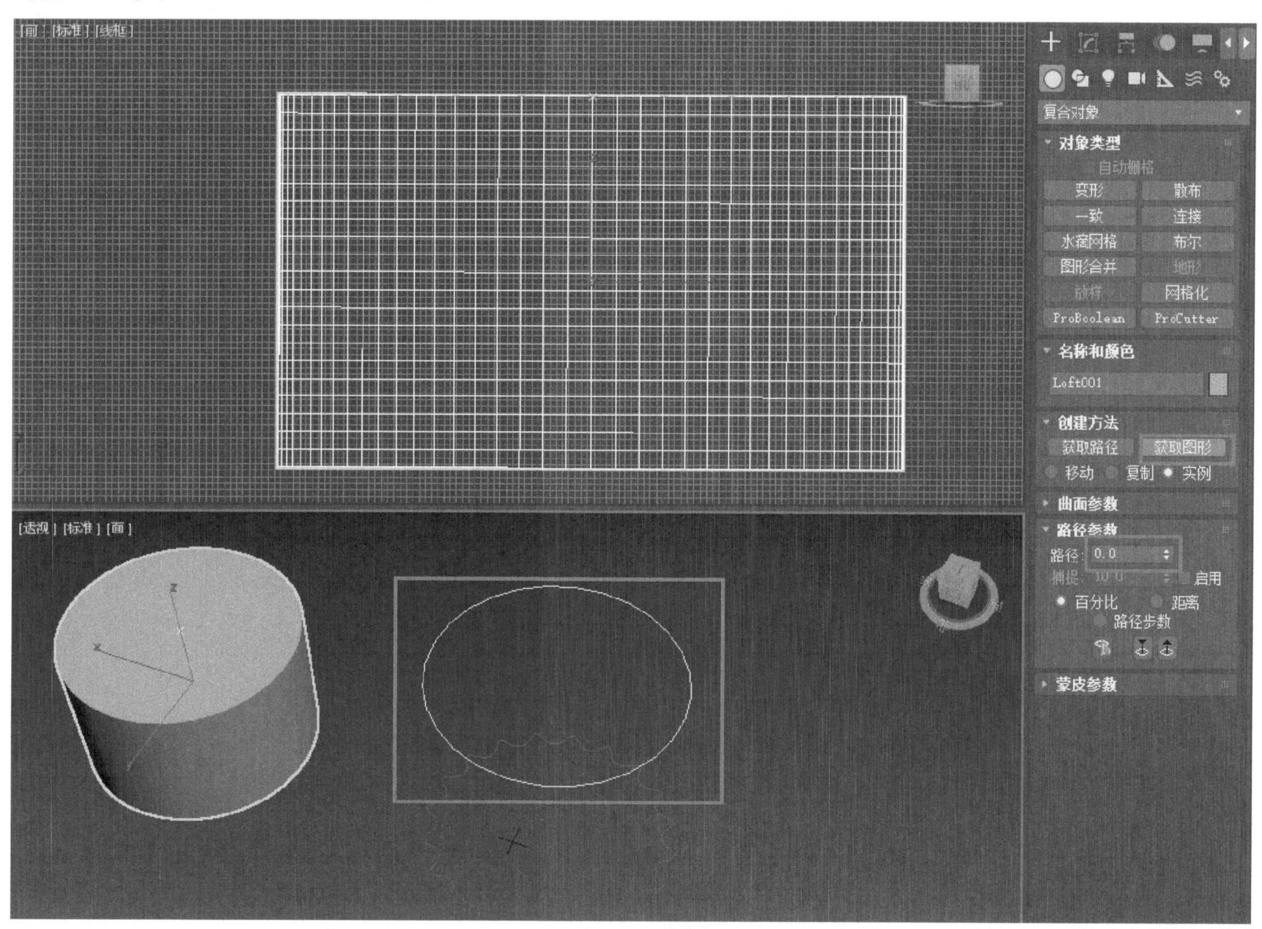

图4-19　获取图形

6）再次在修改面板中单击“获取图形”按钮，再单击前视口中的星形。“路径参数”中的“路径”为100.0（图4-20）。

7）现在在前视口中观察，出现了一个全新的三维模型，这就是经过放样得到的模型（图4-21）。

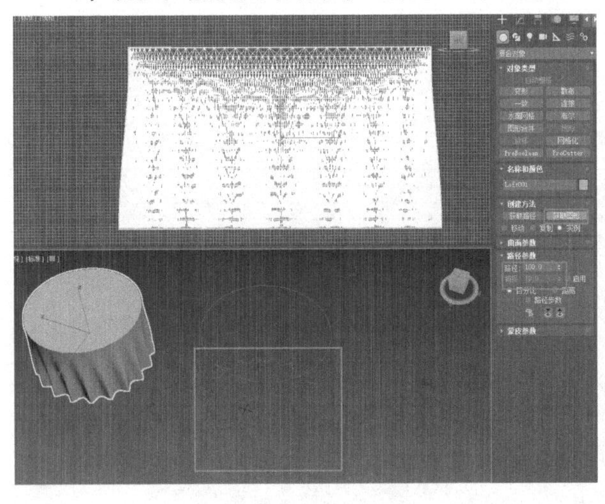
图4-20 创建图形

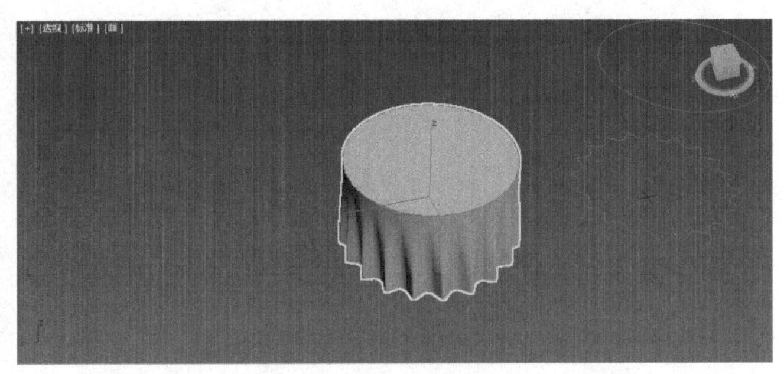
图4-21 放样后模型

4.3.2 放样的参数

进行放样操作之后，进入修改命令面板，在该面板中可以通过设置参数，对放样对象进行进一步的修改。在“创建方法”卷展栏中，可以选择“获取图形”或“获取路径”。如果先选择的是图形，则现在就要选择“获取路径”；如果先选择的是路径，则现在就要选择“获取图形”。要特别注意，模型的延伸方向为路径，模型的截面形状为图形。

“曲面参数”卷展栏主要控制放样对象表面的属性。“平滑”选项组中的“平滑长度”与“平滑宽度”能控制模型网格在经度与纬度这两个方向上的平滑效果，初次放样后的模型都比较平滑。取消勾选“平滑”选项组中的这两个复选框，就变成体块效果了（图4-22）。

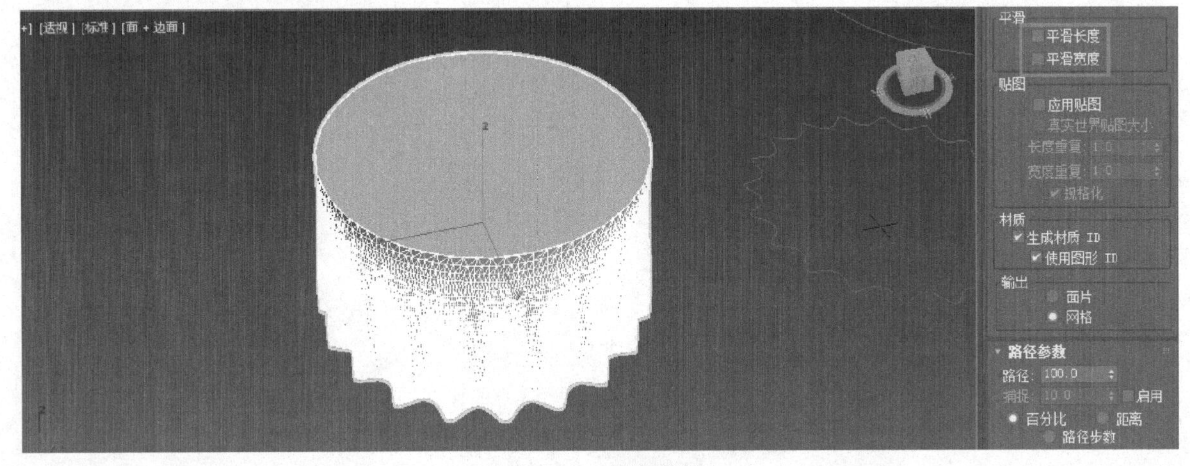

图4-22 取消平滑

设计小贴士

布尔运算操作很容易失误，主要表现为部分模型缺失、变形、破损，因此应当注意以下3个要点。

1. 在布尔运算之前应该及时保存好模型，或将模型另存1份。
2. 两个模型的表面网格应当基本相同。
3. 尽量只作1次布尔运算，避免在相同模型上进行反复、多次布尔运算。

在“蒙皮参数”卷展栏中，选项组中的“图形步数”与“路径步数”是用于控制放样路径与放样图形的分段数。如果将“图形步数”与“路径步数”都设置为0，就变成多边形几何体（图4-23），将以上两个参数设置为20，就变得特别圆滑（图4-24）。

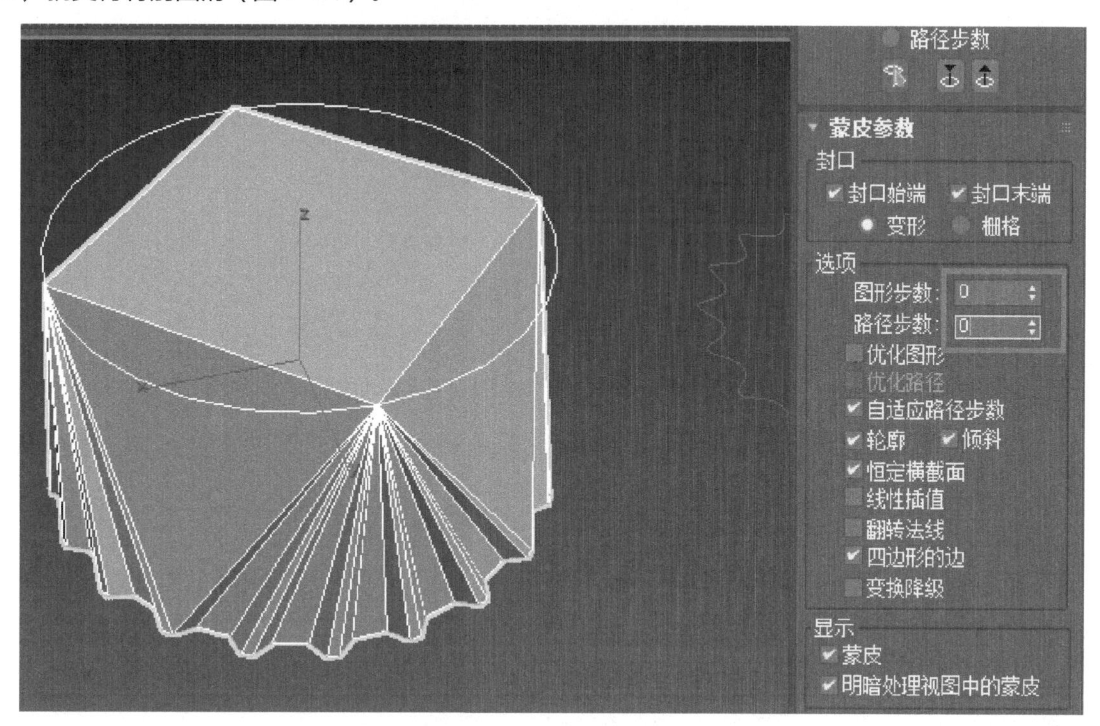

图4-23 蒙皮参数

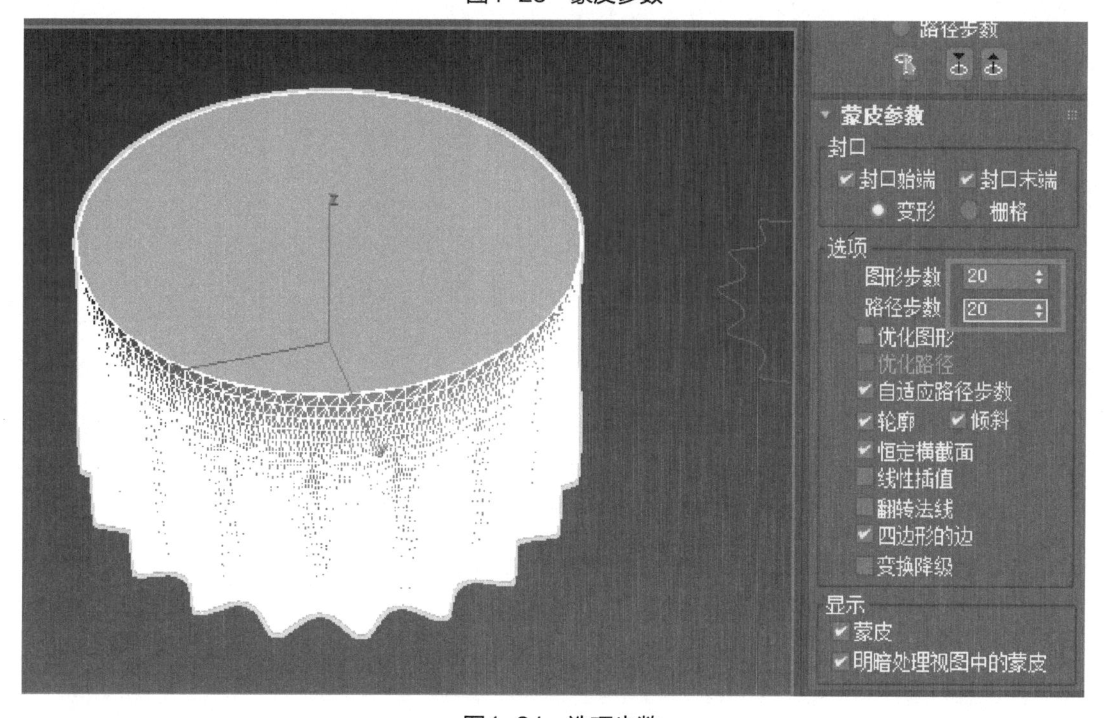

图4-24 选项步数

设计小贴士

在布尔操作过程中，图形的排列顺序是十分重要的，为了方便初学者快速了解布尔原理，在需要多次布尔运算时，建议将多个需要运算的物体附加至一体，减轻运算的复杂程度。

“变形”卷展栏包括缩放、扭曲、倾斜、倒角、拟合5种变形方式（图4-25）。其后会通过案例介绍变形选项的具体操作方法。

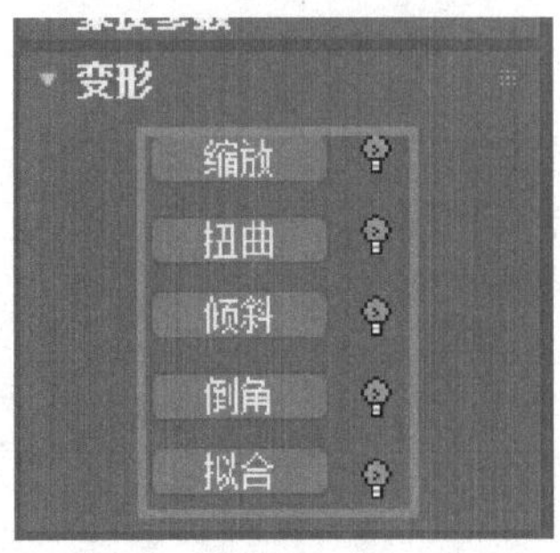

图4-25　变形选项

4.4　放样修改

本节将结合前面的内容对已建好的放样图形进行精致修改。

1）在视口中运用放样的方法创建的圆柱体，在前视图创建“直线”为路径，在顶视口创建“圆形”为图形（图4-26）。

2）进入修改命令面板，打开“Loft”卷展栏，单击“路径”，这时就会在下面出现“Line”卷展栏，可以对该放样模型的路径进行重新修改（图4-27）。

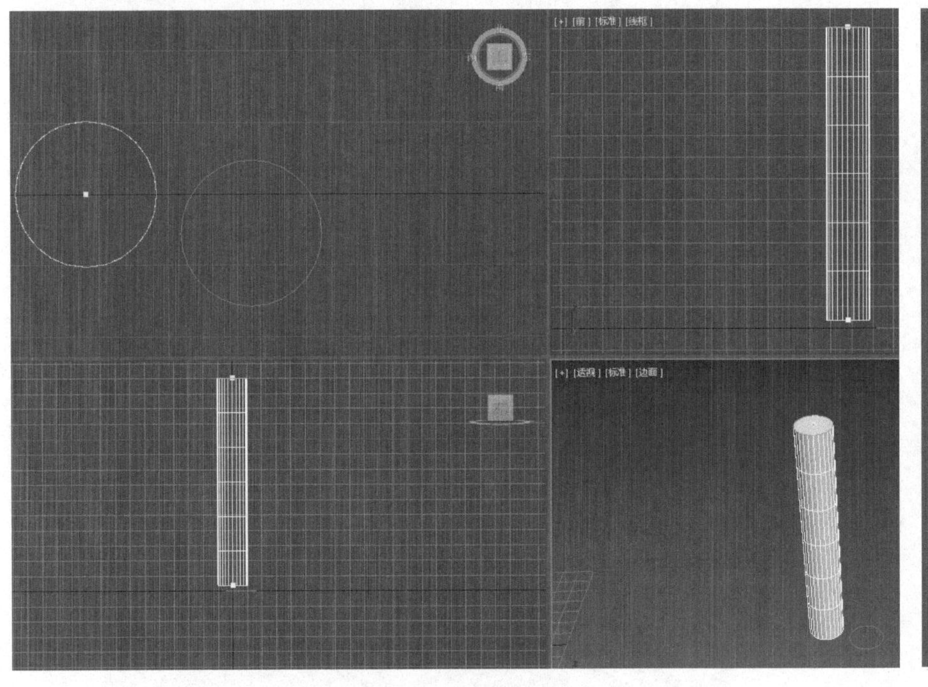
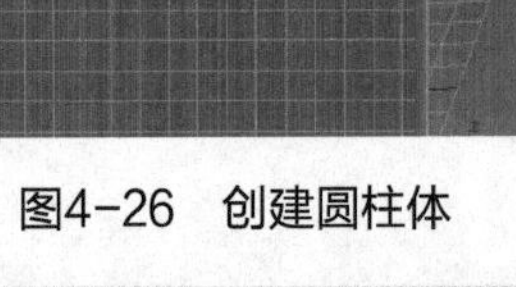

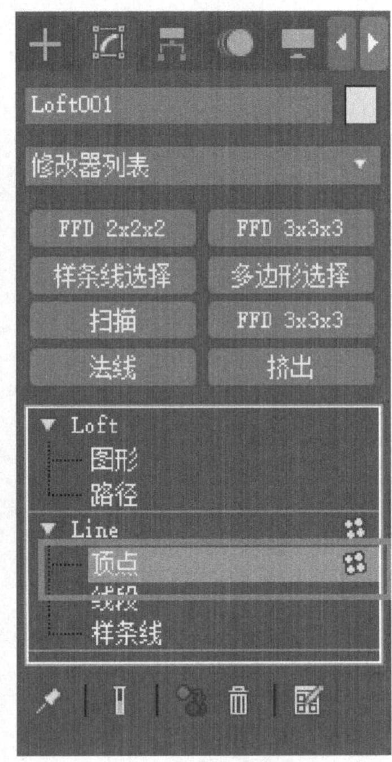

图4-26　创建圆柱体

图4-27　修改命令

设计小贴士

放样操作要注意识别截面图形与路径图形，截面图形能控制生成模型的截面形状，路径图形能控制其走势。放样的操作关键在于基础图形应当绘制精准，虽然后期也可以更改，但是后期操作起来容易造成计算机运行卡顿或出错。经过放样生成的模型，如果后期还会用到其他修改器，那么需要将模型转换成“可编辑网格”模式，这样就不能再返回到最初状态下进行路径图形编辑了。因此，在最初创建截面图形与路径图形时要严格提高图形的精准度，务必一次创建成型，成型后如需修改也要在第一时间内完成。

3）进入“Line”卷展栏的“顶点”层级，选择顶点，可以对其进行弯曲编辑（图4-28）。

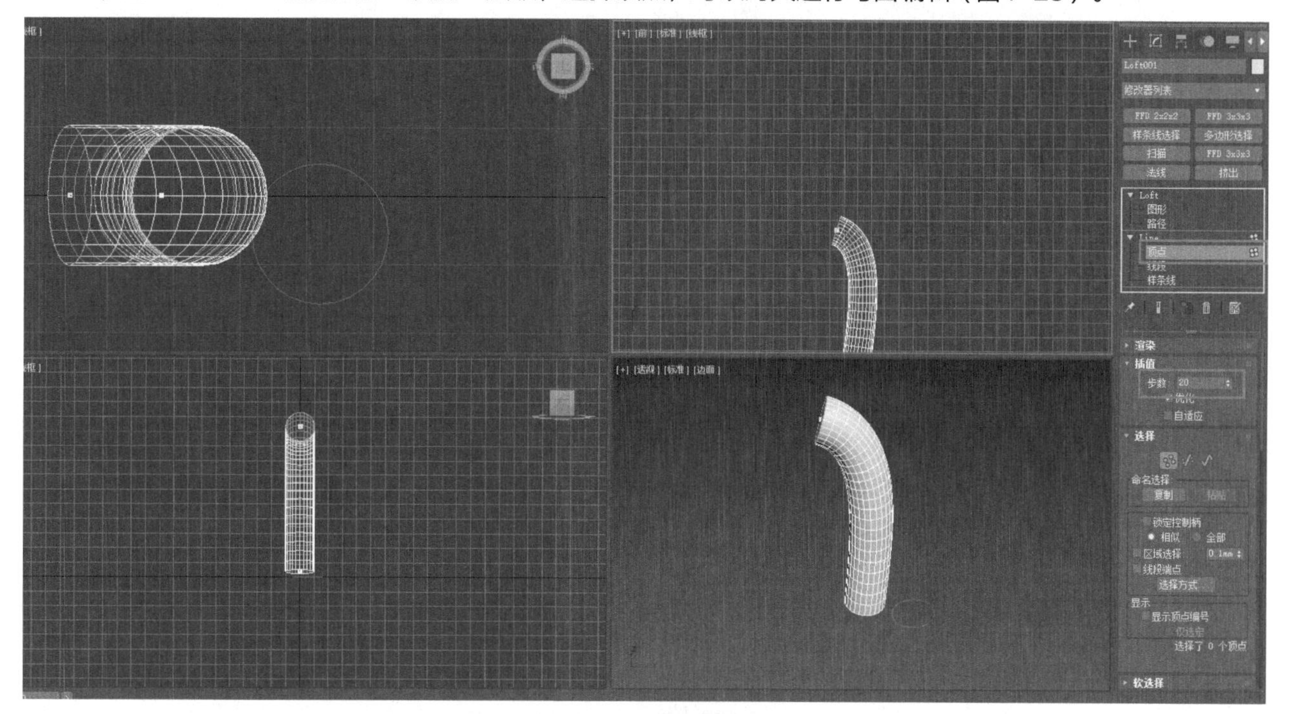

图4-28 设置顶点步数

4）再运用上节内容对其设置参数，直至达到需要的设计效果（图4-29）。

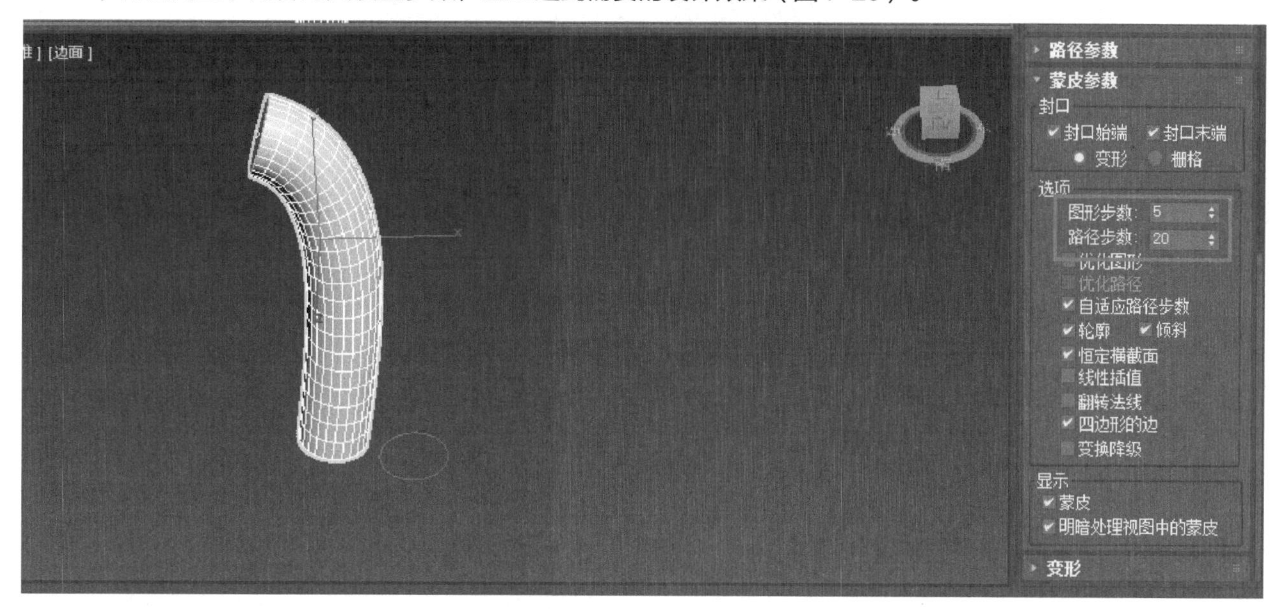

图4-29 选项步数

4.5 放样变形

4.5.1 缩放变形

1）打开4.3节制作的餐桌模型（选择本书配套资料中的“模型素材/第4章/4.3餐桌/.max”）（图4-30）。

2）进入修改命令面板，展开“变形”卷展栏，单击“缩放”变形器按钮，就会弹出“缩放变形”修改框（图4-31）。

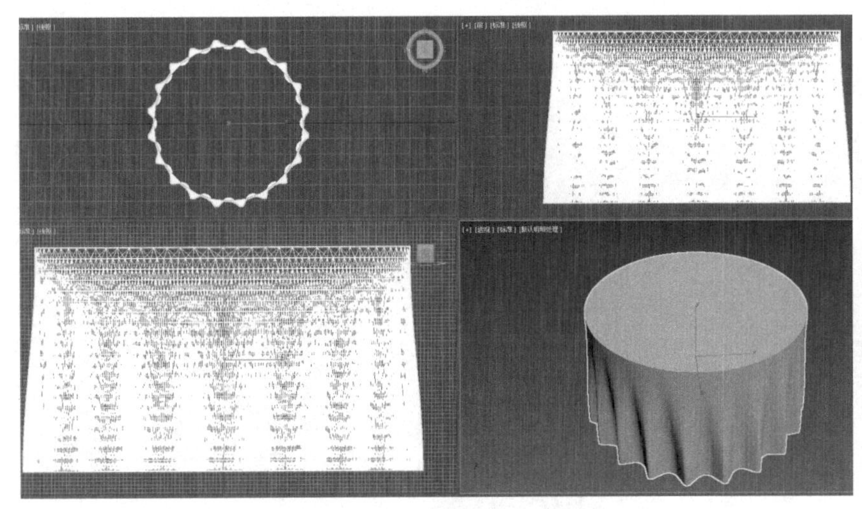

图4-30　打开餐桌模型

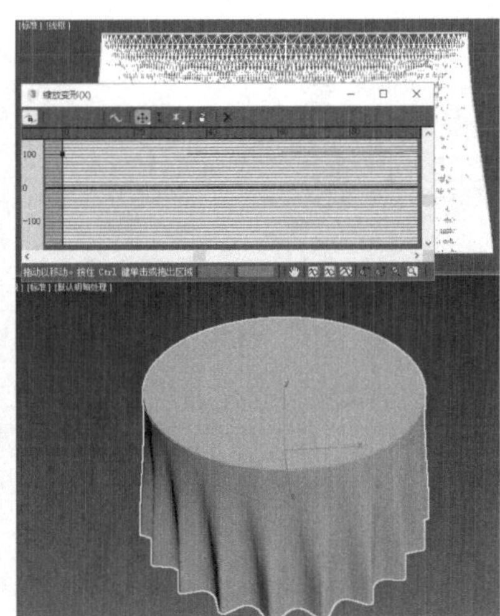

图4-31　修改命令缩放

3）上下移动其中的修改点，观察视口中图形的变化（图4-32）。

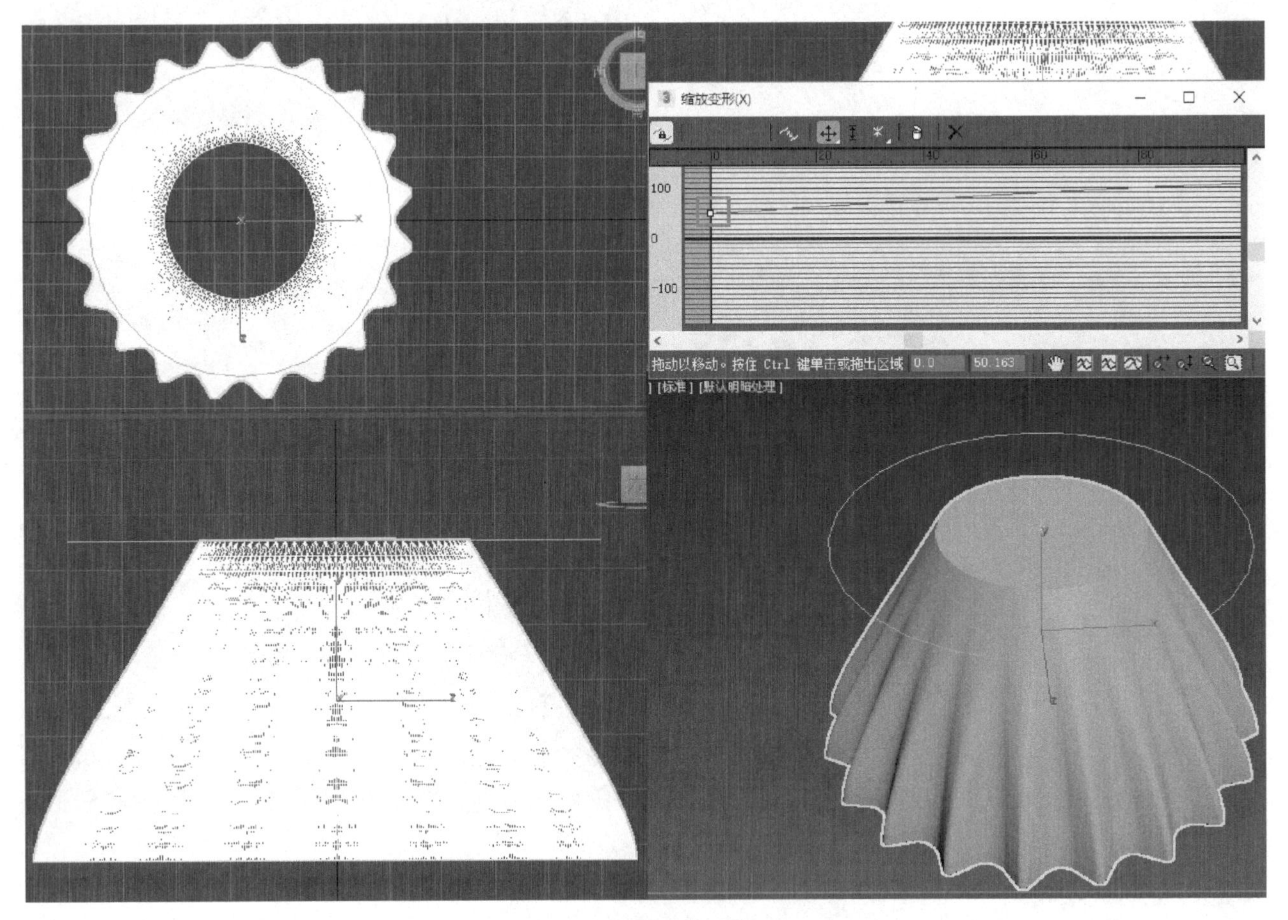

图4-32　移动修改点

设计小贴士

在放样变形中，要注意识别变形角点的走向与趋势，并比较角点的变化与模型变化的关系，可以随时根据需要变换选择“X轴”“Y轴”“XY轴”这三个按钮，多次摸索才能总结出其中的规律。此外，不要随意增加曲线中的角点，角点越多，再次修改就越困难。

4）在该条控制线上插入角点，再对其进行控制变形（图4-33）。

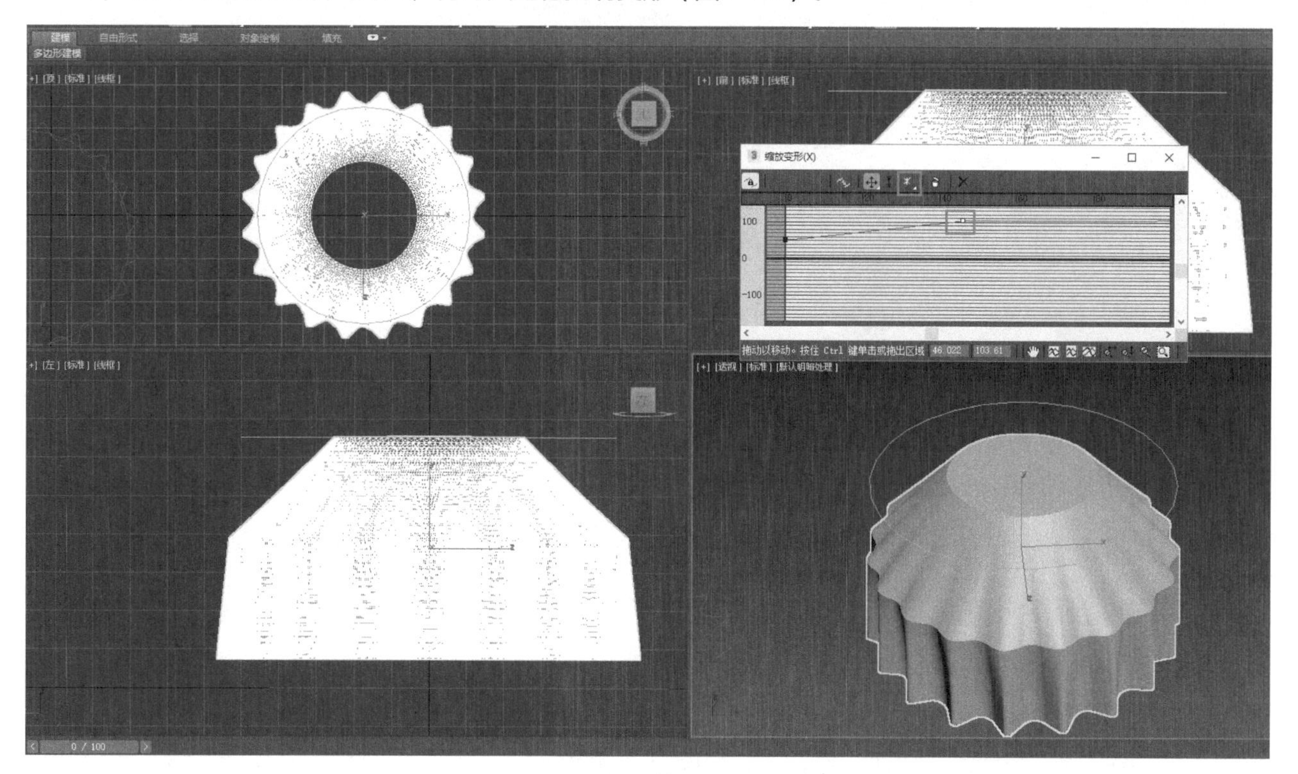

图4-33　控制变形

5）将控制点变为“Bezier-角点”，完成进一步调节（图4-34）。

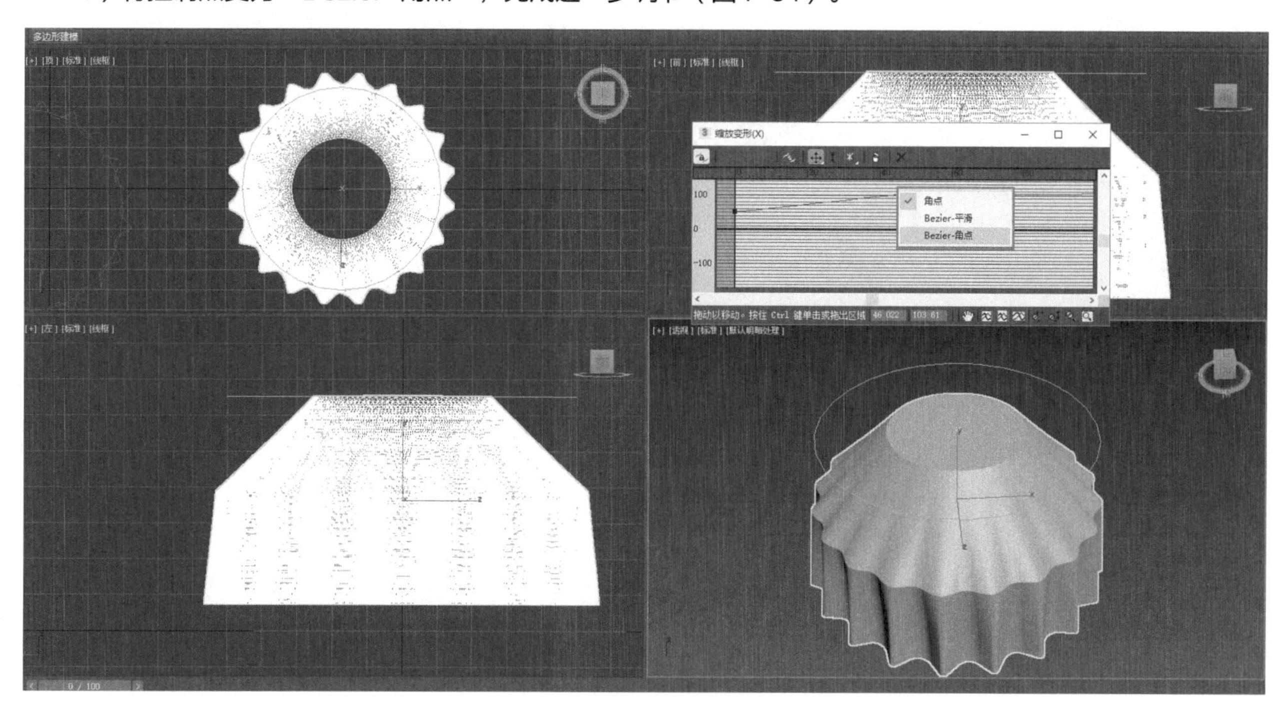

图4-34　调节控制点

4.5.2　扭曲变形

将“缩放”变形后面的“灯泡”点亮取消，再单击“扭曲”变形器按钮，就会弹出“扭曲变形”对话框，调节控制点，透视口中的模型就会发生相应的扭曲变化（图4-35）。

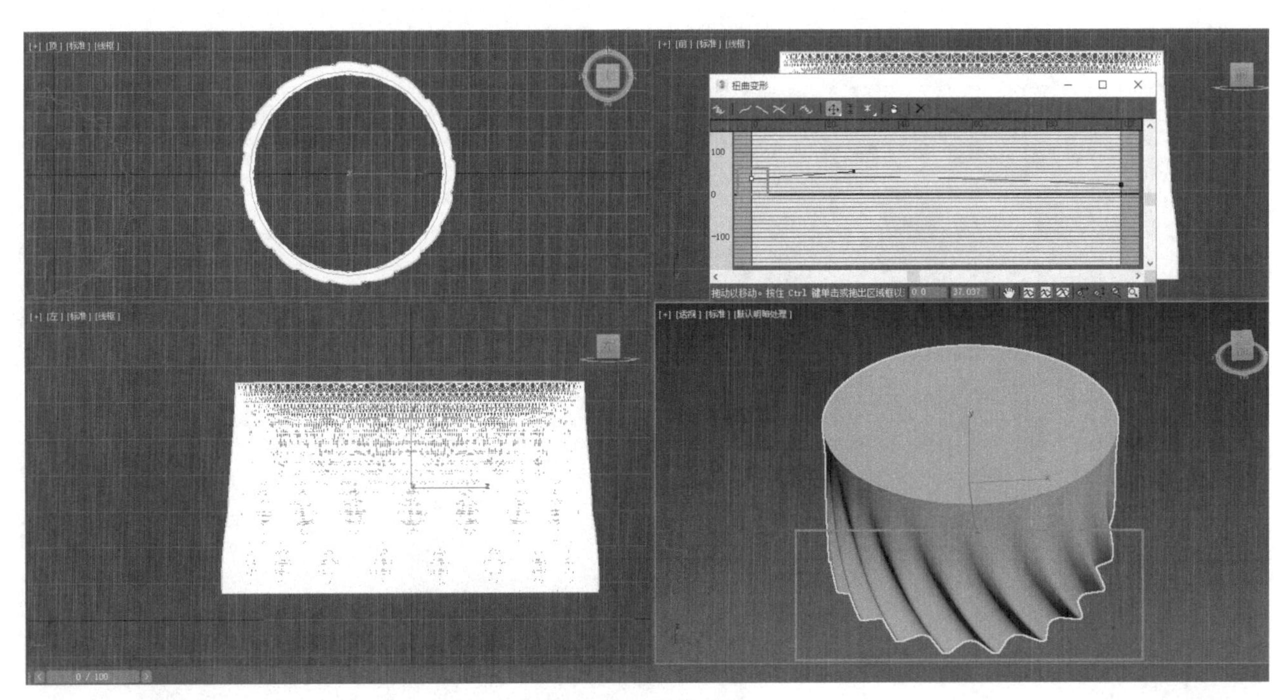

图4-35　扭曲变形

4.5.3　倾斜变形

将“扭曲”变形后面的“灯泡”点亮取消，再单击“倾斜”变形器按钮，就会弹出“倾斜变形”对话框，调节控制点，透视口中的模型就会发生相应的倾斜变化（图4-36）。

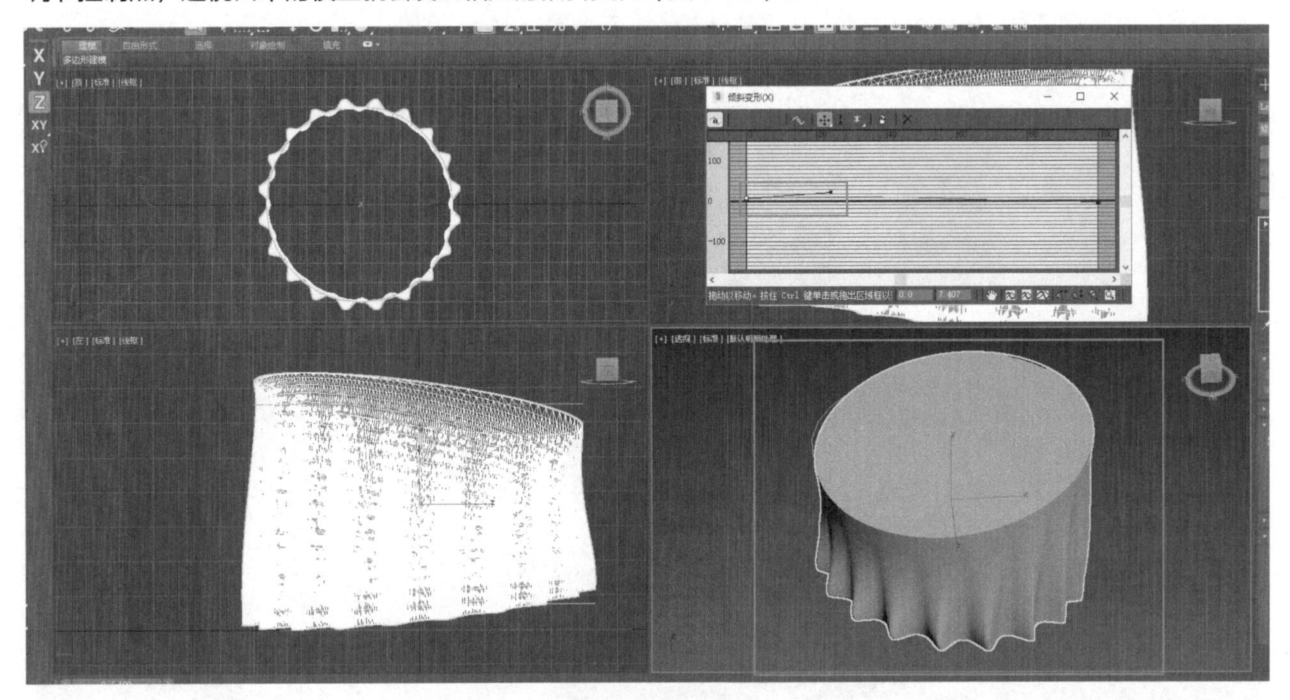

图4-36　倾斜变形

设计小贴士

很多模型的创建方法不止一种，在操作之前中应当仔细分析，往往操作复杂的模型，反而制作起来较轻松，因为操作者是多动手少动脑，当然也不建议花大量时间去做一件效果图中的模型，可以适时调用本书配套资料中的模型，将会使烦琐的操作变得简单。

4.6 实例制作：装饰立柱

本节将利用上述放样的相关知识，制作装饰立柱的模型，具体操作步骤如下。

1）使用放样的方法在场景中创建一个圆柱体（图4-37）。

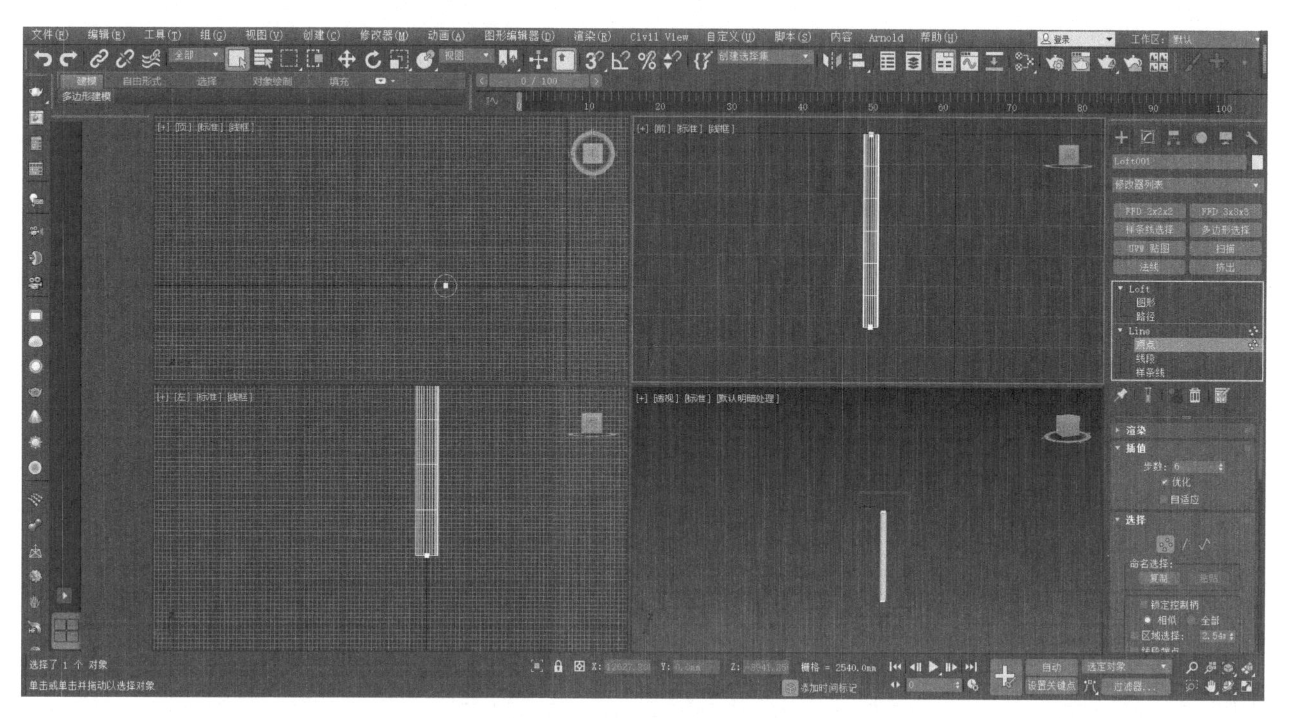

图4-37 放样创建圆柱体

2）进入修改命令面板，展开“变形”卷展栏，选择“缩放”变形器（图4-38）。

3）在弹出的“缩放变形”对话框中插入两个节点（图4-39）。

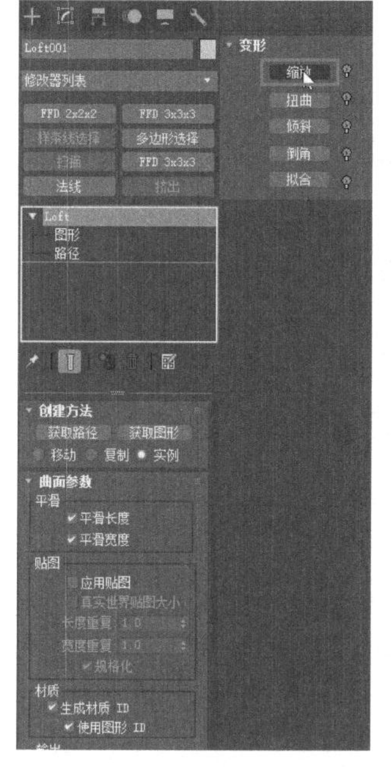

图4-38 修改命令缩放

图4-39 插入两个节点

4）将左边的3个点都转为“Bezier-角点”并使用“移动”工具移动好位置（图4-40）。

5）在右边也插入两个节点，并将其调节为跟左边对称的位置（图4-41）。

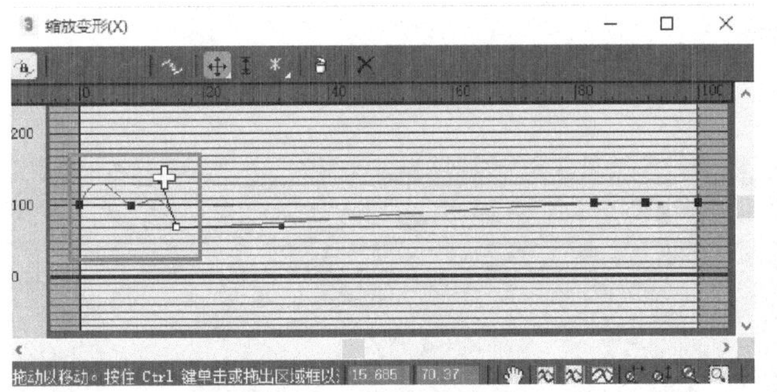

图4-40　调节控制点

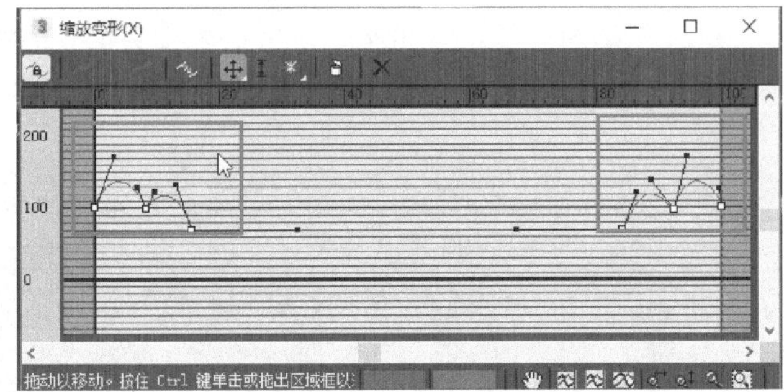

图4-41　插入对称节点

6）完成之后立柱的效果如图4-42所示，将其赋予材质渲染后的效果比较华丽（图4-43）。

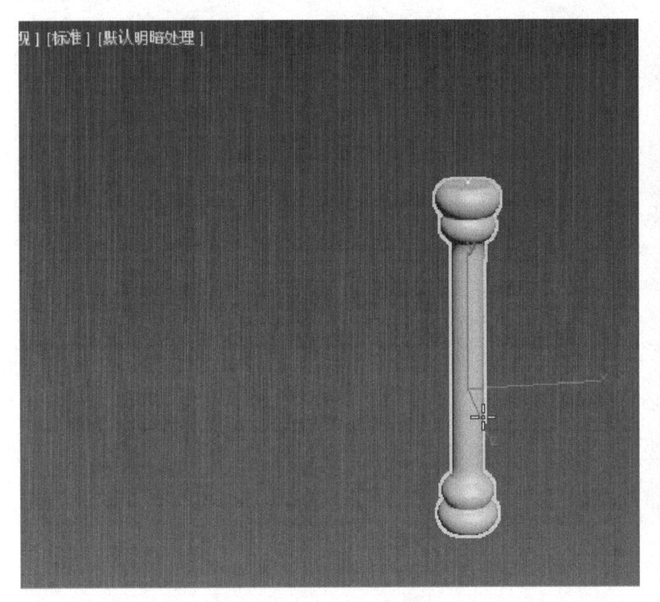

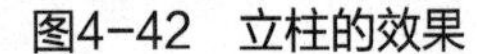

图4-42　立柱的效果

图4-43　渲染后的效果

设计小贴士

这个装饰立柱也可以先创建二维图形，再使用“车削”修改器生成。具体使用哪种方式可以根据个人对这两部分内容的理解程度而定，其他模型也是如此。

本章小结

本章讲述了怎样运用3ds max 2020中提供的命令和工具创建曲线体模型的基本方法，重点要掌握各种布尔运算类型和放样的差别，读者可以自如地组合操作，保存好模型。

★课后练习题

1.布尔运算类型有哪些？注意事项是什么？

2.放样模型中的操作重点是什么？

3.运用布尔运算制作2个模型。

4.结合放样相关知识制作装饰窗帘。

第5章　场景模型编辑

操作难度： ★★★☆☆

章节导读： 在3ds max 2020场景中，几乎所有模型都需要经过进一步编辑才能达到预期效果，如场景模型的打开、保存、移动、复制等操作，经过这些编辑后，才能让模型达到设计要求，同时也能提高场景模型的使用效率，本章就针对这些编辑操作进行讲解。

5.1　模型打开与合并

5.1.1　打开模型

1）重置场景，单击主菜单栏的“文件”，选择“打开”命令（图5-1）。

2）选择本书配套资料中的“模型素材/第5章/灯.max”，并将其打开（图5-2）。

3）打开后就可将保存的模型在场景中打开（图5-3）。

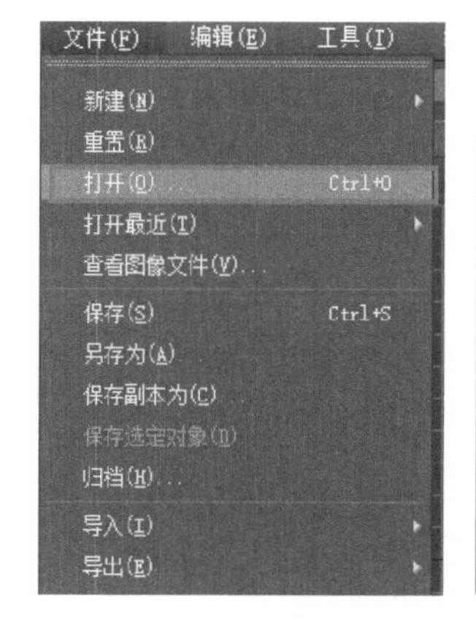

图5-1　菜单栏打开

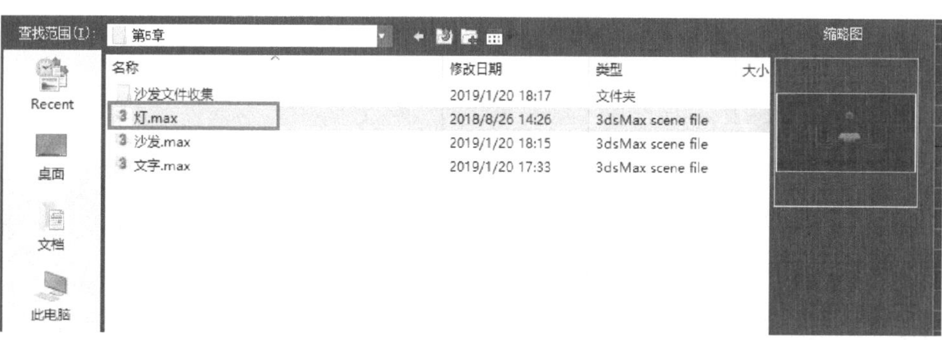

图5-2　导入文件

图5-3　打开模型

5.1.2 合并模型

1）单击主菜单栏的“文件”，选择“导入→合并”（图5-4）。

2）在弹出的“合并文件”对话框中选择“模型素材/第5章/文字.max”，单击“打开”按钮（图5-5）。

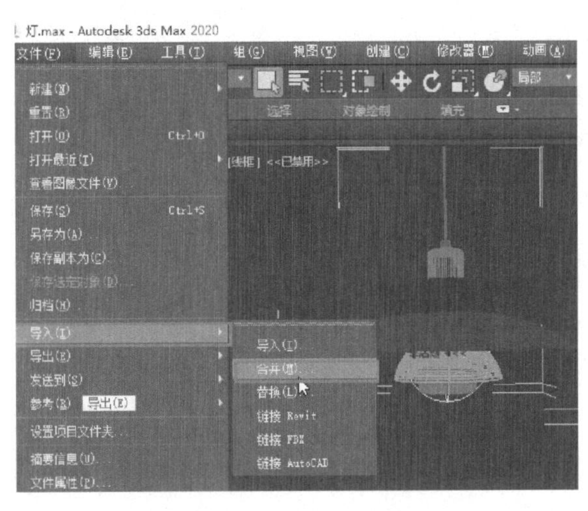

图5-4 导入→合并

图5-5 文字文件

3）在弹出的“合并-文字”对话框中单击“加强型文本001”，取消勾选“灯光”与“摄影机”，单击“确定”按钮（图5-6）。

4）完毕后文字模型就与灯模型合并到一个场景中了（图5-7）。

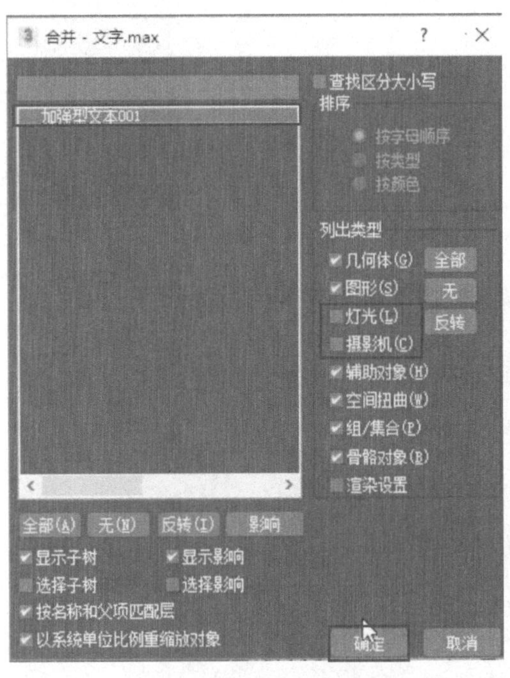

图5-6 取消灯光与摄影机

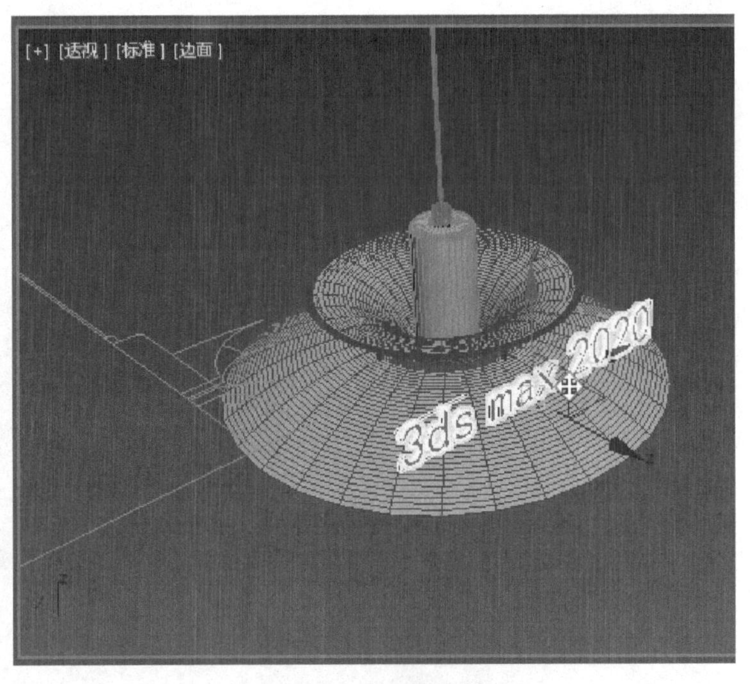

图5-7 合并场景效果

设计小贴士

3ds max 2020中默认保存文件格式为“.max”，这是3ds max 2020的专用格式，使用其他软件无法打开。“.max”格式的文件存储容量较小，不占用过多硬盘空间。如果希望将模型导出至其他软件中打开并编辑，可以单击“导出”命令，其中有“.3ds”“.dwg”等诸多格式可供选择。只是导出后不能保留灯光、贴图等重要组成元素。

5.2 模型保存与压缩

5.2.1 保存模型

1）打开本书配套资料中的“模型素材/第5章/小沙发.max”场景模型（图5-8）。

2）单击主菜单栏的“文件”，选择“保存”命令，由于这是打开的已经保存的场景，系统将会默认覆盖该打开的场景（图5-9）。

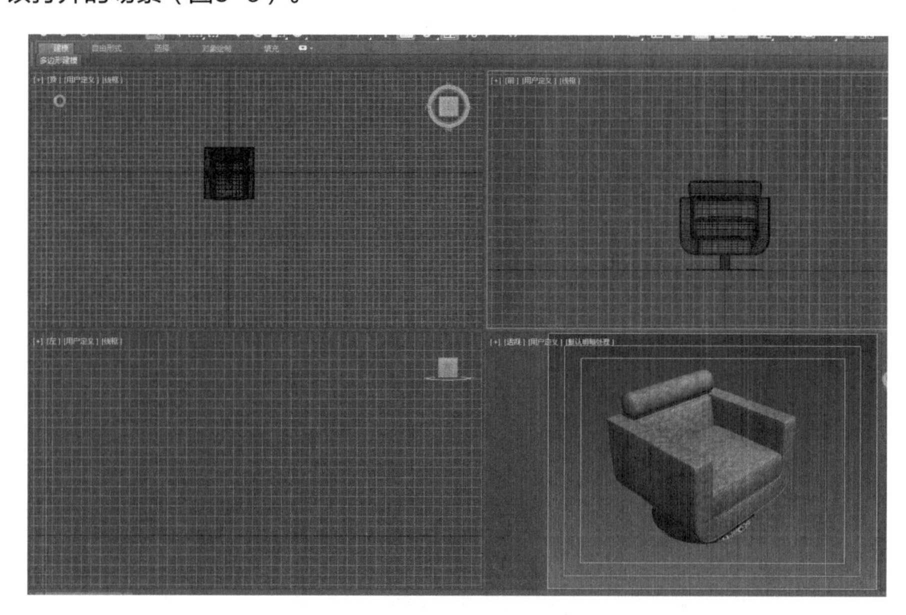

图5-8 打开小沙发文件

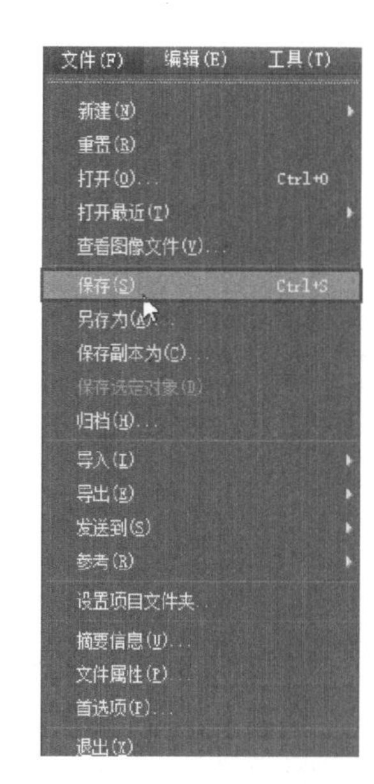

图5-9 菜单栏保存

3）如果要将场景另外命名保存，就需单击主菜单栏的“文件”，选择“另存为→另存为”命令（图5-10）。

4）在弹出的“文件另存为”对话框中将文件名命名为“小沙发2”，单击“保存”按钮，这样就可将场景保存为“小沙发2.max”（图5-11）。

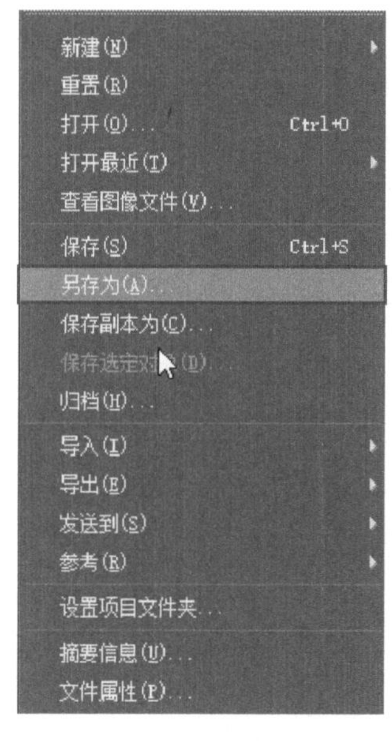

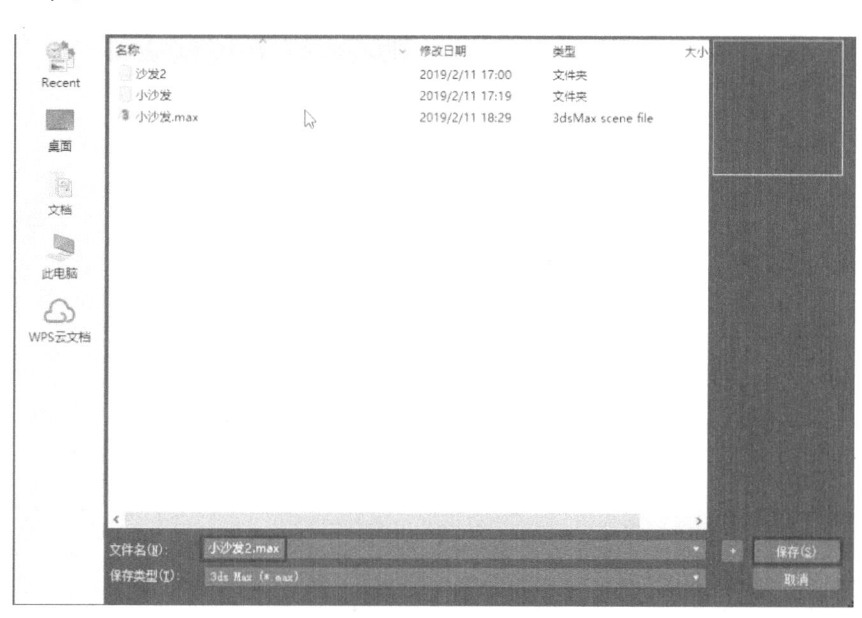

图5-10 “另存”为命令

图5-11 保存文件

5.2.2 压缩模型（归档）

压缩模型（归档）就是将场景模型进行“归档”，归档可以将场景中的模型与贴图一起保存，经过压缩后的归档文件可以在别的计算机里面打开，且包含贴图与原始的贴图路径。这种方法特别适合更换计算机后继续操作，或设计团队联网操作。经过压缩（归档）后的模型文件属性并没有改变，需要全部解压后才能打开。

1）单击主菜单栏的“文件”，选择“归档”命令（图5-12）。

2）在“文件→归档”对话框中，选择文件位置为“模型素材/第5章/”，命名为小沙发2，单击“保存”按钮（图5-13）。

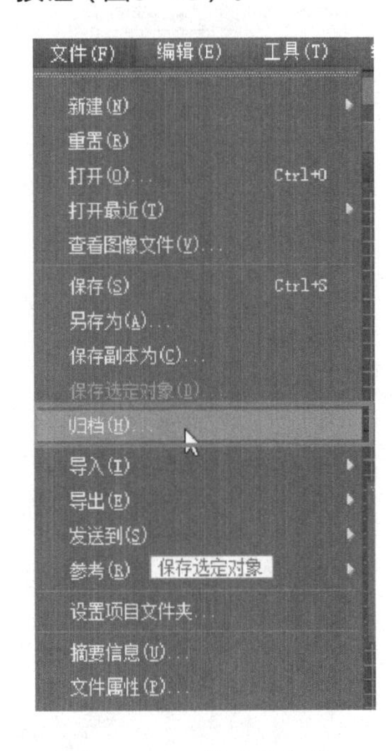

图5-12　菜单栏归档

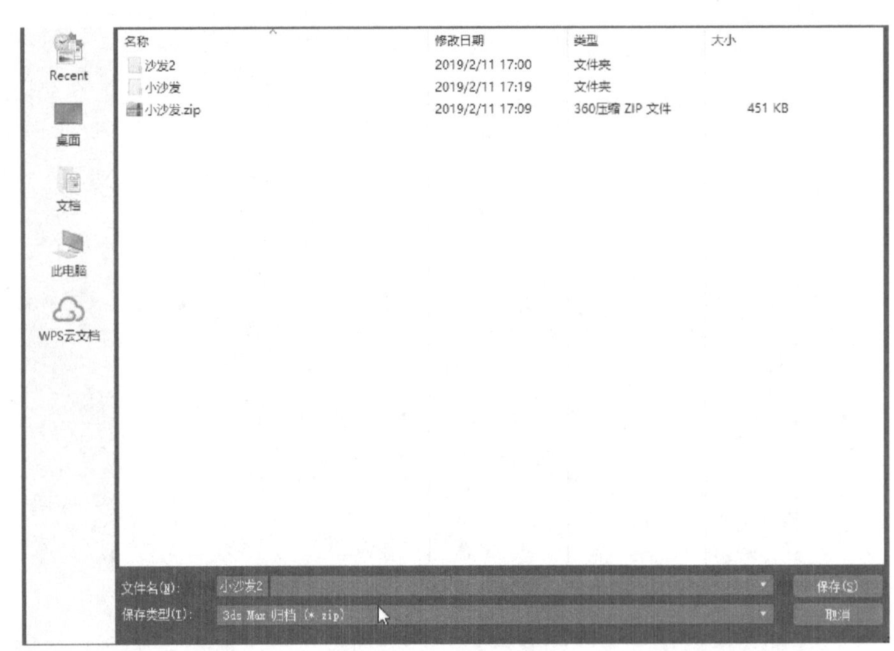

图5-13　文件位置

3）打开本书配套资料中的“模型素材/第5章”，将“小沙发.zip”解压，打开的文件夹中包含整个场景所需的所有文件（图5-14）。

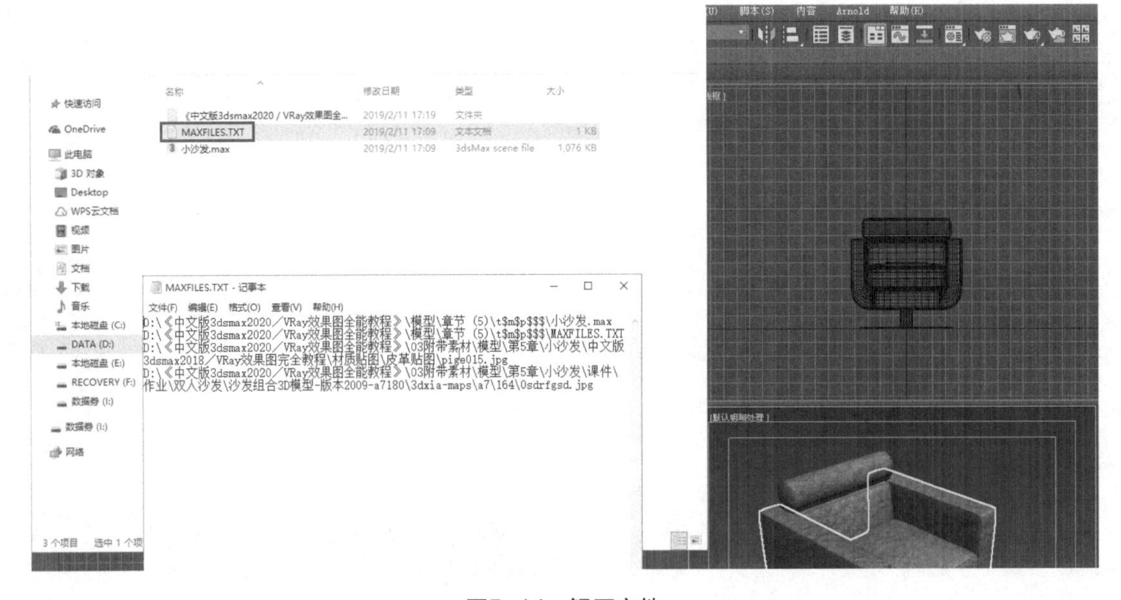

图5-14　解压文件

5.3 移动、旋转、缩放

5.3.1 移动工具

"移动"工具可将场景中的当前选择物体在X轴、Y轴、Z轴上进行移动。

1）选择场景中的物体，单击"移动"工具，将光标放在某个轴向上拖动鼠标就可移动该模型物体（图5-15）。

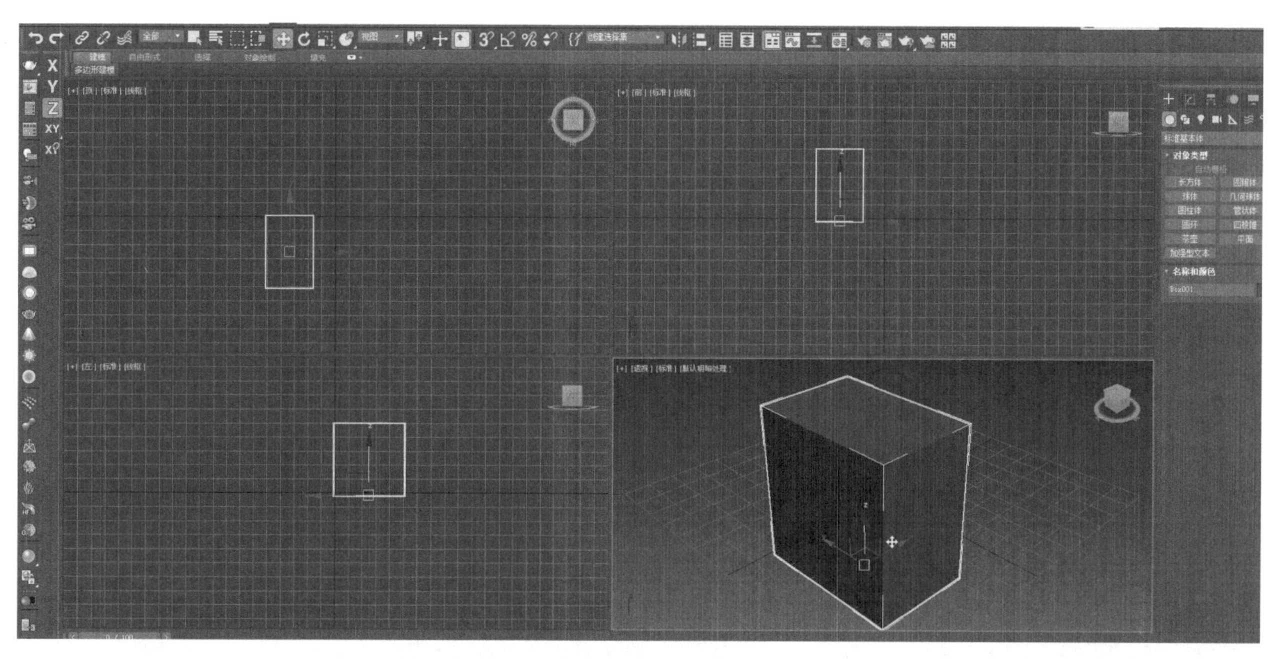

图5-15　移动模型

2）如果要将模型在某坐标轴上进行精确移动，就在"移动"工具上单击鼠标右键，弹出"移动变换输入"对话框，在对应的坐标上输入偏移数值即可。其中"绝对：世界"是指模型相对空间坐标原点而言的位置，而"偏移：世界"是指模型相对自身而言的位置（图5-16）。

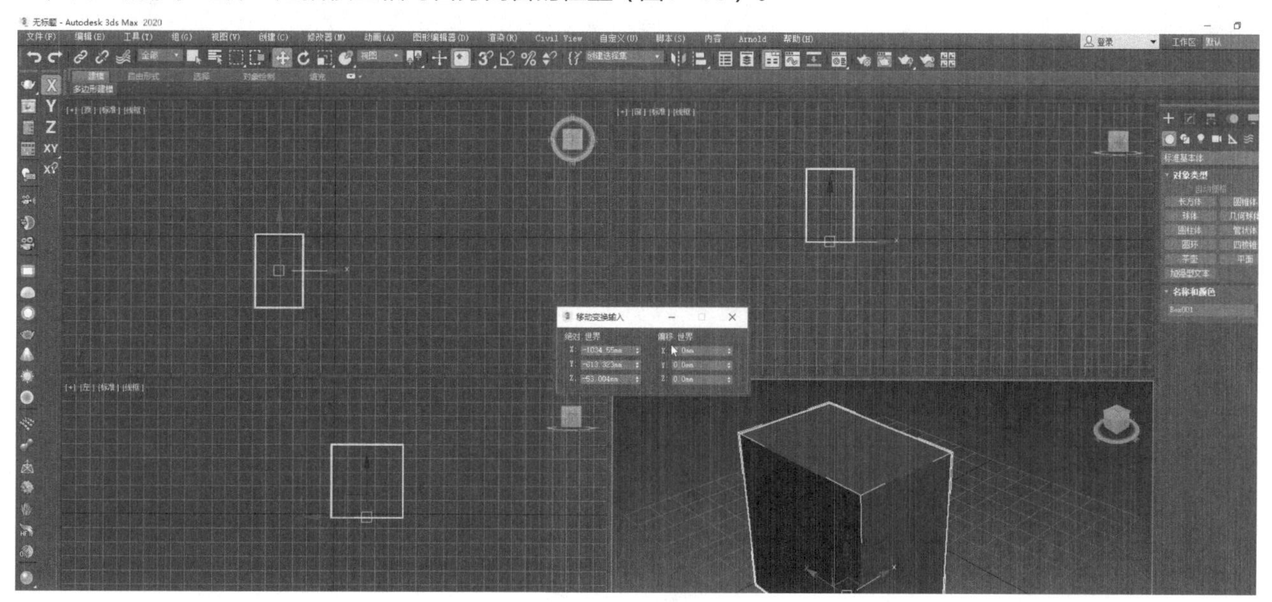

图5-16　精确移动

3）要移动物体的坐标，还可以直接在界面下方的坐标显示栏中输入需要的坐标数值，其功能与上述“移动变换输入”对话框一致（图5-17）。

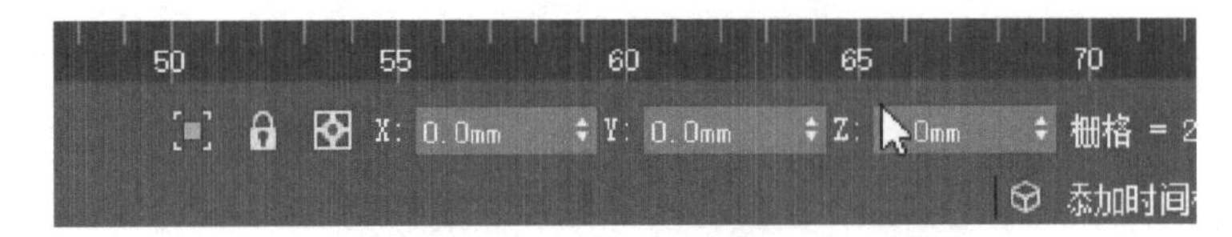

图5-17　移动坐标

5.3.2　旋转工具

“旋转”工具是可将场景中当前选择的物体绕X轴、Y轴、Z轴进行旋转的工具。

1）选择场景中的物体，单击“旋转”工具，将光标放在某一轴向上拖动就可旋转该模型物体（图 5-18）。

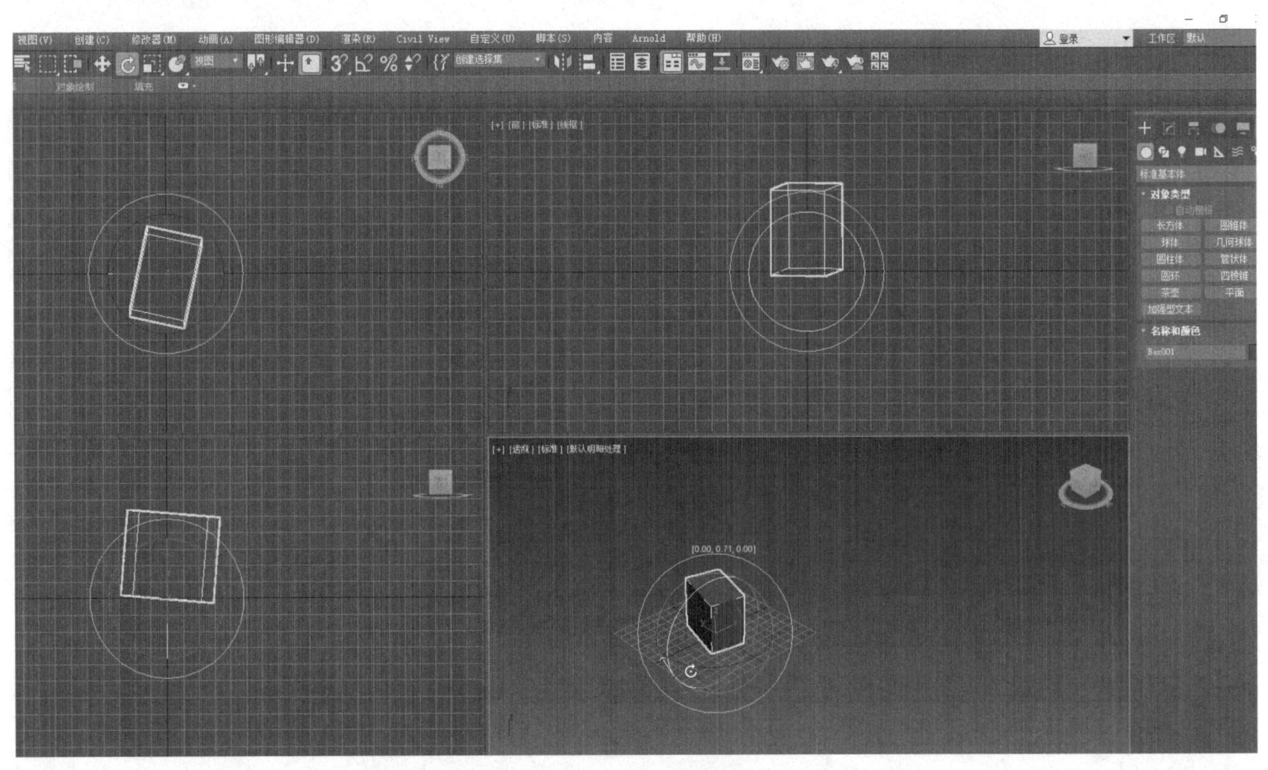

图5-18　旋转模型

2）如果要将模型绕某坐标轴进行精确的旋转，就在“旋转”工具上单击鼠标右键，弹出“旋转变换输入”对话框，在对应的坐标上输入偏移度数（图5-19）。

3）要旋转物体，还可以直接在界面下方中间的坐标显示栏中输入想要的旋转坐标数值来旋转物体（图5-20）。

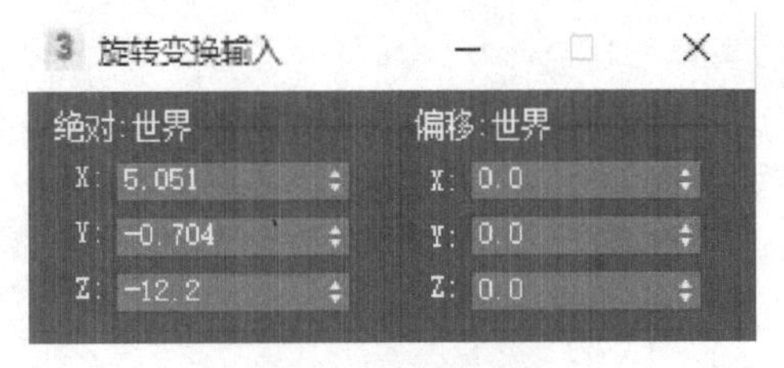

图5-19　精确旋转

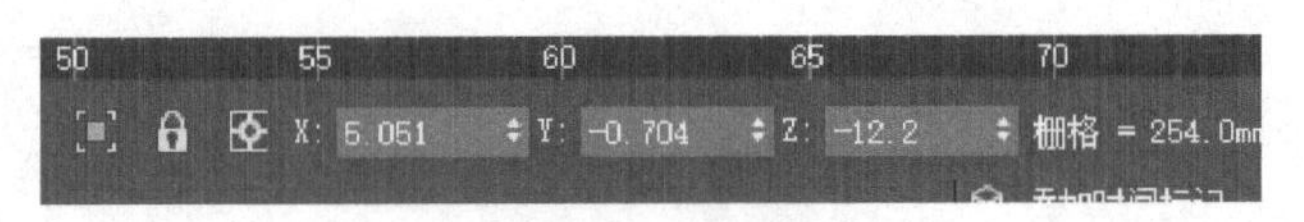

图5-20　旋转坐标

5.3.3 缩放工具

“缩放”工具是可将场景中当前选择的物体在X轴、Y轴、Z轴上缩放的工具。

1）选择场景中的物体，单击“缩放”工具，将光标放在某一轴向上拖动就可在该轴上缩放该模型物体（图5-21）。

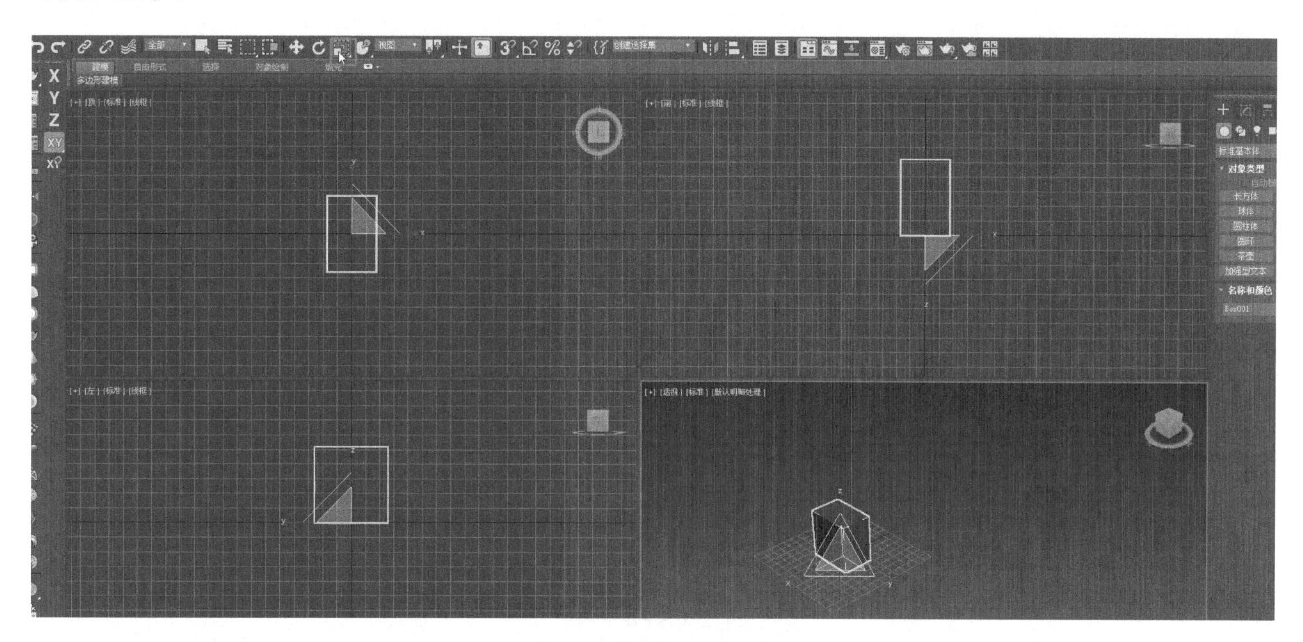

图5-21　缩放模型

2）若想在某一平面上缩放物体，就将光标放在激活该平面的位置拖动（图5-22）。

3）若想整体缩放物体，就将光标放在3个坐标轴的中间同时激活3个坐标轴，再拖动即可（图5-23）。

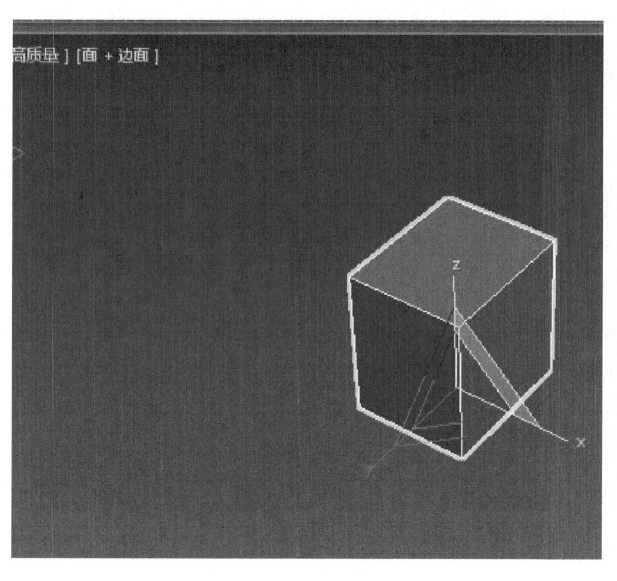

图5-22　平面上缩放物体

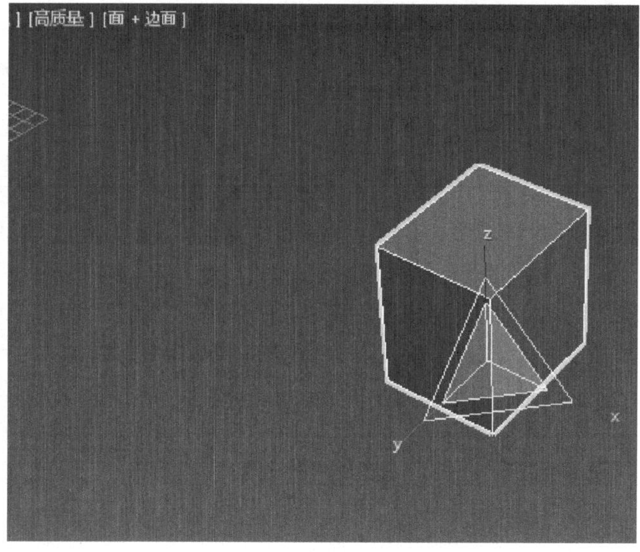

图5-23　整体缩放

4）如果要将模型在某坐标轴上进行精确的缩放，就在“缩放”工具上单击鼠标右键，弹出“缩放变换输入”对话框，在对应的坐标上输入对应数值（图5-24）。

5）要缩放物体，还可以直接在界面下方中间的坐标显示栏中输入想要的缩放坐标数值缩放物体（图5-25）。

6）使用鼠标左键按下“缩放”工具不放就会出现“缩放”工具的复选框，其中有3种不同的“缩放”工具，分别为“选择并均匀缩放”“选择并非均匀缩放”“选择并挤压”（图5-26）。

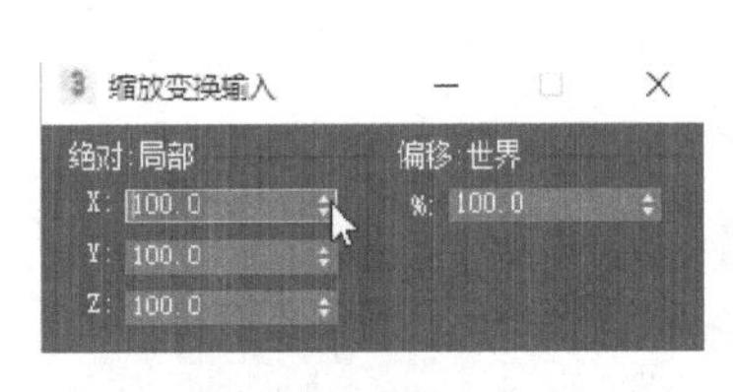

图5-24 精确缩放

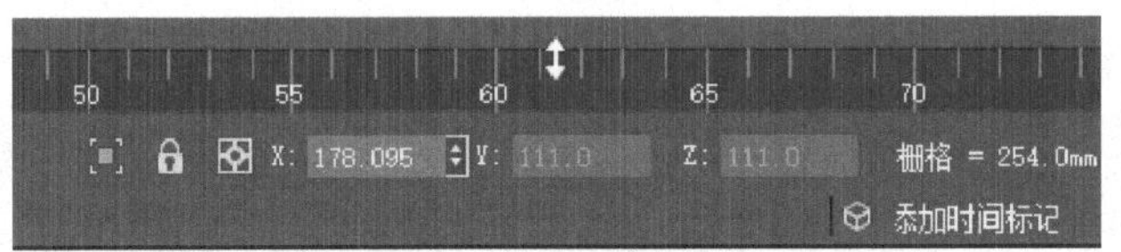

图5-25 坐标缩放

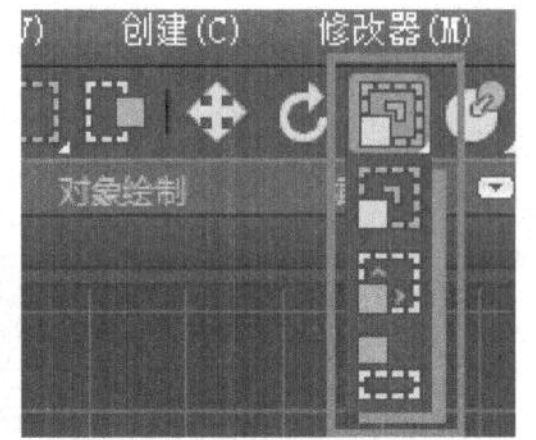

图5-26 缩放工具

5.4 复制

要将场景中的当前选中的模型物体进行复制，可以使用各种工具进行各种复制，只需在使用工具时，按住〈Shift〉键就可将物体进行复制。

5.4.1 移动复制

1）选择“移动”工具，将场景中的物体选中，按住〈Shift〉键在“X”轴上移动，放开鼠标就会弹出“克隆选项”对话框（图5-27）。

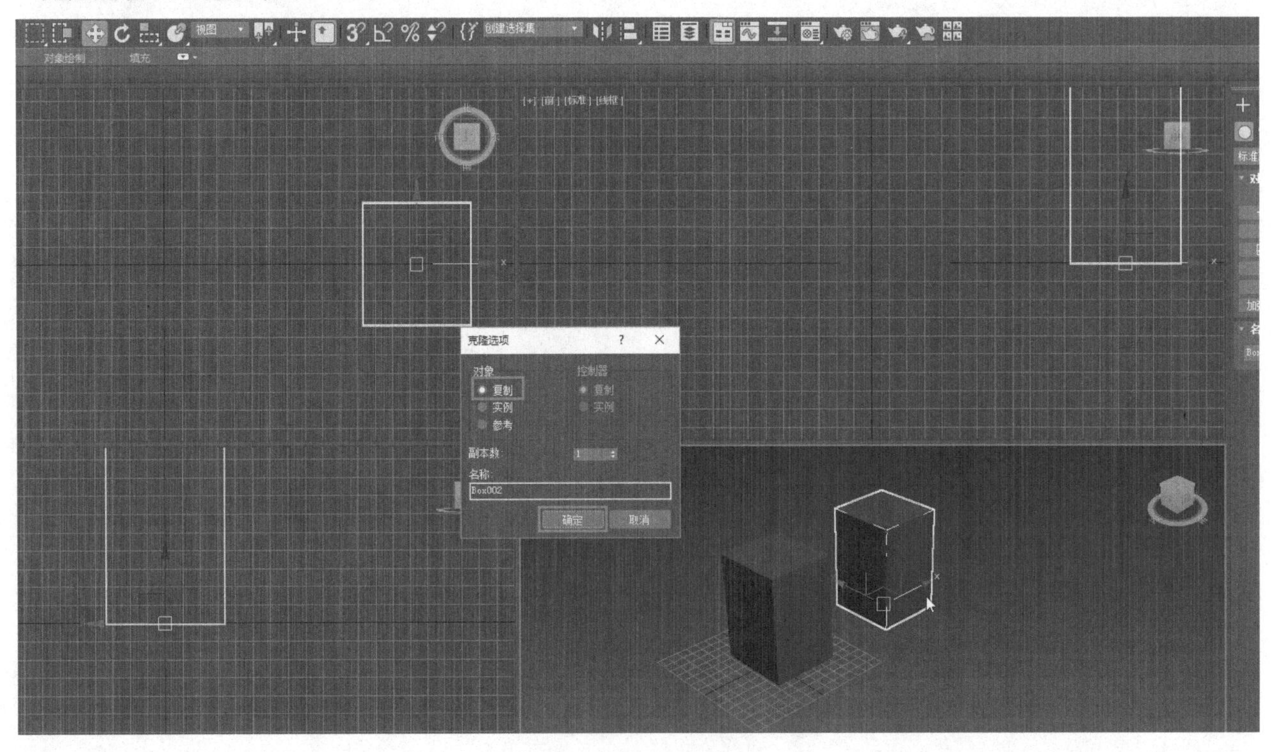

图5-27 移动克隆

2）在“克隆选项”对话框中可以设置复制的“对象”类型。“复制”对象是复制物体与原物体之间将无关联；“实例”对象是复制物体与原物体产生关联，一旦复制物体或原物体中的一个改变时另外的物体都会改变；“参考”对象是复制的物体作为原物体的参考对象，原物体改变时参考对象也会发生变化，但复制的物体改变时原物体不改变。“克隆选项”对话框中还可设置“副本数”与“名称”（图5-28）。

设置完成后复制的效果如图5-29所示。

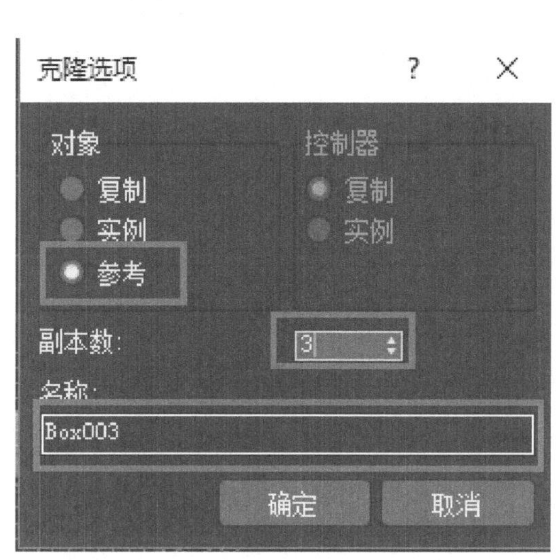

图5-28 “克隆选项”对话框

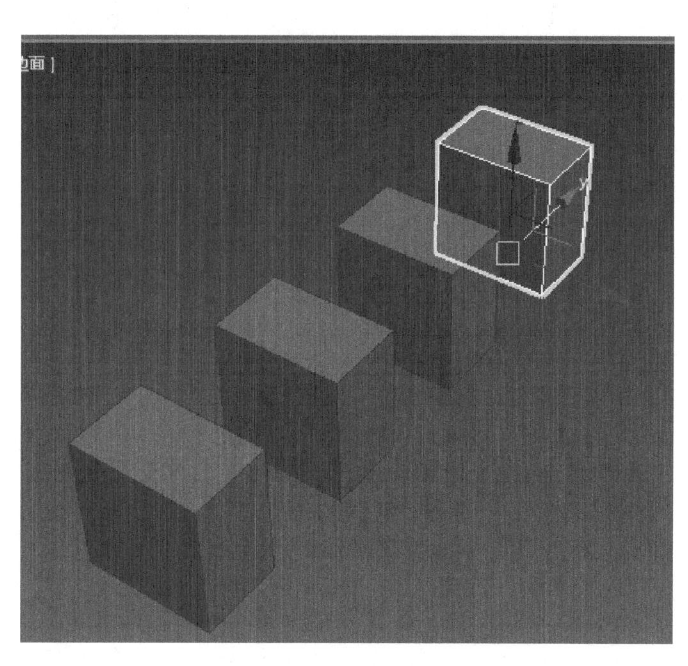

图5-29 复制的效果

5.4.2 旋转复制

选择“旋转”工具，将场景中的物体选中，按住〈Shift〉键绕任意轴旋转一定角度，放开鼠标就会弹出“克隆选项”对话框（图5-30）。

设置完成后即可看到复制的效果（图5-31）。

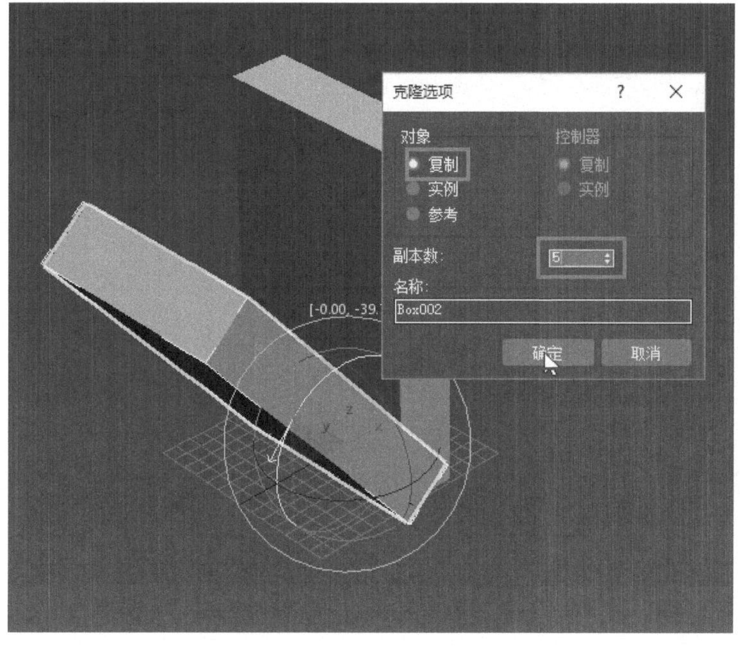

图5-30 旋转克隆

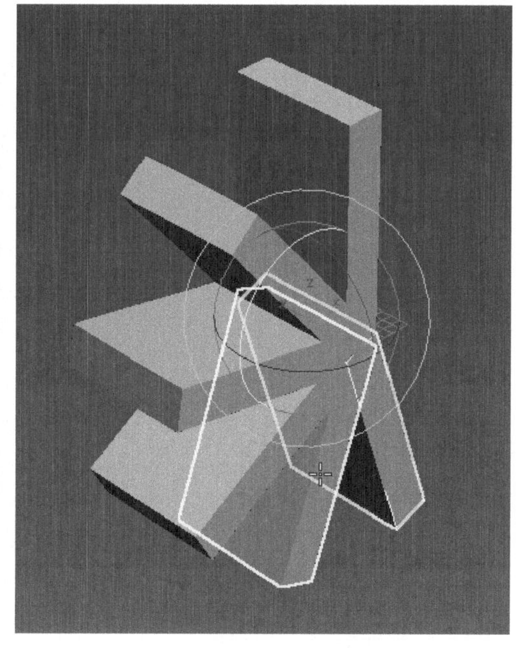

图5-31 复制的效果

5.4.3 缩放复制

1）选择“缩放”工具，将场景中的物体选中，按住〈Shift〉键在任意轴上移动一定距离，放开鼠标就会弹出“克隆选项”对话框（图5-32）。

2）设置完成后，将复制的物体移动出来的效果（图5-33）。

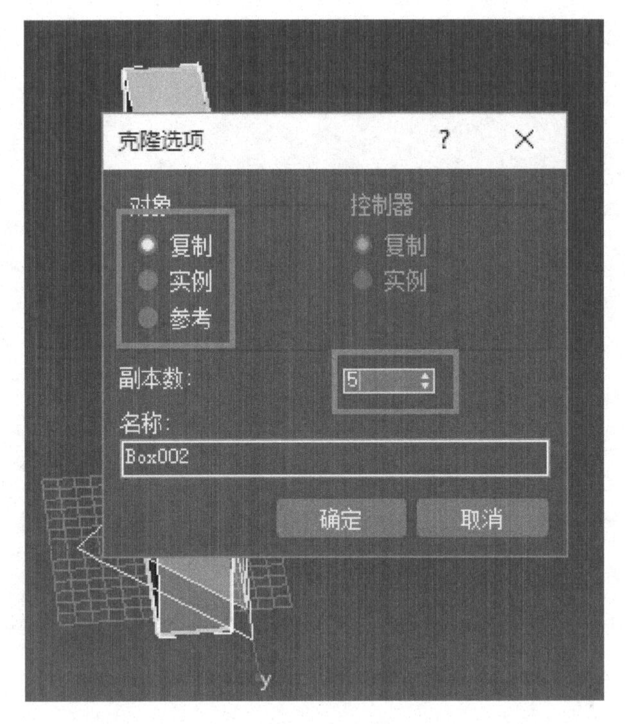

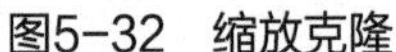
图5-32　缩放克隆

图5-33　复制的效果

5.4.4　镜像复制

1）选中场景中的物体，选择“镜像”工具，就会弹出“镜像”对话框（图5-34）。

2）在“镜像”对话框的“镜像轴”中可以选择不同的镜像方向，在“克隆当前选择”中则可以选择不同的克隆方式或选择“不克隆”。

3）选择“复制”的克隆方式（图5-35），将看到克隆后的茶壶移动位置后的效果（图5-36）。

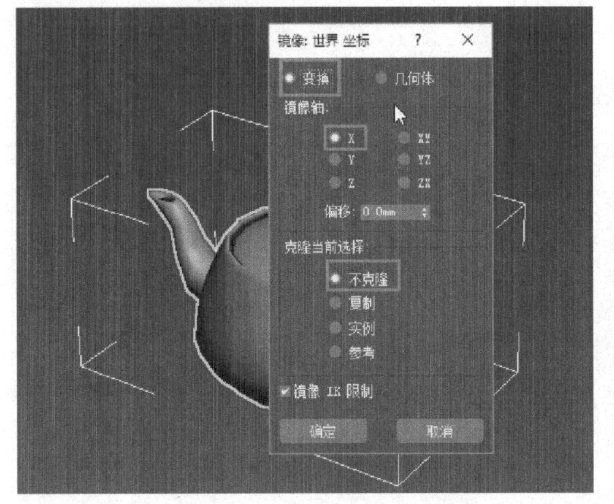

图5-34　镜像坐标

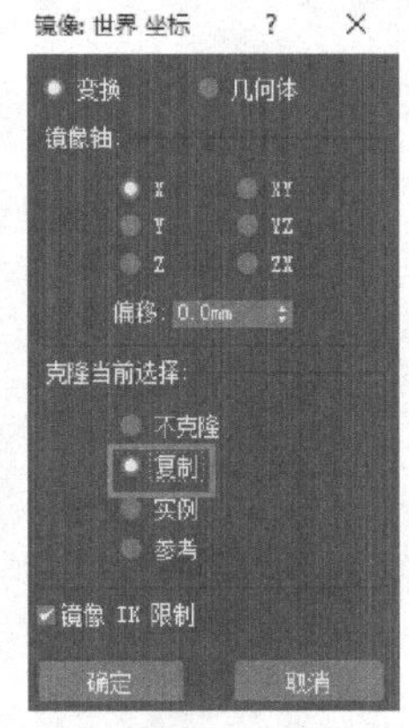

图5-35　镜像克隆

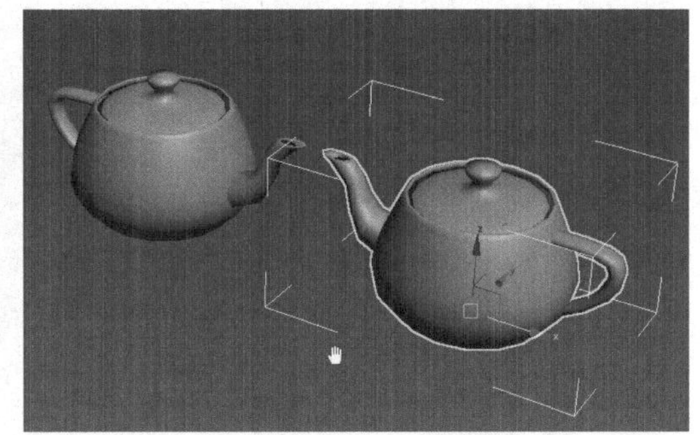

图5-36　镜像的效果

5.5　阵列

“阵列”是将物体按照一定方向、角度、等距进行复制的工具，能将复制的模型进行整齐且有次序的排列。

1）设置单位，在视口中随意创建一个长方体，进入创建面板，单击菜单栏中的“工具”菜单选择“阵列”（图5-37）。

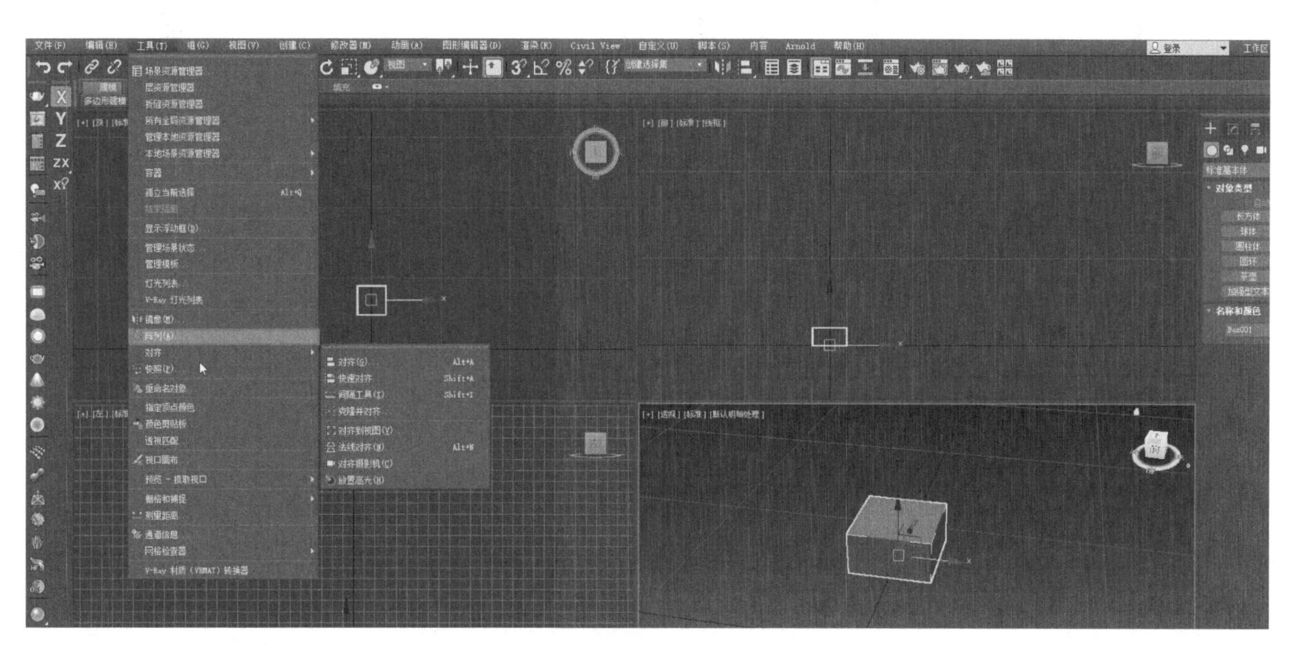

图5-37　工具栏阵列

2）弹出“阵列”对话框，其中“移动增量”能增减每个复制物体之间的距离，“总计”是所有复制模型的总距离。将“移动增量X”设置为200.0mm，“数量1D”设置为10，单击“预览”按钮即能看到长方体的复制效果（图5-38）。

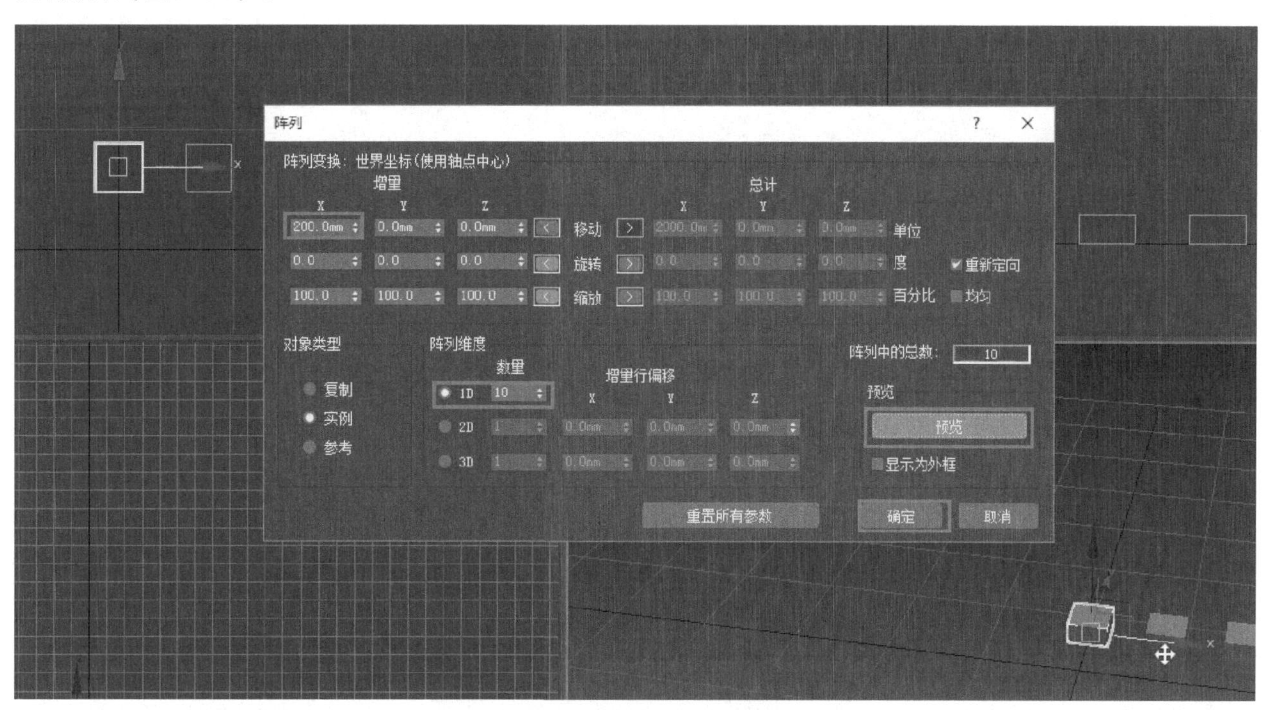

图5-38　移动“阵列”对话框设置

3）“旋转增量”能控制每个复制物体之间的角度，“总计”是所有复制模型的总角度。这是将“旋转增量Z”设置为45.0，“数量1D”设置为10的阵列效果（图5-39）。

设计小贴士

注意理清模型的“X位置”“Y位置”“Z位置”关系，一切以视口中的坐标轴为参照，正确识别后再勾选。

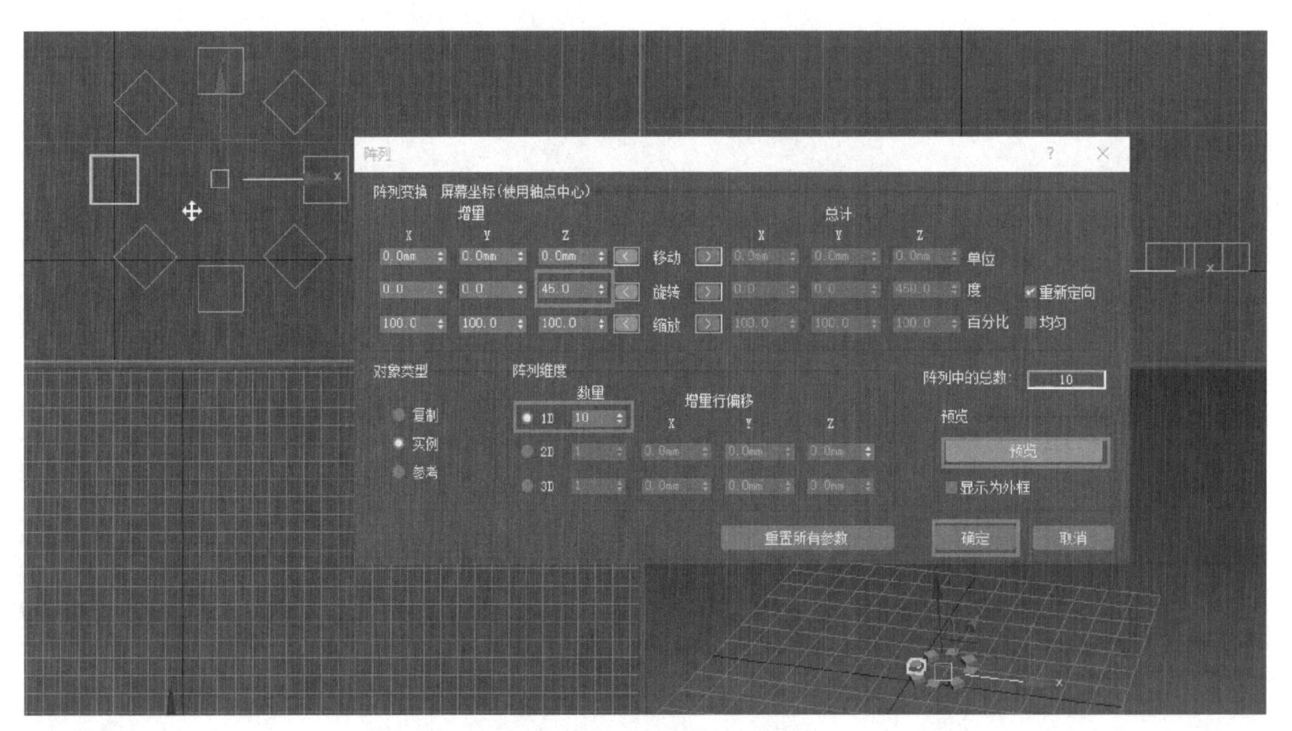

图5-39 旋转“阵列”对话框设置

4）“缩放增量”控制每个复制物体之间在某个轴线上的比例，“总计”是所有复制模型的总量。这是将“移动增量X”设置为30.0mm，“缩放增量Y”设置为70.0，“数量1D”设置为10的阵列效果，整体形态富有变化（图5-40）。

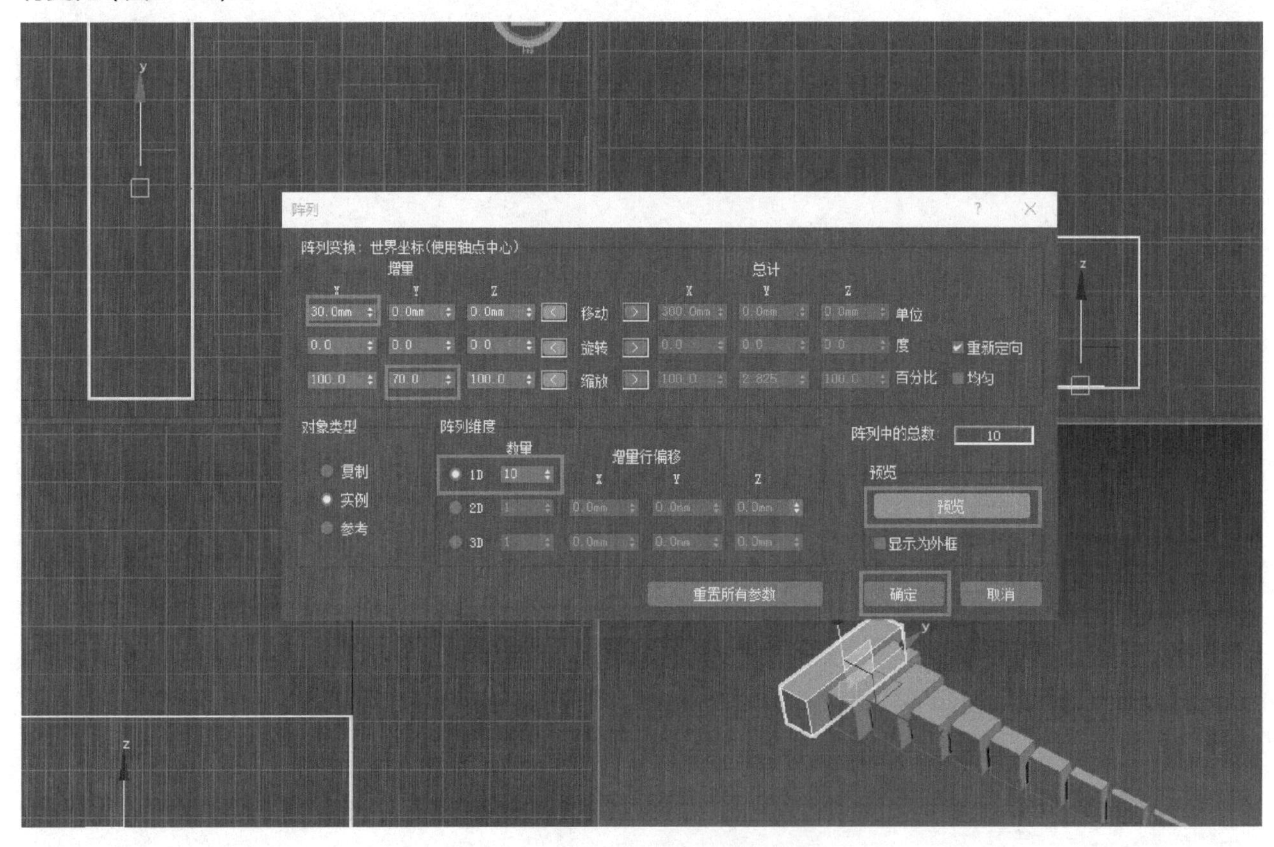

图5-40 缩放“阵列”对话框设置

5.6 对齐

“对齐”可以将场景中的多个物体在某1轴向或多个轴向上对齐的工具，操作时，既可选择工具栏中“对齐”按钮，也可单击菜单栏中的“工具”菜单选择“对齐”命令。

1）在视口中随意创建一个长方体和一个茶壶模型，结束创建后选择茶壶模型，单击“对齐”按钮，这时光标变为对齐选择另一对象的图标，单击长方体模型（图5-41）。

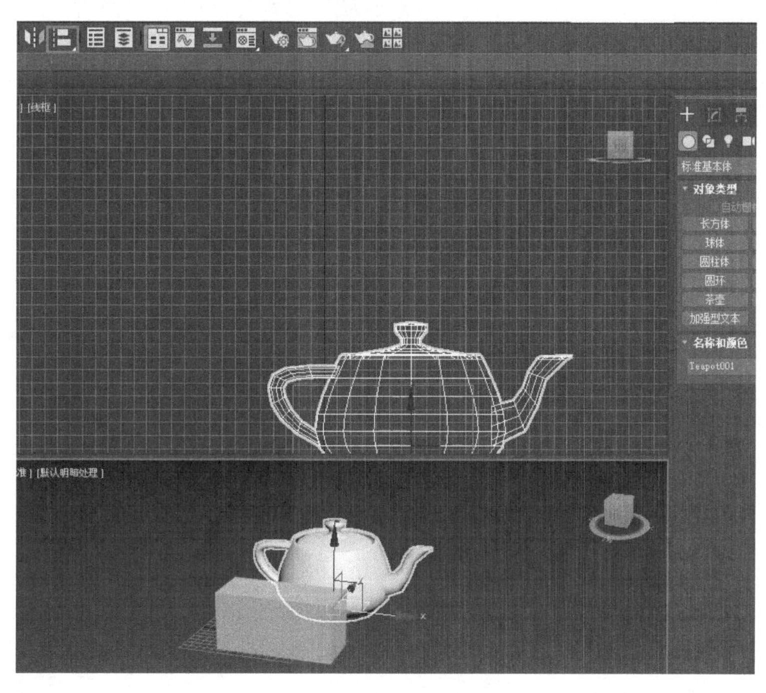

图5-41 创建模型

2）在弹出的“对其当前选择”对话框中可以设置“对齐位置”“对齐方向”“匹配比例”，勾选“对齐位置”中的“X位置”“Y位置”“Z位置”，并将“当前对象”与“目标对象”都选择“中心”（图5-42），这时两个模型都以中心对齐的形式重叠到了一起（图5-43）。

3）在“工具”菜单中还有几种不同的对齐工具，第1个“对齐”就是“对齐”工具，第2个“快速对齐”工具则是使用默认的方式进行对齐，第3个“间隔工具”可将选中物体进行复制与对齐（图5-44）。

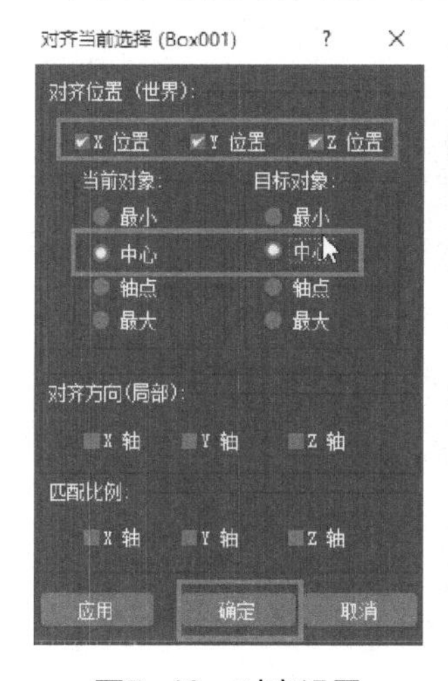

图5-42 对齐设置

图5-43 重叠效果

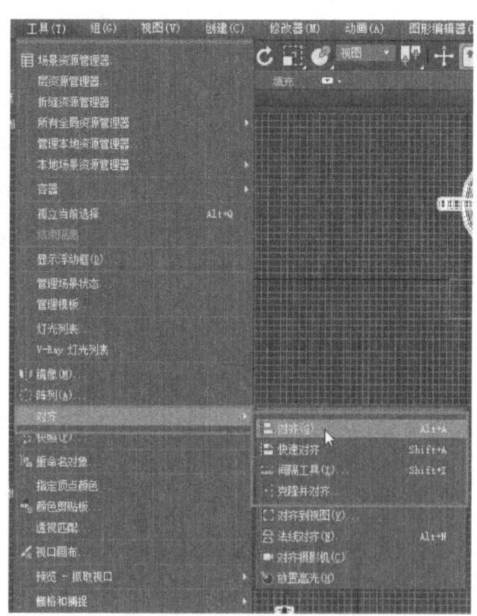

图5-44 对齐工具

4）选择“间隔工具”，在打开的“间隔工具”对话框中设置相关选项，即能得到间隔排列的3个茶壶（图5-45）。

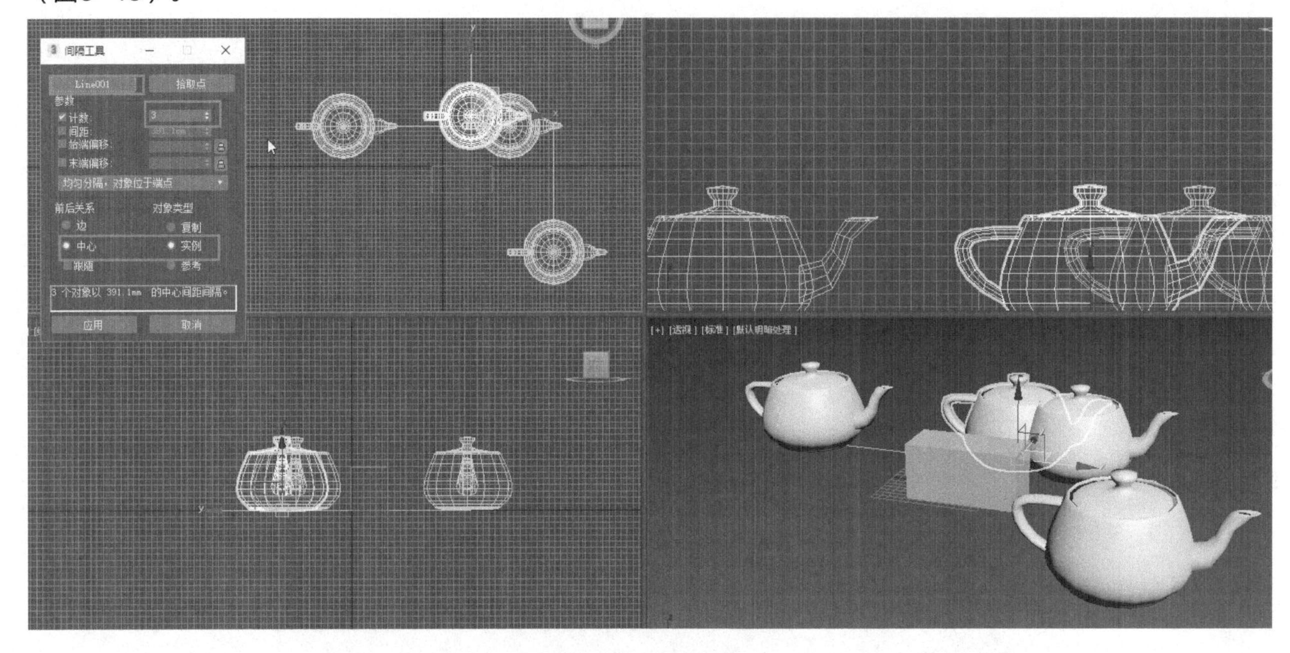

图5-45 间隔设置

5）选择第4个“克隆并对齐”工具，可将选中物体克隆一个，并与拾取物体对齐（图5-46、图5-47）。

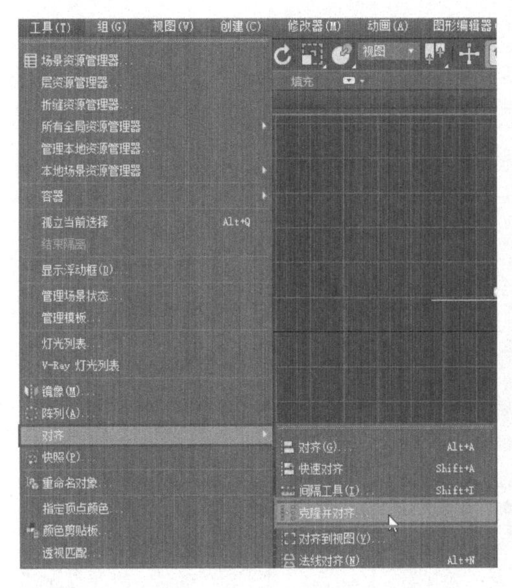

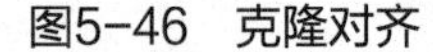

图5-46 克隆对齐

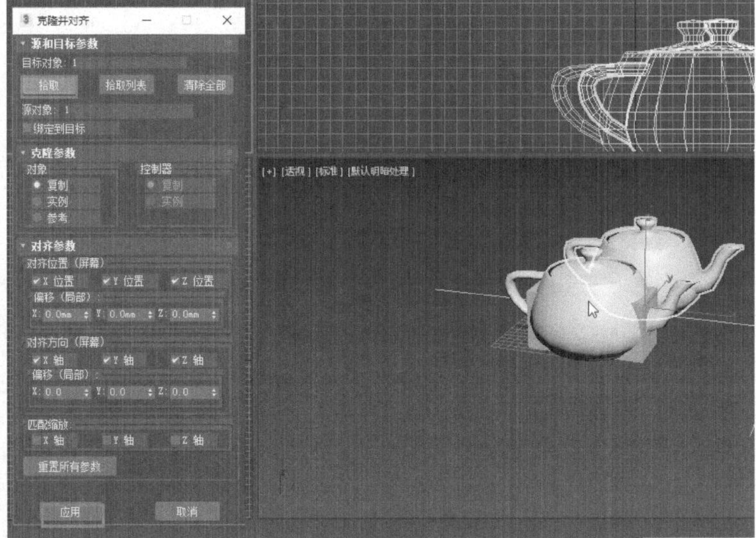

图5-47 克隆拾取

5.7 实例制作：布置餐桌椅

1）打开本书配套资料中的“模型素材/第5章/餐桌椅/桌子.max”（图5-48）。

2）单击主菜单栏的“文件”，选择“导入→合并”，将“模型素材/第5章/餐桌椅/椅子.max”合并进场景中（图5-49）。

3）在弹出的“合并”对话框中，单击“全部”，取消勾选“灯光”与“摄影机”，单击“确定”按钮（图5-50）。

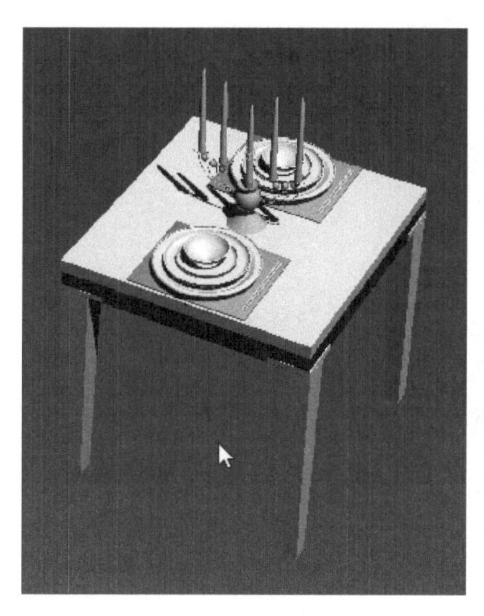

图5-48　打开模型

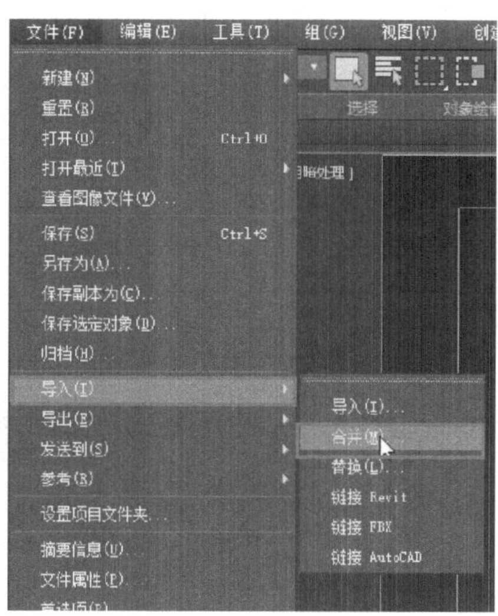

图5-49　导入→合并

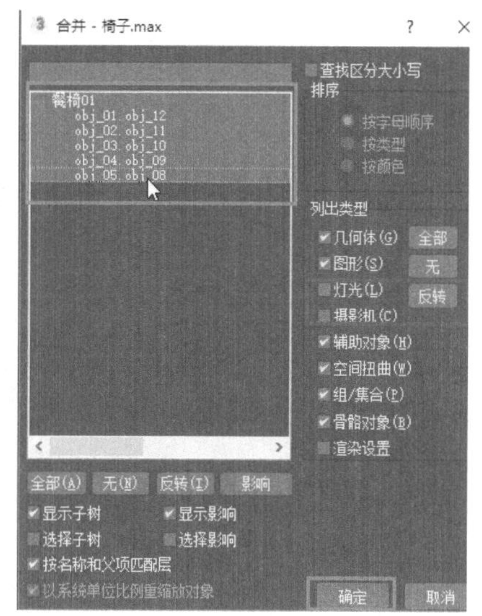

图5-50　取消灯光与摄影机

4）在新弹出的“重复材质名称”对话框中勾选“应用于所有重复情况”，单击“自动重命名合并材质”（图5-51）。

5）单击“镜像”工具，在“镜像：世界坐标”对话框中选择“镜像轴”为“X”，选择“克隆当前选择”中的“复制”，单击“确定”按钮（图5-52）。

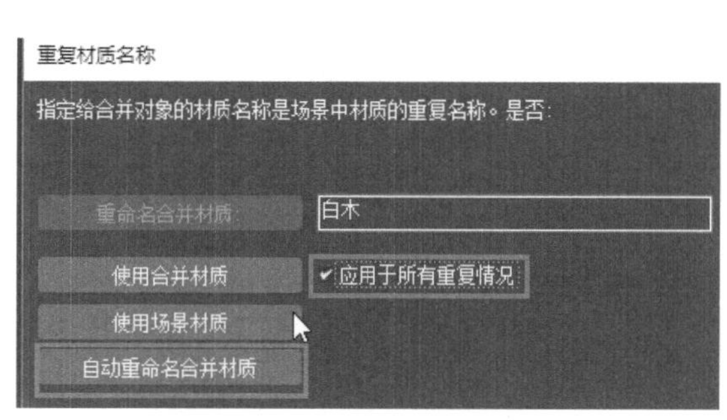

图5-51　“重复材质名称”对话框

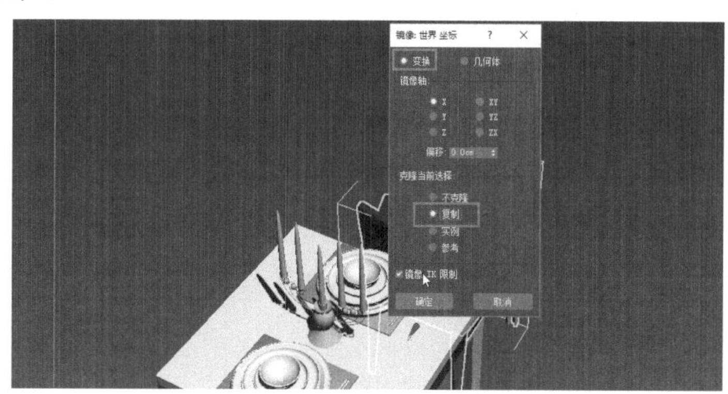

图5-52　镜像克隆

6）选中椅子，使用“移动”工具将镜像后的椅子向桌子的另一边移动（图5-53）。

7）进一步调整椅子的位置，这样就完成了一套餐桌椅的布置。渲染后的效果如图5-54所示。

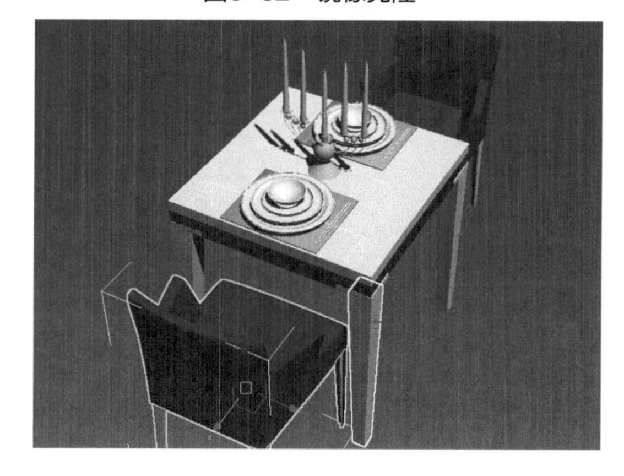

图5-53　移动椅子

图5-54　渲染后的效果

本章小结

本章讲述了怎样运用3ds max 2020中的编辑命令和工具来设计模型，如场景模型的打开、保存、移动、复制、排列等操作。通过本章学习，读者可以对基本模型进行排列组合，布置场景，轻松完成组合任务。

★课后练习题

1.3ds max 2020文件的特定格式是什么?

2.怎样完成“精确移动和缩放”的操作? 复制类型有哪几种?

3.怎样将几个模型对象以坐标轴中心为基准进行排列居中对齐。

4.自选素材并完成布置一套场景。

第6章　常用修改器

操作难度： ★★★★☆

章节导读： 3ds max 2020中的对象空间修改器种类很多，是常用的修改模型的工具，其实制作装修效果图所需要掌握的修改器并不多，主要有编辑网格、网格平滑、壳、阵列、FFD等修改器，这些修改器需要深入学习，灵活运用，才能满足后期实践需要。

6.1　编辑网格修改器

“编辑网格”修改器能对物体的点、线、面进行编辑，使其达到更精致的效果。

1）在场景中创建一个长方体，给其添加“编辑网格”修改器（图6-1）。

图6-1　编辑网格命令

2）展开“编辑网格”卷展栏，就会出现5个层级，选择“顶点”层级，可以对顶点进行移动与变形（图6-2）。

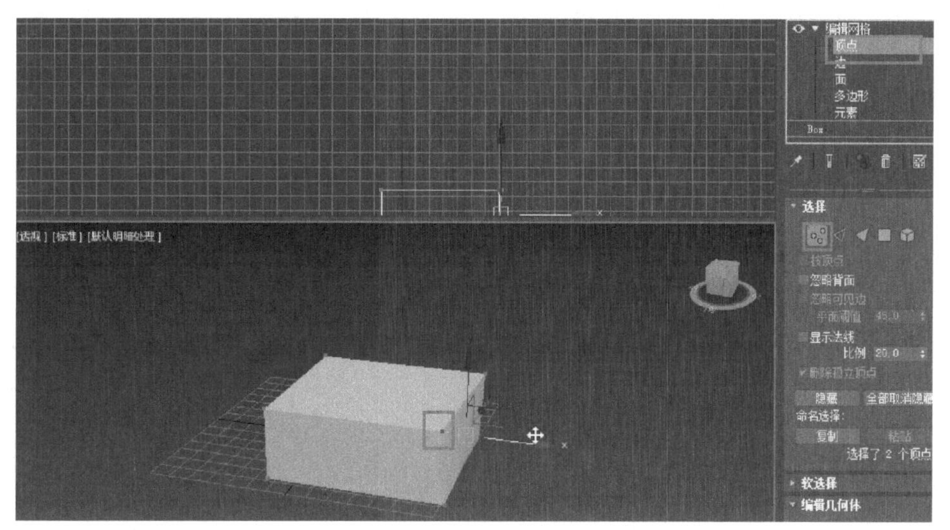

图6-2　编辑顶点命令

3）选择“边”层级，就可以对边进行编辑，下面的修改面板中还有很多可以编辑的方式，如“切角”命令（图6-3）等。

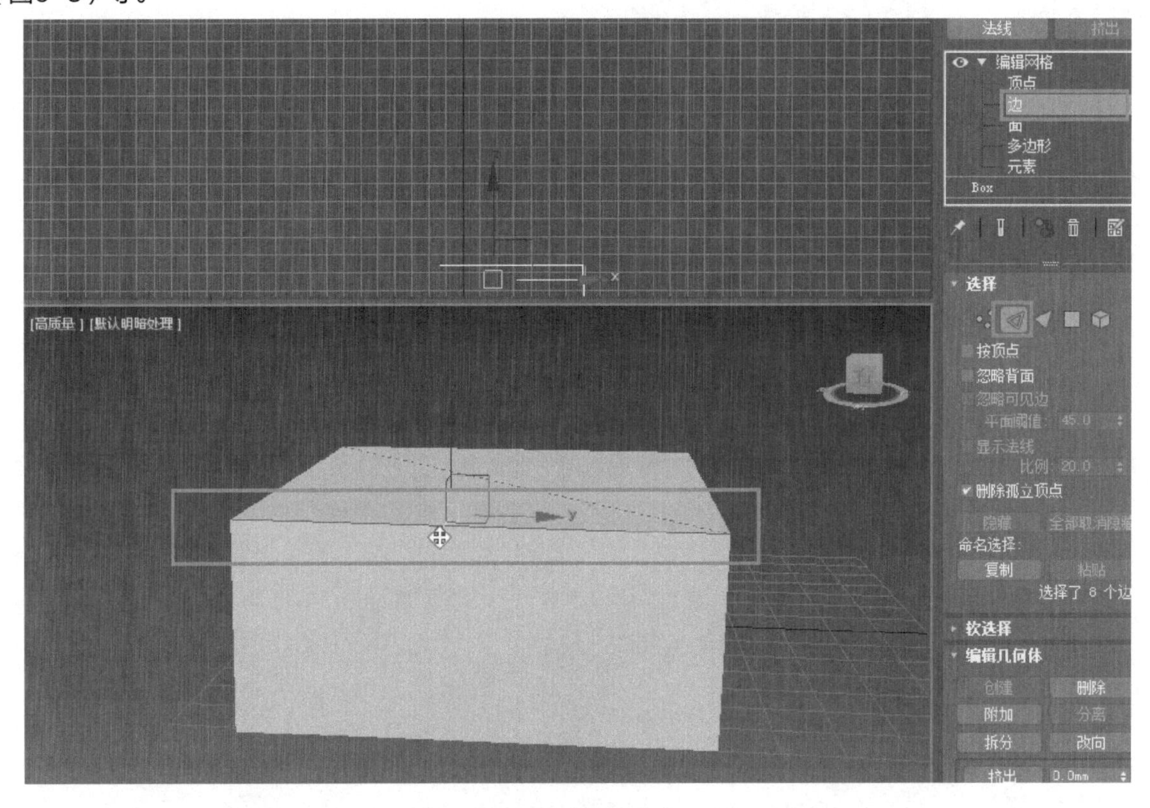

图6-3　编辑边命令

4）选择“面”层级，可以选择任何面的1／2三角面进行编辑（图6-4）。

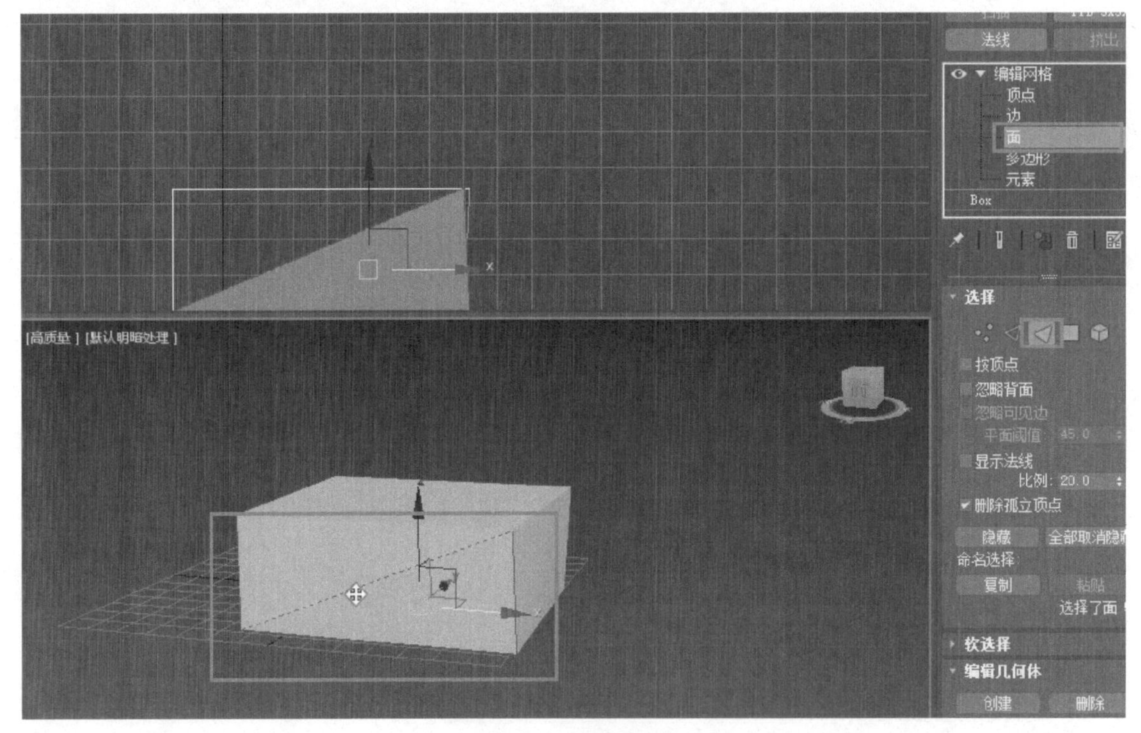

图6-4　编辑面命令

5）选择“多边形”层级，则是选择每个面进行独立编辑（图6-5）。

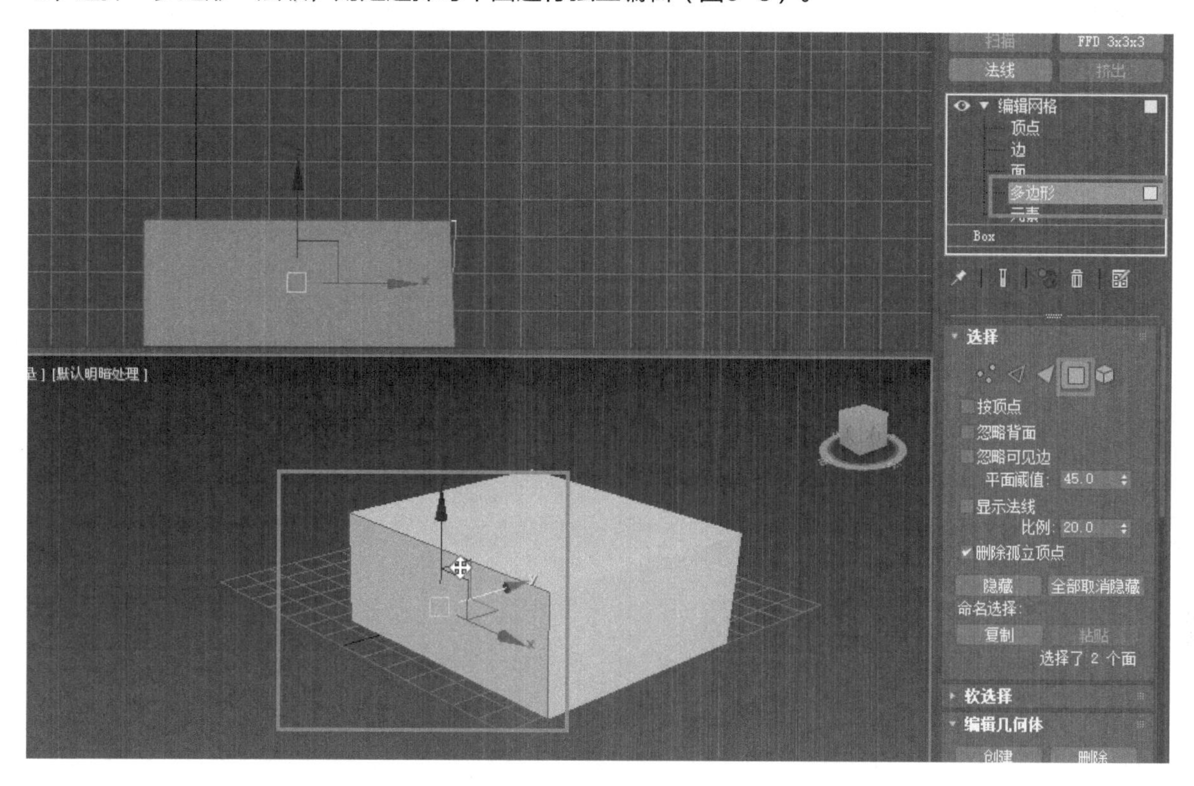

图6-5　编辑多边形命令

6）选择“元素”层级，则是对每个单独的元素整体进行编辑，该场景元素仅为1个（图6-6）。

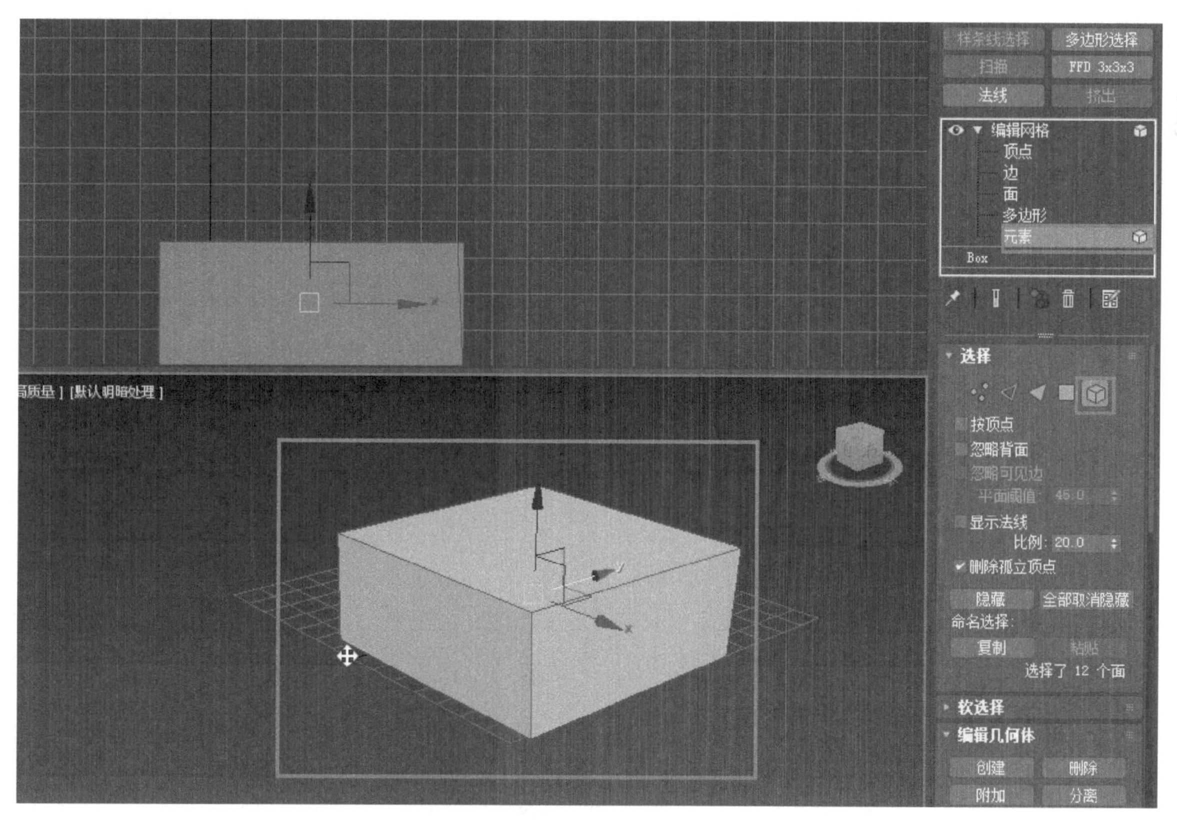

图6-6　编辑元素命令

6.2　网格平滑修改器

“网格平滑”修改器是对网格物体表面棱角进行平滑的修改器。

1）以上节的模型为例，选择物体，退回“编辑网格”层级，为其添加“网格平滑”修改器（图6-7）。

2）将“细分量”卷展栏中的“迭代次数”设置为3，该模型就会变成相对平滑的橄榄球状（图6-8）。这时应注意，“迭代次数”不能设置过高，一般最多设置为3，设置过高计算机可能会停滞。

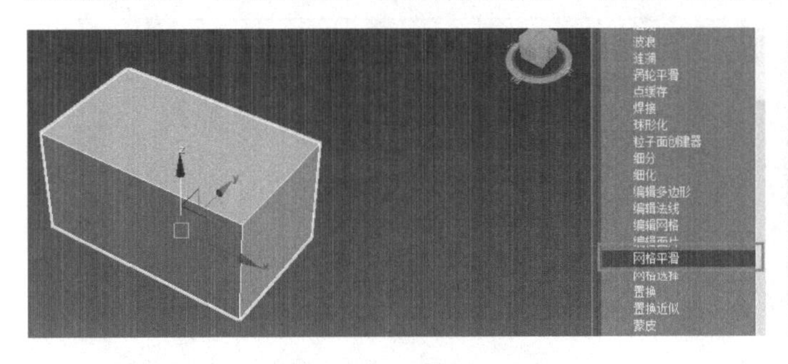

图6-7　编辑平滑命令

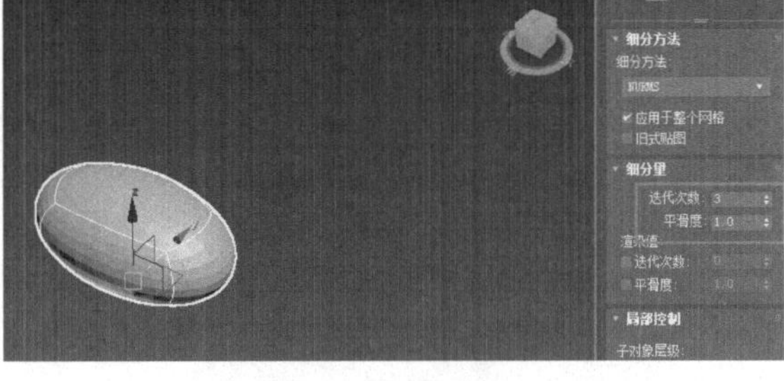

图6-8　设置平滑量

6.3　FFD修改器

“FFD”修改器能通过控制点对物体进行平滑且细致的变形。

1）新建场景，在透视图中创建一个长方体，并将长方体的“长度分段”“宽度分段”“高度分段”都设置为20（图6-9），为这个长方体添加“FFD（长方体）”修改器（图6-10）。

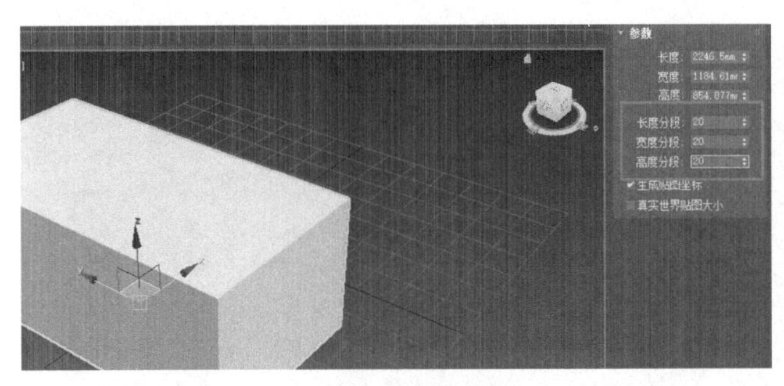

图6-9　设置参数

图6-10　添加修改器

2）打开“FFD（长方体）”卷展栏，选择其中的“控制点”层级（图6-11）。

3）移动视图中的控制点，物体会产生平滑的变形效果（图6-12）。

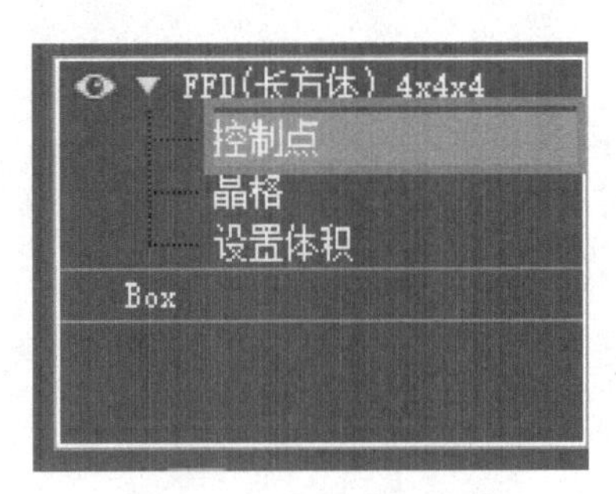

图6-11　选择控制命令

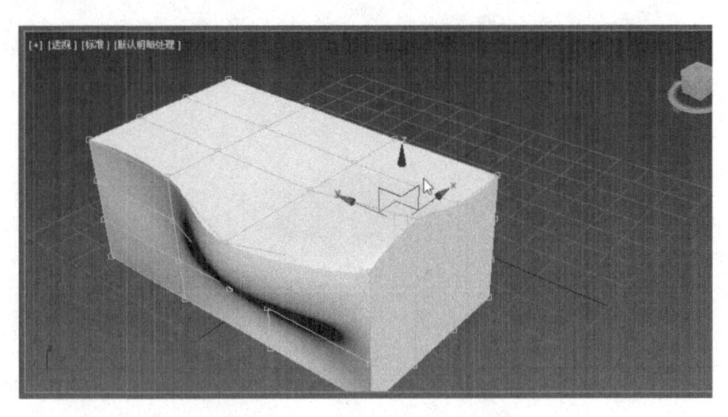

图6-12　平滑的变形效果

6.4 壳修改器

“壳”修改器是给壳状模型添加厚度的修改器，使单薄的壳体能迅速增厚，成为有体积的模型，这种修改方法在制作室内玻璃时用得比较多。

1）在场景中创建一个球体，右键将其转换为可编辑网格（图6-13）。

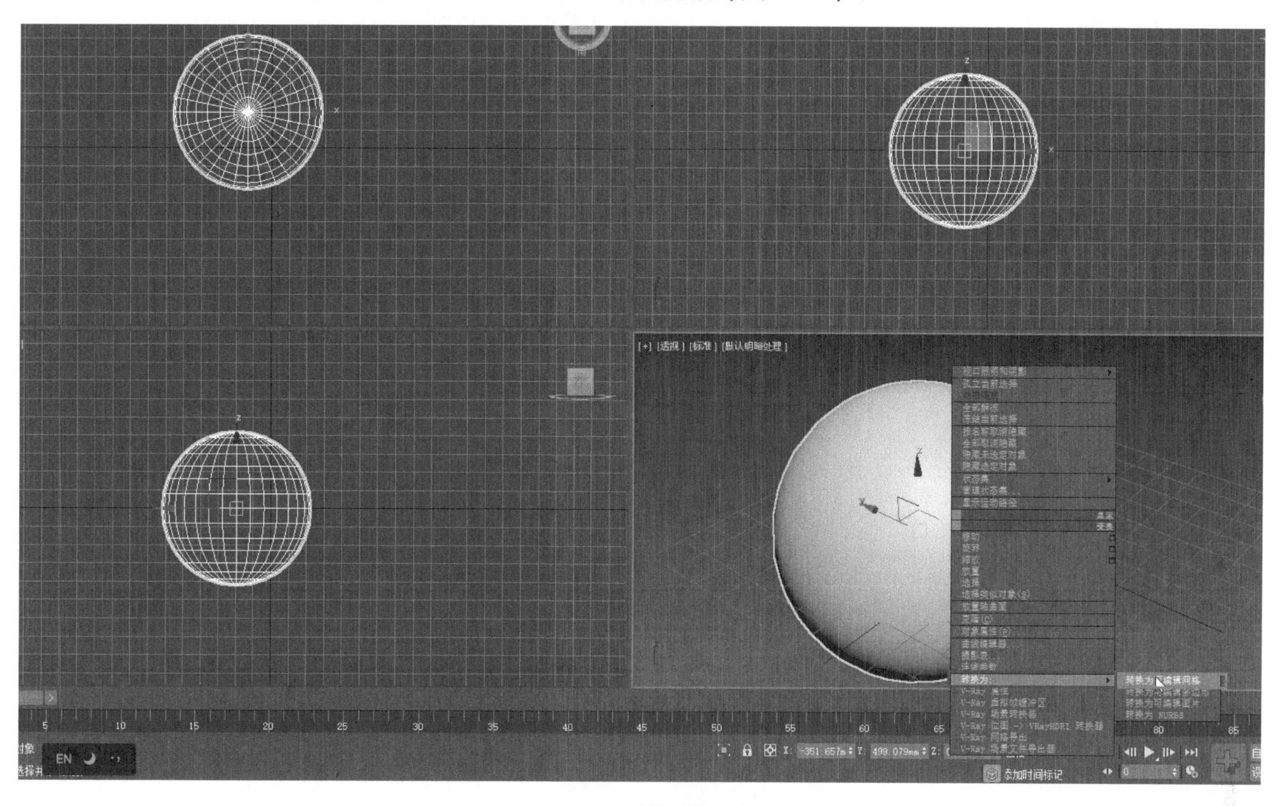

图6-13　转换编辑网格

2）选择“多边形”层级，并在前视口中选中上半部球面（图6-14）。

图6-14　选择命令

3）按〈Delete〉键，删除上部表面（图6-15）。

4）回到“编辑网格”层级，为其添加“壳”修改器（图6-16）。

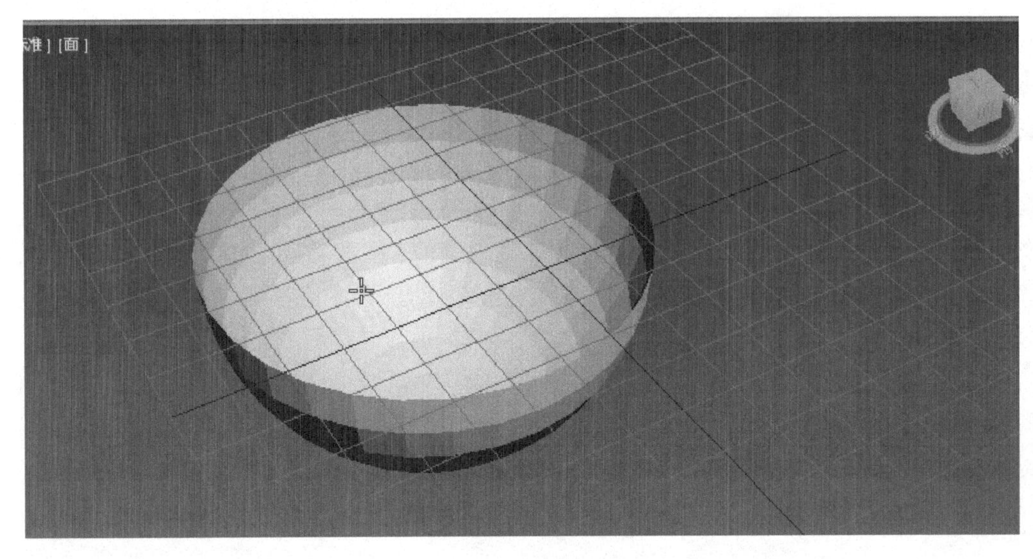

图6-15　删除上部

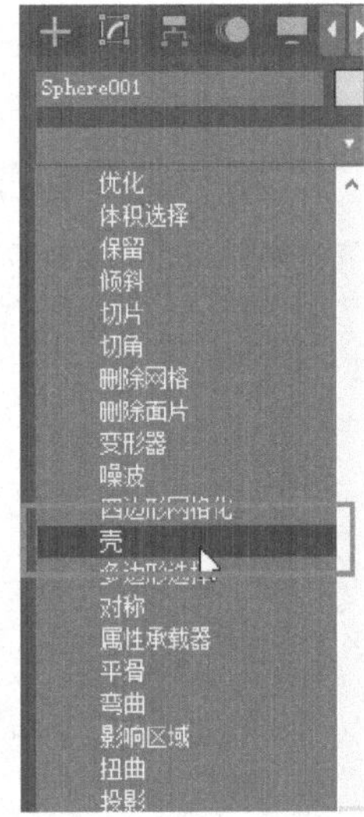

图6-16　添加“壳”修改器

5）通过调节“内部量”与“外部量”参数就能变化其内外的延伸厚度，从而彻底改变模型的形态（图6-17）。

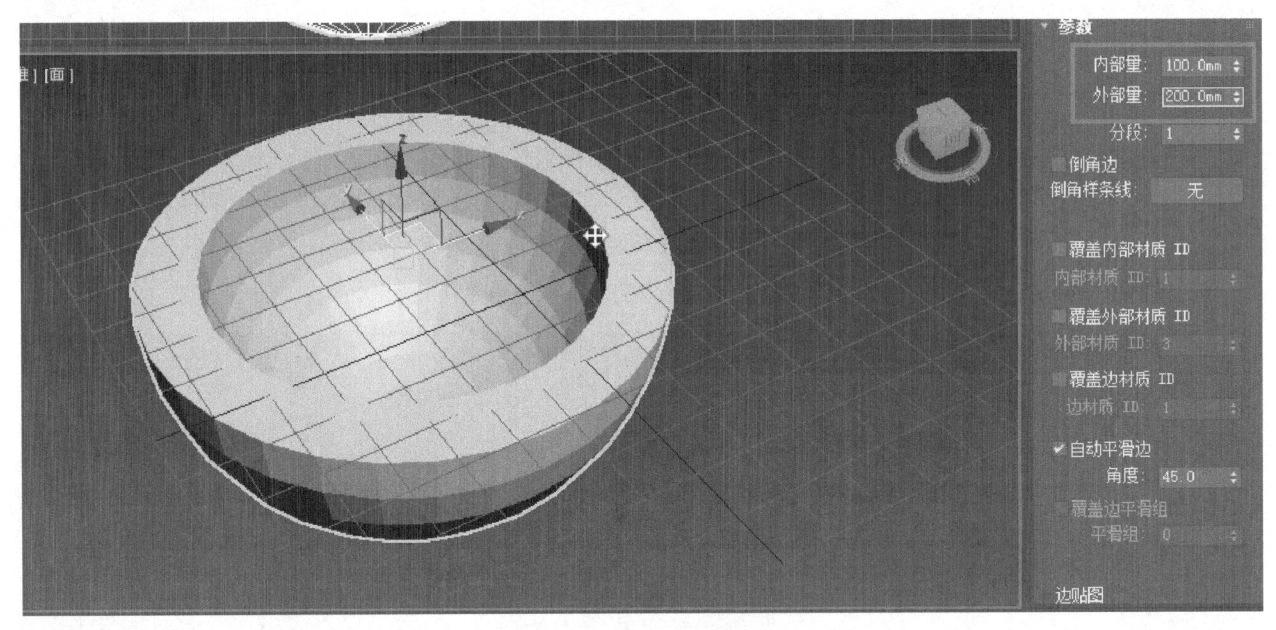

图6-17　延伸厚度后的形态

6.5　挤出修改器

“挤出”修改器是给物体添加维度的一种修改器，它可将一维物体转成二维物体，二维物体转为三维物体，即是将线转为面、面转为体的修改器。

1）新建场景，在前视口中创建一个线的模型，并为其添加“挤出”修改器（图6-18）。

2）在修改面板中，将“数量”设置一定的数值，刚才的线就会变为面（图6-19）。

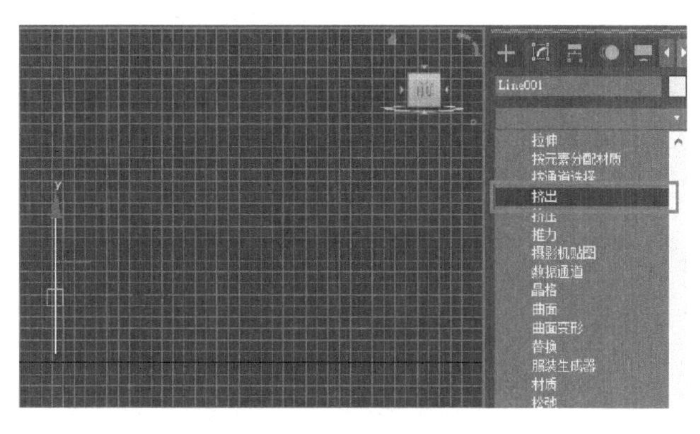

图6-18　挤出修改命令

图6-19　设置数量

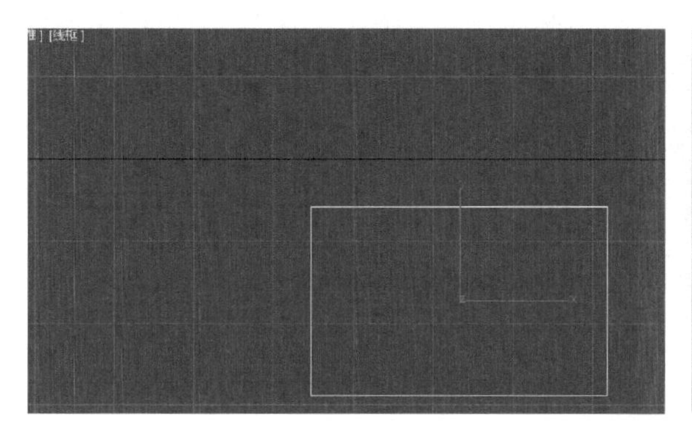

图6-20　挤出修改命令

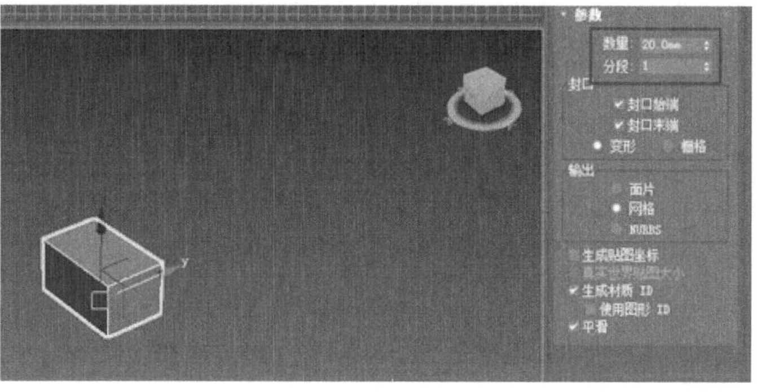

图6-21　设置数量

3）新建场景，在顶视口中创建一个矩形，并为其添加“挤出”修改器（图6-20）。

4）在修改面板中，将“数量”设置一定的数值，刚才的矩形就会变为长方体（图6-21）。

6.6　法线修改器

“法线”修改器可以改变物体每个面的法线，让看不见的单面可以看见。

1）新建场景，在视口中创建一个长方体，然后单击鼠标右键，选择“对象属性”（图6-22）。

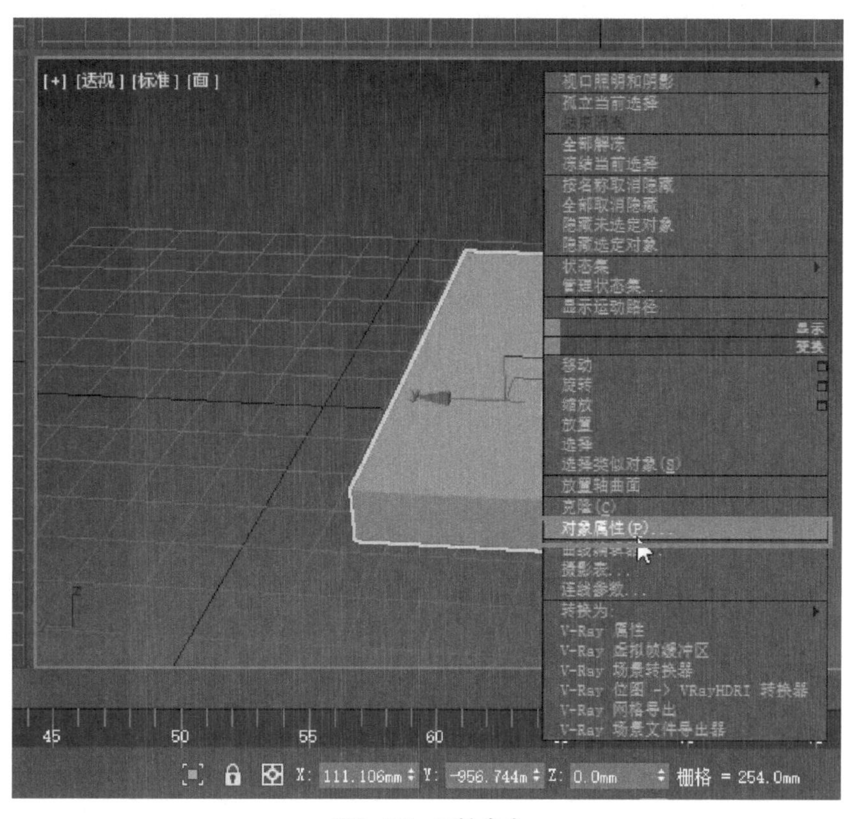

图6-22　属性命令

2）在“对象属性”对话框的“常规”选项卡中勾选“背面消隐”，单击“确定”按钮（图6-23）。

3）在修改器列表中为长方体添加“法线”修改器（图6-24）。

4）添加完毕后观察长方体，长方体的法线都反过来了，而且面为反面的面会在视口中看不见（图6-25）。

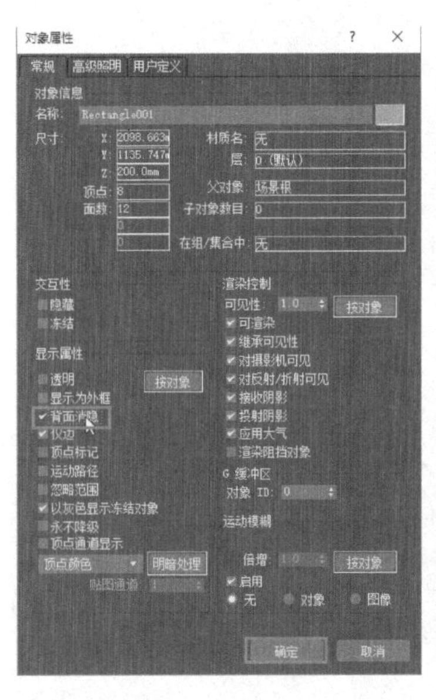

图6-23　属性选择

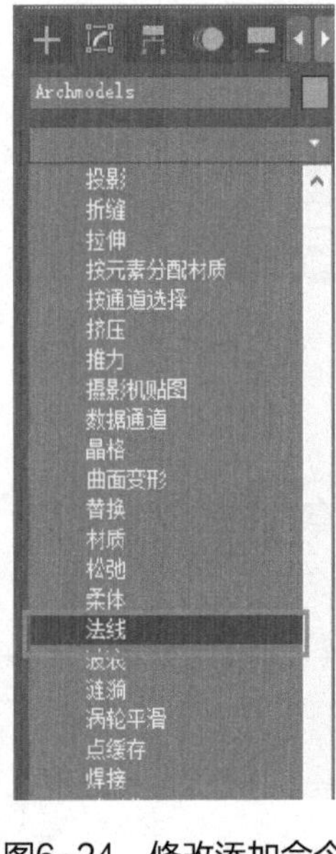

图6-24　修改添加命令

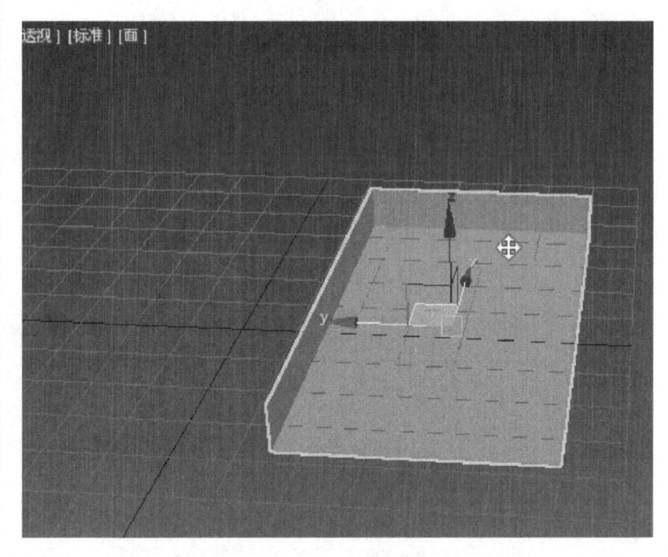

图6-25　添加后效果

6.7　实例制作：陶瓷花瓶

本节将结合前面内容的“编辑网格”“网格平滑”“壳”这3个修改器，制作陶瓷花瓶，具体操作步骤如下。

1）新建场景，创建圆柱体，将“高度分段”设置为10（图6-26）。

2）进入修改命令面板为其添加“编辑网格”修改器（图6-27）。

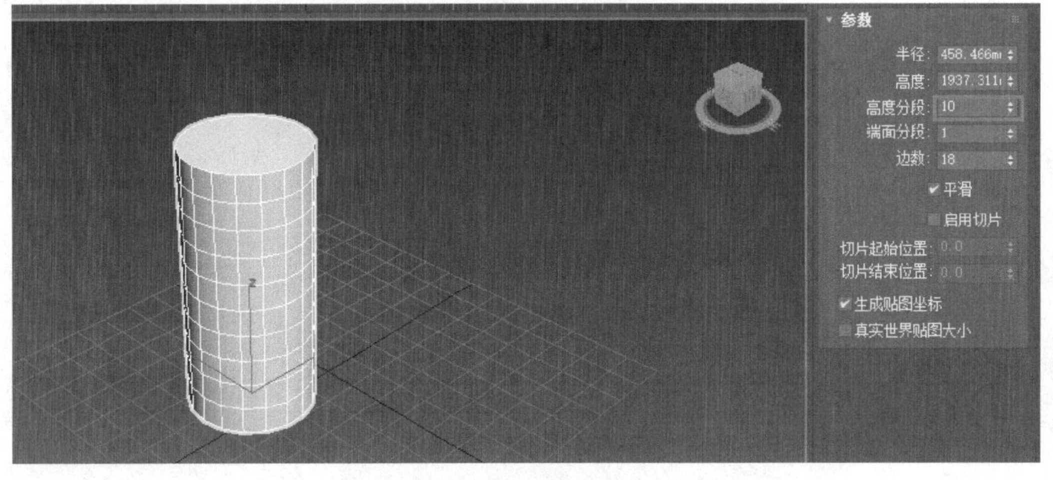

图6-26　参数设置

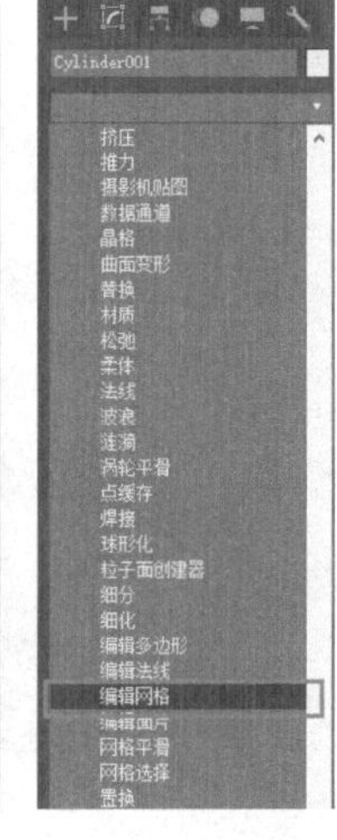

图6-27　修改命令

3）打开“编辑网格”卷展栏，进入“多边形”层级，选择圆柱体的顶面，按〈Delete〉键将其删除（图6-28）。

4）继续在前视口中框选最上排的网格（图6-29）。

图6-28　删除顶面

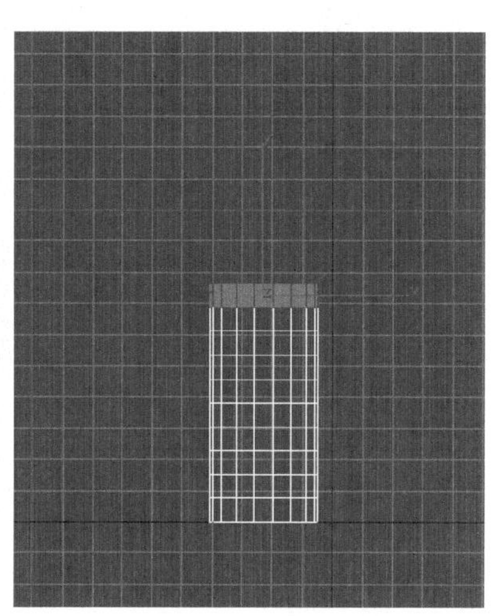

图6-29　视口选择

5）使用“缩放”工具对其进行缩放，在透视口中将光标放在x、y、z轴中心，当中间3个三角形全亮时，将其向下方拖动（图6-30）。

6）回到“编辑网格”层级，为其添加“壳”修改器，并让其向内延伸一定厚度（图6-31）。

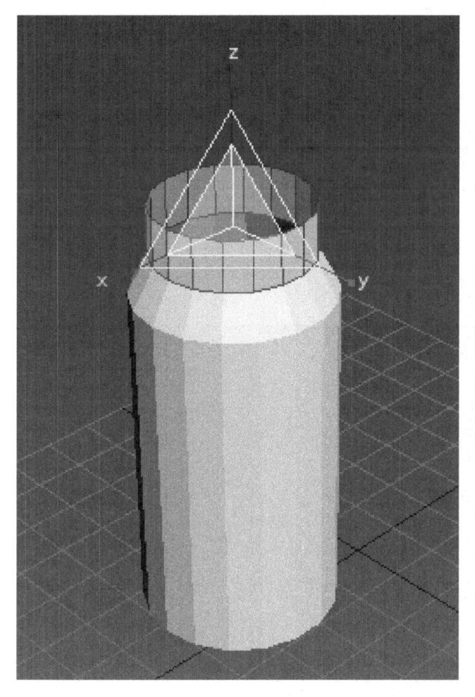

图6-30　缩放移动

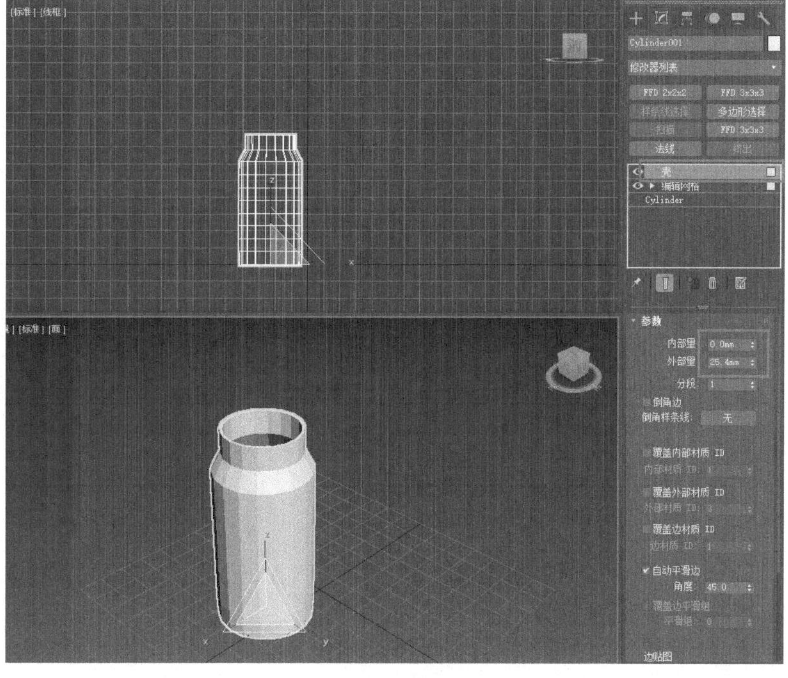

图6-31　编辑修改命令

设计小贴士

将模型进行网格化有助于进一步细化模型的外观形态，但是模型的网格越多，计算机的反应速度就越慢，导致最终“崩溃”，因此要合理控制模型的网格数量。

常见的直线形模型各面网格数量一般为1个，这类模型无须作曲线变化，因此不能设置过多网格，尽量减少计算机的运算负荷。要求具有弧形变化的模型，各面网格数量一般为16～32个，这已经能创建出比较生动的曲线模型了。如果在效果图制作过程中，需将某些建筑结构变为弧形，并且占据很大图样面积，那么也应该适当选择，将能被渲染角度看到的模型适当细化，将不能看到的进行简化，甚至删除网格。对于效果图中的陈设品、配饰模型体量较小，应尽量简化模型，或待后期直接采用Photoshop添加陈设品、配饰图片来取代模型。总之，应尽最大可能简化模型网格，保证计算机运行顺畅。

7）再为其添加“网格平滑”修改器，将“细分量”卷展栏中的“迭代次数”设置为3（图6-32）。

8）当陶瓷花瓶制作完成后，再为其添加材质、灯光，合并花草模型。渲染后的效果如图6-33所示。

图6-32　设置平滑

图6-33　渲染后的效果

6.8　实例制作：抱枕

本节将使用“FFD（长方体）”修改器制作抱枕模型，具体操作步骤如下。

1）新建场景，调整单位，在透视图中创建一个切角长方体，将“长度”设置为400.0mm、“宽度”设置为400.0mm、“高度”设置为200.0mm、“圆角”设置为20.0mm，而长度、宽度、高度、圆角的分段数分别设置为10、10、10、3（图6-34）。

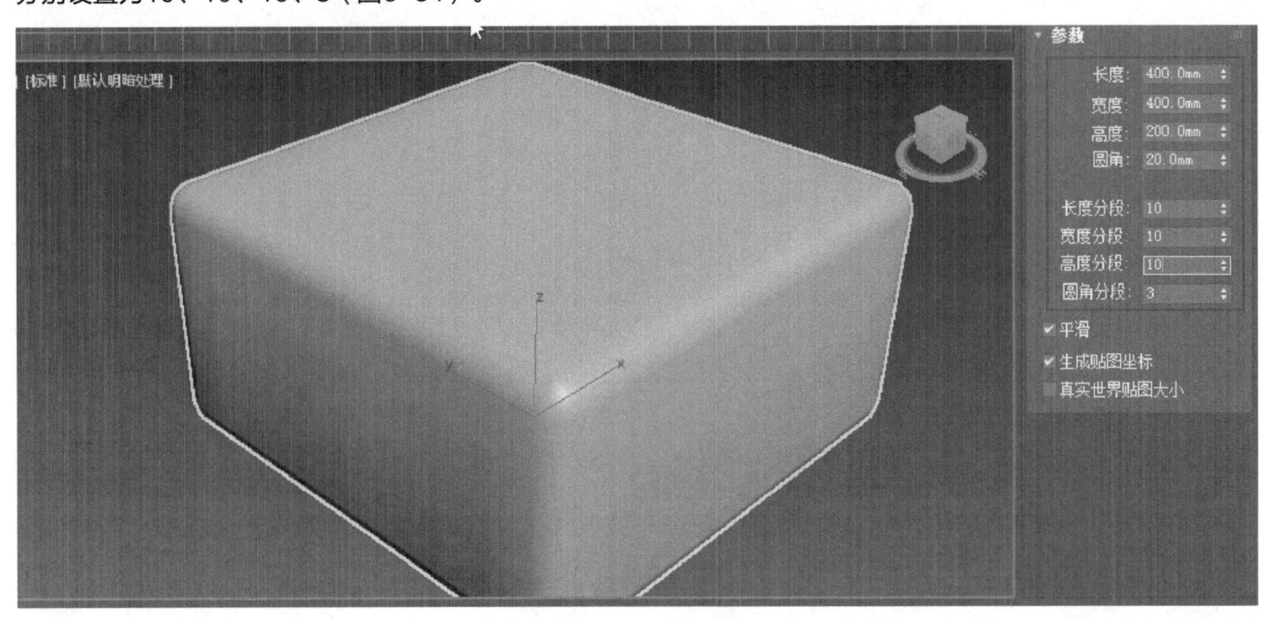

图6-34　调整基本体

2）为该模型添加“FFD（长方体）”修改器，展开“FFD（长方体）”卷展栏，选择“控制点”层级，在顶视口框选中间4个点（图6-35）。

3）打开“编辑”菜单，选择“反选”命令，选择最外层的控制点（图6-36）。

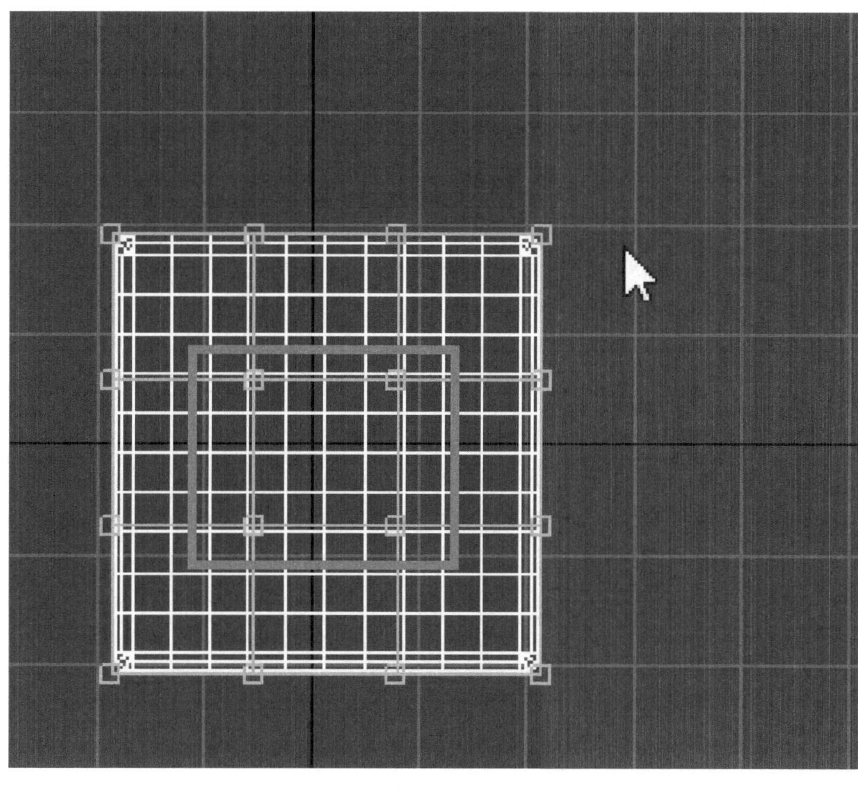

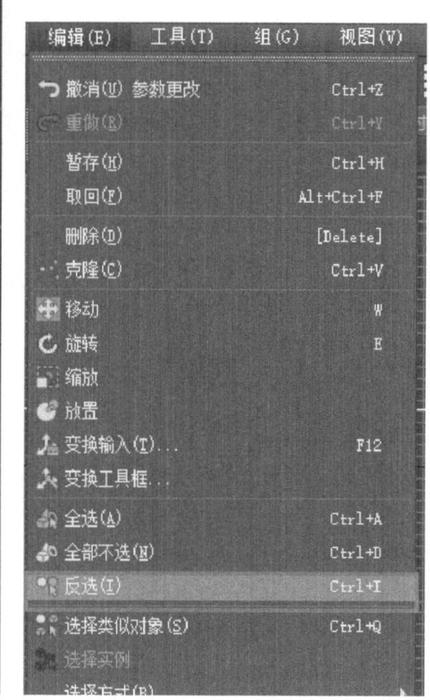

图6-35　添加修改命令

图6-36　反选命令

4）使用“缩放”工具，在透视口中单击鼠标右键切换为透视口，并选择“Z”轴，单击鼠标左键并向下移动控制点，直至物体边缘都重合（图6-37）。

5）使用“移动”工具，在前视口中将下部控制点进行移动（图6-38）。

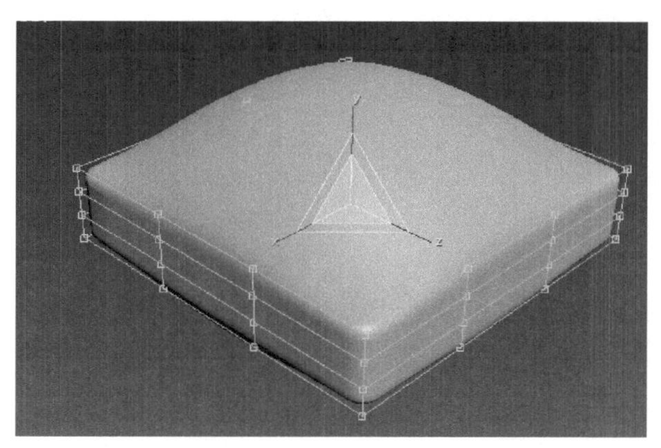

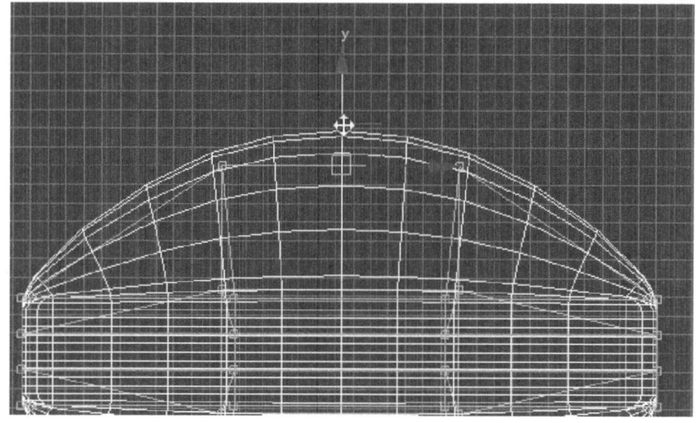

图6-37　缩放移动

图6-38　移动控制点

设计小贴士

“挤出”修改器使用频率较高，很多操作者在创建模型时都习惯采用“挤出”修改器，而不再采用传统的标准基本体来创建。

“挤出”修改器的最大特色在于，将前期绘制的二维线条变换为三维模型后，还可以随时回到二维线条层级，进行反复修改，如修改二维线条的点与线段的位置、形态，尤其是曲线的弧度，这些修改能影响最终的三维模型。在制作效果图过程中，很多具有创意的模型需要一边创意一边创建，因此，这种修改器非常适合创意设计师。当然，在运用过程中也要注意总结，不能随意切换到上、下级修改器来修改模型，否则可能会造成计算机运算错误，导致前功尽弃。一般而言，经过“挤出”修改器创建的三维模型其后不宜再添加过多修改器，所有修改器控制在3个以内最佳。

6）在顶视口中将4组点向4个顶点分别移动，并在前视口中进一步调节模型的厚度（图6-39）。

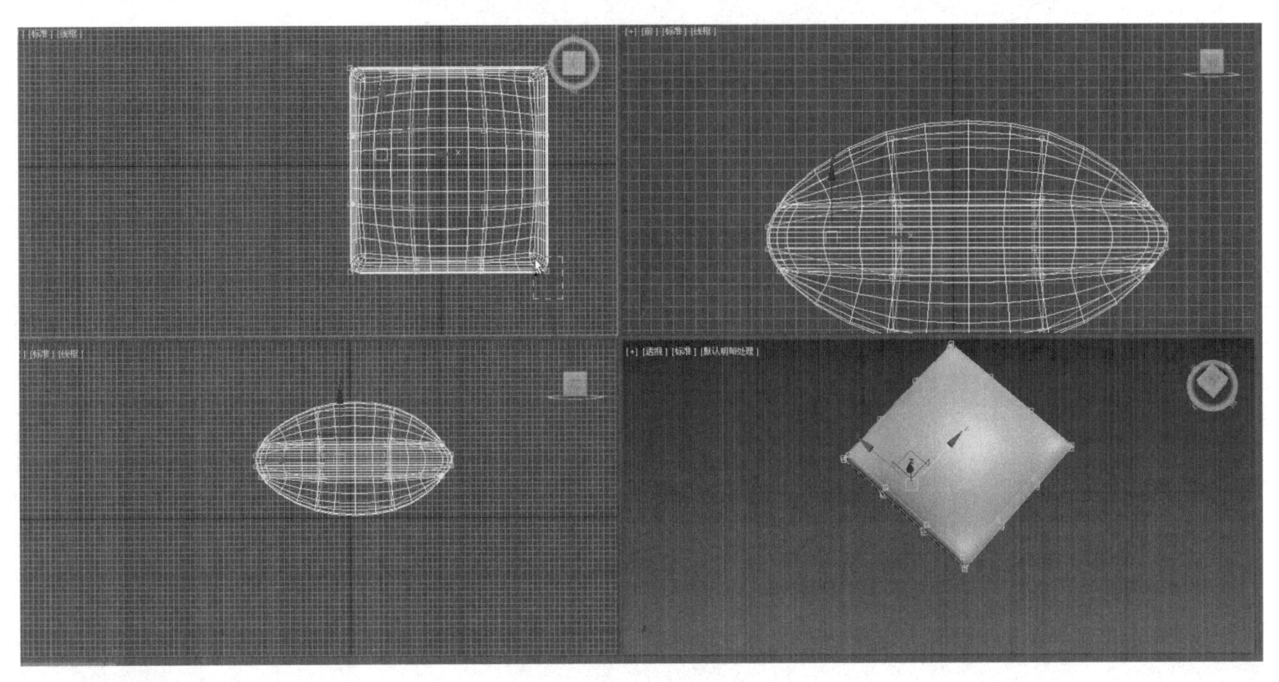

图6-39 调节厚度

7）这样抱枕的模型就基本完成，将其附上材质与贴图后，质地显得很真实。设置灯光并配上环境后的渲染效果如图6-40所示。

图6-40 渲染后的效果

设计小贴士

对同一模型添加修改器，应尽量控制数量，如果需要添加很多修改器，那么要注意先后顺序。一般而言，首先添加模型创建修改器，如“车削”修改器、“挤出”修改器等，然后添加模型变形修改器，如“编辑网格”修改器、“法线”修改器等，最后添加模型优化修改器，如“网格平滑”修改器。此外，部分模型还会用到“UVW贴图”修改器，应该待模型已调整到位后再添加。

6.9 实例制作：靠背椅

本节将使用多边形建模的方法制作靠背椅模型，具体操作步骤如下。

1）新建场景并设置好单位，创建1个长方体并设置参数，将“长度”设置为700.0mm、“宽度”为600.0mm、“高度”为30.0mm，长度、宽度、高度的分段数分别设置为10、10、1（图6-41）。

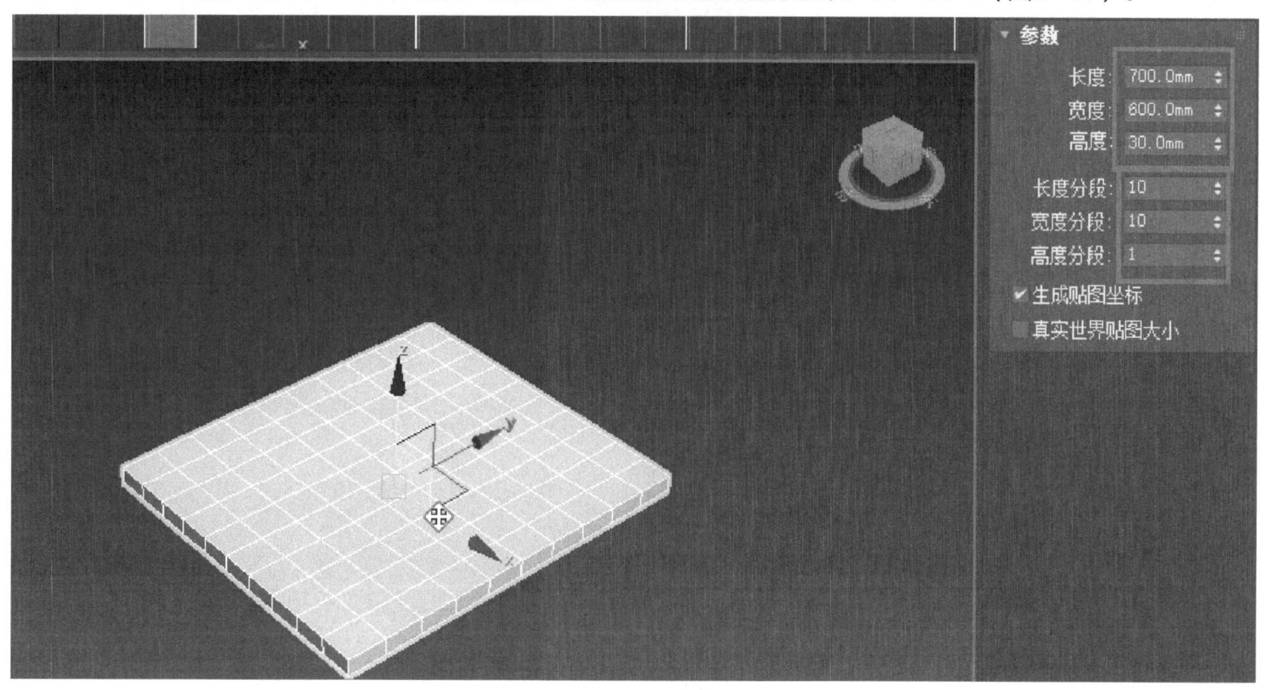

图6-41　调整基本体

2）为该长方体添加“编辑多边形”修改器（图6-42），选择“多边形”层级，并按住〈Ctrl〉键选择顶面左上角与右上角两个多边形（图6-43）。

3）打开“编辑多边形”卷展栏，单击“挤出”按钮（图6-44）。在弹出对话框中可以精确地设置挤出厚度，“挤出”设置为240.0mm，完成后单击下面的“加号”（图6-43）。

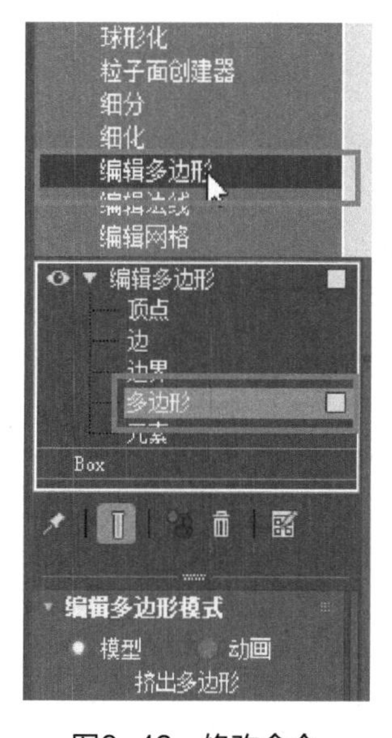

图6-42　修改命令

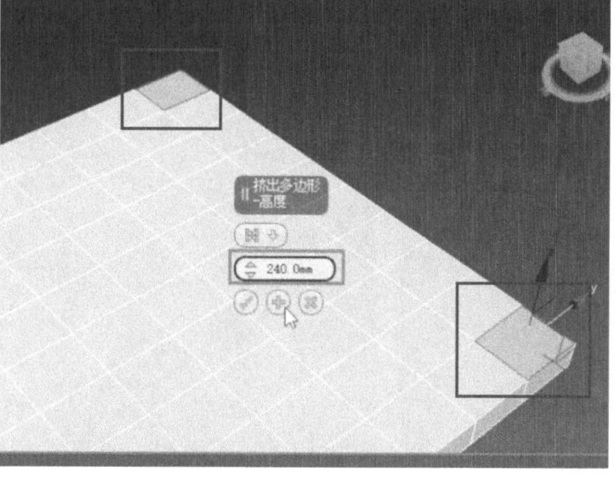

图6-43　选择层级

图6-44　编辑设置

4）输入80.0mm，单击“加号”（图6-45）；输入100.0mm，单击“加号”（图6-46）；输入350.0mm，单击“加号”（图6-47）；输入50.0mm，单击“对勾”（图6-48）。

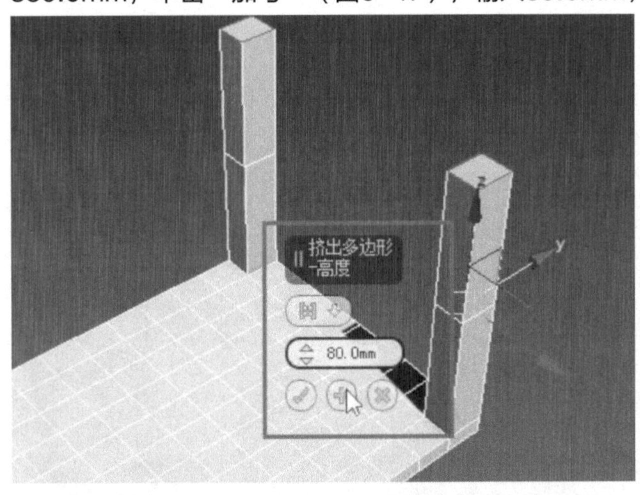

图6-45　挤出“高度”设置为80mm

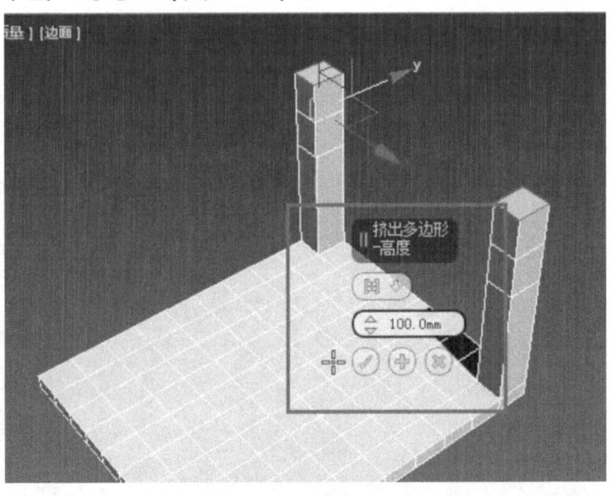

图6-46　挤出“高度”设置为100mm

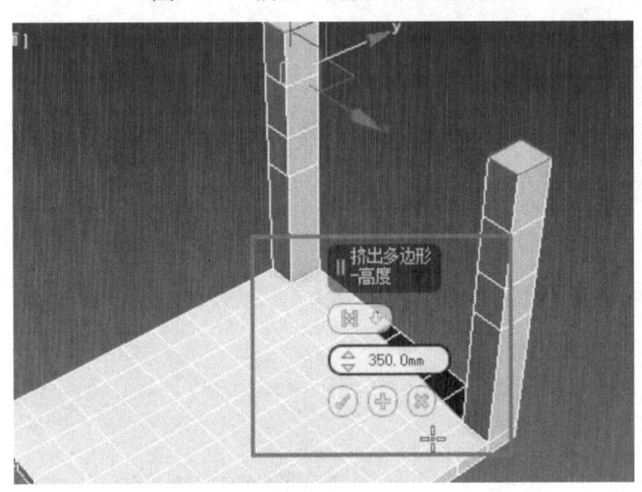

图6-47　挤出“高度”设置为350mm

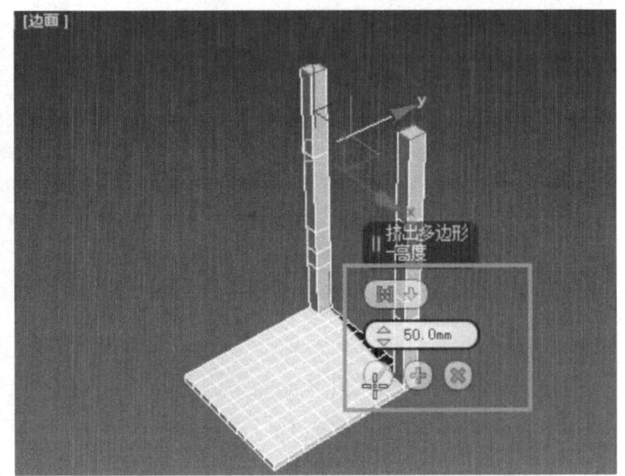

图6-48　挤出“高度”设置为50mm

5）按住〈Ctrl〉键，同时选择左右竖向柱状体上的两个对立侧面（图6-49）。

6）将这两个面“挤出”，挤出“厚度”设置为240.0mm，然后单击“对勾”（图6-50）。

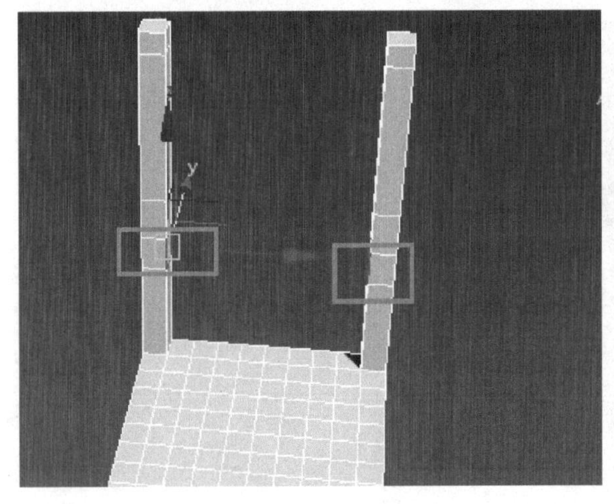

图6-49　选择侧面

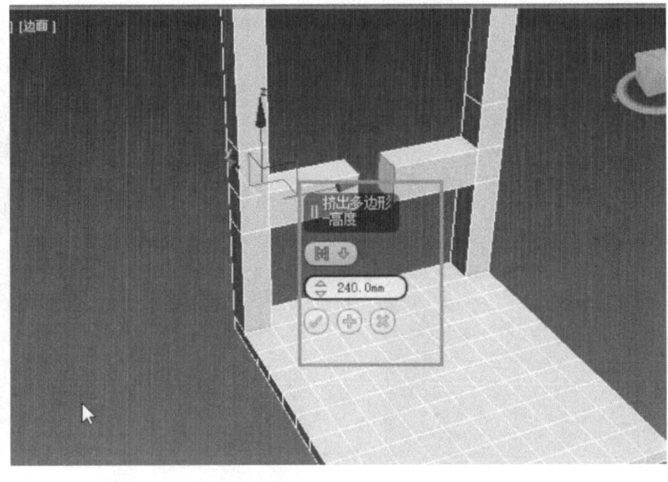

图6-50　挤出“厚度”设置为240mm

7）按住〈Ctrl〉键，同时选择左右竖向柱状体上的两个对立侧面，如果侧面面积过小，可以适当旋转观察角度（图6-51）。

8）将这两个面精确“挤出”，挤出“厚度”设置为240.0mm，单击“对勾”（图6-52）。

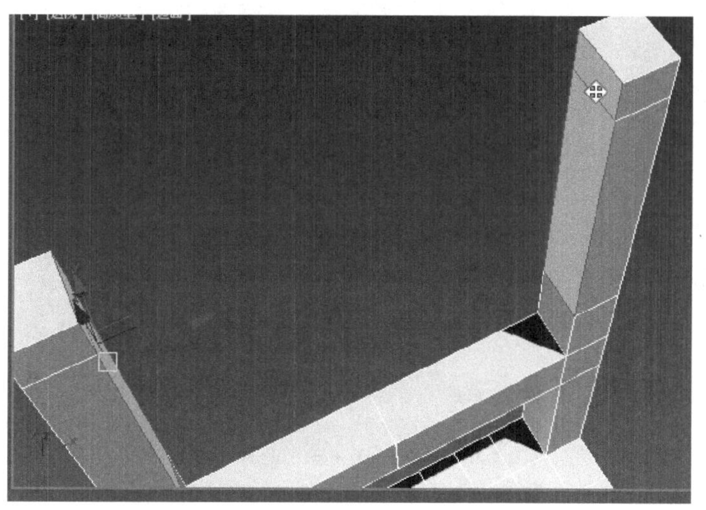

图6-51 选择侧面

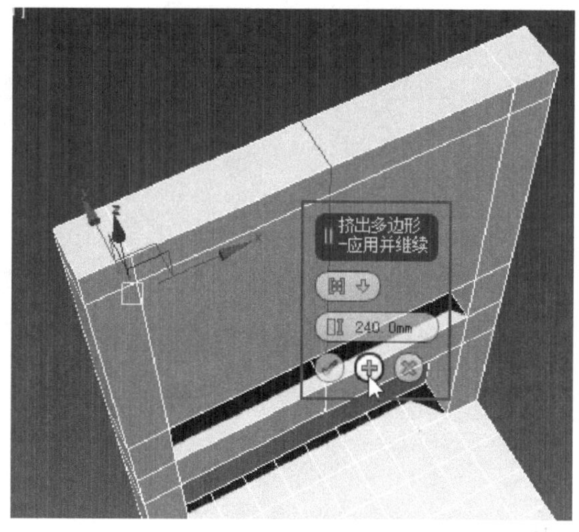

图6-52 挤出“高度”设置为240.0mm

9）按住〈Alt〉键与鼠标中间的滚轮，将透视口旋转到椅子底部（图6-53）。

10）按住〈Ctrl〉键，同时选择4个矩形（图6-54）。

11）精确挤出这4个矩形，挤出“厚度”设置为400.0mm，单击“加号”（图6-55）。

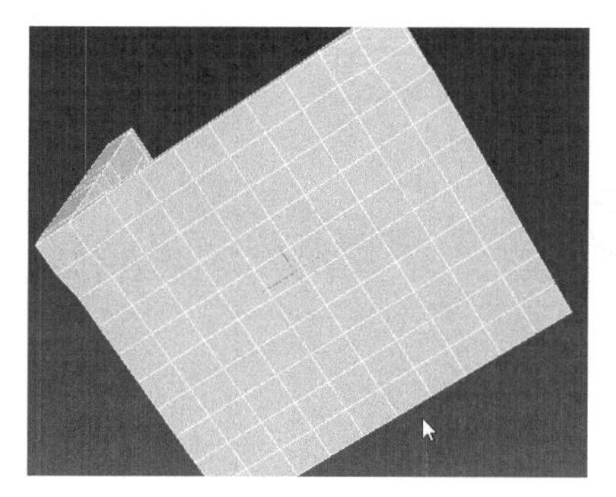

图6-53 旋转

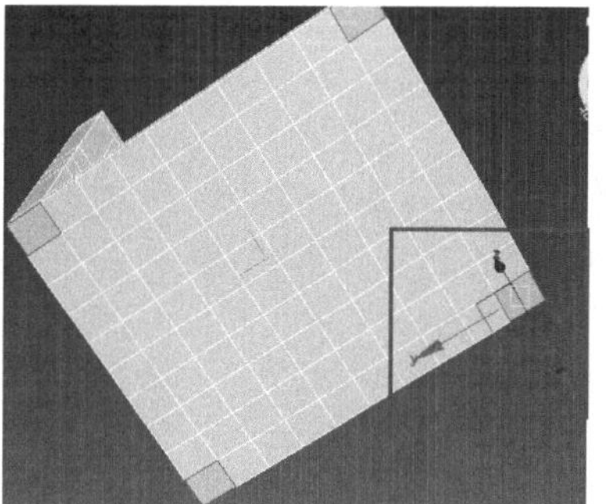

图6-54 选择矩形

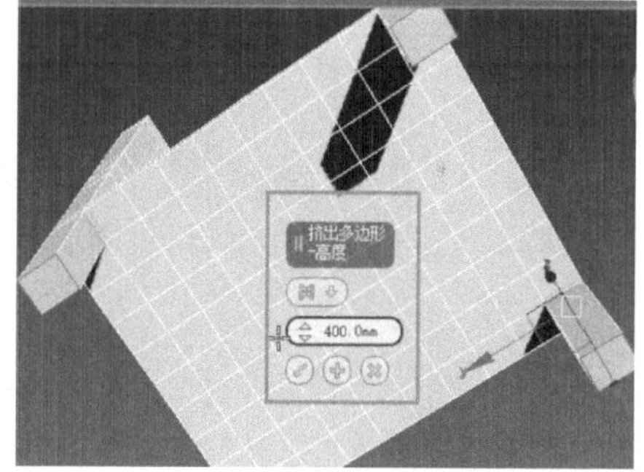

图6-55 挤出“厚度”设置为400.0mm

12）继续挤出，“厚度”设置为80.0mm，单击“加号”（图6-56）。

13）继续挤出，“厚度”设置为200.0mm，单击“对勾”（图6-57）。

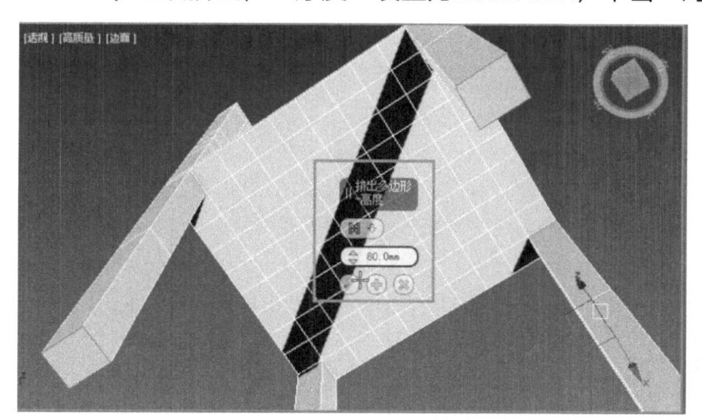

图6-56 挤出“厚度”设置为80.0mm

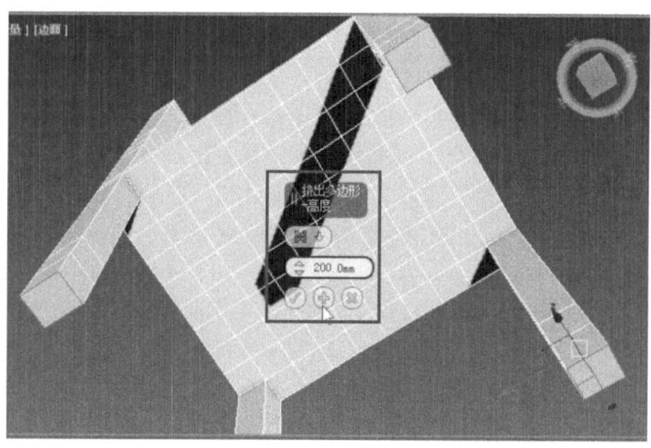

图6-57 挤出“厚度”设置为200.0mm

14）选择椅子腿长边上的四个面，挤出280.0mm，单击“对勾”（图6-58）。

15）选择椅子腿短边上的四个面，挤出240.0mm，单击“对勾”（图6-59）。

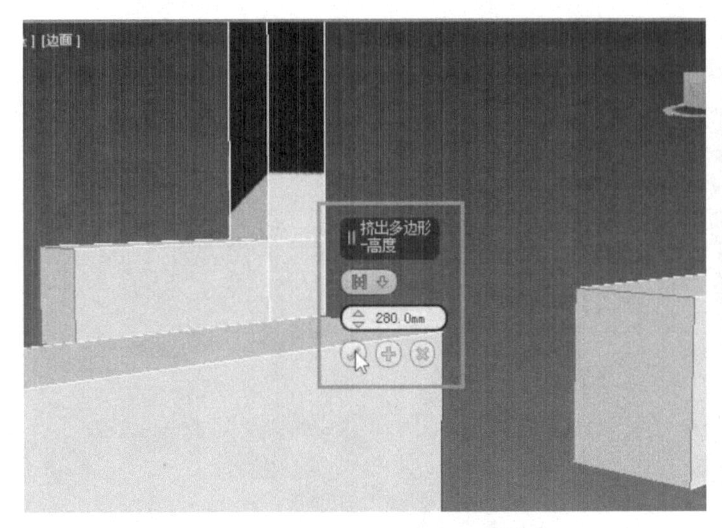

图6-58　选择挤出面并挤出280.0mm

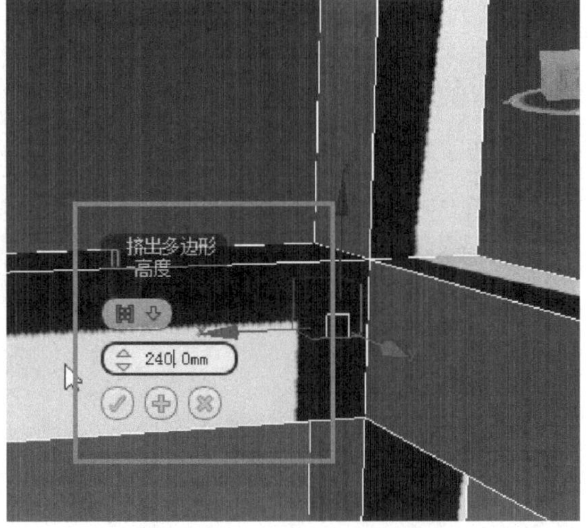

图6-59　选择挤出240.0mm

16）按住〈Ctrl〉键，同时依次选择椅子的边缘矩形（图6-60）。

17）将其精确“挤出”，选择“本地法线”的挤出方式（图6-61）。

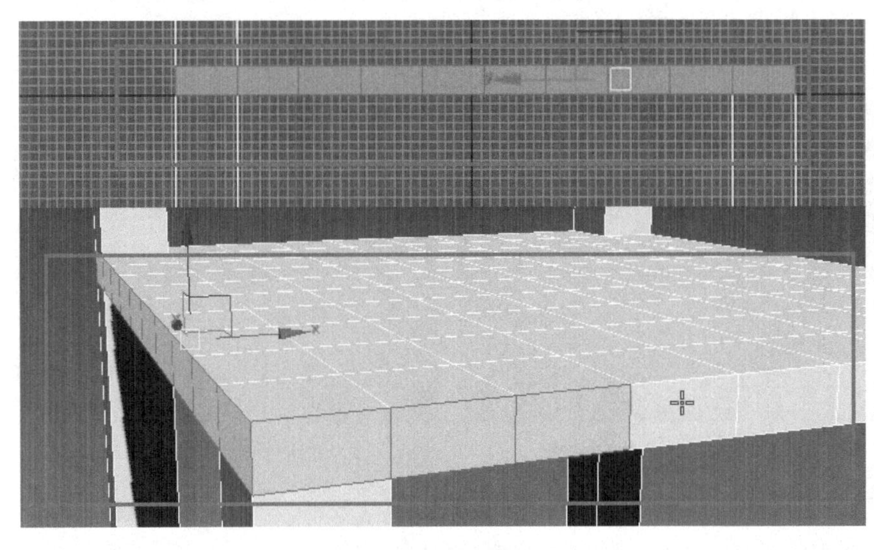

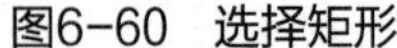

图6-60　选择矩形

图6-61　挤出法线

设计小贴士

“编辑多边形”修改器的内容最复杂，其功能也最强大，尤其是其中“多边形”层级中的“挤出”命令，能让毫无特征的立方体变化出无穷造型。在挤出过程中，一定要保持面的垂直度，不能有任何歪斜，不能中途添加其他修改器来改变模型的整体形态。如果希望通过“挤出”命令来完成整个模型的创建，应当预先绘制好草图，精确规划每一步挤出的数值。本节所列实例是经过多次尝试才制作出来的，仅供参考，并不代表“挤出”命令操作很容易。

设计小贴士

“FFD”修改器是将规整模型转变为非规整模型的重要修改器，它能随心所欲地修改标准模型的外观，只是应控制好修改幅度，且控制点之间会相互制约。其实“FFD”修改器就是将模型的琐碎网格集中起来集中整形，“FFD”修改器上的控制点可以根据需要来调整数量，默认是每条边4个控制点。

18）挤出“厚度”设置为20.0mm，单击“对勾”（图6-62）。

19）这样靠背椅就创建完成了。为其添加灯光、材质后的渲染效果如图6-63所示。

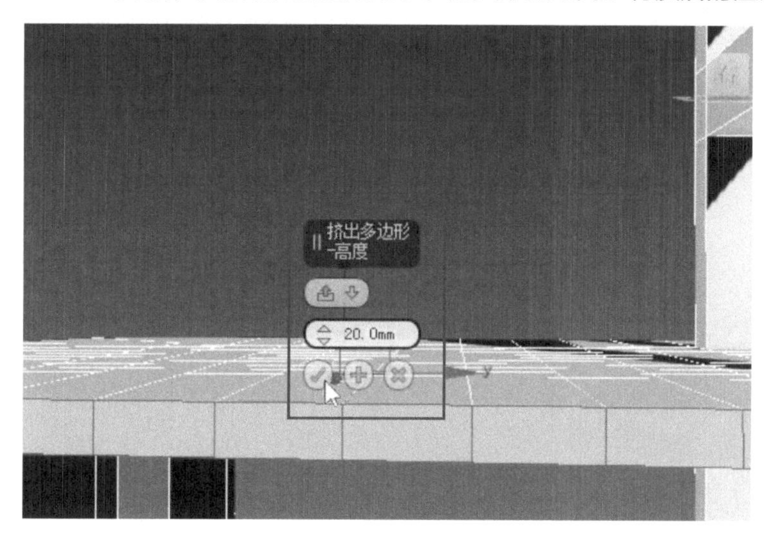

图6-62　挤出设置

图6-63　添加灯光、材质后的渲染效果

本章小结

本章介绍了3ds max 2020中的几种常用修改器，用以达到细化模型的效果，通过本章的学习，读者可以深入学习理解，灵活运用地完成模型创建。

★课后练习题

1.空间修改器的常用种类有哪几种?

2.同一模型添加修改器时，需要注意哪些方面?

3.结合修改器内容，创建枕头和课桌、椅。

第7章 材质编辑器

操作难度： ★★★★☆

章节导读： 模型创建的同时要赋予材质贴图，第6章介绍了模型基本材质贴图的赋予方法。本章重点介绍常用的基本材质与贴图的控制，这些内容对整理装修效果图模型非常重要，要求能精确处理模型材质，提高贴图质量。只有对模型赋予精确的材质与贴图，才能渲染出高质量的效果图。

7.1 材质编辑器介绍

材质编辑器是为场景中的物体添加各种材质的。如果你够熟悉材质编辑器就可以制作出你所看见的任何材质，可以让制作的场景更加真实。

工具栏中的材质按钮有两种状态，上方是“精简材质编辑器”按钮，下方是“Slate材质编辑器”按钮（图7–1）。

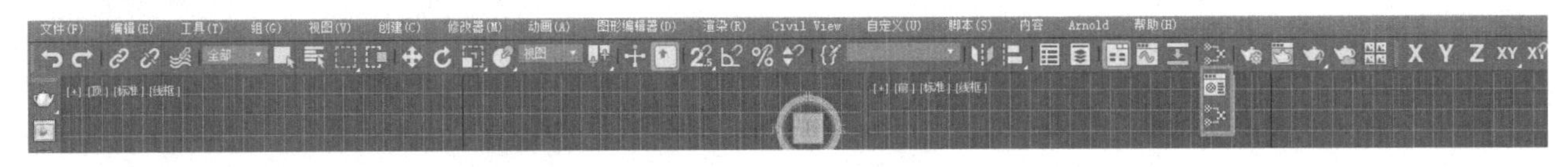

图7–1 材质按钮

1）工具栏中单击“材质编辑器”按钮，会弹出“Slate材质编辑器”对话框（图7–2）。

2）单击“模式”，选择“精简材质编辑器”，最上面的是材质编辑器的菜单栏（图7–3），下面的就是示例窗口（图7–4）。

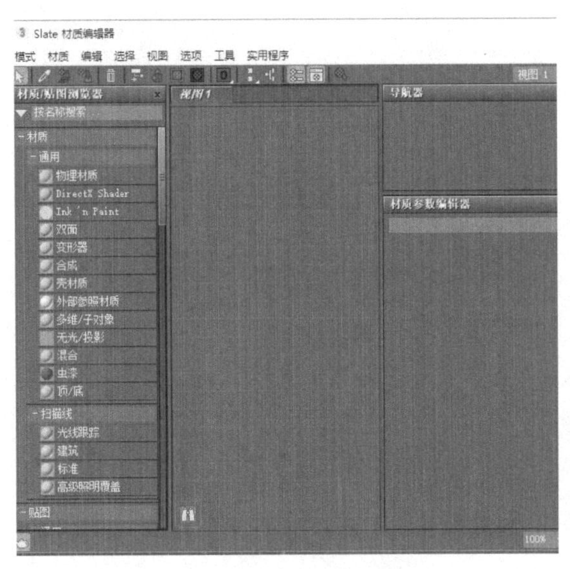

图7–2 材质编辑器

图7–3 材质编辑器菜单栏

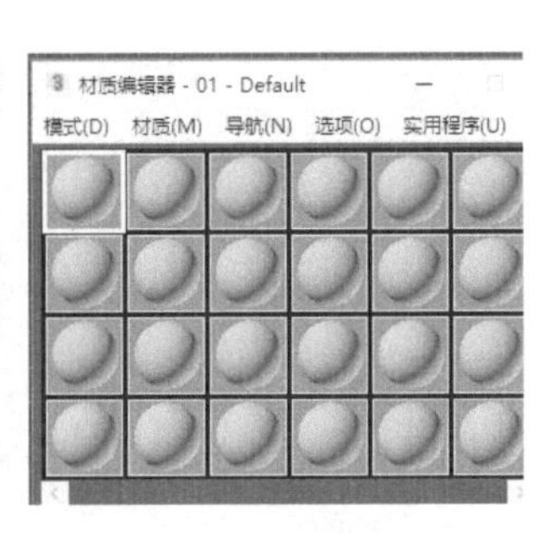

图7–4 示例窗口

3）在材质球上面单击鼠标右键，选择“6×4示例窗”，右侧工具按钮组用于控制该示例窗的显示效果（图7–5）。

4）在材质球面板下侧的工具按钮组用于控制操作视口的材质贴图效果（图7–6）。

5）最下侧是参数控制面板，能控制着材质的类型与各种参数（图7–7）。

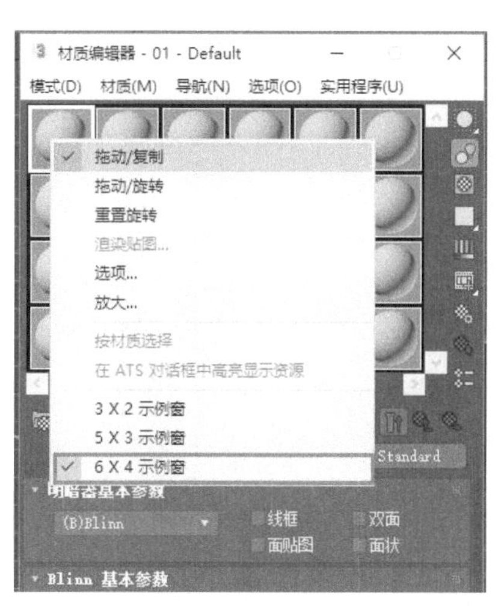

图7-5 示例窗

图7-6 控制贴图

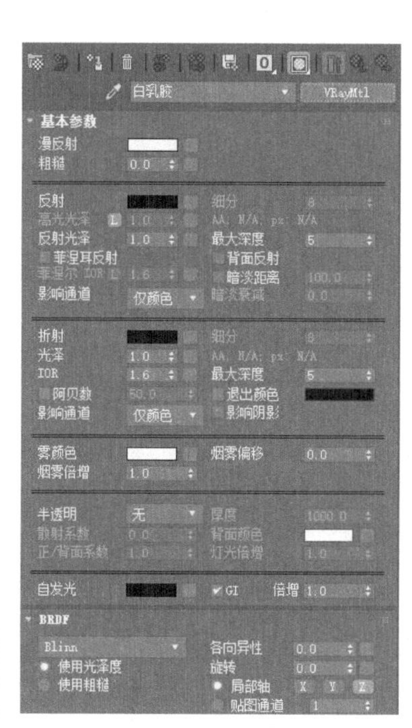

图7-7 材质参数

7.2 控制贴图

控制好贴图，对于材质的表现是非常重要的，本节将介绍贴图控制的所有因素。

1）新建场景，在场景中建立一个立方体模型，打开“材质编辑器”，单击第1个材质球指定给立方体（图7-8）。

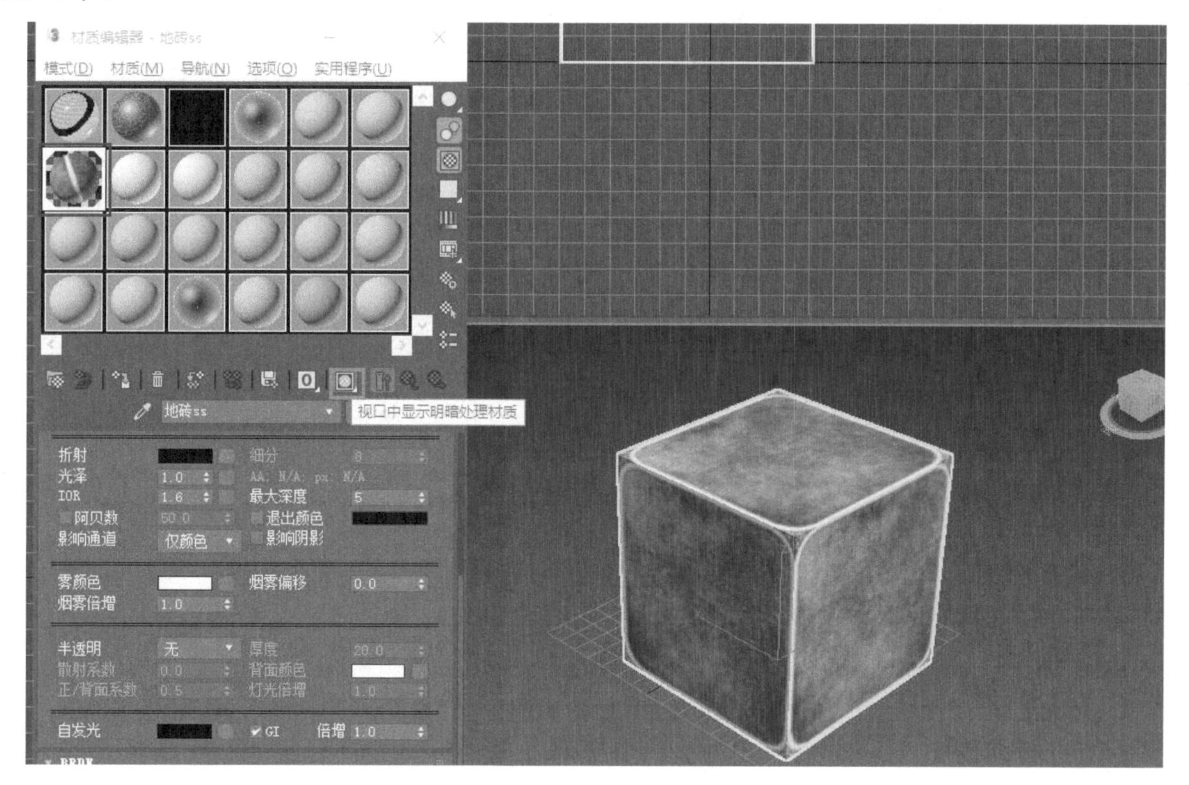

图7-8 创建材质模型

2）单击“物理材质”（VRayMtl）按钮，将此材质转为“标准”材质（图7-9）。

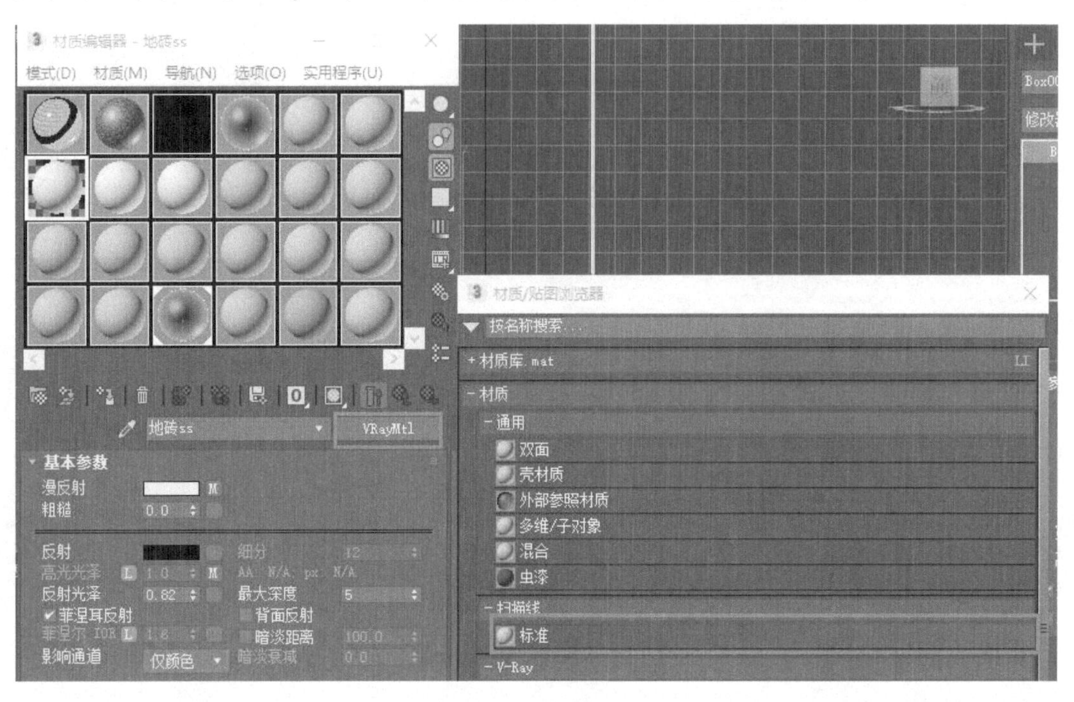

图7-9　转换材质

3）单击“漫反射”后的“色彩框”，就可以在弹出的“颜色选择器”对话框中更改颜色了（图7-10）。

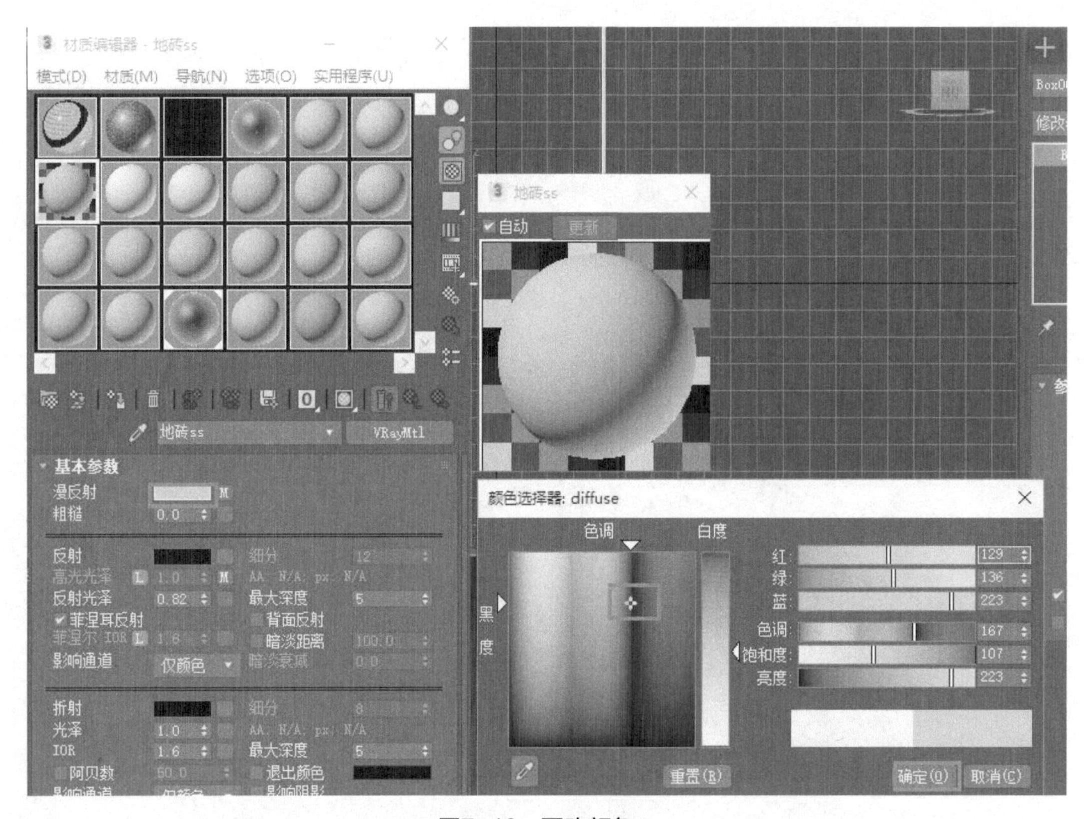

图7-10　更改颜色

4）为该材质添加一个贴图，打开本书配套资料中“模型素材/材质贴图/仿古砖/F(226).jpg”，单击该图片并按住鼠标左键不放，将图片拖到“漫反射贴图”后面的“无贴图”按钮中（图7-11）。

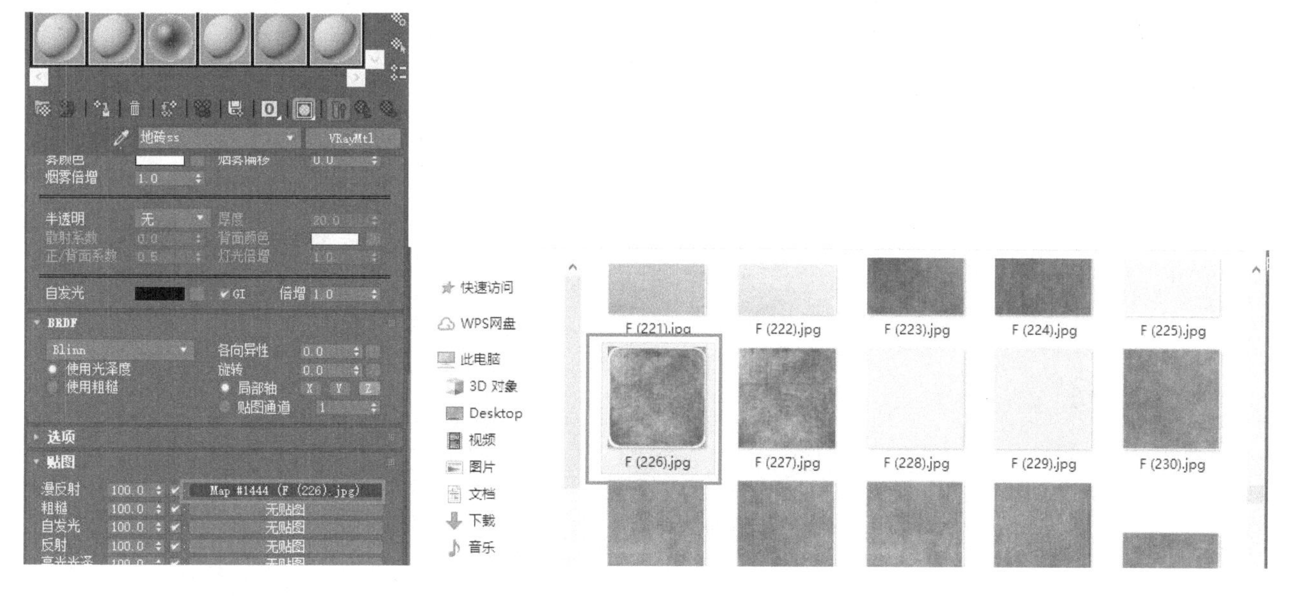

图7-11　选择贴图

5）单击“视口中显示明暗处理材质”按钮（图7-12）。

6）单击“漫反射贴图”后面的“贴图”按钮（图7-13），进入“贴图”控制面板（图7-14）。

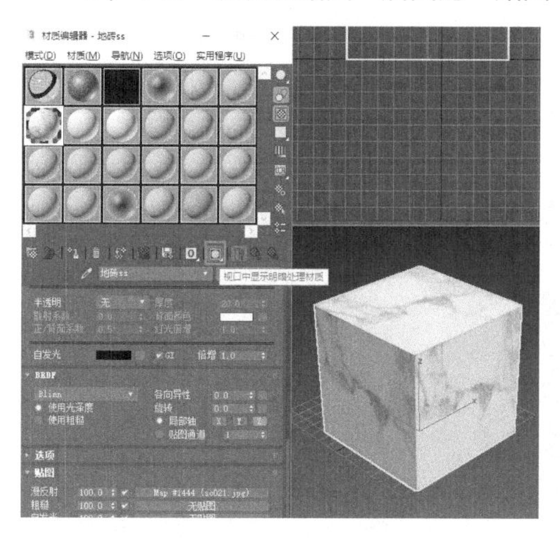

图7-12　处理材质

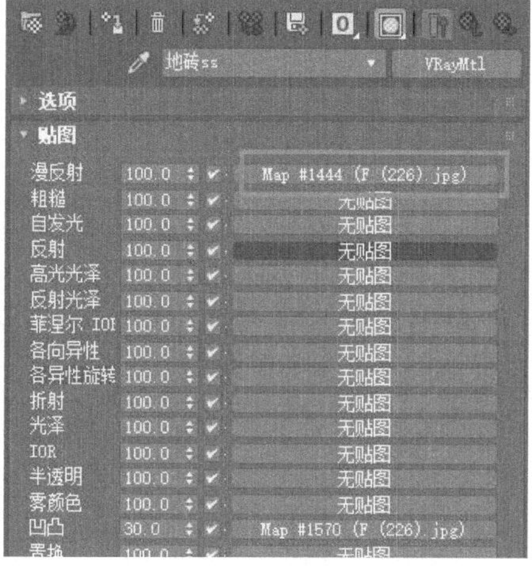

图7-13　选择贴图

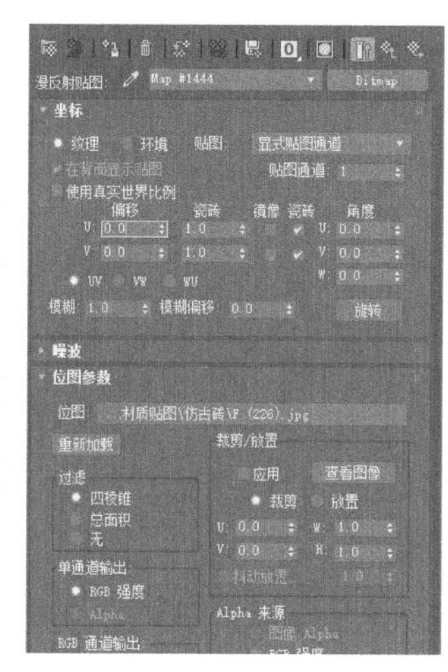

图7-14　贴图面板

7）修改“偏移”中“U”的数值，贴图就会在“U”向做左右偏移（图7-15）。

8）修改“偏移”中“V”的数值，贴图就会在“V”向做上下偏移（图7-16）。

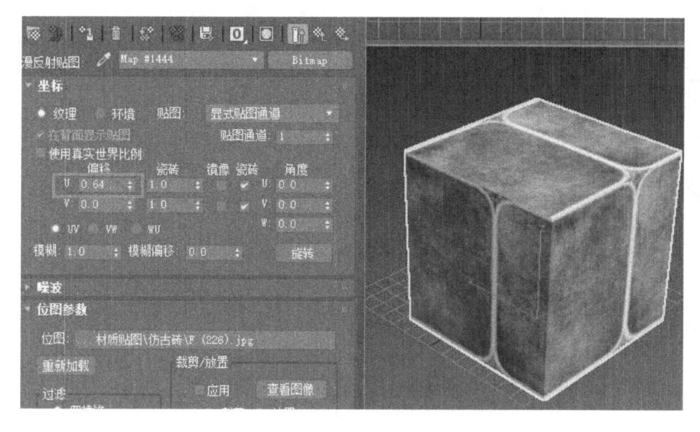

图7-15　左右偏移

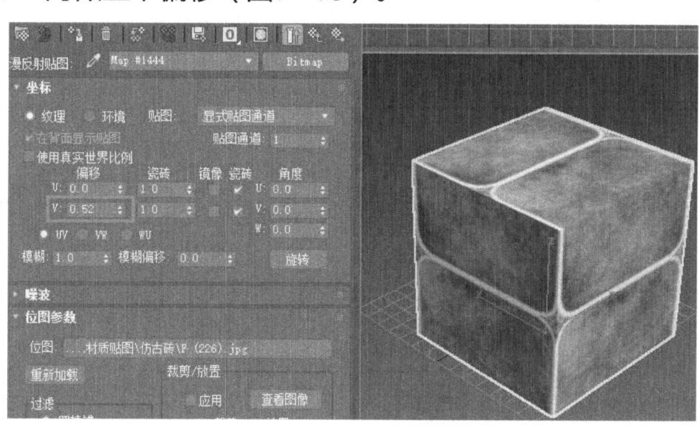

图7-16　上下偏移

9）“偏移”后面的“瓷砖”能决定贴图在图中的平铺次数，将“U”“V”的“瓷砖”数都设置为2（图7-17）。

10）“镜像”能将图片在“U”“V”方向上进行镜像操作，“瓷砖”下的两个复选框控制贴图是否能连续呈现在模型上（图7-18）。

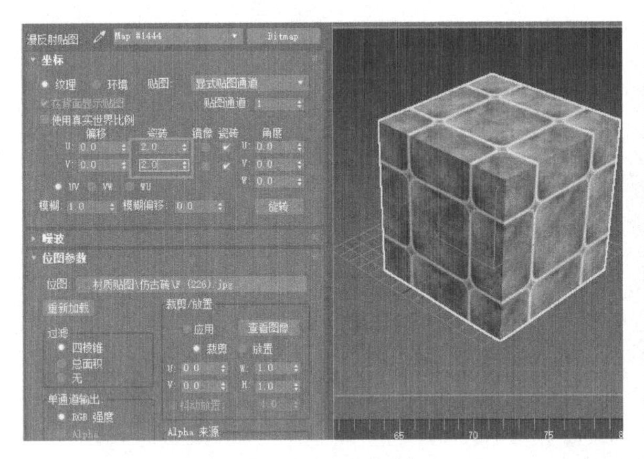

图7-17　贴图次数

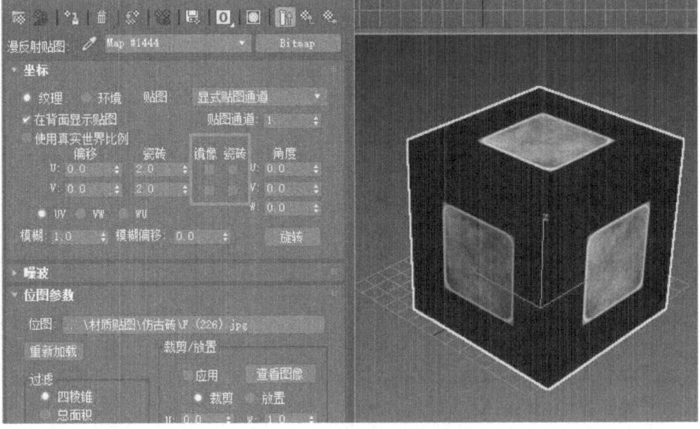

图7-18　镜像、瓷砖框

11）“角度”能控制贴图在“U”“V”向的缩放，W控制贴图的旋转角度（图7-19）。

12）单击“旋转”按钮，能同时控制整体角度的3个值变化（图7-20）。

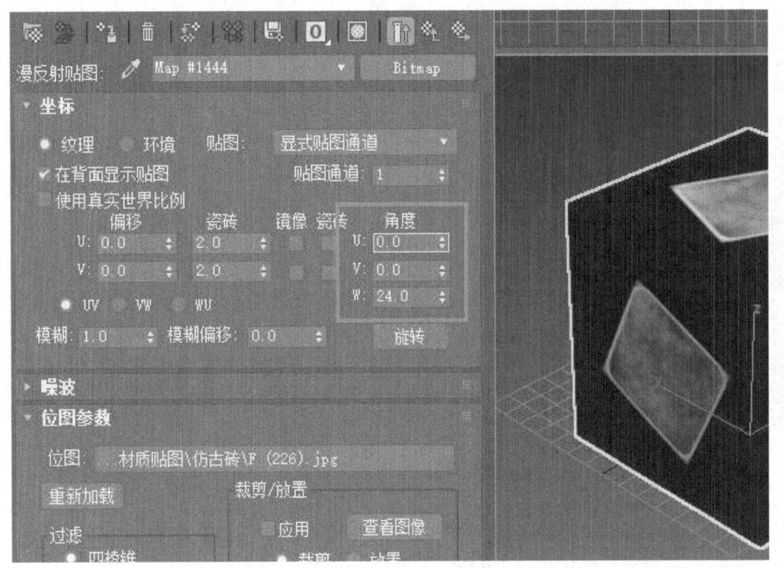

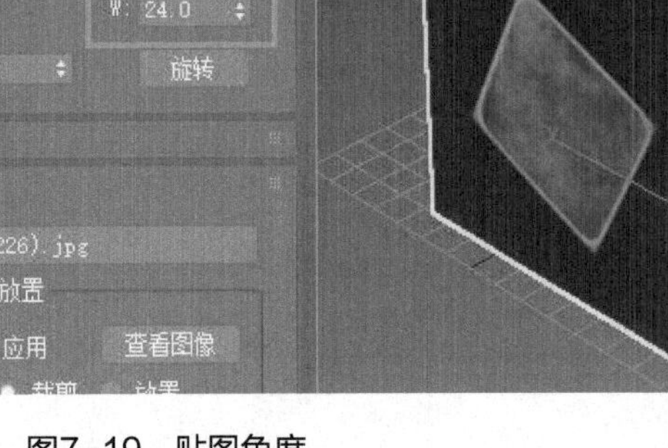

图7-19　贴图角度

图7-20　旋转角度

设计小贴士

3ds max 2020中的材质球数量仍是24个，如果不够用可以将材质球上的材质赋予给模型后再删除，腾出新的材质球继续使用。很多合并进来的模型都自带材质，不用再次使用材质球来设置了，因此24个材质球能满足大多数效果图的制作要求。

设计小贴士

搜集各种贴图是制作效果图的前期工作，可以通过网络下载、购买光盘、拍摄、扫描、创作等方式收集，本书配套资料中有部分贴图文件，仅供学习参考使用。现代效果图中所需的贴图都是专门为该效果图配备的，操作者应根据客户与投资者的要求去拍摄、扫描、创作贴图，不能随意赋予网络下载的贴图。

13）如果要切换贴图，单击“位图”后的“贴图”按钮（图7-21），直接打开“选择位图图像文件夹”，选择要切换的贴图（本书配套资料中的“模型素材/材质贴图/F(102).jpg”）（图7-22）。

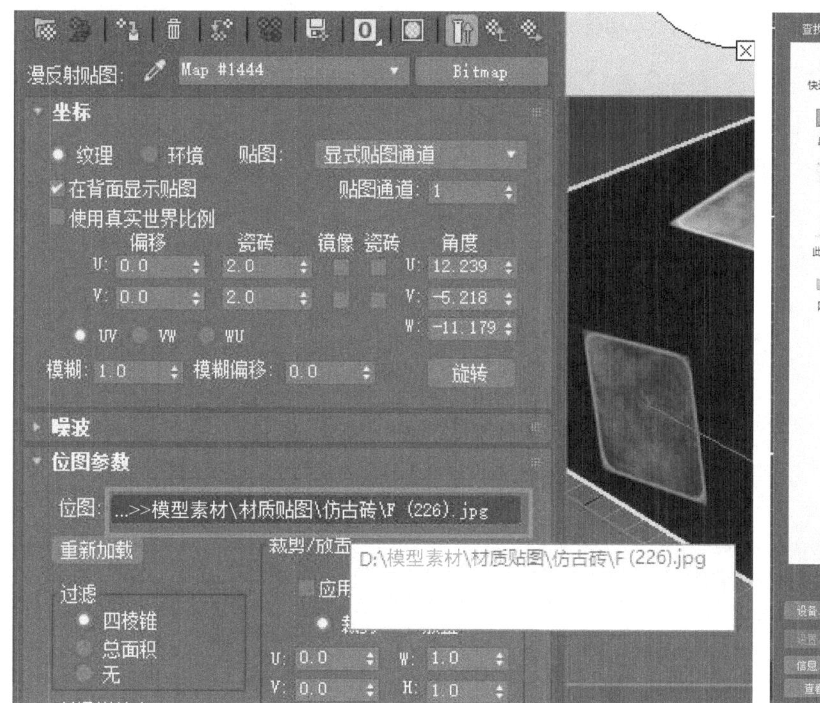

图7-21 切换贴图

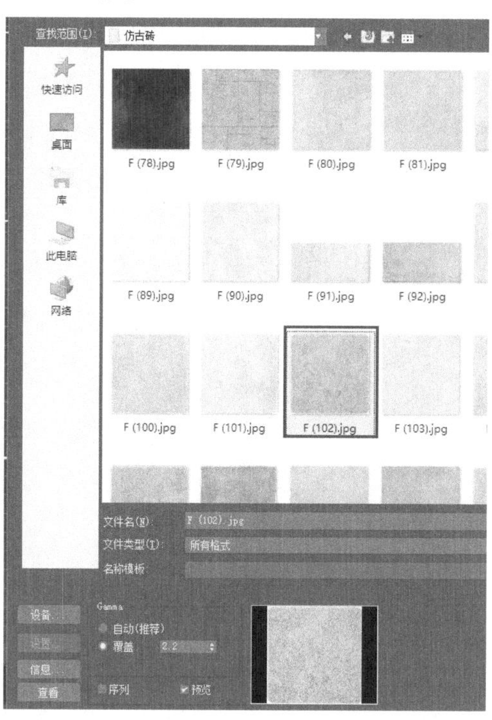

图7-22 选择贴图

14）单击“转到父对象”按钮，就可以回到上一层级，继续对其他参数进行设置（图7-23）。

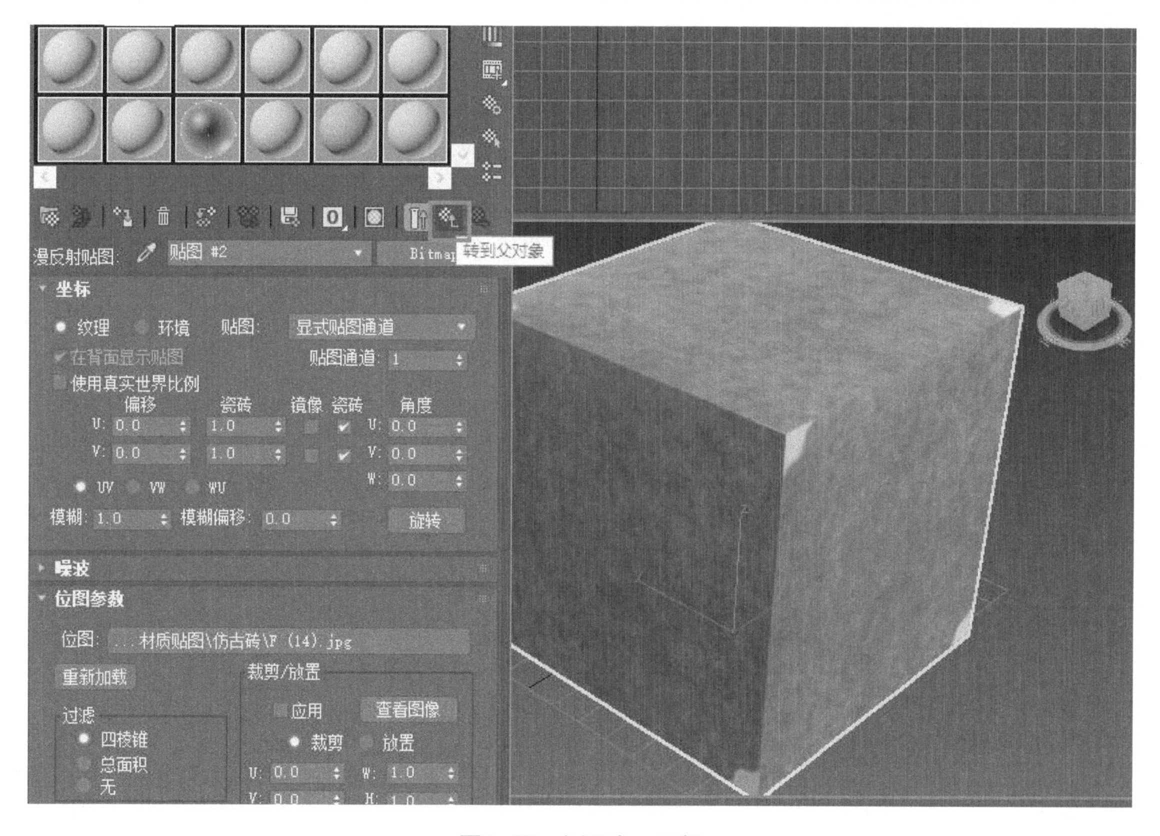

图7-23 返回上一层级

7.3 UVW贴图修改器

“UVW贴图”修改器是能将物体表面贴图进行均匀平铺与调整的修改器。

1）新建场景，在创建命令面板的扩展基本体中创建切角立方体，并为其赋予一个材质（图7-24）。

2）打开贴图文件（本书配套资料中的“模型素材/材质贴图/布料贴图/buliao105”），拖入一张贴图在材质球上面，并单击视口中“显示明暗处理材质”按钮（图7-25），并将该材质重新赋予切角立方体（图7-26）。

3）进入修改命令面板，为刚才创建的切角立方体添加“UVW贴图”修改器（图7-27）。

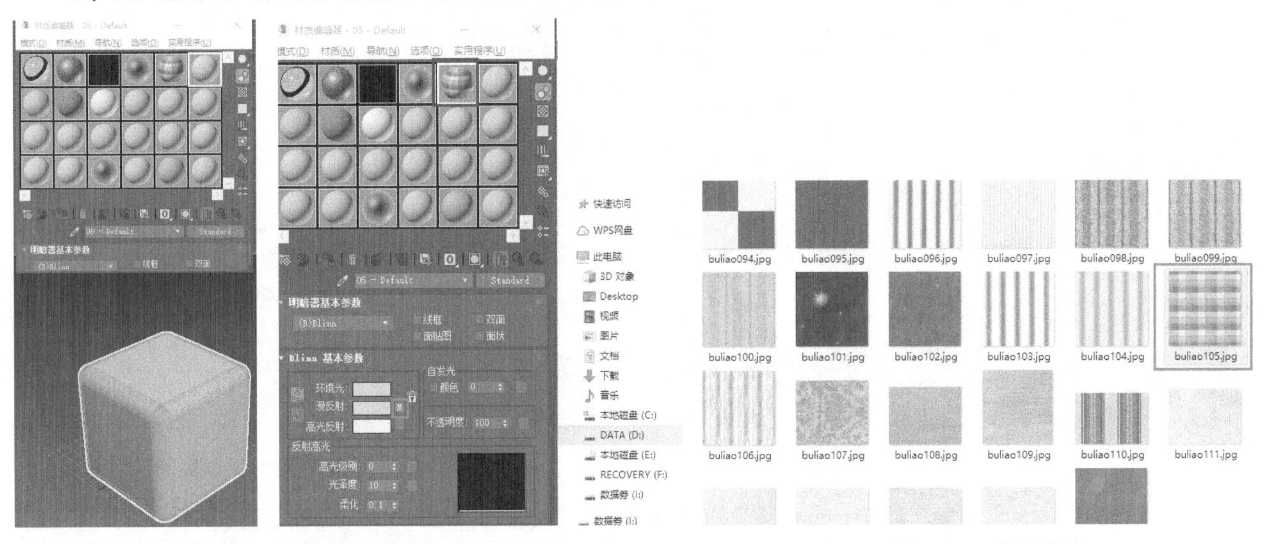

图7-24　创建基本体材质　　图7-25　选择贴图

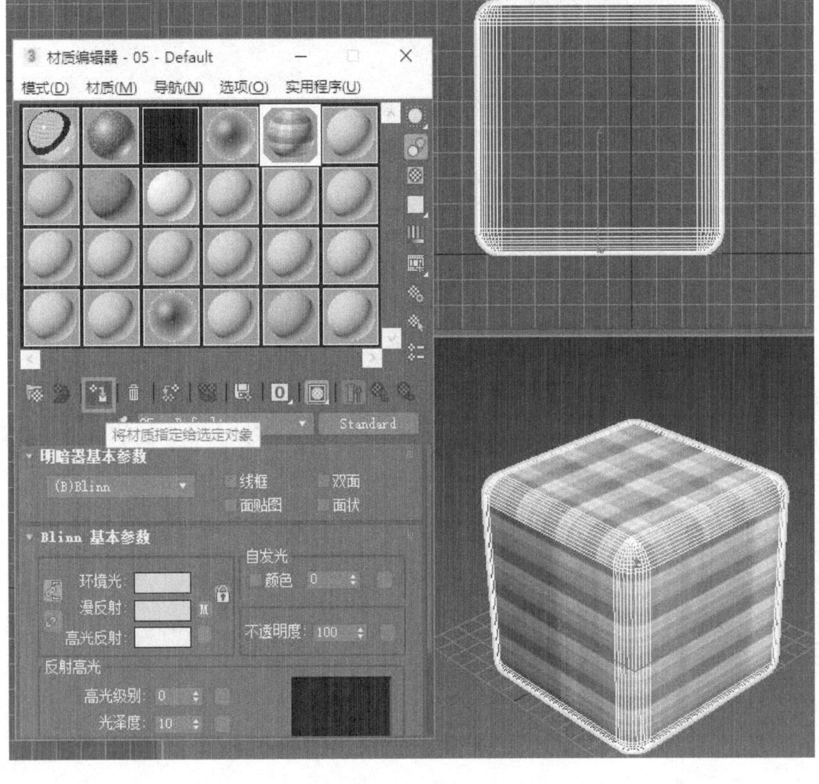

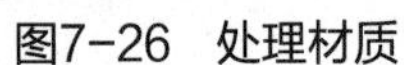
图7-26　处理材质

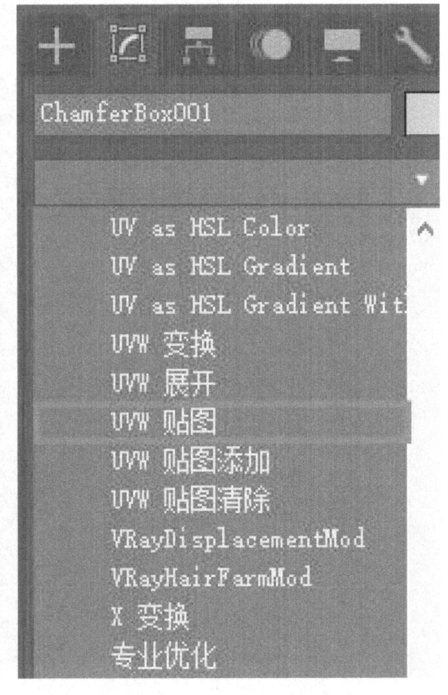

图7-27　修改命令

4）默认的贴图方式是“平面”，平面的贴图方式只是适合平整的物体，一般在室内场景中都是用“长方体”的贴图方式，因此将贴图方式改为“长方体”（图7-28）。

5）更改长方体的“长度”“宽度”“高度”的数值，一般数值相同的才能达到整体均匀的效果，现在将长宽高数值均设置为100.0mm（图7-29）。

图7-28　贴图方式

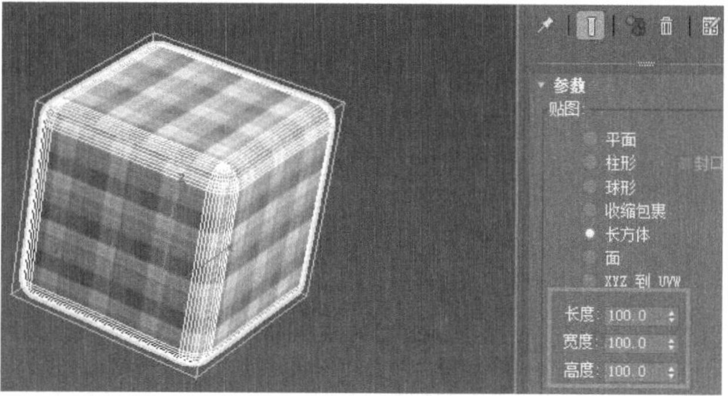

图7-29　设置数值

6）调整贴图的“对齐”方式，可以让贴图位置更加精确，单击“对齐”选项中的“适配”按钮（图7-30）。

7）其余几种贴图的对齐方式不常用，可以尝试修改。展开“UVW贴图”卷展栏，选择“Gizmo”，可以方便地对贴图进行旋转或移动（图7-31）。

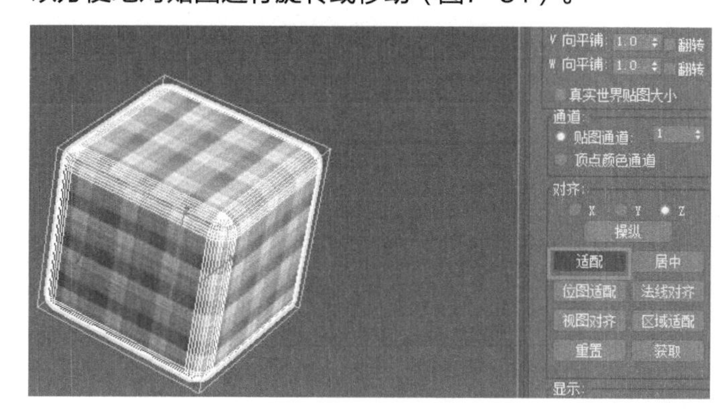

图7-30　对齐贴图

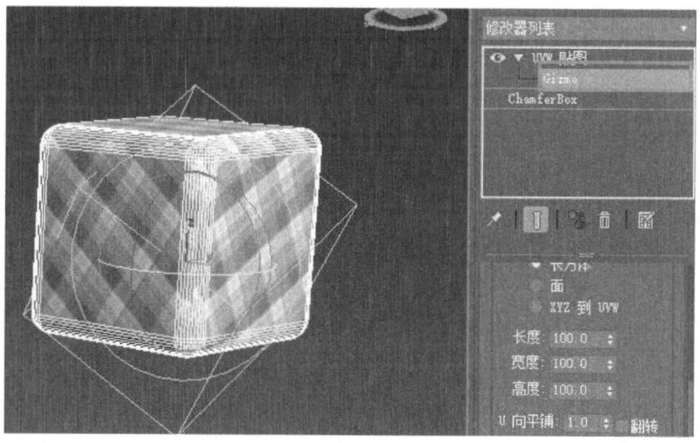

图7-31　移动贴图

8）将该贴图继续进行调整，可以看到调整完毕后的效果（图7-32）。

图7-32　调整后的效果

7.4 贴图路径

将一个场景使用不同的计算机打开，即使贴图文件都存在于计算机硬盘中，也会发现在渲染时没有贴图，这是因为贴图的路径错误所导致的，需要重新寻找贴图路径。

1）打开本书配套资料中的“模型素材/第7章/单人沙发01”，在弹出的“缺少外部文件”对话框中单击“继续”按钮（图7-33）。

2）进入场景后，按住〈Shift+T〉，调出“资源追踪”对话框，这时就会看到有两张贴图已丢失（图7-34）。

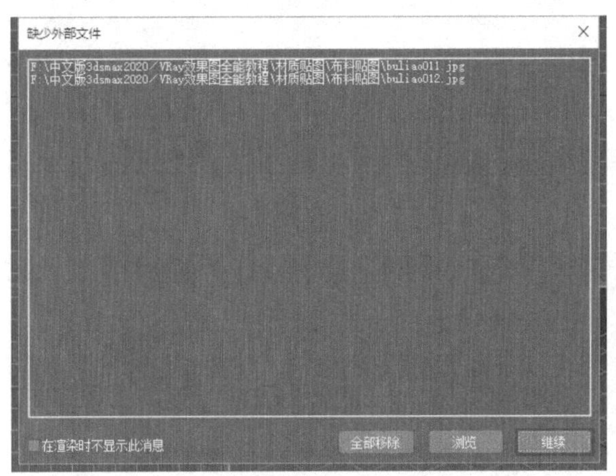

图7-33　打开文件

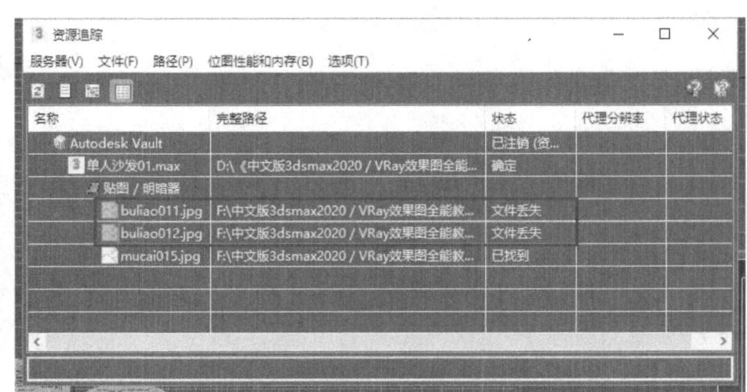

图7-34　“资源追踪”对话框

3）按住〈Shift〉键加选中的两个丢失文件，单击右键，选择“设置路径”（图7-35）。

4）在打开的“制定资源路径”对话框中，点选后面的省略号，重新指定路径（图7-36）。

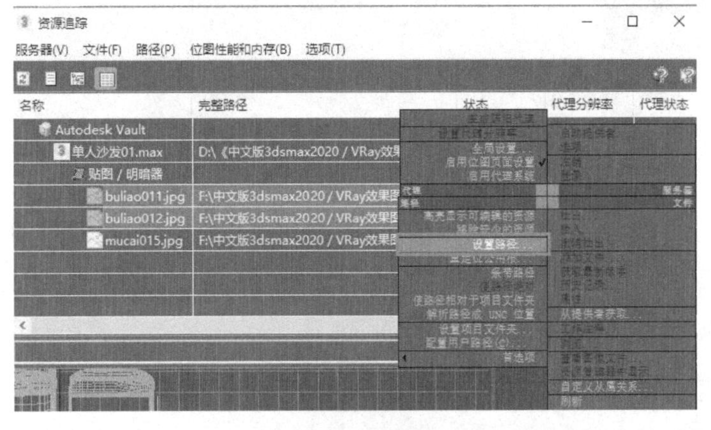

图7-35　设置路径

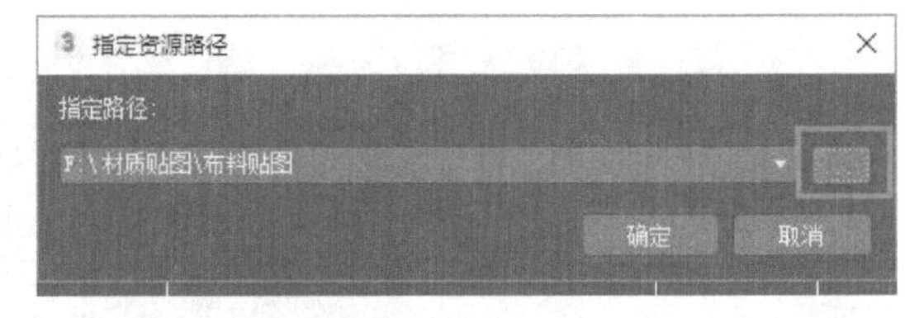

图7-36　“重新指定路径”对话框

设计小贴士

材质是指物体表面看上去的质地，也可以理解是材料与质感的结合。在计算机渲染程序中，材质是表面各可视属性的结合，这些可视属性是指表面的色彩、纹理、光滑度、透明度、反射率、折射率、发光度等。在日常生活中，设计师应当仔细分析产生不同材质的原因，才能更好地把握质感。

其实，影响材质不同的根源是光，离开光所有材质都无法体现。例如，借助夜晚微弱的天空光，往往很难分辨物体的材质，而在正常的照明条件下，则很容易分辨。此外，在彩色光源的照射下，也很难分辨物体表面的颜色，在白色光源的照射下则很容易。这也表明了物体的材质与光的微妙关系。本书配套资料中有预先设置好的成品材质，能满足基本需求。

5）打开本书配套资料的材质贴图，找到丢失的贴图文件，单击“确定”按钮（图7-37）。

图7-37　确定贴图文件

6）可以看到丢失的贴图文件已经被找到（图7-38）。

7）调整后，透视图可以看到重新附有材质的模型（图7-39）。

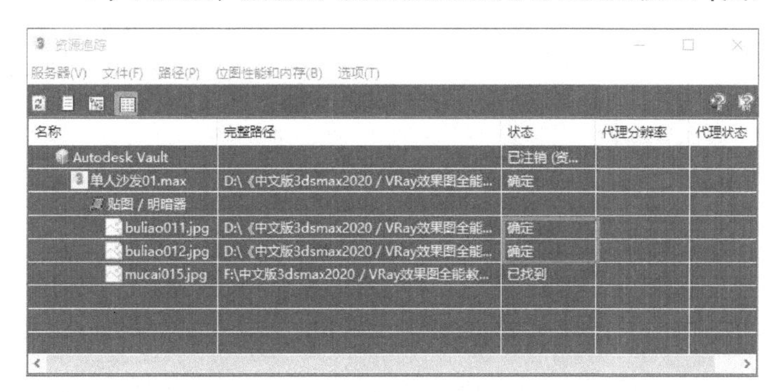

图7-38　找到贴图文件

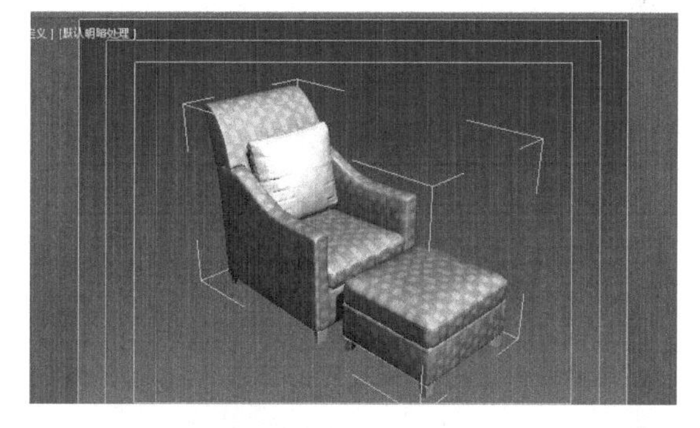

图7-39　调整模型

8）单击工具栏最后的“渲染”按钮即可开始渲染。配置灯光与环境后的渲染效果如图7-40所示。

图7-40　渲染后的效果

7.5 建筑材质介绍

建筑材质是在室内场景中运用最广泛的材质类型，本节主要建筑材质的一些参数与使用方法。

1）新建场景，在场景中创建一个长方体（图7-41），并打开“材质编辑器”对话框（图7-42）。

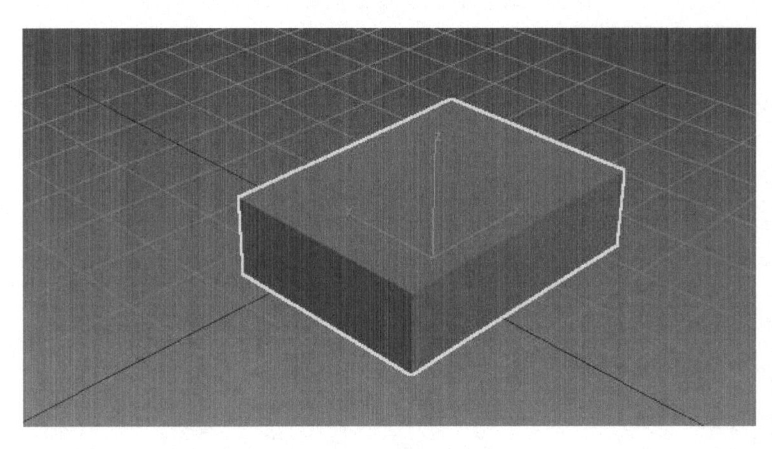

图7-41 创建基本体

图7-42 “材质编辑器”对话框

2）选择第1个材质球，将该材质球转为“建筑”材质，并将材质指定给对象（图7-43），单击“模板”下的“用户定义”，这是选择建筑材质类型的选项框，里面有几乎所有适用于装修效果图的建筑材质（图7-44）。

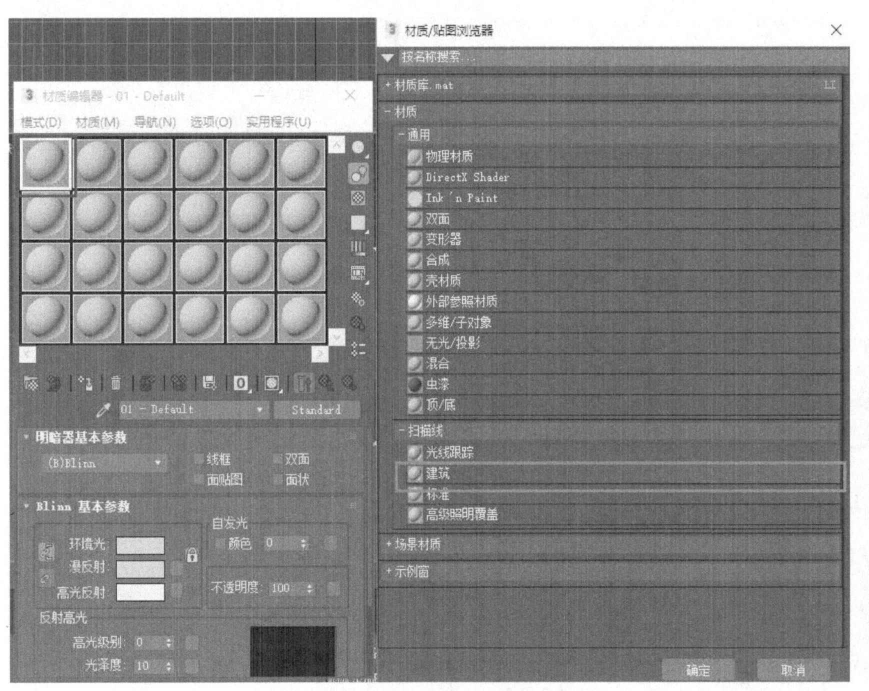

图7-43 转换材质

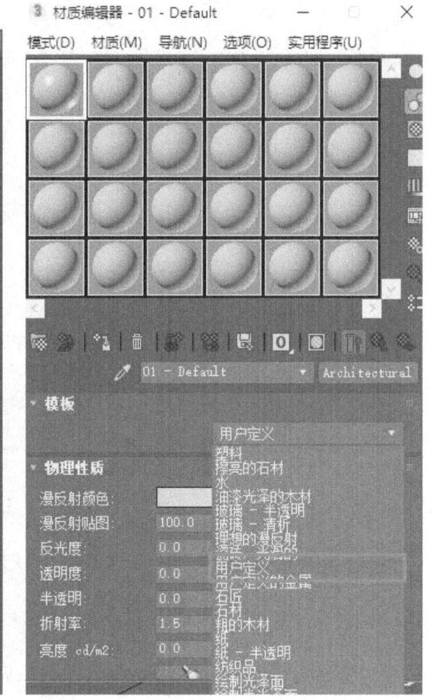

图7-44 模板类型

3）“物理性质”中，第1项是“漫反射颜色”，单击后面的颜色框就可改变模型材质颜色了。第2项是“漫反射贴图”，单击其后的“无贴图”按钮，就可以为模型增加不同的贴图（图7-45）。

4）第3项是“反光度”。反光度是调节物体表面的物理光滑程度的，光滑瓷砖的“反射度”设置为90.0，表面越光滑这个值就应设置得越高，可以设置成瓷砖效果（图7-46）。

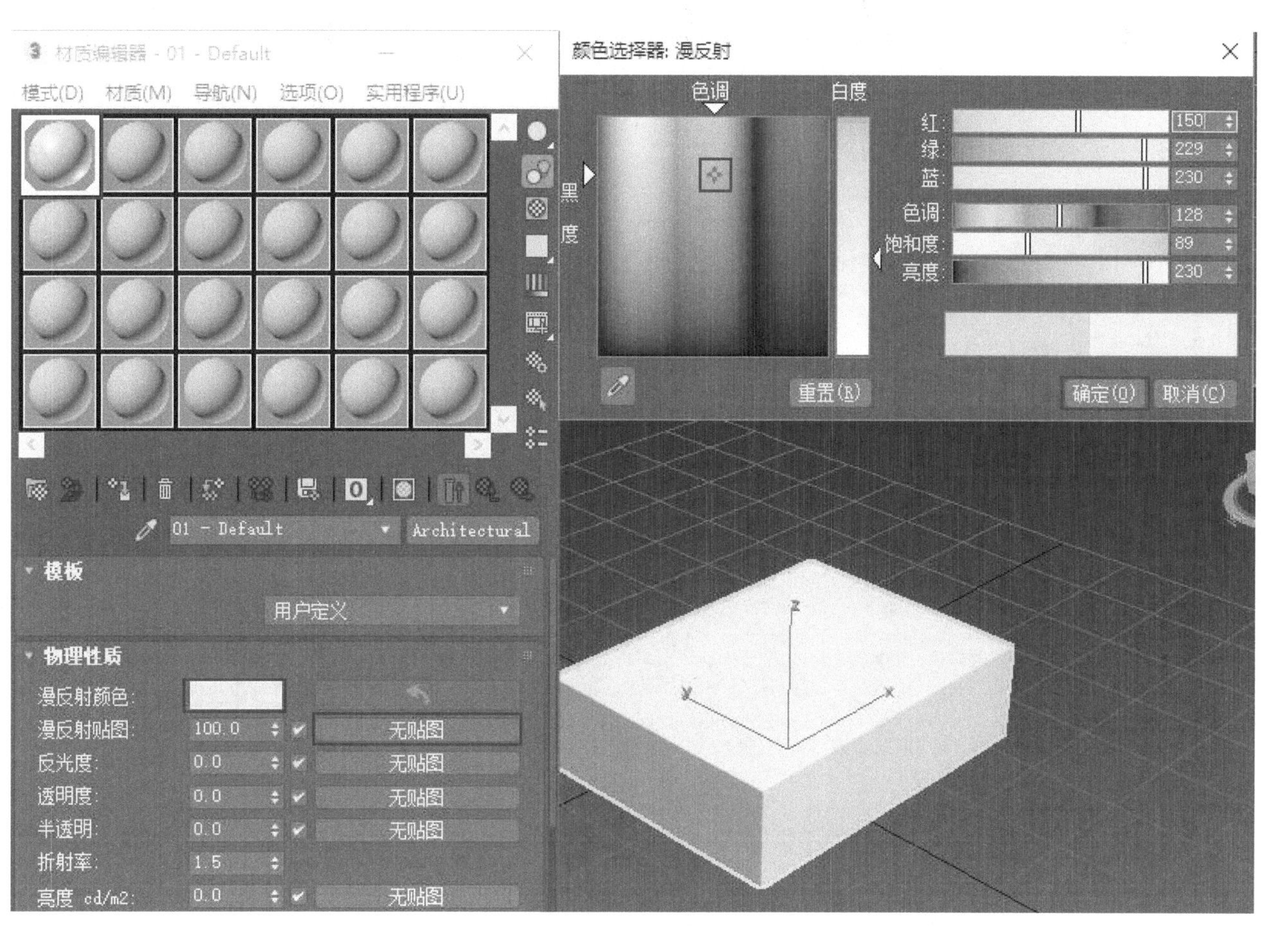

图7-45　选择颜色

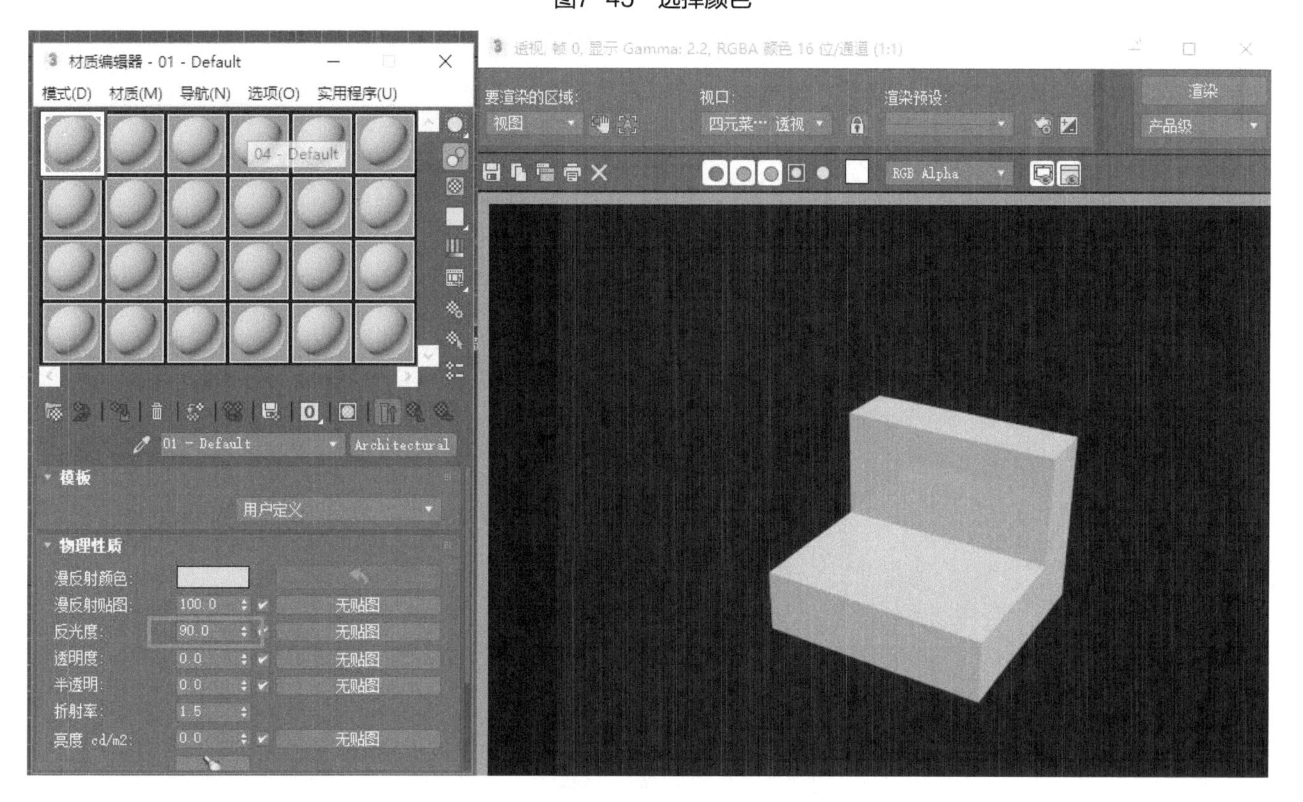

图7-46　设置光滑度

5）第4项是“透明度”，值越高物体就越透明，设置为100.0时为全透明，可以使用第5项设置成半透明材质效果（图7-47）。

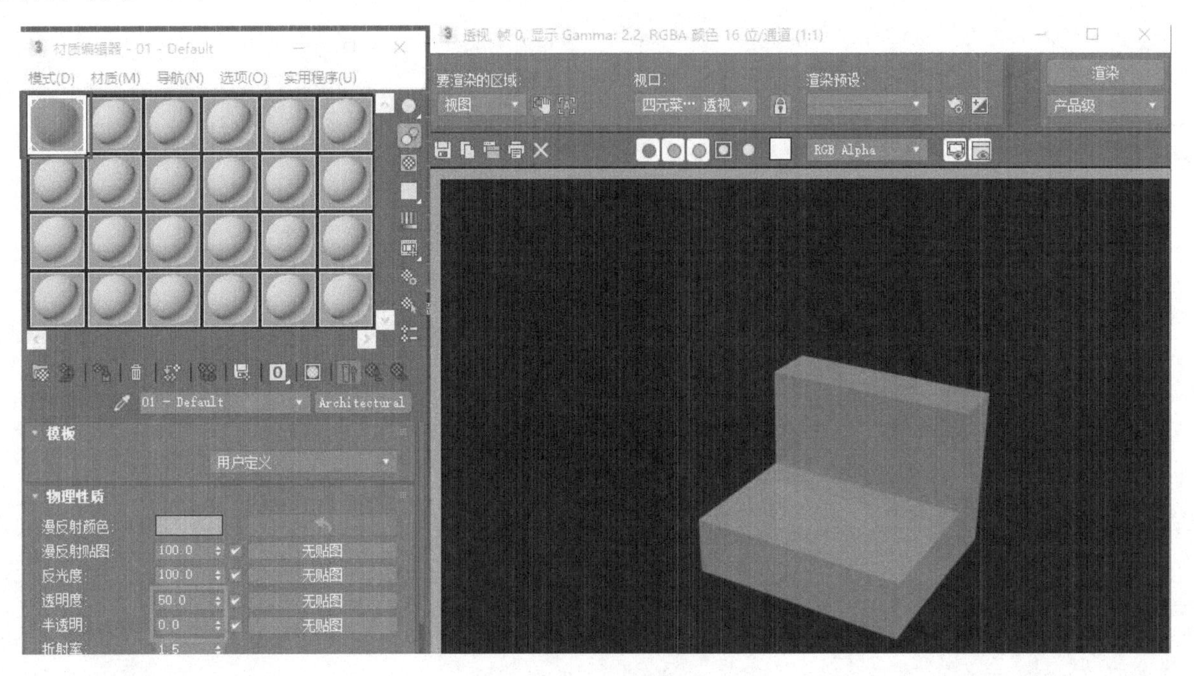

图7-47　设置透明度

6）第6项是“折射率”，其取决于物体的物理属性，水的折射率可设置为1.33，玻璃的折射率可设置为1.5（图7-48）。

图7-48　设置折射率

7）第7项是“亮度”，亮度能调节物体自发光的强弱。让物体发光，可以将其设置为1000.0（图7-49）。

图7-49　设置亮度

8）展开下面的“特殊效果”卷展栏，第1项为“凹凸贴图”，它可以为物体表面添加凹凸纹理的特殊效果，单击“无贴图”按钮，可以选择一张马赛克贴图（本书配套资料中的“模型素材/材质贴图/马赛克.masai032.jpg”）（图7-50）。

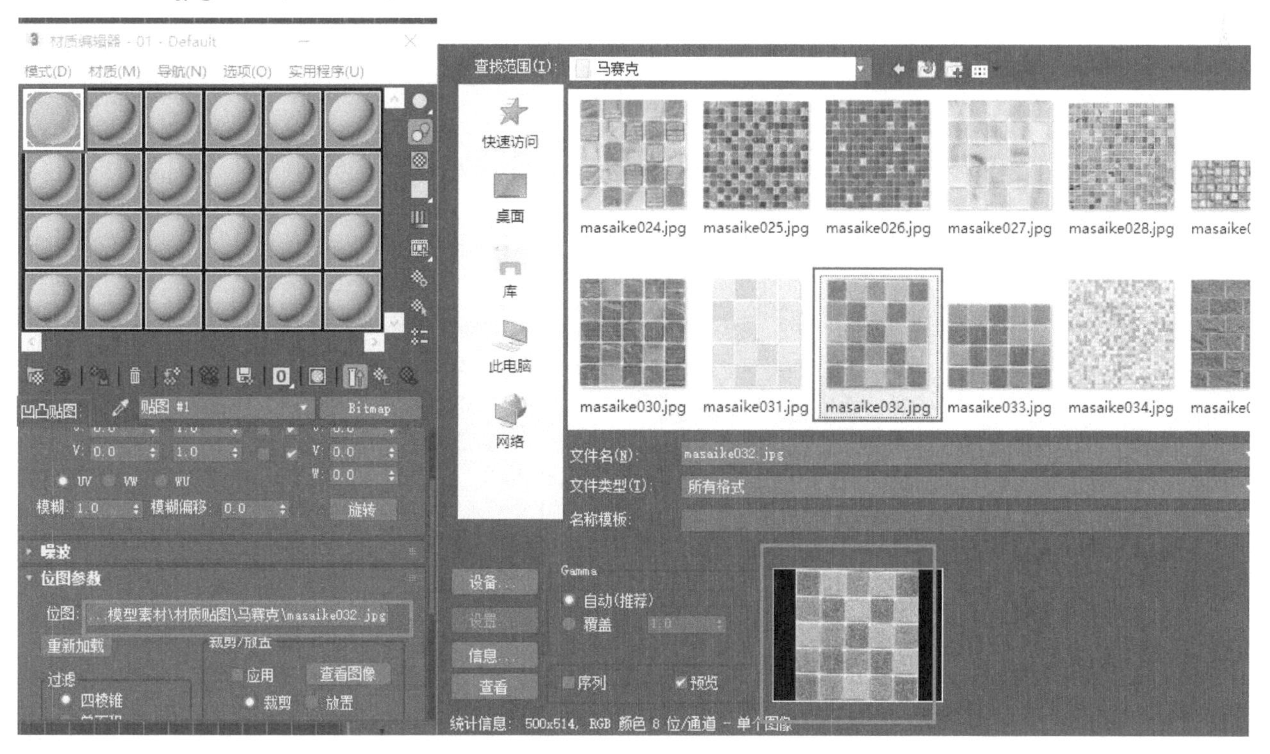

图7-50　选择贴图

9）渲染透视图场景，发现物体上面出现了陶瓷锦砖的凹凸纹理（图7-51）。在效果图制作中，其他项目的参数一般很少使用，可以根据需要尝试使用。

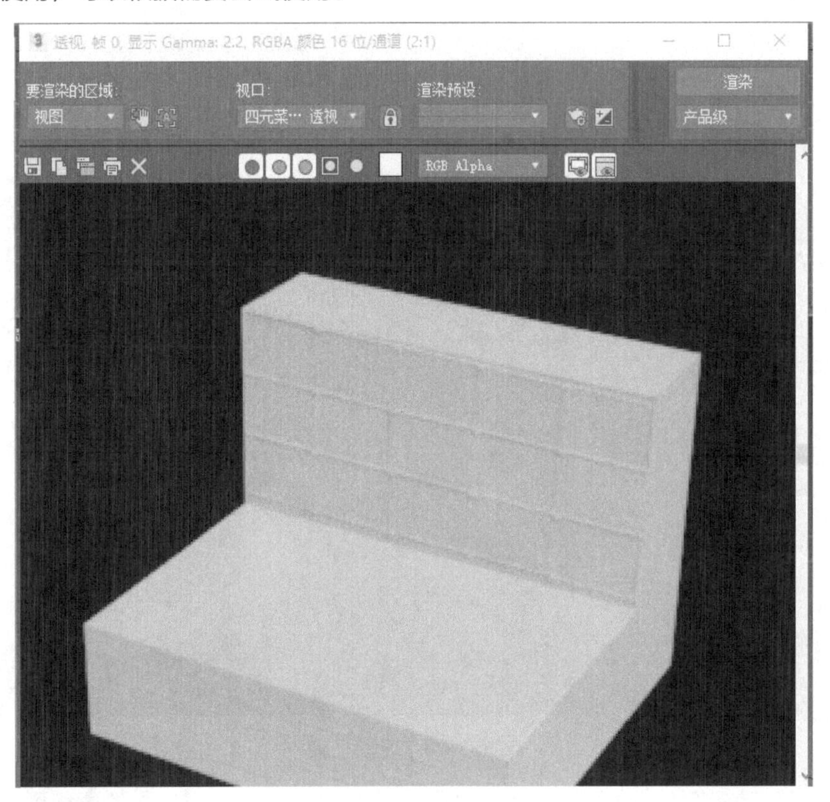

图7-51　视图效果

7.6　多维子对象材质介绍

“多维子对象材质”是在多边形建模中大量运用的材质之一，在同一种物体表面要赋予两种不同的材质时，就需要运用多维子对象材质。

1）新建场景，设置单位，在视口中创建1个切角立方体，将该立方体的“长度分段”“宽度分段”“高度分段”“圆角分段”都设置为3（图7-52）。

2）在切角长方体上单击鼠标右键，选择“转换为→转换为可编辑多边形”（图7-53）。

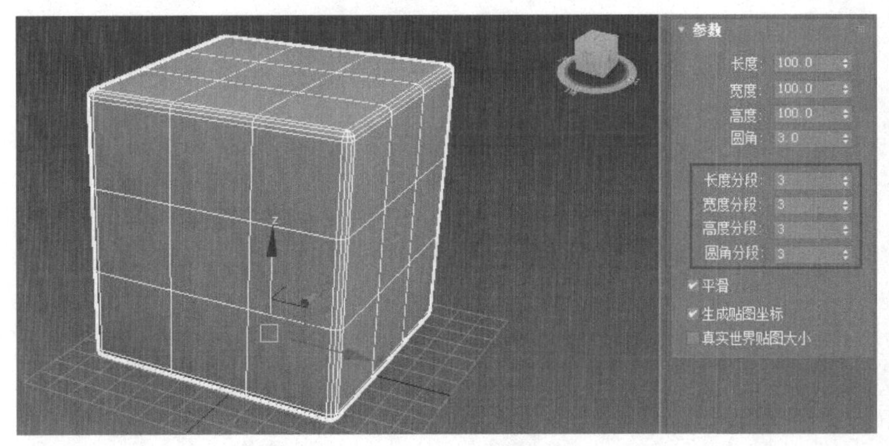

图7-52　创建基本体

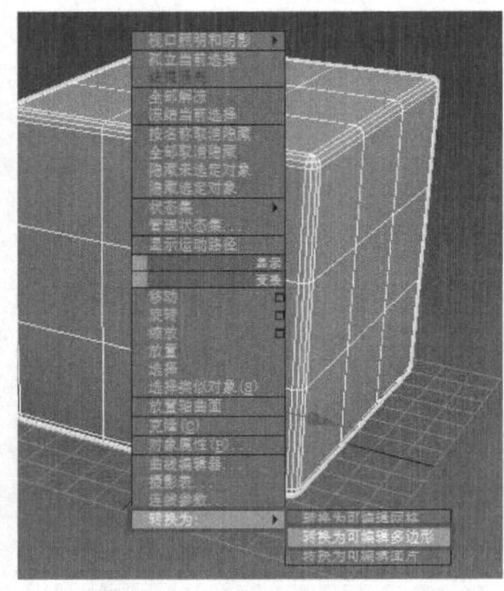

图7-53　转换命令

3）进入修改面板，展开“可编辑多边形”卷展栏，选择“多边形”层级（图7-54）。

4）按住〈Ctrl〉键，同时选择6个面的“9宫格”（图7-55）。

5）向下拖动修改面板，单击“插入”后面的“设置”按钮，选择“按多边形”的方式插入1，单击“对勾”（图7-56）。

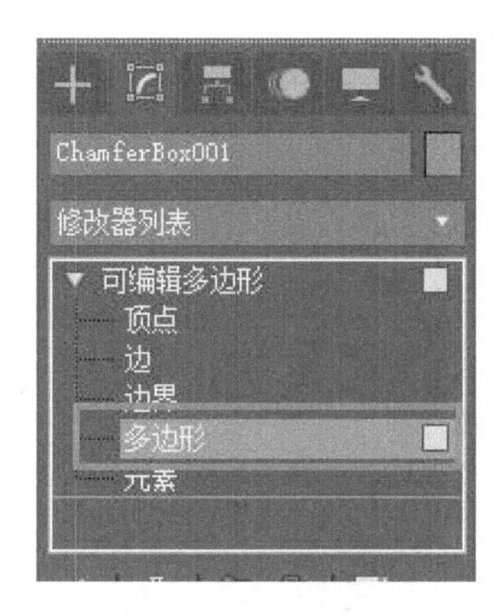

图7-54　修改编辑

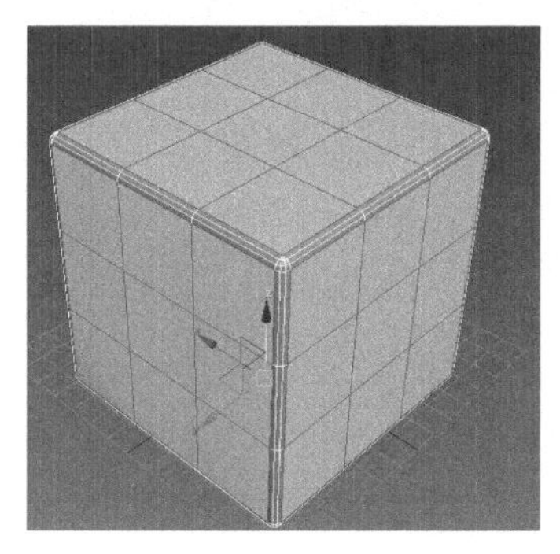

图7-55　选择面

图7-56　插入

6）选择菜单“编辑→反选”（图7-57），向下滑动修改面板，在“多边形：材质ID”卷展栏下将“设置ID”设置为1（图7-58）。

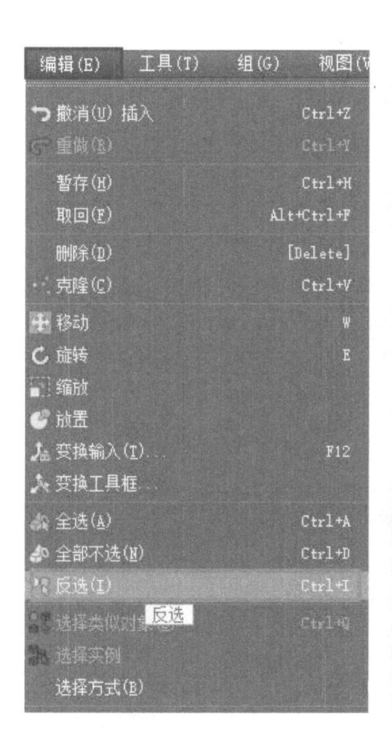

图7-57　菜单编辑命令

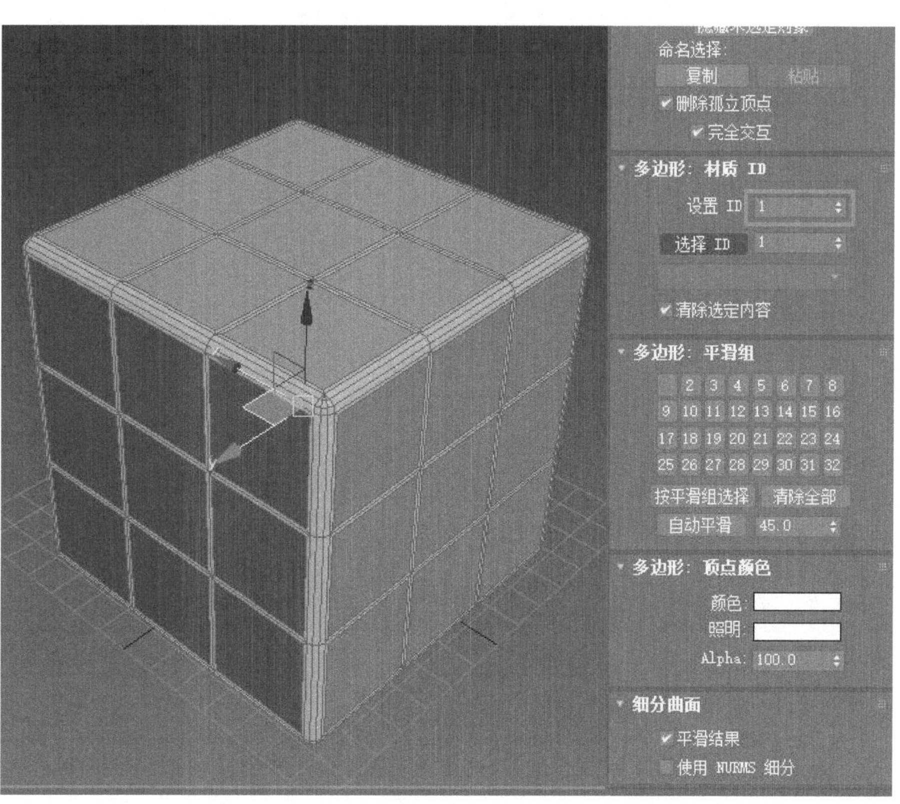

图7-58　修改面板

7）选择顶面的“9宫格”，将“设置ID”设置为2（图7-59）。

8）依次选择模型其他面上的“9宫格”，将它们的“设置ID”分别设置为3、4、5、6、7（图7-60）。

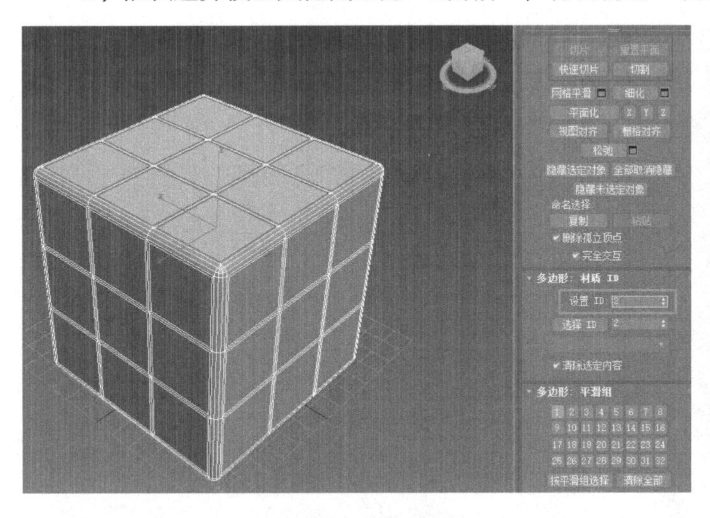

图7-59　修改顶面板

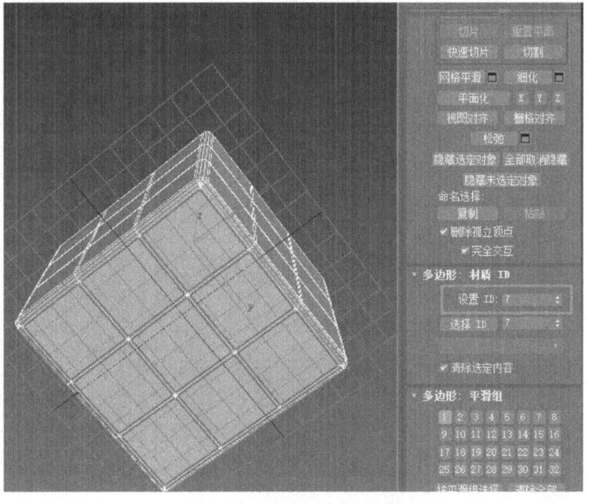

图7-60　修改其他面板

9）打开“材质编辑器”对话框，选择第1个材质球，单击“Standard”按钮，选择“多维/子对象”（图7-61）。

10）在弹出的“替换材质”对话框中单击“将旧材质保存为子材质”单选按钮（图7-62）。

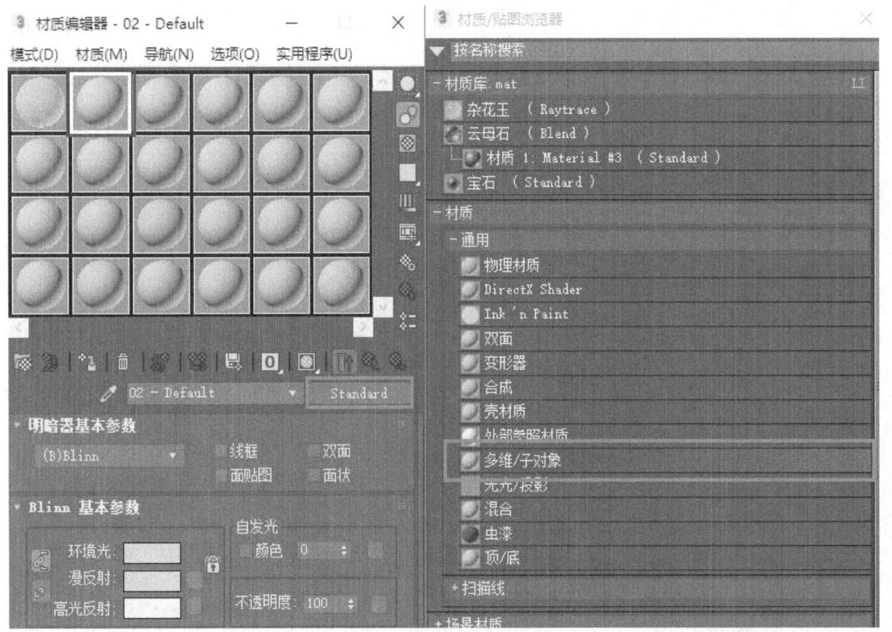

图7-61　材质编辑

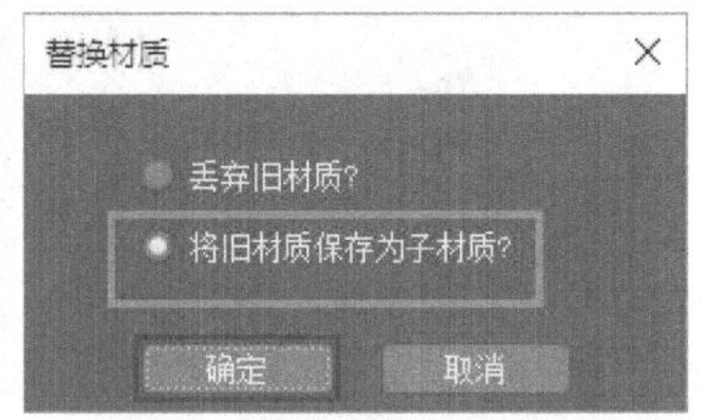

图7-62　替换材质

设计小贴士

贴图与材质是有区别的。简单地理解就是材质类似颜料，利用材质能使苹果显示为红色，而使桔子显示为橙色。还可以为铬合金添加光泽，为玻璃添加抛光。材质可以使场景看起来更加真实。材质的基本选项有环境光、漫射光、透明度、高光级别、光泽度、光线跟踪、双面、多维子材质等。

贴图是将图片信息投影到模型表面的方法。通过应用贴图，可以将图像、图案，甚至表面纹理添加至模型。这种方法类似使用包装纸包裹礼品，不同的是它能使用修改器将图片以数学方法投影到曲面模型上，而不是简单地覆盖在曲面模型上。贴图的类型有位图、凹痕、衰减、镜面、蒙版、澡波、反射／折射、瓷砖。

11）在“多维/子对象基本参数”卷展栏中的“设置材质数量”对话框中单击“设置数量”按钮，将“材质数量”设置为7单击“确定”按钮（图7-63）。

12）单击1号材质，进入材质，将“漫反射”设置为白色，设置完成后单击“转到父对象”按钮（图7-64）。

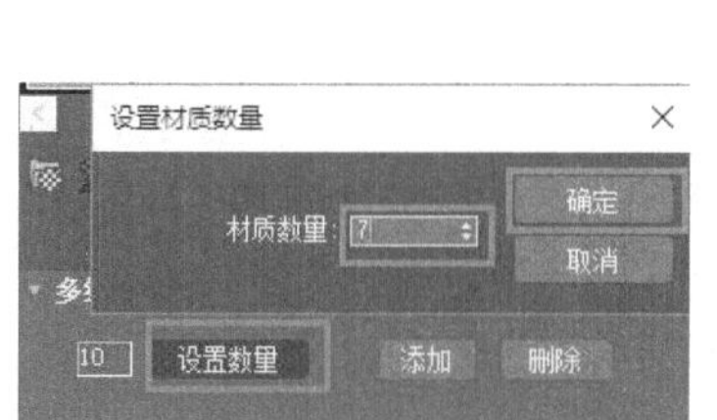

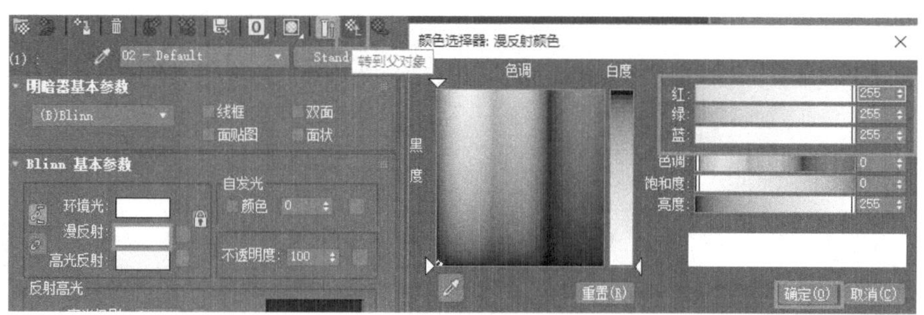

图7-63 材质数量　　图7-64 颜色设置

13）单击2号材质球的“无”按钮，选择“标准（Standard）”材质（图7-65）。进入该材质后，将“漫反射”设置为红色。设置完成后单击“转到父对象”按钮（图7-66）。

图7-65 选择材质

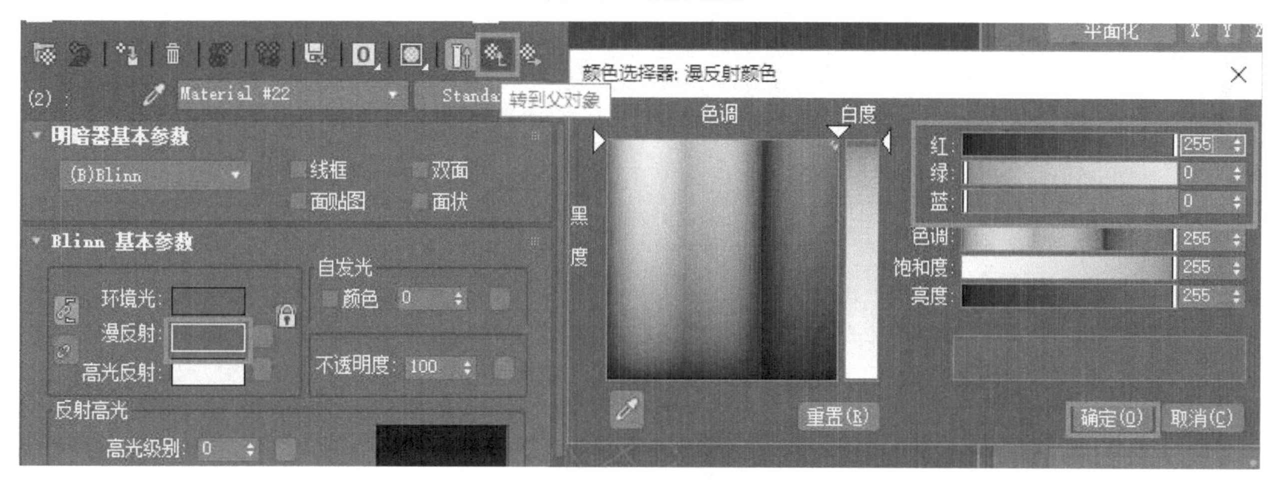

图7-66 颜色设置

14）将下面的材质都设置为“标准”材质，并设置为不同的颜色，然后选择切角长方体，单击“将材质指定给选定对象”按钮（图7-67）。

15）将透视图渲染。渲染后的效果如图7-68所示。

图7-67 材质设置颜色

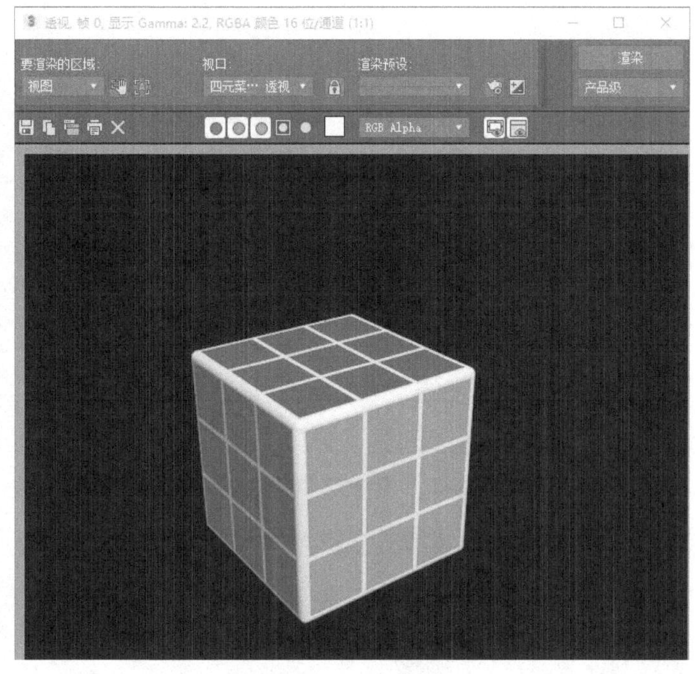

图7-68 渲染的效果

7.7 实例制作：家具材质贴图

1）打开本书配套资料中的“模型素材/第7章/室内场景.max”，打开材质编辑器，选择第1个材质球，并将其命名为木地板（图7-69）。

2）将该材质转为建筑材质，在“模板”中选择“油漆光泽的木材”，并在漫反射贴图中拖入一张木地板的贴图（图7-70），然后单击“视口中显示明暗处理材质”按钮。

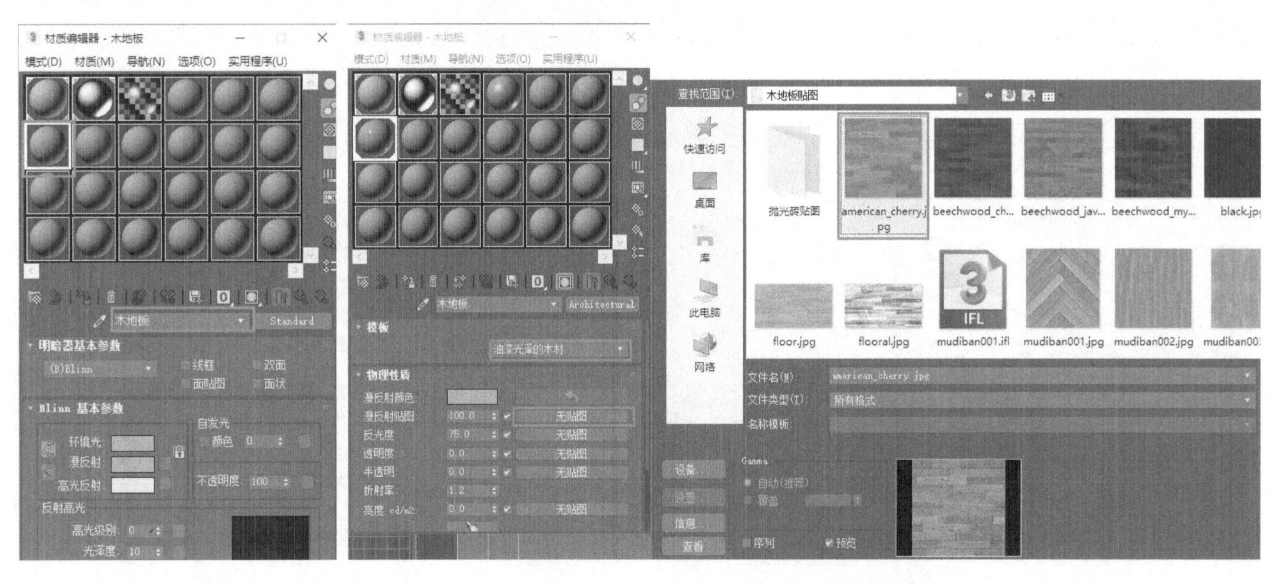

图7-69 打开命名

图7-70 选择模板贴图

3）选择地面，将第1个材质球赋予地面物体，进入修改面板，为地面添加“UVW贴图”修改器，选择“平面”贴图，并将贴图的“长度”与“宽度”均设置为200.0cm（图7-71）。

4）选择第2个材质球，将其命名为墙纸，将该材质转为“Architectural”建筑材质（图7-72）。

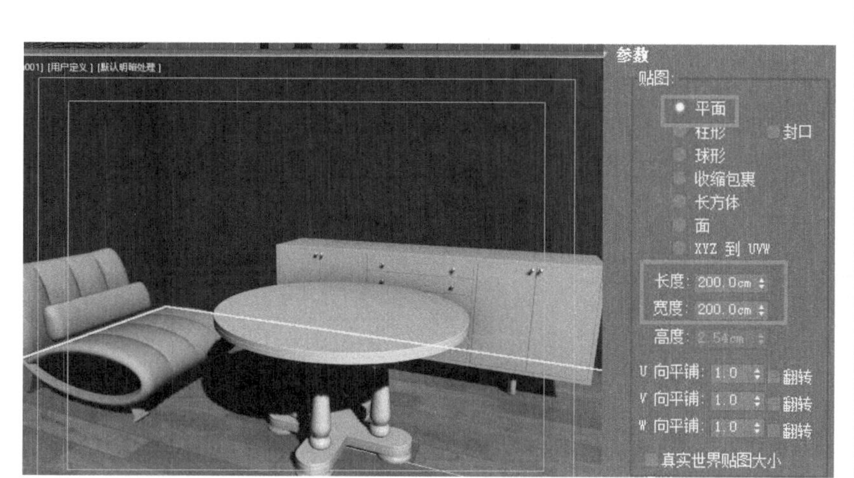

图7-71 贴图设置

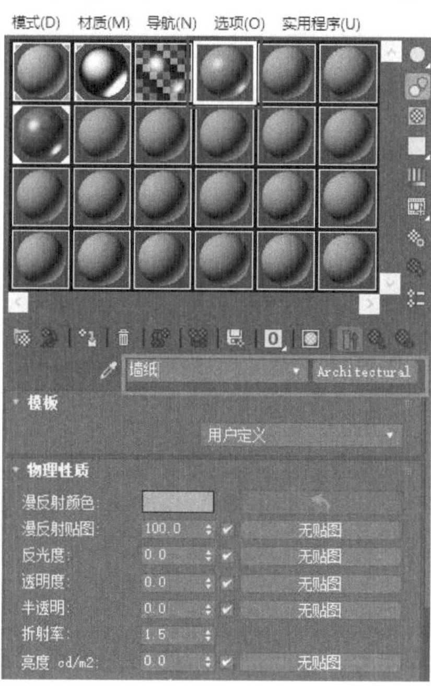

图7-72 转换材质

5）在“模板”中选择“理想的漫反射”，并在漫反射贴图中拖入一张墙纸的贴图（图7-73），并单击“视口中显示明暗处理材质”按钮。

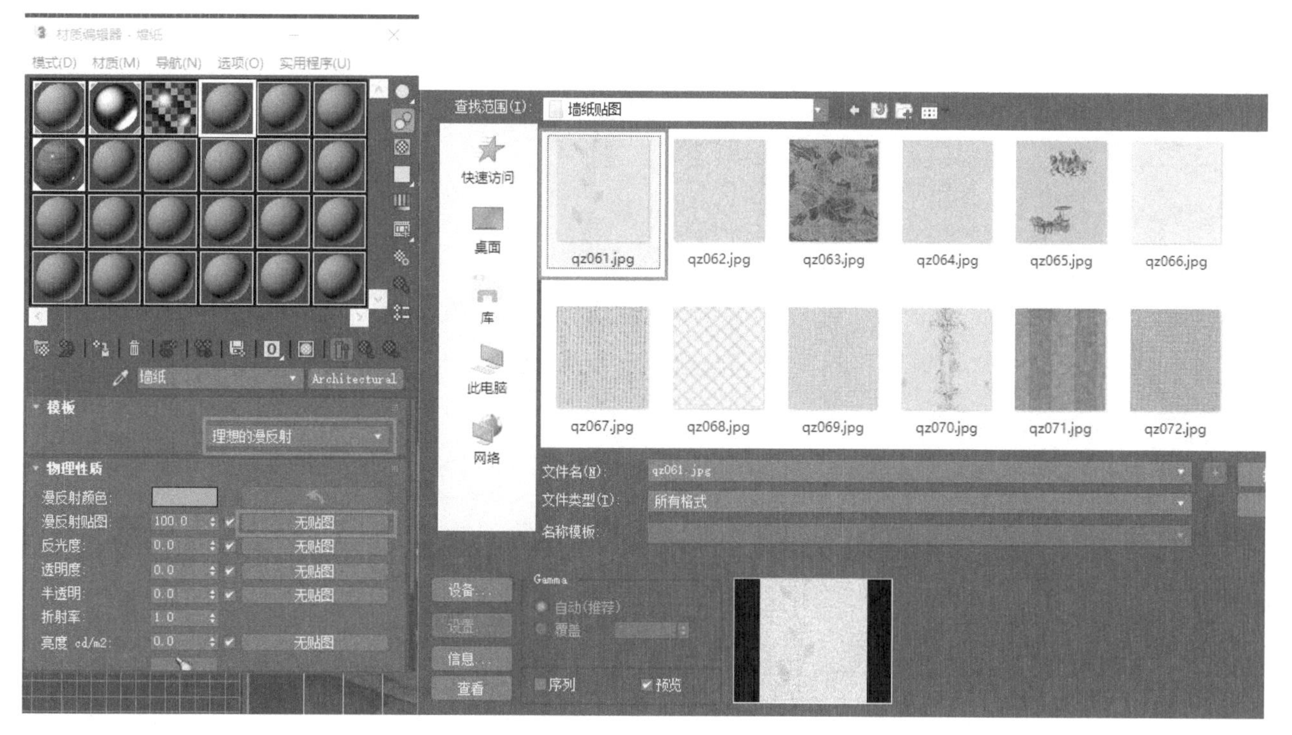

图7-73 选择贴图

6）选择墙面，将第2个材质球赋予墙面物体，进入修改面板，为地面添加“UVW贴图”修改器，选择“长方体”贴图，并将贴图的“长度”“宽度”“高度”均设置为80.0mm（图7-74）。

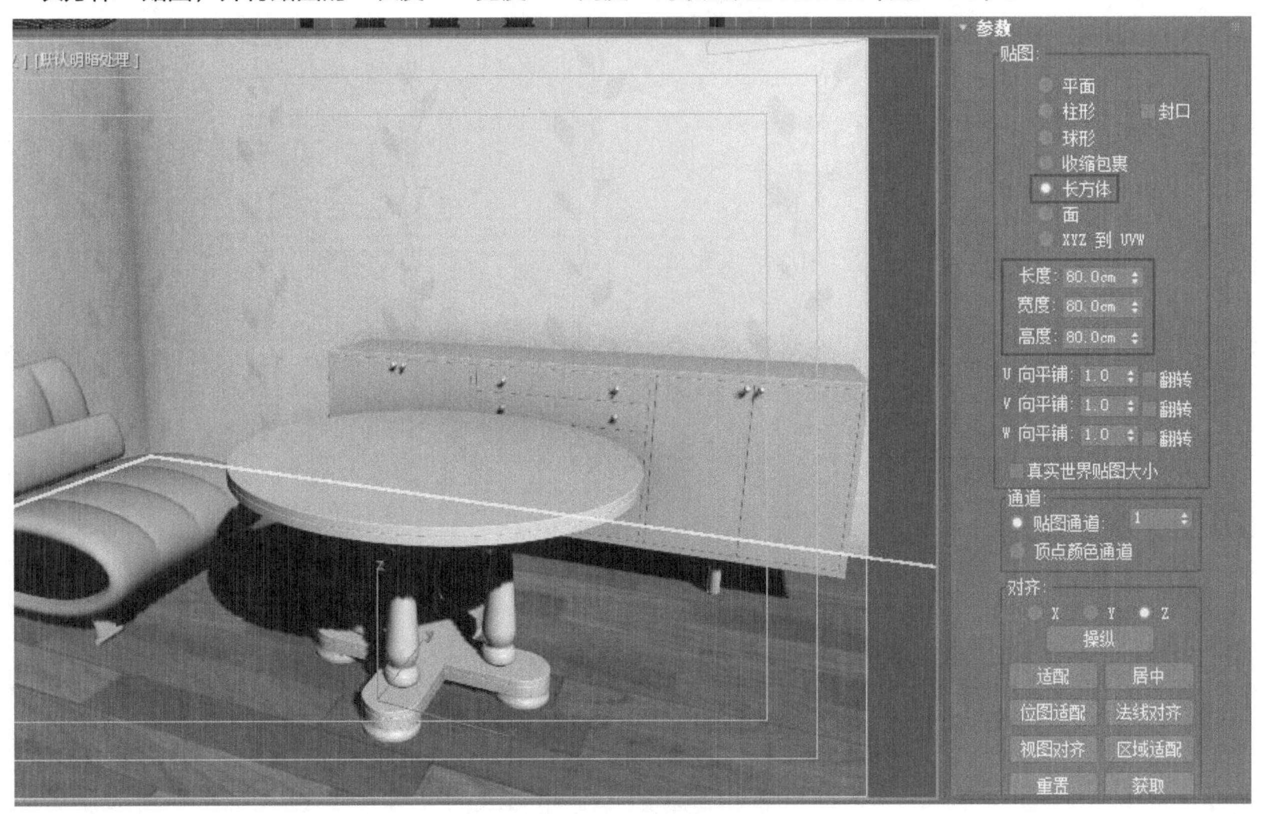

图7-74　贴图设置

7）选择第3个材质球，将其命名为布料，将该材质转为“Architectural”建筑材质（图7-75）。

8）在“模板”中选择“纺织品”，并将“漫反射颜色”设置为红色（图7-76）。

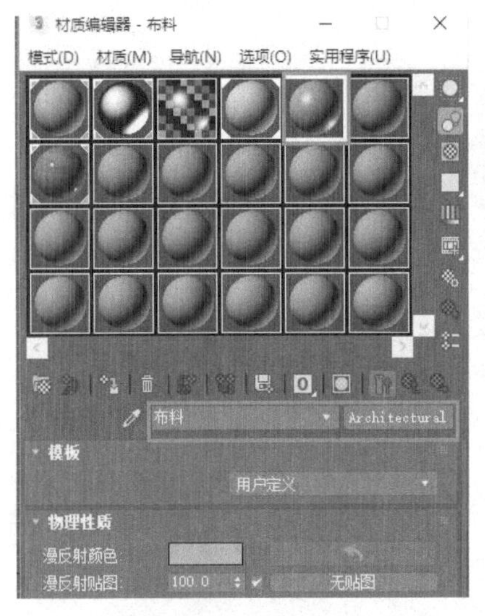

图7-75　转换材质

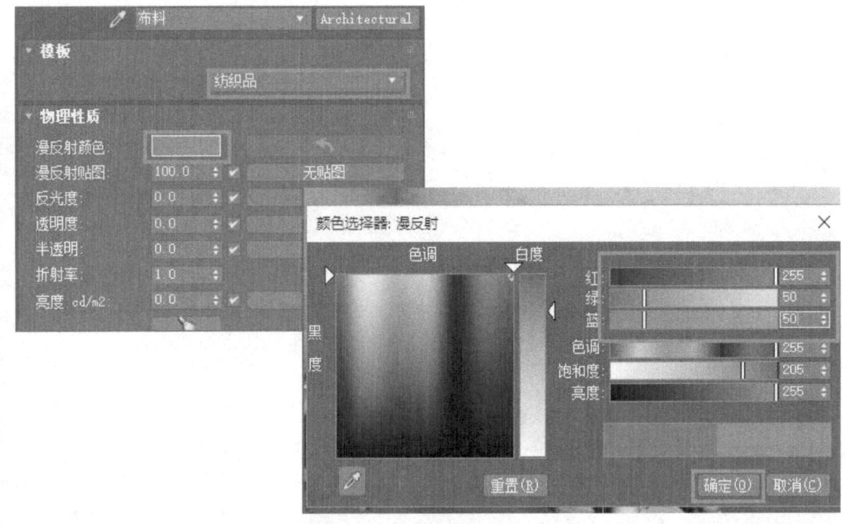

图7-76　颜色设置

设计小贴士

多维子对象材质能节省材质球的使用，适用于具有多种材质的模型，如赋予多种材质的空间墙面、重要的陈设饰品、旗帜标语、彩色透光灯箱等。

9）将材质赋予给小沙发的外皮（图7-77）。

10）选择第4个材质球，将其命名为“黑布料”，将该材质转为“Architectural”建筑材质，在“模板”中选择“纺织品”，并将“漫反射颜色”设置为黑色，将材质赋予给小沙发的内皮（图7-78）。

图7-77　沙发材质

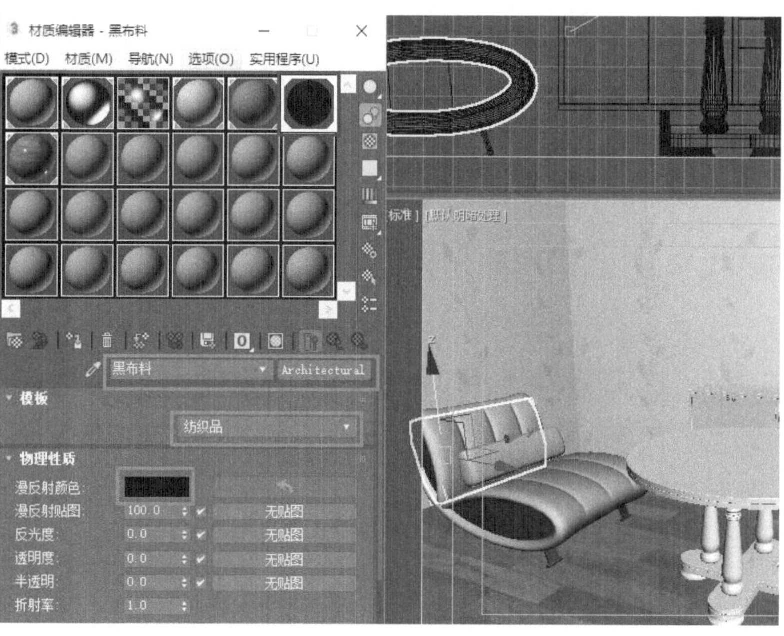

图7-78　颜色设置

11）选择第5个材质球，将其命名为“白布料”，将其转为“Architectural”建筑材质，在“模板”中选择“纺织品”，并将“漫反射颜色”设置为白色，将材质赋予小沙发的靠枕（图7-79）。

12）选择第6个材质球，将其命名为“玻璃”，将其转为“Architectural”建筑材质，在“模板”中选择“玻璃-清晰”，并将“漫反射颜色”设置为灰蓝色，将材质赋予茶几台面（图7-80）。

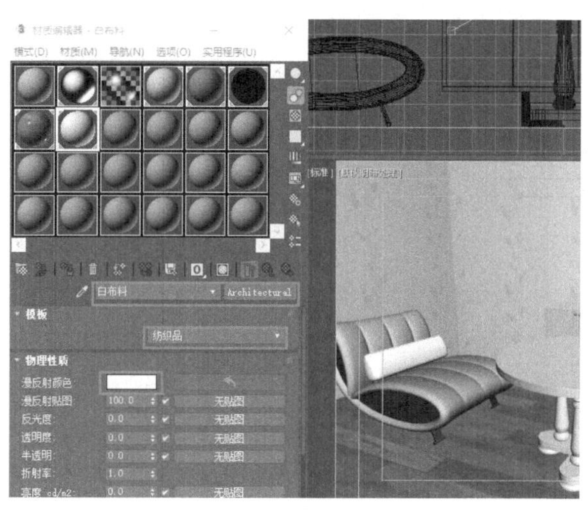

图7-79　靠枕材质

图7-80　茶几台面材质

13）选择第7个材质球，将其命名为“不锈钢”，将其转为“Architectural”建筑材质，在“模板”中选择“金属”，并将“漫反射颜色”设置为黑色，将材质赋予给茶几其余部分、沙发的脚、柜子的脚、柜子的把手（图7-81）。

14）选择第8个材质球，将其命名为“木材”，将其转为“Architectural”建筑材质，在“模板”中选择“油漆光泽的木材”，并将“漫反射颜色”设置为蓝色，将材质赋予给柜子（图7-82）。

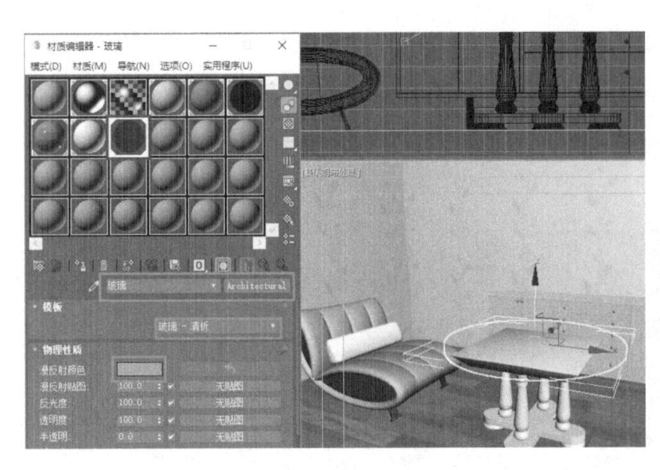
图7-81　茶几材质

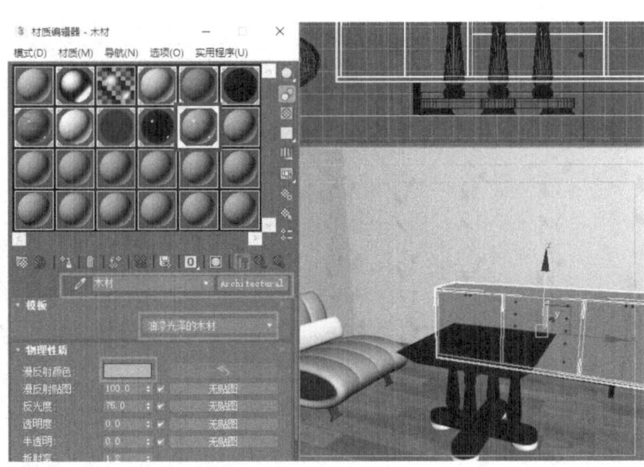
图7-82　柜子材质

15）上述步骤完成之后，使用Vray渲染器渲染。渲染后的效果如图7-83所示。

图7-83　渲染后的效果

本章小结

本章重点讲解了3ds max 2020中常用的基本材质编辑与贴图的控制方法。材质对整理效果图模型是非常重要的，要求读者了解并掌握对模型赋予精确材质与贴图的技巧，以便渲染出高质量的效果图。

★课后练习题

1.材质的定义?

2.材质编辑器和贴图，二者的区别在哪里?

3.自带材质的模型需要再赋予其材质吗?

4.运用材质和贴图的方法，创建一组空间布置场景。

第8章　建立场景模型

操作难度： ★★★★☆

章节导读： 在3ds max 2020中建模，最常用的就是利用AutoCAD图形进行创建。AutoCAD可以精确制作出每根线的尺寸，而3ds max 2020中没有线的尺寸，只有图形的尺寸，这也正是利用AutoCAD图形进行建模的原因。本章以儿童卧室为例，介绍使用AutoCAD创建墙体模型的方法。

8.1　导入图样文件

要将AutoCAD中的文件导入到3ds max 2020中比较简单，只是要注意将图样中无关的图形、文字全都删除，保存好备份文件后再导入即可。

1）新建场景，进行单位设置，在菜单栏单击“自定义”，选择“单位设置”，将公制（米制）与系统单位都设置成“毫米”，单击“确定”按钮（图8-1）。

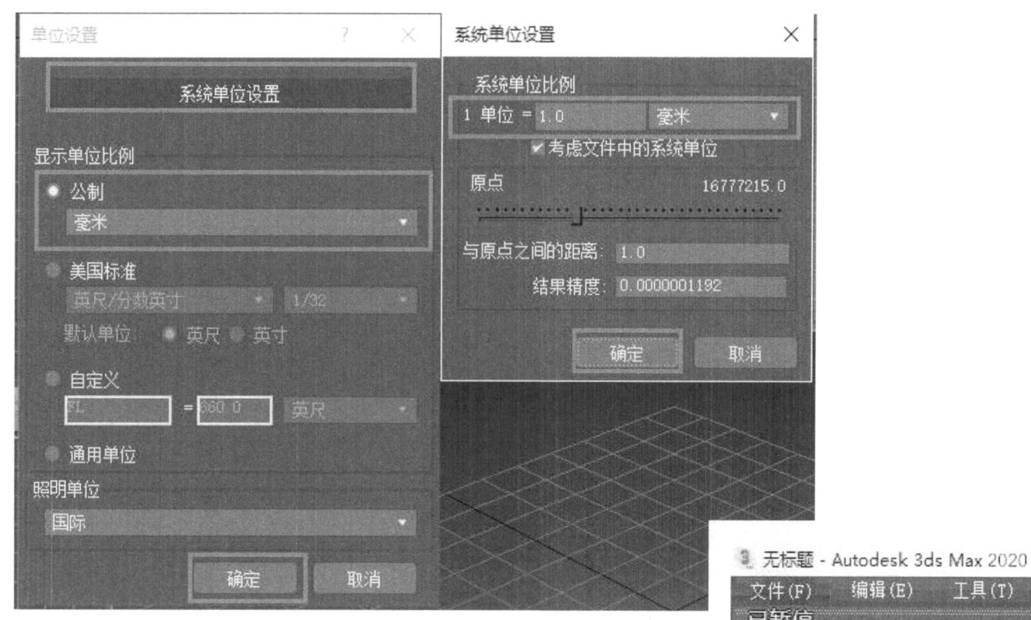

图8-1　设置单位

2）导入CAD图形文件，单击菜单栏左上角的“文件”主菜单，选择“导入→导入”（图8-2）。

3）打开“模型素材/第8章/平面布置图”（图 8-3）。

4）在弹出的“导入选项”对话框中勾选“焊接附近顶点”，并将“焊接阈值”设置为10.0mm，勾选“封闭闭合样条线”，最后单击“确定”按钮（图8-4）。

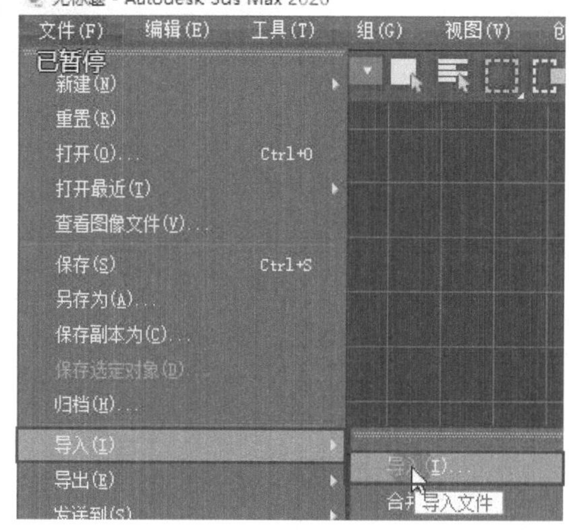

图8-2 “导入→导入”导入文件

图 8-3　打开模型

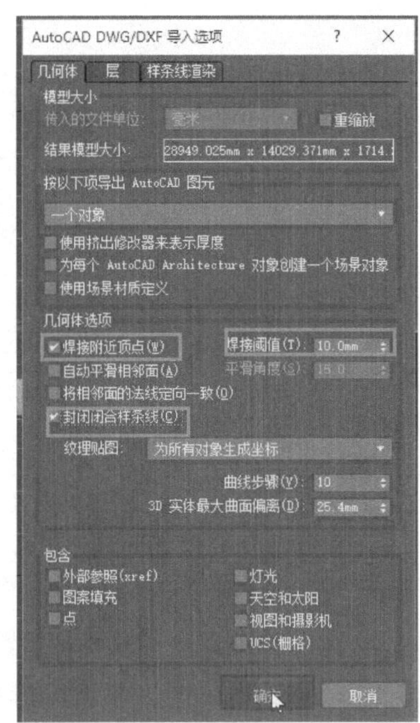

图8-4　“导入选项”对话框的设置

5）进入顶视口，并切换至最大化视口，显示导入图样文件全貌（图8-5）。

6）框选所有导入进来的CAD图形文件，单击鼠标右键，在快捷菜单中选择“冻结当前选择”（图8-6），该图样文件就被冻结了，不能再被选中，这样在后期建模时就不会选中冻结对象，能有效避免选中错误和移动缓慢的问题。

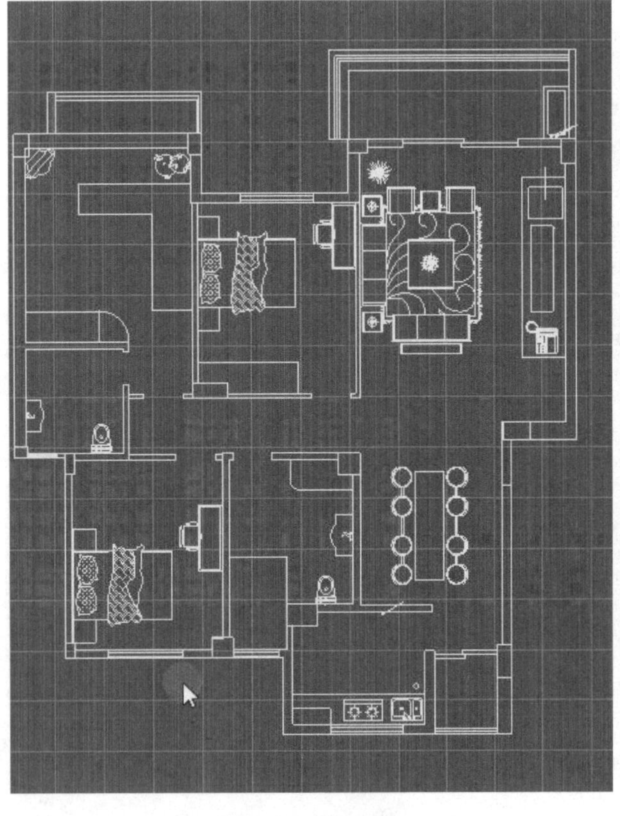

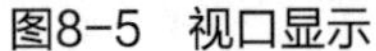
图8-5　视口显示

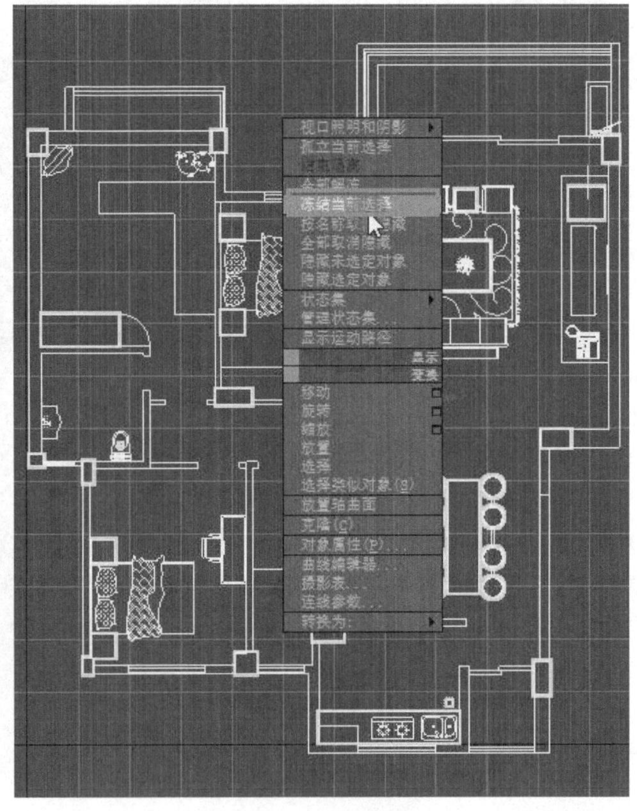

图8-6　冻结图形

8.2 创建墙体模型

创建墙体是采用“二维线”，沿着墙体轮廓重新绘制一遍，再使用“拉伸”修改器变为三维模型。操作比较简单，但是要注意绘制的精确度，不能出现偏差。

1）虽然冻结的图样不能被选中，但是可以捕捉到图样，将“3维”捕捉切换至“2.5维”捕捉，按下“捕捉”按钮不放，向下拖动即可选择“2.5维”捕捉（图8-7）。

2）在“2.5维”捕捉按钮上单击鼠标右键，在弹出的“栅格和捕捉设置”对话框中只将“顶点”勾选（图8-8）。

3）切换到“选项”选项卡，勾选“捕捉到冻结对象”，关闭“栅格和捕捉设置”对话框（图8-9）。

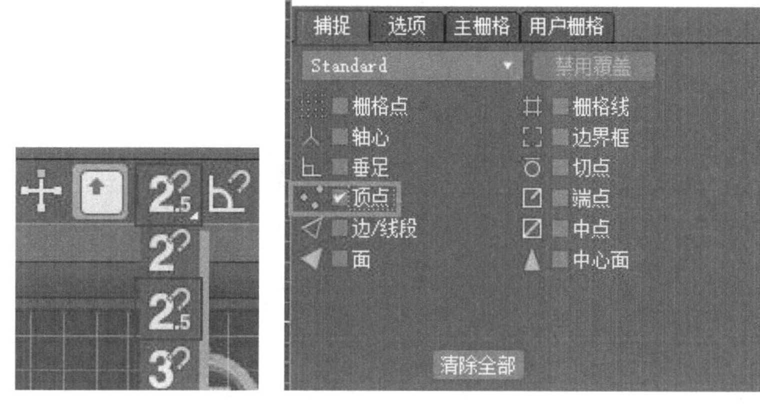

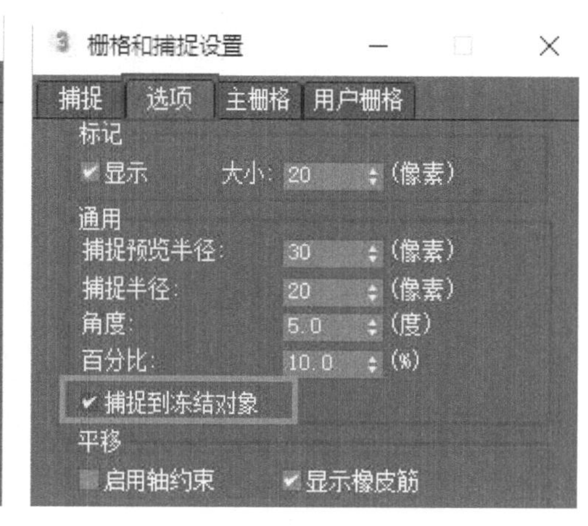

图8-7 切换空间　　图8-8 设置顶点　　图8-9 勾选选项

4）进入创建面板选择图形中的“线”进行创建，将图形放大，按〈G〉键取消栅格线，从左上角开始，进行顺时针捕捉绘制（图8-10）。

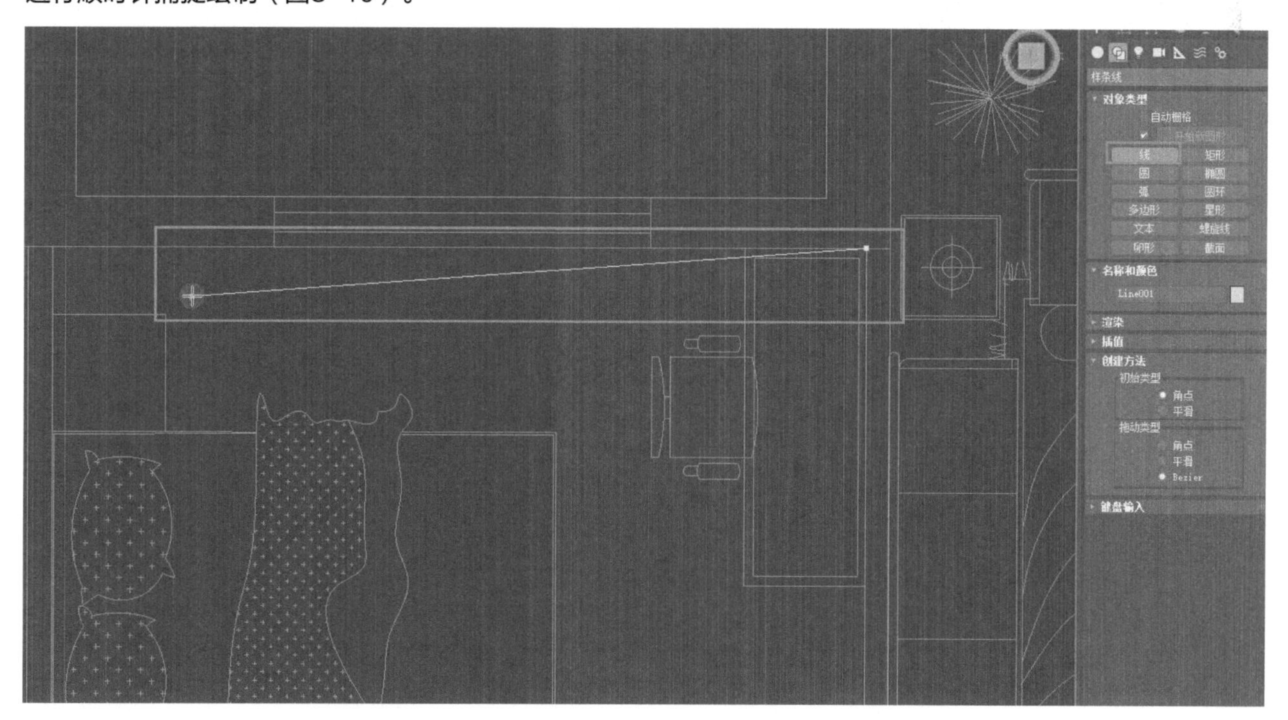

图8-10 绘制图形

5）按住鼠标中间滚轮可以推动视图，依次单击墙角，注意在门的两边都应单击顶点，确定门的宽度（图8-11）。

6）在窗的周边也需要单击顶点（图8-12）。

图8-11 设置门的顶点

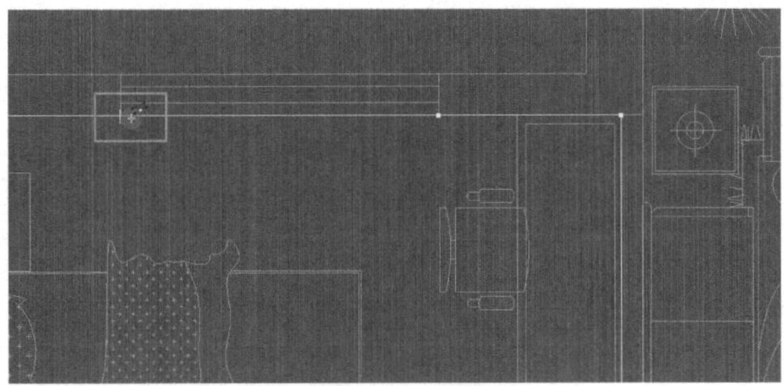

图8-12 设置窗的顶点

7）回到原点，单击起始点，弹出“样条线”对话框，单击“是”按钮（图8-13）。

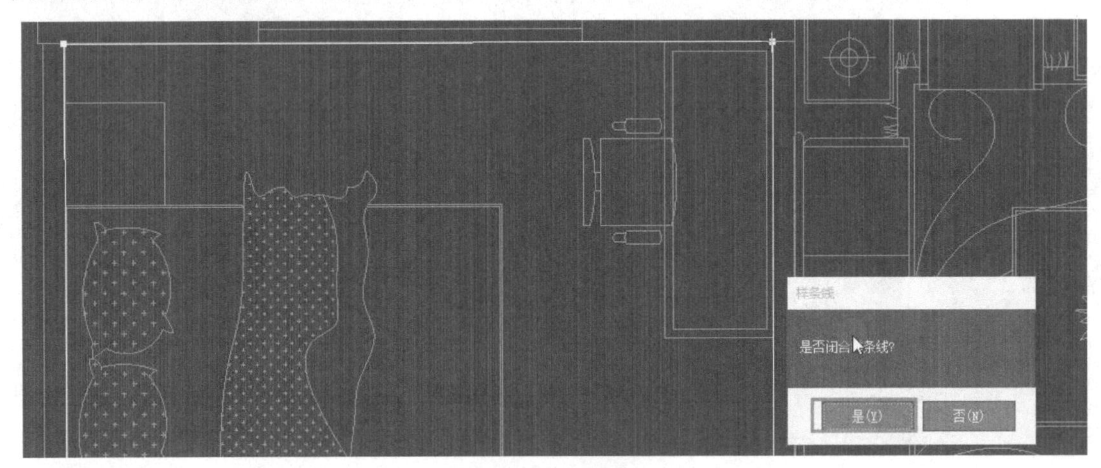

图8-13 闭合线条

8）进入修改面板，在修改器列表位置单击鼠标右键，单击“显示按钮”（图8-14）。

9）继续在修改器列表位置单击右键，单击“配置修改器集”（图8-15）。

10）在修改器集中，将几个常用的修改器拖入8个方框位置，完成后单击“确定”按钮（图8-16）。

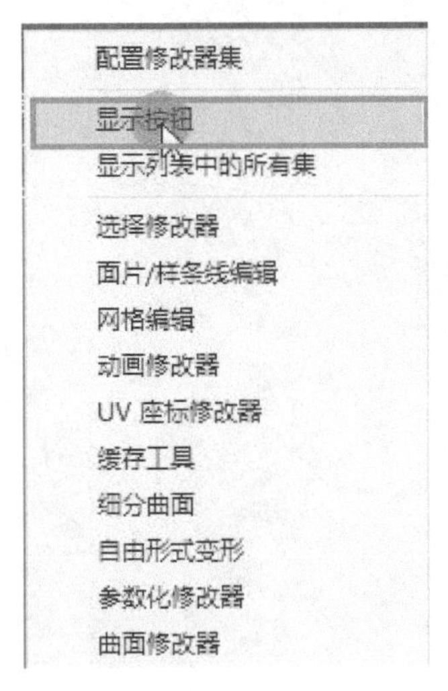

图8-14 修改命令

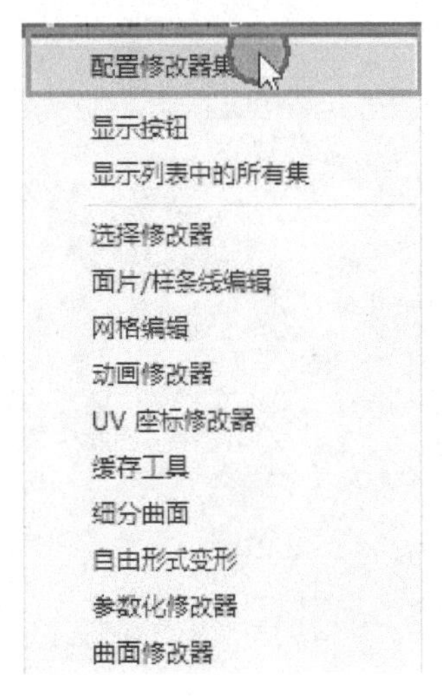

图8-15 配置修改

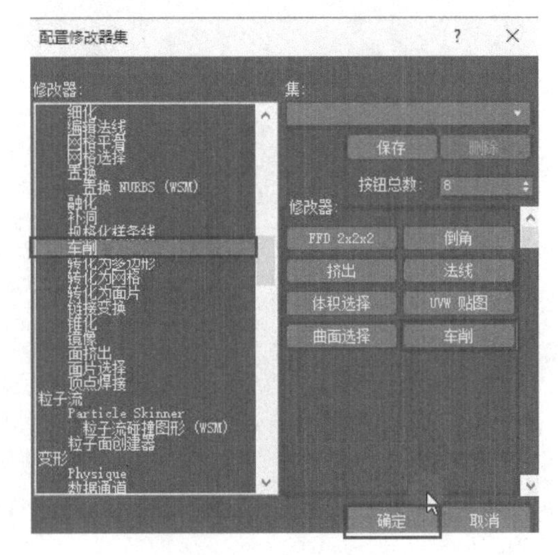

图8-16 设置修改器

11）直接在“修改器”控制面板中单击“挤出”按钮，将“数量”设置为2900.0mm（图8-17）。

12）单击视口区右下角的“最大化视口”按钮，观察透视口中的效果（图8-18）。

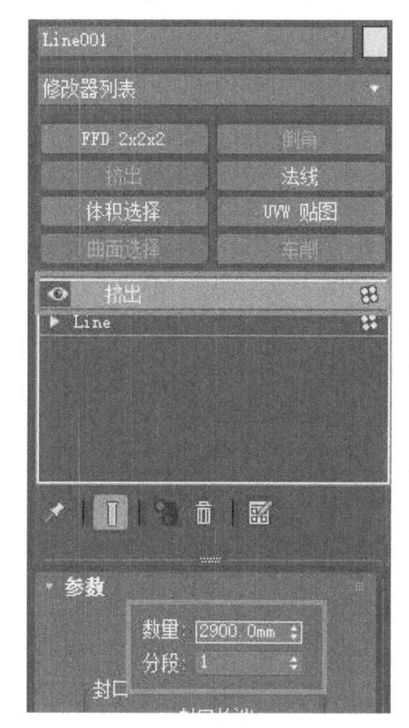

图8-17　设置挤出参数

图8-18　视口效果

13）再为其添加“法线”修改器，在视口中单击鼠标右键，选择“对象属性”（图8-19）。

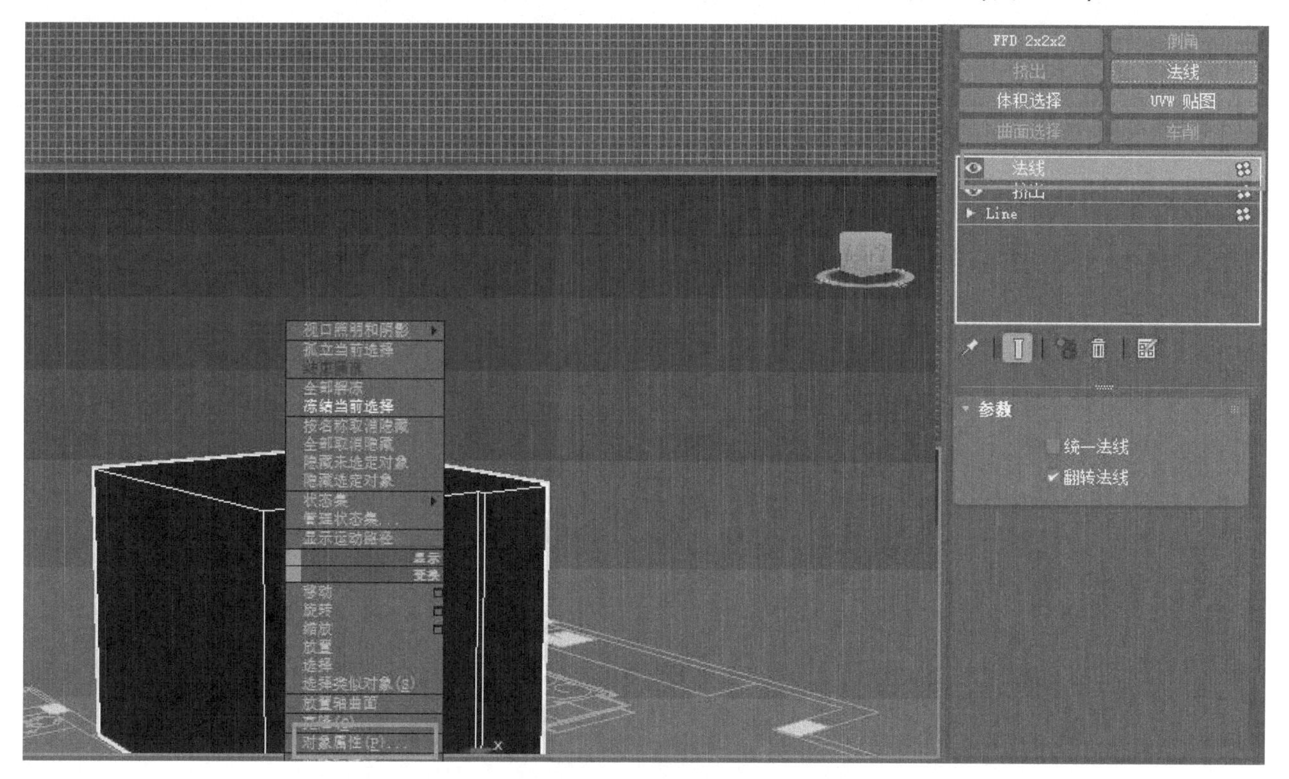

图8-19　修改器命令

设计小贴士

将AutoCAD的“.dwg”格式文件导入进来后，可以在该图形上修改线条，只不过比较麻烦，还不如重新描绘一遍。“.dwg”格式文件导入后会占用过多内存，因此应尽快描绘出墙体轮廓，及时删除导入的图形，保障计算机能顺利运行。

14）在“对象属性”中，勾选“背面消隐”，单击“确定”按钮（图8-20）。

15）选中模型，单击鼠标右键，选择“转换为：→转换为可编辑多边形”（图8-21）。

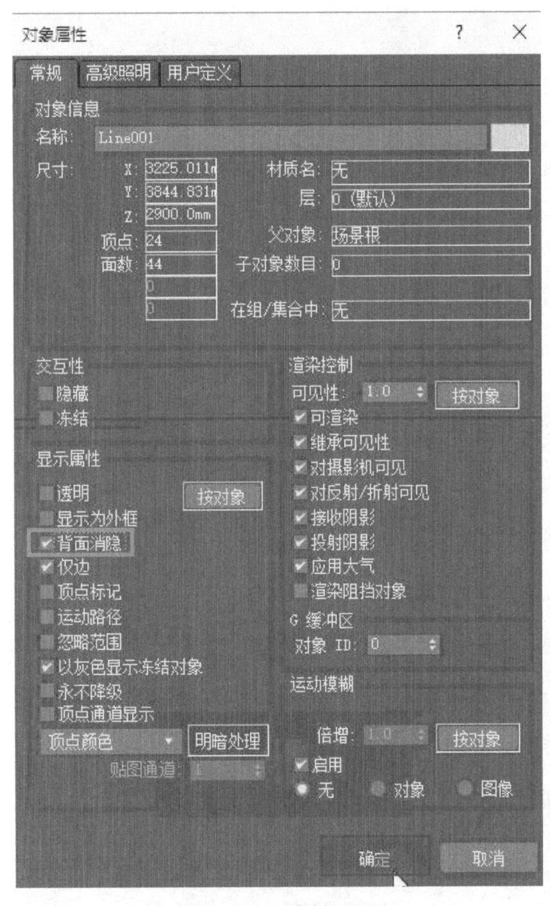

图8-20　属性设置

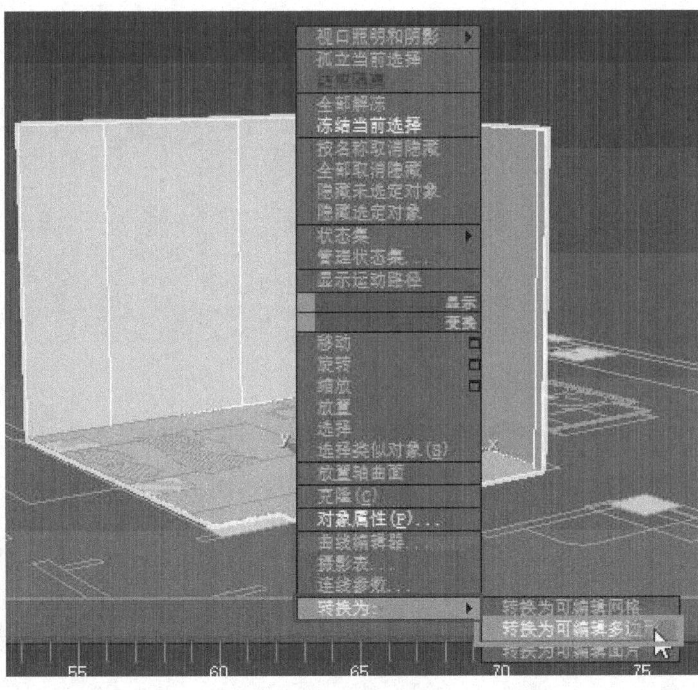

图8-21　选择转换方式

16）按〈F3〉键，选择“边”层级，勾选“忽略背面”，最大化透视口，按住〈Ctrl〉键，同时选中窗的两条边（图8-22）。

17）滑动修改面板滑块，选择“连接”后面的“设置”小按钮，连接2条边（图8-23）。

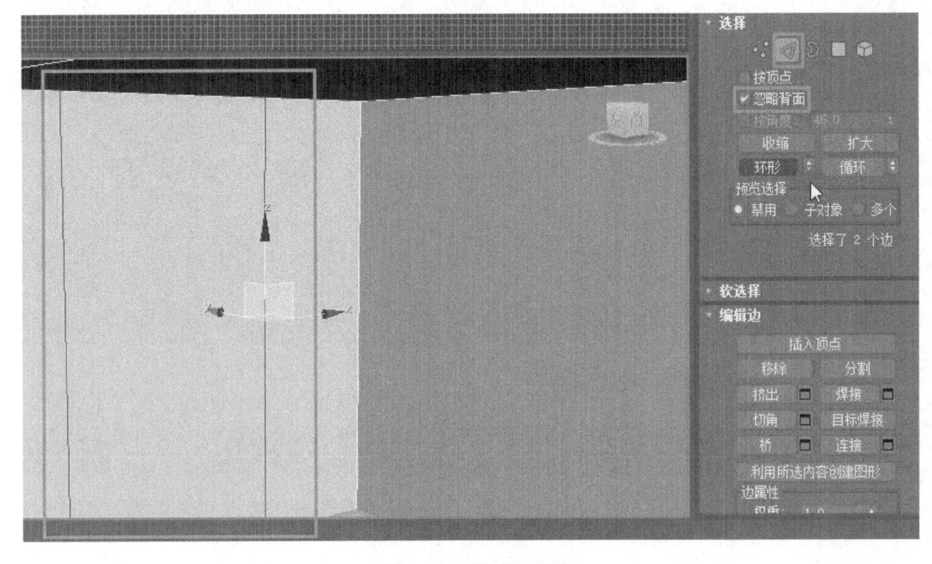

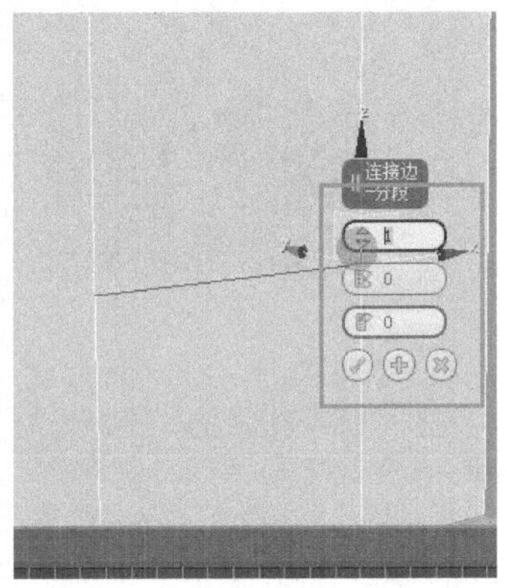

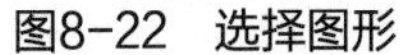
图8-22　选择图形

图8-23　修改面板滑块

18）使用“移动”工具选择上面的边，在屏幕下方轴坐标的“Z”轴上输入2300.0mm（图8-24）。

19）选择下面的边，在屏幕下方轴坐标的“Z”轴上输入1100.0mm（图8-25）。

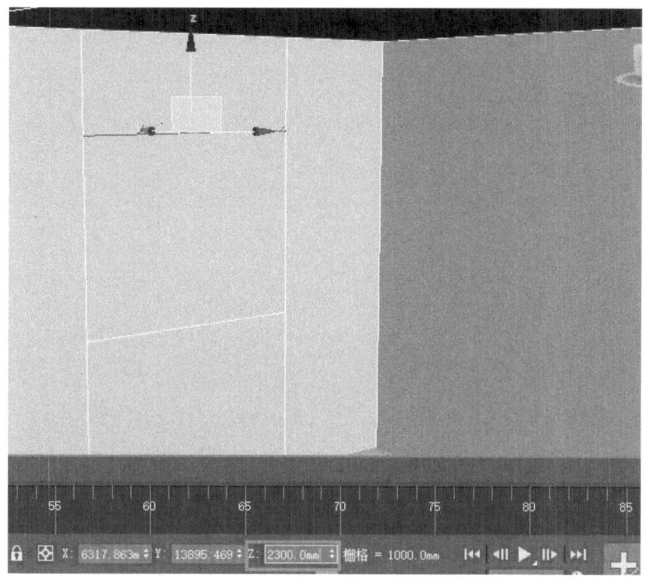

图8-24　上移动

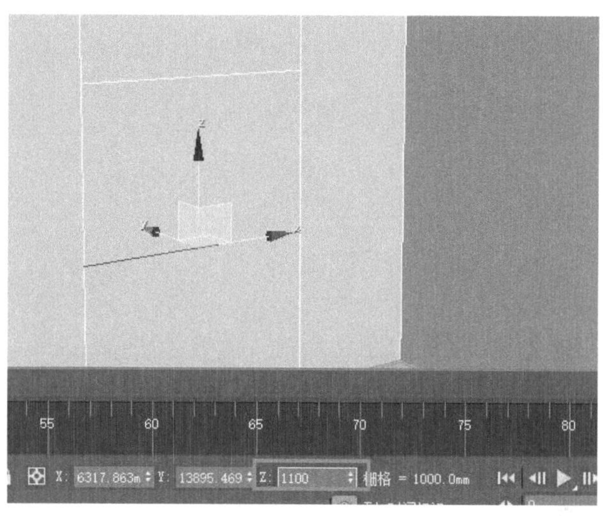

图8-25　下移动

20）切换到“多边形”层级，选择窗的多边形，单击“挤出”按钮，输入-190.0mm（图8-26）。

21）按键盘上的〈Delete〉键，删除此多边形，按〈F3〉键回到“实体显示”模式（图8-27）。

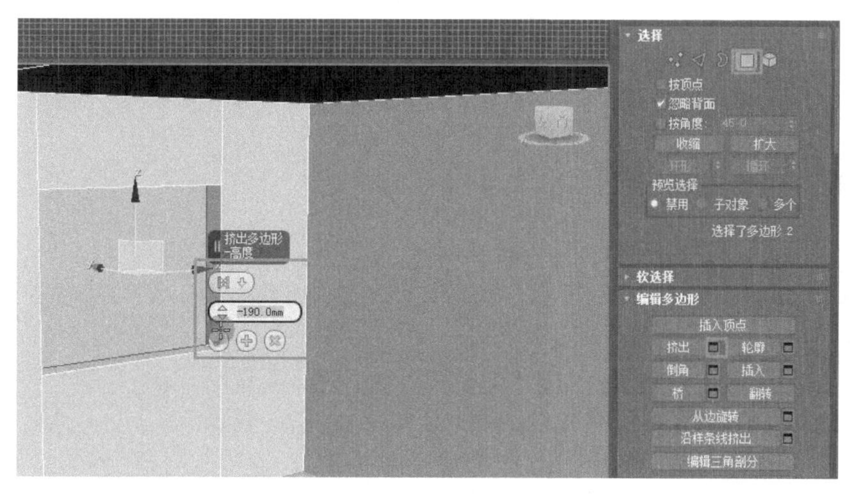

图8-26　挤出设置

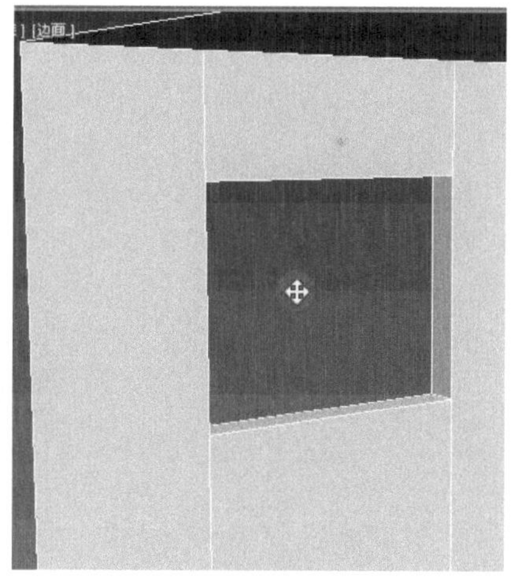

图8-27　删除多边形

8.3　制作顶面与地面

8.3.1　分离地面与顶面

分离地面与顶面的目的是为了更加方便深入地塑造模型，同时也能方便后期贴图。地面与顶面的创建模型内容较多，构造复杂，与墙面连接在一起不太方便，容易出错。

1）最大化显示透视口，进入“多边形”层级，勾选“忽略背面”，选择底面并将底面与模型分离（图8-28）。

2）分离底面，将对象名称改为“地面”，单击“确定”按钮（图8-29）。

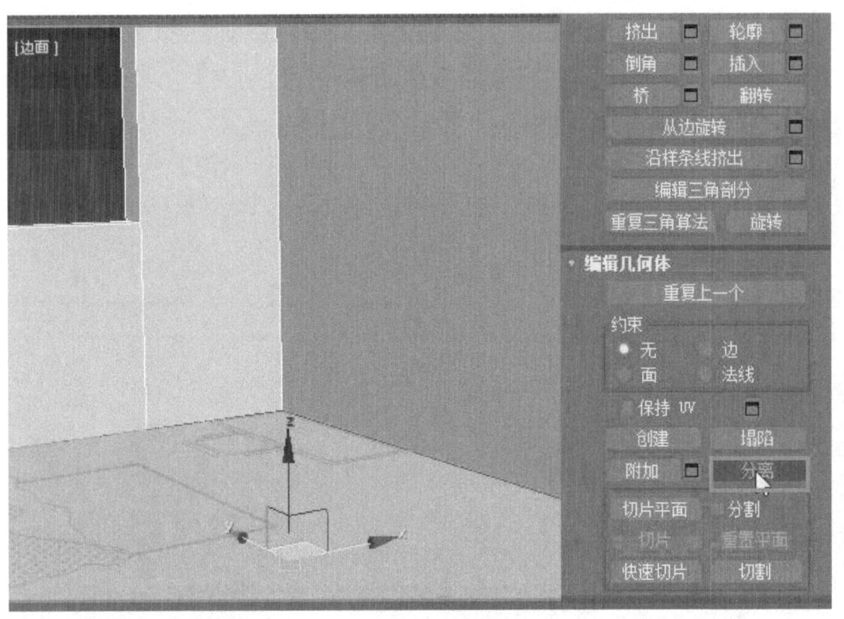

图8-28 分离

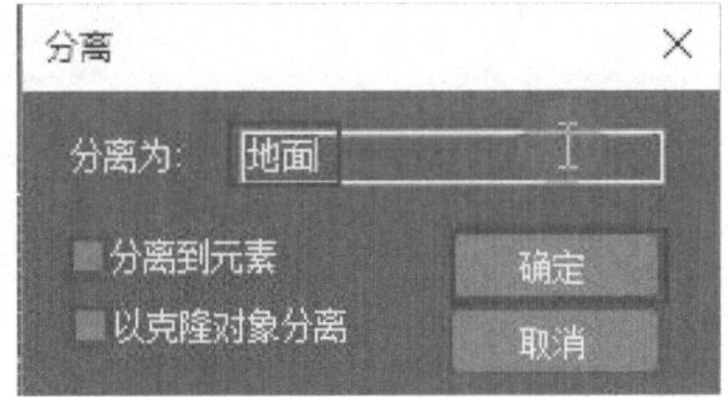

图8-29 分离命名

3）选择顶面并将顶面分离，将分离出来的对象“001”改为“顶面”，单击“确定”按钮（图8-30）。

4）单击右下角的最大化视口切换回到4视口，再将顶视口最大化显示（图8-31）。

图8-30 顶面分离

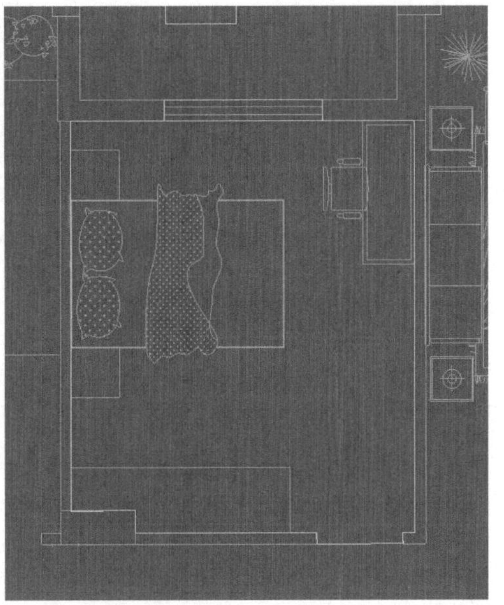

图8-31 视口显示

设计小贴士

装饰线条是效果图中的常用模型，创建方法很多，其中放样是最简单的方法，如果对装饰线条的造型有更严格的规范，可以根据产品图样或照片，预先绘制成封闭的截面图形，并保存下来，待需要时再合并到空间场景中来。

8.3.2 制作顶面样条线

1）在顶视图新建矩形，大小为80mm×80mm（图8-32）。

2）选中矩形，右键将其转换为“可编辑样条线”（图8-33）。

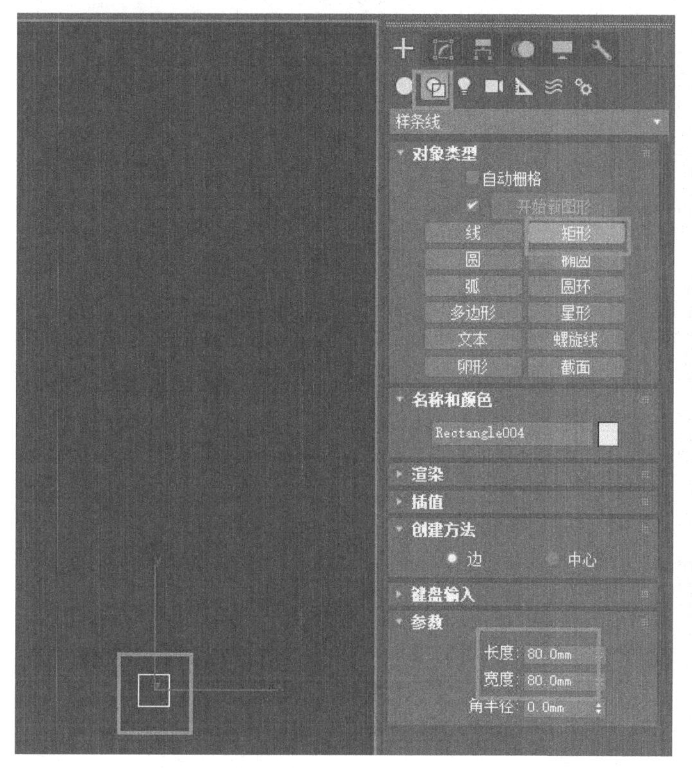

图8-32　新建矩形

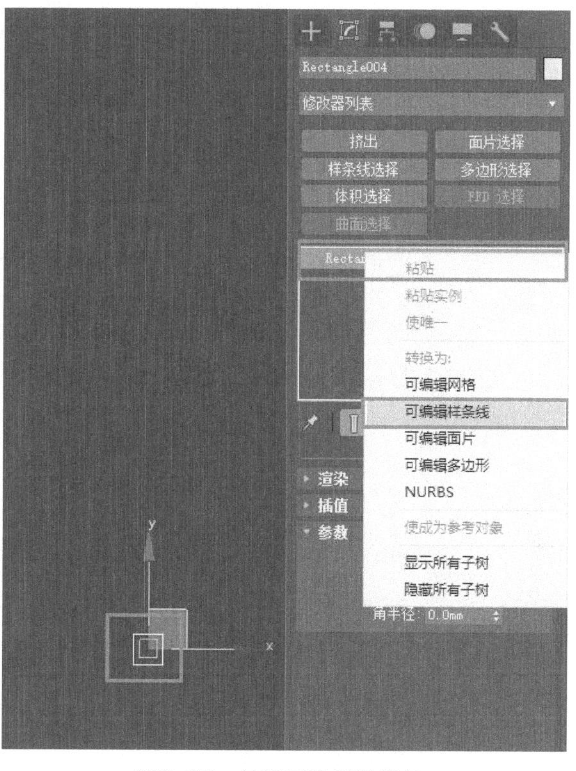

图8-33　转换可编辑样条线条

3）进入修改面板，展开“Line”卷展栏，选择“顶点”级别，将图中曲线上的顶点转换为“Bezier角点”（图8-34）。

4）仔细调节这几个点，注意弧线形体应尽量平滑，然后将其移动至旁边（图8-35）。

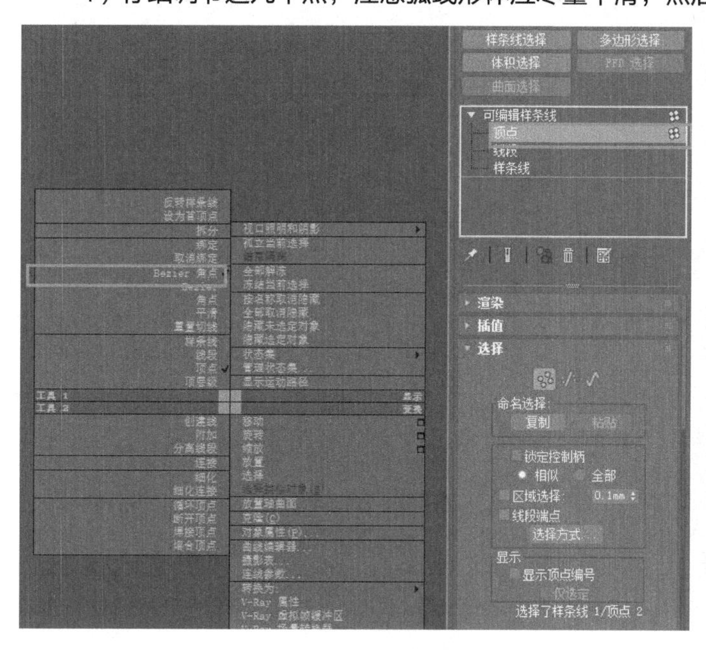

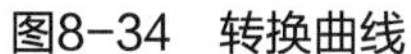
图8-34　转换曲线

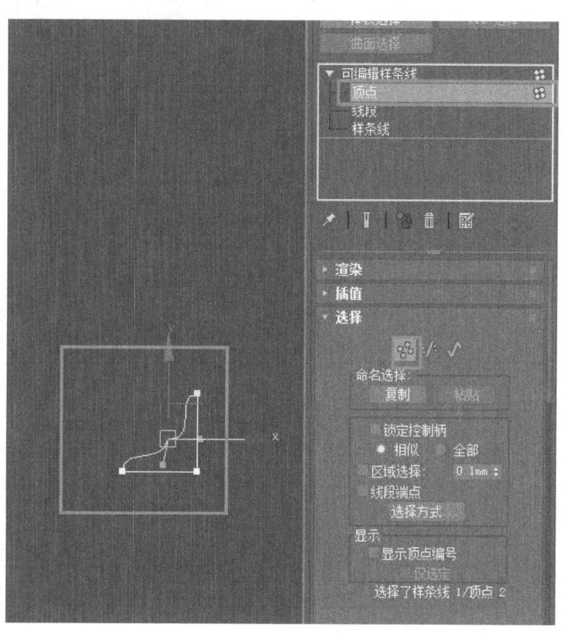

图8-35　平滑形状

5）单击右键，在弹出菜单中单击“细化”，并添加两个点（图8-36）。

6）缩小视口，进入创建面板，继续创建线，捕捉绘制墙体外形，最后应闭合样条线（图8-37）。

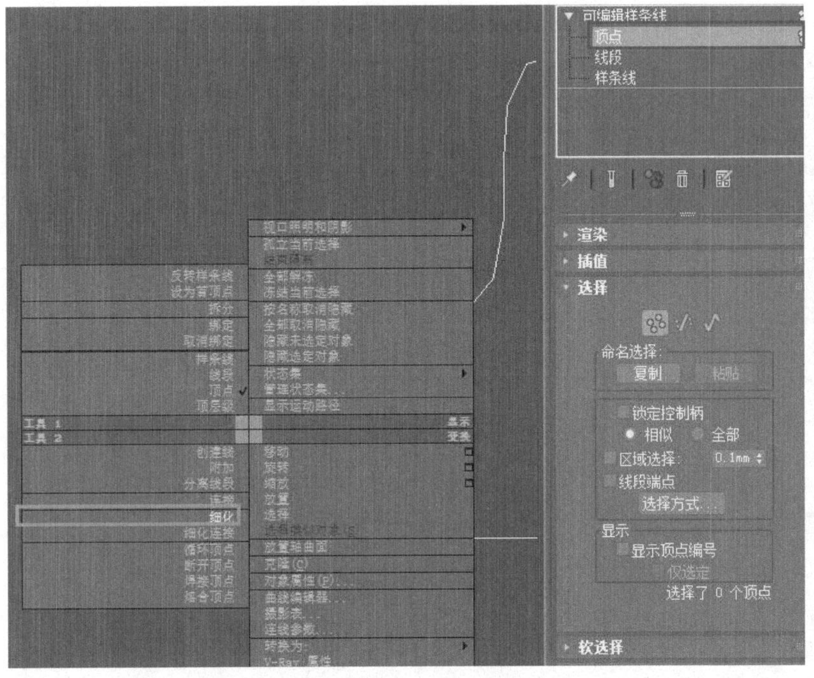

图8-36　细化添加点

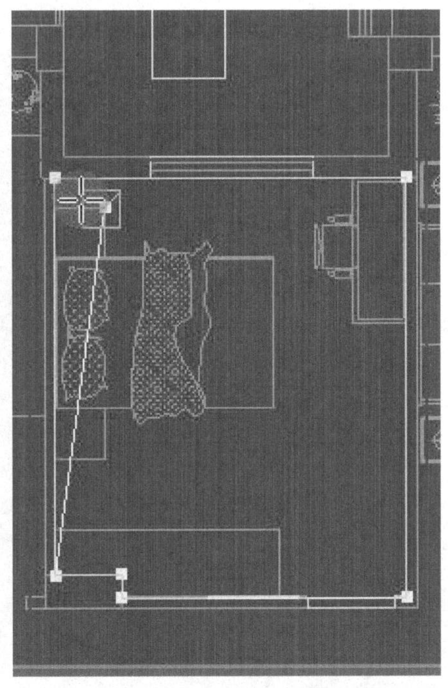

图8-37　外形线闭合

7）进入修改面板，为该样条线添加一个“扫描”修改器（图8-38）。

8）添加完毕后，在“截面类型”卷展栏中单击“拾取”按钮，然后单击刚才绘制的装饰角线的截面造型（图8-39）。

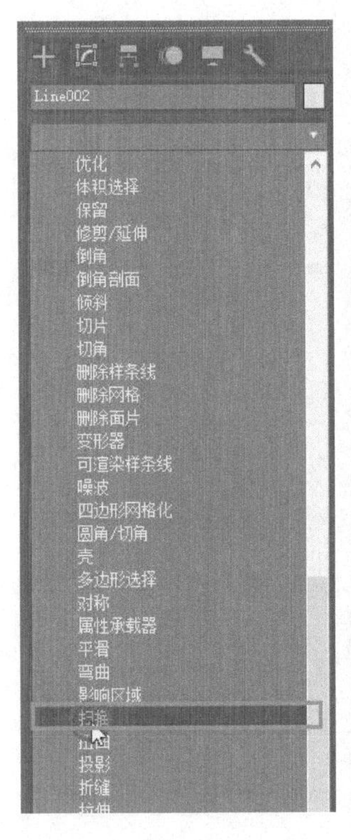

图8-38　扫描命令

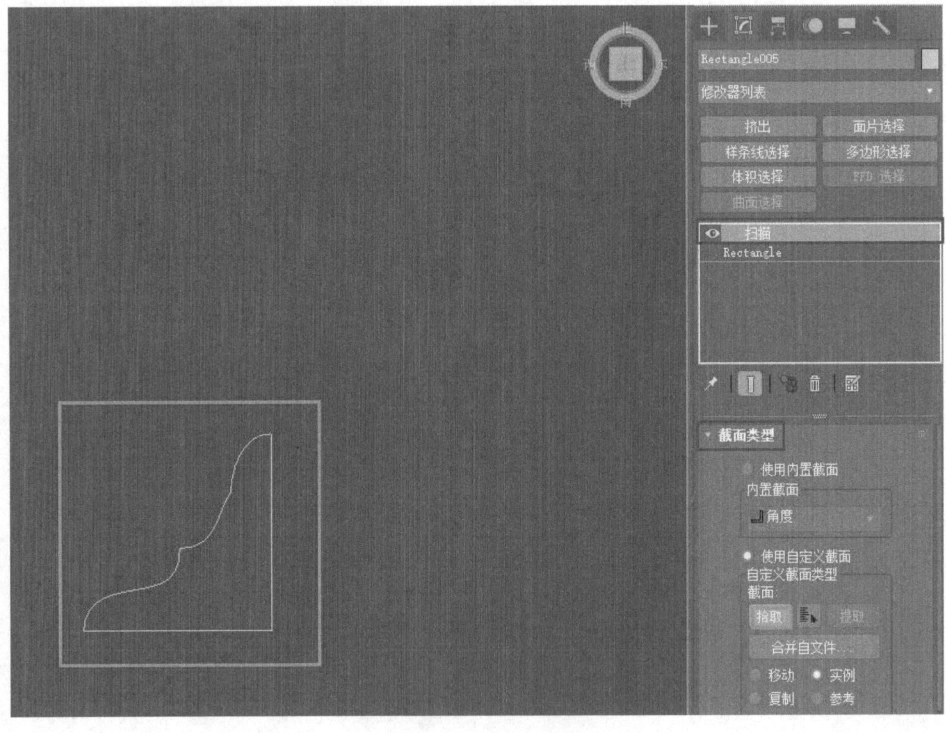

图8-39　拾取图形

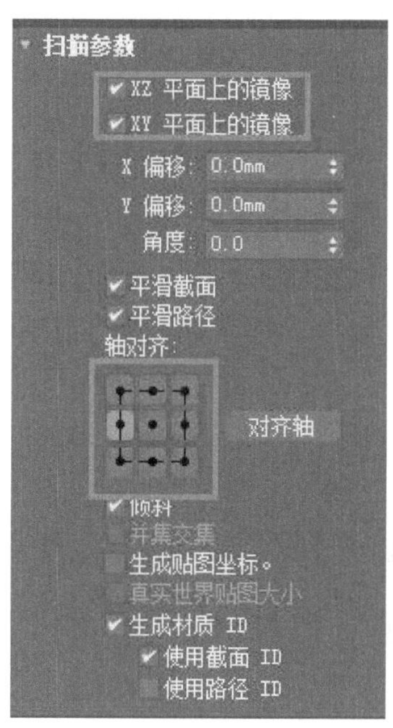

图8-40 移动对齐

9）回到透视口，选择倒角剖面物体，将其向上移动至接近顶部的位置，在修改面板中展开“扫描参数”修改器的层级，勾选“XZ平面上镜像”“YZ平面上镜像”，并根据需要，调整下方轴对齐的位置（图8-40）。

10）使用“移动”工具，将样条线移动到合适的高度，这时装饰角线的方向就调整到位了（图8-41）。

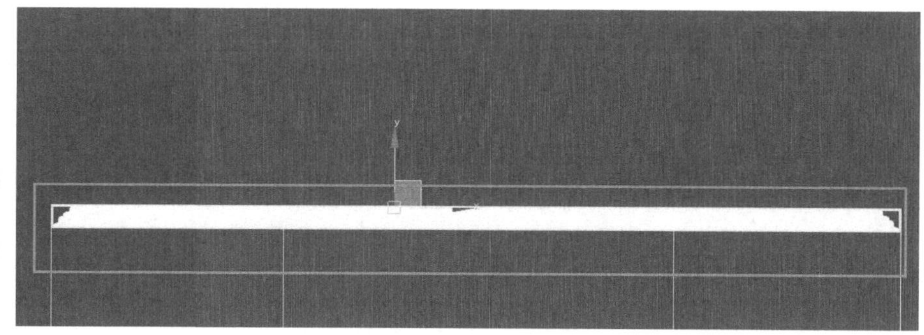

图8-41 调整样条线

8.4 创建门、窗、楼梯

在创建面板中有现成的各种门、窗、楼梯，本节将介绍各种门、窗、楼梯的创建与调整。

8.4.1 门的创建

1）新建场景。在创建面板中，打开下拉菜单选择“门”，其中有3种门的模型可供选择（图8-42）。

2）枢轴门。单击“枢轴门”按钮，即可在透视口中创建枢轴门（图8-43）。进入修改面板，可以调节

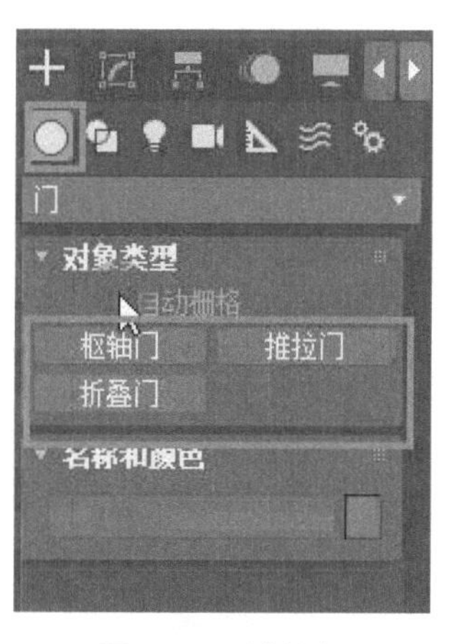

图8-42 选择门

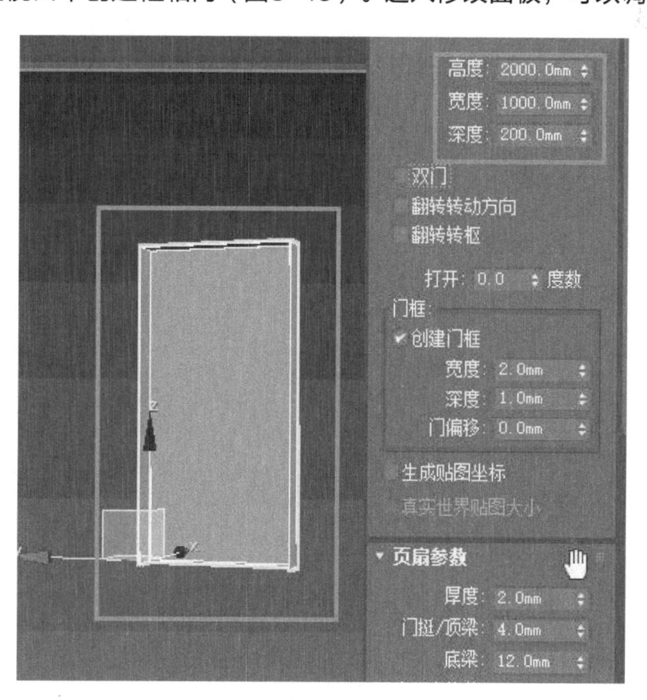

图8-43 枢轴门

设计小贴士

3ds max 2020中所能创建的门窗样式已经很丰富了，如果能根据设计要求来调节参数，就能创造出更多样式，能满足绝大多数效果图的制作要求。

其参数，在“打开度数”中输入参数，可以让门打开一定角度（图8-44）。在“打开度数”上方有3个选项，勾选后会有不同效果，现在将“双门”勾选（图8-45）。在“门框”选项中，可以选择有门框的造型，现在勾选“创建门框”，能调节门框“宽度”“深度”“门偏移”等参数（图8-46）。在“页扇参数”卷展栏中能设置更多形态，通过调节参数来达到设计要求（图8-47）。

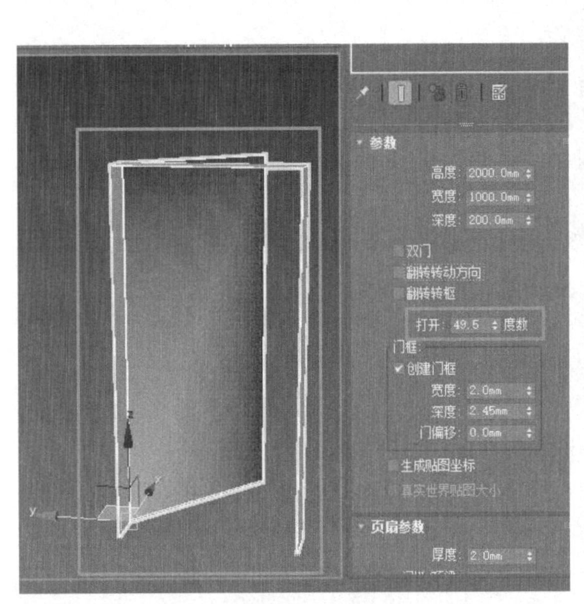

图8-44 设置度数

图8-45 调节参数

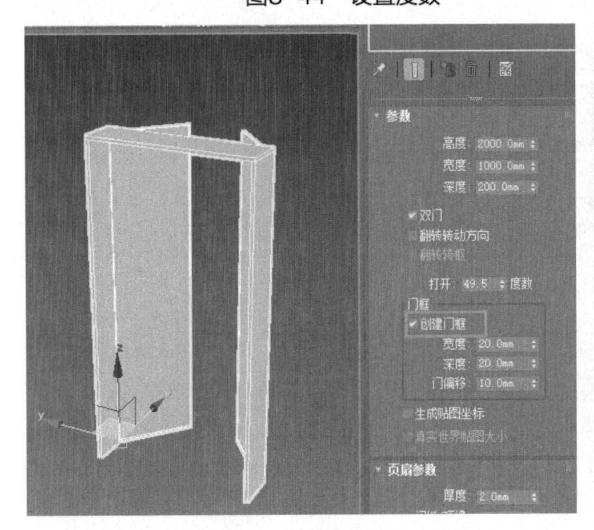

图8-46 调节门框

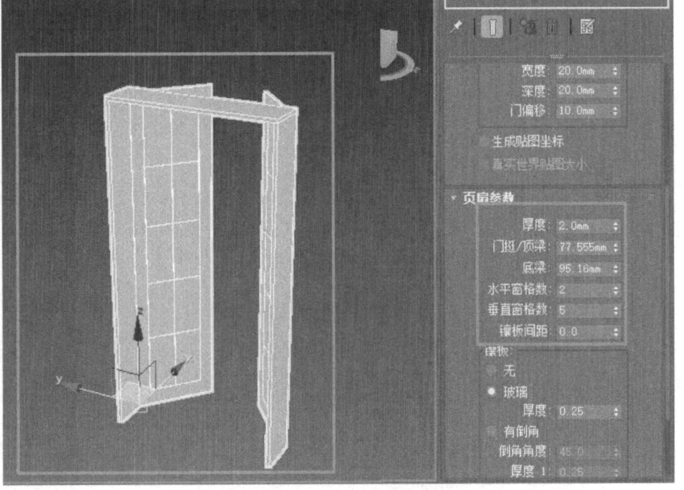

图8-47 设置形态

3）推拉门。单击“推拉门”按钮，在场景中创建推拉门（图8-48）。进入修改面板，可以调节其参数，如“前后翻转”与“侧翻”可以控制门的开启方式，还可以设置门的“打开”参数（图8-49）。勾选“创建门框”，可以设置门框的各项参数，包括门框的“宽度”“深度”“门偏移”等参数项（图8-50）。在“页扇参数”卷展栏中，可以对门扇进行各种变形，通过调节达到设计需求（图8-51）。

图8-48 推拉门

图8-49 设置打开参数

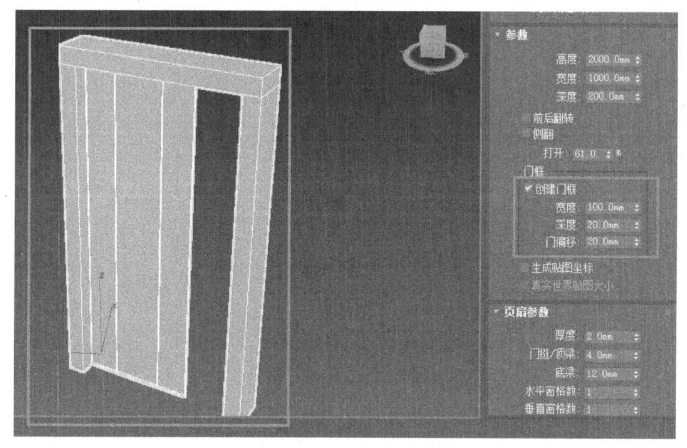

图8-50 设置门框

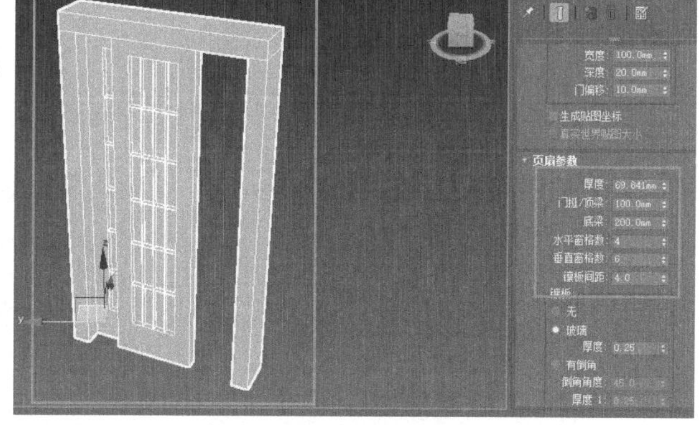

图8-51 设置页数

4）折叠门。参数与上述两种门基本相同（图8-52），这里就不重复介绍了。

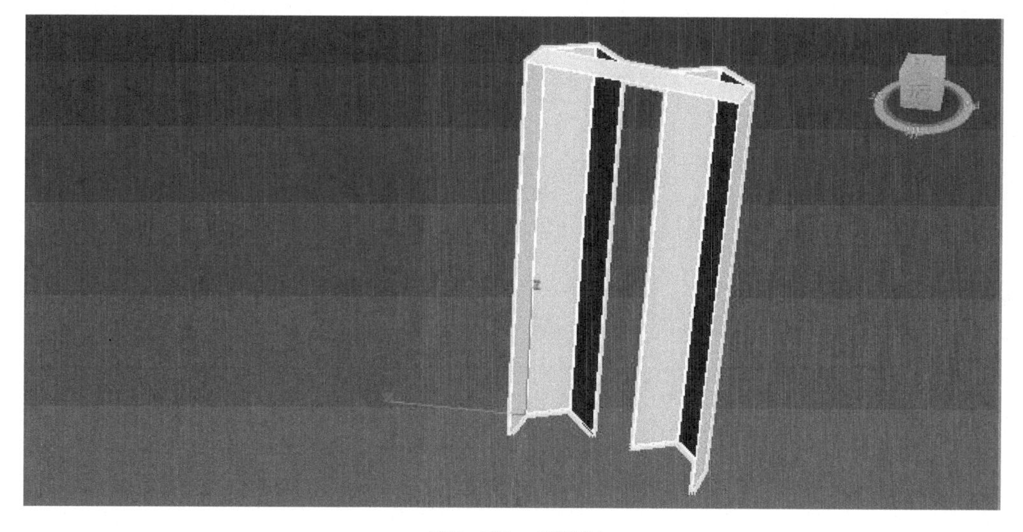

图8-52 折叠门

8.4.2 窗的创建

1）新建场景，在创建面板中，打开下拉菜单选择“窗”，对象类型中提供了6种窗户的创建（图8-53）。

2）遮篷式窗。创建一个遮篷式窗（图8-54）。进入修改面板，分别改变窗框的参数（图8-55）。玻璃的厚度可以调节窗户玻璃的厚度。给予窗格一定宽度，将“窗格数”设置为2，根还可以据需要设置开窗角度，将窗户打开（图8-56）。

图8-53　创建窗

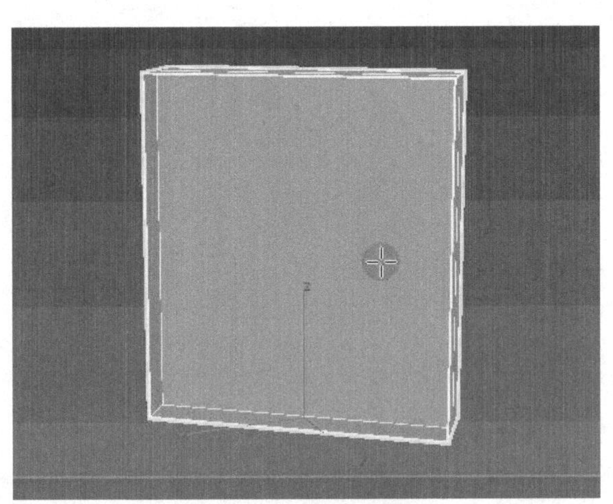

图8-54　遮篷式窗

图8-55　设置窗框参数

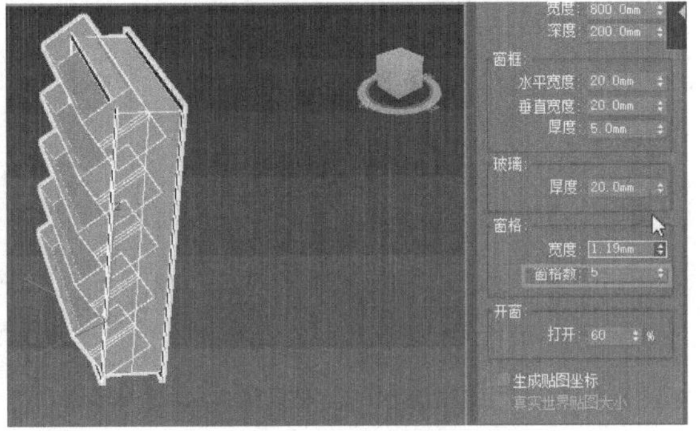

图8-56　设置窗格

3）平开窗。参数与遮篷式窗的参数基本一样，调节参数后的效果如图8-57所示。

4）固定窗。参数与上述其他窗的参数基本相同，只是固定窗不能开关，调节参数后可见效果不同（图8-58）。

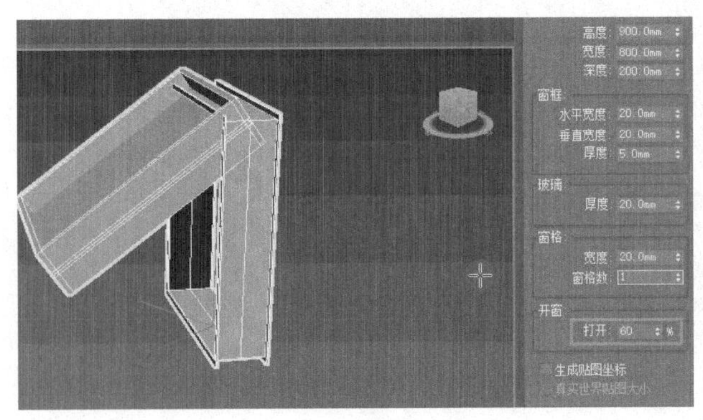

图8-57　平开窗

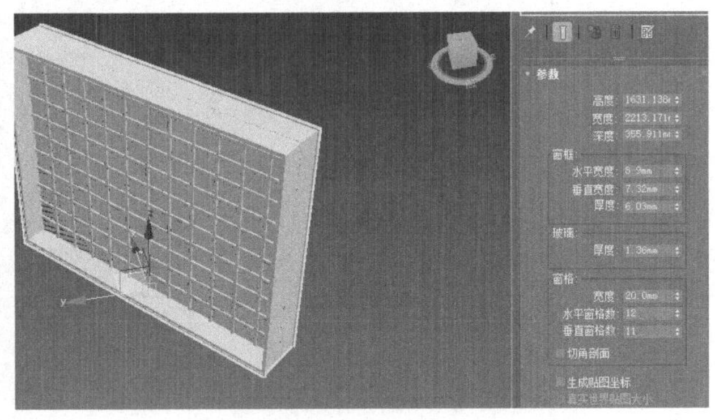

图8-58　固定窗

5）旋开窗。参数与上述其他窗的参数基本相同，只是旋开窗多了“轴”选项，调节参数后可见效果不同（图8-59）。

6）伸出式窗。参数与上述其他窗的参数基本相同，调节参数后可见效果不同（图8-60）。

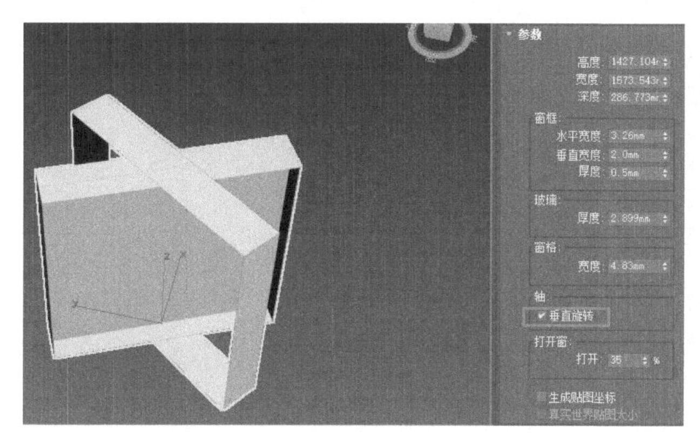

图8-59　旋开窗

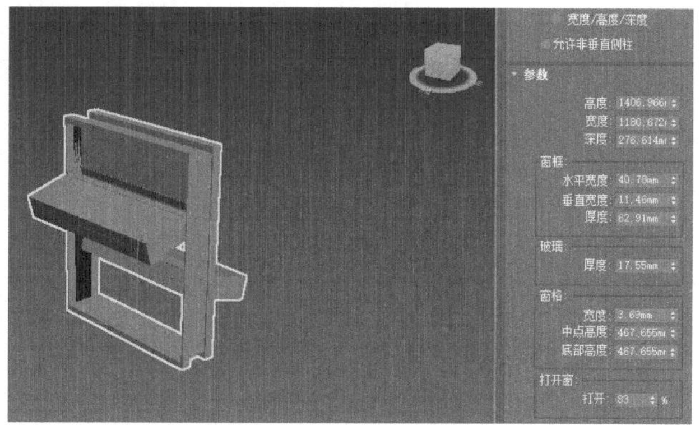

图8-60　伸出式窗

7）推拉窗。参数与上述其他窗的参数基本相同，调节参数后可见效果不同（图8-61）。

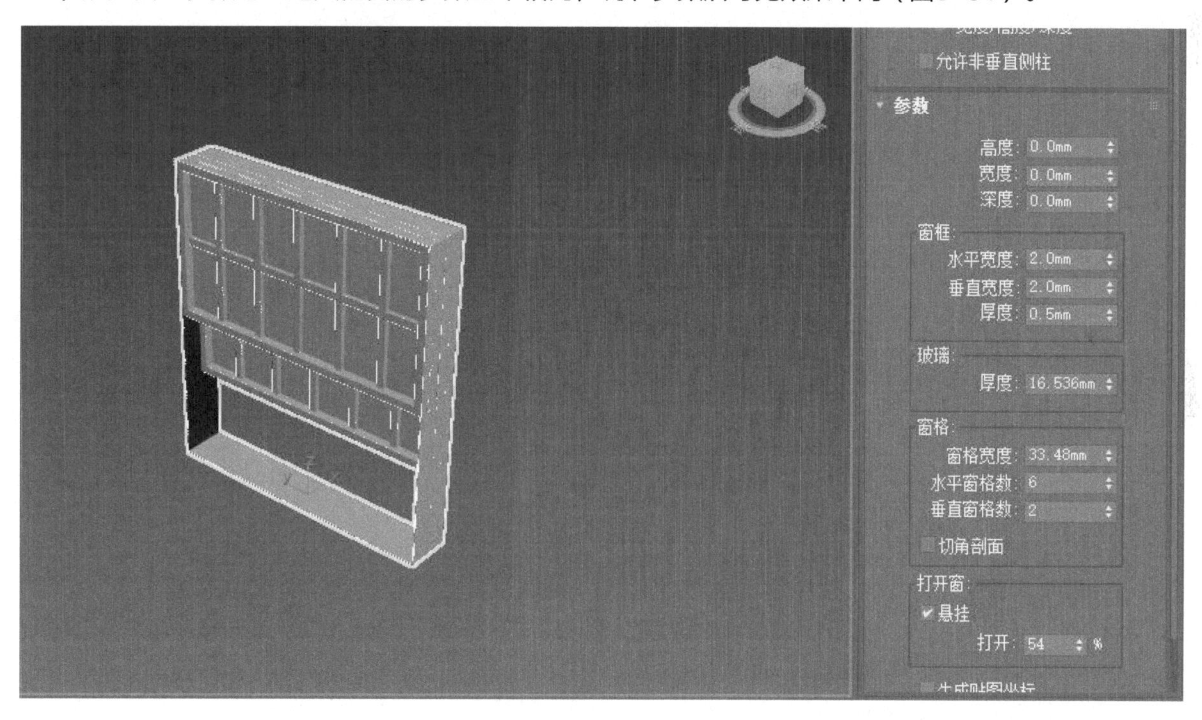

图8-61　推拉窗

8.4.3　楼梯的创建

1）新建场景，在创建面板中，打开下拉菜单选择“楼梯”，在“对象类型”中提供了4种楼梯样式（图8-62）。

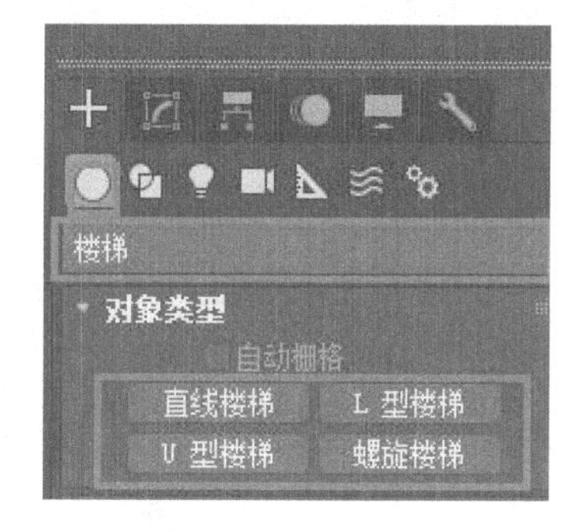

图8-62　楼梯样式

2）直线楼梯。在透视口中创建直线楼梯，可以设置相关参数（图8-63）。进入修改面板，在“参数”卷展栏中的“类型”选项下有3种形式可以选择，默认为“开放式”，可以根据需要分别选择其他两种形式。

在“生成几何体”选项中，可以根据需要勾选部分选项（图8-64）。“布局”选项能调节楼梯整体的长度与宽度，而“梯级”选项主要控制楼梯的总高、每级台阶高与台阶数（图8-65）。“栏杆”卷展栏中的“参数”选项能调节栏杆的高度、偏移、分段和半径（图8-66）。

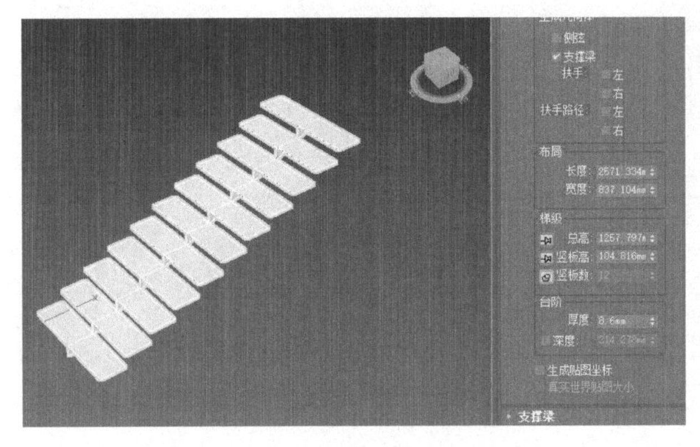

图8-63　直线楼梯

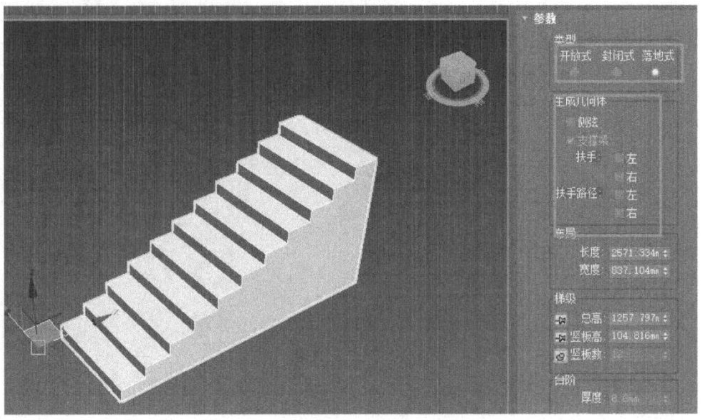

图8-64　落地式

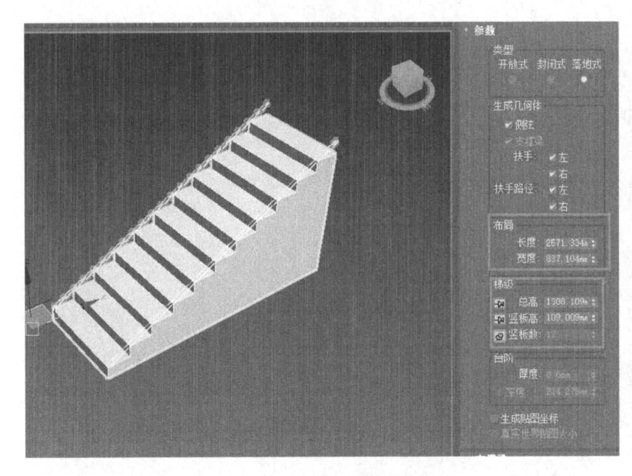

图8-65　楼梯布局

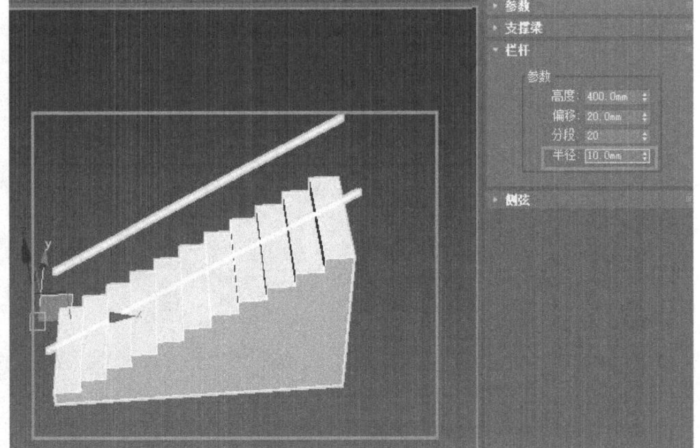

图8-66　调节栏杆

3）L形楼梯。L形楼梯的参数与上述楼梯基本相同，调节参数后可见效果不同（图8-67）。

4）U形楼梯。U形楼梯的参数与上述楼梯基本相同，调节参数后可见效果不同（图8-68）。

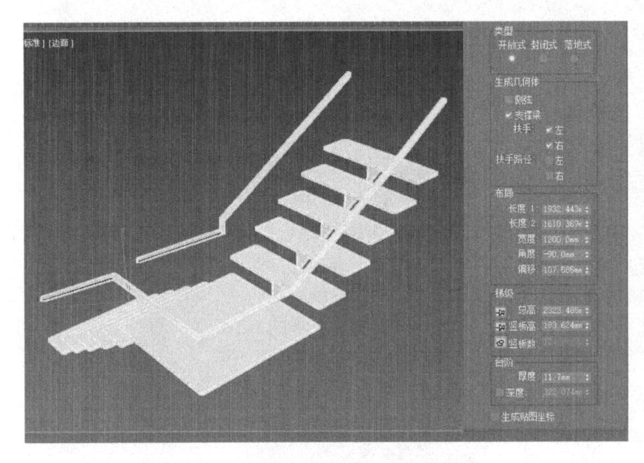

图8-67　L形楼梯

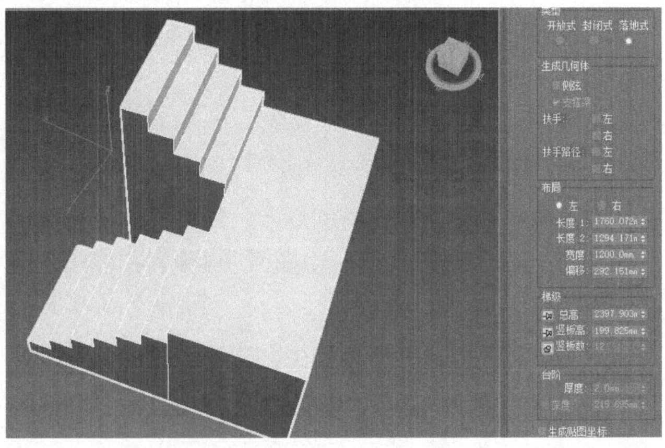

图8-68　U形楼梯

5）螺旋楼梯。螺旋楼梯的参数与上述楼梯基本相同，只是多了1根中柱，调节参数后可见效果不同（图8-69）。

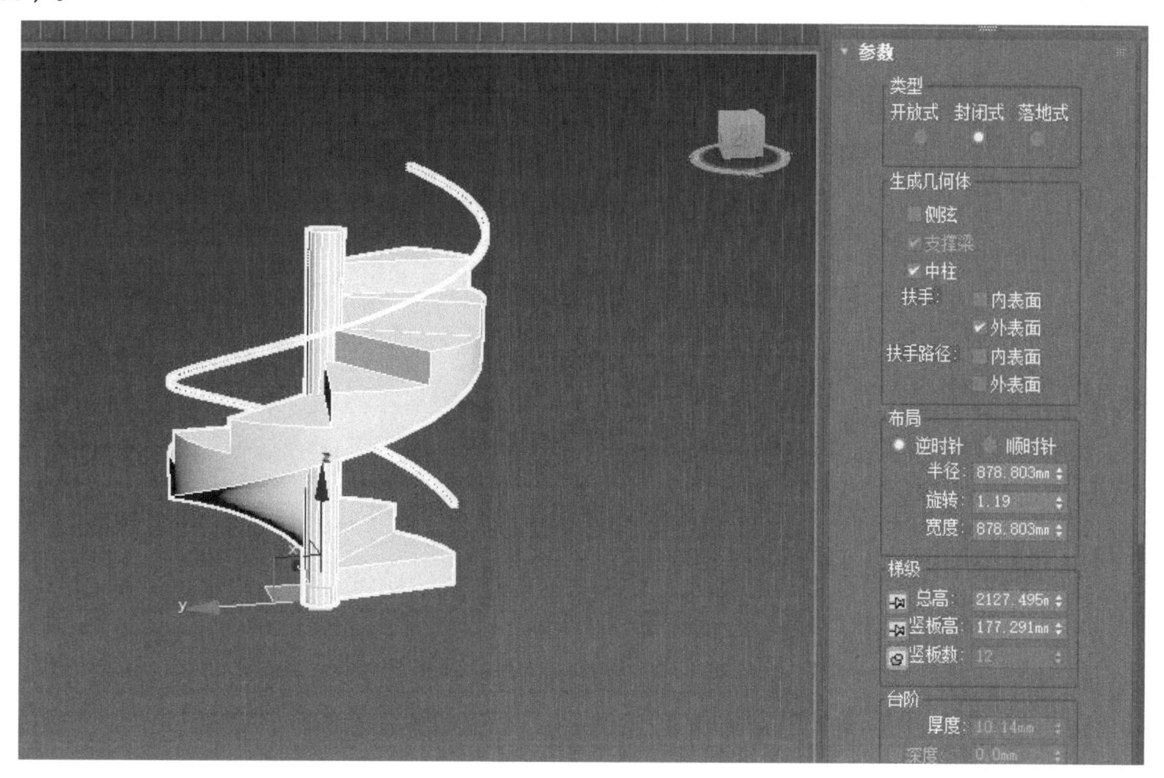

图8-69　螺旋楼梯

8.5　制作窗户

1）进入顶视口，打开“捕捉”工具，单击鼠标左键取消勾选“捕捉到冻结对象”（图8-70）。

2）选择顶部造型，单击鼠标右键，选择“隐藏选定对象”（图8-71）。

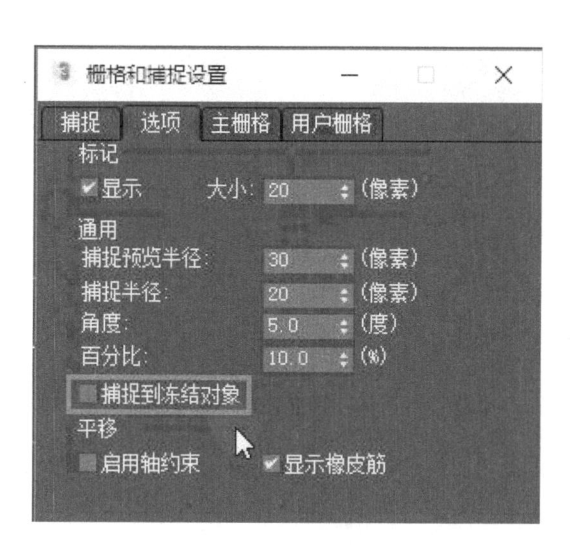

图8-70　捕捉设置

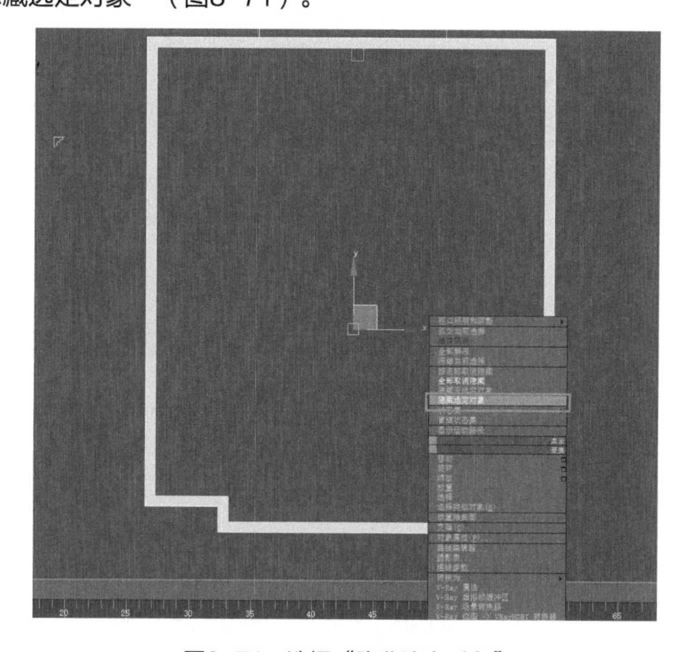

图8-71　选择“隐藏选定对象”

3）使用“捕捉”工具创建平开窗，使其与窗框完全吻合（图8-72）。

4）设置窗的参数，让其达到预期效果（图8-73）。

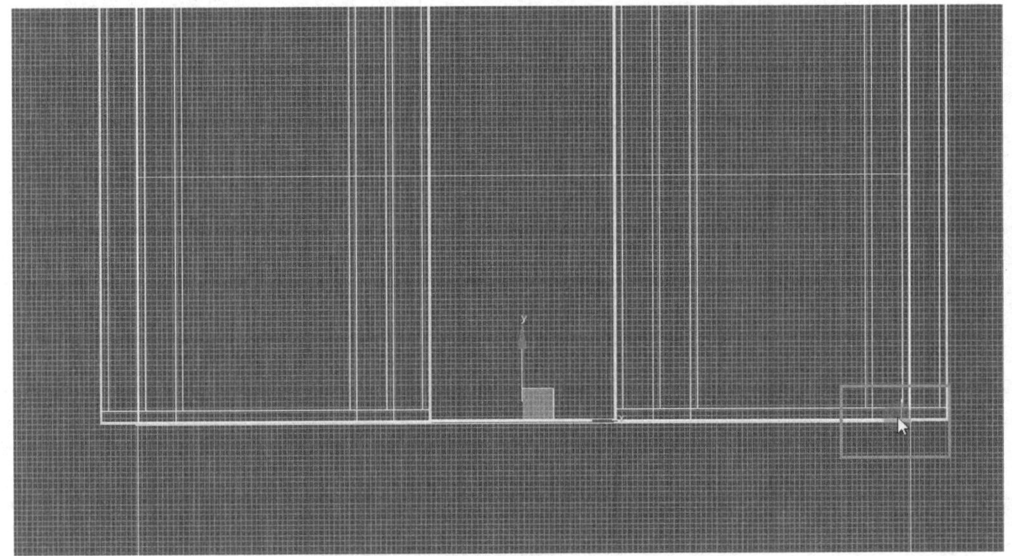

图8-72 创建平开窗

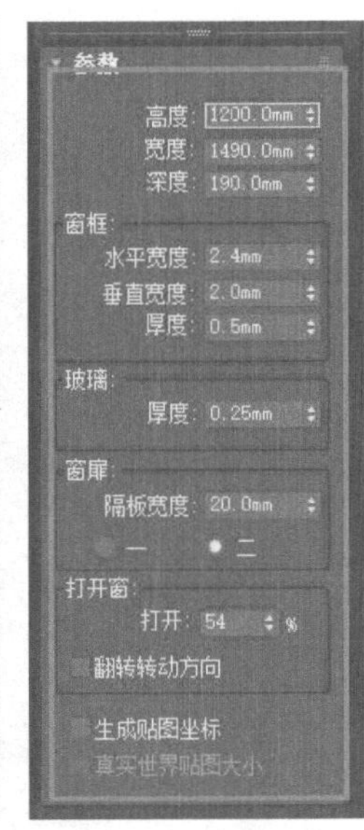

图8-73 设置参数

5）选中窗户，单击鼠标右键，选择“转换为：→转换为可编辑的多边形”（图8-74）。

6）展开“可编辑多边形”卷展栏，选择“元素”层级，选中两边的玻璃部分，将其“分离”，并命名为“窗户玻璃”（图8-75）。

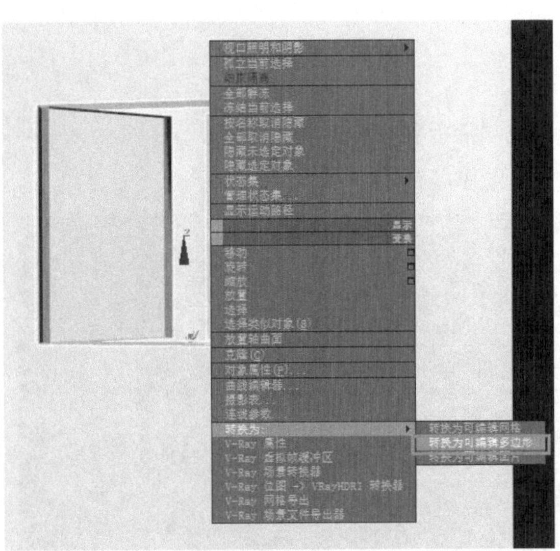

图8-74 转换编辑

图8-75 分离命名

8.6 创建摄影机与外景

8.6.1 创建摄影机

1）在创建面板中选择“标准”摄影机（摄像机），在顶视口中创建一个“目标”摄影机（图8-76）。

2）单击鼠标右键结束创建，单击摄影机中间的线，在前视口中将摄影机向上移动（图8-77）。

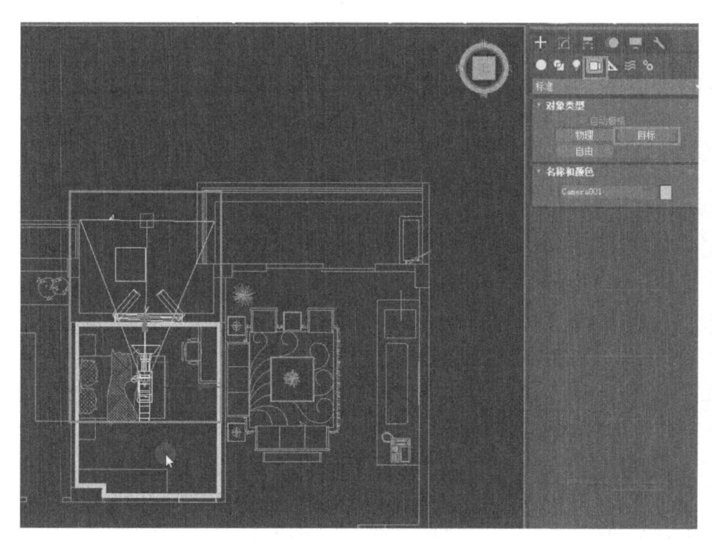

图8-76　创建摄影机

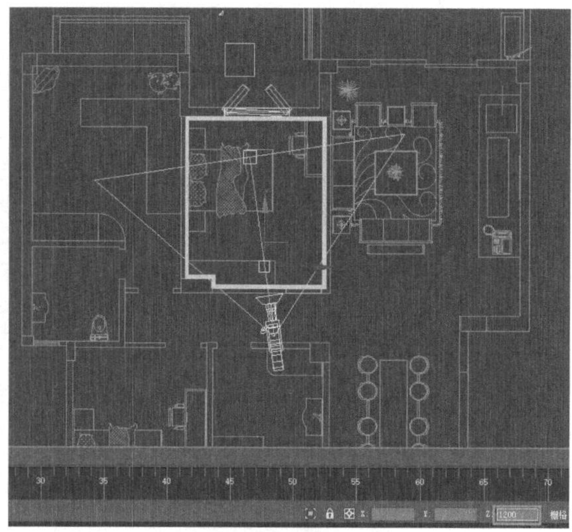

图8-77　移动摄影机

3）单击摄影机，并进入修改面板，切换到透视口，按〈C〉键将透视口切换为摄影机视口，将摄影机的镜头参数设置为“20mm”（图8-78）。

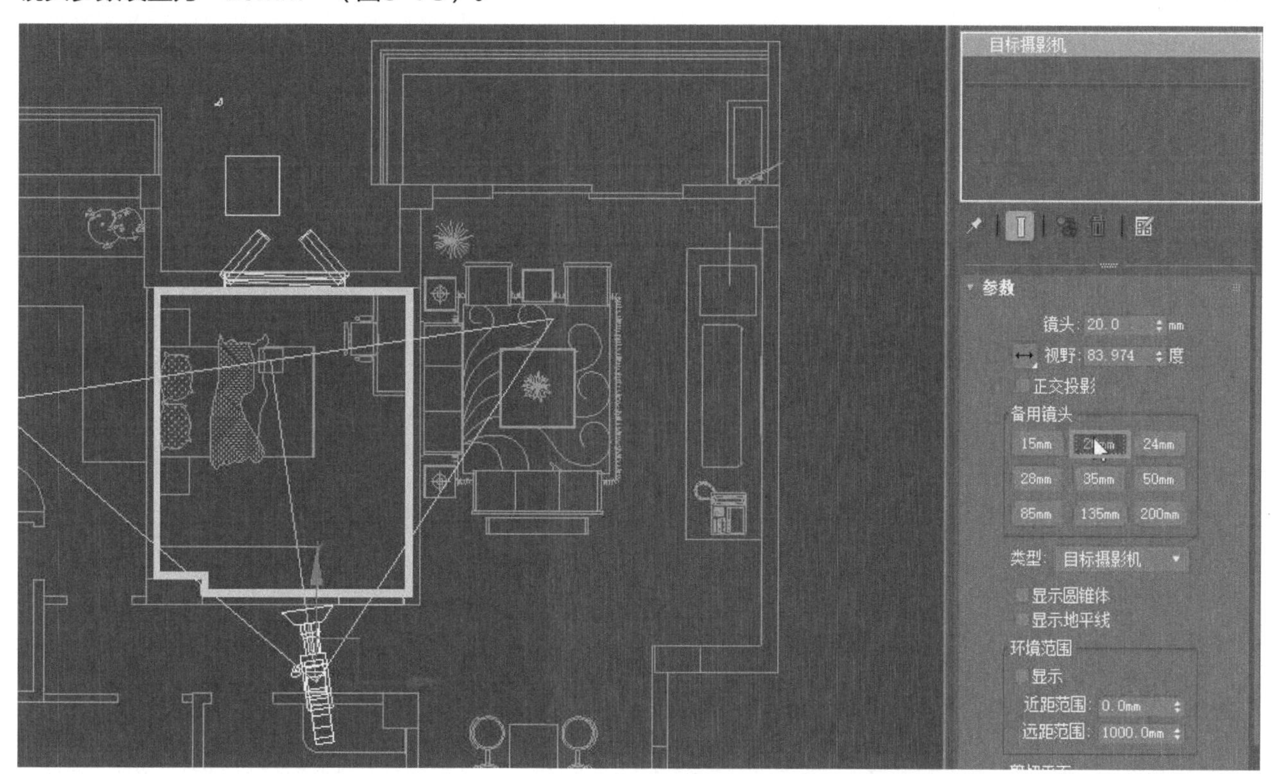

图8-78　选择镜头

设计小贴士

如果经常制作家居装修效果图，则可以将房间墙体、门窗、摄像机（摄影机）等元素制作完毕后单独保存下来，待日后直接打开，根据新的设计要求稍许修改即可继续使用。例如，墙体空间尺寸可设置为4200mm×3600mm，高度设置为2800mm，在任何一面墙上开设窗户，尺度为1800mm×1800mm，窗台高度为900mm，在窗户的对立墙面上开设门，尺寸为800mm×2000mm，同时制作门窗框、扇、玻璃，甚至可以给模型赋予固定的材质球。最后，设置一台摄像机，从任何角度观看房间均可，高度设为800~1200mm。当这些一切都准备就绪后，就可以根据新的设计要求进行修改了，制作家具装修效果图的速度就特别快。

8.6.2 创建外景

1）进入创建面板，选择创建“弧”，在顶视口进行创建（图8-79）。选中“弧”，单击右键将其转换为“可编辑样条线”（图8-80）。

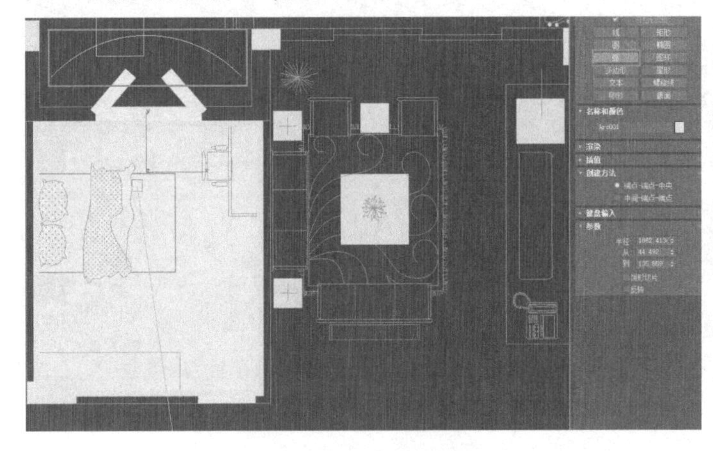

图8-79 创建弧形

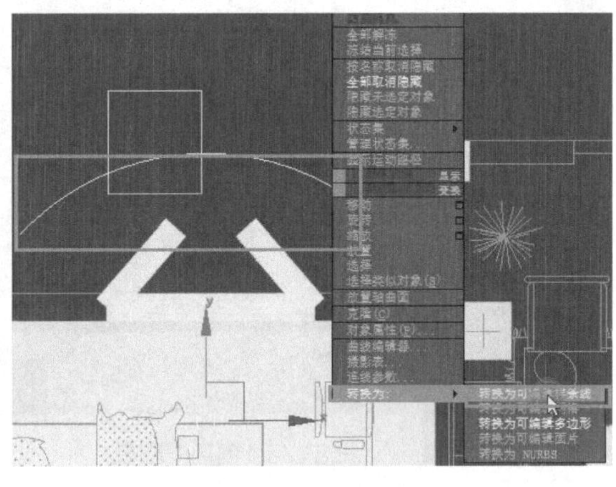

图8-80 转换编辑

2）进入修改面板，进入“样条线”层级，单击“轮廓”，输入20（图8-81）。再为其添加“挤出”修改器，挤出“数量”设置为2900.0mm（图8-82）。按“F3”键在摄影机视口中将其移动到窗口位置。

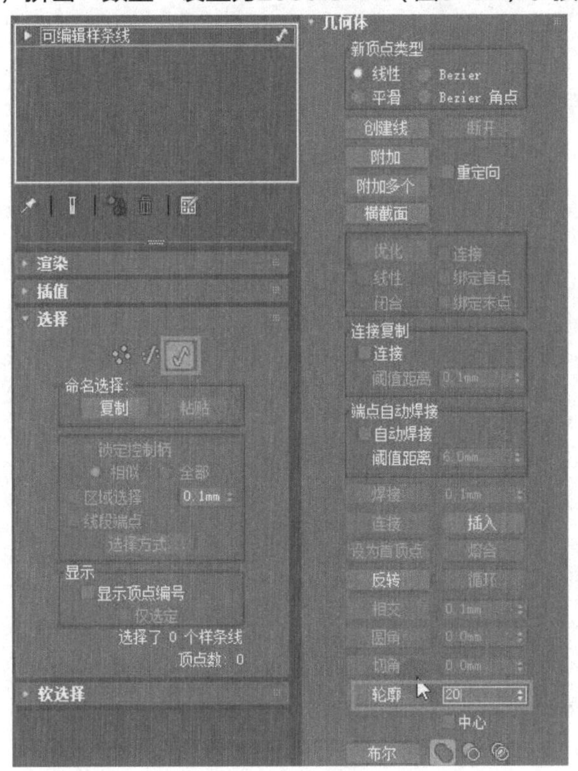

图8-81 编辑轮廓

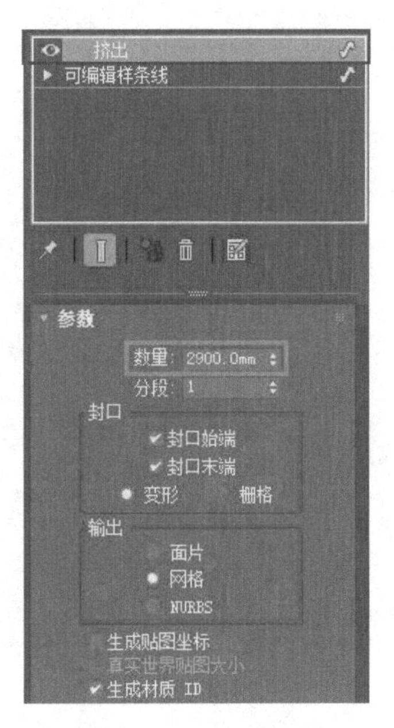

图8-82 挤出参数

8.7 合并场景模型

合并能大幅度提高模型创建效率，前提时要预先收集大量模型。

1）打开左上角的主菜单“文件”，单击“导入→合并”（图8-83）。

2）在本书配套资料“模型素材/第8章/导入模型”中，先选择“窗帘”模型文件，单击“打开”按钮（图8-84）。

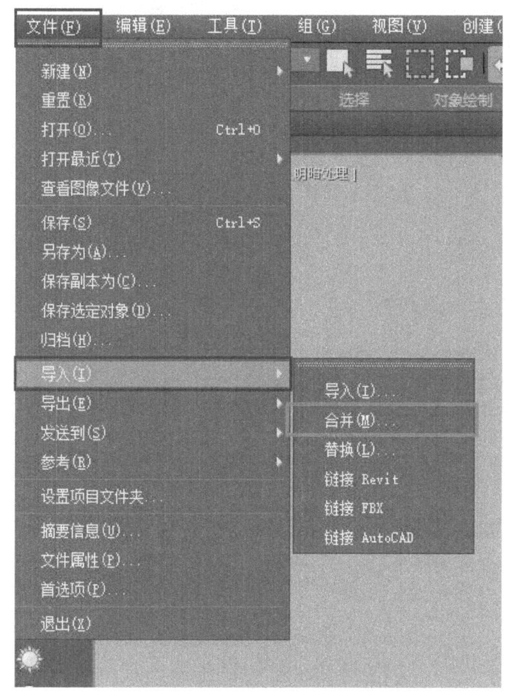

图8-83　菜单栏导入命令

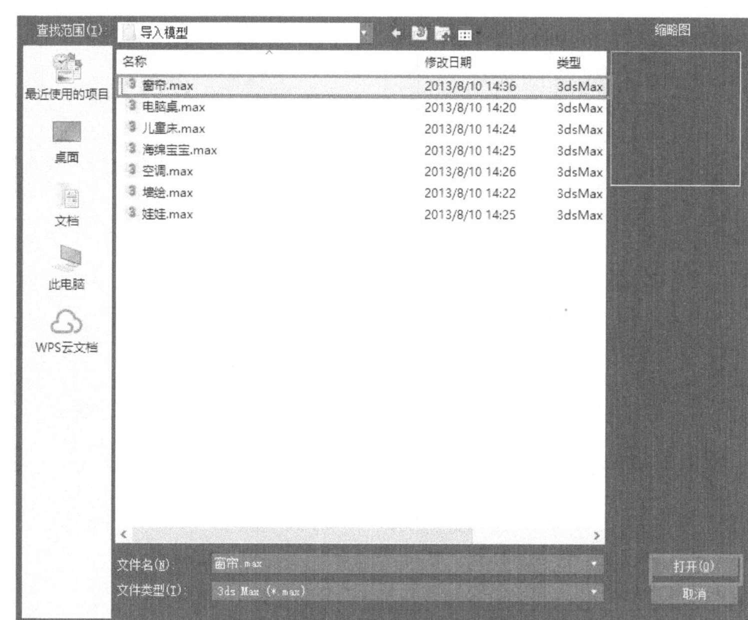

图8-84　选择合并模型

3）选择“全部”，并取消勾选“灯光”与“摄影机”，单击“确定”按钮（图8-85）。

4）由于此模型比较完美，不用调节大小与位置，所以合并下一模型时，可以按上述步骤将“电脑桌”模型合并进来（图8-86）。

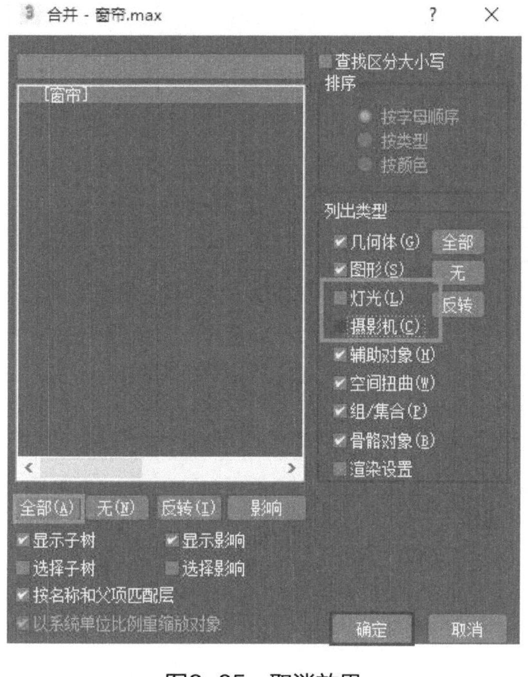

图8-85　取消效果

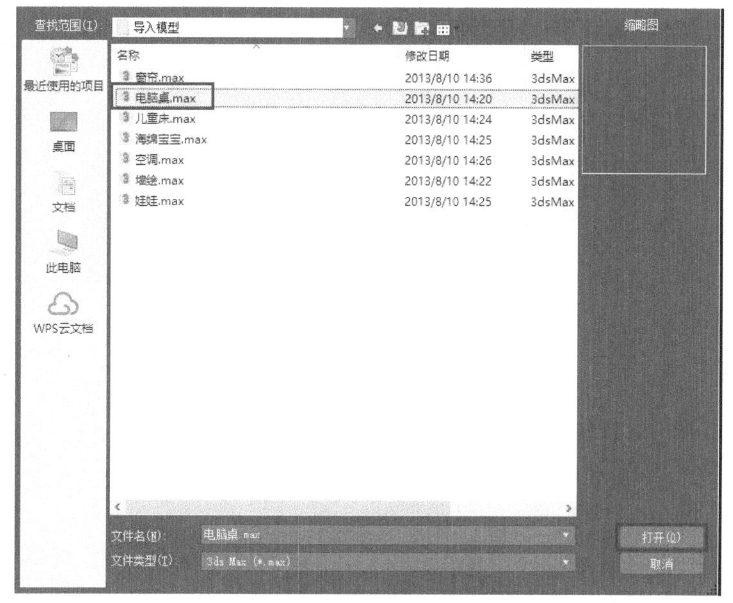

图8-86　选择合并模型

5）选择全部，同样也取消勾选“灯光”与“摄影机”，单击“确定”按钮，这时会弹出“重复材质名称”对话框，勾选“应用于所有重复情况”，并选择“自动重命名合并材质”（图8-87）。

6）依次合并剩下的模型，将所有模型放好位置，即可看到导入后的效果（图8-88）。

重复材质名称

指定给合并对象的材质名称是场景中材质的重复名称。是否

重命名合并材质 archmodels69_029_06

使用合并材质 应用于所有重复情况

使用场景材质

自动重命名合并材质

图8-87　合并材质　　图8-88　模型摆放

7）为了渲染出更好的效果，本场景使用了VRay材质与VRay灯光，为场景赋予VRay材质后的视口效果（图8-89）。

使用VRay渲染器渲染后的效果如图8-90所示。本书将从下一章开始将讲解VRay材质、VRay灯光与VRay渲染器。

图8-89　添加效果

图8-90　渲染后的效果

本章小结

本章详细讲解了利用AutoCAD图形在3ds max 2020中进行创建模型的方法。通过对本章内容的学习，读者可以创造多种效果图的制作要求。使用合并模型时也能使自己的作品更丰富，效果更多彩。

★课后练习题

1.创建场景模型中导入AutoCAD图形的注意事项?

2.怎样对导入的AutoCAD图形进行修改、描绘。

3.在创建墙体、门窗和楼梯等元素制作时，三者有什么区别?

4.运用场景模型绘制、制作三种家居装修效果图。

第9章　VRay介绍

操作难度： ★★☆☆☆

章节导读： 在3ds max 2020中，VRay是在装修效果图渲染中必不可少的插件。本章主要介绍的版本为VRay Adv 3.60.03，它由专业渲染引擎公司Chaos Software开发完成，是拥有光线跟踪与全局照明技术的渲染器，用来代替3ds max 2020中原有的线性扫描渲染器。VRay能更快捷、更交互、更可靠地满足行业需求，能将场景渲染得非常真实，是目前制作装修效果图的主流渲染器。本章主要介绍VRay的安装方法与界面操作。

9.1　VRay安装

1）用浏览器访问VRay官网（https://www.chaosgroup.com/cn），单击右上方，注册登陆后，试用/购买，下载相应版本（图9-1）。

图9-1　下载VRay界面

2）安装VRay Adv 3.60.03，双击安装文件图标，打开安装文件（图9-2）。

3）勾选“我同意‘许可协议’中的条款”，单击“我同意”[I Agree]按钮（图9-3）。

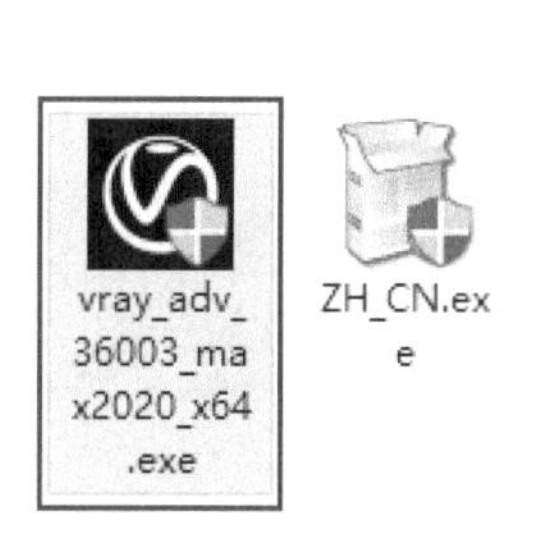

图9-2　安装文件

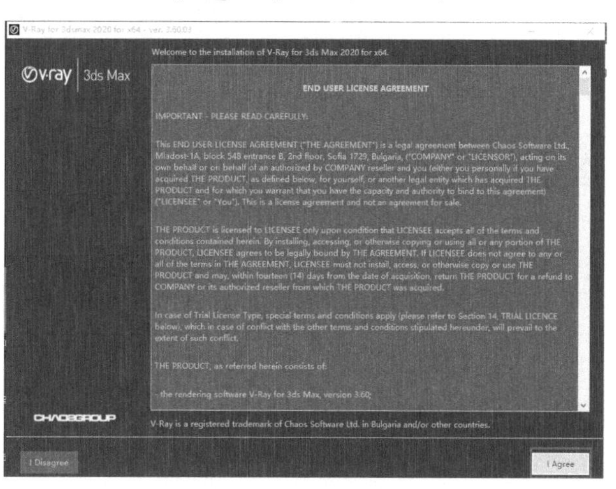

图9-3　同意许可协议

4）软件会自动识别3D Max的安装路径，单击“安装（Install Now）”按钮（图9-4）。

5）取消勾选“浏览支持文件”和“安装后打开更新文件”，然后单击“完成”(Finish）完成安装（图9-5）。

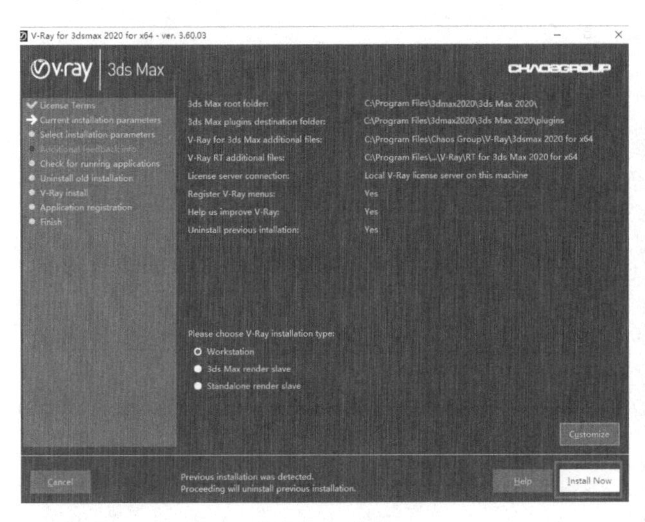

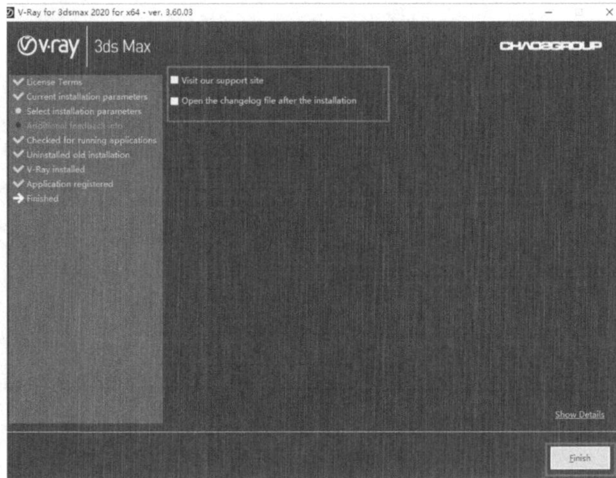

图9-4　安装　　图9-5　取消选项完成

6）软件安装结束后会自动打开“VRay 在线许可”的安装程序，单击“我同意”（I Agree）按钮（图9-6）。

7）软件会自动创建许可证的安装路径，单击“安装”（Install Now）按钮（图9-7）。

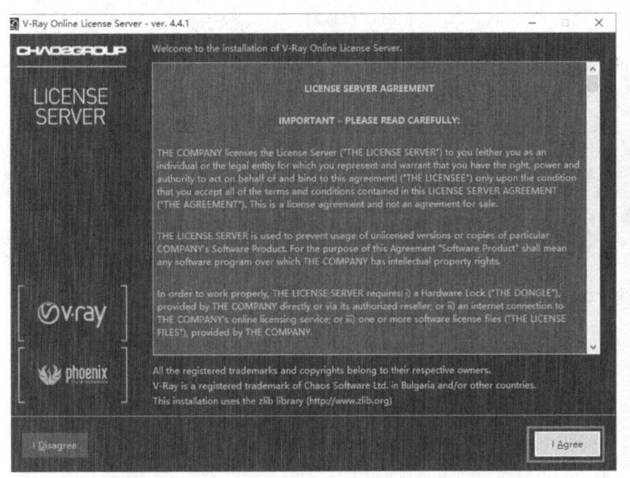

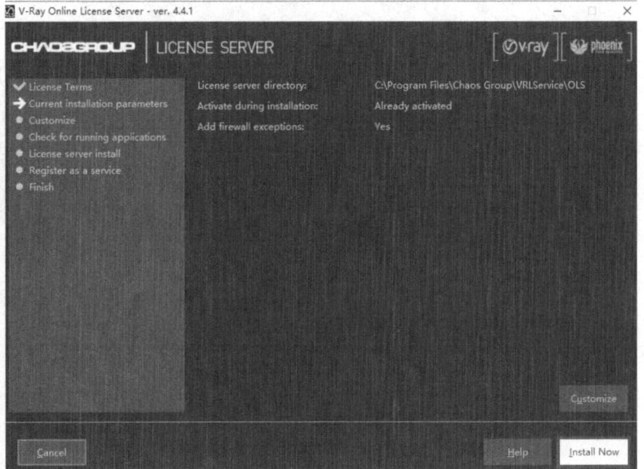

图9-6　在线许可同意　　图9-7　安装路径

8）输入用户名和密码后，等待安装流程运行，单击“完成”（Finish）按钮，完成安装（图9-8）。

9）在菜单栏中选择“渲染→渲染设置”（图9-9）。

设计小贴士

VRay是由专业的渲染器开发公司CHAOSGROUP开发的渲染软件，是业界最受欢迎的渲染引擎。基于VRay内核开发的有VRay for 3ds max、Maya、Sketchup、Rhino等诸多版本，为不同领域的优秀3D建模软件提供了高质量的图片和动画渲染。除此之外，VRay也可以提供单独的渲染程序，方便使用者渲染各种图片。

由于VRay渲染效果优异，3ds max在各版本中都会强化这款渲染器的使用，目前使用3ds max制作效果图基本上全是使用VRay渲染器。3ds max自带的渲染器仅仅用于临时、快速预览模型，不具备实际渲染效果。虽然VRay的参数设置比较复杂，但是具有很强的规律，容易被初学者掌握。

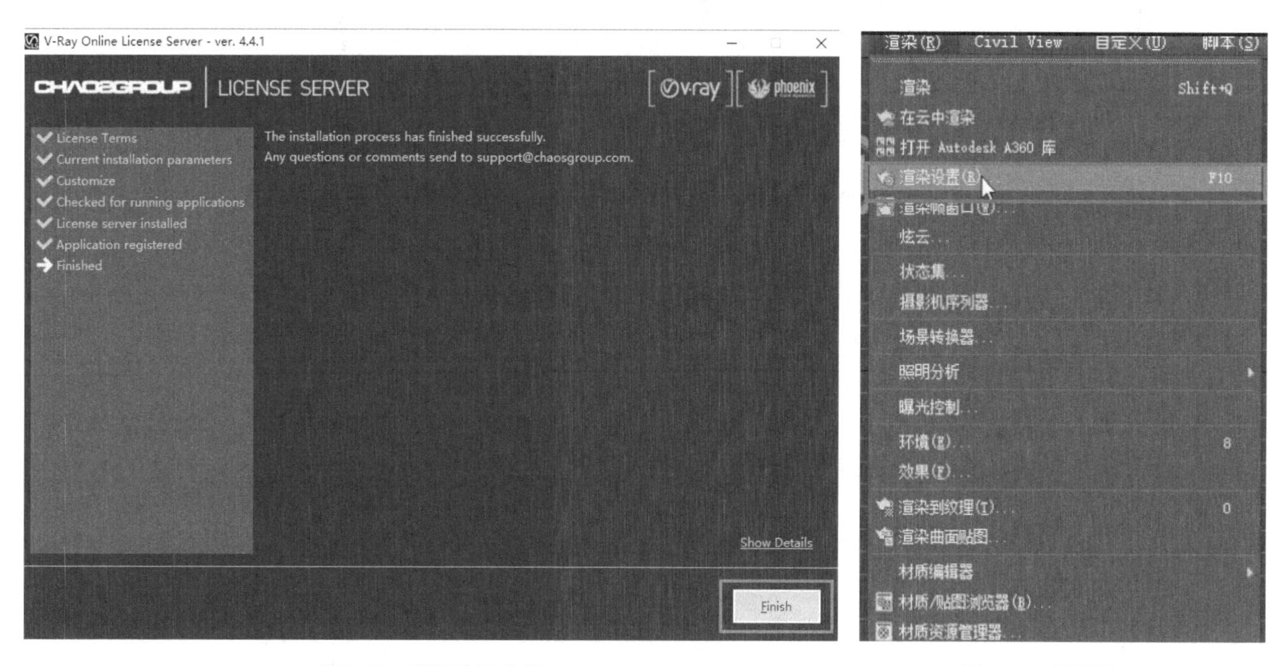

图9-8 填写流程安装 图9-9 菜单栏设置

10）进入“渲染设置”面板，将右侧的滑块滑动至最底层，展开“指定渲染器”卷展栏，单击“产品级”后面的“指定渲染器”按钮（图9-10）。

11）在“选择渲染器”对话框中会看到新增了两个渲染器，这里点选“VRay Adv 3.60.03”，单击“确定”按钮（图9-11）。

12）选择完毕之后，单击“保存为默认设置”按钮，这样下次启动3ds max时，计算机就会默认使用“V-Ray Adv 3.60.03”渲染器了（图9-12）。

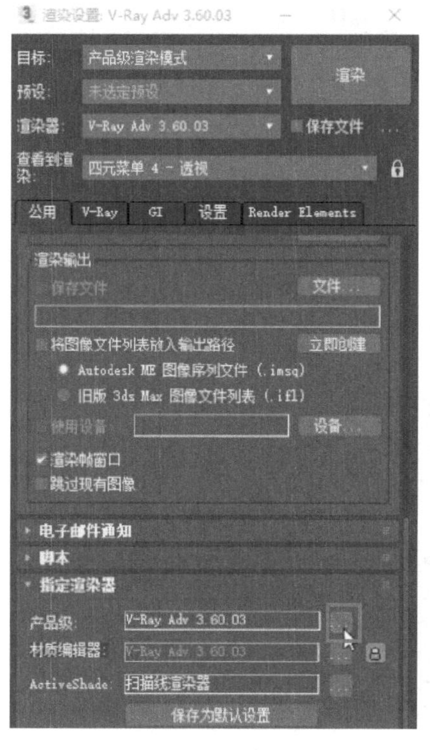

图9-10 渲染设置面板

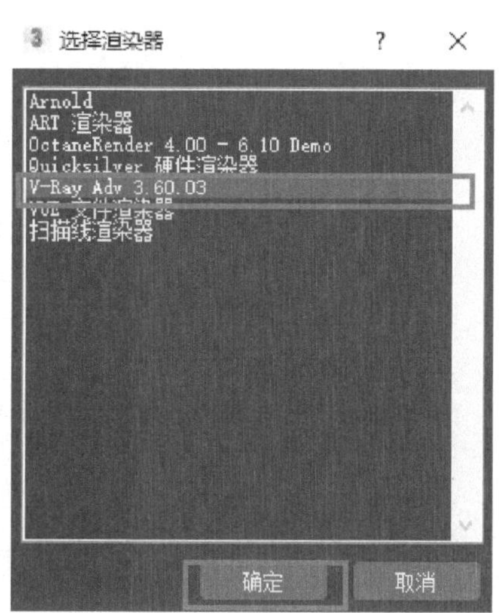

图9-11 “选择渲染器”窗口

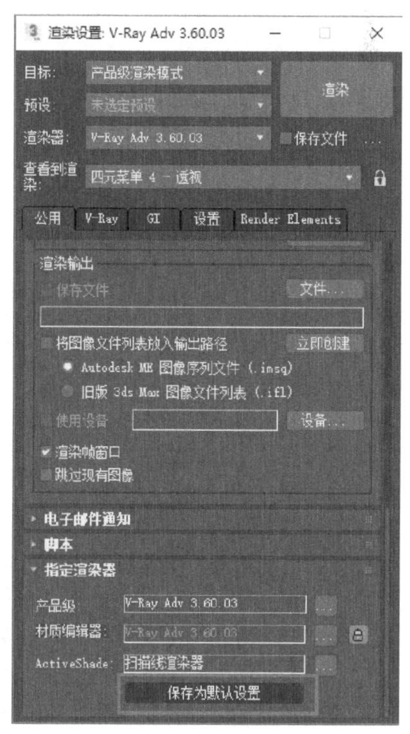

图9-12 保存默认设置

9.2 VRay界面介绍

9.2.1 VRay主界面

在“渲染设置”对话框中单击“VRay”选项卡，打开VRay渲染器的“渲染设置”面板，默认情况下里面总共有11项。

1）第1项是“授权”卷展栏，用于显示该软件注册认证信息。

2）第2项是“关于VRay”，用于显示介绍该渲染器的界面（图9-13）。

3）第3项是“帧缓冲”，勾选“启用内置帧缓冲区”，单击“渲染”按钮就可以使用“VRay帧缓冲”功能（图9-14）。

4）第4项是“全局开关”卷展栏，可以控制整个模型场景的灯光、材质、渲染等重要选项的卷展栏（图9-15）。

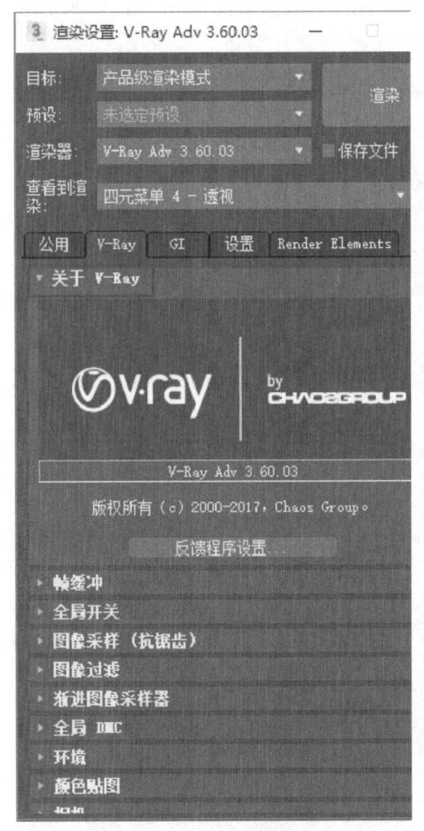

图9-13 渲染器的界面

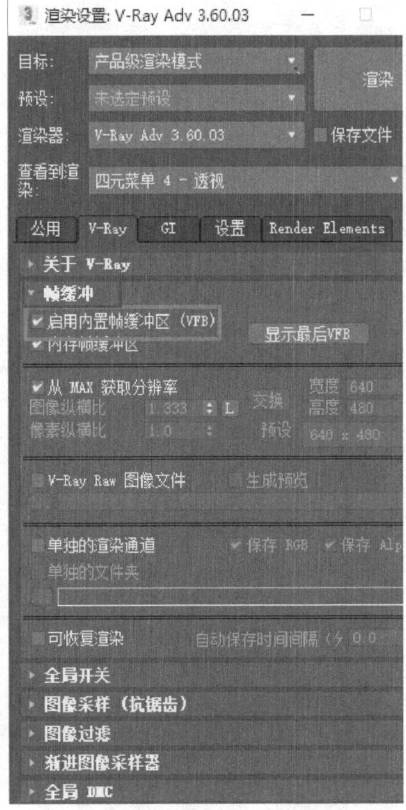

图9-14 “帧缓冲”卷展栏

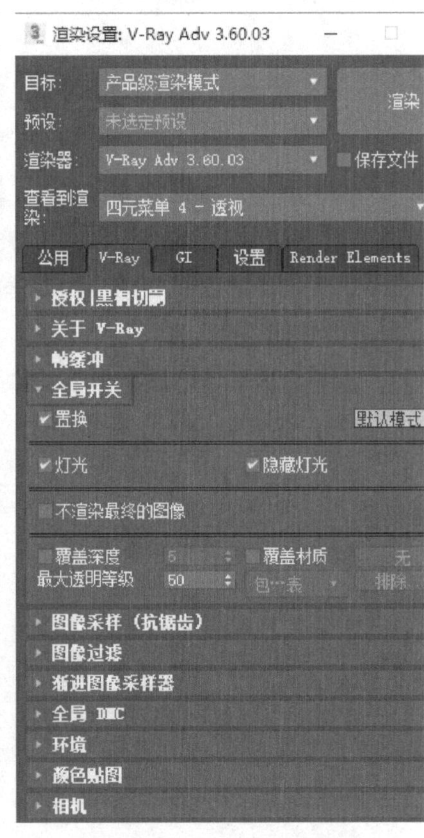

图9-15 “全局开关”卷展栏

5）第5项是“图像采样（抗锯齿）”卷展栏，是控制图像的细腻程度与抗锯齿的卷展栏（图9-16）。

6）第6项是“图像过滤”卷展栏，这一项主要是对场景进行抗锯齿处理（图9-17）。

7）第7项是“渐进图像采样器”卷展栏（图9-18）。

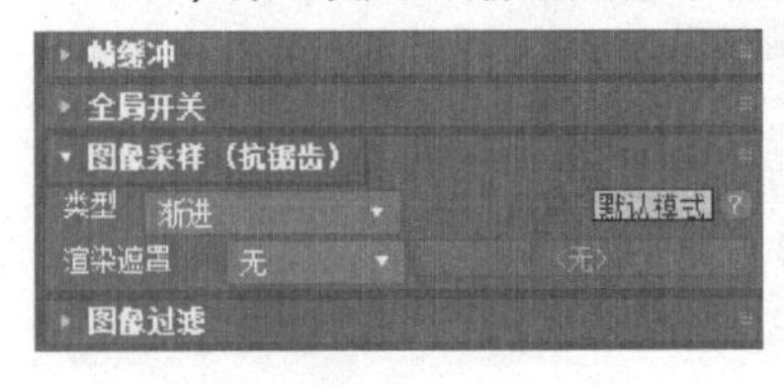

图9-16 “图像采样”卷展栏

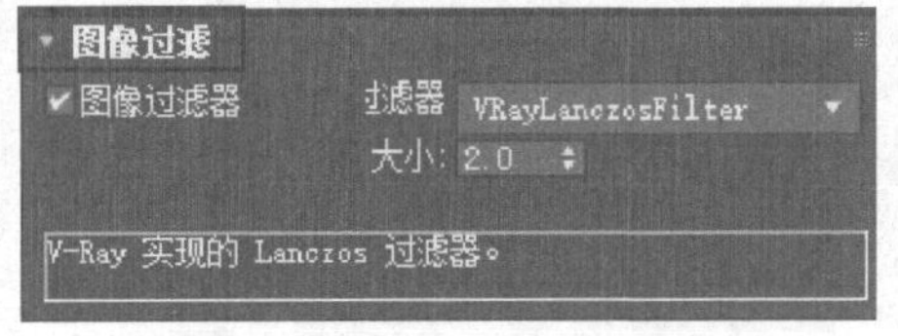

图9-17 “图像过滤”卷展栏

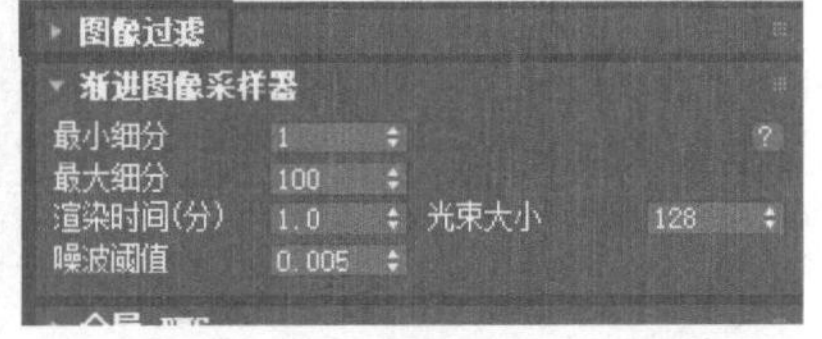

图9-18 “渐进图像采样器”卷展栏

8）第8项是“全局DMC”卷展栏，这一项主要是控制块的细分值，一般不更改（图9-19）。

9）第9项是“环境”卷展栏，是设置场景周围环境的卷展栏，或是“全局照明环境（天光）覆盖”，或是“反射/折射环境覆盖”（图9-20）。

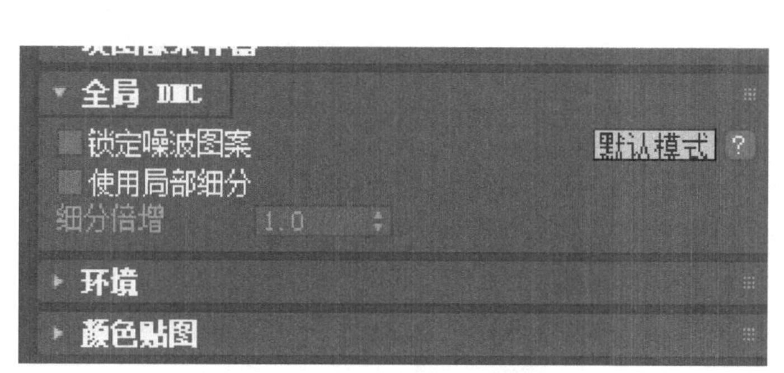

图9-19 “全局DMC”卷展栏

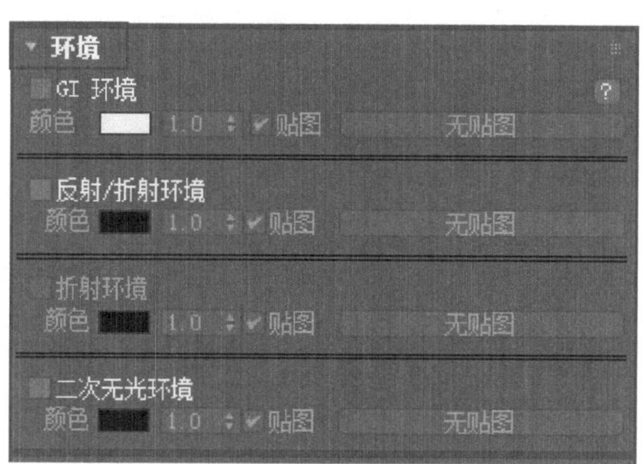

图9-20 “环境”卷展栏

10）第10项是“颜色贴图”卷展栏，是控制整体的亮度与对比度的卷展栏（图9-21）。

11）第11项是“相机”卷展栏，是给VRay摄影机添加特效的卷展栏（图9-22）。

图9-21 “颜色贴图”卷展栏

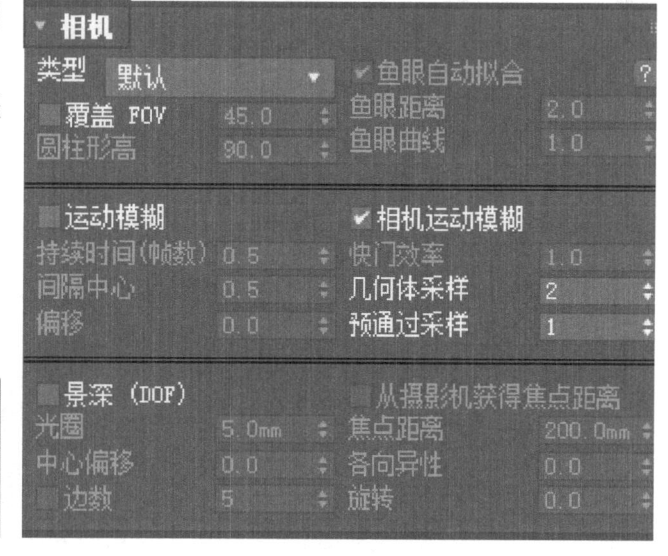

图9-22 “相机”卷展栏

9.2.2 VRay GI

1）“全局光照”卷展栏，是控制场景中光线进行光能传递方式的重要卷展栏，可以让场景达到真实的渲染效果，不同的处理引擎能达到不同的效果，系统默认“首次引擎-暴力计算”“二次引擎-灯光缓存”。选择什么样的引擎，后面就会呈现相应引擎名称的卷展栏。系统默认“暴力计算”“灯光缓存”，所以，下面也就会有相对应的卷展栏（图9-23）。这里需要指出的是，以往版本的软件中有的将“暴力计算”翻译成“BF算法”，这里指的是同一意思。

2）“暴力计算”卷展栏，是控制场景整体光的细分与反射次数的卷展栏，是一种较为直接的算法，它会直接计算光子的路径，计算时间较长，且渲染图易出现杂点。（图9-24）。

3）“灯光缓存”卷展栏，将“二次引擎”设置为“灯光缓存”时就会出现该卷展栏，该卷展栏能为场景灯光增加灯光缓冲区，让场景灯光可以保存并调节（图9-25）。

4）“焦散”卷展栏，包括能让透明或半透明物体在强光照射下产生焦散效果的各种选项（图9-26）。

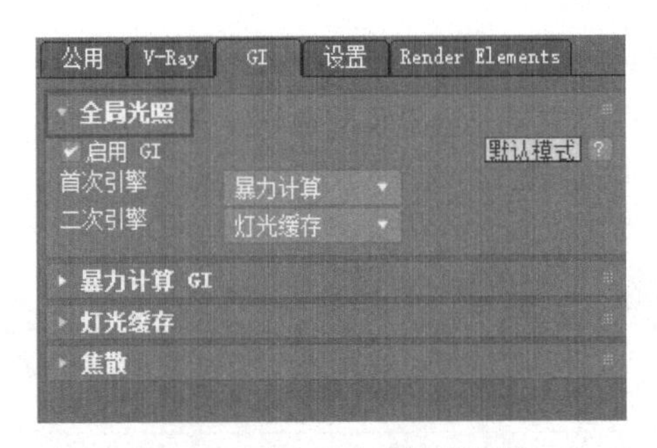

图9-23 “全局光照”卷展栏

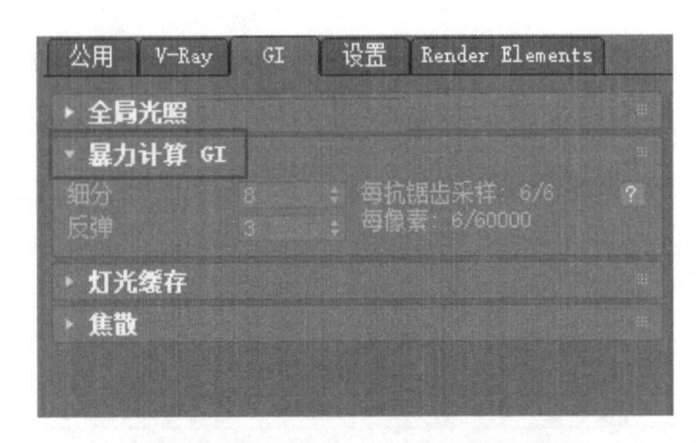

图9-24 “暴力计算”卷展栏

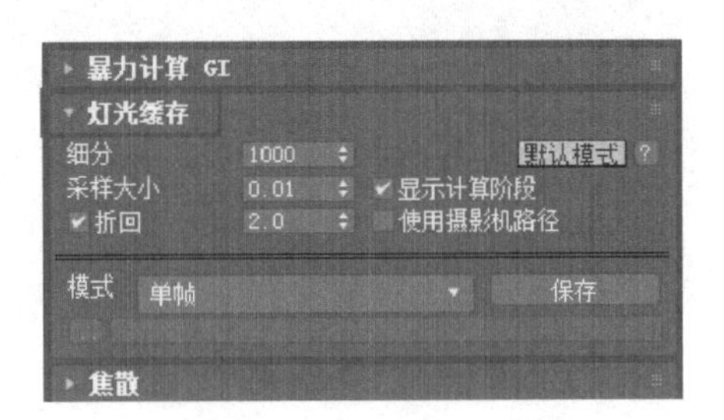

图9-25 “灯光缓存”卷展栏

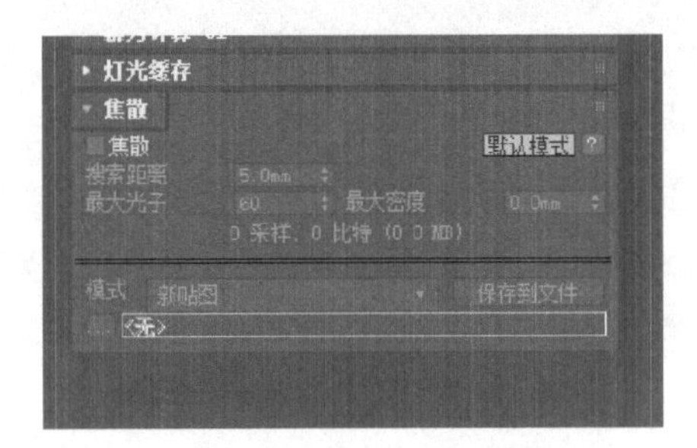

图9-26 “焦散”卷展栏

9.2.3 VRay设置

1）“默认置换”卷展栏，包括调节图像的细分与清晰程度的选项（图9-27）。

2）“系统”卷展栏，包括设置各个渲染面板及细微渲染变化的选项（图9-28）。

3）“平铺贴图选项”卷展栏，是控制贴图纹理缓存的选项（图9-29）。

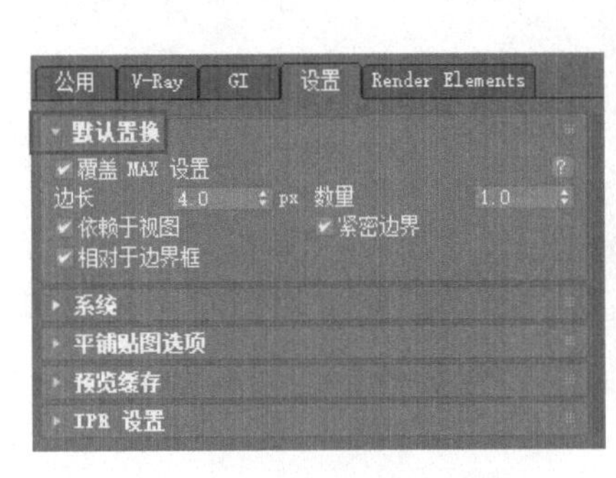

图9-27 “默认置换”卷展栏

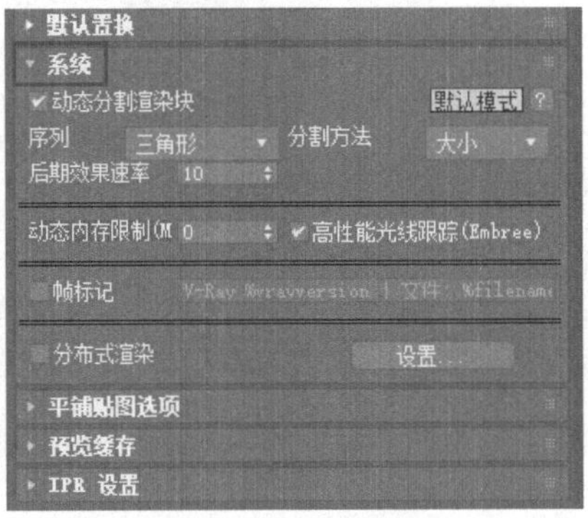

图9-28 “系统”卷展栏

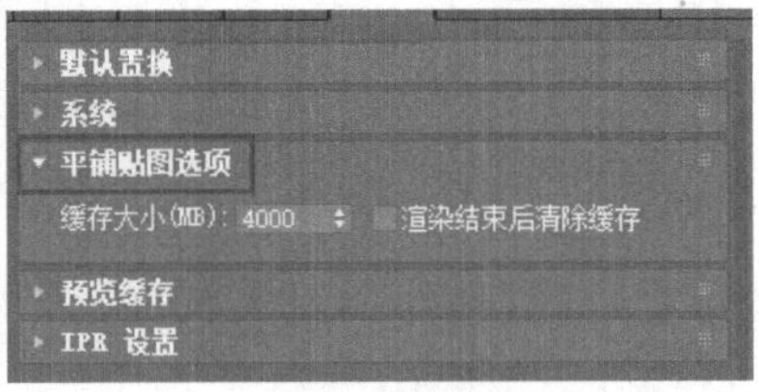

图9-29 “平铺贴图选项”卷展栏

4）“预览缓存”卷展栏，是控制缓存网格的选项（图9-30）。

5）“IPR 设置”卷展栏，是控制各个渲染图及采样变化的选项（图9-31）。

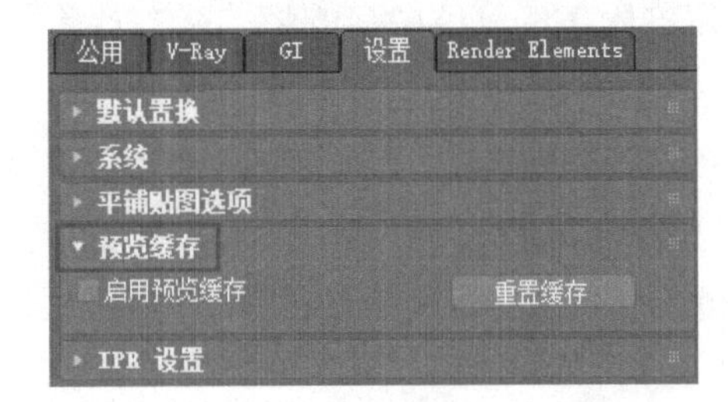

图9-30 “预览缓存”卷展栏

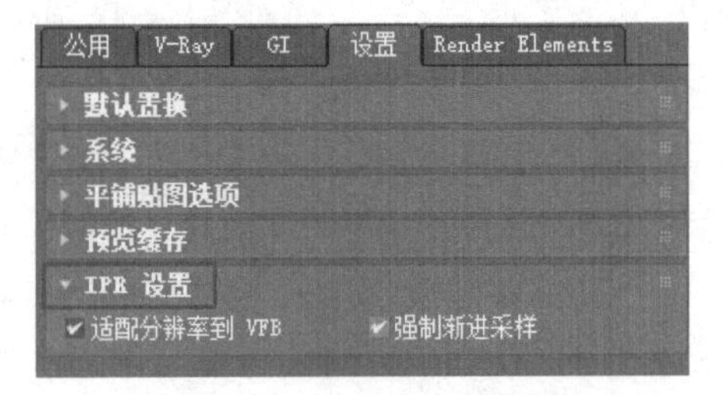

图9-31 “IPR 设置”卷展栏

本章小结

本章主要介绍VRay的安装方法与界面操作，它拥有光线跟踪与全局照明技术的渲染器，相比3ds max 2020中原有的线性扫描渲染器，VRay能更快捷、更交互、更可靠地满足场景渲染的真实性，是渲染效果图掌握的必要技能。

★课后练习题

1.安装VRay Adv 3.60.03插件，设置渲染器。

2.了解VRay主界面的渲染功能。

3.VRay照明和设置的作用?

第10章 VRay常用材质

操作难度：★★★★☆

章节导读：VRay的材质种类很多，在模型场景中，几乎所有材质都可以通过它进行调节。在调节VRay材质时，可以输入固定参数来模拟生活中真实的材料质地。本章不仅介绍VRay材质的使用方法，还给出具体参数供参考。除了在操作中需掌握VRay材质的设置方法，还要建立属于操作者自己的材质库，这样就能随时调用熟悉的材质，从而大幅提高效果图的制作效率。

10.1 VRay材质介绍

1）打开“材质编辑器”，新建第1个材质。在“Slate材质编辑器”中的“材质”卷展栏中找到“VRay”并展开，再选择“VRayMtl”（图10-1）。

2）创建场景，将材质赋予球体模型，在参数面板中，第1项为“漫反射”选项，单击颜色框会弹出“颜色”对话框，在此对话框中可以设置并改变物体的漫反射颜色，单击颜色框后面的小按钮可以继续为其添加贴图（图10-2）。

图10-1 材质编辑面板

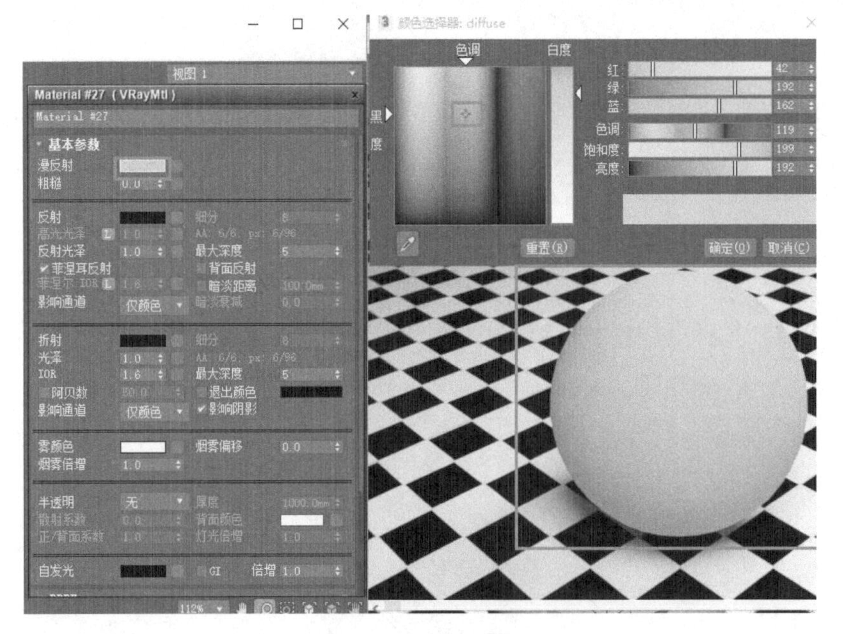

图10-2 添加模型

3）“粗糙”度能调节物体表面的粗糙程度，值越高物体表面就越粗糙，最大为1，单击后面小按钮可以继续添加贴图。粗糙度的值越大，对场景中光线的反射就越低，场景就越暗（图10-3）。

4）“自发光”选项可以直接为材质添加自发光性质，这样材质就发光啦！单击的后面的小按钮可以为其添加贴图（图10-4）。

图10-3 “粗糙”度

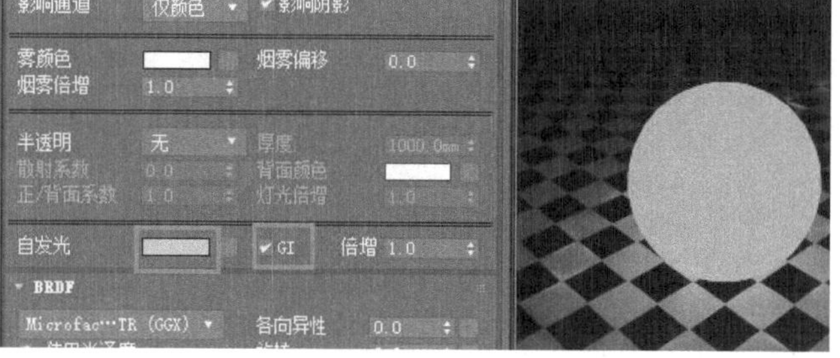

图10-4 “自发光”选项

5）“反射”选项可以控制模型材质的反射效果，为其选择颜色，当颜色为黑白时，调节参数只会影响其反射程度；当颜色为彩色时，不仅会影响反射程度，还会影响物体表面颜色。修改颜色可以选择补色，两者的共同点是越接近白色反射越强烈，越接近黑色反射越弱，单击“反射”后面的小按钮可以为其添加贴图（图10-5）。

6）“高光光泽”可以调节物体的高光大小，单击后面的小按钮可以为其添加贴图，单击后面的“L”按钮是锁定的意思，调节数值就可改变其高光大小，默认值为1，值越小高光就越大，物体表面就越模糊，数值为0.5时的效果如图10-6所示。

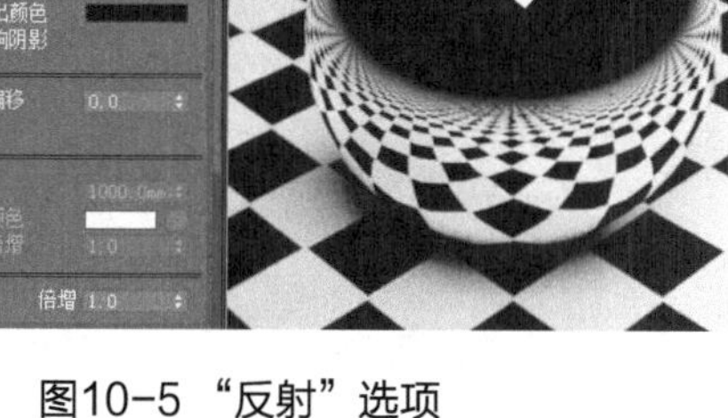

图10-5 “反射”选项

图10-6 高光光泽

7）“菲涅耳反射”是模拟光的反射过程，当视角越靠近物体表面，与物体表面夹角越小时，反光越强，菲涅耳反射能更精准的模拟物体反光，打上勾会稍微影响渲染速度（图10-7）。

8）“反射光泽”能决定物体表面的光滑程度，这个值越小物体表面就越粗糙，当这个值降低时相应的下面的细分值也就要提高，单击后面小按钮可以为其添加贴图，这是将“反射光泽”设置为0.9（图10-8）。

图10-7 菲涅耳反射

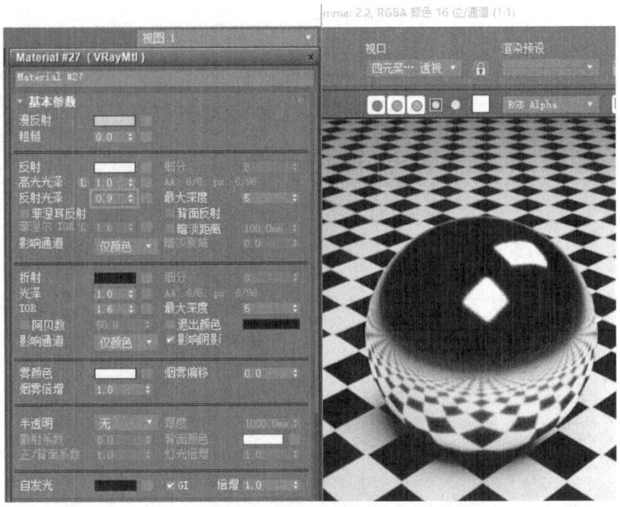

图10-8 反射光泽

9）“折射”选项可以让物体产生透明的效果，可做出玻璃或水的效果，折射调整为灰白色的效果如图10-9所示。也可以为“折射”选择颜色，还可以添加贴图。折射率，此项为固定的物理属性，玻璃的折射率约为1.6，水的折射率约为1.33，可以添加贴图。

10）“光泽”会使透明物体内部形成浑浊的效果，变得不那么通透，可产生磨砂玻璃效果，可以添加贴图。“光泽”设置为0.7的效果如图10-10所示。

11）“雾颜色”能为透明物体添加颜色，不过这个值相当敏感，必须将所选的颜色调整到接近白色的位置，不然物体会变成黑色，若颜色太深，可以添加贴图。它还可以调节下面的“烟雾倍增”，将倍增值降低。将上述“漫反射”颜色设置为黑色，“反射”颜色设置为白色，给予一定烟雾颜色并调整参数后的渲染效果如图10-11所示。

12）“影响阴影”勾选后，物体的阴影就会形成半透明的阴影效果，如图10-12所示。

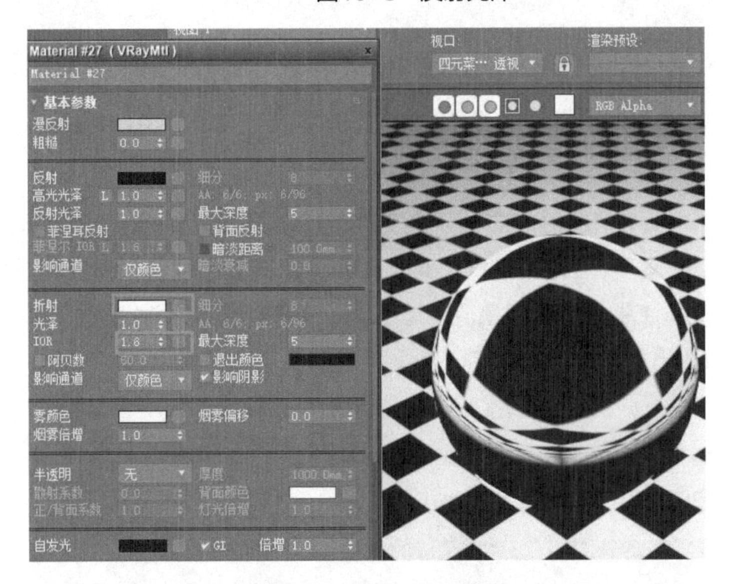

图10-9 “折射”选项

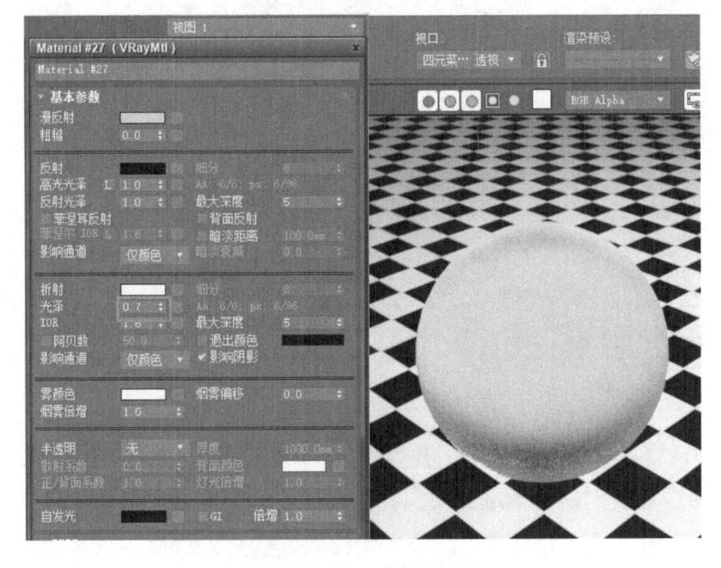

图10-10 光泽设置

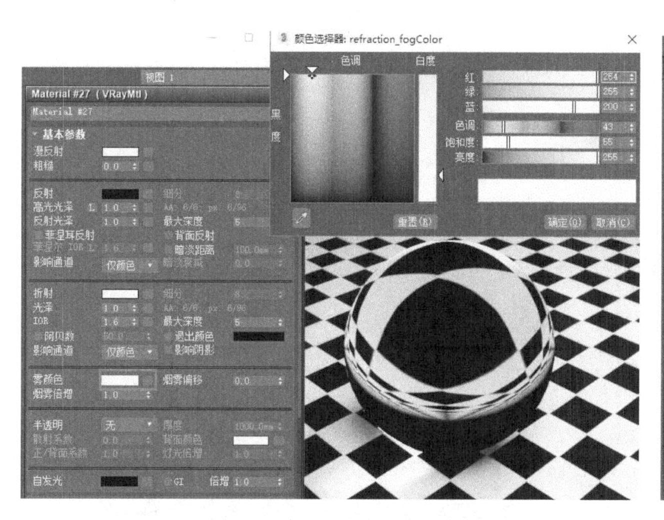

图10-11 烟雾颜色设置

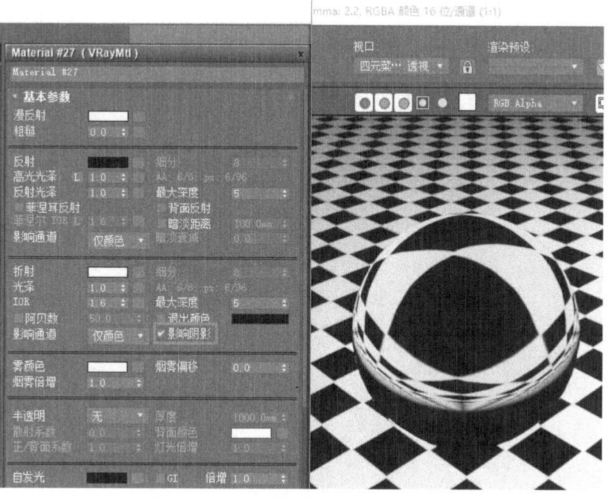

图10-12 阴影效果

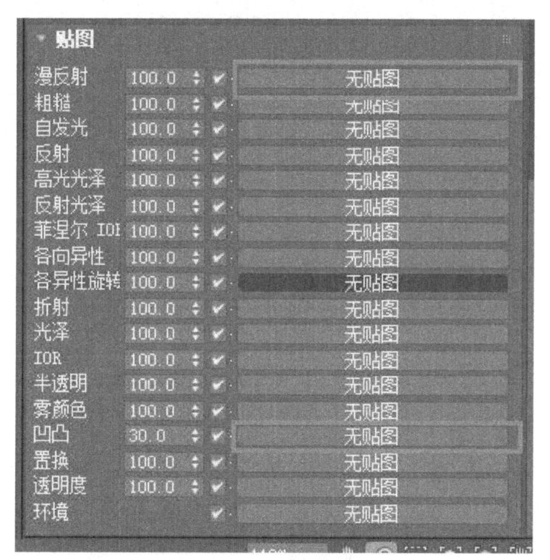

图10-13 贴图选项

13）展开“贴图”卷展栏，里面有各种性质的贴图。添加不同的贴图会产生不同的效果，最常用的是“漫反射”与“凹凸”贴图（图10-13）。

更多参数设置表现比较细微，或用于角色动画，或用于特定效果。而在效果图制作中一般保持默认，这里就不再详细介绍了。

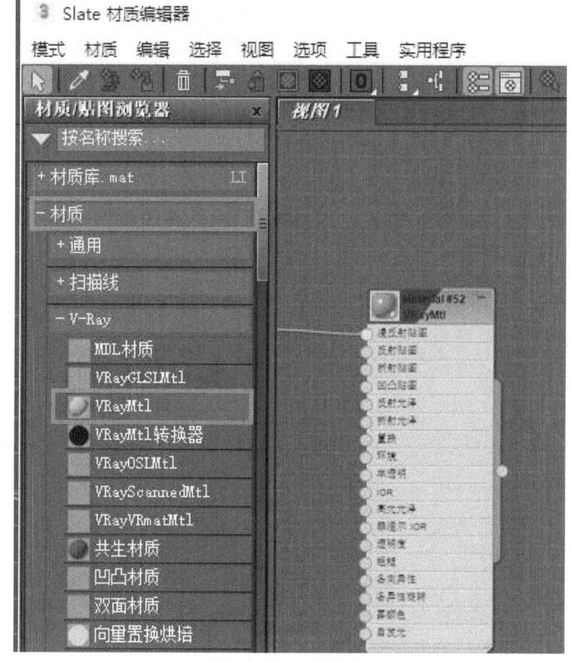

图10-14 材质选项

10.2 VRay常用材质

10.2.1 高光/亚光木材与麻面木材

1）打开本书配套资料中的“模型素材/第10章/场景01.max”，然后打开“材质编辑器”，再展开“材质”卷展栏，在“VRay”子卷展栏中双击“VRayMtl”材质（图10-14）。

2）在“视图1”窗口中双击材质就会出现该材质的参数面板，将其取名为“高光木材”。单击“漫反射”颜色后的小按钮，打开浏览器，双击选择一张木材贴图（图10-15），然后将其赋予地面，并单击“视口中显示明暗处理材质”按钮。

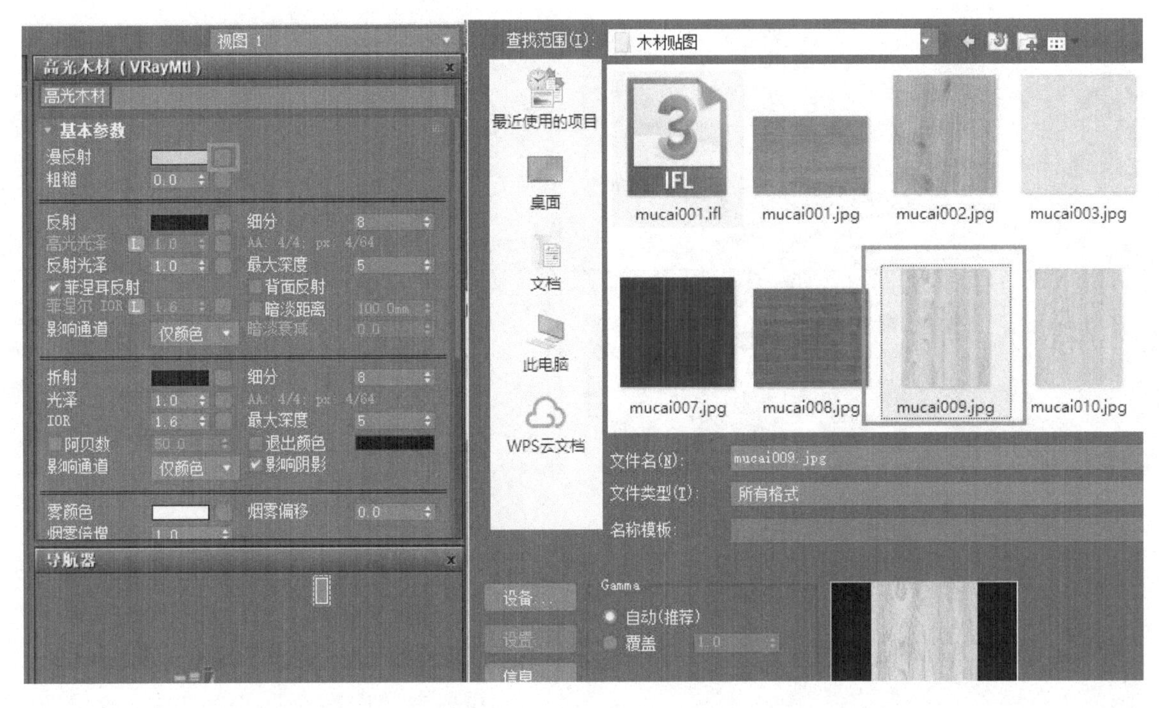

图10-15　材质参数

3）为地面添加“UVW贴图”修改器，在“参数”卷展栏中，将“贴图”选项设置为“长方体”，将“长度”与“宽度”均设置为100.0mm。回到“材质编辑器”中，单击“反射”后的颜色框，将亮度设置为40，并将“高光光泽”的“L”关闭，将数值设置为0.8，关闭“菲涅耳反射”（图10-16）。

4）将材质赋予其他3个物体。经过场景渲染后的效果如图10-17所示。

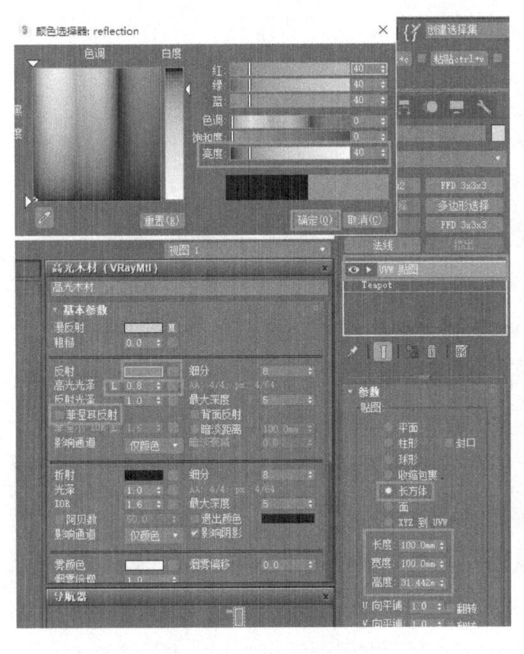

图10-16　添加贴图

图10-17　渲染后的效果

5）在“材质贴图”浏览器中展开“场景材质”卷展栏，将“高光木材”的材质球拖到下面的材质球上，在弹出的“实例还是副本？”对话框中选择“副本”（图10-18）。

6）双击该材质球，在参数面板中将其命名为“亚光木材”，将“反射光泽”设置为0.8，“细分”设置为12（图10-19）。

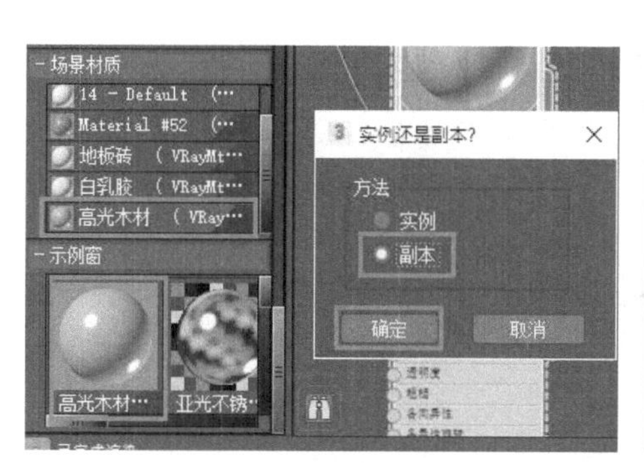

图10-18 “场景材质”卷展栏

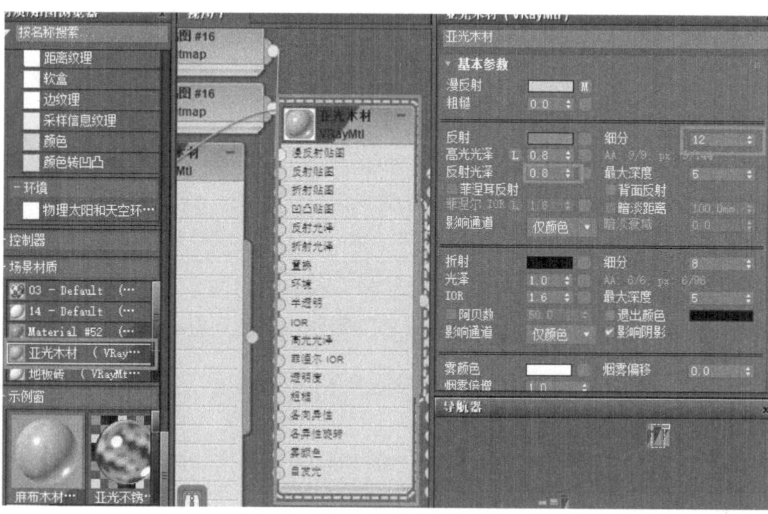

图10-19 材质设置

7）高光木材与亚光木材的主要区别在于反射参数、高光光泽、细分，亚光木材的细分要求会相对高一些。把“亚光木材”的材质赋予几何体球，渲染后的效果如图10-20所示。

8）将亚光木放到材质库中，再把材质库中“亚光木材”从材质库中拖出，创建副本为“麻布木材”。

9）在亚光木材的基础上，直接将漫反射的贴图复制到凹凸贴图上，并将凹凸值设置为30.0（图10-21）。

图10-20 渲染后的效果

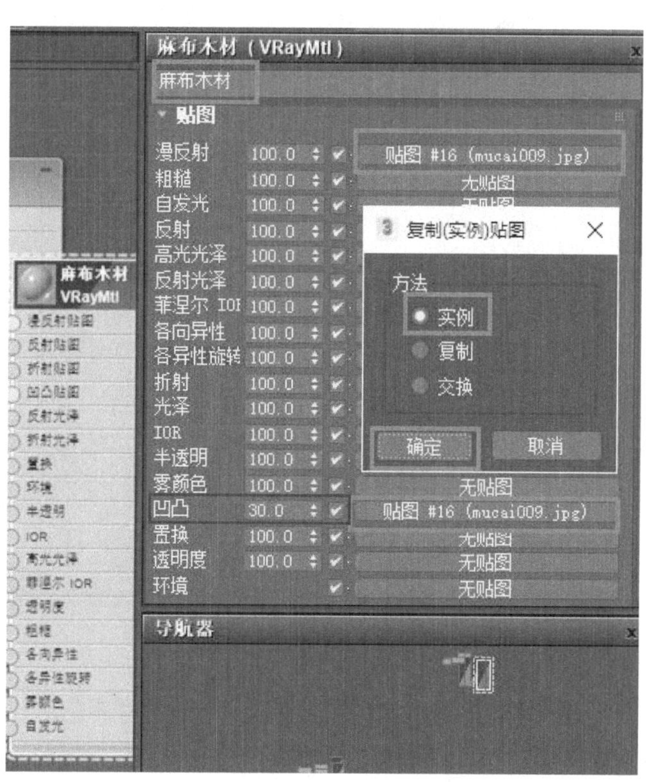

图10-21 贴图设置

10）将此材质赋予壶体。渲染后的效果如图10-22所示。由此图可以看到，壶的表面上出现了凹凸起伏的纹理，这和在材料市场看到的纹理地板是一样的效果。这里需要指出的是，在VRay3.6中，如果不能修改材质细分，请在“VRay设置/全局DMC”卷展栏中勾选“使用局部细分”，这样就可以调整材质的细分值了。

图10-22　渲染后的效果

10.2.2　高光不锈钢与亚光不锈钢

1）展开“材质”卷展栏，双击“VRayMtl”材质，在“视图1”窗口中选择前面制作的材质，单击上面工具窗口中的“删除选定对象”按钮（图10-23）。

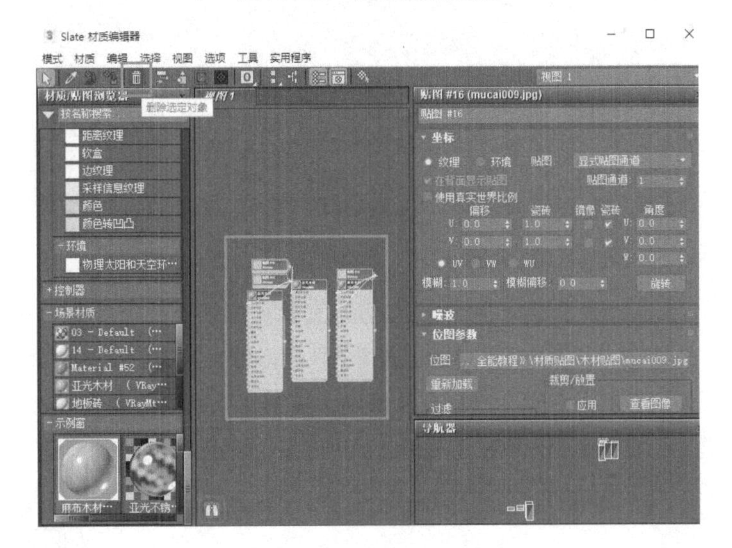

图10-23　删除材质

2）在“视图1”窗口中双击材质就会出现该材质的参数面板，取名为“高光不锈钢”，将“漫反射”设置为黑色，“反射”设置为白色并关闭“菲涅耳反射”（图10-24）。

3）将该材质赋予茶壶并渲染后的效果如图10-25所示。

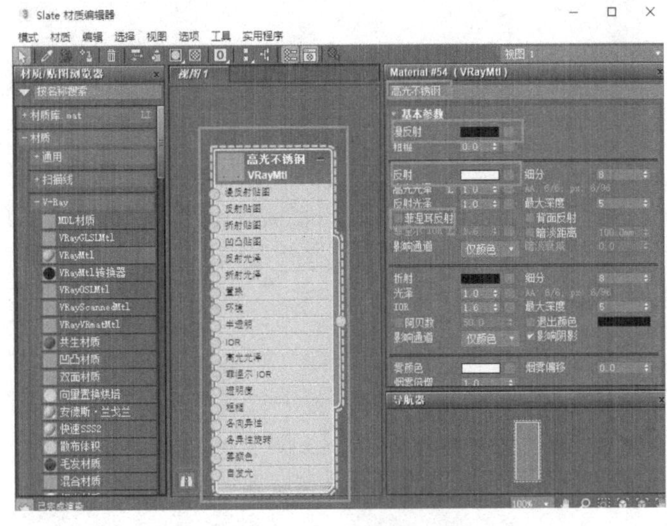

图10-24　材质参数设置

图10-25　茶壶渲染后的效果

4）将高光不锈钢材质球拖到一个新的材质球上，选择“副本”，在参数面板中将其命名为“亚光不锈钢”，将其“反射”设置为白色，“反射光泽”设置为0.8，“细分”设置为12（图10-26）。

5）将其赋予圆环后的渲染效果如图10-27所示。

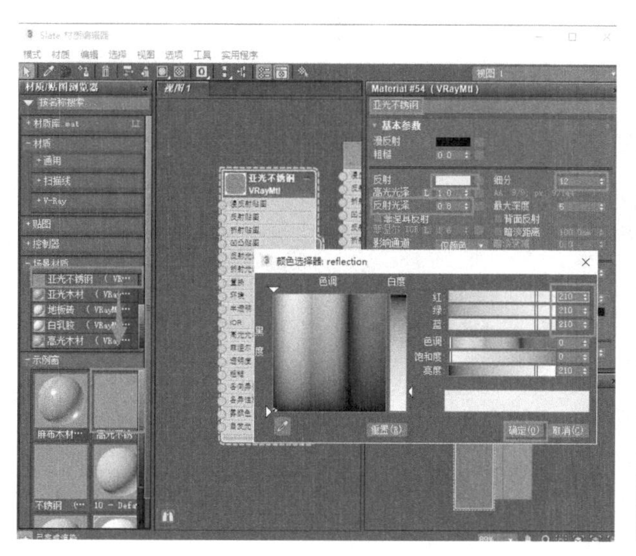

图10-26 材质设置

图10-27 圆环渲染的效果

10.2.3 金银铜金属材质

1）在“视图1”窗口中双击VRaymtl材质，在弹出的材质参数面板中，取名为“黄金”，将“漫反射”设置为金色“红220，绿54，蓝3”，将“反射”设置为金色“红222，绿100，蓝12”，“高光光泽”和“反射光泽”设置为0.65，细分设置为25，关闭“菲涅耳反射”（图10-28）。

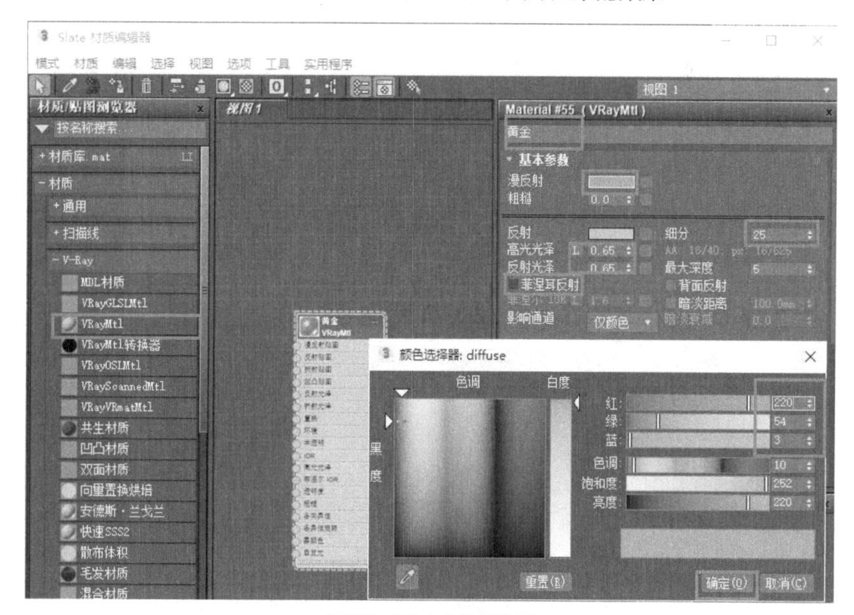

图10-28 材质设置

2）将该材质赋予球体并观察渲染后的效果（图10-29）。

3）将黄金材质球拖到一个新的材质球上，选择“副本”，在参数面板中将其命名为“白银”，将“漫反射”颜色设置为银色“红242、绿242、蓝242”，“反射”颜色也设置为银色“红129、绿129、蓝129”，“高光光泽”和“反射光泽”设置为0.7和0.86，“细分”设置为53，关闭“菲涅耳反射”（图10-30）。

图10-29 茶壶渲染后的效果

4）将该材质赋予圆环后的渲染效果如图10-31所示。

图10-30　材质设置

图10-31　圆环渲染后的效果

5）将银材质球拖到一个新的材质球上，选择“副本”，在参数面板中将其命名为“铜”，将“漫反射”设置为红铜色“红167、绿42、蓝3”，“反射”也设置为红铜色“红164、绿64、蓝12”，“高光光泽”和“反射光泽”设置为0.5，“细分”设置为35，关闭“菲涅耳反射”（图10-32）。

6）将该材质赋予壶体后的渲染效果如图10-33所示。

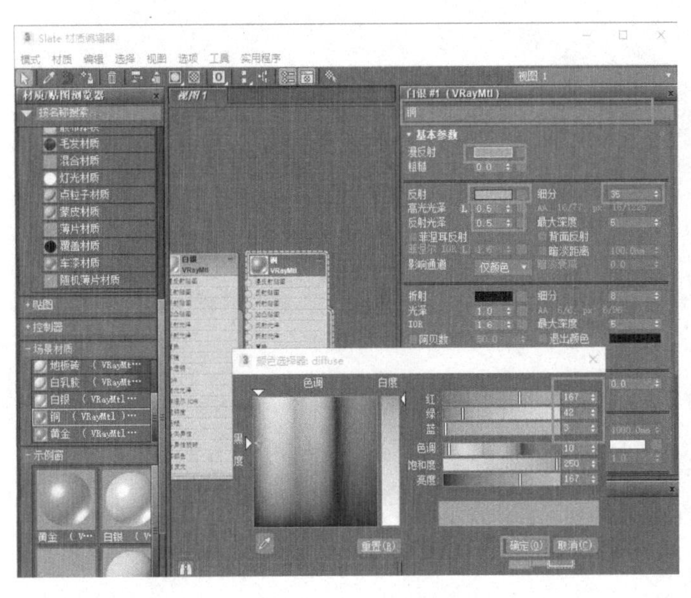

图10-32　材质设置

图10-33　壶体渲染的效果

10.2.4　陶瓷

1）展开“材质”卷展栏，双击“VRayMtl”材质，在“视图1”窗口中双击“材质”就会出现该材质的参数面板，取名为“白陶瓷”，将“漫反射”设置为白色，然后将“反射”也设置为白色，勾选“菲涅耳反射”（图10-34）。

2）将该材质赋予茶壶并观察渲染后的效果（图10-35）。

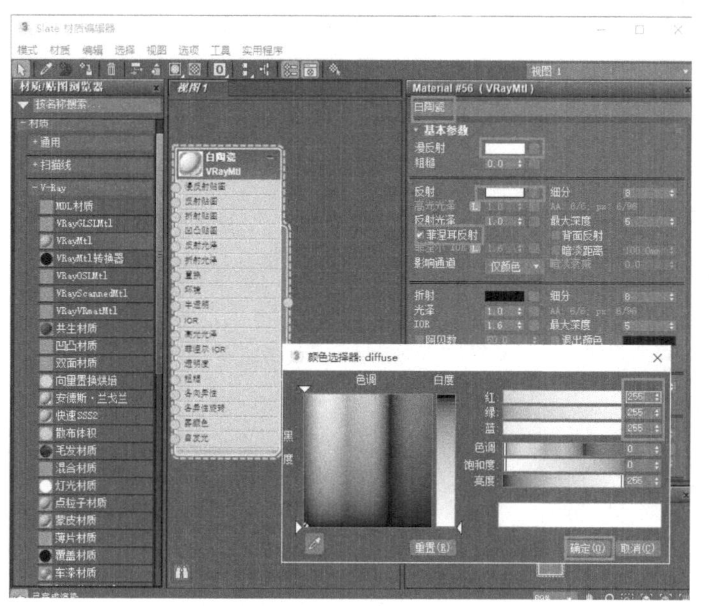

图10-34 材质设置

图10-35 茶壶渲染后的效果

10.2.5 亚光石材与青石板

1）展开“材质”卷展栏，双击“VRayMtl”材质，在“视图1”窗口中双击“材质”，就会出现该材质的参数面板，取名为“亚光石材”，并将一张石材贴图拖入到“漫反射”贴图位置，然后将“反射”设置为黑色，“细分”设置为8，“高光光泽”设置为0.5，“反射光泽”设置为0.8，关闭“菲涅耳反射”（图10-36）。

2）将该材质赋予球体并进行渲染，渲染后的效果如图10-37所示。

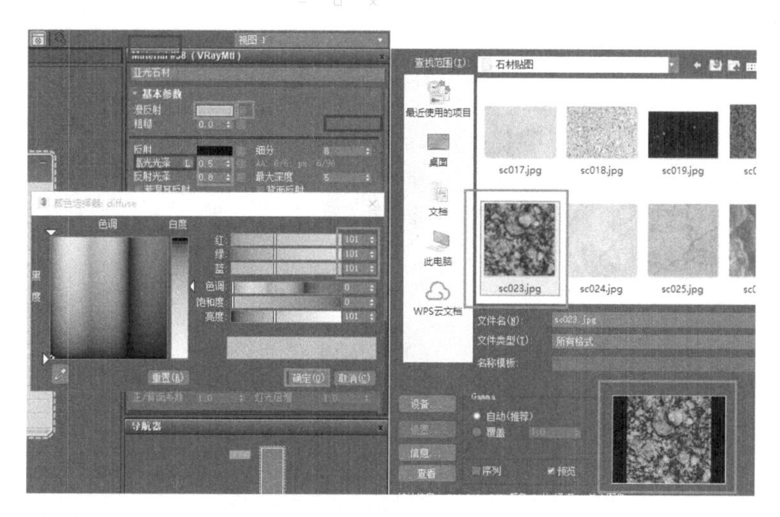

图10-36 材质设置

图10-37 球体渲染的效果

设计小贴士

石材、陶瓷等光亮的材质不宜在效果图中出现太多，否则会显得图面效果很单薄，如果要表现厨房、卫生间、大堂，可以适当降低“高光光泽”与“反射光泽”参数的数值。

并不要求效果图中所有的材质都与本书中所标注的材质参数相同，应当根据实际情况来取舍。

3）将“亚光石材”材质拖到一个新的材质球上，选择“副本”，在“视图1”中选择该材质，并取名为“青石板”，将其与“漫反射贴图”“凹凸贴图”相连接，在“贴图”卷展栏中将“凹凸”设置为100.0（图10-38）。

4）将材质赋予圆环并观察渲染后的效果（图10-39）。

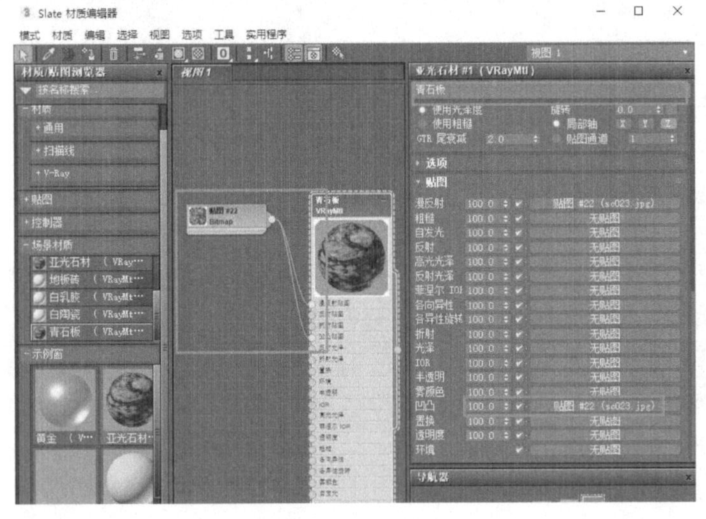

图10-38 材质设置

图10-39 圆环渲染的效果

10.2.6 大理石与地板砖

1）展开“材质”卷展栏，双击“VRayMtl”材质，在“视图1”窗口中双击“材质”，就会在右侧出现该材质的参数面板，将其取名为“大理石”，单击“基本参数”的“漫反射”颜色后的小按钮，打开“选择位图图像文件”浏览器，双击选择一张石材贴图，将“反射”设置为白色，勾选“菲涅耳反射”，并将“高光光泽”设置为0.8，“反射光泽”设置为0.98（图10-40）。

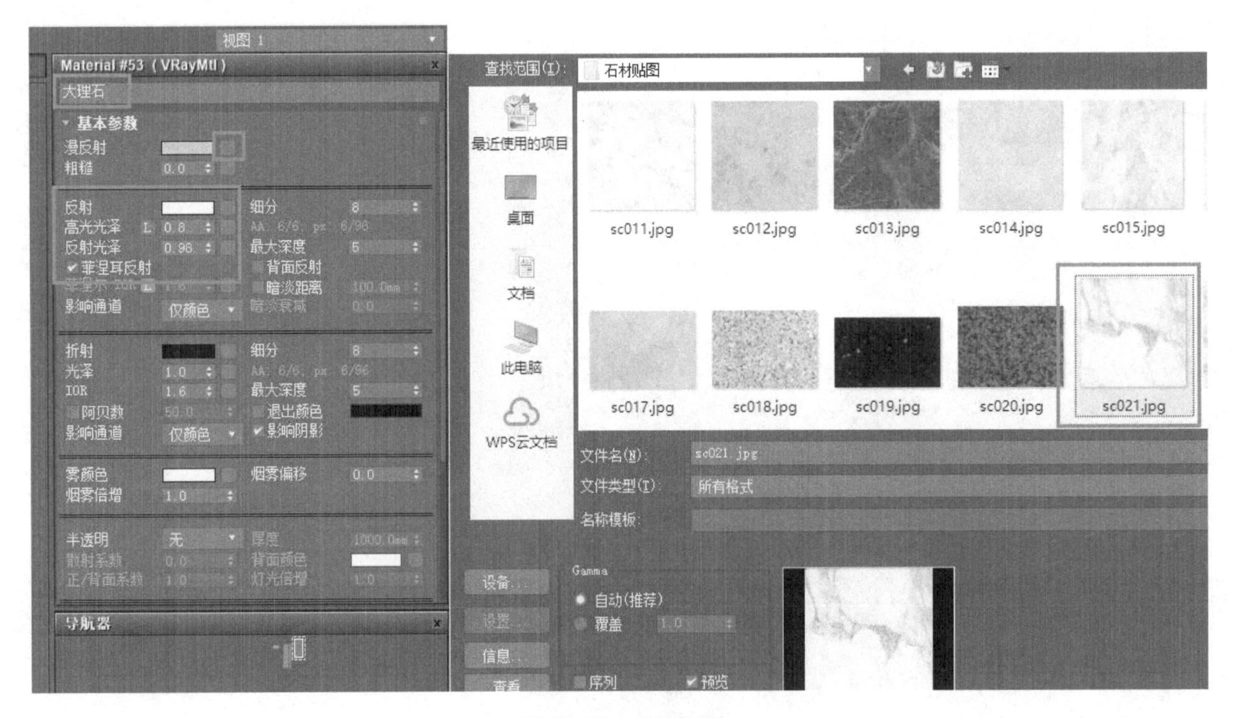

图10-40 材质设置

2）将该材质赋予球体，渲染后的效果如图10-41所示。

3）展开“材质”卷展栏，双击“VRayMtl”材质，在“视图1”窗口中双击“材质”，就会在右侧出现该材质的参数面板，将其取名为“地板砖”，单击“漫反射”后的小按钮，在弹出的菜单中单击选择“贴图”中的“平铺”（图10-42），将该材质赋予地面，并单击“视口中显示明暗处理材质”按钮。

图10-41　球体渲染后的效果

图10-42　材质选项

4）进入“平铺”设置面板，在“标准控制”卷展栏中将“预设类型”选择为“堆栈砌合”，展开下面的“高级控制”卷展栏，单击“纹理”后的“None”按钮，选择“位图”（图10-43）。

图10-43　平铺设置

5）在弹出的“选择位图图像文件”浏览器中选择一张石材贴图，单击“打开”按钮（图10-44）。

6）将“水平数”与“垂直数”都设置为1.0，再将砖缝的“水平间距”与“垂直间距”都设置为0.1（图10-45）。

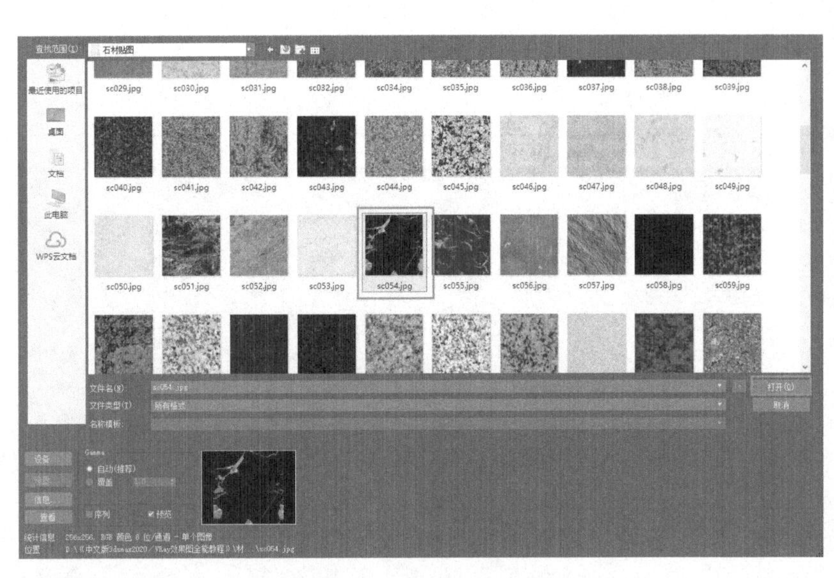

图10-44　选择贴图

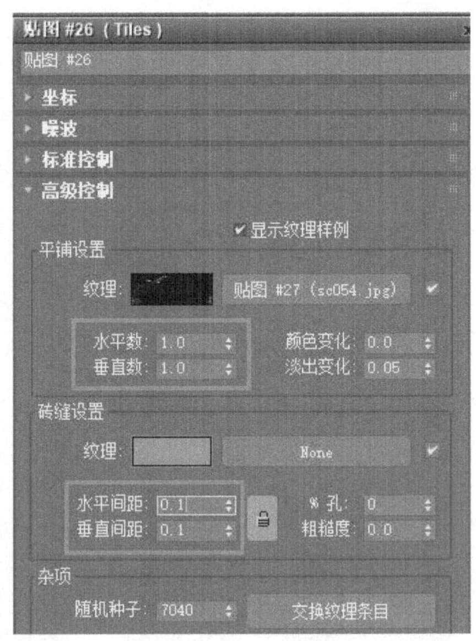

图10-45　平铺设置

7）在“视图1”面板中双击“地板砖”材质，进入参数设置面板，将“反射颜色”设置为白色，勾选“菲涅耳反射”，并将“高光光泽”设置为0.8，“反射光泽”设置为0.98（图10-46）。

8）渲染后的效果如图10-47所示。

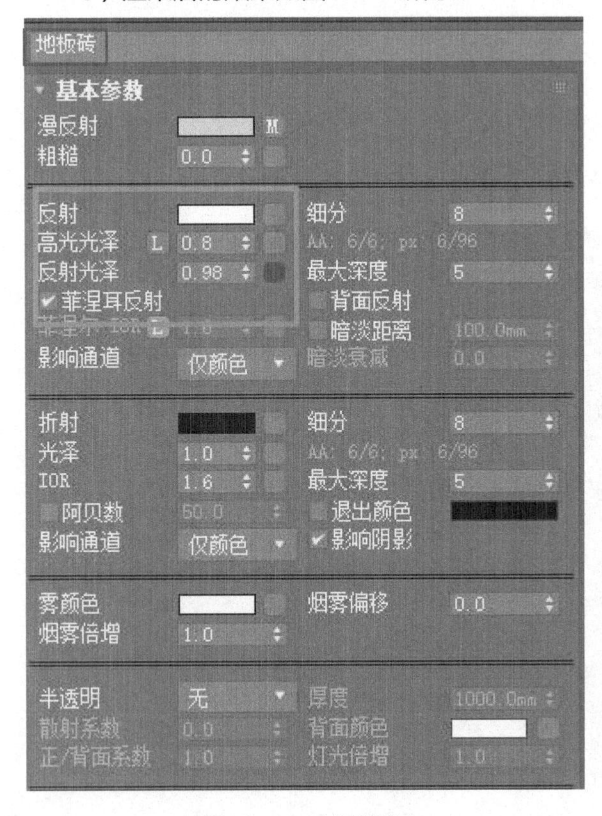

图10-46　材质设置

图10-47　渲染后的效果

10.2.7 木地板

1）展开“材质”卷展栏，双击“VRayMtl”材质，在“视图1”窗口中双击“材质”，就会出现该材质的参数面板，取名为“木地板”，单击“漫反射”后的小按钮，选择“贴图”，在贴图中选择“平铺”（图10-48），将该材质赋予地面，并单击“视口中显示明暗处理材质”按钮。

2）在“视图1”窗口中双击“平铺贴图”，在参数设置面板中将“标准控制”中的“预设类型”选择为“连续砌合”，进入下面的“高级控制”，单击“纹理”后面的“None”按钮，选择“位图”（图10-49）。

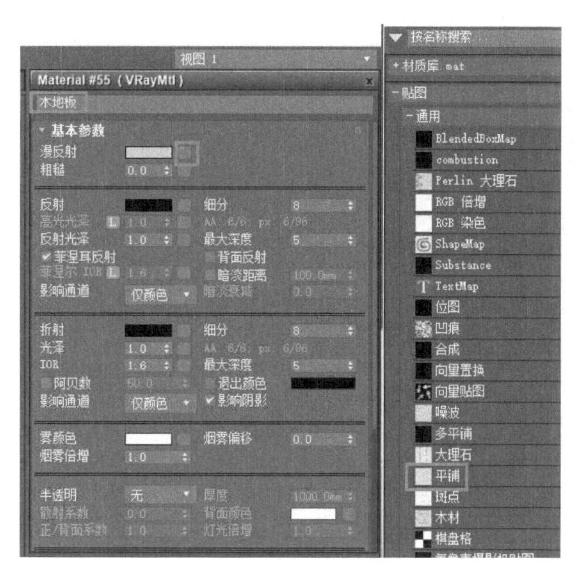

图10-48 材质选项

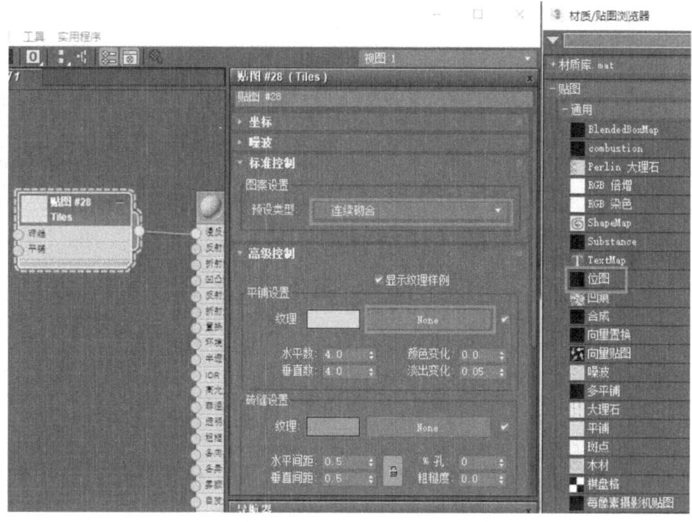

图10-49 平铺设置

3）选择一张木材贴图，并将“水平数”设置为1.0，“垂直数”设置为8.0，将“砖缝设置”中的“纹理”设置为深红色，砖缝的“水平间距”与“垂直间距”均设置为0.2（图10-50）。

4）双击“视图1”中的木地板面板，将“反射颜色”设置为70，“反射光泽”设置为0.9，“细分”设置为13（图10-51）。

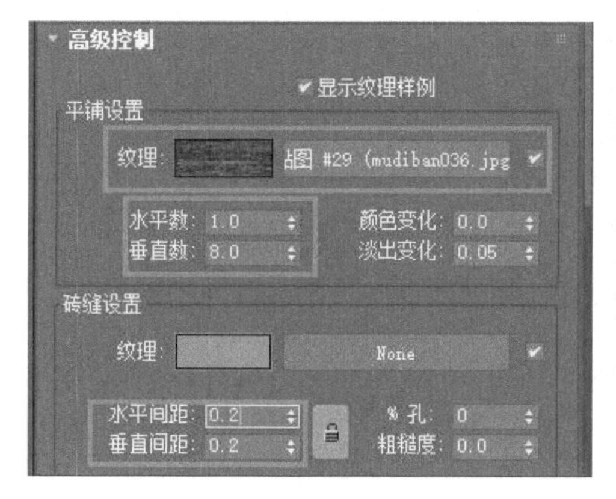

图10-50 贴图设置

图10-51 材质设置

5）进入“贴图”卷展栏，将“漫反射”的贴图拖到“凹凸”的贴图位置，并选择“复制”，单击“确定”按钮（图10-52）。

6）进入凹凸贴图，将“平铺设置”中的贴图清除，将“纹理”设置为白色，“砖缝设置”的“纹理”设置为黑色（图10-53）。

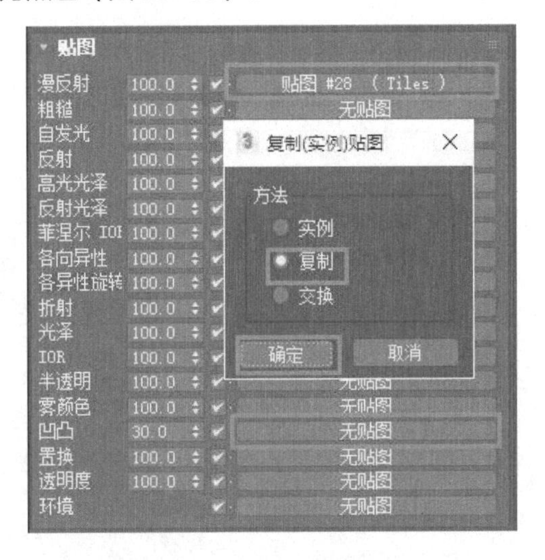

图10-52 复制贴图

图10-53 贴图设置

7）渲染后的效果如图10-54所示。

图10-54 渲染后的效果

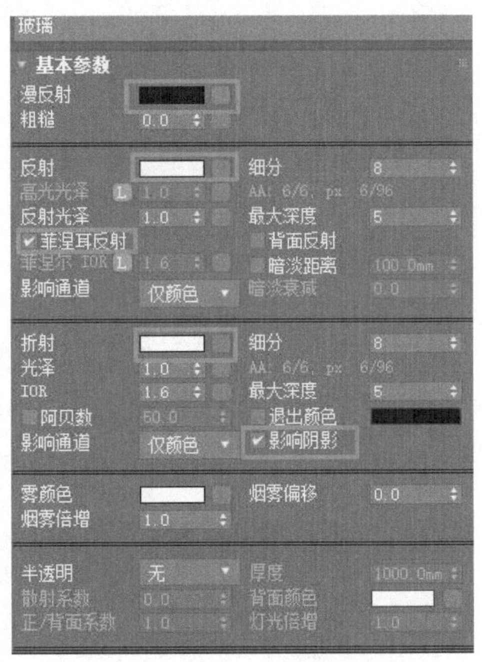

图10-55 材质设置

10.2.8 玻璃与磨砂玻璃

1）展开“材质”卷展栏，双击“VRayMtl”材质，在“视图1”窗口中双击“材质”，就会出现该材质的参数设置面板，取名为“玻璃”，调整材质参数，将“漫反射”设置为黑色，“反射”设置为白色，勾选“菲涅耳反射”，将“折射”也设置为白色，勾选“影响阴影”（图10-55）。

2）将该材质赋予球体，渲染后的效果如图10-56所示。

3）展开“场景材质”卷展栏，将“玻璃”材质向下拖动到一个新材质球上，选择“副本”（图10-57）。

图10-56　球体渲染的效果

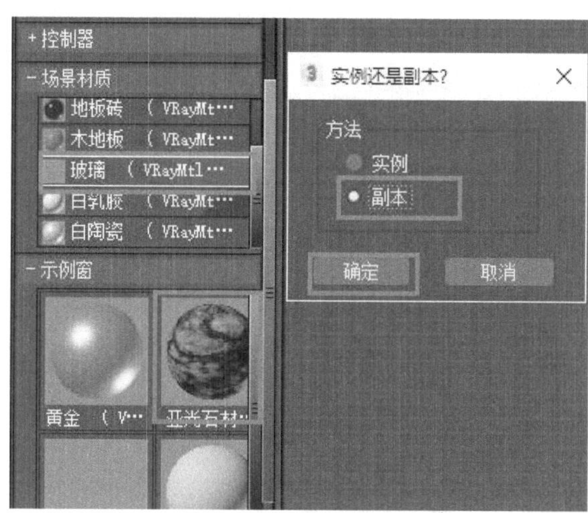

图10-57　材质复制

4）双击该材质球，再双击“视图1”中弹出的新“玻璃”材质，在参数设置面板中改名为“磨砂玻璃”，将“反射光泽”设置为0.7，“折射光泽”也设置为0.7（图10-58）。

5）将其赋予圆环，渲染后的效果如图10-59所示。

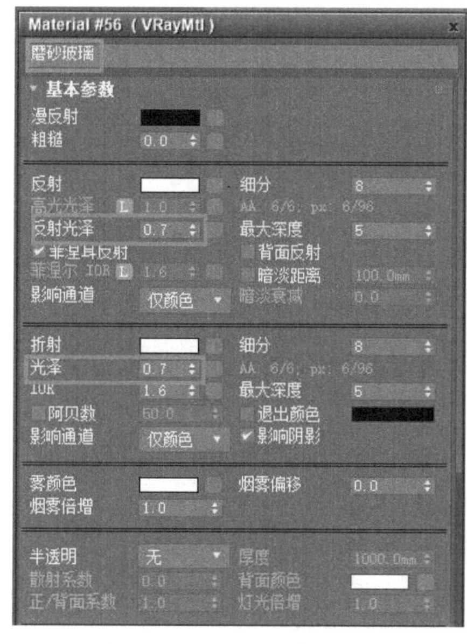

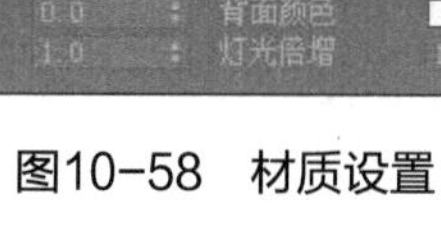

图10-58　材质设置

图10-59　圆环渲染后的效果

10.2.9　工艺玻璃与彩绘玻璃

1）展开“材质”卷展栏，双击“VRayMtl”材质，在“视图1”窗口中双击“材质”，就会出现该材质的参数设置面板，取名为“工艺玻璃”，调整材质参数，将“漫反射”和“反射”均设置为白色，勾选“菲涅耳反射”，同时将“折射”也设置为白色，并在“折射贴图”位置拖入一张纹理丰富的黑白图片，勾选“影响阴影”（图10-60）。

2）将材质赋予球体，渲染后的效果如图10-61所示。

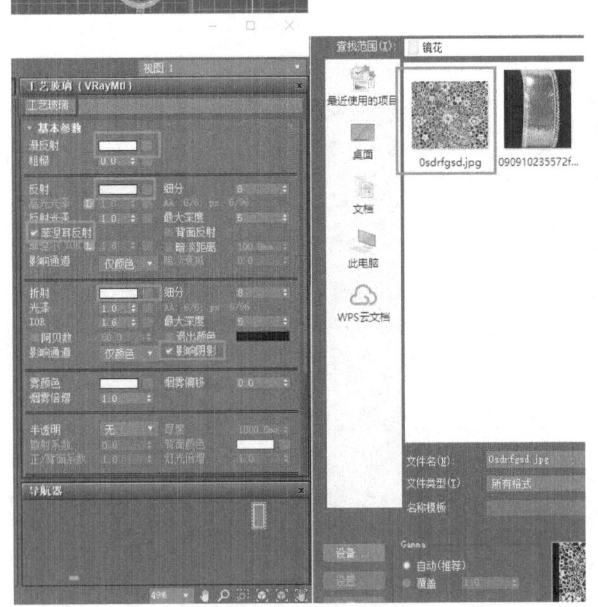

图10-60　材质贴图设置

图10-61　球体渲染后的效果

3）展开“材质”卷展栏，双击“VRayMtl”材质，在“视图1”窗口中双击“材质”，就会出现该材质的参数设置面板，取名为“彩绘玻璃”，在“漫反射贴图”位置拖入一张色彩丰富的图片（图10-62）。具体选用哪一张图片并没有明确要求，可以尝试不同贴图带来的不同效果。

4）将“反射”设置为白色，勾选“菲涅耳反射”，将“折射”也设置为白色，并在“折射贴图”位置拖入另一张内容相同的黑白图片，将“光泽”设置为0.9，并勾选“影响阴影”（图10-63）。

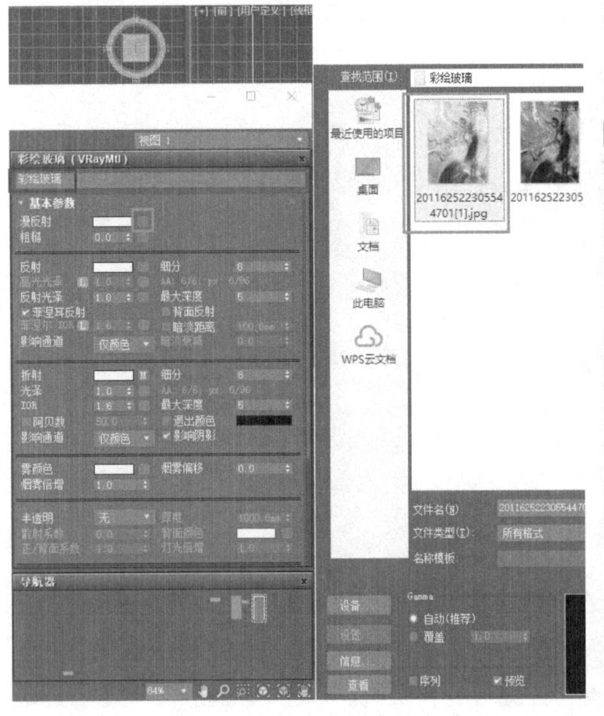

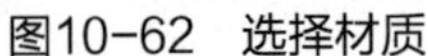

图10-62　选择材质

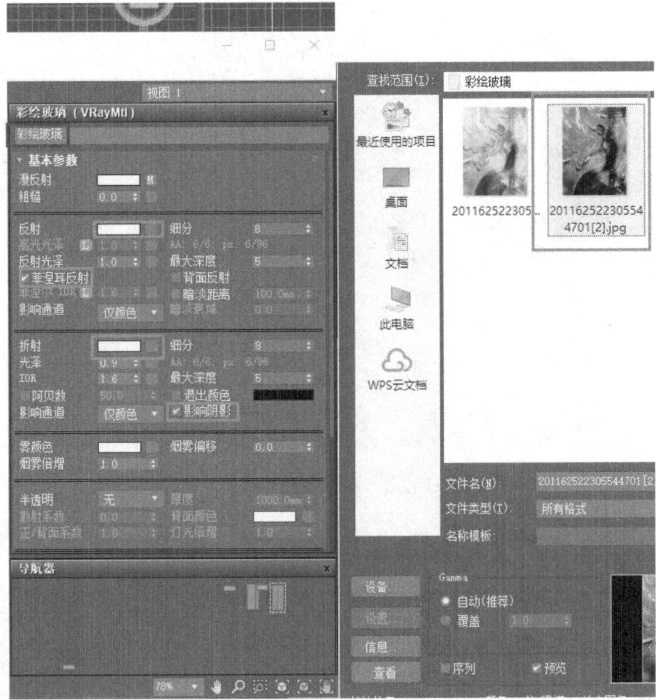

图10-63　材质贴图设置

5）展开“贴图”卷展栏，将“折射贴图”复制到“凹凸”贴图的位置，并将“凹凸”设置为80（图10-64）。

6）将材质赋予圆环，渲染后的效果如图10-65所示。

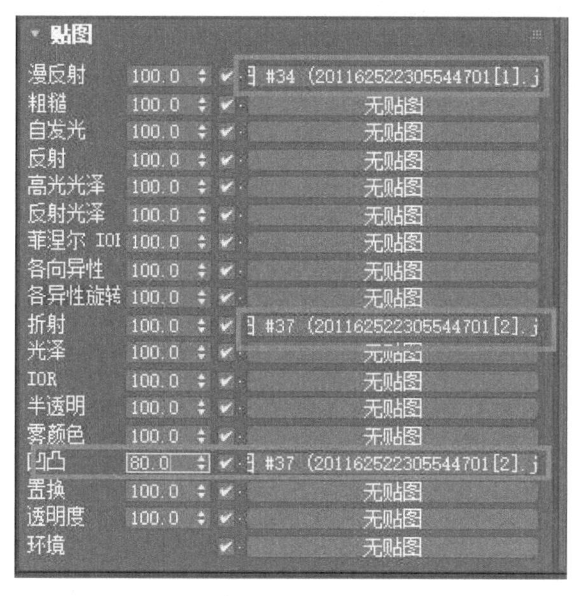

图10-64　贴图设置

图10-65　圆环渲染的效果

10.2.10　墙纸材质

1）打开本书配套资料中的“模型素材/第10章/场景02”，展开“材质”卷展栏，双击“VRayMtl”材质，在“视图1”窗口中双击“材质”，就会出现该材质的参数设置面板，取名为“墙纸”，在“漫反射”贴图位置上拖入一张墙纸贴图（图10-66）。

2）在“选项”中将“贴图#21”中的“漫反射贴图”复制到“凹凸贴图”上（图10-67）。

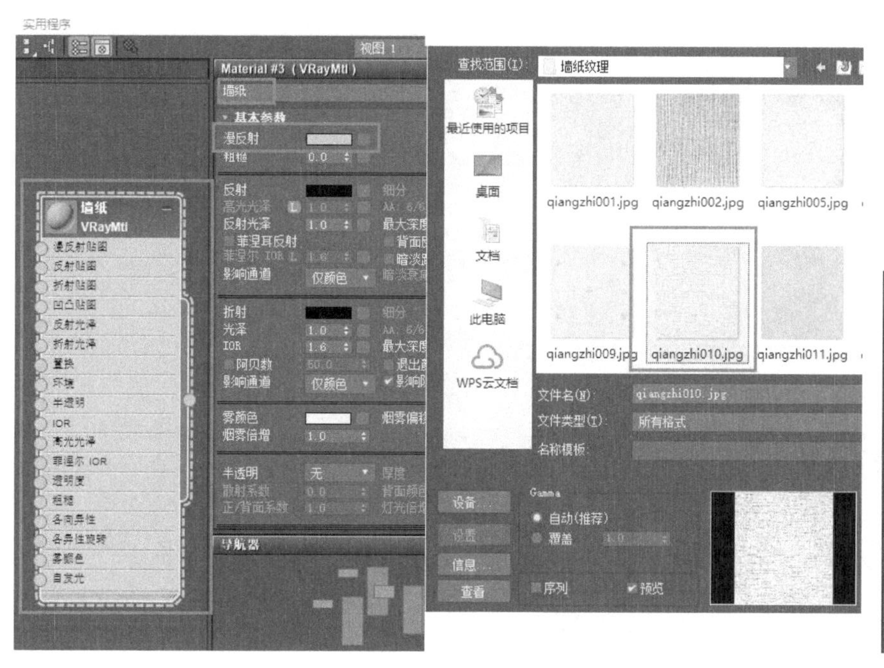

图10-66　选择材质

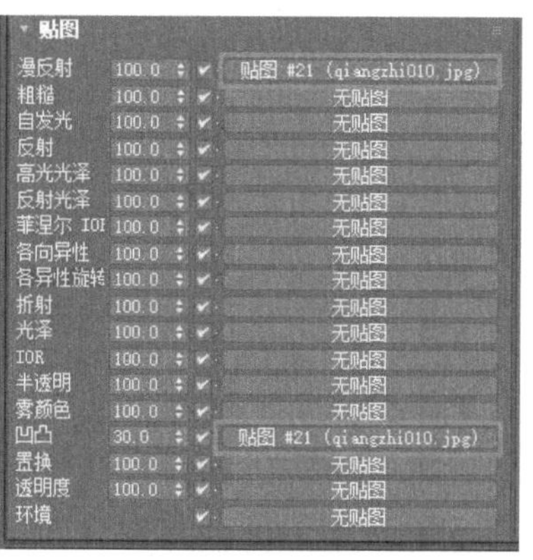

图10-67　复制贴图

3）将材质赋予墙体，进行渲染。观察渲染后的场景效果（图10-68）。

图10-68　墙体渲染效果

10.2.11　普通布料

1）打开本书配套资料中的“模型素材/第10章/场景02”，展开“材质”卷展栏，双击“VRayMtl”材质，在“视图1”窗口中双击“材质”，就会出现该材质的参数设置面板，取名为“布料”，在“漫反射”贴图位置上拖入一张布料贴图（图10-69）。

2）在“视图1”中将“贴图#13”与“漫反射贴图”“凹凸贴图”连接起来（图10-70）。

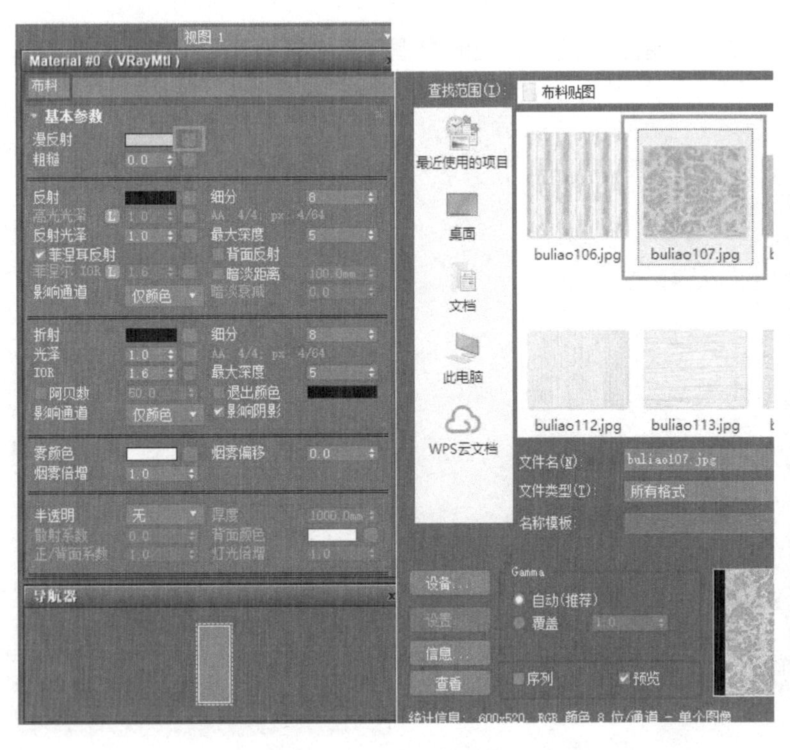

图10-69　选择材质

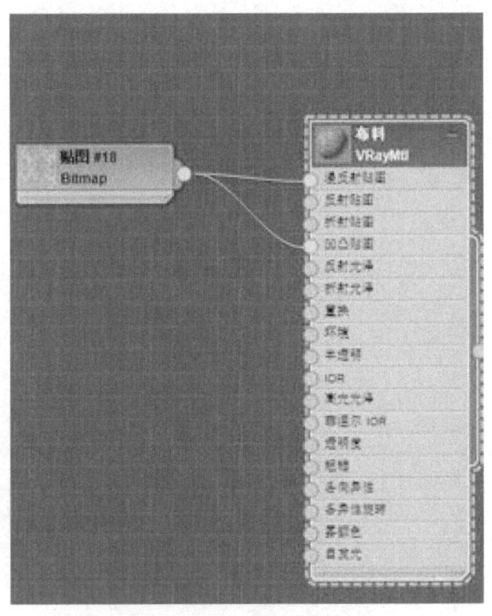

图10-70　连接贴图

3）将材质赋予抱枕模型，进行渲染。渲染后的效果如图10-71所示。

图10-71　渲染后的效果

10.2.12　绒布

1）展开“材质”卷展栏，双击“VRayMtl”材质，在“视图1”窗口中双击“材质”，就会在右侧出现该材质的各种参数卷展栏，将该材质命名为“绒布”，单击“漫反射”贴图按钮，在“标准贴图”中选择“衰减”（图10-72）。

2）单击贴图进入参数设置面板，将“衰减”卷展栏中“前：侧”选项的第1个颜色设置为棕红色，第2个颜色设置为灰红色，具体参数可以根据需要输入（图10-73）。

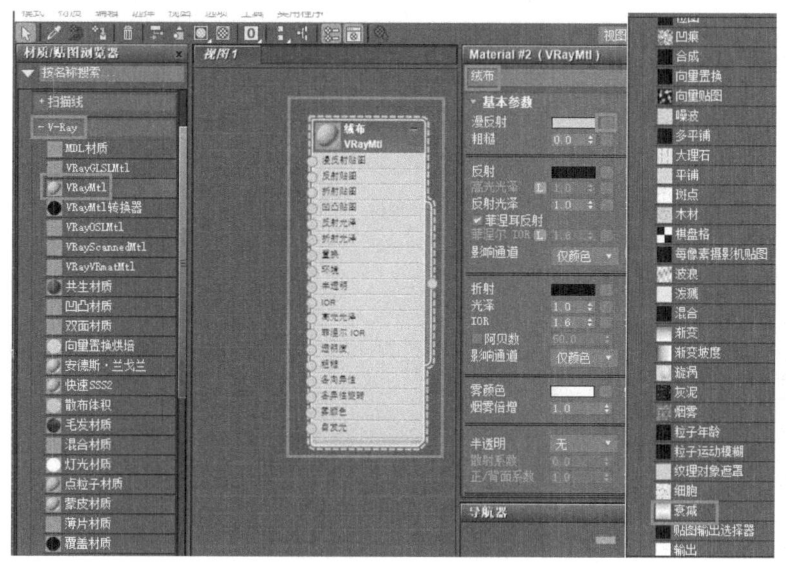

图10-72　材质设置

图10-73　贴图参数设置

3）选择抱枕，进入修改面板，选择“FFD（长方体）4×4×4”层级，在此层级上添加1个“VRayDisplacementMod（置换模式）”修改器（图10-74）。

4）在下面的参数设置面板中，单击“纹理图”后面的“无贴图”按钮，在“材质/贴图浏览器”中选择“位图”（图10-75），在“公用参数”的“纹理图”中选择“毛毯（黑白）.jpg”。

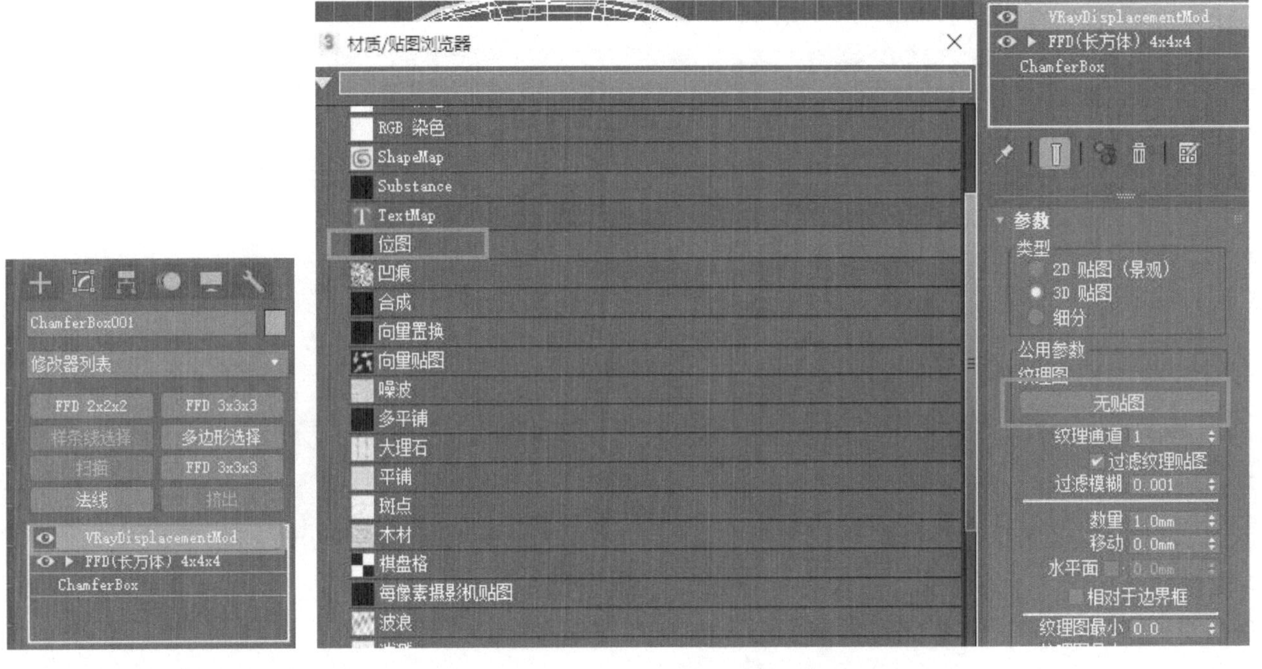

图10-74　添加修改器　　　　图10-75　贴图纹理

5）在“选择位图图像文件”浏览器中选择一张地毯的贴图（图10-76）。

6）将“纹理贴图”拖到材质编辑器的“视图1”面板中，选择“实例”，并双击“打开”按钮，在参数面板中将“瓷砖”的“U”“V”值均设置为5（图10-77）。

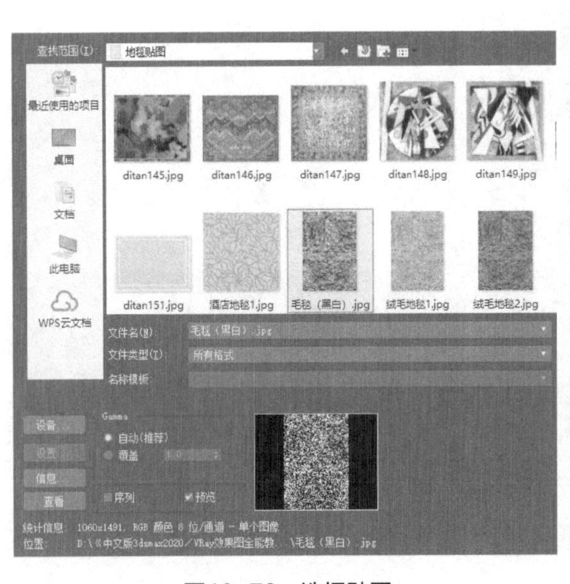

图10-76　选择贴图

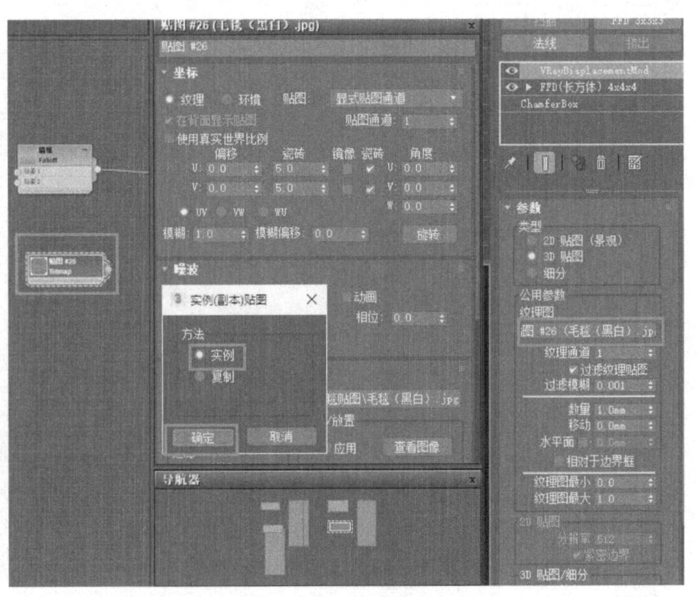

图10-77　贴图设置

7）在修改面板的参数设置中，将“公用参数”的“数量”设置为1.5mm（图10-78）。

8）此绒布材质赋予抱枕后进行渲染，渲染后的效果如图10-79所示。

图10-78　设置参数　　图10-79　渲染后的效果

10.2.13　毛毯

1）在该场景地面上创建一个平面，并旋转到合适的位置，进入修改面板，为该平面添加“VRayDisplacementMod（置换模式）”修改器（图10-80）。

2）进入之后选择“3D贴图”，并在“纹理贴图”位置中，从本书配套资料“模型素材/材质贴图/地毯贴图”中选择“毛毯（黑白）. jpg”，将“数量”设置为4.0mm（图10-81）。

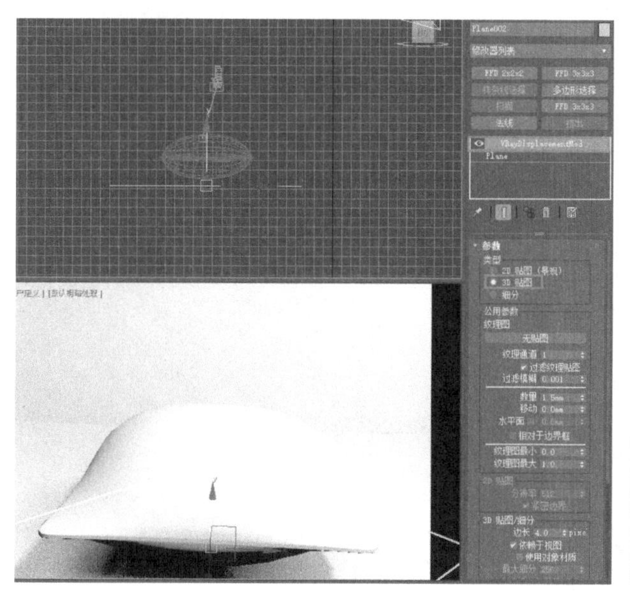

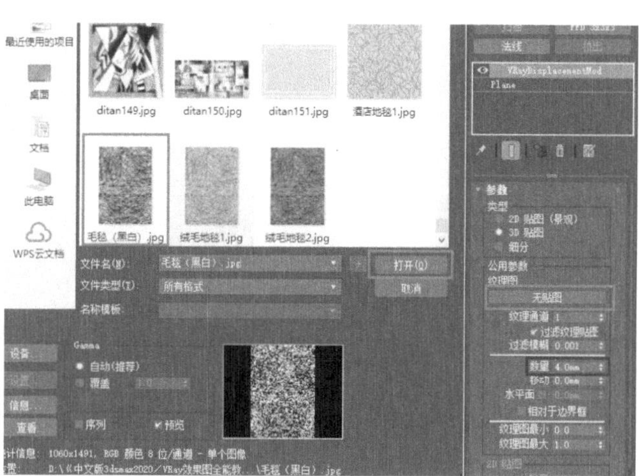

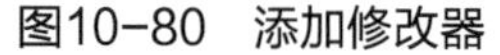

图10-80　添加修改器　　图10-81　选择3D贴图

3）展开“材质”卷展栏，双击“VRayMtl”材质，在“视图1”窗口中双击“材质”就会出现该材质的参数设置面板，取名为“地毯”，在“漫反射贴图”位置拖入一张地毯的贴图（图10-82），并单击“视口中显示明暗贴图”按钮。

4）将“纹理贴图”拖到材质编辑器的“视图1”面板中，选择“实例”，并单击“确定”按钮，在“坐标”卷展栏中，将“瓷砖”下的“U”“V”值均设置为7.0（图10-83）。

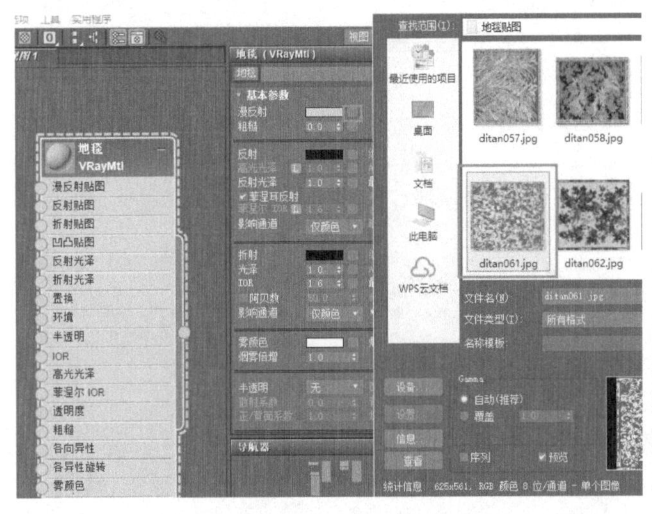

图10-82 选择贴图

图10-83 贴图设置

5）将材质赋予地毯进行渲染，渲染后的效果如图10-84所示。

图10-84 地毯渲染后的效果

10.2.14 皮革

1）展开“材质”卷展栏，双击“VRayMtl”材质，在“视图1”窗口中双击“材质”，就会出现该材质的参数设置面板，取名为“皮革”，在“漫反射”位置拖入一张皮革的贴图，并单击“视口中显示明暗贴图”按钮（图10-85）。

2）将“反射”设置为50左右，“高光光泽”设置为0.6，“反光光泽度”设置为0.8，“细分”设置为12（图10-86）。

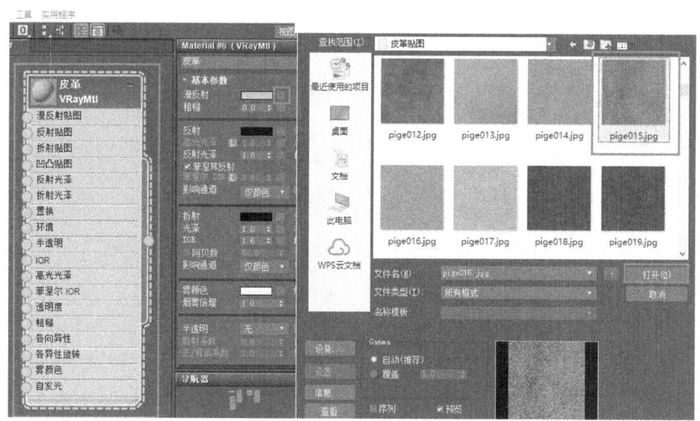

图10-85 选择材质

图10-86 反射设置

3）进入“贴图”卷展栏，将“漫反射”贴图复制到“凹凸”贴图的位置，并选择“实例”的方式，将“凹凸”设置为80（图10-87）。

4）选择抱枕，在修改面板中选择“VRayDisplacementMod（置换模式）”并单击下面的“从堆栈中移除修改器”按钮（图10-88）。

5）将该材质赋予抱枕进行渲染，渲染后的效果如图10-89所示。

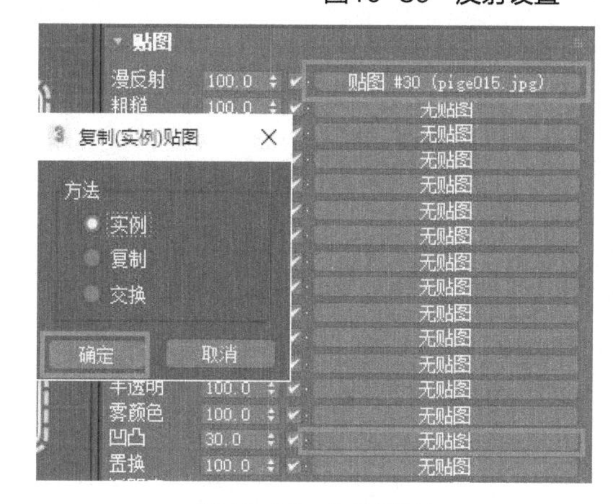

图10-87 复制贴图

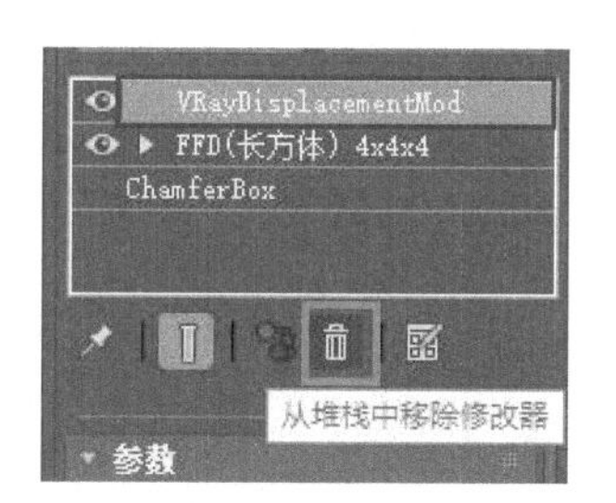

图10-88 移除修改器图

图10-89 抱枕渲染后的效果

10.2.15 水

1）打开本书配套资料中的“模型素材/第10章/场景03”，打开“材质编辑器”，展开“材质”卷展栏，双击“VRayMtl”材质，在“视图1”窗口中双击“材质”，就会出现该材质的参数设置面板，取名为“水”，将“漫反射”设置为浅蓝色，“反射”设置为接近白色的灰色，勾选“菲涅耳反射”（图10-90）。

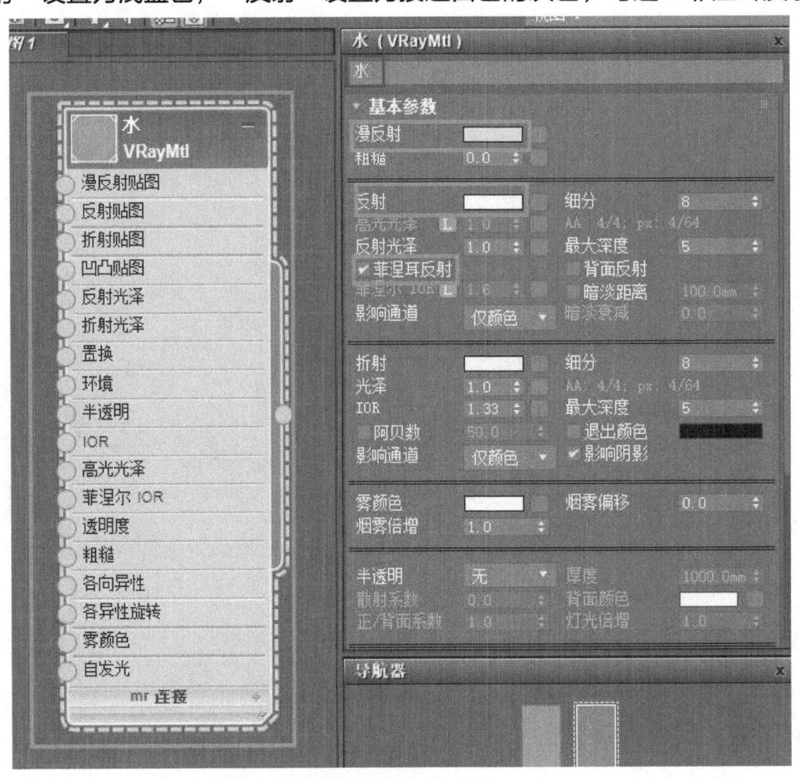

图10-90 材质设置

2）将“折射”也设置为接近白色的灰色，并将“折射率（IOR）”设置为1.33，并勾选“影响阴影”（图10-91）。

3）将材质赋予浴缸里面的水进行渲染，渲染后的效果如图10-92所示。

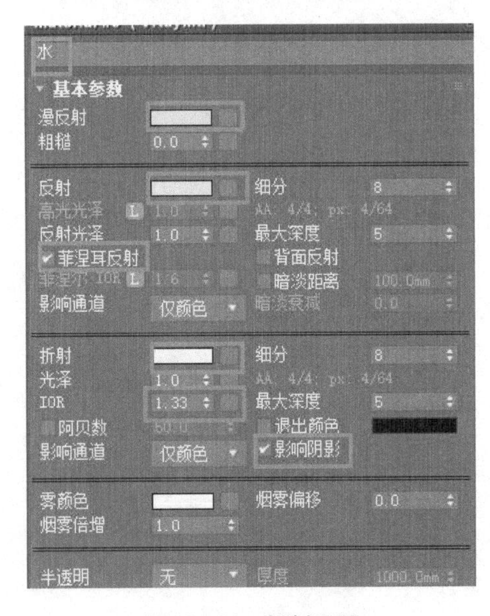

图10-91 折射设置

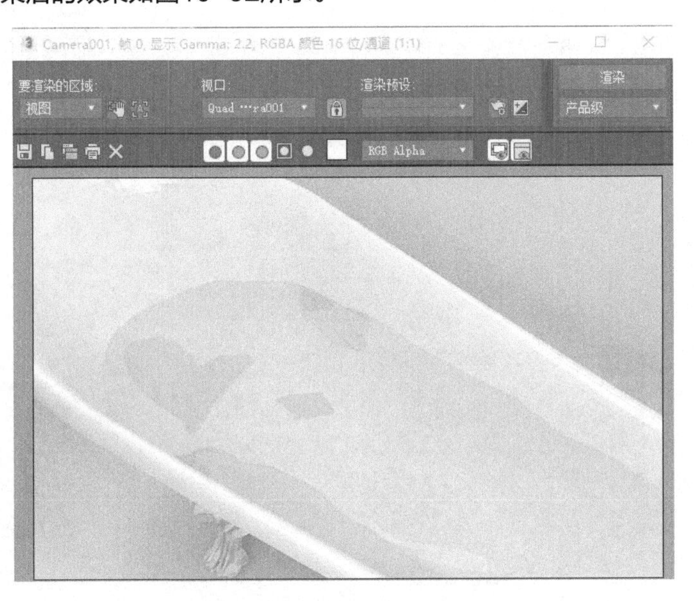

图10-92 水渲染后的效果

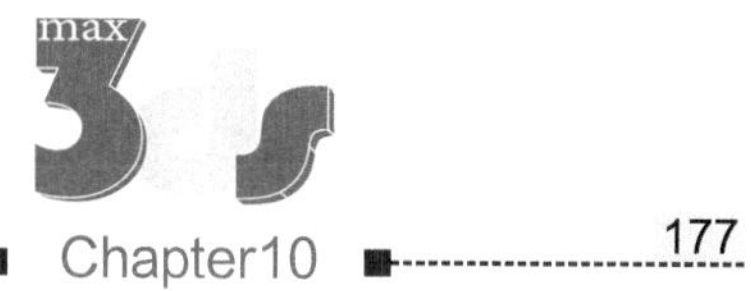

10.2.16 纱窗

1）打开本书配套资料中的“模型素材/第10章/场景04”，打开“材质编辑器”，展开“材质”卷展栏，双击“VRayMtl”材质，在“视图1”窗口中双击“材质”，就会出现该材质的参数设置面板，取名为“纱窗”，将“漫反射”颜色设置为白色，“折射”颜色设置为深灰色，其颜色值均设置为30左右，“折射光泽度”设置为0.7（图10-93）。

2）在“纱窗（VRayMtl）”中将“贴图”里的“凹凸”赋予“通用”中的“位图”，在图像选择框中，选择一张粗糙的墙纸纹理，单击“打开”按钮（图10-94）。

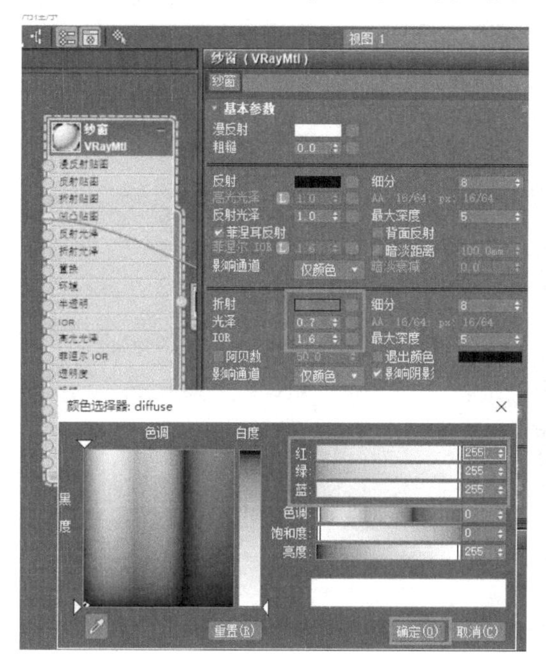

图10-93 材质设置

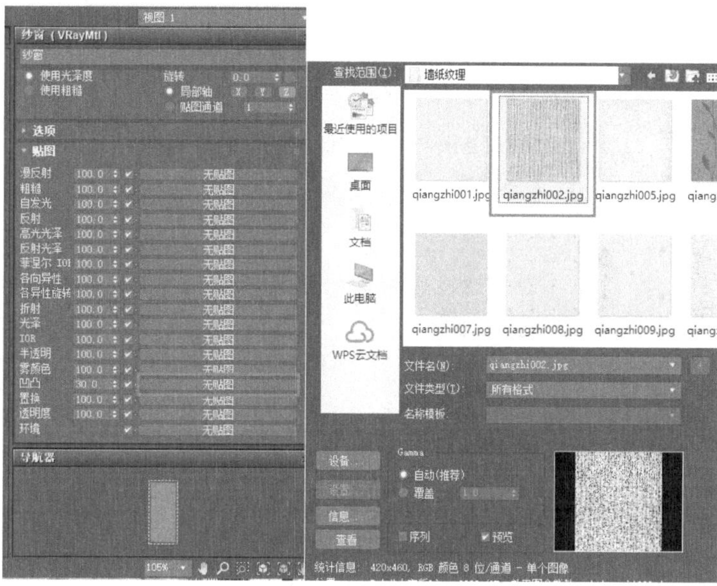

图10-94 选择贴图

3）将材质赋予场景中的纱窗进行渲染，渲染后的效果如图10-95所示。

图10-95 纱窗渲染的效果

10.2.17 屏幕

1）打开本书配套资料中的“模型素材/第10章/场景05”，打开“材质编辑器”，展开“材质”卷展栏，双击“VRayMtl”材质，在“视图1”窗口中双击“材质”，就会出现该材质的参数设置面板，取名为“屏幕”，将“漫反射”设置为黑色，其颜色值均设置为18左右（图10-96）。

2）继续将“反射”设置为灰色，其颜色值均设置为67左右，将“反射光泽”设置为0.75，“细分”设置为20，关闭“菲涅耳反射”（图10-97）。

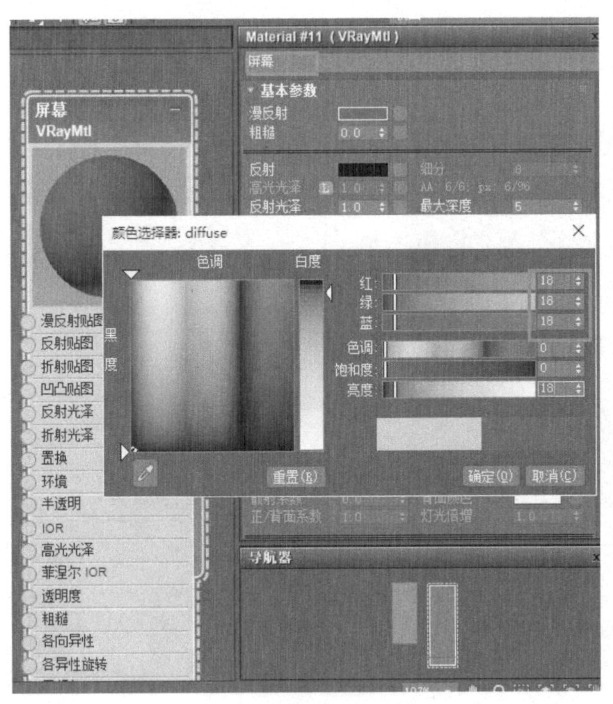

图10-96 材质设置

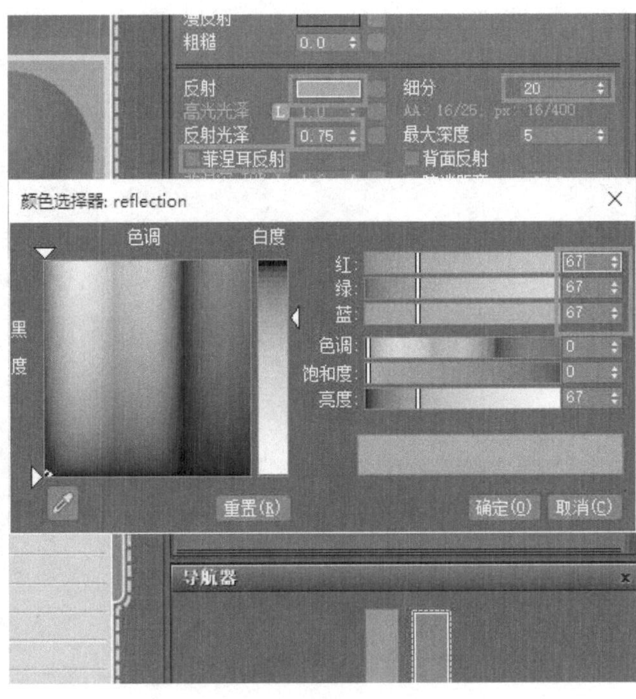

图10-97 反射颜色设置

3）将材质赋予显示器的屏幕进行渲染，渲染后的效果如图10-98所示。

图10-98 屏幕渲染后的效果

10.2.18 灯罩

1）打开本书配套资料中的“模型素材/第10章/场景06”，打开“材质编辑器”，展开“材质”卷展栏，双击“VRayMtl”材质，在“视图1”窗口中双击“材质”，就会出现该材质的参数设置面板，取名为“灯罩”，将“漫反射”设置为白色，“反射”设置为灰色，颜色值均设置为27左右，“反射光泽”设置为0.4，关闭“菲涅耳反射”（图10-99）。

2）将“折射”设置为灰色，颜色值均设置为81左右（图10-100）。

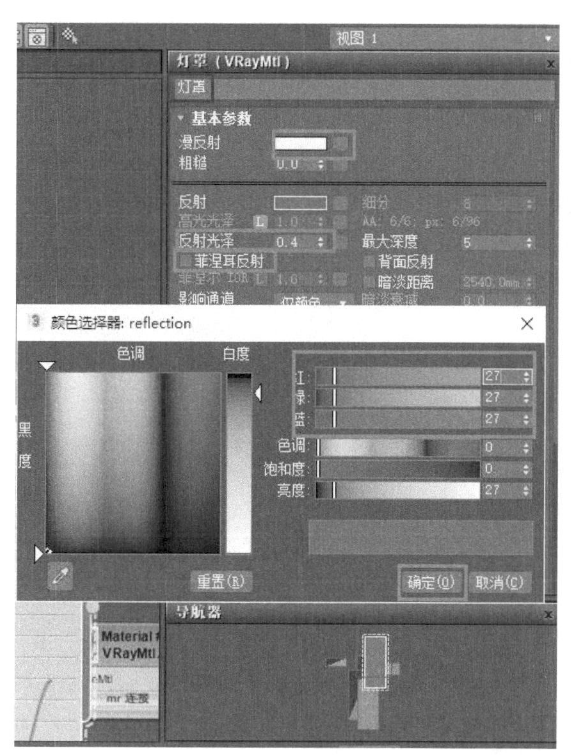

图10-99　材质设置

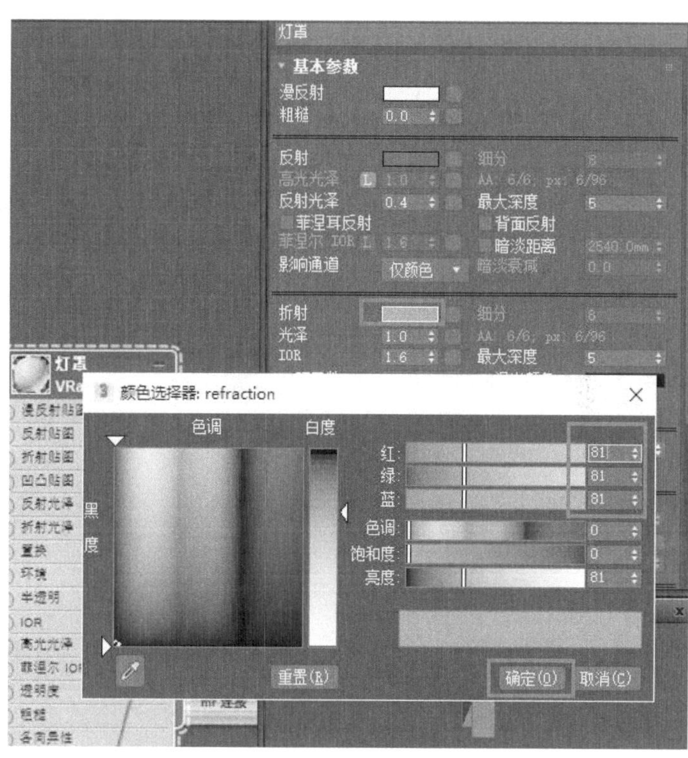

图10-100　折射颜色设置

3）将材质赋予台灯的灯罩进行渲染，渲染后的效果如图10-101所示。

图10-101　灯罩渲染后的效果

10.2.19 绿叶

1）打开本书配套资料中的“模型素材/第10章/场景07”，打开“材质编辑器”，展开“材质”卷展栏，双击“VRayMtl”材质，在“视图1”窗口中双击“材质”，就会出现该材质的参数设置面板，取名为“绿叶”，在“漫反射贴图”位置拖入一张绿叶的贴图（本书配套资料中的“模型素材/材质贴图/植物”）（图10-102）。

2）“反射”设置为灰色，颜色值为25左右，“高光光泽”设置为0.65，“反射光泽”设置为0.8，“细分”设置为12（图10-103）。

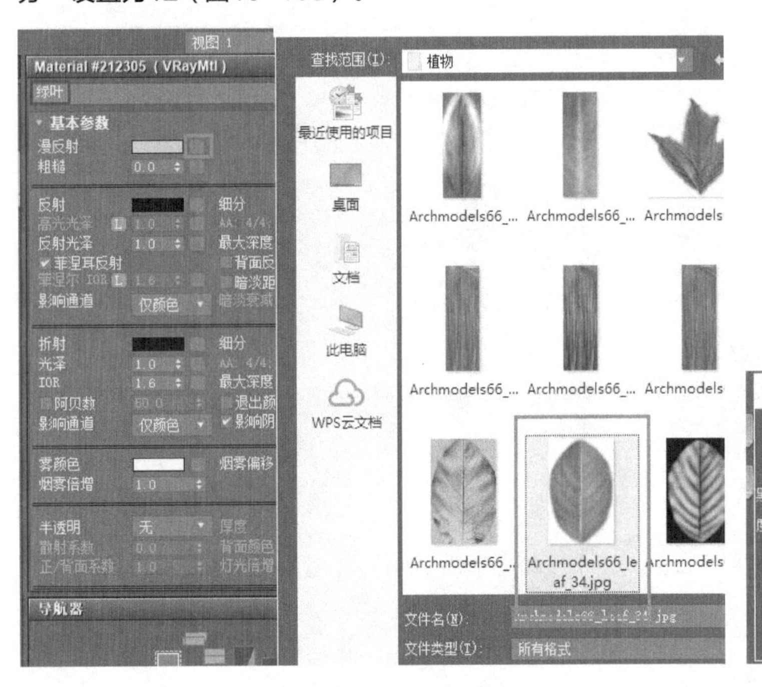

图10-102 材质设置

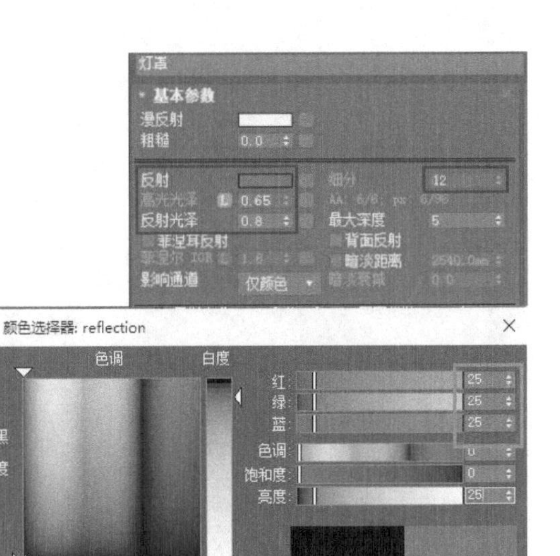

图10-103 反射颜色设置

3）展开“贴图”卷展栏，在“凹凸贴图”位置拖入该绿叶的黑白贴图（图10-104）。

4）将材质赋予绿叶进行渲染，渲染后的效果如图10-105所示。

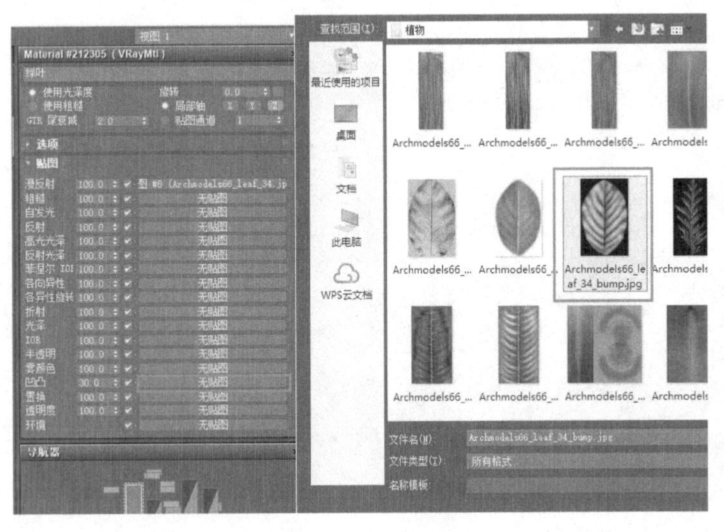

图10-104 选择贴图

图10-105 绿叶渲染后的效果

10.3 VRay特殊材质

本节介绍关于VRay的特殊材质与贴图，在上一节已经介绍了VRay基本材质的调整与应用，但是在VRay材质中还有其他一些特殊材质也经常用到，所以本节的内容也非常重要。

10.3.1 VR材质包裹器

在渲染场景中，经常会遇到材质颜色溢出的问题，这是就要使用到“VR材质包裹器”。

1）打开本书配套资料中的“模型素材/第10章/场景08”，更改贴图路径，渲染场景图像（图10-106），仔细观察渲染的效果图，会发现地面的蓝色会大量的反射到场景的墙顶面上，这在现实生活中显然很夸张，所以必须减小这种反射。

2）打开“材质编辑器”，选择地面材质，在“视图1”中将材质面板右边的连接点向右连接1个空白位置，在弹出菜单中选择“VRayMTL转换器→VRay→材质”（图10-107）。

图10-106 材质颜色反射

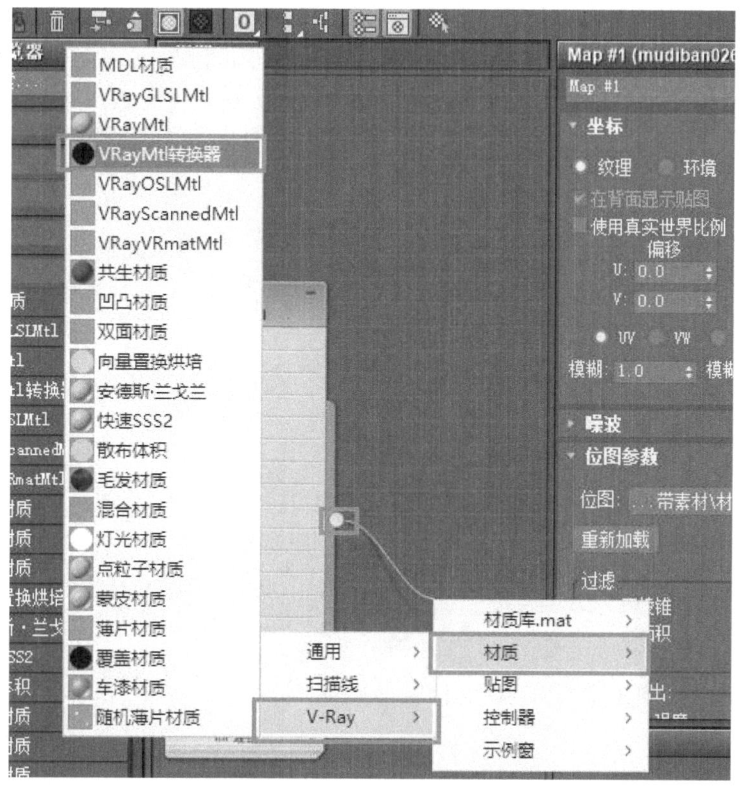

图10-107 材质选择

3）双击“VRayMtlWrapper parameters”，进入该参数面板，将里面的“生成GI（生成全局照明）”设置为0.01（图10-108）。

4）将“VRayMTL转换器”材质赋予地面，再次渲染场景，相对于前一次的场景效果就会好很多了，这就说明“VR材质包裹器”能有效控制材质颜色在渲染时溢出的问题（图10-109）。

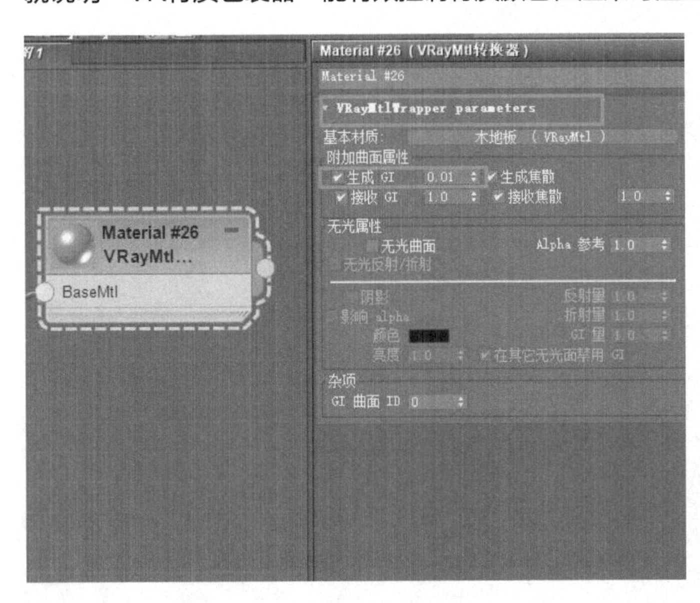

图10-108　属性设置

图10-109　渲染效果

5）“VRayMTL转换器”不仅能够控制物体生成全局照明，还能控制物体“接收全局照明”。选择“白乳胶”材质，在“视图1”中将材质面板右边的连接点向右连接至空白位置，选择“材质”的“VRay”中的“VRayMTL转换器”，进入“VRayMTL转换器”的参数设置面板，双击“VRayMtlWrapper parameters”，进入该参数面板，将里面的“接受GI（接受全局照明）”设置为3.0（图10-110）。

6）将“白乳胶”的“VRayMTL转换器”材质赋予墙顶面，再进行渲染。渲染后的效果如图10-111所示。

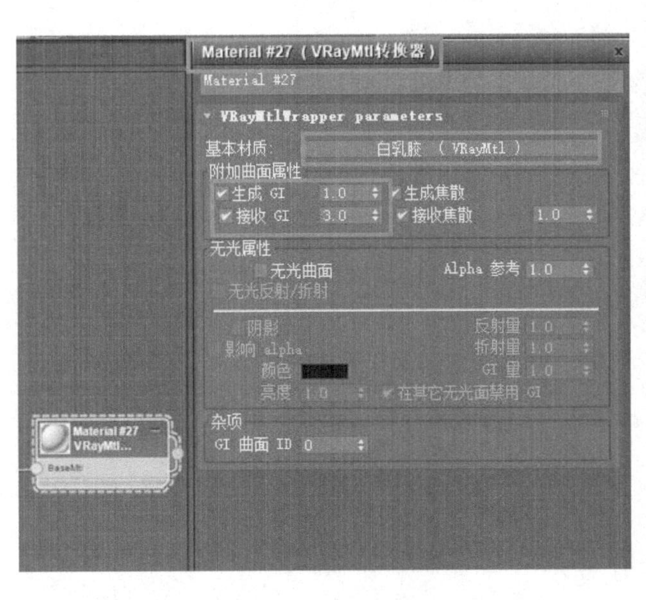

图10-110　控制照明

图10-111　渲染后的效果

10.3.2 VR灯光材质

在制作一般发光材质时会用到一般材质，但是一般灯光却没有真实灯光的效果，依靠虚拟灯光来表现也不真实，本节就介绍“VR灯光材质”模拟“发光材质”的方法，效果会非常真实。

1）打开文件“模型素材/第10章/场景09”，更改贴图路径，打开“材质编辑器”，在展开“材质”卷展栏，双击“灯光材质”材质，在“视图1”窗口中双击“材质”，就会出现该材质的“参数”卷展栏（图10-112）。

2）在“参数”卷展栏中，将“颜色”后面的“无贴图”按钮上拖入一张材质贴图作为屏幕材质，并将“颜色”后的值设置为2.0（图10-113）。

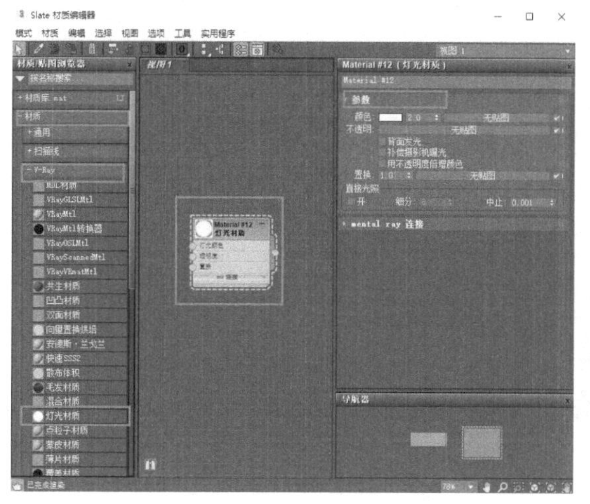

图10-112 材质设置

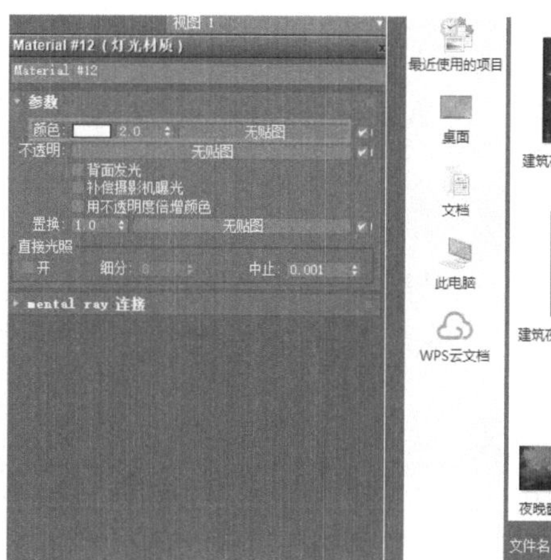

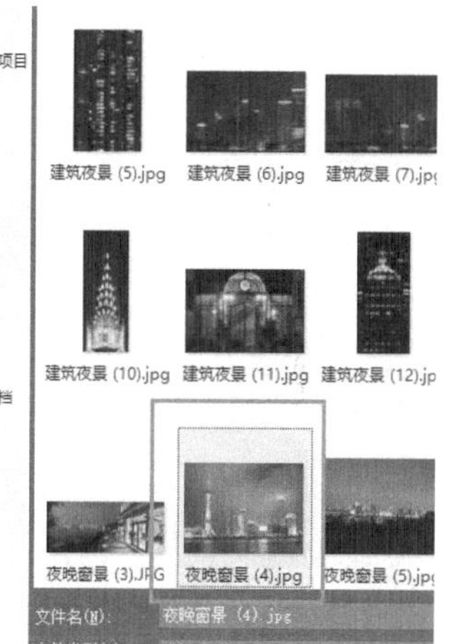

图10-113 选择贴图

3）选中计算机屏幕，将灯光材质赋予屏幕，渲染场景，会看到非常真实的夜晚计算机屏幕的效果（图10-114）。

图10-114 屏幕渲染后的效果

10.3.3 VR双面材质

VR双面材质可以让物体的正反两面各自表现出不同的材质效果，在书籍模型中应用较多，可以真实地展现书籍的效果。

1）打开本书配套资料中的“模型素材/第10章/场景10”，打开“材质编辑器”，展开“材质”卷展栏，选择“双面材质”并双击，在“视图1”中双击该材质，就会出现该材质的“VRay双面参数”卷展栏（图10-115）。

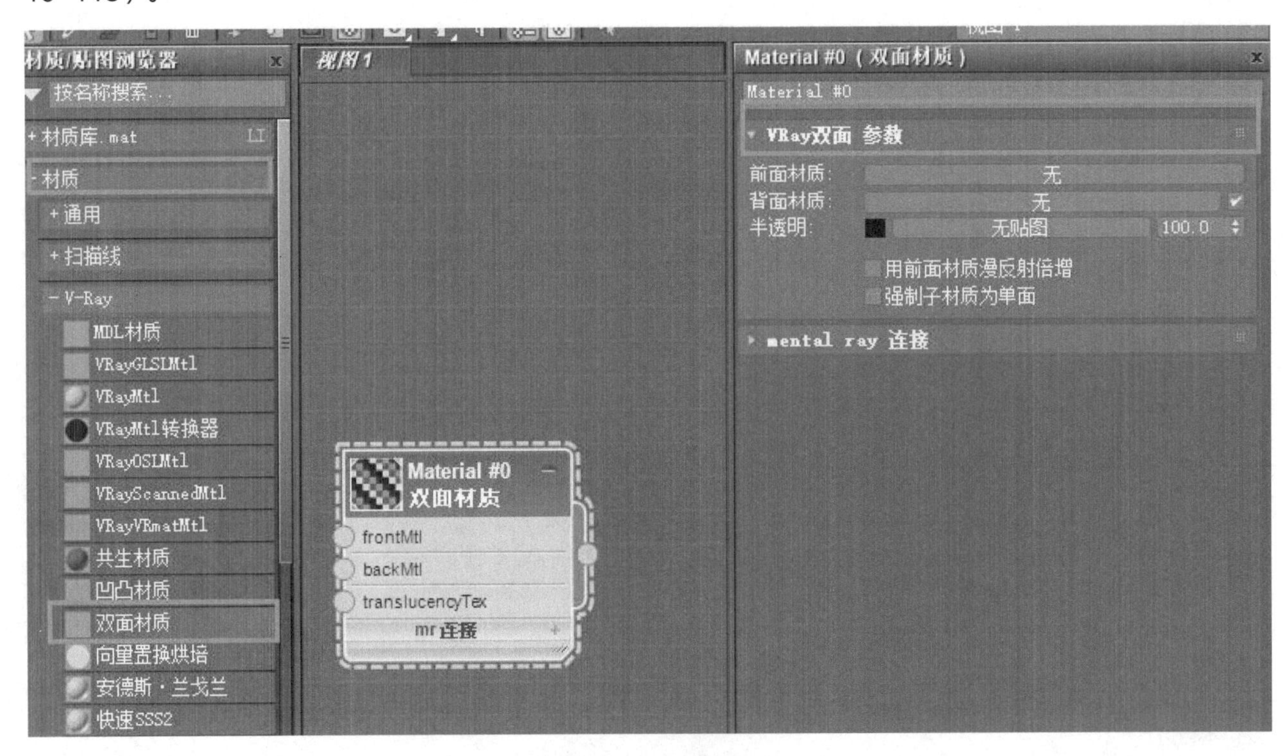

图10-115 材质选择

2）选择“前面材质”后的“无”按钮，将其转换为“VRayMtl”材质（图10-116）。

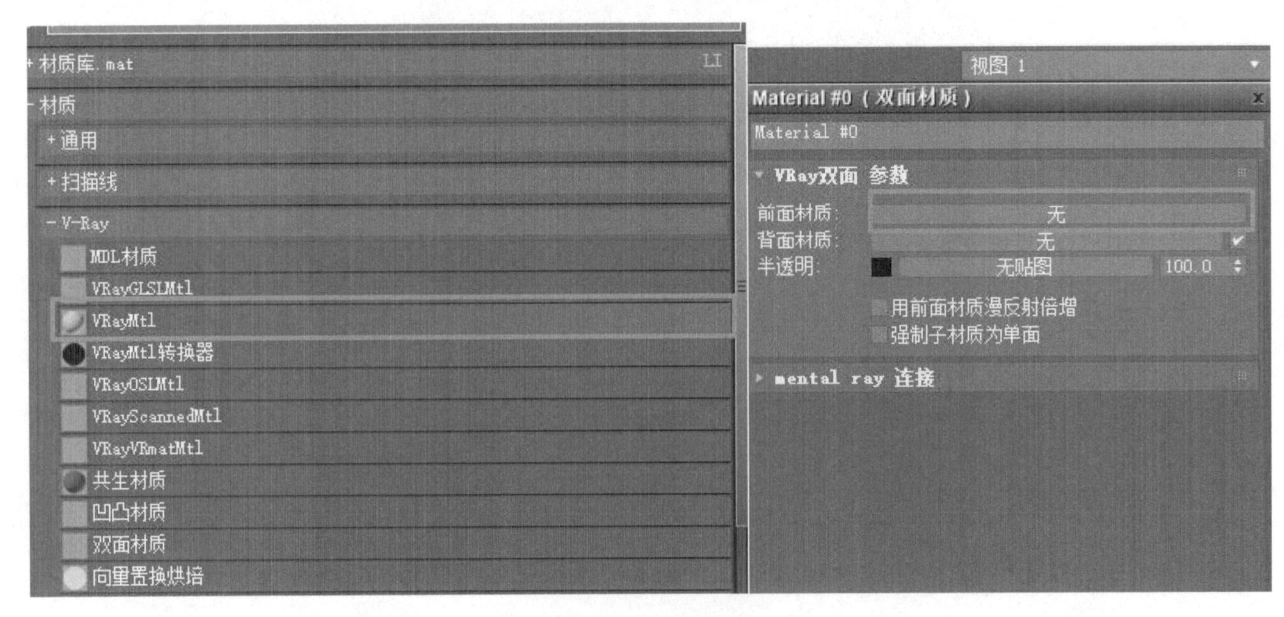

图10-116 转换材质

3）进入“VRayMtl”材质，在“漫反射”贴图的位置贴入一张图书页面的贴图（图10-117）。

4）在“视图1”中单击“双面材质”面板，回到“双面材质”的“参数”卷展栏，勾选“背面材质”，将其转为“VRayMtl”材质，在“漫反射”贴图位置贴入另外一张贴图（图10-118）。

图10-117　选择贴图

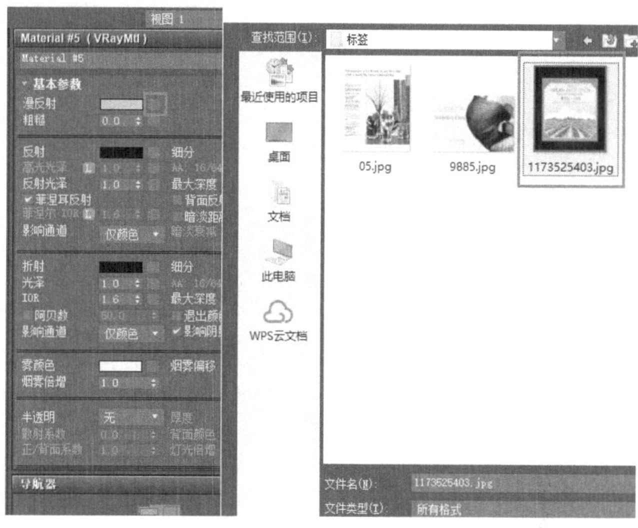

图10-118　选择贴图

5）在“视图1”中单击“双面材质”面板，回到“双面材质”参数面版，将“半透明”的颜色设为黑色，并取消勾选“强制子材质为单面”（图10-119）。

6）将材质赋予纸。渲染后的效果如图10-120所示。

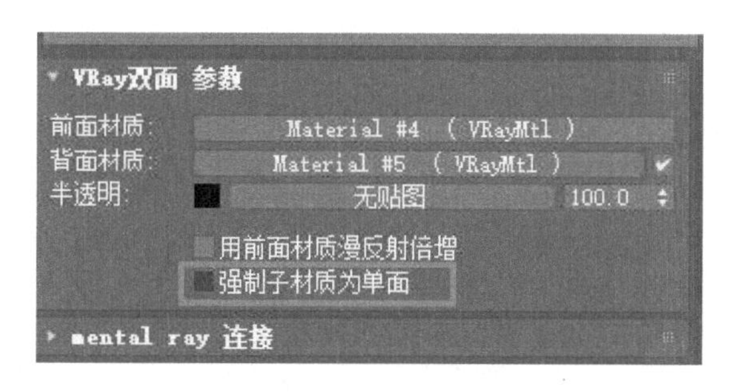

图10-119　修改材质

图10-120　渲染后的效果

设计小贴士

透明材质的表现重点在于“反射”与“折射”选项中的各种参数。在现实生活中没有完全透明的材质，因此，“反射”颜色不宜选择纯白，应当带有一定灰色，偏色也不宜选用纯度很高的颜色，注意应勾选“菲涅耳反射”。“折射”颜色一般与“反射”颜色相同或接近，注意应勾选“影响阴影”。

透明材质的表现还在于模型，模型应当具有一定厚度，过于单薄的模型则不应设置为完全透明的效果。在效果图中经常出现的透明材质为玻璃、水、薄纱窗帘、塑料包装等材料，应仔细观察这些材料在生活中的差异，将比较结论用于参数设定，这样就能建立起属于自己的材质观念。

10.3.4 VR覆盖材质

VR覆盖材质与VR包裹材质很相似，都可以解决颜色溢出的问题，但是VR覆盖材质还可以改变反射与折射的效果。

1）打开本书配套资料中的“模型素材/第10章/场景04”，打开“材质编辑器”，选择地面材质，在“视图1”中将材质面板右侧的连接点向右连接至任意空白位置，选择“覆盖材质”→V-Ray→材质（图10-121）。

2）在弹出的新面板中选择“Base mtl（基本材质）”（图10-122）。

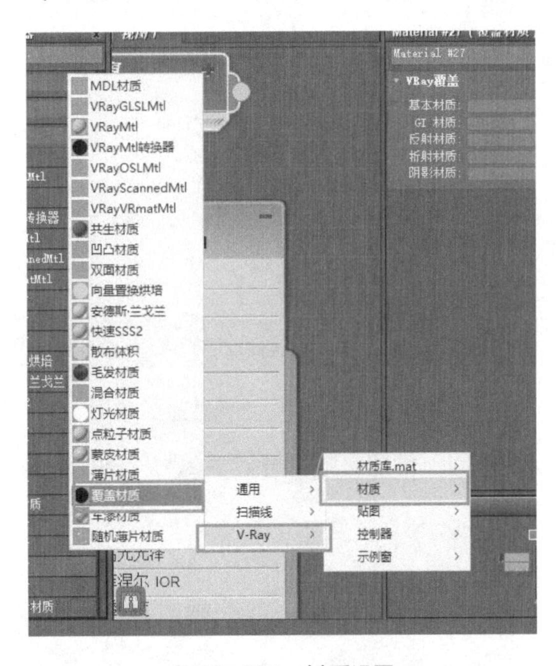

图10-121 材质设置

图10-122 选择材质

3）双击“VRay覆盖”面板，进入“参数” 卷展栏，在“参数”卷展栏中“GI材质”后的“无”按钮上添加“VRayMtl”材质（图10-123）。

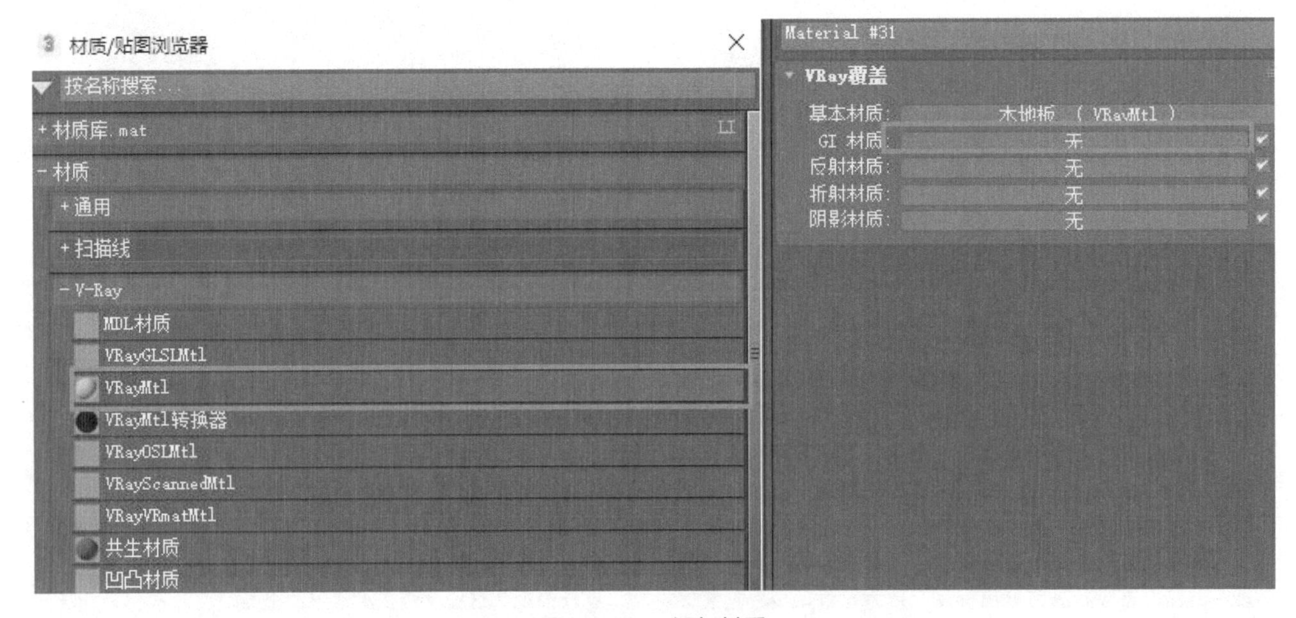

图10-123 添加材质

4）进入“参数”卷展栏，将“漫反射”设置为浅黄色，具体参数可以根据需要输入（图10-124）。

5）将“覆盖材质”赋予墙面，渲染后的墙面会变成淡淡的浅黄色（图10-125）。

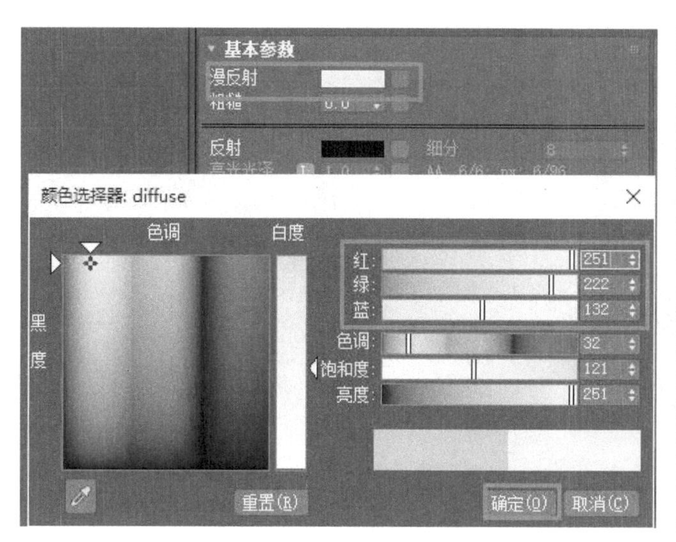

图10-124　颜色设置

图10-125　渲染后的墙面效果

6）双击“白乳胶”的“覆盖材质”面板进入参数面板，在“反射材质”位置添加新的“VRayMtl”材质（图10-126）。

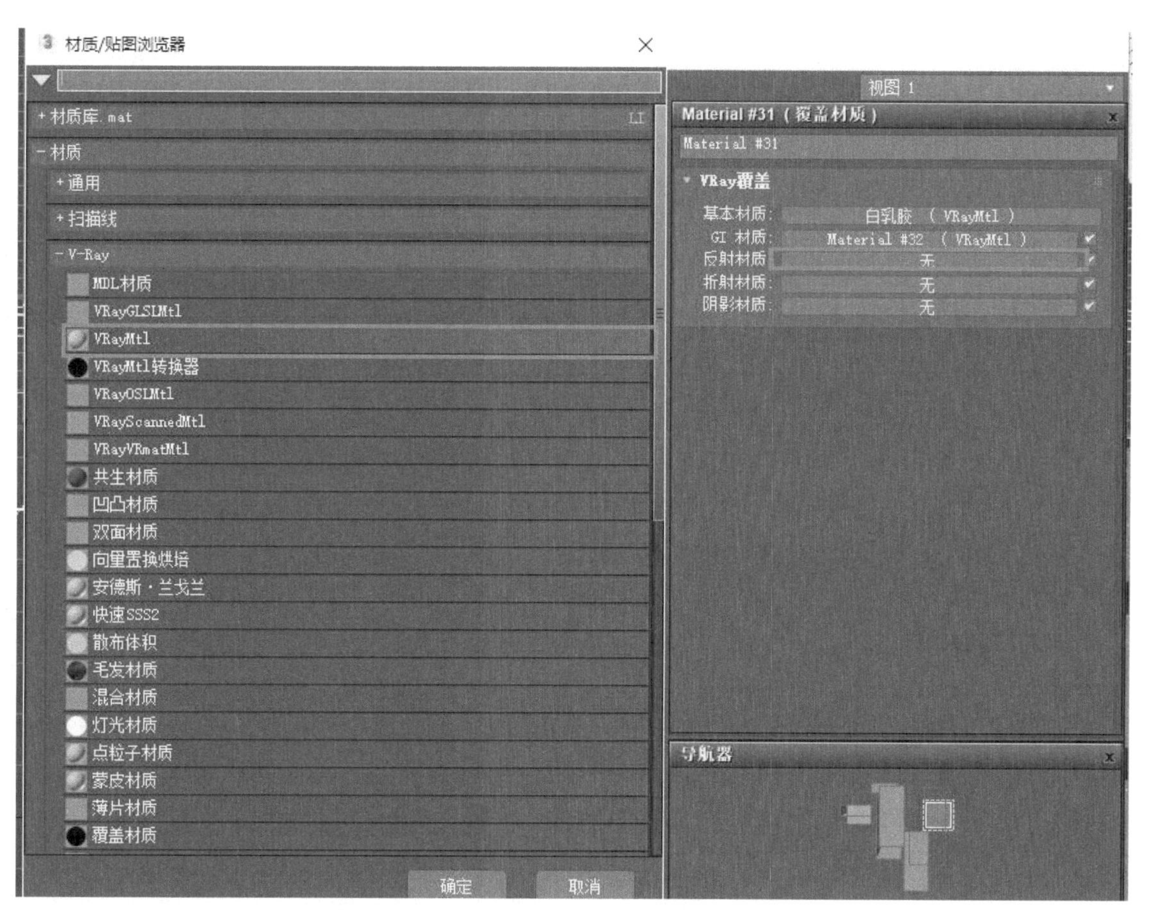

图10-126　材质设置

7）进入“基本参数”卷展栏，并将“漫反射”设置为深红色（图10-127）。

8）对场景进行渲染。渲染场景后的效果如图10-128所示。

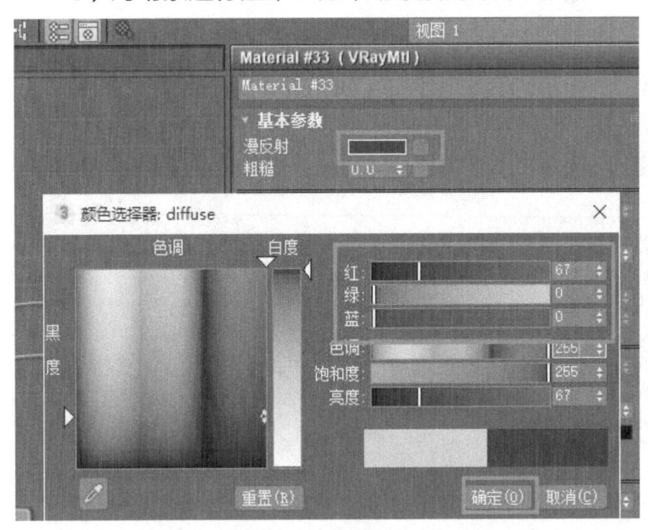

图10-127　颜色设置

图10-128　渲染后效果

9）再次进入“材质编辑器”，选择背景的“VR灯光”材质，给其添加“VR覆盖材质”，在“折射材质”位置添加新的“VRayMtl”材质（图10-129）。

10）单击“VRayMtl”进入其参数面板，将“漫反射”设置为浅蓝色（图10-130）。

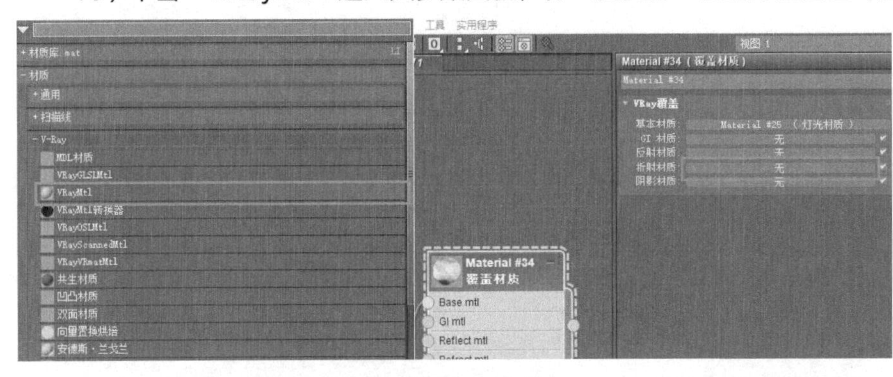

图10-129　材质设置

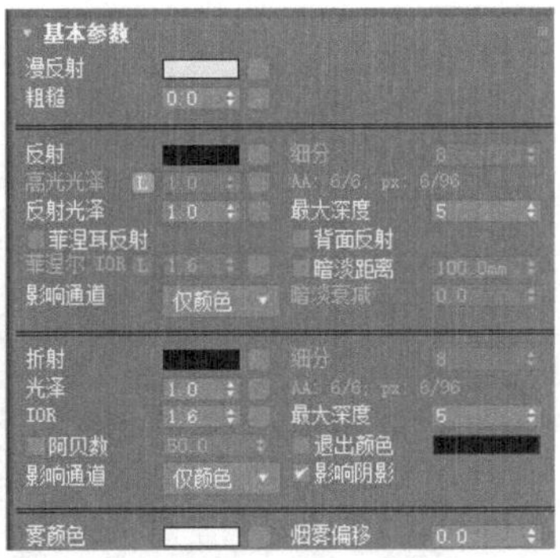

图10-130　颜色设置

11）将该“VR覆盖材质”赋予背景。渲染后的效果如图10-131所示。

设计小贴士

3ds max最初是用于三维空间模拟试验的软件，后来应用到影视动画上，能获得真实摄像机（摄影机）与后期处理难以达到的效果。

12）如果将玻璃隐藏起来，“VR覆盖材质”的折射材质将会无效。隐藏玻璃后的渲染效果如图10-132所示。

图10-131　渲染后的效果

图10-132 隐藏玻璃后渲染的效果

10.3.5 混合材质

VR混合材质的应用一般不多，只是在偶尔制作特效时才会使用。

1）打开本书配套资料中的“模型素材/第10章/场景01”，打开“材质编辑器”，给“大理石”材质添加“混合材质”（图10-133）。

2）在弹出的选项中选择“基本”材质（图10-134）。

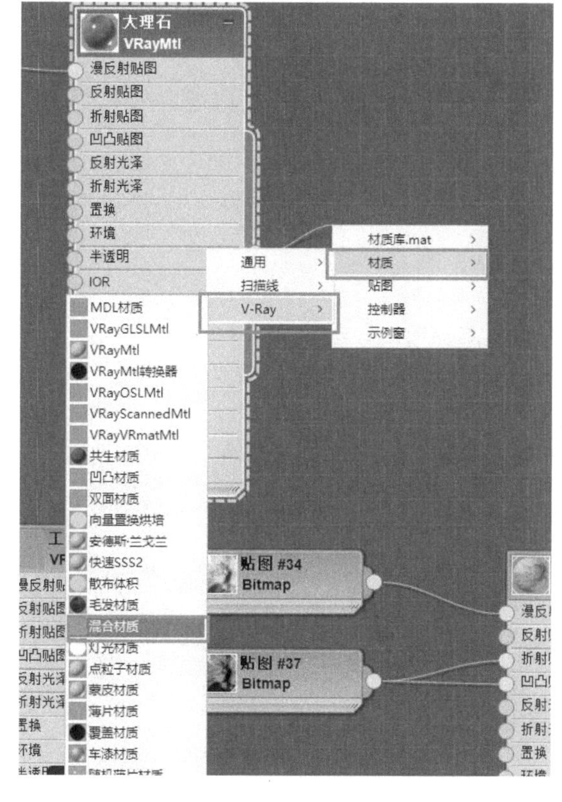

图10-133 材质设置

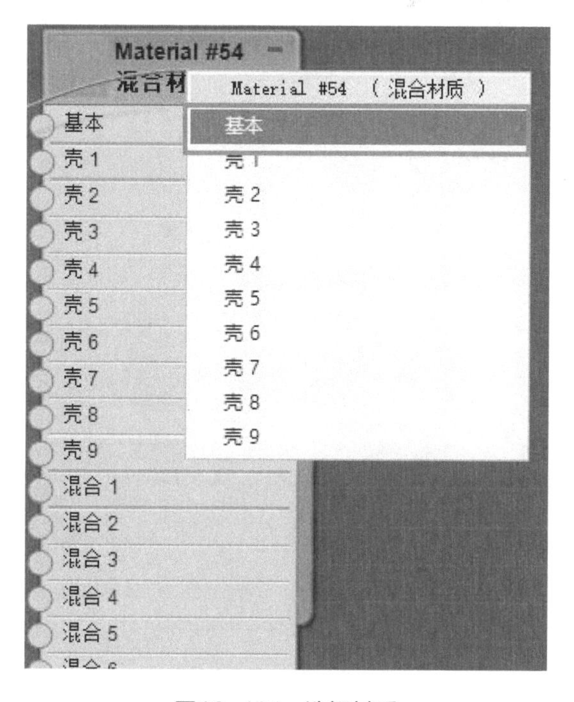

图10-134 选择材质

3）双击“混合材质”进入其参数面板，在“壳材质1”中添加“VRayMtl”材质（图10-135）。

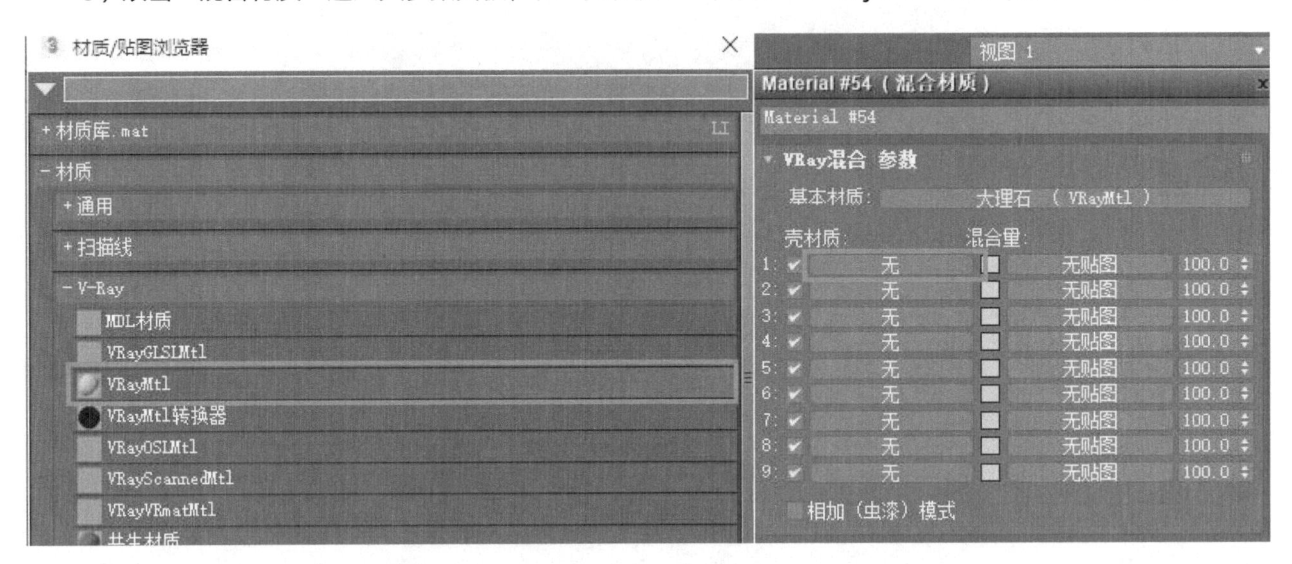

图10-135　添加材质

4）单击“材质”进入其参数面板，将“反射”设置为白色，“反射光泽”设置为0.9（图10-136）。

5）双击“VRay混合”回到其参数面板，在“混合量”中添加一张贴图“斑点”（图10-137）。

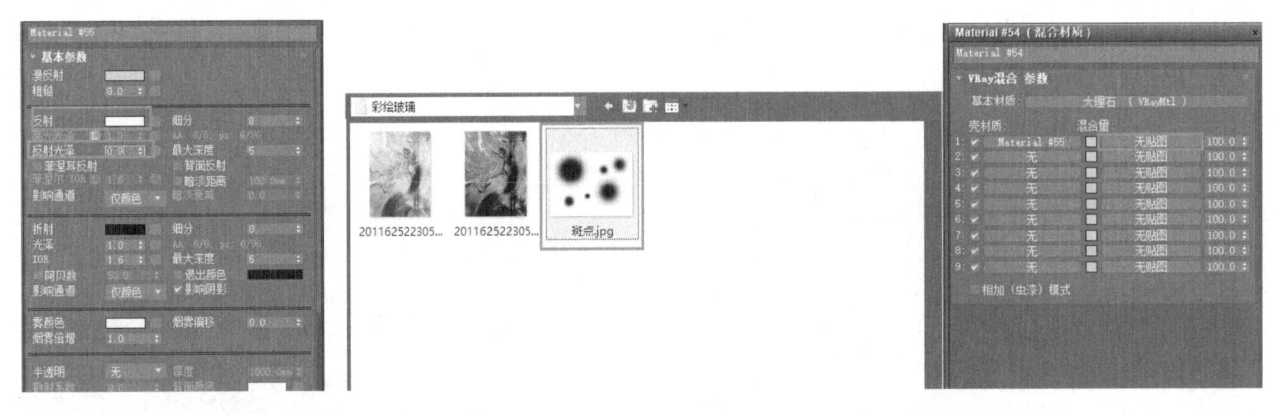

图10-136　颜色设置　　　　图10-137　选择贴图

6）将“壳材质1”与“混合量1”之间的颜色设置为白色（图10-138）。

7）将该VR混合材质赋予球体。渲染后的效果如图10-139所示。

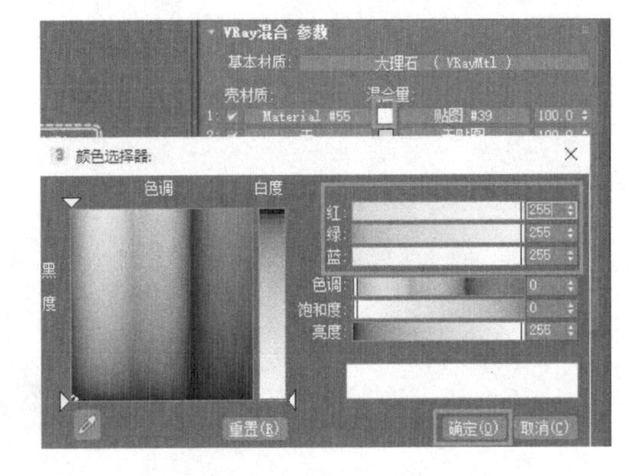

图10-138　颜色设置

图10-139　球体渲染后的效果

8）“混合材质”可以对一个物体同时赋予两种不同的材质，还可以做出其他特殊效果，由于在装修效果图制作中运用不多，这里就不再介绍了。

10.3.6 VR边纹理贴图

VR边纹理贴图可以为场景中的物体在渲染的时候添加线框效果。

1）打开本书配套资料中的“模型素材/ 第10章/场景06”，打开“材质编辑器”，再展开“材质”卷展栏，双击“VRayMtl”材质，在“视图1”窗口中双击该材质就会出现该材质的参数面板，取名为“VR边纹理”，在“漫反射贴图”位置添加“边纹理”贴图（图10-140）。

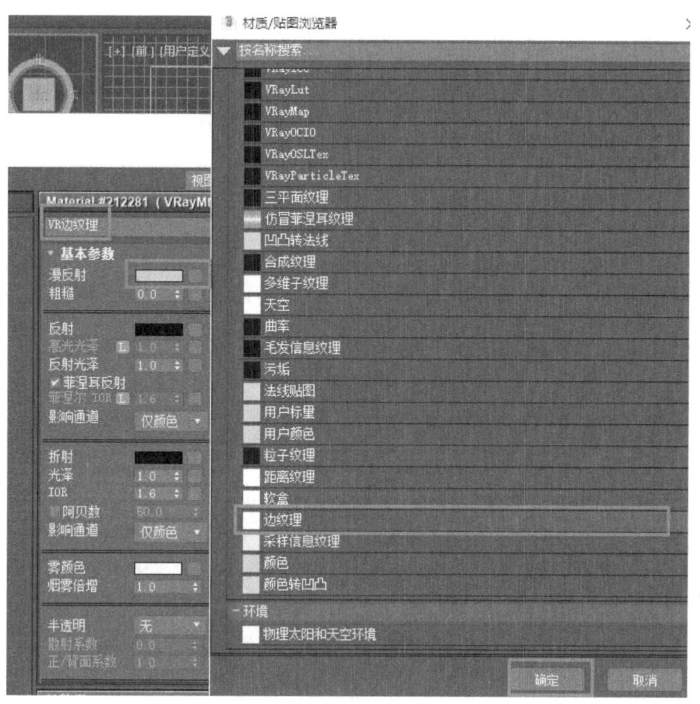

图10-140 添加纹理贴图

2）单击“确定”按钮，进入“VRayEdgeTex parans（VR边纹理）”的参数面板，将“颜色”设置为黑色，“像素宽度”设置为0.5（图10-141）。

3）将该材质赋予台灯。渲染后的效果如图10-142所示。

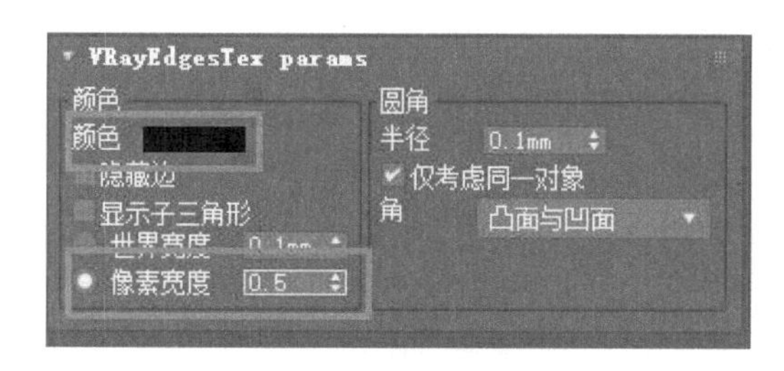

图10-141 纹理设置

图10-142 台灯渲染后的效果

4）进入“VR边纹理”的参数面板，展开“贴图”卷展栏，在“透明度”贴图位置添加“边纹理”贴图（图10-143）。

5）单击“边纹理”进入“VRayEdgeTex parans（VR边纹理）”卷展栏，将“颜色”设置为白色，“像素宽度”设置为0.5（图10-144）。

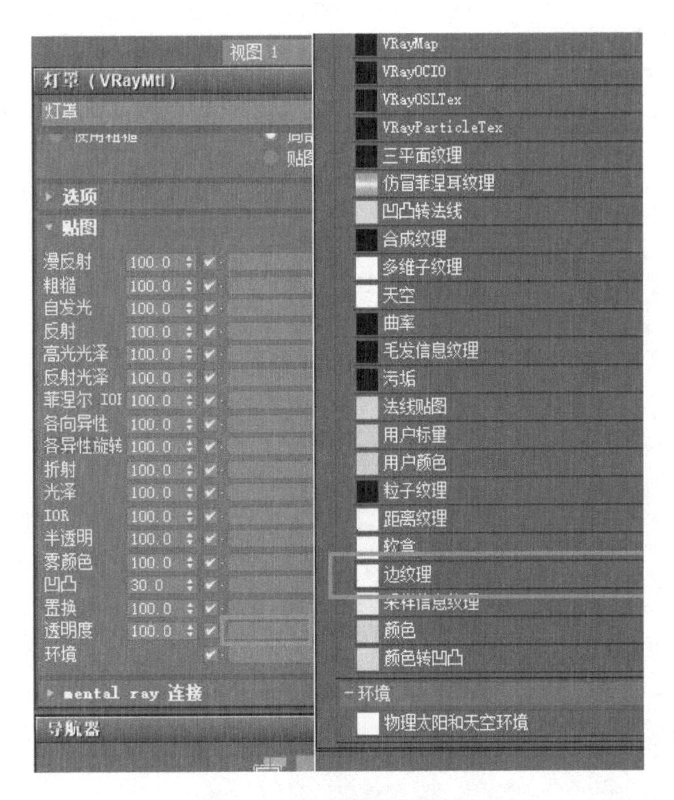

图10-143 添加纹理贴图

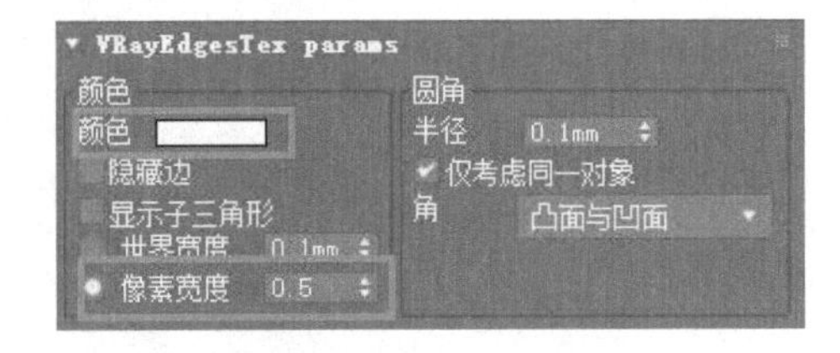

图10-144 纹理设置

6）对场景进行渲染。渲染场景后的效果如图10-145所示。

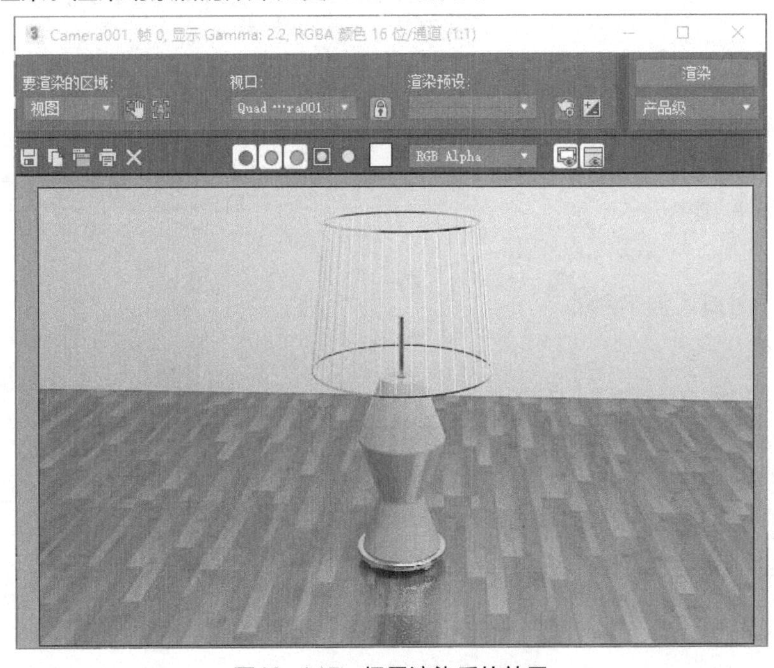

图10-145 场景渲染后的效果

10.3.7 VR快速3S材质

VR快速3S材质可以模拟肉、玉佩、橡皮泥等透光不透明的材质效果。

1）打开本书配套资料中的“模型素材/第10章/场景11”，打开“材质编辑器”，在展开“材质”卷展栏，双击“快速SSS”材质，在“视图1”窗口中双击“材质”就会出现该材质的参数面板（图10-146）。

2）修改其中的参数，将“浅层颜色”设置为浅绿色，“深层半径”设置为100.0mm（图10-147）。

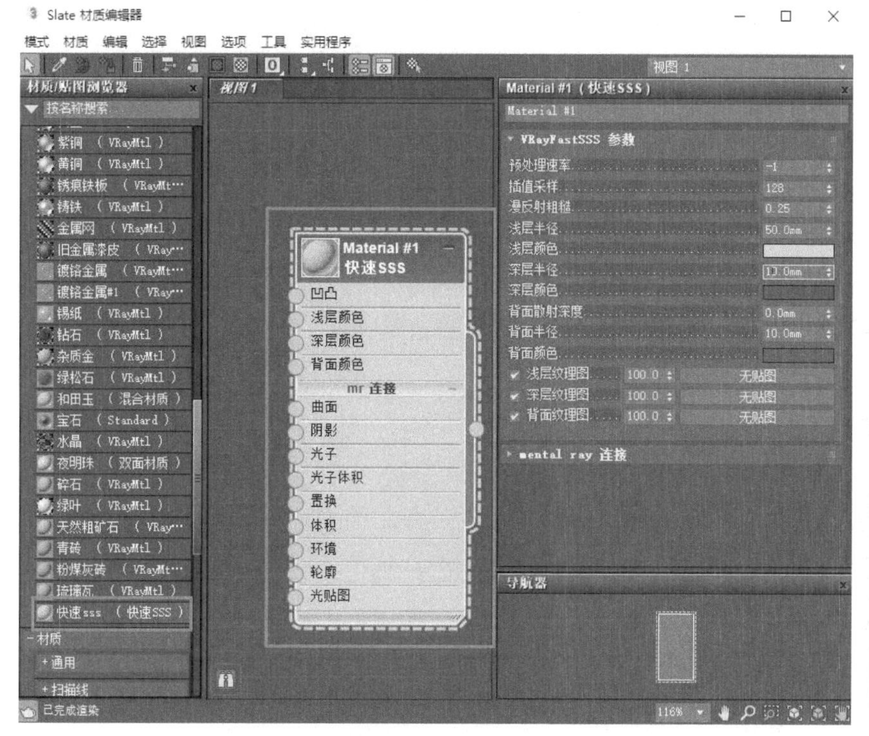

图10-146 材质设置

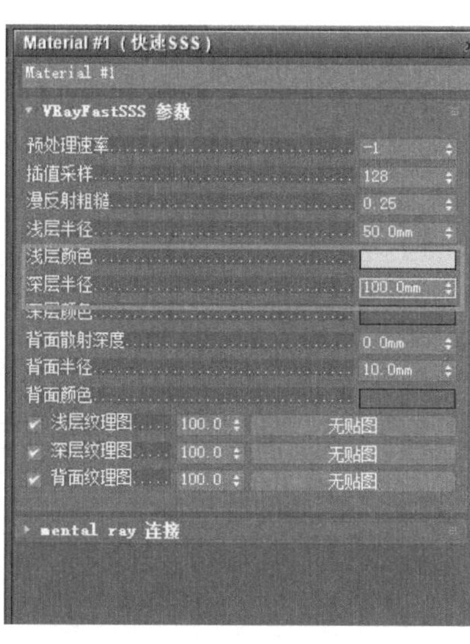

图10-147 材质参数设置

3）将材质赋予场景中的圆环。渲染后的效果如图10-148所示。

图10-148 渲染后的效果

10.3.8 VRarHDRI贴图

VRarHDRI贴图既可以作为光源，又可以作为环境贴图，用于小场景背景效果极佳。

1）打开本书配套资料中的“模型素材/第10章/场景01”，首先删除场景中的所有灯光，在主菜单栏中选择“渲染”菜单下的“环境”（图10-149）。

2）在“环境和效果”对话框中，勾选“使用贴图”（图10-150），单击“无贴图”按钮，在“材质/贴图浏览器”中选择“VRayHDRI”。

3）打开“材质编辑器”，在“场景材质”卷展栏下找到“贴图#16（VRayHDRI）”贴图，双击该贴图打开，在“视图1”中再次双击该贴图打开“参数”卷展栏，在“位图”后面单击“浏览”按钮（图10-151）。

4）在本书配套资料中选择一张合适的图片，作为贴图（图10-152）。注意作为反光的贴图应当选择对比较强，具有强烈光亮效果的图片，具体图片内容与图片像素大小不限。

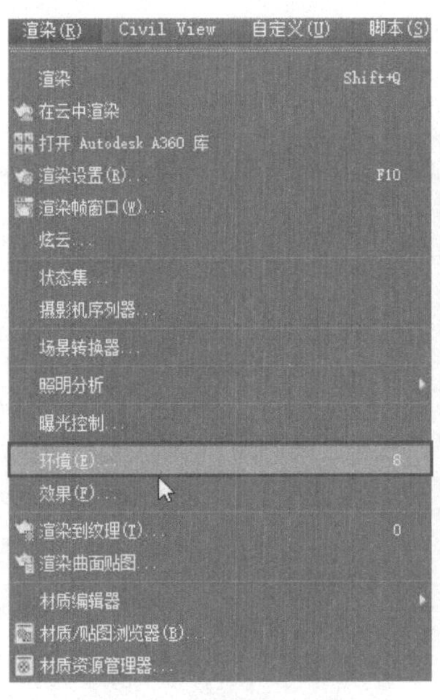

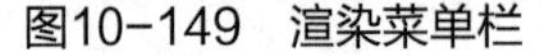

图10-149 渲染菜单栏

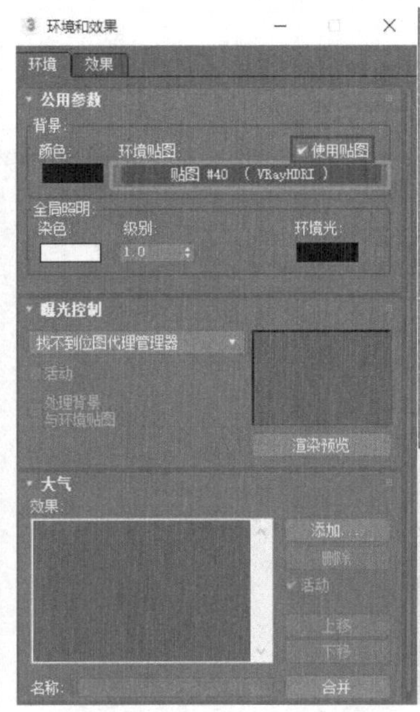

图10-150 选择贴图

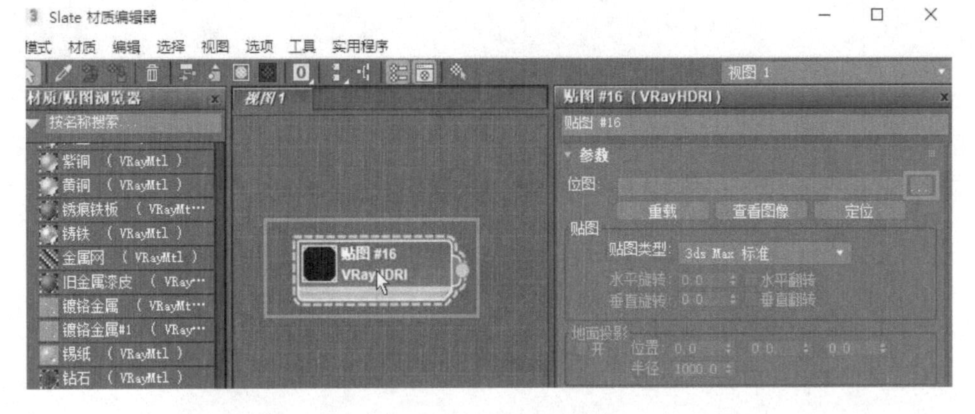

图10-151 贴图浏览

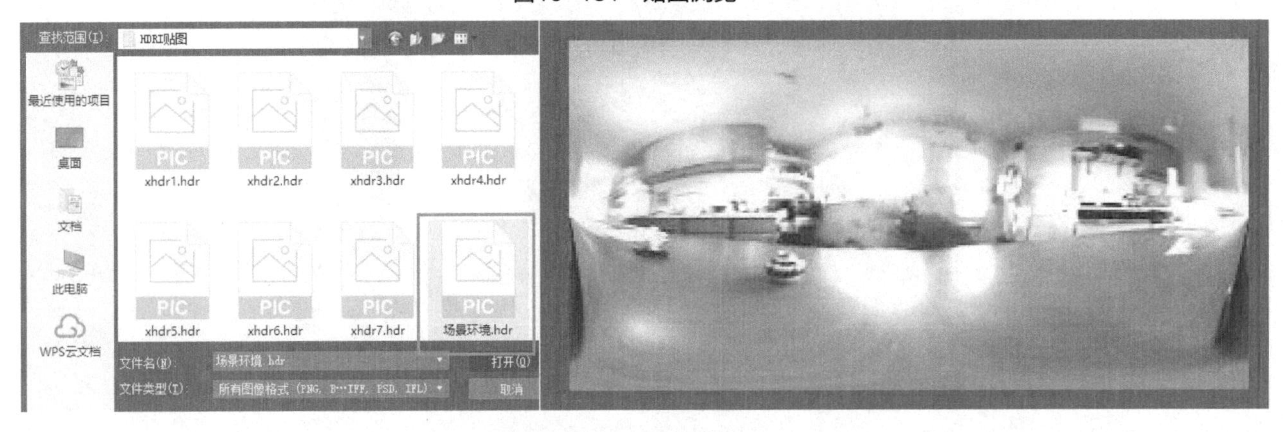

图10-152 选择贴图

5）将“贴图类型”设置为“球形”，将“全局倍增”设置为0.5（图10-153）。

6）对场景进行渲染。渲染场景后的效果如图10-154所示。

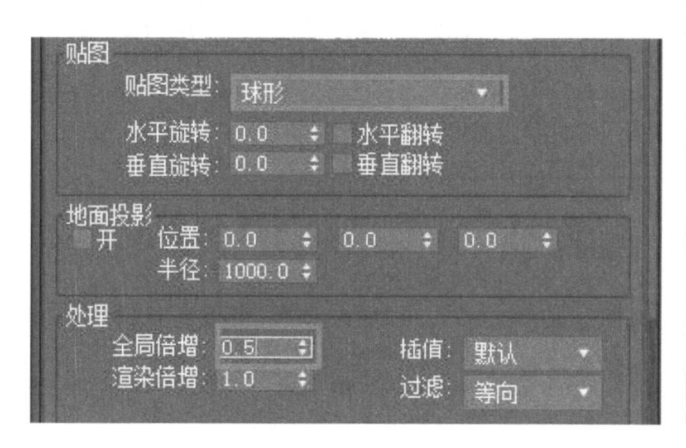

图10-153　贴图类型设置

图10-154　渲染后的效果

10.4　VRay材质保存与调用

10.4.1　VRay材质保存

1）打开“材质编辑器”，单击“材质/贴图浏览器”下面的按钮，在“材质/贴图浏览器选项”菜单中选择“新材质库”（图10-155）。

2）在计算机硬盘中选择保存位置，并命名为“材质库”，单击“保存”按钮（图10-156）。

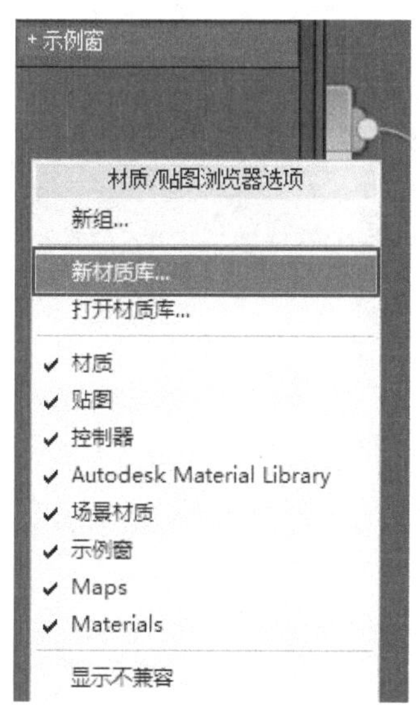

图10-155　材质库

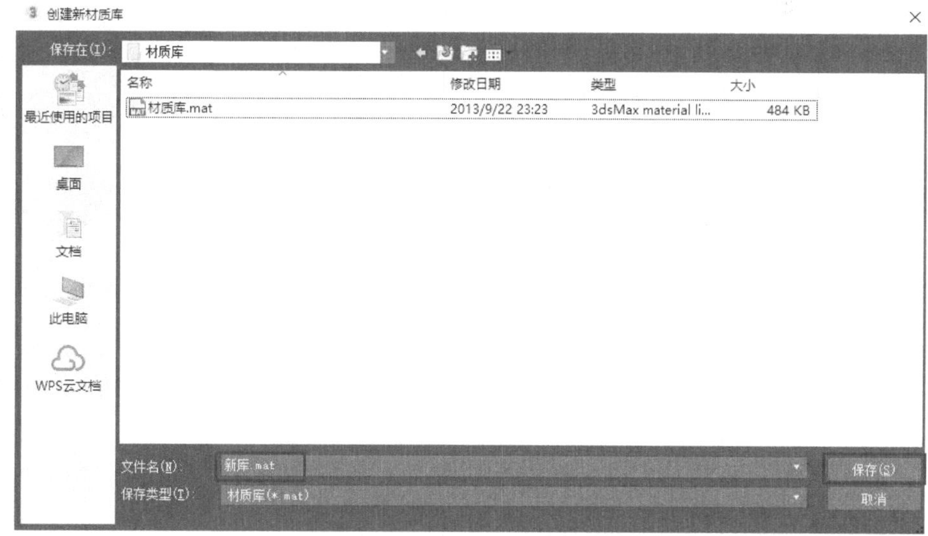

图10-156　保存材质库

3）任意选择一个“场景材质”，单击鼠标右键，选择“复制到→材质库.mat”，这样就可以将该材质保存在材质库中（图10-157）。

4）将前面学习的材质一一复制到“材质库”中，展开“材质库”卷展栏（图10-158）。

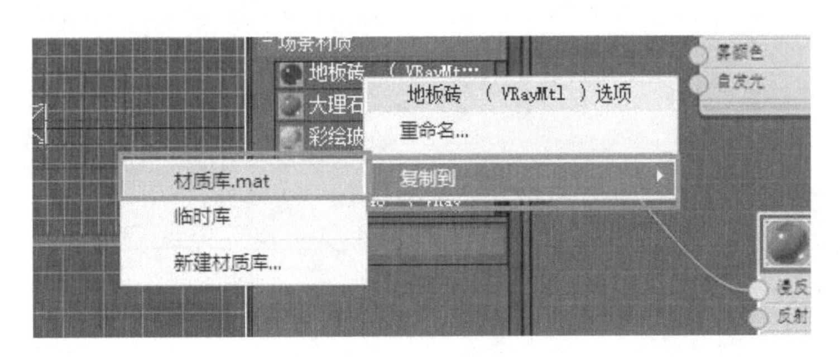

图10-157 复制材质

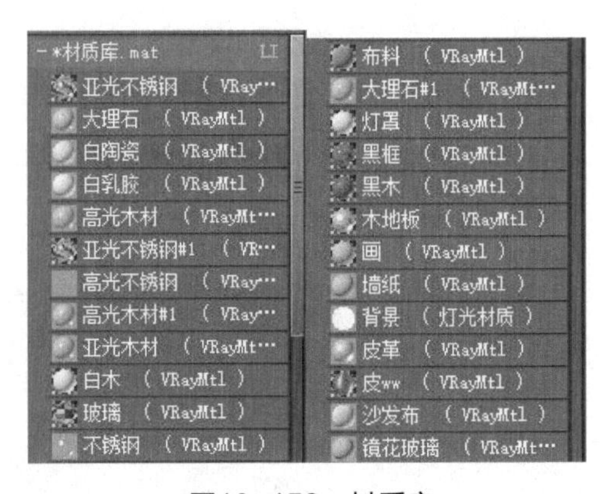

图10-158 材质库

10.4.2 VRay材质调用

在“材质库”卷展栏下双击鼠标左键选择任意一个材质，该材质就会出现在“视图1”中，可以将该材质直接赋予场景中的指定物体，也可双击鼠标左键，在右侧“基本参数”卷展栏中对该材质的参数继续进行修改（图10-159）。

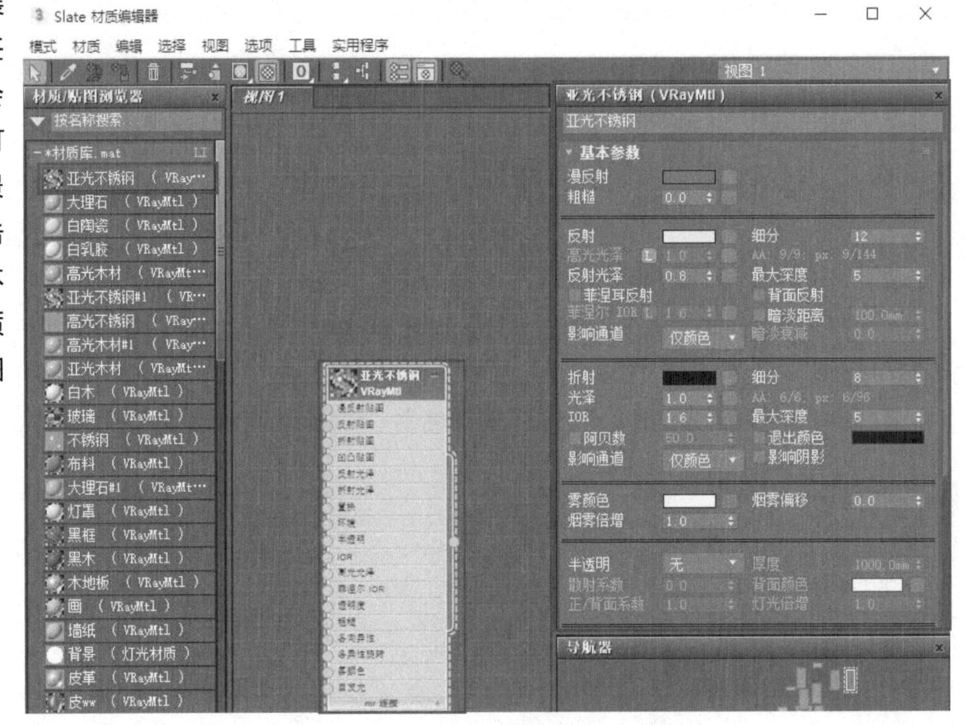

图10-159 材质库调用

本章小结

本章详细讲解了VRay的材质种类、VRay材质的使用方法，在模型场景中，几乎所有材质都可以通过VRay材质进行调节。这就要求读者除了在操作中掌握VRay材质的设置方法，还要建立属于操作者自己的材质库，这样就能随时调用熟悉的材质，从而提高效果图的制作效率。

★课后练习题

1.VRay材质中的常用材质和特殊材质类型有哪些?

2.怎样对导入的模型赋予材质渲染。

3.为方便VRay材质的调用，需如何操作?

4.运用VRay材质，制作三种表现材质的效果图。

第11章 VRay灯光

操作难度： ★★★★☆

章节导读： VRay灯光与3ds max 2020中的普通灯光是完全不同的，3ds max 2020中的灯光只能模拟灯光效果，无法提供真实的阴影效果，而VRay中的灯光可以提供非常真实的阴影效果，从而使效果图显得特别精致。

11.1 灯光“VRayLight”

VRay灯光是在场景中使用最多的灯光之一，从室内的照明到装饰性的灯带都离不开VRay灯光，本节介绍VRay灯光的参数与选项，讲解灯光的创建与使用方法。

1）打开本书配套资料中的“模型素材/第11章/场景01”，进入创建面板，选择“VRay”（图11-1）。

2）在顶视口中创建一个VRay灯光（图11-2）。

3）进入参数面板，勾选“一般”中的“开”，就能控制灯光的开关，取消勾选将会关闭灯光，勾选“目标的”，就能控制灯光的衰减（图11-3）。

4）“类型”用于选择灯光形状，不同的形状会照射出不同的效果，有5种不同的类型可供选择（图11-4）。

图11-1 创建面板

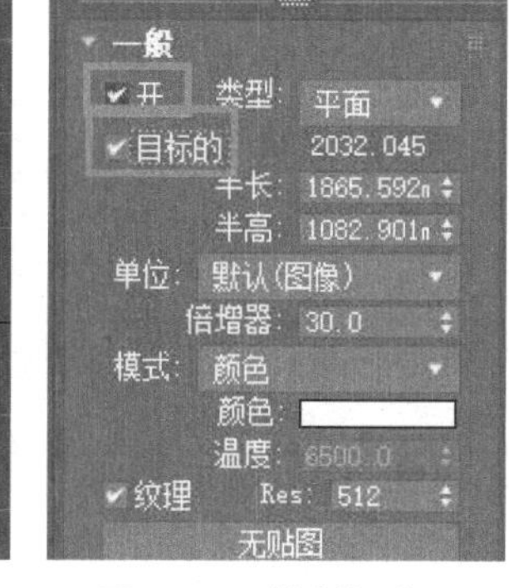
图11-2 创建VRay灯光

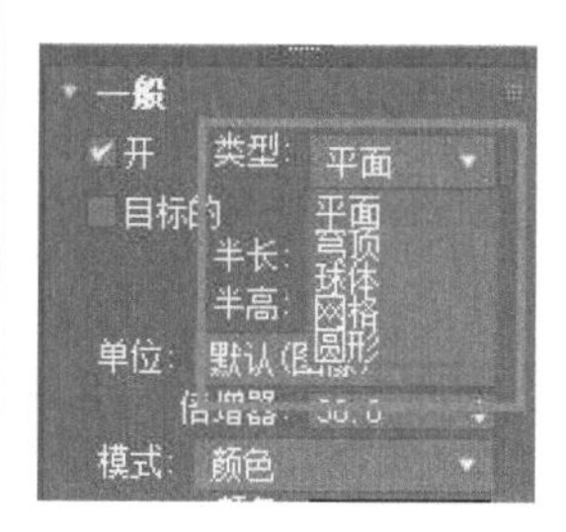

图11-3 控制灯光图

图11-4 灯光类型

5）这5种不同类型的灯光依次为“平面”（图11-5）、“穹顶”（图11-6）、“球体”（图11-7）、“网格”（图11-8）、“圆形”（图11-9），渲染后的效果各不相同。

图11-5 平面灯光

图11-6 穹顶灯光

图11-7 球体灯光

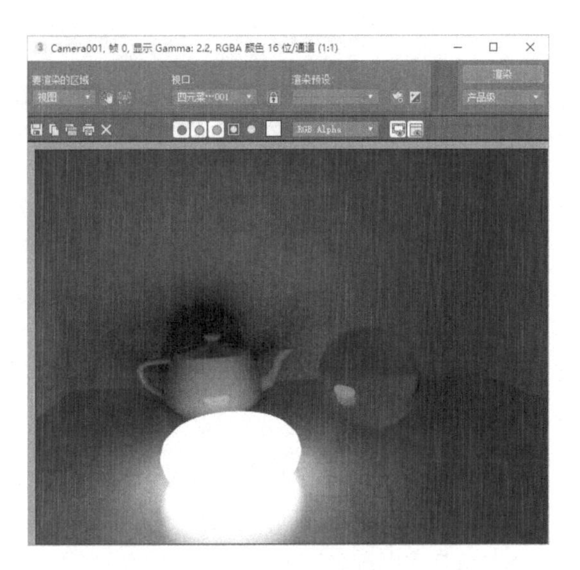

图11-8 网格灯光

图11-9 圆形灯光

6）“单位”是指灯光的强度单位，有5种不同的单位可供选择，不同的单位应给予不同的数值，一般使用“默认（图像）”即可（图11-10）。

7）“倍增器”是控制灯光亮度的选项，这个数值要从场景大小与灯光大小综合考虑，此场景可以设置为4.0（图11-11）。

8）“模式”可以选择“颜色”与“色温”两种来调节灯光颜色，现在选择“色温”，将“色温”值设置为4300.0（图11-12）。

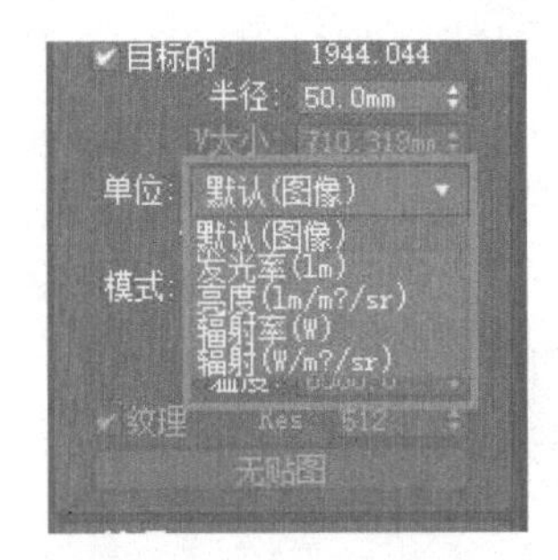

图11-10 灯光强度

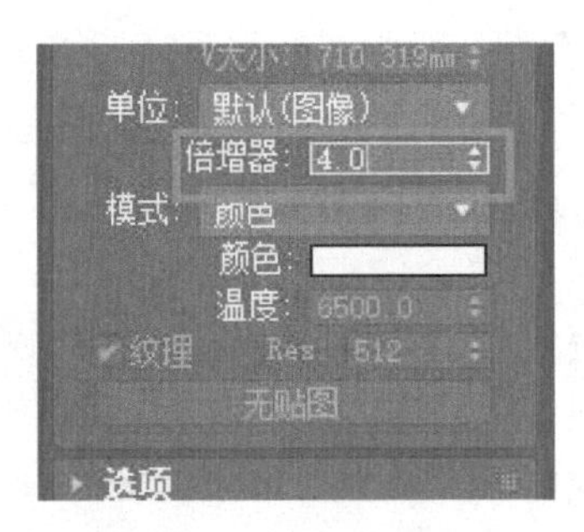

图11-11 灯光亮度

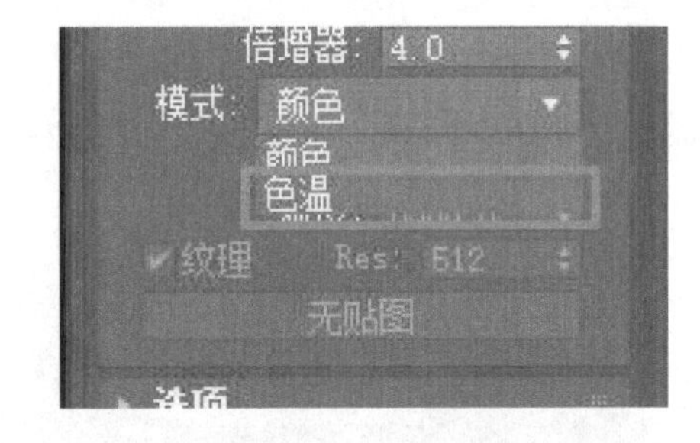

图11-12 灯光颜色

设计小贴士

VRay灯光属于真实灯光，在生活中能见到的光源都可以采用VRay灯光来表现。在有光源的部位设置灯光，在没有光源的部位不设置灯光，看似简单，但是实际上很容易忽视强度微弱的局部光源。例如，夜间的窗外月光投射到室内后，与室内灯光照明相比就显得很微弱，很容易被忽视，缺少这种光源好像无关紧要，但是会让效果图的照明显得较单薄，给出的效果比较机械，无法表现真实的环境氛围。此外，计算机显示器、电视机、手机的屏幕或反光较强的其他材料也是重要的辅助光源，将其也设置灯光是进一步提升效果图质量的关键。

9）渲染。渲染后的效果如图11-13所示。

10）在“一般”操控面板中，可以将灯光的大小设置为实际长宽的1/2，而且灯光的大小会影响灯光的强度，现在将灯光的“半长”设置为700.0mm，“半宽”设置为500.0mm，渲染后的效果如图11-14所示。

图11-13　渲染后效果

图11-14　灯光大小渲染后的效果

11）单击上方的“排除”单选按钮，可以进入“排除”选项，此按钮能控制灯光是否对某些物体进行照射（图11-15）。

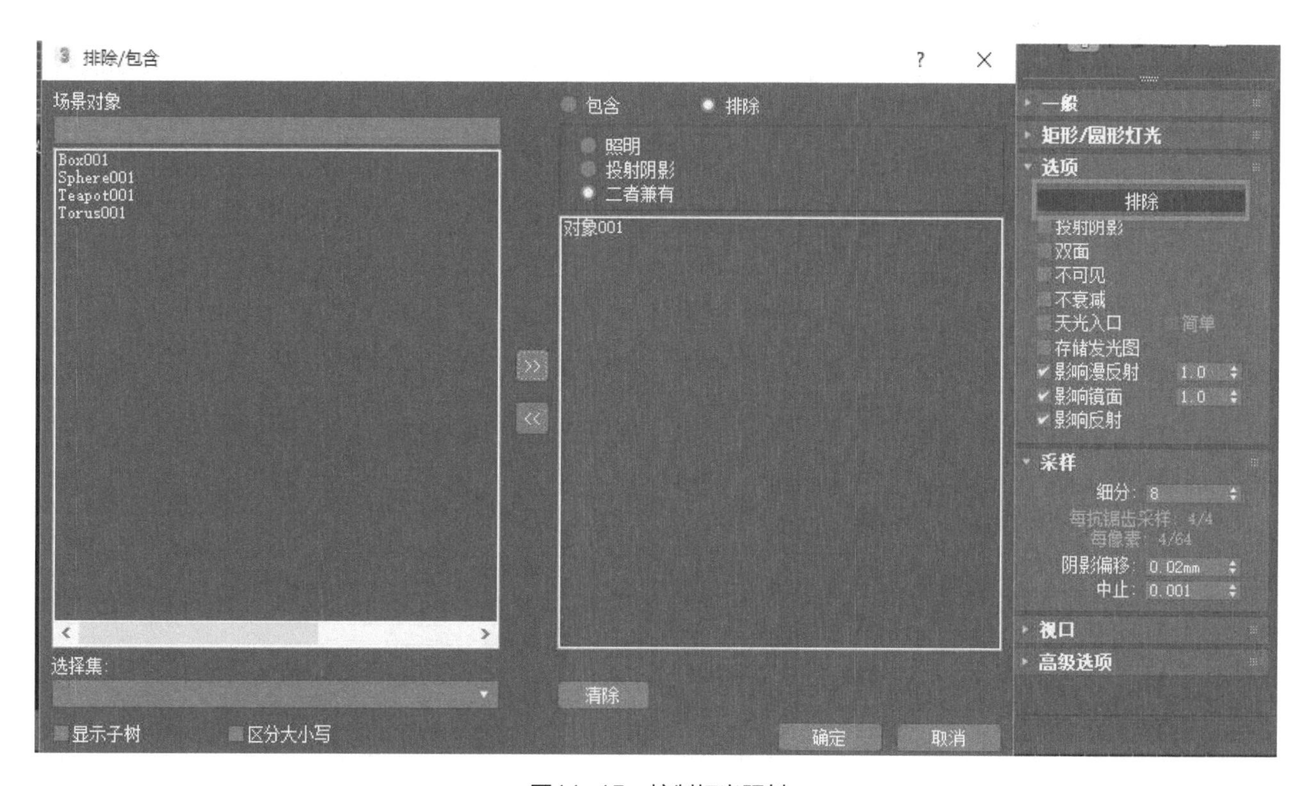

图11-15　控制灯光照射

12）勾选“投射阴影”后会有阴影，取消勾选则无。取消勾选的渲染效果如图11-16所示。

13）勾选“双面”后可以使面光源两面都发光。勾选后的渲染效果如图11-17所示。

图11-16 灯光阴影的渲染效果

14）“不可见”可以使面光源在渲染时可见或可不见。勾选“不可见”后的渲染效果如图11-18所示，此时看不到顶部的光源。

15）“不衰减”能使灯光不产生衰减效果，勾选“不衰减”，灯光会非常强烈。勾选“不衰减”后的渲染效果如图11-19所示。

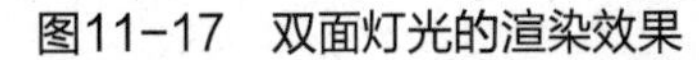

图11-17 双面灯光的渲染效果

图11-18 “不可见”光源渲染效果

图11-19 强烈灯光渲染效果

16）“天光入口”是场景中有天光或其他光进入的时候，不进行遮挡，用于灯光测试（图11-20）。

17）“储存发光图”可以减少场景光线的亮度。勾选“储存发光图”后的渲染效果如图11-21所示。

图11-20　灯光测试

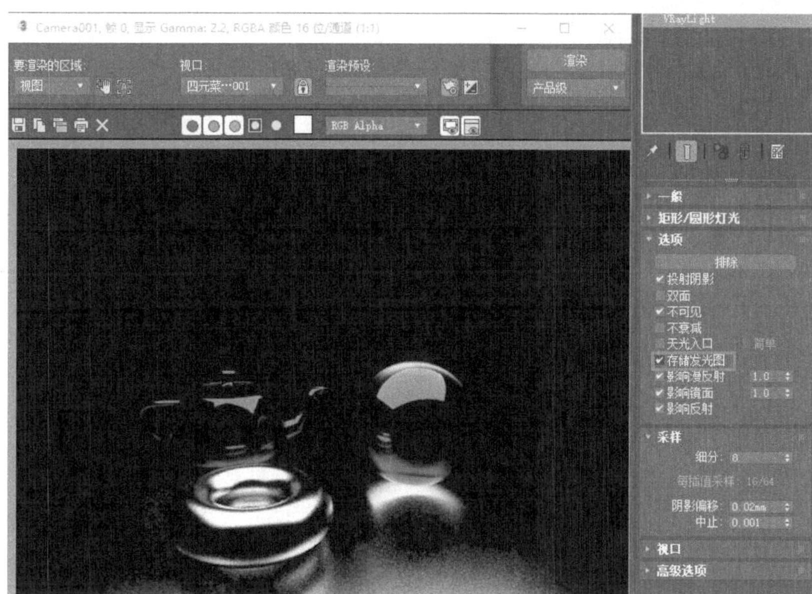

图11-21　储存发光渲染效果

18）“影响漫反射”是光线对漫发射材质的影响，取消勾选“影响漫反射”后的渲染效果如图11-22所示。

19）取消“影响镜面”勾选后，场景中的高光发射物体将不会产生该灯光的高光。取消“影响镜面”渲染场景后的效果如图11-23所示，后面的“倍数”能控制效果的强弱。

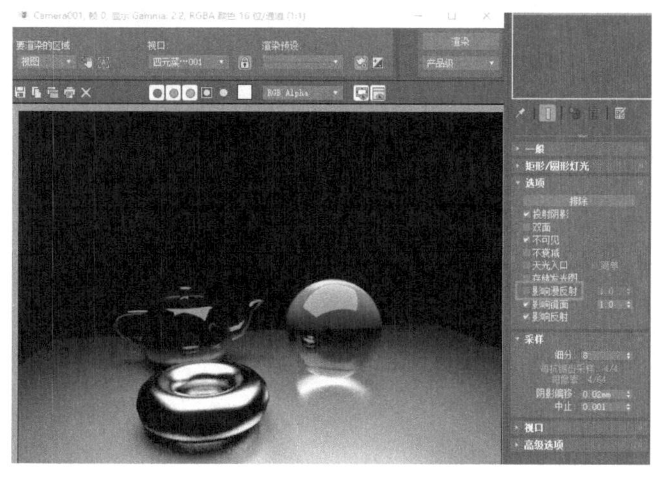

图11-22　漫反射渲染效果

图11-23　影响镜面渲染效果

20）取消“影响反射”勾选后，场景中的镜面反射物体将不会反射灯光的影像。取消勾选“影响反射”渲染场景后的效果如图11-24所示，后面的“倍数”能控制效果的强弱。

21）“采样”选项，其中的“细分”能控制该灯光线的细腻程度，值越高就越细腻，效果就越好，不过此值不宜过大，会影响计算机渲染时间。将“细分”设置为50的渲染效果如图11-25所示。

图11-24　影响反射渲染效果

22）“阴影偏移”能让场景中的阴影产生一定的偏移，一般保持不变（图11-26）。

23）“中止”可以控制灯光的照射范围，让其在一定范围内进行照射。“中止”设置为1的渲染效果如图11-27所示。

图11-25　采样渲染效果

图11-26　阴影偏移渲染效果

图11-27　中止渲染效果

11.2 IES灯光“VRayIES”

Vray IES是指在使用光度学文件时的阴影，这种阴影能使灯光产生更加真实的效果。VRayIES与“光度学”下“目标灯光”制作射灯的效果基本相同，不过VRay公司对其进行了优化，使之能快速渲染。使用方式更为简单。

1）打开本书配套资料中的“模型素材/第11章/场景02”中场景文件，在创建面板中选择灯光下的“VRay ”灯光，选择“VRayIES”，在顶视口中创建灯光（图11-28）。

2）在前视口中将灯光移动好位置，并进入修改面板（图11-29）。

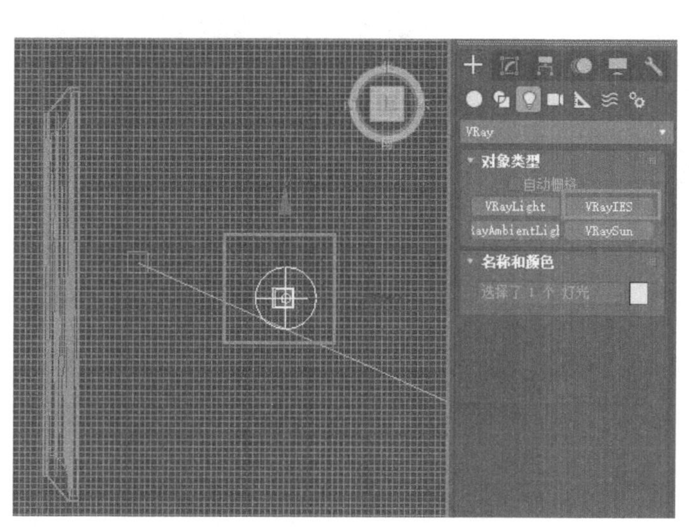

图11-28 创建灯光

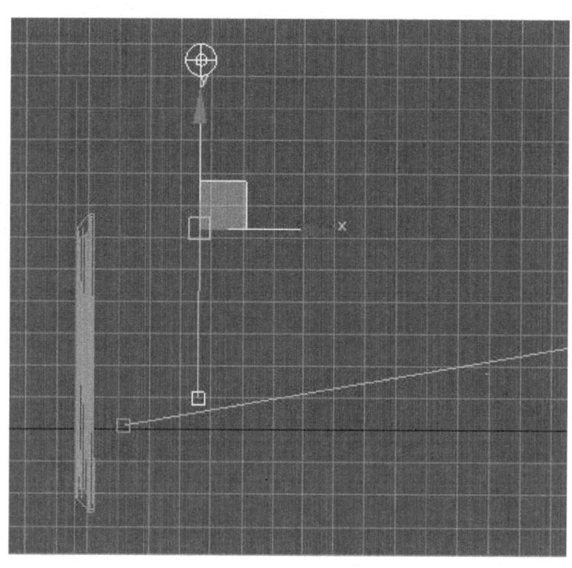

图11-29 移动灯光

3）红框处是灯光的起始点，末端的点是灯光的目标点，它们共同决定了灯光的方向（图11-30）。

4）选中灯光的“起始点”，进入修改面板，在IES文件中选择“TD-202.IES”（图11-31）。只有选中“起始点”进入修改面板才能对灯光参数进行修改。

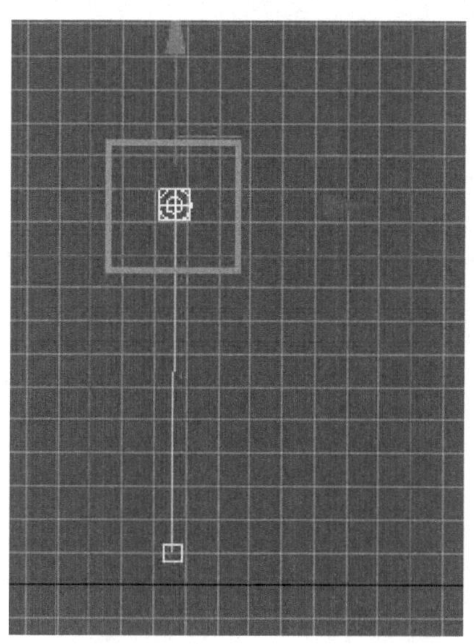

图11-30 灯光方向

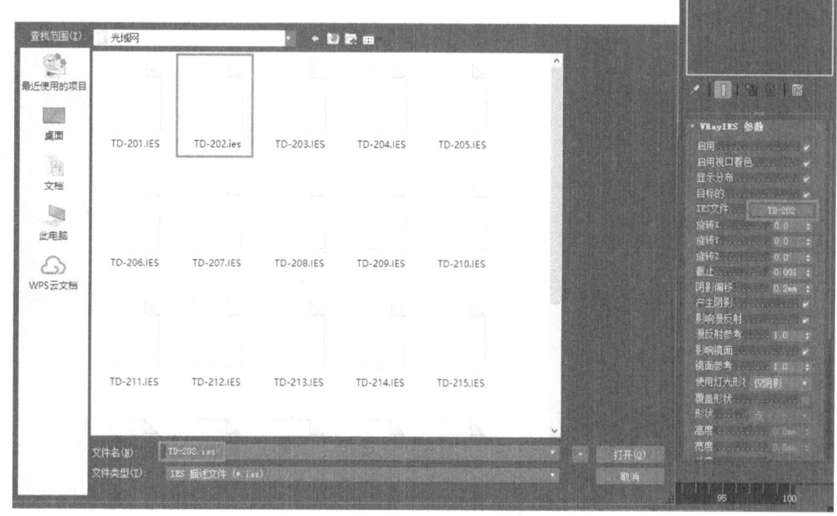

图11-31 修改面板

5）“启用”控制灯的开关，一般应勾选“启用视口着色”，取消勾选“显示分布”，灯头会被隐藏，一般保持默认勾选，勾选“目标的”能控制灯光的衰减（图11-32）。

6）旋转X/Y/Z控制射灯的方向，将“旋转Y”设置为30，灯光会绕Y轴旋转30度（图11-33）。

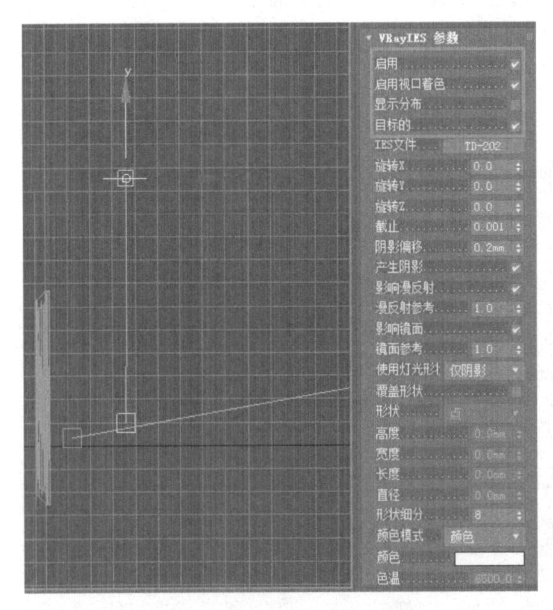

图11-32 显示控制灯

图11-33 控制射灯方向

7）在“截止”中输入数值会控制射灯光线的起始距离。这是输入数值0.1的渲染效果，一般情况下，可以将其设为0（图11-34）。

8）“阴影偏移”能将阴影向一定方向进行偏移，将其数值设置为20.0mm，可以看到阴影向内收缩了一部分。勾选“阴影偏移”后的渲染效果如图11-35所示。

图11-34 控制光线的起始距离

图11-35 阴影偏移渲染效果

设计小贴士

在场景空间中设置的灯光越多，效果就越细腻、越真实。如果计算机的性能较好，且场景空间中的模型并不复杂，可以尝试采用2～3个VRay灯光来模拟1个光源，即放置在距离较近的位置上，分别设置不同参数，就能达到更真实的照明效果。部分软件翻译不同，1/2长可能被译成半长，GI也可能被译成间接照明，这里需要以具体使用版本而定。

9）“产生阴影”和“影响漫反射”与VRay面光源原理相同。取消勾选“产生阴影”影响阴影，物体将没有阴影；取消勾选“影响漫反射”，物体将不再漫反射光线，此时画面将会过暗。将两者取消后的渲染效果如图11-36所示。

10）“漫反射参考”和“镜面参考”是对漫反射与镜面物体的单独强化，二者后面的数值能控制漫反射强度的大小。将两者的数值均设置为2，可以看到漫反射明显增强（图11-37）。

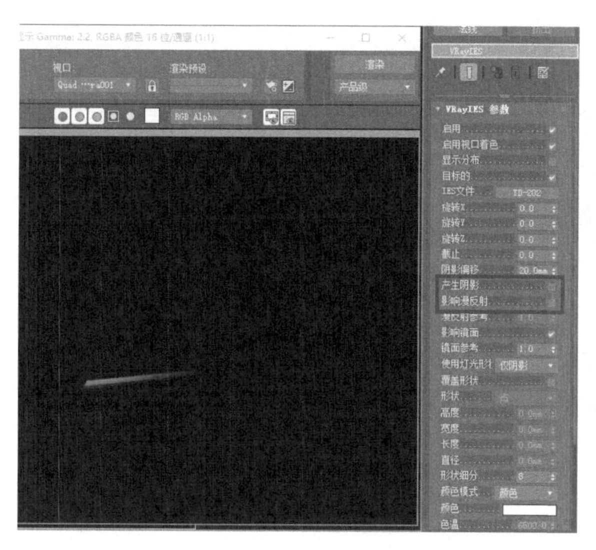

图11-36 两者都取消后渲染效果

图11-37 增强漫反射效果

11）“覆盖形状”是控制灯光形状的选项，勾选后可以控制灯光的形状。将“形状”设置为矩形，“高度”设置为1000.0，画框的阴影明显加长，渲染后的效果如图11-38所示。

12）“形状细分”是控制灯光细分的选项，细分数值越大，光线越细腻。将“形状细分”设置为50，渲染后的效果如图11-39所示。

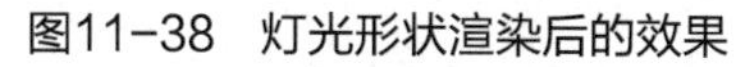
图11-38 灯光形状渲染后的效果

图11-39 灯光细分渲染后的效果

设计小贴士

VRay阳光不仅可以模拟白天的强照明效果，还可以模拟出清晨、黄昏、夜晚、阴雨等环境照明效果，只要将“VRay太阳”卷展栏中的参数进行细致调节即可。

13）“颜色模式”是可以选择温度或颜色两种模式的选项，该选项可以控制光线的颜色，将“颜色模式”改为“温度”，“色温”设置为4300.0，渲染效果如图11-40所示。

14）“强度模式”是可以选择功率或强度两种模式的选项，该选项可以控制光线的强度，将“强度模式”改为“功率”，“强度值”设置为5000.0，渲染效果如图11-41所示。

图11-40　光线颜色渲染效果

图11-41　光线强度渲染效果

15）“视口线框颜色”是控制灯光在视口中显示颜色的选项，该选项默认黄色，勾选“视口线框颜色”后可以自定义颜色。“图标文本”可以将灯光的名称，以文字的方式在视口中显示，一般默认不用勾选。

11.3　阳光

VRay阳光是一种较专业的照明光，在场景中可以模拟真实的太阳光效果。

1）打开本书配套资料中的“模型素材/第11章/场景03”，在创建面板中选择“VRaySun（VRay太阳）”（图11-42）。

2）在左视口中创建一个VRaySun，从右上角照射至场景模型（图11-43）。

3）创建完成后会弹出“VRaySun”对话框，单击“否”按钮（图11-44）。

4）在顶视口中，使用“移动”工具仔细调整灯光的位置（图11-45）。

图11-42　创建面板

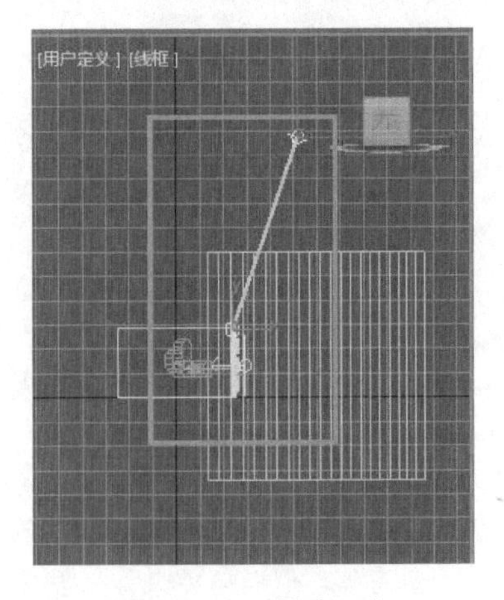

图11-43　创建阳光

图11-44　对话框

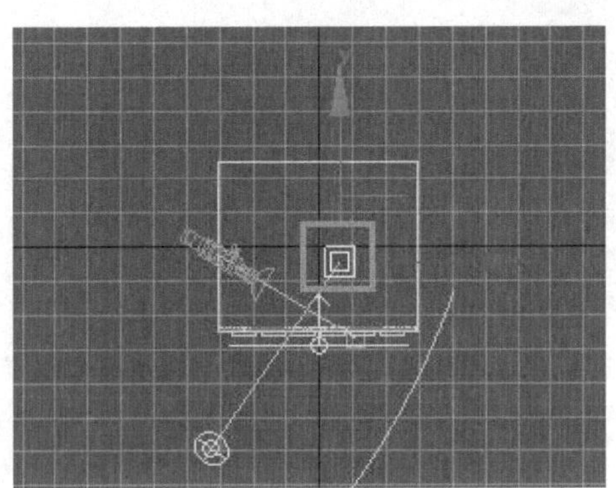

图11-45　移动调整位置

5）渲染场景，查看效果，此时的场景太阳光显得过于强烈，产生了大量曝光现象。这是由于本场景使用的是普通物理相机，需要降低“VRay阳光”的“强度倍增”值（图11-46）。

6）进入修改面板，打开“太阳参数”卷展栏，找到“强度倍增”，这个值一般在使用“VR物理摄影机”时设置为1左右，但使用普通相机或不使用相机时这个值就应设置为0.04左右。第1项“启用”，是控制灯光的开关选项，第2～4项的参数与VRay灯光的参数相同，这里就不再重复介绍了。“生成大气阴影”是模拟大气层的选项，勾选它后能让光线效果更佳逼真。默认为勾选的渲染效果如图11-47所示。

图11-46 曝光渲染效果

图11-47 修改后效果

7）“浑浊”是控制空气浑浊的参数，数值越高光线就越昏暗，反之越明亮。将“浊度”设置为10.0的渲染效果如图11-48所示。

图11-48 空气浑浊渲染效果

8）“臭氧”是控制臭氧层浓度的参数，值越高其反射光线越冷，值越低光线就越暖，将“臭氧”设置为1.0的渲染效果如图11-49所示。

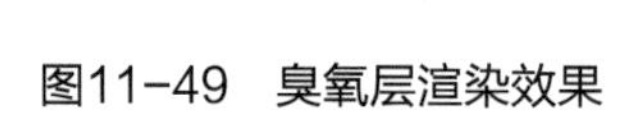

图11-49 臭氧层渲染效果

9）“大小倍增”值能控制灯光的大小，此值越高阴影就越模糊，反之就越清晰，将“大小倍增”值设置为10.0的渲染效果如图11-50所示。

10）“过滤颜色”能选择灯光颜色，一般选择暖黄色，不过制作特效时可以根据需要进行选择，这里设置为冷紫色，制造出夜晚灯光效果（图11-51）。

图11-50　灯光大小倍增效果

图11-51　灯光颜色效果

11）“阴影细分”是调节阴影细腻程度的选项，数值越大阴影越细腻，反之越粗糙（图11-52）。

12）“阴影偏移”是控制阴影长短的选项，与上节“VRay阴影”功能相同（图11-53）。

图11-52　阴影效果

图11-53　阴影长短效果

设计小贴士

要表现真实的阳光应注意门窗玻璃与窗帘的阻挡效果，此外还应控制阳光投射在地面上的阴影要有所模糊，不能过于生硬。门窗外环境贴图的亮度也要与阳光强度对应，避免出现风景很亮而阳光很弱的情况。

13）“光子发射半径”能控制“光子图文件”的细腻程度，对常规场景渲染无效。将“光子发射半径”设置为1.0mm的光子图渲染效果如图11-54所示。

图11-54 光子图效果

图11-55 阴天渲染效果

14）“天空模型”提供了3个固定场景的模型，前面使用的都是默认效果，里面包括“CIE清晰”与“CIE阴天”两种，选择“CIE阴天”的渲染效果如图11-55所示。

15）“间接水平照明”能控制灯光对地面与背景贴图强度，将“天空模型”设置为“CIE清晰”才能设置“间接水平照明”的数值。将“间接地平线照明”设置为2500.0的渲染效果如图11-56所示。

16）最下方的“排除”按钮能排除“VRay太阳”光源对场景中某些物体的照射，单击“排除”按钮（图11-57）。

图11-56 间接水平照明渲染效果

图11-57 排除照射

17）在“排除/包含”对话框中将“窗框”排除到右边，单击“确定”按钮（图11-58）。

18）渲染场景后观察效果，则没有窗框的阴影（图11-59）。

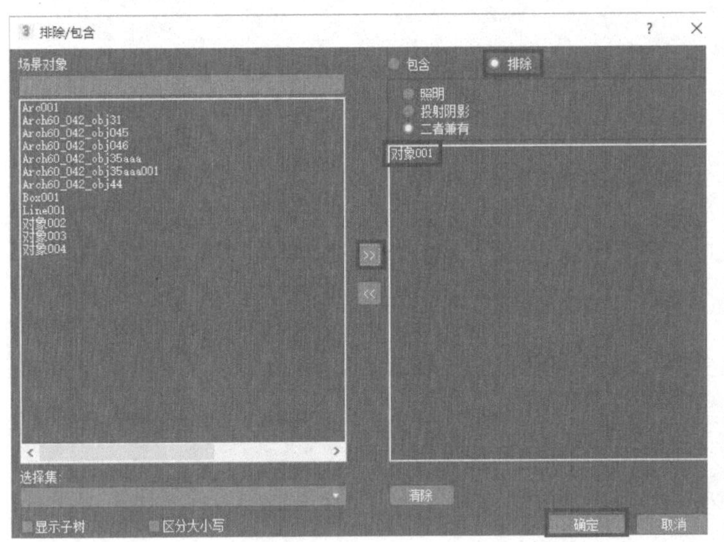

图11-58 排除对话框

图11-59 渲染后效果

11.4 天空贴图

1）打开本书配套资料中的“模型素材/第11章/场景04”，在菜单栏“渲染”中选择“环境”（图11-60）。

2）在弹出的“环境和效果”对话框中单击“环境贴图”下的“无贴图”按钮，添加1张“天空”贴图（图11-61）。

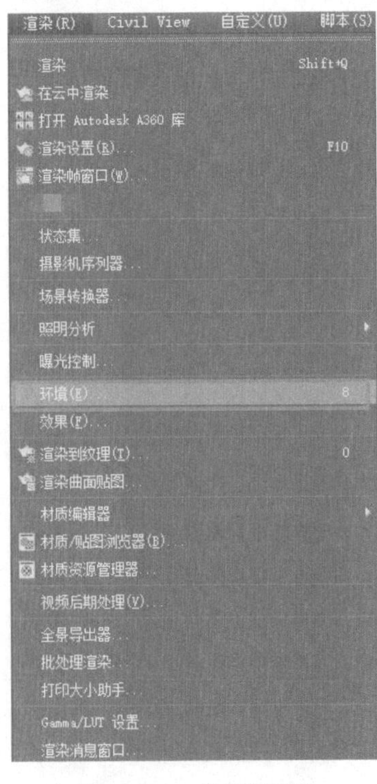

图11-60 菜单栏环境

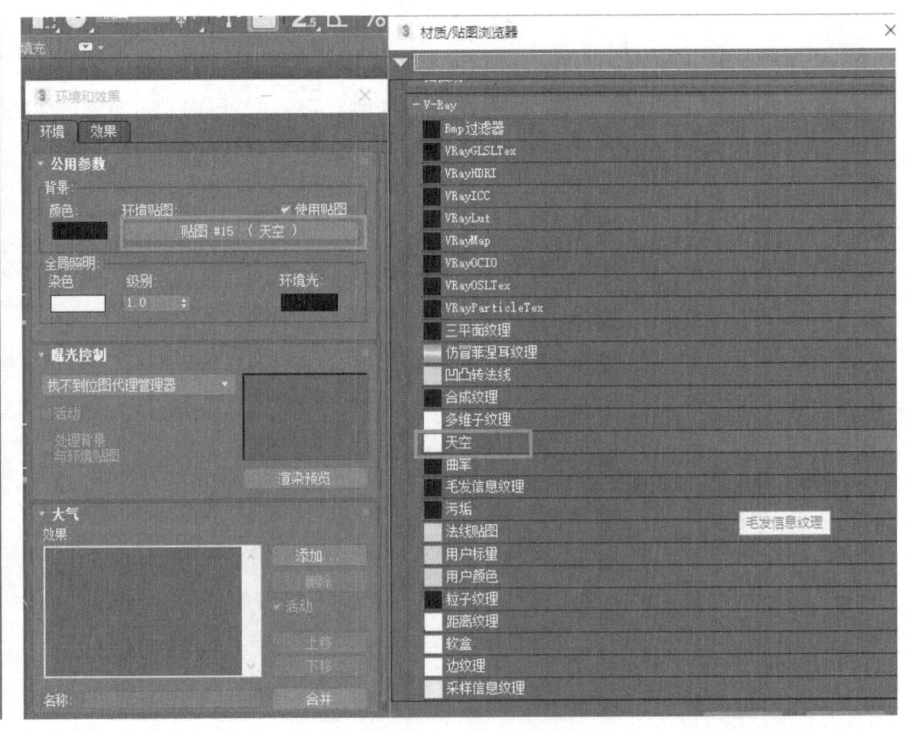

图11-61 选择贴图

3）双击“天空”后，打开“材质编辑器”，在“场景材质”卷展栏下会出现“天空”的贴图材质，双击“贴图2”（图11-62）。

4）再双击“视图1”中的“VRay天空”的“贴图2天空”材质，进入其参数面板，勾选第1项“指定太阳节点”，就可以调节下面的参数了（图11-63）。

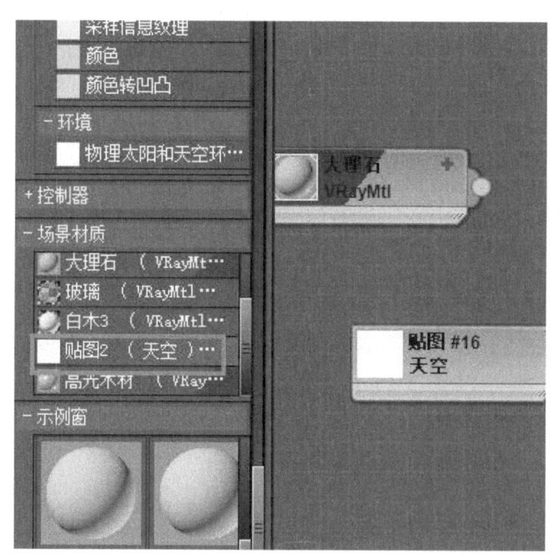

图11-62 选择贴图

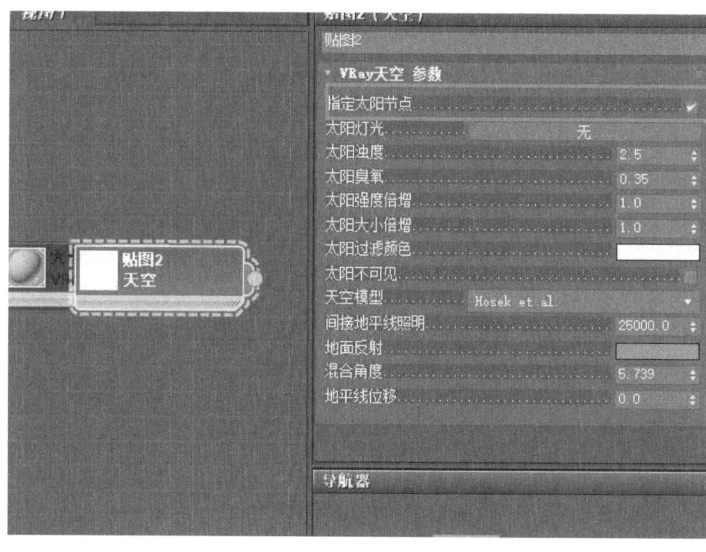

图11-63 设置贴图材质

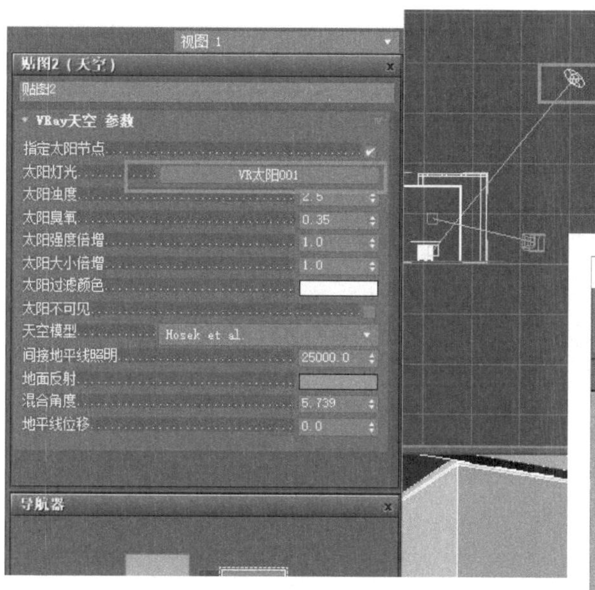

图11-64 关联贴图光源

5）“太阳灯光”是让此贴图与场景中“VR太阳”产生关联的选项，单击后面的“无贴图”按钮，然后单击场景中的“VR太阳”，就可以将两者联系起来，使这两者相互关联（图11-64）。

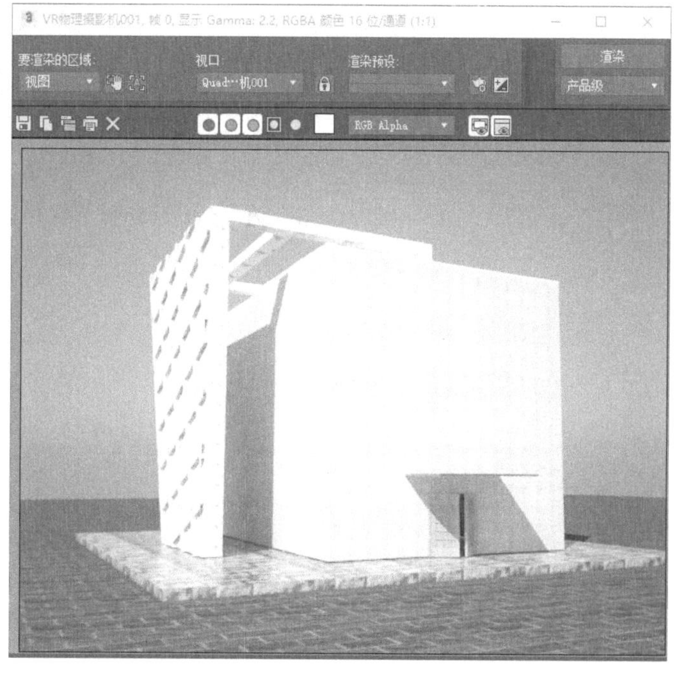

图11-65 调整后渲染效果

6）“太阳光”下面的参数与上节“VR太阳”的参数相同，调节各项会改变环境效果。默认状态下的渲染效果如图11-65所示。

设计小贴士

“排除” 阳光的功能很实用，能将窗外某些用于提供反光的模型排除，这样就能避免产生不必要的要阴影，这对于门窗面积很大的场景很有必要。

本章小结

本章介绍了VRay灯光场景的创建，以提供真实的灯光效果，从而使效果图显得特别精致。通过对本章内容的学习，读者可以创造多种灯光类型，使自己的效果图作品更丰富，效果更多彩。

★课后练习题

1.VRay灯光种类有哪些？各自的作用是什么？

2.VRay灯光属于真实灯光吗？

3.在场景空间里，灯光设置越多会有什么效果？

4.结合VRay灯光特性，制作4种不同类型的光源效果图。

第12章　VRay渲染

操作难度： ★★★★☆

章节导读： 在使用VRay渲染器渲染场景时，必须调整好各种参数。参数过高会使渲染时间增加，有时甚至会等待长达几个小时，参数过低画面效果又不是很好，所以必须对场景进行具体分析，得出最佳渲染参数。

12.1　渲染面板介绍

12.1.1　帧缓冲区

1）在“帧缓冲区”卷展栏中勾选“启用内置帧缓冲区”可以开启“VRay帧缓冲器”（图12-1）。

2）单击“渲染”按钮就会出现“VRay帧缓冲器”，上面有很多工具，可以进行通道渲染，或局部渲染，比传统的帧缓冲器使用更方便（图12-2）。

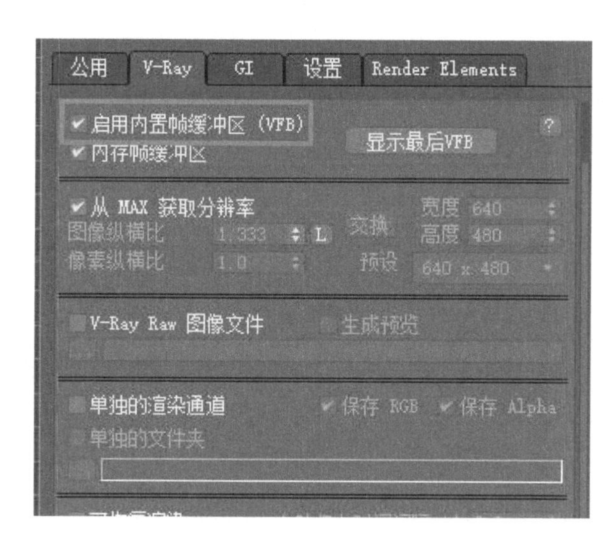

图12-1　帧缓冲区面板

图12-2　渲染工具

3）勾选“单独的渲染通道”选项中的“单独文件夹”，单独保存需要的通道文件（图12-3）。

4）单击“显示最后VFB”按钮，可以在关闭帧缓冲器后，重新显示上次的渲染图像，其余的设置与传统“帧缓冲区”卷展栏的设置一致（图12-4）。

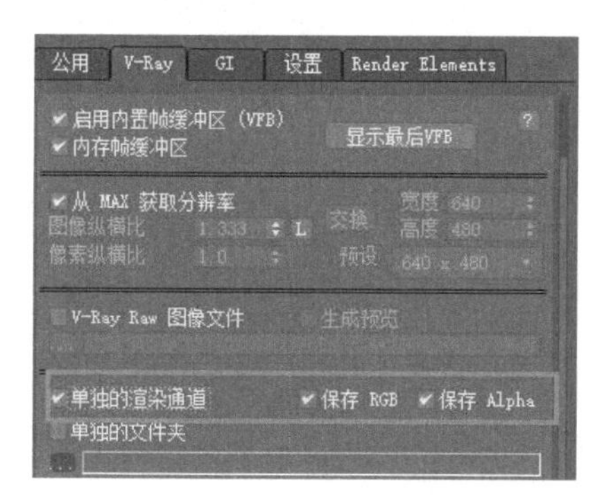

图12-3　保存文件

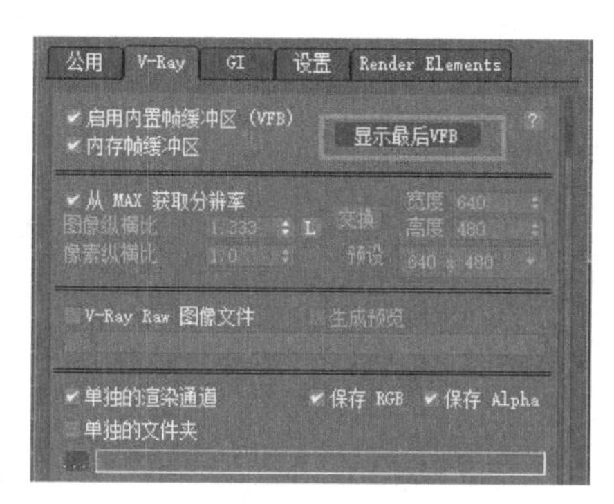

图12-4　显示上次渲染图像

12.1.2 全局开关

1）“全局开关”卷展栏中的设置都是针对全局场景进行的，勾选“强制背面消隐”将会使场景中的所有物体全都背面消隐（图12-5）。

2）勾选“覆盖材质”，再单击“无”按钮，就可以在“材质库.mat”中为场景中的所有物体添加同一种材质（图12-6）。

图12-5　全局开关　　　　图12-6　选择材质

3）勾选“不渲染最终图像”，帧缓冲器将不会显示场景的最终图像，只会显示经过简单计算的模糊图像，但是渲染速度较快（图12-7）。VRay3.6渲染器取消了概率灯光设置，可以在图像采集器中调整细分，以此来避免渲染时出现光斑。

图12-7　渲染模糊图像

12.1.3 图像采样（抗锯齿）

1）“图像采样”卷展栏也称为“抗锯齿”，在“图像采样”选项中有2种类型，一种是“渲染块”，另一种是“渐进”。“渲染块”采样器内存效率更高，效率更好，更适用于分布式渲染；“渐进”采样器可用于获得整个图像的快速反馈。一般情况下选择“渲染块”类型（图12-8）。

2）选择不同的过滤器，会弹出相应的过滤器卷展栏，“最小细分”是控制每个像素采样的最小数目，“最大细分”是控制每个像素采样的最大数目，“噪波阈值”是控制何时停止对像素的自适应采样。可将“最小细分”设置为1，“最大细分”设置为4（图12-9）。如需获得高质量的渲染效果图，可以适当减少噪波阈值的数值，扩大“最大细分”（可设为8、16）和“最小细分”（可设为2）。但更改参数可能带来更长的渲染时间。

12.1.4 图像过滤

图像过滤器有16种不同的类型，其中最常用的就是“区域”与“Catmull-Rom”。“区域”在渲染的测试阶段使用；“Catmull-Rom”在最终渲染时使用。使用“Catmull-Rom”时，将会优化物体边缘，获得更好的渲染效果（图12-10）。

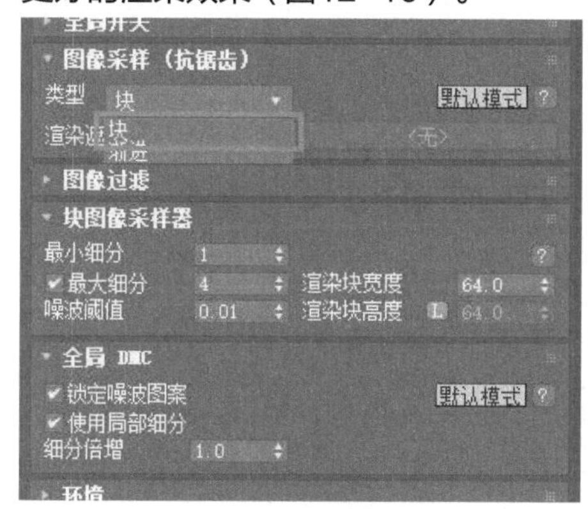

图12-8 图像采样

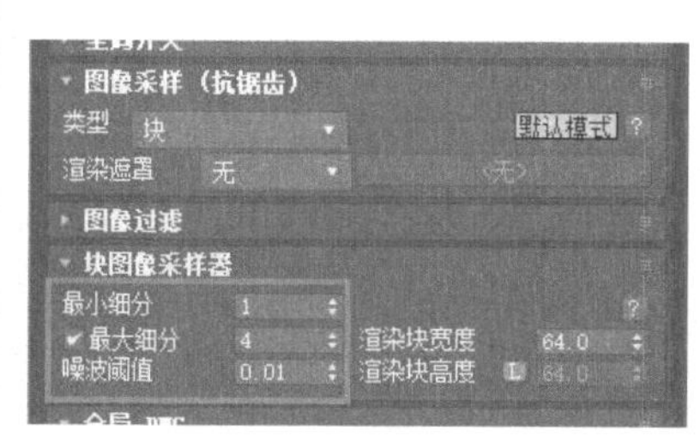

图12-9 设置渲染质量

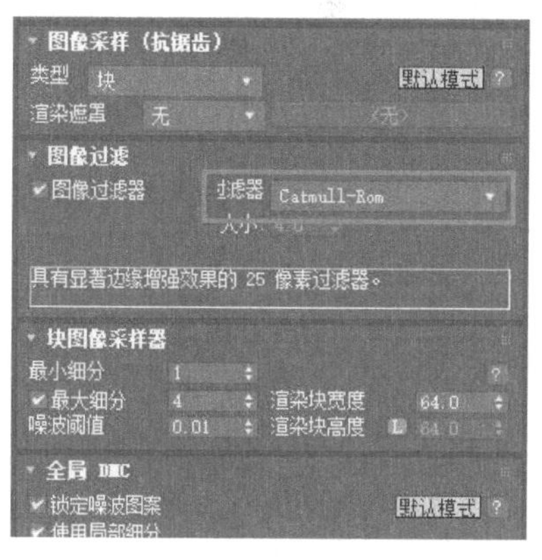

图12-10 图像过滤

12.1.5 全局DMC

勾选“使用局部细分”可以更改每个材质的单独细分值，很多时候物体不能单独更改材质的细分，往往是没有将其勾选（图12-11）。

12.1.6 全局照明（GI）

1）进入“GI”卷展栏，选择“专家模式”，勾选“启用GI”可以启用“全局照明”，可让场景中的光线产生真实的反弹效果，此卷展栏中的参数一般不改变（图12-12）。

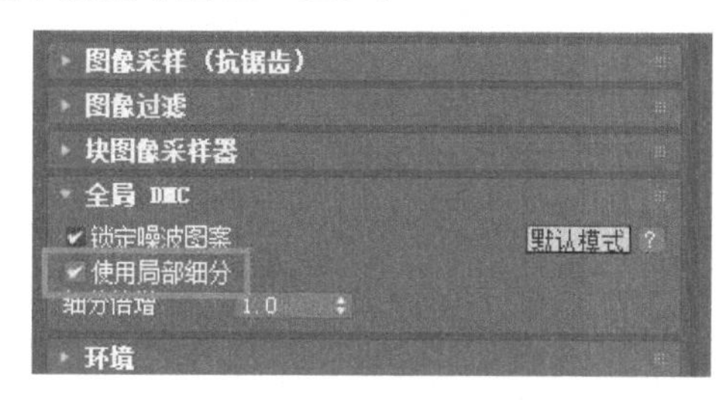

图12-11 局部细分材质

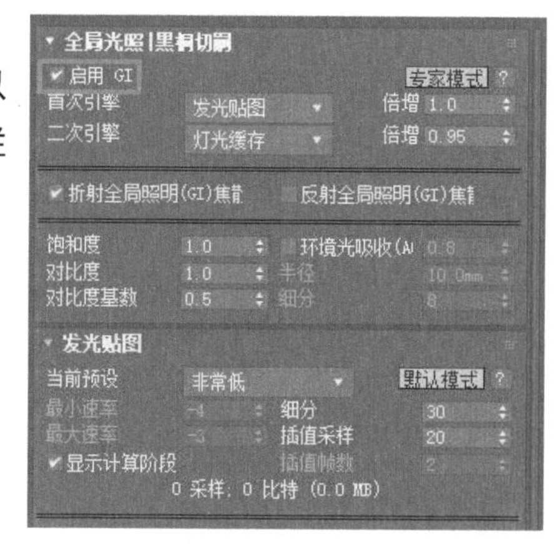

图12-12 全局照明

2）在“首次引擎”选项中，全局照明引擎有4种选择，一般使用“发光贴图”（图12-13）。

3）在“二次引擎”选项中，“倍增”的值一般会有所降低或保持1.0不变，通常可以将“倍增”设置为0.95，在“折射全局照明引擎”中一般使用“灯光缓存”（图12-14）。

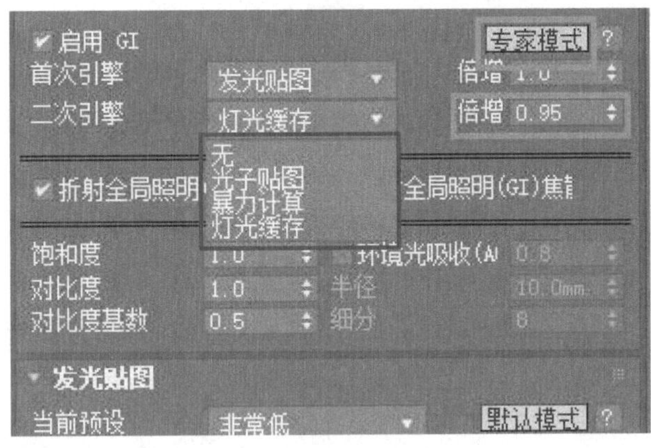

图12-13 首次引擎

图12-14 二次引擎

12.1.7 发光贴图

1）“当前预设”有8种，对应不同的场景，选择最佳预置可大大节省渲染时间。在场景测试时可选择“自定义”或者“非常低”（图12-15）；在最终渲染时可选择“中”或“高”。

2）在“高级模式”下，勾选“显示计算阶段”与“显示直接光”可以使“帧缓冲器”显示渲染计算的各种状态（图12-16）。

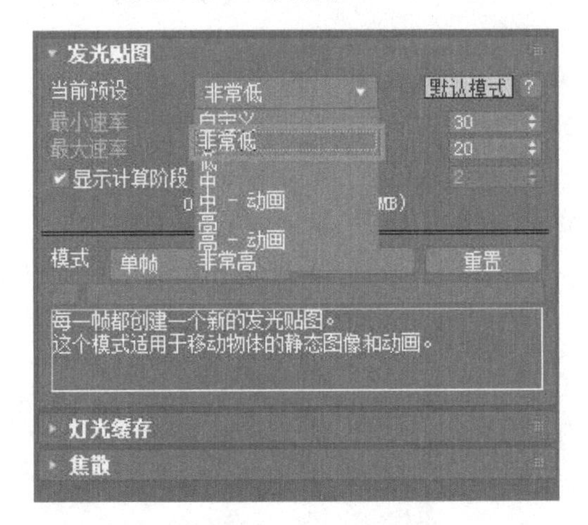

图12-15 预设渲染

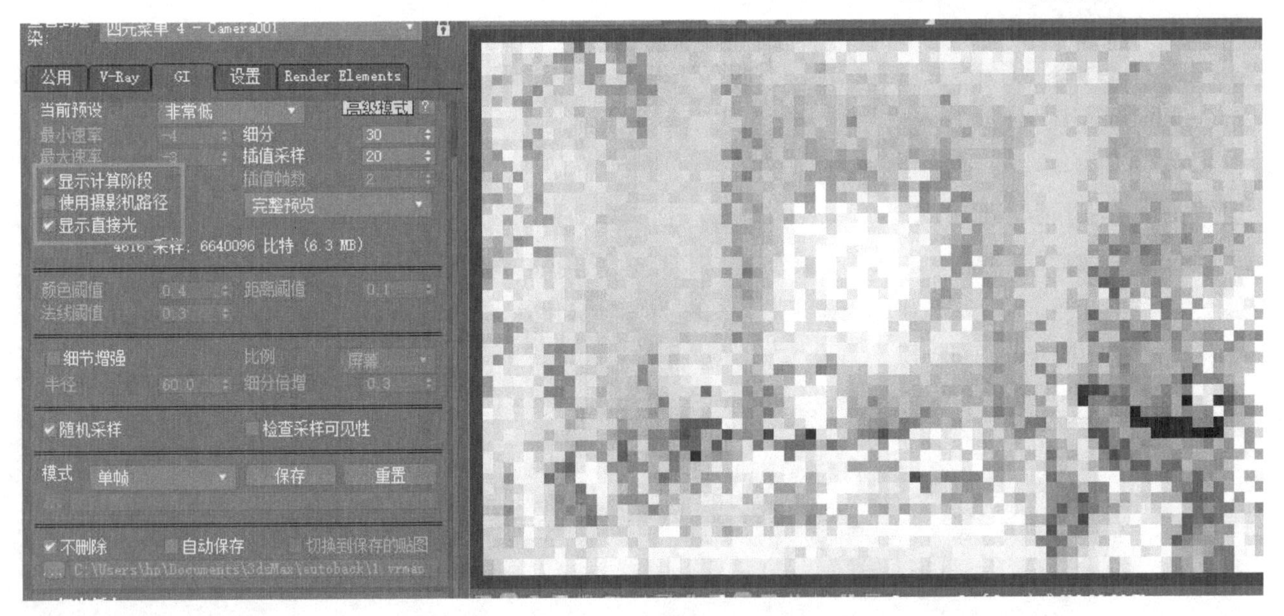

图12-16 渲染图像

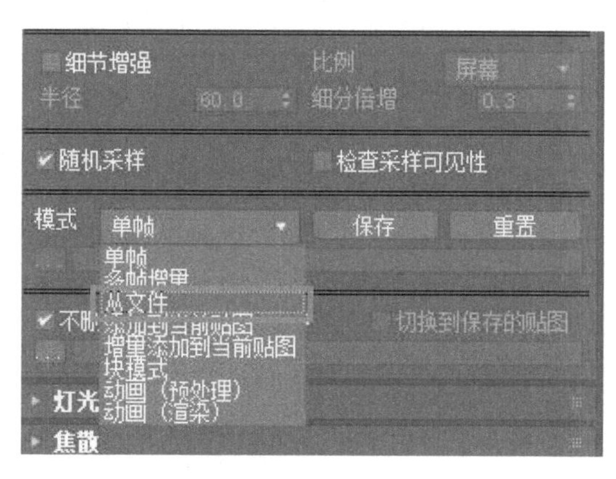

图12-17　场景模式

3）“模式”有8种，它们能应对不同的场景需求，当有储存的光子文件时，可选择“从文件”以节约场景的渲染时间（图12-17）。

4）勾选“模式”下面的“自动保存”，单击“浏览”按钮，选择保存位置后，再渲染场景就可以保存场景的光子文件（图12-18）。

图12-18　保存文件

12.1.8　灯光缓存

1）在“计算参数”选项中，“细分”值越高，场景的灯光就会越细腻，默认值为1000（图12-19）。

2）勾选“显示计算阶段”可以使“帧缓冲器”显示灯光缓存的渲染计算状态（图12-20）。

3）“模式”下面的“在渲染结束后”选项内容与“发光贴图”卷展栏中的操作相同，作用类似（图12-21）。

12.1.9　颜色贴图

1）在“颜色贴图”卷展栏的“类型”选项中有7种不同的颜色贴图方式，这些颜色贴图能调节场景中光线的明暗对比度，最常用的是“指数”。

2）在“专家模式”下，“暗部倍增”能调节暗部的明暗度，“亮部倍增”能调节亮部的明暗度，“伽马”能调节场景整体明暗度，根据场景的测试效果调节这3个数值（图12-22）。

图12-19　灯光参数

图12-20　显示渲染状态

图12-21　保存文件

图12-22　调节明暗度

12.1.10 系统

1）勾选“动态分割渲染块”可以调节“序列”“分割方法”“上次渲染”中的大小、形状和方向（图12-23）。

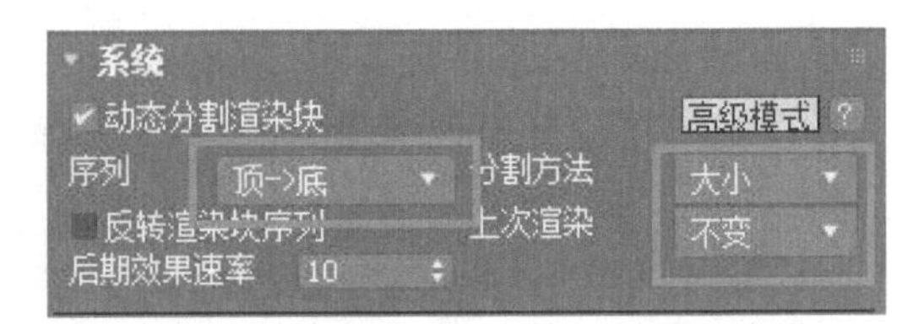

图12-23 渲染形态

2）勾选“帧标记”可以显示此次渲染的数据，如时间、渲染器等（图12-24）。

图12-24 渲染数据

3）在“日志窗口”卷展栏中，设置“从不”，可以关闭“VRay消息”窗口（图12-25）。

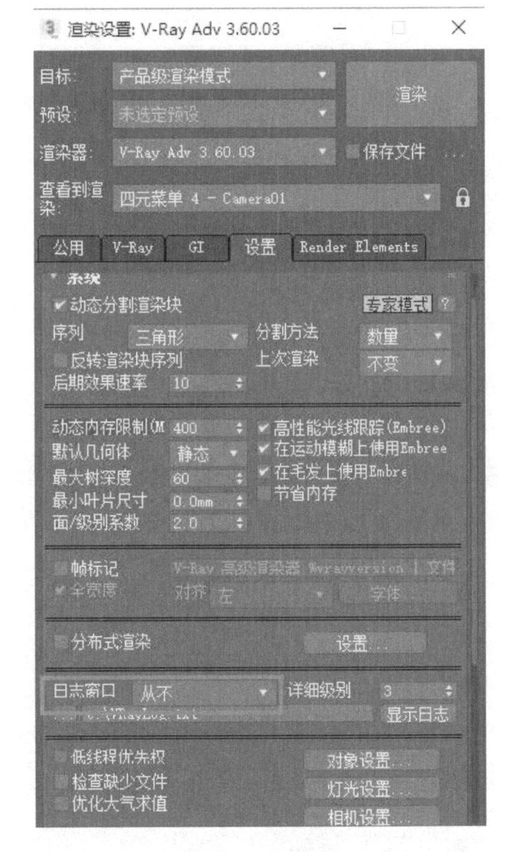

图12-25 关闭窗口

12.2 快速渲染参数

在场景中经常会大量测试场景，进行不同程度的调整，直到调整到合适的效果，再将场景参数增大，所以速度对于前期渲染草图非常重要。

1）打开本书配套资料中的“模型素材/第12章/卧室”，找到贴图所在位置，打开“渲染设置”对话框（图12-26）。

2）进入“渲染设置”的“公用”选项设置面板，将“输出大小”设置为320×240（图12-26），并在下面“渲染输出”中取消勾选“保存文件”（图12-27）。

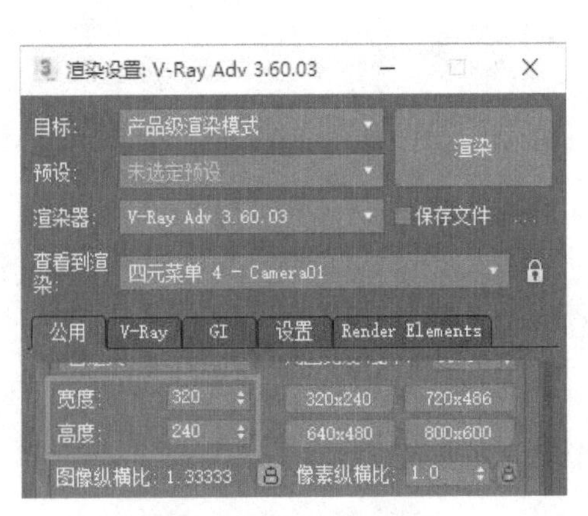

图12-26 输出大小设置

图12-27 取消勾选“保存文件”

3）进入“VRay”选项设置面板，展开“全局开关”卷展栏，在“专家模式”下将“默认灯光”设置为关；在“图像采样（抗锯齿）”卷展栏中将“类型”设置为“块”；在“图像过滤”卷展栏中将“过滤器”设置为“区域”（图12-28）。

4）进入“GI”选项设置面板，将“折射全局照明（GI）焦散”的勾选，在专家模式下，将“首次引擎”设置为“发光贴图”，“二次引擎”设置为“灯光缓存”，“倍增”设置为0.95（图12-29）。

5）展开“发光贴图”卷展栏，在“专家模式”下将“当前预设”设置为“自定义”，“最小速率”设置为-6，“最大速率”设置为-5，“细分”和“插值采样”均设置为30，然后勾选“显示计算阶段”与“显示直接光”（图12-30）。

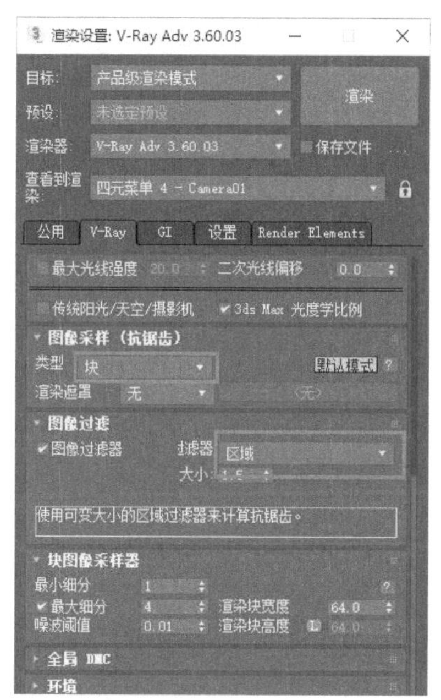

图12-28 灯光类型过滤

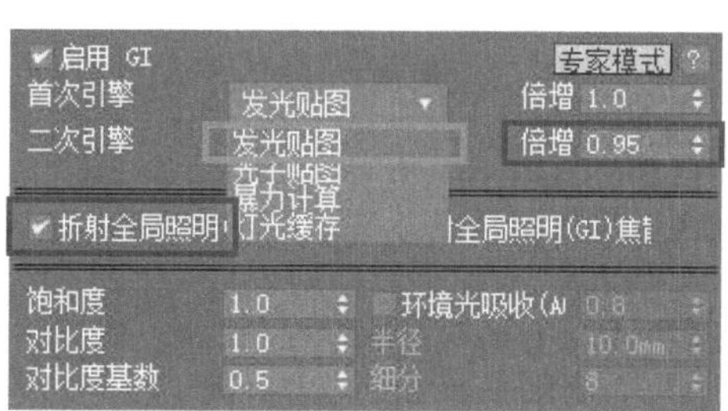

图12-29 灯光设置

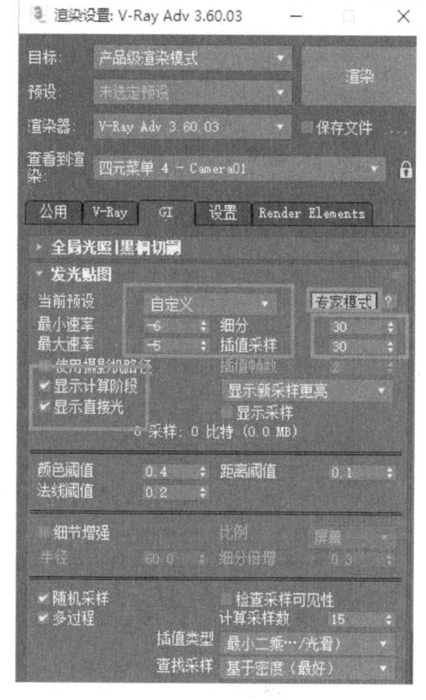

图12-30 贴图设置

6）再将“模式”选项设置为“单帧”（图12-31）。

7）展开“灯光缓存”卷展栏，在“专家模式”下将“细分”设置为450，将“采样大小”设置为0.1，勾选“储存直接光”与“显示计算阶段”，将“模式”设置为“单帧”，取消勾选“自动保存”（图12-32）。

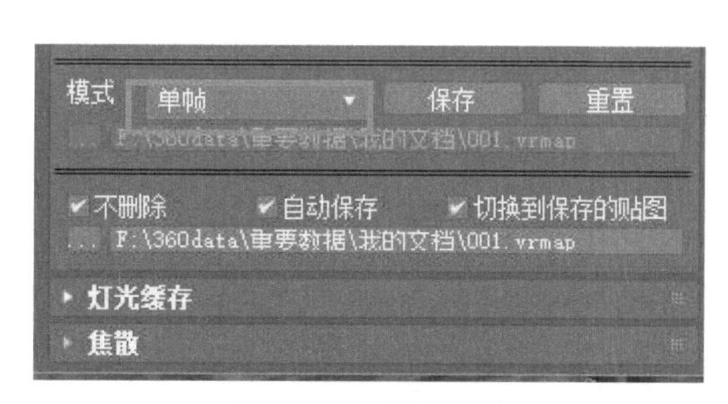

图12-31 模式选项

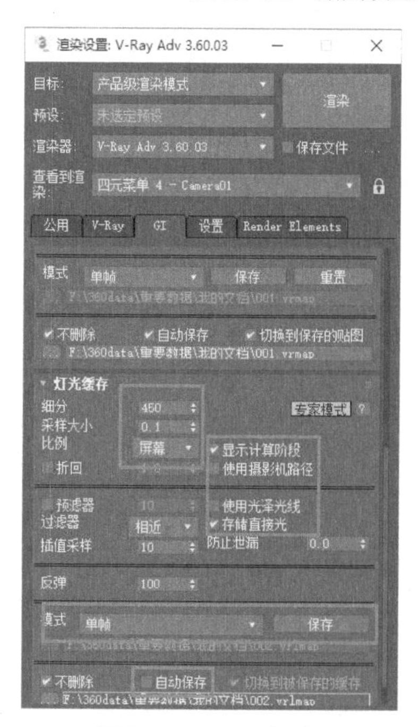

图12-32 设置缓存

8）设置完成后渲染场景，等待大约1min左右，就会得到一张效果图，查看效果，如果无须修改，就可以设置更大的输出尺寸，进行最终渲染了（图12-33）。

9）将设置好的渲染参数，保存为预设，这样下次渲染小图时可以直接调用（图12-34）。高版本创建的预设，只能使用高版本的VRay渲染器打开，打开时会显示“预设”的版本信息。

图12-33　渲染后效果图

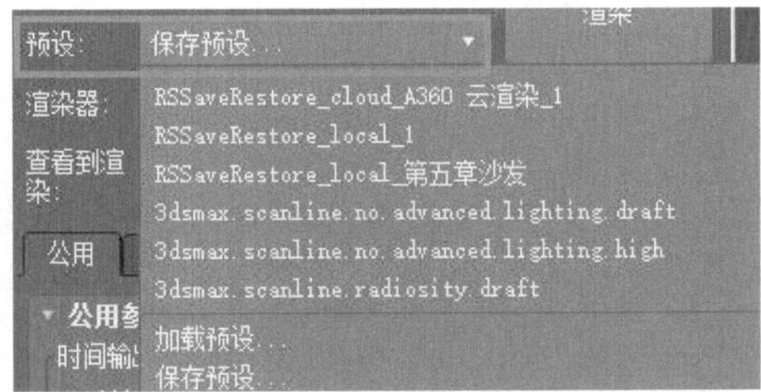

图12-34　保存预设

12.3　设置最终渲染参数

当测试渲染完成后，就可以提高各项渲染参数，将参数都提高到一定程度再进行渲染，就可以得到一张高清效果图了。

1）打开“渲染设置”对话框，进入“公用”选项设置面板，先将“图像纵横比”锁定，再将“输出大小”中的“宽度”设置为1500，“高度”就会随着一起变化（图12-35）。

2）向下滑动面板，在“渲染输出”选项中将“保存文件”勾选，单击“文件”选择保存目录，并将“保存类型”设置为“TIF图像文件”或“JPEG文件”，单击“保存”按钮（图12-36）。

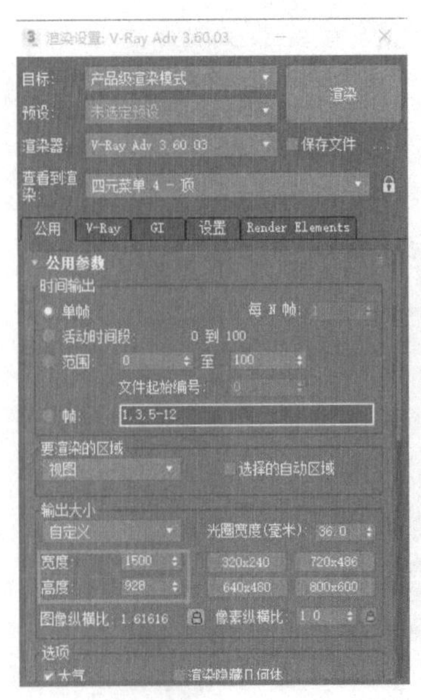

图12-35　渲染设置

图12-36　保存文件类型

3）进入“VRay”选项设置面板，展开“图像采样”卷展栏，将“图像采样”卷展栏中的“类型”设置为“块”（图12-37）。

4）“图像过滤器”设置为“Catmull-Rom”（图12-38）。

5）进入“GI”选项设置面板，展开“发光贴图”卷展栏，将“当前预设”设置为“中”（图12-39）。

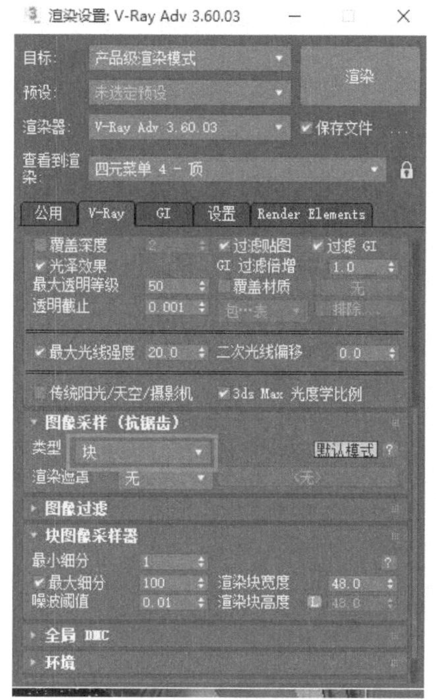

图12-37 图像采样设置

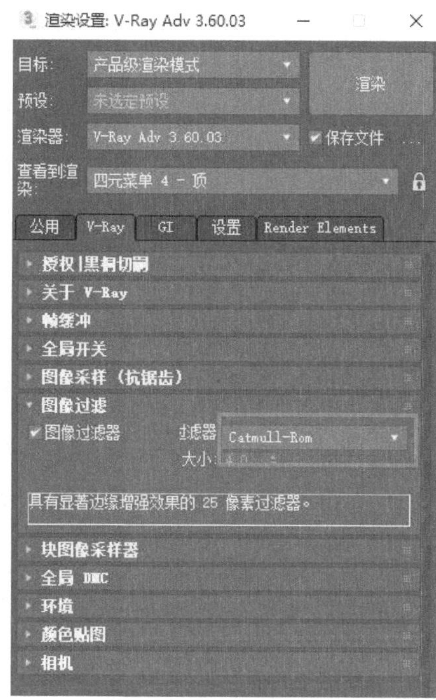

图12-38 图像过滤设置

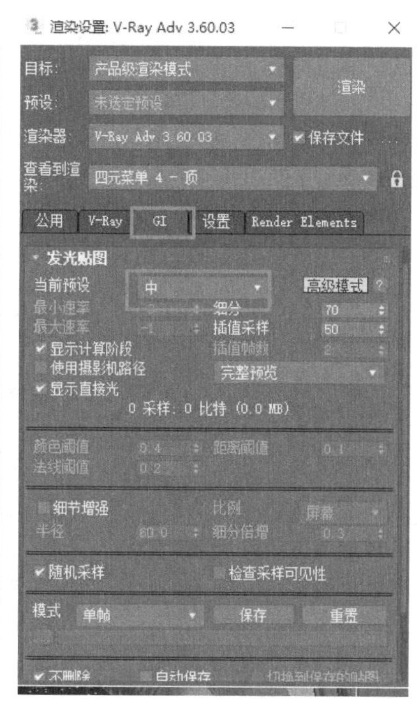

图12-39 发光贴图设置

6）展开“灯光缓存”卷展栏，将“细分”设置为1500，“采样大小”设置为0.02（图12-40）。

7）单击“渲染”按钮，经过20min的渲染，就得到了一张高质量的效果图（图12-41），而且可以使用任何图像处理软件打开并进行处理。渲染时间受场景、细分、计算机性能等多方因素的影响，文中的时间仅供参考。

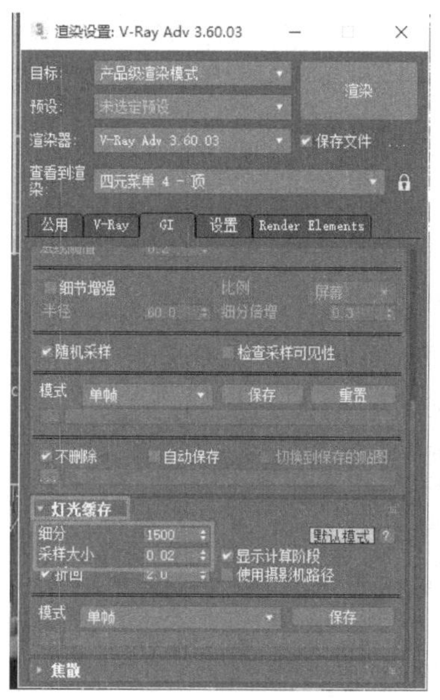

图12-40 灯光缓存设置

图12-41 渲染效果

12.4 使用光子图渲染

在上节的场景中利用了20min渲染出了一张效果图，本节将使用一个小技巧，此技巧能将效果图的渲染时间大大缩短，并且能保证渲染质量不变。

1）继续使用上节的场景，打开“渲染设置”对话框，进入“公用”选项设置面板，将“输出大小”设置为320×198，并取消勾选“保存文件”（图12-42）。

2）进入“VRay”选项设置面板，接着展开“全局开关”卷展栏，勾选“不渲染最终的图像”（图12-43）。

3）进入“GI”选项设置面板，将“发光贴图”卷展栏打开，在“专家模式”下，将滑块滑动到最下方，勾选“自动保存”与“切换到保存的贴图”，并单击“...”按钮，选择一个位置并命名保存（图12-44）。

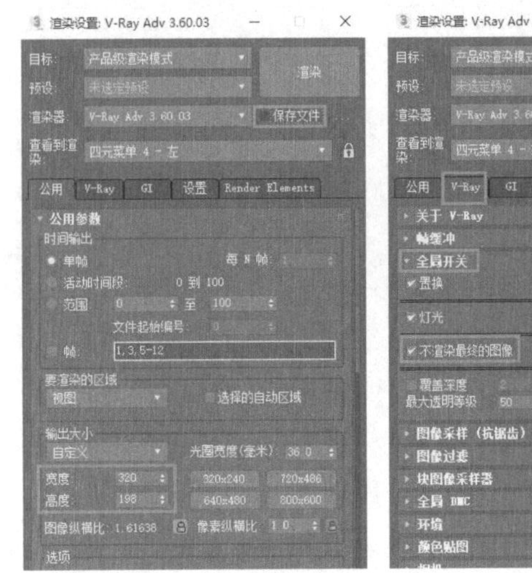

图12-42 渲染设置

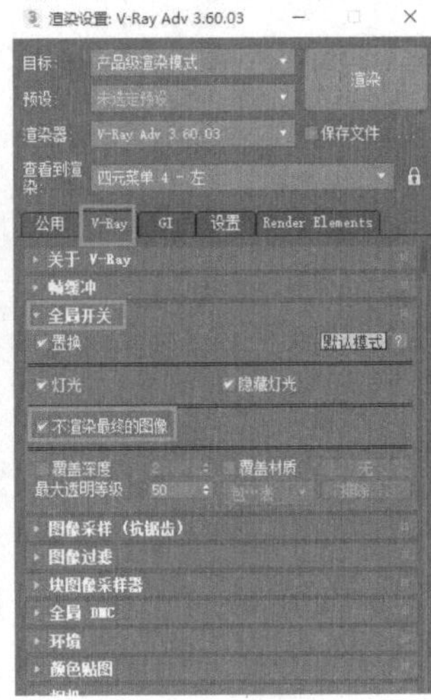

图12-43 渲染选择

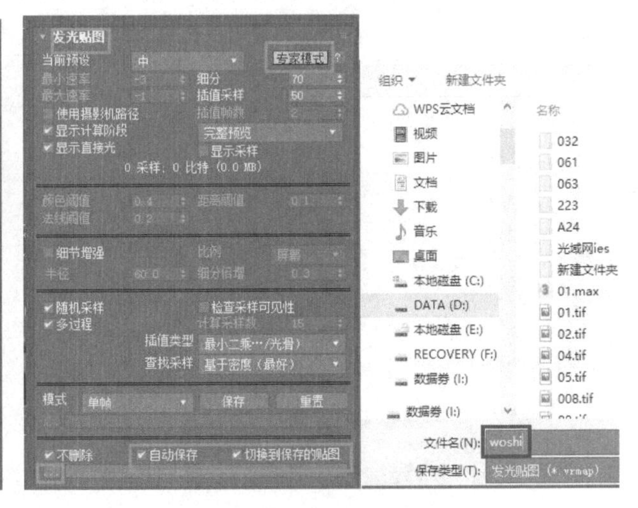

图12-44 保存贴图

4）展开“灯光缓存”卷展栏，在“高级模式”下勾选“自动保存”与“切换到被保存的缓存”，并单击“...”按钮，选择一个位置并命名保存（图12-45）。

5）单击“渲染”按钮，经过1min左右渲染，得到了两张光子文件，下面将利用这两张光子文件进行渲染（图12-46）。

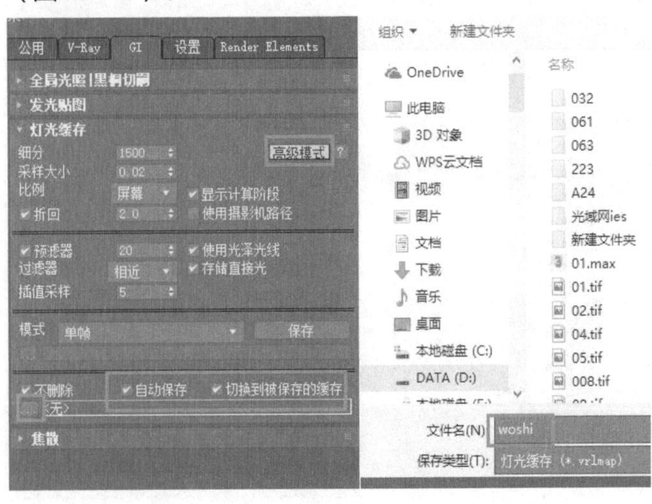

图12-45 保存灯光

图12-46 渲染光子文件

6）再次进入“渲染设置”对话框，进入“公用”选项设置面板，在“输出大小”中将尺寸设置为1500×928，勾选“保存文件”，单击“文件”按钮，将光子图文件重新命名为“卧室2”，选择“.TIF”或“.JPEG”格式保存（图12-47）。

7）展开“VRay”选项设置面板的“全局开关”卷展栏，将“不渲染最终图像”勾选取消（图12-48）。

8）确定“GI”选项设置面板中的“发光贴图”与“灯光缓存”卷展栏下的“模式”是否使用的是刚保存的光子图文件（图12-49）。

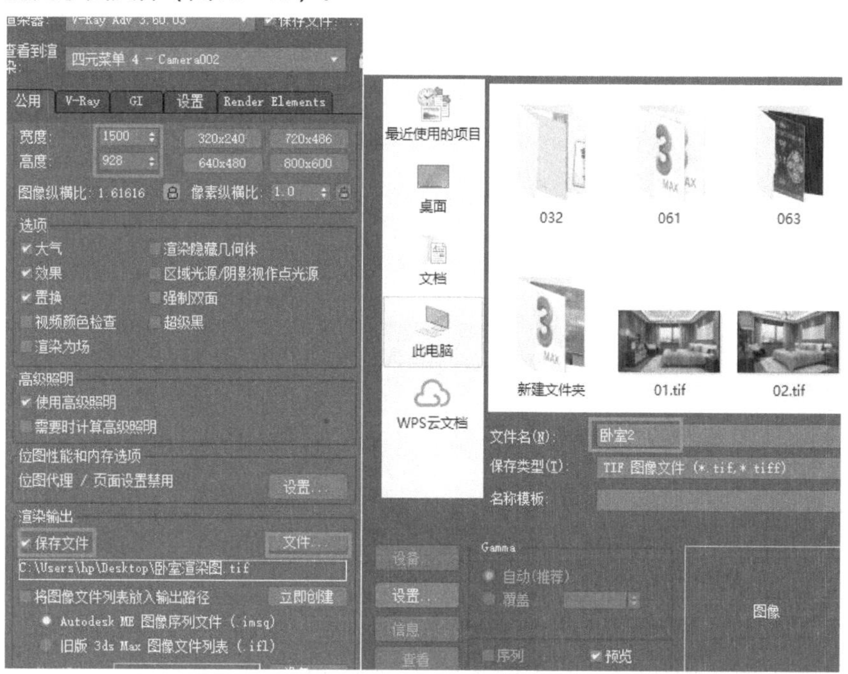

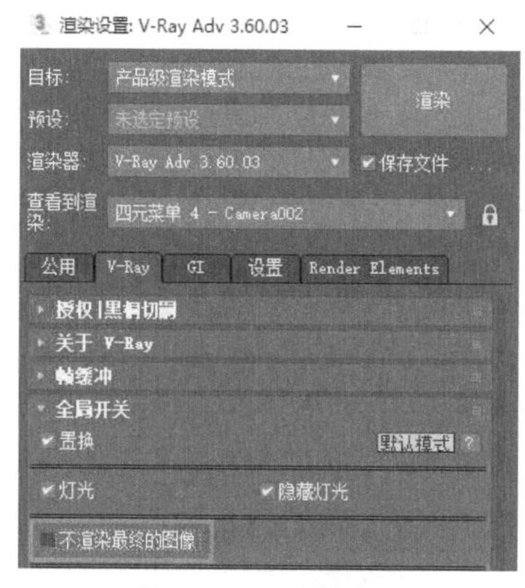

图12-48　渲染选择

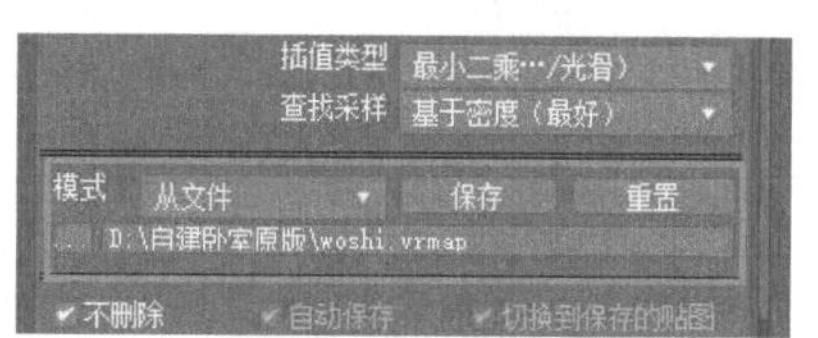

图12-47　渲染设置

图12-49　选择文件

9）确认无误后，开始进行渲染场景。这次计算机将会跳过计算阶段直接进行渲染，经过渲染后就会得到与之前一样的效果图，但是渲染时间会大幅度缩短（图12-50）。

图12-50　渲染后的效果

本章小结

本章详细讲解了使用VRay渲染器渲染场景时需要注意的渲染技巧。渲染参数过高会使渲染时间增加，参数过低又使画面效果很模糊，所以要求读者必须对场景进行具体分析，得出最佳渲染效果。

★课后练习题

1.了解并掌握渲染面板的各个命令。

2.如何设置渲染参数得到高质量效果图?

3.在渲染场景时，选择“不渲染最终图像”的优缺点是什么?

4.用VRay渲染器命令在短时间内渲染出5～10张效果图。

第13章 灯光布置

操作难度： ★★★★★

章节导读： 本章介绍关于VRay的灯光布置方法，由于在室内环境中，灯光比较多，而每一种灯光都需要通过合理的方法去布置才能让室内的灯光与亮度变得更加真实，不同的场景大小所需的光源就会大不相同。灯光布置需要一定的经验，通过本章学习，操作者也能迅速积累经验，熟练布置不同场景的灯光。

13.1 室外光布置

在效果图场景中，室外的光线来源于两种，一种是环境光，一种是太阳光。

13.1.1 环境光

1）环境光主要是通过门与窗进入室内的，所以首先应该考虑室外的环境光。打开本书配套资料中的场景文件“模型素材/第13章/客厅”（图13-1）。

2）先创建客厅阳台窗户的环境光，最大化前视口，创建一个“VR灯光（VRayLight）”，其形态与窗户等大为佳（图13-2）。

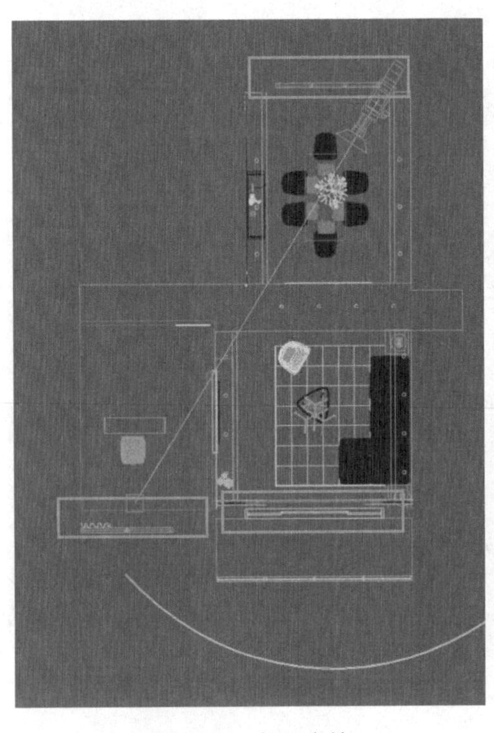

图13-1 打开文件

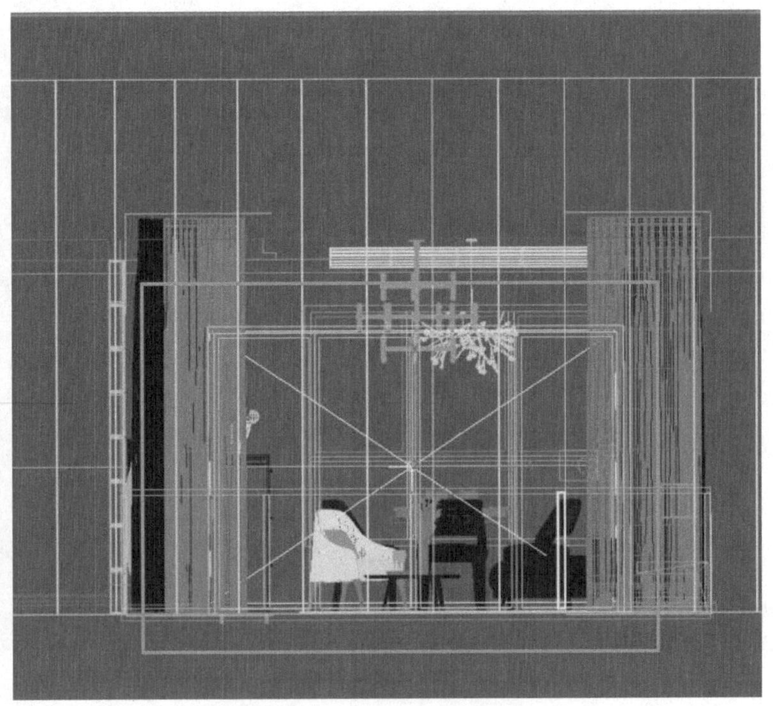

图13-2 创建VR灯光

3）进入修改面板，由于该灯光面积较大，基本覆盖了整个墙体面积的80%，所以该灯光的“倍增器”设置为2.0。因为该光线为室外环境光，所以将“颜色”设置为浅蓝色（图13-3）。

4）该灯光为虚拟的室外环境光，在室内是不可见的，因此应当勾选“不可见”，取消勾选“影响镜面”和“影响反射”，窗口的材质是金属的，取消勾选“影响镜面”和“影响反射”能把光线对金属的反射影响降到最低，再将“采样”卷展栏中的“细分”设置为15（图13-4）。如果不能更改采样，请在“渲染设置/VRay/全局DMC”中勾选使用“局部细分”。

5）按下〈Windows徽标〉键+〈Shift〉键切换到顶视口，将该灯光移动到窗口位置（图13-5）。

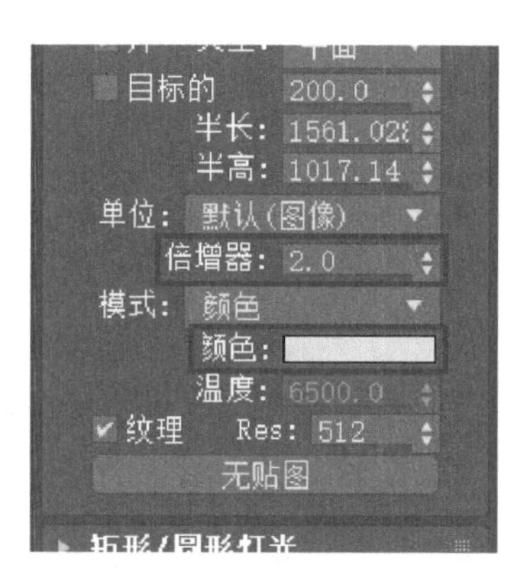

图13-3　灯光设置

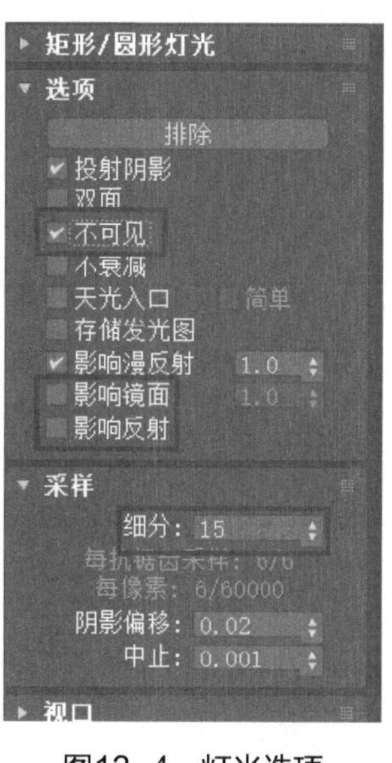

图13-4　灯光选项

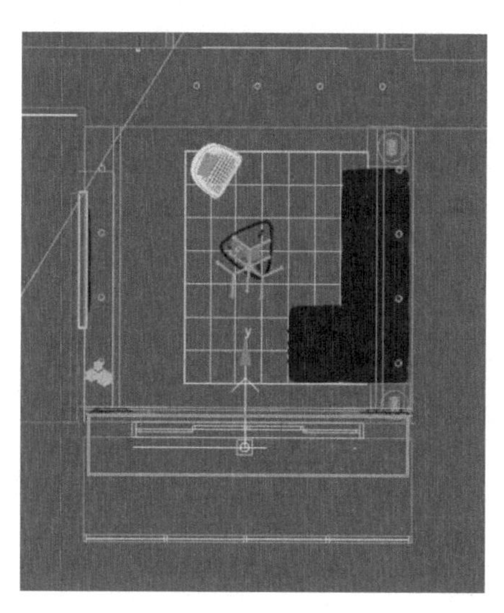

图13-5　移动灯光

6）创建餐厅窗户的环境光，最大化后视口，并创建一个“VR灯光”，其形态与餐厅窗户等大为佳（图13-6）。

7）进入修改面板，由于该灯光面积较大，基本覆盖了整个墙体面积的50%，所以将该灯光的“倍增器”设置为2～3左右。因为该光线为室外环境光，将“颜色”设置为浅蓝色，同样勾选“不可见”，取消勾选“影响反射”和“影响镜面”（图13-7）。

图13-6　创建VR灯光

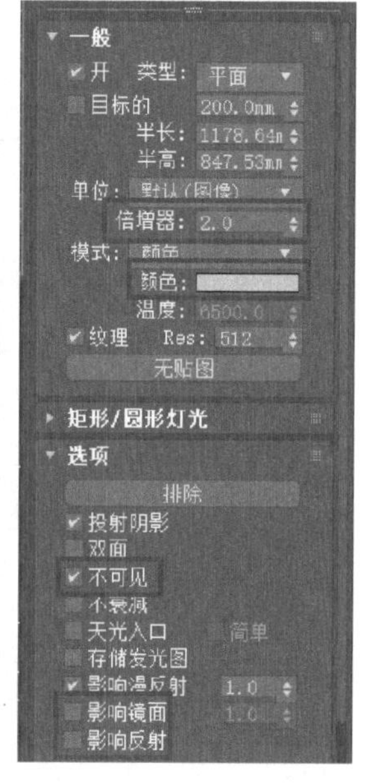

图13-7　灯光设置

设计小贴士

移动灯光时应特别仔细，最终位置不宜与灯具模型重合，不能被模型遮挡，但是要在平面上与模型保持对齐。

8）切换到顶视口，将该灯光移动到窗口位置（图13-8）。

9）接着创建卧室室外环境光，最大化前视口，并创建一个“VR灯光”，其形态与卧室窗户等大为佳（图13-9）。

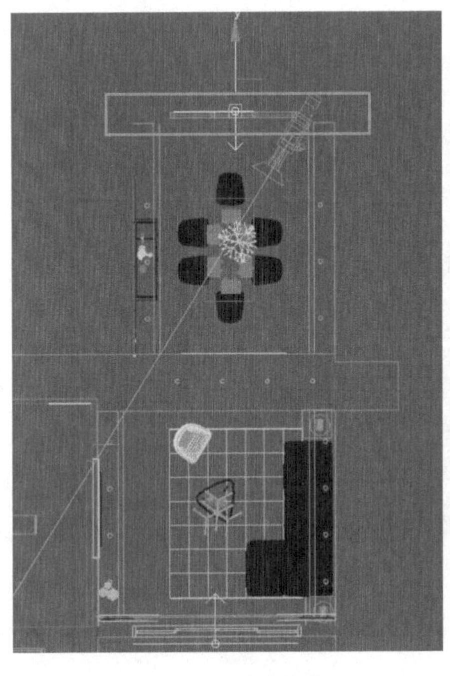

图13-8　移动灯光

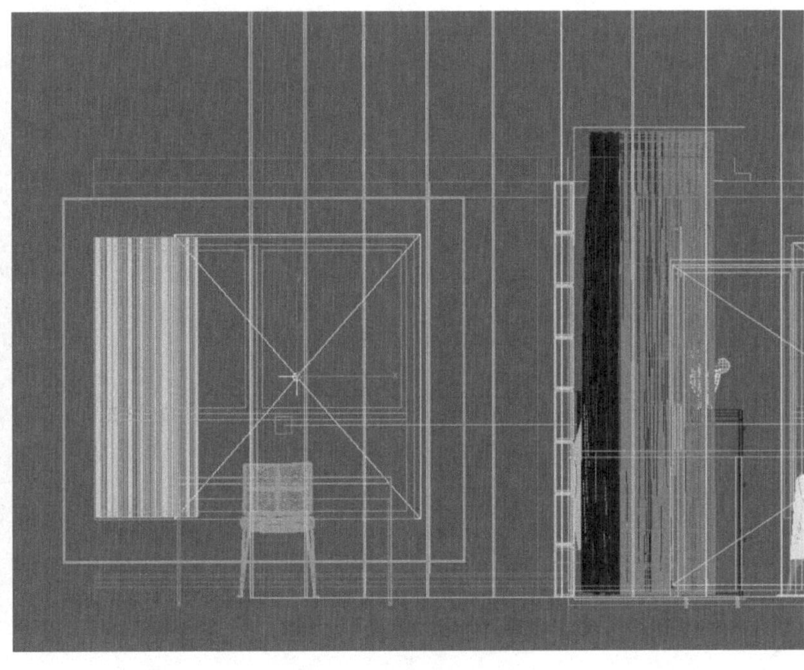

图13-9　创建VR灯光

10）进入修改面板，由于该灯光面积较大，基本覆盖了整个墙体面积的60%，所以将该灯光的“倍增器”设置为2～4左右，同样勾选“不可见”，取消勾选“影响反射”和“影响镜面”，因为该光线为室外环境光，所以该灯光的“颜色”依旧设置为浅蓝色（图13-10）。

11）切换到顶视口，使用“移动”工具将该灯光仔细移动至窗口位置（图13-11）。

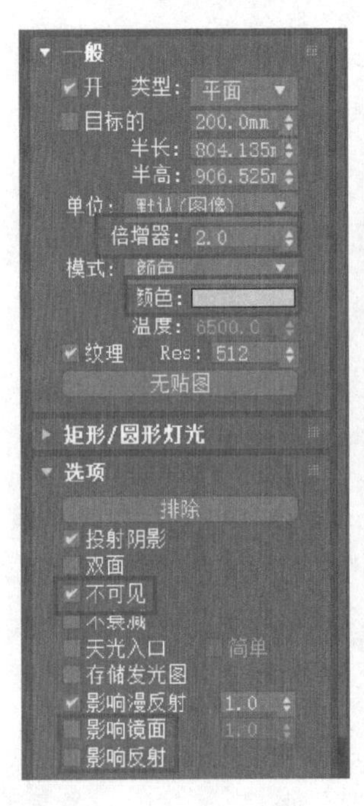

图13-10　灯光设置

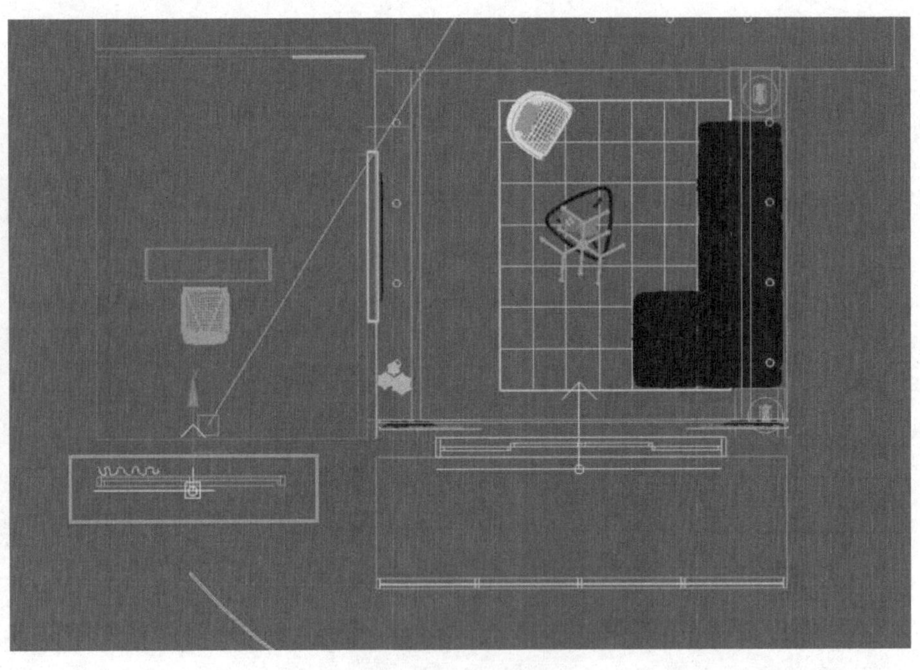

图13-11　移动灯光

12）回到摄影机视口，将渲染参数调整为测试参数，渲染场景并观察灯光效果（图13-12）。

图13-12 渲染效果

13.1.2 太阳光

1）太阳光也是环境光的重要组成部分，太阳光可以为室内环境增加气氛，也可以提高整个场景的亮度，进入左视口创建一个“VR太阳”，在弹出的“自动添加一个VRaysky环境贴图”对话框中选择“否”（图13-13）。

2）切换到顶视口，使用“移动”工具，仔细调整太阳光的位置，直至符合要求（图13-14）。

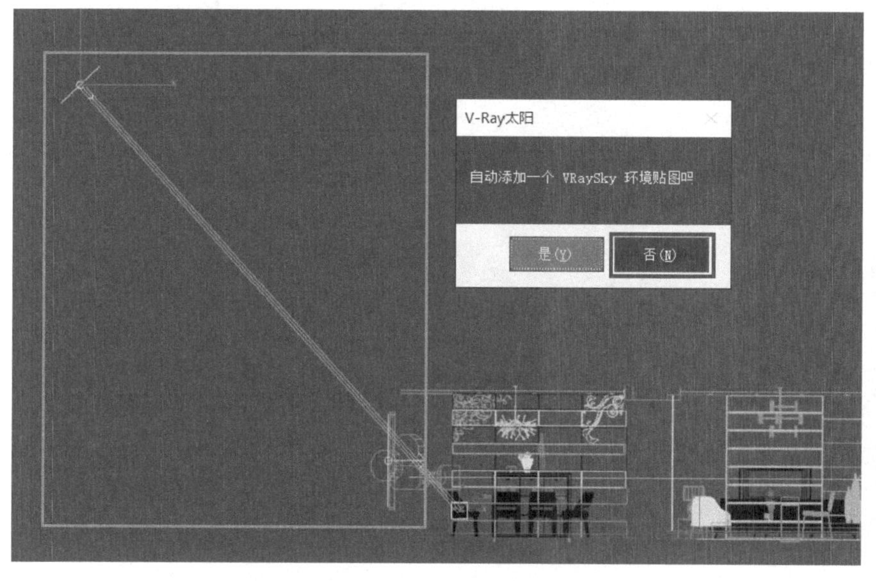

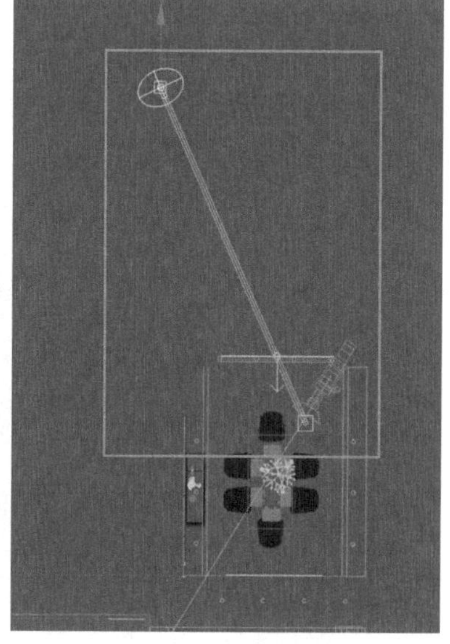

图13-13 创建VR太阳

图13-14 移动太阳光

3）进入修改面板，将太阳光的“强度倍增”设置为0.01，“过滤颜色”设置为淡黄色（图13-15）。

4）渲染场景并观察灯光效果（图13-16）。

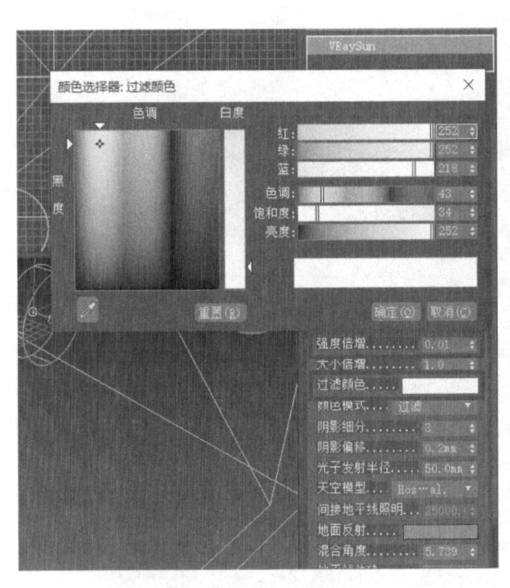

图13-15 修改颜色

图13-16 渲染效果

13.2 室内光布置

在室内灯光中，比较复杂的有筒灯、吊灯、台灯、装饰灯带等几种灯光。

13.2.1 筒灯

1）筒灯的布置对于室内灯光亮度与气氛调节具有非常明显的作用，观察整个场景，场景中的筒灯比较多，共有18个（图13-17）。

2）先从客厅的位置开始布置筒灯，最大化左视口，在创建面板的“VRay”选项中，创建一个“VRayIES（灯光）”，从上向下创建（图13-18）。

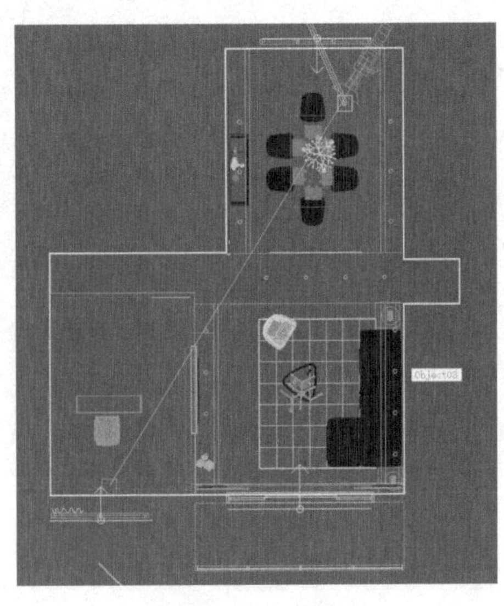

图13-17 筒灯

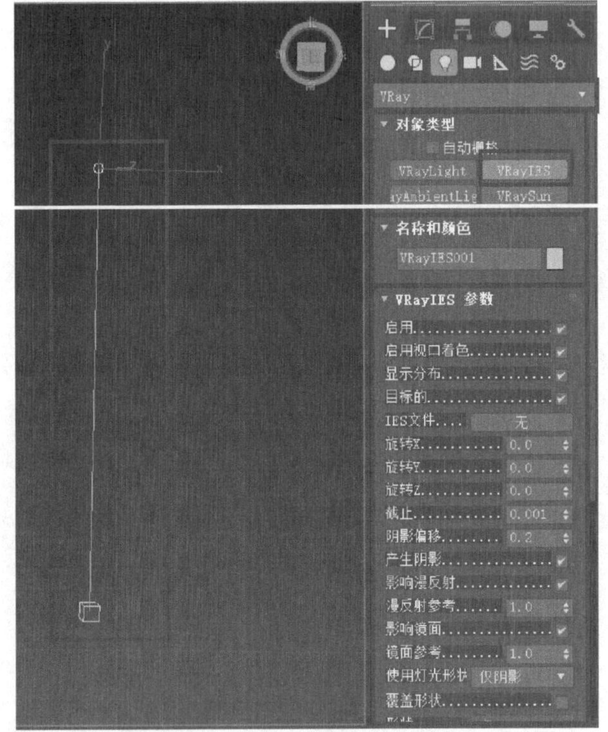

图13-18 创建灯光

3）在视图区上方的“选择过滤器”中选择“L-灯光”，选择该灯光后，在顶视口中将该灯光仔细移动至筒灯所在的位置（图13-19）。

4）进入修改面板，在“VRayIES参数”面板中选择“IES文件”，接着单击后面的“无”按钮（图13-20）。

5）在本书配套资料中的“模型素材/光域网”文件夹中选择一个“.IES”光域网文件（图13-21）。

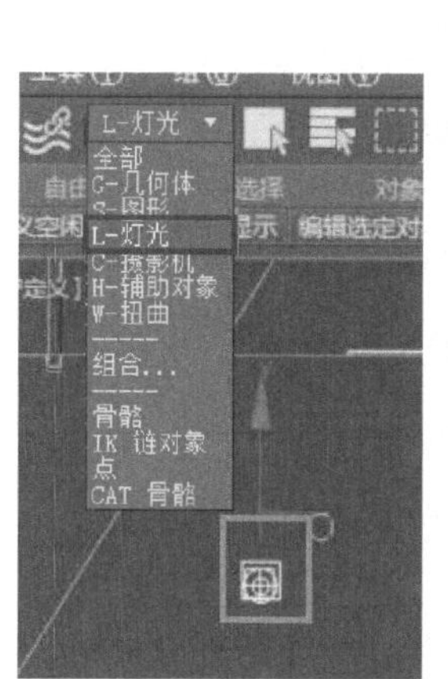

图13-19　选择灯光

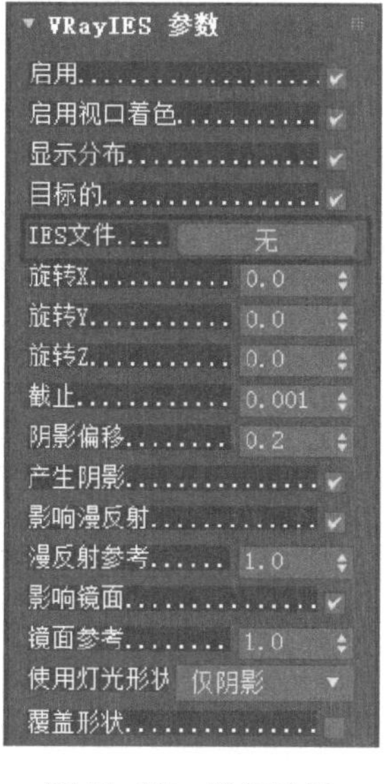

图13-20　选择参数

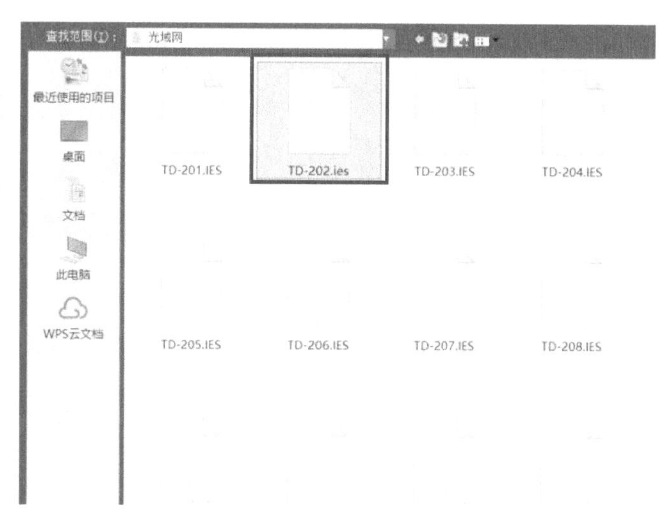

图13-21　选择文件

6）在修改面板中，将灯光的“颜色”设置为土黄色，将“强度值”设置为600.0m（图13-22）。

7）框选灯头和灯尾并成组（图13-23）。

8）渲染场景并观察灯光效果（图13-24）。

图13-22　颜色设置

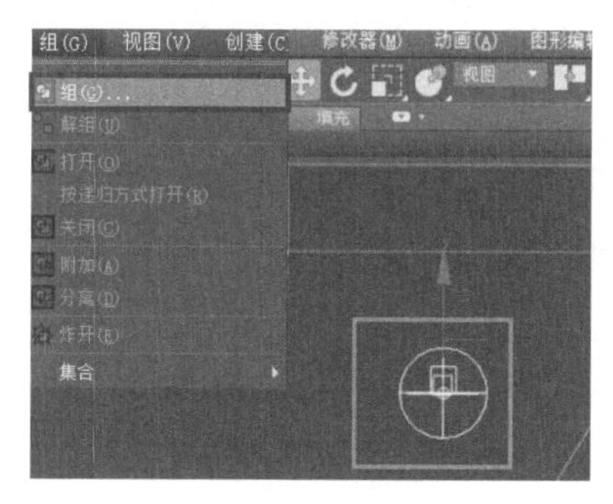

图13-23　组合灯

图13-24　渲染效果

9）选中灯光，按住〈Shift〉键将灯光复制到客厅两边，在“克隆选项”对话框中选择“复制”方式（图13-25）。

10）渲染场景并观察灯光效果（图13-26）。

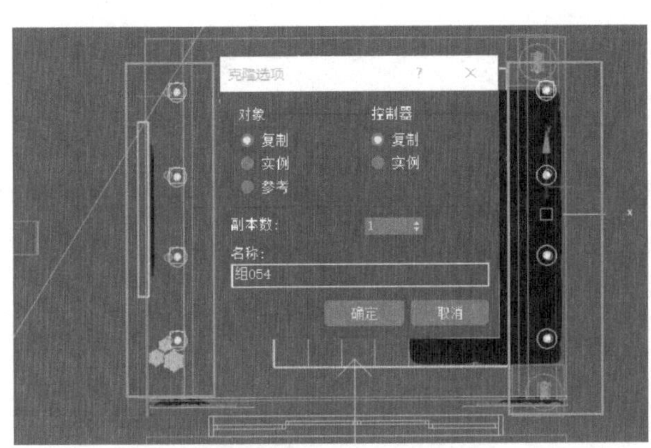

图13-25　复制灯光

图13-26　渲染效果

11）继续复制一个筒灯至中间横梁位置（图13-27）。

12）在左视口中，使用“移动”工具将灯光仔细移动至房间的横梁下方，并不与其他物体重合（图13-28）。

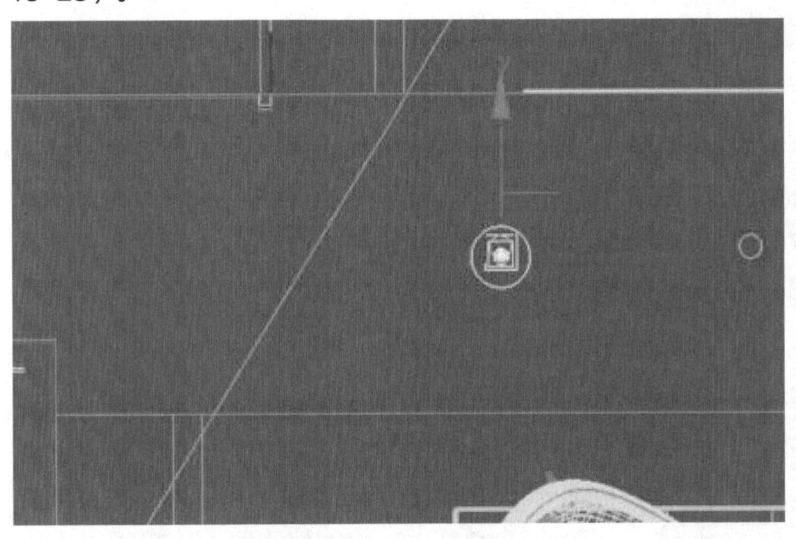

图13-27　复制筒灯

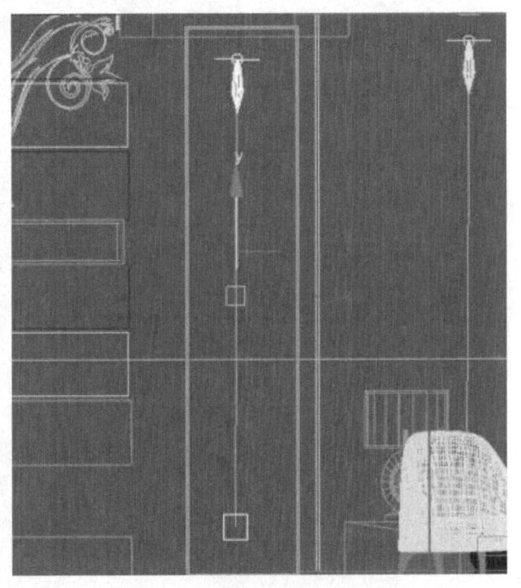

图13-28　移动灯光

13）在顶视口中将该筒灯再复制3个到横梁的其他3个位置上（图13-29）。

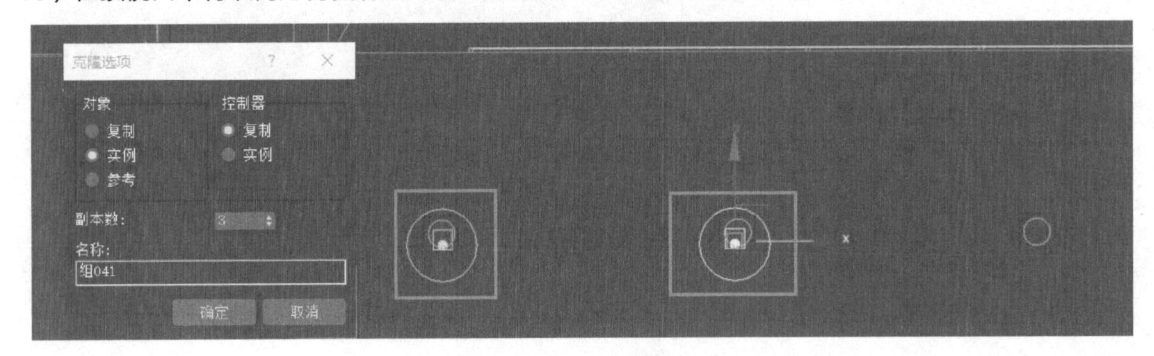

图13-29　复制筒灯

14）渲染场景并观察灯光效果（图13-30）。

15）在顶视口中，将客厅的灯光复制一个至餐厅的筒灯位置，再将这个灯光复制3个到其他的筒灯位置，将左边3个筒灯选择“实例”的克隆方式，右边3个筒灯选择“复制”的克隆方式（图13-31）。

图13-30　渲染效果

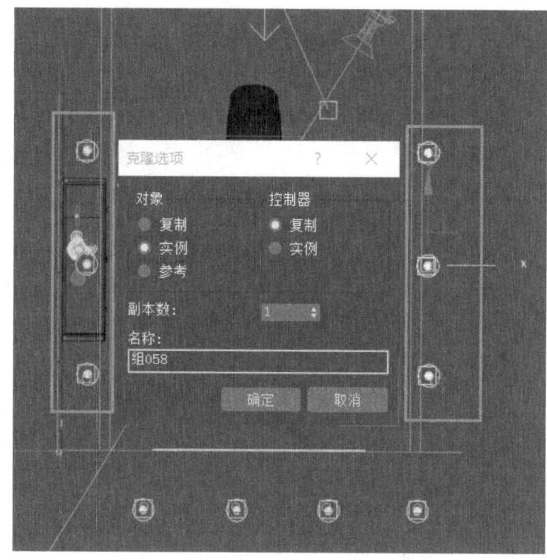

图13-31　复制灯光

16）渲染场景并观察灯光效果（图13-32）。

17）效果图中黑色墙面上的筒灯照射效果并不明显，所以要将这几个筒灯亮度增强。由于这几个灯光是实例复制的，所以只要修改其中的一个灯光的亮度“强度值”即可。选中餐厅左边其中的一个筒灯，进入修改面板，将该筒灯的“强度值”设置为1000.0（图13-33）。

图13-32　渲染效果

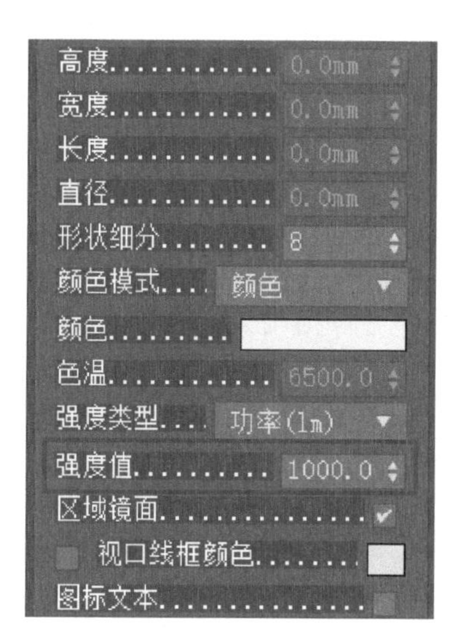

图13-33　灯光设置

18）渲染场景并观察灯光效果（图13-34）。

图13-34　渲染效果

13.2.2　吊灯

1）此场景中有两盏吊灯，一处是客厅的灯，另一处是餐厅的灯（图13-35）。

2）先创建客厅吊灯，最大化顶视口，在客厅吊灯处创建一个与吊灯等大的“VR灯光（VRayLight）”（图13-36）。

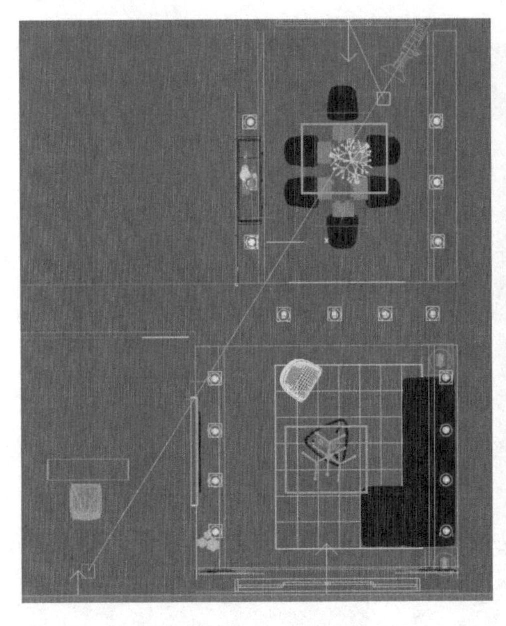

图13-35　吊灯

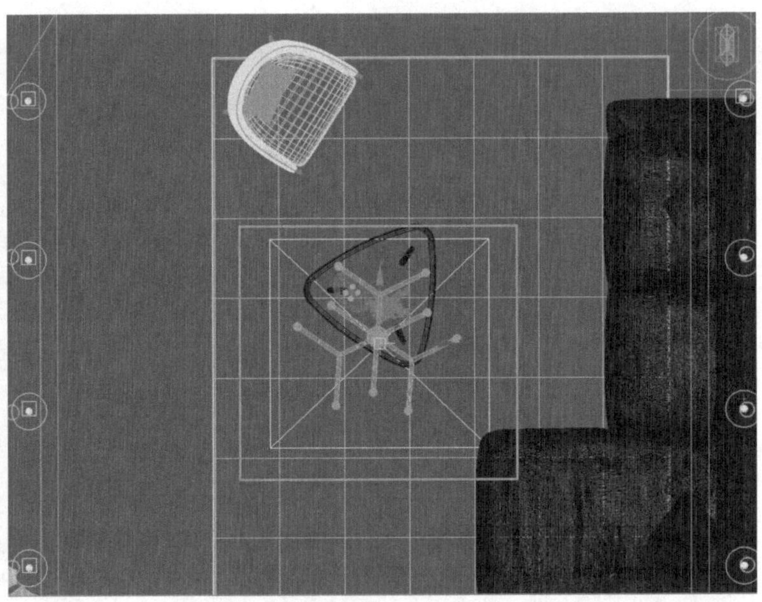

图13-36　创建VR灯光

3）在左视口中，将灯光仔细移动至吊灯下方，并不与吊灯重合（图13-37）。

4）进入修改面板，调节灯光参数，将“倍增器”设置为6.0，“颜色”设置为浅黄色，并勾选“不可见”“影响反射”和“影响镜面”（图13-38）。

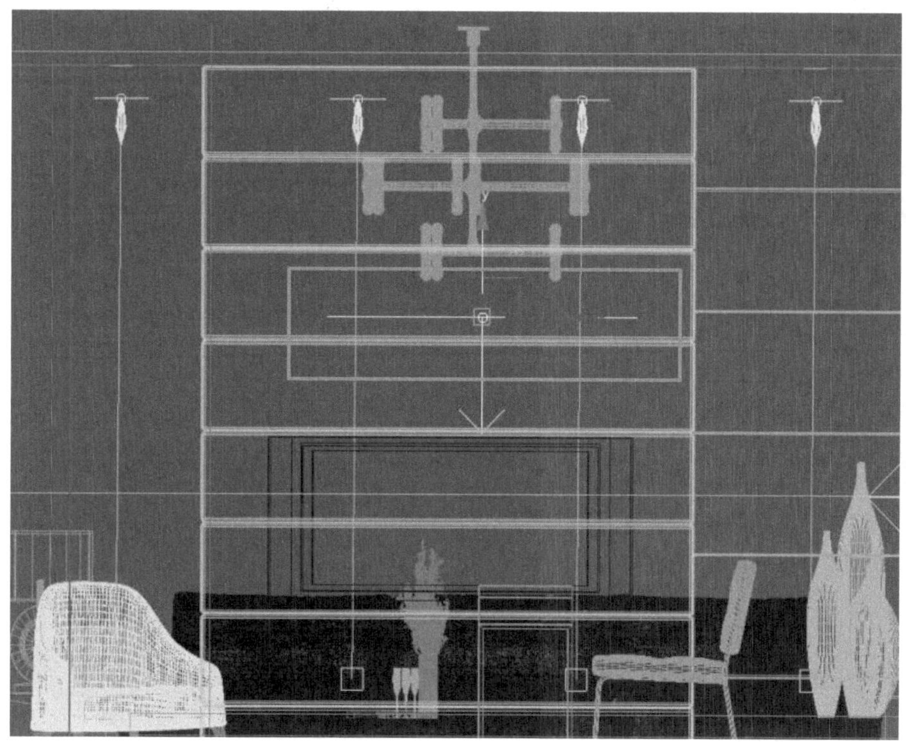

图13-37　移动灯光

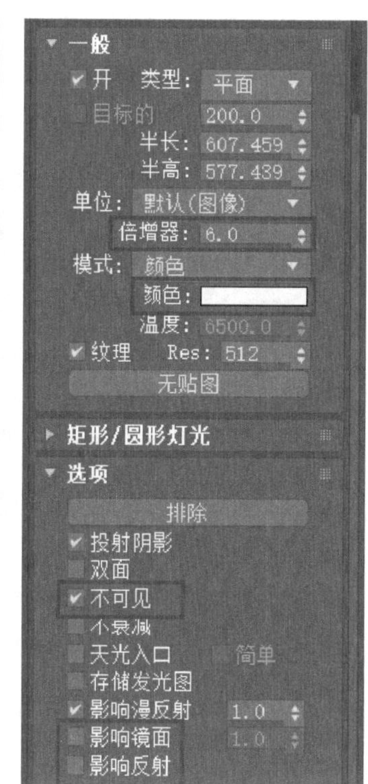

图13-38　灯光设置

5）渲染场景并观察灯光效果（图13-39）。

图13-39　渲染效果

6）在顶视口中创建一个“VR灯光（VRayLight）”，将灯光“类型”设置为“球体”，“半径”设置为30.0（图13-40）。

7）在左视口中，将灯光仔细移动至吊灯里面（图13-41）。

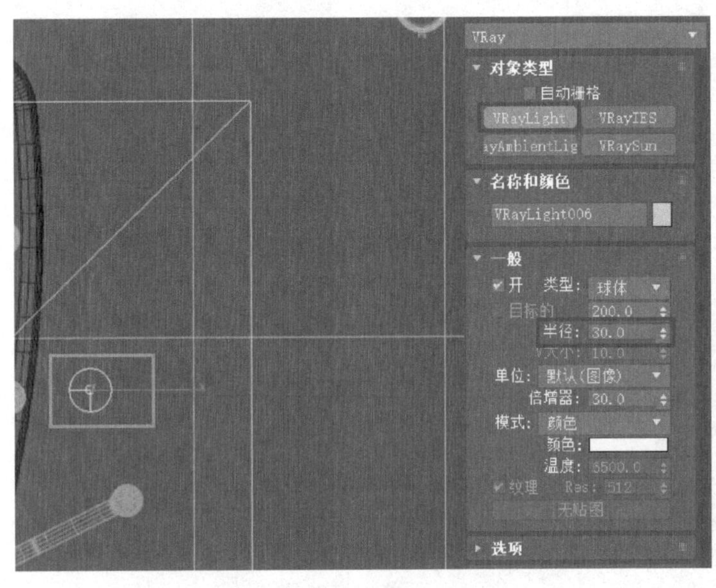

图13-40　创建VR灯光

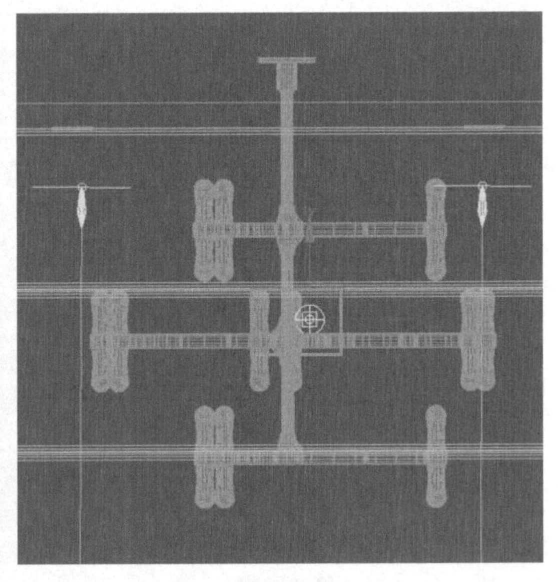

图13-41　移动灯光

8）在顶视口中，将灯光复制几个，选择“实例”的克隆方式（图13-42）。

9）在左视口中，将这些灯光的高度上下移动，形成高低不齐的效果，最大限度地表现出自然的感觉（图13-43）。

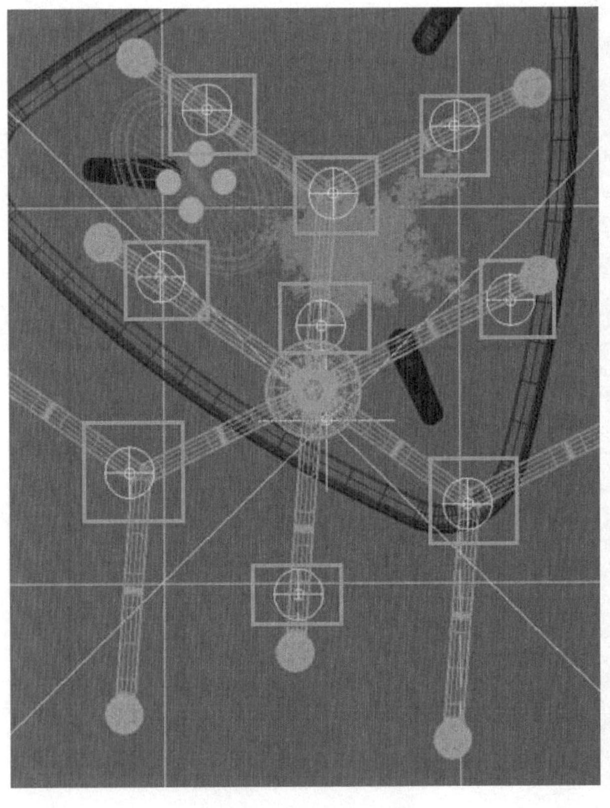

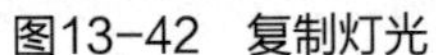

图13-42　复制灯光

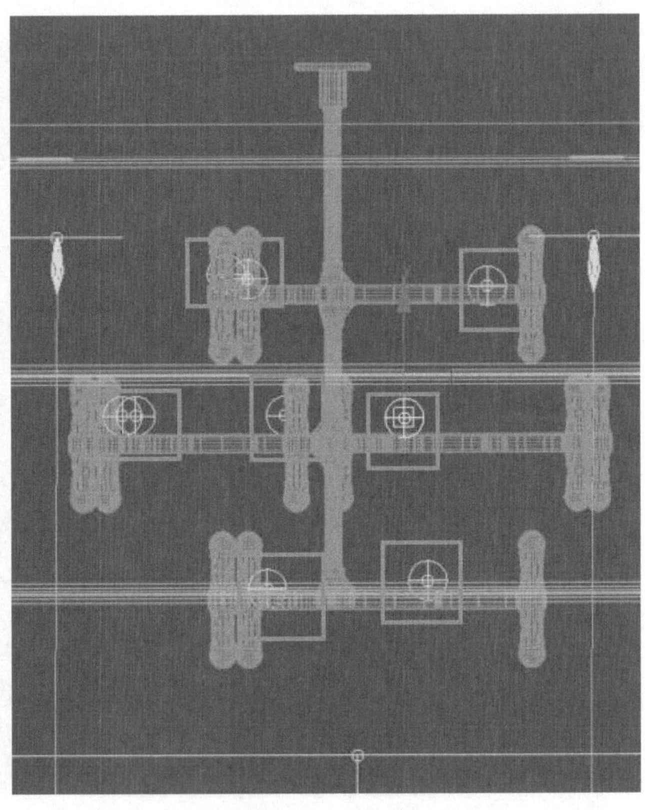

图13-43　移动灯光

10）进入修改面板，调节灯光参数，将“倍增器”设置为10.0，“颜色”设置为深黄色，并勾选“不可见”（图13-44）。

11）渲染场景并观察灯光效果（图13-45）。

图13-44　灯光设置

图13-45　渲染效果

12）创建餐厅吊灯，最大化顶视口，将中间梁上的筒灯复制一个到餐厅吊灯位置，选择“复制”的克隆方式（图13-46）。

13）再将这个吊灯复制2个，选择“实例”的克隆方式（图13-47）。

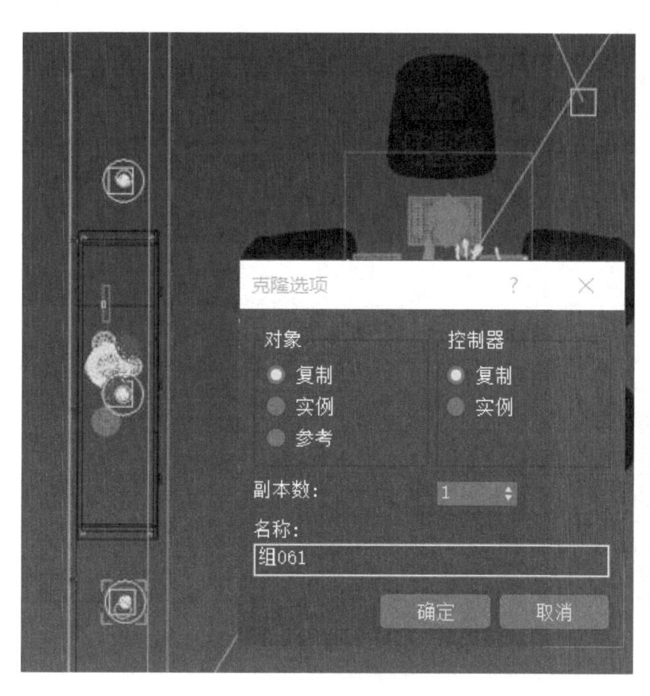

图13-46　创建复制吊灯

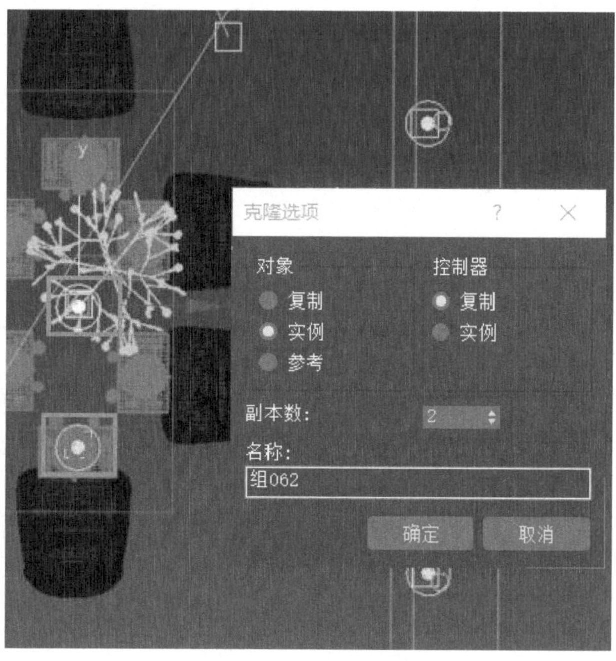

图13-47　实例复制吊灯

14）在左视口中，将3盏筒灯向下移动，具体高度根据环境需要来控制，这样可以让桌面产生聚光效果（图13-48）。

15）渲染场景并观察灯光效果（图13-49）。

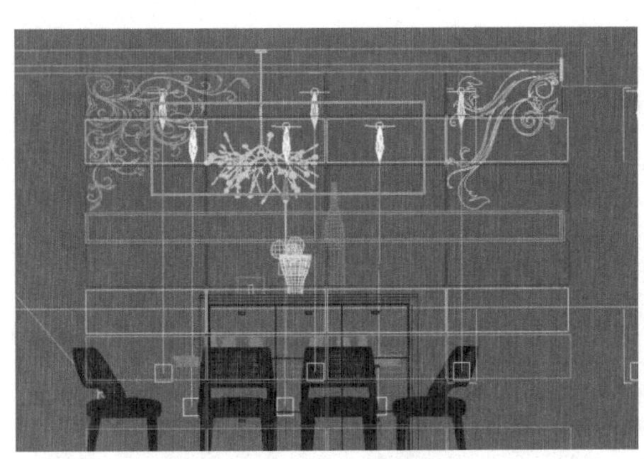

图13-48　移动灯光

图13-49　渲染效果

16）将客厅吊灯的面光源复制到餐桌上方，选择“复制”的克隆方式（图13-50）。

17）进入修改面板，调节灯光参数，将“倍增器”设置为2.0，对餐桌部分进行补光（图13-51）。

图13-50　复制吊灯

图13-51　调节灯光参数

18）渲染场景并观察灯光效果（图13-52）。

19）在顶视图餐桌吊灯上方创建“VR灯光（VRayLight）”，将“类型”设置为“球体”灯光，半径设置为30.0（图13-53）。

20）进入修改面板，调节灯光参数，将“倍增器”设置为30.0，“颜色”设置为深黄色，并勾选“不可见”，取消勾选“影响反射”和“影响镜面”（图13-54）。

图13-52　调节灯光参数

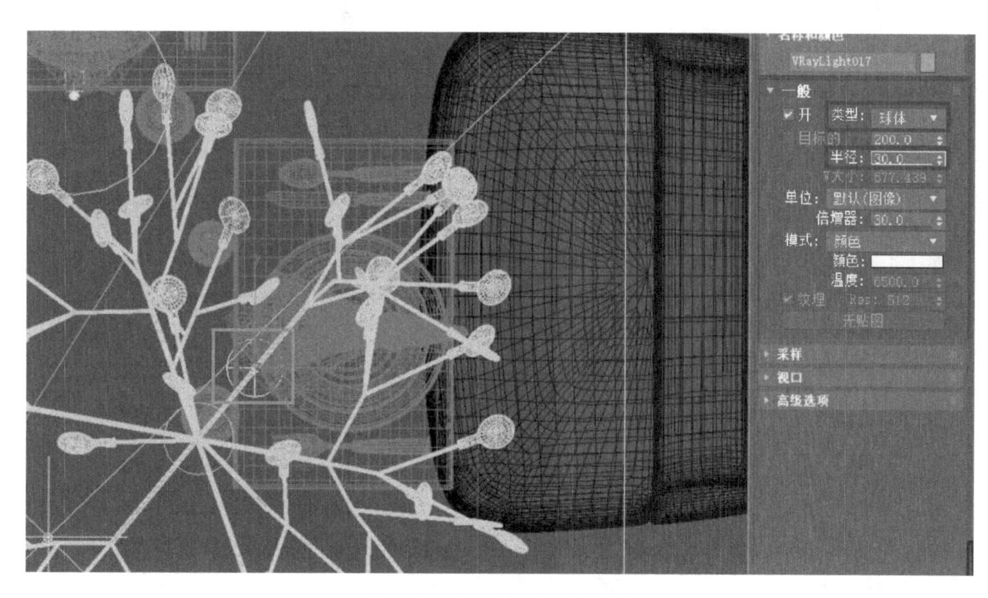

图13-53　创建灯光类型

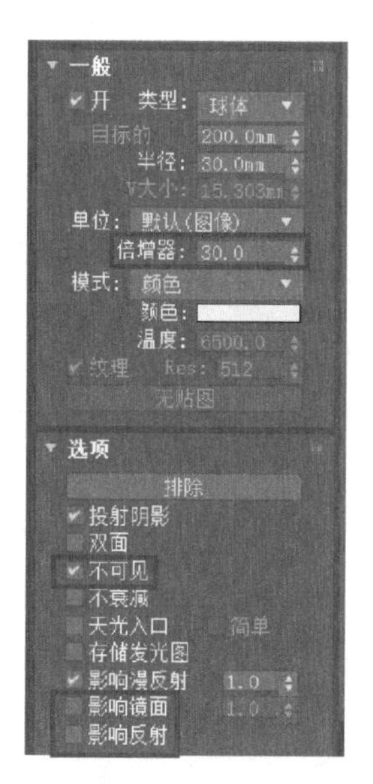

图13-54　灯光设置

21）复制球形灯并调整其位置，使之散落在吊灯四周，为吊灯添加环境光（图13-55）。

22）渲染场景并观察灯光效果（图13-56）。

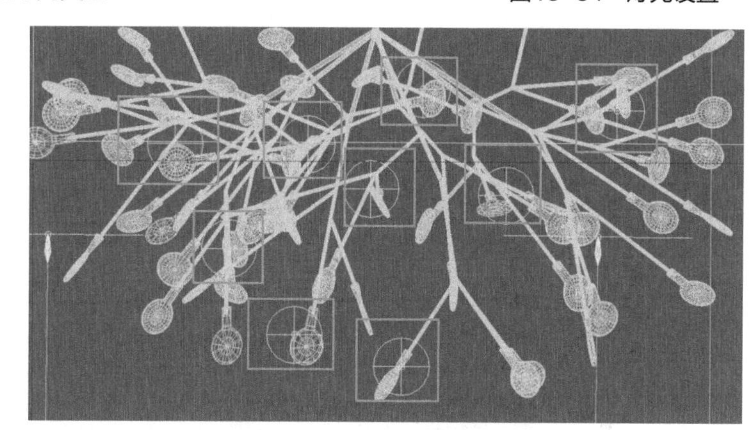

图13-55　复制灯光调整位置

图13-56　渲染效果

13.2.3 台灯

1）最大化顶视口，在台灯所在位置创建一个球形“VR灯光（VRayLight）”（图13-57）。

2）切换到左视口，使用“移动”工具将灯光仔细移动至台灯里面（图13-58）。

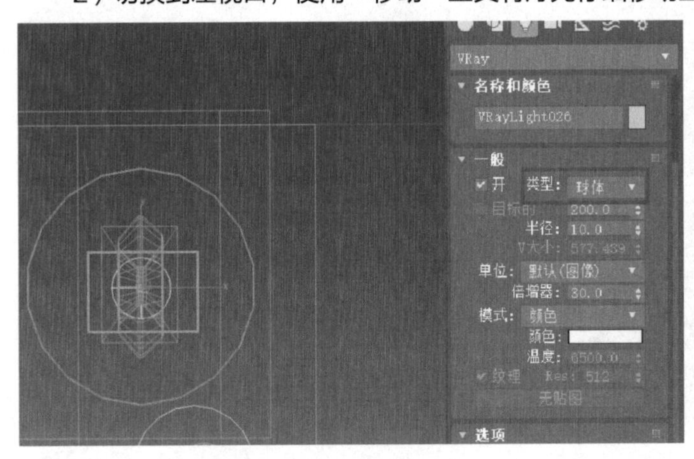

图13-57 创建球形VR灯光

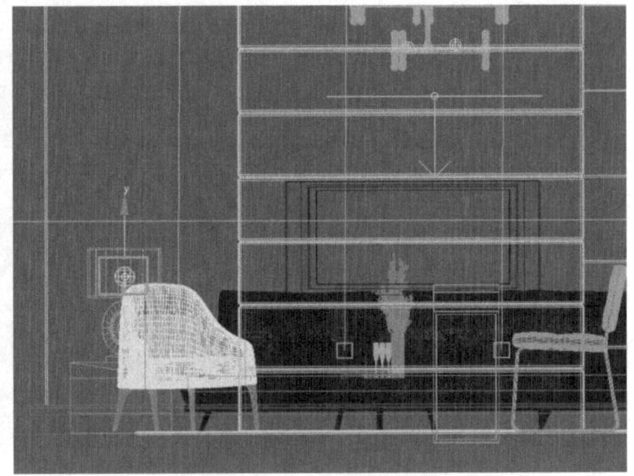

图13-58 移动灯光

3）进入修改面板，将灯光的“倍增器”设置为50.0，“颜色”设置为橙黄色，“半径”设置为50.0，勾选“不可见”（图13-59）。

4）在顶视口中将灯光复制一个至沙发另侧的台灯内，选择“实例”的克隆方式（图13-60）。

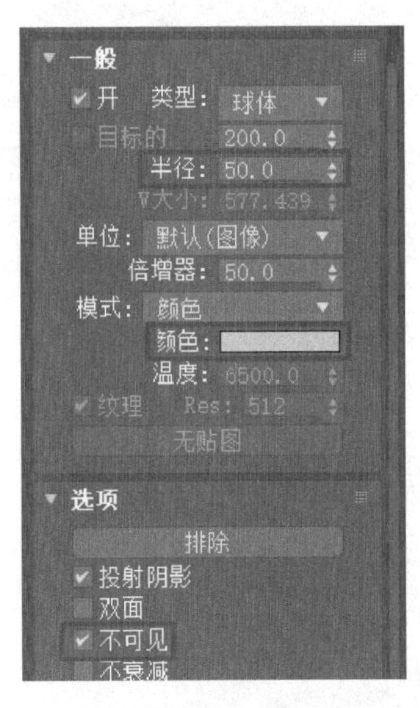

图13-59 灯光设置

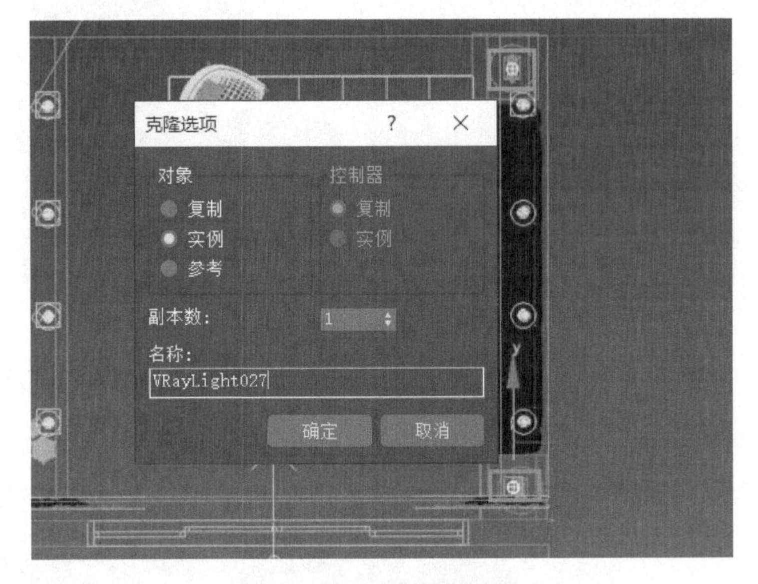

图13-60 实例复制灯光

设计小贴士

灯具模型的品种很多，要表现出真实的渲染效果，应注意以下几个方面。

1. 简化模型构造。很多从网上下载的灯具模型精度很高，模型很精致，但是用到效果图的空间场景中却显得有些多余，放置在远处墙角或吊顶上，不仅无法体现其精致的外观，反而会影响渲染速度，因此要尽量简化灯具模型，甚至可以删除模型的部分构件。

2. 灯光要与灯具模型保持对齐。尤其是灯光移动至灯罩内部时，应尽量保持居中，最好采用“对齐”工具。

3. 灯具模型内应制作自发光模型。如灯泡或灯管的形态应当从外部依稀可见，才能表现出真实感。

4. 善于保存灯具模型与灯光。在制作效果图的过程中，发现造型、材质、灯光效果均佳的模型与灯光应当单独保存为“.max”格式文件，以后可以随时合并到新的场景空间中去，这样能提高工作效率。

5）渲染场景并观察灯光效果（图13-61）。

图13-61　渲染效果

13.2.4　装饰灯带

本场景的装饰灯有3个，分别是客厅吊顶灯带、餐厅吊顶灯带、餐厅墙面灯带。

1）最大化顶视口，在灯槽位置创建一个与灯槽等长的“VR灯光”（图13-62）。

2）切换到左视口，将灯光仔细移动至灯槽内，并使用“镜像”工具将灯光在“Y”轴进行镜像（图13-63）。

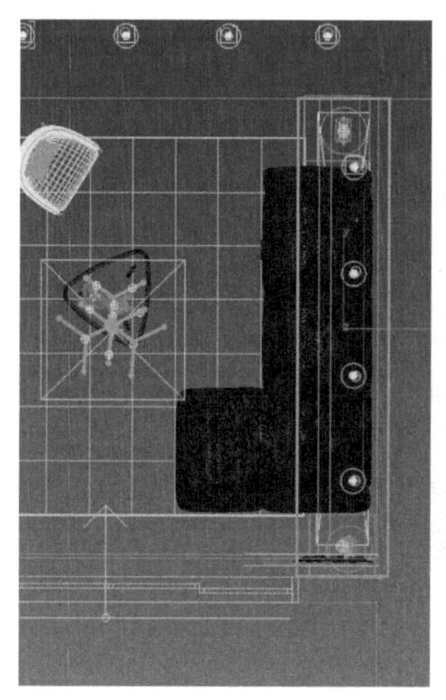

图13-62　创建灯槽VR灯光

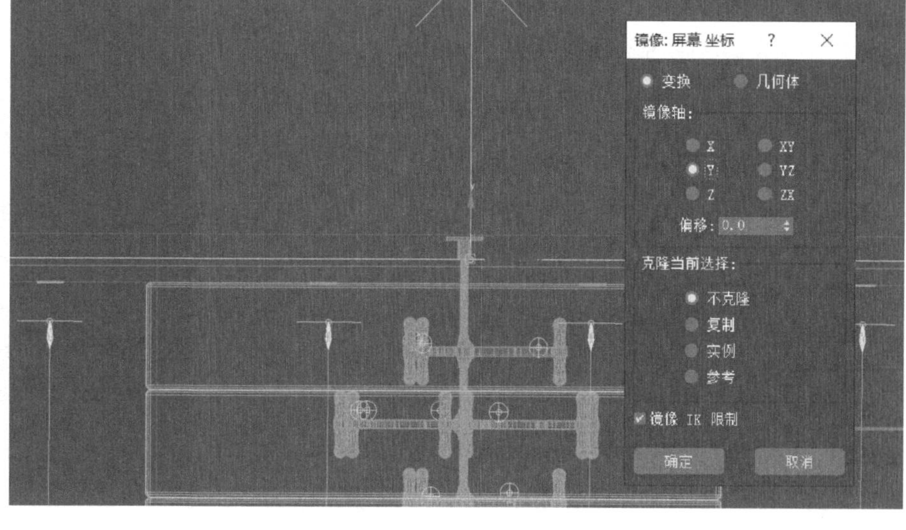

图13-63　移动镜像灯光

3）进入修改面板，将灯光的“倍增器”设置为3.0，“颜色”设置为橙黄色，并勾选“不可见”，取消勾选“影响反射”和“影响镜面”（图13-64）。

4）切换到顶视口，将灯光复制一个到右边灯槽里面，选择“实例”的克隆方式（图13-65）。

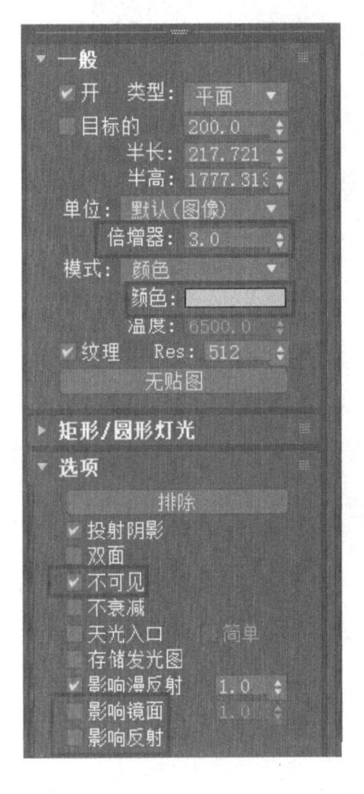

图13-64 灯光设置

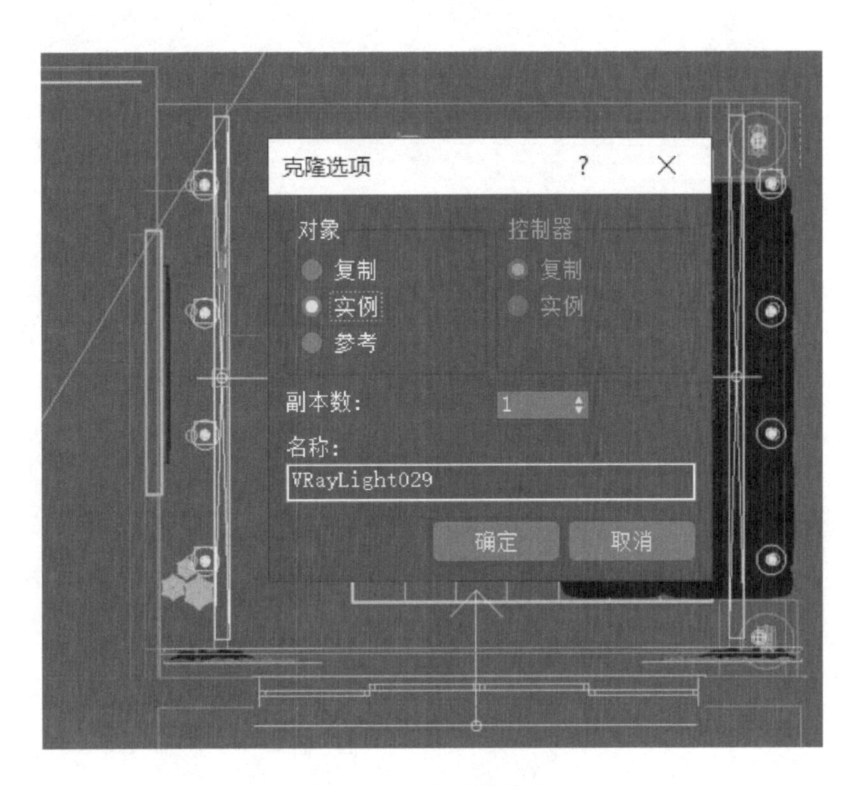

图13-65 实例复制灯光

5）渲染场景并观察灯光效果（图13-66）。

6）创建餐厅灯带，最大化顶视口，将餐厅的灯带复制至餐厅灯槽内，并在修改面板中适当调节其长度（图13-67）。

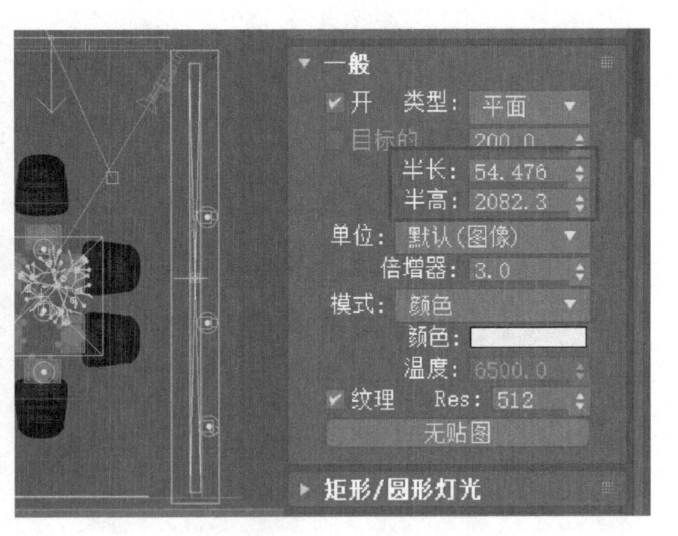

图13-66 渲染效果

图13-67 创建灯带

7）将灯光复制一个到右边灯槽内，选择“实例”的克隆方式（图13-68）。

8）渲染场景并观察灯光效果（图13-69）。

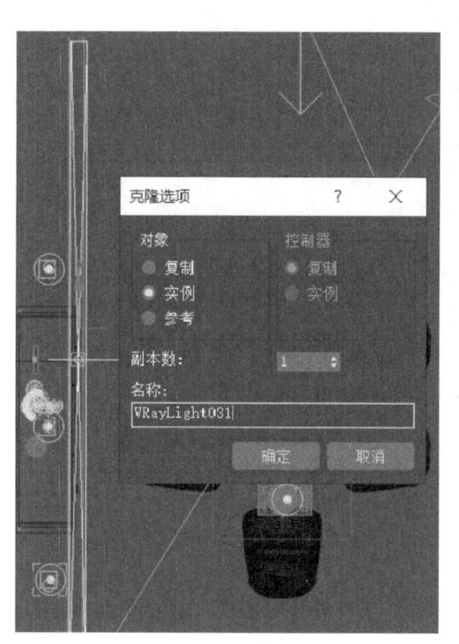

图13-68　实例复制灯光

图13-69　渲染效果

9）创建餐厅墙面灯带，在左视口中将餐厅右侧的吊顶灯带向下仔细复制至餐厅墙面灯槽位置，选择“复制”的克隆方式（图13-70）。

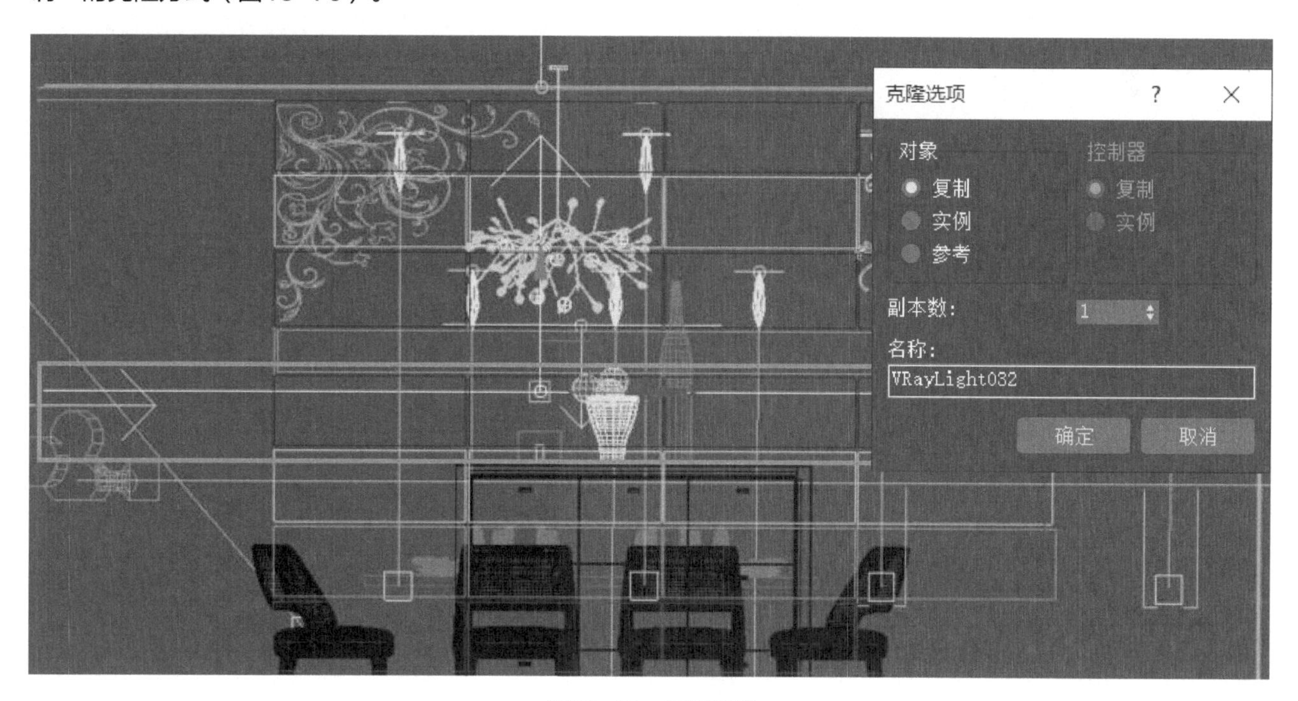

图13-70　复制灯带

10）将灯光在“Y”轴镜像，并将灯光的“倍增器”设置为8.0，勾选“不可见”，取消勾选“影响反射”和“影响镜面”（图13-71）。

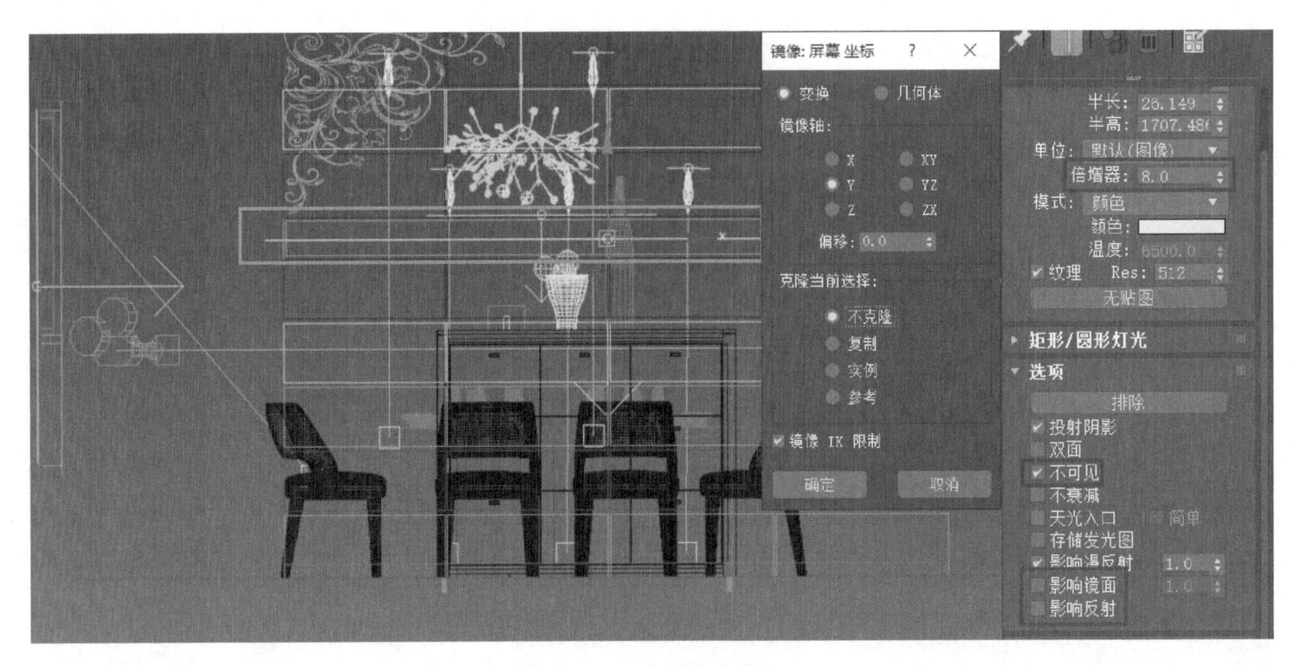

图13-71　镜像灯光设置

11）渲染场景并观察灯光效果（图13-72）。

12）观察效果无误后，就可以进行最终渲染了并观察最终渲染效果（图13-73）。

图13-72　渲染效果

图13-73　最终渲染效果

本章小结

本章介绍了关于VRay的灯光布置方法，由于在室内环境中，灯光比较多，不同场景所需的光源会大不相同，所以灯光布置需要一定经验。通过本章节学习，读者能迅速积累经验，熟练布置不同场景的灯光，让室内的灯光与亮度变得更加真实。

★课后练习题

1.灯光布置时如何定义室外光和室内光的来源?

2.灯具模型与灯光组合时，有哪些注意事项?

3.运用VRay的灯光布置方法，制作白天与夜晚室内灯光效果图。

第14章　卧室效果图

操作难度：★★★☆☆

章节导读：本章将结合前面所有内容，制作一张现代风格的家居卧室效果图，全程内容包括从建模到最终渲染，操作方法详细、具体，具有一定的代表性，卧室效果图的重点在于明快亮洁的材质与灯光。

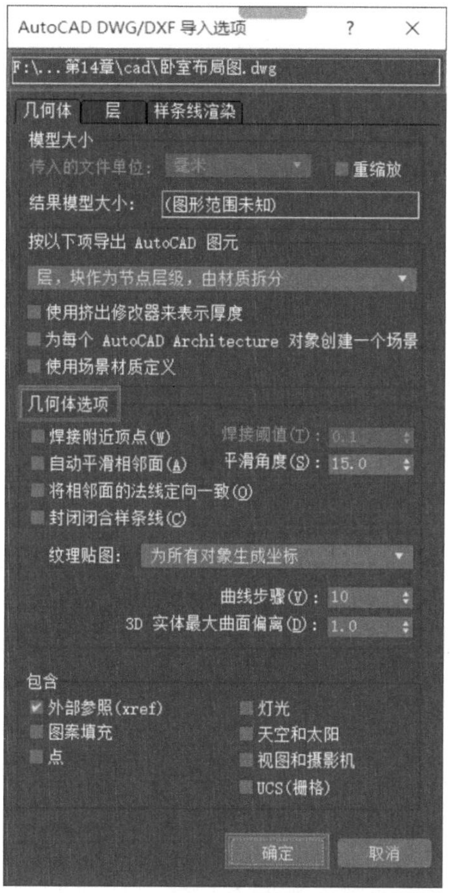

图14-1　导入文件

14.1　建立基础模型

1）新建场景，在主菜单中选择“文件”→“导入”，将本书配套资料中的“模型素材/第14章/CAD”中的“卧室布局图.dwg”文件导入进场景中，在“几何体选项”下，取消全部勾选，单击“确定”按钮（图14-1）。

2）框选所有导入文件，选择菜单栏“组→组”（图14-2）使其成为一个组，并命名为“图纸”，单击“确定”按钮（图14-3）。

图14-2　组合文件

3）使用“移动”工具将图样向下移动一定的距离，并单击鼠标右键，选择“冻结当前选择”（图14-4）。

4）最大化顶视口，打开“2.5维”捕捉，右键打开“栅格和捕捉设置”对话框，勾选“捕捉到冻结对象”（图14-5），创建“线”捕捉墙体内边缘，在门窗部位增加分段点（图14-6）。

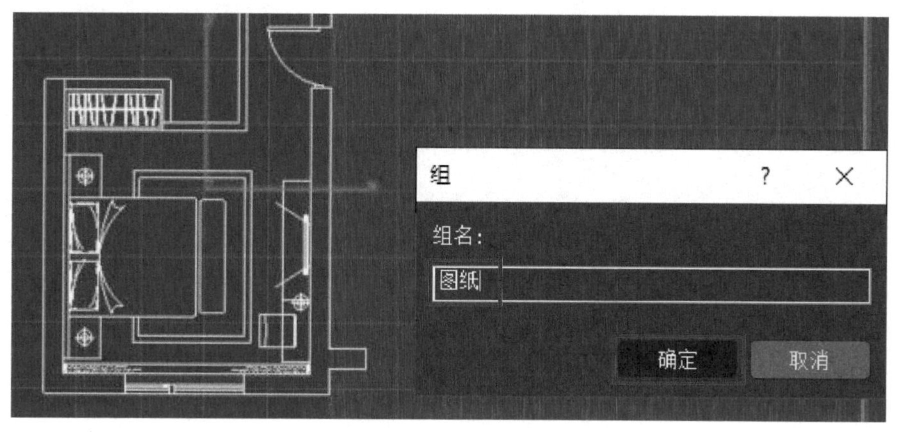

图14-3　重命名

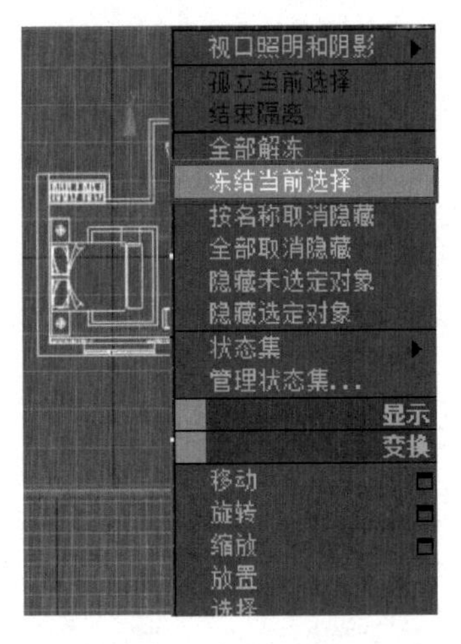

图14-4 选择工具

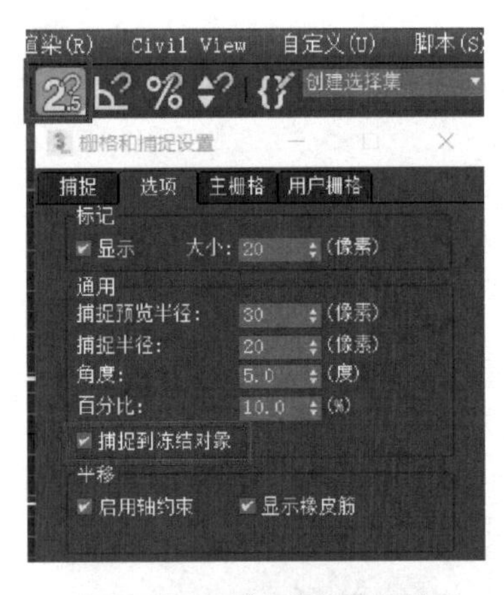

图14-5 捕捉设置对话框

5）为线添加“挤出”修改器，将挤出“数量”设置为2900.0mm，并添加“法线”修改器，单击鼠标右键进入“对象属性”选项，勾选“背面消隐”（图14-7）。

6）单击鼠标右键，将模型“转换为可编辑多边形”（图 14-8）。选中该模型，在移动工具上单击鼠标右键，在弹出的“移动变换输入”对话框中将“绝对：世界”坐标中的“Z”轴坐标设置为0（图14-9）。进入修改面板选择“边”层级，勾选“忽略背面”（图14-10）。按〈S〉键关闭“捕捉”工具，再按〈F4〉键显示线框。

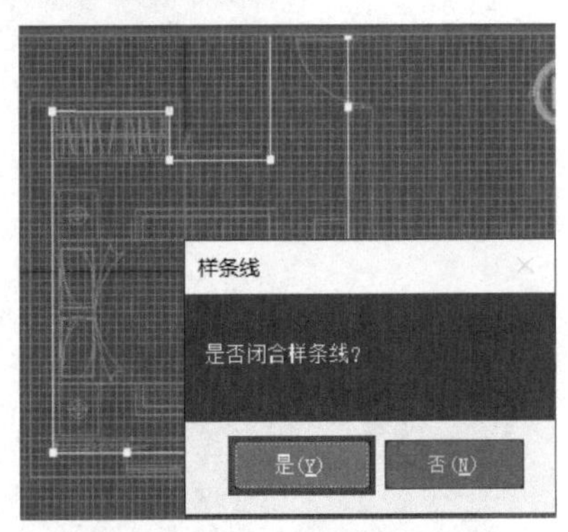

图14-6 创建线条

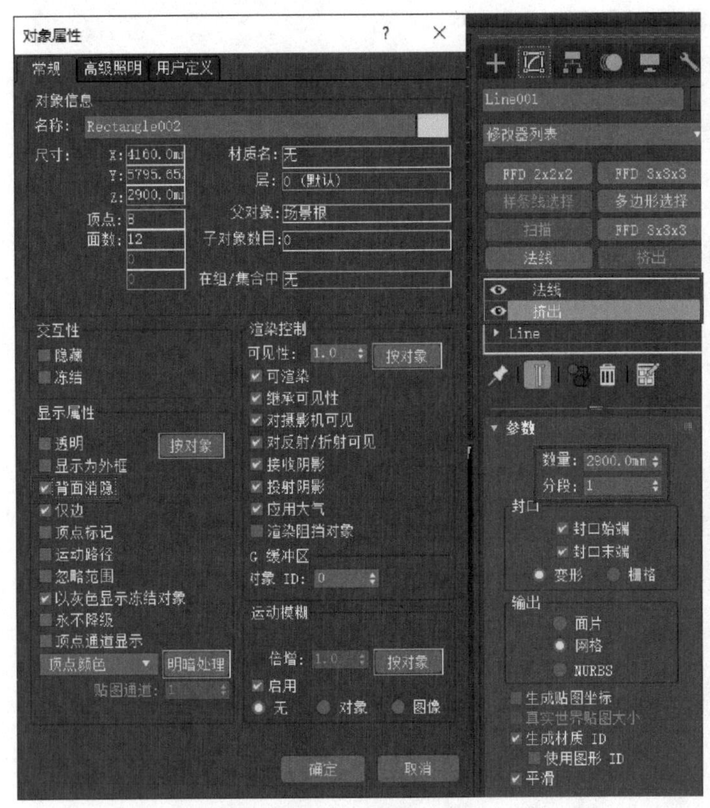

图14-7 挤出设置

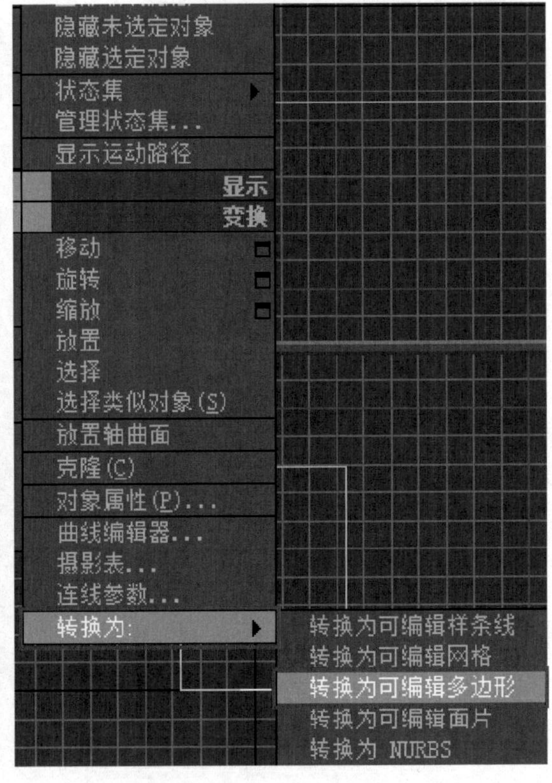

图14-8 转换模型

7）同时选择卧室门的两条边，选择“连接”后的小按钮，将其中间连接一条边，单击“对勾”（图14-11）。选中连接的边，在视图区下部中间位置的“Z”轴坐标中输入2100.0mm（图14-12）。

8）进入“多边形”层级，勾选“忽略背面”，选中门中的多边形，单击“挤出”后的小按钮（图14-13），将门的多边形挤出，“挤出”设置为-120.0mm，并按〈Delete〉键将该多边形删除（图14-14）。

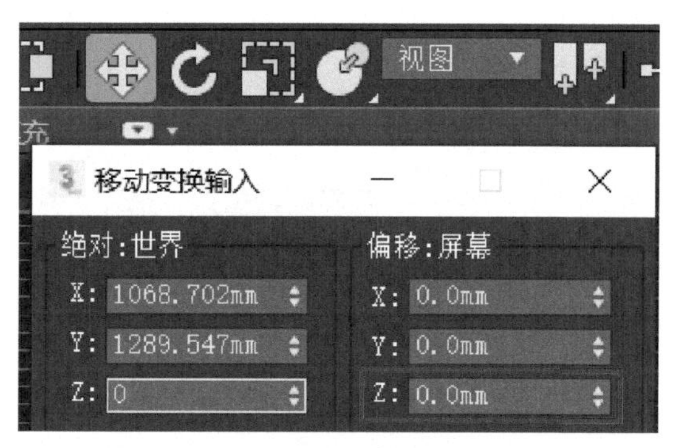

图14-9　坐标轴设置

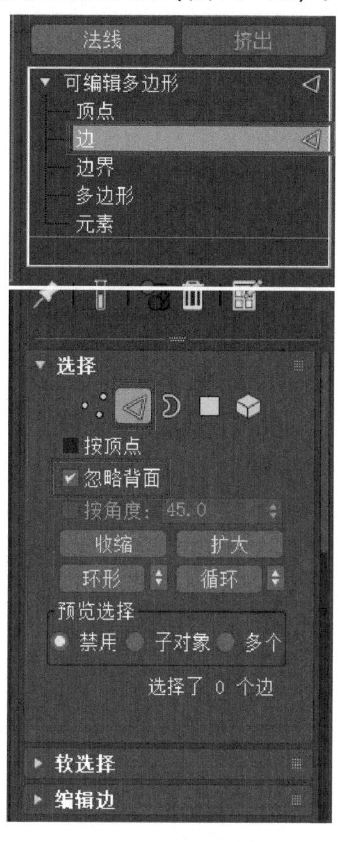

图14-10　修改命令

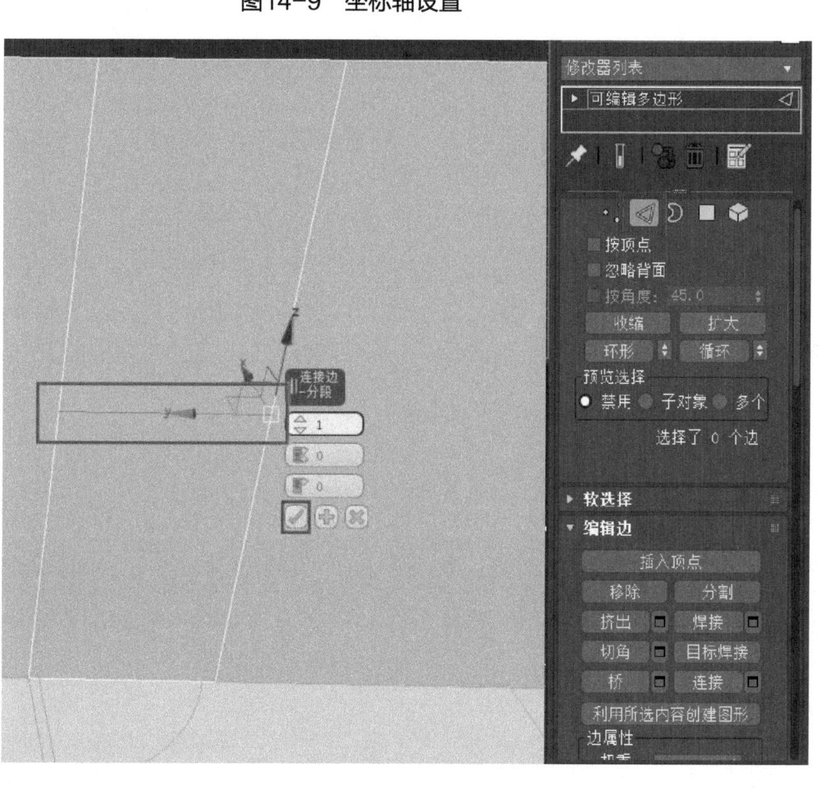

图14-11　连接边

图14-12　坐标设置

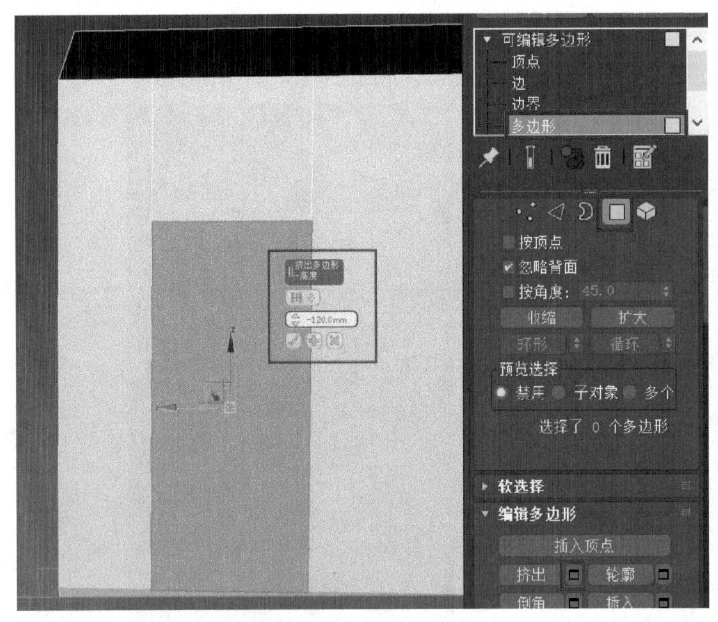

图14-13　挤出设置

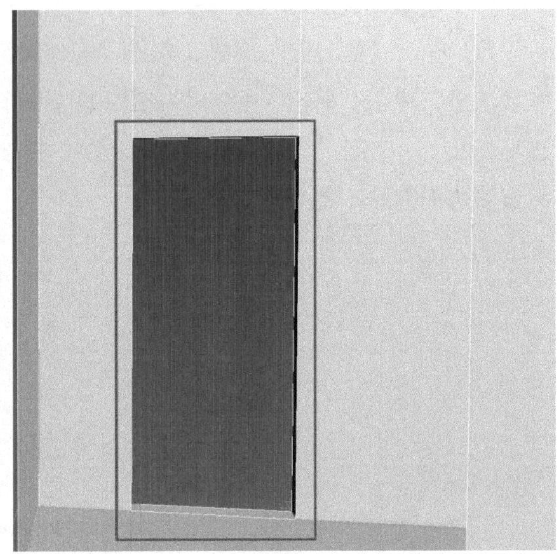

图14-14　删除多边形

9）进入“边”层级，同时选择窗户的两条边，选择“连接”，将其中间连接两条边，选中连接的上面的边，在视口区下部中间位置的“Z”轴坐标中输入2400.0mm（图14-15），再选中连接的下面的边，在视口区下部中间位置的“Z”轴坐标中输入820.0mm（图14-16）。

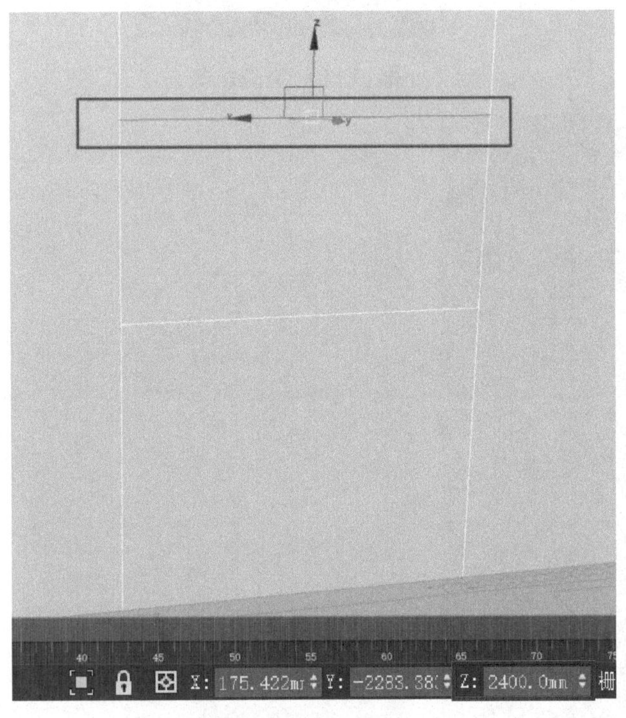

图14-15　选择连接

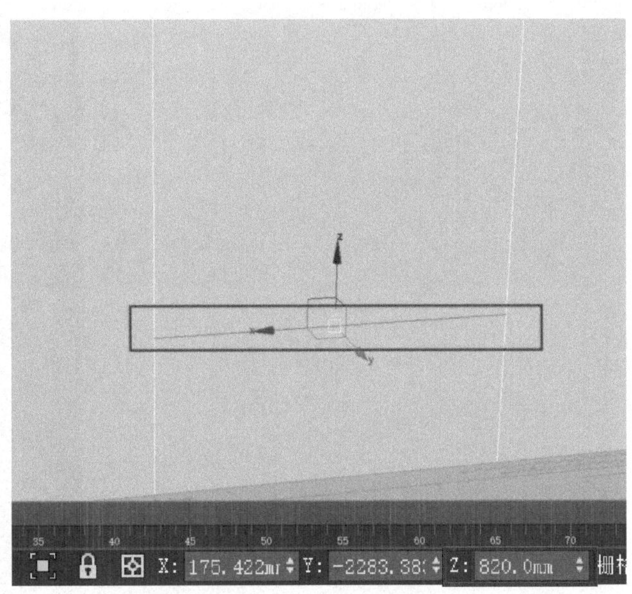

图14-16　坐标设置

设计小贴士

建立墙体与开设门窗的方法很多，采用“编辑多边形”的方式最精确。

10）进入“多边形”层级，选择窗户的多边形，单击“挤出”后的小按钮，将门的多边形挤出，“挤出”设置为-240.0mm（图14-17），并按〈Delete〉键将该多边形删除（图14-18）。

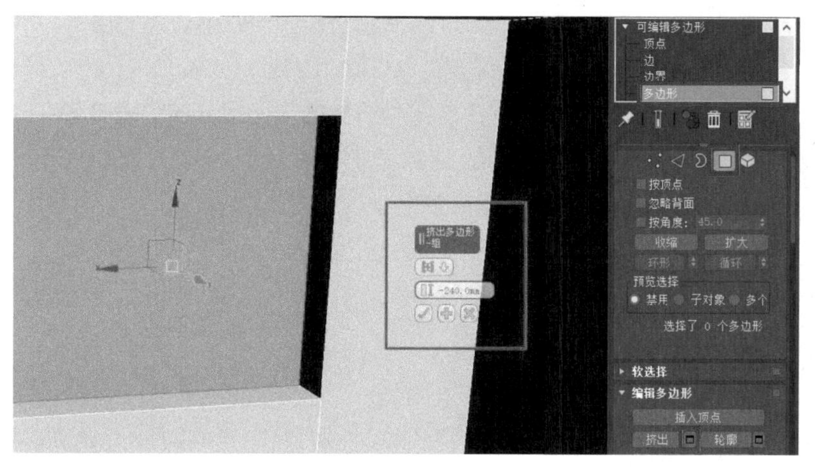

图14-17 挤出设置

图14-18 删除多边形

11）选择墙体，进入“多边形”层级，选择顶面，单击“分离”按钮，并命名为“顶面”（图14-19）。

12）选择地面并单击“分离”按钮，将其命名为“地面”（图14-20）。

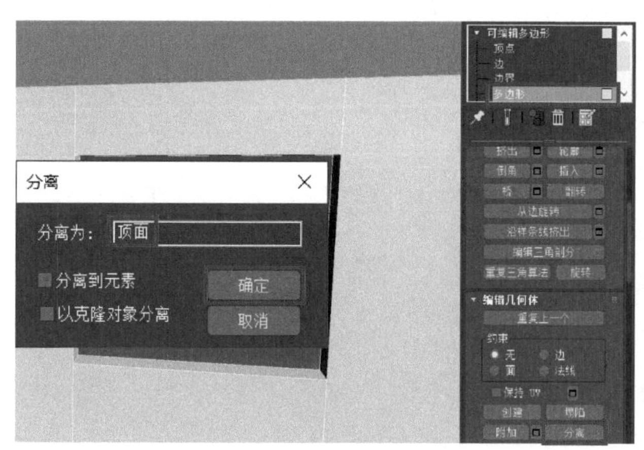

图14-19 分离顶面

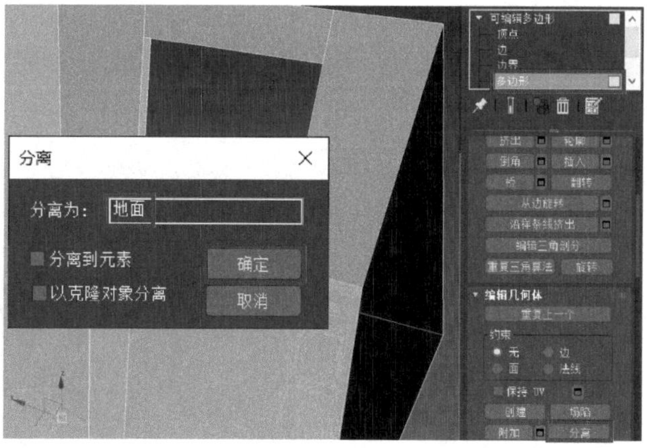

图14-20 分离地面

13）进入顶视图，用矩形工具，从左上角至右下角，画一个矩形（图14-21）。

14）进入修改面板，单击右键，将矩形转化为“可编辑样条线”（图14-22）。

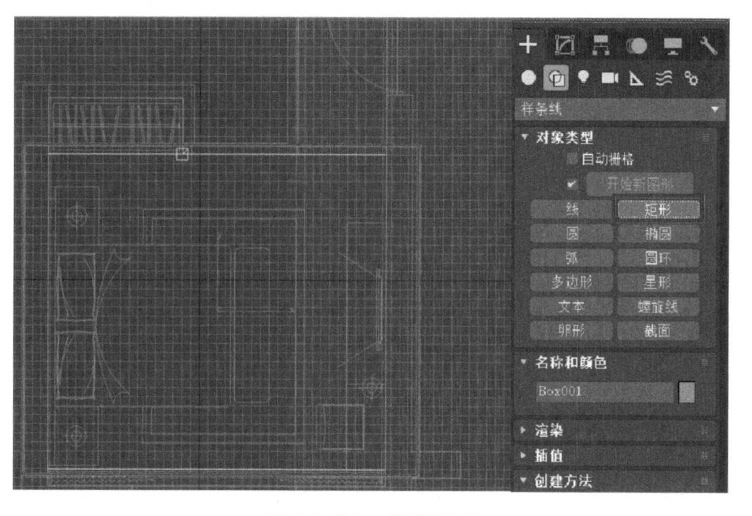

图14-21 创建矩形

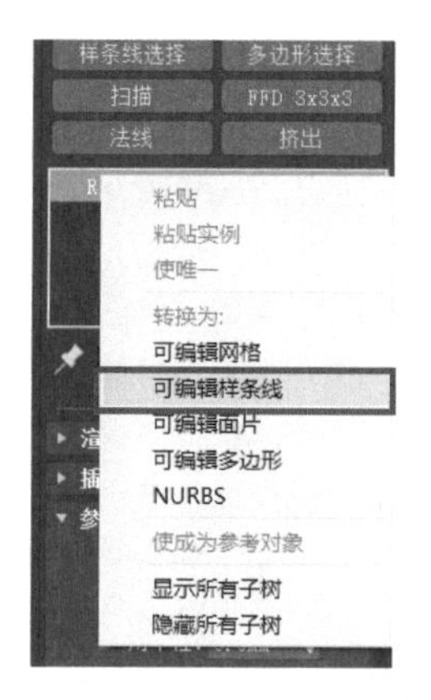

图14-22 转化设置

15）进入“样条线”级别，将轮廓设置为400（图14-23）。

16）添加“挤出”修改器，将挤出的“数量”设置为80.0mm（图14-24）。

17）选中挤出的几何体，在左视口区下部中间位置的“Z”轴坐标中输入2600.0mm（图14-25）。

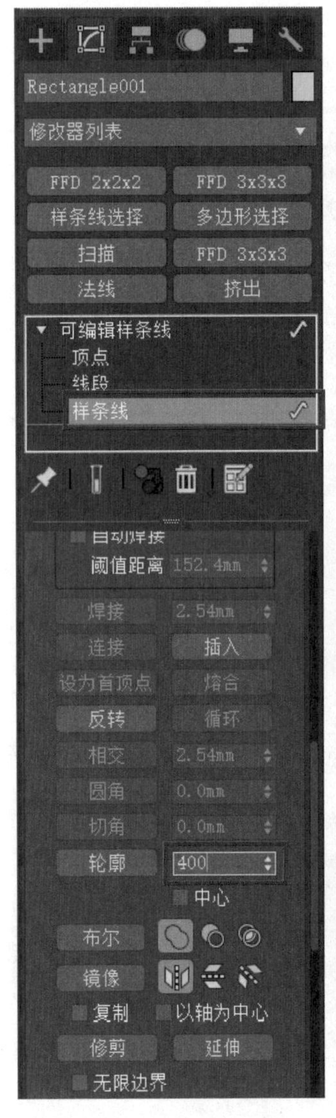

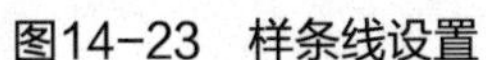

图14-23 样条线设置

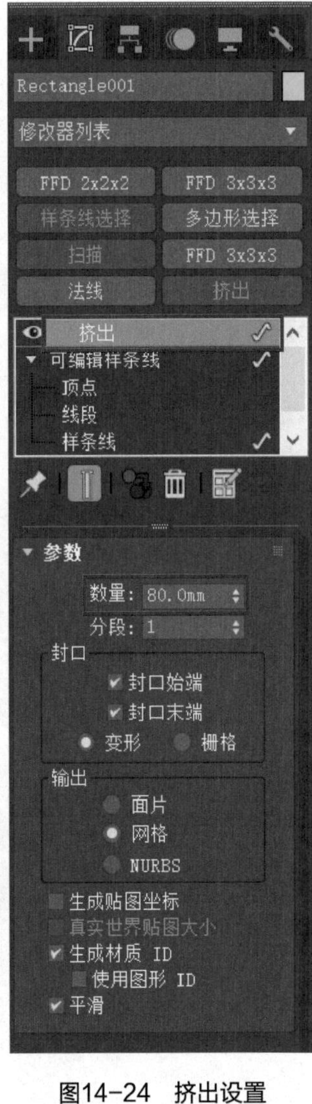

图14-24 挤出设置

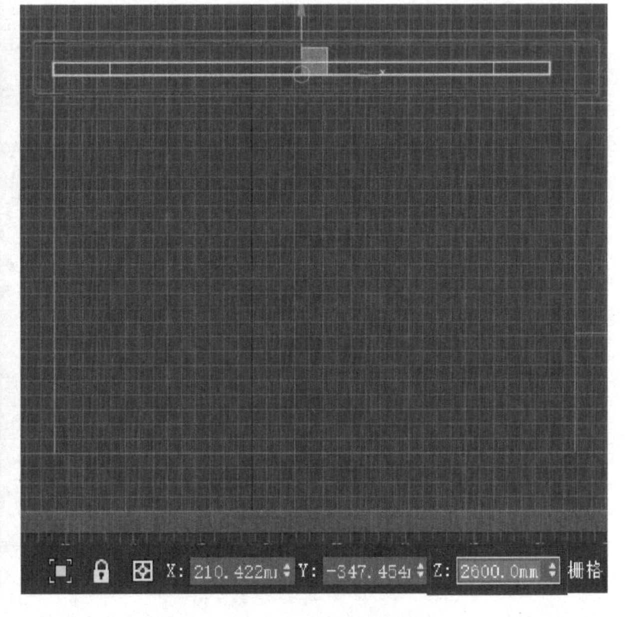

图14-25 坐标设置

设计小贴士

样条线是二维图形，它是一个没有深度的连续线（可以是开的，也可以是封闭的）。创建样条线对建立三维对象的模型至关重要。例如，可以创建一个矩形，然后再定义厚度来生成盒子等三维模型。

在默认的情况下，样条线是不可以渲染的对象。这就意味着如果创建一个样条线并进行渲染，那么在视频帧缓存中将不显示样条线。但是，每个样条线都有一个可以打开的厚度选项。这个选项对文字、电线电缆、复杂吊顶进行设计制作，非常有用。样条线本身可以被设置动画，它还可以作为对象运动的路径。3ds max中常见的样条线类型在“创建面板”的“拓展卷展栏”中有“可编辑样条线”选项。可以创建一个二维图形样条曲线。默认情况下是每次创建一个新的图形。在很多情况下，需要关闭“可编辑样条线”复选框来创建嵌套的多边形，二维图形也是参数对象，在创建之后也可以编辑二维对象的参数。样条线可以变成平面后再进行拉伸，形成三维模型。主要方法为：

1. 给样条线增加挤出修改器。
2. 把样条线转换为可编辑多边形进入面层级挤出。
3. 给封闭样条线增加一个“壳”修改器。

以上三种方法就能变为平面，再拉伸成三维模型。

18）进入创建面板，选中矩形工具，将创建的几何体内部的矩形，描绘一遍此矩形（图14-26）。

19）进入修改面板，在矩形的“长度”和“宽度”上各加上400.0mm（图14-27）。

20）在修改面板中，右键将其转换为“可编辑样条线”，并在“样条线”级别中将“轮廓”设置为20.0mm（图14-28）。

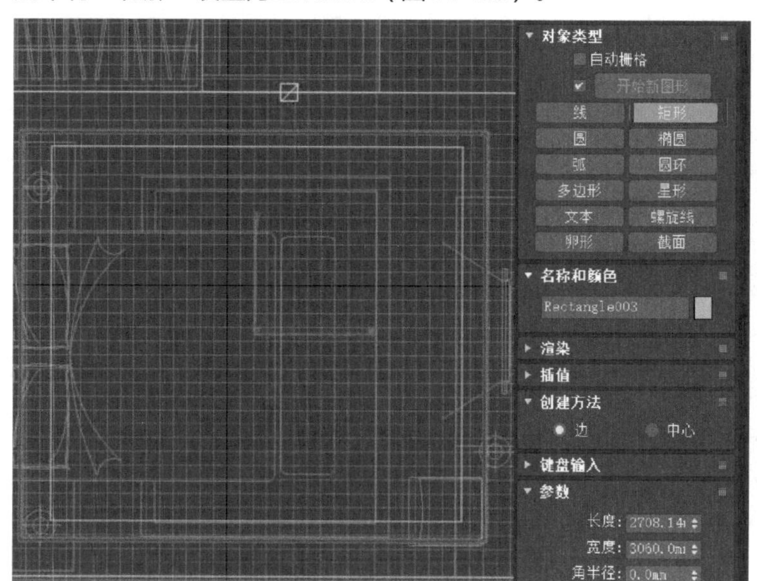

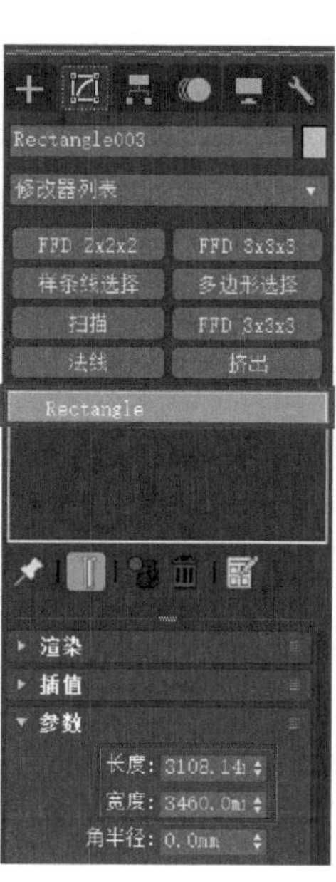

图14-26　创建描绘矩形　　图14-27　参数设置　　图14-28　样条线设置

21）添加“挤出”修改器，将挤出“数量”设置为220.0mm（图14-29）。

22）选中挤出的几何体，在左视口区下部中间位置的“Z”轴坐标中输入2680.0mm（图14-30）。

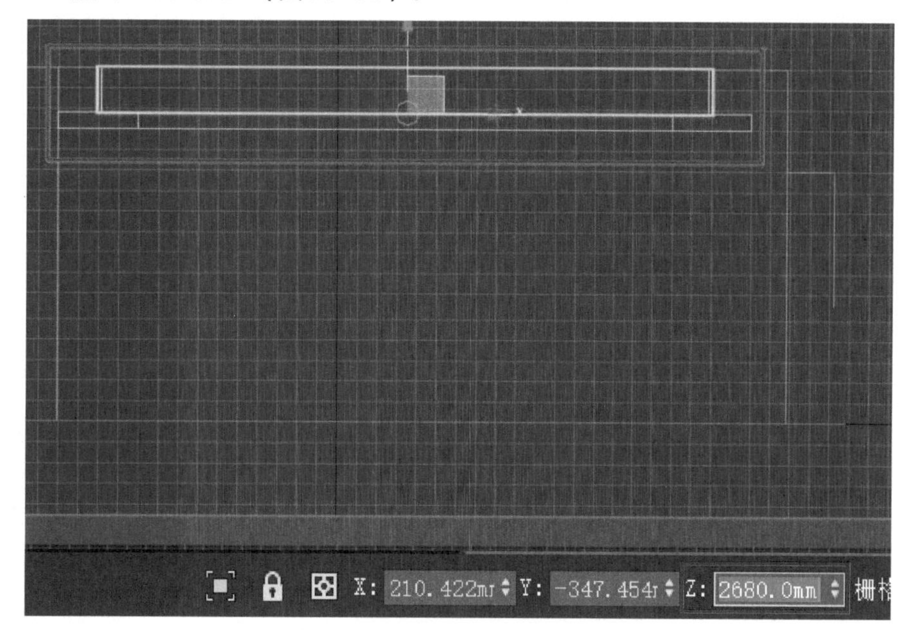

图14-29　挤出设置　　图14-30　坐标设置

14.2 赋予初步材质

1）在创建面板中选择“标准”摄影机（摄像机），在顶视图中创建“目标”摄影机（图14-31）。

2）在“选择过滤器”中选择“C-摄影机”。在前视口中选中摄影机的中线，并将摄影机向上移动，使之在“Z”轴上的数值为1200.0mm（图14-32）。

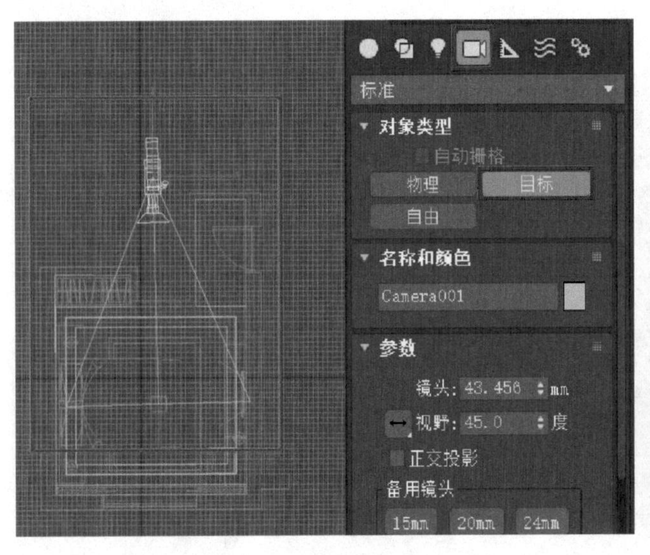

图14-31 创建摄影机

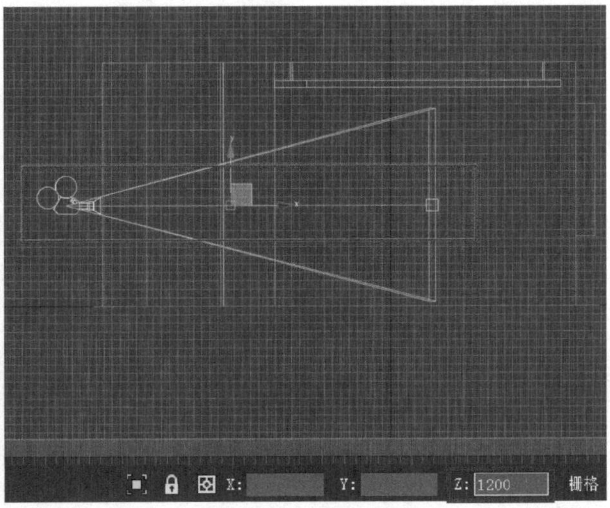

图14-32 移动设置

3）选中摄影机视头，进入修改面板，在“备用镜头”中，选择“24mm”，在“剪切平面”中勾选“手动剪切”，将“近距剪切”设置为“1000.0mm”，“远距剪切”设置为“10000.0mm”（图14-33）。近距剪切数值是控制摄影机最近能看到物体的距离，这里设置为1000.0mm，就是从摄影机前1000.0mm的地方创建一个窗口，从中展示前面的景象；远距离剪切是指摄影机能看到的最远距离，超过这个数值之外的物体将不被摄影机所记录。这里的数值是一个初始数值，读者可以根据所需自行调整近距或远距的数值。

4）在“选择过滤器”中选择“全部”。打开创建面板，进入图形面板，在顶视图中的窗外创建一个“弧”（图14-34）。

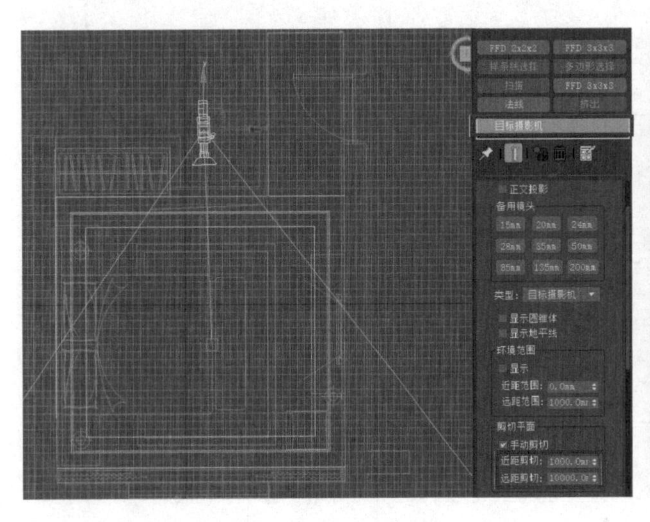

图14-33 修改命令

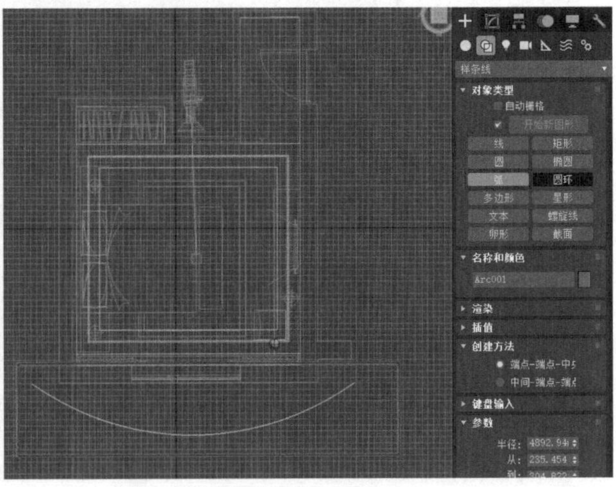

图14-34 创建弧形

5）选中创建的弧，在修改面板中，右键转换为“可编辑样条线”，进入“样条线”级别，将“轮廓”设置为20.0mm（图14-35）。

6）在修改面板中，给弧线添加“挤出”修改器，将“数量”设置为3400.0mm（图14-36）。

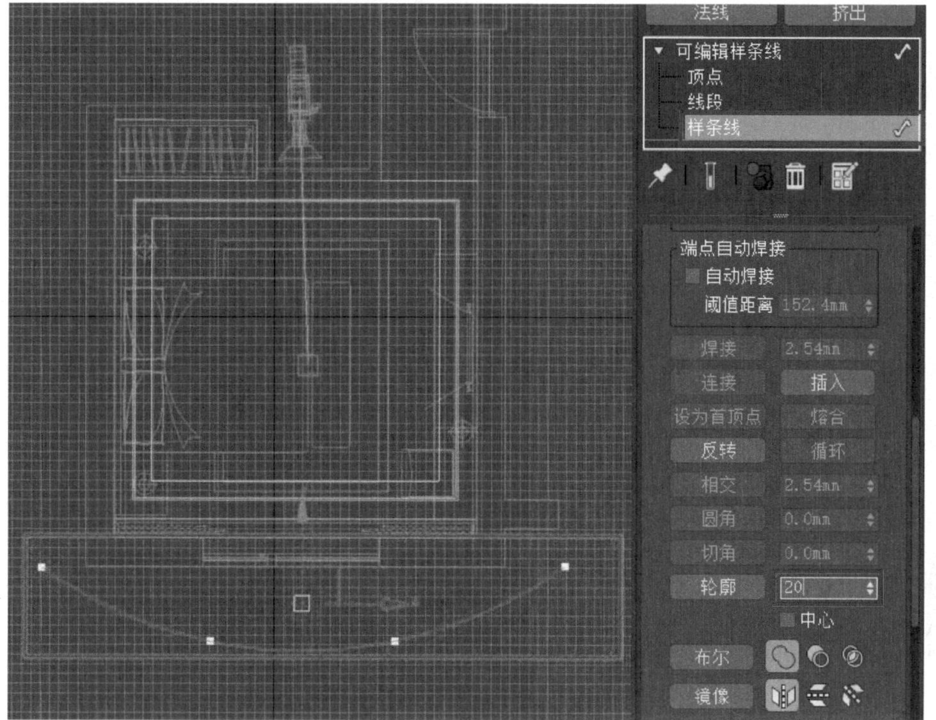

图14-35 转换设置

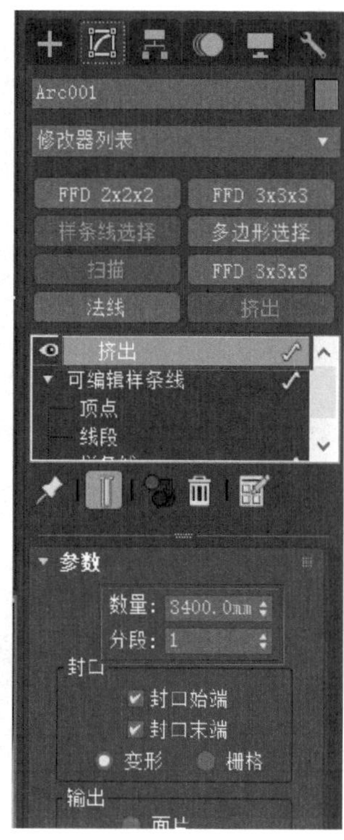

图14-36 挤出设置

7）打开“Slate材质编辑器”对话框，双击“VRayMtl”创建一个材质球，修改其名称为顶面，并将“漫反射”设置为白色，并赋予“顶面”（图14-37）。

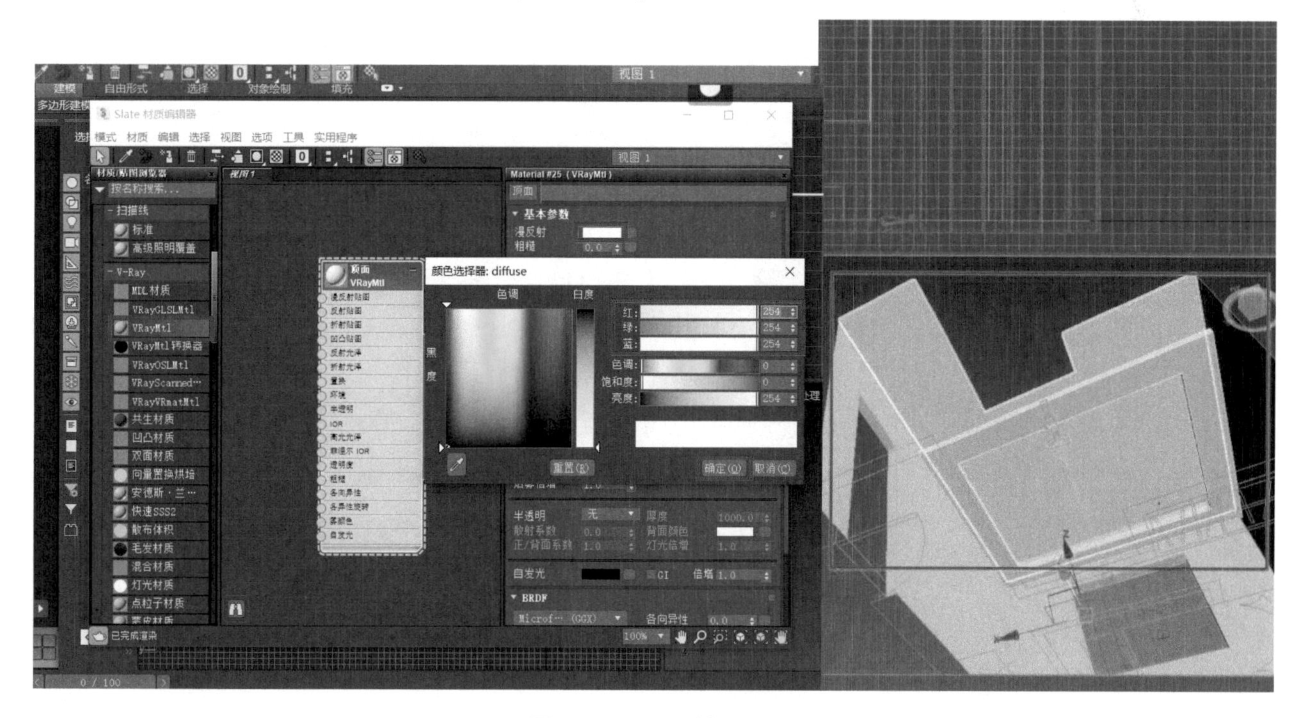

图14-37 顶面材质设置

8）再次创建一个“VRayMtl”材质球，将名称为木地板，单击“漫反射”后面的按钮，给材质添加一张位图（图14-38）。

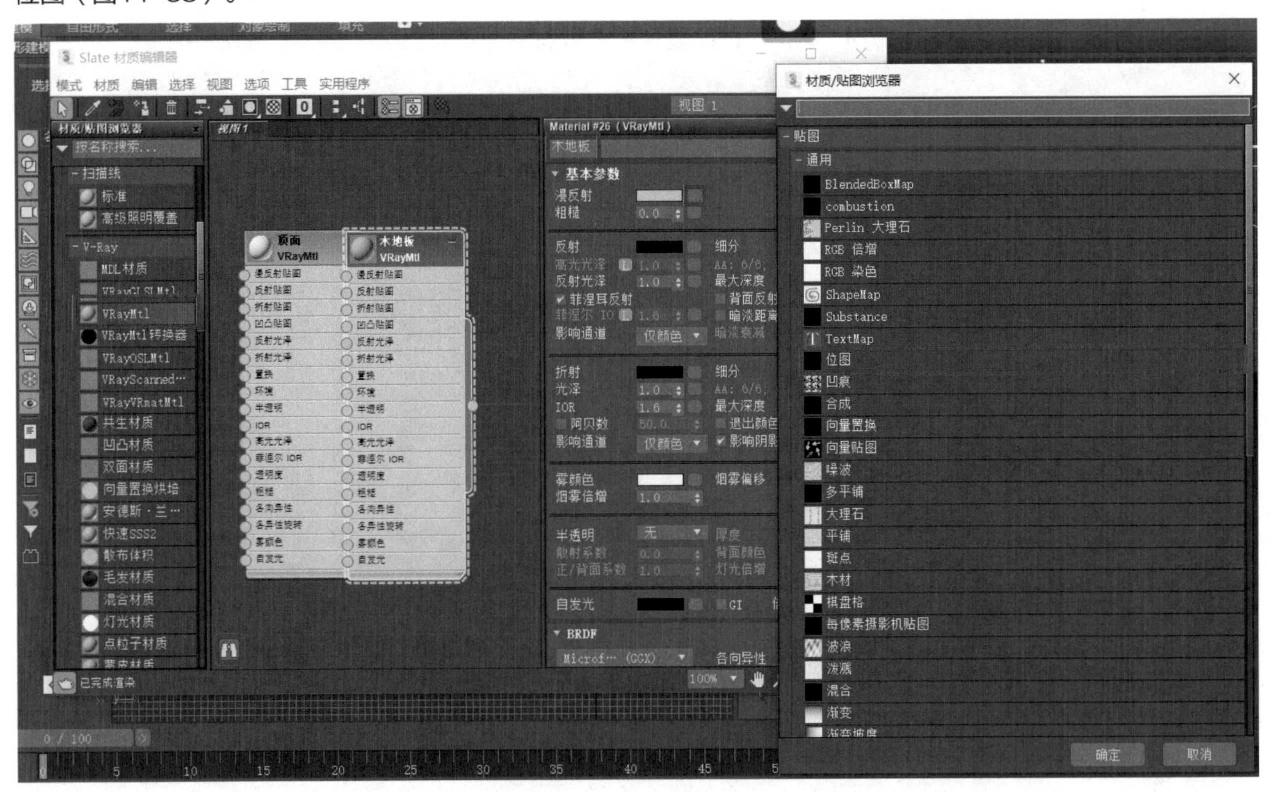

图14-38　木地板材质设置

9）打开本书配套资料中的“模型素材/第14章/卧室”，选择一张贴图（图14-39）。

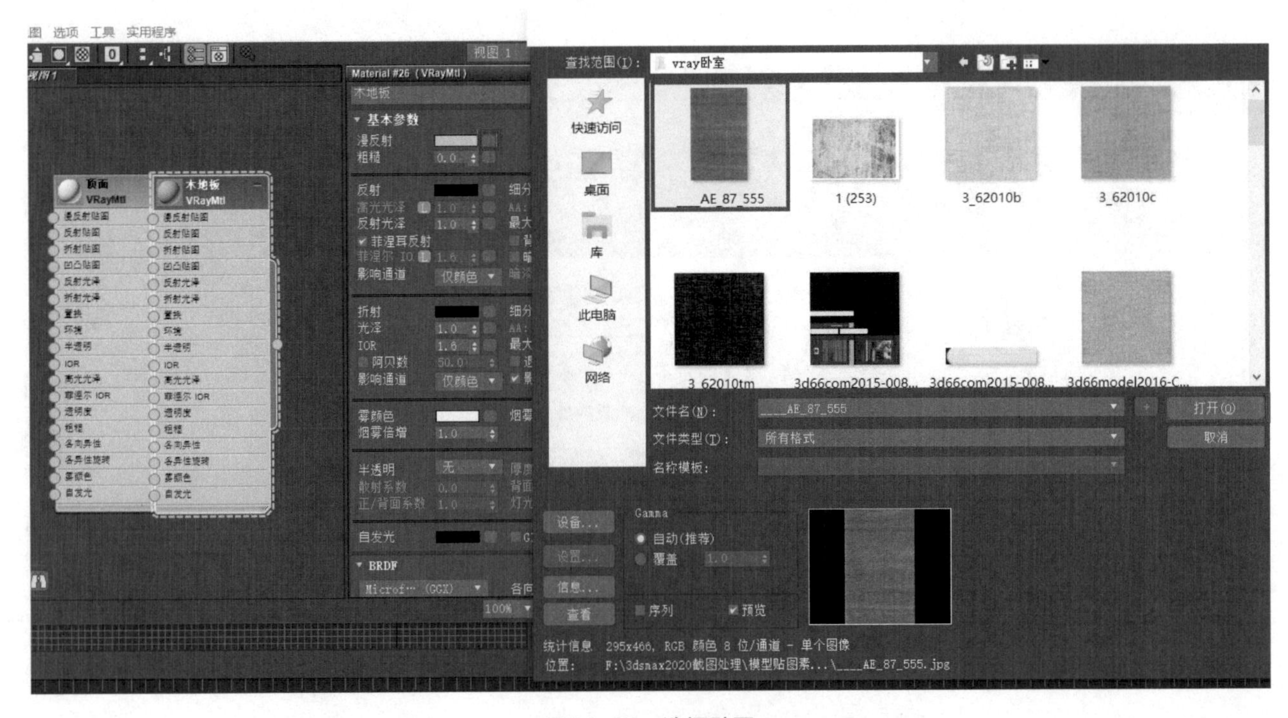

图14-39　选择贴图

10）单击“高光光泽”后的“L”取消锁定，并将“高光光泽”“反射光泽”均设置为0.8，取消勾选“菲涅尔反射”（图14-40）。

11）把“漫反射贴图”连接到“凹凸贴图”上（图14-41）。

12）把材质赋予地面，并在视口中启用“有贴图的明暗处理材质”，将材质在视口中显示（图14-42）。

13）在场景中新建一个长方体，长度为90.0mm，宽度为1200.0mm，高度为20.0mm（图14-43）。

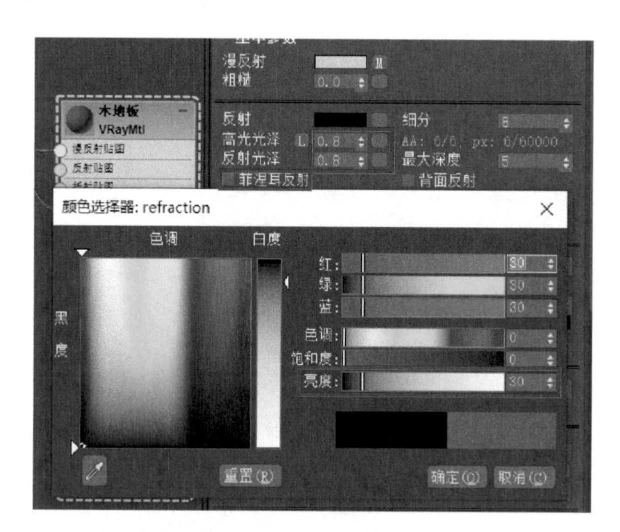

图14-40 亮度设置

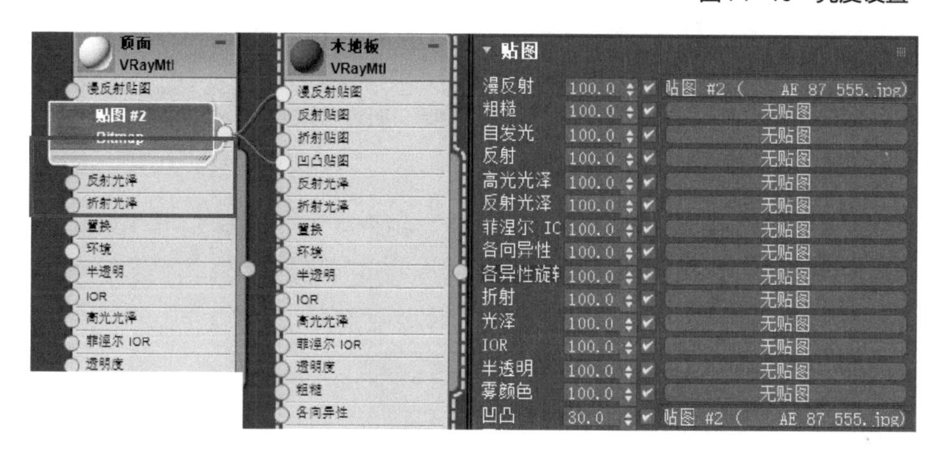

图14-41 连接贴图

图14-42 显示地面材质

图14-43 创建设置

14）在修改面板中给底边添加“UVW贴图”修改器，调整贴图的长度和宽度，使其纹理适应所创建的长方体。调整完成后删除所创建的长方体（图14-44）。

15）打开材质编辑器，新建一个“VRayMtl材质”并取名为墙面，并在“漫反射”后面添加一张墙纸贴图，贴图可从“模型素材/第14章/vray卧室”中选择（图14-45）。

图14-44　添加贴图

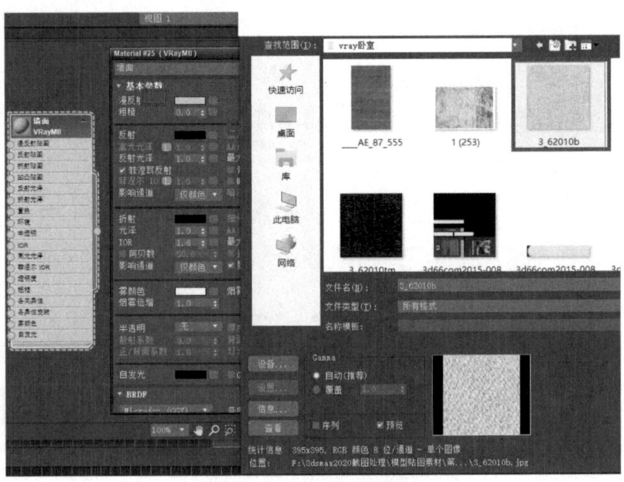

图14-45　材质贴图

16）将材质赋予墙面，并在修改面板中给墙体添加“UVW贴图”修改器，在“参数”中将其“贴图”设置为长方体，将其“长度”“宽度”“高度”都设置为600.0mm（图14-46）。

17）打开“Slate材质编辑器”对话框，双击“VRayMtl”创建一个材质球，将其名称修改为“天花”，并将“漫反射”颜色设置为白色，并赋予“吊顶”（图14-47）。

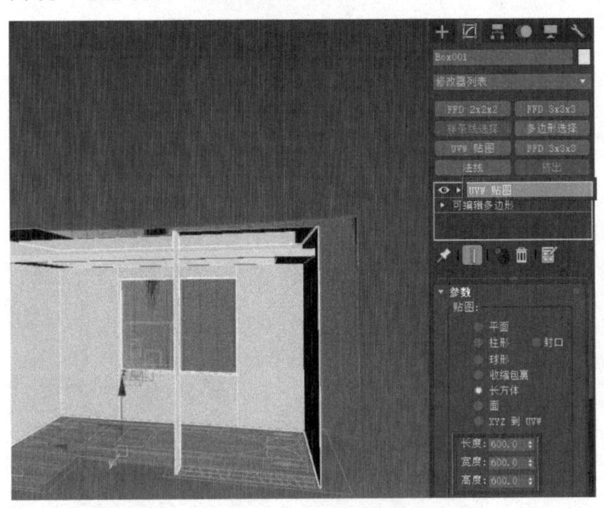

图14-46　贴图设置

图14-47　材质设置

18）打开“Slate材质编辑器”对话框，双击“灯光材质”创建一个材质球，在“颜色”后面添加一张外景贴图，选择本书配套资料中的“模型素材/第14章/VR卧室/都市风情(1)”（图14-48），并将“颜色”改成黑色，赋予外景（图14-49）。

设计小贴士

设置灯光后不要急于渲染，每次渲染前都要仔细调整模型与贴图，校正上一次渲染中出现的错误。可以将需要更正的问题记录在纸上，逐一解决。无论效果图的复杂程度如何，都应该尽量减少渲染次数，明确渲染目的，盲目渲染只会浪费更多时间。

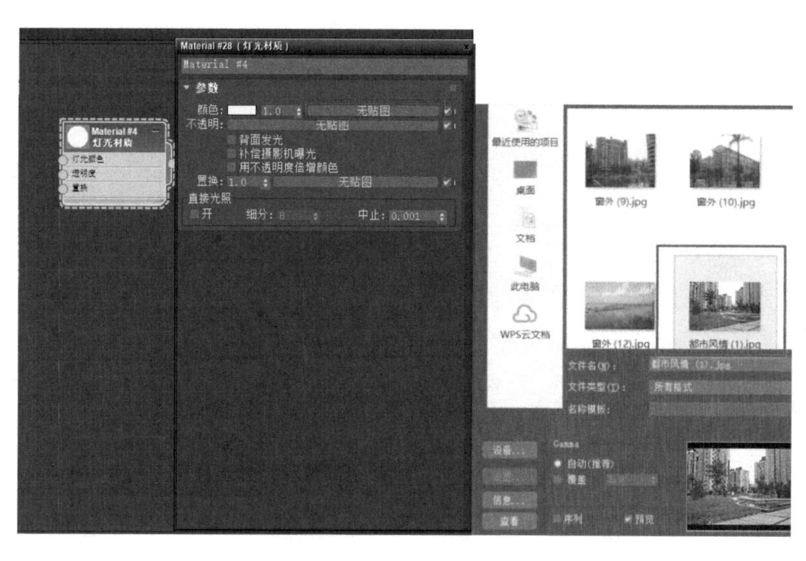
图14-48 材质贴图

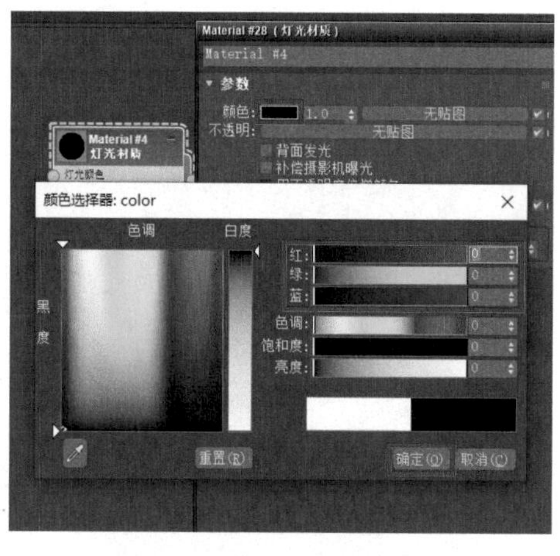
图14-49 颜色设置

19）给外景添加“UVW贴图”修改器，在“贴图”中选择“长方体”（图14-50）。

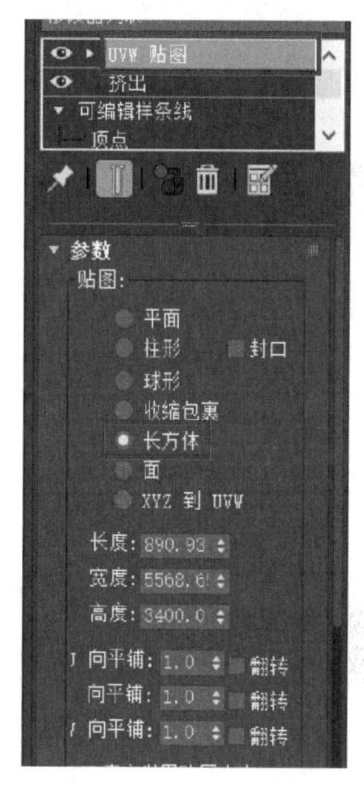
图14-50 添加贴图

14.3 设置灯光与导入模型

1）在创建面板中创建“灯光”，选择“VR灯光（VRayLight）”，打开“捕捉”工具，在前视口捕捉窗户外形并创建灯光（图14-51）。

2）关闭“捕捉”工具，在顶视口使用“移动”工具将灯光移动到窗户外部（图14-52）。

3）进入修改面板，将灯光的“倍增器”设置为2.0，“颜色”设置为浅蓝色，勾选“不可见”，取消勾选“影响镜面”“影响反射”（图14-53）。按〈C〉进入摄影机视口，渲染效果如图14-54所示。

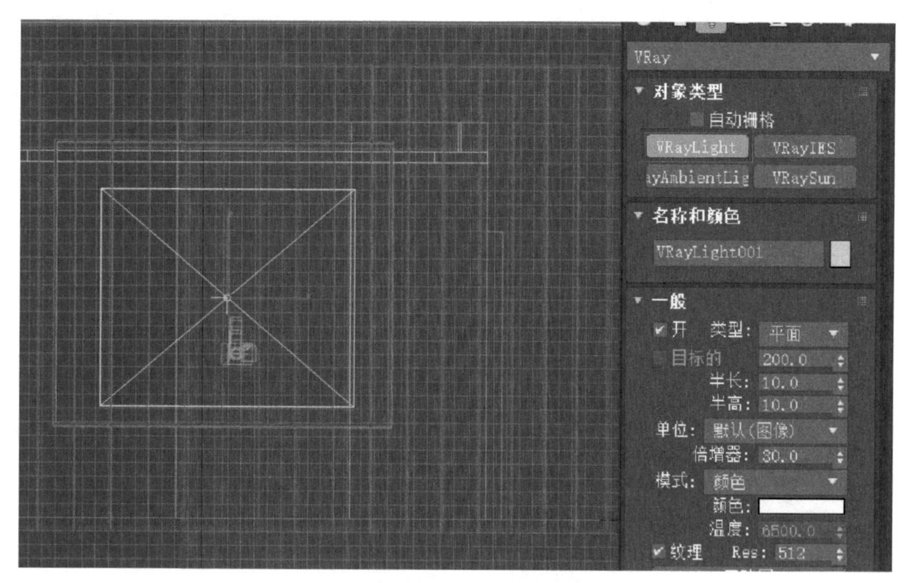
图14-51 创建灯光

4）进入透视视口，在修改面板中选择“UVW贴图”下的Gizmo，利用移动工具调整贴图位置（图14-55）。

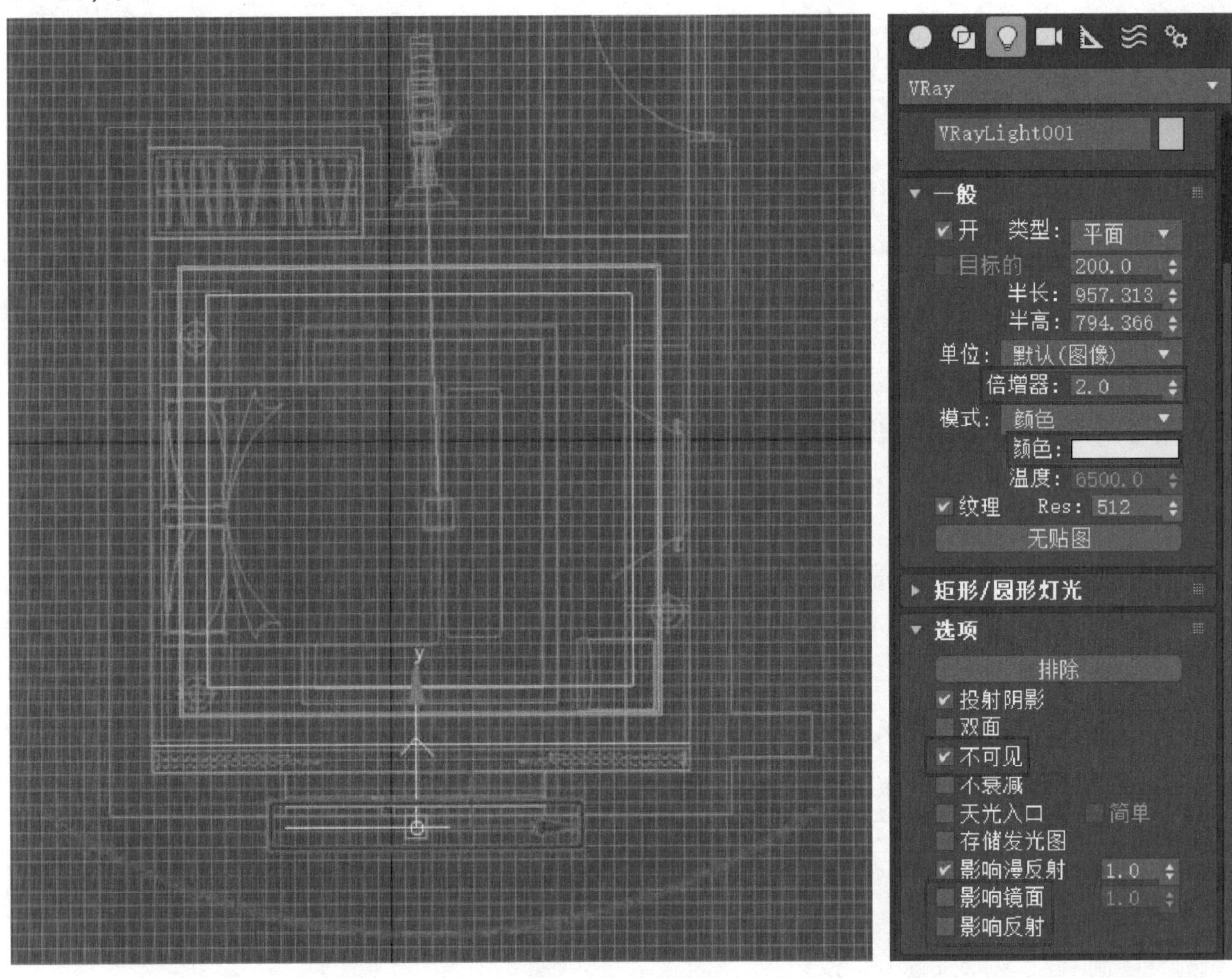

图14-52 移动灯光　　图14-53 修改设置

图14-54 渲染效果

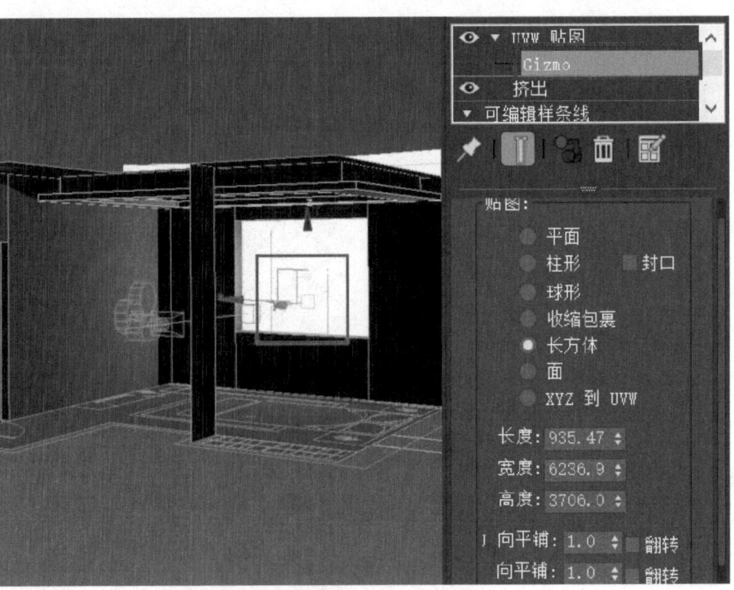

图14-55 调整贴图

5）打开主菜单栏的“文件”菜单，选择“导入→合并”（图14-56），选择本书配套资料中的“模型素材/第14章/导入模型”，将里面的模型全部合并进场景中。由于这些模型的大小、比例、位置都已经调整好了，因此可以不用再调整了（图14-57）。

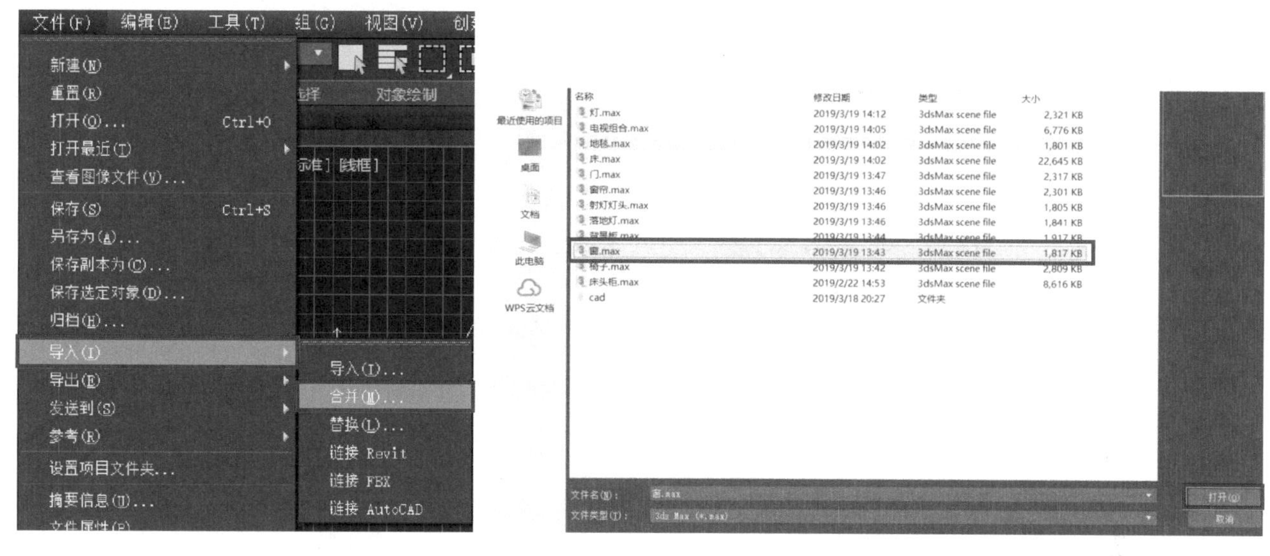

图14-56 合并模型

图14-57 导入文件

6）选择“窗.max”，单击“打开”按钮（图14-57），在“合并-窗”对话框中选择“全部”，并取消勾选“灯光”与“摄影机”（图14-58）。

7）合并完成后，在顶视口观察效果（图14-59）。渲染窗口，渲染效果如图14-60所示。

8）观察到窗帘有些短，选中窗帘，为其添加“FFD2*2*2”修改器，框选上方两点，利用“移动”工具调整其位置（图14-61）。

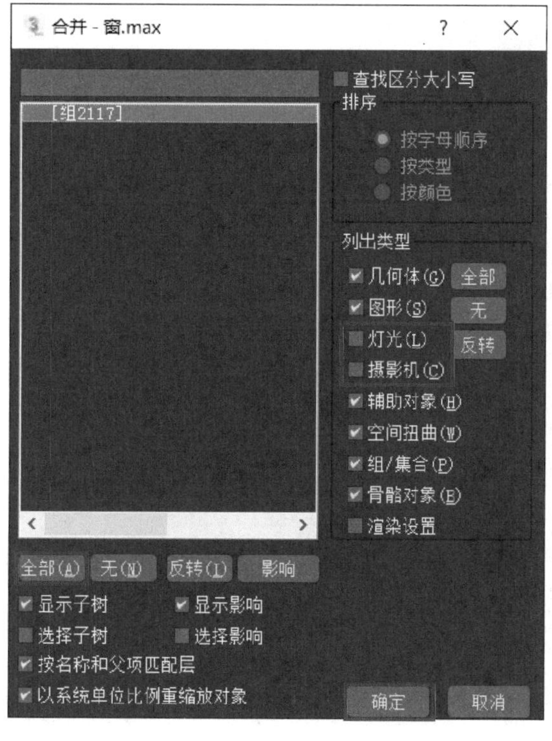

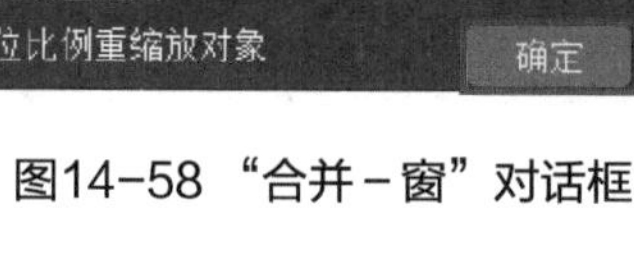

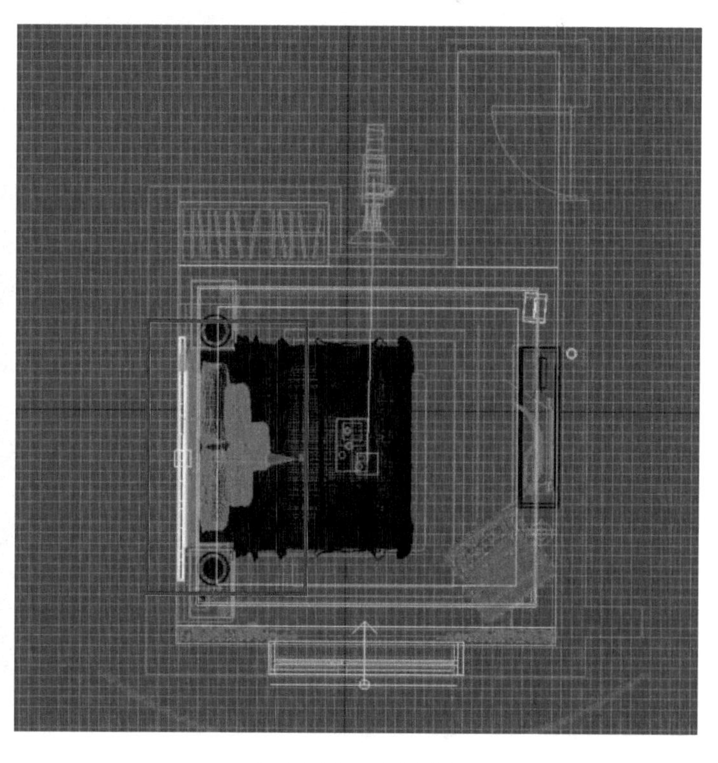

图14-58 “合并-窗”对话框

图14-59 合并效果

图14-60　渲染效果

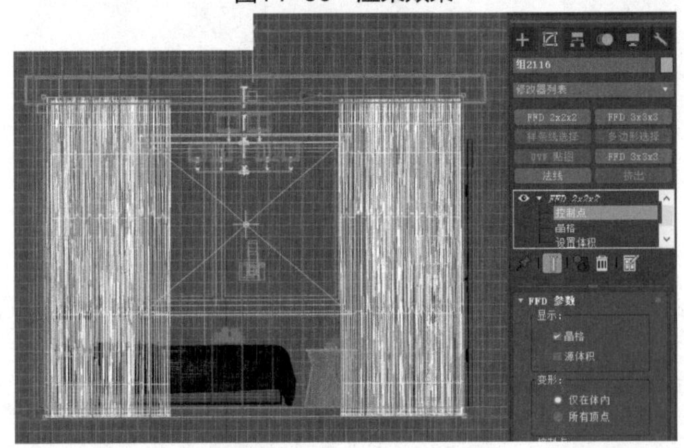

图14-61　调整窗帘

9）进入顶视图，调整摄影机位置，并随之调整“近距剪切”的数值（图14-62）。

10）进入顶视口中，在创建面板中选择“VRay灯光（VRayLight）”，创建灯带（图14-63）。

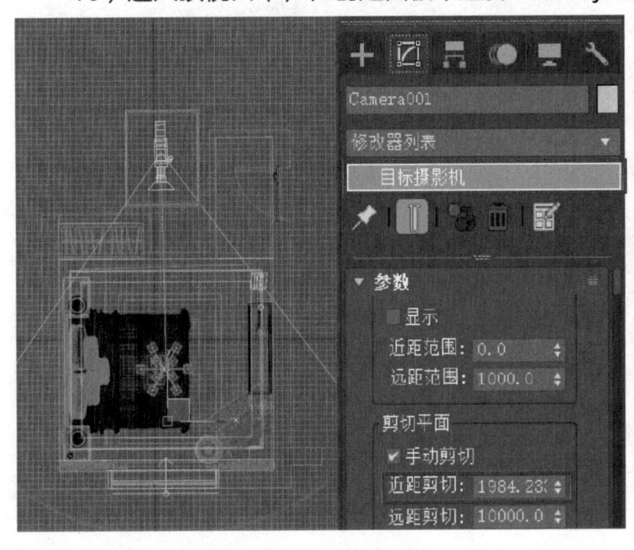

图14-62　调整剪切

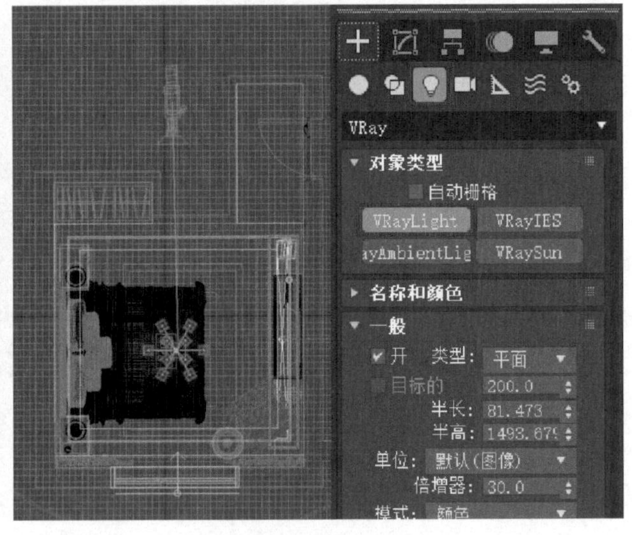

图14-63　创建灯带

11）进入修改面板，将灯光的“倍增器”设置为4.0，“颜色”设置为浅黄色，勾选“不可见”，取消勾选“影响镜面”“影响反射”（图14-64）。

12）在“选择过滤器”中选择“L-灯光”（图14-65）。

13）在顶视图中按住〈Shift〉键，将右侧的灯光复制到左侧，并在弹出的“克隆选项”对话框中选择“实例”（图14-66）。

图14-64 颜色设置

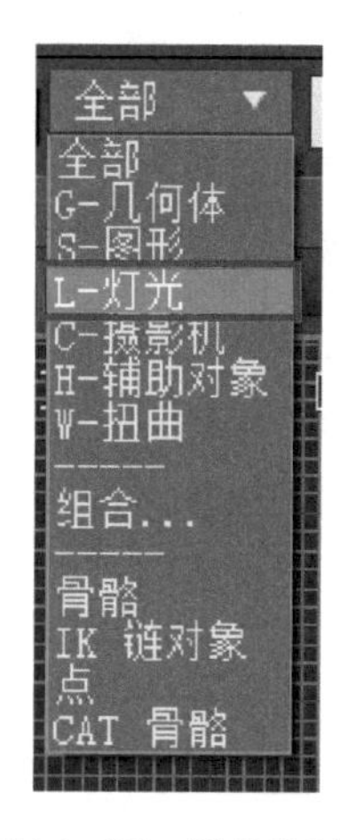

图14-65 选择灯光

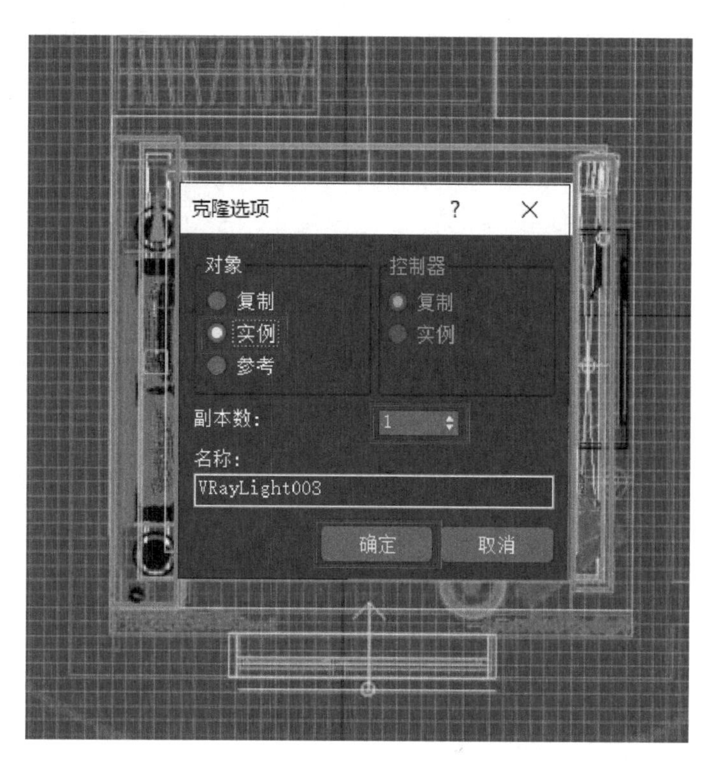

图14-66 实例复制

14）再复制一个灯光并在弹出的“克隆选项”对话框中选择“复制”（图14-67）。

15）利用“旋转”工具，在“Z”轴上旋转90°（图14-68）。

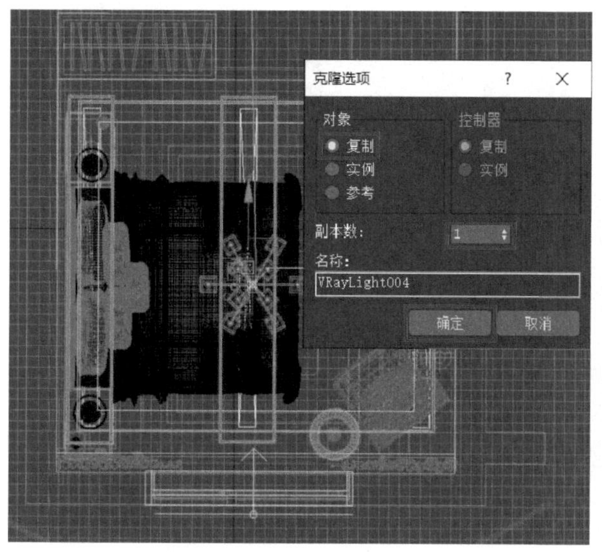
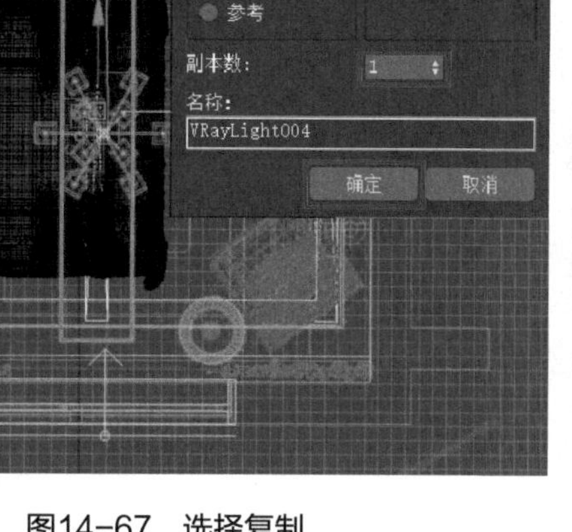

图14-67 选择复制

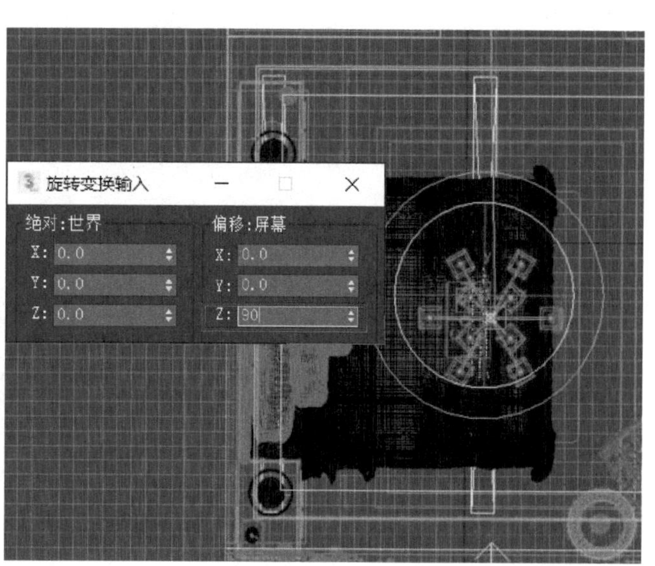

图14-68 旋转设置

16）同样复制灯光使灯带环绕在吊顶周围，选中全部吊顶灯光，利用“镜像”工具，使之在“Y”轴上镜像（图14-69）。

17）进入左视图，利用“移动”工具，将全部灯光移动到吊顶上方（图14-70）。

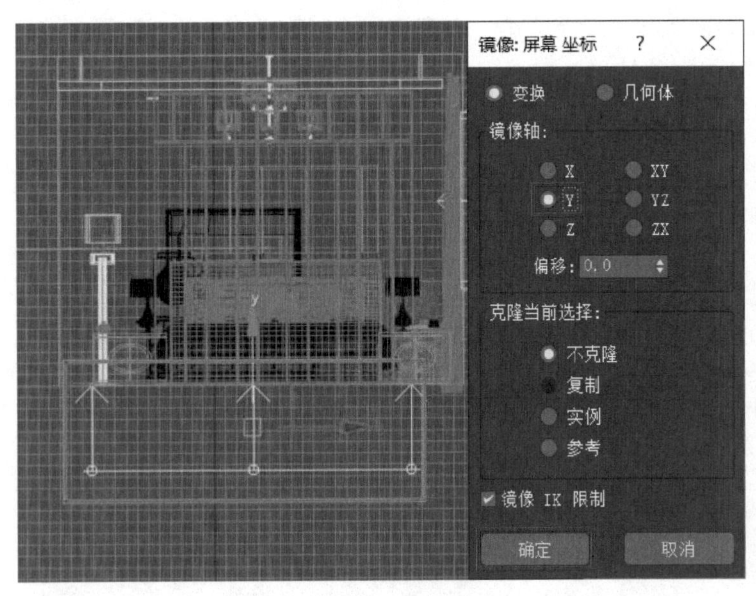

图14-69　复制灯光

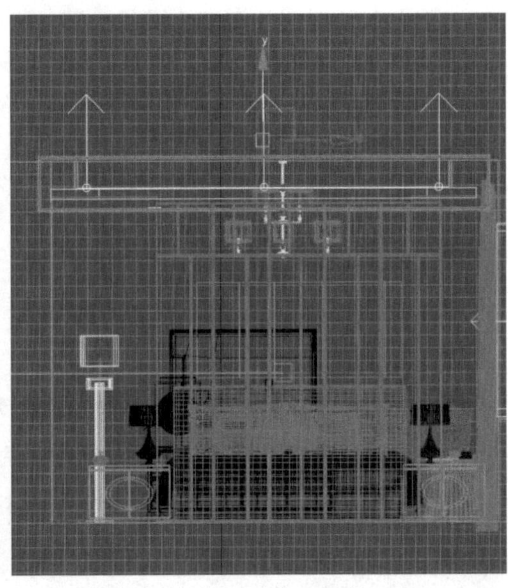

图14-70　移动灯光

18）进入顶视口中，在创建面板中选择“VRay灯光（VRayLight）”，创建面光源，进入修改面板将灯光的“倍增器”设置为4.0，“颜色”设置为浅黄色，勾选“不可见”，取消勾选“影响镜面”“影响反射”（图14-71）。

19）进入左视图，利用“移动”工具，将灯光移至吊灯下方（图14-72）。

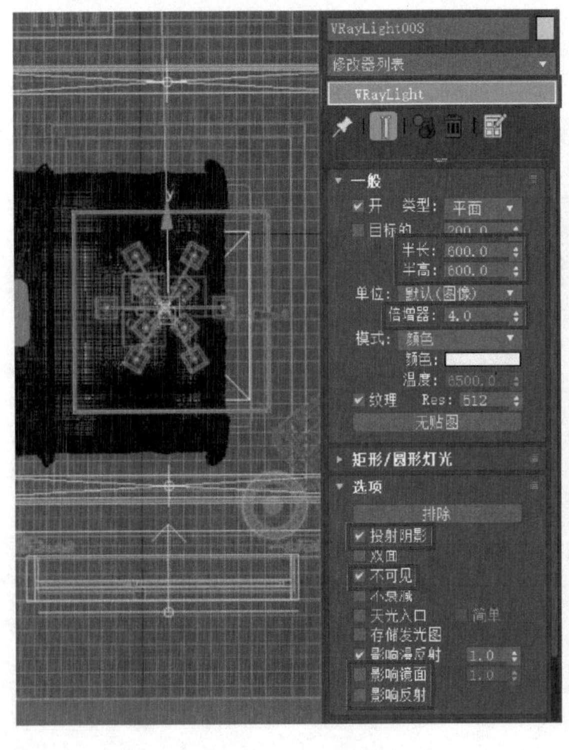

图14-71　灯光设置

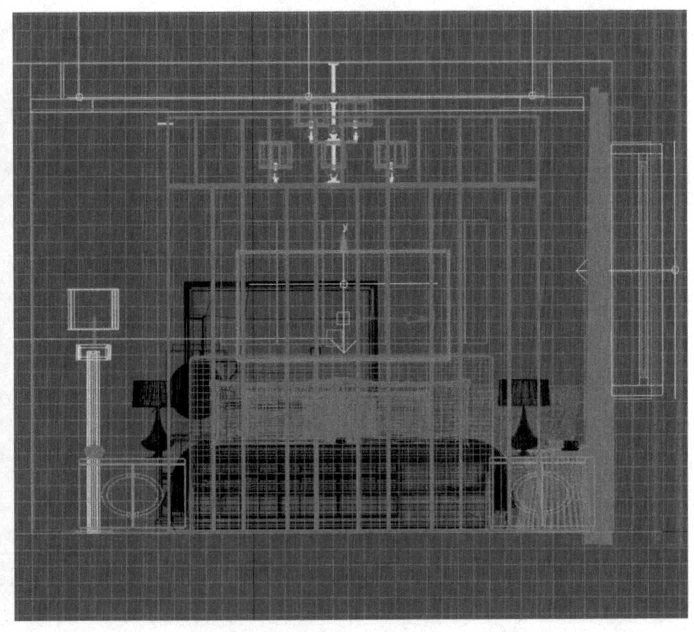

图14-72　移动灯光

20）进行渲染，渲染效果如图14-73所示。

21）进入顶视口中，在创建面板中选择“VRay灯光（VRayLight）”，创建吊顶灯光，在“一般”卷展栏下的“类型”中选择球体（图14-74）。

图14-73 渲染效果

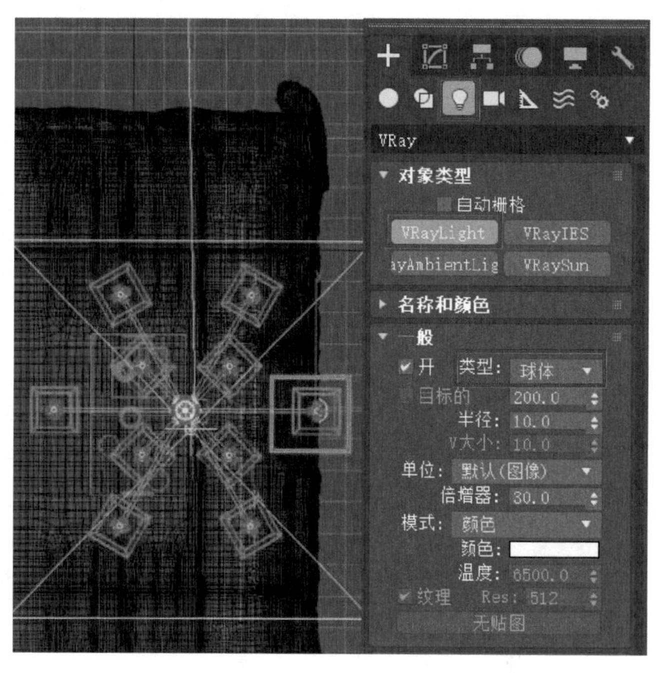

图14-74 创建灯光

22）进入修改面板，将灯光的“倍增器”设置为4.0，“颜色”设置为浅黄色，勾选“不可见”，取消勾选“影响镜面”“影响反射”（图14-75）。

23）进入顶视图，利用“移动”工具，同时按住〈Shift〉键，将灯光复制到外围一圈相对应的6个位置上（图14-76）。

图14-75 灯光设置

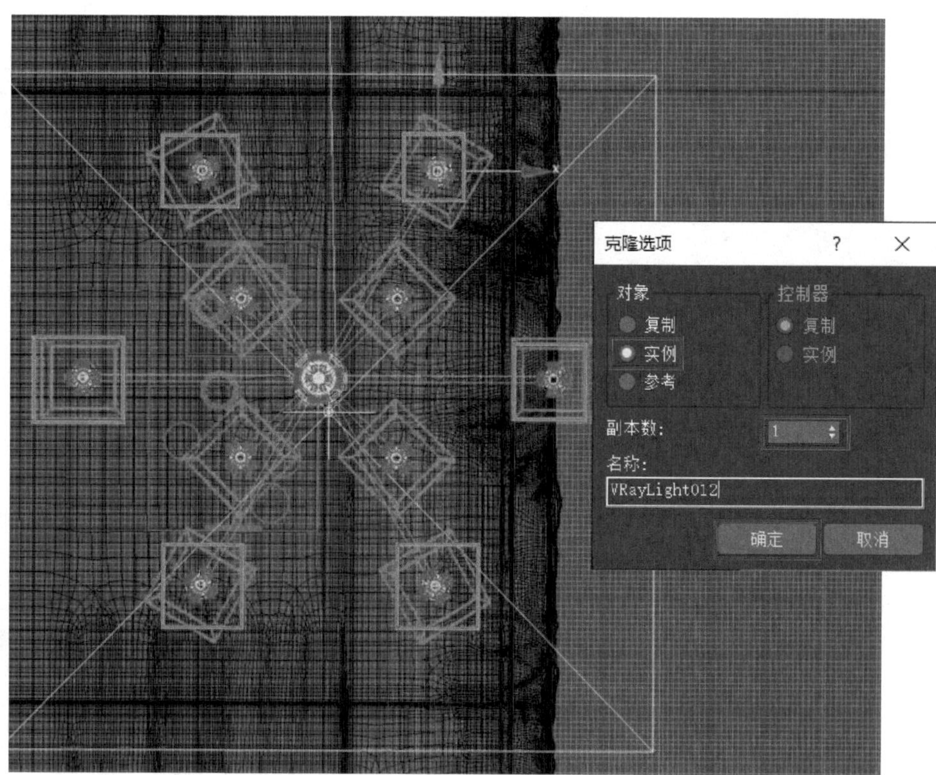

图14-76 移动复制

24）进入左视口，利用“移动”工具将灯光移动到6个灯罩内部（图14-77）。

25）进入顶视图，利用“移动”工具，同时按住〈Shift〉键将灯光复制到内部相对应的4个位置上（图14-78）。

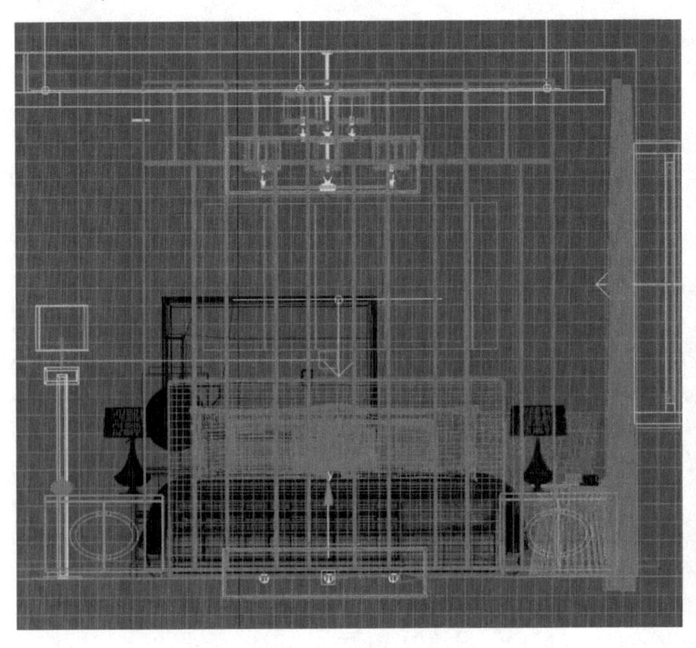

图14-77　移动灯光

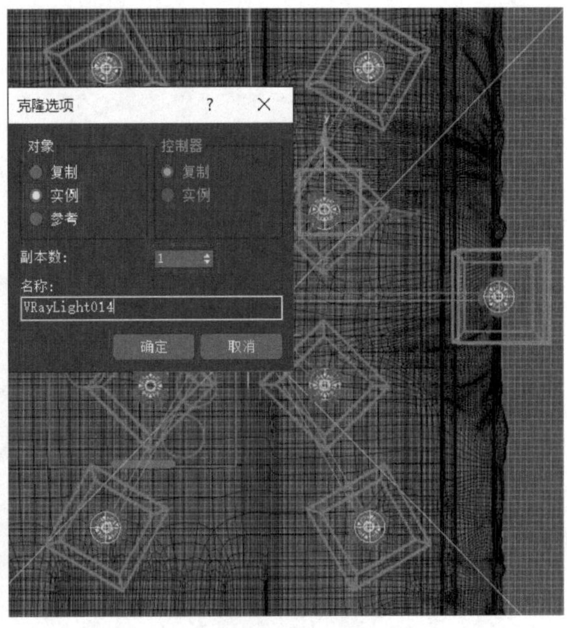

图14-78　实例复制

26）再次进入左视口，利用“移动”工具将灯光精确移动到灯罩内部相应的位置（图14-79）。

27）进入顶视口中，在创建面板中选择“VRay灯光（VRayLight）”，创建台灯灯光，在“一般”卷展栏下的“类型”中选择球体（图14-80）。

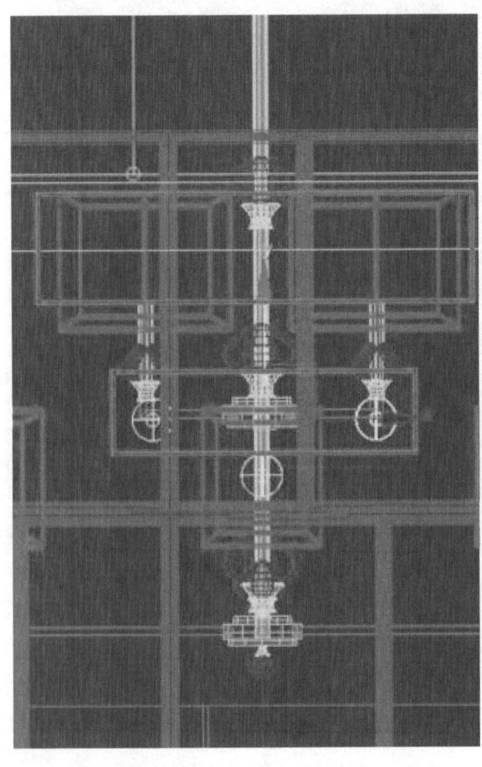

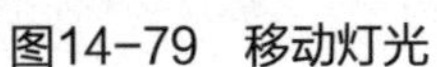

图14-79　移动灯光

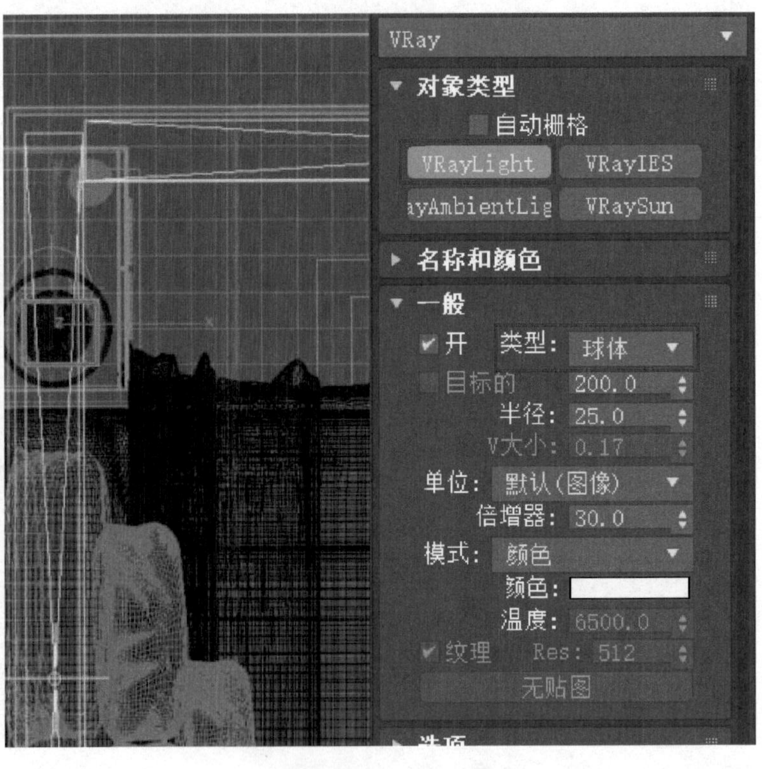

图14-80　创建台灯

28）进入修改面板，将灯光的“倍增器”设置为10.0，“颜色”设置为浅黄色，勾选“不可见”，取消勾选“影响镜面”“影响反射”（图14-81）。

29）利用“移动”工具，同时按住〈Shift〉键，复制一个到下方，在弹出的“克隆选项”对话框中选择“实例”（图14-82）。

图14-81　灯光设置

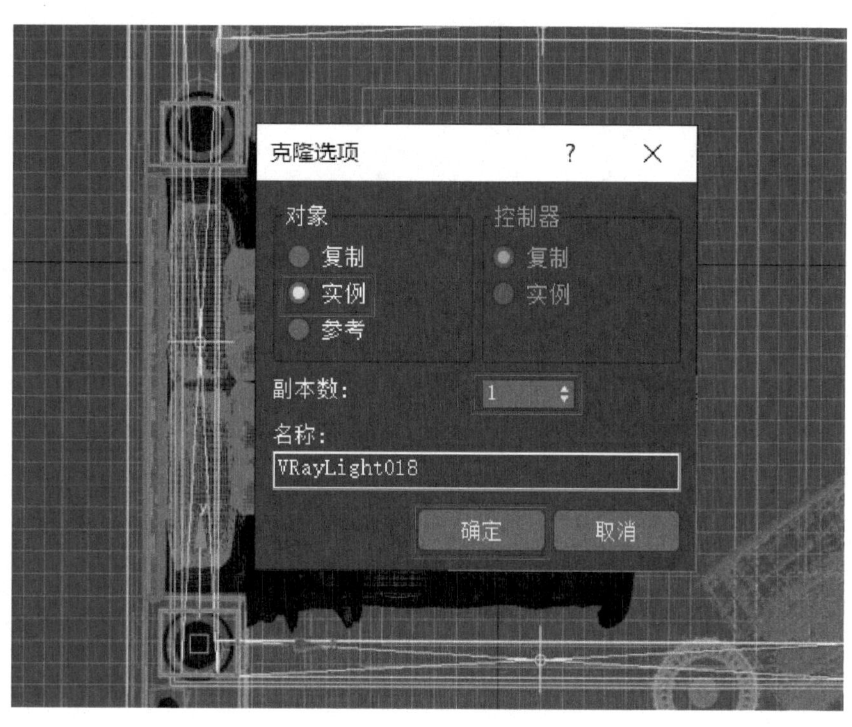

图14-82　实例复制

30）进入左视口，利用“移动”工具将灯光移动到灯罩内部（图14-83）。

31）进入顶视口中，在创建面板中选择“VRay灯光（VRayLight）”，创建落地灯灯光，在“一般”卷展栏下的“类型”中选择球体，将“半径”设置为50.0mm（图14-84）。

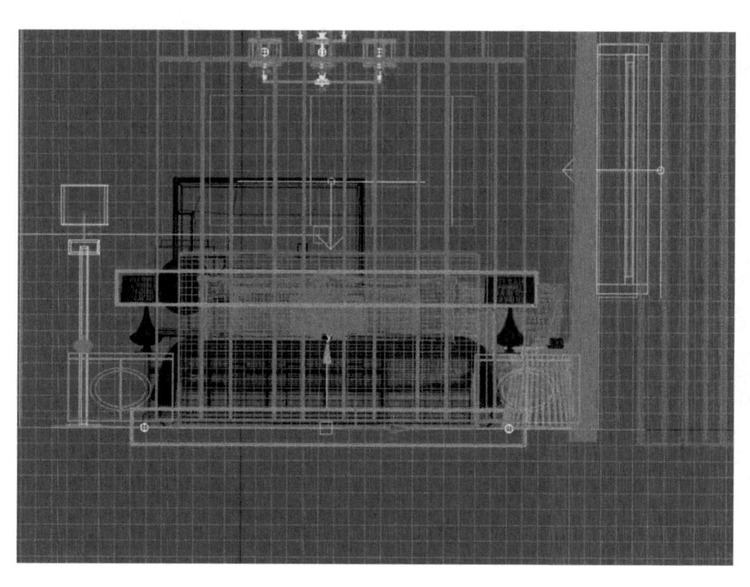

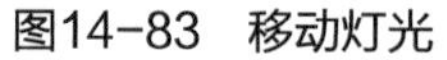
图14-83　移动灯光

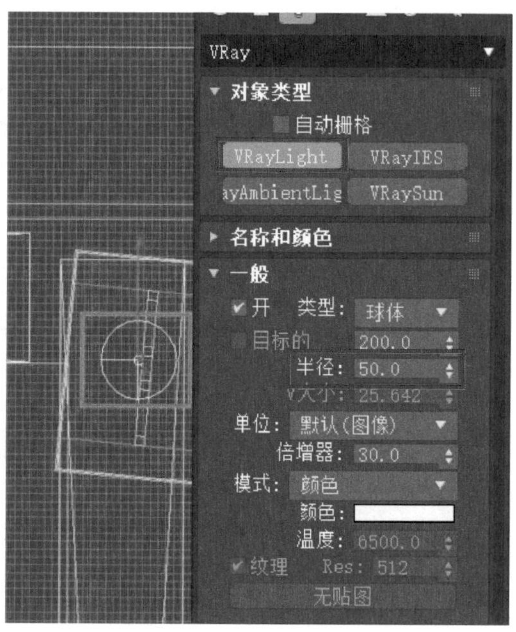

图14-84　创建落地灯

32）进入修改面板，将灯光的“倍增器”设置为10.0，“颜色”设置为浅黄色，勾选“不可见”，取消勾选“影响镜面”“影响反射”（图14-85）。

33）最大化左视口，利用“移动”工具将灯光移动到合适的位置（图14-86）。

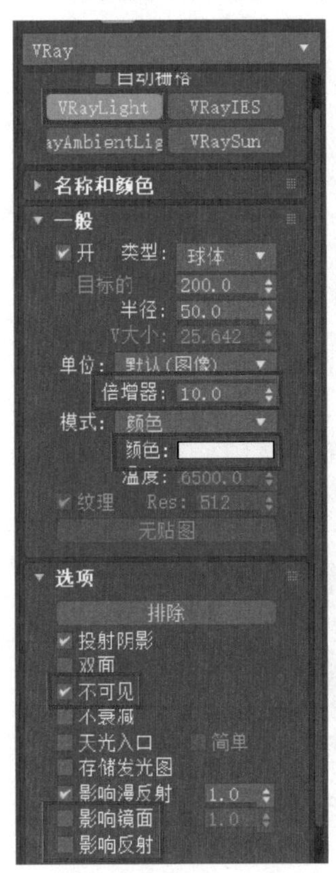

图14-85 灯光设置

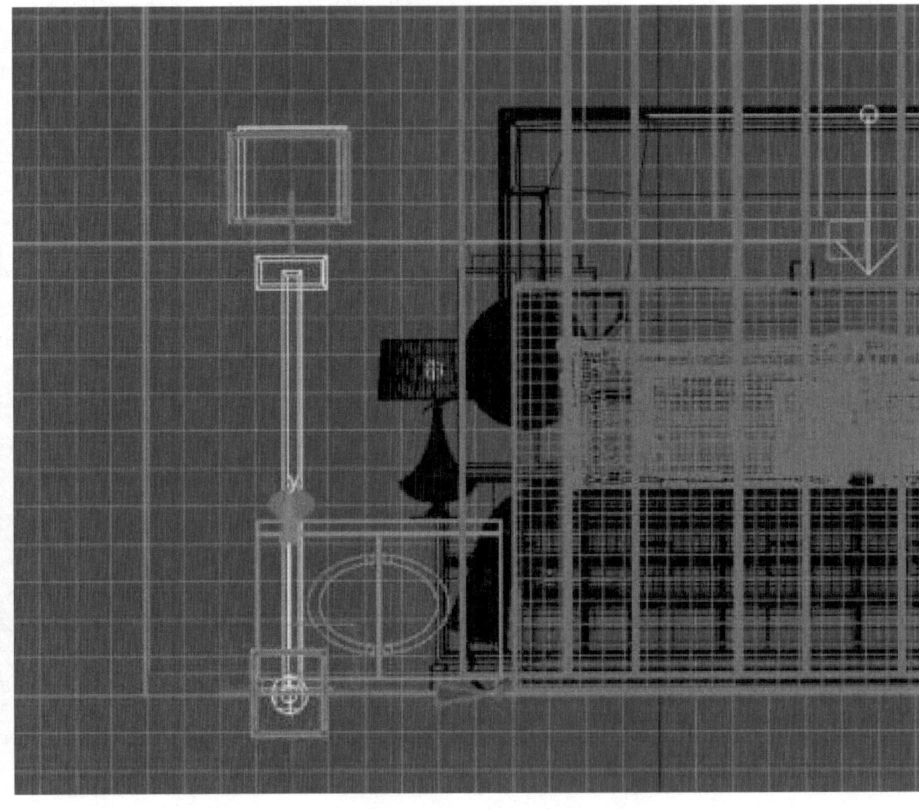

图14-86 移动灯光

34）渲染视图并观察效果（图14-87）。

35）制作筒灯。在顶视图中利用创建面板中的“圆”，在顶视图中创建一个圆（图14-88）。

图14-87 渲染效果

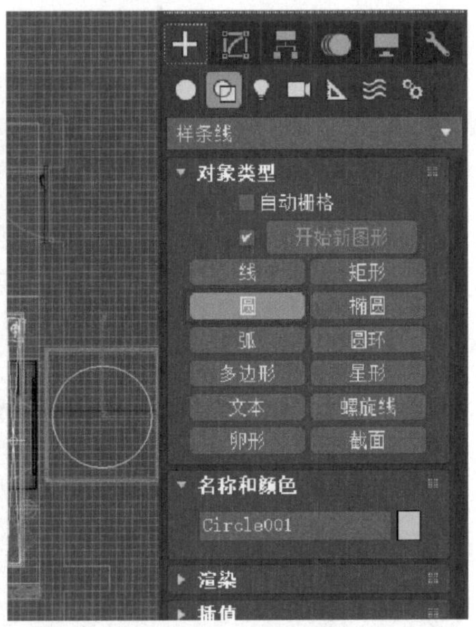

图14-88 创建筒灯

36）进入修改面板，将圆的半径设置为50.0mm（图14-89）。

37）右键将其转化为“可编辑样条线”，在“样条线”层级中将“轮廓”设置为10.0mm（图14-90）。

38）为其添加“挤出”修改器，将“数量”设置为10.0mm（图14-91）。

39）进入顶视图，按住〈S〉键开启捕捉，利用“圆”工具在顶视图描摹圆环的半径（图14-92）。

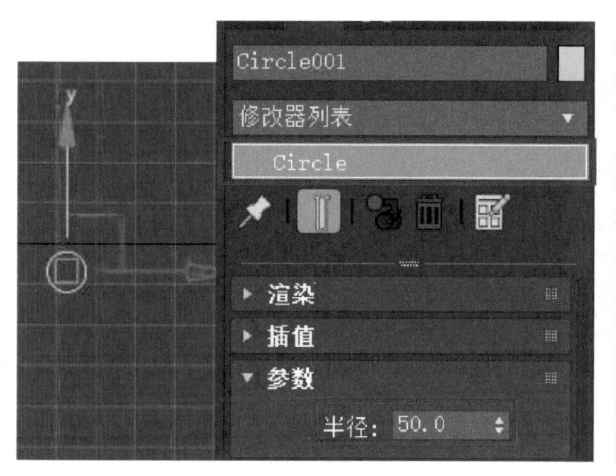

图14-89　修改面板

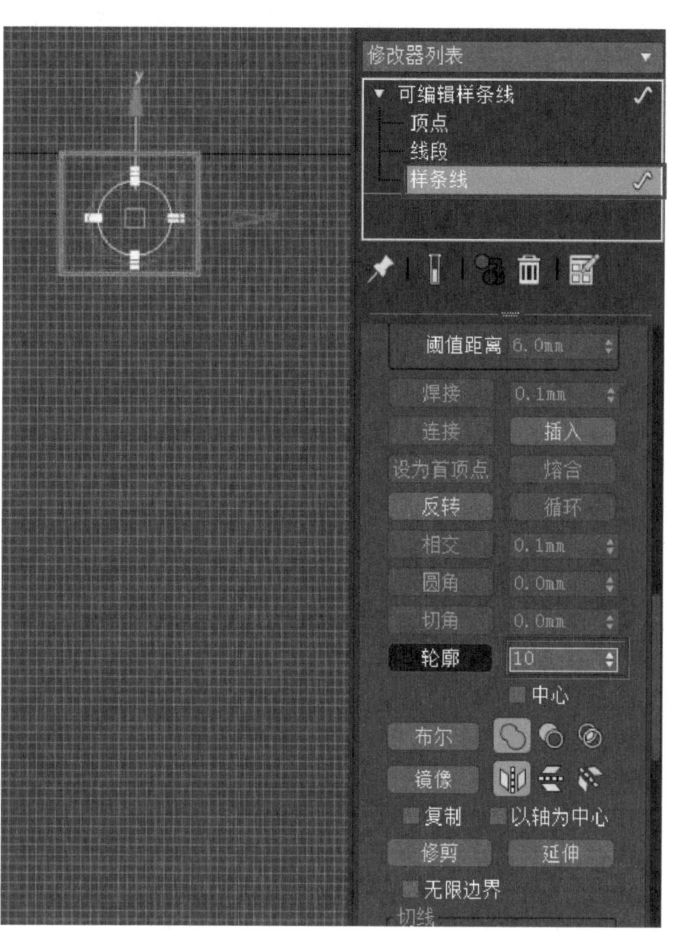

图14-90　转换设置样条线

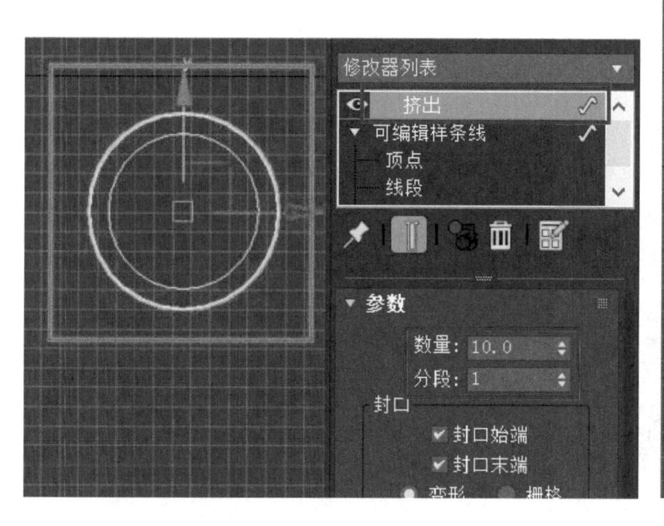

图14-91　挤出设置

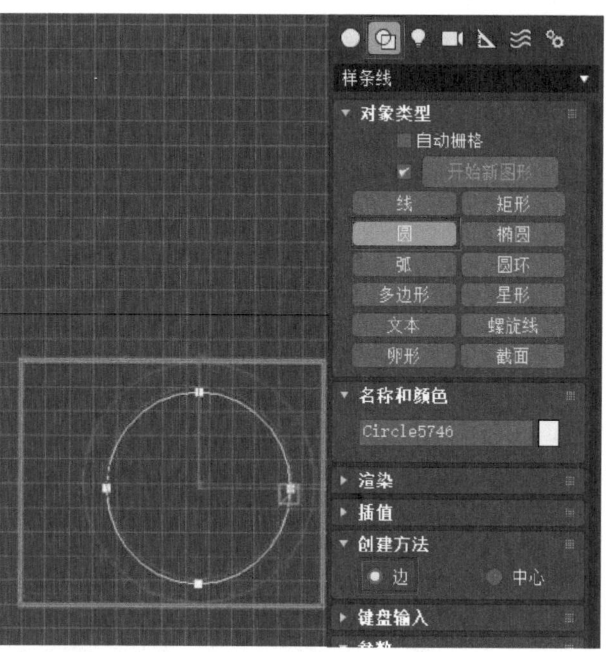

图14-92　描摹圆环的内径

40）为其添加“挤出”修改器，将“数量”设置为2.0（图14-93）。

41）利用“对齐”工具，将内部的几何体与外围的圆柱体对齐，在弹出的“对齐当前选择”对话框中选择“中心”对“中心”（图14-94）。

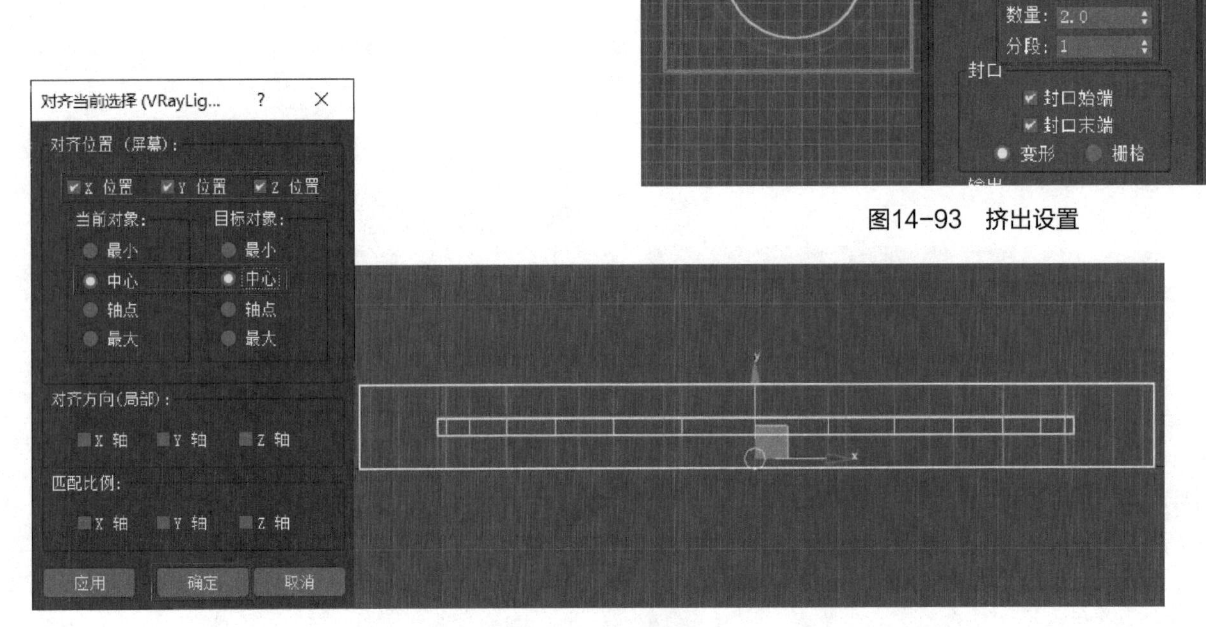

图14-93　挤出设置

图14-94　对齐设置

42）打开“Slate材质编辑器”对话框，双击“灯光材质”创建一个材质球，取名为“灯片”，并将其赋予内部的圆柱体（图14-95）。

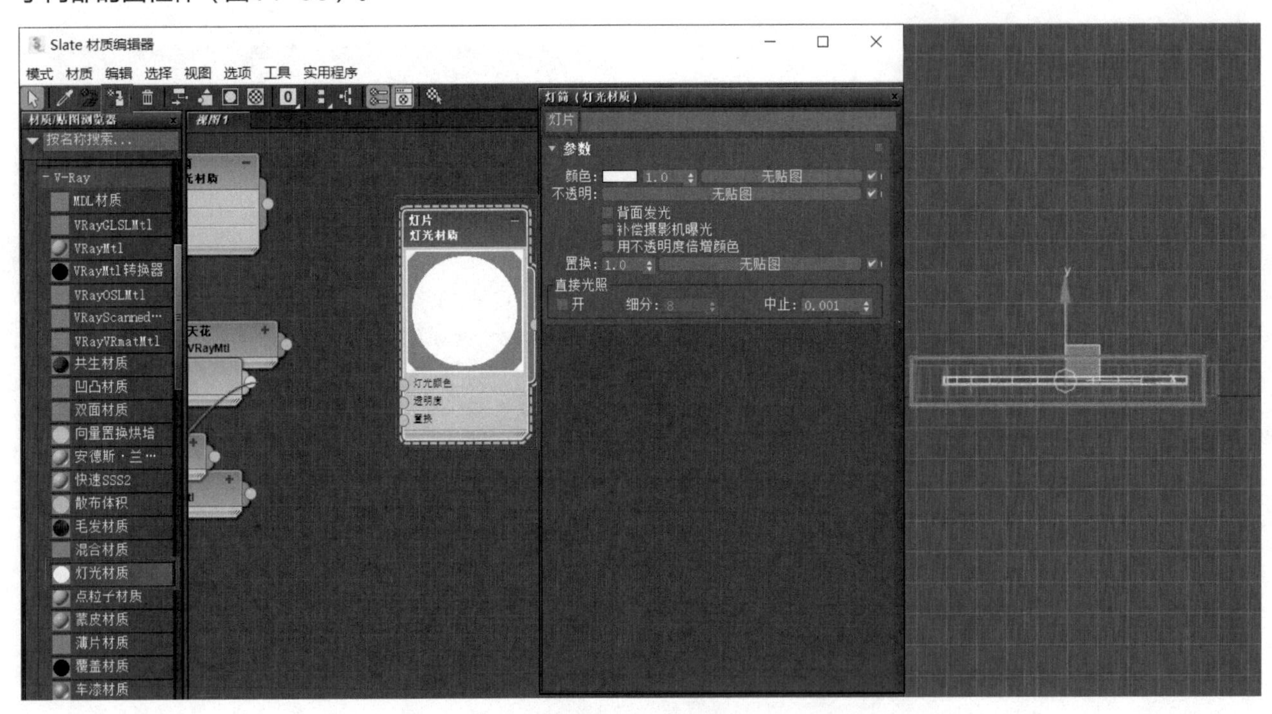

图14-95　创建材质

43）打开“Slate材质编辑器”对话框，双击“VRaymtl”创建一个材质球，取名为“筒灯”，将“漫反射”设置为深灰色，“反射”设置为白色，取消勾选“菲涅耳反射”，并将其赋予内部的圆柱体（图14- 96）。

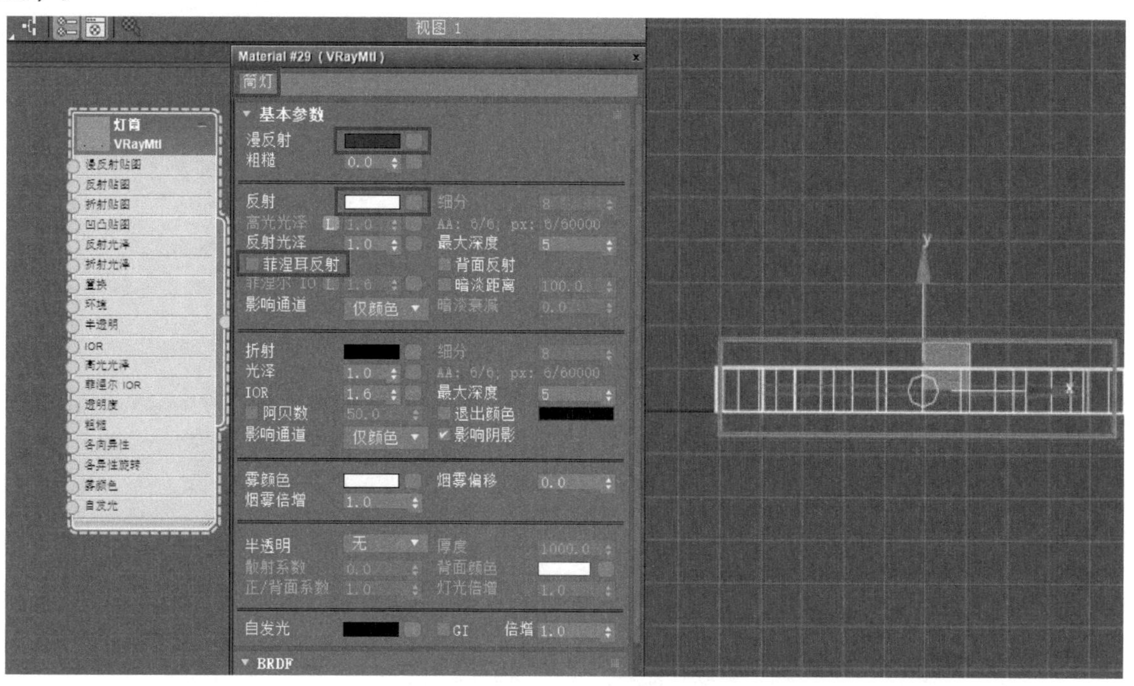

图14-96 材质设置

44）选中两个几何体，将两者成组取名为“组2126”（图14-97）。

45）在左视图中，在创建面板中选择“VRayIES”，创建筒灯（图14-98）。

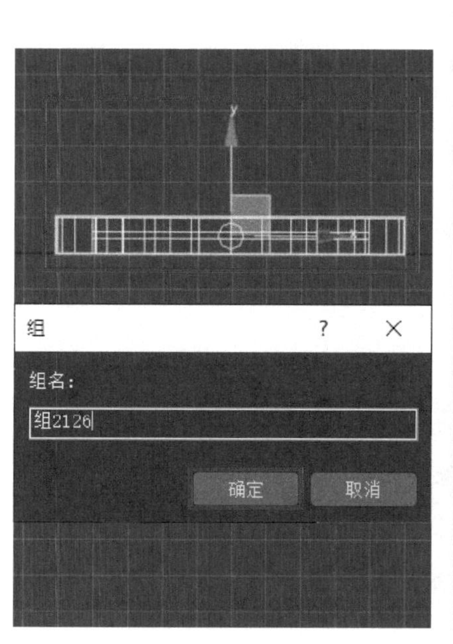

图14-97 组合命名

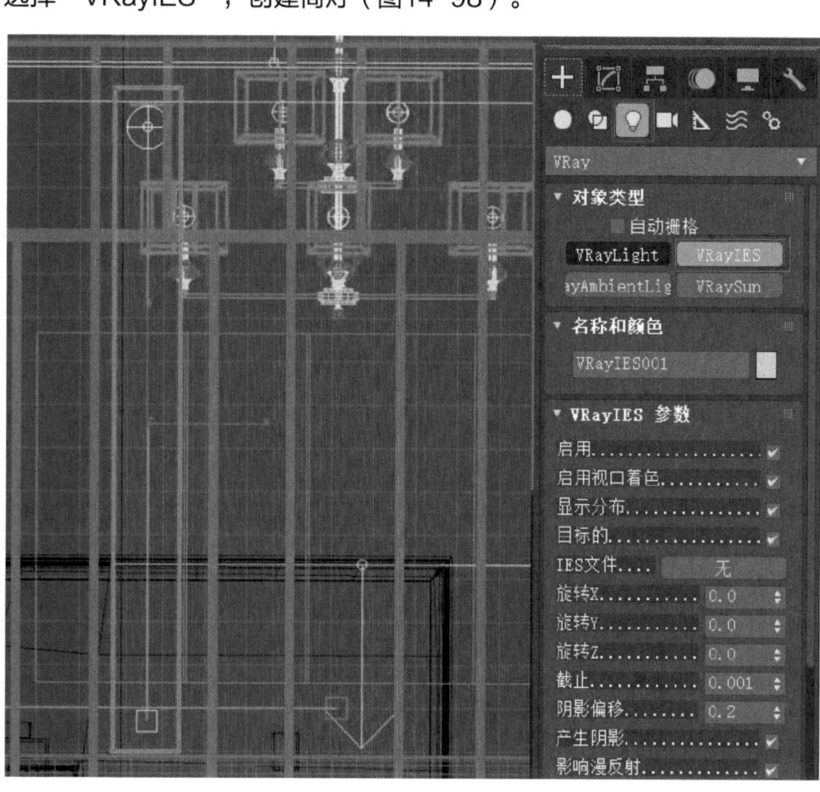

图14-98 创建筒灯

46）在本书配套资料中选择“模型素材/第14章/VRay卧室/8.ies”光域网文件（图14-99）。

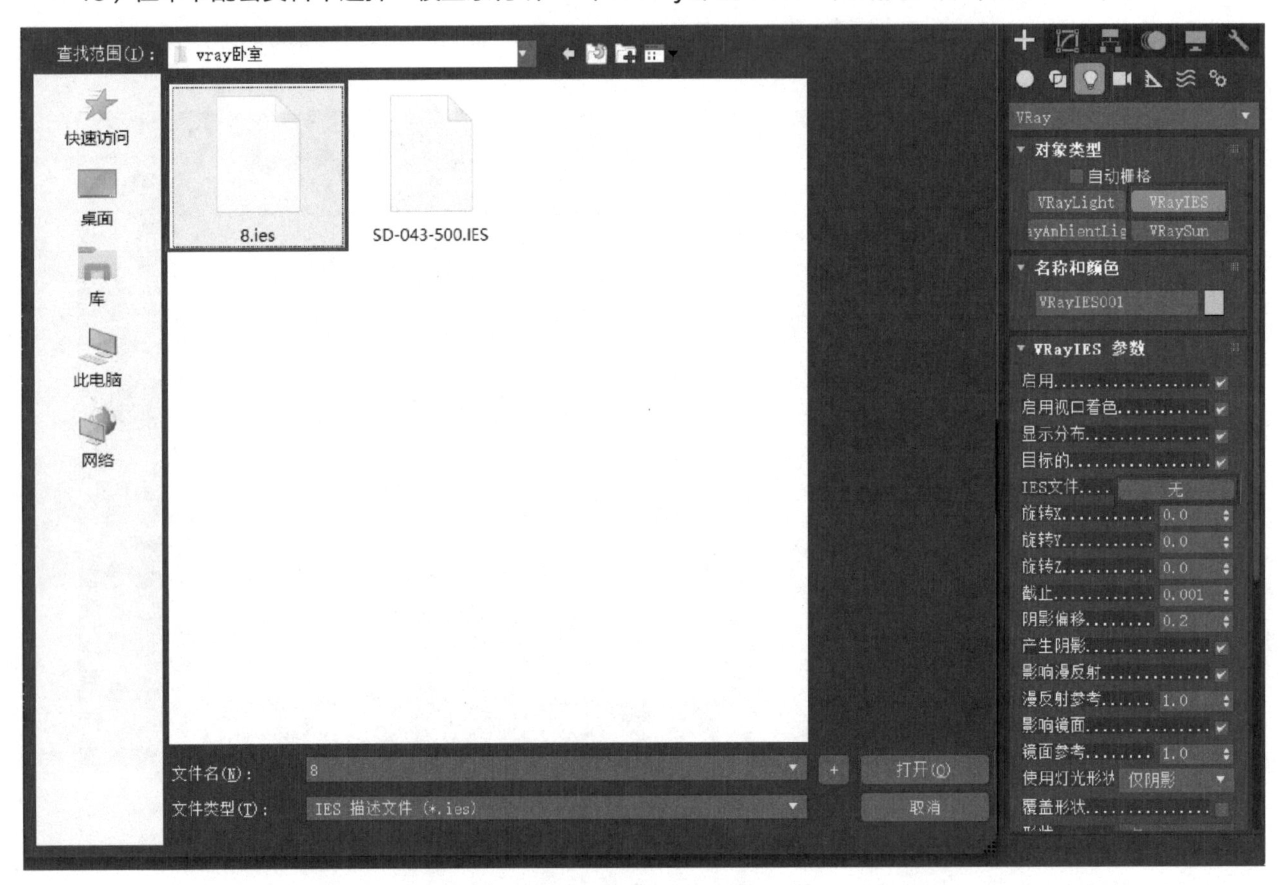

图14-99　选择文件

47）在顶视图中，框选灯光，将其移动至筒灯下方（图14-100）。

48）选中灯光和几何体，将两者成组，取名为“灯”（图14-101）。

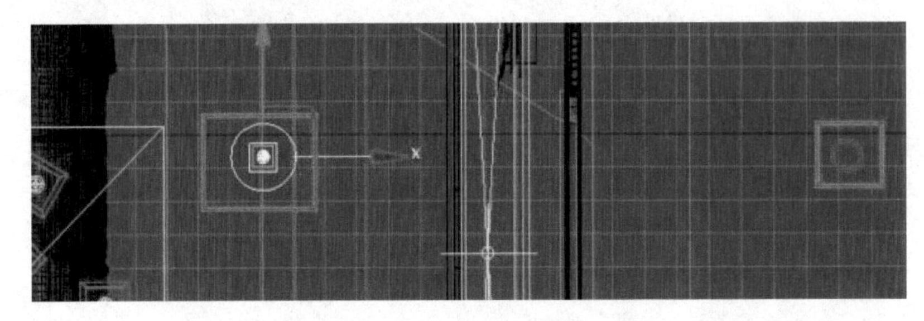

图14-100　移动灯光

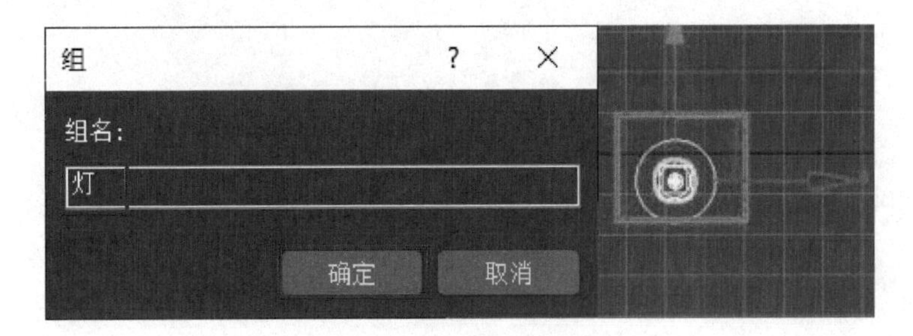

图14-101　组合命名

49）在顶视图中，将成组的灯移动到挡光板的正下方，并利用“移动”工具，同时按住〈Shift〉键，向上复制一个，在弹出的“克隆选项”对话框中，选择“实例”，“副本数”设置为2（图14-102）。

50）利用“移动”工具，同时按住〈Shift〉键将右侧的灯复制到左边，在弹出的“克隆选项”对话框中选择“实例”（图14-103）。

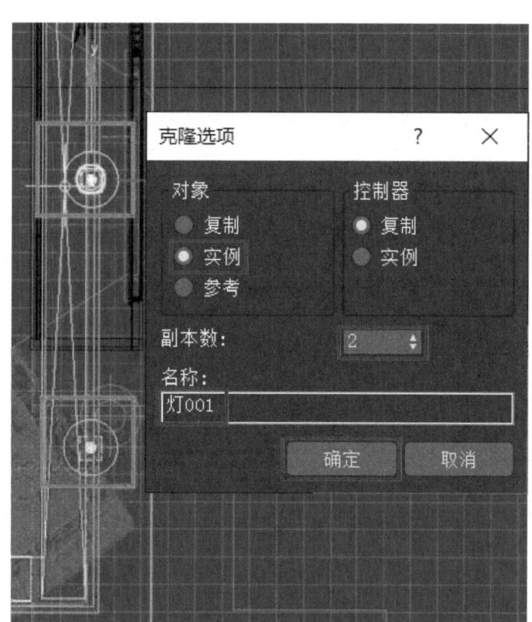

图14-102 实例复制

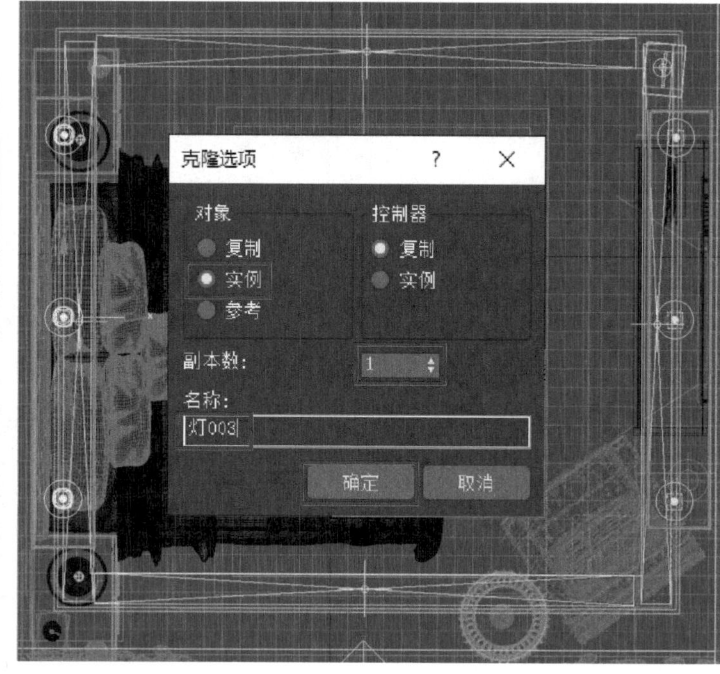

图14-103 实例复制

51）利用“移动”工具，同时按住〈Shift〉键将左侧的灯复制到中间，在弹出的“克隆选项”对话框中选择“实例”（图14-104）。利用“旋转”工具，在“Z”轴坐标上输入90，并将中间的灯移动至上方（图14-105）。

图14-104 实例复制

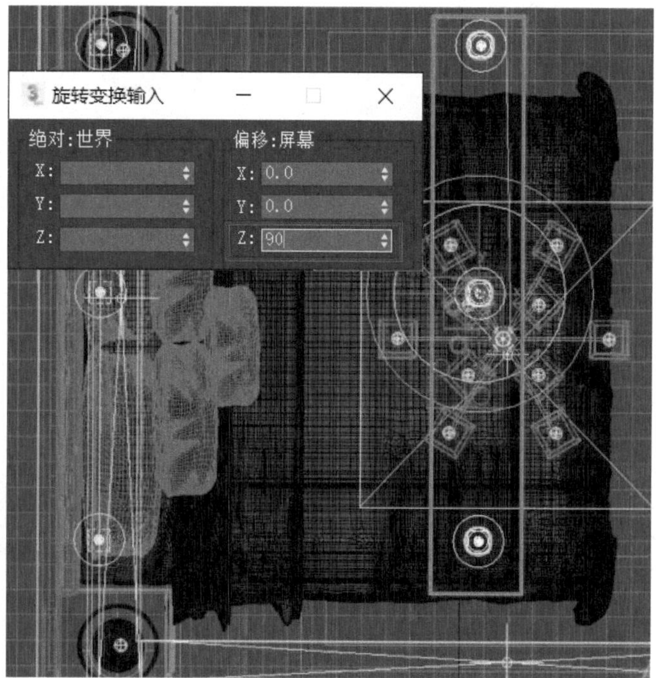

图14-105 旋转移动

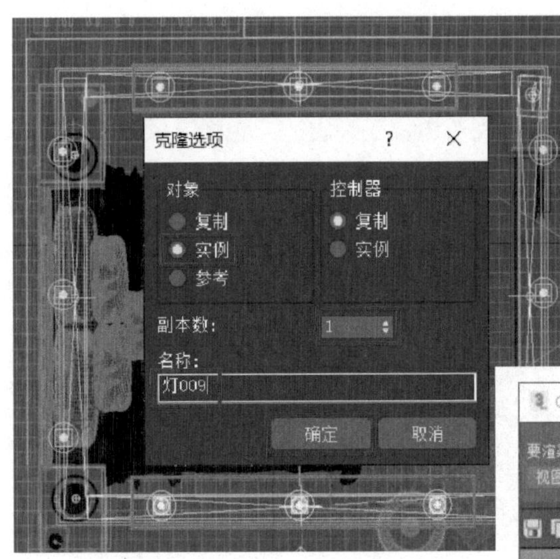

图14-106 实例复制

52）利用“移动”工具，按住〈Shift〉键将上方的灯复制到下方，在弹出的“克隆选项”对话框中，选择“实例”（图14-106）。

53）渲染窗口，渲染效果如图14-107所示。

54）在左视图中，在创建面板中选择“VRayIES”，创建辅助灯光，创建时可以保持一定的角度，同时在IES文件中为辅助灯光添加IES灯光文件（图14-108）。

图14-107 渲染效果

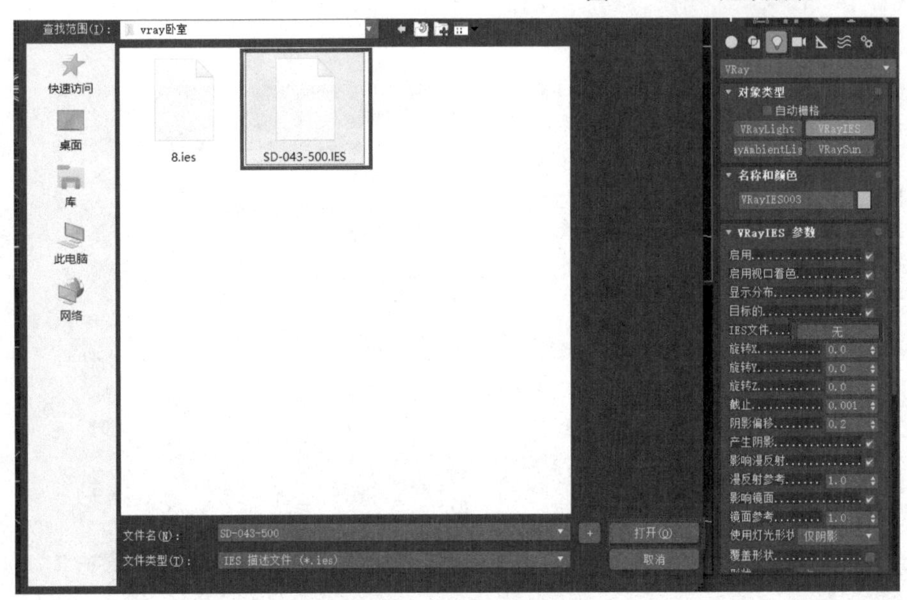

图14-108 创建辅助灯光

55）在顶视图中，利用“移动”工具将辅助灯光移动至床边（图14-109）。辅助灯光是渲染效果图的一种常用灯光。辅助灯光没有与之相对应的几何体，是现实生活中不存在的灯光，为了增加室内的灯光效果，突出材质与质感，会在某些不存在灯光的地方设置灯光，使效果图更加精致。

56）在床的两侧和抱枕等位置上添加一些辅助灯光（图14-110）。

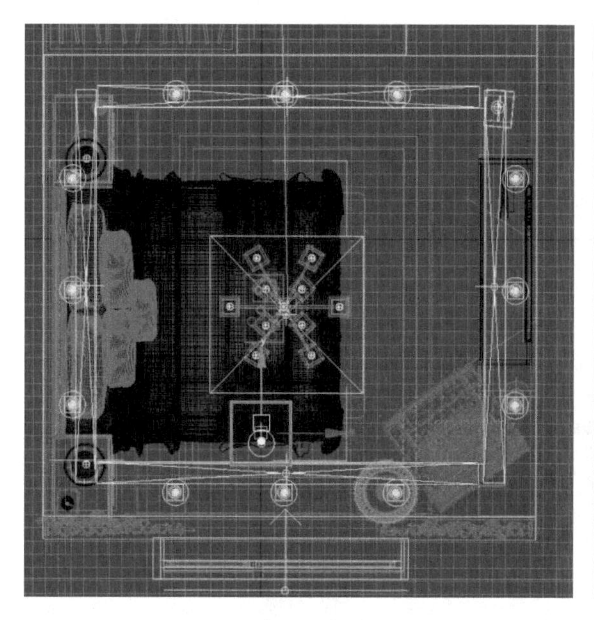

图14-109 移动灯光

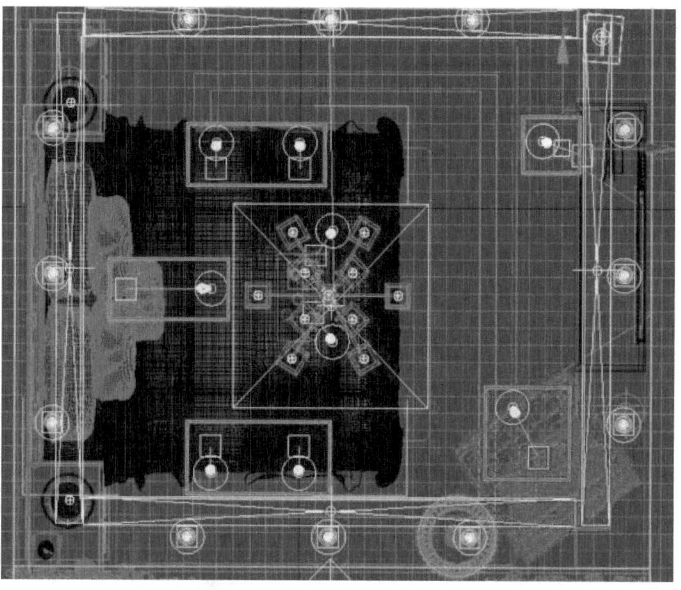

图14-110 添加辅助灯光

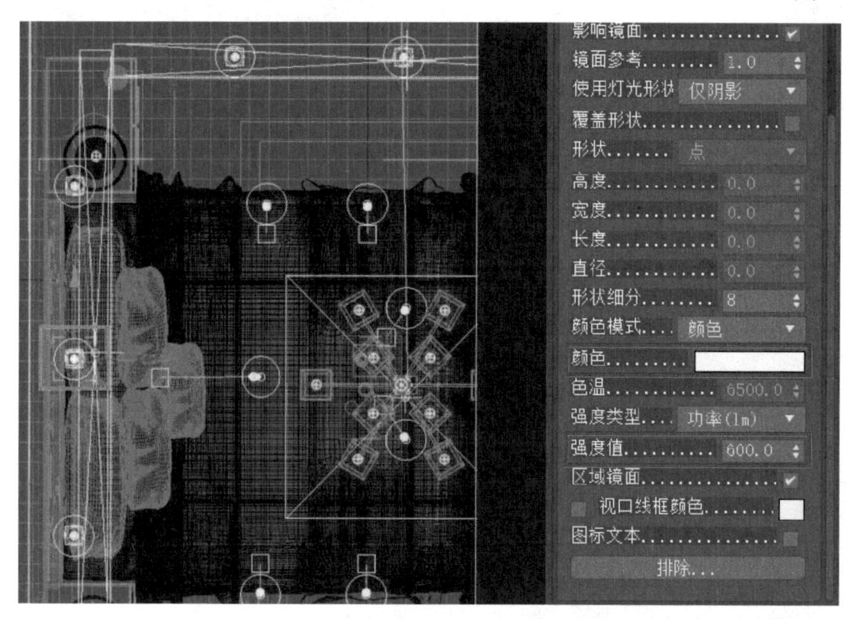

图14-111 修改面板

57）进入修改面板，将“颜色”设置为淡黄色，“强度值”设置为600.0，“强度类型”设置为功率（图14-111）。

58）渲染窗口，渲染效果如图14-112所示。

图14-112 渲染效果

14.4 设置精确材质

1）全部合并完成之后，发现场景中的材质都没有显示贴图（图14-113），这是因为计算机没有找到贴图路径，这时就需要为场景中的材质重新添加贴图。

2）按〈P〉键进入透视口，打开“材质编辑器”对话框，使用“吸管”工具吸取没有贴图的材质，并在“视图1”中双击该材质贴图，然后单击“位图”按钮（图14-114）。

图14-113 合并效果

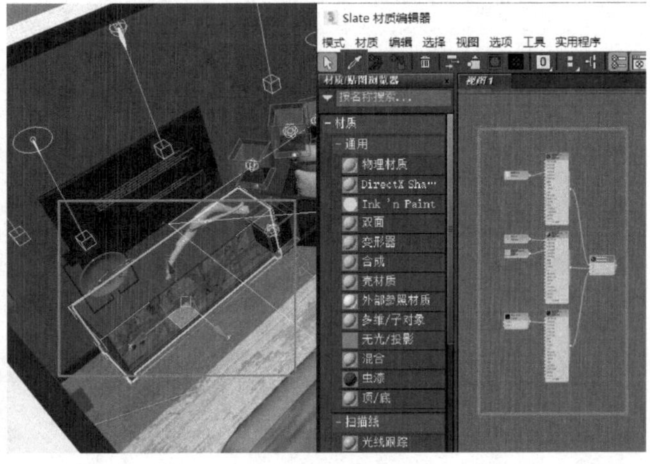

图14-114 材质编辑

3）在本书配套资料中选择“模型素材/第14章/卧室”中的贴图文件，然后单击“打开”按钮，也可添加其他合适的贴图（图14-115）。

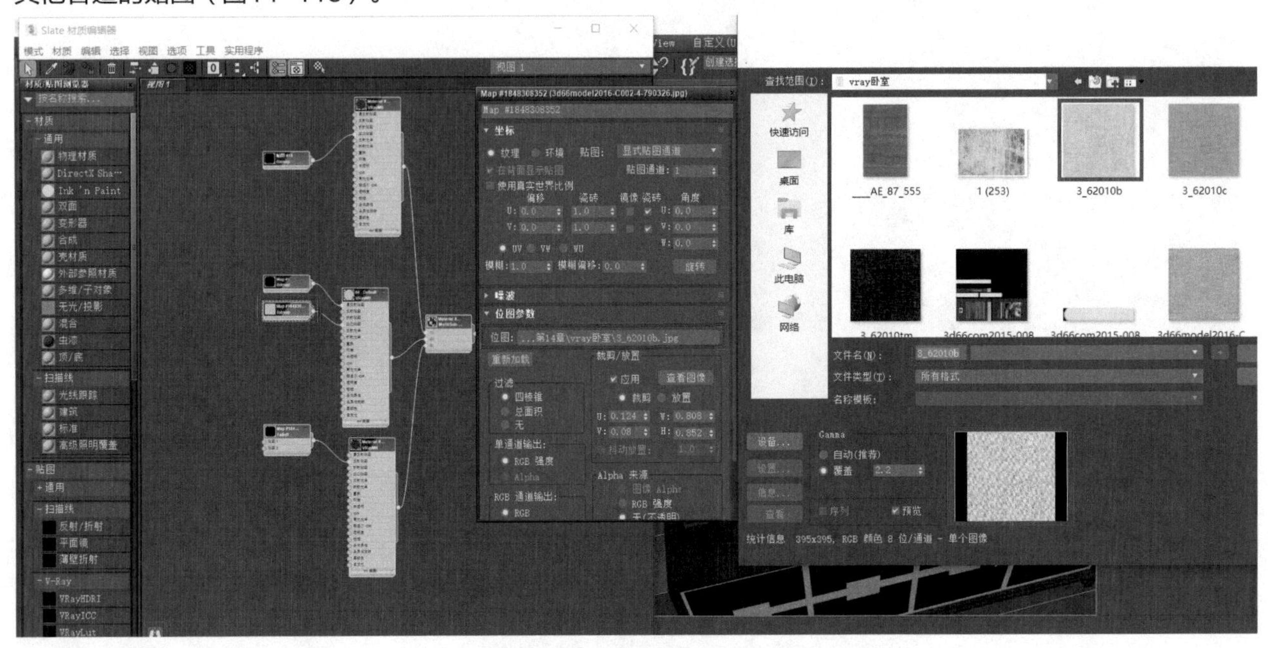

图14-115 添加贴图

4）完成以上步骤后，继续使用此方法还原其余模型贴图，全部完成后观察渲染效果（图14-116）。

5）右键单击摄影机视口左上角的“Camera”，选择“显示安全框”，并检查场景材质是否都正确（图14-117）。

6）渲染场景并观察效果，满意之后就可以进行最终渲染了。

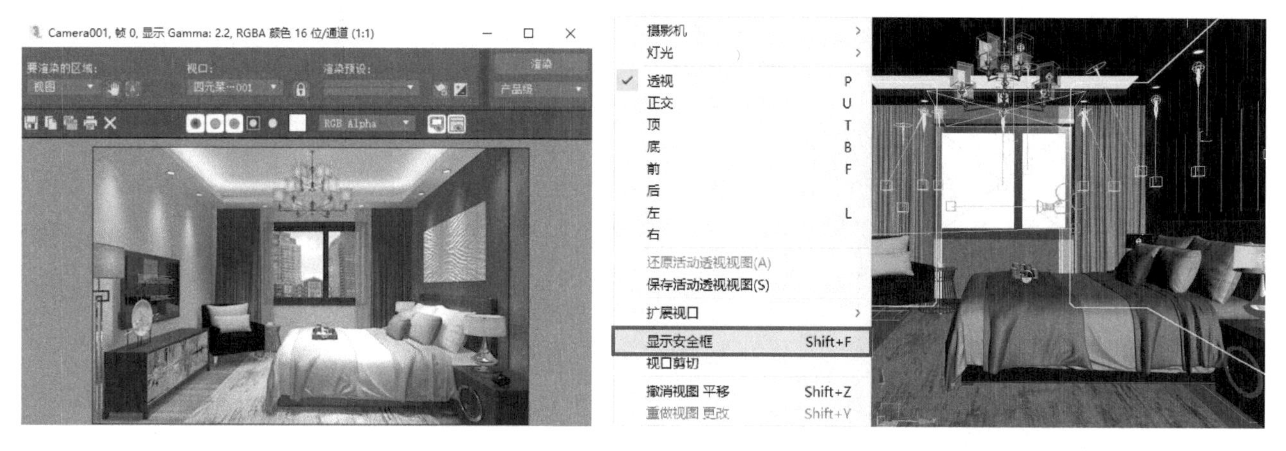

图14-116　渲染效果　　　　图14-117　检查场景材质

14.5　最终渲染

1）按〈F10〉键，打开“渲染设置”设置对话框，进入“公用”选项的“公用参数”卷展栏，将“输出大小”中的“宽度”与“高度”设置为400×300，并锁定“图像纵横比”（图14-118）。

2）进入“VRay”选项，展开“全局开关”卷展栏，勾选“不渲染最终的图像”，再展开“图像采样（抗锯齿）”卷展栏将“类型”设置为“块”，“图像过滤过滤器”设置为“Catmull-Rom”（图14-119）。

3）进入“GI”选项，展开“全局照明”卷展栏，在“专家模式”下将“首次引擎”设置为“发光贴图”，“倍增”设为“1.0”，“二次次引擎”设置为“灯光缓存”，“倍增”设为“0.95”，展开“发光贴图”卷展栏，将“当前预置”设置为“低”，“细分”设置为50，“插值采样”设置为20（图14-120）。

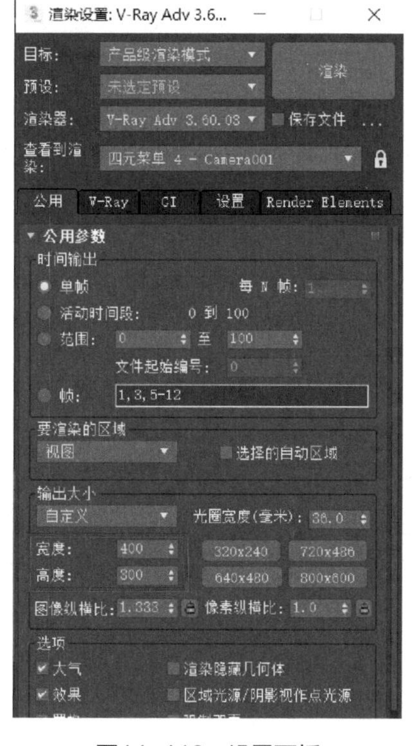

图14-118　设置面板

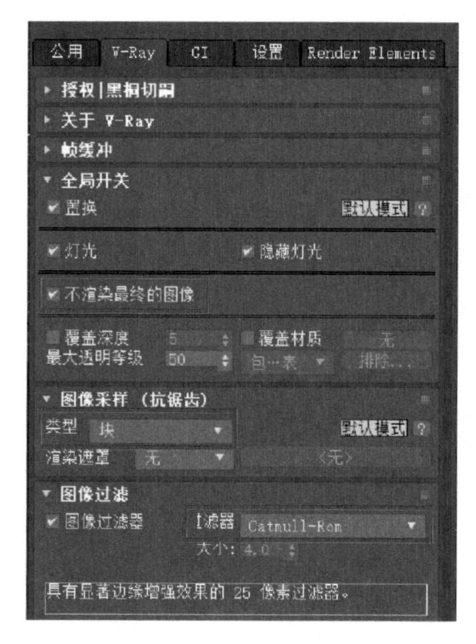

图14-119　渲染图像设置

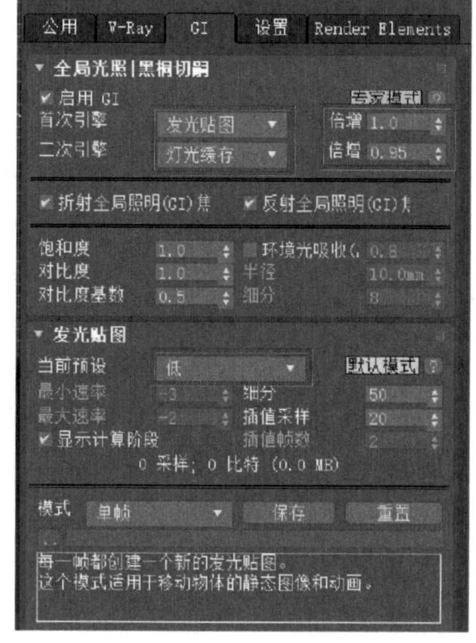

图14-120　贴图设置

4）向下拖动卷展栏，在“专家模式”下将“自动保存”与“切换到保存的贴图”勾选，并单击后面的“浏览”按钮，将光子图文件保存在“模型素材/第14章/光子图”中，并命名为“WOSHI.vrmap”（图14-121）。

图14-121 保存类型命名

5）展开“灯光缓存”卷展栏，将“细分”设置为1000，勾选“显示计算相位”“自动保存”与“切换到被保存的缓存”，并单击后面的“浏览”按钮，将光子图文件保存在“模型素材/第14章/光子图”中，命名为“WOSHI.vrmap”（图14-122）。

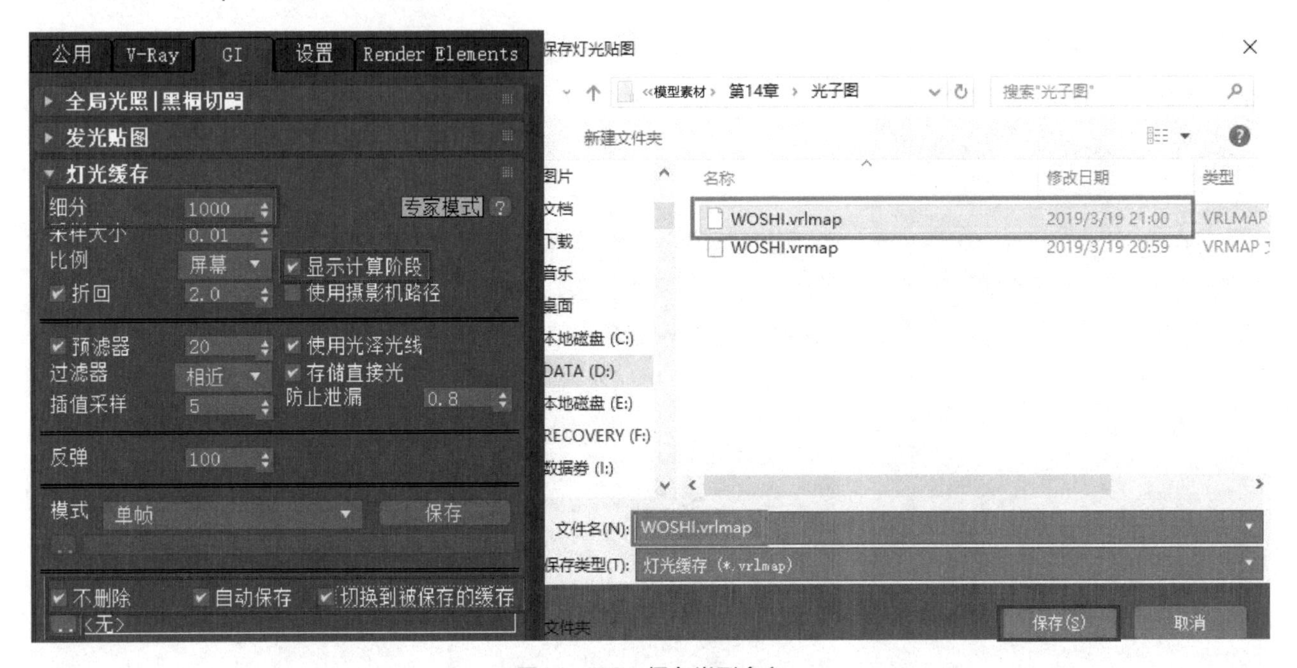

图14-122 保存类型命名

6）再次进入“V-Ray”选项，展开“全局DMC”卷展栏，勾选“使用局部细分”，将“最小采样”设置为12，“噪波阈值”设置为0.005（图14-123）。

7）切换到摄影机视图，渲染场景，经过几分钟的渲染，就会得到两张光子图（图14-124）。

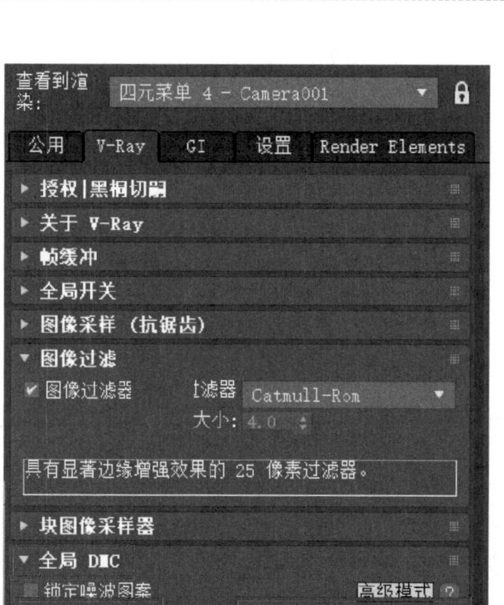

图14-123　局部设置

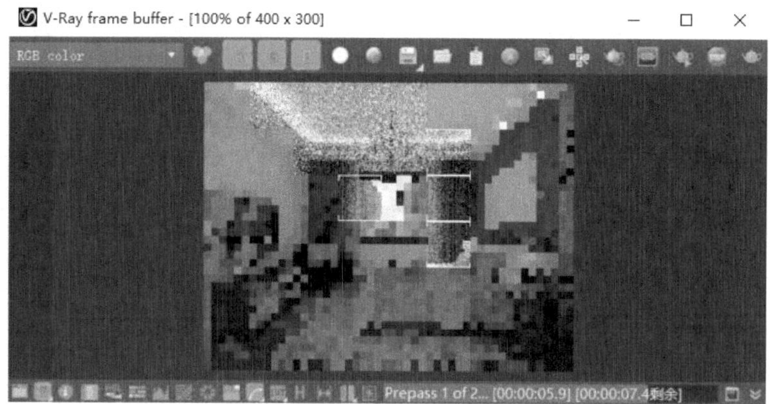

图14-124　渲染场景

8）现在可以渲染最终的图像了，按“F10”键打开“渲染设置”面板，进入“公用”选项，将“输出大小”设置为1600×1200，向下滑动卷展栏，单击“渲染输出”选项中的“文件”按钮，将图像保存在“模型素材/第14章”中，命名为“效果图”（图14-125）。

9）进入“VRay”选项，将“全局开关”卷展栏中的“不渲染最终的图像”勾选取消，这个是关键，如果不取消勾选，则不会渲染出图像，单击“渲染”按钮（图14-126）。

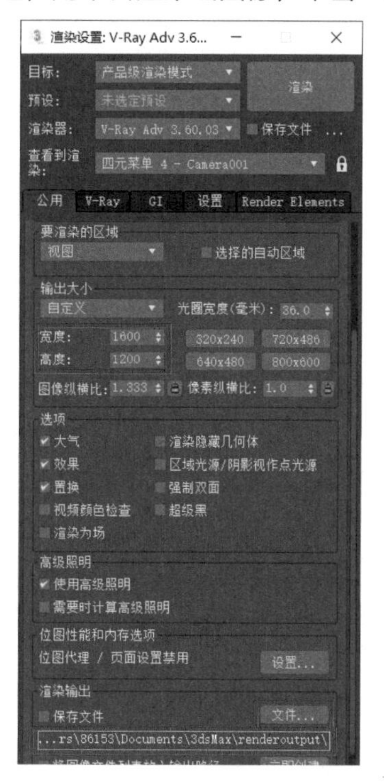

图14-125　渲染设置面板

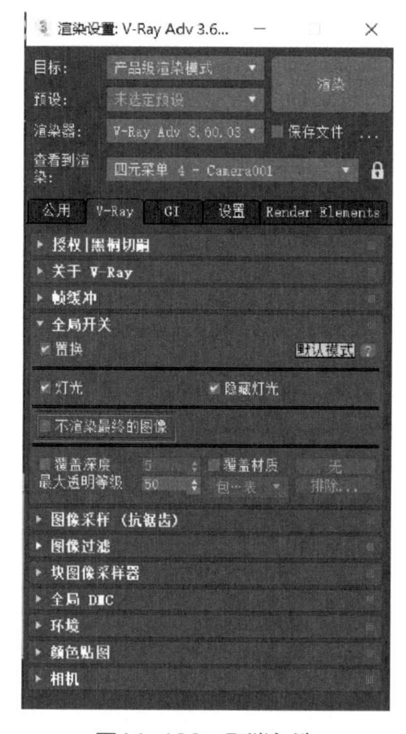

图14-126　取消勾选

10）经过30min左右的渲染，就可以得到一张高质量的现代卧室效果图，并且会被保存在预先设置的文件夹内（图14-127）。

图14-127　渲染效果

11）将模型场景保存，并关闭3ds max 2020，可以使用任何图像处理软件进行修饰，如Photoshop，主要进行明暗、对比度处理，处理后的效果就比较完美了。

使用Photoshop修饰效果图的方法可见本书的第18章。

本章小结

本章结合前面所有内容，讲解了包括从建模到最终渲染，操作方法详细、具体，具有一定的代表性，通过本章节学习，读者需掌握卧室效果图的重点，以达到明快亮洁的材质与灯光效果。

★课后练习题

1.卧室效果图重点是什么?

2.想要移动模型精确，该如何操作?

3.赋予物体材质以及灯光设置时，发现并没有显示材质和灯光的原因是什么?

4.结合所学，制作2套不同材质卧室效果图。

第15章　客厅效果图

操作难度： ★★★★☆

章节导读： 客厅效果图的模型造型简约，多以中式风格为主，色彩搭配也应趋于大众化，重点在于墙体模型创建比较复杂，后期灯光照射到墙面上的形态要求更丰富。

15.1　建立基础模型

1）新建场景，在主菜单“文件”中选择“导入→导入”（图15-1），将本书配套资料中的“模型素材/第15章/CAD”里面的“平面图.dwg”文件导入场景中。取消全部勾选，单击“确定”按钮（图15-2）。

2）框选选择所有导入文件，选择主菜单“组→组”（图15-3）使其成为一个组，并将其命名为“图纸”（图15-4）。

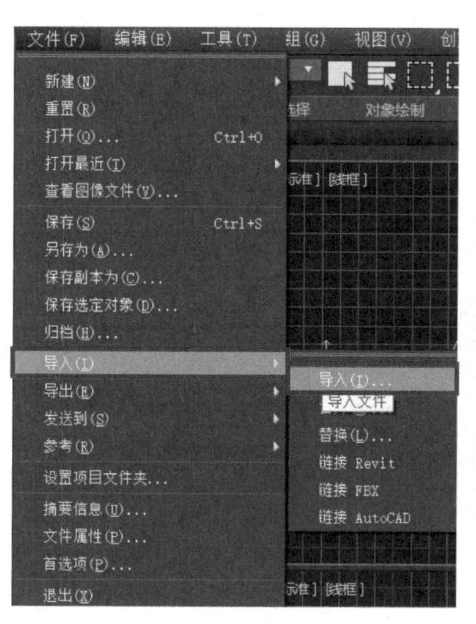

图15-1　导入文件

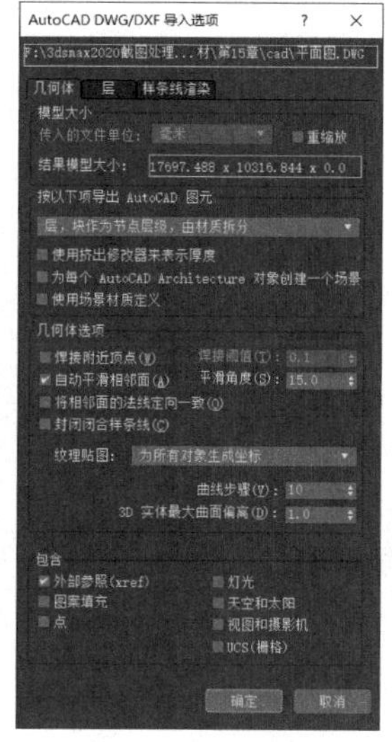

图15-2　导入选项

图15-3　组合

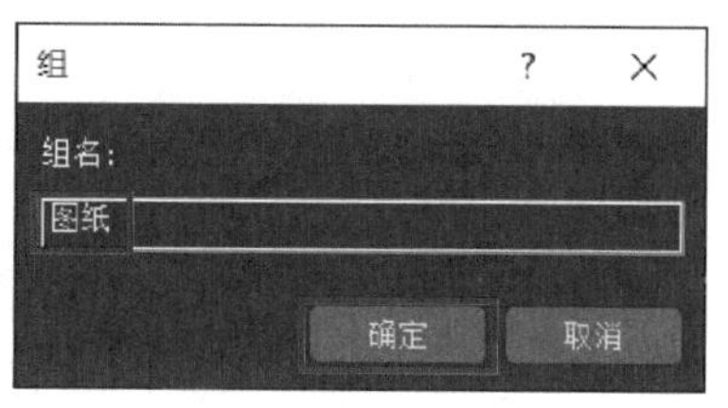

图15-4　命名

3）在修改面板中，将图纸“颜色”设置为灰色（图15-5），单击鼠标右键，选择“冻结当前选择”，将图样冻结（图15-6）。

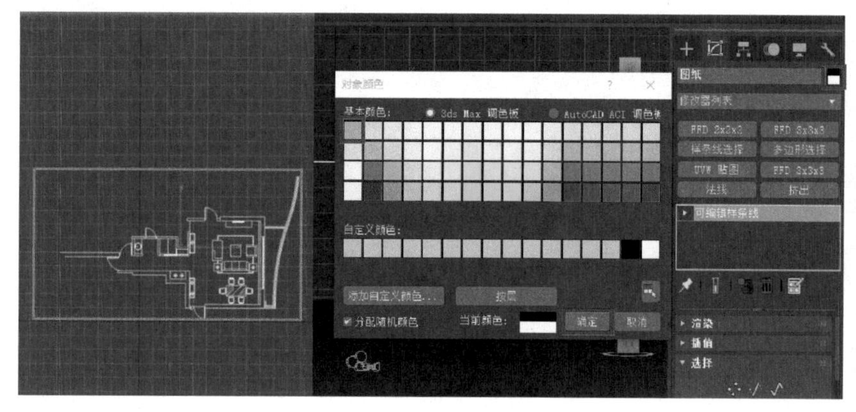

图15-5　颜色设置

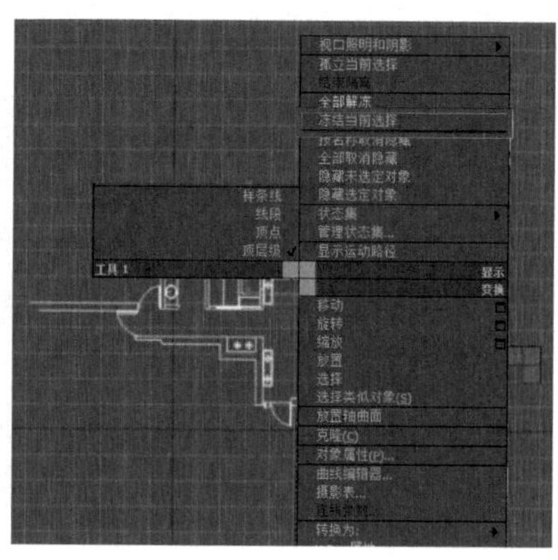

图15-6　图样冻结

4）最大化顶视口，打开“2.5维”捕捉，右键设置勾选“捕捉到冻结对象”与“启用轴约束”（图15-7）。创建“线”捕捉外围墙体内边缘，在门与窗的转角部位增加分段点（图15-8）。

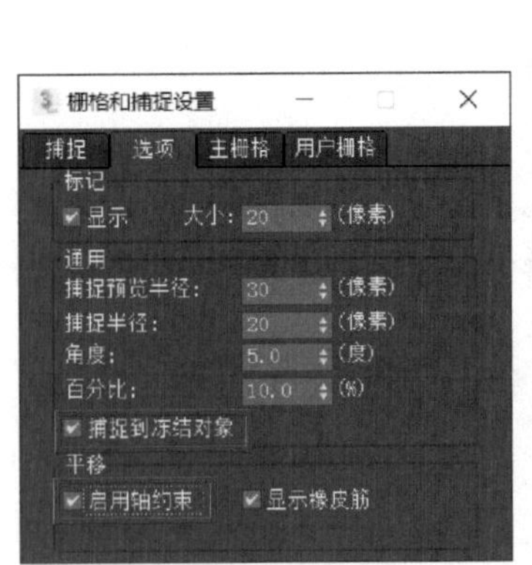

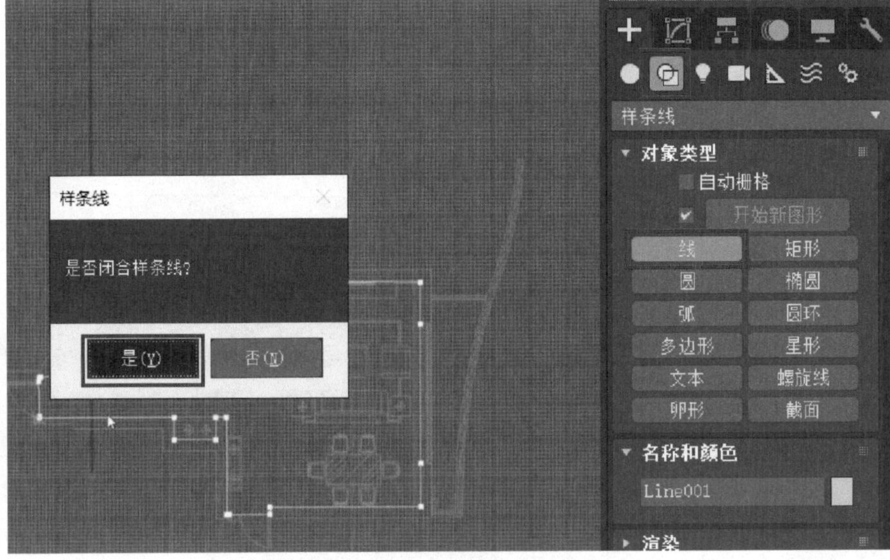

图15-7 捕捉设置

图15-8 增加分段点

5）为线添加“挤出”修改器，挤出“数量”设置为2900.0mm（图15-9）。

6）单击鼠标右键，选择“对象属性”（图15-10）。

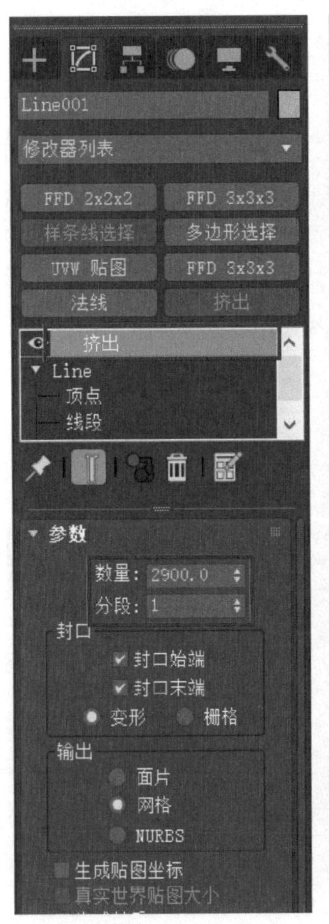

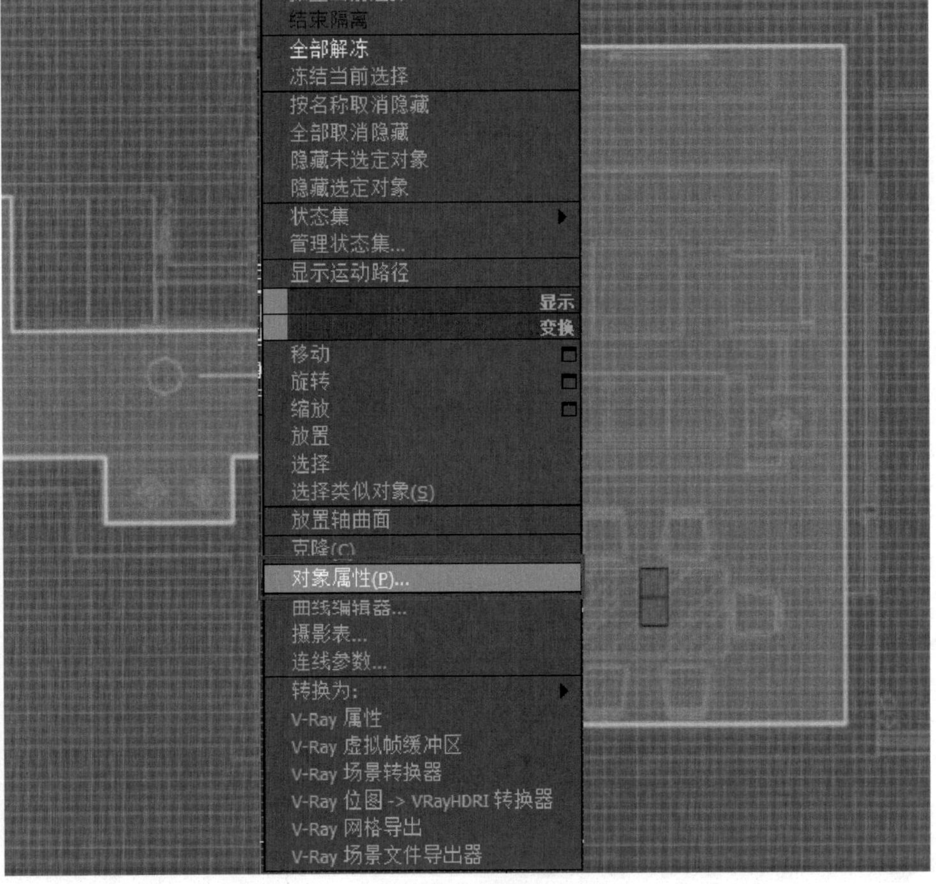

图15-9 挤出设置

图15-10 选择属性

7）在弹出的“对象属性”对话框中勾选“背面消隐”，添加“法线”修改器（图15-11）。

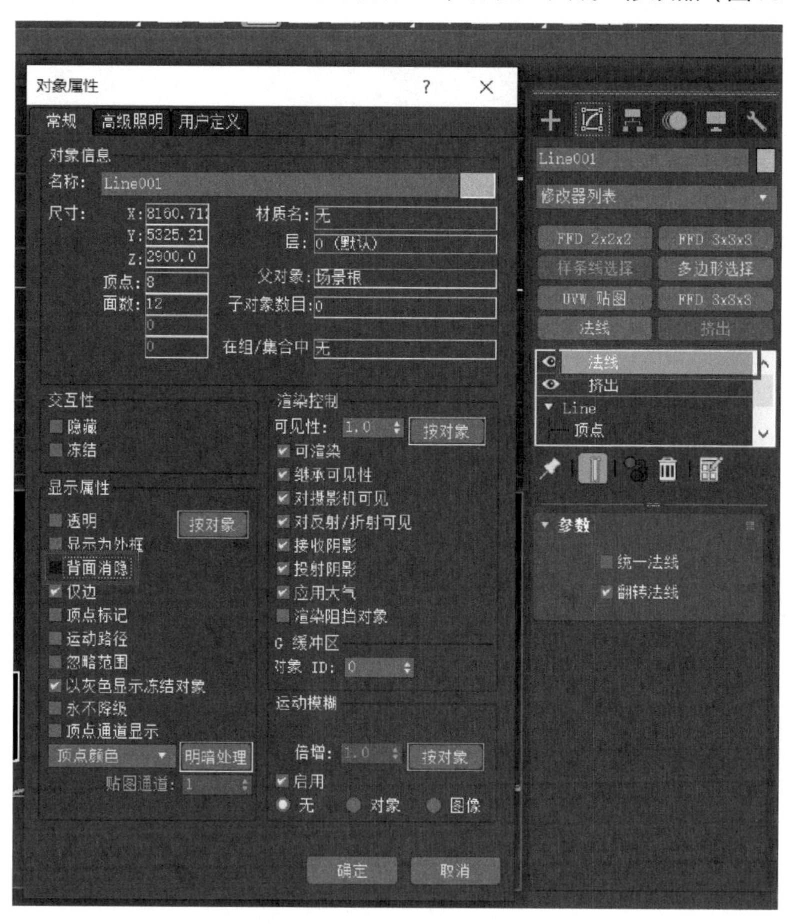

图15-11　添加修改器

8）单击右键将模型转换为“转换为可编辑多边形”（图15-12）。

9）进入修改面板，选择“边”层级（图15-13），勾选“忽略背面”，按下〈S〉”键关闭“捕捉”工具，再按下〈F4〉键显示线框。

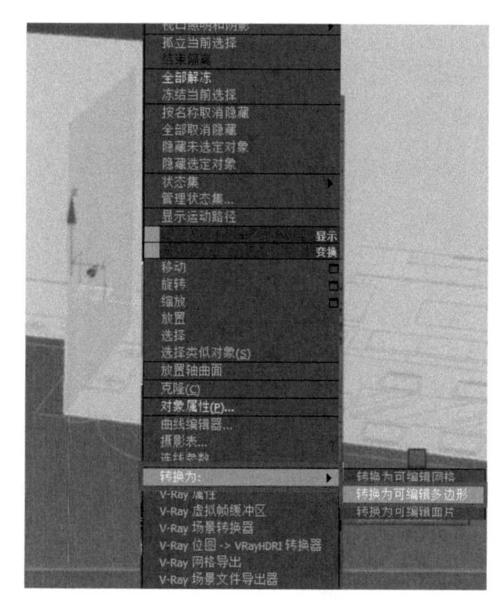

图15-12　转换编辑

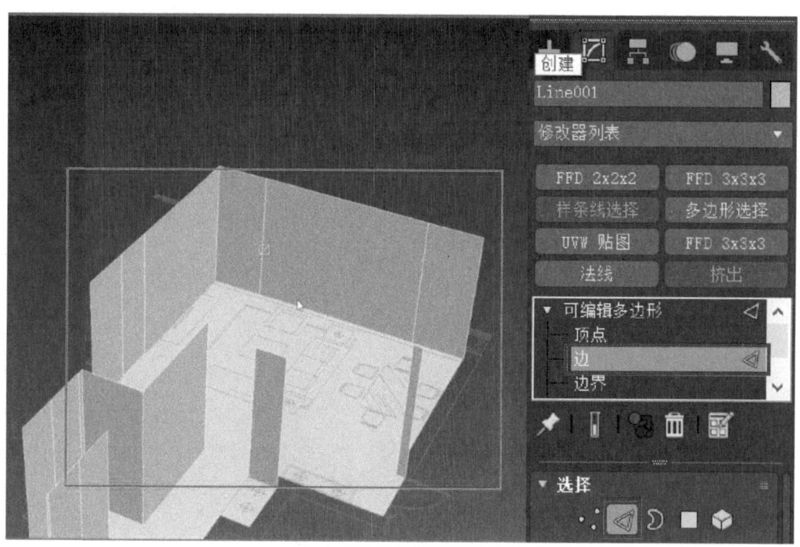

图15-13　捕捉工具

10）同时选择客厅门的两条边，单击“连接”，单击“对勾”（图15-14）。选中连接的边，在视图区下部中间位置的“Z”轴坐标中输入2000.0mm（图15-15）。

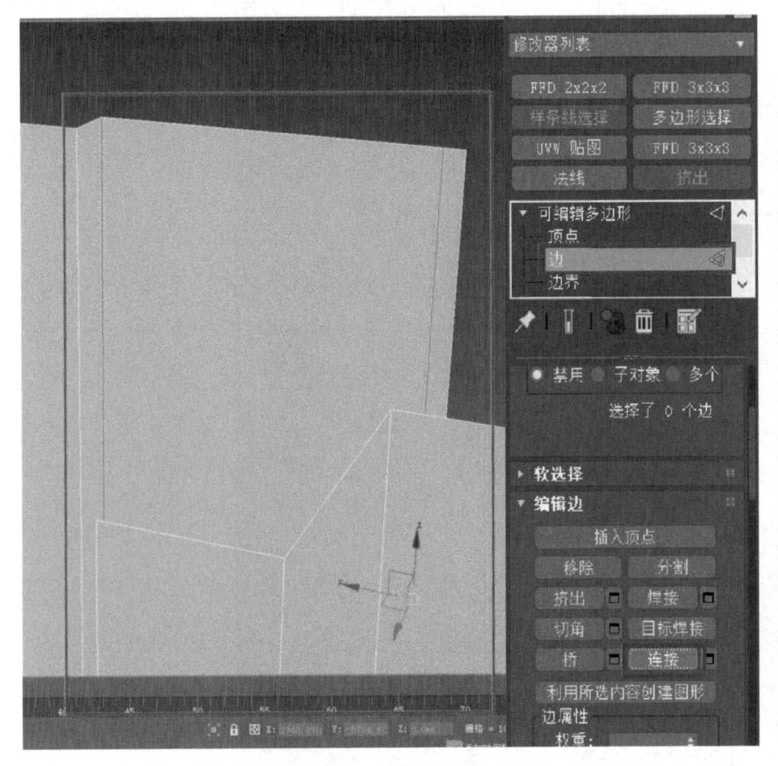

图15-14 连接边

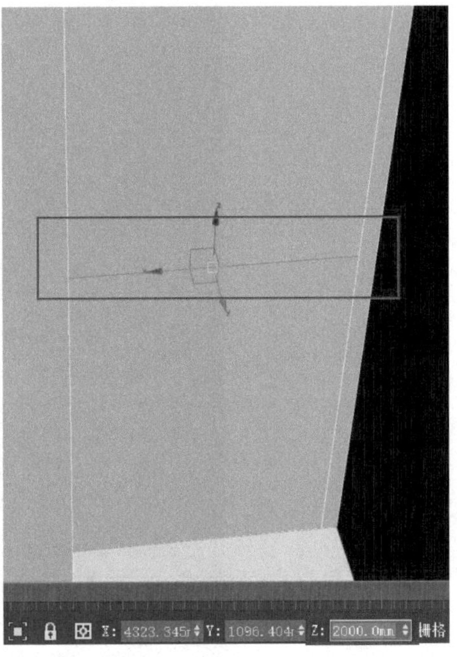

图15-15 坐标设置

11）选中门中的多边形，单击“挤出”后的小按钮，将门的多边形挤出，将“挤出”设置为-240.0mm（图15-16），并按〈Delete〉键将该多边形删除（图15-17）。

图15-16 挤出设置

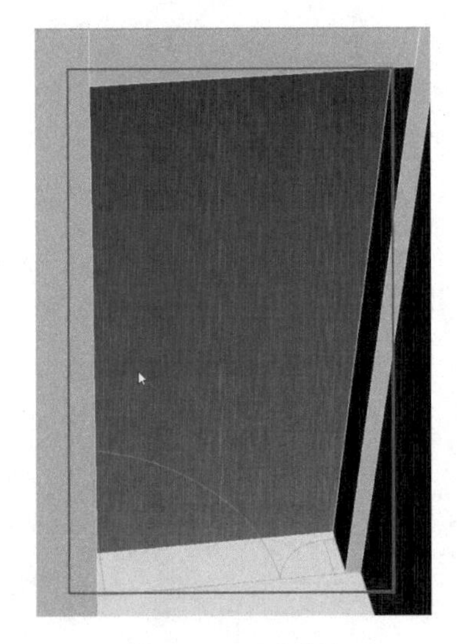

图15-17 删除多边形

12）对书房门（图15-18）、卧室门（图15-19）、厕所门（图15-20）进行同客厅相同的操作，操作步骤和参数与前面相同，这里就不赘述了。

13）进入“顶点”层级，打开“捕捉”工具，在顶视口选择连接边的两个点，并使用“移动”工具，将其捕捉到柱子的内端点上（图15-21）。

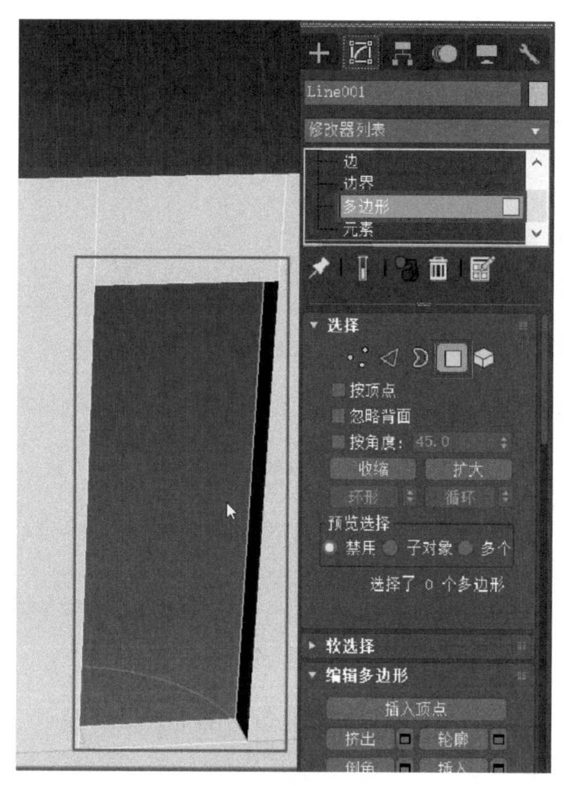

图15-18　书房门设置

图15-19　卧室门设置

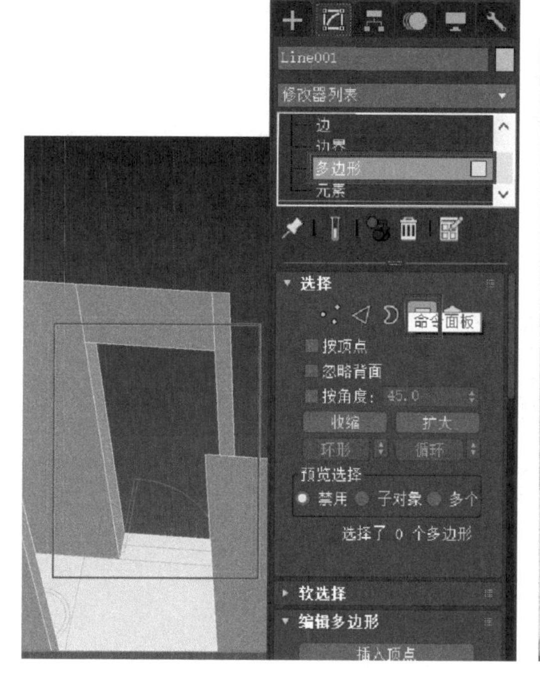

图15-20　厕所门设置

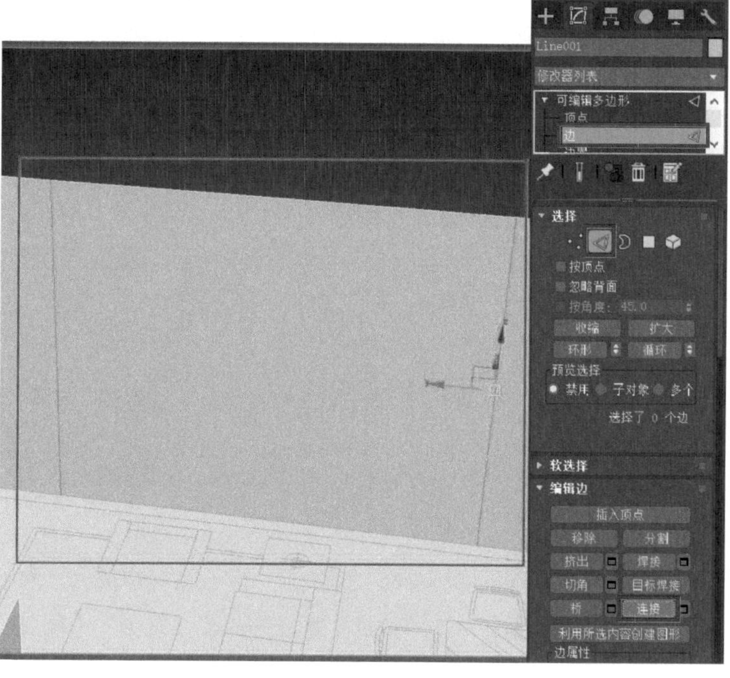

图15-21　捕捉连接

14）回到客厅，选择两条竖线，单击“连接”，使用移动工具，在“Z”轴上的高度输入2400.0mm（图15-22）。

15）连接两条竖线，使用“移动”工具，在“Z”轴坐标上的高度输入100.0mm（图15-23）。

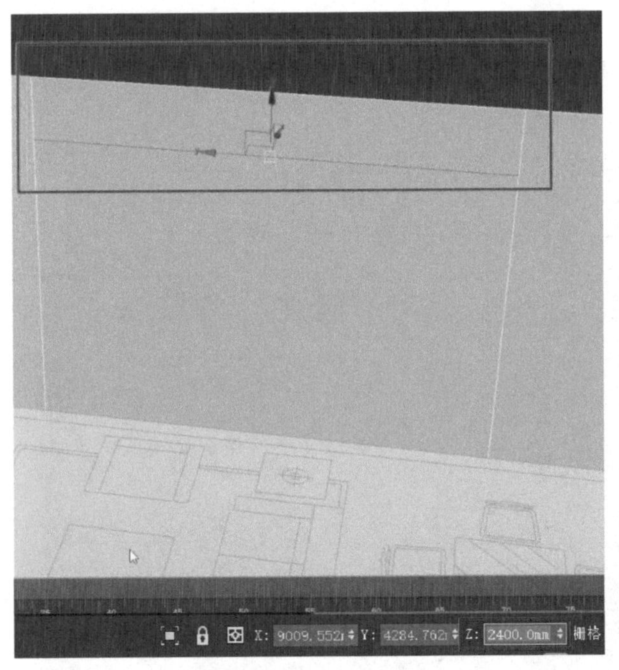

图15-22 移动设置

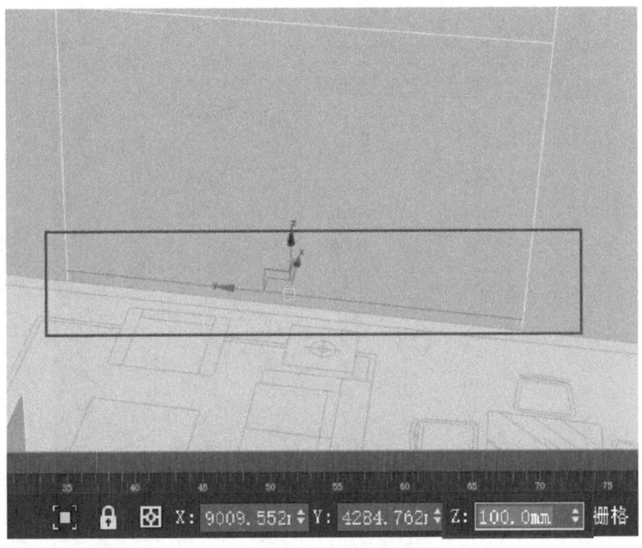

图15-23 坐标设置

16）选中窗台的多边形，单击“挤出”后的小按钮，将门的多边形挤出，“挤出”设置为-240.0mm（图15-24）。

17）按〈Delete〉键将该多边形删除（图15-25）。

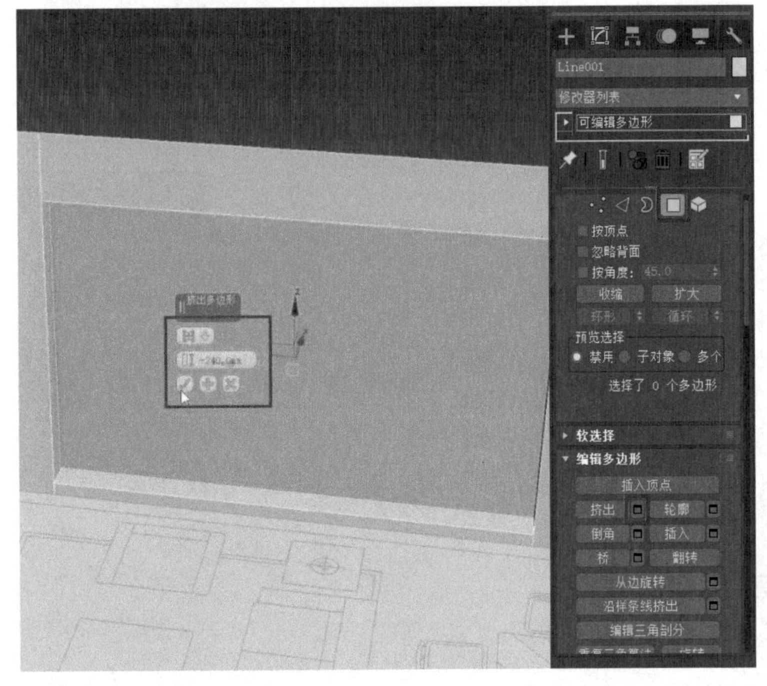

图15-24 挤出设置

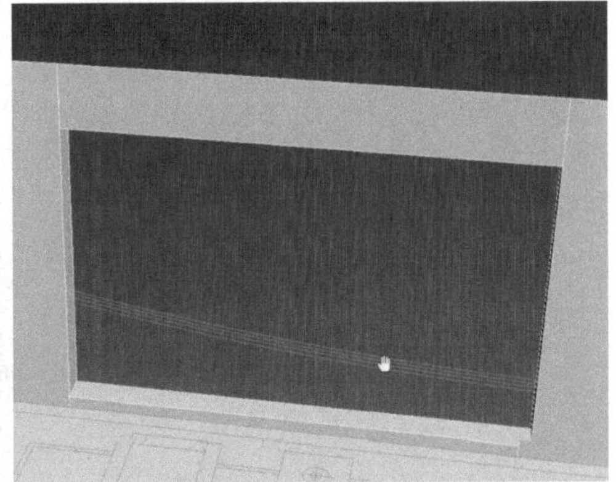

图15-25 删除多边形

18）选中客厅地面，并在“多边形”层级将其分离为“木地板”（图15-26）。

19）选择顶面，单击“分离”将其分离纹“天花”（图15-27）。

20）使用“线”工具，描画房屋轮廓线（图15-28）。

21）使用“矩形”工具，框选客厅（图15-29）。

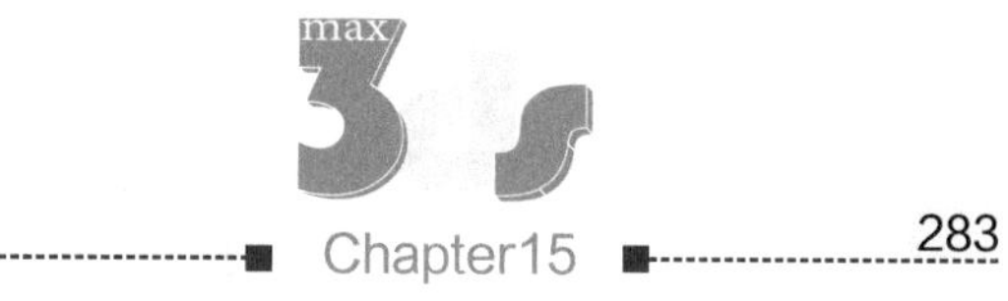

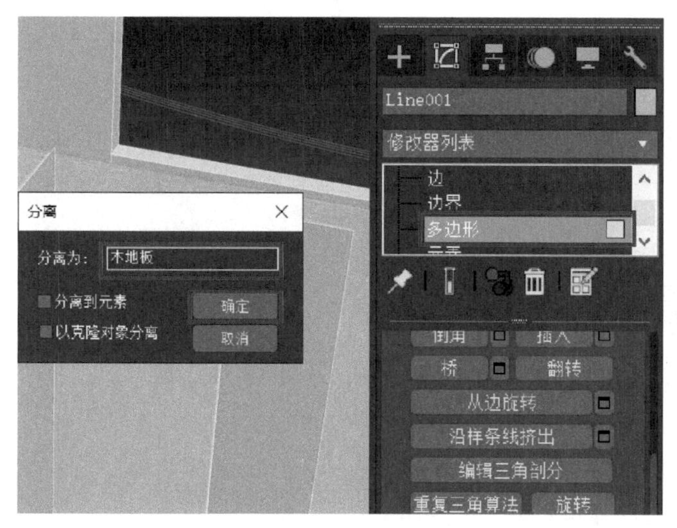

图15-26　地面图形

图15-27　顶面分离

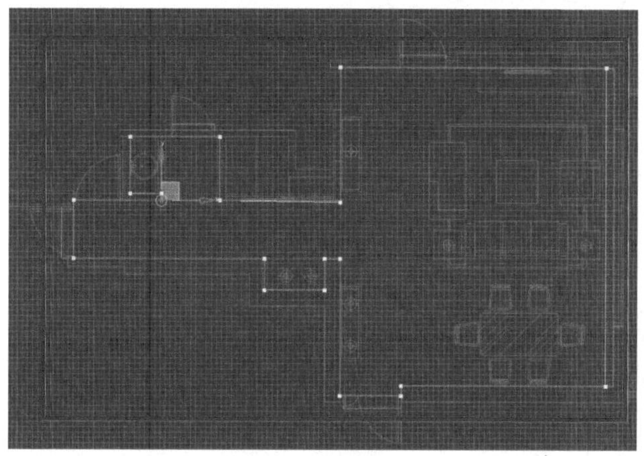

图15-28　描画轮廓线

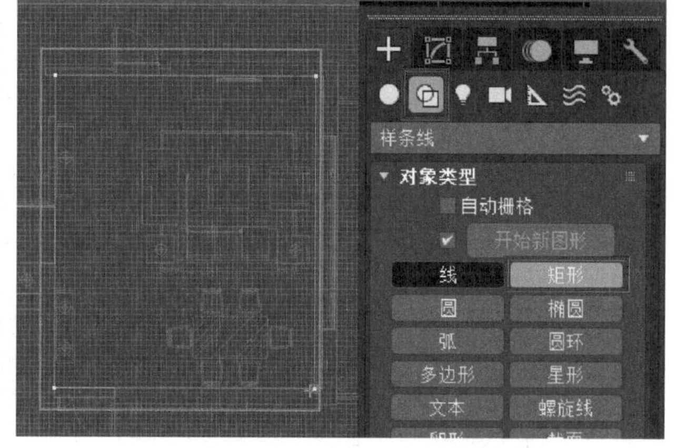

图15-29　矩形框选

22）进入修改面板，右键将矩形转换为“可编辑样条线”，将框选矩形的长度、宽度各减去800.0mm（图15-30）。

23）进入“可编辑样条线”级别，选择“顶点”，框选左侧的两个顶点（图15-31）。

图15-30　转换编辑

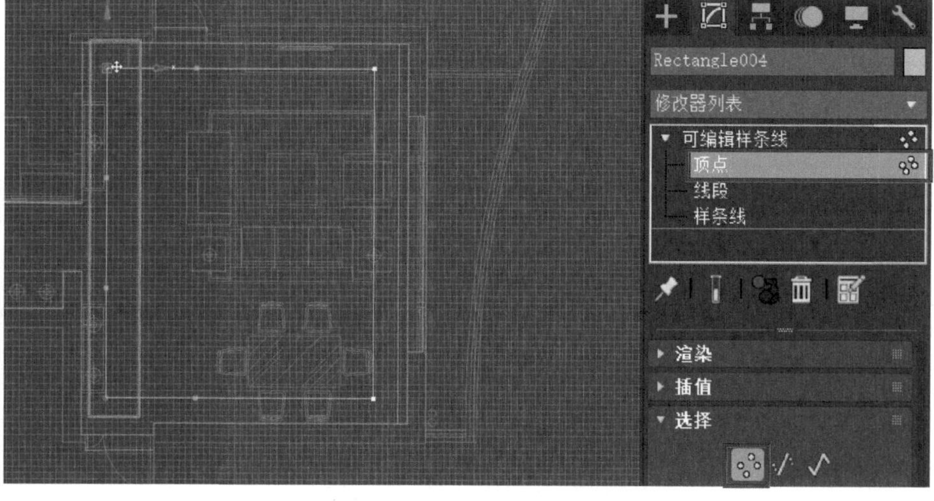

图15-31　框选顶点

24）在“移动”工具上单击右键，在弹出的“移动变换输入”对话框中将“X”轴坐标上的数值输入800.0mm（图15-32）。

25）在修改面板中，在“几何体”卷展栏中单击“附加”按钮，附加外围的轮廓线（图15-33）。

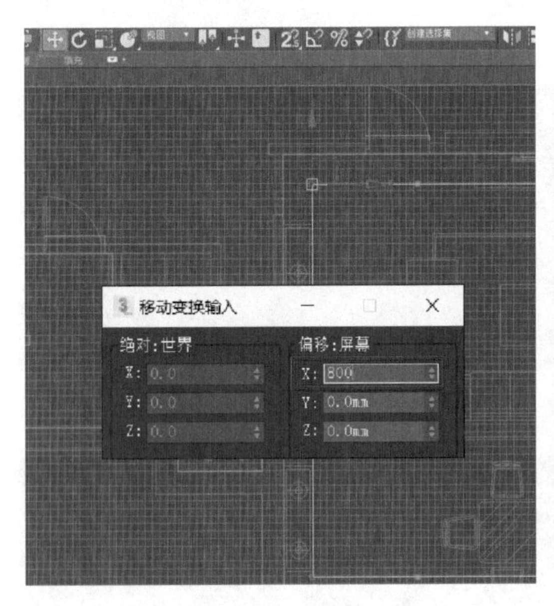

图15-32　坐标设置

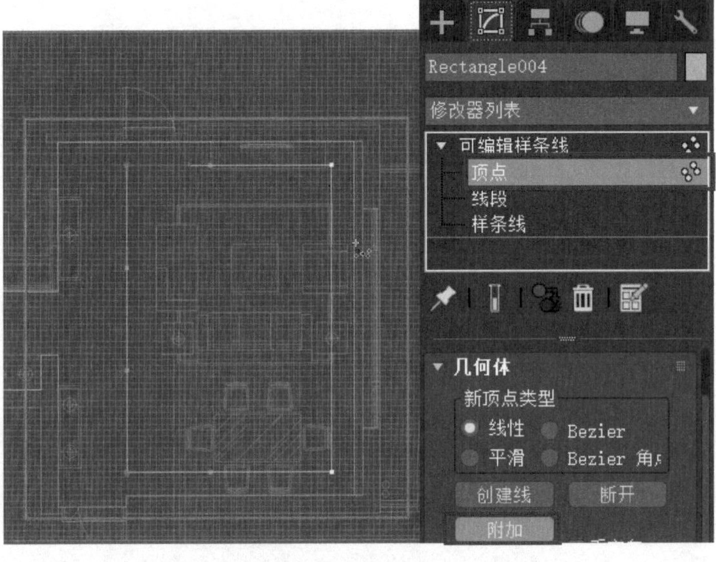

图15-33　附加轮廓线

26）为样条线添加“挤出”修改器，将挤出的“数量”设置为80.0mm（图15-34）。

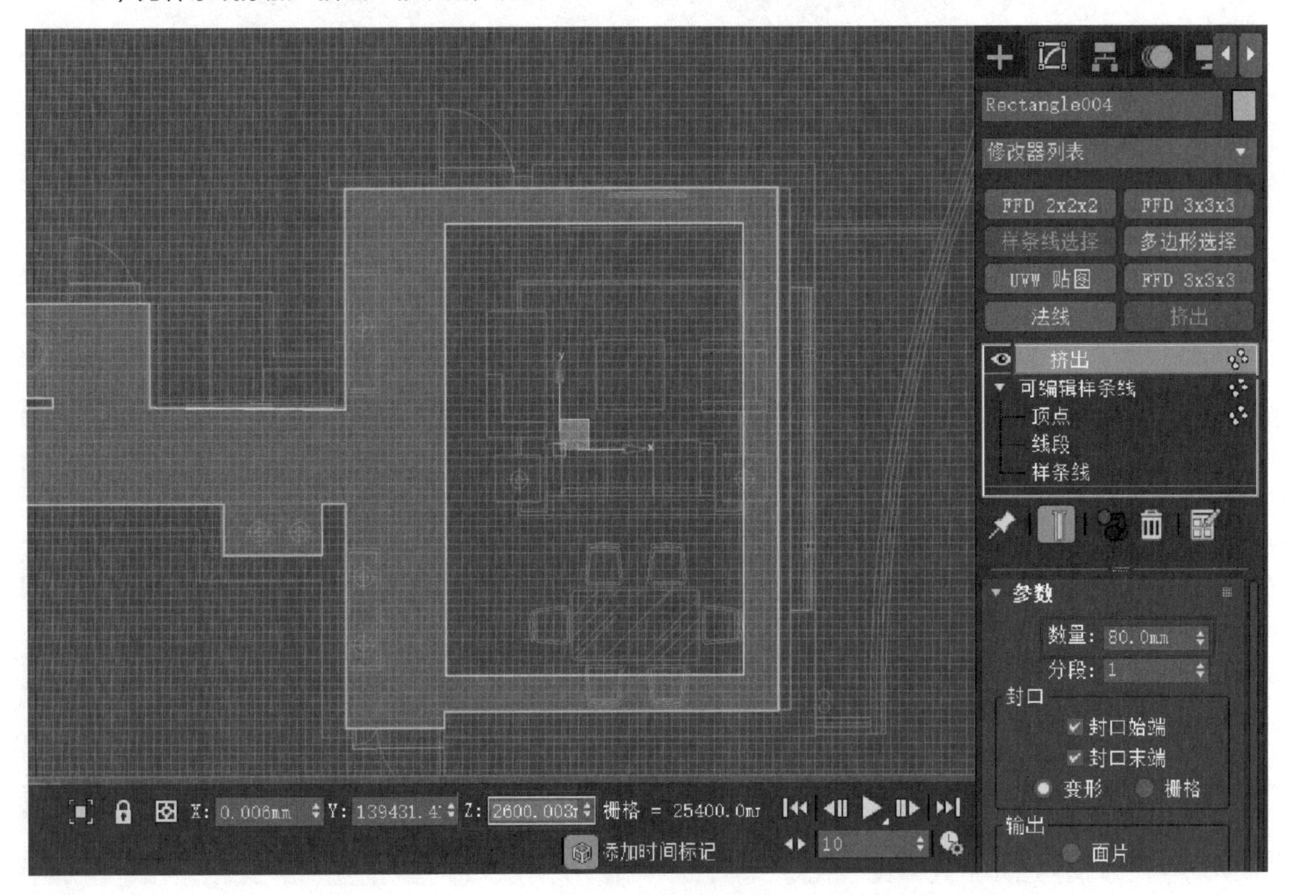

图15-34　挤出设置

27）制作挡光板，利用“矩形”工具，描摹吊顶中间的部分（图15-35）。

28）进入修改面板，在“参数”卷展栏中将“长度”和“宽度”的数据各加上400.0mm，右键将其转化为“可编辑样条线”（图15-36）。

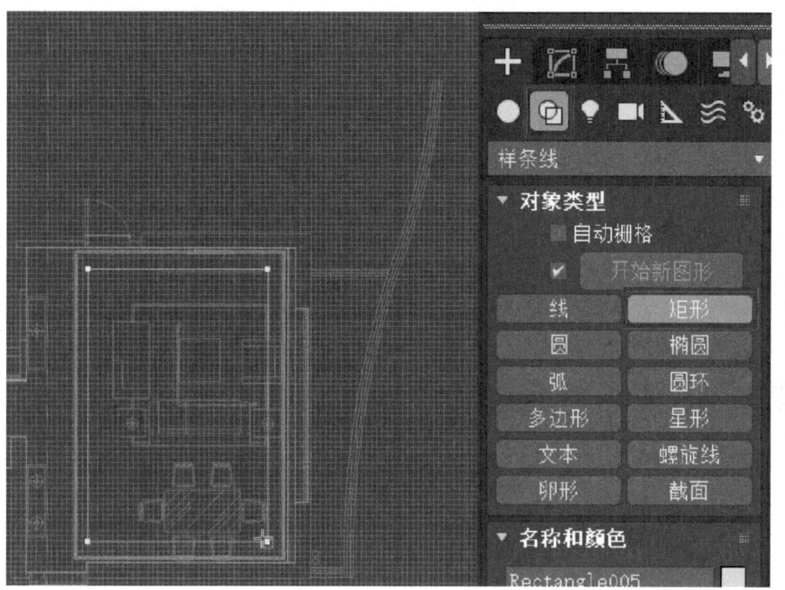

图15-35 描摹吊顶中间矩形

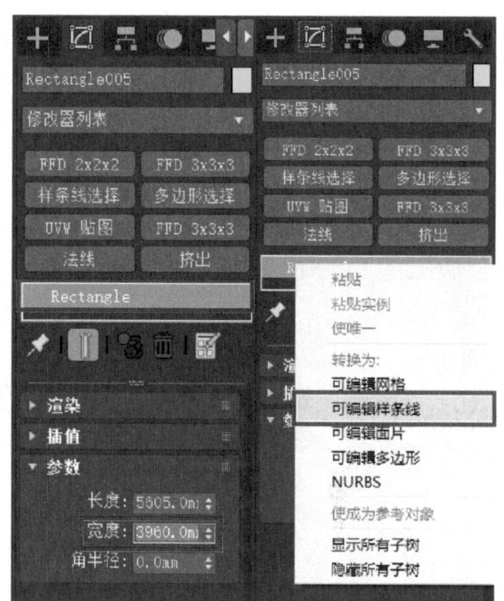

图15-36 参数设置

29）进入“样条线”层级，将“轮廓”设置为20.0mm（图15-37）。

30）为轮廓添加“挤出”修改器，挤出的“数量”设置为220.0mm（图15-38）。进入透视视图观察效果（图15-39）。

31）进入创建面板，利用“线”工具，描摹阳台外轮廓（图15-40）。

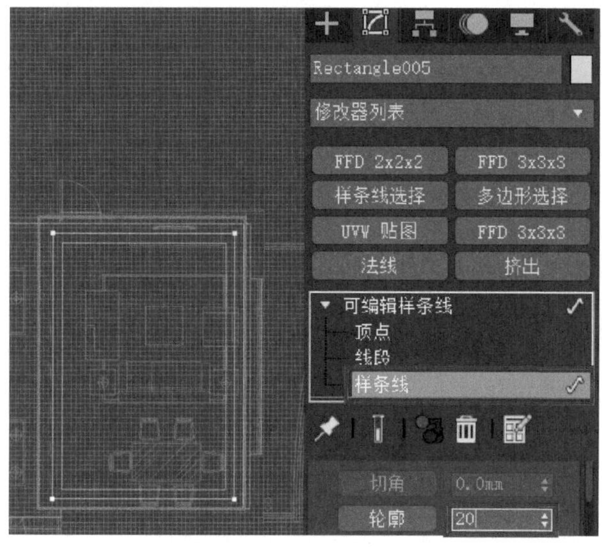

图15-37 样条线轮廓

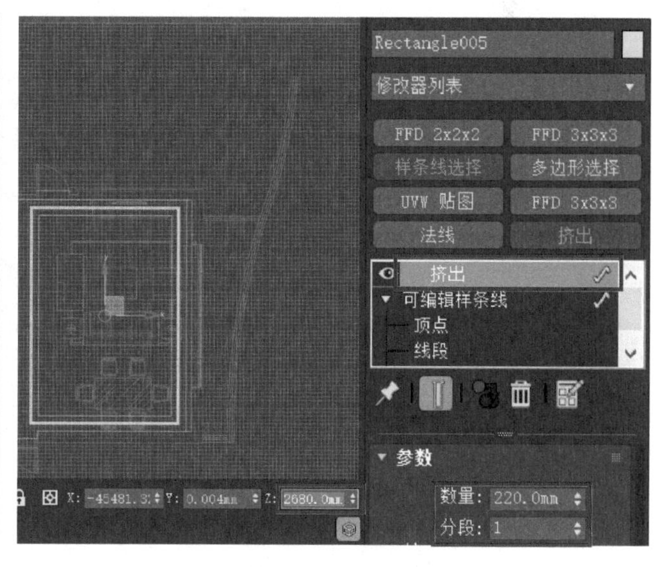

图15-38 挤出设置

设计小贴士

客厅的装饰构件应尽量简洁，吊顶为直线形居多。客厅的主要效果呈现在家具与软装配饰上，最后合并的模型才是亮点。

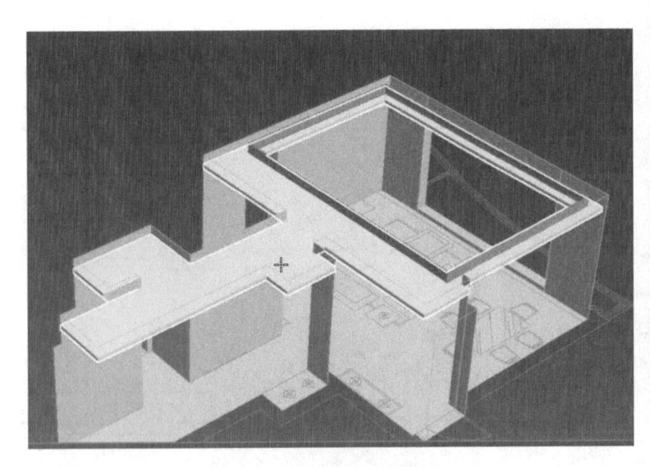

图15-39　透视效果

图15-40　描摹阳台轮廓

32）进入“点”层级，将外侧的点转化为“bezier角点”（图15-41）。

33）调整外轮廓的控制轴，使之符合外轮廓（图15-42）。

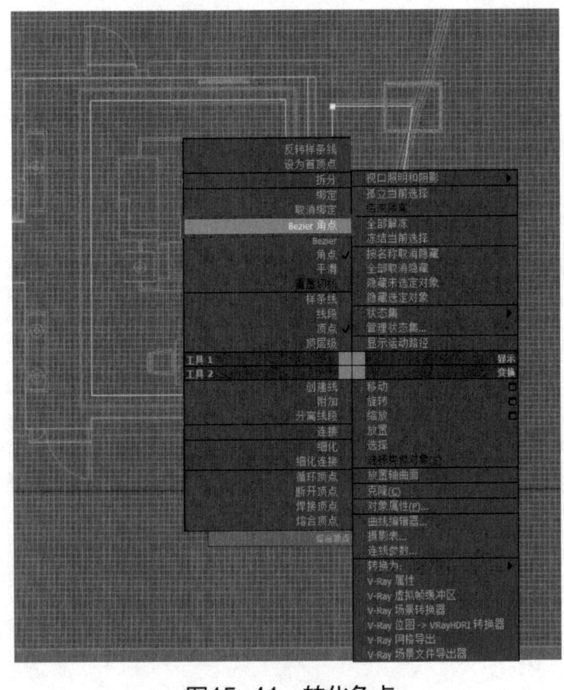

图15-41　转化角点

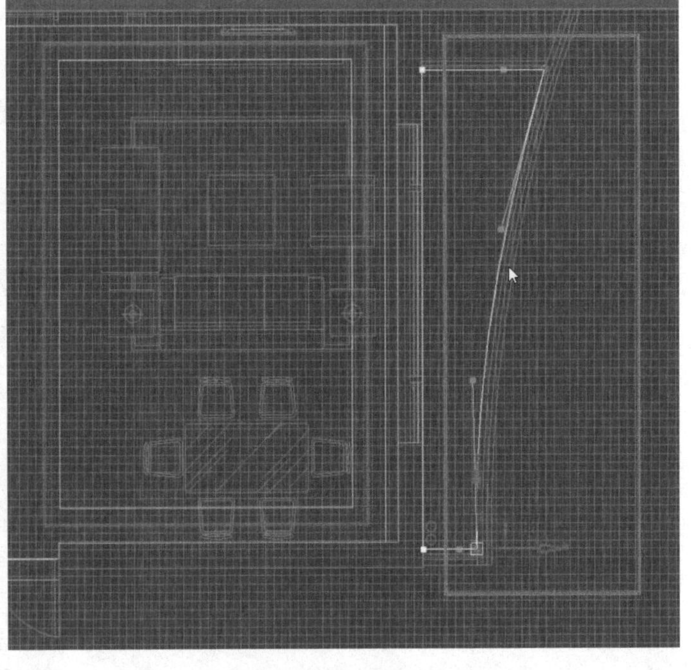

图15-42　调整轮廓

34）为外轮廓添加“挤出”修改器，将挤出“数量”设置为100.0mm（图15-43）。

35）继续进入创建面板，利用“线”工具，描摹阳台外轮廓靠近窗口的一侧，右键结束样条线的创建（图15-44）。进入“点”层级，右键将其转化为“bezier角点”，调整其控制轴，使之符合外轮廓（图15-45）。

36）进入修改面板，在“渲染”卷展栏中，勾选“在渲染中启用”和“在视口中启用”，将“径向”的“厚度”设置为50.0mm（图15-46）。

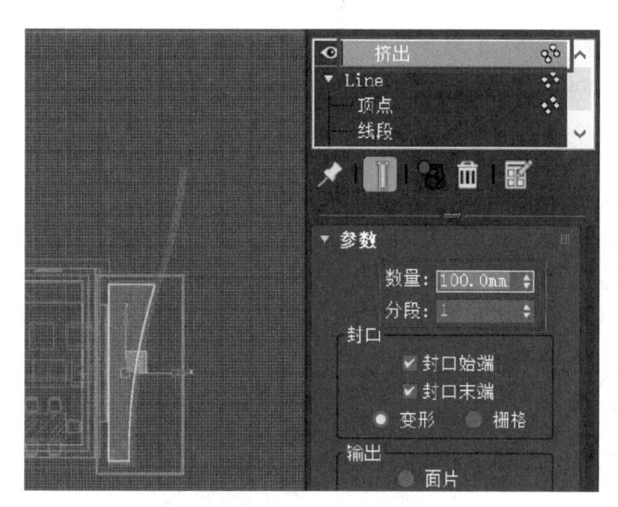

图15-43　挤出设置

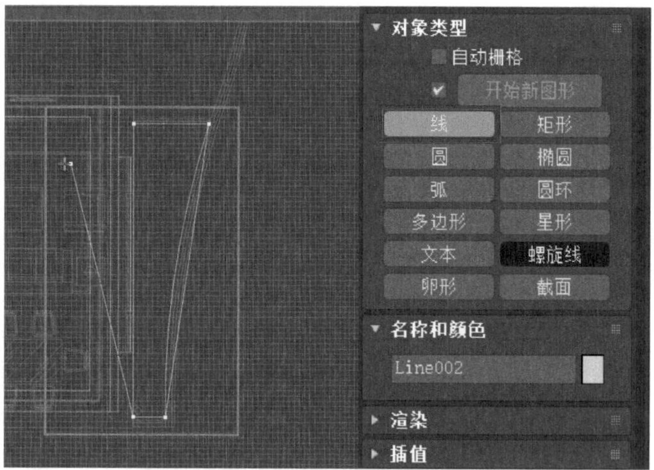

图15-44　创建样条线

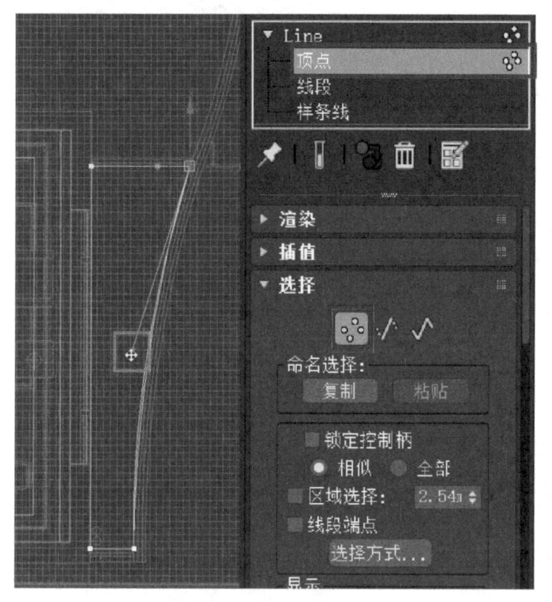

图15-45　转化角点

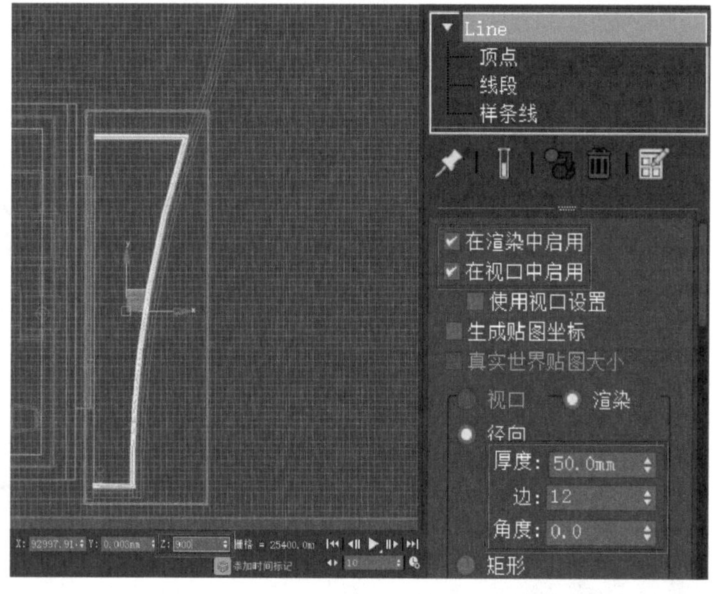

图15-46　修改厚度

37）在左视图中，进入创建面板，创建一个矩形，同样勾选“在渲染中启用”和“在视口中启用”（图15-47）。进入修改面板，将其“长度”和“宽度”都设置为900.0mm（图15-48）。单击“线段”层级，删除其他三条线段（图15-49）。

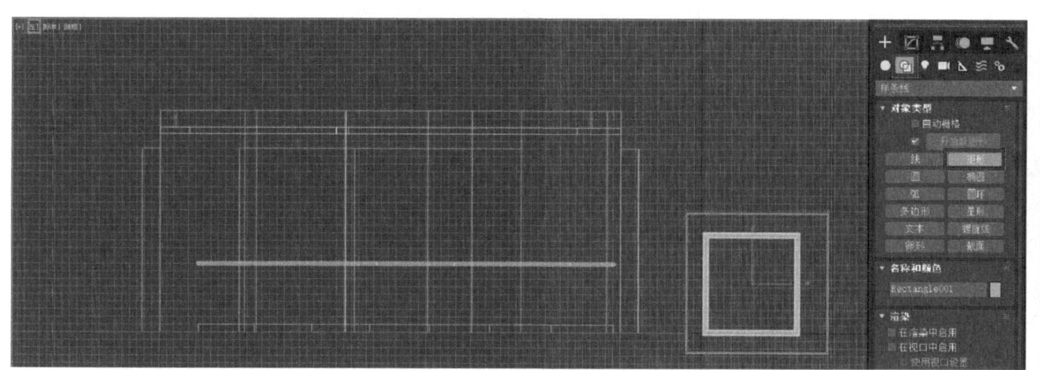

图15-47　创建矩形

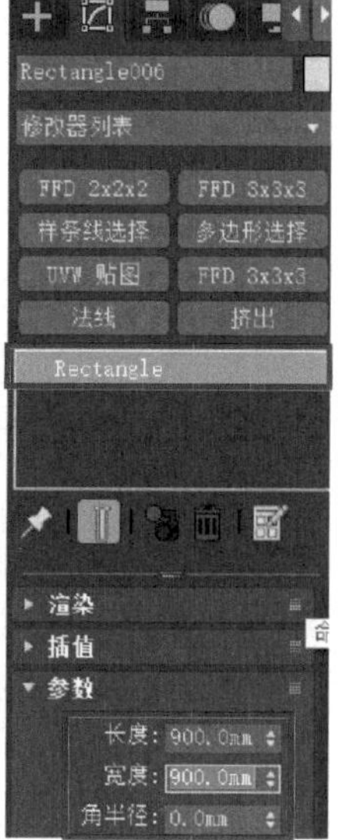

图15-48　参数设置

38）选中线段，进入“工具”菜单，选择“对齐”下的“间隔工具”（图15-50）。拾取阳台扶手的轮廓线，将“计数”设置为10（图15-51）。选中所有创建的线段，进入顶视图，利用“移动”工具调整位置（图15-52）。

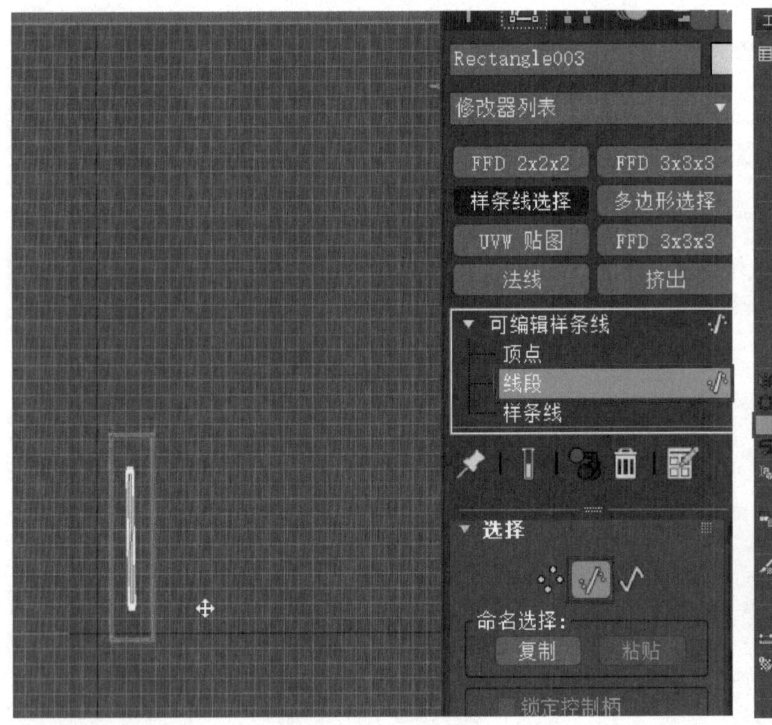

图15-49 删除线段

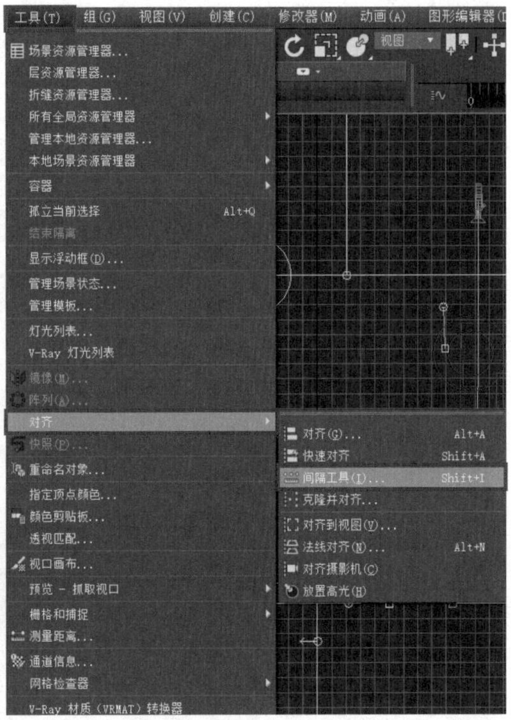

图15-50 工具菜单

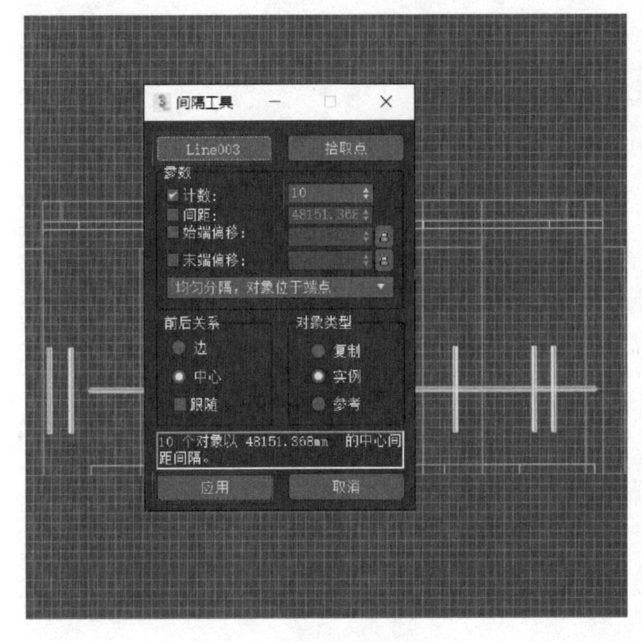

图15-51 参数设置

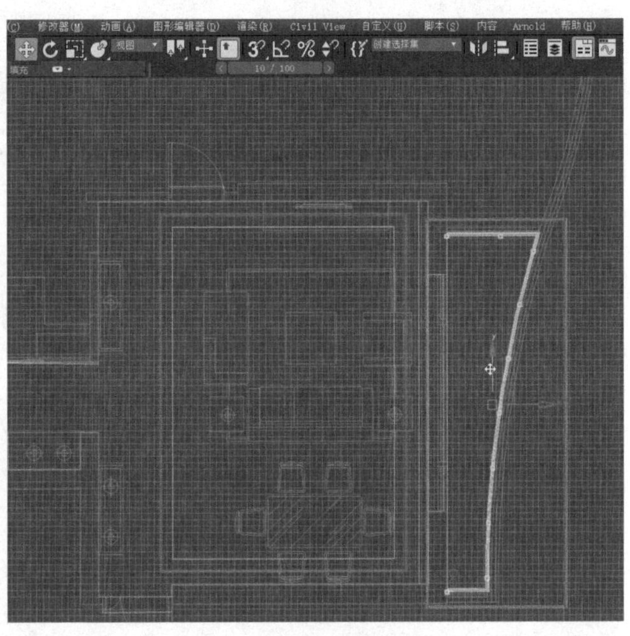

图15-52 移动调整

39）将阳台外轮廓线向上复制一份，取消勾选“在渲染中启用”和“在视口中启用”（图15-53）。进入“样条线”层级，将“轮廓”设置为2.0mm（图15-54）。进入修改面板，添加“挤出”修改器（图15-55）。

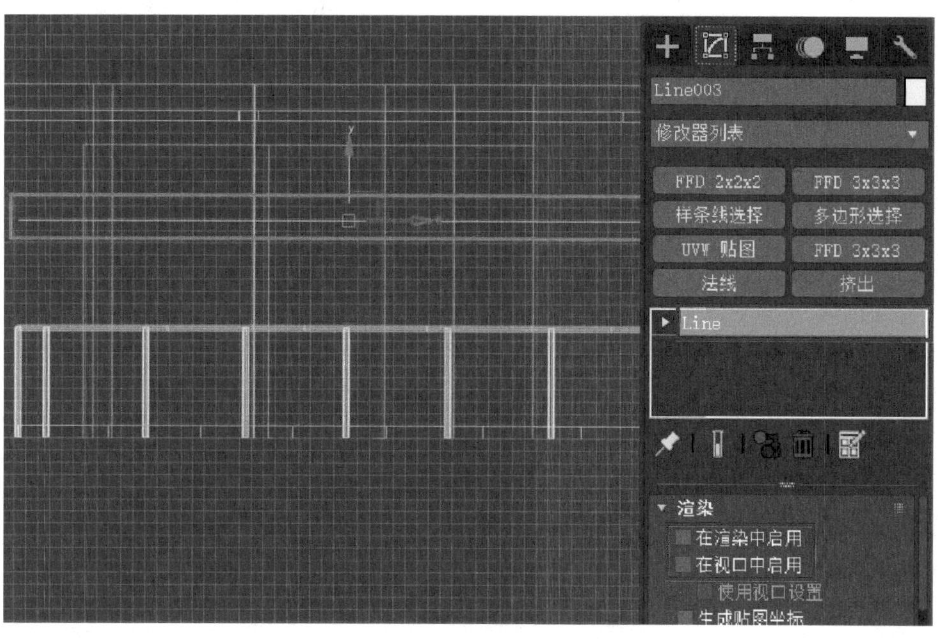

图15-53　复制阳台外轮廓

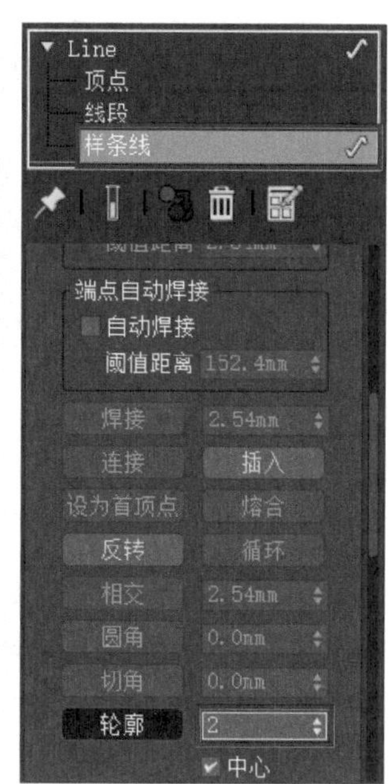

图15-54　轮廓设置

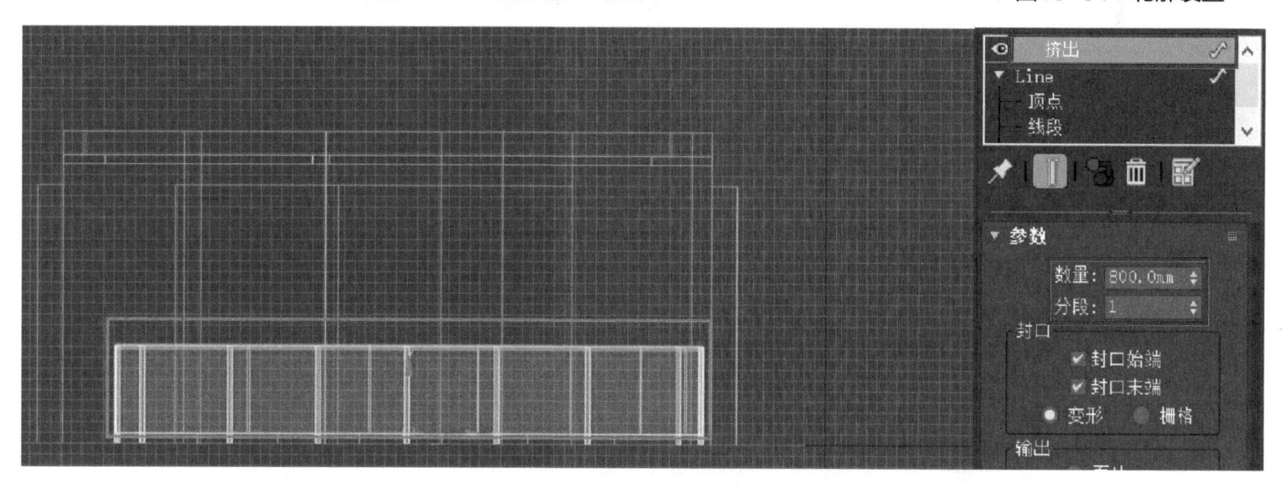

图15-55　挤出设置

40）制作阳台外檐，利用“线”工具描摹阳台轮廓（图15-56）。进入修改面板，在“点”层级下，利用“移动”工具，框选右侧的4个点，右键将其转化为“Bezier角点”（图15-57）。添加“挤出”修改器，将“数量”设置为200.0mm（图15-58）。

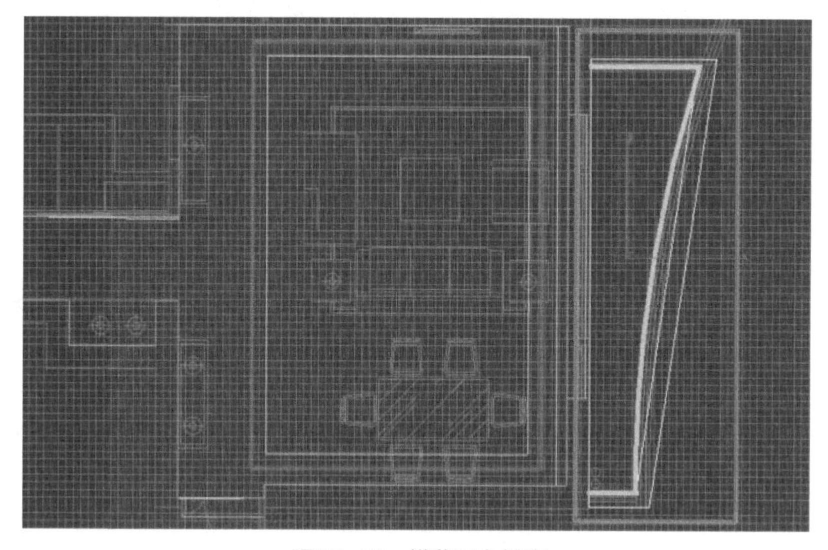

图15-56　描摹阳台轮廓

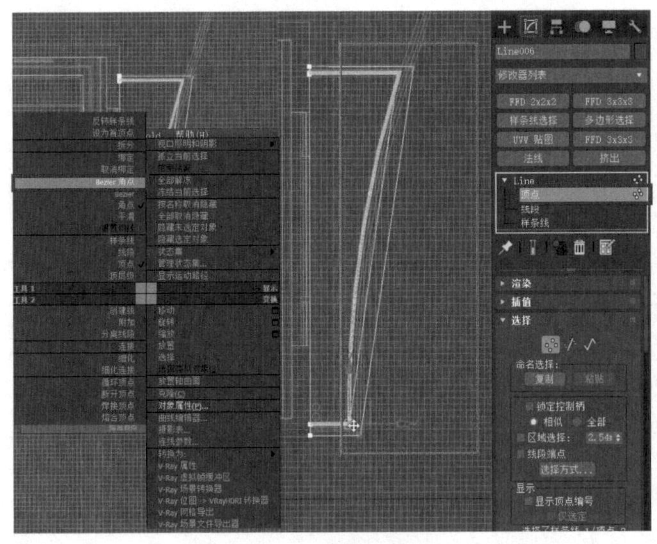

图15-57　转化角点

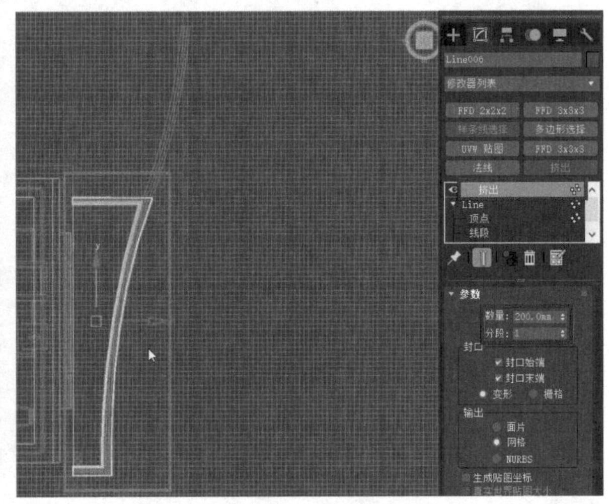

图15-58　挤出设置

41）制作踢脚线，利用“线”工具描摹房间外轮廓，在门的地方断开，重新使用“线”工具进行描摹（图15-59）。进入修改面板，利用“附加”工具将所画的线附加起来（图15-60）。在左视图中利用“矩形（Rectangle）”工具画一个矩形，长度为100.0mm，宽度为20.0mm（图15-61）。利用“移动”工具，调整其位置（图15-62）。

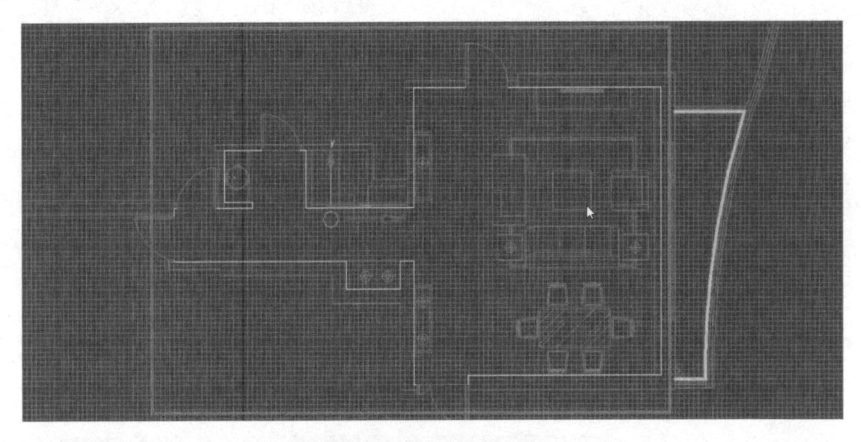

图15-59　描摹房间外轮廓

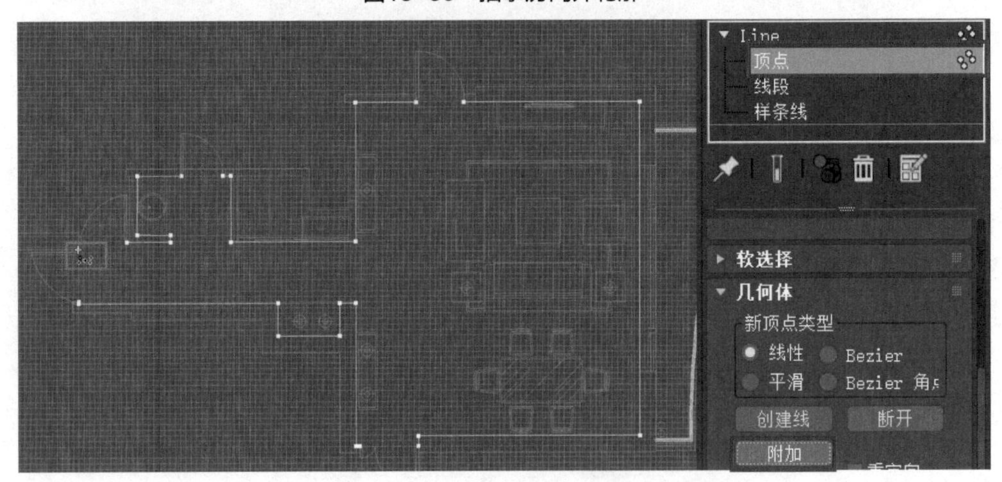

图15-60　附加连接

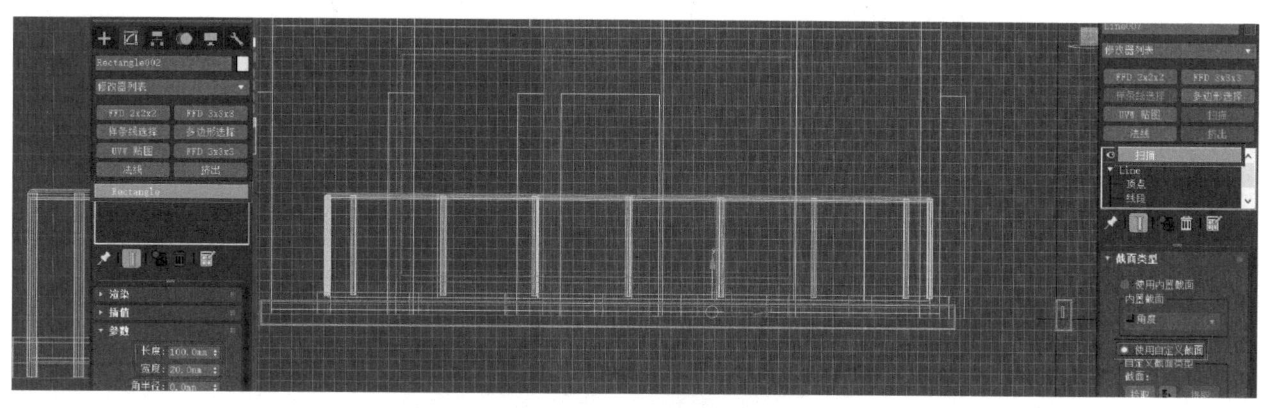

图15-61　矩形参数设置

42）制作窗框，利用“矩形”工具描摹房间窗框（图15-63）。在修改面板中，将其转化为“可编辑样条线”，进入“样条线”层级，将“轮廓”设置为50.0mm（图15-64）。进入修改面板，添加“挤出”修改器，将“数量”设置为230.0mm（图15-65）。右键单击“缩放”按钮，弹出“缩放变换输入”对话框，将“偏移：屏幕”设置为99.9%（图15-66）。

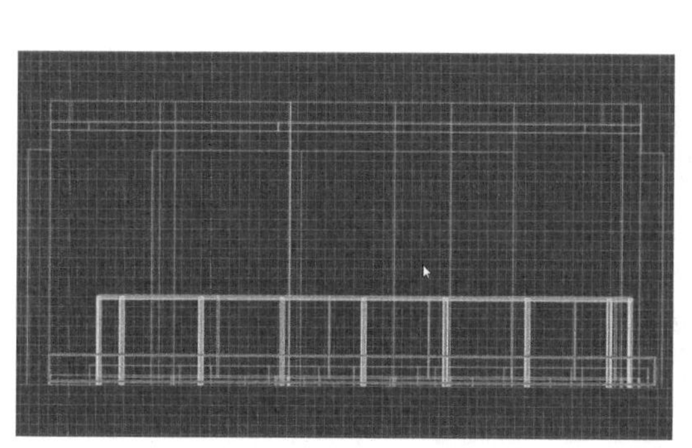

图15-62　移动调整

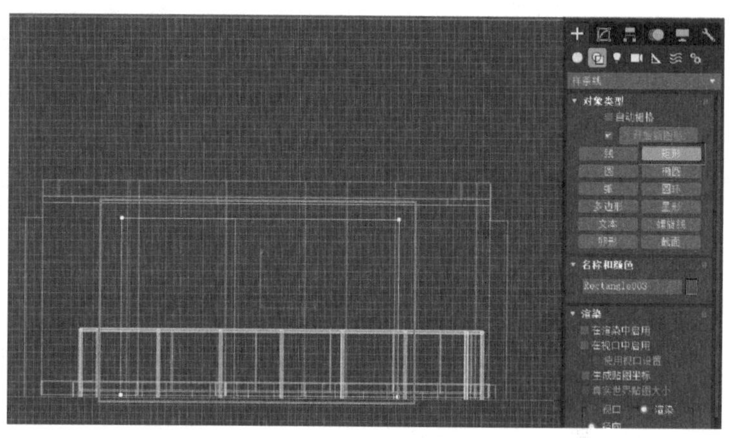

图15-63　描摹窗框

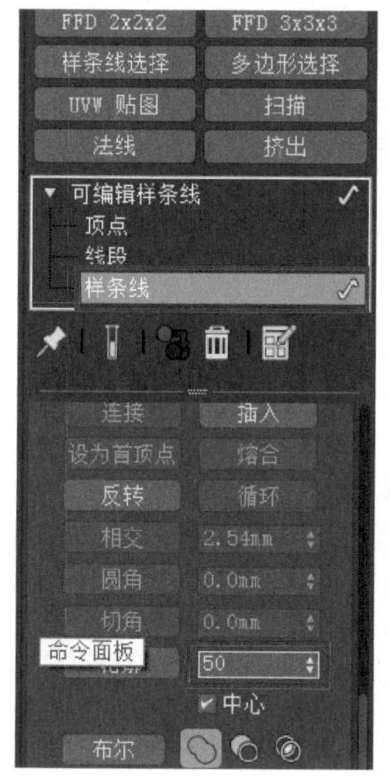

图15-64　样条线设置

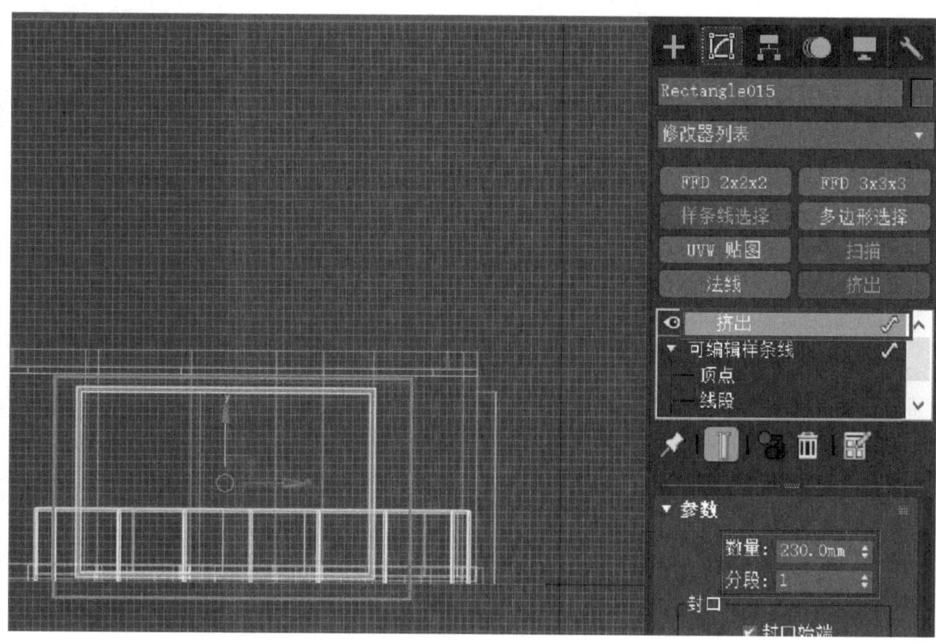

图15-65　挤出设置

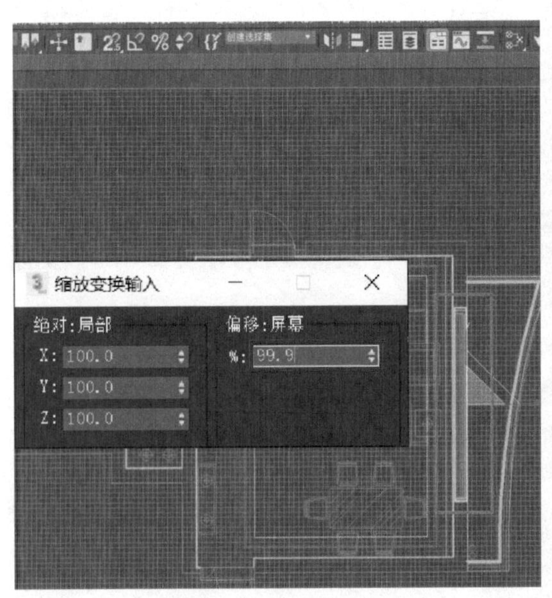

图15-66　缩放偏移设置

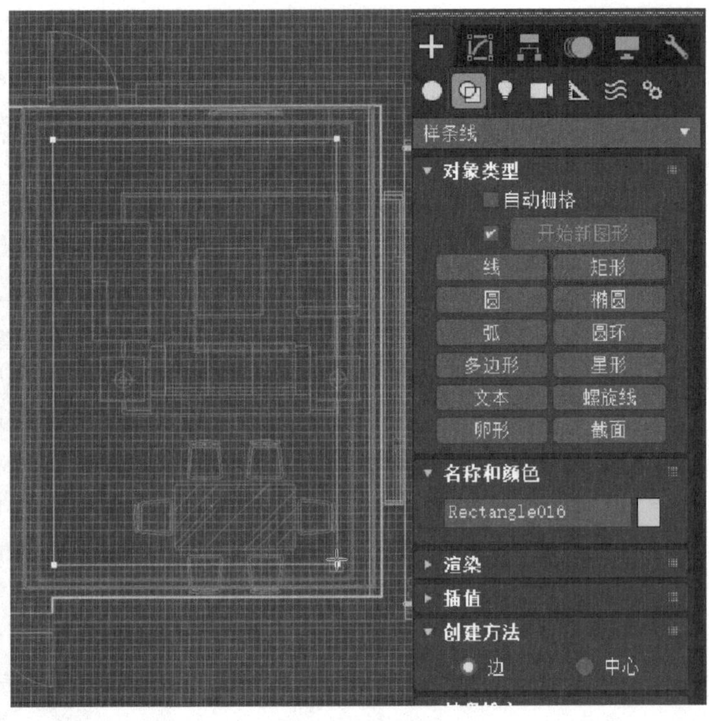

图15-67　描摹吊顶内部

43）制作顶部造型线，利用“矩形”工具描摹吊顶内部（图15-67）。在修改面板中，将其转化为“可编辑样条线”，进入“样条线”层级，将“轮廓”设置为20.0mm（图15-68）。进入修改面板，添加“挤出”修改器，将“数量”设置为80.0mm（图15-69）。利用“移动”工具，同时按住〈Shift〉键将造型向上复制一个（图15-70）。右键单击“缩放”按钮，在弹出的“缩放变换输入”对话框中，将“绝对：局部”均设置为80.0，“偏移：屏幕”设置为100.0%（图15-71）。利用“移动”工具，调整造型的位置（图15-72）。

制作完成后的效果如图15-73所示。

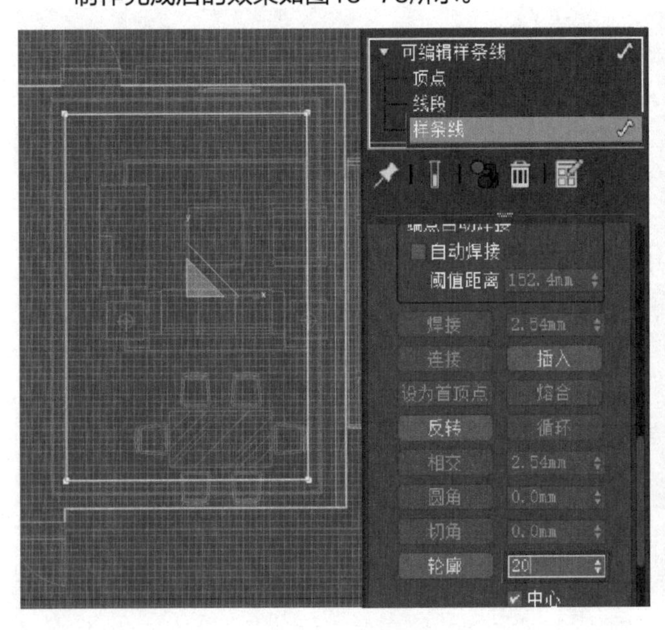

图15-68　转化样条线

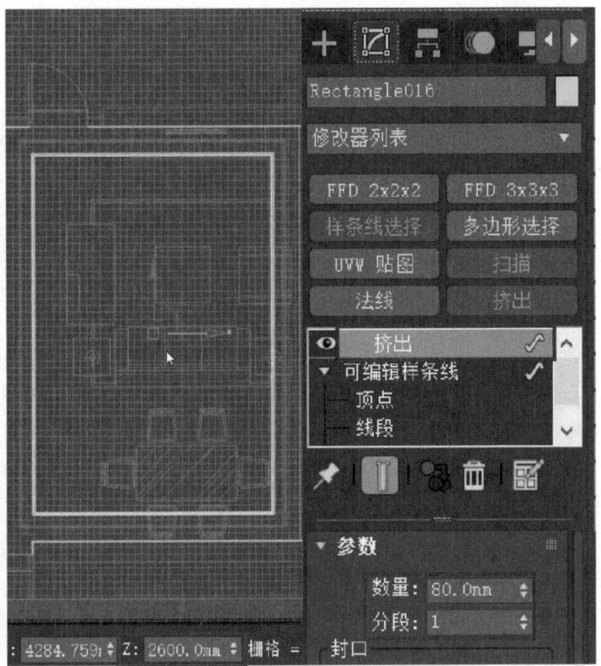

图15-69　挤出设置

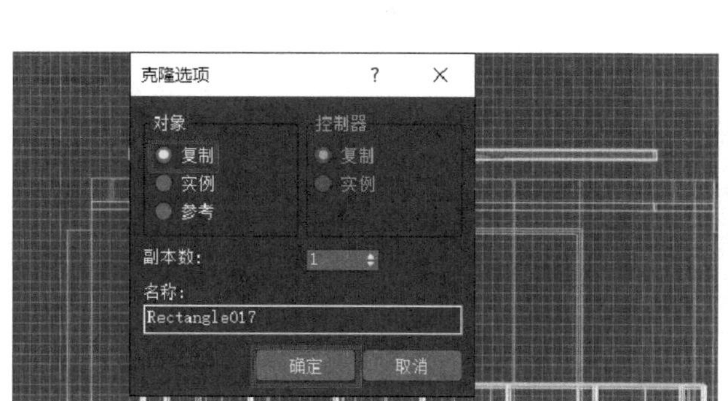

图15-70　复制

图15-71　缩放偏移

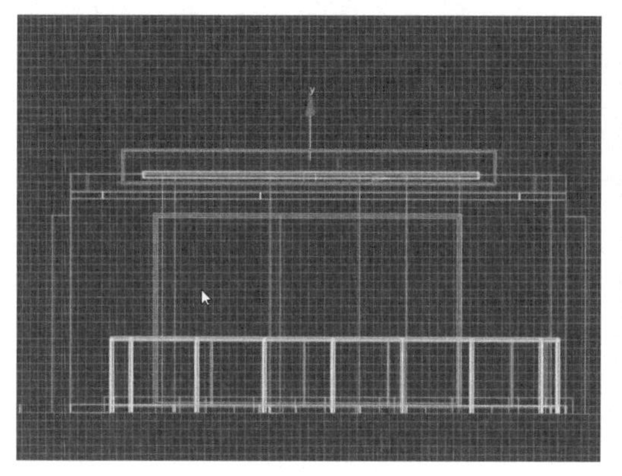

图15-72　移动调整

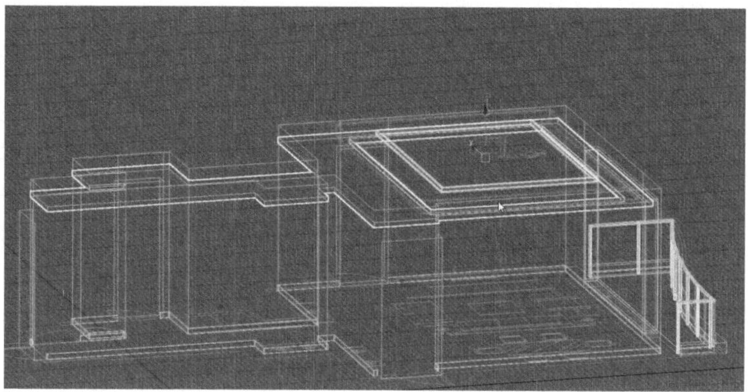

图15-73　完成后的效果

15.2　赋予初步材质

1）在创建面板中选择“标准”摄影机，在顶视图中创建一个“目标”摄影机（图15-74）。

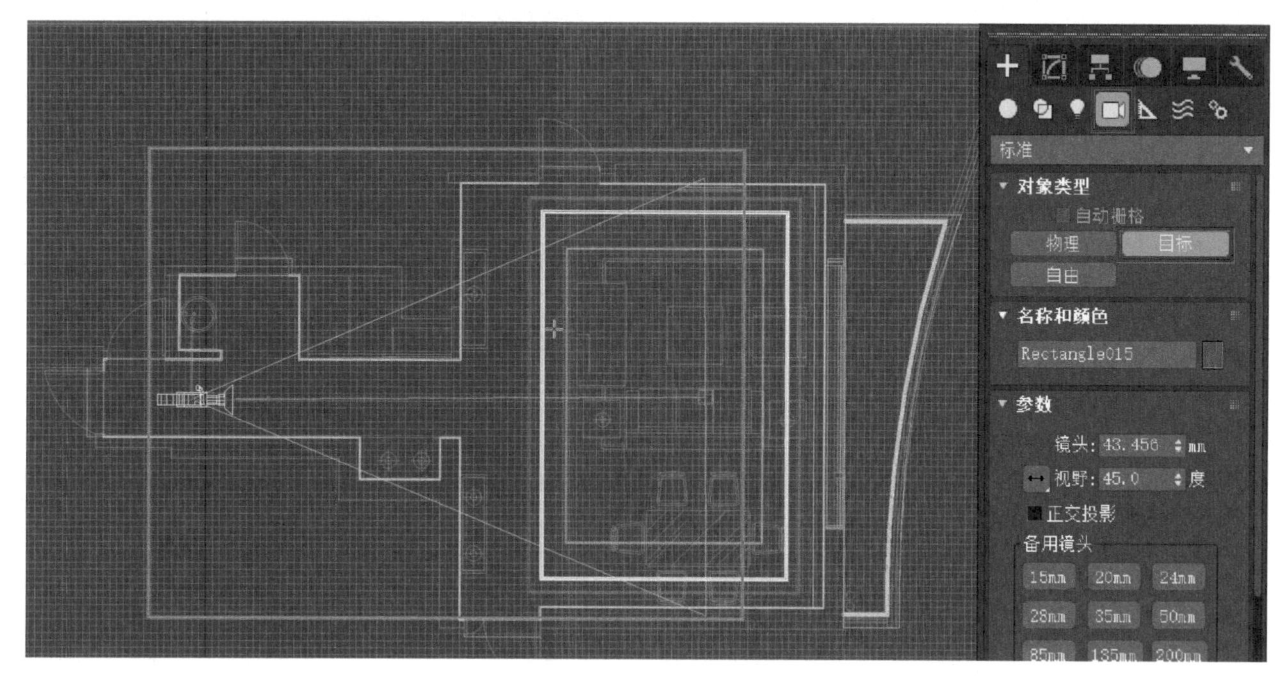

图15-74　创建摄影机

2）在“选择过滤器”中选择“C-摄影机”，在前视口中选中摄影机的中线，并将摄影机向上移动（图15-75）。

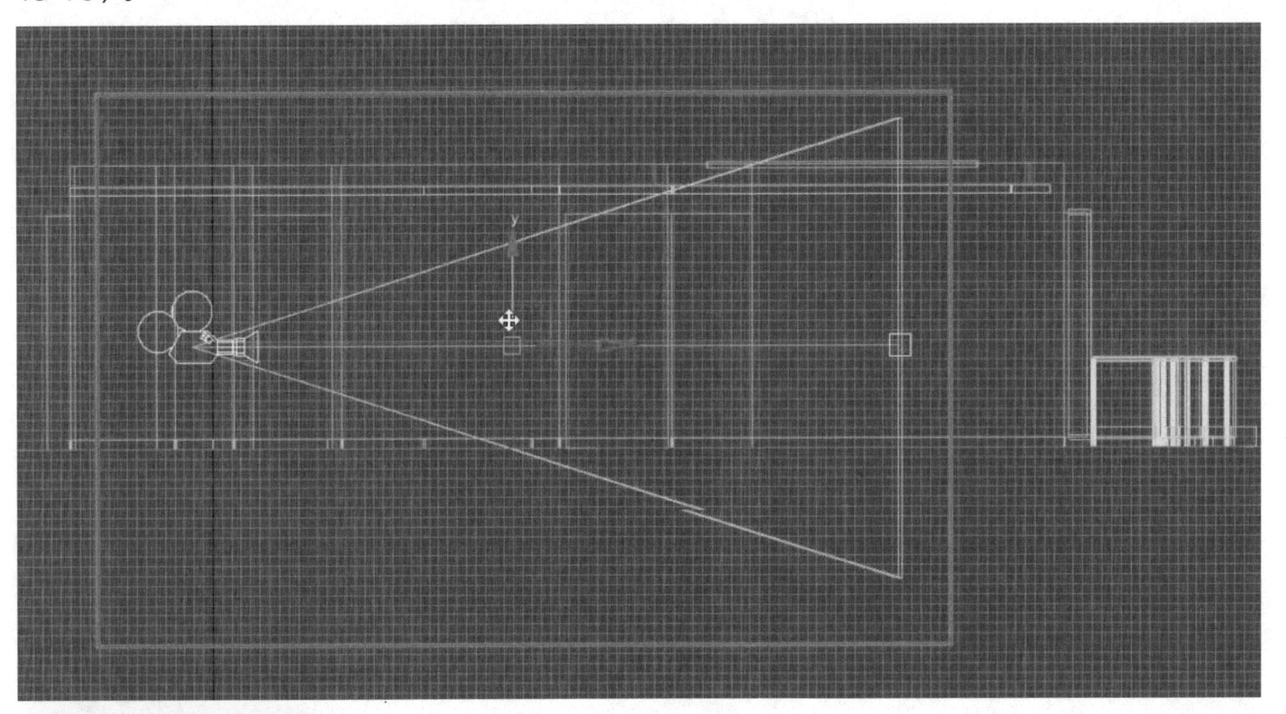

图15-75　移动摄影机

3）切换到透视口，按〈C〉键，将“透视口”转为“摄影机视口”，并在其视口中选择“目标摄影机”，进入修改面板，将其“备用镜头”设置为28.0mm，勾选“手动剪切”，将“近距剪切”设置为1000.0mm，“远距剪切”设置为15000.0mm（图15-76）。进入顶视图，调整摄影机的位置（图15-77）。

图15-76　参数设置

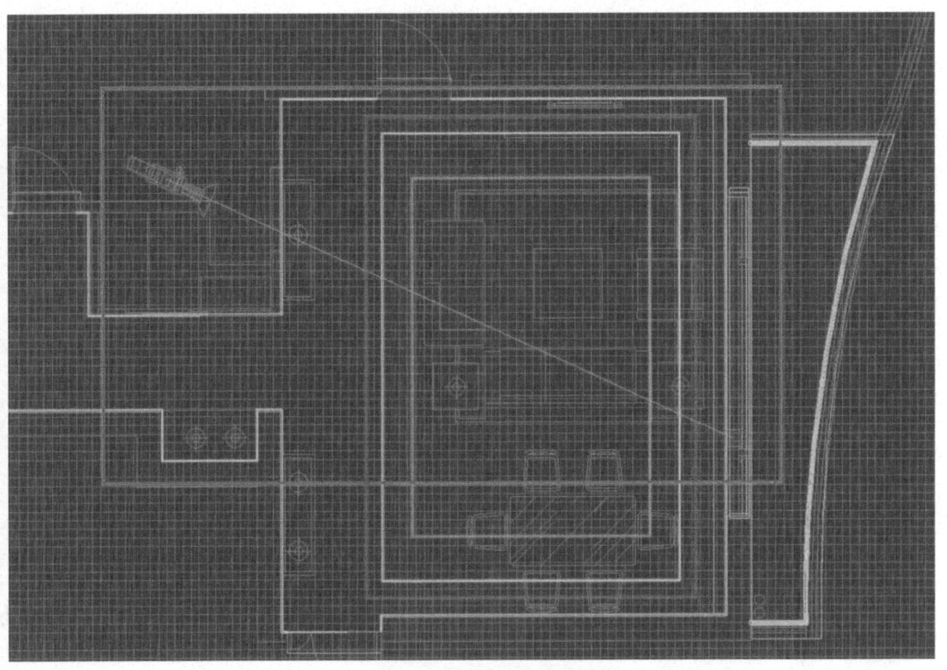

图15-77　调整摄影机的位置

4）进入创建面板，选择“弧”，在顶视图创建一条弧线（图15-78）。

5）在修改面板中将其转化为“可编辑样条线”，进入“样条线”层级，将“轮廓”设置为200.0mm。进入修改面板，添加“挤出”修改器，将“数量”设置为4000.0mm（图15-79）。

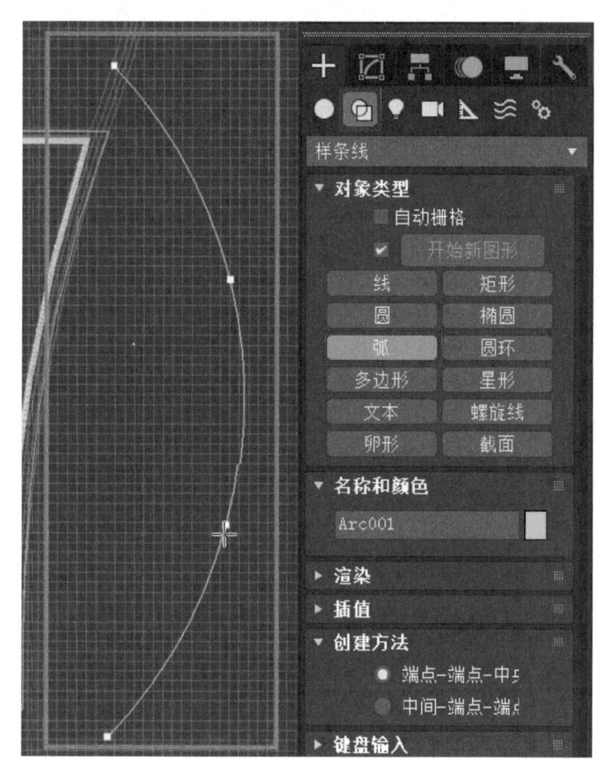

图15-78　创建弧线

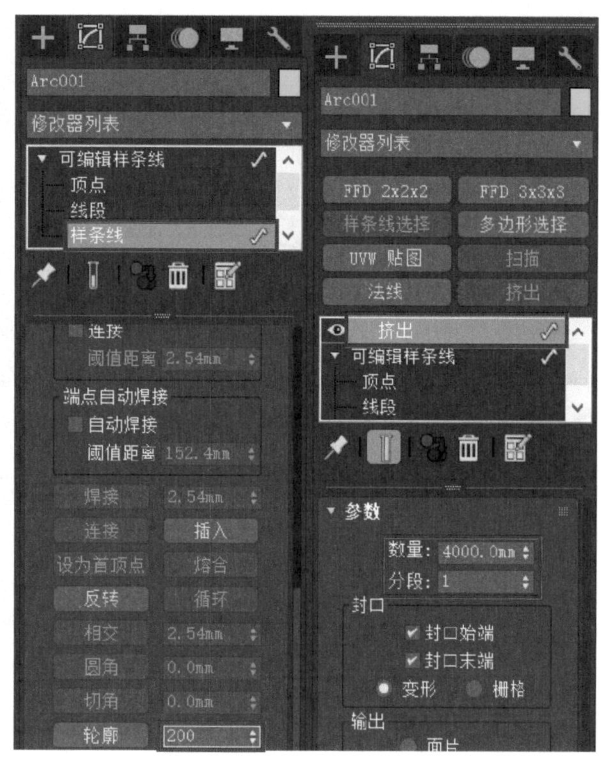

图15-79　样条线设置

6）按〈C〉进入摄影机视口，观察效果（图15-80）。

7）打开主菜单栏的“文件”菜单，选择“导入→合并”（图15-81）。

图15-80　观察效果

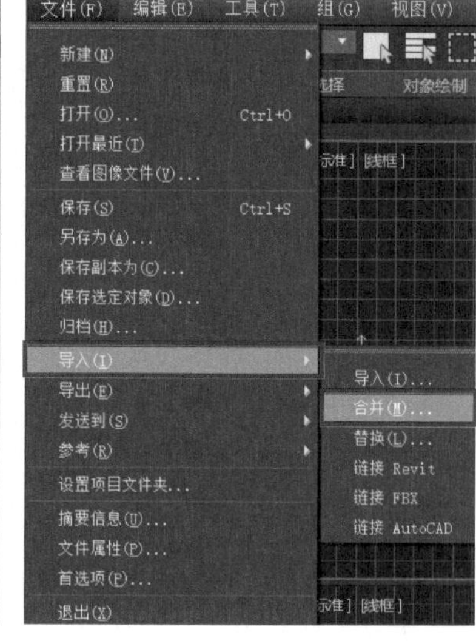

图15-81　菜单栏导入合并

8）进入本书配套资料的“模型素材/第15章/导入模型”，将模型“门”合并进场景中（图15-82）。

9）在“合并－门”对话框中，单击“全部”，取消勾选“灯光”“摄影机”。由于模型的大小、比例、位置都已经调整好了，可以不用再调整了（图15-83）。

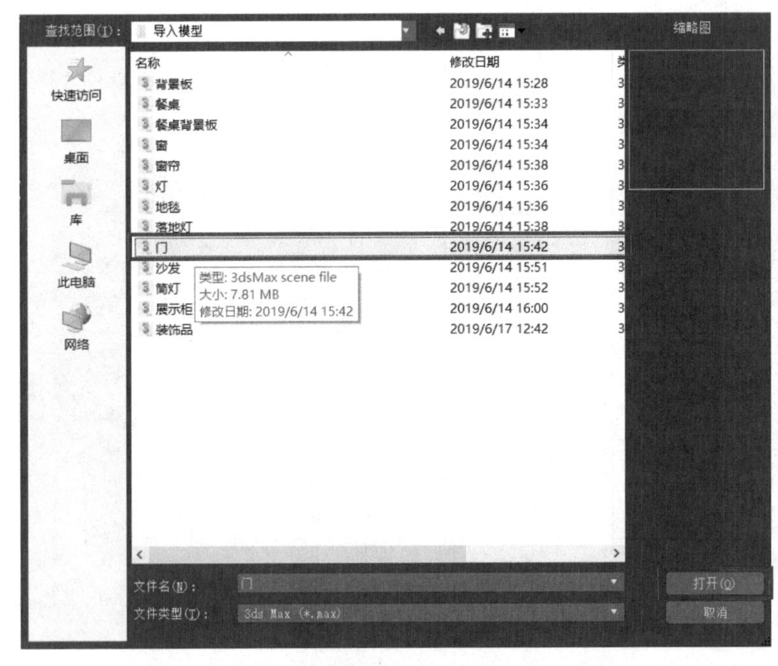

图15-82　合并场景

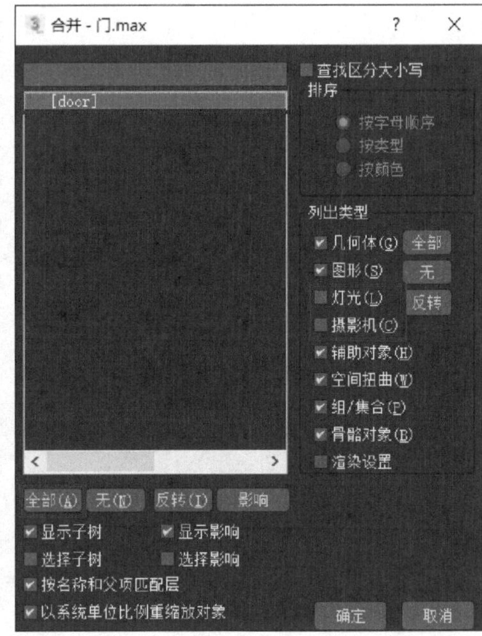

图15-83　合并窗口

10）打开“材质编辑器”，再展开“材质”卷展栏，双击“VRayMtl”材质，在“视图1”窗口中双击此材质就会出现该材质的参数面板，取名为“白色墙面”，将“高光光泽”设置为0.58，“反射光泽”设置为1.0，“反射”设为灰色，这里可以将红蓝绿的颜色设为12（图15-84）。

图15-84　材质设置

11）在“漫反射”贴图位置拖入一张墙纸的贴图（图15-85）。

12）为墙纸添加“UVW贴图”修改器，选择“长方体”，将其“长度”“宽度”“高度”均设置为600.0mm（图15-86）。

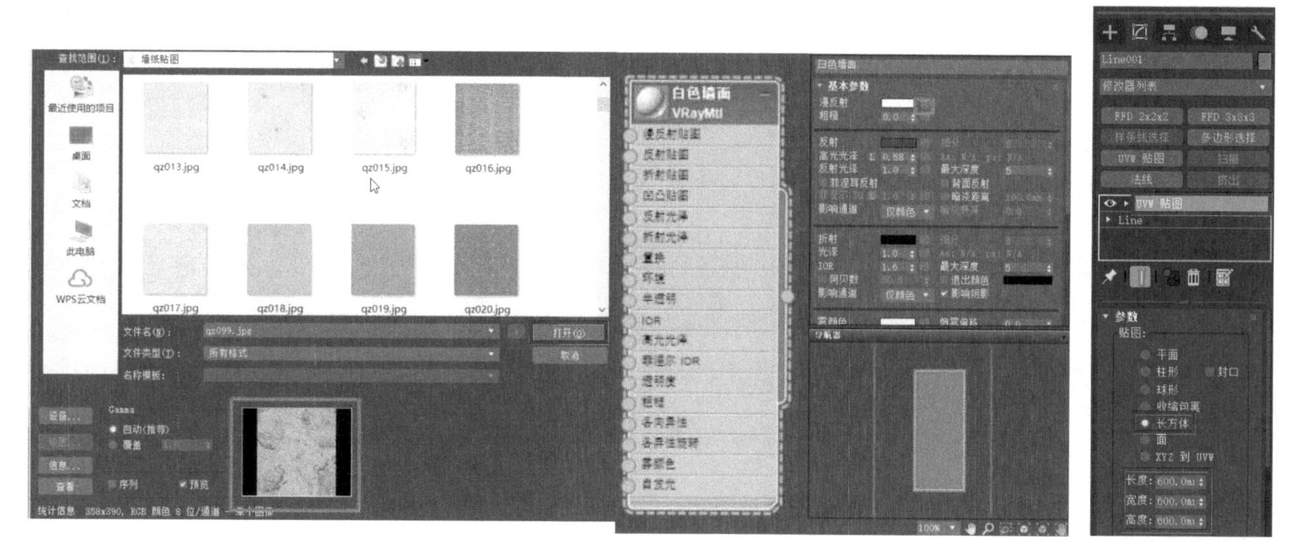

图15-85　选择贴图　　图15-86　贴图设置

13）打开“材质编辑器”，再展开“材质”卷展栏，双击“VRayMtl”材质，在“视图1”窗口中双击此材质就会出现该材质的参数面板，取名为“木地板”，在“漫反射”的贴图位置拖入1张木材贴图（图15-87）。

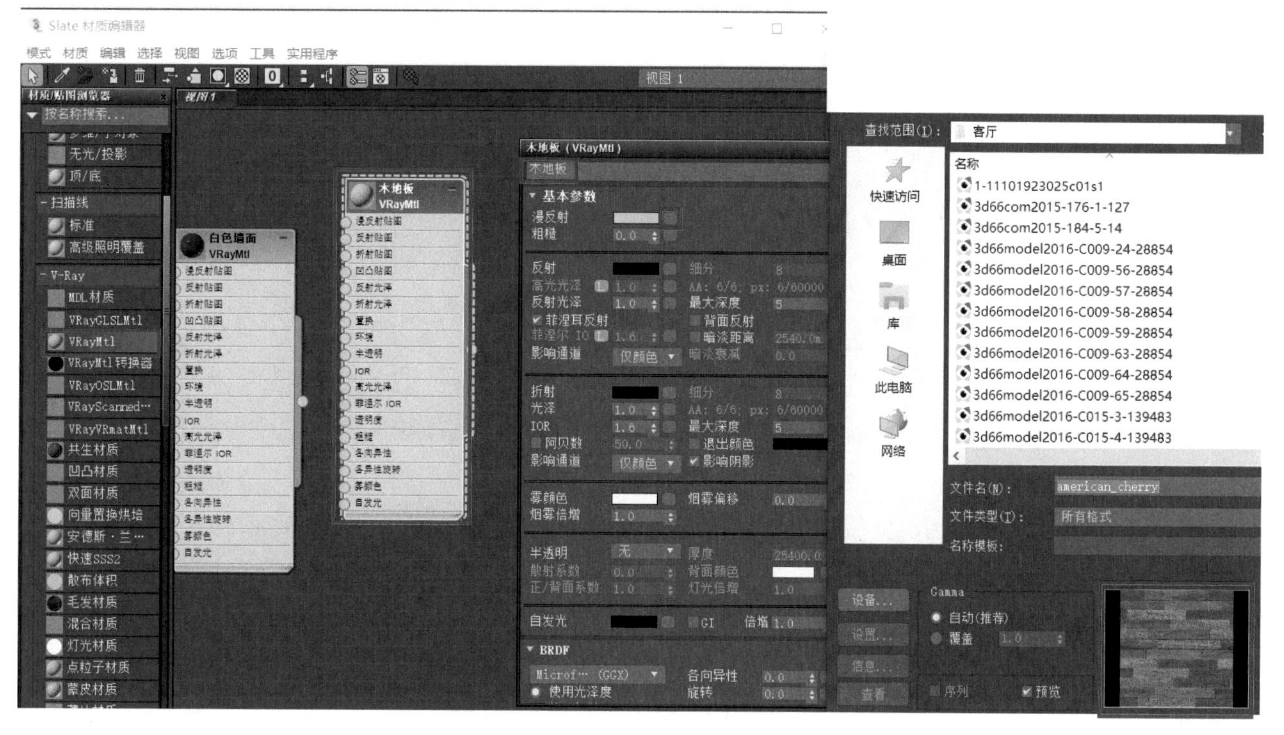

图15-87　材质参数

14）在“反射”贴图位置选择“衰减”贴图（图15-88）。将“高光光泽”设置为1.0，“反射光泽”设置为0.7，“细分”设置为15（图15-89）。将“漫反射”的贴图复制到“凹凸”上（图15-90）。

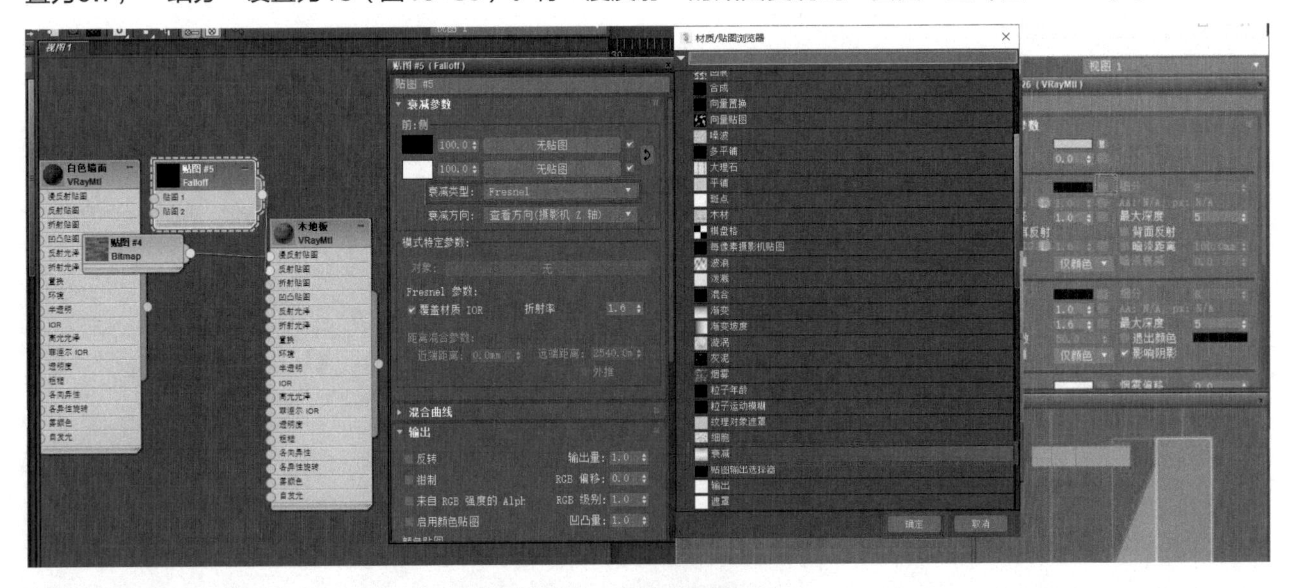

图15-88 贴图设置

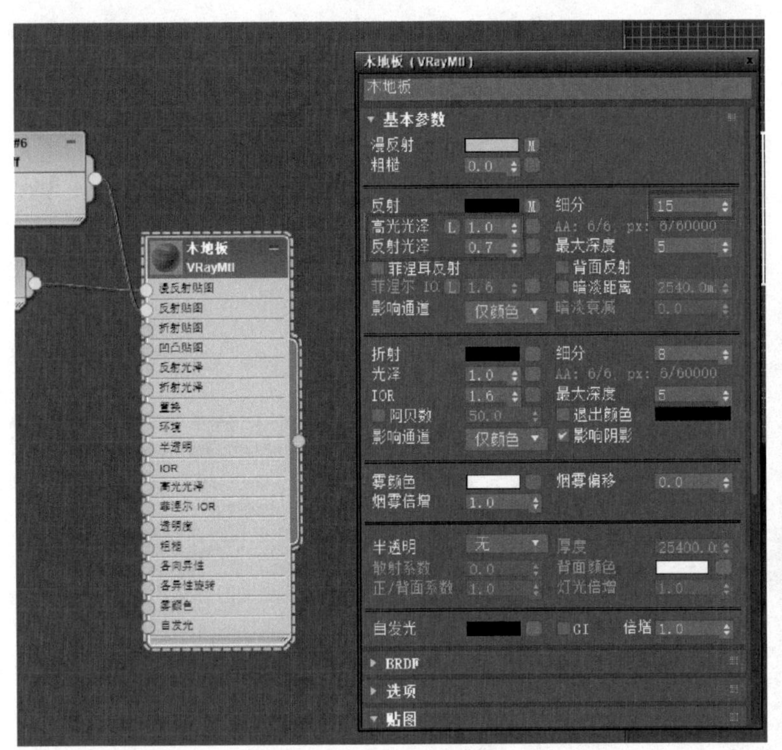

图15-89 贴图设置

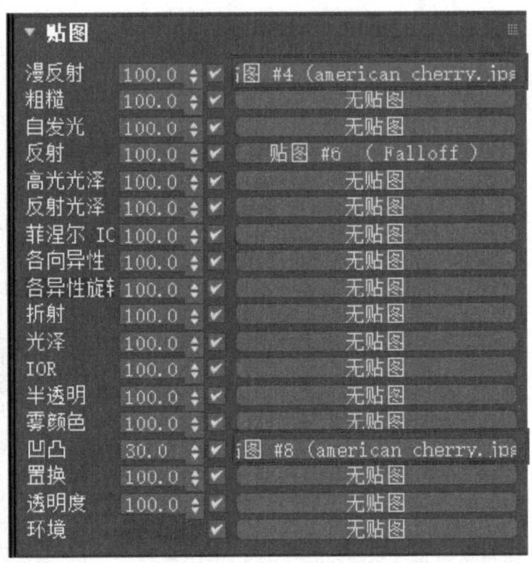

图15-90 贴图复制

15）为地板添加“UVW贴图”修改器，选择“平面”，将其“长度”设置为850.0mm，“宽度”设置为2000.0mm（图15-91）。

16）打开“材质编辑器”，再展开“材质”卷展栏，双击“VRayMtl”材质，在“视图1”窗口中双击此材质就会出现该材质的参数面板，取名为“木色栏杆”，将“高光光泽”设置为1.0，“反射光泽”设置为0.8，在“漫反射”后面添加一张木材贴图（图15-92）。在“反射”后面添加一张“衰减”贴图（图15-93），将“衰减类型”设置为“Fresnel”，“折射率”设置为1.6（图15-94）。

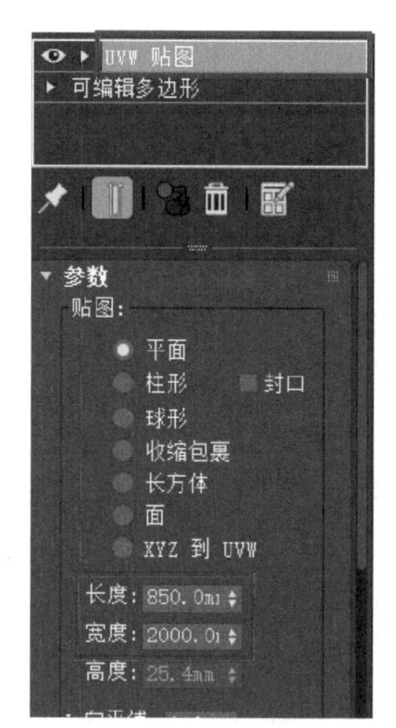

图15-91　贴图设置

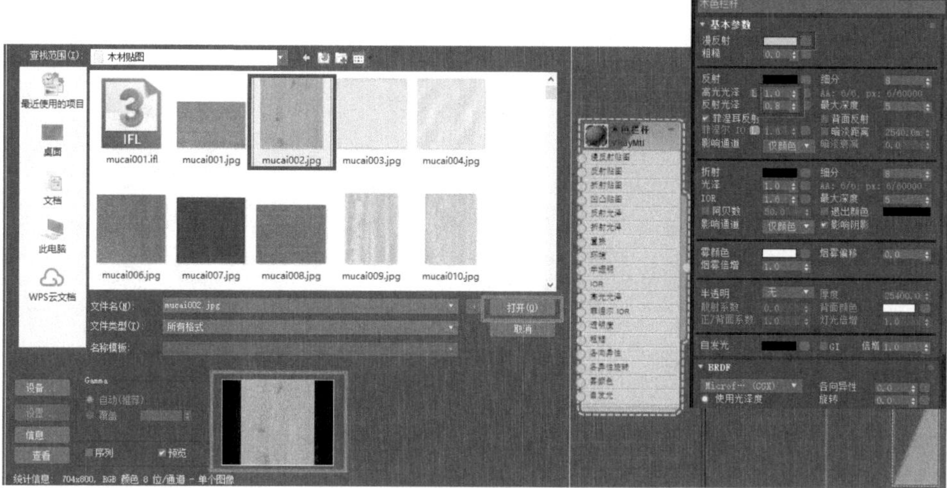

图15-92　选择贴图

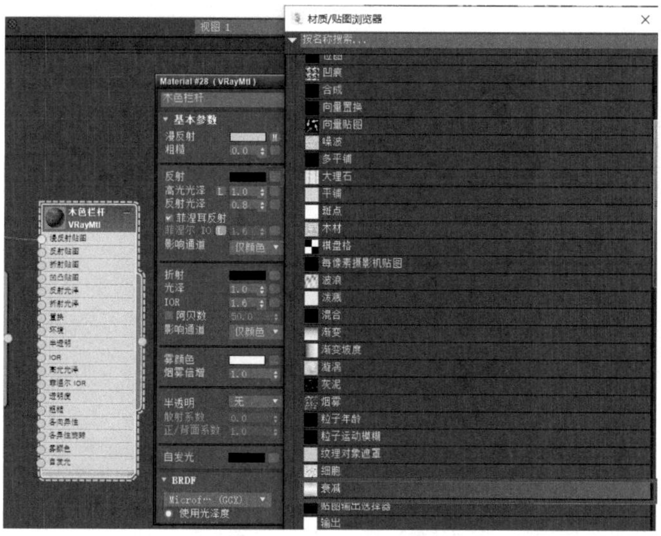

图15-93　添加贴图

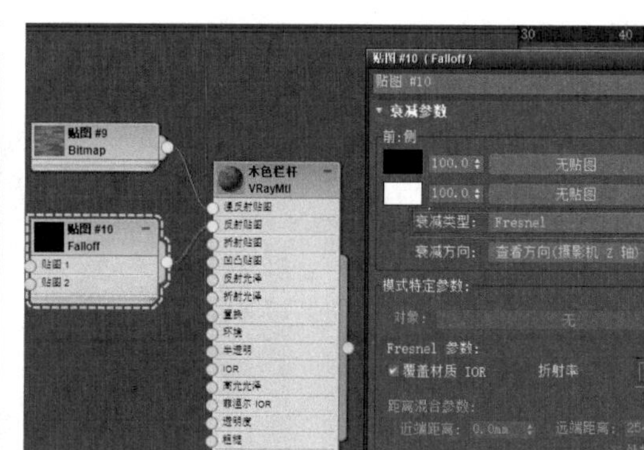

图15-94　贴图设置

17）将木质栏杆材质赋予栏杆（图15-95）。

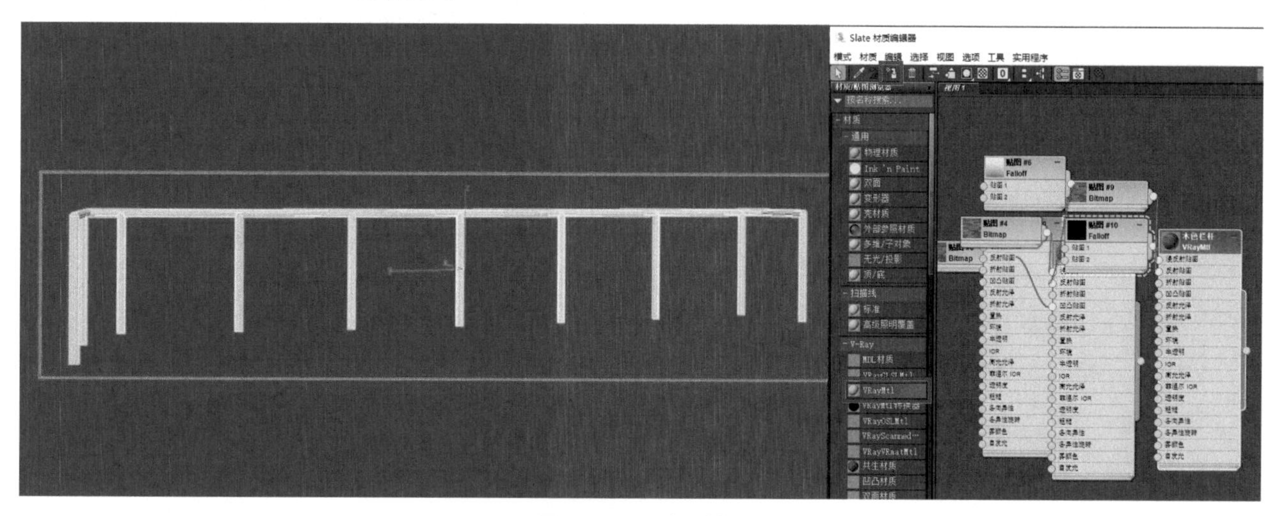

图15-95　赋予材质

18）打开“材质编辑器”，再展开“材质”卷展栏，双击“VRayMtl”材质，在“视图1”窗口中双击此材质就会出现该材质的参数面板，取名为“透明玻璃”，将“漫反射”设置为蓝色（图15-96）。将“反射”设置为深灰色，可参考将“亮度”设置为30（图15-97），将“折射”设置为白色，“亮度”这里参考设置为240（图15-98）。

图15-96 材质参数

图15-97 反射设置

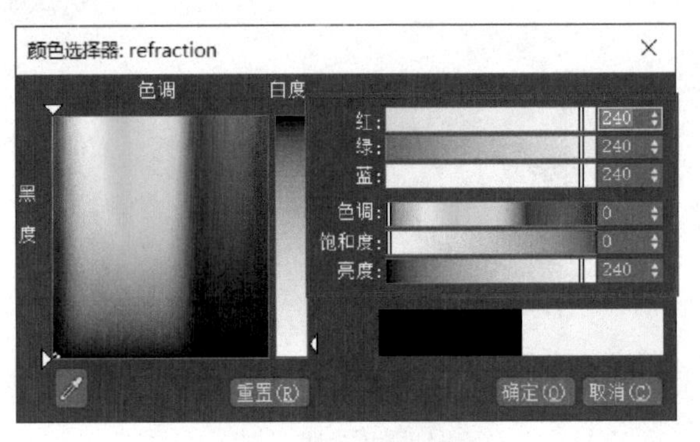

图15-98 折射设置

19）打开“材质编辑器”，再展开“材质”卷展栏，双击“VRayMtl”材质，在“视图1”窗口中双击此材质就会出现该材质的参数面板，取名为“阳台地面”，将“漫反射”设置为白色（图15-99）。在展开的“材质”卷展栏中双击“VRayMtl”材质，在“视图1”窗口中双击此材质就会出现该材质的参数面板，取名为“天花”，将“漫反射”设置为白色（图15-100）。

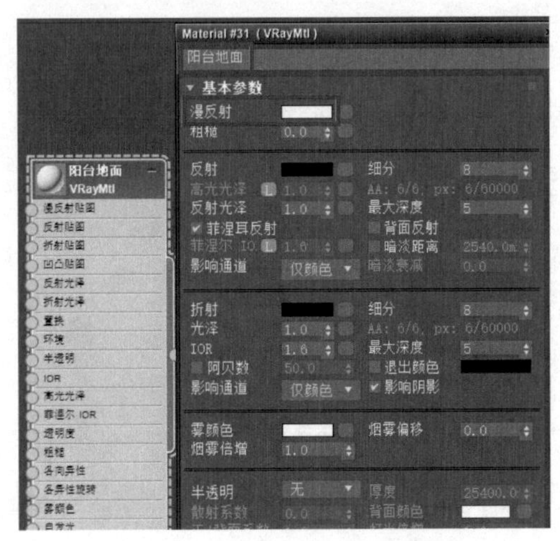

图15-99 地面阳台材质参数设置

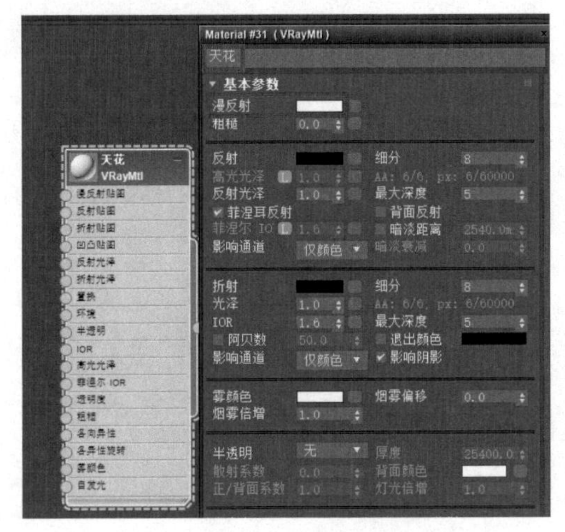

图15-100 天花材质参数设置

20）再展开“材质”卷展栏，双击“VRay灯光”材质，在“视图1”窗口中双击此材质就会出现该材质的参数面板，取名为“外景”，将“颜色”设置为黑色，并在后面添加一张外景贴图（图15-101）。为外景添加“UVW贴图”修改器，“贴图”类型选择“长方体”（图15-102）。

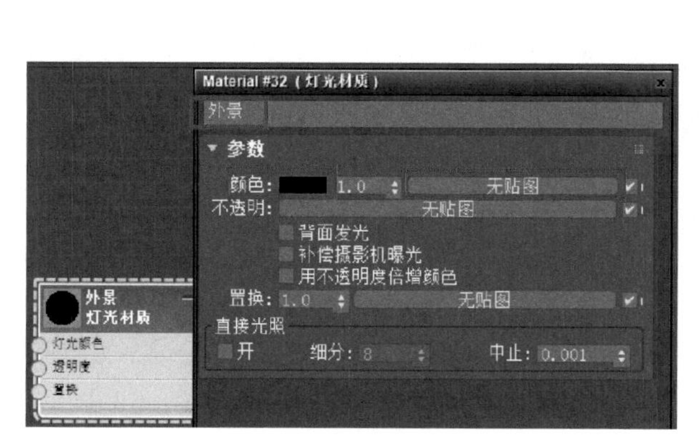

图15-101 材质参数设置

图15-102 贴图参数设置

21）完成以上步骤之后，渲染场景并观察材质效果（图15-103）。

图15-103 渲染后的材质效果

15.3 设置灯光与渲染

1）在菜单栏的“文件”菜单下选择“导入”后的“合并”，从本书配套资源中选择“模型素材/第15章/导入模型”合并筒灯模型（图15-104）。调整其位置，使之符合cad图的位置。

2）在创建面板中创建“灯光”，选择“VR灯光（VRaylight）”，打开“捕捉”工具，在前视口捕捉窗户外形并创建灯光（图15-105）。

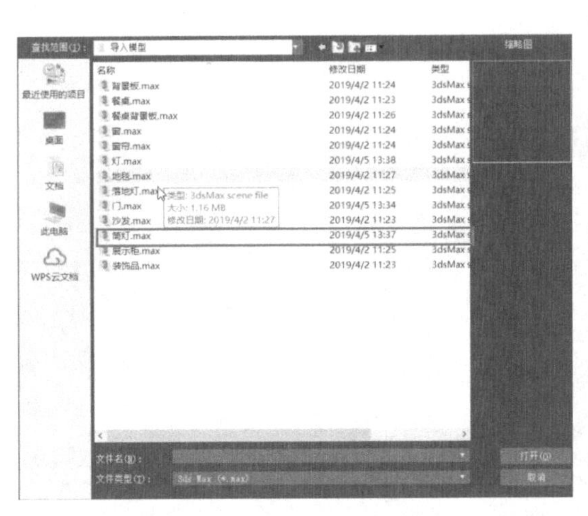

图15-104　导入合并模型

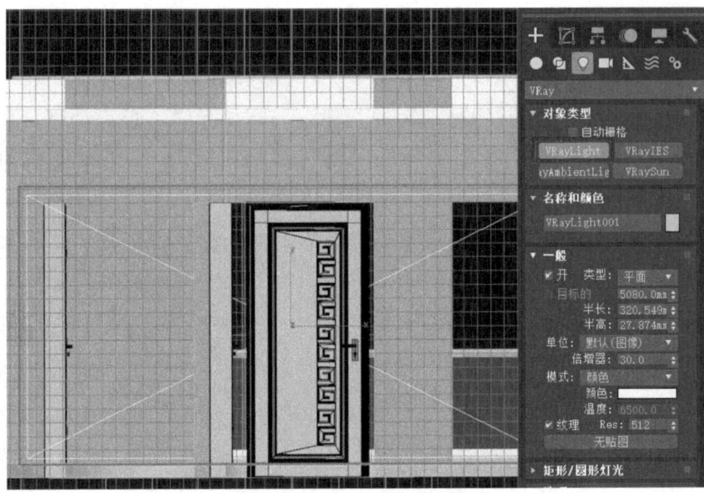

图15-105　创建灯光

3）进入修改面板，将灯光的“倍增器”设置为0.5，“颜色”设置为浅蓝色，勾选“不可见”，取消勾选“影响镜面”“影响反射”（图15-106）。

4）关闭“捕捉”工具，在顶视口使用“移动”工具将灯光移动到窗户外面，并使用“镜像”工具，调整灯光方向（图15-107）。

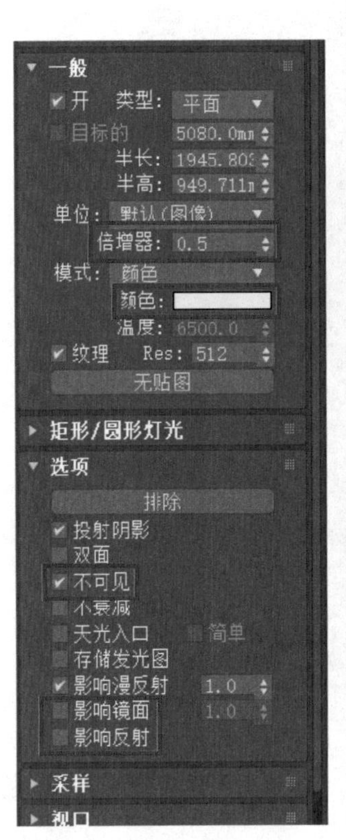

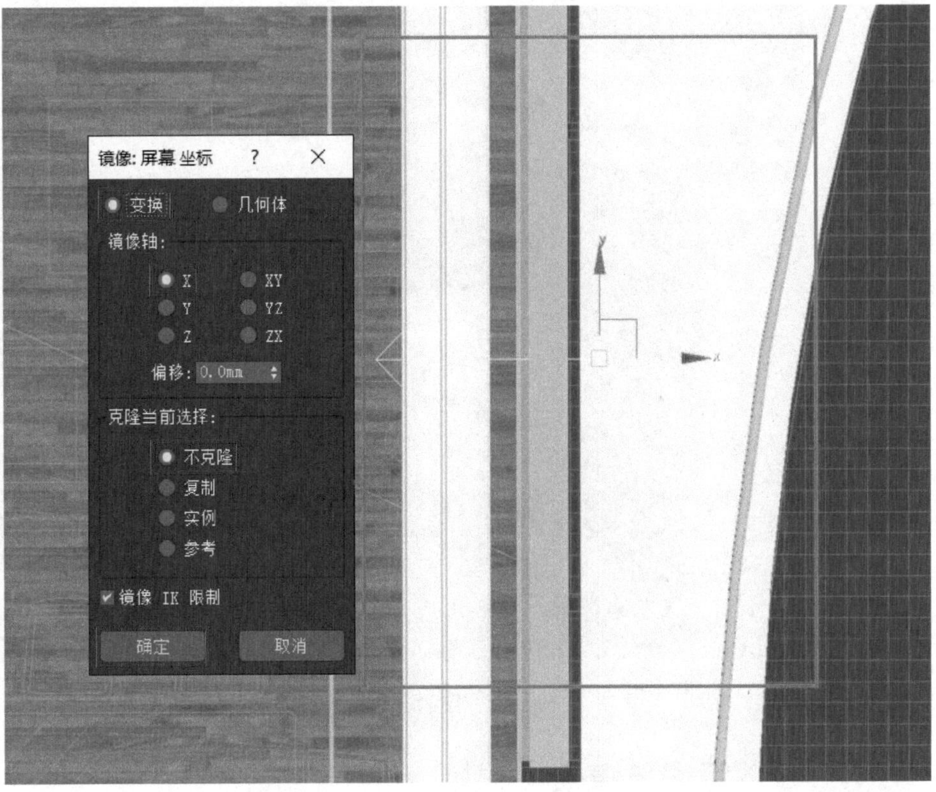

图15-106　修改面板

图15-107　调整灯光方向

5）进入创建面板，“VRay”下的灯光选择“VRayIES”文件，在左视图创建一个IES灯光（图15-108）。

6）在参数卷展栏下的IES文件中添加一个IES灯光（图15-109）。

7）将灯光的“颜色”设置为浅黄色，“强度值”设置为1600.0（图15-110）。

8）框选灯光，并成组，组名命名为“灯光1”（图15-111）。

图15-108　创建面板

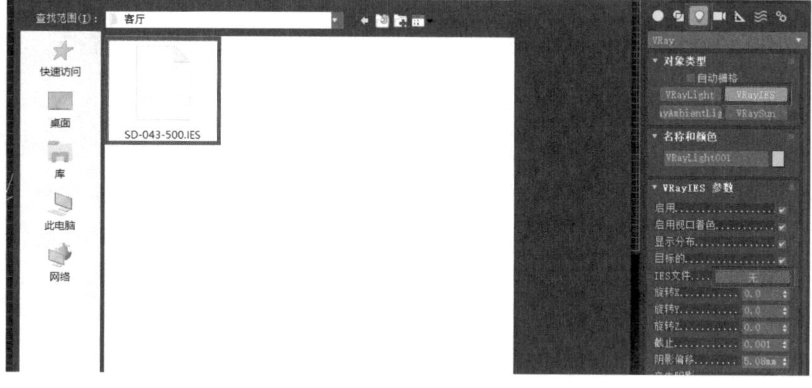

图15-109　添加文件

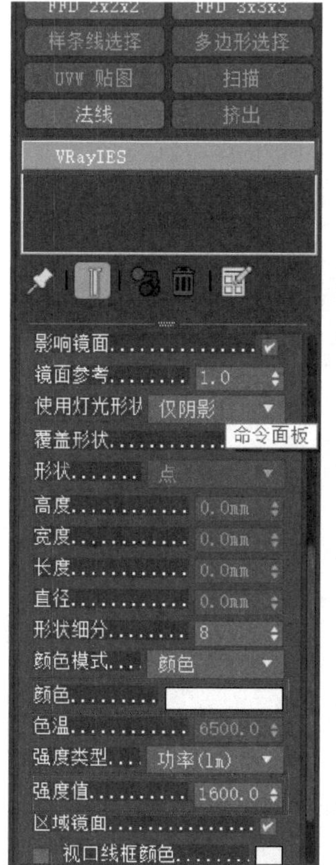

图15-110　灯光设置

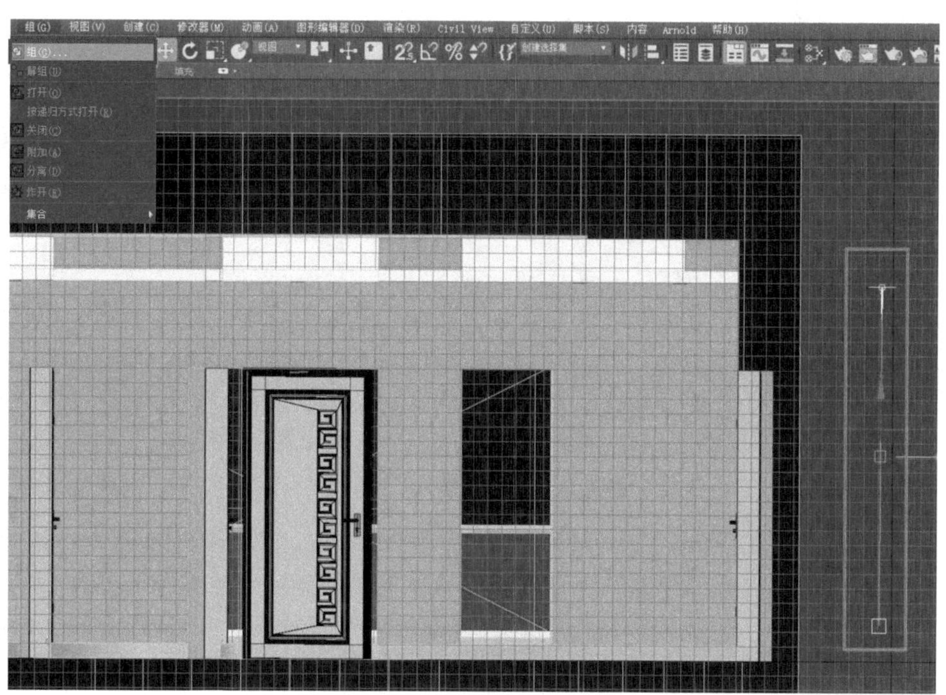

图15-111　组合命名

9）利用“移动”工具，将IES灯光移动到cad图上对应的点上，按住〈Shift〉键，选择“实例”的克隆方式，“副本数”设置为4（图15-112）。

10）在“过滤选择”器中选择“L-灯光”（图15-113）。

11）将左边的射灯复制一排至右侧，同样选择“实例”，并调整至合适的位置（图15-114）。

设计小贴士

虽然该空间是以室内灯光照明为主，但还是要考虑大面积玻璃窗带来的户外光照，白天应考虑阳光，夜间应考虑街景灯光。总之要在玻璃窗上制作灯光，即使看不到光源投射到地面上的光斑，或仅是微弱的光源也应设置，这样才能显得更真实。

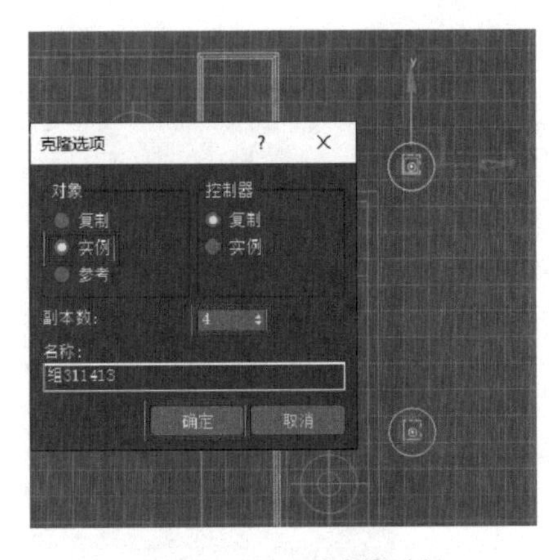

图15-112 实例复制

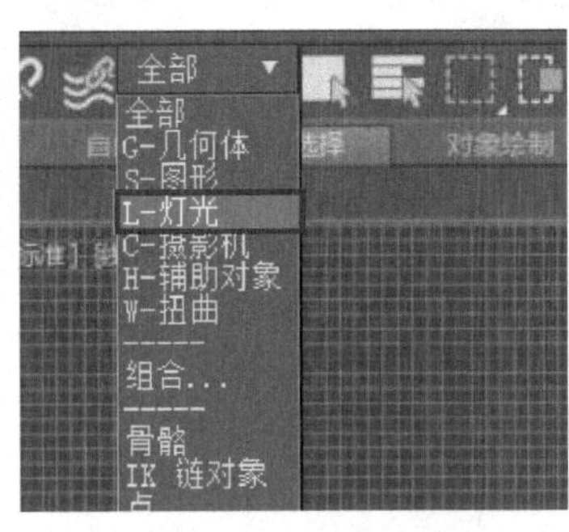

图15-113 过滤选择

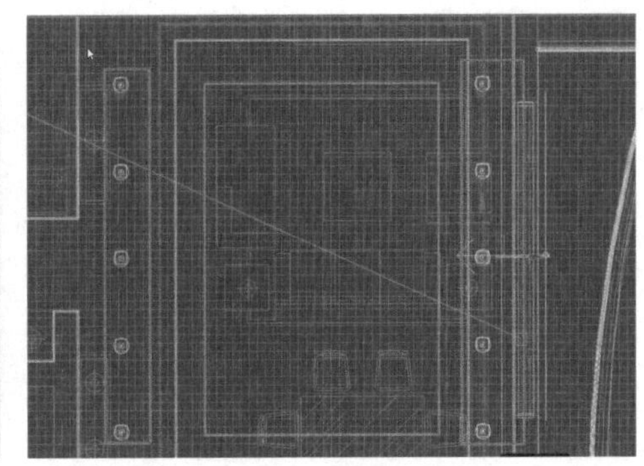

图15-114 复制调整

12）再将左侧的灯光复制一份，同样选择“实例”（图15-115）。

13）利用“旋转”工具旋转灯光，在“Z”轴上输入90°（图15-116）。

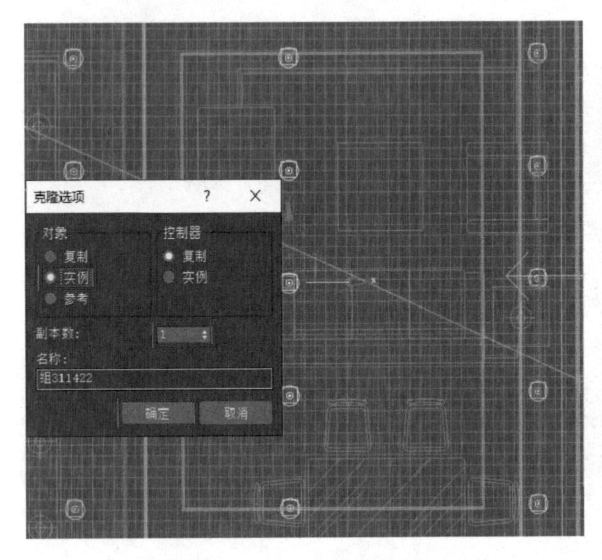

图15-115 实例复制

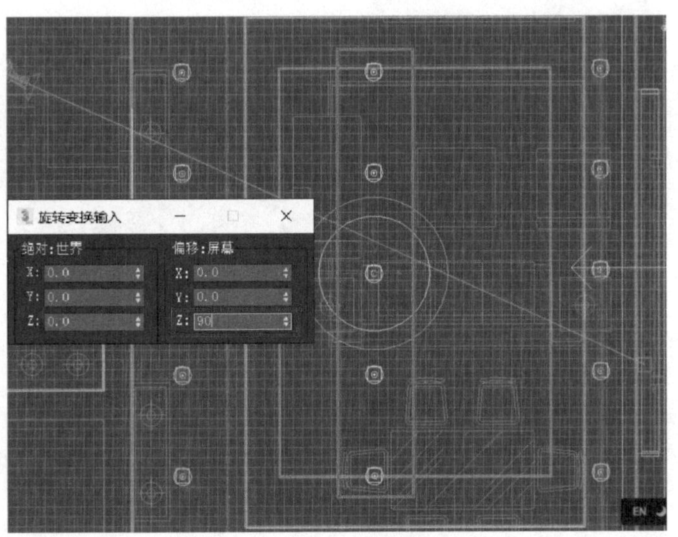

图15-116 旋转设置

14）利用“移动”工具，将灯光移动到合适的位置，删除最右侧的灯光（图15-117）。

15）将上侧的灯光复制一份，移动到下方（图15-118）。

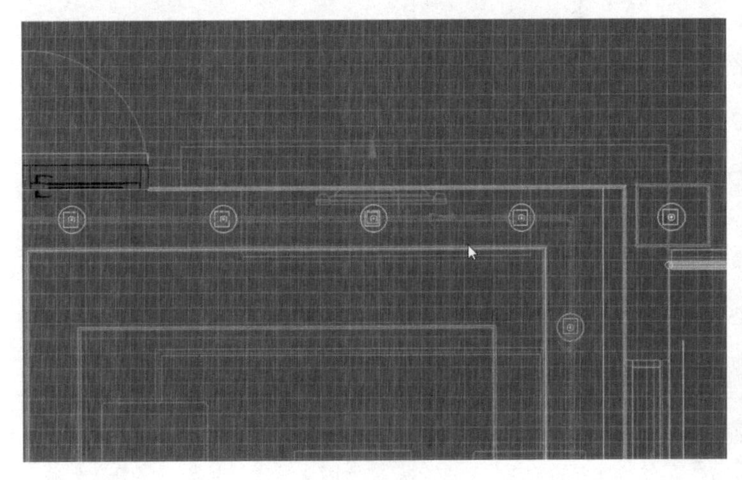

图15-117 移动灯光

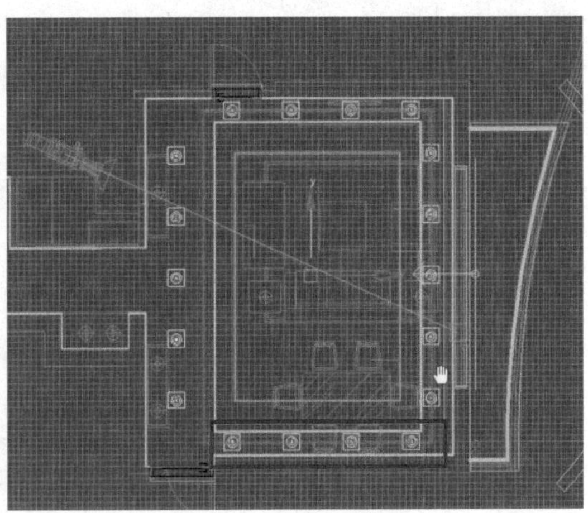

图15-118 复制移动

16）为所有的射灯成组，取名为“灯”（图15-119）。

17）进入创建面板，“VRay”下的灯光选择“VRaylight”，在顶视图茶几上方创建一个灯光，将“倍增器”设置为5.0，“颜色”设置为浅黄色，勾选“不可见”，取消勾选“影响镜面”“影响反射”（图15-120）。

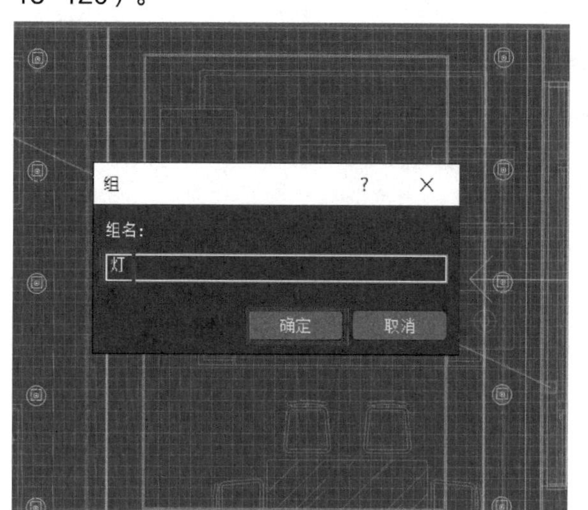

图15-119　组合命名

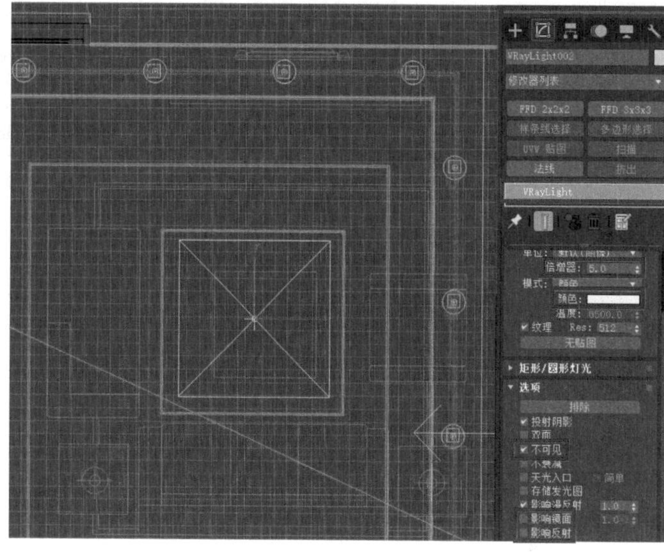

图15-120　创建灯光

18）按住〈Shift〉键复制一份灯光并改变其大小，利用“移动”工具，移动至餐桌上方（图15-121）。

19）创建灯带，进入创建面板，“VRay”下的灯光选择“VRaylight”，在顶视图灯带上方创建一个矩形灯光（图15-122）。

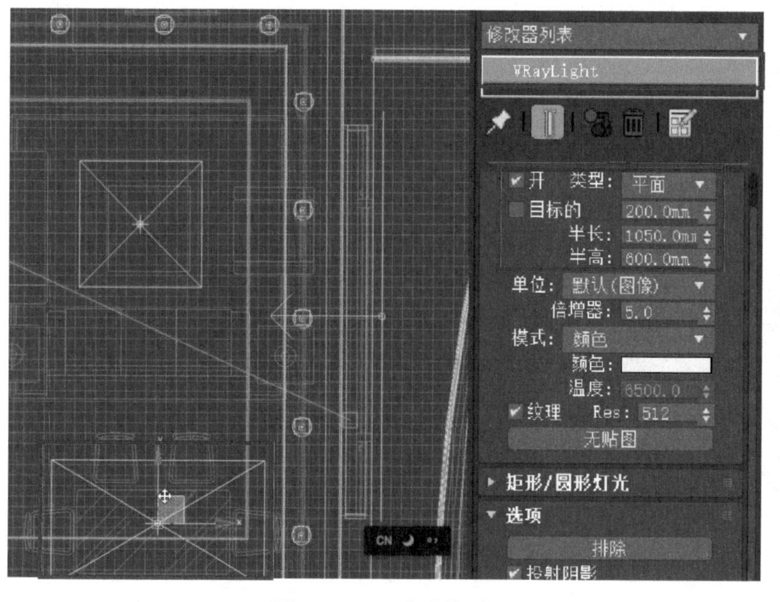
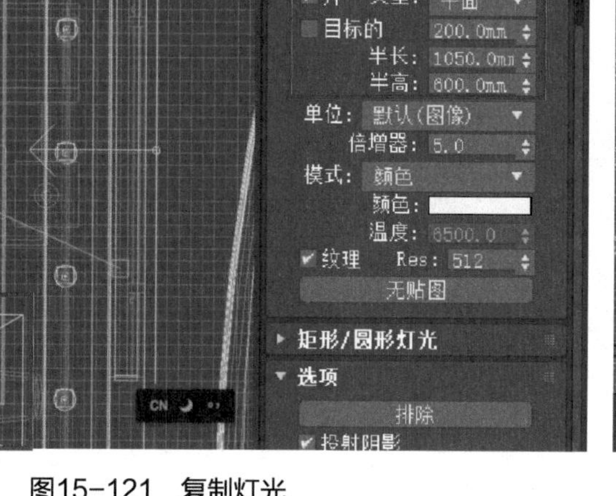

图15-121　复制灯光

图15-122　创建灯带

20）进入修改面板，将“倍增器”设置为2.0，“颜色”设置为浅黄色，勾选“不可见”，取消勾选“影响镜面”“影响反射”（图15-123）。

21）利用“移动”工具，按住〈Shift〉键，将左侧的灯光复制一份至右侧，“对象”类型选择“实例”（图15-124）。

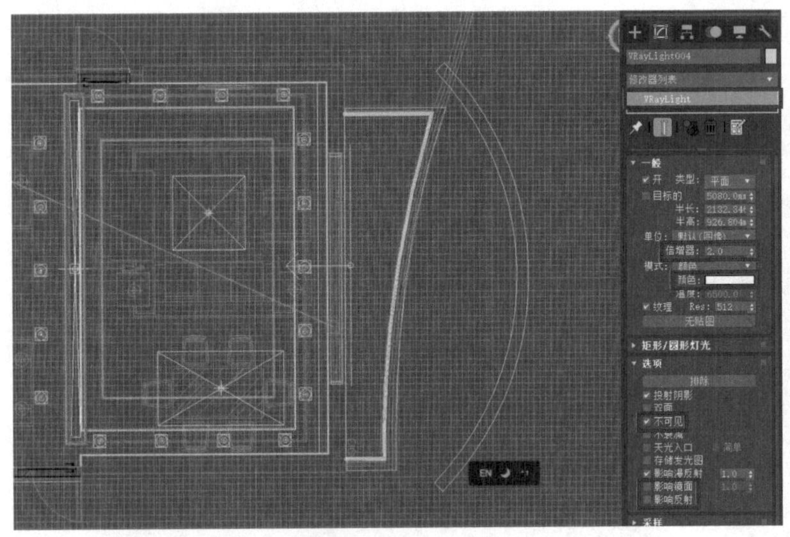

图15-123　修改面板

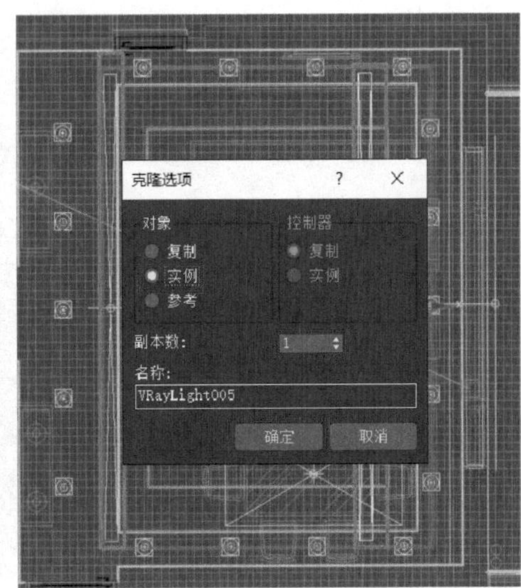

图15-124　实例复制

22）利用同样的方式创建上下的灯带（图15-125）。

23）选中所有灯带，利用“镜像”工具，为所有灯带调整灯光方向（图15-126）。

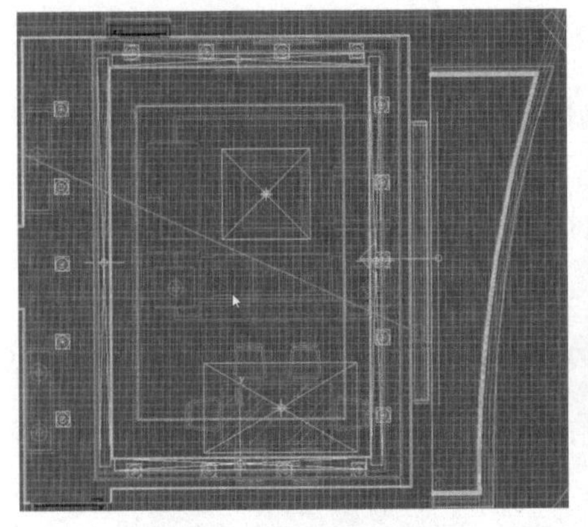

图15-125　创建灯带

图15-126　调整灯光

24）利用“移动”工具将灯带移动至合适位置（图15-127）。

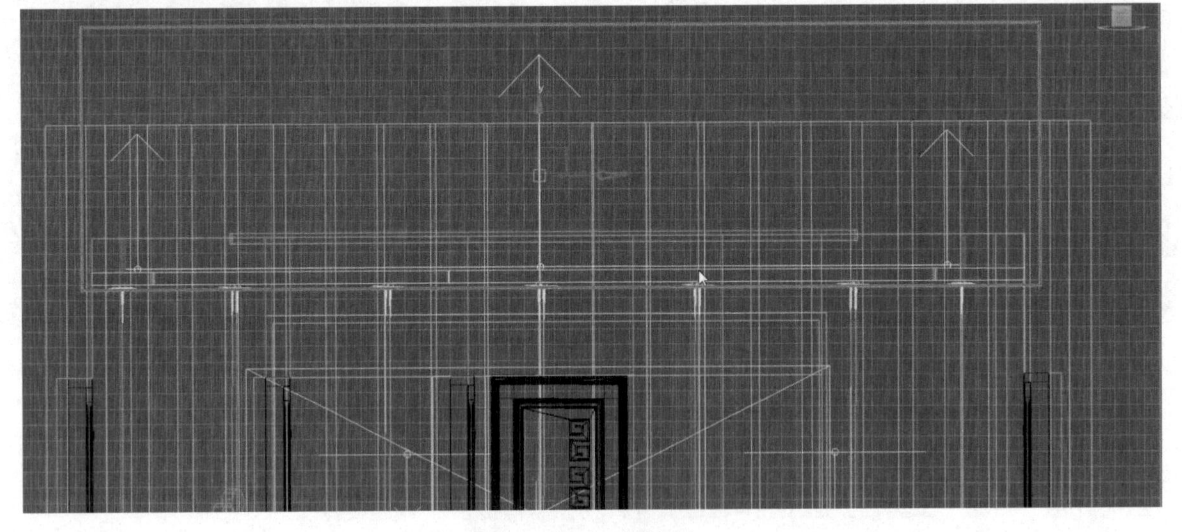

图15-127　移动灯光

25）在左视图创建VRaysun（VRay太阳）（图15-128），将“漫反射参考”设置为0.05，“强度倍增”设置为0.05，“过滤颜色”设置为浅黄色。

26）在顶视口中，调整灯光方向（图15-129）。

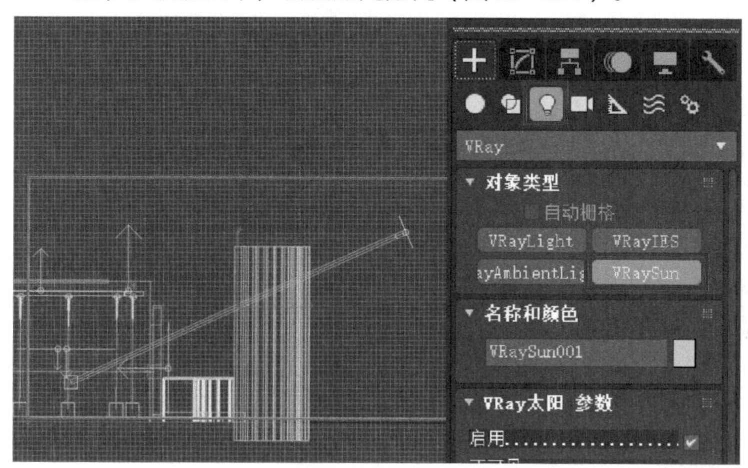

图15-128　创建灯光

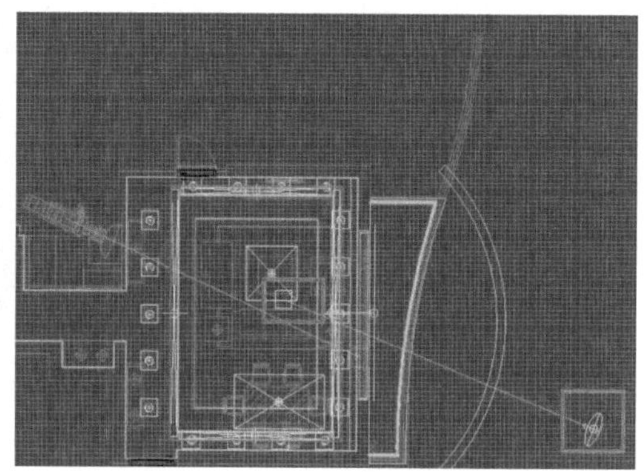

图15-129　调整灯光方向

27）选中外景，在右键弹出菜单中单击“对象属性”（图15-130）。

28）在弹出的“对象属性”对话框中，取消勾选“接收阴影”“接收投影”（图15-131）。

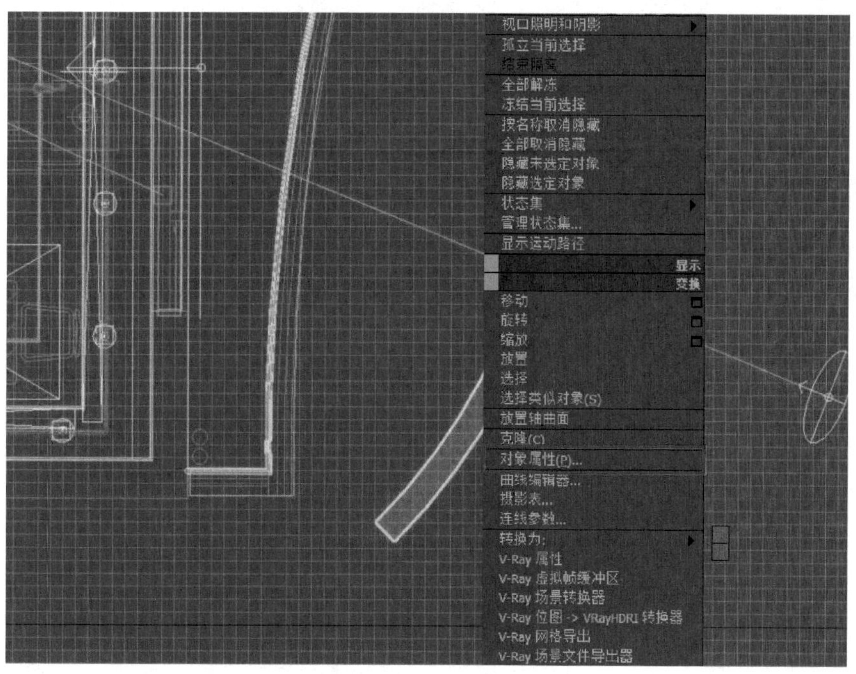

图15-130　外景对话框

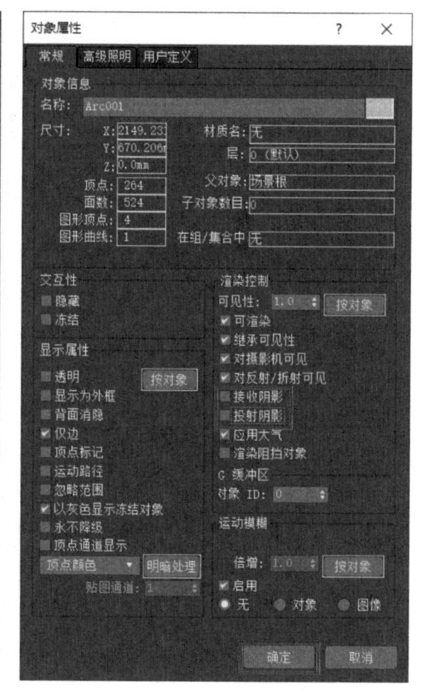

图15-131　属性设置

设计小贴士

光域网是效果图表现的重要组成部分，是一种关于光源亮度分布的三维表现形式，存储在IES格式文件中。光域网是灯光的一种物理性质，确定光在空气中发散的方式，不同的灯在空气中的发散方式是不一样的，如手电筒会发1个光束，还有一些壁灯，而台灯所发出的光又是另外一种形状，这种形状不同于常规的光，它是由于灯自身特性不同所呈现出来的。投射到墙面上呈现出不同形状的图案就是光域网造成的。在效果图中，如果给灯光指定1个特殊文件，就可以产生与现实生活相同的发散效果，这个特殊的文件格式即是“.IES”，能通过网络轻松下载。因此，光域网就成为了室内灯光设计的专业名词。

29）回到摄影机视口，渲染场景并观察效果（图15-132）。效果基本达到要求，就可以开始合并模型了。

图15-132 渲染场景效果

15.4 设置精确材质

1）打开主菜单栏的“文件”菜单，选择“导入→合并”，导入本书配套资料中的“模型素材/第15章/导入模型”，将里面剩余的13个模型全部合并进场景中，由于模型的大小、比例、位置都已经调整好了，无需再调整了。选择“背景板”，单击“打开”按钮（图15-133）。

2）在“合并”面板中选择“全部”，并取消勾选“灯光”与“摄影机”（图15-134）。

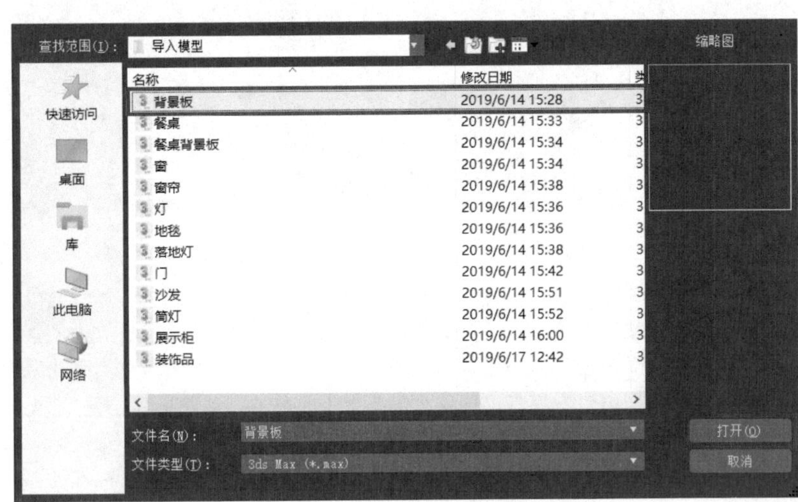

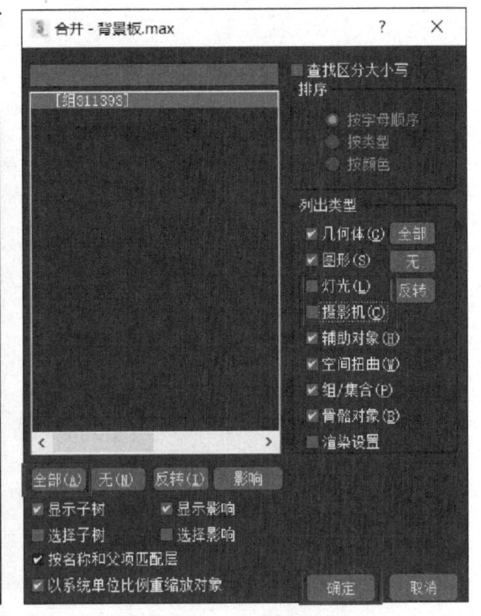

图15-133 导入合并模型

图15-134 合并面板

3）继续合并其他模型，如果遇到重复材质名称的情况，勾选“应用于所有重复情况”，并选择“自动重命名合并材质”（图15-135）。

4）全部合并完成之后，发现场景中的材质都没有显示贴图（图15-136），这是因为计算机没有找到贴图路径，这时就需要为场景中的材质重新添加贴图。

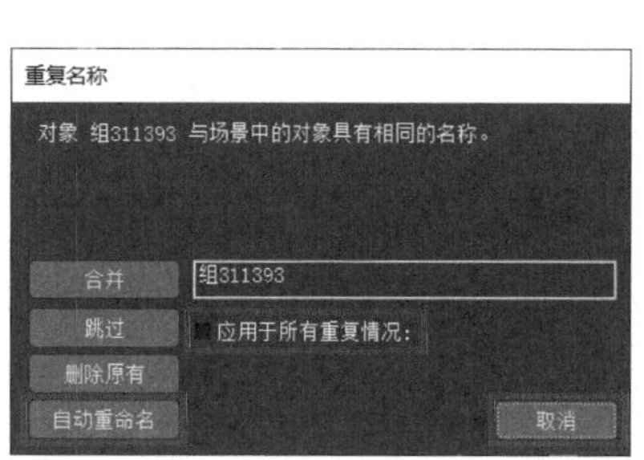

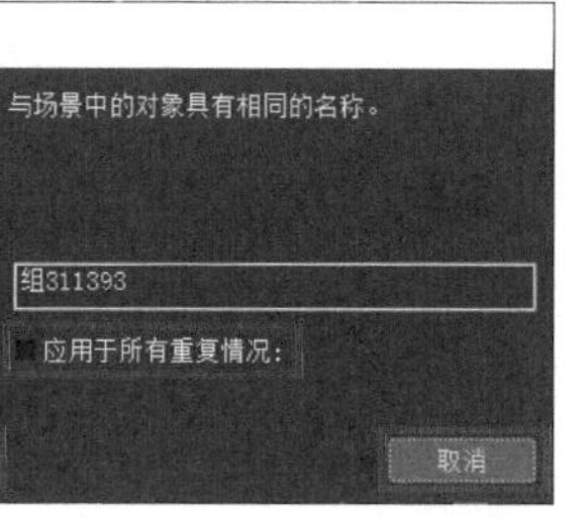

图15-135　合并材质

图15-136　未显示材质贴图

5）按下“P”键进入透视口，打开“材质编辑器”，使用“吸管”工具吸取没有贴图的材质，并在“视图1”中双击该材质贴图，并单击“位图”按钮（图15-137）。

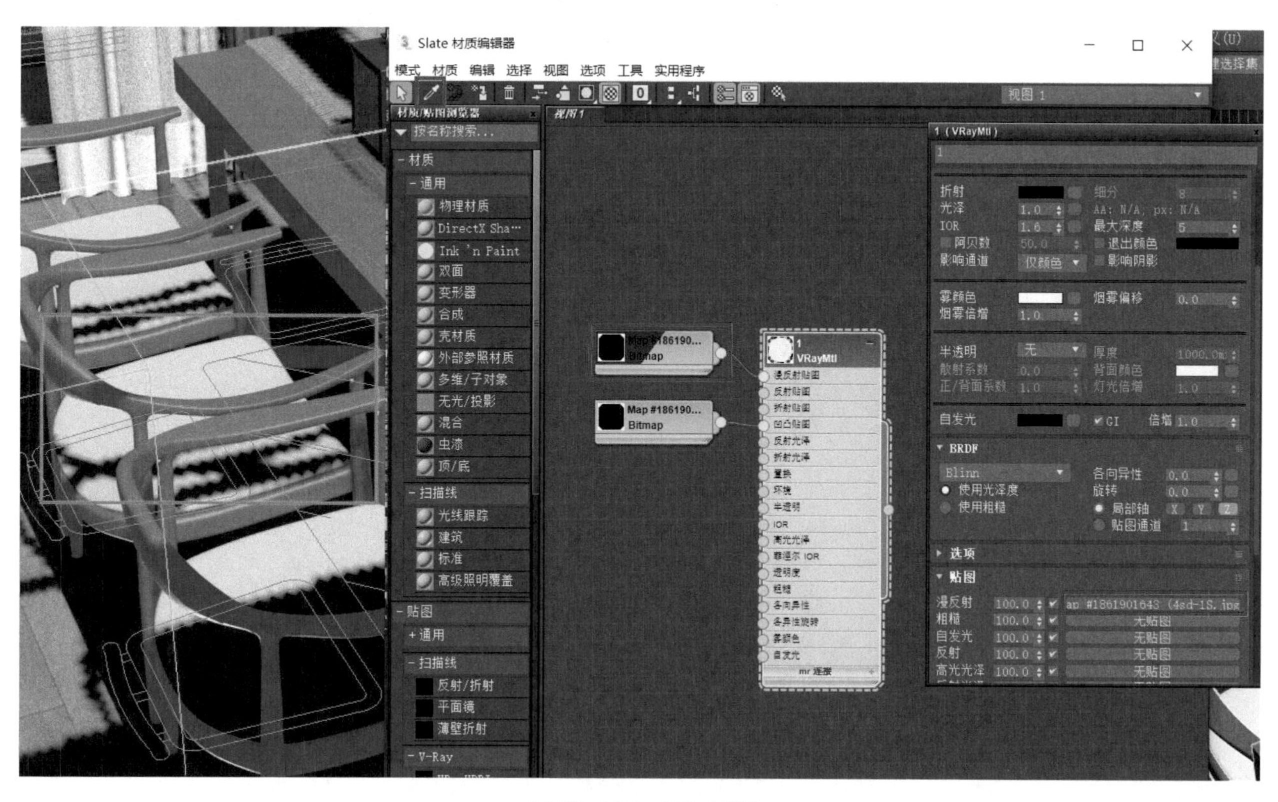

图15-137　添加材质

设计小贴士

效果图的渲染尺度要根据打印的幅面来确定，打印为A4幅面可以设置为2000mm×1500mm，A3幅面可以设置为2800mm×2100mm，长宽比例多为4∶3。

6）选择本书配套资料中的“素材模型第15章/客厅”，找到图15-138中的贴图，单击“打开”按钮，也可以根据需要添加其他合适的贴图。

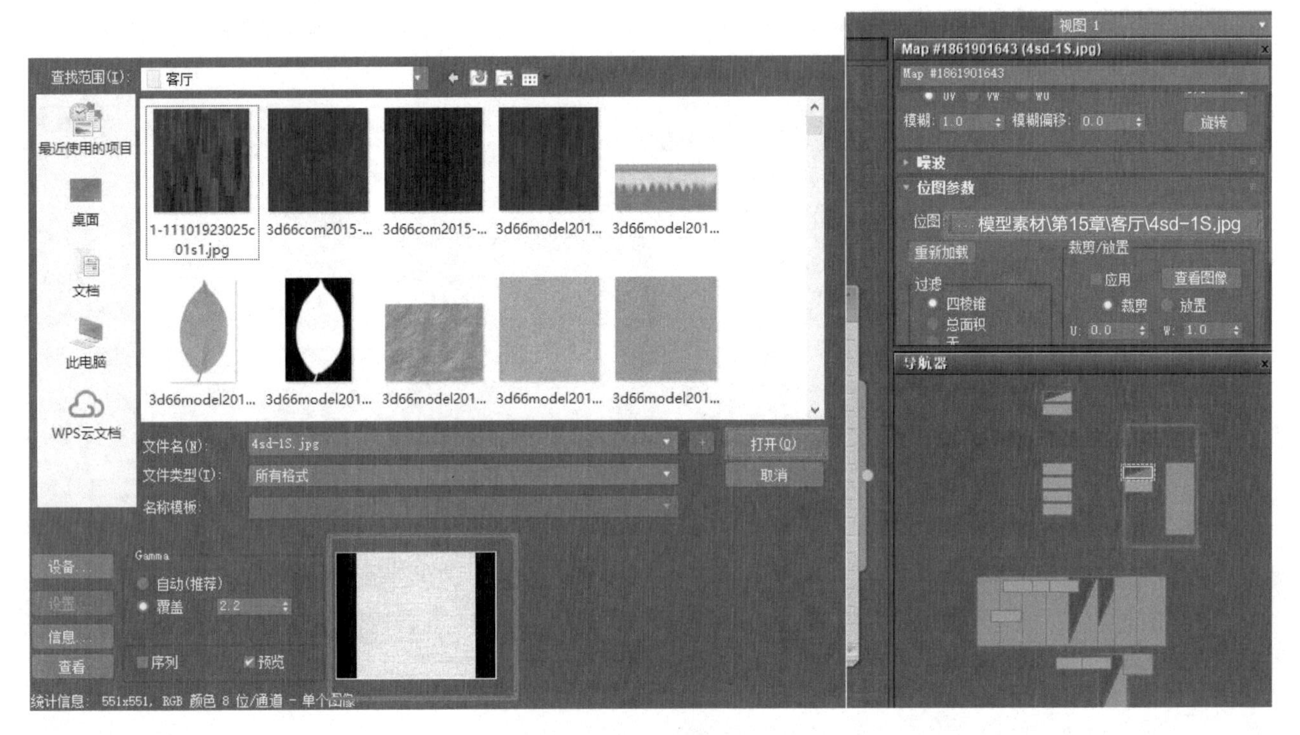

图15-138　添加贴图

7）上述步骤完成之后，继续使用此方法还原其余模型贴图，并观察全部完成后的渲染效果（图15-139）。

8）右键单击摄影机视口左上角的“Camera”，选择“显示安全框”，并检查场景材质是否都正确（图15-140）。

图15-139　渲染效果

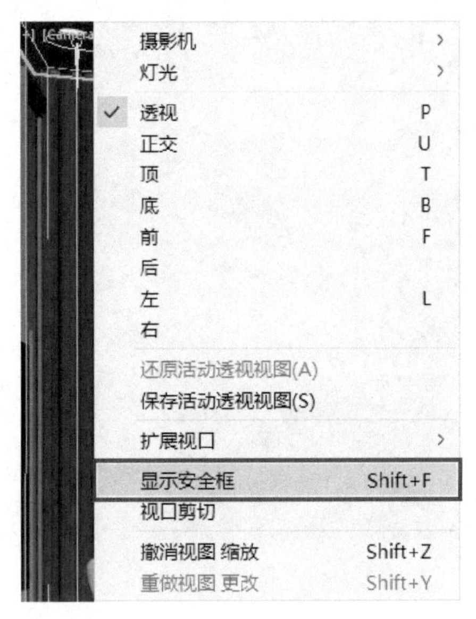

图15-140　检查场景材质

9）仔细调整摄影机的位置，让其达到合适的位置（图15-141）。

10）渲染场景并观察效果（图15-142）。

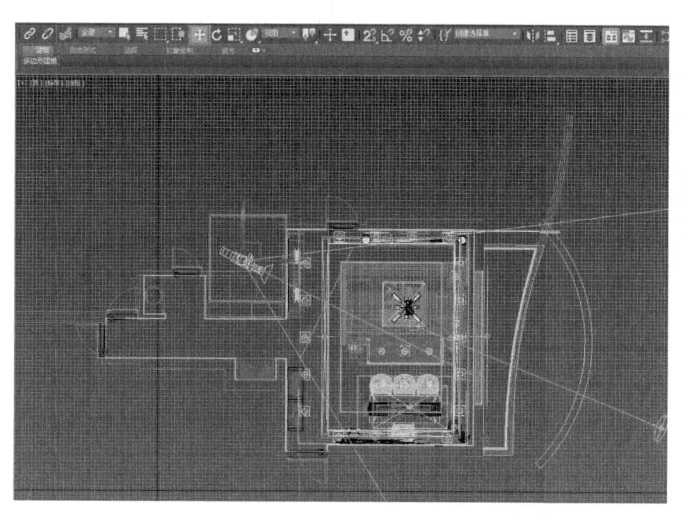

图15-141　调整摄影机的位置

图15-142　渲染效果

15.5　最终渲染

1）按〈F10〉键打开“渲染设置”对话框，进入“公用”选项中的“公用参数”卷展栏，将“输出大小”中的“宽度与高度”设置为640×480，锁定“图像纵横比”为1.333（图15-143）。

2）进入“VRay”选项，展开“全局开关”卷展栏，勾选“不渲染最终图像”，再展开“图像采样器”卷展栏，将“图像采样（抗锯齿）”“类型”设置为“块”“图像过滤器”设置为“Catnull-Rom”（图15-144）。

3）进入“GI”选项，展开“全局光照”卷展栏，将“首次引擎”设置为“发光贴图”，在“专家模式”下，将“灯光缓存”后方的“倍增”设置为“0.85”，展开“发光贴图”卷展栏，将“当前预置”设置为“低”，“细分”“插值采样”均设置为20（图15-145）。

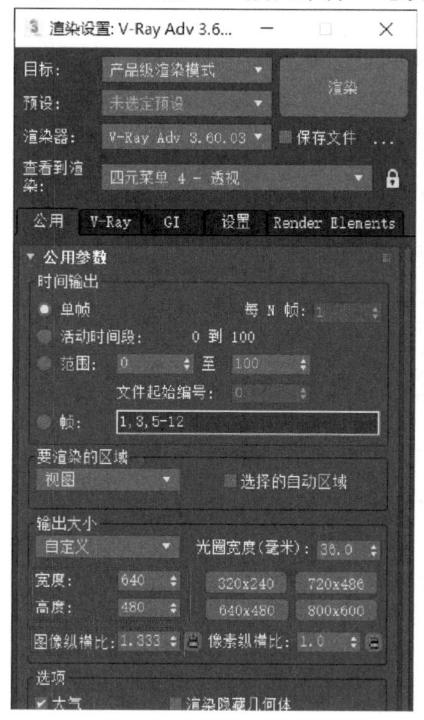

图15-143　“渲染设置”对话框

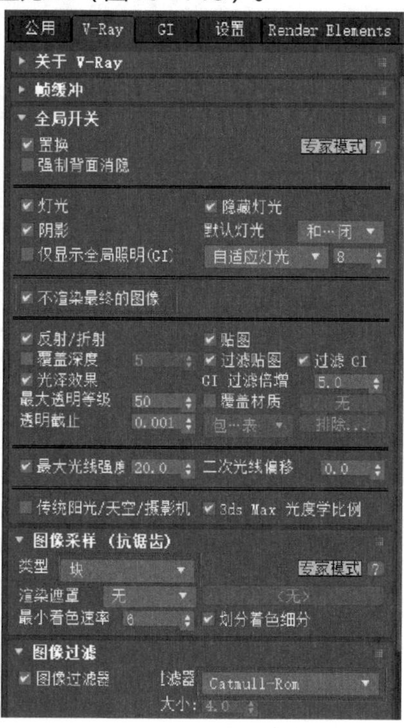

图15-144　渲染类型

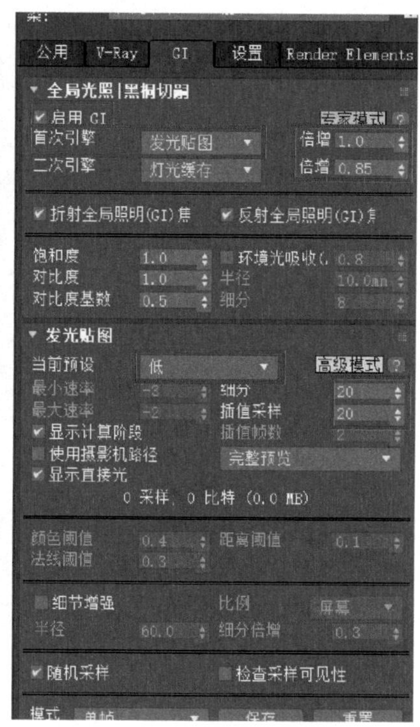

图15-145　全局光照设置

4）进入“高级模式”，向下拖动卷展栏，勾选“自动保存”与“切换到保存的贴图”，并单击后面的“浏览”按钮，将发光图保存在“模型素材/第15章/发光图”中，命名为“客厅”（图15-146）。

5）展开“灯光缓存”卷展栏，进入“高级模式”，将“细分”设置为100，“采样大小”设置为0.1，勾选“显示计算相位”“自动保存”与“切换到被保存的缓存”，并单击后面的“浏览”按钮，将发光图保存在“模型素材/第16章/发光图”中，命名为“客厅”（图15-147）。

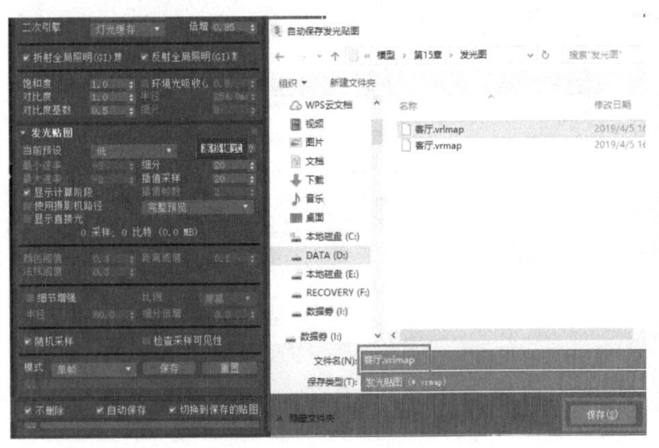

图15-146　保存文件（一）

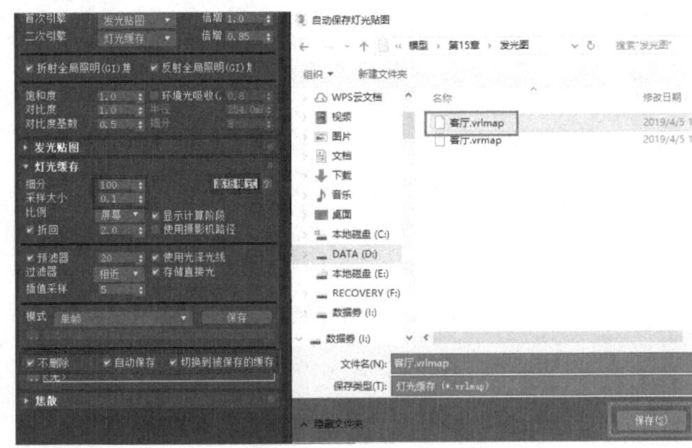

图15-147　保存文件（二）

6）切换到摄影机视图，渲染场景，经过几分钟的渲染，就会得到两张光子图（图15-148）。

7）现在可以渲染最终的图像了，按〈F10〉键打开“渲染设置”对话框，进入“公用”选项中的“公用参数”卷展栏，将“输出大小”设置为2000×1238，向下滑动卷展栏，单击“渲染输出”的“文件”按钮，将图像保存在“模型素材/第15章”中，命名为“客厅效果图”（图15-149）。

图15-148　渲染场景

图15-149　渲染保存

8）进入“VRay”选项，将“全局开关”卷展栏中的“不渲染最终的图像”勾选取消，这个是关键，如果不取消勾选则不会渲染出图像（图15-150）。

9）进入“GI”选项，展开“发光贴图”卷展栏，将“当前预置”设置为“中”，“细分”设置为50，“插值采样”设置为20（图15-151）。

10）进入“GI”选项，将“灯光缓存”中的“细分”设置为1000，“采样大小”设置为0.01（图15-152）。

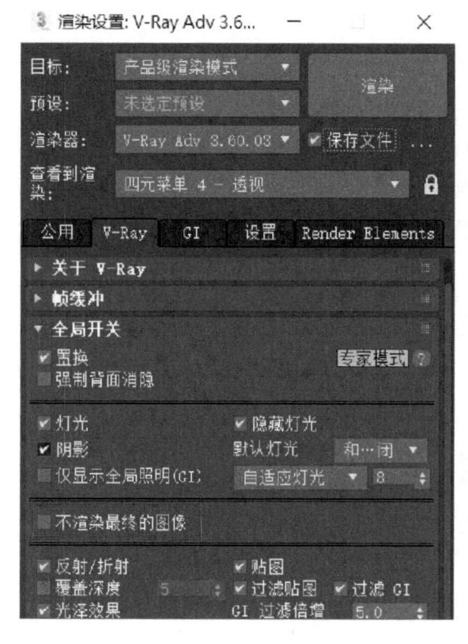

图15-150　取消勾选

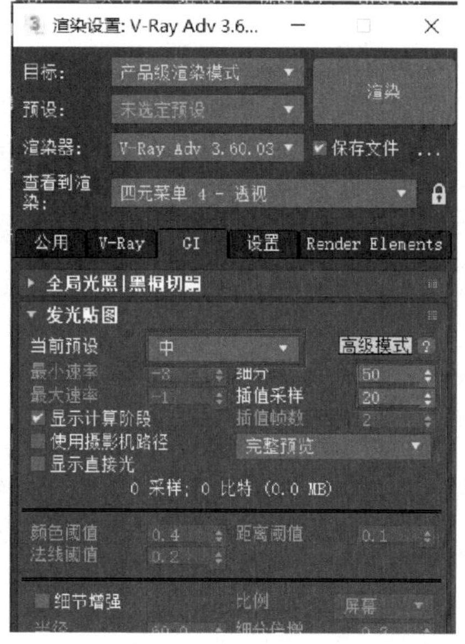

图15-151　渲染贴图设置

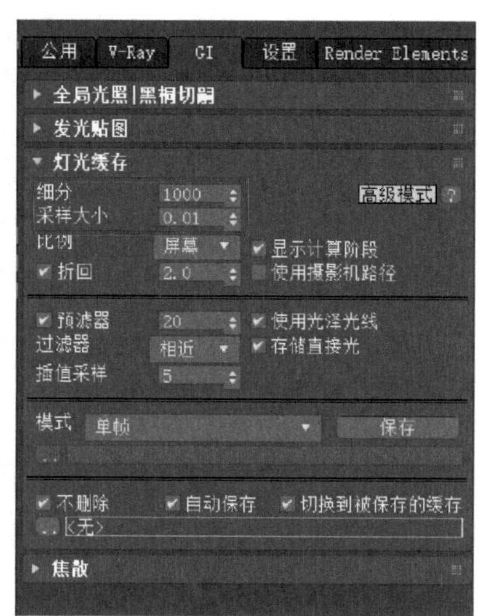

图15-152　渲染灯光设置

11）单击“渲染”按钮，经过30min左右的渲染，就可以得到一张高质量的客厅效果图，并且会被保存在预先设置的文件夹内（图15-153）。

12）将模型场景保存并关闭3ds max 2020，这时就可以使用任何图像处理软件对客厅效果图进行修饰，如Photoshop，主要进行明暗、对比度处理。处理后的效果就比较完美了（图15-154）。

使用Photoshop修饰效果的方法见本书第18章。

图15-153　渲染效果

图15-154　修饰后效果

本章小结

本章详细讲解了从建模到最终渲染的客厅效果图操作方法，以及灯光照射到墙面上的形态要求。通过本章学习，读者需掌握客厅效果图的重点，以达到明快亮洁的材质与灯光效果。

★课后练习题

1.客厅效果图构件重点是什么？渲染效果图的尺寸如何确定？

2.想要效果真实，看不到的光源设置是否可以忽略，光域网又代表什么？

3.如何设置精确材质？

4.结合所学，制作2套不同风格的客厅效果图。

第16章　办公室效果图

操作难度： ★★★★★

章节导读： 办公室除了简洁的造型还应具有装饰细节，注重场景模型的整体比例，家具大小应当合适。由于开窗面积较大，应注意光源投射后不能过于刺眼。本章的重点还是在于基础模型的创建。

16.1　建立基础模型

1）新建场景，在主菜单中单击“文件”，选择“导入→导入”（图16-1），将本书配套资料的“模型素材/第16章/CAD”中的“平面图.dwg”文件导入场景中。设置“导入选项”，取消全部勾选，单击“确定”按钮（图16-2）。

2）框选所有导入文件，选择菜单栏“组→组”（图16-3），使这些导入文件成为一个组，并命名为“图纸”（图16-4）。

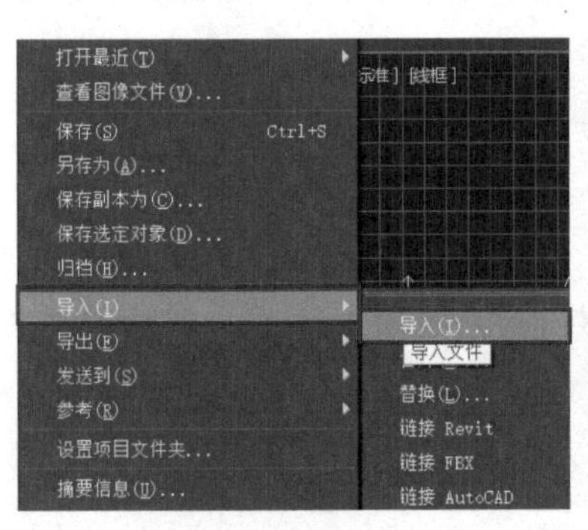

图16-1　菜单栏导入

图16-2　设置选项

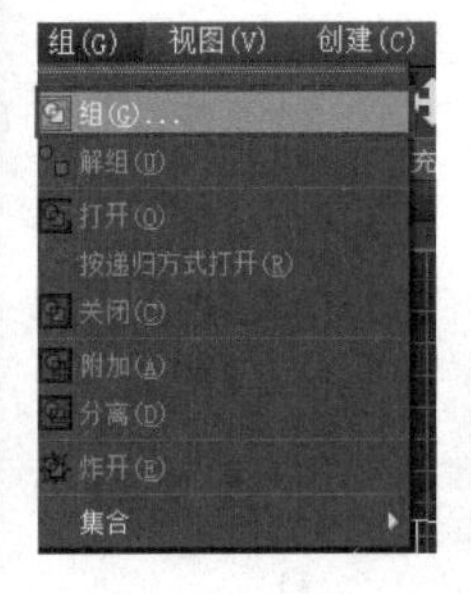

图16-3　组合

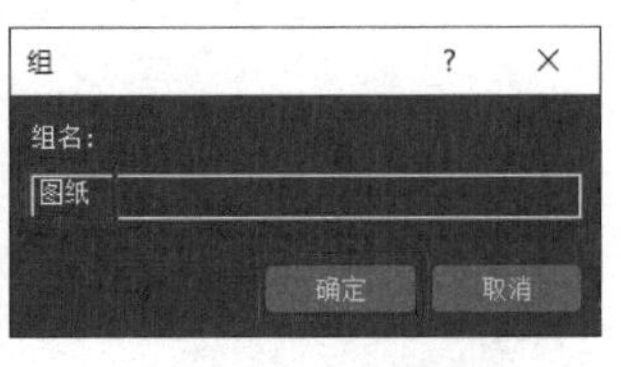

图16-4　命名组

3）在顶视口中单击鼠标右键，选择“冻结当前选择”，可以将图样冻结（图16-5）。

4）最大化顶视口，打开“2.5维”捕捉，右键设置勾选“捕捉到冻结对象”与“启用轴约束”（图16-6）。创建“线”捕捉外围墙体内边缘，在门与窗的地方增加分段点，在弧线的地方可以适当增加分段点（图16-7）。

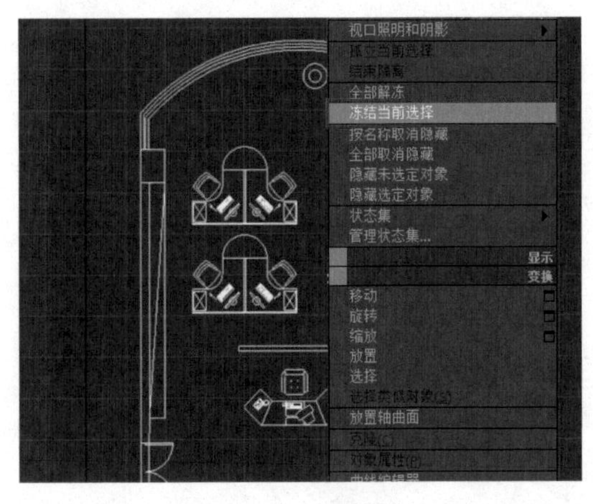

图16-5　图样冻结

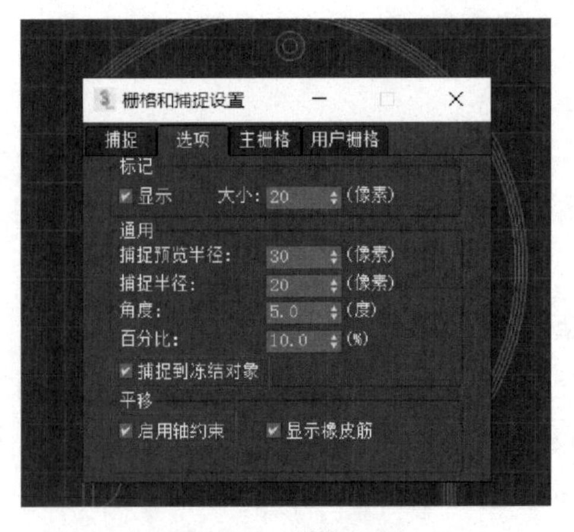

图16-6　捕捉设置

5）在修改面板中，选择“顶点”层别，框选弧线上的采样点，单击鼠标右键，在弹出菜单中选择“bezier角点”（图16-8）。在更改完顶点类型后，调整角点的两条控制线，使其与图纸重合（图16-9）。

6）为线添加“挤出”修改器，挤出“数量”设置为3400.0mm（图16-10）。

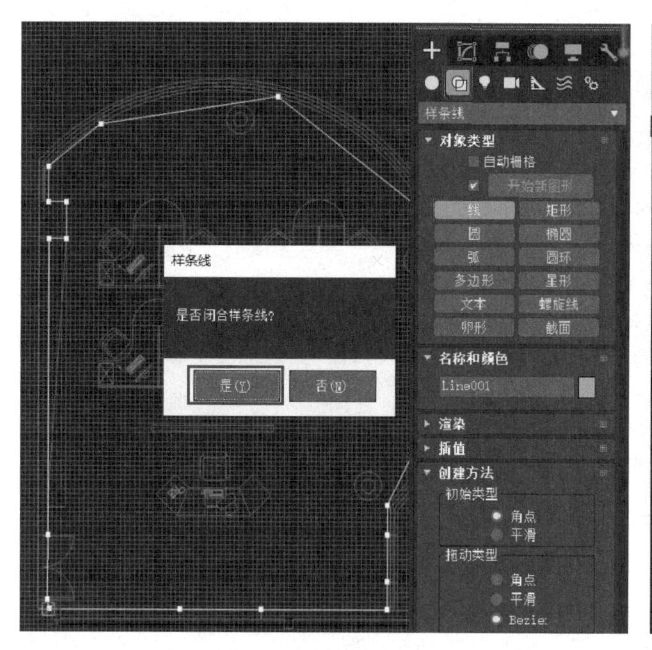

图16-7　增加分段点

图16-8　采样点

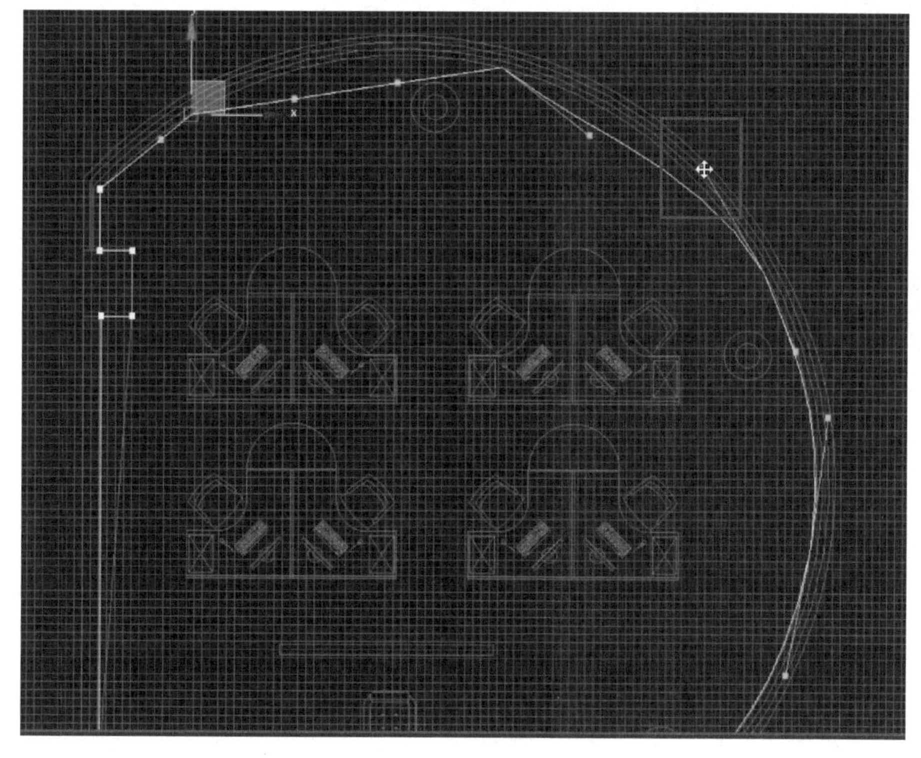

图16-9　调整角点重合

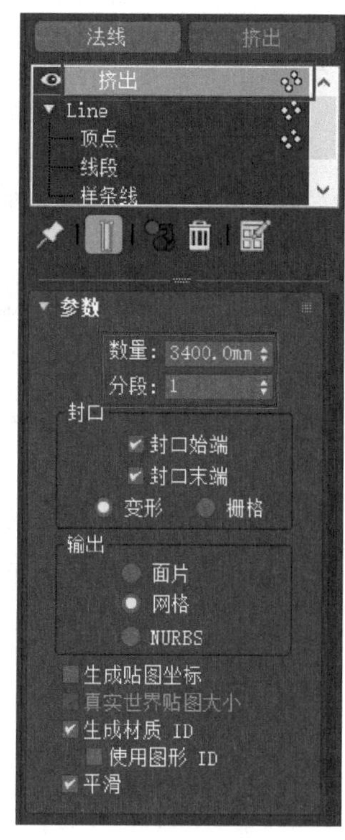

图16-10　挤出设置

7）添加“法线”修改器，单击鼠标右键，选择“对象属性”（图16-11）。在“对象属性”对话框中勾选“背面消隐”（图16-12）。

8）单击鼠标右键，将模型转为“可编辑多边形”（图16-13）。

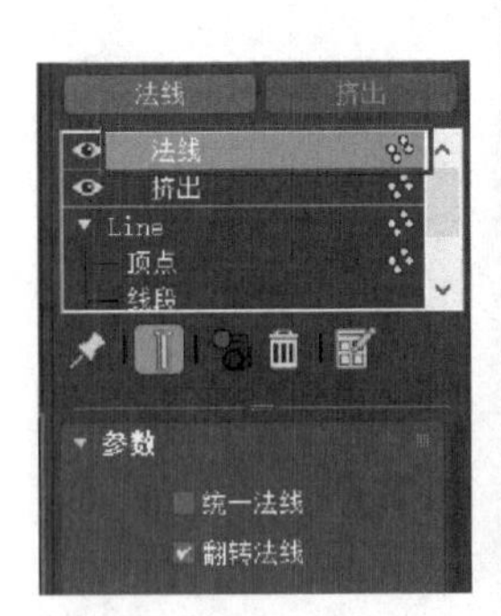

图16-11 添加法线

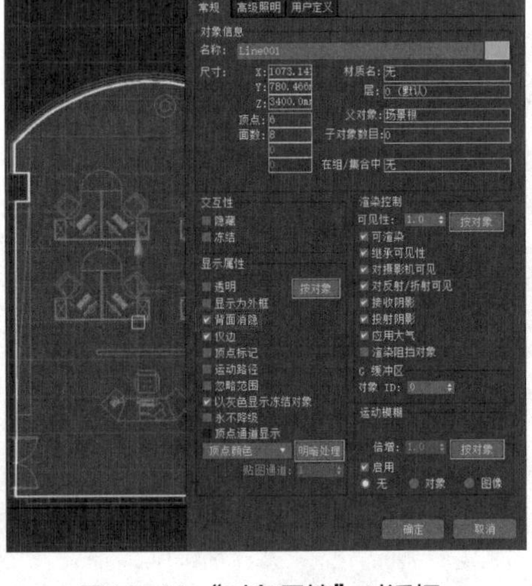

图16-12 “对象属性”对话框

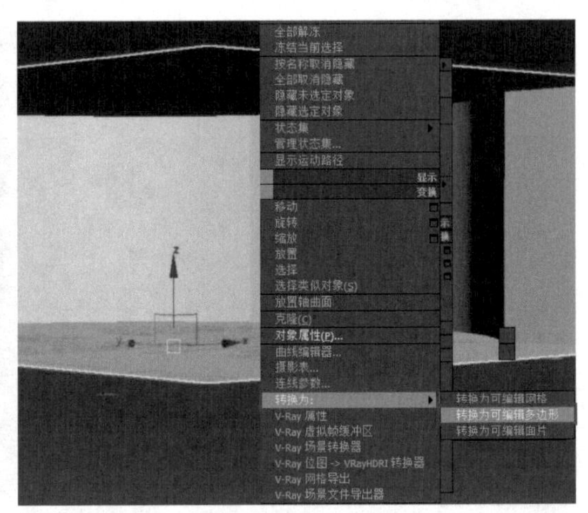

图16-13 转换编辑

9）进入修改面板，选择“边”层级，勾选“忽略背面”，按〈S〉键，关闭“捕捉”工具，再按〈F4〉键显示线框，同时选择门的两条边，单击“连接”后的小按钮，将其中间一条边连接，单击“对勾”（图16-14）。

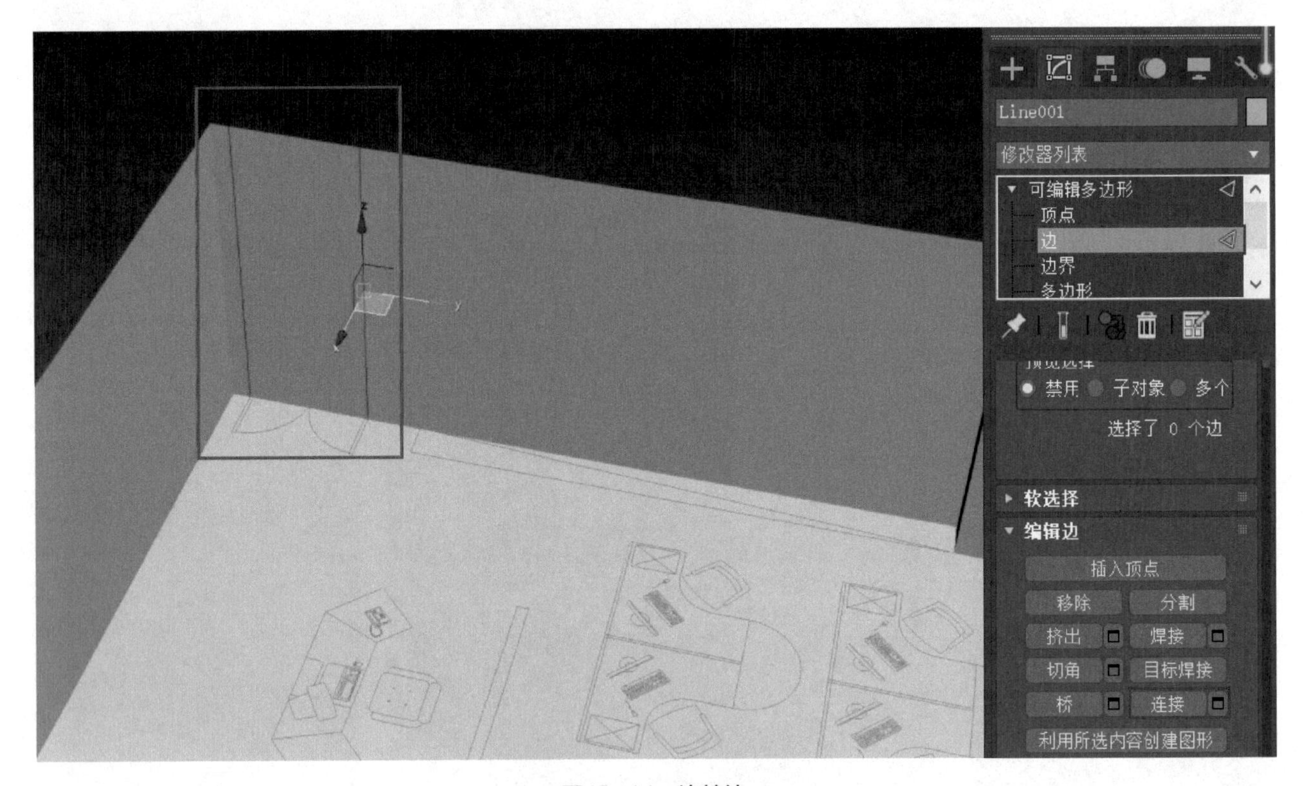

图16-14 连接边

10）选中连接的边，在屏幕区下部中间位置的“Z”轴坐标中输入2100.0mm（图16-15）。

11）进入“多边形”层级，勾选“忽略背面”，选中门中的多边形，单击“挤出”后的小按钮，将门的多边形挤出，“挤出”设置为-240.0mm（图16-16），并按〈Delete〉键将该多边形删除（图16-17）。

12）进入“边”层级，同时选择另一扇门的两条边，重复前面门的操作。完成后的效果如图16-18所示。

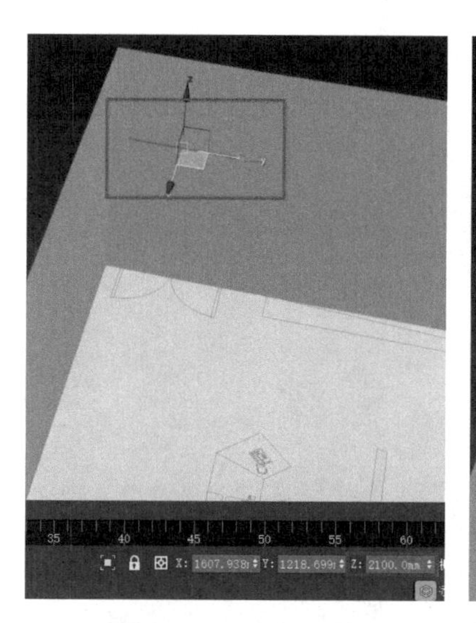

图16-15 坐标设置

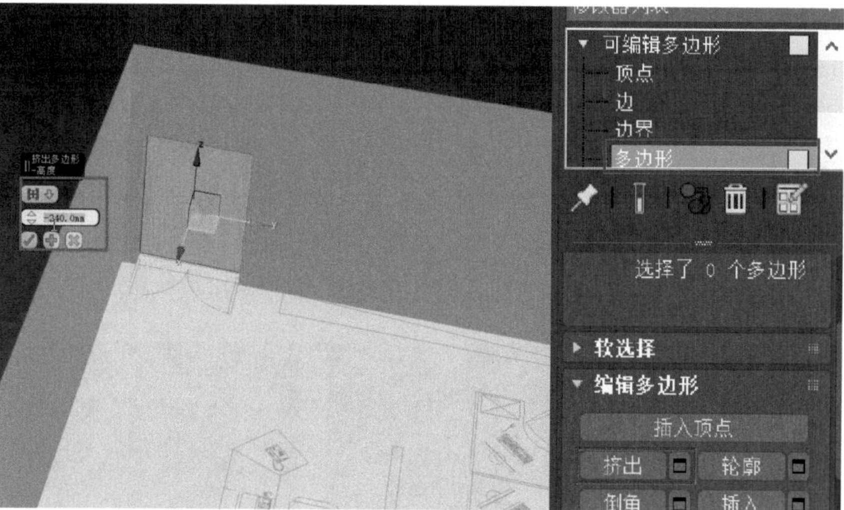

图16-16 挤出设置

图16-17 删除形状

图16-18 连接边设置

13）进入“边”层级，同时选择窗户的两条边，选择“连接”，将其中间一条边连接（图16-19）。

14）选中连接的边，在屏幕区下部中间位置的“Z”轴坐标中输入900.0mm（图16-20）。

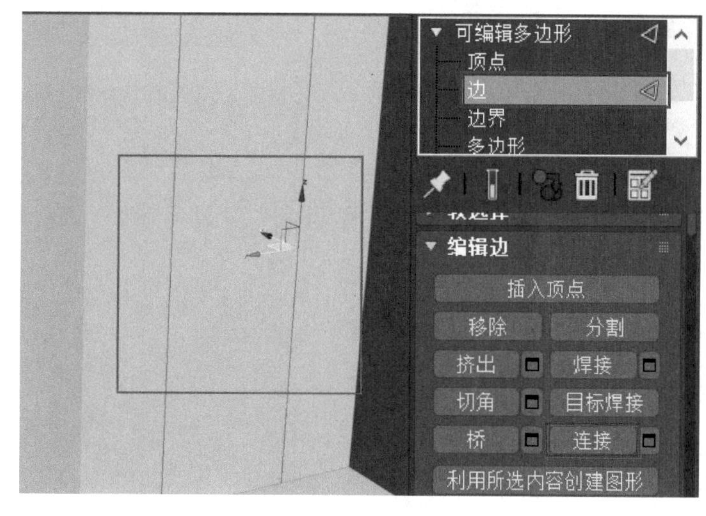

图16-19 连接边

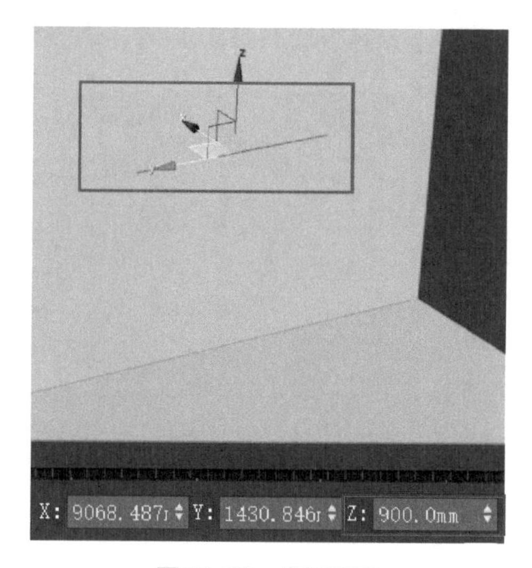

图16-20 坐标设置

15）选择窗户上方的两条边，选择“连接”。在屏幕区下部中间位置的“Z”轴坐标中输入2200.0mm。进入“多边形”层级，将中间的区域挤出，“挤出”设置为-240.0mm，并按〈Delete〉键将该多边形删除。完成后的效果如图16-21所示。

16）回到透视图，在修改面板中选择“多边形”层级，按住“Ctrl”键加选除了弧面以外的所有平面。顶面和底面，包括挤出窗、门的四周的面，也都要加选。（选择错误了可以按住“Alt”键进行减选）（图16-22）。

17）单击“编辑”主菜单，选择“反选”（图16-23）。

图16-21 窗户效果

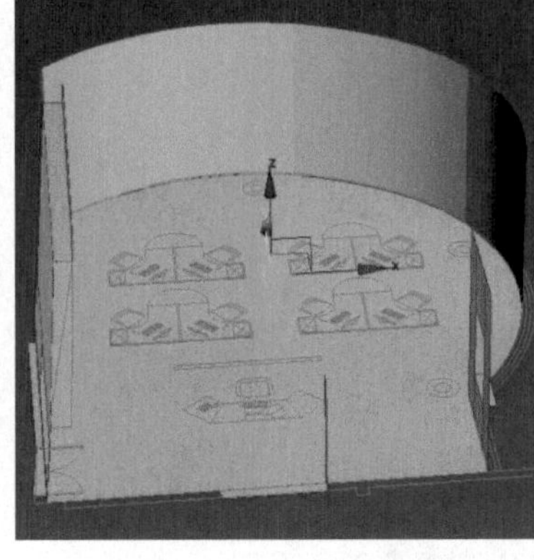

图16-22 选择多边形层

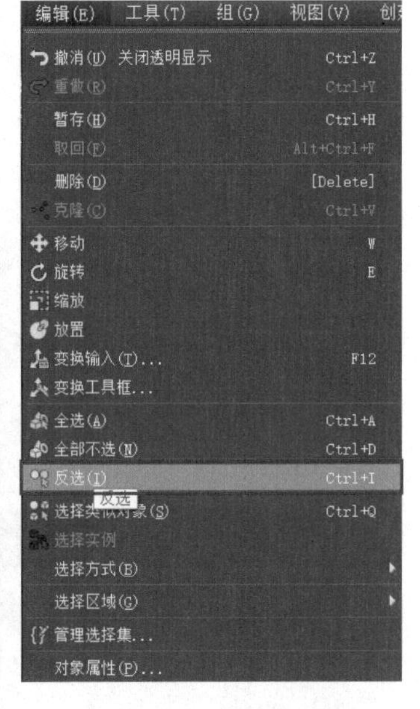

图16-23 编辑反选

18）进入修改面板，在“多边形”层级中的弹出菜单中选择“分离”，将反选的弧面命名为“玻璃”（图16-24）。

19）在“多边形”层级中，选择“分离”，同样将顶面（图16-25）与底面相分离，并给予相应的名称（图16-26）。

20）在主菜单“文件”中选择“导入→导入”，将本书配套资料的“模型素材/第16章/cad”中的“平面图2.dwg”文件导入场景中（图16-27），同样在“导入选项”对话框中，取消全部勾选（图16-28）。

21）在顶视图中，选中导入的图形，在右键弹出菜单中选择“冻结当前选择”（图16-29）。

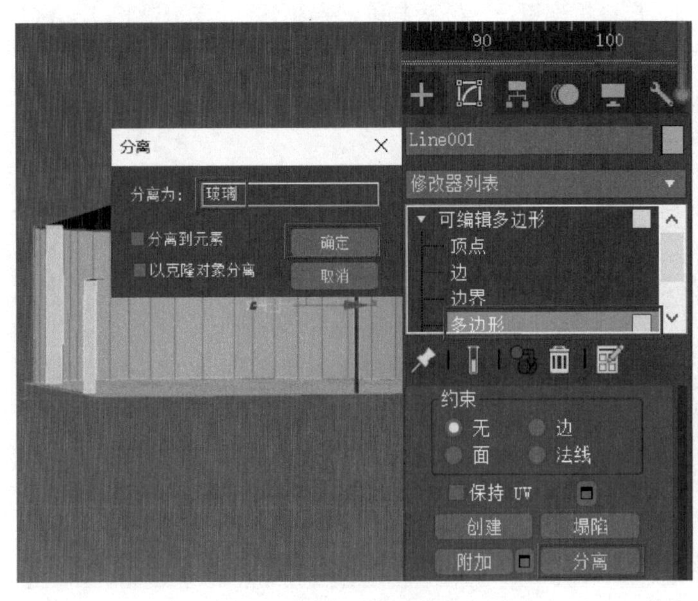

图16-24 分离命名

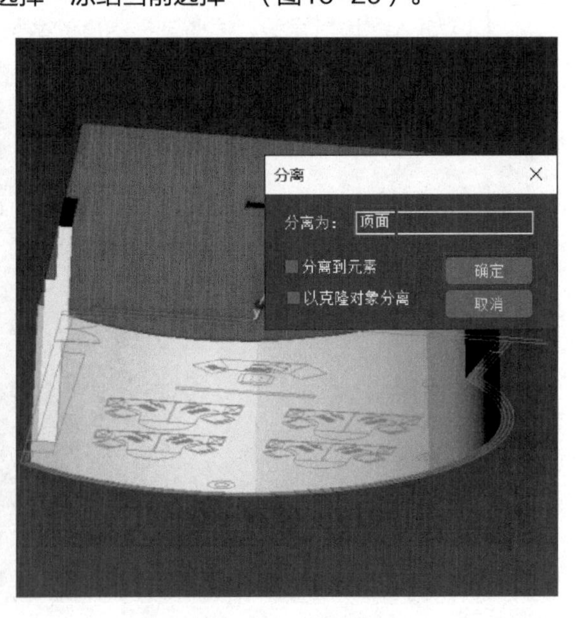

图16-25 分离顶面

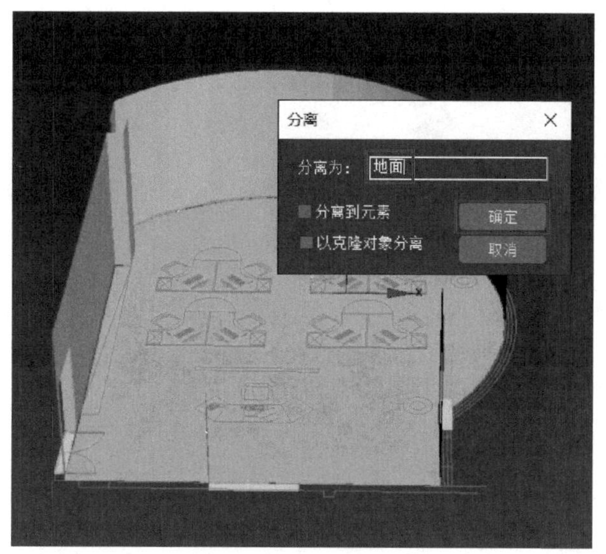

图16-26 分离地面

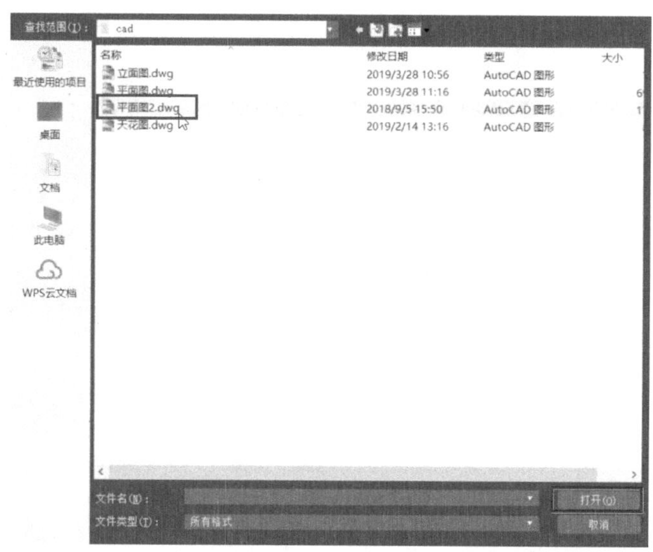

图16-27 导入文件

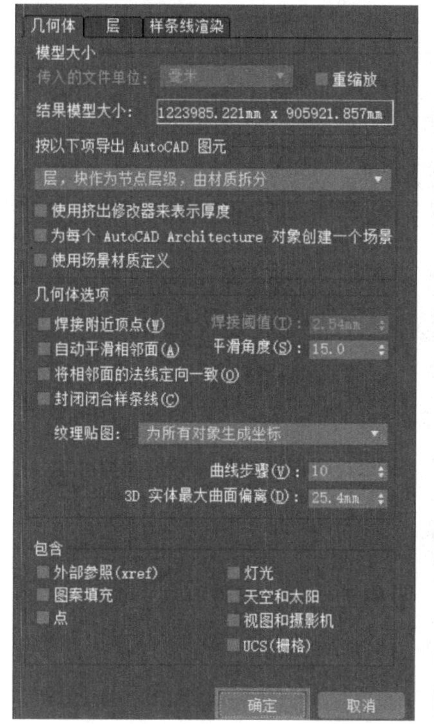

图16-28 “导入选项”对话框

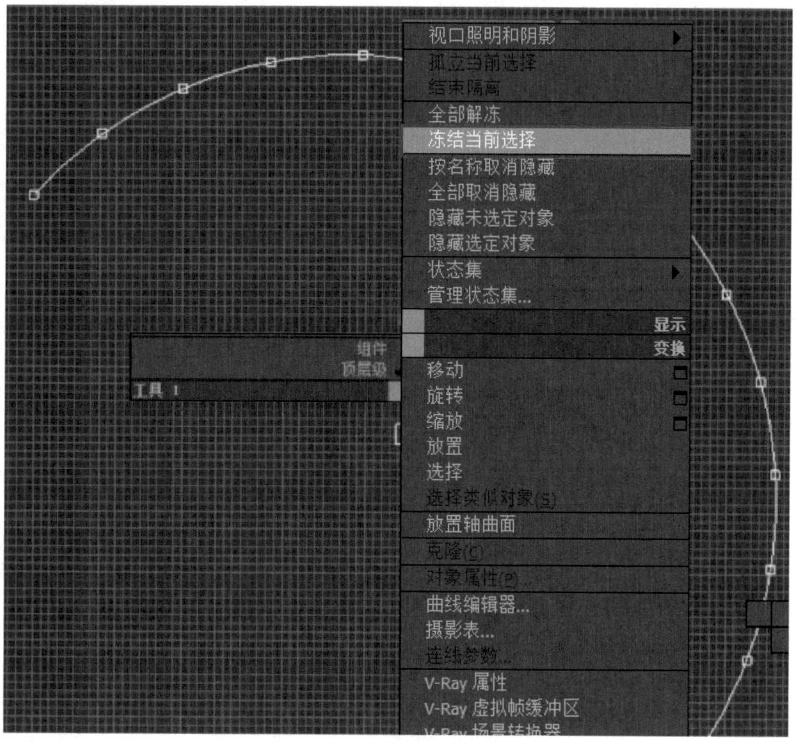

图16-29 冻结图形

22）按住〈S〉快捷键，打开“2.5维”捕捉，捕捉导入的弧线，先点选弧上的开始和结束等几个关键点，右键结束选择（图16-30）。

23）在修改面板中展开“Line”卷展栏，进入“顶点”层级，框选弧上的所有点，在视口中单击鼠标右键，在弹出菜单中选择“转换为→转换为Bezier角点”，移动角点的两个控制杆（图16-31），调整至与弧线重合（图16-32）。在处理复杂弧形图形时，较为普遍的处理方式是选用创建“线”的方式，将复杂图形的关键点点选，再右键将所需要的点转化为“Bezier角点”，通过调整两端的控制杆，可以较为轻易地得到需要的图形。

24）打开创建面板，选择图形界面，用“矩形”工具描画导入的图形最左端的矩形（图16-33）。

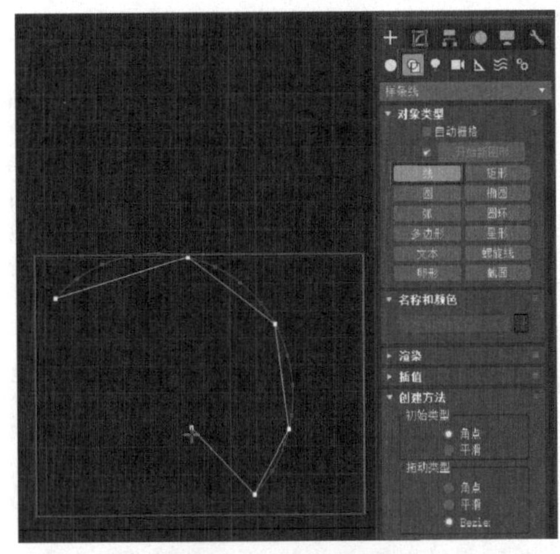

图16-30 捕捉设置

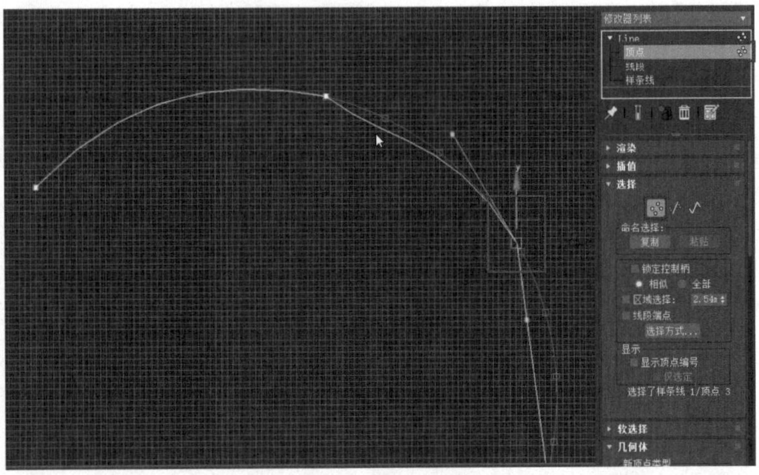

图16-31 转换角点

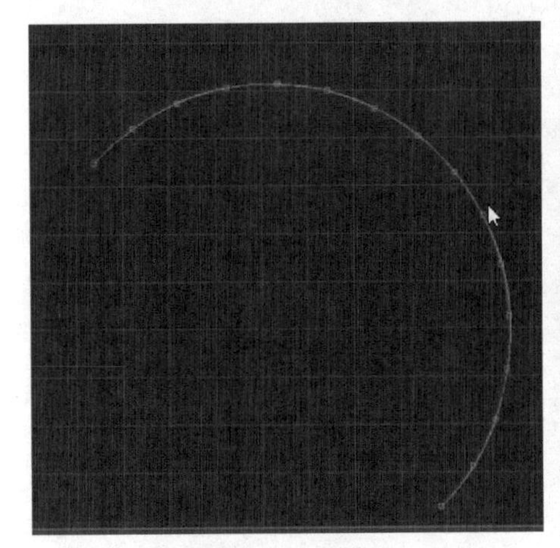

图16-32 调整重合

图16-33 描画矩形

25）进入修改面板，添加“挤出”修改器，将挤出的“数量”设置为3400.0mm（图16-34）。

26）在主菜单栏打开“工具”菜单，选择“对齐”→“间隔工具”（图16-35）。

图16-34 挤出设置

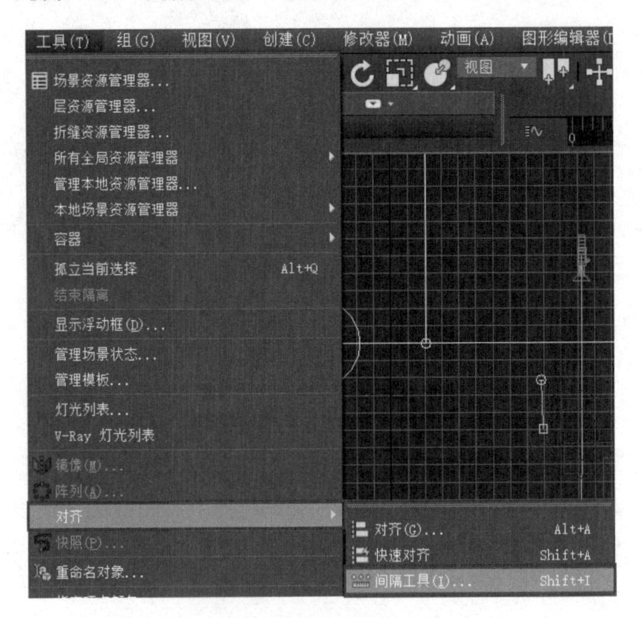

图16-35 工具栏

27）点选刚挤出的长方形，在“间隔工具”对话框中单击“拾取路径”，再点选所创建的弧线（图16-36），将“计数”设置为16（图16-37）。

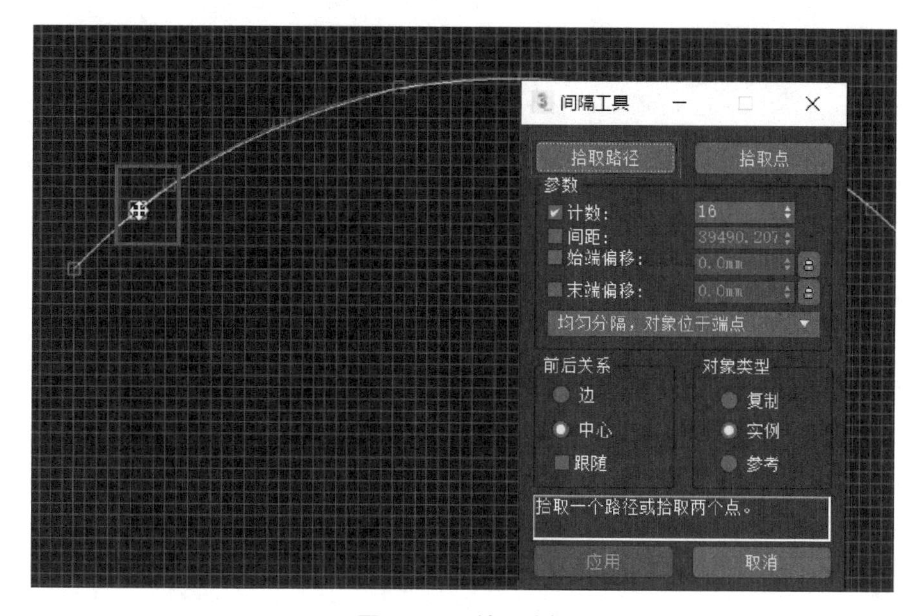

图16-36 拾取路径

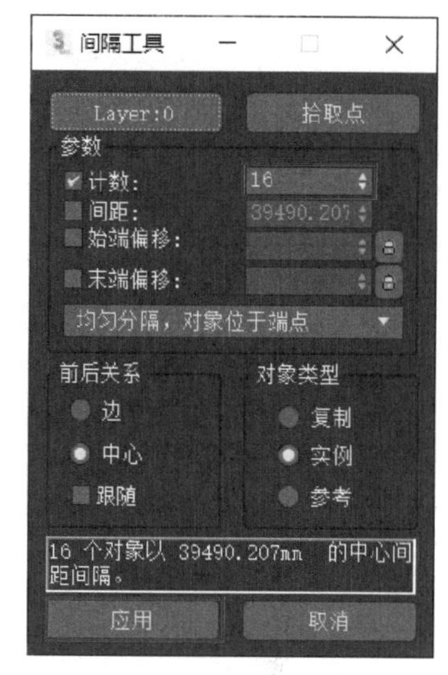

图16-37 间隔设置

28）创建完成后观察图形（图16-38）。

29）选中弧线，打开修改面板，在“样条线”级别下选择“轮廓”，并将“轮廓”设置为50.0mm，勾选下方的“中心”（图16-39）。勾选“中心”后会以原线条为中心，向各边偏移所设置数值的一半。

30）添加“挤出”修改器，将挤出“数量”设置为50.0mm（图16-40）。

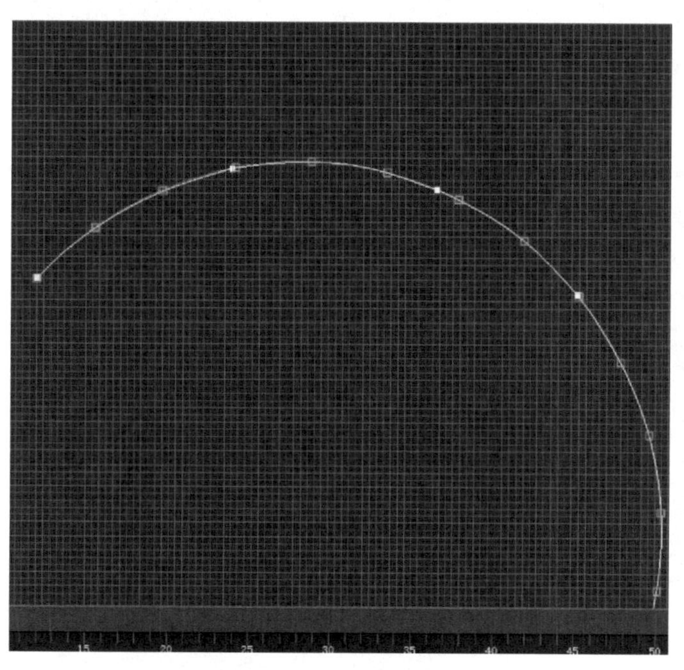

图16-38 创建后图形

图16-39 轮廓设置

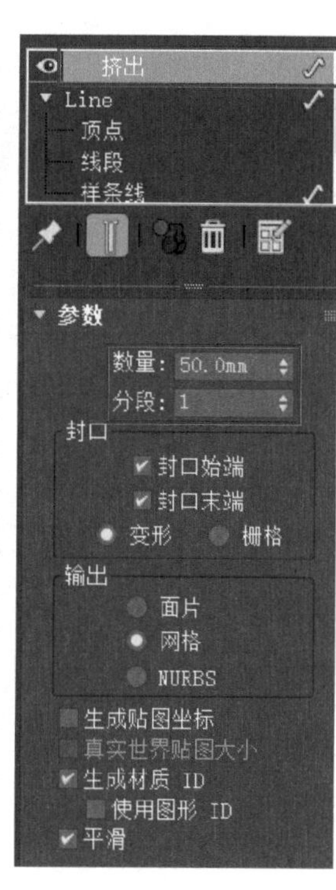

图16-40 挤出设置

31）选中挤出的图形，按住〈Shift〉键复制，在弹出的“克隆选项”对话栏中选择“复制”（图16-41）。

32）再复制一个，将视口下方的“Z”轴坐标设置为3350.0mm（图16-42）。

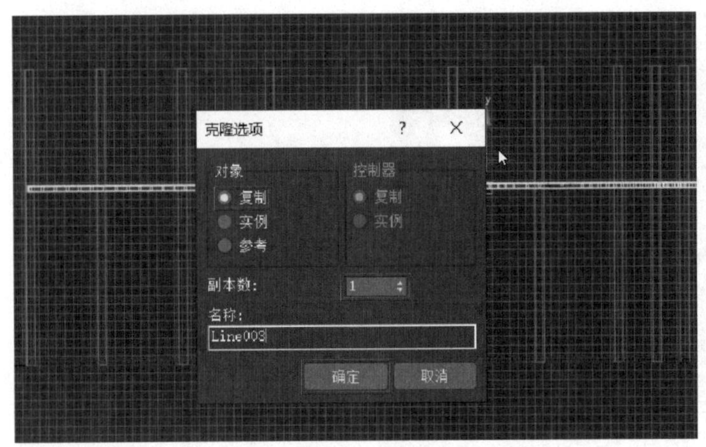

图16-41　复制对象

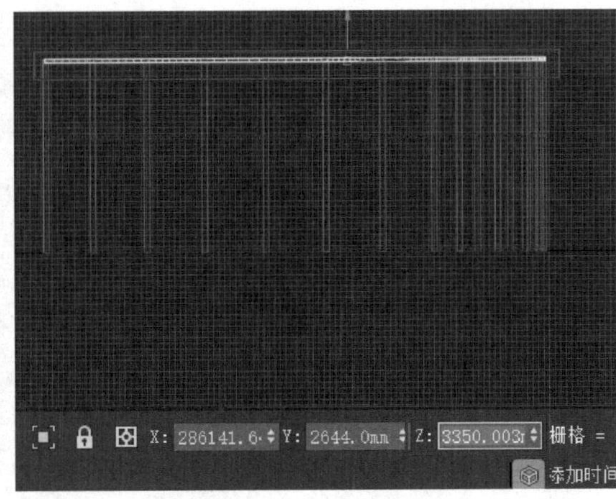

图16-42　坐标设置

33）选中中间的图形，将“Z”轴坐标设置为2200.0mm（图16-43）。

34）将所创建的图形成组，并移至平面图相对应的位置（图16-44）。

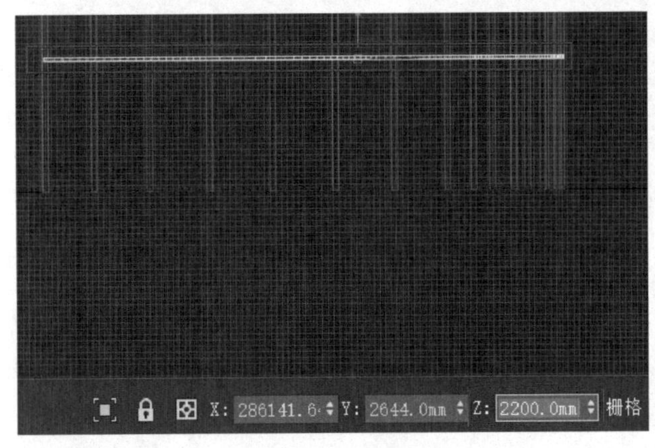

图16-43　坐标设置

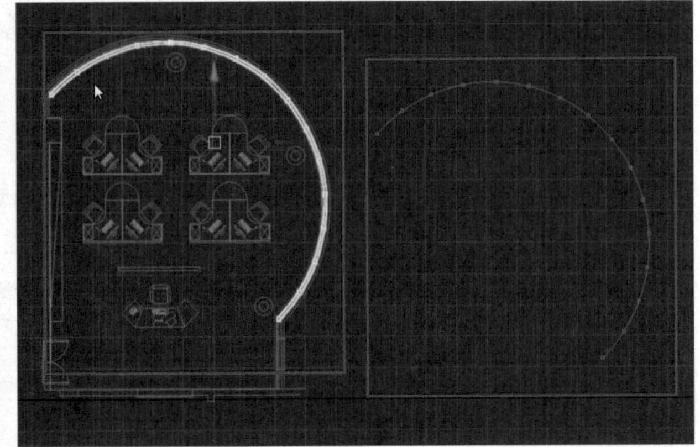

图16-44　组合移动

35）在主菜单中单击“文件”，选择“导入→导入”，将本书配套资料的“模型素材/第16章/cad”中的“立面图.dwg”文件导入场景中（图16-45）。在“导入”对话框中取消全部勾选。

36）在“旋转”按钮上单击右键，在弹出的“旋转变换输入”对话栏的“绝对：世界”中，将“X:”设置为90.0（图16-46）。

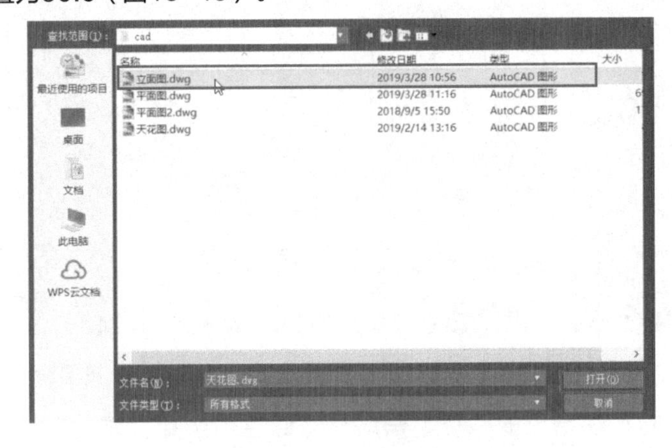

图16-45　导入文件

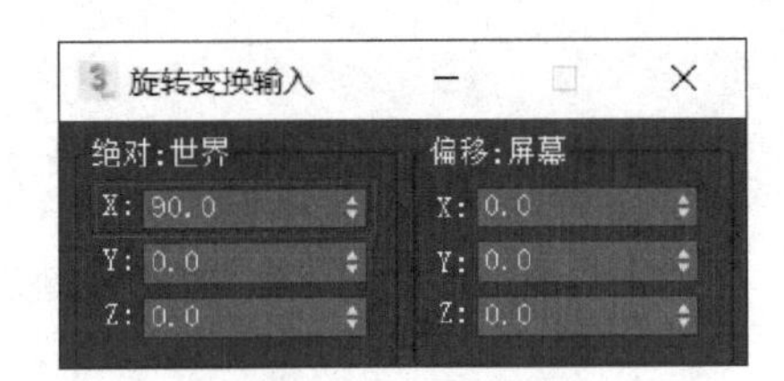

图16-46　旋转设置

37）单击鼠标右键，在弹出菜单中选择“冻结当前选择”（图16-47）。

38）进入创建面板，选择创建图形中的矩形，在前视口中描画展示板两边的两个矩形（图16-48）。

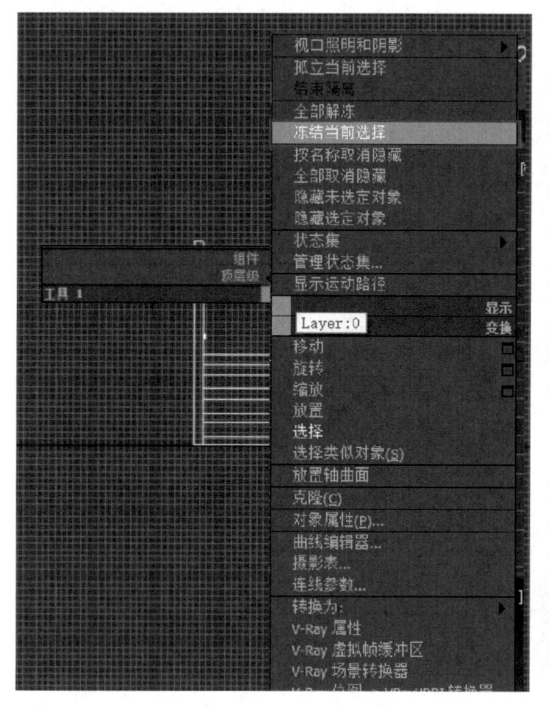

图16-47　冻结选择

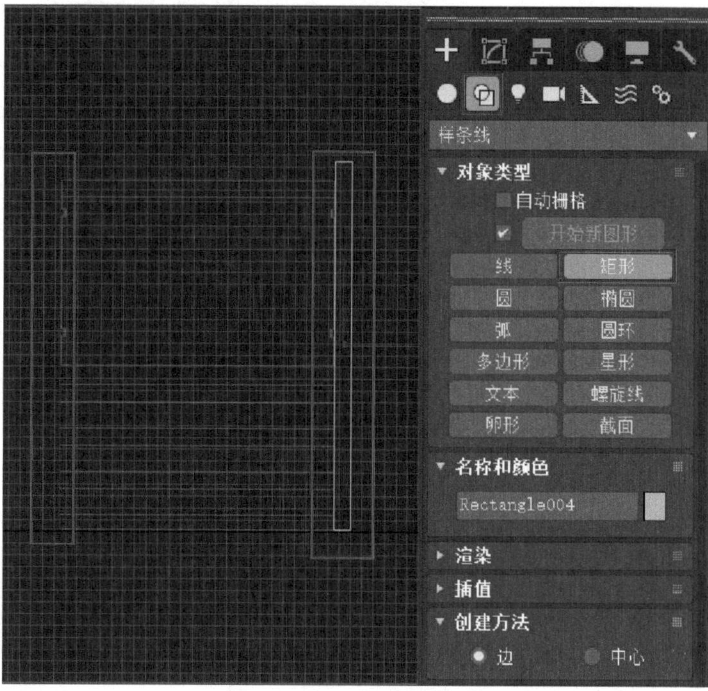

图16-48　描画矩形

39）选中一个矩形，在修改面板中，单击鼠标右键，在弹出的对话栏中选择“可编辑样条线”（图16-49）。

40）选择“顶点”层别，在“几何体”卷展栏下选择“附加”，将两个矩形合并为一个图形（图16-50）。

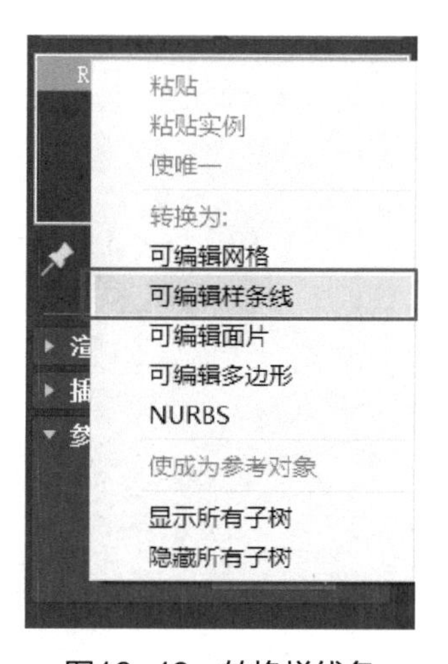

图16-49　转换样线条

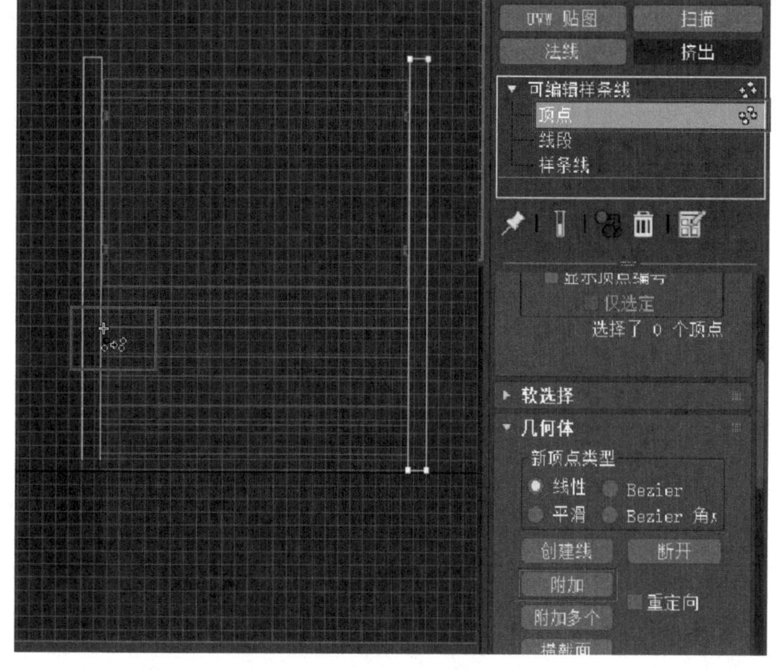

图16-50　合并图形

41）用“矩形”工具分别描画展示板上方的两个矩形（图16-51）。

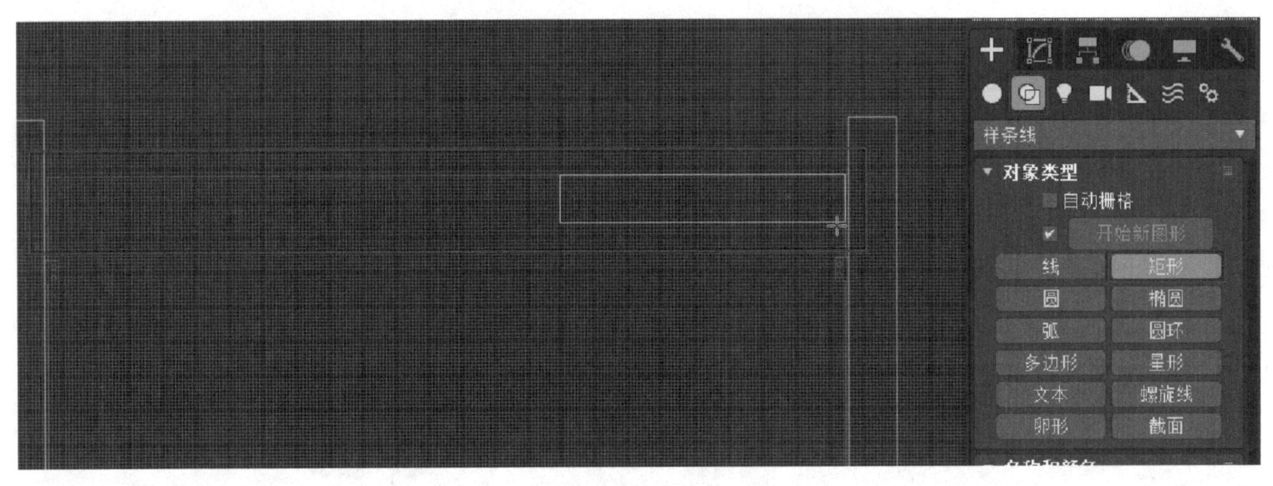

图16-51　描画矩形

42）继续描画下方的四个矩形（图16-52）。

43）选中其中一个矩形，将其转化为“可编辑样条线”，并在“顶点”层级中选择“附加”，将其他三个矩形附加成一个图形（图16-53）。

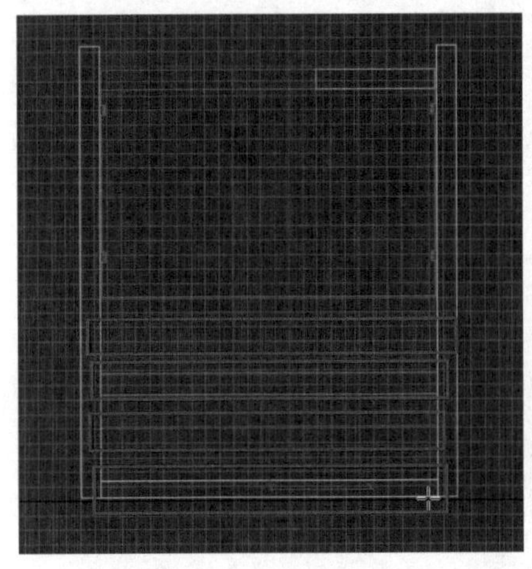

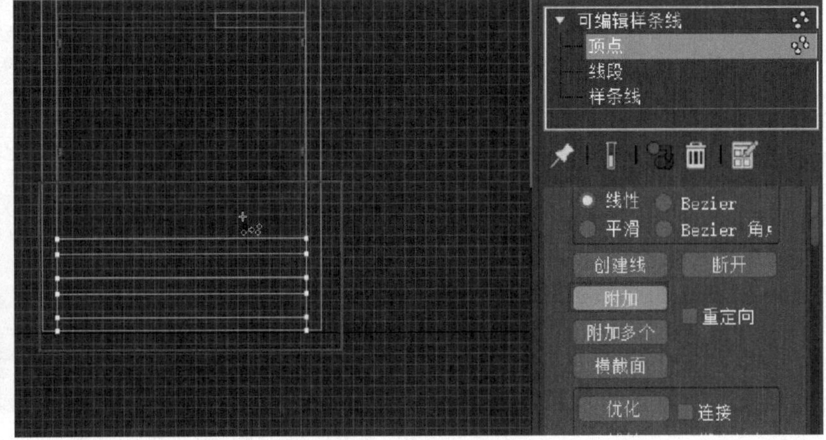

图16-52　描画矩形

图16-53　附加图形

44）进入修改面板，添加“挤出”修改器，将“数量”设置为“120.0mm”（图16-54）。

45）选中上方的两个矩形，分别添加“挤出”修改器，将“数量”设置为“120.0mm”（图16-55）。

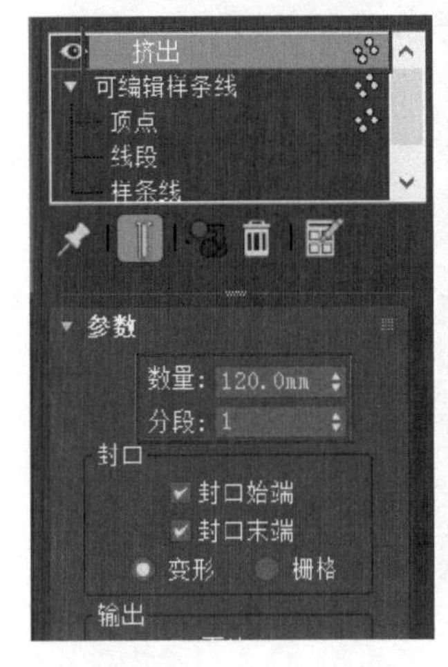

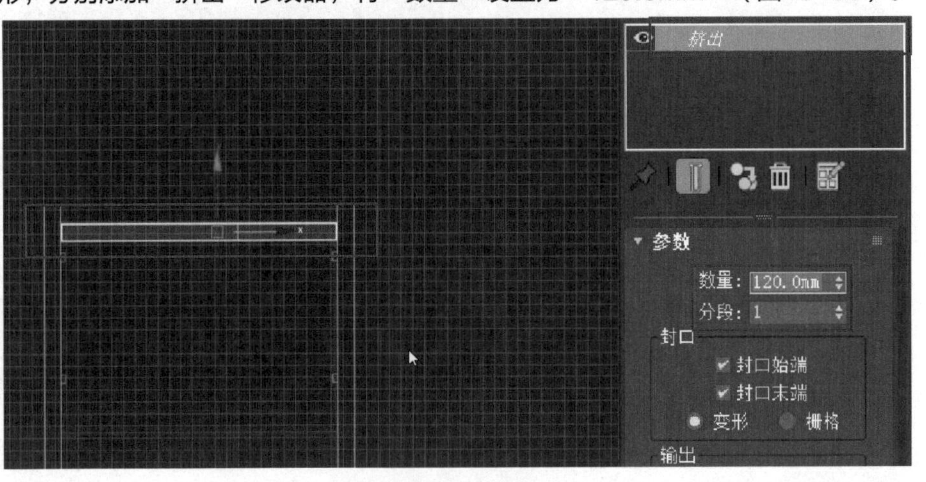

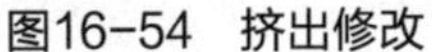

图16-54　挤出修改

图16-55　挤出设置

46）进入创建面板，选择创建图形中的矩形，在前视口中描画展示板中间的一个矩形（图16-56）。

47）添加“挤出”修改器，将“数量”设置为“20.0mm”（图16-57）。

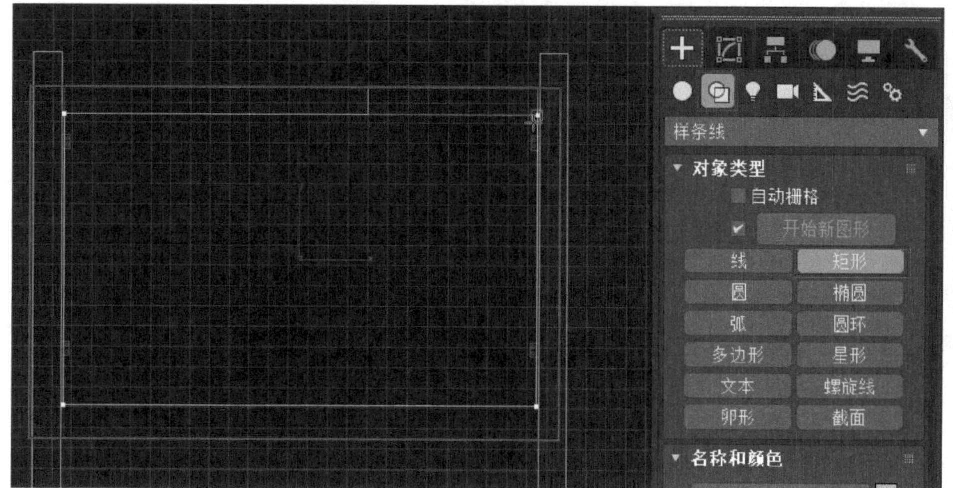

图16-56　描画矩形

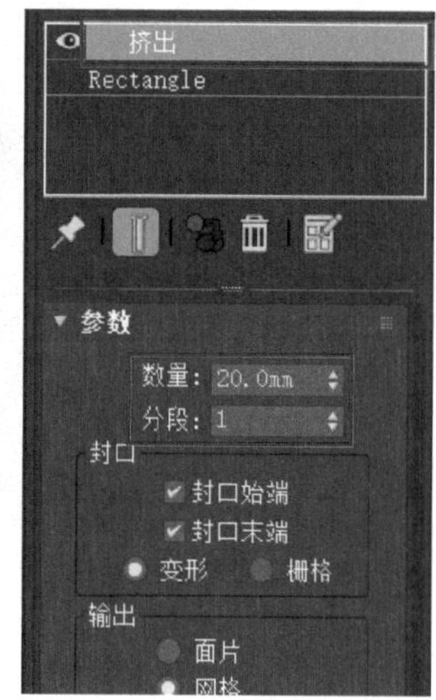

图16-57　挤出设置

48）在前视图用“矩形”工具描绘展示板左上方的固定配件（图16-58）。

49）添加“挤出”修改器，将“数量”设置为“20.0mm”（图16-59）。

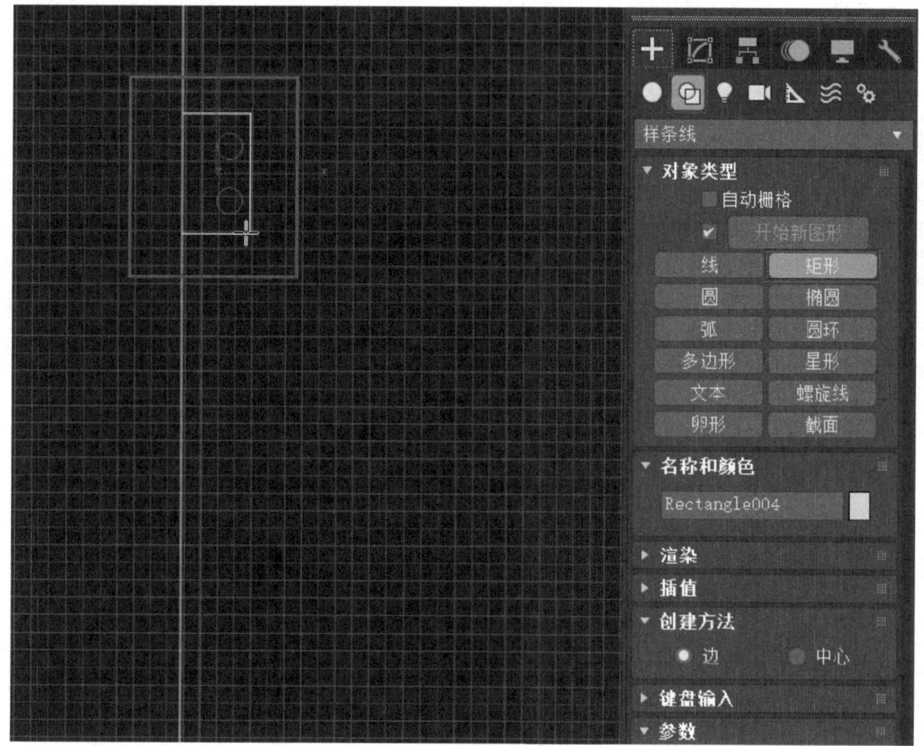

图16-58　描画矩形

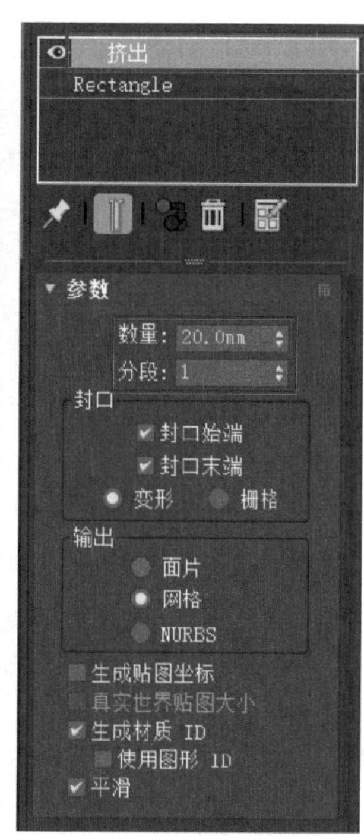

图16-59　挤出设置

50）在前视图用“圆形”工具描绘展示板左上方的两个圆形的固定配件，这里要在“创建方法”中选择以“边”的方式创建圆形（图16-60）。

51）选中其中一个圆，进入修改面板，右键将其转化为“可编辑样条线”，进入“顶点”层级，在“几何体”卷展栏中选择“附加”，将两个圆形附加成一个圆形（图16-61）。

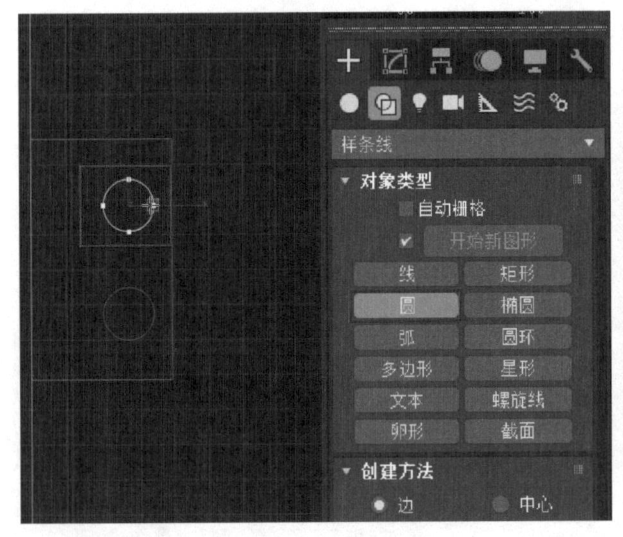

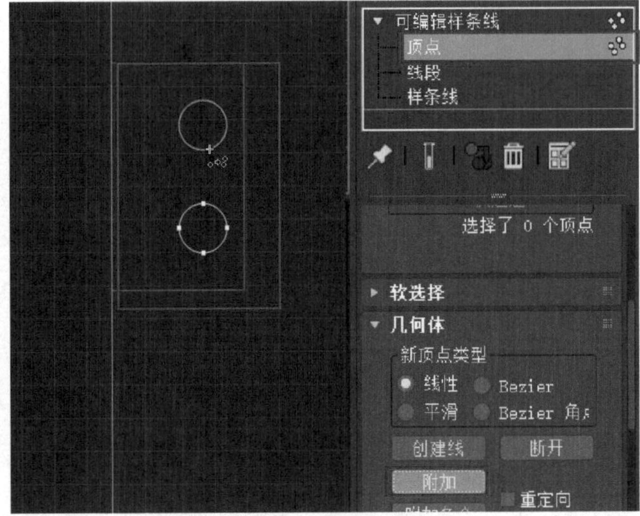

图16-60　创建圆形

图16-61　附加图形

52）添加“挤出”修改器，将“数量”设置为“80.0mm”（图16-62）。

53）进入左视图，选中展示板，利用“对齐”工具将长方体对齐到展示板两边立柱“X”轴向上的中心（图16-63）。

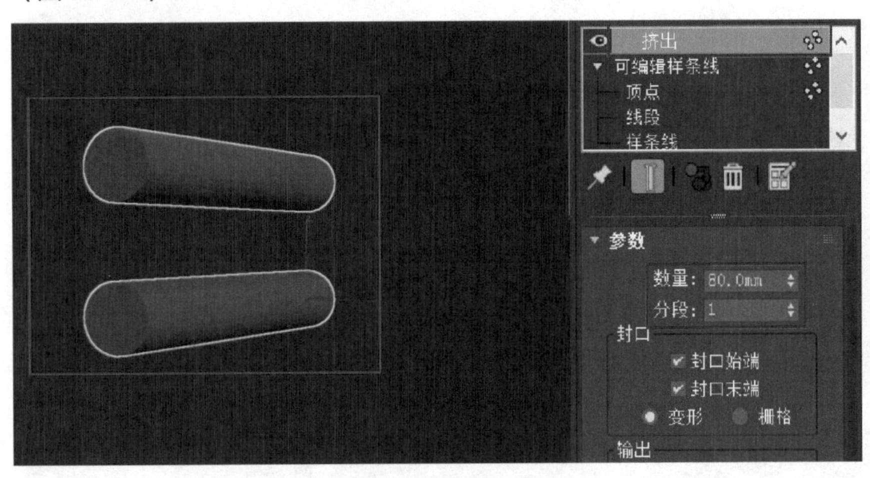

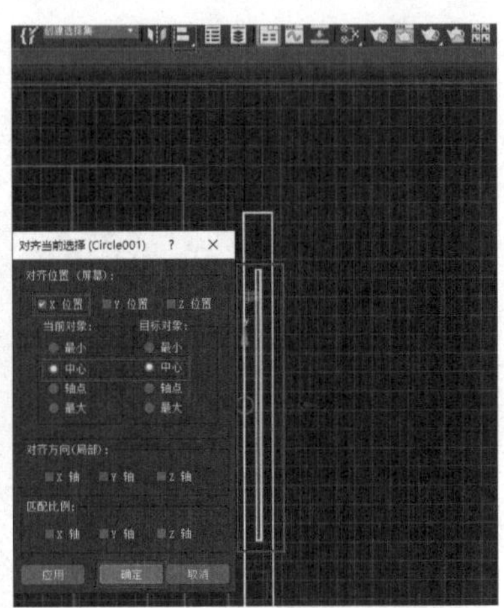

图16-62　挤出设置

图16-63　对齐设置

54）把其余的长方体也对齐到两边立柱“X”轴向上的中心。将挤出的方形固定配件按住〈Shift〉向左复制一个（图16-64），并调整其与圆形固定配件的位置（图16-65）。

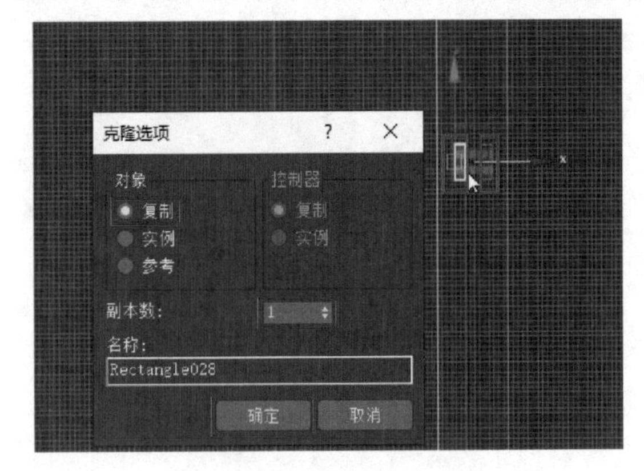

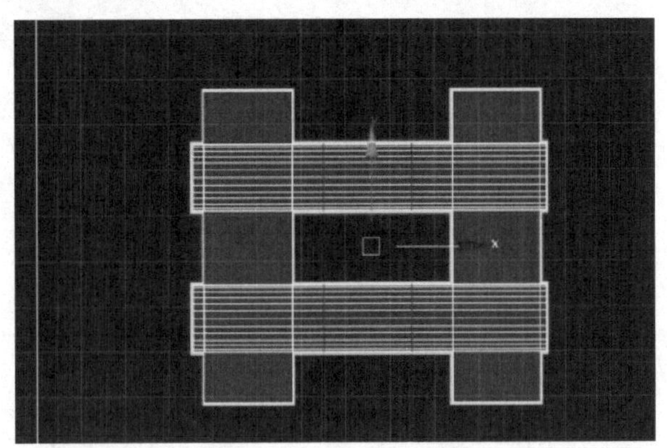

图16-64　复制图形

图16-65　调整对齐

55）将展示板的固定配件进行成组（图16-66）。

56）把成组后的配件按住〈Shift〉键向下复制一个（图16-67）。

57）选中复制出来的配件组和原配件组，按住〈Shift〉键向右复制一个（图16-68）。

图16-66　组合

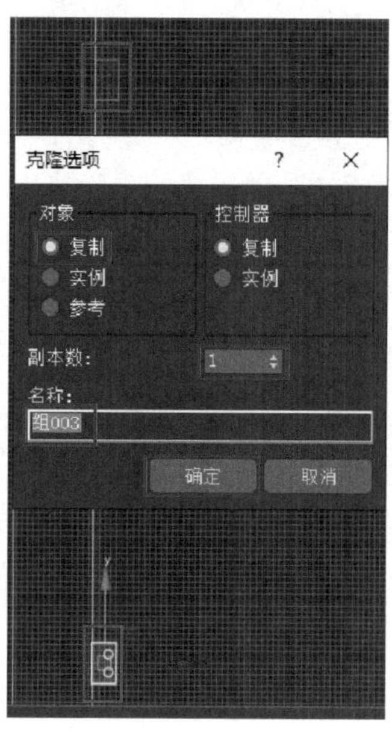

图16-67　复制组

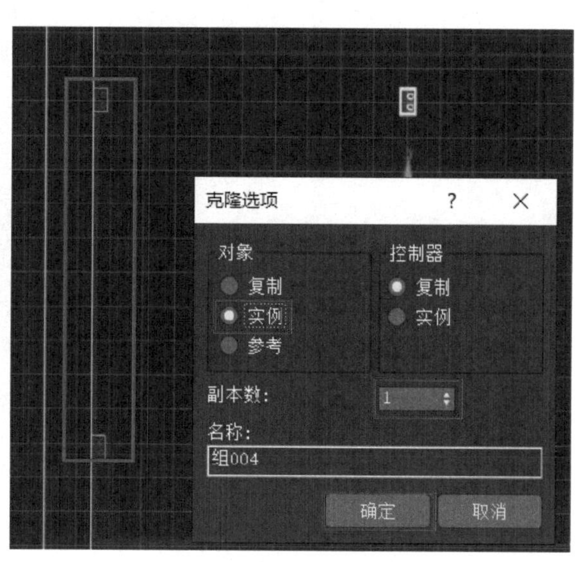

图16-68　实例复制

58）将新复制出来的两个配件选中，单击“对称”工具，在弹出的“镜像”对话框中选择“镜像轴”“X”轴（图16-69）。

59）并将调整好的物体移动到合适的位置（图16-70）。

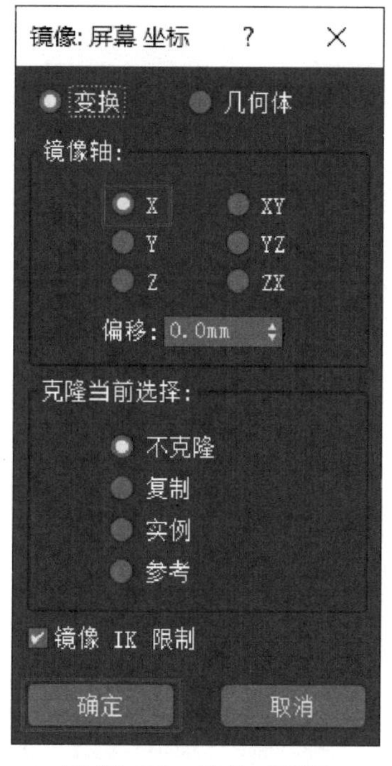

图16-69　镜像对话框

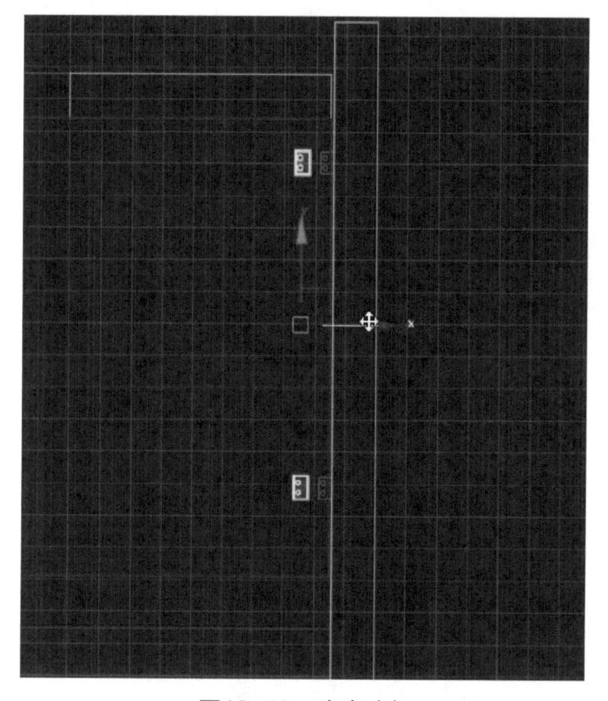

图16-70　移动对齐

60）进入前视图，在创建面板中选择图形，单击“文本”按钮，在下方的文本栏中输入“高峰设计公司”（图16-71）。

61）进入修改面板，将参数“卷展栏”中的字体设置为“楷体”，大小设置为300.0mm（图16-72）。

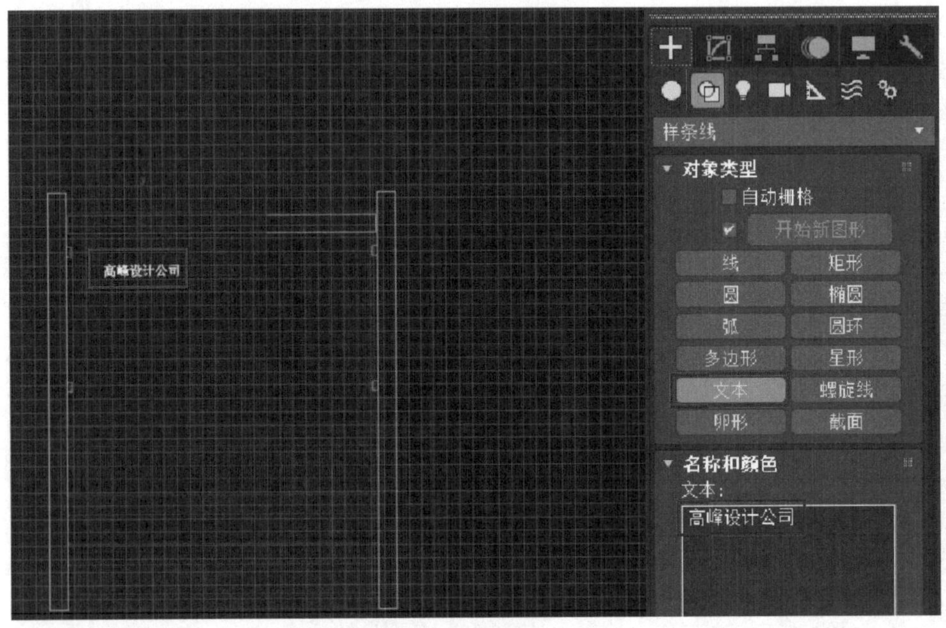

图16-71　创建文本

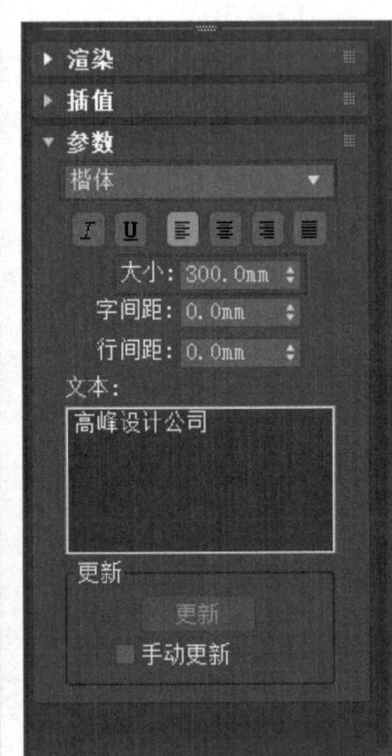

图16-72　参数设置

62）利用“移动”工具并按住〈Shift〉键，将文字向下复制一个（图16-73）。

63）进入修改面板，将参数“卷展栏”中的“大小”设置为“200.0mm”（图16-74）。

64）文本设置为“北京总公司”，并调整文字的位置（图16-75）。

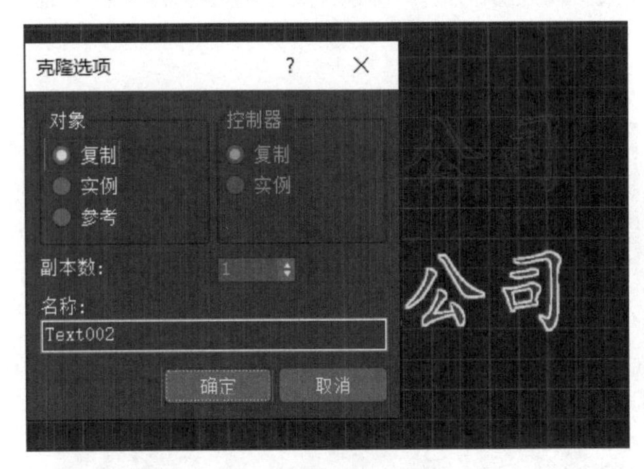

图16-73　复制文字

图16-74　修改面板

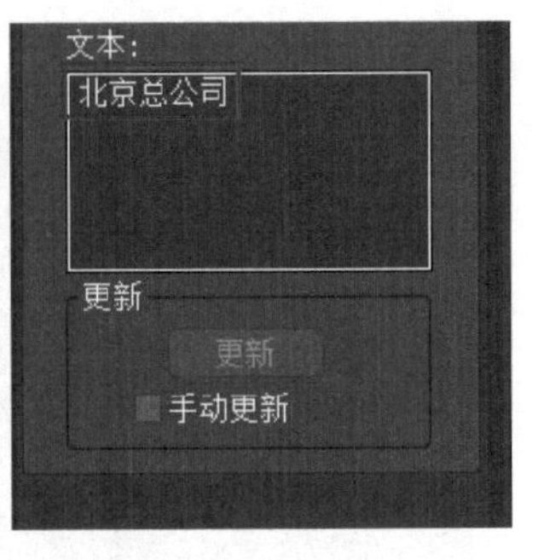

图16-75　调整位置

65）框选展示板，将其整体成一个组（图16-76），并单击“缩放”工具，将所设置文本在“Z”轴上的大小缩放到原先的90%（图16-77）。

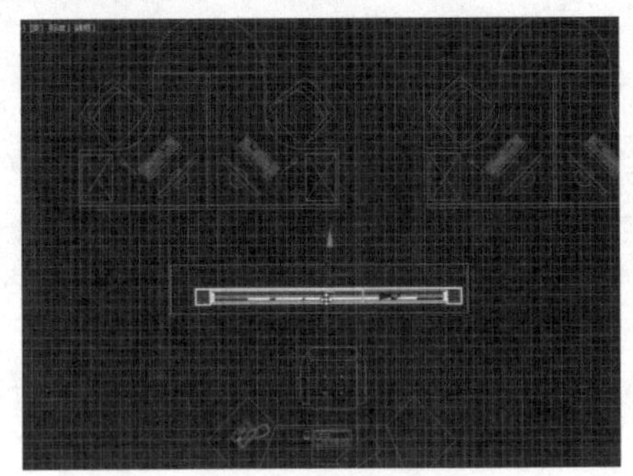

图16-76　组合

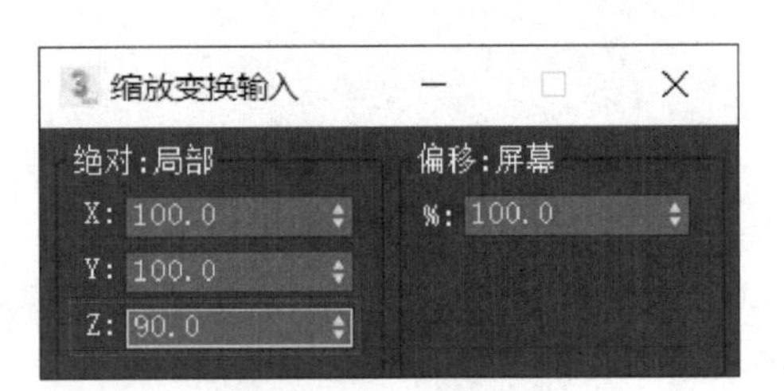

图16-77　缩放设置

66）把做好的展示板移至平面图上相应位置，并在顶视图立柱的地方用“圆形”工具描画圆形（图16-78）。

67）描绘好其他两个圆形，并点击其中一个圆形，在修改面板中右键将其转化为“可编辑样条线”，在“几何体”卷展栏中选择“附加”，将三个圆形附加成一个图形（图16-79）。

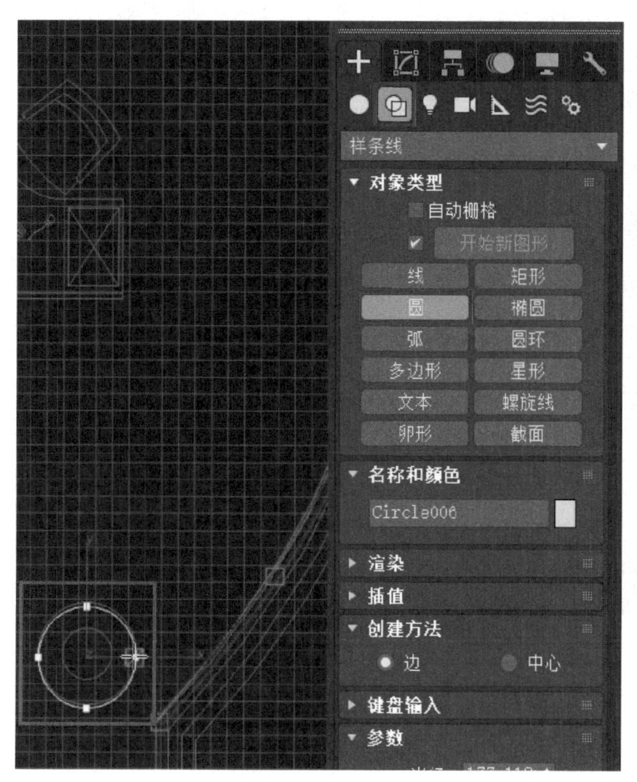

图16-78　描画圆形

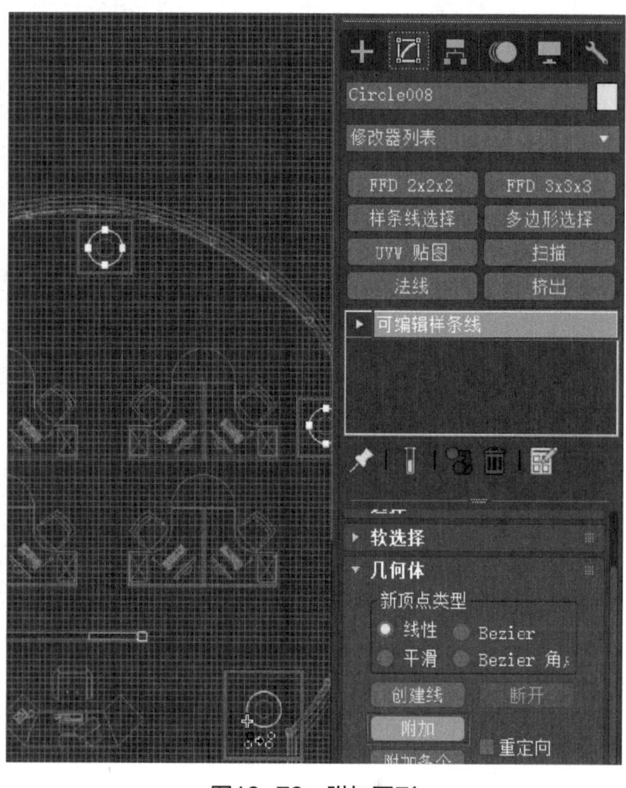

图16-79　附加图形

68）在主菜单中单击“文件”，选择“导入→导入”，将本书配套资料中的“模型素材/第16章/cad”中的“天花图.dwg”文件导入场景中，同样在“导入选项”对话框中取消全部勾选（图16-80）。

69）单击鼠标右键，在弹出菜单中选择“冻结当前选择”（图16-81）。

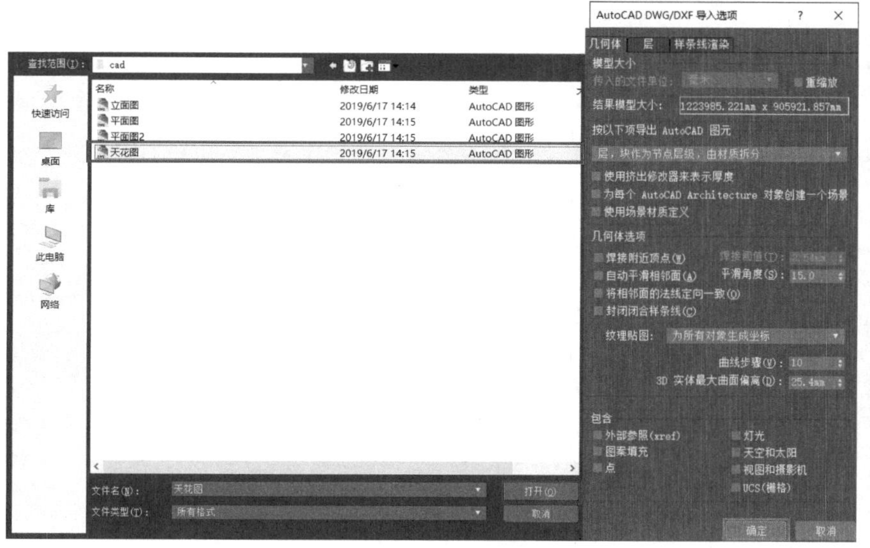

图16-80　导入选项

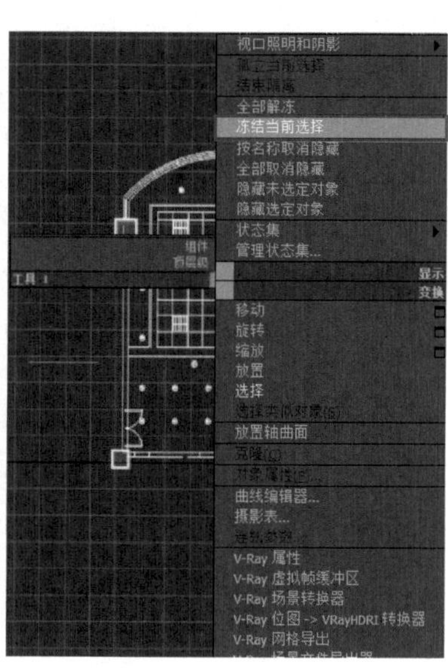

图16-81　冻结选择

70）进入创建面板，在“样条线”层级下选择“线”，将下部分的图案描绘出来（图16-82）。

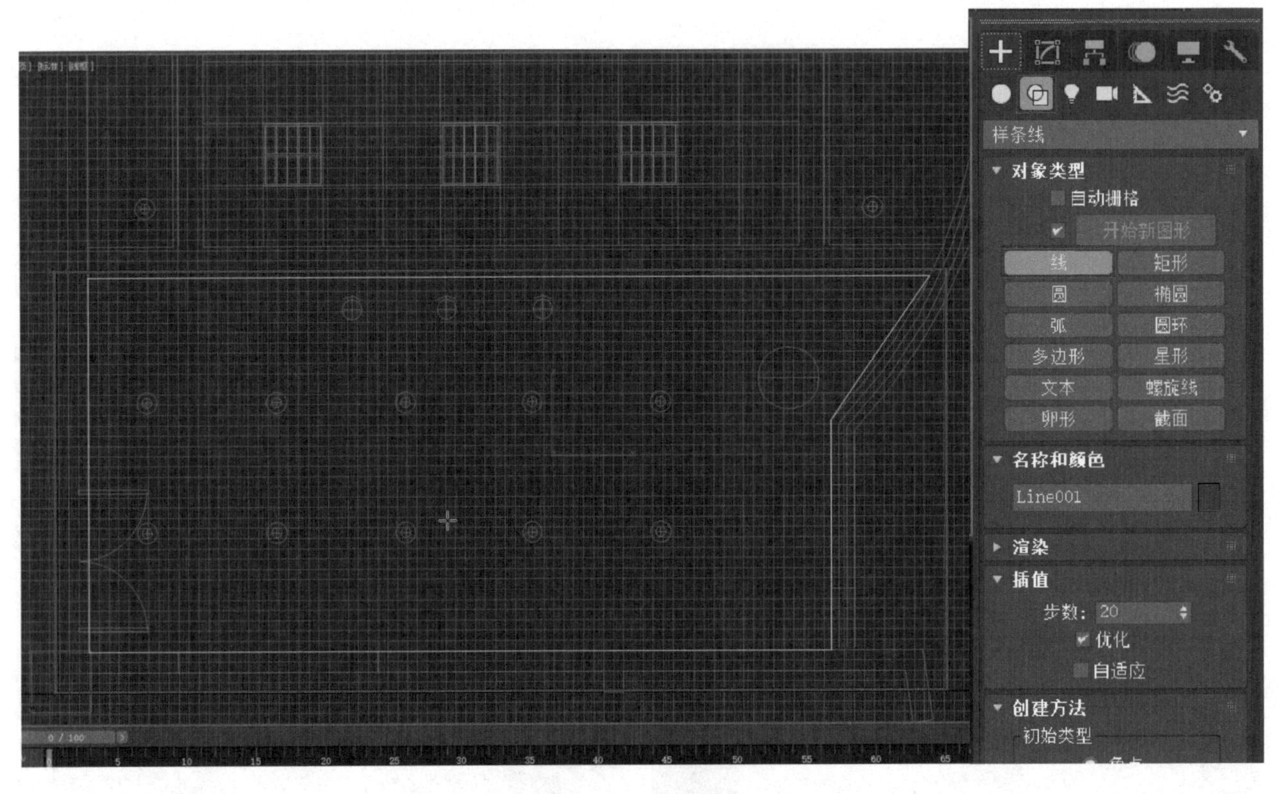

图16-82　描绘图案

71）进入修改面板，选择线的“顶点”层级，将靠近弧线的顶点框选，右键将其转化为“Bezier角点”（图16-83）。

72）调整角点的位置，使其和边线重合（图16-84）。

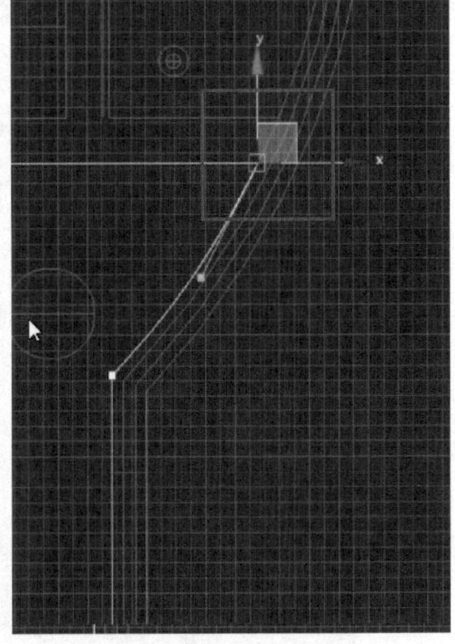

图16-83　转化角点

图16-84　调整重合

73）进入修改面板，添加“挤出”修改器，将挤出“数量”设置为200.0mm（图16-85）。

74）在下方的坐标轴中，将该物体的“Z”轴坐标设置为2900.0mm（图16-86）。

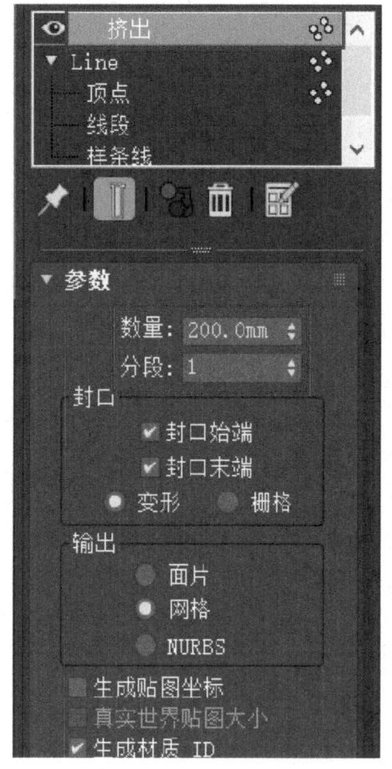

图16-85　挤出设置

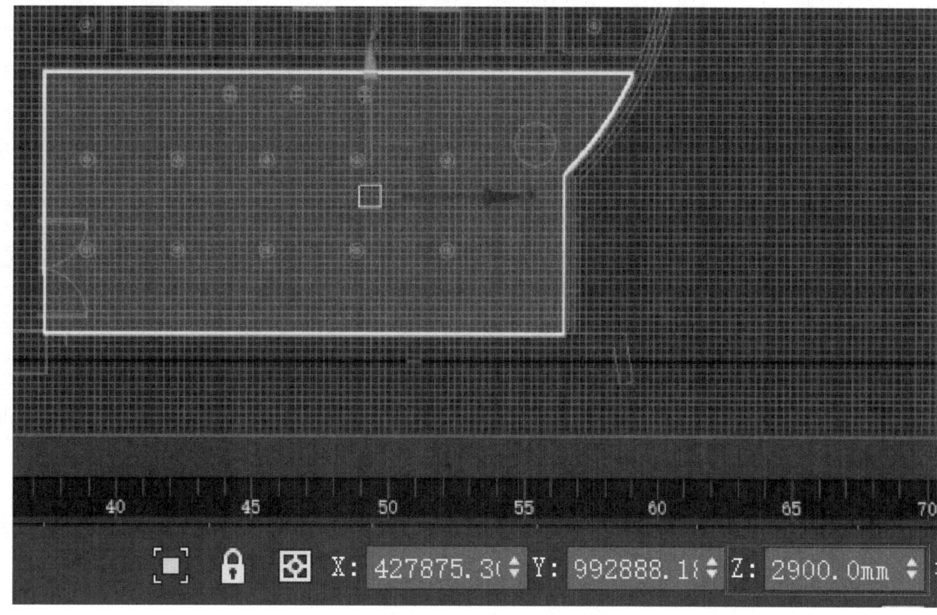

图16-86　坐标设置

75）进入创建面板，在“样条线”层级下选择“线”，将上半部分的外框描绘出来（图16-87）。

76）进入创建面板，选择“矩形”工具，将内部的矩形描绘出来（图16-88）。

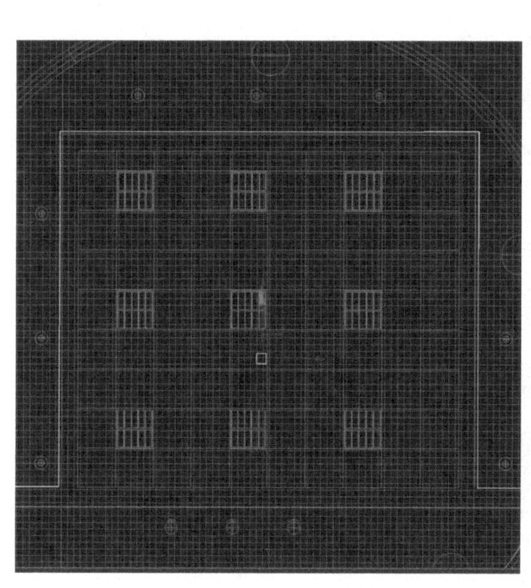

图16-87　描绘外框

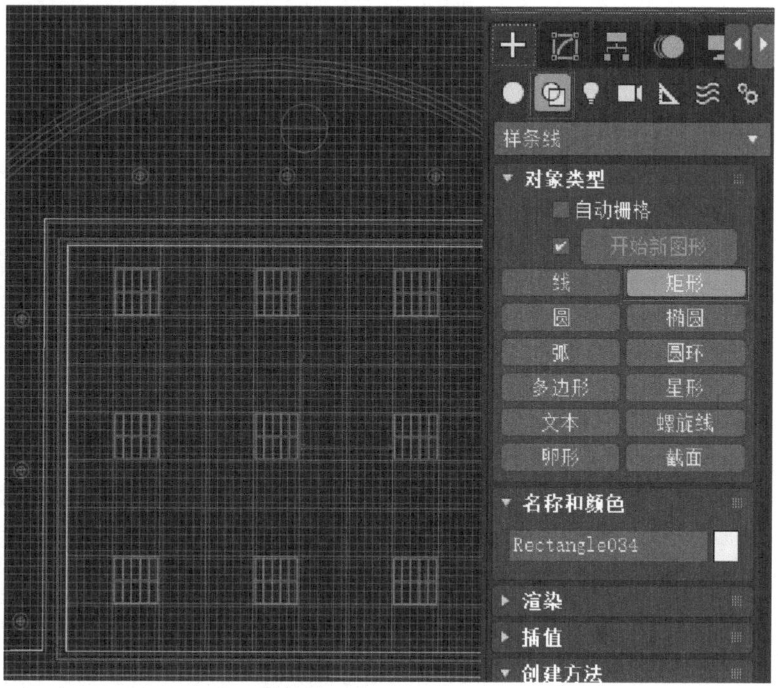

图16-88　描绘矩形

77）进入修改面板，右键将其转化为“可编辑样条线”，在“顶点”层级下选择“附加”，点击外框，使其成为一个整体（图16-89）。

78）进入修改面板，添加“挤出”修改器，将挤出“数量”设置为100.0mm（图16-90）。

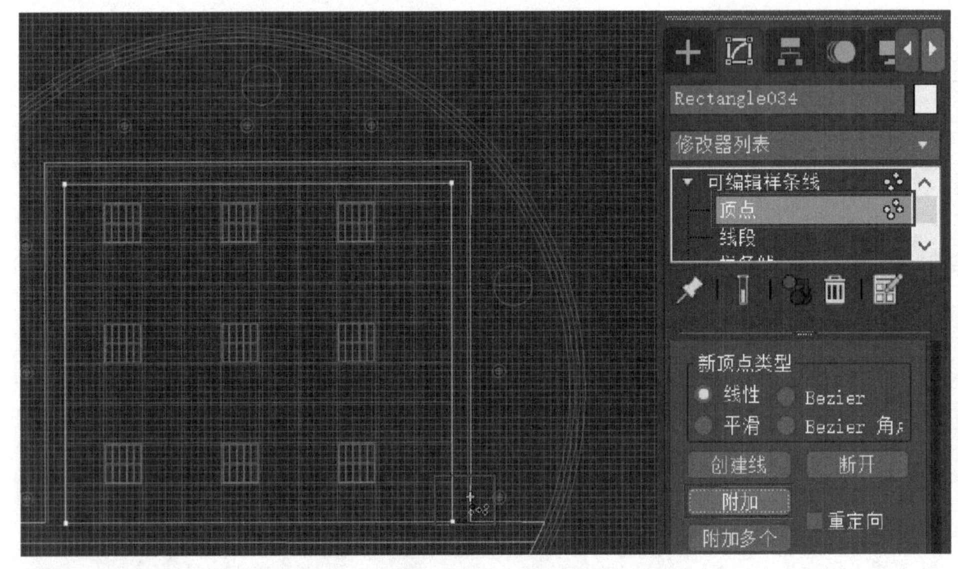

图16-89　附加图形

图16-90　挤出设置

79）在下方的坐标轴中，将该物体的“Z”轴坐标设置为3000.0mm（图16-91）。

80）利用“矩形”工具，再次描绘一个矩形（图16-92）。

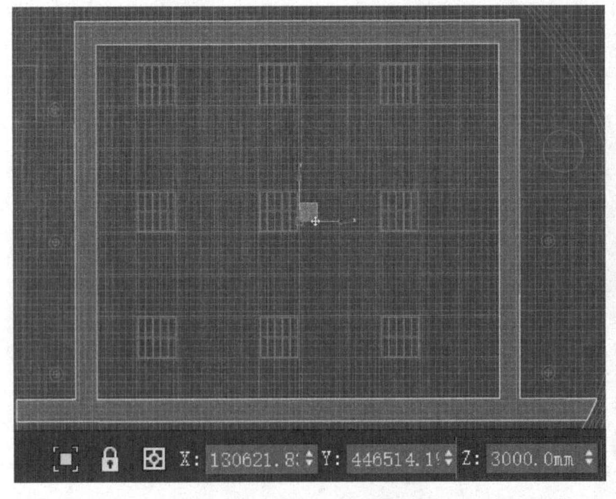

图16-91　坐标设置

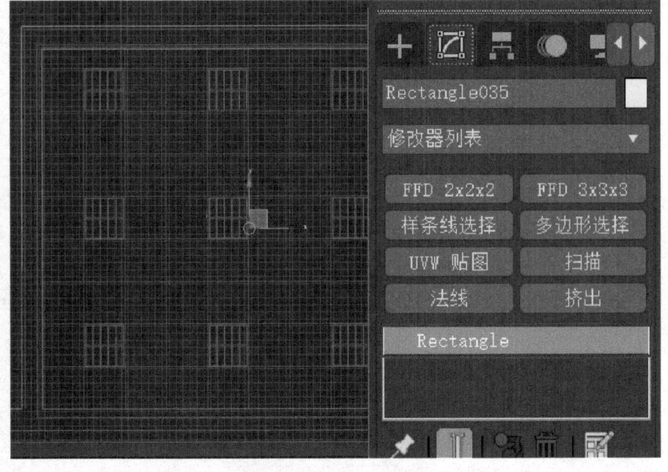

图16-92　描绘矩形

81）进入修改面板，在其长宽上各加上400.0mm（图16-93）。

82）右键将其转换为“可编辑样条线”，进入“顶点”层级，调整下方直线的位置（图16-94）。

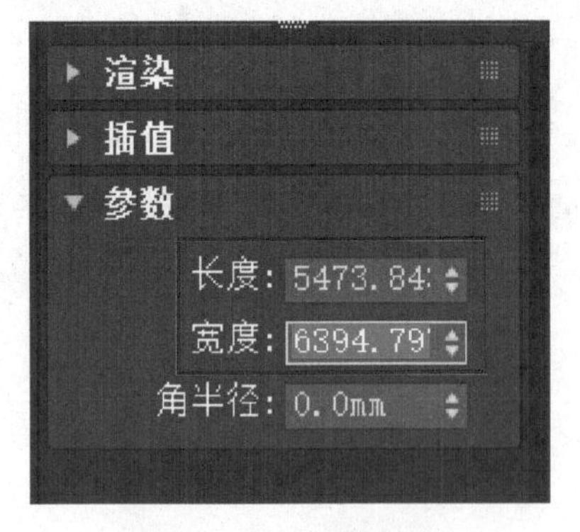

图16-93　修改参数

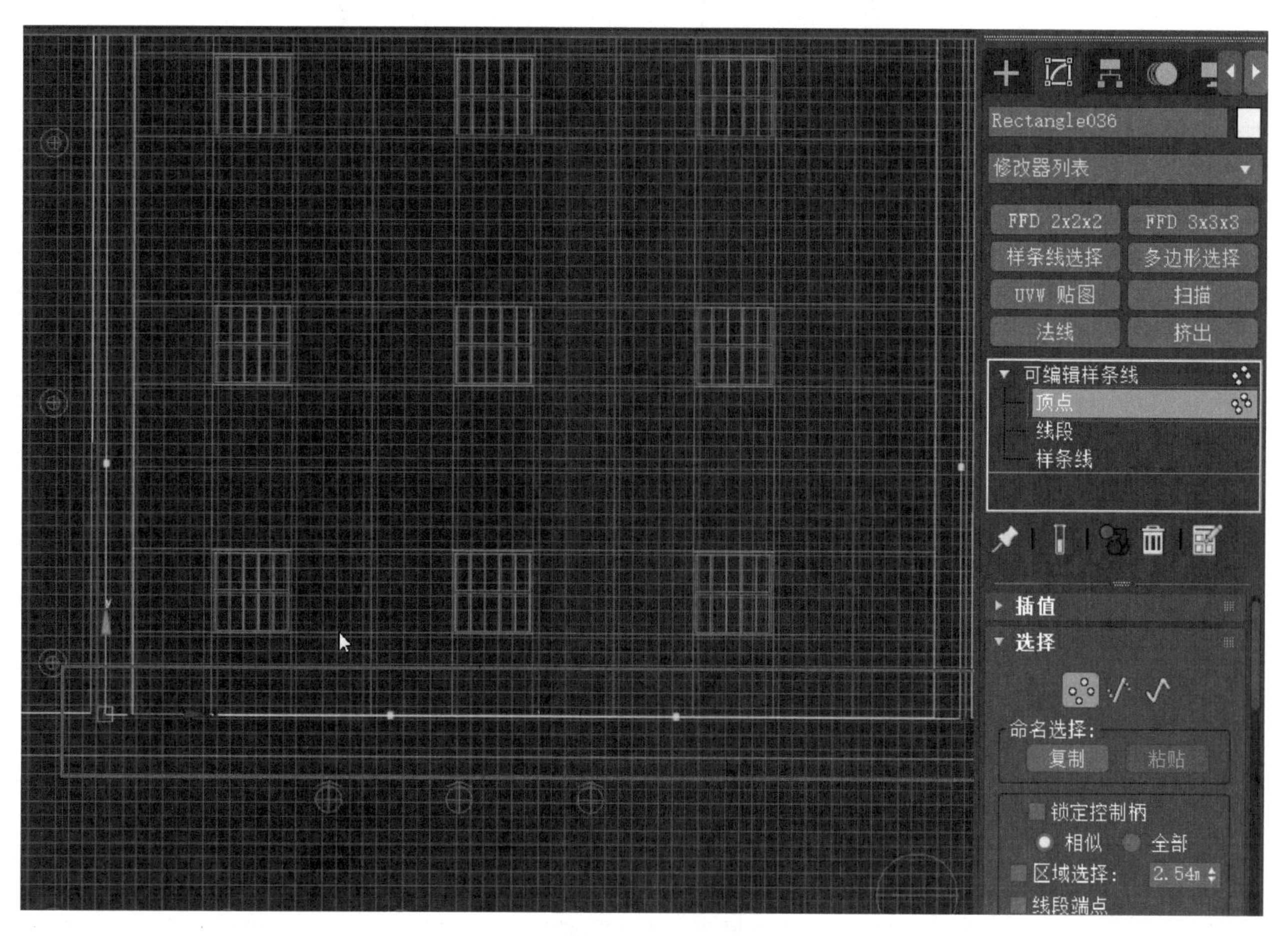

图16-94 转换编辑

83）在“样条线”层级下，将“轮廓”设置为20.0mm（图16-95）。

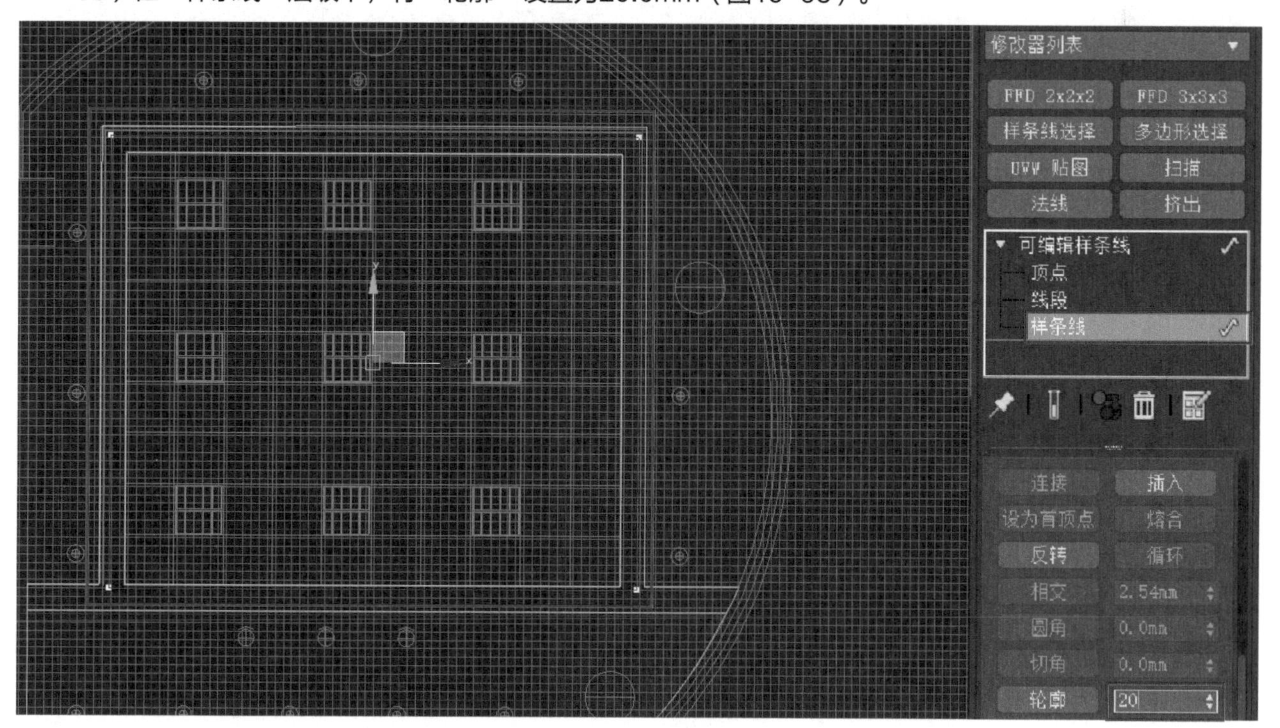

图16-95 轮廓设置

84）在下方的坐标轴中，将该物体的“Z”轴坐标设置为3100.0mm（图16-96）。

85）进入修改面板，添加“挤出”修改器，将挤出“数量”设置为300.0mm（图16-97）。

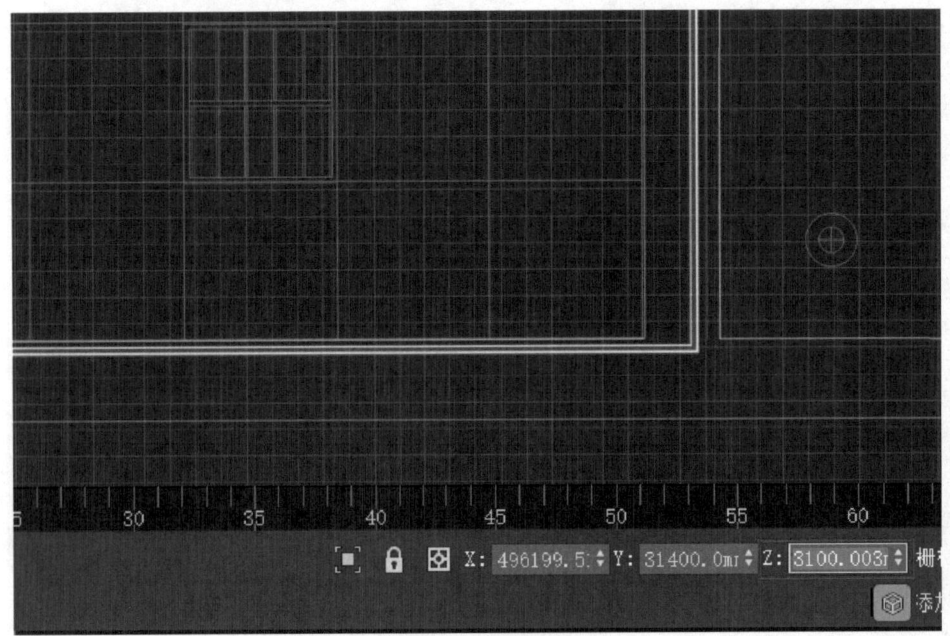

图16-96　坐标设置

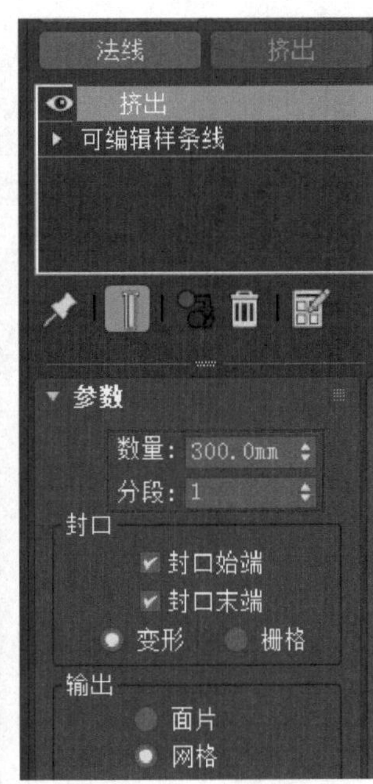

图16-97　挤出设置

86）移动天花至平面图的位置（图16-98）。

87）在顶视图创建一个大的圆形（图16-99）。

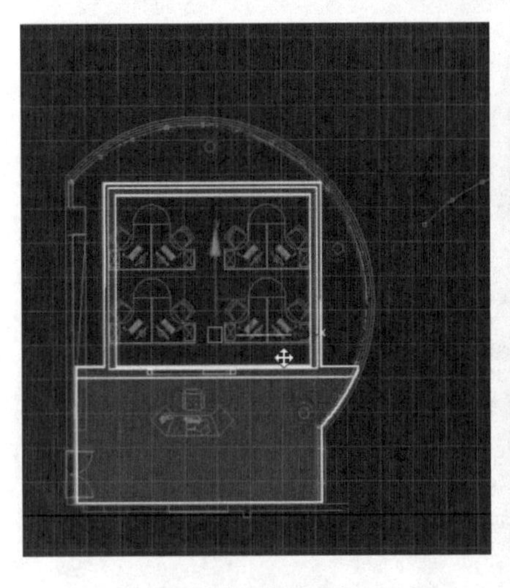

图16-98　移动图形

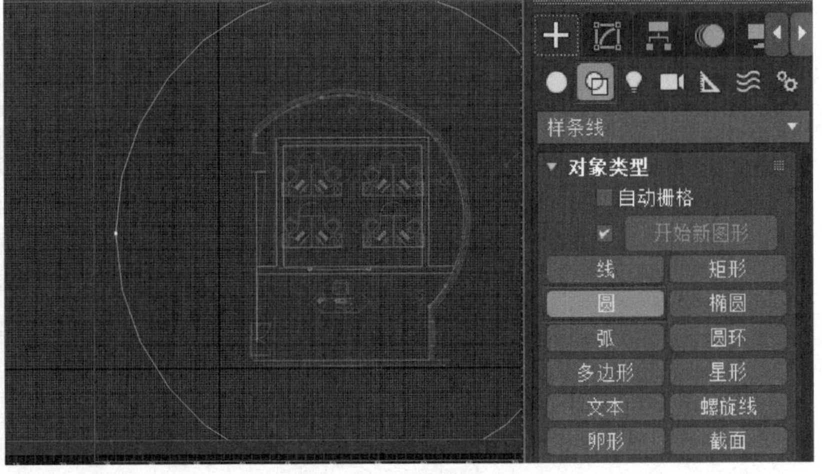

图16-99　创建圆形

88）进入修改面板，将“插值”卷展栏下的“步数”改为20（图16-100）。

89）右键将大圆转化为“可编辑样条线”，将“轮廓”设置为200.0mm（图16-101）。

90）添加“挤出”修改器，在“参数”卷展栏中将“数量”设置为5000.0mm（图16-102）。

设计小贴士

选择材质颜色时不必过于计较颜色的参数值，只要根据现实生活中的真实色彩选择即可，如果认为该颜色属于常用色，可以将该色彩的“红”“绿”“蓝”3个参数都设置为同一数字，虽然可选的颜色数量受到了限制，但是仍有256种颜色可选，不影响效果图的表现，而且更好记忆。

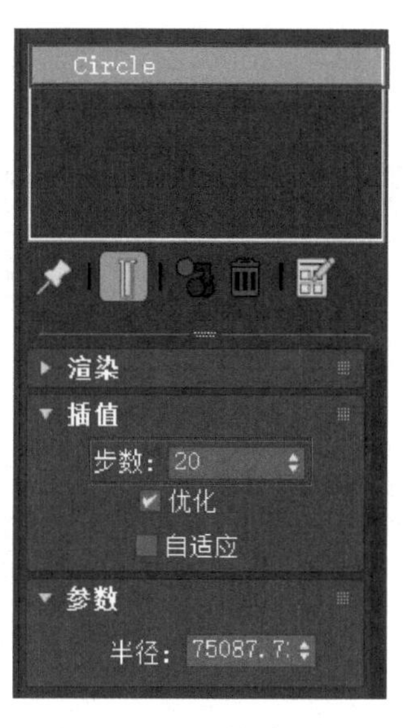

图16-100 修改面板

图16-101 轮廓设置

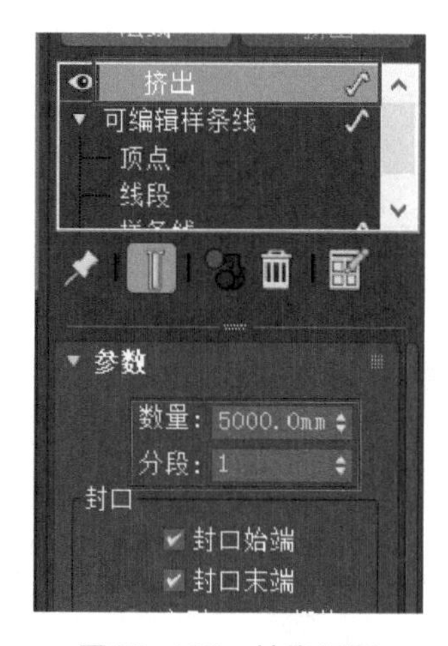

图16-102 挤出设置

16.2 赋予初步材质与模型导入

1）在创建面板中选择“标准”摄影机，在顶视图中创建一个“目标”摄影机（图16-103）。

2）在“选择过滤器”中选择为“C-摄影机”。选中摄影机中间，将窗口下方的“Z”轴坐标设置为1200.0mm（图16-104）。

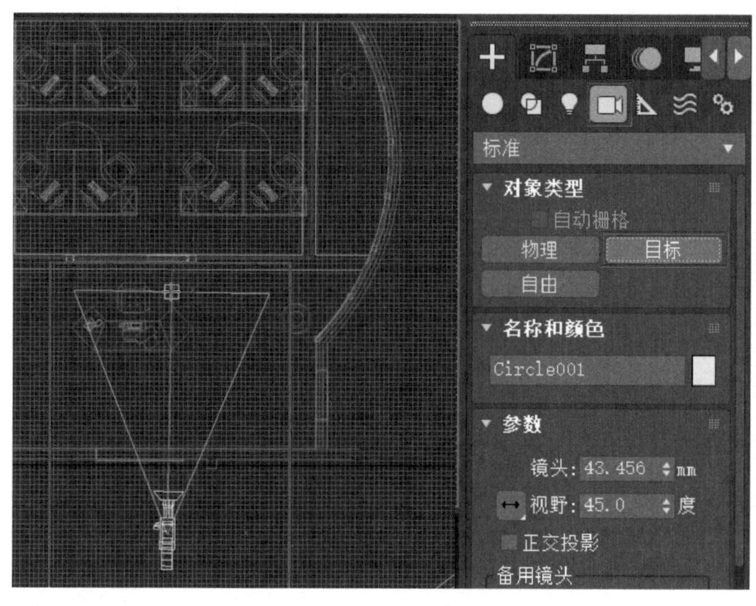

图16-103 创建摄影机

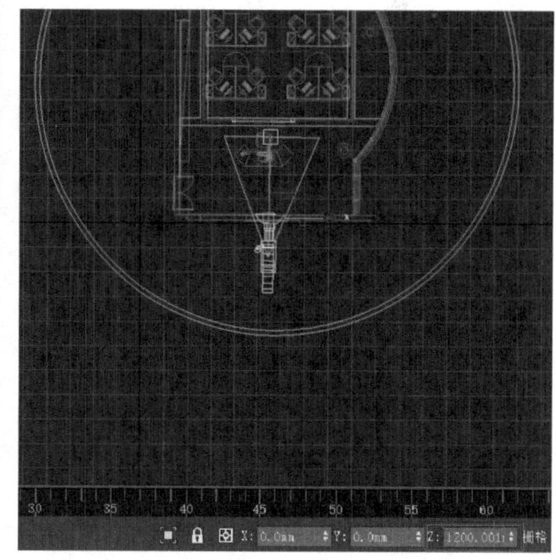

图16-104 坐标设置

3）切换到透视图并按〈C〉键，将“透视口”转为“摄影机视口”，并在其视口中选择“目标摄影机”，进入修改面板将其“备用镜头”设置为28mm（图16-105）。

4）在前视口中，将摄影机向“X”轴的正方向移动到墙外面，然后进入修改面板，勾选“手动剪切”，将“远距剪切”设置为100000.0mm，“近距剪切”红线应越过墙面。渲染效果如图16-106所示（添加环境光情况下的效果图）。

“手动剪切”中“远距剪切”控制的是摄影机的最远剪切距离，超过该距离的物体将不在摄影机中渲染；“近距剪切”控制的是摄影机的最近剪切距离，小于距离的物体将不在摄影机中渲染。理论上“远距剪切”可以设置的尽量大即可，但不宜过大，否则会影响到摄影机的移动。

图16-105　镜头设置

图16-106　渲染效果

5）打开主菜单的“文件”，选择“导入→合并”（图16-107），将本书配套资料中的“模型素材/第16章/导入模型”中的“天花.max”合并到场景中（图16-108）。

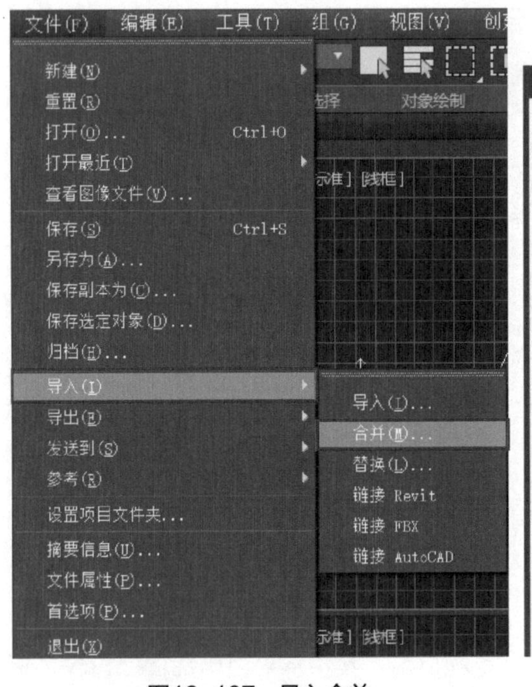

图16-107　导入合并

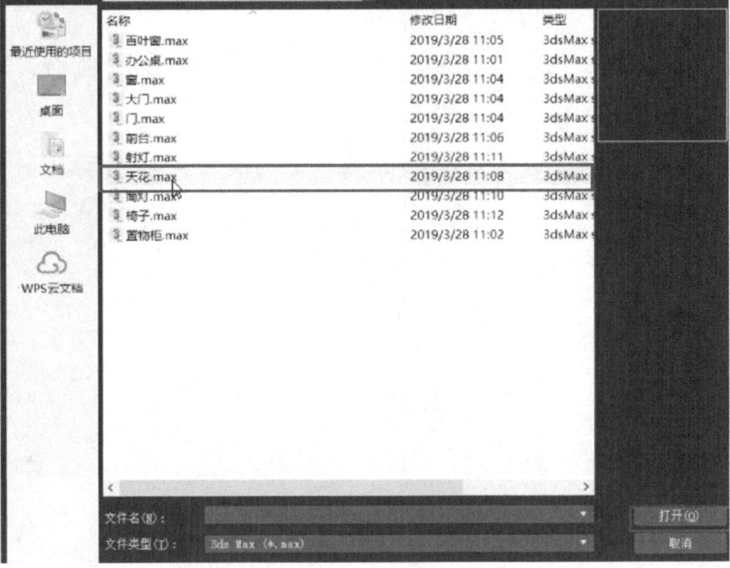

图16-108　选择文件

6）在“合并”对话框中单击“全部”，取消勾选“灯光”与“摄影机”（图16-109）。

7）调整导入的天花图位置，并放在合适的位置上（图16-110）。

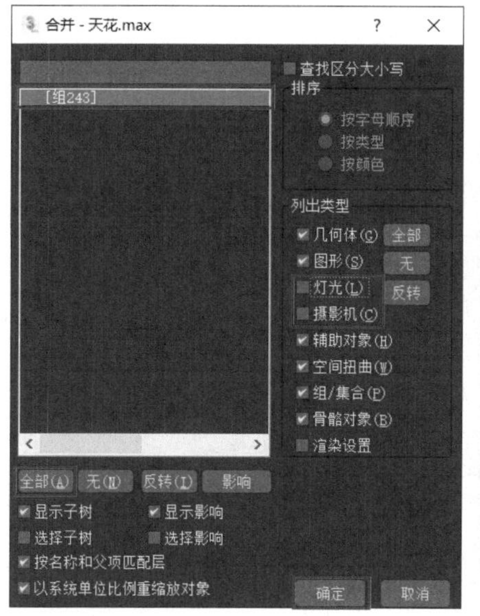

图16-109　合并对话框

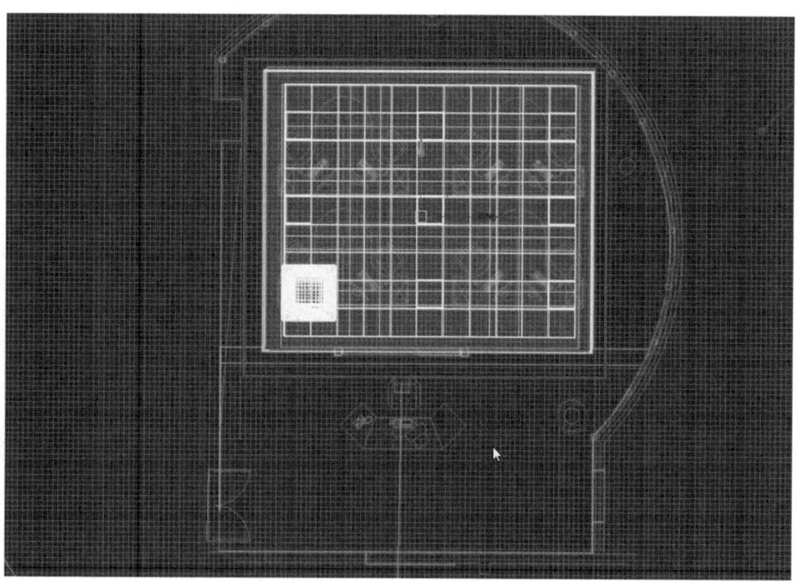

图16-110　调整位置

8）打开“材质编辑器”，在展开“材质”卷展栏，双击“VRayMtl”材质，在“视图1”窗口中双击“材质”，就会出现该材质的“参数”卷展栏，取名为“窗外玻璃”，取消勾选“菲涅尔反射”（图16-111）。

9）取消勾选“高光光泽”后面的“L”并将数值设置为0.9，将“反射光泽”设置为0.8（图16-112），单击“折射”的颜色框，在弹出的“颜色选择器”对话框中将红绿蓝都设置为35（图16-113）。

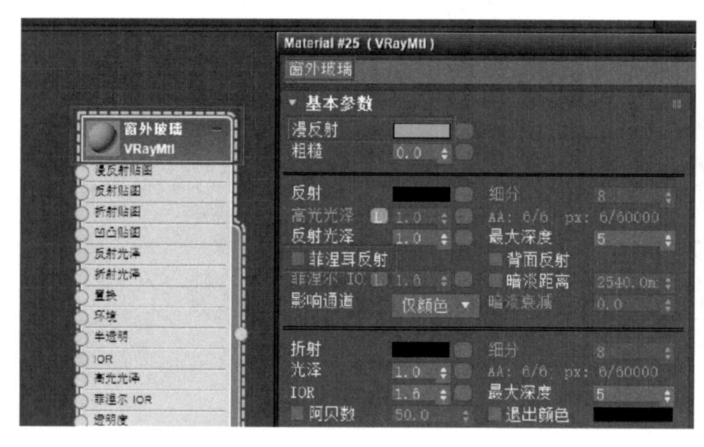

图16-111　材质设置

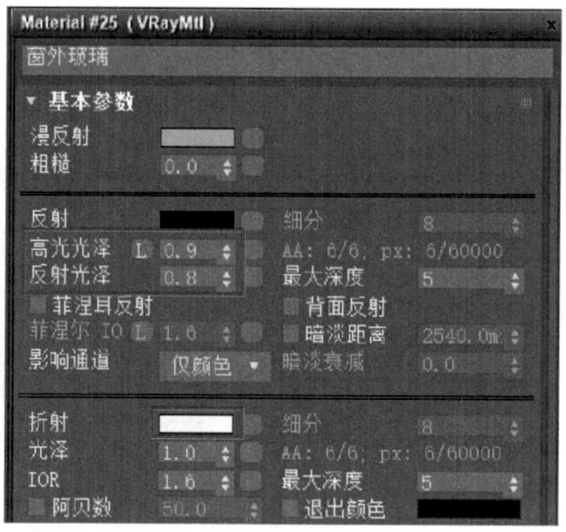

图16-112　反射设置

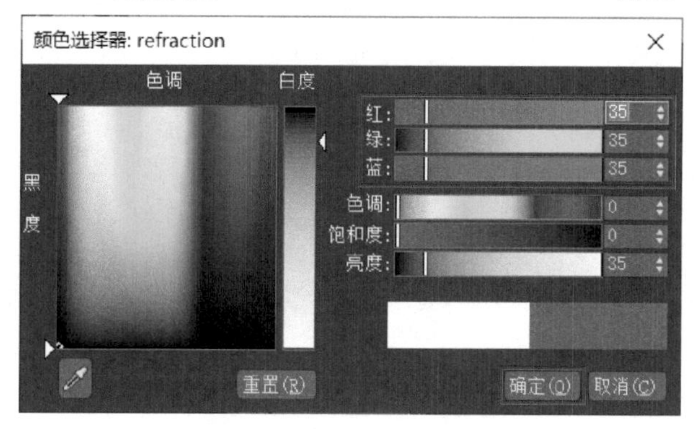

图16-113　折射颜色设置

10）打开“材质编辑器”，再展开“材质”卷展栏，双击“VRayMtl”材质，在“视图1”窗口中双击“材质”，就会出现该材质的“参数”卷展栏，取名为“黑色磨砂”，取消勾选“菲涅尔反射”，将“粗糙”设置为1.0（图16-114）。

11）将窗框材质赋予窗框（图16-115）。

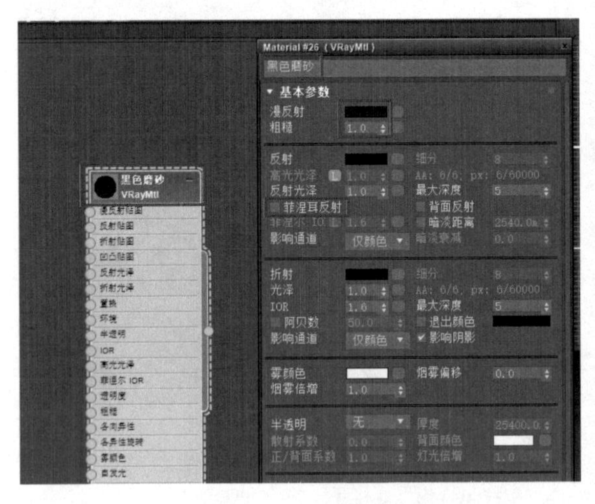

图16-114 材质设置

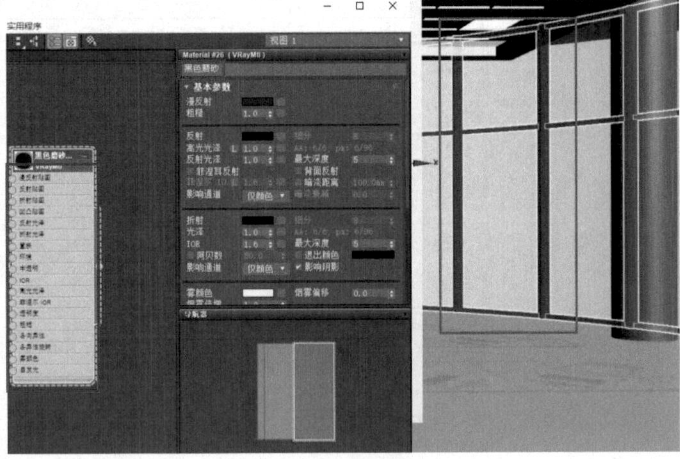

图16-115 窗框材质

12）打开“材质编辑器”，再展开“材质”卷展栏，双击“VRayMtl”材质，在“视图1”窗口中双击“材质”，就会出现该材质的“参数”卷展栏，取名为“天花”，取消勾选“菲涅尔反射”，将其“漫反射”颜色设置为白色（图16-116）。

13）选中地面，在修改面板中为其添加“UVW贴图”修改器，在“参数”面板的“贴图类型”中选择“平面”，贴图的“长度”和“宽度”均设置为600.0mm（图16-117）。

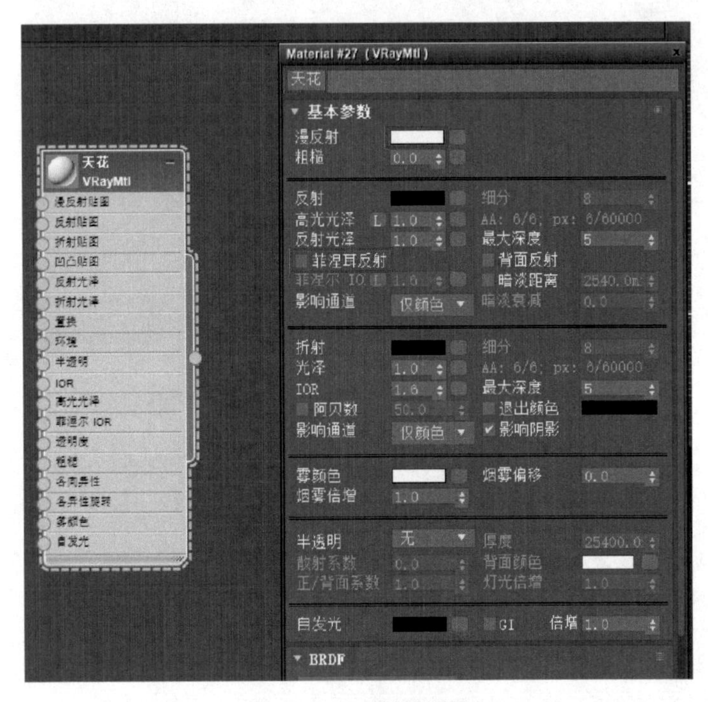

图16-116 材质设置

图16-117 贴图设置

14）打开“材质编辑器”，再展开“材质”卷展栏，双击“VRayMtl”材质，在“视图1”窗口中双击“材质”，就会出现该材质的“参数”卷展栏，取名为“不锈钢”，取消勾选“菲涅尔反射”，将“漫反射”

设置为黑色，“反射”颜色框中的红、绿、蓝均设置为30，高光反射”设置为0.98，“反射光泽”设置为0.9（图16-118）。

15）打开“材质编辑器”，再展开“材质”卷展栏，双击“VRayMtl”材质，在“视图1”窗口中双击“材质”，就会出现该材质的“参数”面板，取名为“红色不锈钢”，将“漫反射”设置为红色，“反射”颜色框中的红、绿、蓝均设置为30，取消勾选“菲涅尔反射”，将“高光反射”“反射光泽”均设置为0.9（图16-119）。

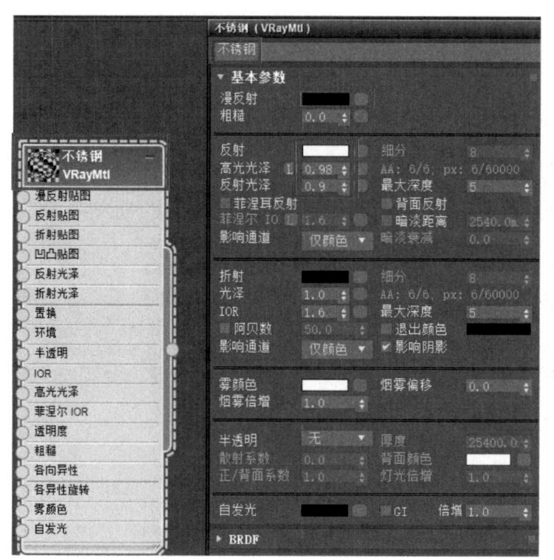

图16-118 材质设置

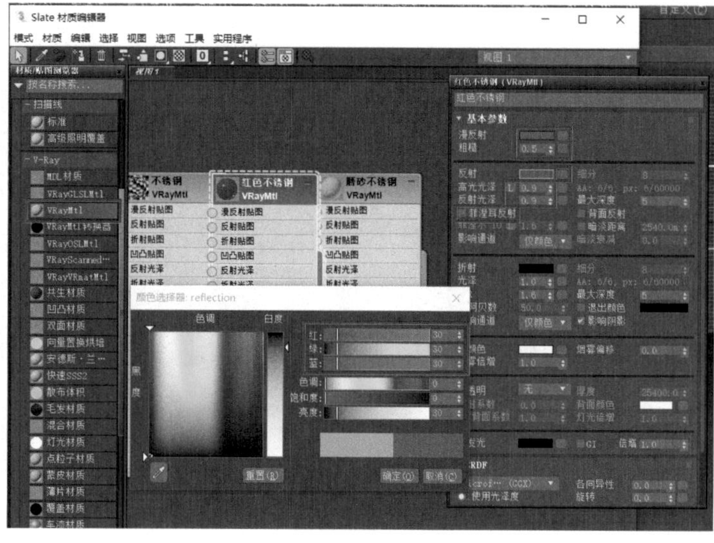

图16-119 材质设置

16）打开“材质编辑器”，再展开“材质”卷展栏，双击“VRayMtl”材质，在“视图1”窗口中双击“材质”，就会出现该材质的参数面板，取名为“磨砂不锈钢”，取消勾选“菲涅尔反射”，将“粗糙”设置为0.5，“高光反射”“反射光泽”均设置为0.9（图16-120）。

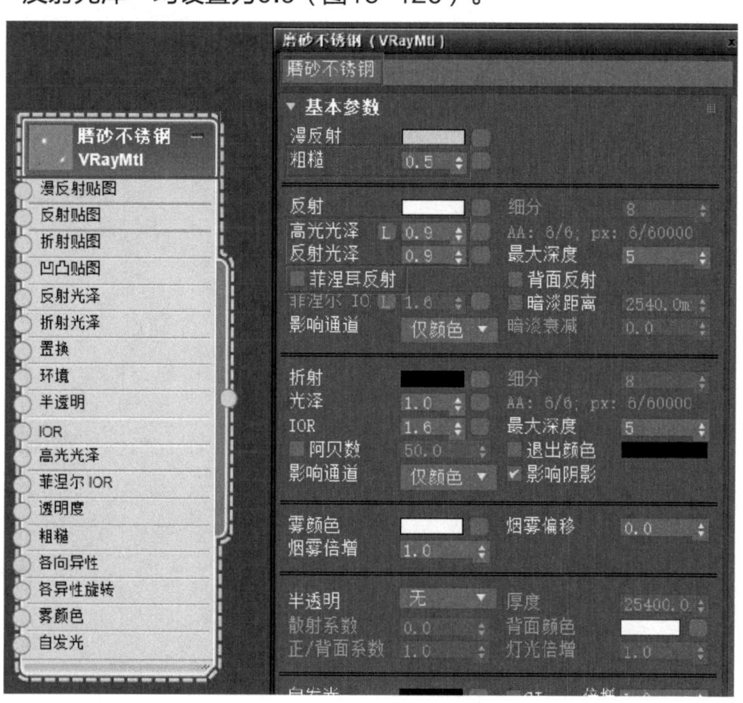

图16-120 材质设置

17）打开“材质编辑器”，再展开“材质”卷展栏，双击“VRayMtl”材质，在“视图1”窗口中双击“材质”，就会出现该材质的“参数”卷展栏，取名为“透明亚格力”，取消勾选“菲涅尔反射”，将“折射”设置为灰白色，将得到的材质赋予展示板固定件的顶盖（图16-121）。

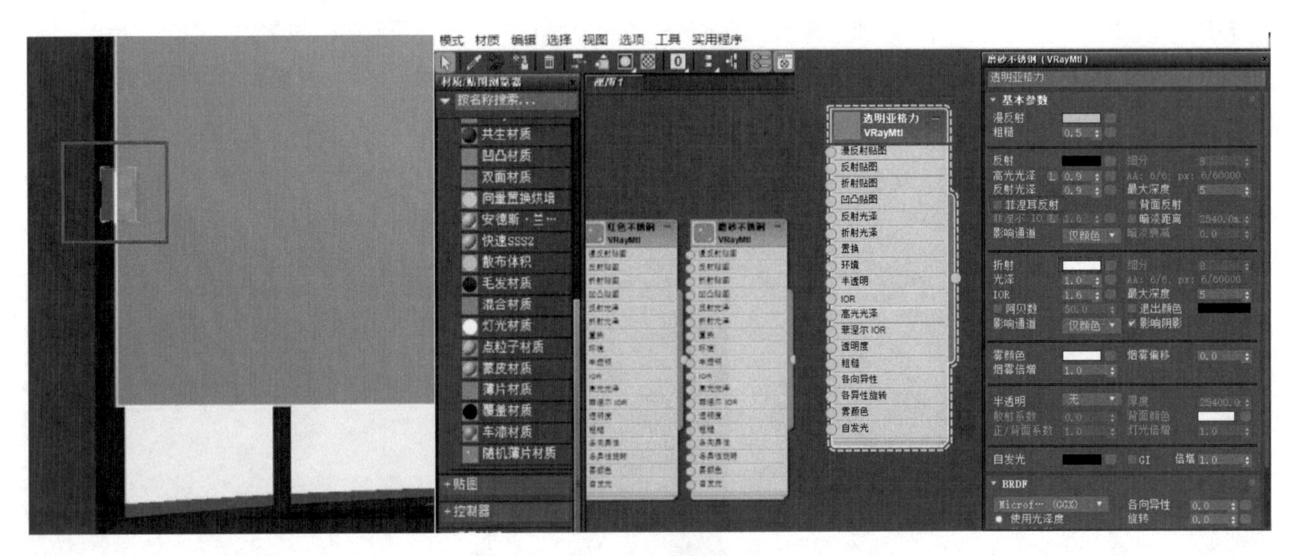

图16-121　材质设置

18）打开“材质编辑器”，再展开“材质”卷展栏，双击“VRayMtl”材质，在“视图1”窗口中双击“材质”，就会出现该材质的“参数”卷展栏，取名为“磨砂亚格力”，取消勾选“菲涅尔反射”，将“粗糙”设置为0.7，“折射”设置为灰白色，将得到的材质赋予展示板的面板（图16-122）。

19）打开“材质编辑器”，再展开“材质”卷展栏，双击“VRayMtl”材质，在“视图1”窗口中双击“材质”，就会出现该材质的“参数”卷展栏，取名为“黑色字”，取消勾选“菲涅尔反射”，将“漫反射”设置为黑色，“反射”设置为深灰色，将得到的材质赋予展示板的字（图16-123）。

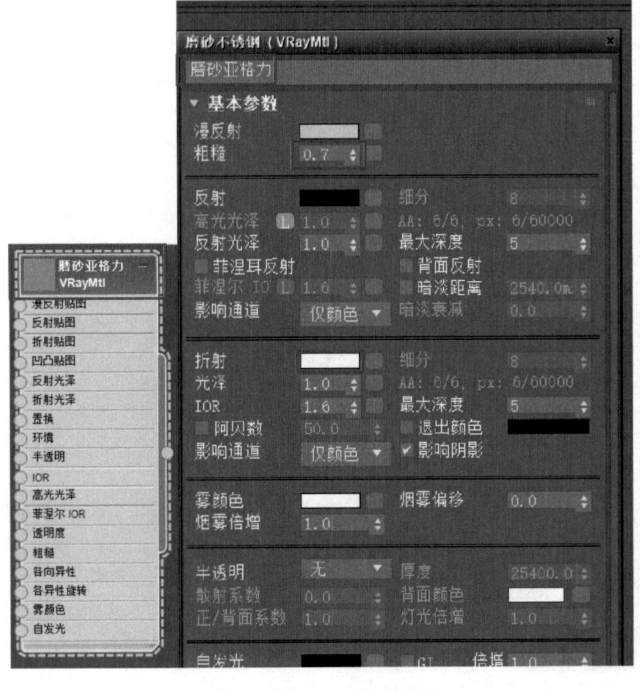

图16-122　材质设置

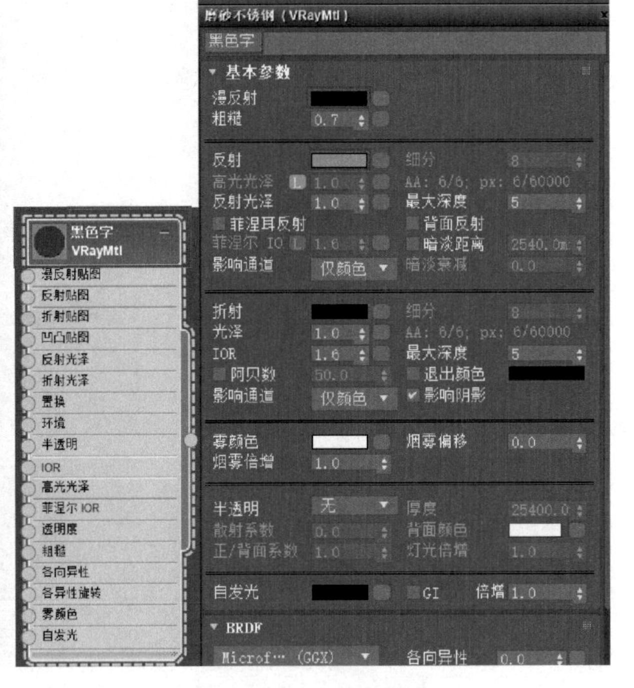

图16-123　材质设置

20）打开“材质编辑器”，再展开“材质”卷展栏，双击“灯光材质”材质，在“视图1”窗口中双击“材质”，就会出现该材质的“参数”卷展栏，取名为“外景”，将“颜色”设置为黑色，单击“无贴图”按钮，在本书的配套资料的“模型素材/材质贴图/天空”中为其添加一张外景贴图（图16-124）。

图16-124　材质设置

21）将材质赋予圆环，并为圆环添加“UVW”修改器，调整圆环的位置，将圆环的贴图类型设置为“长方体”，并将其“长度”设置为19999.0mm，“宽度”设置为19999.0mm，“高度”设置为10000.0mm（图16-125）。

22）单击菜单栏的“文件”，选择“导入→合并”（图16-126）。

23）将本书配套资料中的“素材模型/第16章/百叶窗”文件导入场景，单击“打开”按钮（图16-127），在弹出的“合并”对话框中，单击“全部”，在右侧的“列出类型”下取消勾选“灯光”和“摄影机”（图16-128）。

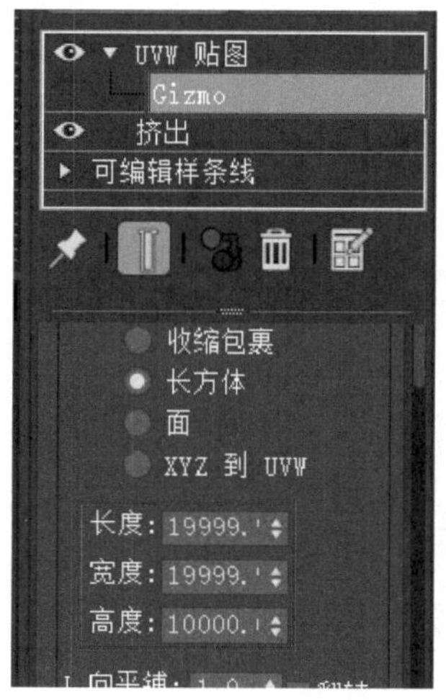

图16-125　贴图设置

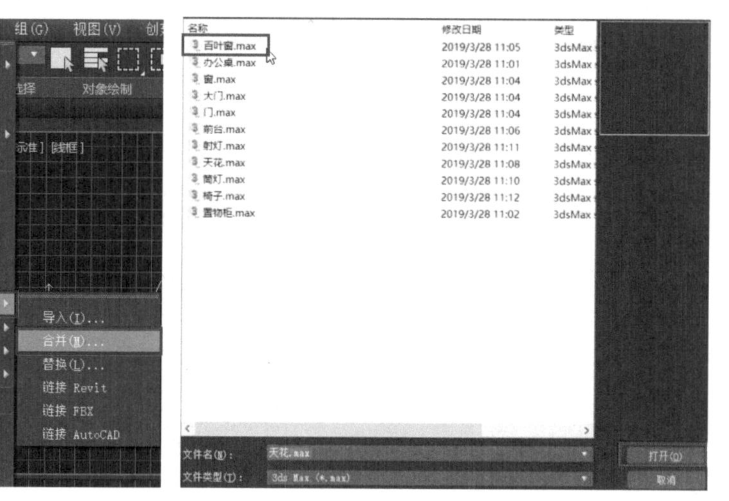

图16-126　导入→合并　　　　图16-127　打开文件

24）利用“旋转”工具调整百叶窗的位置（图16-129），按住〈Shift〉键复制多个百叶窗，并将其围绕至窗户的周围，选择“实例”复制方式（图16-130）。

25）打开本书配套资料中的“模型素材/第16章/导入模型”，将“筒灯”文件导入，单击“打开”按钮（图16-131）。在弹出的对话框中，单击“全部”，在右侧的“列出类型”下，取消勾选“灯光”和“摄影机”。

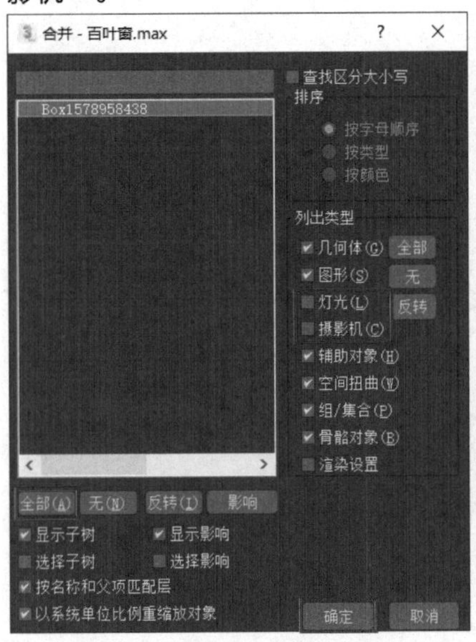

图16-128 “合并”对话框

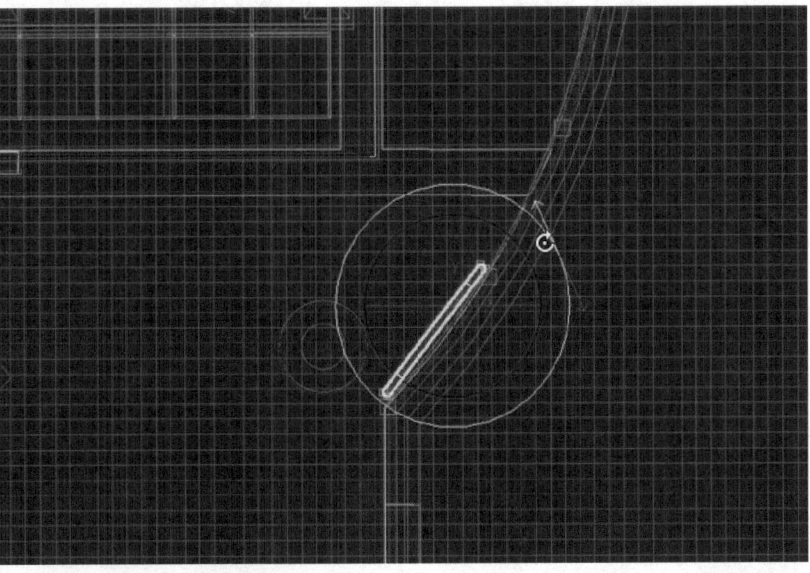

图16-129 旋转调整

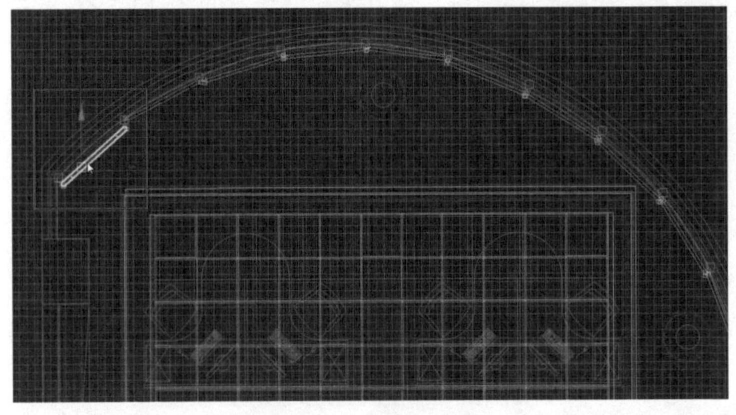

图16-130 复制百叶窗

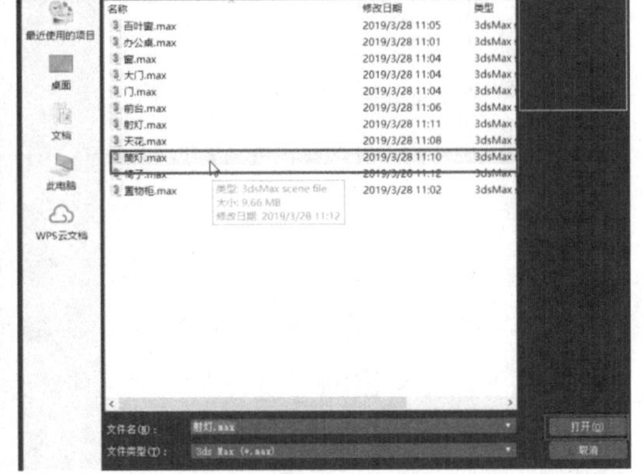

图16-131 导入文件

26）将导入的“筒灯”复制至天花图上方，找到相应的位置，在复制的过程中选择“实例”，“副本数”设置为4（图16-132），选中上方一排（图16-133），并按住〈Shift〉键向下复制一个（图16-134）。

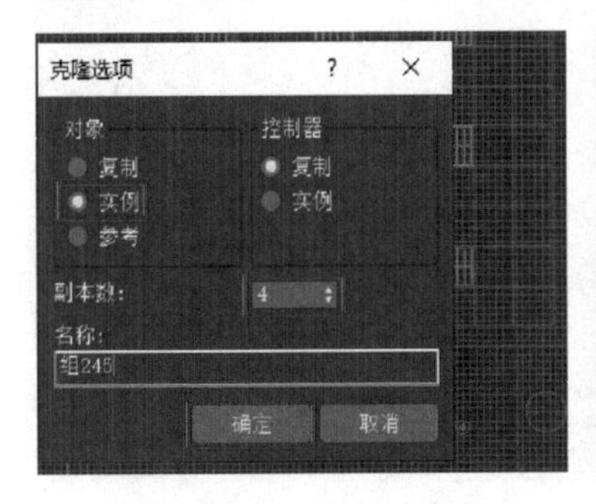

图16-132 实例复制

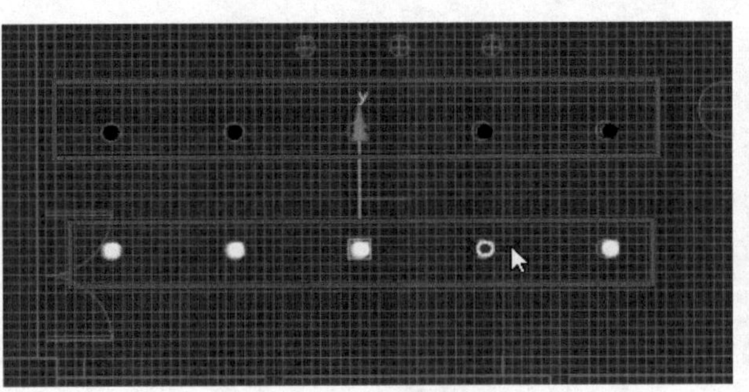

图16-133 选中筒灯

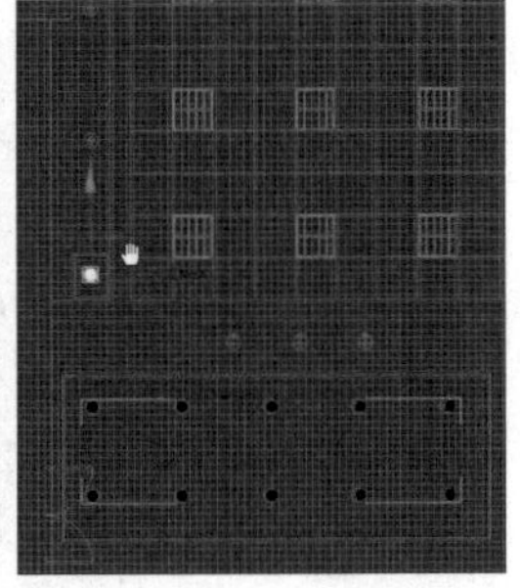

图16-134 复制筒灯

27）选择两排中的筒灯，复制一个，并将两排筒灯成组（图16-135）。

28）将复制的筒灯继续复制到各个相对应位置上，全部选中并成组（图16-136）。

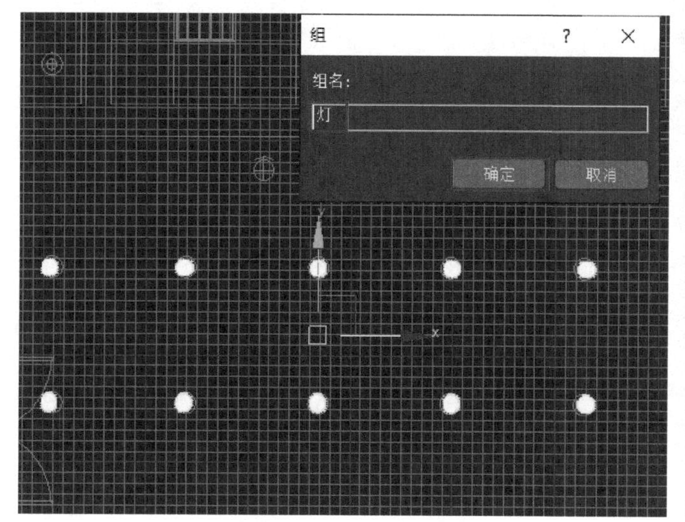

图16-135　组合筒灯

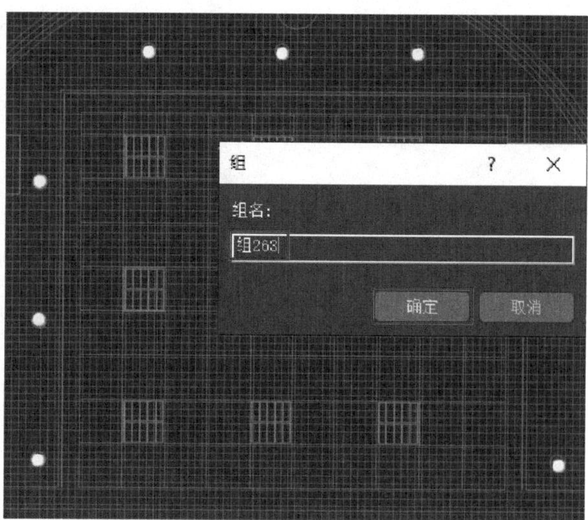

图16-136　复制组合

29）在下方的位置栏中，将其“Z”轴坐标设置为3400.0mm（图16-137）。

30）将成组的灯光移至平面图上，观察渲染效果（图16-138）。

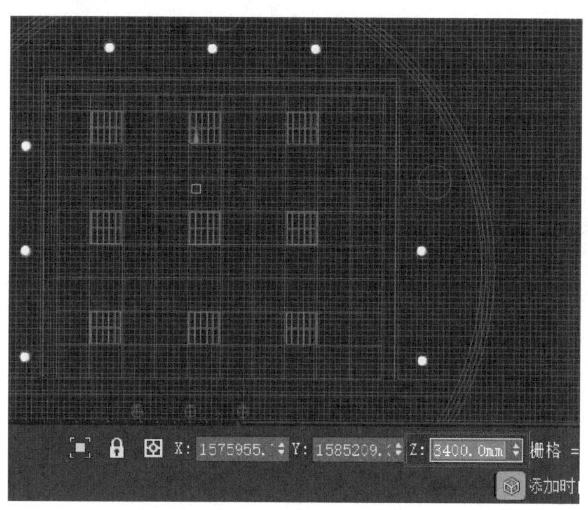

图16-137　坐标设置

图16-138　渲染效果

16.3　设置灯光

1）进入顶视图，利用“移动”工具调整摄影机位置（图16-139）。

2）按住〈Shift〉键复制一个摄影机，调整两个摄影机的位置（图16-140）。

设计小贴士

反射与折射是材质编辑器中的重要参数选项，一般用于不锈钢、铝合金、玻璃、光滑砖石等材料表现质感，但是一旦使用就会造成渲染速度降低，因此要严格控制，不能随意设置。反射是控制材质的反射强度，如果数值过高，会直接影响到物体的表面颜色（漫反射），在设置有固有色的反射物体时，必须控制反射的强度，才能使物体的固有色显现出来。

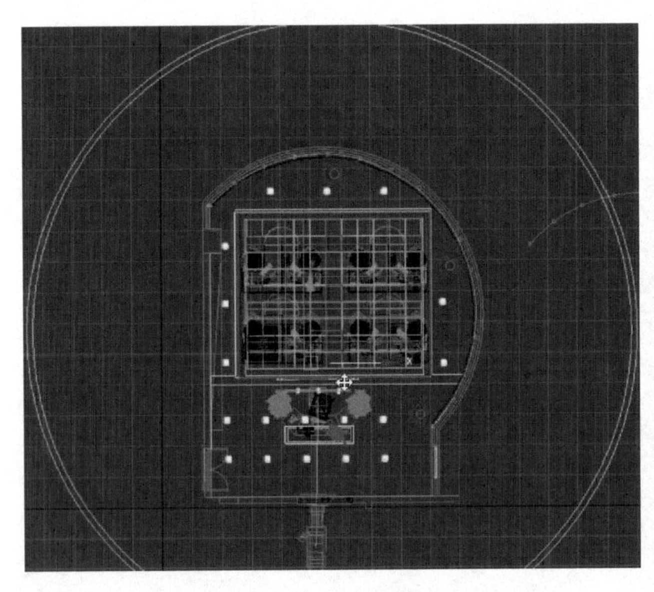

图16-139　调整摄影机

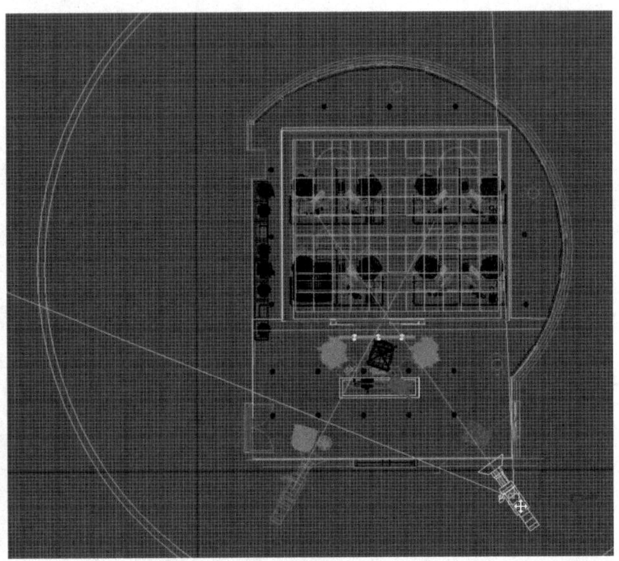

图16-140　复制摄影机

3）左摄影机视口（图16-141），右摄影机视口（图16-142）。

图16-141　左摄影机视口

图16-142　右摄影机视口

4）在创建面板中选择“灯光”，在“灯光”卷展栏中选择“VRaylight”，在顶视图中创建一个和办公桌大小合适的面光源（图16-143）。

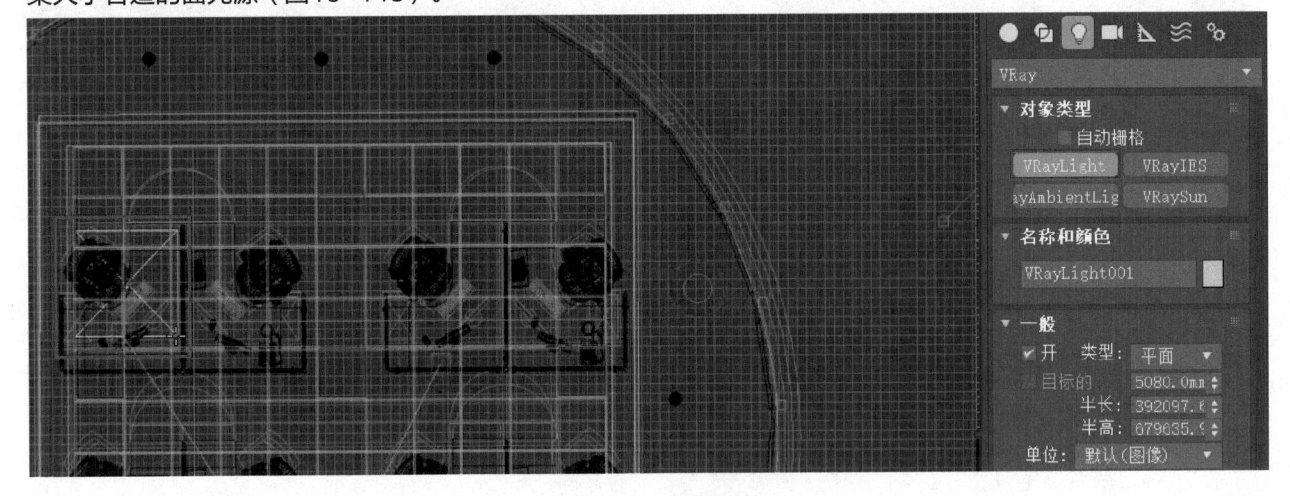

图16-143　创建灯光

5）进入修改面板，将“倍增器”设置为6.0，“颜色”设为近白色，在“选项”卷展栏中，勾选“不可见”，取消勾选“影响镜面”和“影响反射”（图16-144）。

6）“实例”复制，使每个工位上都有一个面光源（图16-145）。

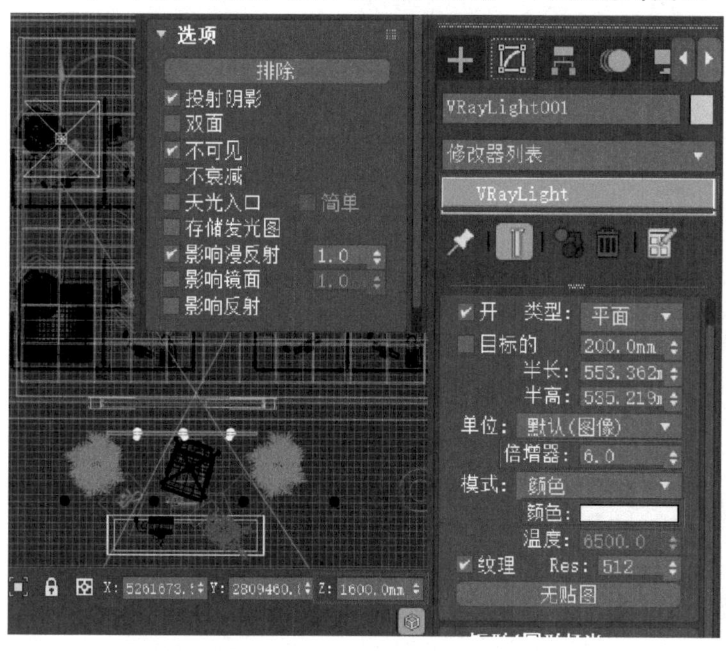

图16-144 倍增器设置

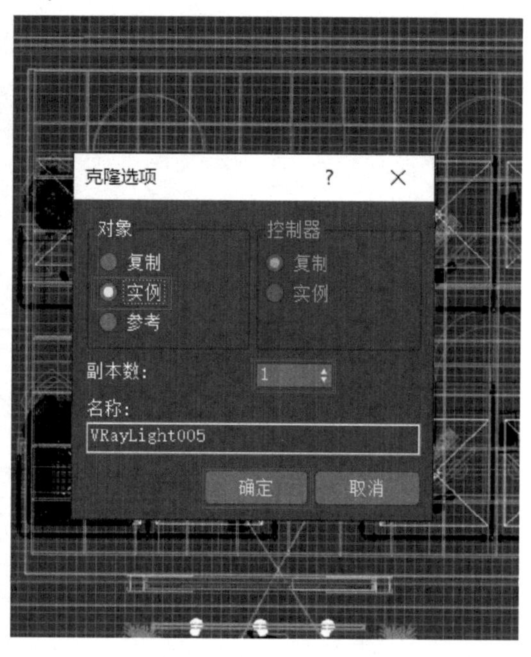

图16-145 实例复制

7）在创建面板中选择“灯光”，在“灯光”卷展栏中选择“VRaylight”，在顶视图中创建一个比前台面积稍小的面光源。进入修改面板，将“倍增器”设置为5.0，“颜色”设置为近白色，在“选项”卷展栏中，勾选“不可见”，取消勾选“影响镜面”和“影响反射”（图16-146）。

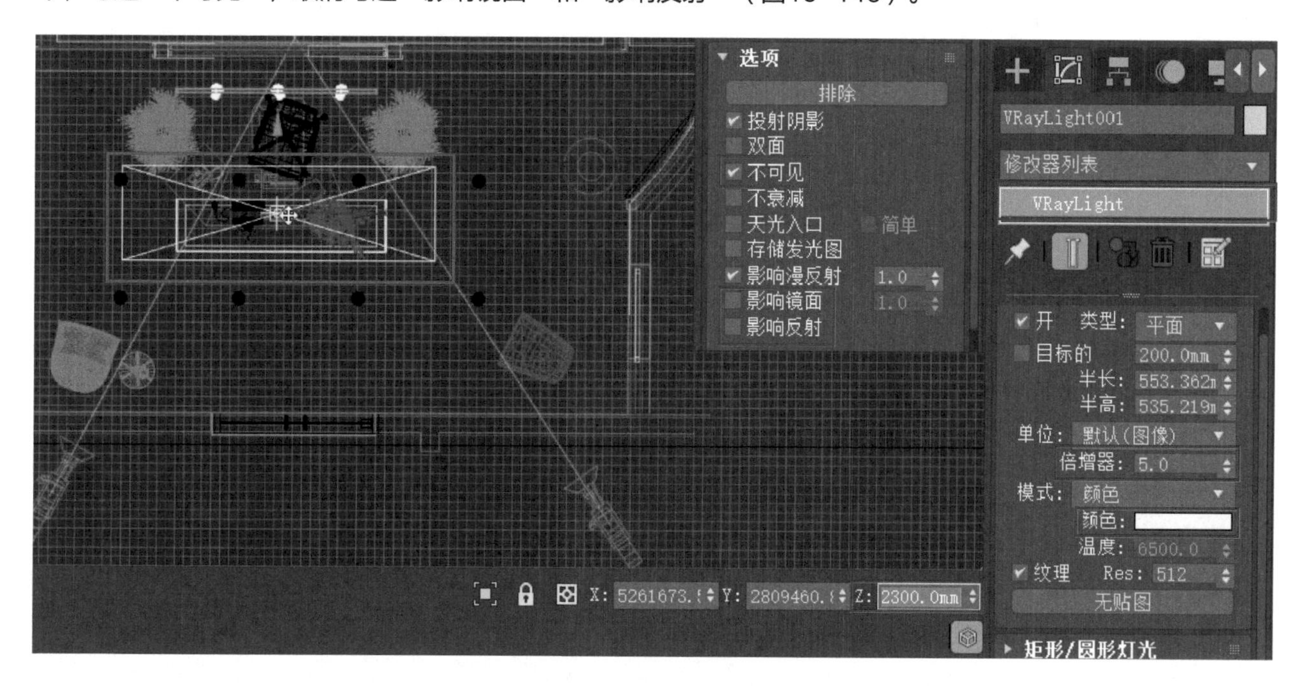

图16-146 创建灯光

8）进入左视图，在创建面板中选择“灯光”，在“灯光”卷展栏中选择“VRayIES”，在左视图中创建一个IES光源（图16-147）。

9）进入修改面板，载入场景文件夹中的IES文件（图16-148）。

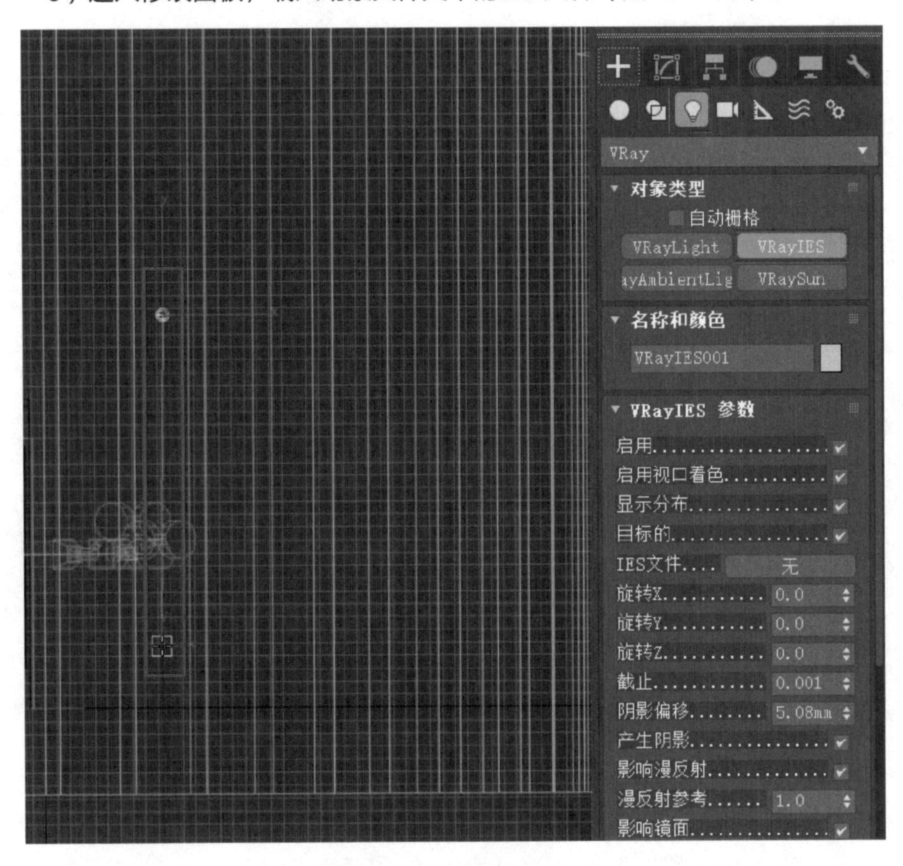

图16-147　创建灯光

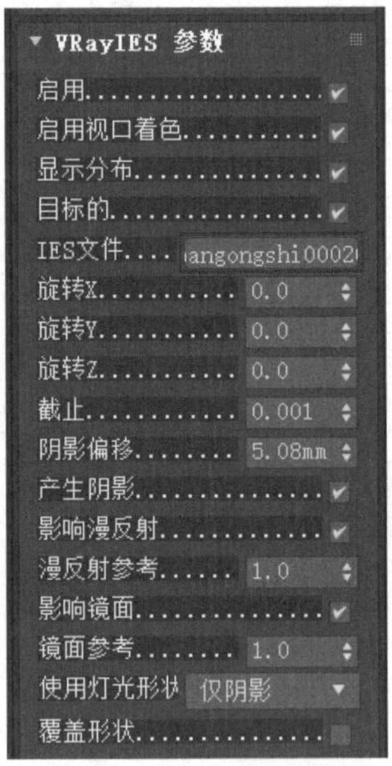

VRayIES 参数
启用
启用视口着色
显示分布
目标的
IES文件 angongshi0002
旋转X 0.0
旋转Y 0.0
旋转Z 0.0
截止 0.001
阴影偏移 5.08mm
产生阴影
影响漫反射
漫反射参考 1.0
影响镜面
镜面参考 1.0
使用灯光形状 仅阴影
覆盖形状

图16-148　载入文件

10）框选灯光两头，并将其成组（图16-149）。

11）进入顶视图，将灯光复制到与筒灯相对应的位置上（图16-150）。在复制的过程中，选择“实例”模式进行复制。

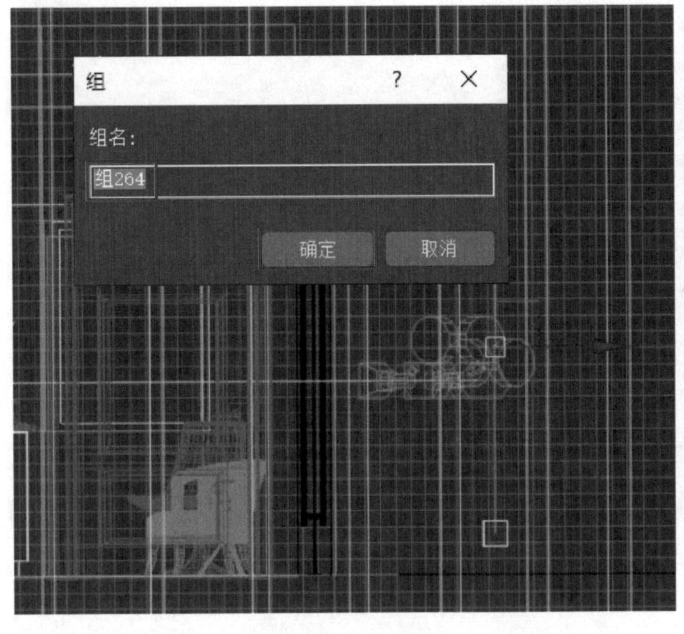

图16-149　组合灯光

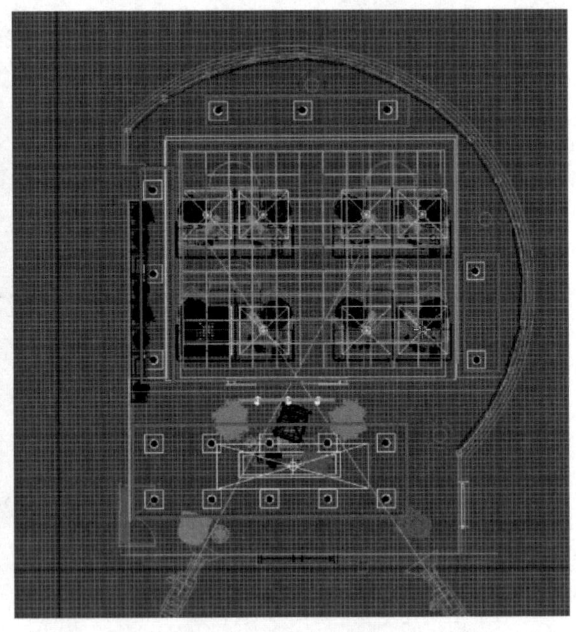

图16-150　实例复制

12）打开“选择过滤器”，选择“L-灯光”（图16-151）。

13）进入左视图，复制一个灯光，在复制模式中选择“复制”（图16-152）。

14）进入透视视图，打开“组”，调整灯光灯头和尾部位置，使其朝向展示板上的字（图16-153）。

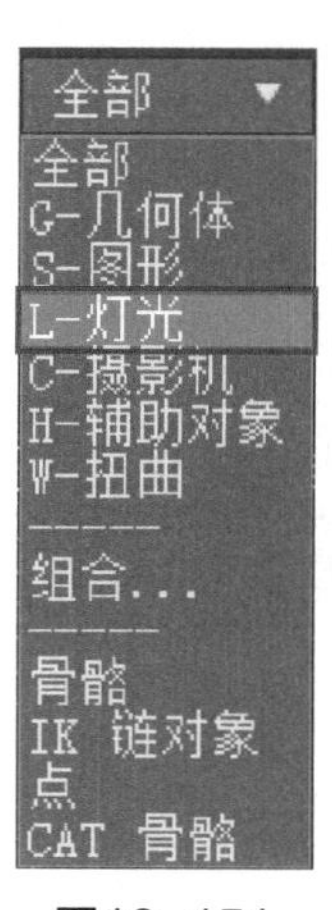

图16-151 过滤器灯光

图16-152 复制灯光

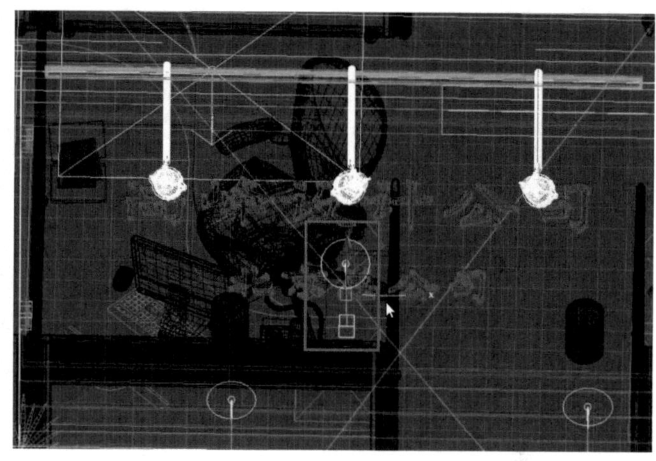

图16-153 调整灯光位置

15）向两旁各复制两个，在复制模式中选择“实例”（图16-154）。

16）渲染并观察渲染效果（图16-155）。

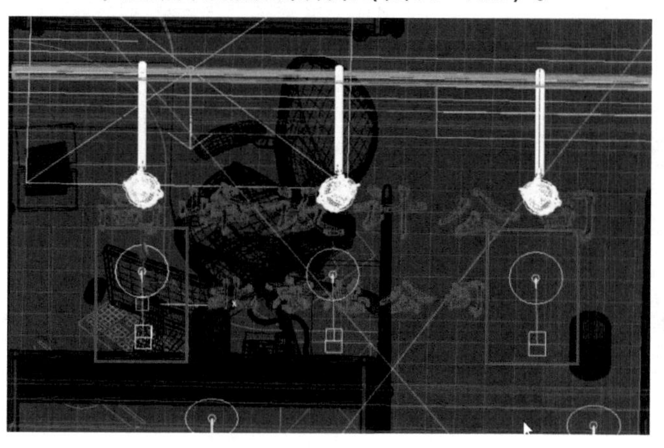

图16-154 实例复制

图16-155 渲染效果

16.4 设置精确材质

1）打开主菜单栏的“文件”菜单，选择“导入→合并”，进入本书配套资料的“模型素材/第16章/导入模型”中，将里面剩余的模型全部合并进场景中，调整模型的位置，选择“办公桌.max”，单击“打开”按钮（图16-156）。

2）在“合并”对话框中选择“全部”，并取消勾选“灯光”与“摄影机”（图16-157）。

设计小贴士

“渲染设置”对话框中的参数非常复杂，初学者一定按本书参数设置，不宜自由变更，各种参数的数值不宜过大或过小，否则会影响渲染速度或渲染质量。灯光的各项参数也可以与“渲染设置”同步进行，避免在后期最终渲染时遗忘细节。

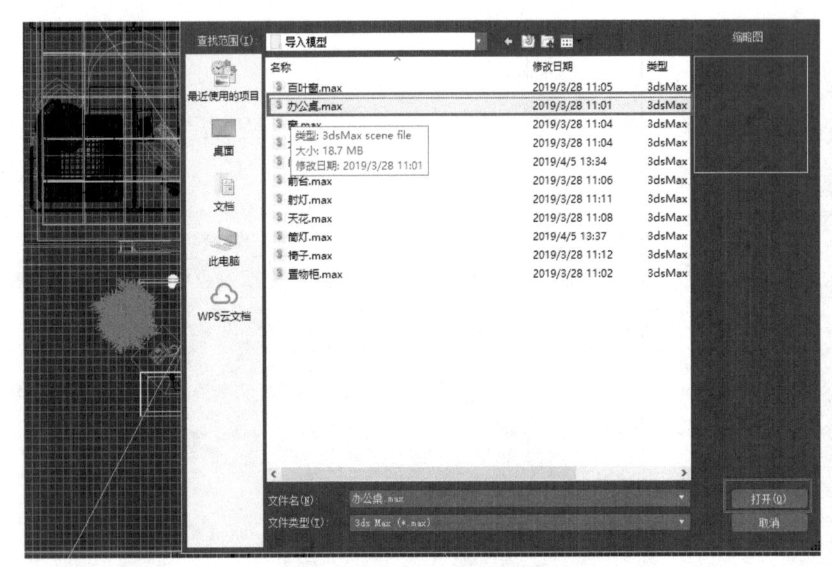

图16-156　导入合并模型

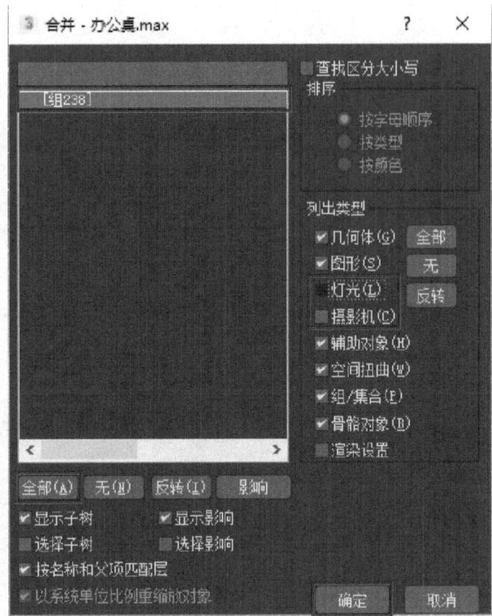

图16-157　合并面板

3）继续合并其他模型，如果遇到重复材质名称的情况，勾选“应用于所有重复情况”，并选择“自动重命名”（图16-158）。

4）全部合并完成之后，发现场景中的材质都没有显示贴图，这是因为计算机没有找到贴图路径，这时就需要为场景中的材质重新添加贴图（图16-159）。

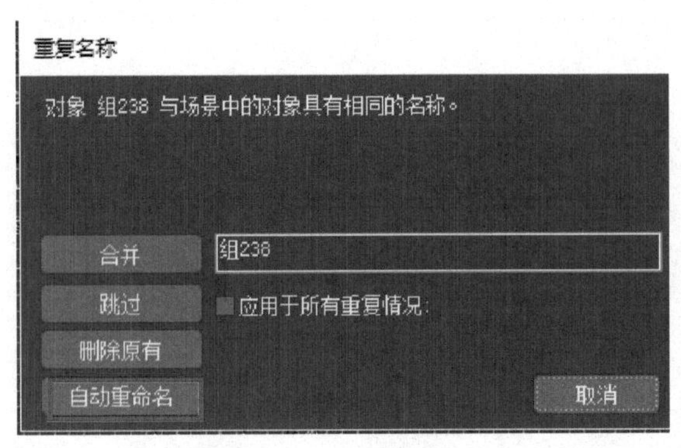

图16-158　自动合并

图16-159　未显示贴图

5）按下〈P〉键进入透视口，打开“材质编辑器”，使用“吸管”工具吸取没有贴图的材质，并在“视图1”中双击该材质贴图，并单击“位图”按钮（图16-160）。

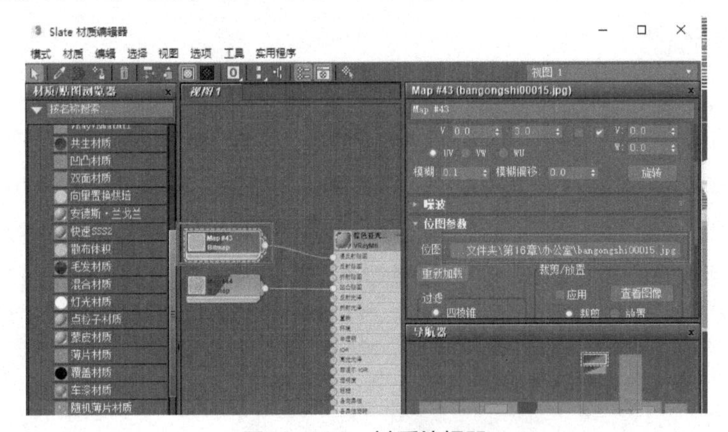

图16-160　材质编辑器

6）打开本书配套资料中的“模型素材/第16章/办公室”找到有关贴图，然后单击“打开”按钮（图16-161），也可自己添加其他合适的贴图。

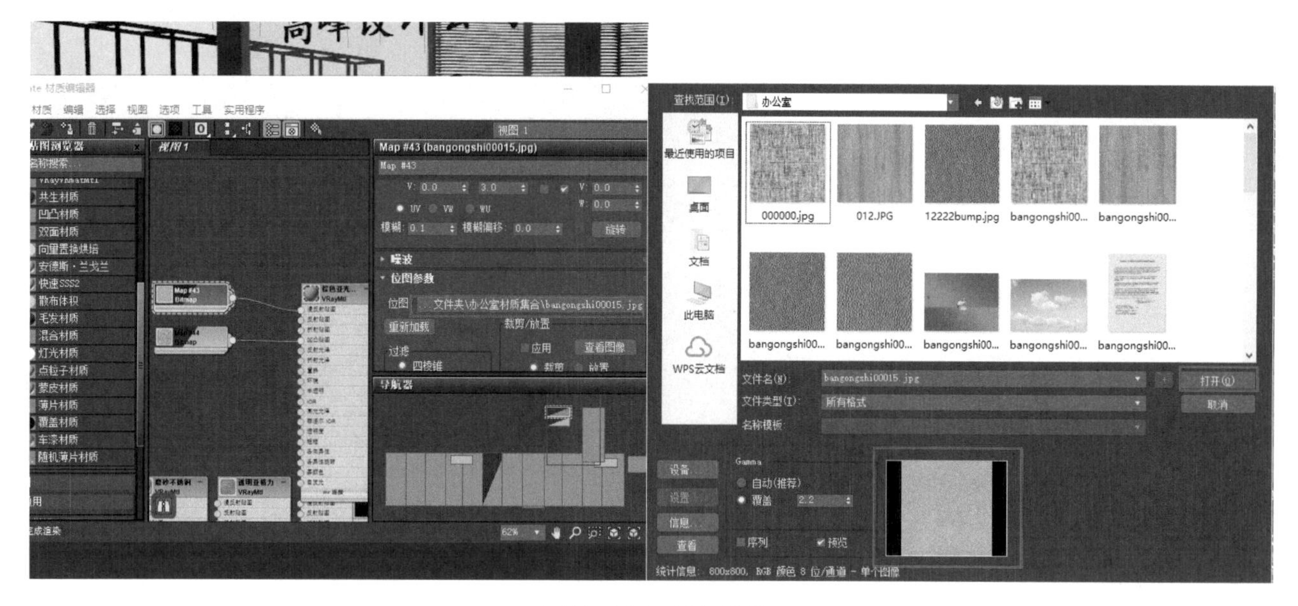

图16-161　添加贴图

7）添加贴图完成后，继续使用此方法还原其余模型贴图，添加贴图全部完成后观察视口效果（图16-162）。

8）右键单击摄影机视图左上角“Camera”，选择“显示安全框”，并检查场景材质是否都正确（图16-163）。

图16-162　添加贴图

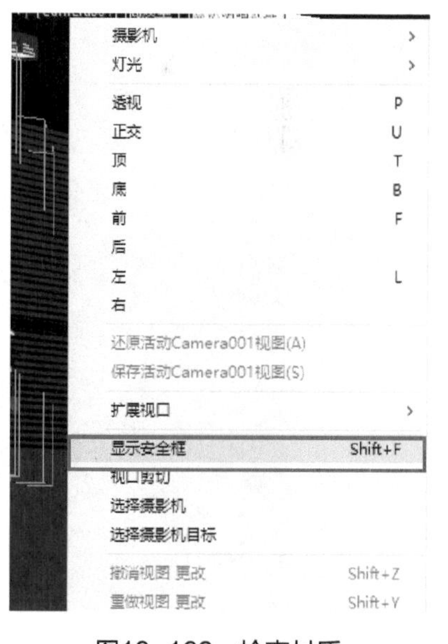

图16-163　检查材质

设计小贴士

多维材质通道转换工具是一种用于多维材质通道转换的小插件，需要另外安装，但是安装方法特别简单，这里就不再介绍。它能快速转化二维场景，是3ds max后期修饰的重要工具，经常要用于抠图。这类小插件品种很多，主要用于区分接近色块的边缘界限，能方便抠图，找到所需要的色彩区域。“莫莫多维材质通道转换工具”是目前最常用的多维材质通道转换插件，简单实用，支持3dsmax 所有版本32位与64位系统，支持V-Ray所有版本渲染器及其他所有渲染器。它具备处理进度条、场景自动备份、场景自动删除灯光、超大场景分步优化处理等功能。

9）渲染场景并观察效果（图16-164）。

图16-164　渲染效果

16.5　最终渲染

1）按〈F10〉键打开“渲染设置”对话框，进入“公用”选项中，展开“公用参数”卷展栏，将“输出大小”中的“宽度与高度”设置为600×371，并锁定“图像纵横比”（图16-165）。

2）进入“VRay”选项，展开“全局开关”卷展栏，勾选“不渲染最终图像”，再展开“图像采样器”卷展栏，将“图像采样（抗锯齿）”类型设置为“块”，“图像过滤”设置为“Catnull-Rom”（图16-166）。

3）进入“GI”选项，展开“全局光照”卷展栏，将“首次引擎”设置为“发光贴图”，在“专家模式”下，将“灯光缓存”后方的“倍增”设置为0.85，然后展开“发光贴图”卷展栏，将“当前预置”设置为“低”，“细分”“插值采样”均设置为30（图16-167）。

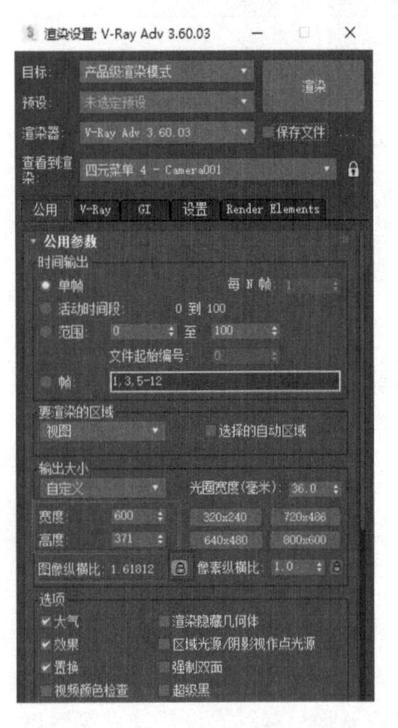

图16-165　渲染“设置”对话框

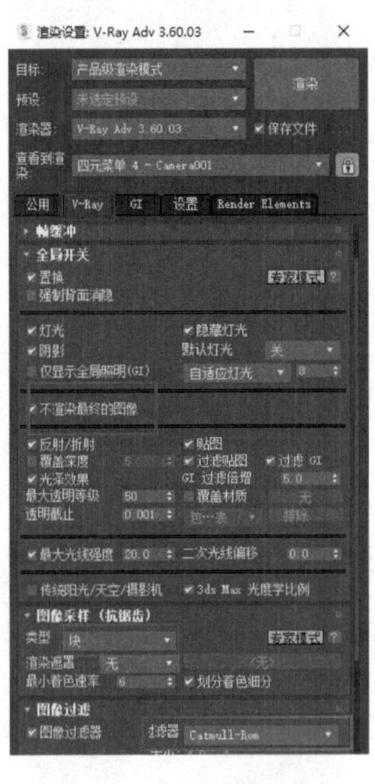

图16-166　渲染类型

图16-167　灯光设置

4）进入“高级模式”，向下拖动卷展栏，将“自动保存”与“切换到保存的贴图”勾选，并单击后面的“浏览”按钮，将其保存在“模型素材/第16章/发光图”中，命名为“办公室”（图16-168）。

图16-168　保存发光贴图

5）展开“灯光缓存”卷展栏，进入“专家模式”，将“细分”设置为1000，“采样大小”设置为0.01，勾选“显示计算相位”“自动保存”与“切换到被保存的缓存”，并单击后面的“浏览”按钮，将灯光贴图保存在“模型素材/第16章/发光图”中，命名为“办公室”（图16-169）。

图16-169　保存灯光贴图

6）切换到摄影机视图，渲染场景，经过几分钟的渲染，就会得到两张光子图（图16-170）。

7）现在可以渲染最终的图像了，按〈F10〉键打开“渲染设置”对话框，进入“公用”选项中的“公用参数”卷展栏，将“输出大小”设置为2000×1237，向下滑动卷展栏，单击“渲染输出”的“文件”按钮，将其保存在“模型素材/第16章”中，命名为“效果图”（图16-171）。

图16-170　渲染效果

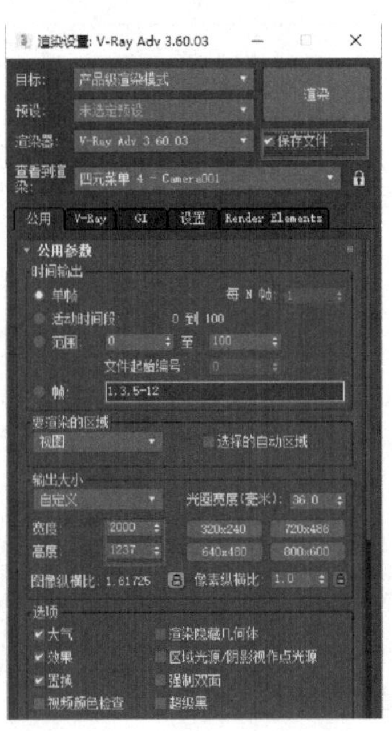

图16-171　“渲染设置”对话框

8）进入“VRay”选项，将“全局开关”卷展栏中的“不渲染最终的图像”勾选取消，这个是关键，如果不取消勾选则不会渲染出图像（图16-172）。

9）进入“GI”选项，展开“发光贴图”卷展栏，将“当前预置”设置为“中”，“细分”设置为50，“插值采样”设置为30（图16-173）。

10）进入“GI”选项，将“灯光缓存”中的“细分”设置为1000，“采样大小”设置为0.01（图16-174）。

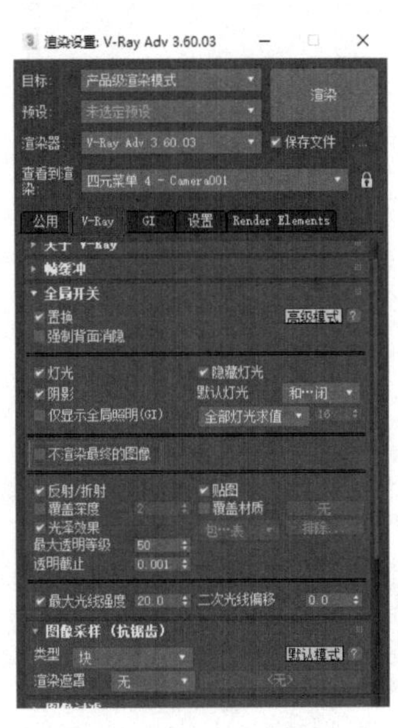

图16-172　渲染选择

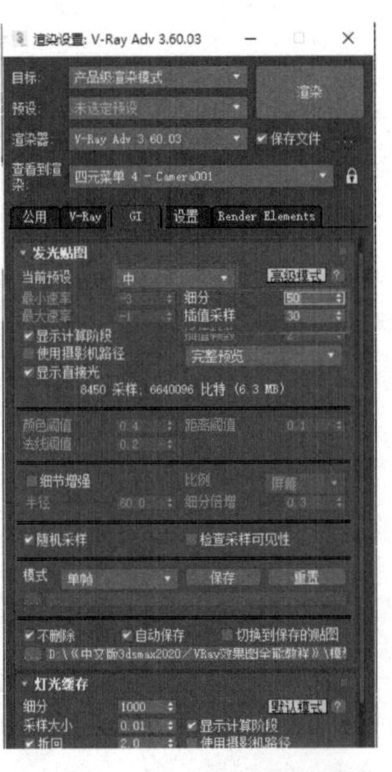

图16-173　贴图设置图

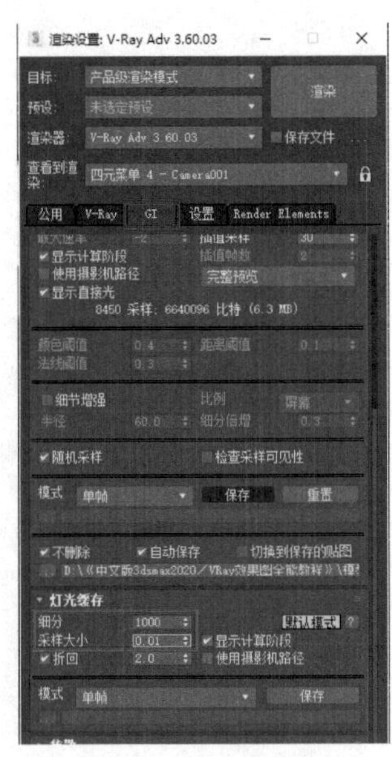

图16-174　灯光设置

11）单击“渲染”按钮，经过30min左右的渲染，就可以得到一张高质量的办公室效果图，并且会被保存在预先设置的文件夹内（图16-175）。

12）再为场景渲染出一张通道图，先将场景保存，再单击菜单栏的“脚本”菜单，选择“运行脚本”（图16-176）。

图16-175　渲染效果

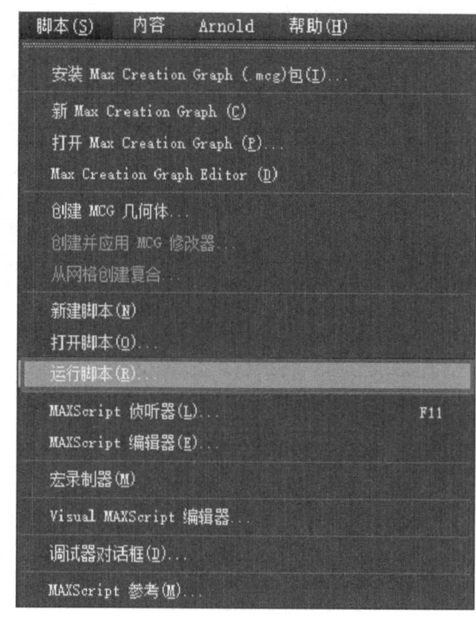

图16-176　渲染通道图

图16-177　材质通道转换

13）打开本书配套资料中的“脚本文件→材质通道转换.mse”（图16-177）。

14）在弹出的对话框中，单击中间的按钮，开始材质通道转换（图16-178）。

15）将“选择过滤器”选择为“L-灯光”，最大化顶视口，框选所有灯光，按〈Delete〉键删除所有灯光（图16-179）。

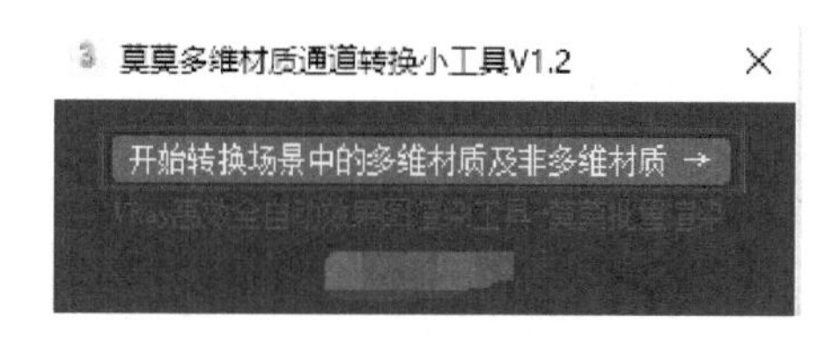

图16-178　材质转换工具

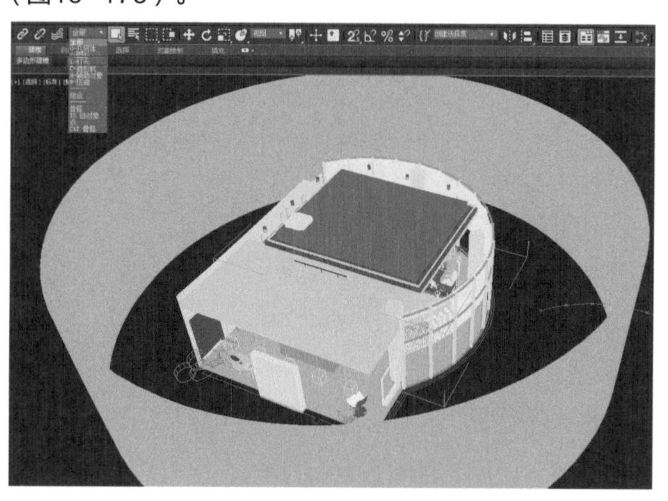

图16-179　删除灯光

16）打开“渲染设置”对话框，选择“公用”选项，取消勾选“保存文件”（图16-180）。

17）选择“GI”选项，取消勾选“启用”（图16-181）。

18）单击“渲染”按钮，就会得到一张通道图，单击“保存”按钮，将图片与效果图保存在同一目录中（图16-182）。

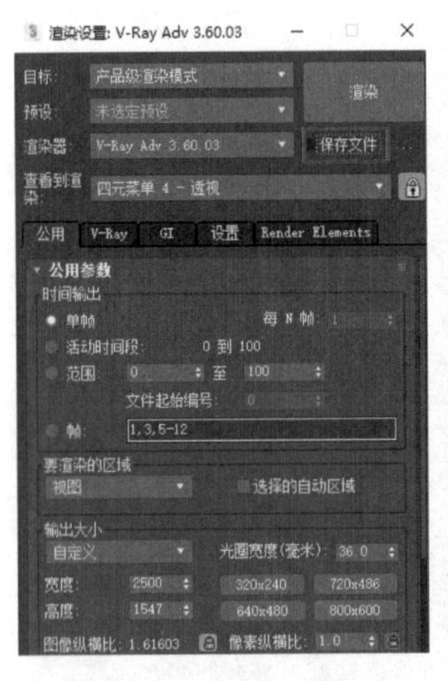

图16-180　渲染设置面板

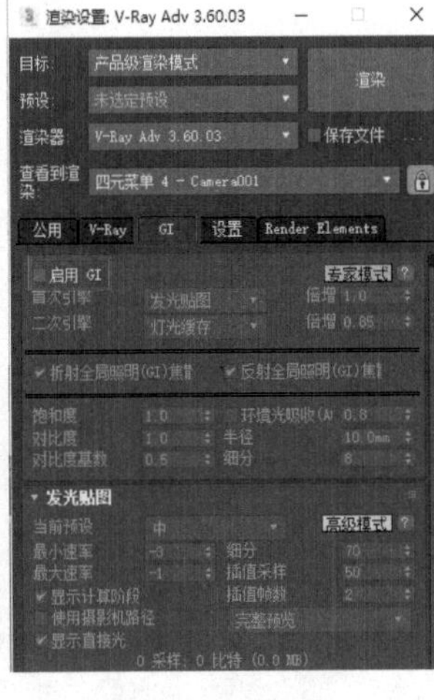

图16-181　取消照明

图16-182　渲染通道

19）将模型场景保存，并关闭3ds max 2020，这时可以使用任何图像处理软件进行修饰，如Photoshop，主要进行明暗、对比度处理并添加背景，处理之后的效果就比较完美了（图16-183）。

使用Photoshop修饰效果图的方法见本书第18章。

图16-183　效果图

本章小结

本章讲解了办公室效果图的模型创建以及灯光效果处理。其重点在于基础模型的创建，注重场景模型的整体比例，家具大小应当合适，材质赋予应体现真实。

★课后练习题

1.创建基础模型的要点是什么?

2.材质通道转换的作用，需如何操作?

3.运用所学内容，制作2种办公室的效果图。

第17章 大厅效果图

操作难度： ★★★★★

章节导读： 大厅效果图应用特别广泛，宾馆酒店、商业中心、企业机关都有这类空间。制作此类效果图要表现出开阔的视觉感受，同时不能显得过于空旷，应当用丰富的贴图与灯光来填充空间。

17.1 建立基础模型

1）新建场景，单击主菜单的“文件”，选择“导入→导入”（图17-1），打开本书配套资料中的“模型素材/第17章/CAD”，将“大厅.dwg”导入场景中，将“导入选项”对话框中的勾选全部取消，单击“确定”按钮（图17-2）。

2）框选选择所有导入文件，选择菜单栏的“组→组”（图17-3），使其成为一个组，并命名为“图纸”（图17-4）。

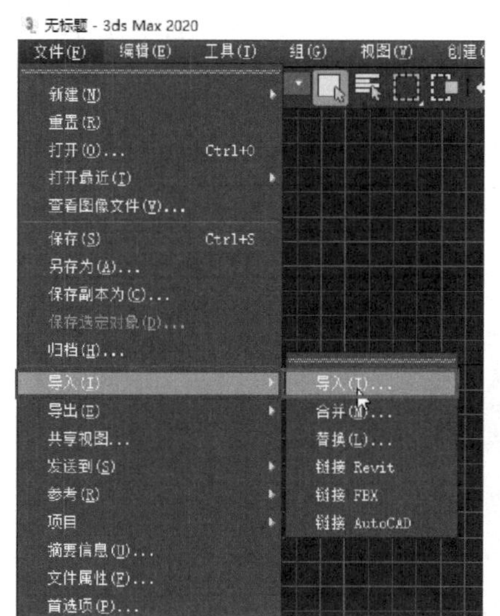

图17-1 文件导入

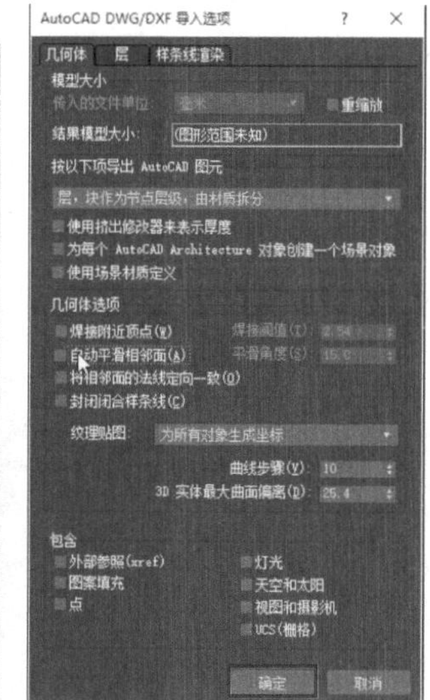

图17-2 导入选项

图17-3 组合文件

3）在修改面板中，将图样“颜色”为灰色（图17-5），在透视口中单击鼠标右键，选择“冻结当前选择”，将图样冻结（图17-6）。

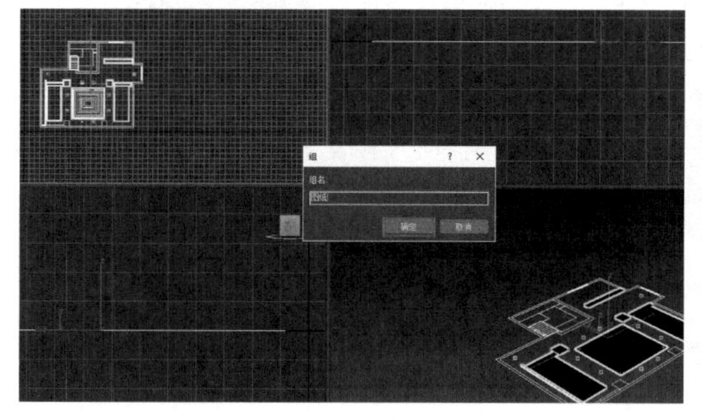

图17-4 命名组

图17-5 颜色设置

4）最大化顶视口，打开“2.5维”捕捉，单击右键，勾选“捕捉到冻结对象”与“启用轴约束”（图17-7）。创建“线”捕捉外围墙体内边缘，在门与窗的地方增加分段点（图17-8）。

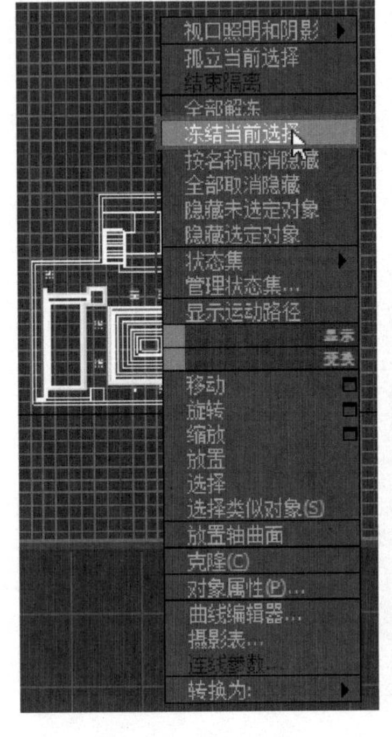

图17-6　冻结图样

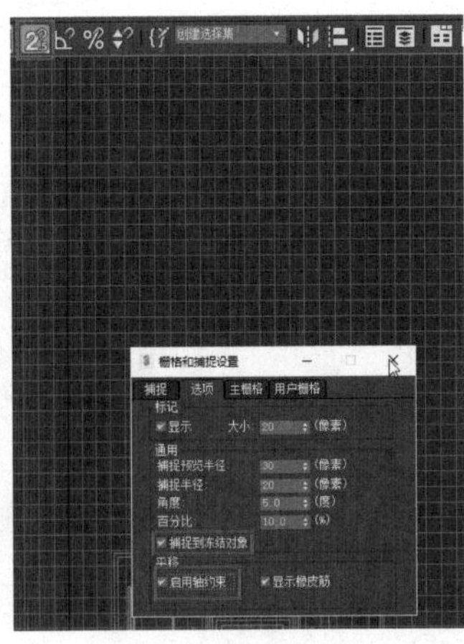

图17-7　捕捉设置

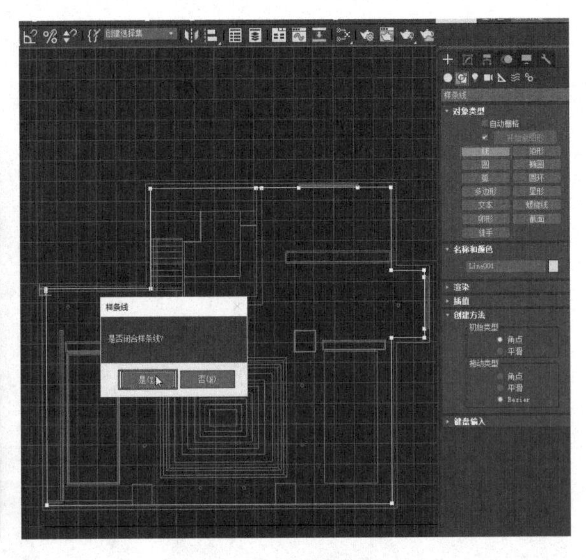

图17-8　增加分段点

5）为线添加“挤出”修改器，将挤出“数量”设置为3800.0mm（图17-9）。

6）添加“法线”修改器，选择“翻转法线”，单击鼠标右键，选择“对象属性”（图17-10）。在“对象属性”对话框中勾选“背面消隐”（图17-11）。

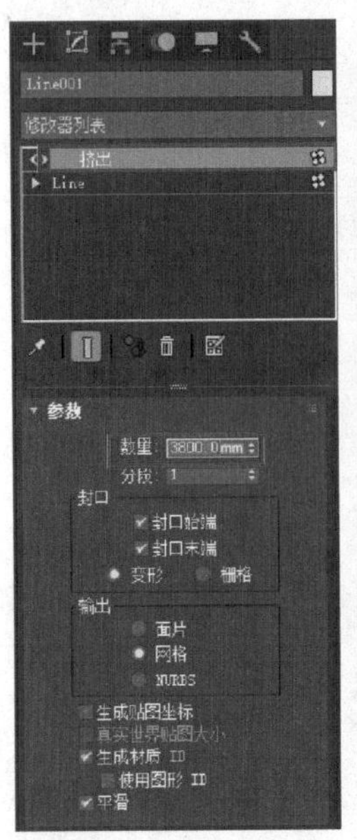

图17-9　挤出设置

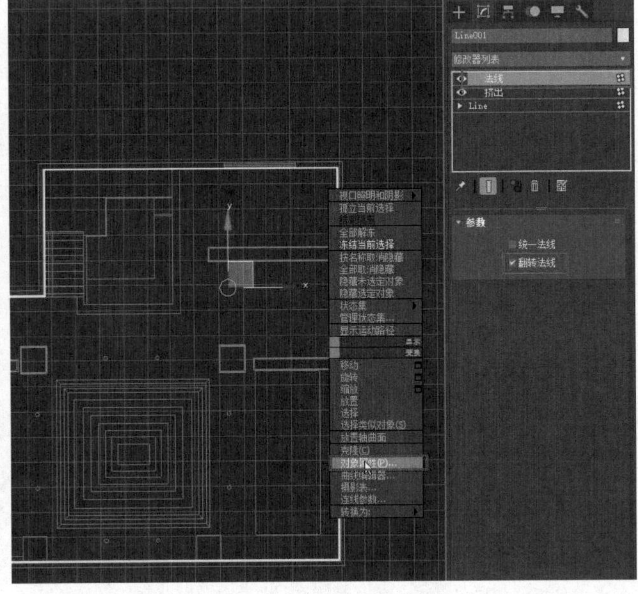

图17-10　添加修改器

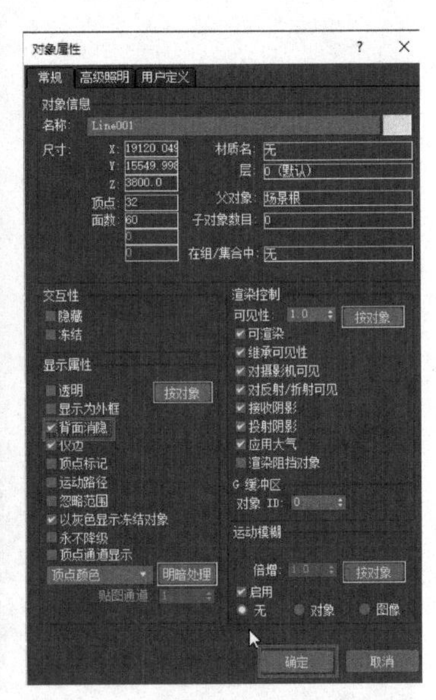

图17-11　“对象属性”对话框

7）单击鼠标右键，选择“转换为→转换为可编辑多边形”，将模型转换为“可编辑多边形”（图17-12）。

8）进入顶视口，创建“矩形”，先捕捉休息区、中央区、前台区的吊顶外框（图17-13）。

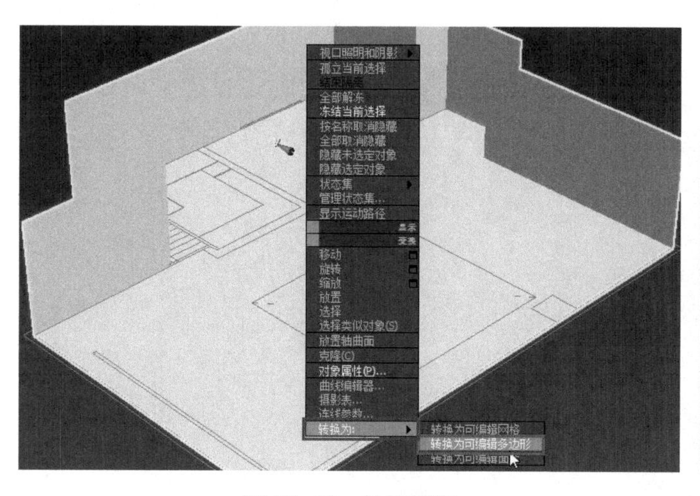

图17-12 转换编辑

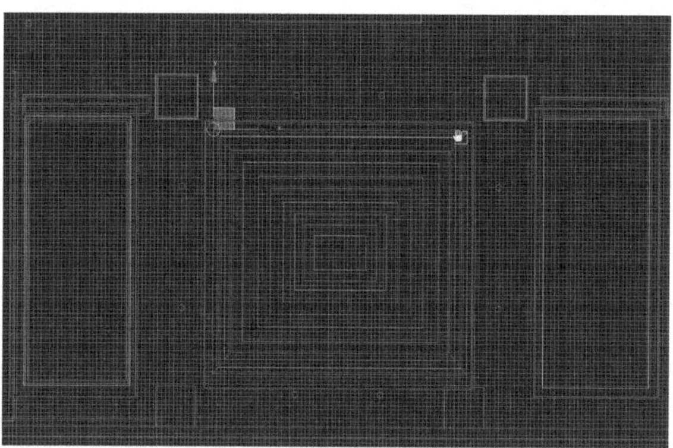

图17-13 创建矩形

9）继续创建“线”，捕捉内墙，这次不需要捕捉窗户部分（图17-14）。

10）进入修改面板，单击“附加”按钮，然后选择顶视口中创建的3个矩形，单击鼠标右键结束附加（图17-15）。

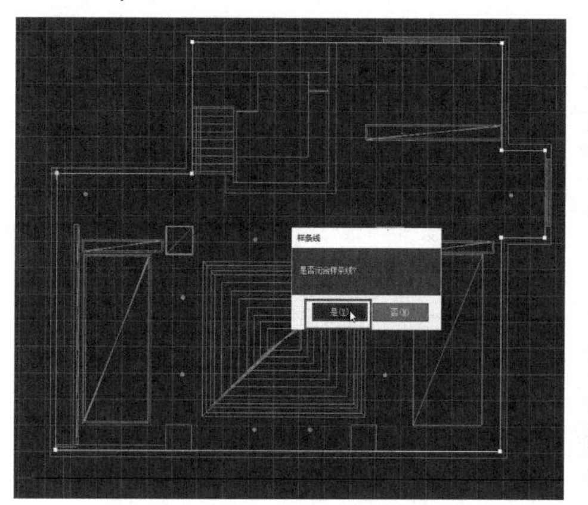

图17-14 捕捉设置

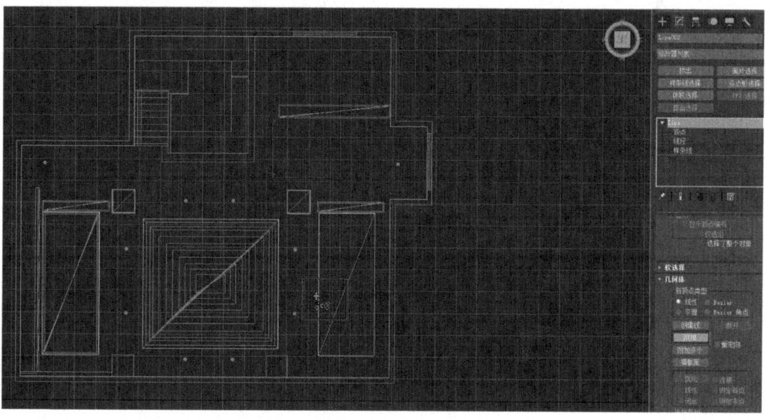

图17-15 附加图形

11）为矩形添加“挤出”修改器，将挤出“数量”设置为200.0mm（图17-16），并使用“移动”工具，将屏幕下方“Z”轴坐标设置为3200.0mm（图17-17）。

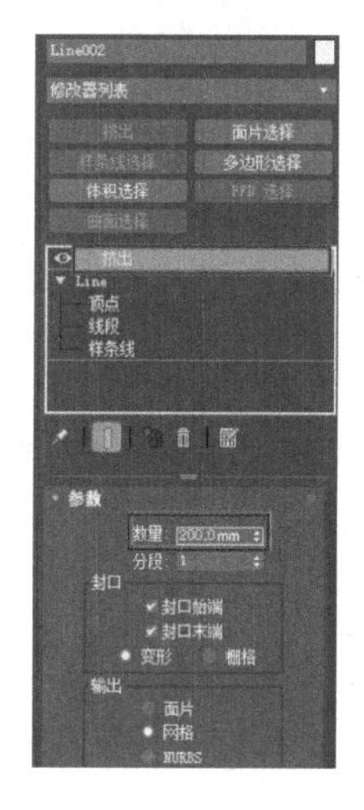

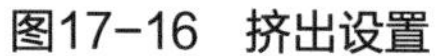

图17-16 挤出设置

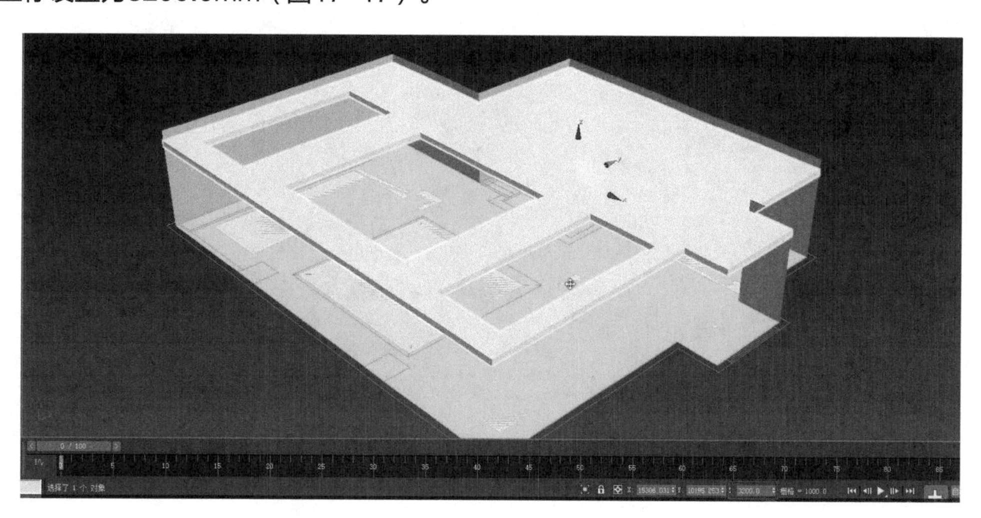

图17-17 坐标设置

12）最大化顶视口，制作休息区吊顶，创建“矩形”，捕捉休息区内层吊顶矩形（图17-18）。

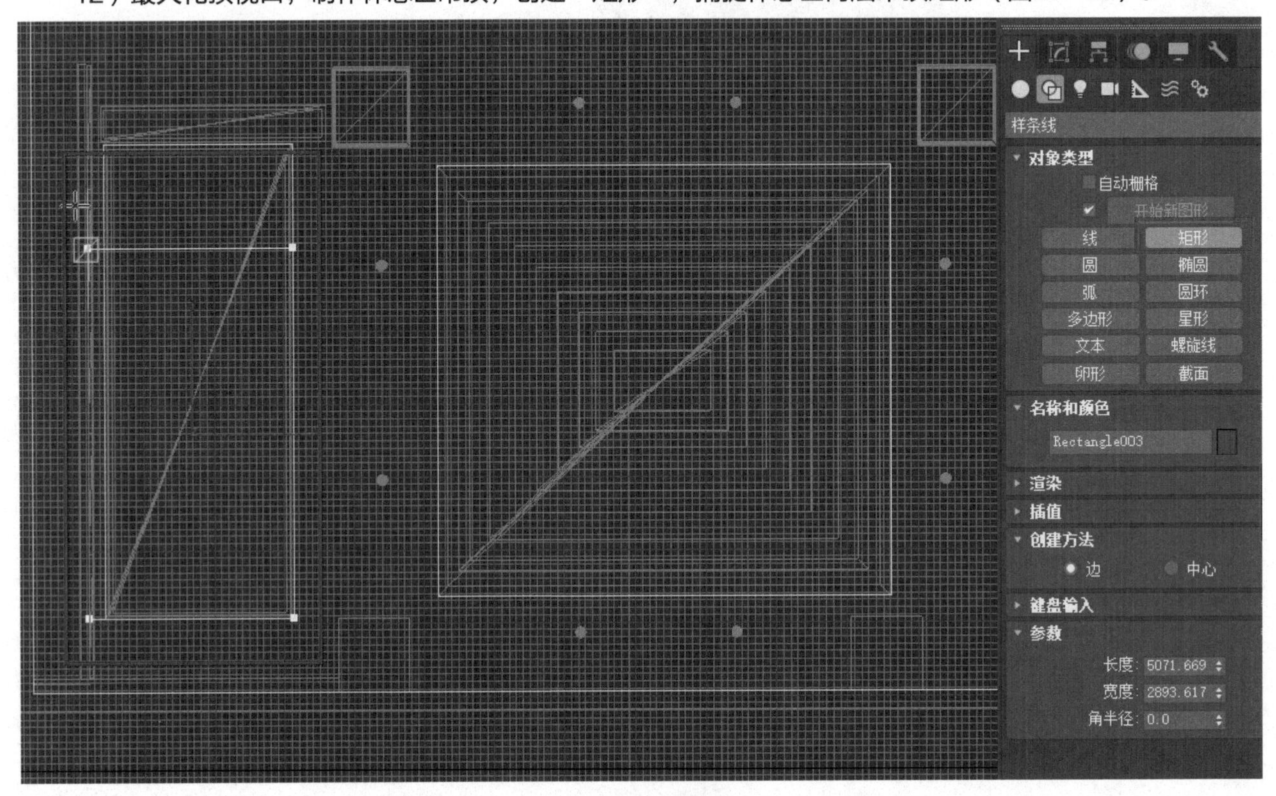

图17-18 创建矩形

13）右键转化为“可编辑样条线”，进入修改面板，展开“Line”卷展栏，选择“样条线”层级，将“轮廓”设置为50mm（图17-19）。

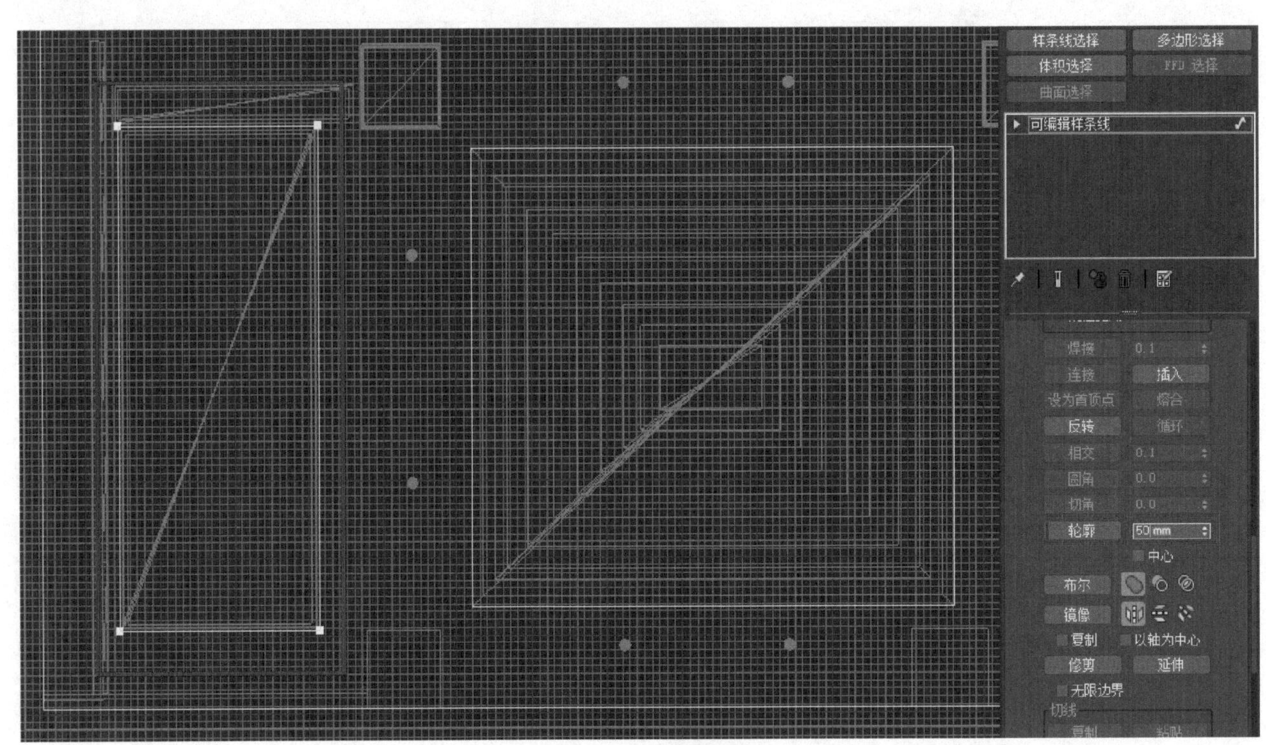

图17-19 转换编辑

14）为矩形添加“挤出”修改器，将挤出“数量”设置为300.0mm，并使用“移动”工具，将屏幕下方“Z”轴坐标设置为3200.0mm（图17-20）。

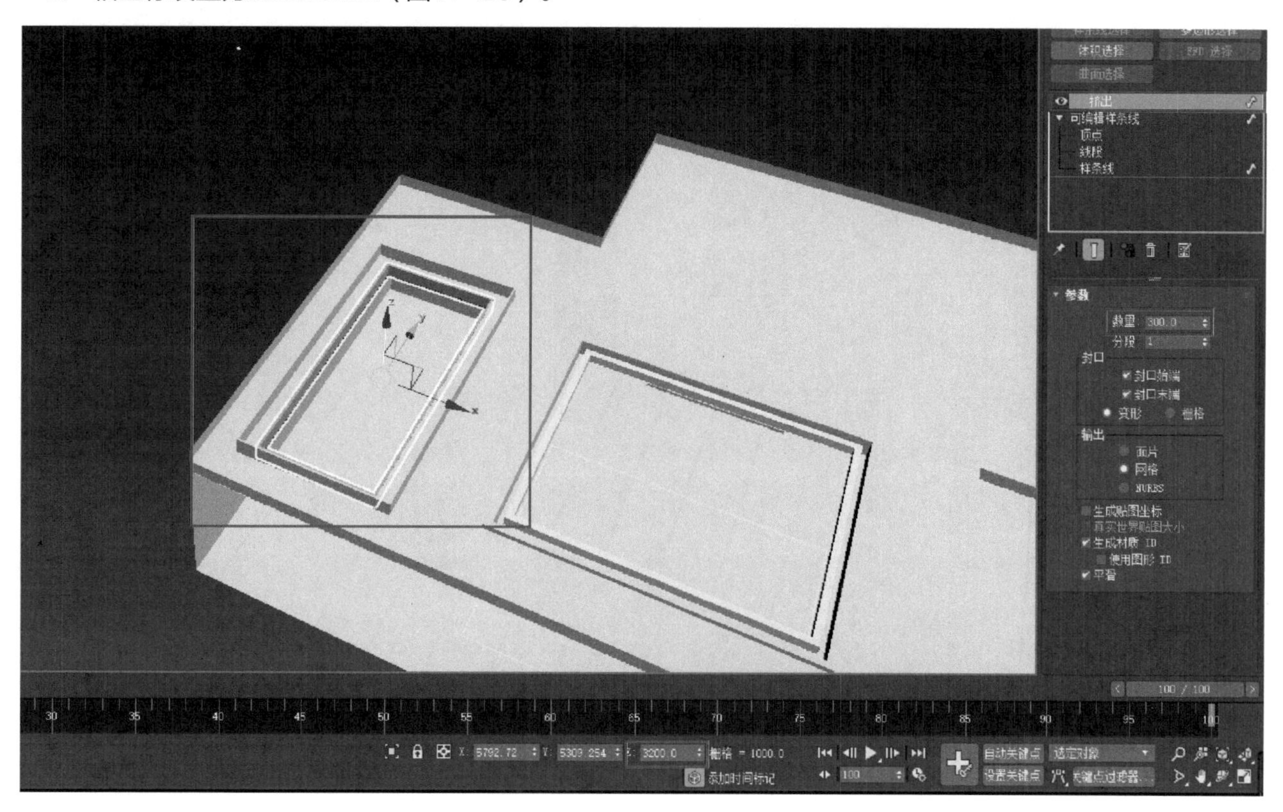

图17-20　坐标设置

15）最大化顶视口，继续创建“矩形”，按住〈Shift〉键缩放复制一个比之前的吊顶稍大的矩形（图17-21），选择“复制”模式。

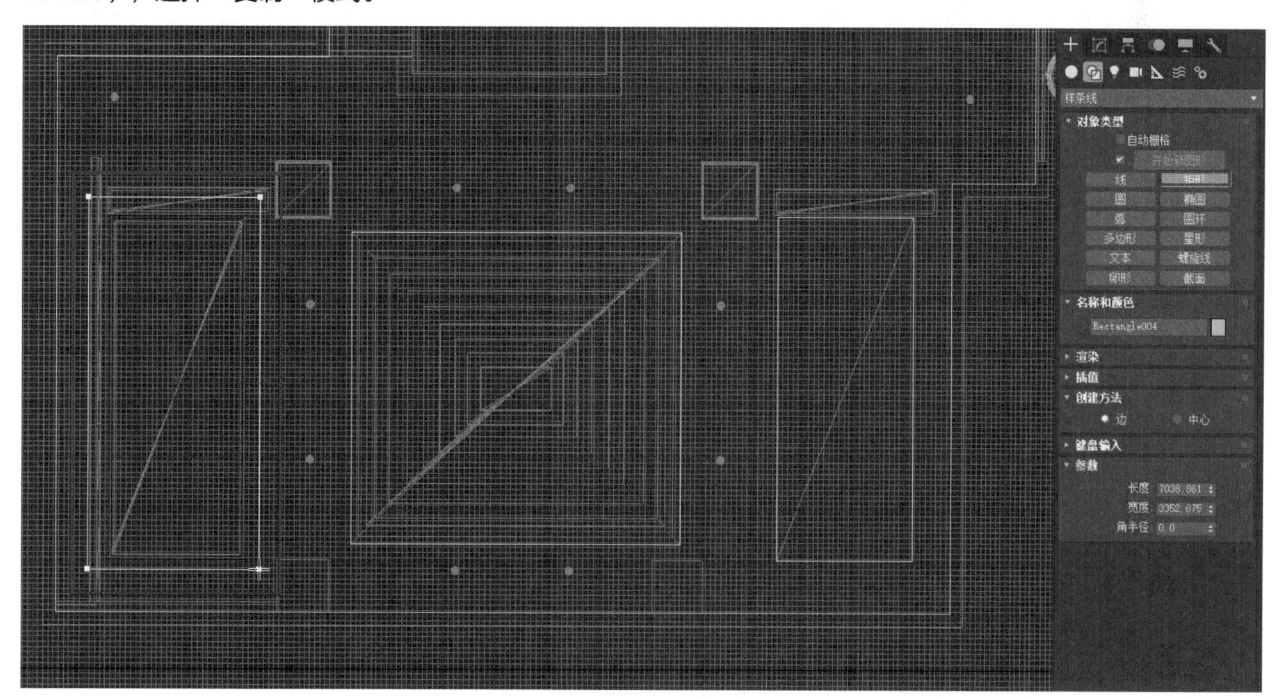

图17-21　创建矩形

16）右键将矩形转化为“可编辑样条线”，进入修改面板，展开“Line”卷展栏，选择“样条线”层级，将“轮廓”设置为-50mm（图17-22）。

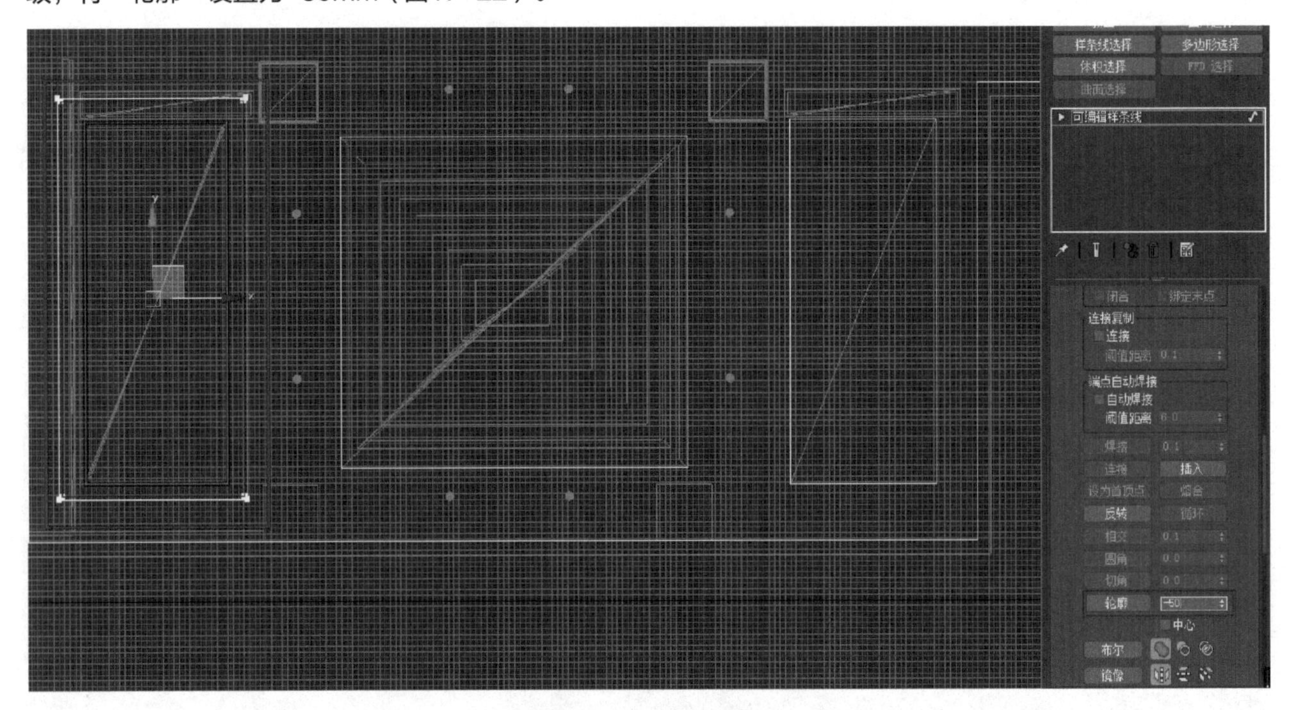

图17-22　转化编辑

17）为矩形添加“挤出”修改器，将挤出“数量”设置为400.0mm，并使用“移动”工具，将屏幕下方“Z”轴坐标设置为3400.0mm（图17-23）。

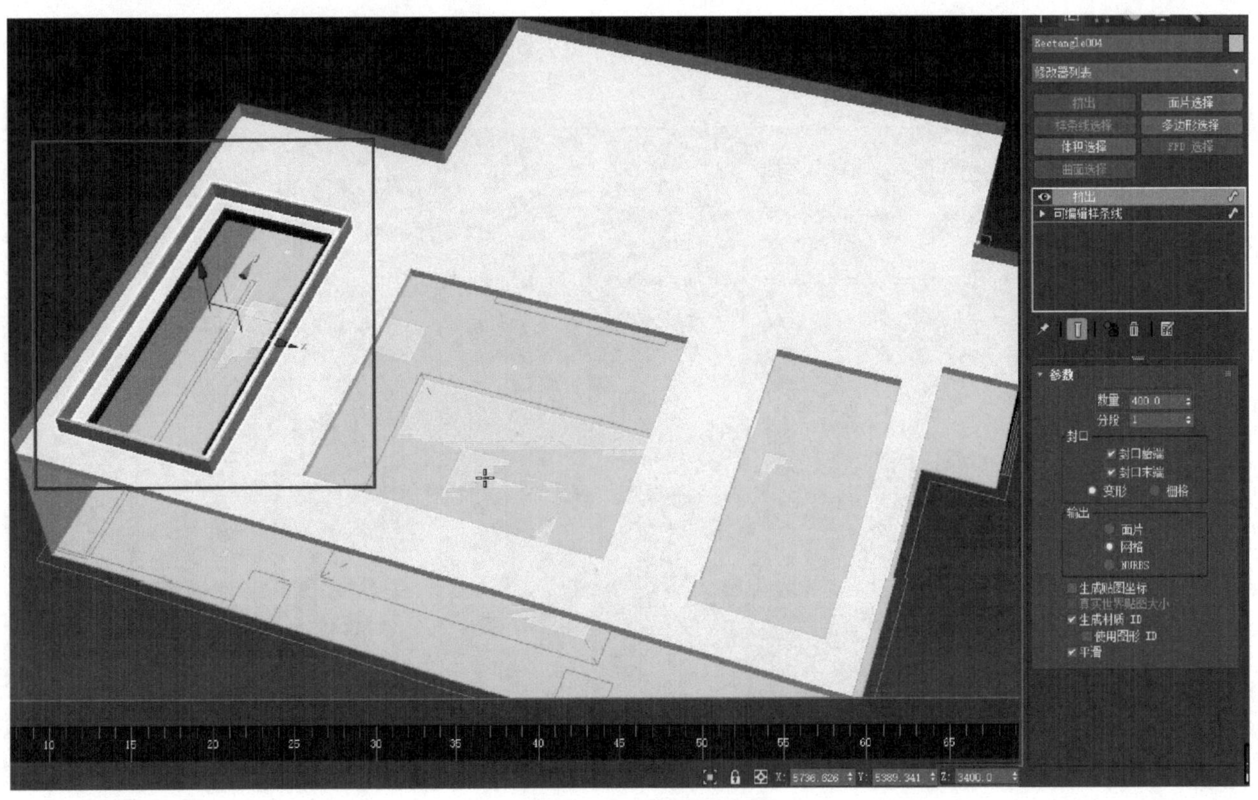

图17-23　坐标设置

18）制作中央区的吊顶，打开“2.5维”捕捉工具，在顶视口中捕捉吊顶的外形，创建内外2个“矩形”（图17-24）。

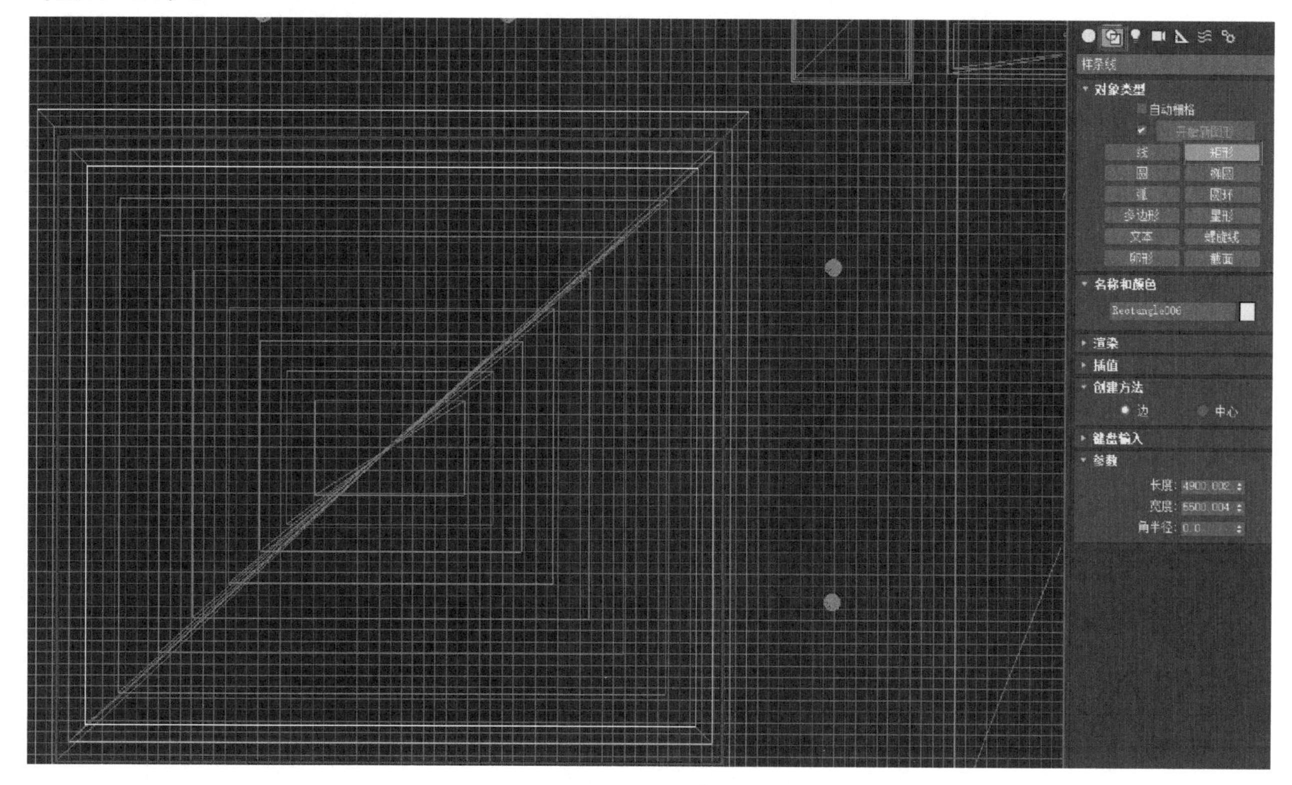

图17-24　创建矩形

19）单击鼠标右键，将其中一个矩形转为“可编辑样条线”（图17-25）。

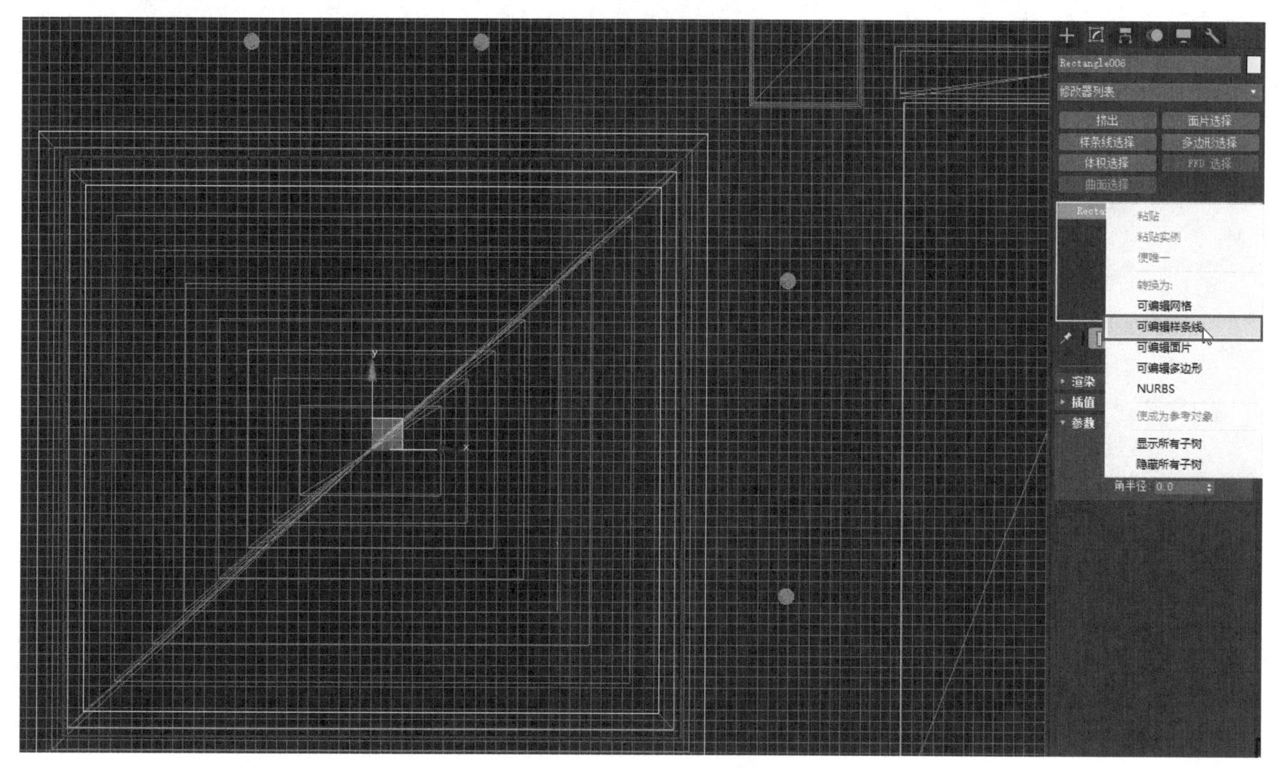

图17-25　转换编辑

20）进入修改面板，展开“Line”卷展栏，选择“样条线”层级，单击“附加”按钮，然后选择屏幕区中创建的另一个矩形（图17-26）。

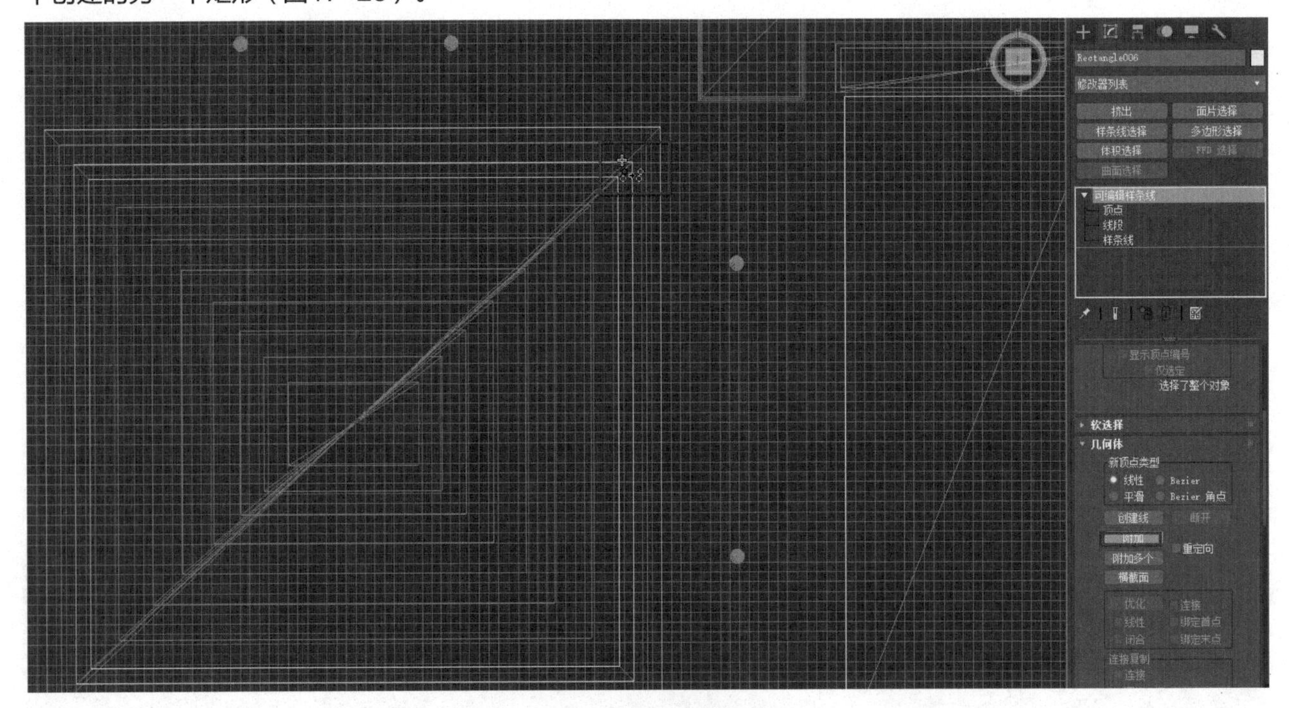

图17-26　附加图形

21）为矩形添加“挤出”修改器，将挤出“数量”设置为200.0mm，并使用“移动”工具，将屏幕下方的“Z”轴坐标设置为3400.0mm（图17-27）。

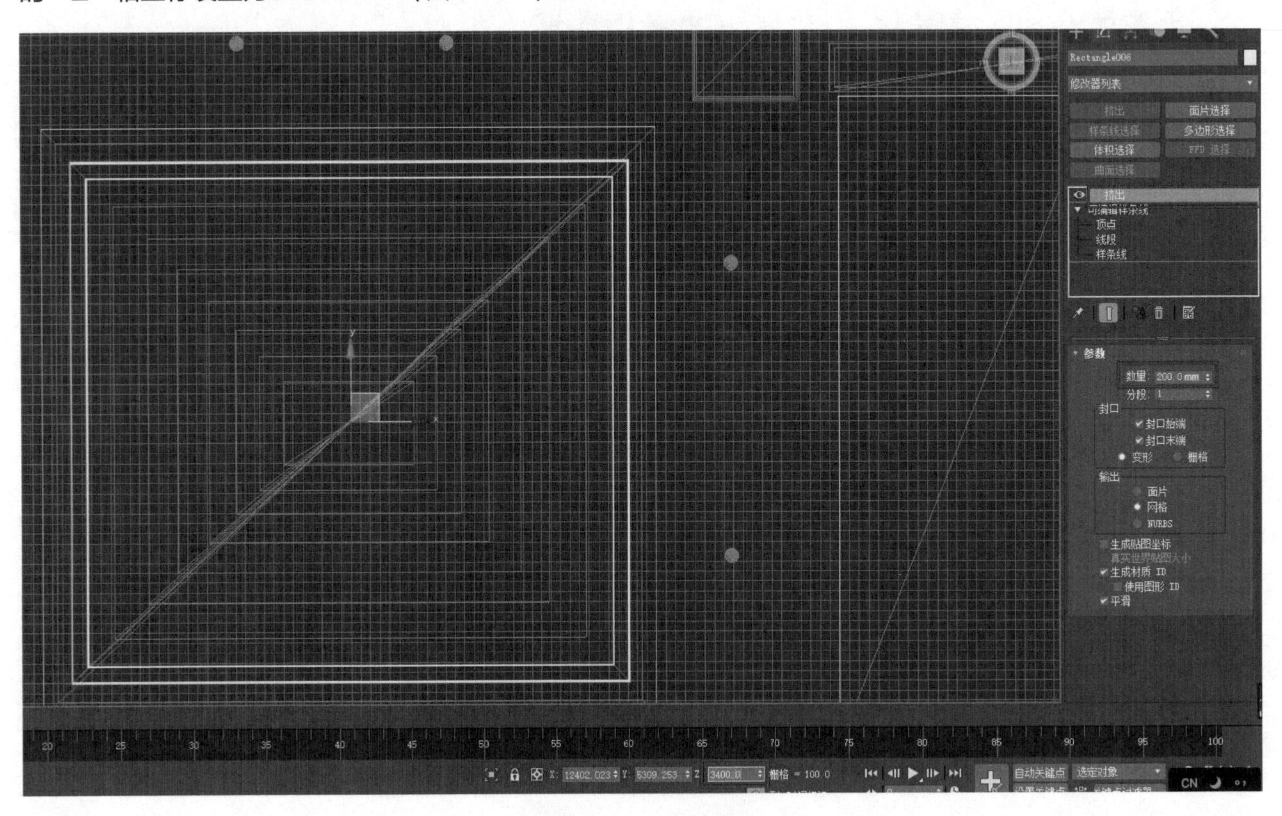

图17-27　坐标设置

22）在顶视口中，捕捉吊顶最外面的矩形，创建内外2个矩形（图17-28）。

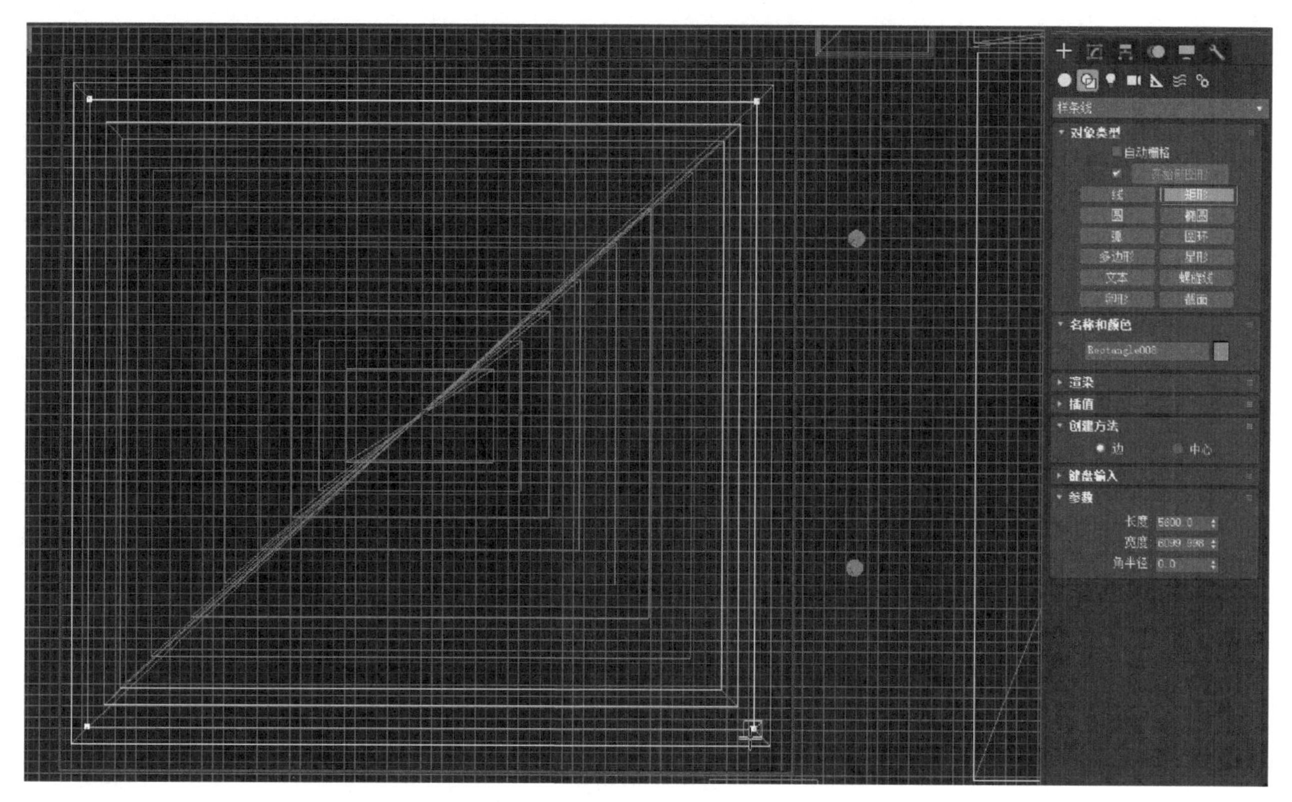

图17-28　创建矩形

23）单击鼠标右键，将其中一个矩形转为“可编辑样条线”（图17-29）。

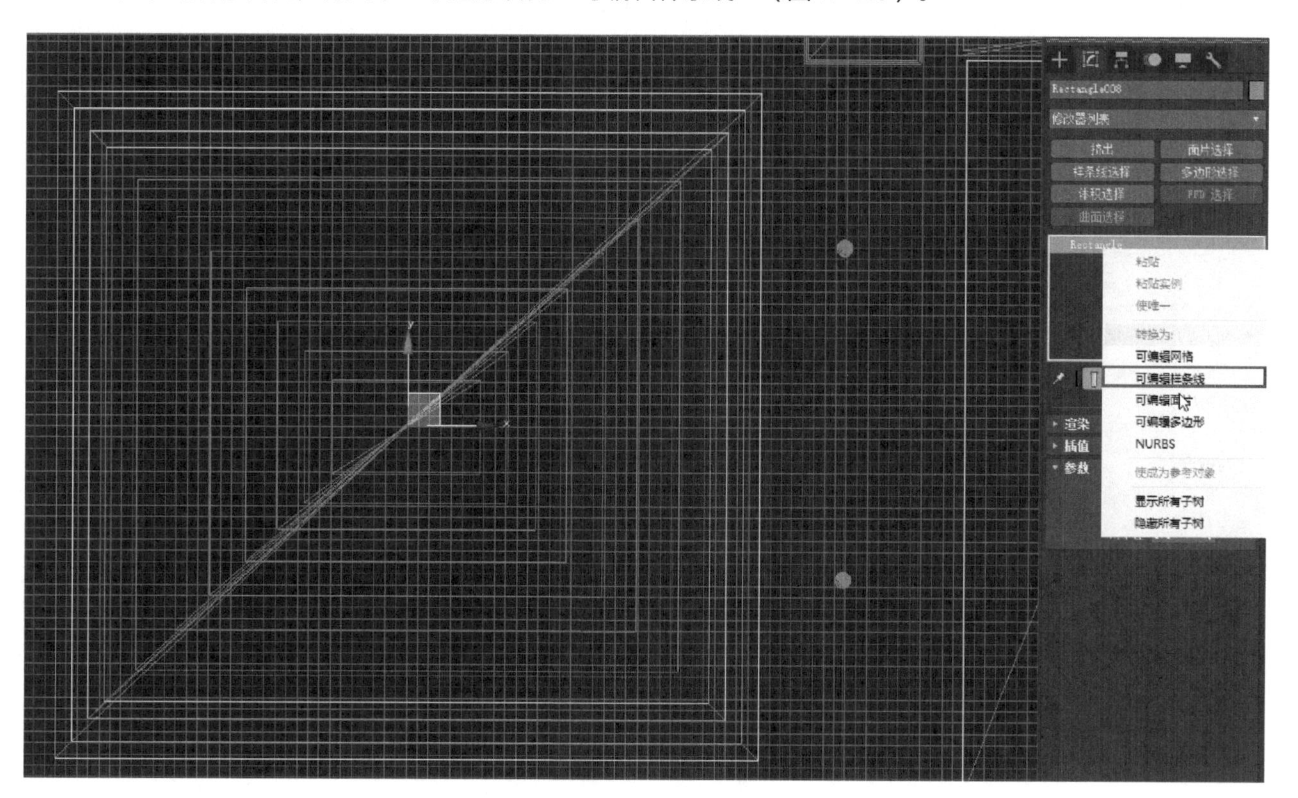

图17-29　转换编辑

24）进入修改面板，单击“附加”按钮，然后选择顶视口中创建的另一个的矩形（图17-30）。

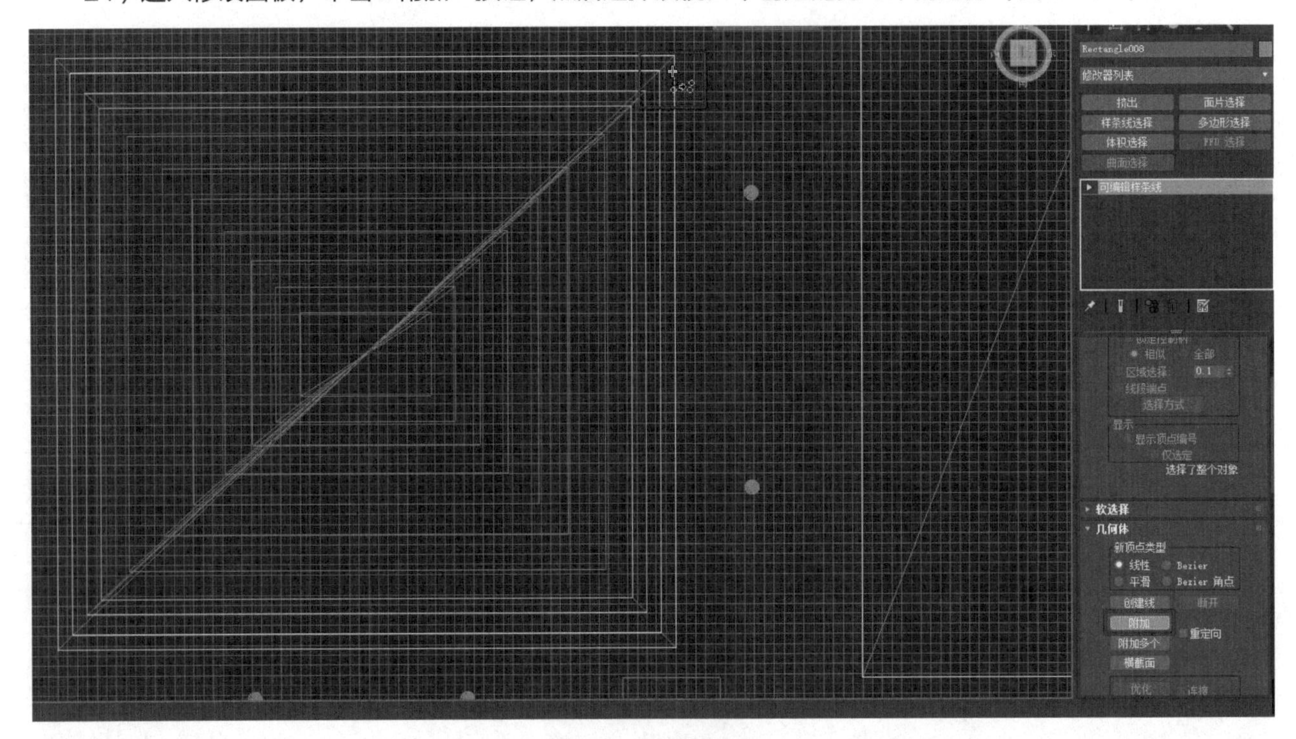

图17-30　附加图形

25）为其添加“挤出”修改器，将挤出“数量”设置为400.0mm，并使用“移动”工具，将屏幕下方“Z”轴坐标设置为3180.0mm（图17-31）。

26）在顶视口中，捕捉接待台的外形创建“线”（图17-32）。

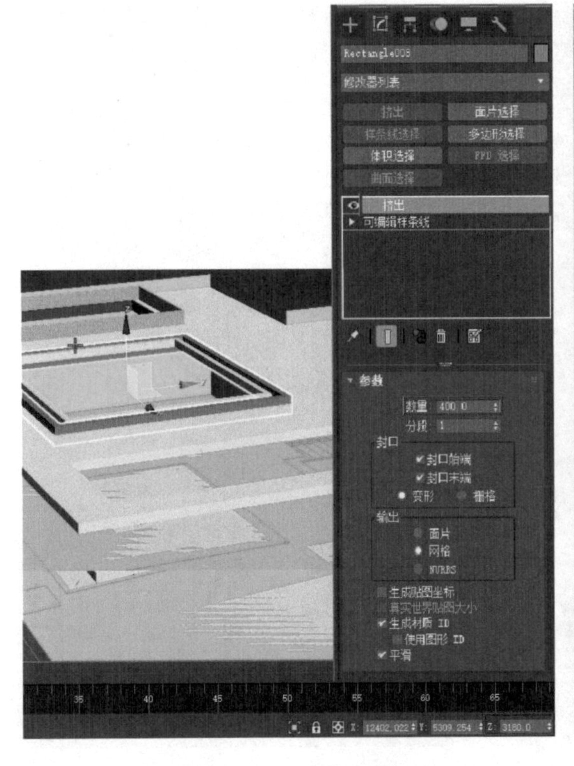

图17-31　坐标设置

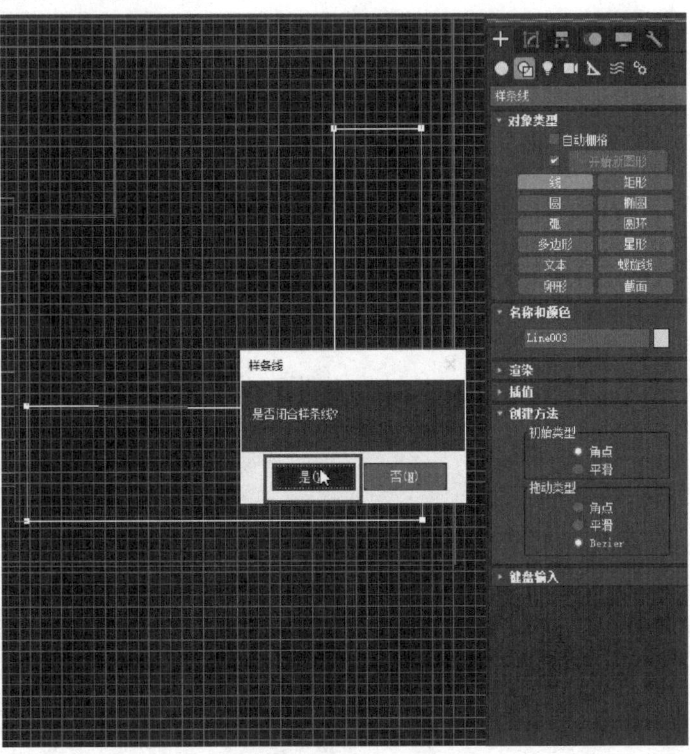

图17-32　创建线

27）使用“缩放”工具，按住〈Shift〉键，缩放复制一个稍小的图形（图17-33）。

28）选择小图形，为其添加“挤出”修改器，将挤出“数量”设置为100.0mm，并将“Z”轴坐标设置为0.0mm（图17-34）。

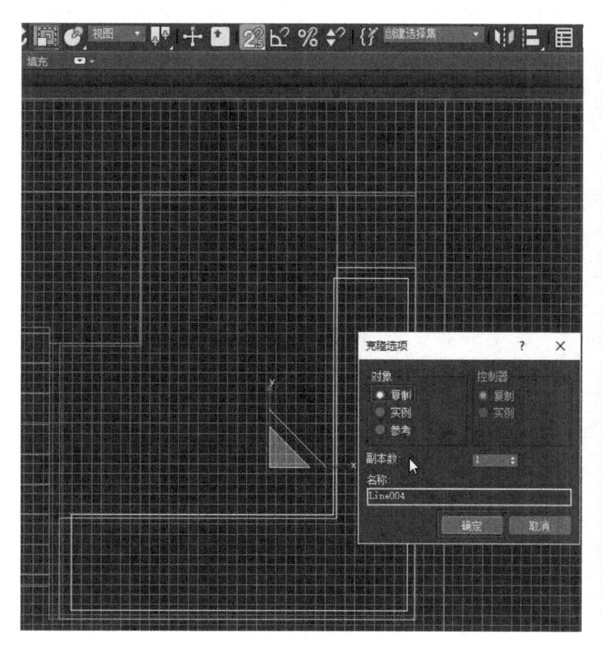

图17-33　复制

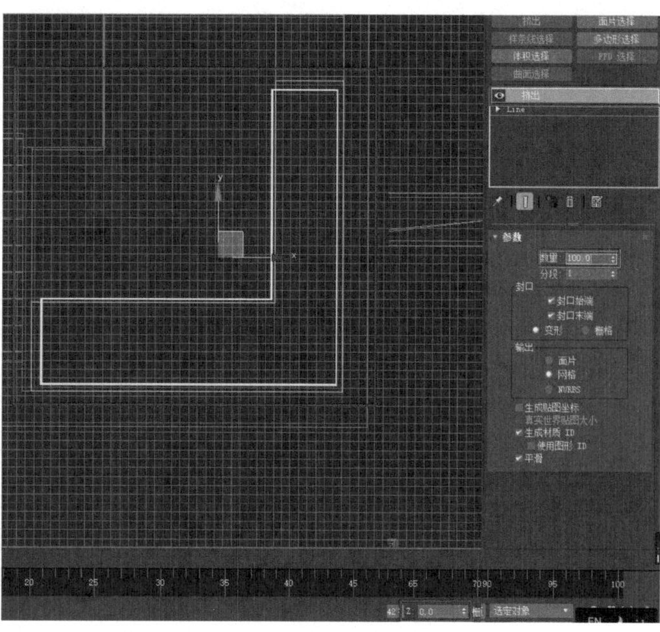

图17-34　坐标设置

29）选择大图形，也为其添加“挤出”修改器，将挤出“数量”设置为900.0mm，并将“Z”轴坐标设置为100.0mm（图17-35）。

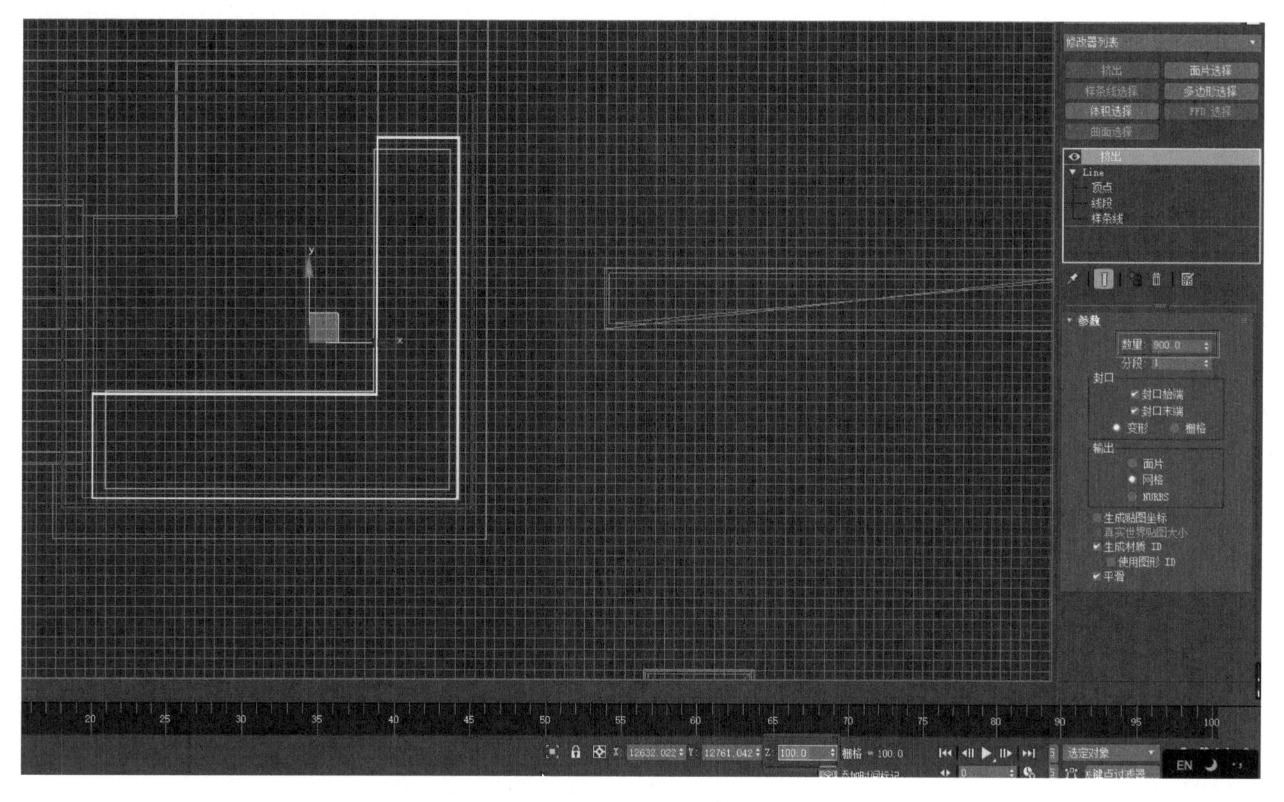

图17-35　坐标设置

30）在顶视口中，继续捕捉接待台台面的外形创建“线”（图17-36）。

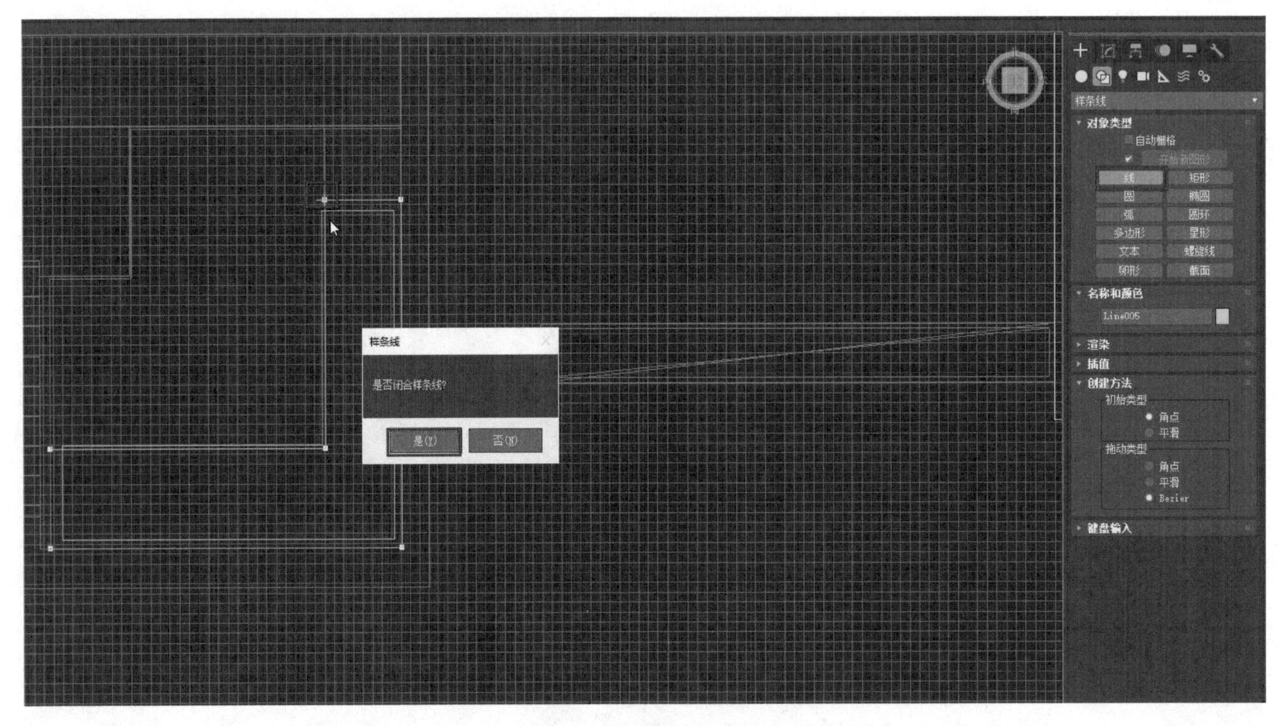

图17-36 捕捉创建

31）为“线”添加“挤出”修改器，将挤出“数量”设置为50.0mm，并使用“移动”工具，将屏幕下方“Z”轴坐标设置为1000.0mm（图17-37）。

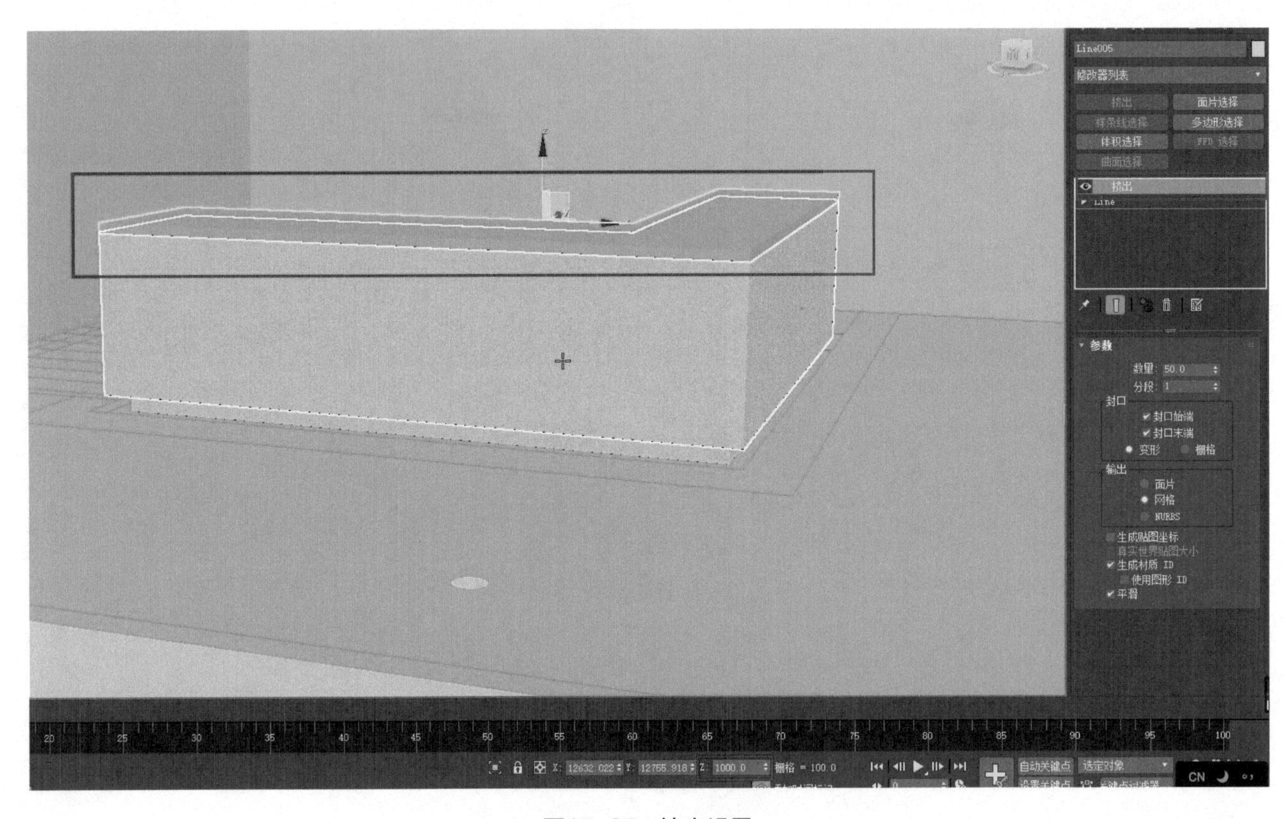

图17-37 挤出设置

32）继续进入顶视口，创建接待台的墙面（图17-38）。

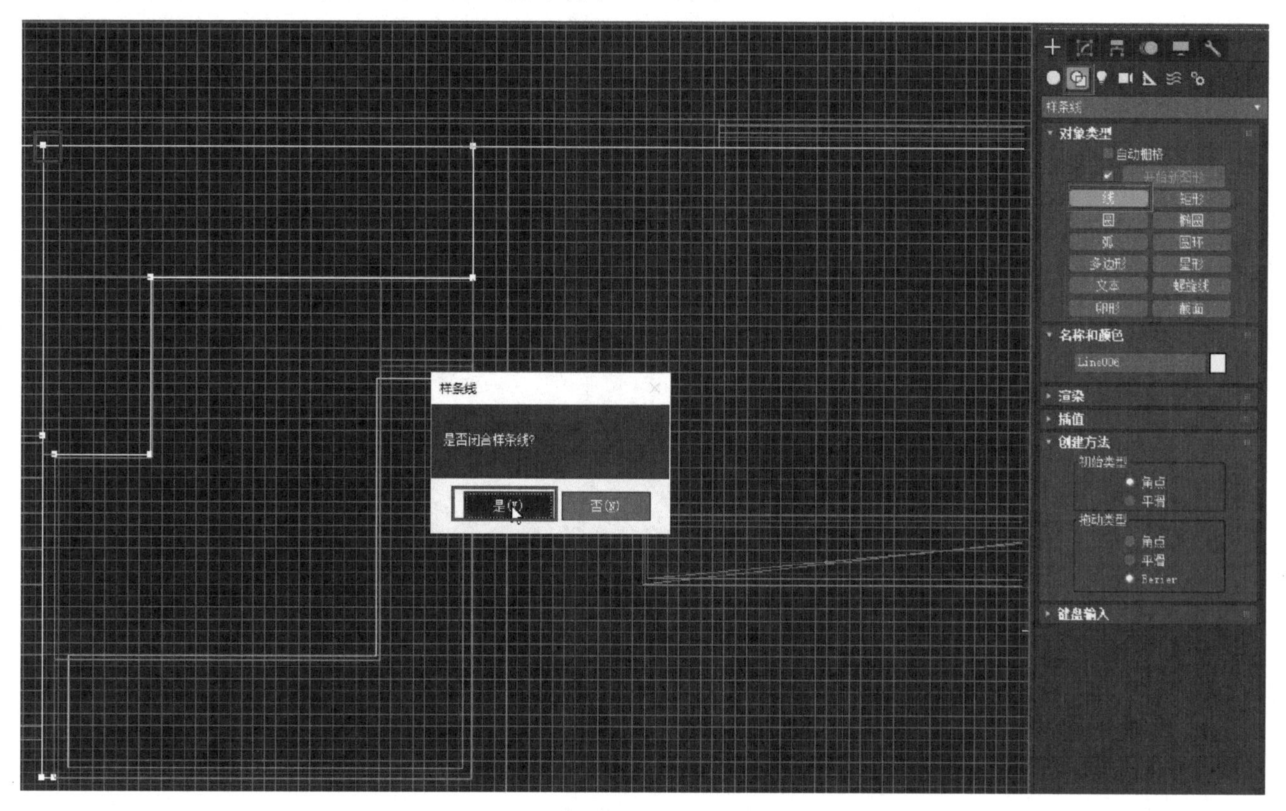

图17-38　创建墙面

33）进入修改面板，为线添加“挤出”修改器，挤出“数量”设置为3200.0mm（图17-39）。

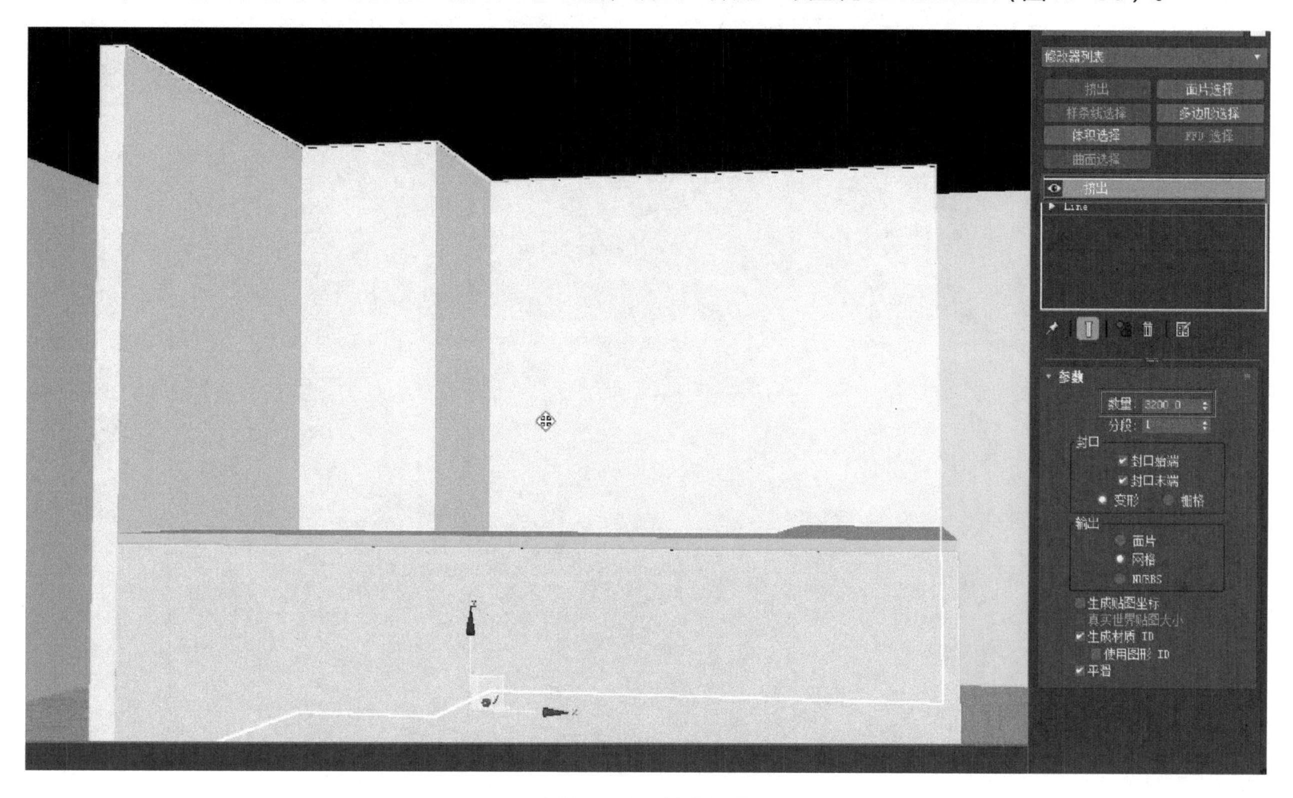

图17-39　挤出设置

34）继续创建柜台的顶面，在顶视口中，捕捉顶部墙体创建“线”（图17−40）。

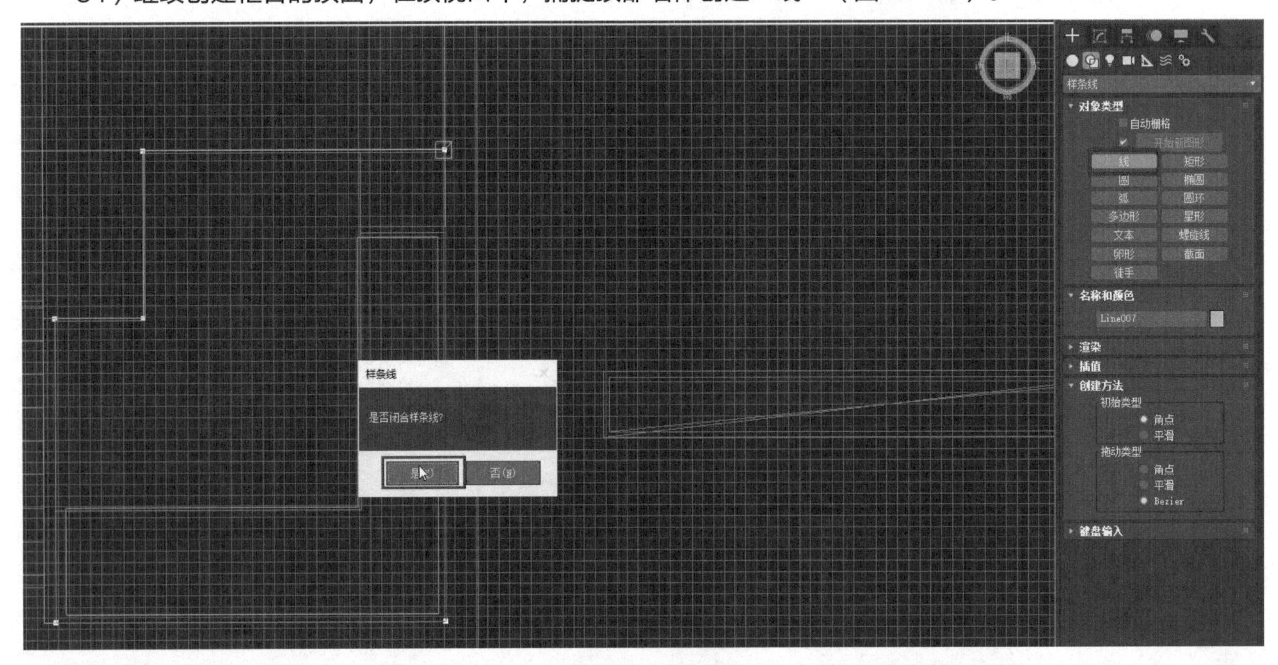

图17−40　捕捉创建

35）为线添加“挤出”修改器，将挤出“数量”设置为1000.0mm，并使用“移动”工具，将屏幕下方的“Z”轴坐标设置为2200.0mm（图17−41）。

图17−41　坐标设置

36）选择墙体的多边形物体，进入“多边形”层级，选择地面，单击“分离”按钮，并命名为“地面”（图17-42）。

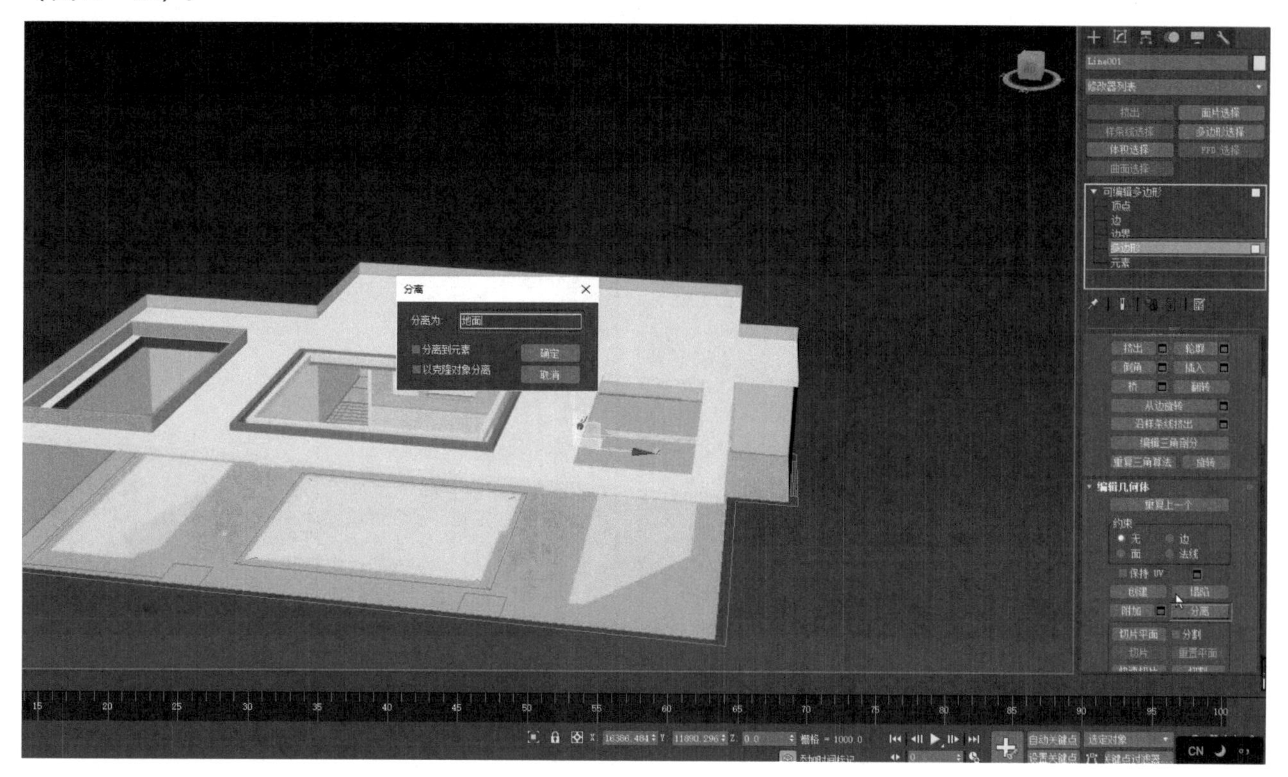

图17-42　分离地面

17.2　赋予初步材质

1）在创建面板中选择“标准”摄影机，在顶视口中创建一个“目标”摄影机（图17-43）。

2）在“选择过滤器”中选择“C-摄影机”，在前视口中选中摄影机的中线，并将摄影机向上移动（图17-44）。

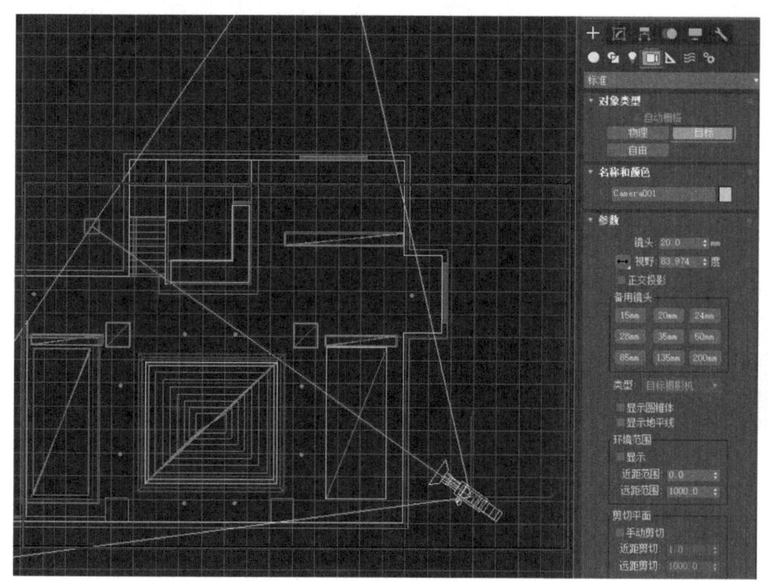

图17-43　创建摄影机

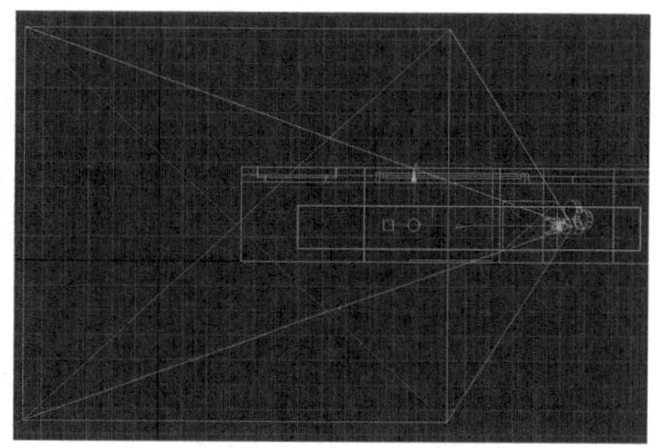

图17-44　移动摄影机

3）切换到透视图，按〈C〉键将“透视口”转为“摄影机视口”，进入修改面板，将“备用镜头”设置为20mm（图17-45）。

4）打开主菜单“文件”，选择“导入→合并”（图17-46），将本书配套资料的“模型素材/第17章/导入模型”中的“立柱.max”合并到场景中（图17-47）。

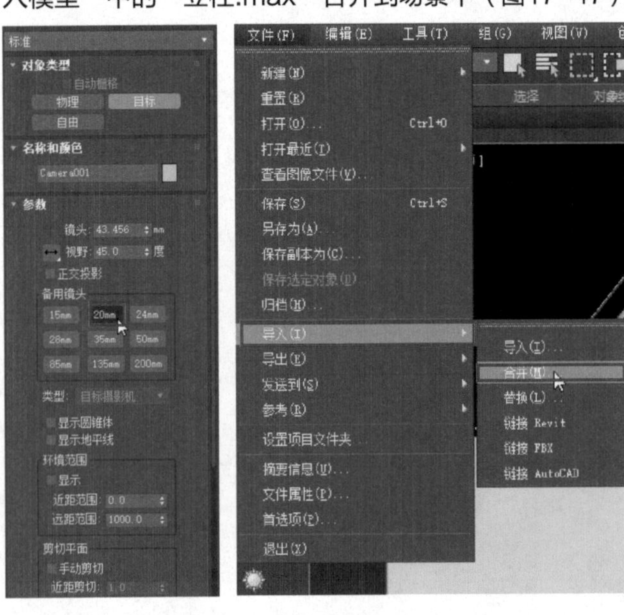

图17-45　镜头设置　　图17-46　导入→合并

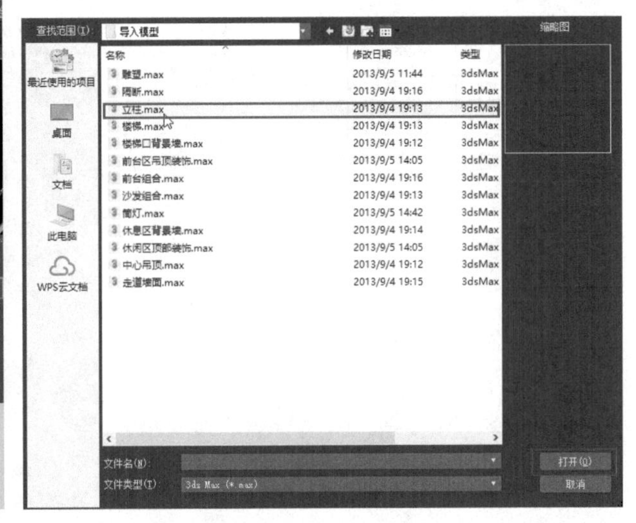

图17-47　选择文件

5）在“合并”对话框中单击“全部”，取消勾选“灯光”与“摄影机”（图17-48）。由于场景中的模型位置已经调整好了，导入的柱子正好在应有的位置上（图17-49）。

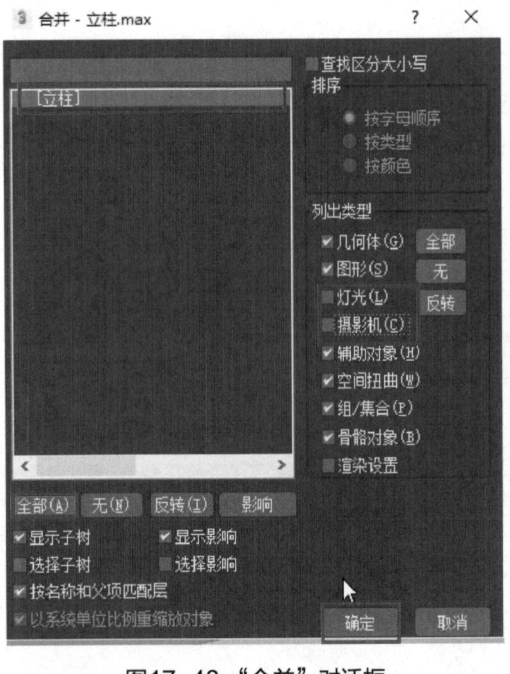

图17-48 “合并”对话框

图17-49　立柱效果

6）继续导入模型，将本书配套资料的“模型素材/第17章/导入模型”中的“休息区背景墙.max”合并到场景中（图17-50）。

7）在“合并”对话框中单击“全部”，取消勾选“灯光”与“摄影机”（图17-51）。

图17-50 导入模型

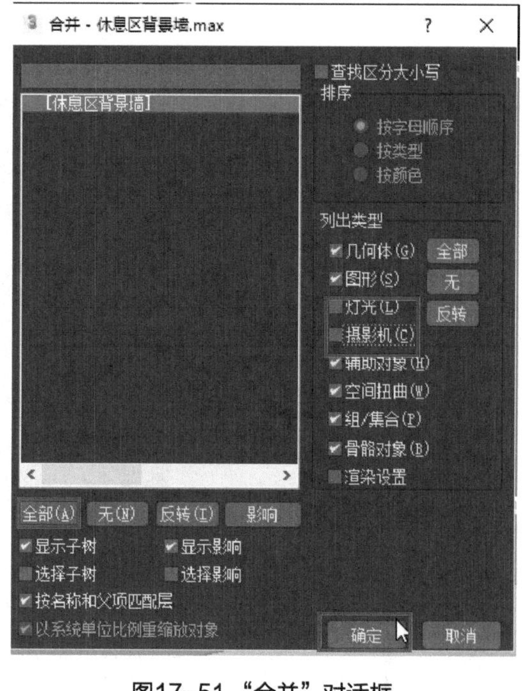

图17-51 “合并”对话框

8）在“选择过滤器”中选择“全部”，选择墙面，打开“材质编辑器”，再展开“材质”卷展栏，双击“VRayMtl”材质，在“视图1”窗口中双击“材质”，就会出现该材质的参数面板，取名为“白色乳胶漆”，将其“漫反射”调整为白色，“反射”为深灰色，“颜色”调整为12，“高光光泽”设置为0.58，“反射光泽”设置为0.68，勾选“菲涅耳反射”（图17-52）。

图17-52 材质设置

9）将该材质赋予部分吊顶与全部墙面（图17-53）。

图17-53 材质赋予

10）进入显示面板，在“隐藏”卷展栏下勾选“隐藏冻结对象”（图17-54）。

11）打开“材质编辑器”，再展开“材质”卷展栏，双击“VRayMtl”材质，在“视图1”窗口中双击“材质”，就会出现该材质的参数面板，取名为“地砖”，在“漫反射”后的贴图按钮上选择“平铺”贴图（图17-55）。

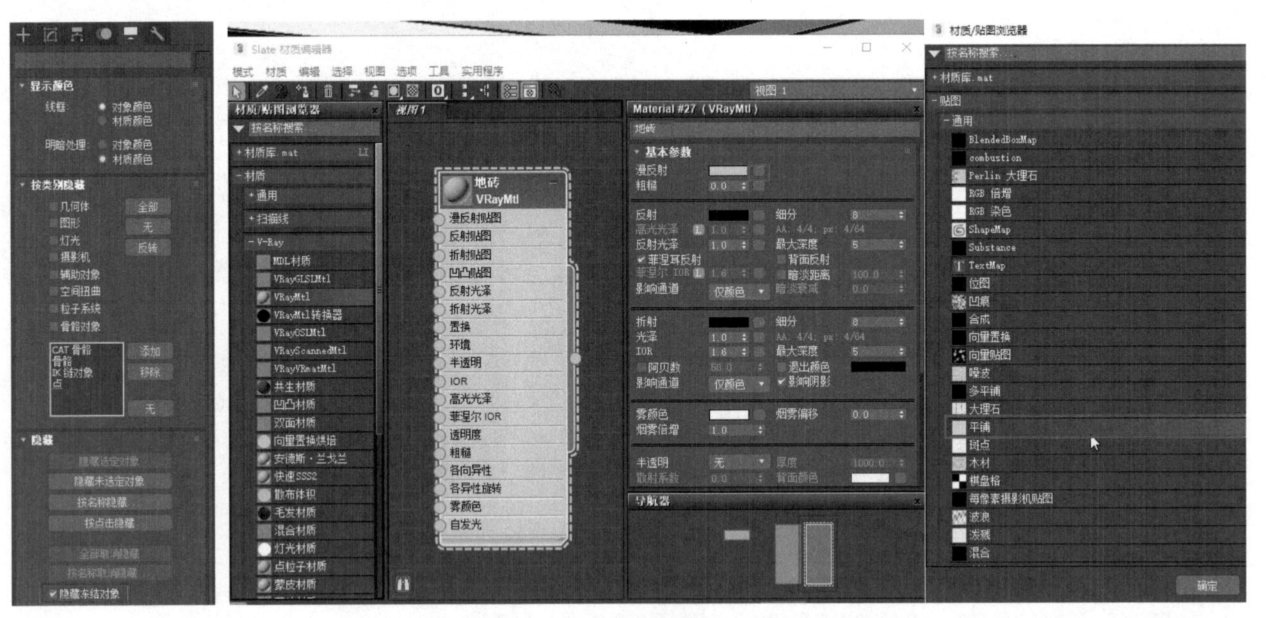

图17-54 隐藏对象　　　　图17-55 材质设置

12）单击“贴图”，进入参数设置面板，将“标准控制”卷展栏中的“预设类型”设置为“堆栈砌合”，并单击“None”按钮，在弹出的对话框中选择“位图”（图17-56）。

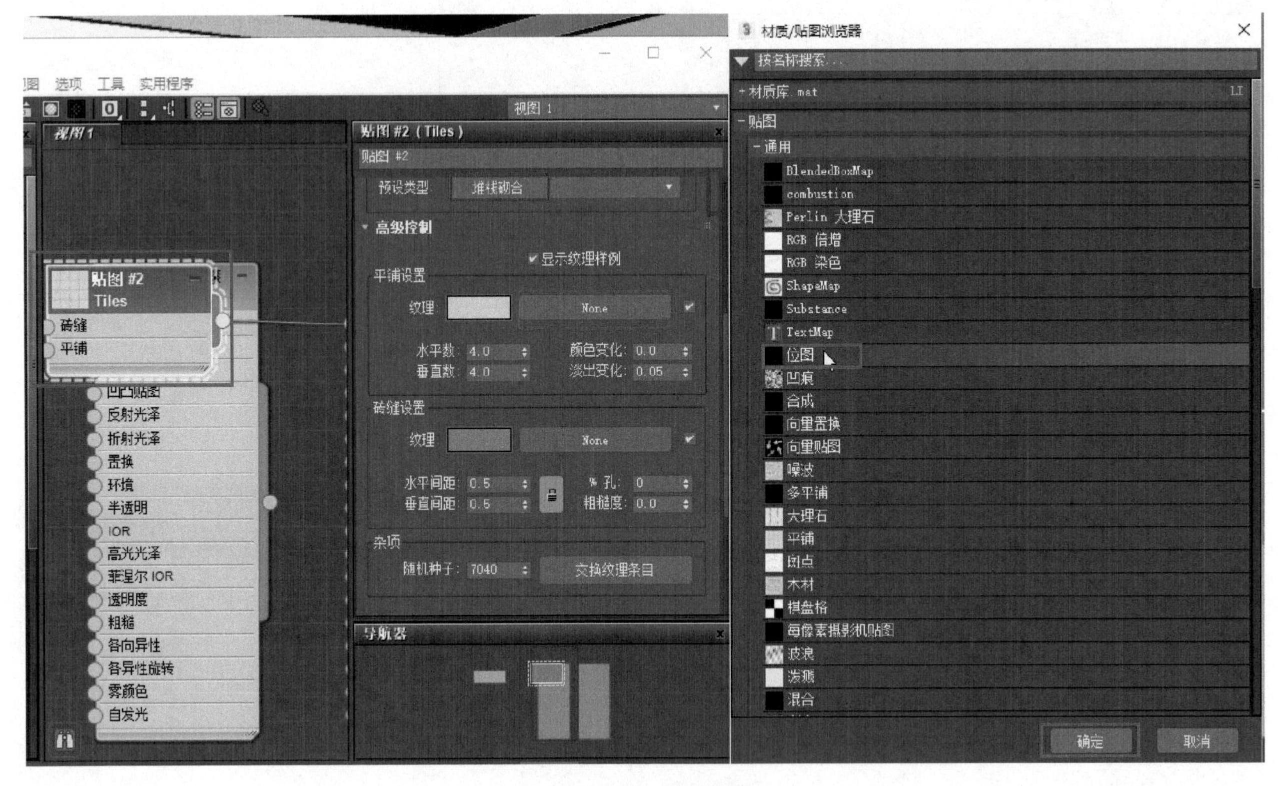

图17-56 贴图设置

13）在本书配套资料中，单击“模型素材/材质贴图/石材贴图”，选择一张石材贴图（图17-57）。

14）将“平铺设置”的“水平数”与“垂直数”都设置为1.0，“砖缝设置”的“水平间距”与“垂直间距”都设置为0.1（图17-58）。

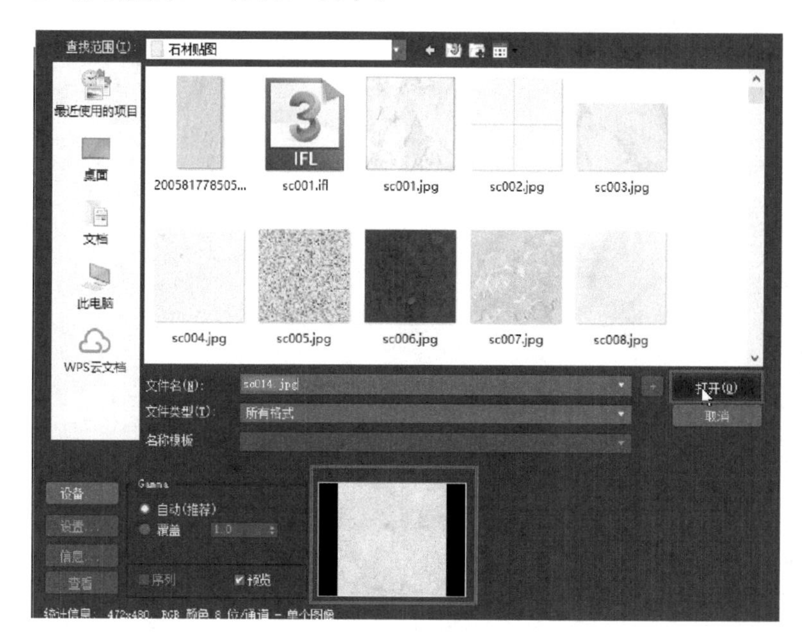

图17-57　选择贴图

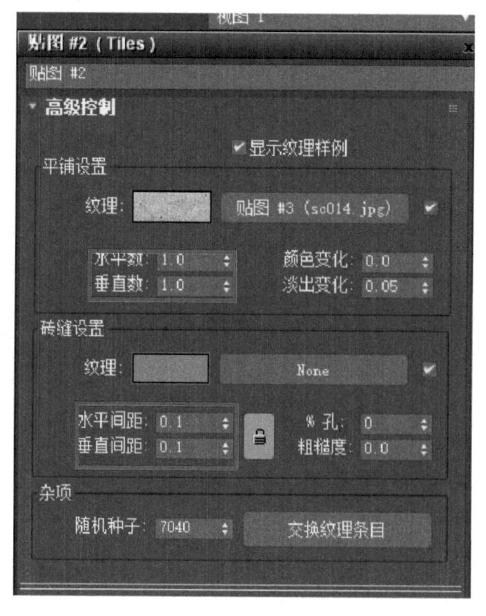

图17-58　贴图设置

15）在“视图1”中双击地砖材质面板，回到地砖的参数面板，将“反射”设置为120，“高光光泽”设置为1.0，“反射光泽”设置为0.95，“细分”设置为12，勾选“菲涅尔反射”（图17-59）。

图17-59　材质设置

16）展开“贴图”卷展栏，将“漫反射”贴图拖到“凹凸”贴图位置，选择“复制”的克隆方式，并将“凹凸”设置为30.0（图17-60）。

17）单击“凹凸”贴图进入其参数面板，将“平铺设置”的“纹理”后的“贴图”“对勾”取消，并将“纹理”设置为灰色，再将“砖缝设置”的“纹理”颜色加深（图17-61）。

18）将地砖的材质赋予地面上，并为地面添加“UVW贴图”修改器，选择“平面”贴图，将其“长度”与“宽度”都设置为1200.0mm（图17-62）。

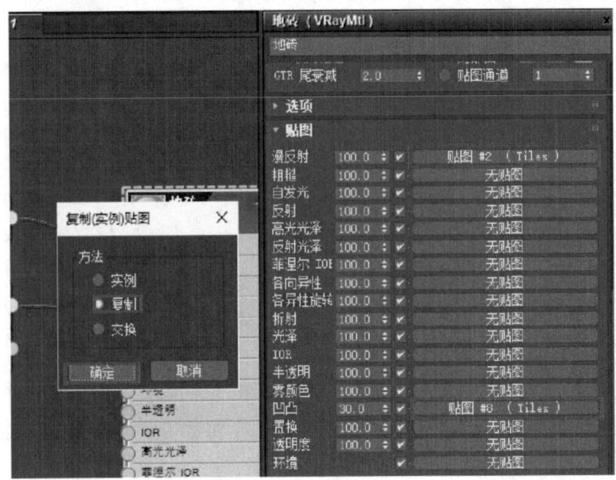

图17-60　复制贴图

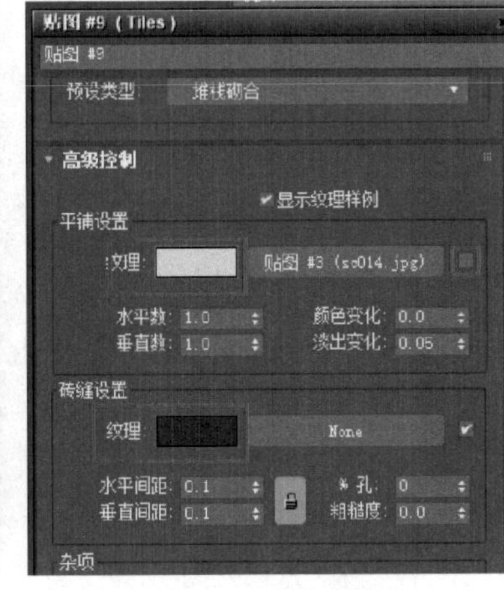

图17-61　贴图设置

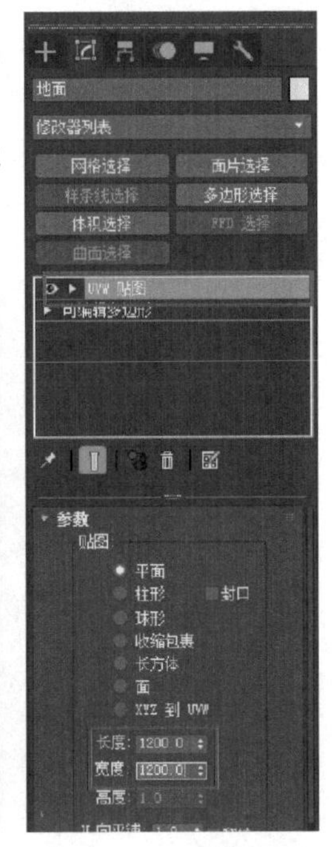

图17-62　添加贴图

19）打开“材质编辑器”，再展开“材质”卷展栏，双击“VRayMtl”材质，在“视图1”窗口中双击“材质”，就会出现该材质的参数面板，取名为“发光墙面”，在“漫反射”与“凹凸”贴图位置拖入相同的墙花贴图，“自发光”的“倍增器”设置为0.8，将该材质赋予接待台墙面与柜台（除台面）（本书配套资料中的“模型素材/第17章/3d”）（图17-63）。

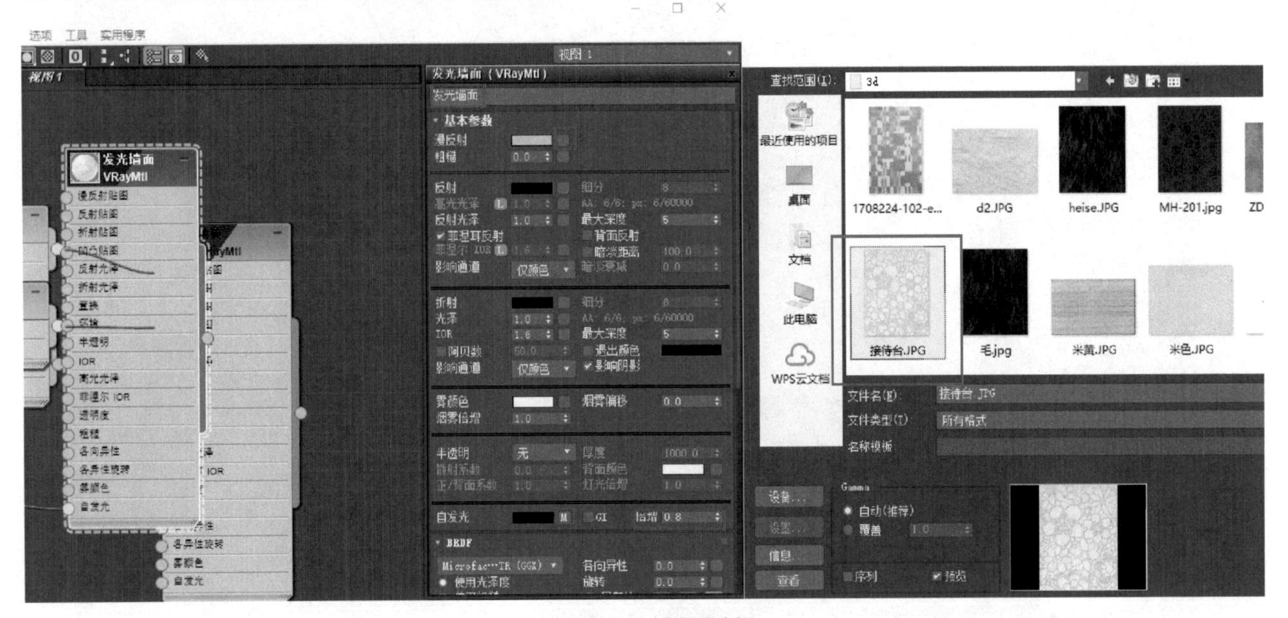

图17-63　材质选择

20）选择接待台（除台面），为其添加“UVW贴图”修改器，选择“长方体”贴图，将“长、宽、高”都设置为1000.0mm（图17-64）。

21）打开“材质编辑器”，再展开“材质”卷展栏，双击“VRayMtl”材质，在“视图1”窗口中双击“材质”，就会出现该材质的参数面板，取名为“大理石”，在“漫反射”贴图位置拖入一张石材贴图，“反射”设置为120，勾选“菲涅尔反射”，“高光光泽”设置为1.0，“反射光泽”设置为0.95，“细分”设置为12，将材质赋予接待台台面（图17-65）。

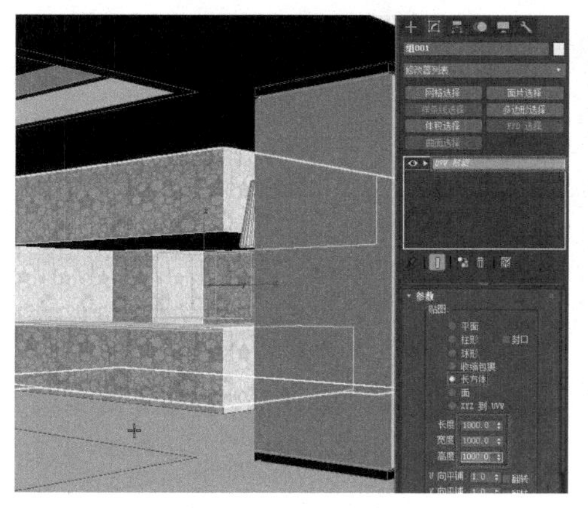

图17-64 添加贴图

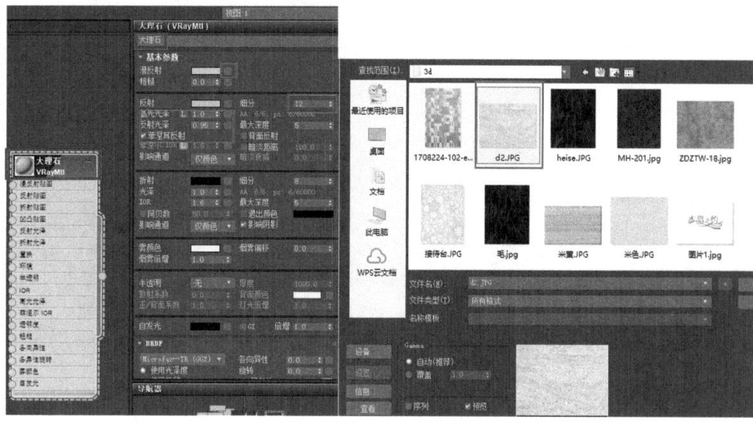

图17-65 材质设置

22）打开“材质编辑器”，再展开“材质库”卷展栏，双击“不锈钢”材质，将该材质赋予休息区与中央区最内侧的吊顶（图17-66）。

23）完成以上步骤之后，渲染场景并观察材质效果（图17-67）。

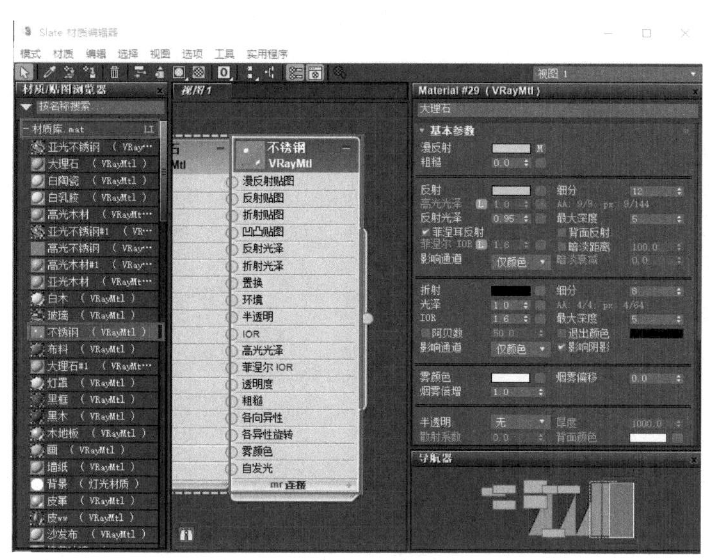

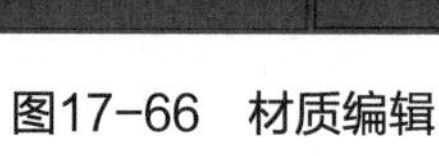

图17-66 材质编辑

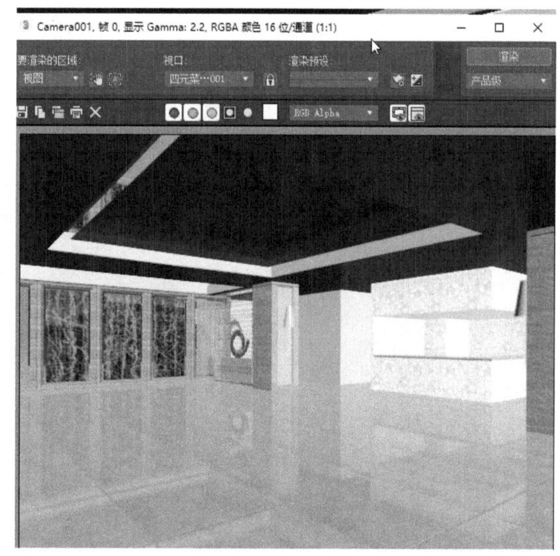

图17-67 渲染效果

17.3 设置灯光与渲染

1）在创建面板中选择“VR灯光（VRayLight）”，在前视口捕捉整个大厅，创建一个灯光（图17-68）。

设计小贴士

由于大厅中央很少会布置家具、设施、构造，因此要将认真制作周边的模型构件，合并进来的模型也要经过认真筛选，不能随意将就。

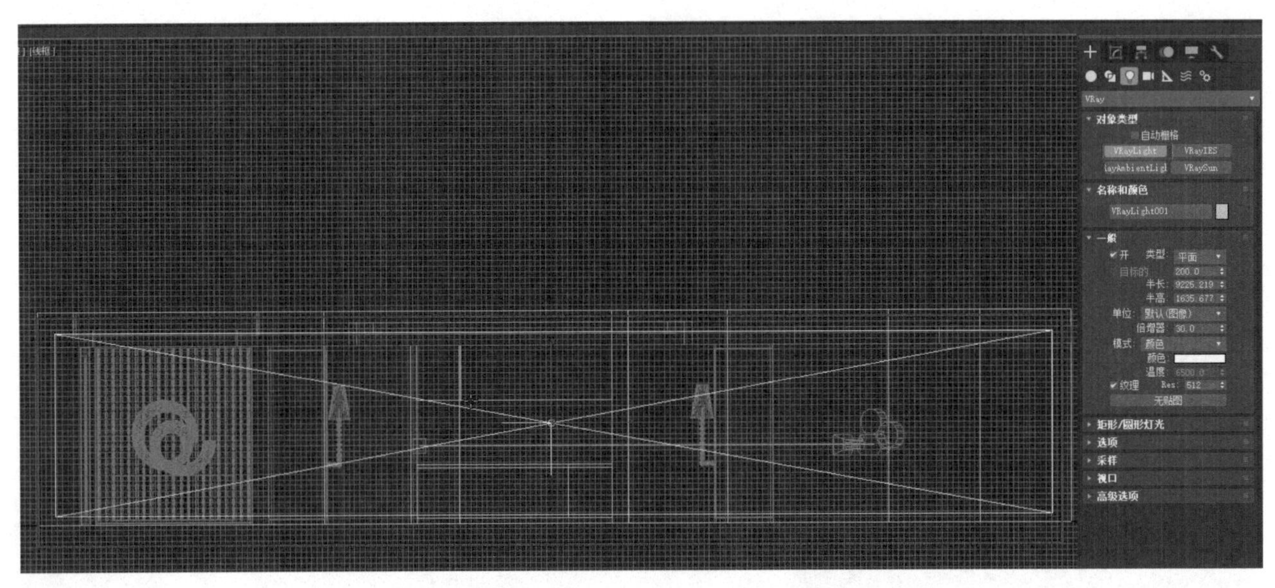

图17-68　创建灯光

2）调节灯光大小，在顶视口使用“移动”工具将灯光移动到墙内（图17-69）。

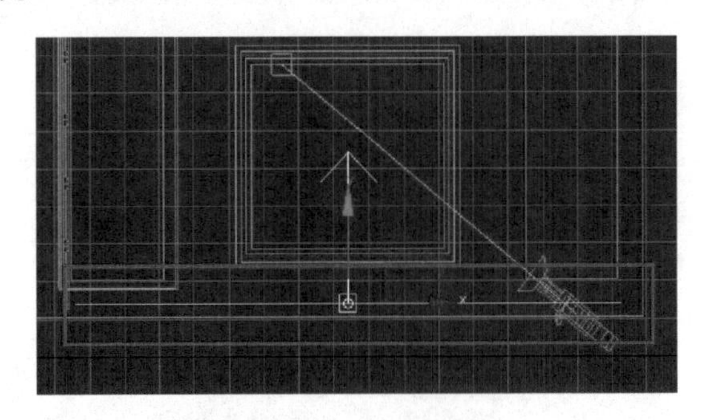

图17-69　调节灯光

3）进入修改面板，将灯光的“倍增器”设置为0.5，“颜色”设置为蓝色，勾选“不可见”，同时取消勾选“影响反射”与“影响反射”（图17-70）。

4）打开“渲染设置”面板调整测试参数，在“公用”选项的“公用参数”卷展栏 中将“输出大小”设置为320×240（图17-71）。

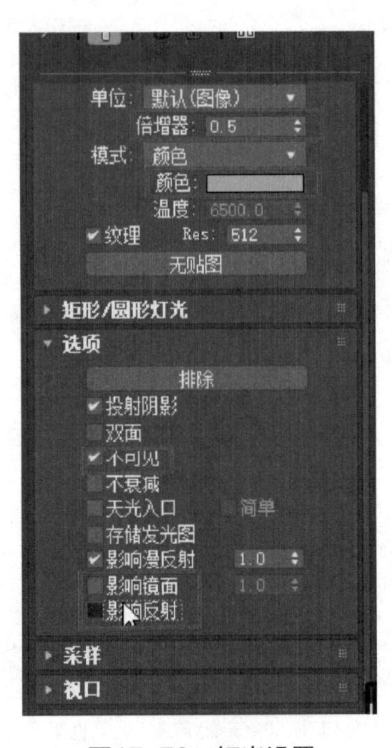

图17-70　灯光设置

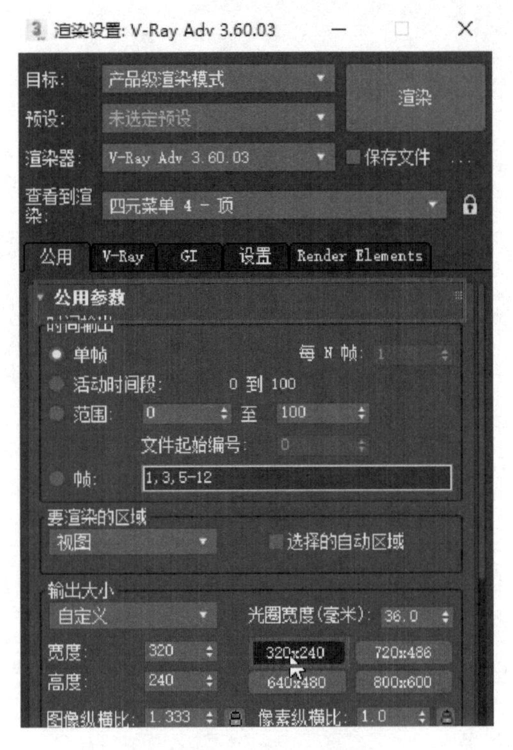

图17-71　渲染设置

5）进入“VRay”选项，在“图像过滤”卷展栏中将“过滤器”设置为“Catmull-Rom”（图17-72）。在“图像采用（抗锯齿）”中将“类型”设置为“块”（图17-73）。

6）进入“GI”选项，展开“全局照明”卷展栏，勾选“启用GI”，在“专家模式”下，将“首次引擎”设置为“发光贴图”，“倍增”设置为1.0，“二次引擎”设置为“灯光缓存”，“倍增器”设置为0.85，展开“发光图”卷展栏，将“当前预设”设置为“非常低”，“细分”设置为30，“插值采样”设置为20，勾选“显示计算阶段”（图17-74）。

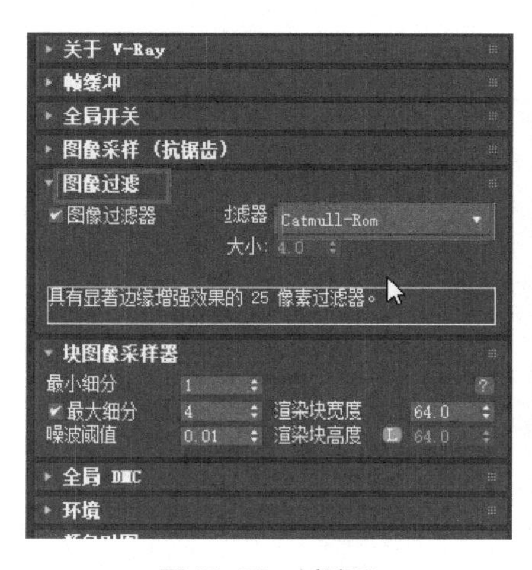

图17-72 过滤器

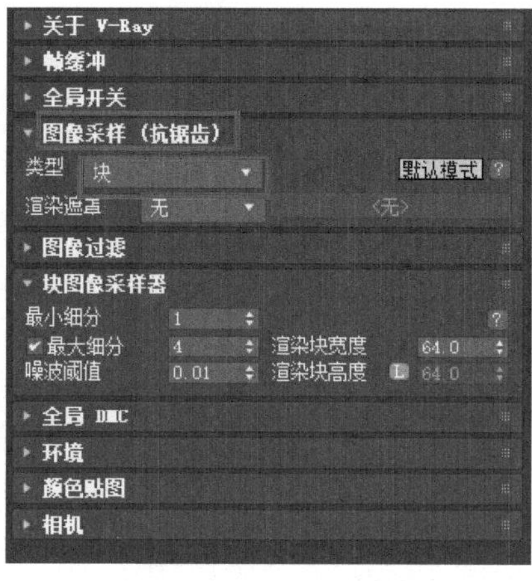

图17-73 图像采样

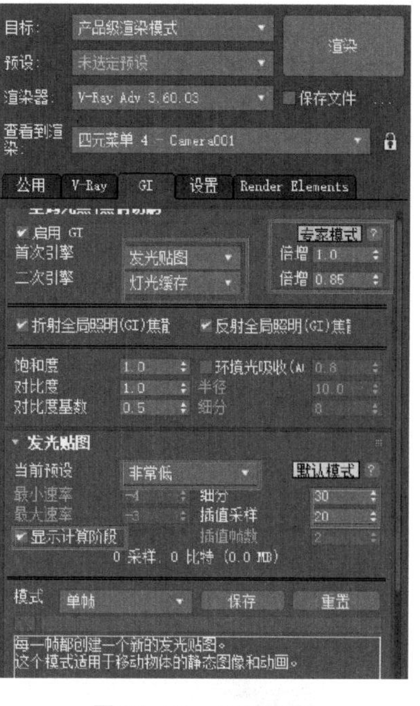

图17-74 照明设置

7）进入“GI”选项，展开“灯光缓存”卷展栏，将“细分”设置为100，“采用大小”设为0.1，（图17-75）。

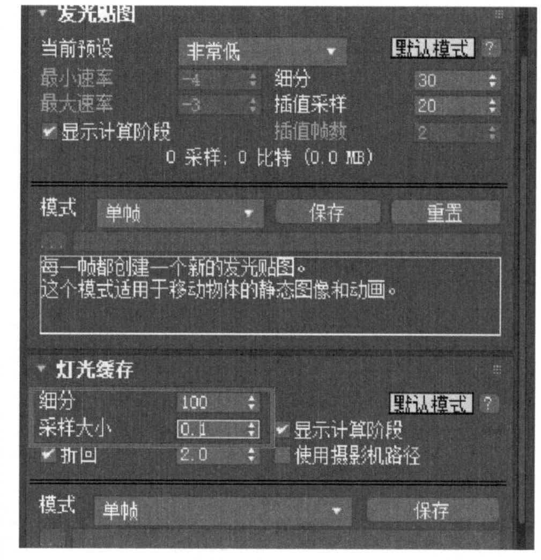

图17-75 灯光设置

图17-76 渲染效果

8）灯光设置完成之后，渲染场景查看效果，经过几秒就能看到灯光效果（图17-76）。

9）合并场景模型，将“中心吊顶”合并进场景中（图17-77）。

10）在“合并”对话框中，单击“全部”，同样取消勾选“灯光”与“摄影机”，然后单击“确定”按钮，将全部中心吊顶合并进场景中（图17-78）。

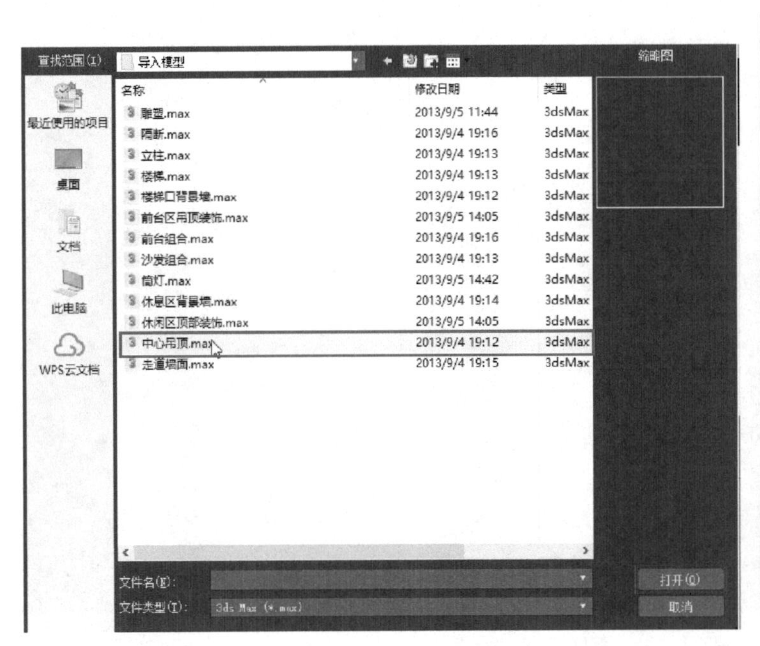

图17-77 导入合并模型

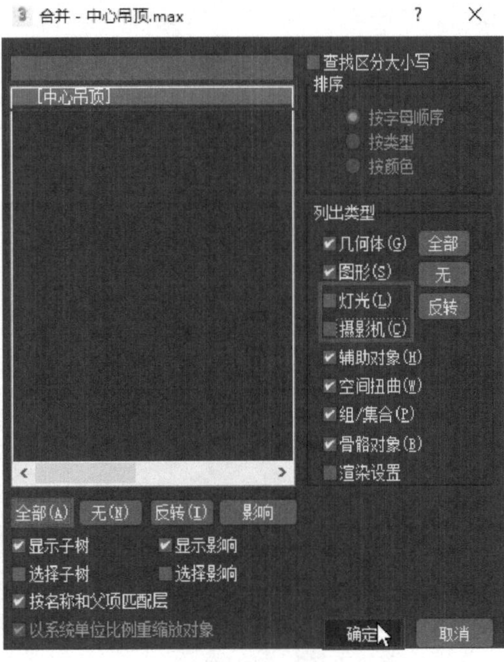

图17-78 取消勾选

11）由于位置已经调整好了，添加全部中心吊顶材质贴图，并将全部中心吊顶合并进场景中的效果（图17-79）。

12）进入顶视口，打开“2.5维”捕捉工具，捕捉中心吊顶位置并创建一个“VR灯光（VRayLight）”（图17-80）。

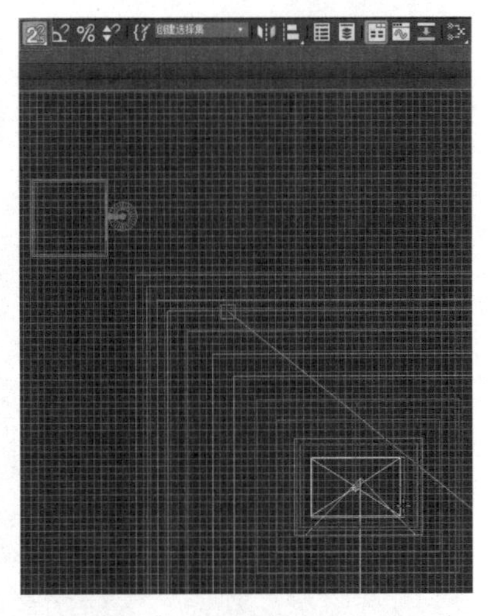

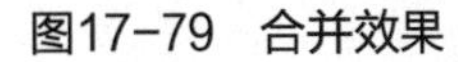

图17-79 合并效果

图17-80 捕捉创建灯光

设计小贴士

金碧辉煌的灯光效果是大堂效果图的精髓，灯光应明亮但不能刺眼，应当具有一定柔雅的视觉效果。各种黄色的灯光应有所差异，不宜全都使用同一种黄色，还可以适当添加白色或冷色光源作为补充。否则会造成色彩单一，甚至形成单色效果图。

13）进入前视口，按〈S〉键关闭“捕捉”工具，将灯光向下移动一定距离（图17-81）。

14）选择灯光，进入修改面板，将“倍增器”设置为5.0，“颜色”设置为浅黄色，取消勾选“不可见”，勾选“影响镜面”与“影响反射”（图17-82）。

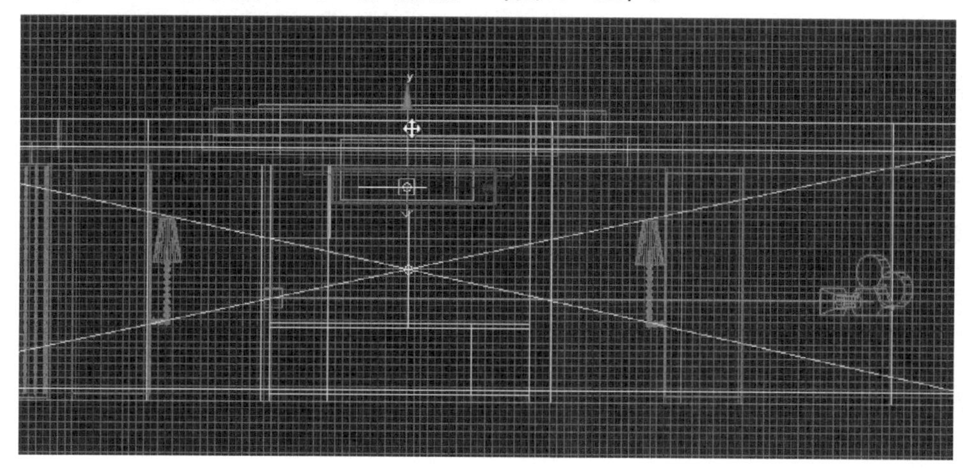

图17-81　移动灯光

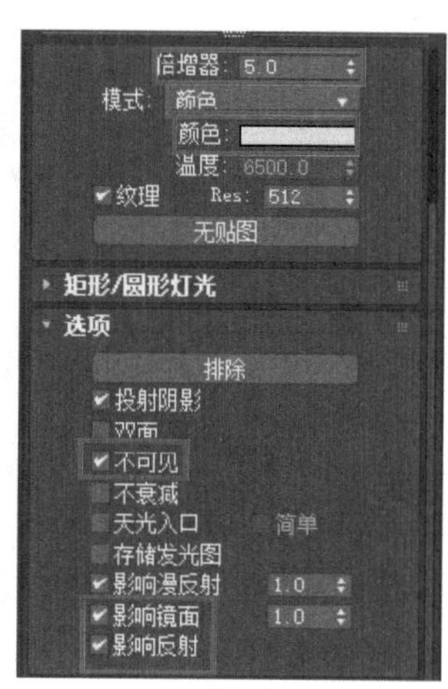

图17-82　修改面板

15）回到摄影机视口，渲染场景，观察效果（图17-83）。

16）进入顶视口，继续创建“VR灯光（VRayLight）”，再从内向外第3个方框中创建灯光（图17-84）。

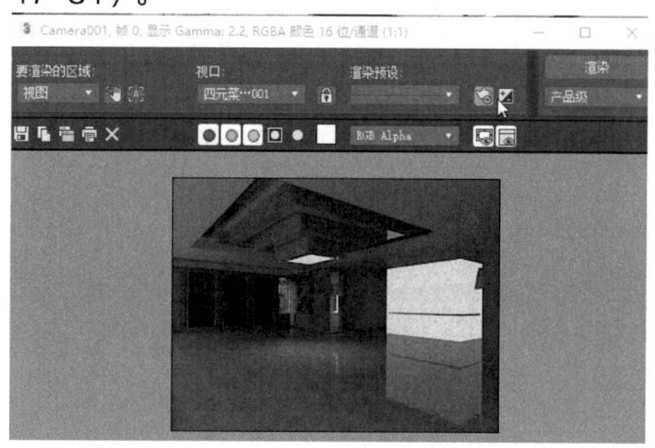

图17-83　渲染效果

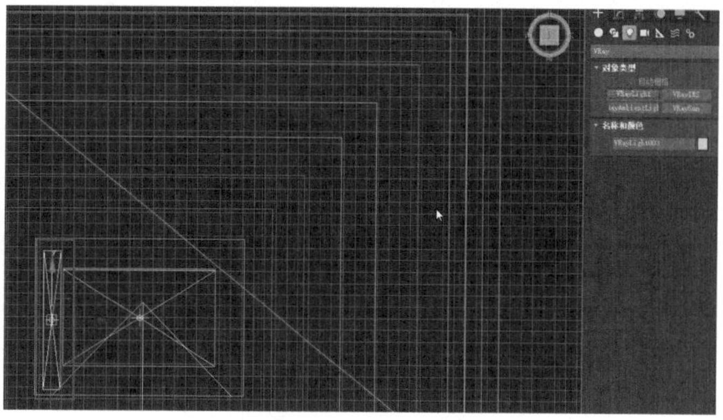

图17-84　创建灯光

17）将灯光复制3个，分别放在灯槽的4个位置上（图17-85），采用“复制”模式。

18）切换到前视口，将灯光向上移动至灯槽中（图17-86）。

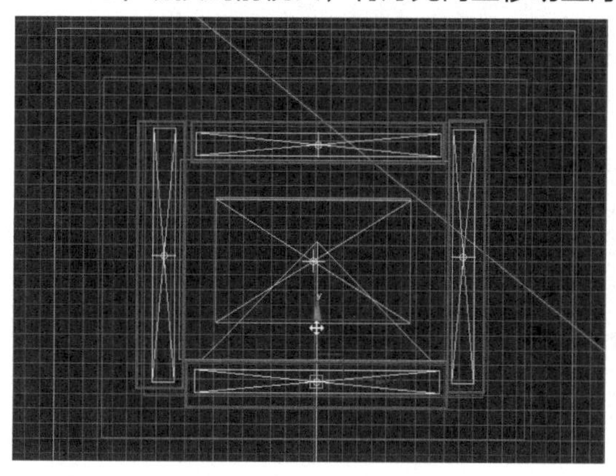

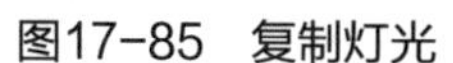

图17-85　复制灯光

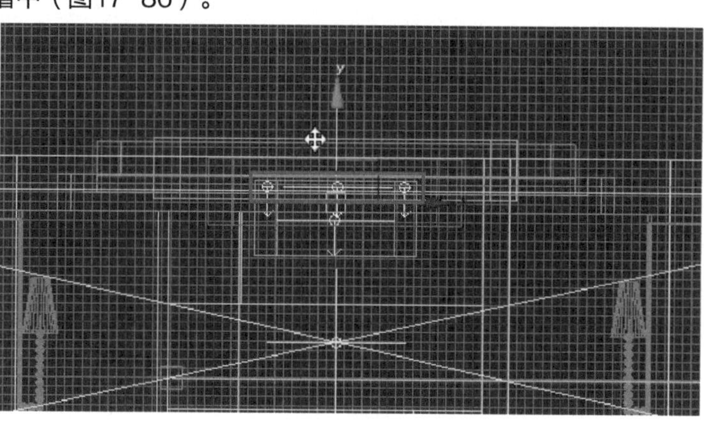

图17-86　移动灯光

19）回到摄影机视口，渲染场景，观察效果（图17-87）。

20）进入顶视口，继续创建“VR灯光（VRayLight）”，再从内向外第5个方框中创建灯光（图17-88）。

图17-87 渲染效果

图17-88 创建灯光

21）将灯光复制3个分别放在灯槽的4个位置上（图17-89），选择“复制”模式。

22）切换到前视口，将灯光向上移动到灯槽中（图17-90）。

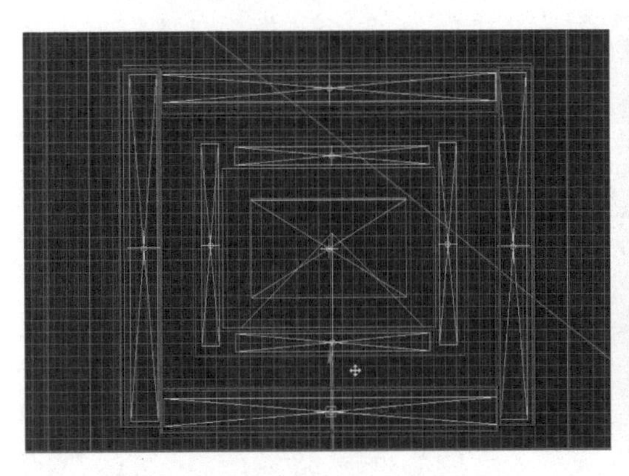

图17-89 复制灯光

图17-90 灯光移动

23）回到摄影机视口，渲染场景，观察效果（图17-91）。

24）使用上述方法继续创建灯槽中的灯光（图17-92）。

图17-91 渲染效果

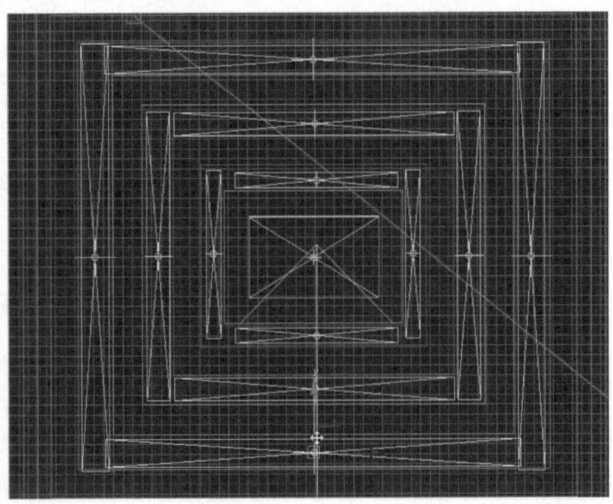

图17-92 创建灯光

25）上述步骤完成后，回到摄影机视口，渲染场景，观察效果（图17-93）。

26）进入顶视口，在休息区的灯槽中创建一个“VR灯光（VRayLight）”，勾选“不可见”，取消勾选“影响镜面”和“影响反射”（图17-94）。

图17-93　渲染效果

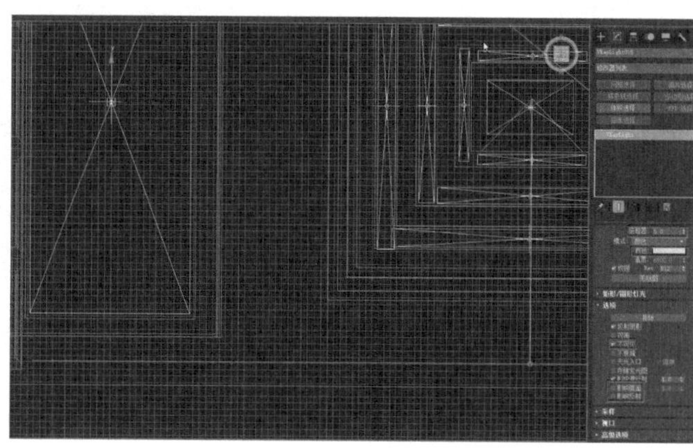

图17-94　创建灯光

27）切换到前视口，将灯光移动至灯槽的最顶部位置（图17-95）。

28）回到摄影机视口，渲染场景，观察效果（图17-96）。

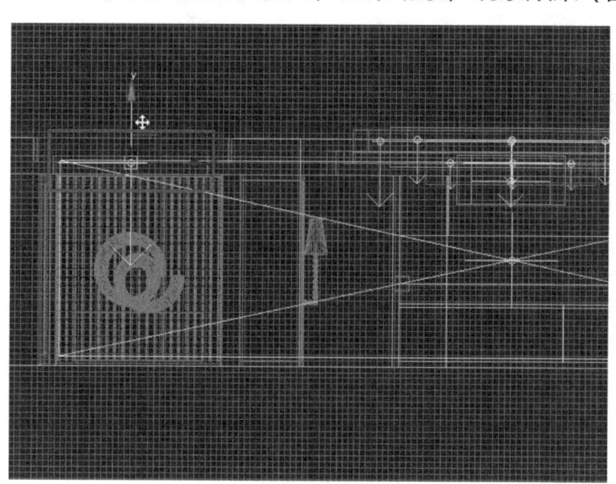

图17-95　移动灯光

图17-96　渲染效果

29）在顶视口中，将休息区的吊顶灯光复制1个到前台区的吊顶里面，选择“实例”（图17-97）。

30）回到摄影机视口，渲染场景，观察效果（图17-98）。

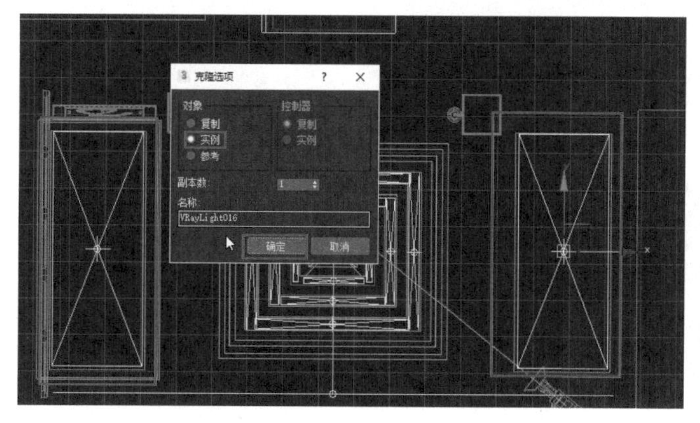

图17-97　复制灯光

图17-98　渲染效果

31）进入顶视口，在楼梯拐角的地方创建一个“VR灯光”（VRayLight）（图17-99）。

32）切换到前视口，将灯光移动到顶部（图17-100）。

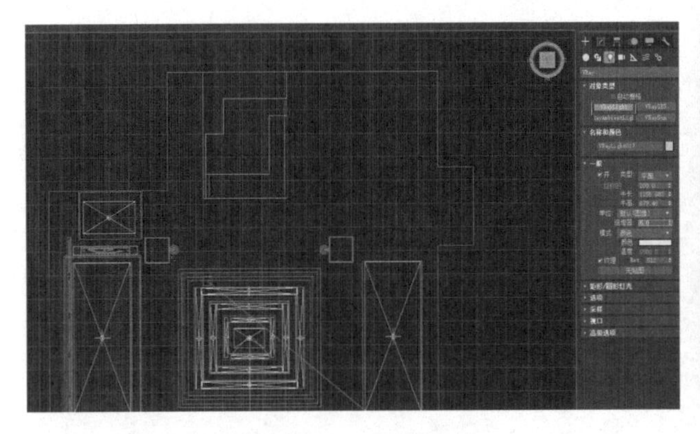

图17-99　创建灯光

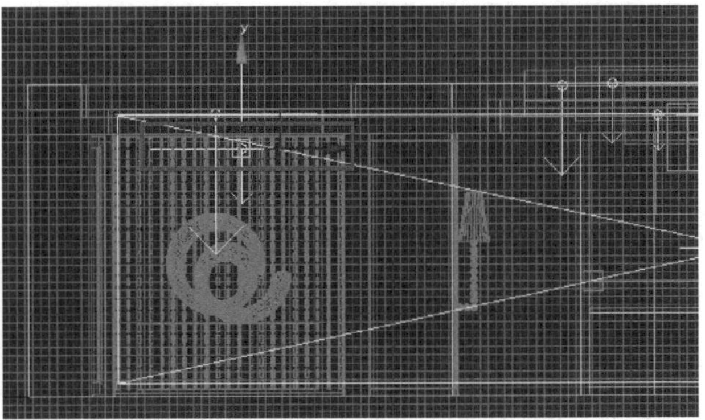

图17-100　移动灯光

33）回到摄影机视口，渲染场景，观察效果（图17-101）。

34）进入顶视口，将灯光复制几个到其他位置，选择“复制”模式并适当调节其大小（图17-102）。

图17-101　渲染效果

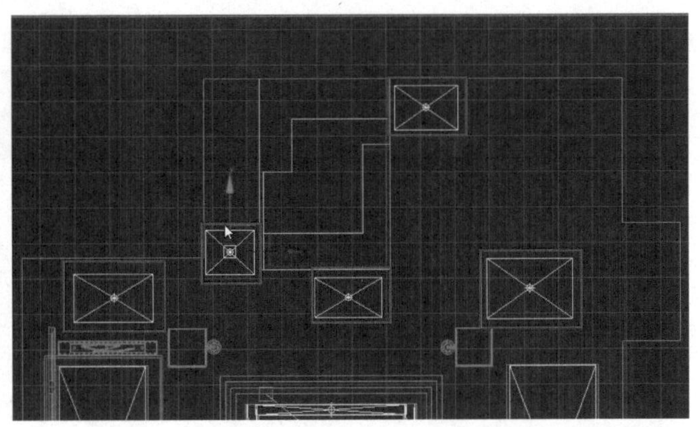

图17-102　灯光复制

35）回到摄影机视口，渲染场景，观察效果（图17-103）。

36）将“沙发组合”合并进场景中（图17-104）。

图17-103　渲染效果

图17-104　合并场景

37）最大化顶视口，创建“VR灯光（VRayLight）”，将“类型”改为“球体”，在台灯的位置创建一个比灯罩稍小的灯光（图17-105）。

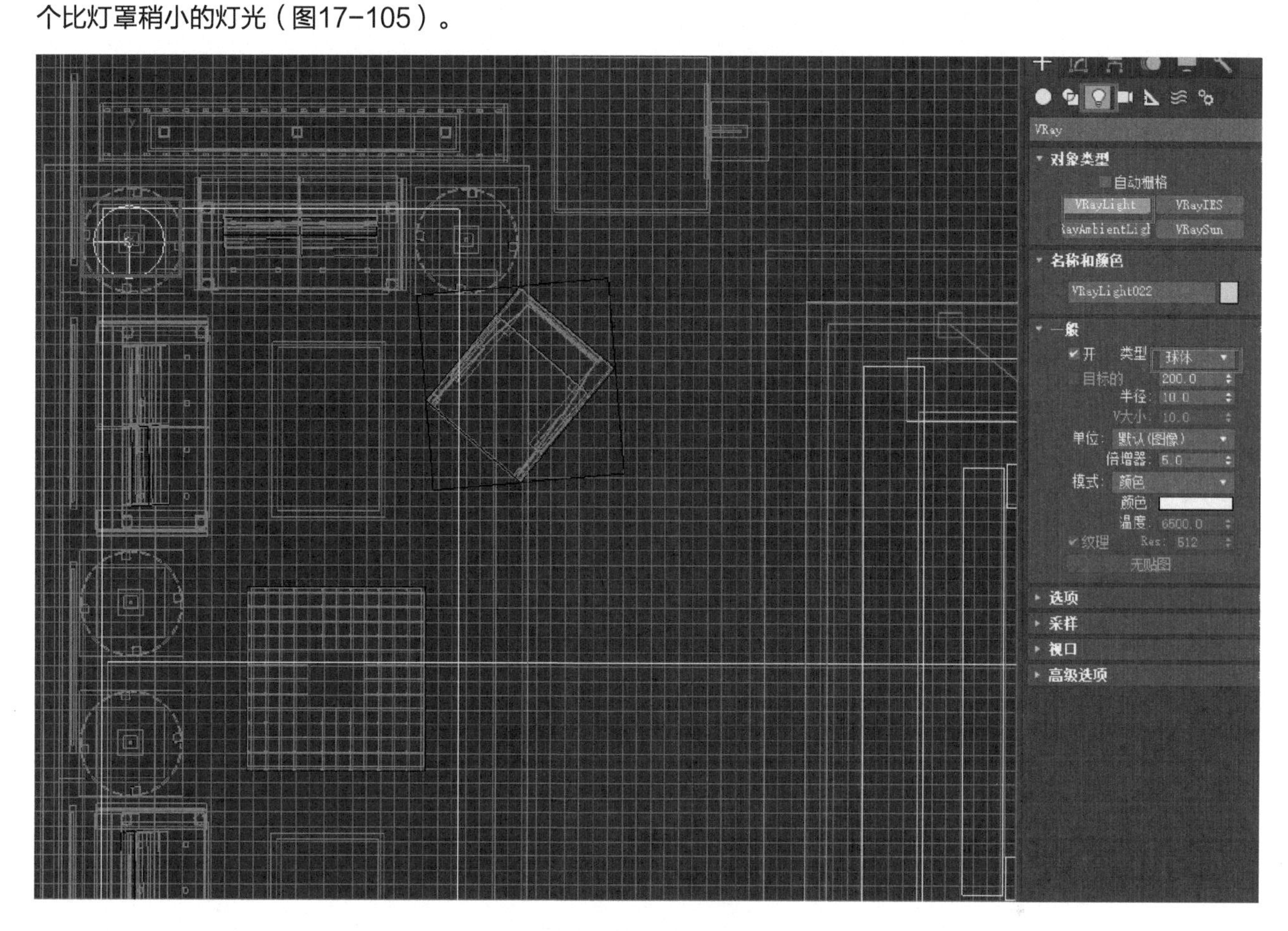

图17-105 创建灯光

38）切换到前视口，将灯光移动到灯罩内，并在修改面板中将灯光的“倍增器”设置为5，将“颜色”设为黄色（图17-106）。

39）切换到顶视口，选择“复制”模式将球形灯光复制到其余的台灯灯罩内（图17-107）。

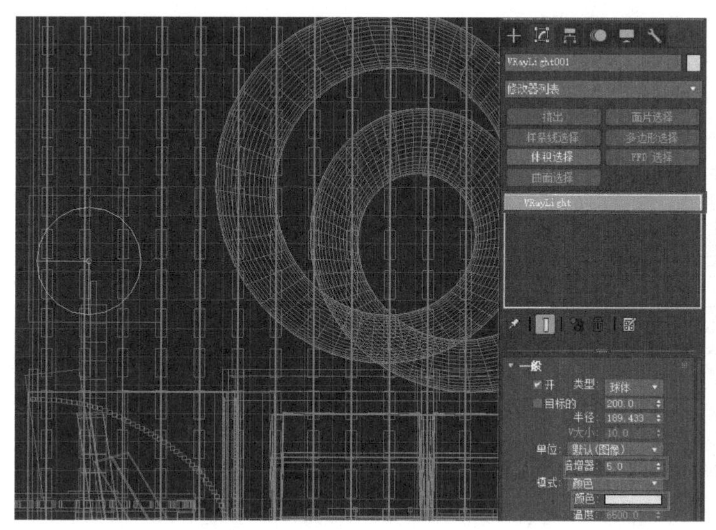

图17-106 灯光设置

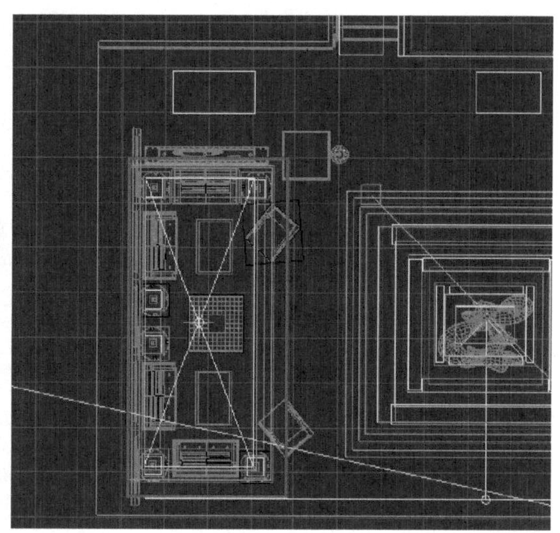

图17-107 复制灯光

40）回到摄影机视口，渲染场景，观察效果（图17-108）。

41）再将球形灯光复制两个到立柱壁灯的灯罩中，选择“复制”模式，并调整好高度与位置（图17-109）。

图17-108　渲染效果

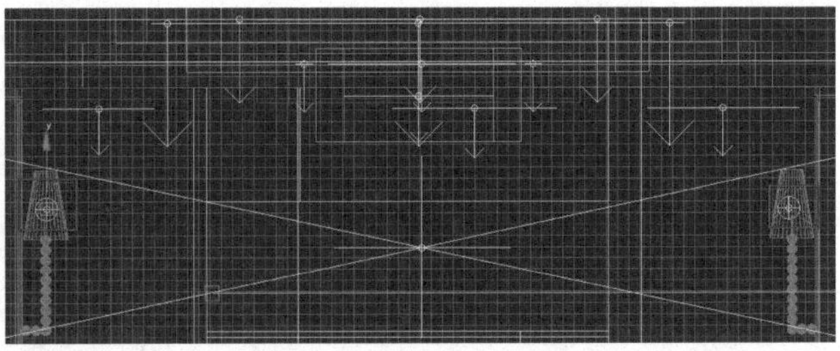

图17-109　复制灯光

42）回到摄影机视口，渲染场景，观察效果（图17-110）。

图17-110　渲染效果

17.4　设置精确材质

1）打开主菜单栏的“文件”菜单，选择“导入→合并”（图17-111）。进入本书配套资料的“模型素材/第17章/导入模型”中，将里面的剩余几个模型全部合并进场景中。选择“雕塑.max”，单击“打开”按钮（图17-112）。由于模型的大小、比例、位置都已经调整好了，可以不用再调整了。

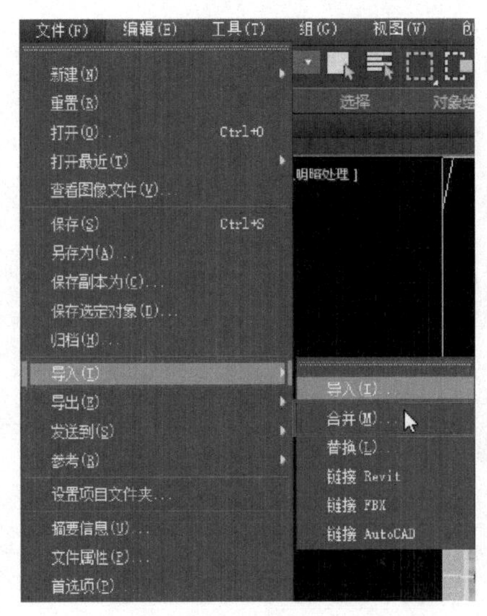

图17-111　文件导入

图17-112　合并模型

2）在“合并”对话框中选择“全部”，并取消勾选“灯光”与“摄影机”（图17-113）。

3）继续合并其他模型，如果遇到重复材质名称的情况，勾选“应用于所有重复情况”，并选择“自动重命名合并材质”（图17-114）。

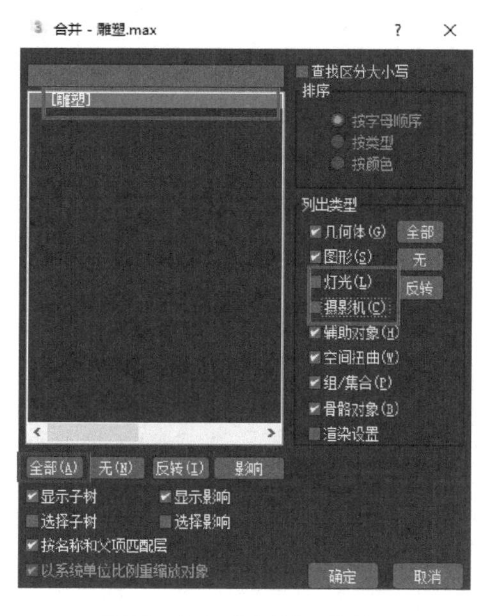

图17-113 “合并”对话框

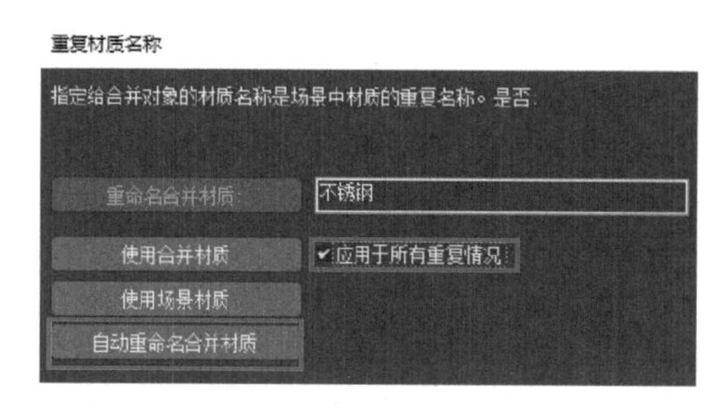

图17-114 自动合并材质

4）全部合并完成之后，发现场景中的材质都没有显示贴图，这是因为计算机没有找到贴图路径，这时就需要为场景中的材质重新添加贴图（图17-115）。

5）按〈P〉键进入透视口，打开“材质编辑器”，使用“吸管”工具吸取没有贴图的材质，并在“视图1”中双击该材质贴图，并单击“位图”贴图按钮（图17-116）。

图17-115 未显示贴图

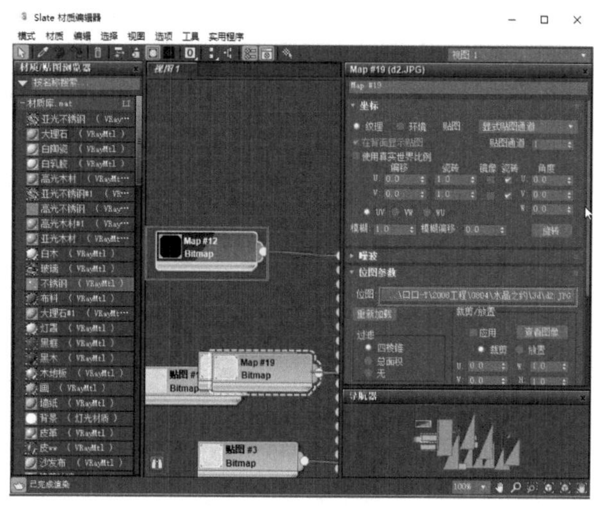

图17-116 贴图设置

6）按照图片的路径与名称，在“模型素材/第17章/3d”文件夹中找到其贴图，找到后单击“打开”按钮，也可自己添加其他合适的贴图（图17-117）。

7）添加贴图完成后，继续使用此方法还原其余模型贴图，全部完成场景贴图，并按住〈Shift+F〉键显示安全框（图17-118）。

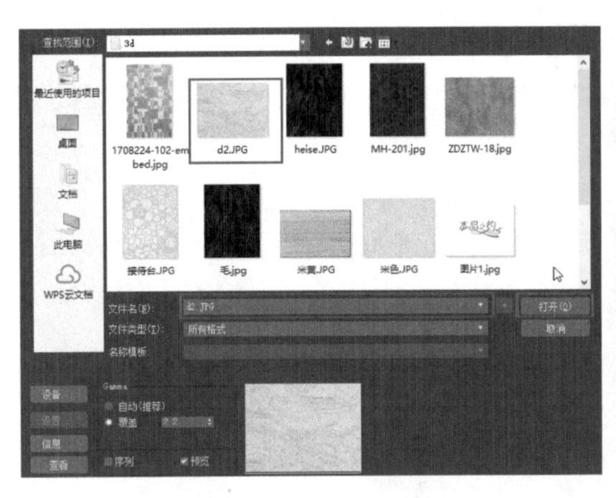

图17-117　添加贴图

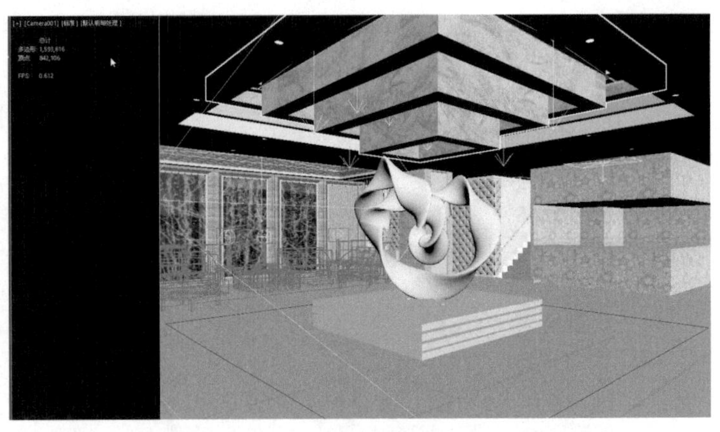

图17-118　模型贴图

8）渲染场景并观察效果（图17-119）。

图17-119　渲染效果

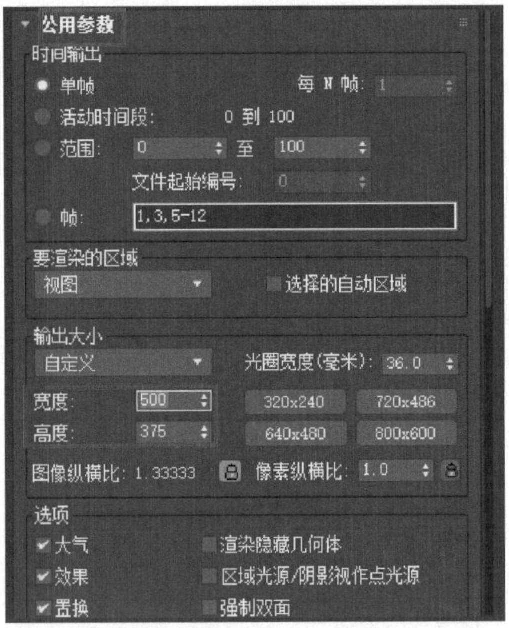

17.5　最终渲染

1）按〈F10〉键打开“渲染设置”面板，进入“公用”选项的“公用参数”卷展栏，将“输出大小”中的“宽度”与“高度”设置为500×375，并锁定“图像纵横比”（图17-120）。

2）进入“VRay”选项，展开“全局开关”卷展栏，勾选“不渲染最终图像”，展开“图像采用（抗锯齿）”卷展栏，将“类型”设置为“块”，展开“图像过滤”卷展栏，将“过滤器”设置为“Catmull-Rom”（图17-121）。

3）进入“GI”选项，展开“全局光照”卷展栏，在“专家模式”下，勾选“启用GI”，将“首次引擎”设置为“发光贴图”，“倍增”设置为1.0，“二次引擎”设置为“灯光缓存”，“倍增”设置为0.85，展开“发光贴图”卷展栏，将“当前预置”设置为“中”，“细分”设置为50，“插值采样”设置为30（图17-122）。

4）向下拖动卷展栏，在“高级模式”下勾选“自动保存”与“切换到保存的贴图”，并单击后面的“浏览…”按钮，将光子图保存在“模型素材/第17章/光子文件”中，命名为“1”（图17-123）。

图17-120　渲染设置

5）展开“灯光缓存”卷展栏，将“细分”设置为1000，勾选“显示计算阶段”“自动保存”与“切换到被保存的缓存”，并单击后面的“浏览”按钮，将光子图保存在“模型素材/第17章/光子文件”中，命名为“2”（图17-124）。

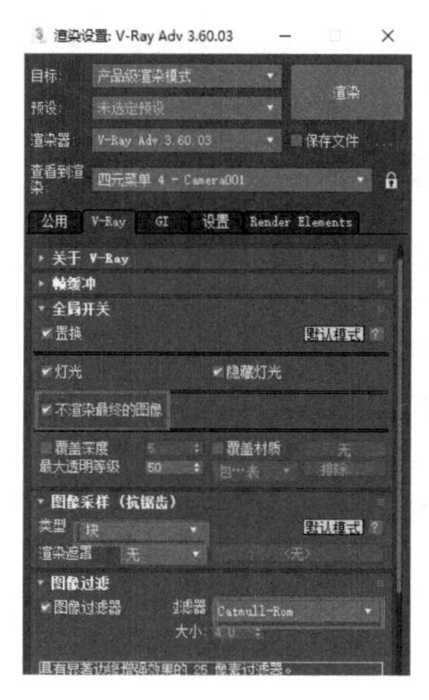

图17-121　图像类型

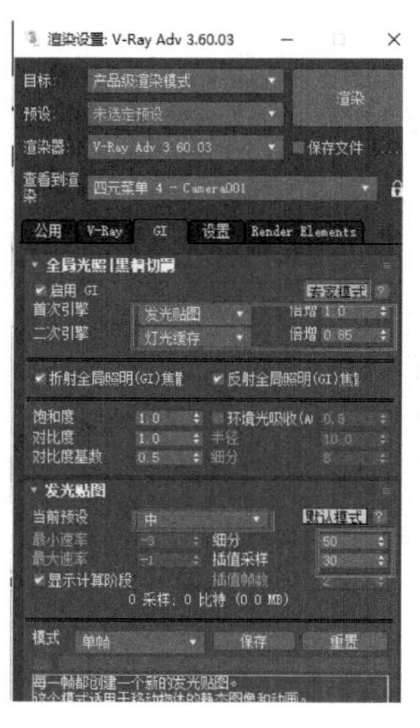

图17-122　灯光设置

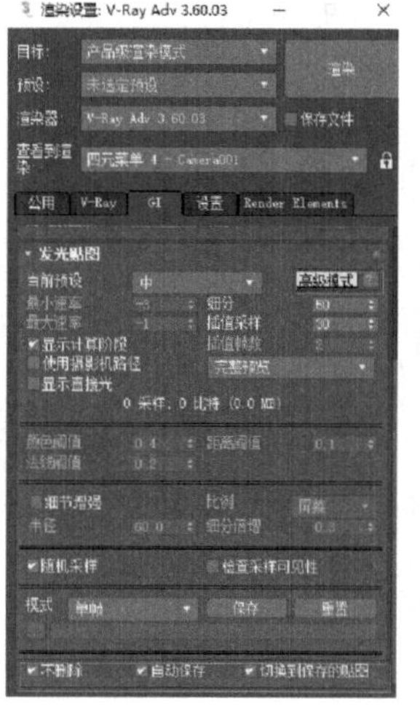

图17-123　保存贴图

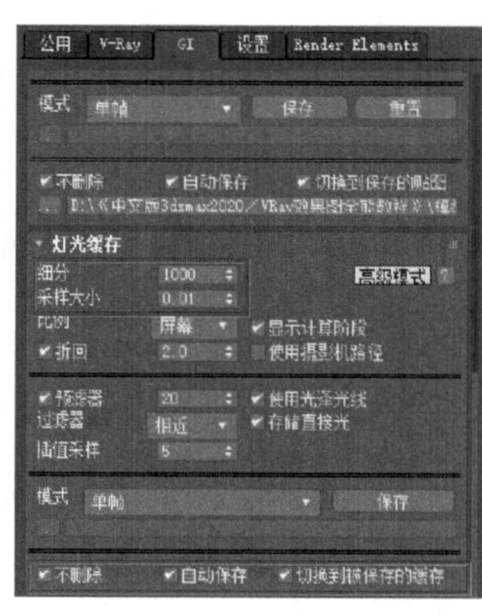

图17-124　保存设置

6）切换到摄影机视口，渲染场景，经过几分钟的渲染，就会得到两张光子图（图17-125）。

7）现在可以渲染最终的图像了，按〈F10〉键打开“渲染设置”面板，进入“公用”选项，将“输出大小”设置为2000×1500，向下滑动卷展栏，单击“渲染输出”的“文件”按钮，将渲染后的图像保存在“模型素材/第17章”中，命名为“效果图”（图17-126）。

8）进入“VRay”选项，将“全局开关”卷展栏中的“不渲染最终的图像”勾选取消，这个是关键，否则不会渲染出图像（图17-127）。

图17-125　渲染场景

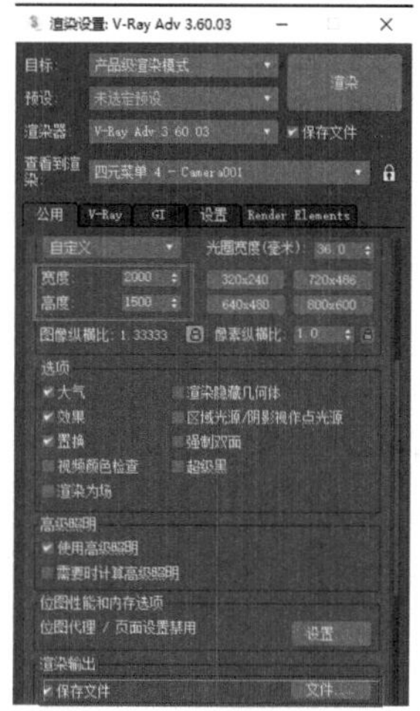

图17-126　渲染设置

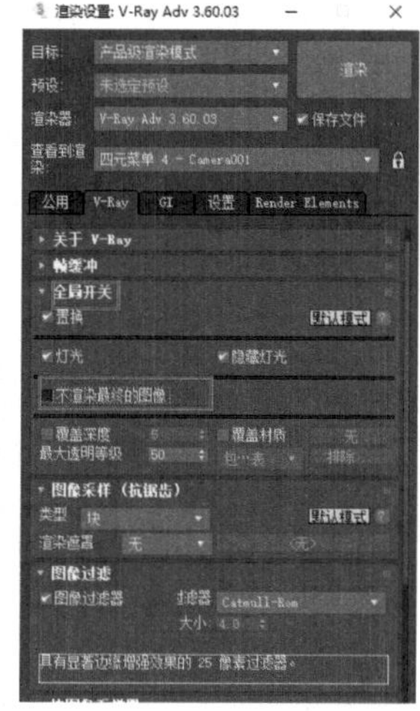

图17-127　渲染选择

9）单击“渲染”按钮，经过30min左右的渲染，就可以得到一张高质量的大厅效果图，并且会被保存在预先设置的文件夹内（图17-128）。

10）将模型场景保存，并关闭3ds max 2020，这时可以使用任何图像处理软件进行修饰，如Photoshop，主要进行明暗、对比度的处理并添加背景，处理之后的效果就比较完美了（图17-129）。

使用Photoshop修饰效果图的方法见本书第18章。

图17-128　渲染效果

图17-129　处理效果

本章小结

本章讲解了大厅周边模型构建和大厅效果图的渲染方法，其重点是灯光和材质的表现，大厅效果图要表现出开阔的视觉感受，同时又不能显得过于空旷，则需要合理填充空间。

★课后练习题

1.大厅效果图应用于哪些范围?

2.大厅建模效果图和室内建模效果图二者区别在哪里?

3.大厅效果图灯光设置要点是什么? 如何表现其特点?

4.结合所学内容，建模并渲染2种不同场景的大厅效果图。

第18章　装修效果图修饰

操作难度： ★★★☆☆

章节导读： 在前面章节已经见过Photoshop处理的效果图，从这些效果图中不难看出，经过Photoshop处理后，效果图可以变得更加明快，对比度会更加强烈，效果也更清晰，还可以在场景中添加植物与装饰品。本章将详细介绍Photoshop装修效果图的修饰方法。

18.1　修饰基础

18.1.1　认识PhotoshopCC 2019

PhotoshopCC 2019是Adobe公司出品的较新版本的Photoshop软件，PhotoshopCC 2019相对以往版本，在界面上变化较大，添加了新功能，下面介绍PhotoshopCC 2019的基础知识。

1）打开PhotoshopCC 2019软件，在界面最顶部即是菜单栏，其中包括文件、编辑、图像、图层、文字、选择、滤镜、3D、视图、窗口、帮助等菜单按钮。菜单栏下方是属性栏，能显示当前使用的工具属性（图18-1）。

图18-1　菜单栏

2）界面左侧是工具栏，里面集合了常用工具，如果工具栏图标的右下角有小三角形符号，可以在图标上单击鼠标右键，会出现若干复选工具（图18-2）。

3）界面右侧是操作面板，这里有各种面板可以对场景作不同调整，单击“折叠”按钮就可以展开面板，再单击就会关闭（图18-3）。

4）在菜单栏的“文件”中选择“打开”，打开本书配套资料中的“模型素材/第18章/现代卧室效果图”（图18-4）。

图18-2　工具栏

图18-3　操作面板

5）在效果图后期修饰中，最常用的3个命令，分别是“亮度/对比度”“色阶”“色相/饱和度”，单击菜单栏的“图像→调整”可以打开这些命令（图18-5）。

图18-4 打开文件

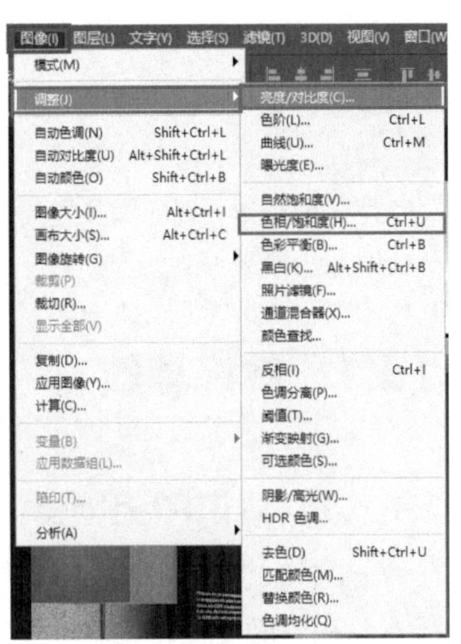

图18-5 菜单图像命令

6）使用“亮度/对比度”命令，可以修改图像的亮度与对比度，一般用来调整效果图的明暗关系（图18-6）。

7）使用“色阶”命令，可以单独修改图像中亮部与暗部的黑白倾向，一般用来校正效果图的黑白对比问题（图18-7）。

8）使用“色相/饱和度”命令，可以修改图像的色彩面貌、色彩鲜艳程度等，一般用于加强效果图的鲜艳度或者减弱鲜艳度（图18-8）。

9）在“历史记录”中可以回到上一步的操作，也可以对比操作前后的效果（图18-9）。

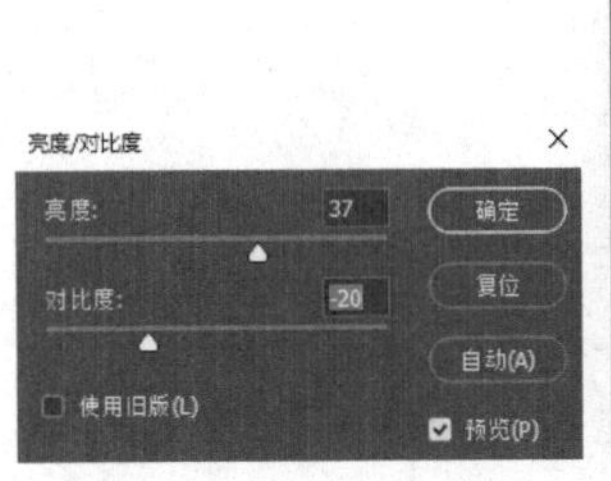

图18-6 “亮度/对比度”命令

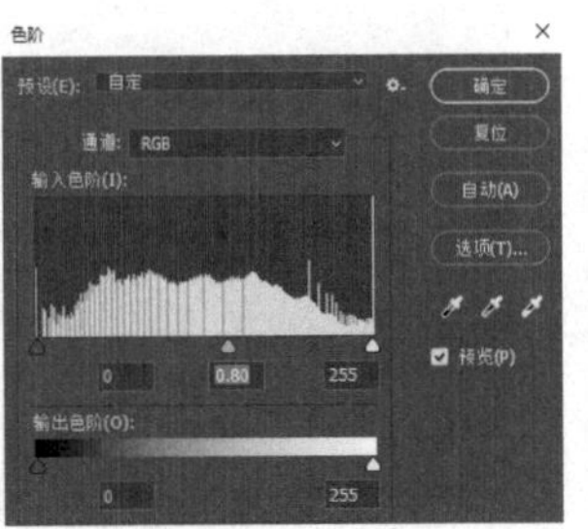

图18-7 “色阶”命令

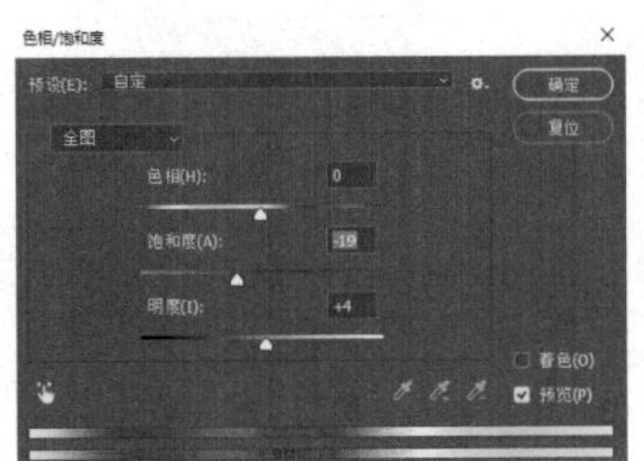

图18-8 “色相饱和度”命令

图18-9 “历史记录 ”

10）使用“高斯模糊”命令，可以让效果图中的某一部分或某些部分产生模糊效果，可以处理窗外背景（图18-10）。

设计小贴士

PhotoshopCC 2019是Adobe公司旗下非常出名的图像处理软件之一，是集图像扫描、编辑修改、动画制作、图像制作、广告创意、图像输入与输出于一体的图形图像处理软件，深受广大设计人员和计算机美术爱好者的喜爱。

使用PhotoshopCC 2019修饰效果图通常只会用到其中一部分内容，如调节明暗、对比度、色彩等，因此操作者只需了解其中部分内容即可，不必深入学习，其更多功能是针对照片修复与平面设计开发的。也可以这样理解，使用任何版本的Photoshop软件都可以轻松修饰效果图。此外，还可以尝试使用其他软件来修饰，如美图秀秀、可牛图像、光影魔术手、QQ影像等，用这些软件进行效果图常规修饰，操作起来特别简单，无须专业学习即可上手，如果有更高要求，如合成其他图像等，就只能运用最新版的PhotoshopCC 2019了。

11）使用“智能锐化”工具，可以让效果图中的物体更加清晰（图18-11）。

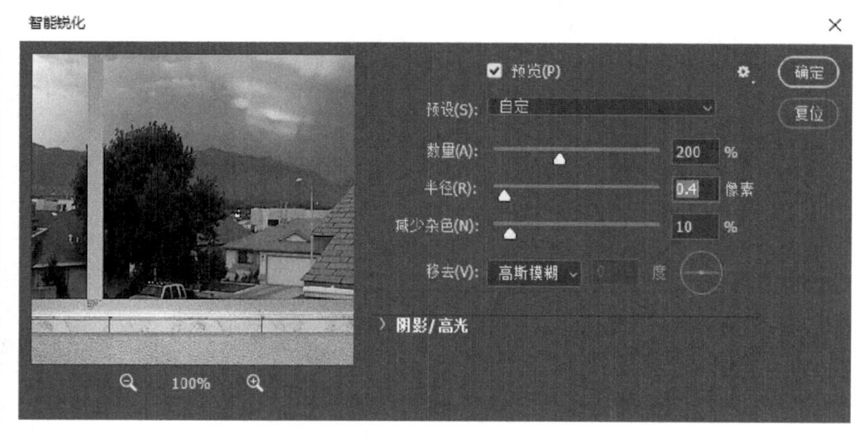

图18-10 “高斯模糊”命令

图18-11 “智能锐化”工具

12）使用“文字”工具，可以在效果图中添加文字说明（图18-12）。

13）单击文字图层，右键选择“混合选项”（图18-13）。

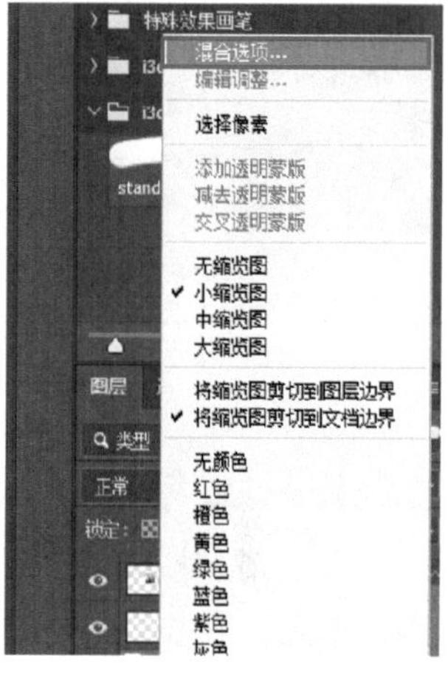

图18-12 添加文字

图18-13 混合选项

14）在打开的“图层样式”面板中，勾选“投影”，调整图层的“不透明度”“角度”“距离”“扩展”“大小”等参数，为文字添加投影（图18-14）。

15）为图像添加装饰品，导入本书配套资料中的“模型素材/PS装饰/A-A-半/A-A-001.PSD”文件，并调整至合适的位置（图18-15）。

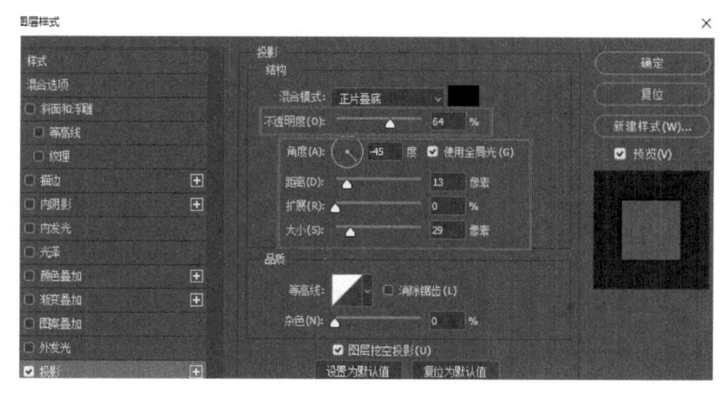

图18-14 图层样式

图18-15 添加文件

16）修饰后的效果图如图18-16所示。

图18-16　效果图

18.1.2　效果图格式

保存效果图时，有.JPG、.TIFF、.BMP、.PSD等多种格式可供选择，每种格式都有不同的用途与特点，因此要熟悉每种格式。在“菜单栏”的“文件”中单击“储存为”，打开“储存为”面板，单击“格式”后的下拉列表框，可以查看PhotoshopCC 2019所支持的文件格式（图18-17）。在日常的文件保存中，一般选择TIFF格式，在弹出的保存选项框中，选择默认保存形式（图18-18）。

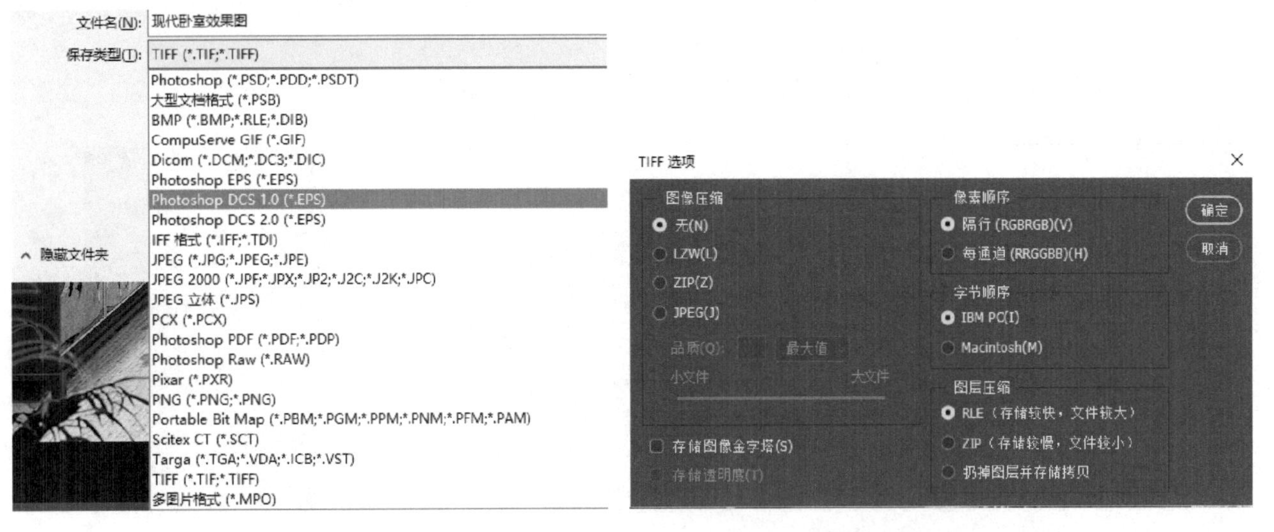

图18-17　保存格式　　　　图18-18　默认格式

1）.PSD格式。它是Photoshop图像处理软件的专用文件格式，支持图层、通道、蒙版、不同色彩模式等图像特征，是一种非压缩的原始文件保存格式。.PSD格式文件容量比较大，可以保留所有原始信息，在效果图修饰过程中，对于不能及时制作完成的效果图，选用.PSD格式保存是最佳的选择。关闭.PSD格式效果图后，再次打开它，在控制面板中依然会保存原有图层，但.PSD格式的文件不能被其他图像处理软件打开。

2）.BMP格式。它是一种与硬件设备无关的图像文件格式，使用非常广，除了图像深度可选择外，不采用其他任何压缩技术。因此，.BMP文件所占用的空间很大。由于.BMP文件格式是Windows环境中交换图像数据的一种标准，因此在Windows环境下运行的图形图像软件都支持.BMP图像格式，可以随时打开查看。在PhotoshopCC 2019中虽然能打开.BMP格式的图片文件，但是在图层面板中却不能保留图层，它的容量只有.PSD格式的50%左右。

3）.JEPG格式。它是目前网络上最流行的图像格式，是可以将图像文件压缩到最小容量的格式，应用非常广泛，特别是在网络与光盘读物上应用很多。目前，各类浏览器与图像查看软件均支持.JPEG这种图像格式，因为.JPEG格式的文件尺寸较小，下载速度快。在PhotoshopCC 2019中打开.JEPG格式图片文件时，在图层面板中没有图层，但是它的容量最小，只有.PSD格式的10%左右，可以采用其他图像软件打开查看，还可以通过网络上传。

4）.TIFF格式。它是由Aldus与Microsoft公司为桌上出版系统研制开发的一种较为通用的图像文件格式，在PhotoshopCC 2019中打开TIFF格式的图片文件，它依然会保存图层，但是容量往往会大于.PSD格式，但是它能在其他图像软件中查看。

18.1.3 修改图像尺寸

如果在3ds max 2020中渲染的效果图尺寸过小，希望能满足大幅面与高精度打印要求，可以在PhotoshopCC 2019中修改。

1）打开本书配套资料中的“模型素材/第18章/现代卧室效果图”文件，在菜单栏的“图像”中选择“图像大小”（图18-19）。

2）在“图像大小”面板中，提供了一些预设，可以直接使用预设来方便地调整图像（图18-20）。

3）“宽度”与“高度” 可以调整图像大小，而且它与上面的“像素大小”互为绑定，改变下面的数值，上面的“像素大小”也会发生相应变化，相反亦如此，在右侧的下拉列表框中可以选择不同的“单位”（图18-21）。

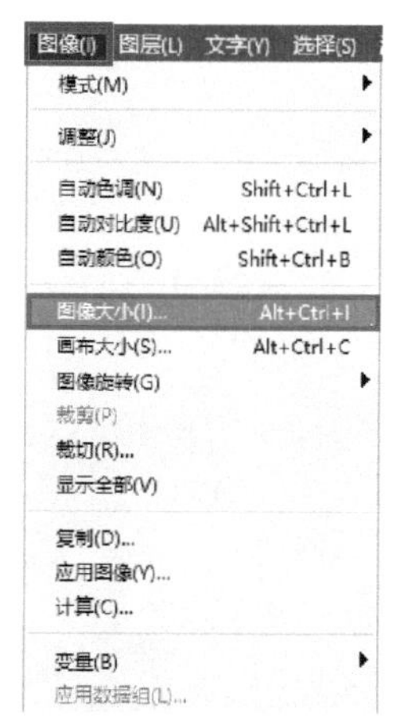

图18-19 图像大小

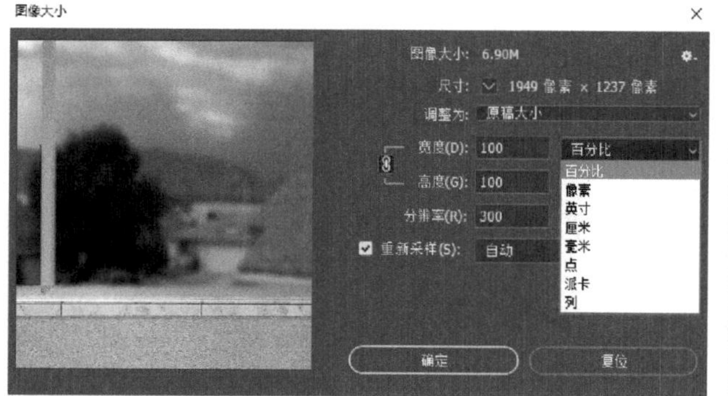

图18-20 图像面板

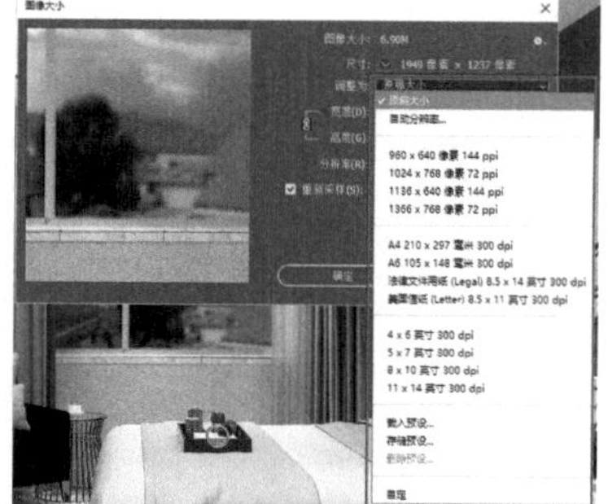

图18-21 单位选项

4）“图像大小”中最重要的是“分辨率”，“分辨率”数值越高，图像就越大越清晰，容量也很大，相反数值越低，图像就越小越模糊，容量也很小。用于网络传播的效果图，其“分辨率”设置应不低于72像素/英寸（dpi）；用于草图打印的效果图，其“分辨率”设置一般不低于150dpi；用于高精度打印的效果图，其“分辨率”设置应不低于300dpi（图18-22）。

5）“图像大小”中有8种“缩放方式”可供选择，一般使用默认“自动”方式即可（图18-23）。

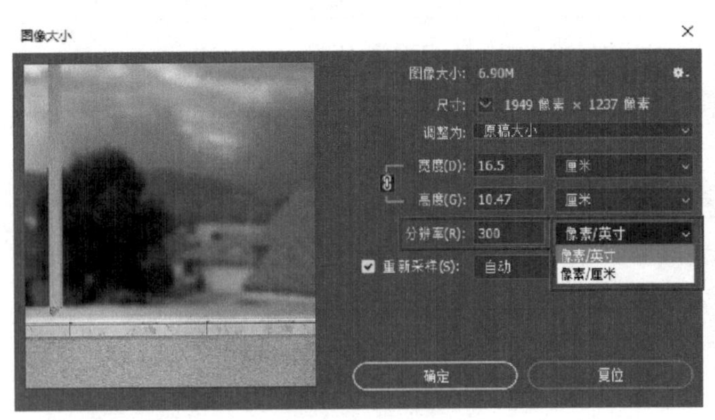

图18-22　分辨率

图18-23　缩放方式

18.2　后期修饰方法

本节将逐步介绍效果图的后期修饰方法。后期修饰方法很多，要根据效果图渲染的实际情况来制定修饰方案，在渲染中无法获得的效果都可以经过后期修饰变得完美。

18.2.1　亮度/对比度调整

1）打开本书配套资料中的“模型素材/第18章/客厅ps待修复图.tif”，在图层面板中，将背景图层向下拖动至“创建新图层”按钮上，完成之后将会在“背景”图层上复制一个新图层，这样即使在后期操作时出现了错误，也不会破坏原图层，删除新图层就能快速恢复原图层（图18-24）。

2）选择“背景副本图层”，在菜单栏“图像”的“调整”中选择“亮度/对比度”（图18-25）。

3）在“亮度/对比度”中调节两个滑块，“亮度”与“对比度”值向左或向右都不宜超过其最大值的30%，因为这个过程会损失大量像素，所以这里将“亮度”设置为24，“对比度”设置为27（图18-26）。

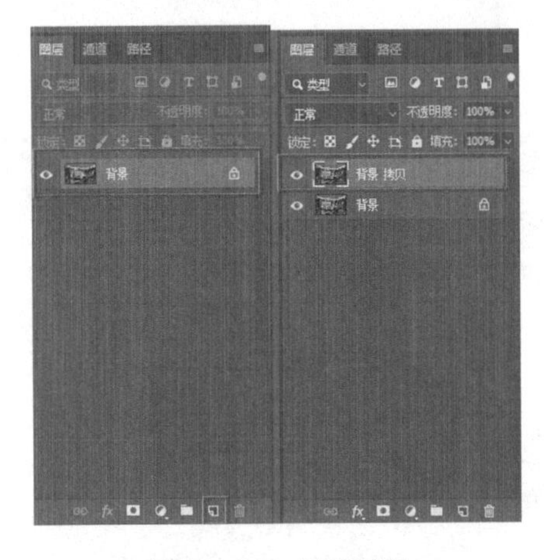

图18-24　复制图层

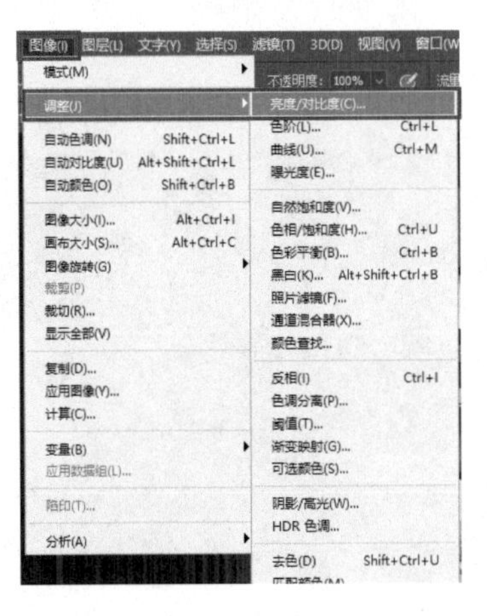

图18-25　调整亮度对比度

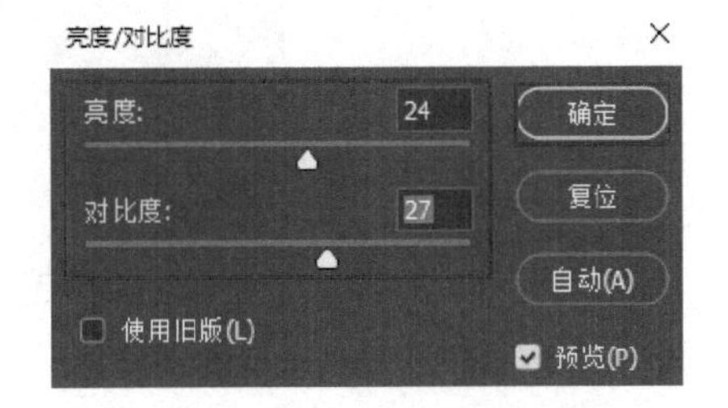

图18-26　亮度对比度设置

4）除了可以直接调整图层的“亮度/对比度”外，还可以使用“添加图层”的方法来调节整体“亮度/对比度”，在“历史记录”中将操作向上退一步（图18-27）。

5）将“图层”面板上方的面板切换为“调整面板”，在“添加调整”中选择“亮度/对比度”，这时就会在“背景副本”图层之上重新添加一个“亮度/对比度图层”，并且会在左侧弹出“亮度/对比度”的“属性”面板，可以在该面板中调节“亮度”与“对比度”参数（图18-28）。

图18-27　历史返回

图18-28“属性”面板

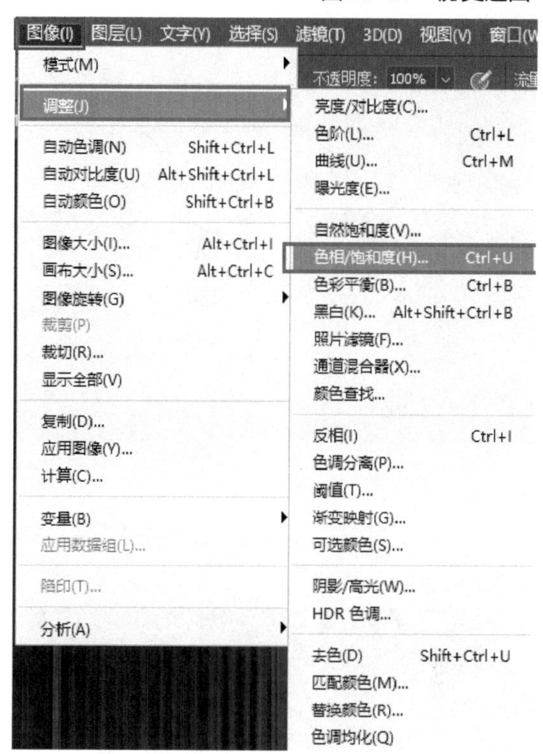

图18-29　图像调整

18.2.2　色相/饱和度调整

1）继续进行调节，在菜单栏“图像”的“调整”中选择“色相/饱和度”（图18-29）。

2）在“色相/饱和度”面板中，“预设”可以选择不同的模板，系统提供了8种“预设模板”（图18-30）。

3）将“预设”保持为“默认值”，在下拉列表框中可选择不同颜色进行单独调节（图18-31）。

图18-30　预设模板

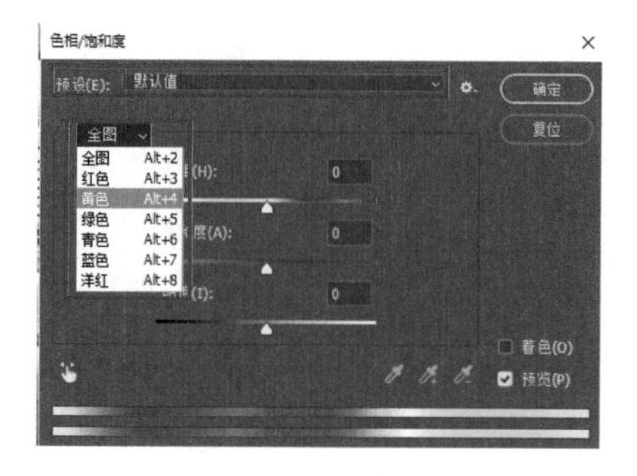

图18-31　颜色调节

4）色相可以改变图片整体颜色，拖动“色相”的滑块，可以让图片产生不同效果，如果使用鼠标在图片上任意位置单击左键，可以吸取一种颜色，再调整色相时就能改变这种颜色（图18-32）。

图18-32　色相调整

5）饱和度可以让图片的颜色更艳丽或变成黑白，向左拖动滑块是去色（图18-33），向右拖动滑块是增色（图18-34）。

图18-33　饱和度去色

图18-34　饱和度增色

6）明度既可以让图片整体变亮或变暗，还可以制作夜晚与雾霾特效，但是没有明暗对比的效果（图18-35）。

7）除了可以直接调整图层的“色相/饱和度”外，还可以使用“添加图层”的方法调节效果图的“色相/饱和度”，在“调整面板”中选择“色相/饱和度”，将“饱和度”设置为-7，这时效果图会变得比较质朴，如果对调整不满意，可以随时删除“色相/饱和度”图层，即可恢复原貌（图18-36）。

图18-35　明度效果

图18-36　色相/饱和度

18.2.3　指定色彩调整

1）在菜单栏“图像”的“调整”中选择“通道混合器”（图18-37）。

2）在“通道混合器”面板中，“预设”可以选择不同模板，在下拉列表框中有6种黑白的“预设类型”可供选择（图18-38）。

3）“输出通道”中有3种不同的“通道”可供选择，分别是红、绿、蓝，不同的通道会产生不同的效果（图18-39）。

图18-37　调整通道

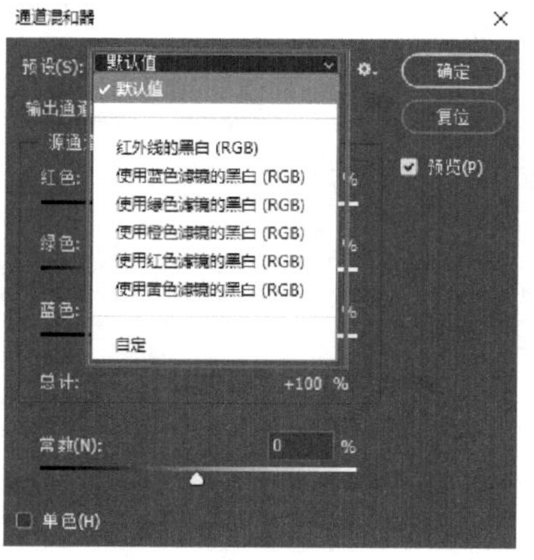

图18-38　通道预设

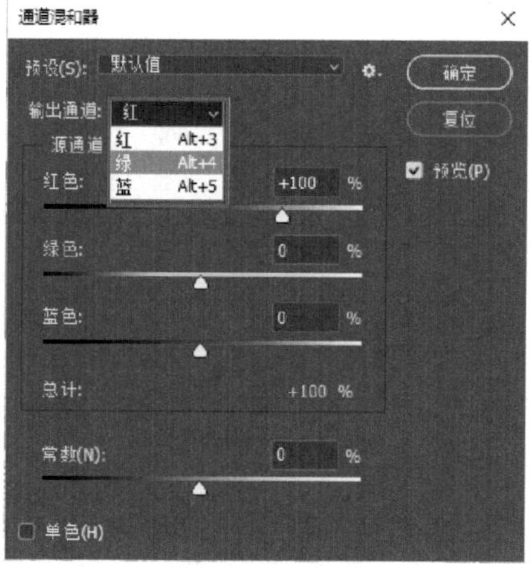

图18-39　输出通道

4）“源通道”中也有3种颜色可供调节，这项调节变化取决于上面“输出通道”的选择，而且当“总计”为+100%时，图片的光线与对比度表现为正常，只是颜色发生变化（图18-40）。

5）“常数”是既影响明暗又影响颜色的值，很难控制，一般不做调节（图18-41）。

图18-40　通道总计

图18-41　通道常数

6）如果勾选“单色”选项，图像就会变成黑白，希望还原就直接将“预设”设置为“默认值”（图18-42）。

7）“通道混合器”也可以采用“添加图层”的方法进行调整，在“调整”选项中单击“通道混合器”，可以在弹出的“属性”面板中调节各项参数（图18-43）。

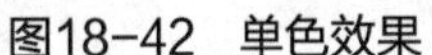
图18-42　单色效果

图18-43“属性”面板

18.2.4　仿制图章运用

1）在“工具栏”中选择“仿制图章工具”，对“图章大小”进行调节（图18-44）。

2）在菜单栏的下方会出现“仿制图章”工具的选项栏，在“画笔预设”中选择画笔的“大小”与“硬度”，根据图像大小设置合适的数值（图18-45）。

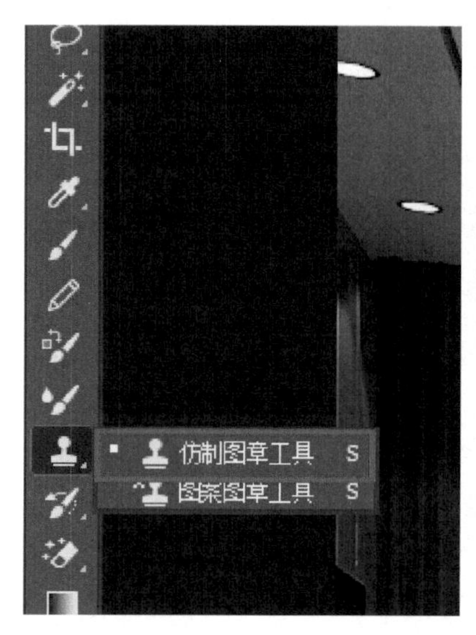

图18-44　仿制图章工具

图18-45　画笔设置

3）按住〈Alt〉键选取顶部的筒灯（图18-46），松开〈Alt〉键，单击鼠标左键可以进行涂抹（图18-47）。

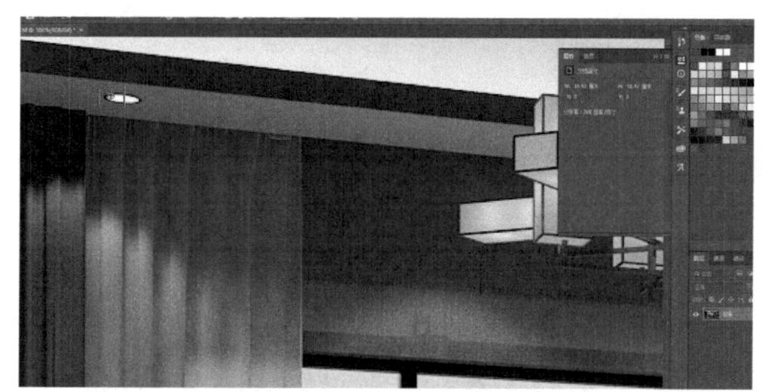

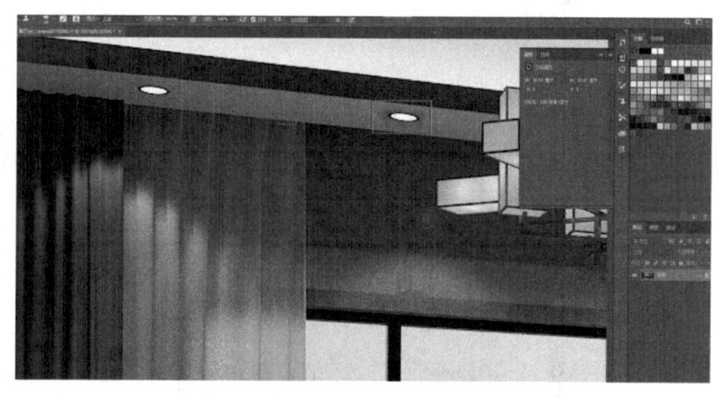

图18-46　选取筒灯

图18-47　涂抹顶部

4）不断使用〈Alt〉键选取不同的筒灯，然后进行填涂，可以复制出多个筒灯（图18-48）。

图18-48　复制筒灯

18.2.5 锐化与模糊

1）使用“矩形框选”工具，框选效果图中的远景部分（图18-49）。

2）在“工具栏”中选择“模糊工具”，可以对效果图局部进行模糊处理（图18-50）。

图18-49 框选远景部分

图18-50 模糊工具

3）将画笔“硬度”设置为较低，画笔“大小”设置为102像素，将框内远景的大部分面积进行模糊处理（图18-51）。

4）将画笔“大小”设置为60像素，处理效果图远景的细节，按〈Ctrl＋D〉键取消选择，这时远景就产生了景深效果，（图18-52）。

图18-51 画笔设置

图18-52 处理远景

5）在工具栏中选择“锐化”工具，选择前景区域进行处理（图18-53）。

6）将画笔“大小”设置为152像素左右，“硬度”设置为30%，“强度”设置为50%，对场景的近景部分进行锐化处理（图18-54）。

设计小贴士

渲染效果图时就应当调整好渲染图面大小，一般不做后期裁切，否则会浪费当初的渲染设置与时间。

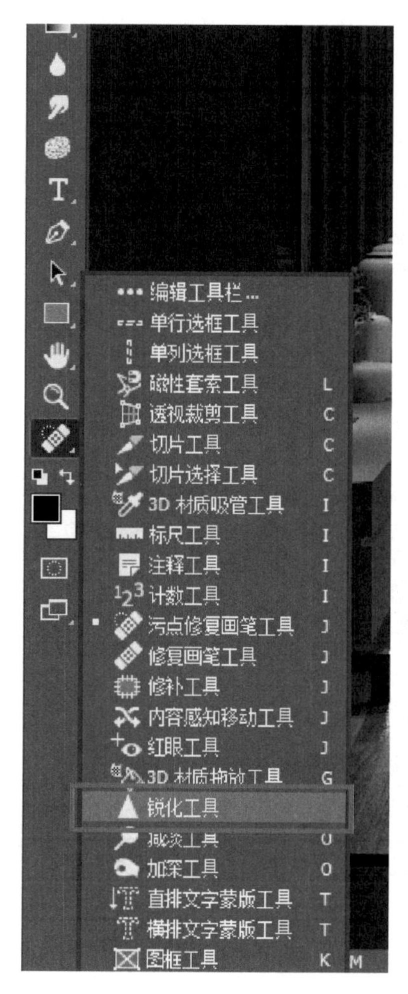

图18-53　锐化工具

图18-54　画笔设置

7）将画笔“大小”设置为50像素，进一步处理细节，处理完成之后，效果图就会出现明显的景深效果（图18-55）。

图18-55　处理效果

18.2.6 效果图修复

在渲染效果图的时候，难免会出现模型漂浮、模型消失、遮挡、穿墙等情况。重新渲染一张较大的效果图往往会花费较长的时间，此时可以选择在不调整摄影机位置的情况下，对出现问题的部分进行区域渲染。后期使用Photoshop进行合成（值得注意的是，修复渲染图不可对已调整色调的效果图进行修复，否则会出现色差）。

1）在工具栏中选择“魔棒”工具，并打开本书配套资料中的“模型素材/第18章/客厅PS素材1”（图18-56）。

2）将“魔棒”工具的“容差”设为1，点击黑色区域，黑色区域周围会出现虚线（图18-57）。“容差”是控制可选颜色范围的。由于是区域渲染，渲染区域外的图像默认显示黑色，这里可以将“容差”设置的较低，以获取选区。

3）在黑色区域单击鼠标右键，选择“选择反向”（图18-58）。

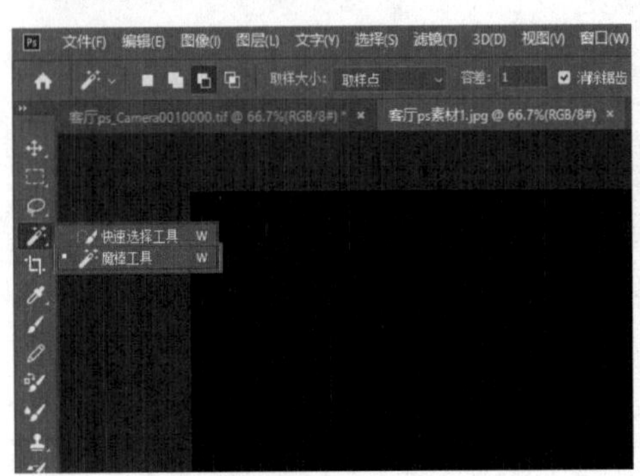

图18-56　魔棒工具

图18-57　工具设置

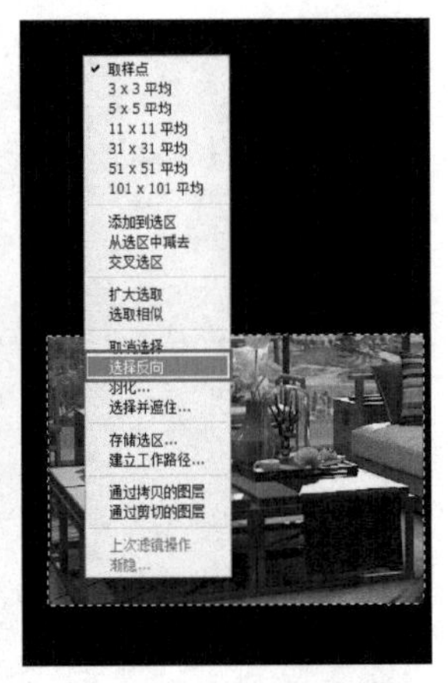

图18-58　选择反向

4）单击右下角的蒙版，为图像添加蒙版（图18-59）。

图18-59　添加蒙版

设计小贴士

画笔的“大小”设置要适合操作的图面面积。一般而言，画笔的直径应当为操作面积宽度的10%～20%，画笔过小会降低操作效率，画笔过大会涂抹至操作区域以外。画笔的“硬度”多设置为30%～50%，这样能形成圆角且具有过渡边缘的效果，但是一般不用喷笔，否则容易造成局部细节过度模糊。画笔的“强度”多设置为50%左右，这样才能让笔触形成良好的前后衔接效果。

5）将图像拖入需要修改的文件，这里可以看到，原图像里的壶是悬空的，修复图像后的壶是正常的（图18-60）。

图18-60　修复图像效果

6）使用“移动”工具，将图像覆盖至问题位置（图18-61）。

7）进入图层面板，按住〈Shift〉键选中两个图层，右键选择“合并图层”（图18-62）。

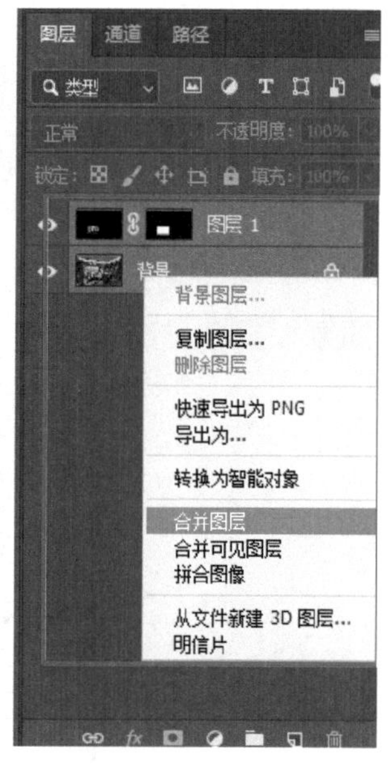

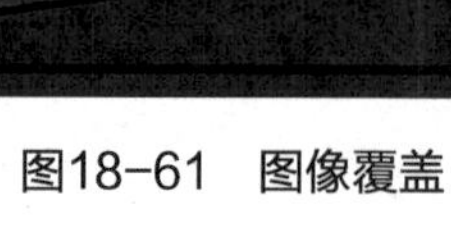

图18-61　图像覆盖

图18-62　合并图层

18.2.7　效果图裁剪

效果图的裁剪方法有两种，一种是使用工具栏中的“裁剪”工具进行裁剪，另一种是使用菜单栏中“图像”的“裁剪”命令。

1）在工具栏中选择“裁剪”工具，对图像进行裁剪（图18-63）。

2）使用鼠标框选效果图中的一部分图像（图18-64）。

图18-63　裁剪工具

图18-64　框选部分图像

3）将光标移动到选框外，这时可以旋转整个效果图，根据需要选择合适的方向（图18-65）。

4）旋转后按〈Enter〉键完成裁剪（图18-66）。

图18-65　旋转效果图

图18-66　完成裁剪

5）在“历史”工具中进行“返回上一步”操作，使用工具栏中的“矩形框选”工具框选效果图中的部分图像（图18-67）。

图18-67　历史返回框选

6）在菜单栏的“图像”中选择“裁剪”命令，效果图中被框选的图像部分就会被裁剪下来（图18-68）。裁剪完成后观察裁剪效果（图18-69）。

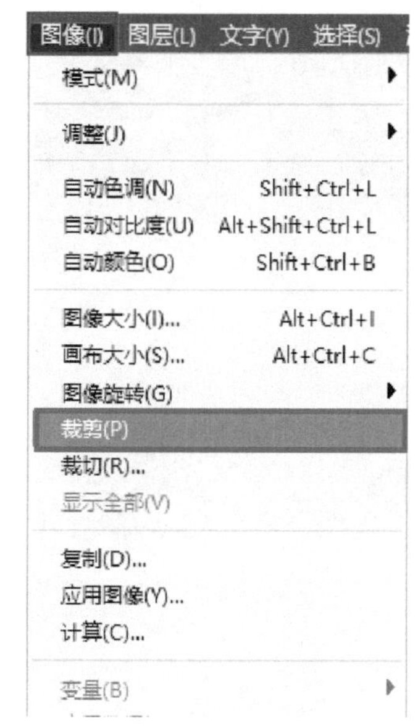

图18-68　裁剪命令

图18-69　裁剪效果

18.3　添加元素

渲染的效果图不可能总是很完美，需要添加一些元素来增添气氛，可是效果图已经渲染完成了，这就需要使用Photoshop来解决这一问题了。

18.3.1　添加通道背景

1）打开本书配套资料中的“模型素材/第18章/客厅通道.tif”，将通道图拖动到窗口中（图18-70）。

图18-70　添加图片

2）使用“移动”工具，同时按住〈Shift〉键将通道图拖入到效果图窗口中（图18-71）。

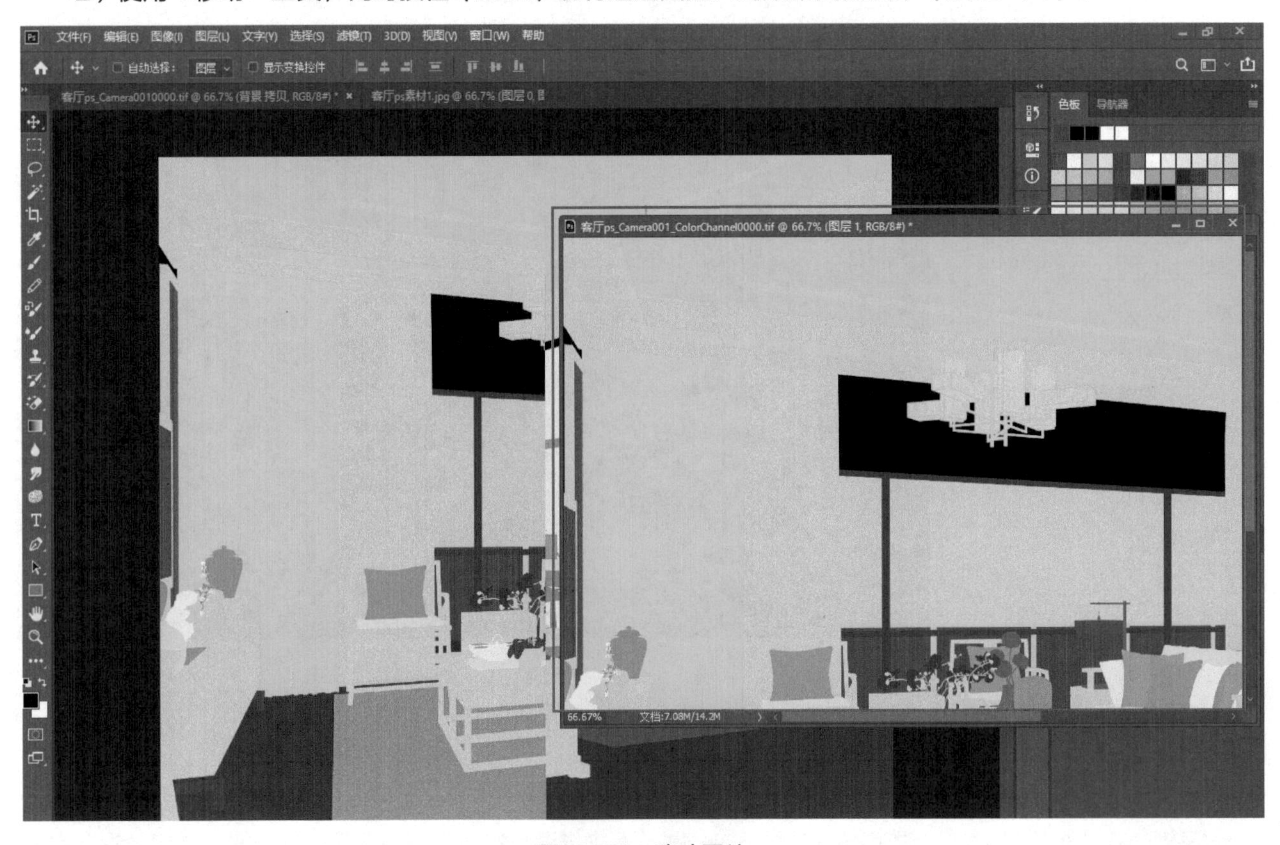

图18-71　移动图片

3）关闭“通道图”窗口，将“效果图”的背景图层复制，并将“背景副本”图层移动到“通道”图层的上面（图18-72）。

4）取消“背景副本”图层前面的眼睛，选择“图层1”图层，使用“选择”下的“色彩范围”（图18-73）。利用“吸管”工具选择窗户的玻璃部分，并将“颜色容差”设置为0（图18-74）。

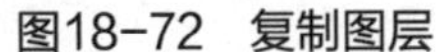

图18-72　复制图层

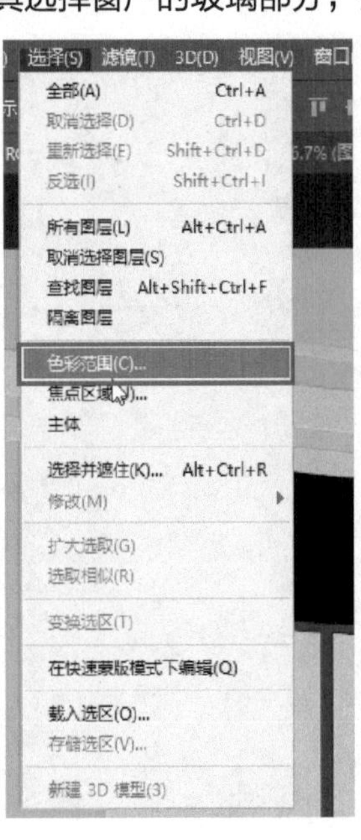

图18-73　色彩范围

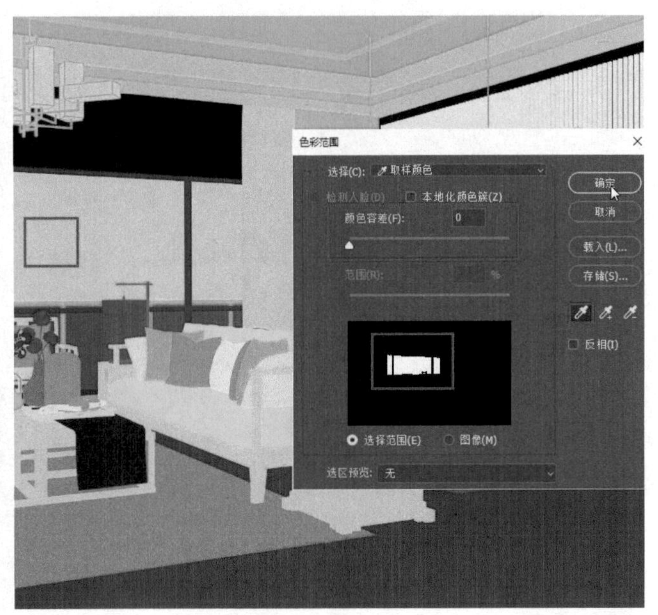

图18-74　颜色容差

5）切换到“背景副本”图层，打开前面“眼睛”按钮，按〈Delete〉键将玻璃部分删除（图18-75）。

6）利用相同的方式，选择下方紫色的区域，删除该区域内的图像（图18-76）。

图18-75　删除部分图像（一）

图18-76　删除部分图像（二）

7）打开本书配套资料中的“模型素材/3D背景”中的任意一张图片作为背景图片（图18-77）。

图18-77　选择图片

8）将该图片窗口化，使用“移动”工具，按住〈Shift〉键将通道图拖入到效果图窗口中（图18-78）。

图18-78　移动图片

9）在图层中将“图层2 ”图层移动到“背景副本”图层下面，并使用“移动工具”调节背景位置（图18-79）。

10）在“图像”菜单的“调整”中选择“色阶”（图18-80）。

图18-79 调节背景

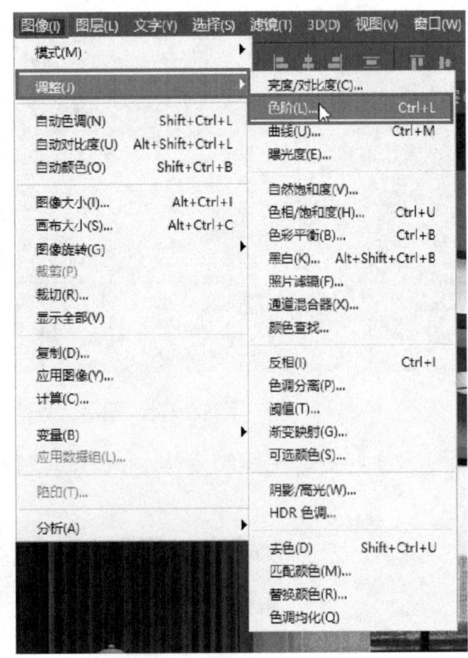

图18-80 调整色阶

11）在“色阶”面板中调节其亮度与灰度（图18-81）。

12）在“滤镜”菜单的“模糊”中选择“高斯模糊”（图18-82）。

图18-81 色阶面板

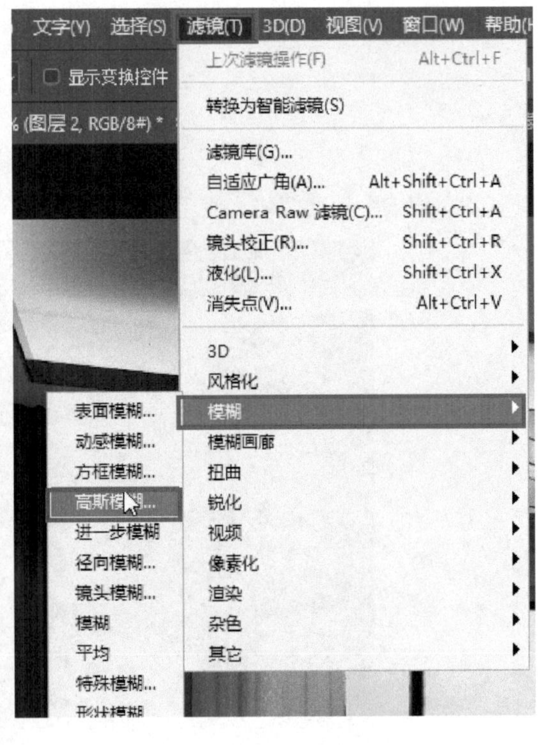

图18-82 高斯模糊

13）在“高斯模糊”对话框中将“半径”设置为0.5像素，单击“确定”按钮（图18-83）。

14）在图层上面单击鼠标右键，选择“合并图层”将图层合并（图18-84）。

图18-83 高斯模糊对话框

图18-84 合并图层

18.3.2 添加配饰

1）打开本书配套资料中的“模型素材/第18章/办公室”（图18-85）。

2）使用上述方法先对场景明暗进行处理，在菜单栏的“文件”中单击“打开”按钮，选择本书配套资料中的“模型素材/PS装饰/A-D-全/A-D-036 .PSD”（图18-86）。

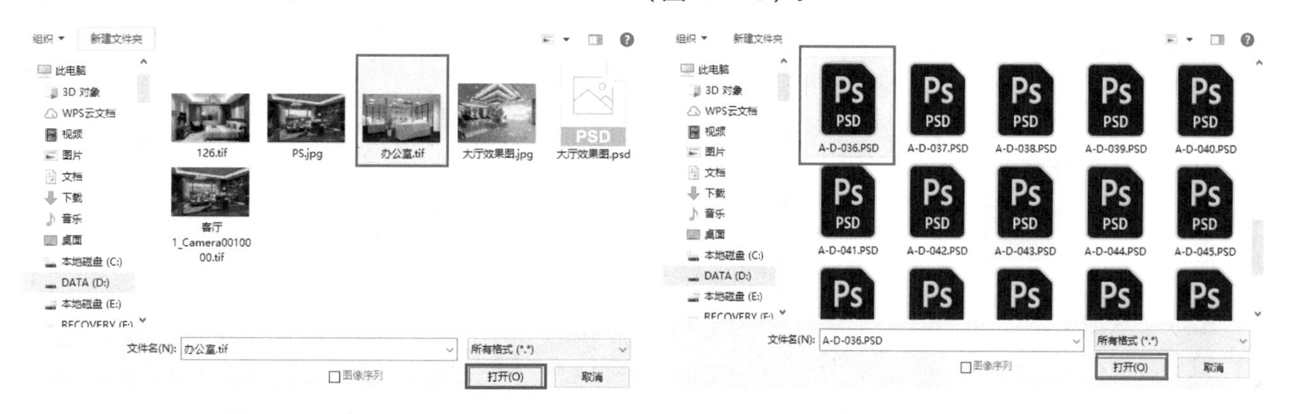

图18-85 打开图片

图18-86 打开文件

3）选择“移动”工具，将这盆花拖至效果图中（图18-87）。

4）按〈Ctrl+T〉键对其进行“自由变换”，单击上方“自由变换”属性栏中的“保持长宽比” 按钮，并控制右上角的控制点将这盆花缩小（图18-88）。

图18-87 移动图片

图18-88 自由变换

5）进入图层面板，将“Layer3”图层向下拖动到“创建新图层”按钮上复制一份（图18-89）。

6）在菜单栏“编辑”的“变换”中选择“扭曲”（图18-90）。

7）移动控制点对花瓶进行变形，将花瓶变形为花瓶投影的形状，完成后按〈Enter〉键结束（图18-91）。

图18-89 复制图层

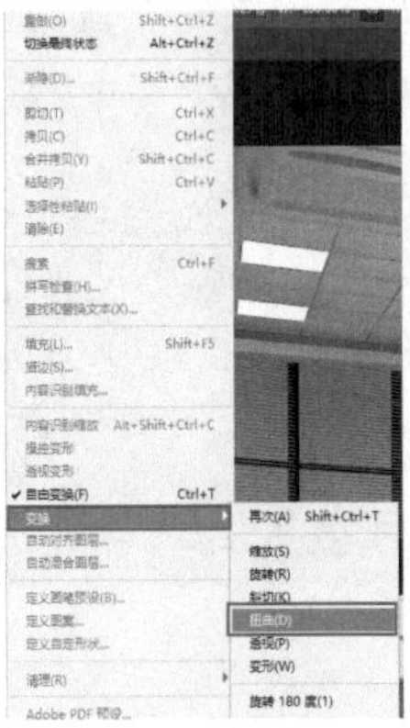

图18-90 编辑变换

图18-91 移动变形

8）在图层面板中的“Layer2”图层的缩略图上单击鼠标右键，在弹出的菜单中选择“选择像素”（图18-92）。

9）单击工具栏中的“设置前景色”，打开“拾色器”对话框，由于阴影在黄色的桌面上，所以将前景色设置为偏灰色（图18-93）。

10）设置完前景色后，在菜单栏中选择“编辑→填充”（图18-94）。

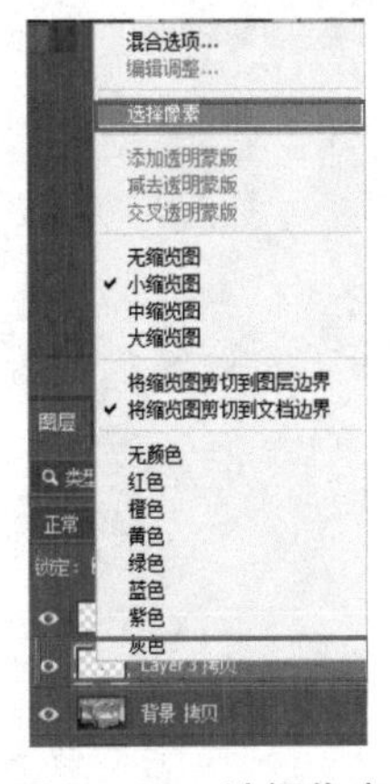

图18-92 选择像素

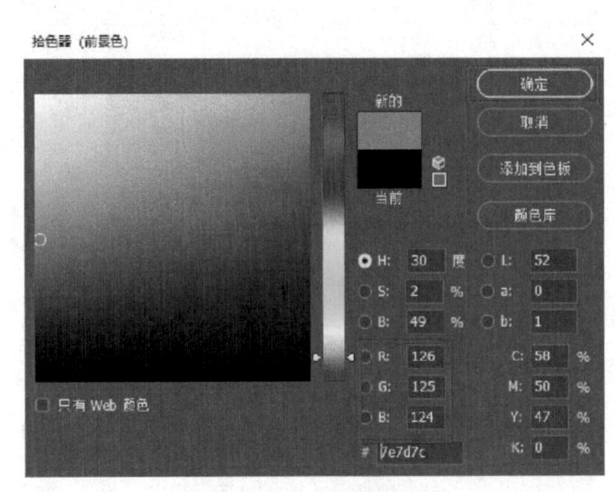

图18-93 设置前景色

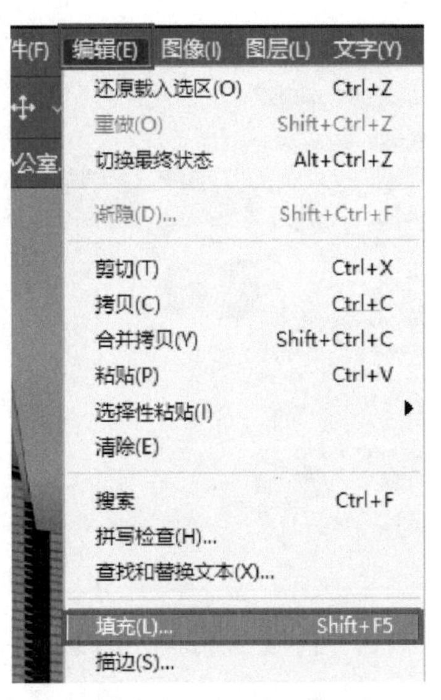

图18-94 编辑填充

11）弹出“填充”面板，将“内容”设置为“前景色”，其余保持不变，单击“确定”按钮（图18-95）。

12）在“图层”面板中将“不透明度”设置为60%（图18-96）。

13）按下〈Ctrl+D〉键取消选择，选择“蒙版”工具，为图层添加蒙版（图18-97）。

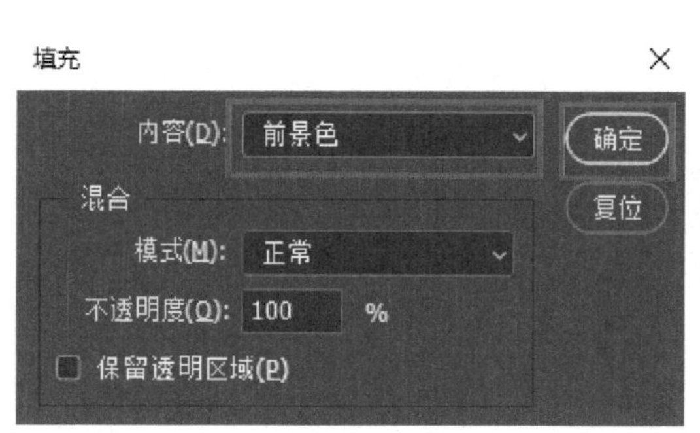

图18-95　填充面板

图18-96　透明度

图18-97　添加蒙版

14）将画笔“大小”设置为31像素，画笔“硬度”设置为100%，“不透明度”设置为40%，“流量”设置为19%（图18-98）。

15）使用“画笔”工具，在蒙版上使用前景色（黑色），对影子的边缘进行涂抹（图18-99）。“蒙版”工具是PS中较为常用的工具，蒙版工具可以控制图像的显现。默认情况下蒙版是白色的，在蒙版上可以选择使用黑色画笔，隐去一些不需要的东西。控制画笔的流量强度，可以使蒙版上出现半透明的效果。

图18-98　画笔设置

图18-99　蒙版涂抹

16）进入“图层”面板，为“Layer3”图层添加“亮度/对比度”效果（图18-100）。

17）调整亮度和对比度，并按住〈Alt〉键将效果仅适用于“layer 3”图层，使其符合当前的光照环境（图18-101）。

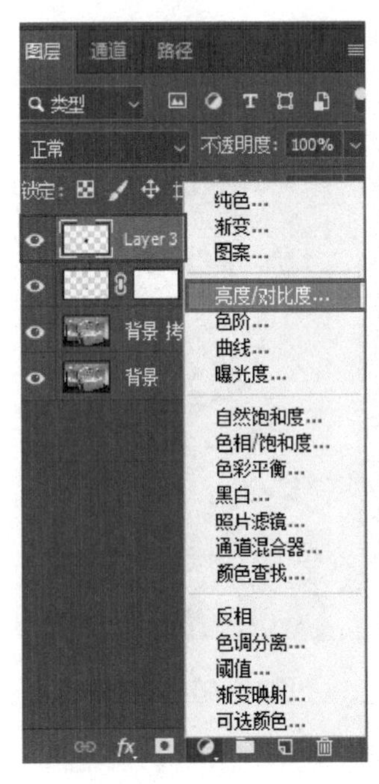

图18-100 图层面板

图18-101 调整亮度/对比度

18）进入“图层”面板，将“Layer3”图层向下拖动到“创建新图层”按钮上再复制一份（图18-102）。

19）使用〈Ctrl+T〉自由变换工具，单击右键将复制的图层垂直翻转（图18-103）。

20）进入“图层”面板，将“不透明度”设置为40%，按〈Ctrl+‘-’〉键缩小图像（图18-104）。

图18-102 复制图层

图18-103 自由变换

图18-104 透明度

21）使用“多边形套索”工具，框选立面上的图形，完成后按〈Delete〉键删除（图18-105）。

22）选择“Layer3拷贝2”图层，对其进行亮度、对比度处理，具体参数自定（图18-106）。

图18-105　框选图形

图18-106 “属性”设置

18.3.3　添加文字

1）在工具栏中选择“横排文字工具”，并在图中单击鼠标左键，在框内创建文字（图18-107）。

2）在上面的“文字工具选项栏”中选择“字体”与“大小”“文字颜色”，并输入文字（图18-108）。

3）切换到“移动”工具结束创建，移动所创建文字的位置（图18-109）。

图18-107　创建文字

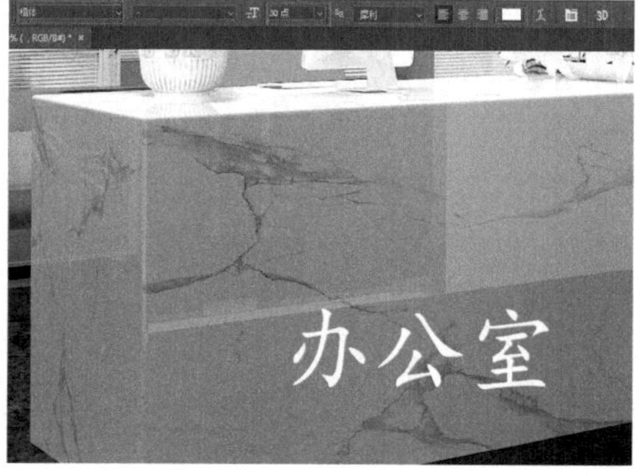

图18-108　文字工具

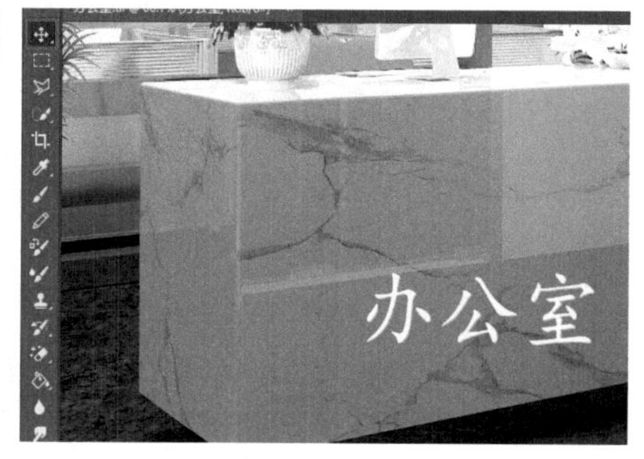

图18-109　移动文字

4）在图层面板中双击“会议室”图层，弹出“图层样式”对话框，在“混合选项”中可以调整各种混合模式，如“不透明度”“填充不透明度”等（图18-110）。

5）斜面和浮雕可以给文字添加立体效果。在“结构”中可以为文字添加不同的效果。在“阴影”中可以调节阴影的不同效果，其中“角度”与“高度”能控制阴影方向。“高等线”与“纹理”可以加强文字的立体效果与特效（图18-111）。

图18-110 “图层样式”对话框

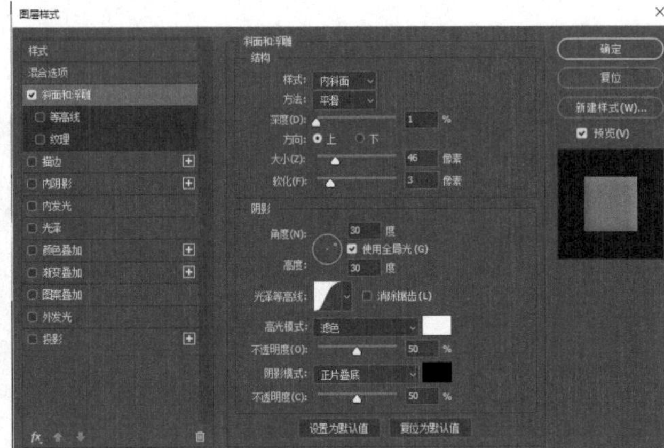

图18-111 文字效果

6）其余选项的操作方式基本相同，就不再介绍了。根据设计要求依次向下进行调节，制作出独特文字效果。上述步骤完成之后，单击“调整”面板旁的“样式”面板，在“图层样式”面板最后面的空白处单击“新建样式”按钮（图18-112）。

7）给该样式命名，如果以后希望继续使用这种文字样式，可以直接单击该“样式”按钮，也可以使用其他样式（图18-113）。

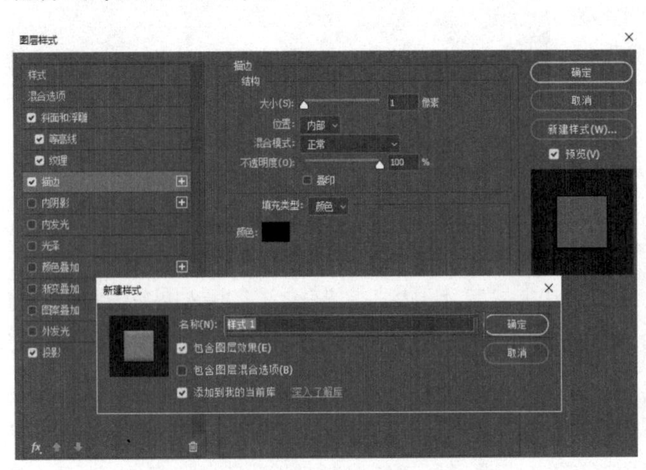

图18-112 创建样式

图18-113 样式面板

8）修改文字内容。双击“文字”图层的“T”按钮就可以修改文字（图18-114）。

9）单击“文字”面板中的“字符（A）”按钮，可以对文字的基本参数进行修改（图18-115）。

图18-114 文字图层

图18-115 文字设置

18.4 效果图保存

18.4.1 效果图整体锐化

1）打开本书配套资料中的“模型素材/第18章/大厅”，使用18.1~18.3节所述的方法对其进行修饰（图18-116）。

图18-116 修饰图片

2）修饰完毕后，在“图层”面板中任意选择一个图层单击鼠标右键，选择“合并可见图层”（图18-117）。

3）当所有的图层都合并为一个图层后，就可将其整体锐化，在菜单栏中选择“滤镜→锐化→锐化”（图18-118），整体图像就会产生一次锐化效果，锐化之后图像会更加清晰。

4）如果觉得锐化效果不够明显，可将图像再进行一次锐化，或选择“滤镜→锐化→进一步锐化”，“进一步锐化”相当于“锐化”的2~3倍效果（图18-119）。锐化之后并观察锐化效果（图18-120）。

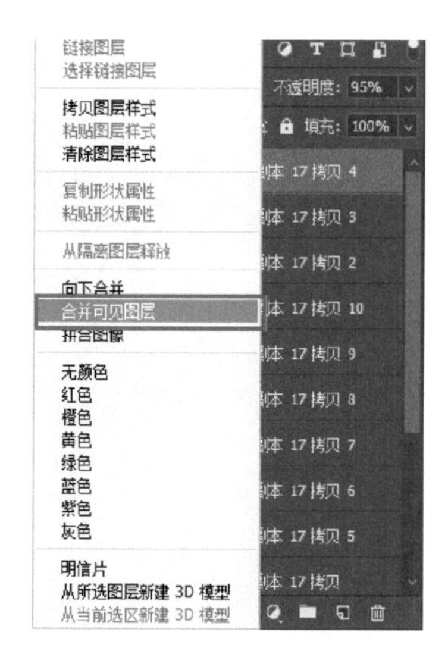

图18-117 合并图层

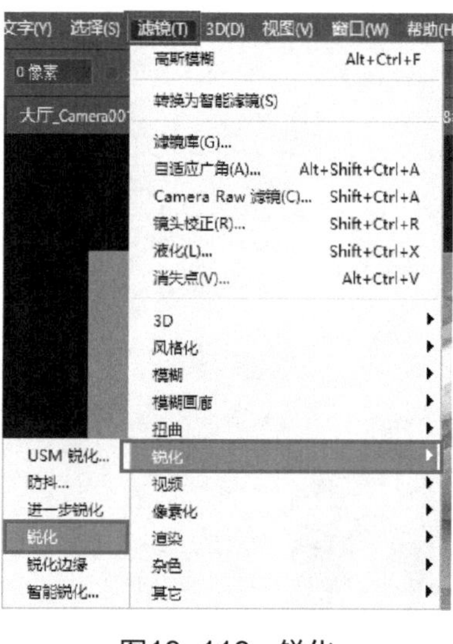

图18-118 锐化

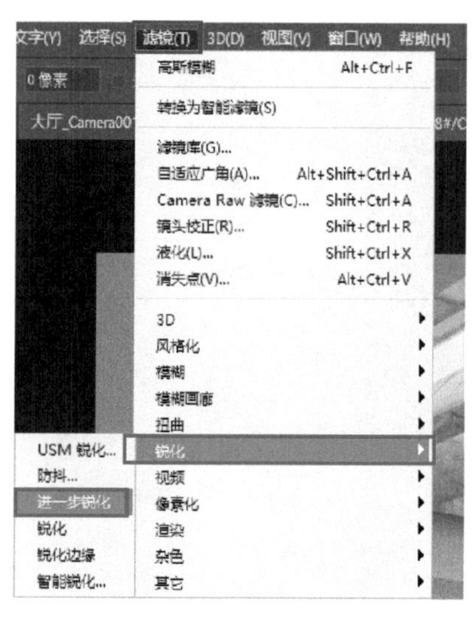

图18-119 进一步锐化

图18-120　锐化效果

18.4.2　保存格式

1）锐化完成之后就可以将文件保存，在菜单栏选择“文件→存储为”（图18-121）。

2）在“存储为”面板中，选择“第18章”，命名为“大厅效果图”，格式为“.PSD格式”，单击“保存”按钮（图18-122）。

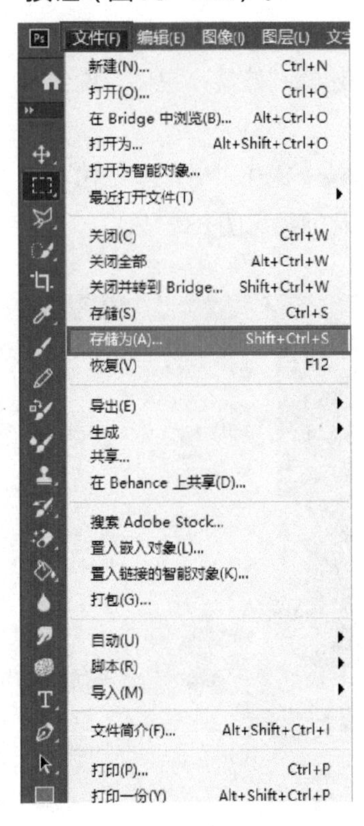

图18-121　保存文件

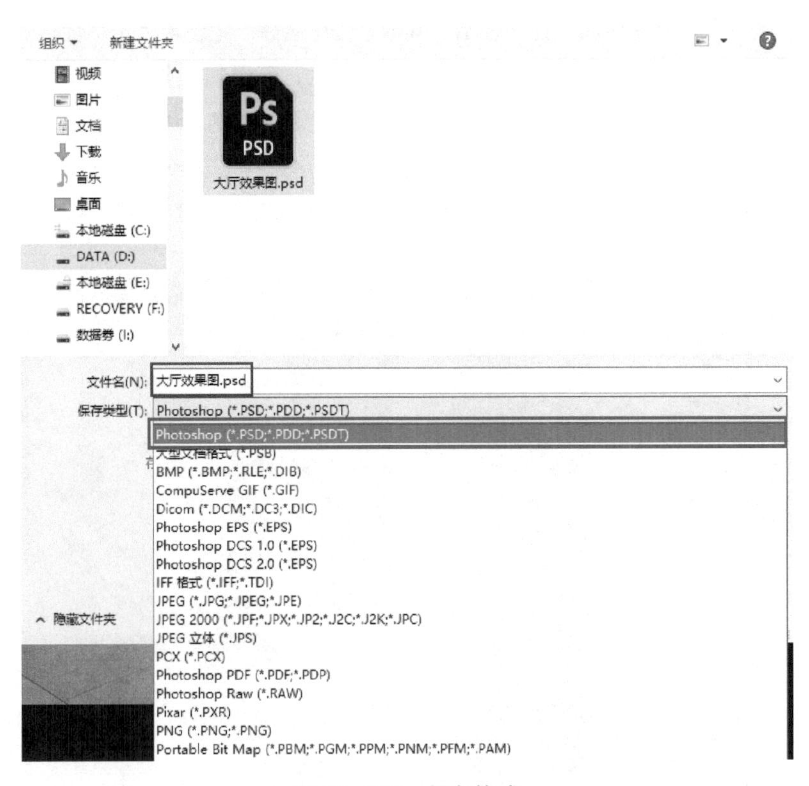

图18-122　保存格式

3）再次在菜单栏选择“文件→存储为”，这次选择“.JPEG格式”保存（图18-123）。

4）在“图像选项”中将滑块滑动到“大文件”并单击“确定”按钮（图18-124），修饰后的效果图即被保存为“.JPEG格式”，最终完成了效果图的修饰。

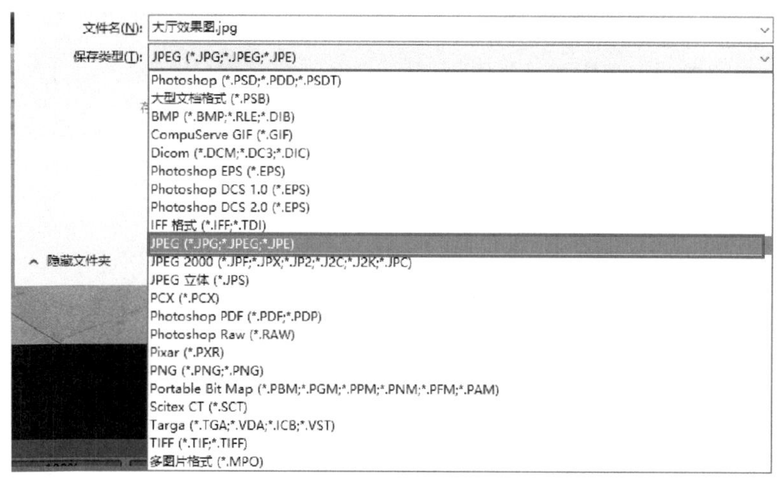

图18-123 保存图片

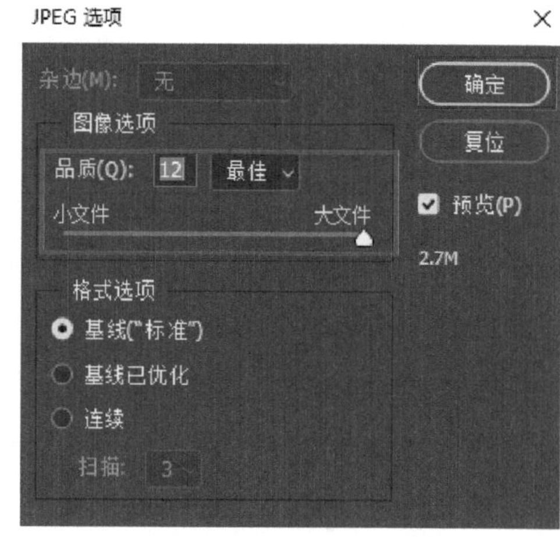

图18-124 图像选项

本章小结

本章讲解了Photoshop处理效果图的修饰方法。从这些效果图中不难看出，经过Photoshop处理后，效果图可以变得更加明快，对比度会更加强烈，效果也更清晰，还可以在场景中添加植物与装饰品。

★课后练习题

1.Photoshop修饰效果图主要用哪些工具?

2.用于修复图片的工具是什么？有什么作用?

3.蒙版与选定工具相比较，各自有哪些优点?

4.使用模糊滤镜时，阐述可以使用进一步模糊的理由。

5.结合Photoshop，修饰前面所制作的渲染效果图。

参 考 文 献

[1] 亿瑞设计．3ds Max 2016中文版+VRay效果图制作从入门到精通[M]．北京：清华大学出版社，2017.

[2] 时代印象．3ds Max 2016基础培训教程[M]．北京：人民邮电出版社，2017.

[3] 任媛媛．3ds Max 2014/VRay效果图制作完全自学宝典[M]．北京：人民邮电出版社，2014.

[4] 刘正旭．3ds max/VRay室内外设计材质与灯光速查手册[M]．北京：电子工业出版社，2012.

[5] 王玉梅，张波．3ds max/VRay效果图制作从入门到精通[M]．北京：人民邮电出版社，2010.

[6] 范景泽．3ds Max 2016中文版完全精通自学教程（上下册）[M]．北京：电子工业出版社，2018.

[7] 火星时代．3ds Max&VRay室内渲染火星课堂[M]．北京：人民邮电出版社，2012.

[8] 唯美世界．中文版3ds Max 2018从入门到精通（微课视频全彩版）[M]．北京：中国水利水电出版社，2019.

[9] 王新颖，苏醒，李少勇．中文版3ds Max 2013基础教程[M]．北京：印刷工业出版社，2012.

[10] 张玲．3ds Max建筑与室内效果图设计从入门到精通[M]．北京：中国青年出版社，2013.

[11] 王芳，赵雪梅．3ds Max 2013完全自学教程[M]．北京：中国铁道出版社，2013.

[12] 来阳．突破平面3ds Max/VRay/Arnold室内设计与制作剖析[M]．北京：清华大学出版社，2019.

[13] 李谷雨，刘洋，李志．3ds Max2013中文版标准教程[M]．北京：中国青年出版社，2013.

[14] 李洪发．3ds Max 2016中文版完全自学手册[M]．北京：人民邮电出版社，2017.